U0386743

# The Handbook for
# Electronics Enthusiasts

From Components, Measurement Instruments,
and IC Simulation to Embedded System Design

# 电子爱好者手册

## 从元器件、测量仪器仪表、
## 集成电路仿真到嵌入式系统设计

李正军　编著

清华大学出版社

北　京

## 内 容 简 介

本书从工程实际应用出发，全面系统地介绍了电子系统设计的各个重要环节，力求所讲内容具有较强的可移植性、先进性、系统性、应用性、资料开放性。

本书每章开篇对本章所讲述的重点、核心内容均有画龙点睛的描述。书中所讲内容由浅入深、知识全面、技术先进、图文并茂、实例丰富、借鉴性强，力争做到授人以渔。本书所讲模拟集成电路和数字集成电路均通过 Proteus 软件仿真，并给出仿真结果或输入-输出关系图；所有微控制器的应用实例程序代码均在流行的硬件开发板上调试通过。仿真电路、程序代码和电子资源均可下载。本书以应用为主导，易学、易懂，希望能真正做到：一书在手，畅通无阻。

全书共 24 章，主要内容包括绪论、电子设计制作与常用工具、基本电子元器件、常用测量仪器与仪表、电路设计与仿真——Altium Designer、电路分析基础知识、模拟集成电路设计与仿真、数字集成电路设计与仿真、STM32 系列微控制器与开发、电路设计与数字仿真——Proteus 及其应用、GD32 微控制器与开发、STC 系列单片机与开发、SC 系列单片机与开发、IAR EW 开发环境、MSP430 系列单片机与开发、STM8S 系列微控制器与开发、TMS320 数字信号处理器与开发、FPGA 可编程逻辑器件与开发、物联网与无线传感器网络、微控制器与元器件生产商、传感器与自动检测技术、PID 控制算法、数字滤波与标度变换、电子系统的电磁兼容与抗干扰设计。本书内容丰富，技术先进，结构合理，理论与实践相结合，尤其注重工程应用技术。

本书可作为高等院校各类自动化、机器人、自动检测、机电一体化、人工智能、电子与电气工程、计算机应用、生物医学工程、信息工程、物联网等相关专业的本科、专科学生及研究生的电子竞赛、科技创新参考书，也可作为电子系统和嵌入式系统开发工程技术人员的参考书。

**图书在版编目（CIP）数据**

电子爱好者手册：从元器件、测量仪器仪表、集成电路仿真到嵌入式系统设计 / 李正军编著.
北京：清华大学出版社，2025.2. -- ISBN 978-7-302-67846-5

Ⅰ. TN-62

中国国家版本馆 CIP 数据核字第 2025HV5077 号

责任编辑：古　雪　李　晔
封面设计：傅瑞学
责任校对：申晓焕
责任印制：宋　林

出版发行：清华大学出版社
　　　　　网　　　址：https://www.tup.com.cn，https://www.wqxuetang.com
　　　　　地　　　址：北京清华大学学研大厦 A 座　　　邮　　编：100084
　　　　　社 总 机：010-83470000　　　　　　　　　邮　　购：010-62786544
　　　　　投稿与读者服务：010-62776969，c-service@tup.tsinghua.edu.cn
　　　　　质量反馈：010-62772015，zhiliang@tup.tsinghua.edu.cn
　　　　　课件下载：https://www.tup.com.cn, 010-83470236

印 装 者：三河市铭诚印务有限公司
经　　销：全国新华书店
开　　本：203mm×260mm　　　印　张：45.5　　　字　　数：1310 千字
版　　次：2025 年 3 月第 1 版　　　　　　　　　印　　次：2025 年 3 月第 1 次印刷
印　　数：1～1500
定　　价：198.00 元

产品编号：105904-01

# 前言
## PREFACE

目前已出版的适合电子工程师阅读的书籍,有些内容不够全面系统,有些知识较陈旧,尤其是在嵌入式系统设计方面,不能完全满足学生学习和电子工程师工作的需要。

在学生刚接触电子系统时,有一些基础知识和工具需要掌握,比如电子元器件、常用的模拟集成电路和数字集成电路、电源电路、常用的单片机及嵌入式芯片选型、常用的测量仪器、仪表、耗材、辅材等。还有很多电子爱好者、发烧友也需要掌握这些技术和工具。

在这样的背景下,作者受邀写一本比较全面、能成为这个领域的入门工具书——《电子爱好者手册》。尽管完成该项任务面临着很多挑战和困难,为了满足学生学习和电子工程师工作之需,作者欣然接受了邀请。在当前海量的信息和资料,同时伴随着知识和技术碎片化的情况下,本书的出版旨在节省读者的学习与项目开发时间,做到有的放矢,提高读者的学习和工作效率。

现在的电子系统设计越来越复杂,难度越来越大,要求设计者要掌握多学科知识。本书旨在介绍电子工程师需要掌握的基础知识和设计技能,全面展现初学电子线路设计所需掌握的知识和技巧。本书是多门课程内容的集成。通过本书的学习,可以全面掌握电子系统设计的知识和技术。

本书语言生动活泼、平实易懂、资料手册化;没有过多复杂的计算,也没有生涩的大理论,更没有读不懂的过程,只要知道欧姆定律就可以在本书的引导下掌握电子电路的设计知识。书中插图丰富,其中部分插图(如仪器仪表工具的测试方法和步骤,嵌入式系统学习调试用开发板)均为实物照片,力求通过图片让读者形象地理解知识及过程,加深印象。

本书特别注重知识的铺垫和循序渐进。电子电路的内容多、难度大,没有基础的朋友一时可能不知道从哪里开始学习、如何开始学习。我们在全面介绍各种电子元器件、电路结构、工艺技巧的同时,按照科学的学习方法设置章节,使电子电路设计的基础知识变成了一粒粒珍珠,交给读者朋友们串起来,既授人以鱼,也授人以渔。

电子工程师的工作就是进行电子系统产品的设计,可以从事的行业或领域主要包括通信、电子消费品、电力、汽车、医疗、工业自动化、军事、航空航天、环境监测以及研究与开发机构。

这些只是电子工程师可能从事的部分行业或领域,实际上,电子工程师的工作领域非常广泛,涵盖了几乎所有需要电子技术的领域,而不同的行业或领域对电子工程师的技术要求是不同的。

在一本书里,不可能把不同行业或领域的电子工程师应该掌握的知识讲清楚,或者讲得十分详细。但对于电子工程师的初学者,当要从事一个项目的设计、开发、组装和调试时,面对浩瀚的知识海洋,会感到无从下手,甚至会心生怯意。

编写本书的目的,是让电子工程师在面对工作的巨大困难时,对当前的任务能有一个切入点,起到举一反三、抛砖引玉的作用,以确保电子工程师顺利完成工作任务。

因此,本书在有限的篇幅内,主要讲述电子工程师应该掌握的共同知识点和设计思路,讲述的内容重点在面,而不是点。要获取更详细的知识、本行业或领域的专业知识,可进一步阅读相关书籍和资料。

关于分立电子元器件、模拟和数字集成电路、单片机、MCU、Arm、DSP、FPGA、物联网等芯片的更详细的应用电路及程序例程可以到各元器件生产公司的官网或网络上下载资料,也可以咨询各元器件生产公司的现场应用工程师(Field Application Engineer,FAE),这样可以少走弯路,达到事半功倍的效果。

全书共 24 章,主要讲述了电子工程师所需的元器件、常用测量仪器仪表工具(包括指针式万用表、数字万用表、数字示波器、逻辑分析仪、波形发生器和晶体管特性图示仪)、电路分析基础、模拟集成电路仿真、数字集成电路仿真、主流的 8 位单片机/微控制器和 32 位微控制器及嵌入式系统设计、物联网与无线传感器网络、微控制器及元器件生产商、传感器与自动检测技术、PID 控制算法、数字滤波算法与标度变换、电子系统的电磁兼容与抗干扰设计等知识和技术。同时,讲述了多种电子电路、微控制器和 FPGA 仿真与开发工具,并给出了详细的软硬件应用实例。

集成电路在各行各业都发挥着非常重要的作用,是现代信息社会的基石。集成电路广泛应用于电子测量、自动控制、通信、计算机等信息科技领域。

本书讲述了常用模拟集成电路和数字集成电路的使用方法,由大量的经典应用实例组成。

本书采用 Proteus 软件对每一个模拟集成电路和数字集成电路应用实例进行仿真,这种分析方法比传统的调试方法优越得多。传统方法是用实际的集成电路和电阻器、电容器等连接起来进行调试,而本书采用的方法是:先用 Proteus 软件绘制电路原理图,然后进行仿真调试,调试好后再按照调试结果将实际的集成电路和电阻器、电容器等元器件焊接起来。这种先进的软件仿真调试方法可大大加快开发进度,降低开发成本。

在用 Proteus 软件绘制的电路原理图中,电容的单位 $\mu F$、$nF$、$pF$ 分别写为 u、n、p,如 10u 表示 $10\mu F$、100n 表示 100nF、1000p 表示 1000pF。当电阻的单位是 $k\Omega$ 和 $M\Omega$ 时,对应的表示法是 k 和 M,如 3.6k 表示 $3.6k\Omega$、1M 表示 $1M\Omega$;当电阻的单位是 $\Omega$ 时,只用纯数字表示,如 100 表示 $100\Omega$。此外,符号不能使用下标,如 $R_1$ 只能写为 R1、$C_1$ 只能写为 C1 等。一些电气图形也未使用国标符号表示。为使用方便,本书中涉及软件绘制的电路图不做规范化处理。

本书讲述了电子工程师需要掌握的主流电路设计与仿真软件,内容涉及单片机、MCU、Arm、DSP 和 FPGA 的仿真开发环境:

(1) Altium Designer 20 电路设计与仿真软件。

Altium Designer 20 是第 29 次升级后的软件,整合了已发布的一系列更新,包括新的 PCB 特性、核心 PCB 和原理图工具更新。作为新一代的板卡级设计软件,其独一无二的 DXP 技术集成平台为设计系统提供了所有工具和编辑器的兼容环境。

(2) Proteus 电子电路和微控制器仿真软件。

Proteus 是英国 Labcenter 公司研发的目前世界上最完善、最优秀的 EDA 软件之一。它具有四十多年的发展历程,引入国内后,得到了各界的一致好评。

(3) IAR Embedded Workbench(简称 IAR EW)开发环境。

IAR Embedded Workbench 是瑞典 IAR Systems 公司的嵌入式软件系列开发工具的总称,该系列的各款产品可分别支持不同架构的 8 位、16 位或 32 位单片机或微处理器。例如,IAR Embedded Workbench for Arm、IAR Embedded Workbench for Atmel AVR、IAR Embedded Workbench for TI MSP430 等。

(4) STM32Cube 生态系统。

STM32Cube 生态系统的两个核心软件是 STM32CubeMX 和 STM32CubeIDE,且都是由意法半导体官方免费提供的。使用 STM32CubeMX 可以进行 MCU 的系统功能和外设图形化配置,可以生成 MDK-Arm 或 STM32CubeIDE 项目框架代码,包括系统初始化代码和已配置外设的初始化代码。

（5）DSP 集成开发环境 CCS。

CCS 是 TI 公司推出的用于开发 TMS320 系列 DSP 芯片的集成开发环境。在 Windows 操作系统下，采用图形接口界面，提供环境配置、源程序编辑、程序调试、跟踪和分析等工具，使用户能够在一个软件环境下完成编辑、编译、链接、调试和数据分析等工作，从而加快开发进程，提高工作效率。

（6）FPGA 开发软件 Quartus Ⅱ。

一个完整的 FPGA 开发环境主要包括运行于 PC 上的 FPGA 开发工具、编程器或编程电缆、FPGA 开发板。Altera 公司的开发工具包括早先版本的 MAX＋plus Ⅱ、Quartus Ⅱ 以及目前推广的 Quartus Prime。Quartus Prime 支持绝大部分 Altera 公司的产品，集成了全面的开发工具、丰富的宏功能库和 IP 核，因此该公司的 PLD 产品获得了广泛的应用。

选取何种单片机、MCU、Arm、DSP 和 FPGA 能满足项目的需要，实现最佳性价比？面对这个问题，初学者往往感到不知所措、无从下手。本书非常精练地、重点突出地讲述了国内外主流单片机、MCU、Arm、DSP 和 FGPA 及其开发案例，具体包括如下内容：

（1）STM32 系列微控制器与开发。

主要讲述了意法半导体公司的 STM32 系列 32 位 Arm 微控制器、STM32F103VET6 最小系统设计、野火 F103-霸道开发板，同时介绍了所用仿真器，包括野火 fireDAP 高速仿真器、J-Link 仿真器和 ST-Link V2 仿真器。

（2）GD32 微控制器与开发。

主要讲述了国内 GigaDevice 公司的 GD32 系列 32 位 Arm 微控制器，并在乐育科技（Leyutex）的 GD32F4 蓝莓派开发板上，以 GD32F470IIH6 为例讲述了国产 Arm 的应用实例，同时介绍了所用仿真器 GD-Link 和 GD32F4 蓝莓派串口下载软件 GigaDevice ISP Programmer 3.0.2.5782 的使用方法。

（3）STC 系列单片机与开发。

主要讲述了深圳国芯人工智能有限公司的 STC 系列 51 单片机，并在 STC 大学计划实验箱电路板 9.6 上，以 STC8H8K64U 微控制器为例讲述了国产 51 单片机的应用实例，同时介绍了所用仿真器 STC-USB Link1D，并详细讲述了 STC-ISP（V6.92）程序下载软件的使用方法。

（4）SC 系列单片机与开发。

主要讲述了深圳市赛元微电子股份有限公司的 SC95F 系列 51 单片机，并在 NBK 系列开发板上，以 SC95F8617B 微控制器为例讲述了国产 51 单片机的应用实例，同时介绍了所用仿真器 SC LINK PRO，并详细讲述了 SOC Programming Tool 程序下载软件的使用方法。

（5）MSP430 系列单片机与开发。

主要讲述了 TI 公司生产的 MSP430 系列单片机，并在德飞莱 MSP430F149 开发板上，以 MSP430F149 单片机为例讲述了 MSP430 单片机的应用实例，同时介绍了所用仿真器 MSP-FET430UIF，并详细讲述了在 IAR EW 开发环境下的软件调试过程。

（6）STM8S 系列微控制器与开发。

主要讲述了意法半导体公司生产的 8 位 MCU 芯片 STM8S 系列微控制器，并在科嵌微控制器科技公司的 STM8S105C6 开发板上，以 STM8S105C6 微控制器为例讲述了 STM8S 系列微控制器的应用实例、所用仿真器 ST-Link V2，并详细讲述了在 IAR EW 开发环境下的软件调试过程。

（7）TMS320 数字信号处理器与开发。

主要讲述了 TI 公司推出的 TMS320x280xx 32 位浮点 DSP 处理器并在普中公司推出的 PZ-DSP28335-L 开发板上，以 TMS320F28335 单片机为例讲述了 TMS320x280xx 系列 DSP 的应用实例，同时介绍了所用仿真器 XDS100V1，并详细讲述了在 CCS12 开发环境下的软件调试。

（8）FPGA 可编程逻辑器件与开发。

主要对可编程逻辑器件（Programmable Logic Device，PLD）进行了全面的介绍，讲述了 Altera（阿尔特拉）公司推出的 FPGA 芯片 EP4CE10，并讲述了正点原子推出的新起点 FPGA 开发板，同时介绍了 USB Blaster 下载器的使用方法。

本书还讲述了物联网通信技术，包括串行通信基础、RS-232C 串行通信接口、RS-485 串行通信接口、蓝牙通信技术、ZigBee 无线传感网络和 W601 Wi-Fi MCU 芯片及正点原子推出的 ALIENTEK W601 开发板。

限于篇幅，本书没有讲述 STM32 的应用实例、FPGA 开发板的应用实例和 ALIENTEK W601 开发板的应用实例。另外，电子电路仿真软件——Multisim 也是很好的仿真软件，有兴趣的读者可以参考作者在清华大学出版社出版的《零基础学电子系统设计——从元器件、工具仪表、电路仿真到综合系统设计》一书。

在一个加热炉温度自动控制系统中，通过调节天然气的流量阀门，目的是使炉温保持稳定。温度检测需要温度传感器（如热电偶）把非电物理量变成电信号（模拟量，如电流、电压），模拟量需要通过模/数转换器转换成数字量送入单片机、微控制器等。模/数转换后的数字量又需要变成人容易识别的物理量（温度），这需要进行标度变换与数据处理，为了抗干扰，还要进行数字滤波。为了实现自动控制，需要 PID 控制算法（该算法能满足 85% 以上的自动控制系统），PID 控制器为数字控制器，其输出为数字量，为了调节天然气的流量阀门，需要将数字量转换成模拟量（如电流、电压），因此需要数/模转换器。为了完成上述任务，本书讲述了传感器与自动检测技术、PID 控制算法和数字滤波与标度变换、电子系统的电磁兼容与抗干扰设计。

本书结合作者多年的科研和教学经验，同时参考了大量的书籍、网络上的电子资源，遵循循序渐进、理论与实践并重、共性与个性兼顾的原则，将理论实践一体化的教学方式融入其中。本书配有仿真代码、程序代码和电子配套资源。

对本书中所引用的参考文献的作者，在此一并表示真诚的感谢。

由于作者水平有限，加上时间仓促，书中错误和不妥之处在所难免，敬请广大读者不吝指正。

作　者

2024 年 12 月

# 目 录
CONTENTS

第 1 章　绪论 ……………………………………………………………………………………… 1

1.1　关于电子工程师 ………………………………………………………………………… 1

1.1.1　ChatGPT 的答案 ………………………………………………………………… 2

1.1.2　百度搜索的答案 ………………………………………………………………… 4

1.1.3　百度文库智能助手的答案 ……………………………………………………… 6

1.2　电子工程师必备的基础知识 …………………………………………………………… 7

1.3　电子工程师应该学习的知识 …………………………………………………………… 14

1.4　电子系统 ………………………………………………………………………………… 15

1.5　电子系统设计的基本内容与方法 ……………………………………………………… 17

1.5.1　电子系统设计的基本内容 ……………………………………………………… 17

1.5.2　电子系统设计的一般方法 ……………………………………………………… 18

1.6　电子系统的设计步骤 …………………………………………………………………… 19

1.7　嵌入式系统 ……………………………………………………………………………… 20

1.7.1　嵌入式系统概述 ………………………………………………………………… 21

1.7.2　嵌入式系统和通用计算机系统比较 …………………………………………… 22

1.8　嵌入式系统的组成 ……………………………………………………………………… 22

1.9　嵌入式系统的软件 ……………………………………………………………………… 23

1.9.1　无操作系统的嵌入式软件 ……………………………………………………… 23

1.9.2　带操作系统的嵌入式软件 ……………………………………………………… 24

1.9.3　嵌入式操作系统的分类 ………………………………………………………… 24

1.9.4　典型嵌入式操作系统 …………………………………………………………… 25

1.10　嵌入式系统的应用领域 ……………………………………………………………… 28

1.11　电子工程师常用网站 ………………………………………………………………… 28

1.12　如何学习电子系统 …………………………………………………………………… 30

1.13　如何学习嵌入式系统 ………………………………………………………………… 34

1.13.1　嵌入式系统的分类 …………………………………………………………… 34

1.13.2　嵌入式系统的学习困惑 ……………………………………………………… 35

1.13.3　嵌入式系统的知识体系 ……………………………………………………… 37

1.13.4　嵌入式系统的学习建议 ……………………………………………………… 38

第 2 章　电子设计制作与常用工具 …………………………………………………………… 41

2.1　电子制作概述 …………………………………………………………………………… 41

2.1.1　电子制作基本概念 ……………………………………………………………… 41

2.1.2　电子制作基本流程 ……………………………………………………………… 42

2.2　电子制作常用工具 ……………………………………………………………………… 44

　　　2.2.1　板件加工工具 ································································· 45
　　　2.2.2　焊接工具 ····································································· 46
　　　2.2.3　验电笔 ······································································· 49
　　　2.2.4　其他材料 ····································································· 49
　　2.3　电子制作装配技术 ···································································· 50
　　　2.3.1　电子元器件的安装 ··························································· 50
　　　2.3.2　电子制作的装配 ····························································· 53
　　2.4　电子制作调试与故障排查 ······························································ 55
　　　2.4.1　电子制作测量 ······························································· 55
　　　2.4.2　电子制作调试 ······························································· 56
　　　2.4.3　调试过程中的常见故障 ······················································· 59
　　　2.4.4　调试过程中的故障排查法 ····················································· 59
第3章　基本电子元器件 ············································································· 61
　　3.1　电阻器的简单识别与型号命名法 ······················································· 61
　　　3.1.1　电阻器的分类 ······························································· 62
　　　3.1.2　电阻器的型号命名 ··························································· 63
　　　3.1.3　电阻器的主要性能指标 ······················································· 64
　　　3.1.4　电阻器的简单测试 ··························································· 66
　　　3.1.5　选用电阻器常识 ····························································· 66
　　　3.1.6　电阻器和电位器选用原则 ····················································· 67
　　3.2　电容器的简单识别与型号命名法 ······················································· 67
　　　3.2.1　电容器的分类 ······························································· 67
　　　3.2.2　电容器型号命名法 ··························································· 69
　　　3.2.3　电容器的主要性能指标 ······················································· 70
　　　3.2.4　电容器质量优劣的简单测试 ··················································· 71
　　　3.2.5　选用电容器常识 ····························································· 71
　　3.3　电感器的简单识别与型号命名法 ······················································· 72
　　　3.3.1　电感器的分类 ······························································· 72
　　　3.3.2　电感器的主要性能指标 ······················································· 73
　　　3.3.3　电感器的简单测试 ··························································· 73
　　　3.3.4　选用电感器常识 ····························································· 74
　　3.4　半导体器件的简单识别与型号命名法 ··················································· 74
　　　3.4.1　半导体器件型号命名法 ······················································· 74
　　　3.4.2　二极管的识别与简单测试 ····················································· 76
　　　3.4.3　三极管的识别与简单测试 ····················································· 79
　　3.5　半导体集成电路型号命名法 ···························································· 80
　　　3.5.1　集成电路的型号命名法 ······················································· 81
　　　3.5.2　集成电路的分类 ····························································· 81
　　　3.5.3　集成电路的生产商和封装形式 ················································· 83
第4章　常用测量仪器与仪表 ········································································· 85
　　4.1　万用表概述 ········································································· 85
　　4.2　MF-47型指针万用表的使用 ··························································· 87
　　　4.2.1　MF-47型万用表面板介绍 ····················································· 87
　　　4.2.2　MF-47型万用表使用准备 ····················································· 88

4.2.3　MF-47 型万用表测量直流电压 ……………………………………………… 89

4.2.4　MF-47 型万用表测量交流电压 ……………………………………………… 90

4.2.5　MF-47 型万用表测量直流电流 ……………………………………………… 90

4.2.6　MF-47 型万用表测量电阻值 ………………………………………………… 91

4.2.7　指针万用表使用注意事项 …………………………………………………… 91

4.3　VC890C$^+$Pro 型数字万用表的使用 ………………………………………………… 93

4.3.1　VC890C$^+$Pro 型数字万用表面板介绍 ……………………………………… 93

4.3.2　VC890C$^+$Pro 型数字万用表直流电压的测量 ……………………………… 95

4.3.3　VC890C$^+$Pro 型数字万用表直流电流的测量 ……………………………… 96

4.3.4　VC890C$^+$Pro 型数字万用表交流电压的测量 ……………………………… 96

4.3.5　VC890C$^+$Pro 型数字万用表交流电流的测量 ……………………………… 97

4.3.6　VC890C$^+$Pro 型数字万用表电阻值的测量 ………………………………… 98

4.3.7　VC890C$^+$Pro 型数字万用表线路通断测量 ………………………………… 99

4.3.8　VC890C$^+$Pro 型数字万用表温度的测量 …………………………………… 99

4.4　FLUKE 17B$^+$型自动量程数字万用表的使用 ………………………………………… 102

4.4.1　FLUKE 17B$^+$型数字万用表面板介绍 ……………………………………… 102

4.4.2　FLUKE 17B$^+$型数字万用表电压的测量 …………………………………… 104

4.4.3　FLUKE 17B$^+$型数字万用表电流的测量 …………………………………… 105

4.4.4　FLUKE 17B$^+$型数字万用表电阻值的测量 ………………………………… 107

4.4.5　FLUKE 17B$^+$型数字万用表线路通断测量 ………………………………… 108

4.4.6　FLUKE 17B$^+$型数字万用表温度的测量 …………………………………… 109

4.4.7　数字万用表的使用注意事项 ………………………………………………… 110

4.5　数字示波器 …………………………………………………………………………… 111

4.5.1　数字示波器的功能 …………………………………………………………… 112

4.5.2　数字示波器的品牌 …………………………………………………………… 112

4.5.3　安捷伦示波器的型号 ………………………………………………………… 113

4.5.4　泰克示波器的型号 …………………………………………………………… 113

4.5.5　数字示波器的使用方法 ……………………………………………………… 113

4.5.6　Agilent DSO-X 2002A 型数字示波器 ………………………………………… 114

4.5.7　DSO 和 MSO 示波器的区别 ………………………………………………… 118

4.5.8　Agilent DSO-X 2002A 型数字示波器面板说明 ……………………………… 118

4.5.9　安捷伦示波器测量方波的步骤 ……………………………………………… 123

4.5.10　安捷伦数字示波器如何测量交流信号 ……………………………………… 124

4.5.11　XR2206 信号发生器与数字示波器测试 …………………………………… 124

4.6　逻辑分析仪 …………………………………………………………………………… 129

4.6.1　逻辑分析仪概述 ……………………………………………………………… 129

4.6.2　LA5016 逻辑分析仪 ………………………………………………………… 131

4.6.3　LA5016 逻辑分析仪的使用 ………………………………………………… 132

4.6.4　KingstVIS 软件界面 ………………………………………………………… 132

4.6.5　模拟演示功能 ………………………………………………………………… 133

4.6.6　连接设备与计算机 …………………………………………………………… 134

4.6.7　连接设备与待测系统 ………………………………………………………… 135

4.6.8　采样参数设置 ………………………………………………………………… 135

4.6.9　采集信号与测量、分析波形 ………………………………………………… 136

　　　　4.6.10　数据保存与导出 ⋯⋯⋯⋯⋯⋯⋯⋯⋯⋯⋯⋯⋯⋯⋯⋯⋯⋯⋯⋯⋯⋯⋯⋯ 137
　　4.7　波形发生器 ⋯⋯⋯⋯⋯⋯⋯⋯⋯⋯⋯⋯⋯⋯⋯⋯⋯⋯⋯⋯⋯⋯⋯⋯⋯⋯⋯⋯⋯ 138
　　4.8　晶体管特性图示仪 ⋯⋯⋯⋯⋯⋯⋯⋯⋯⋯⋯⋯⋯⋯⋯⋯⋯⋯⋯⋯⋯⋯⋯⋯⋯⋯ 141
第 5 章　电路设计与仿真——Altium Designer ⋯⋯⋯⋯⋯⋯⋯⋯⋯⋯⋯⋯⋯⋯⋯⋯⋯ 143
　　5.1　Altium Designer 简介 ⋯⋯⋯⋯⋯⋯⋯⋯⋯⋯⋯⋯⋯⋯⋯⋯⋯⋯⋯⋯⋯⋯⋯⋯⋯ 143
　　　　5.1.1　Altium Designer 20 的主要特点 ⋯⋯⋯⋯⋯⋯⋯⋯⋯⋯⋯⋯⋯⋯⋯⋯⋯ 143
　　　　5.1.2　PCB 总体设计流程 ⋯⋯⋯⋯⋯⋯⋯⋯⋯⋯⋯⋯⋯⋯⋯⋯⋯⋯⋯⋯⋯⋯⋯ 145
　　5.2　电路原理图设计 ⋯⋯⋯⋯⋯⋯⋯⋯⋯⋯⋯⋯⋯⋯⋯⋯⋯⋯⋯⋯⋯⋯⋯⋯⋯⋯⋯ 146
　　　　5.2.1　Altium Designer 20 的启动 ⋯⋯⋯⋯⋯⋯⋯⋯⋯⋯⋯⋯⋯⋯⋯⋯⋯⋯⋯ 146
　　　　5.2.2　Altium Designer 20 的主窗口 ⋯⋯⋯⋯⋯⋯⋯⋯⋯⋯⋯⋯⋯⋯⋯⋯⋯⋯ 146
　　　　5.2.3　Altium Designer 20 的开发环境 ⋯⋯⋯⋯⋯⋯⋯⋯⋯⋯⋯⋯⋯⋯⋯⋯⋯ 150
　　　　5.2.4　原理图设计的一般流程 ⋯⋯⋯⋯⋯⋯⋯⋯⋯⋯⋯⋯⋯⋯⋯⋯⋯⋯⋯⋯⋯ 151
第 6 章　电路分析基础知识 ⋯⋯⋯⋯⋯⋯⋯⋯⋯⋯⋯⋯⋯⋯⋯⋯⋯⋯⋯⋯⋯⋯⋯⋯⋯⋯ 153
　　6.1　电路分析的基本方法与规律 ⋯⋯⋯⋯⋯⋯⋯⋯⋯⋯⋯⋯⋯⋯⋯⋯⋯⋯⋯⋯⋯⋯ 153
　　　　6.1.1　欧姆定律 ⋯⋯⋯⋯⋯⋯⋯⋯⋯⋯⋯⋯⋯⋯⋯⋯⋯⋯⋯⋯⋯⋯⋯⋯⋯⋯⋯ 153
　　　　6.1.2　电功、电功率和焦耳定律 ⋯⋯⋯⋯⋯⋯⋯⋯⋯⋯⋯⋯⋯⋯⋯⋯⋯⋯⋯⋯ 155
　　　　6.1.3　电阻的串联、并联与混联 ⋯⋯⋯⋯⋯⋯⋯⋯⋯⋯⋯⋯⋯⋯⋯⋯⋯⋯⋯⋯ 156
　　6.2　复杂电路的分析方法与规律 ⋯⋯⋯⋯⋯⋯⋯⋯⋯⋯⋯⋯⋯⋯⋯⋯⋯⋯⋯⋯⋯⋯ 158
　　　　6.2.1　基本概念 ⋯⋯⋯⋯⋯⋯⋯⋯⋯⋯⋯⋯⋯⋯⋯⋯⋯⋯⋯⋯⋯⋯⋯⋯⋯⋯⋯ 158
　　　　6.2.2　基尔霍夫定律 ⋯⋯⋯⋯⋯⋯⋯⋯⋯⋯⋯⋯⋯⋯⋯⋯⋯⋯⋯⋯⋯⋯⋯⋯⋯ 158
　　　　6.2.3　叠加定理 ⋯⋯⋯⋯⋯⋯⋯⋯⋯⋯⋯⋯⋯⋯⋯⋯⋯⋯⋯⋯⋯⋯⋯⋯⋯⋯⋯ 160
　　　　6.2.4　戴维南定理 ⋯⋯⋯⋯⋯⋯⋯⋯⋯⋯⋯⋯⋯⋯⋯⋯⋯⋯⋯⋯⋯⋯⋯⋯⋯⋯ 161
　　　　6.2.5　最大功率传输定理与阻抗变换 ⋯⋯⋯⋯⋯⋯⋯⋯⋯⋯⋯⋯⋯⋯⋯⋯⋯ 162
第 7 章　模拟集成电路设计与仿真 ⋯⋯⋯⋯⋯⋯⋯⋯⋯⋯⋯⋯⋯⋯⋯⋯⋯⋯⋯⋯⋯⋯ 165
　　7.1　集成运算放大器的应用电路设计与仿真 ⋯⋯⋯⋯⋯⋯⋯⋯⋯⋯⋯⋯⋯⋯⋯⋯ 165
　　　　7.1.1　运算放大器基本原理 ⋯⋯⋯⋯⋯⋯⋯⋯⋯⋯⋯⋯⋯⋯⋯⋯⋯⋯⋯⋯⋯⋯ 166
　　　　7.1.2　运算放大器计算 ⋯⋯⋯⋯⋯⋯⋯⋯⋯⋯⋯⋯⋯⋯⋯⋯⋯⋯⋯⋯⋯⋯⋯⋯ 167
　　　　7.1.3　基本运算放大器 ⋯⋯⋯⋯⋯⋯⋯⋯⋯⋯⋯⋯⋯⋯⋯⋯⋯⋯⋯⋯⋯⋯⋯⋯ 168
　　　　7.1.4　线性数学运算电路 ⋯⋯⋯⋯⋯⋯⋯⋯⋯⋯⋯⋯⋯⋯⋯⋯⋯⋯⋯⋯⋯⋯⋯ 175
　　　　7.1.5　仪表放大器 ⋯⋯⋯⋯⋯⋯⋯⋯⋯⋯⋯⋯⋯⋯⋯⋯⋯⋯⋯⋯⋯⋯⋯⋯⋯⋯ 183
　　　　7.1.6　正弦波振荡电路 ⋯⋯⋯⋯⋯⋯⋯⋯⋯⋯⋯⋯⋯⋯⋯⋯⋯⋯⋯⋯⋯⋯⋯⋯ 185
　　　　7.1.7　非正弦波发生电路 ⋯⋯⋯⋯⋯⋯⋯⋯⋯⋯⋯⋯⋯⋯⋯⋯⋯⋯⋯⋯⋯⋯⋯ 188
　　　　7.1.8　波形转换电路 ⋯⋯⋯⋯⋯⋯⋯⋯⋯⋯⋯⋯⋯⋯⋯⋯⋯⋯⋯⋯⋯⋯⋯⋯⋯ 197
　　　　7.1.9　有源滤波器 ⋯⋯⋯⋯⋯⋯⋯⋯⋯⋯⋯⋯⋯⋯⋯⋯⋯⋯⋯⋯⋯⋯⋯⋯⋯⋯ 201
　　7.2　电压比较器电路设计与仿真 ⋯⋯⋯⋯⋯⋯⋯⋯⋯⋯⋯⋯⋯⋯⋯⋯⋯⋯⋯⋯⋯⋯ 204
　　　　7.2.1　电压比较器的分类 ⋯⋯⋯⋯⋯⋯⋯⋯⋯⋯⋯⋯⋯⋯⋯⋯⋯⋯⋯⋯⋯⋯⋯ 204
　　　　7.2.2　电压比较器的应用 ⋯⋯⋯⋯⋯⋯⋯⋯⋯⋯⋯⋯⋯⋯⋯⋯⋯⋯⋯⋯⋯⋯⋯ 208
　　　　7.2.3　集成电压比较器 LM239/LM339 ⋯⋯⋯⋯⋯⋯⋯⋯⋯⋯⋯⋯⋯⋯⋯⋯ 211
　　　　7.2.4　LM293/LM393/LM2903 ⋯⋯⋯⋯⋯⋯⋯⋯⋯⋯⋯⋯⋯⋯⋯⋯⋯⋯⋯⋯ 212
　　　　7.2.5　LM211/LM311 ⋯⋯⋯⋯⋯⋯⋯⋯⋯⋯⋯⋯⋯⋯⋯⋯⋯⋯⋯⋯⋯⋯⋯⋯ 213
　　7.3　集成稳压电源电路设计与仿真 ⋯⋯⋯⋯⋯⋯⋯⋯⋯⋯⋯⋯⋯⋯⋯⋯⋯⋯⋯⋯⋯ 215
　　　　7.3.1　集成稳压器的应用 ⋯⋯⋯⋯⋯⋯⋯⋯⋯⋯⋯⋯⋯⋯⋯⋯⋯⋯⋯⋯⋯⋯⋯ 215
　　　　7.3.2　精密基准电压源 ⋯⋯⋯⋯⋯⋯⋯⋯⋯⋯⋯⋯⋯⋯⋯⋯⋯⋯⋯⋯⋯⋯⋯⋯ 219
　　　　7.3.3　DC/DC 电源变换器 ⋯⋯⋯⋯⋯⋯⋯⋯⋯⋯⋯⋯⋯⋯⋯⋯⋯⋯⋯⋯⋯⋯ 222

第 8 章 数字集成电路设计与仿真 ········································································ 224
  8.1 基本逻辑门电路 ··················································································· 224
    8.1.1 与门 ·························································································· 225
    8.1.2 或门 ·························································································· 226
    8.1.3 非门 ·························································································· 227
    8.1.4 74HC/LS/HCT/F 系列芯片的区别 ·············································· 228
    8.1.5 布尔代数运算法则 ····································································· 229
  8.2 数字电路设计步骤及方法 ······································································ 230
    8.2.1 数字电路的设计步骤 ································································· 230
    8.2.2 数字电路的设计方法 ································································· 231
  8.3 基本逻辑门逻辑功能测试与应用 ···························································· 232
    8.3.1 基本逻辑门设计原理 ································································· 233
    8.3.2 基本逻辑门的 Proteus 软件仿真 ················································· 236
  8.4 特殊门电路 ························································································ 237
    8.4.1 特殊门电路设计原理 ································································· 238
    8.4.2 特殊门电路的 Proteus 软件仿真 ················································· 240
  8.5 编码器及其应用电路设计与仿真 ···························································· 241
    8.5.1 编码器设计原理 ········································································ 241
    8.5.2 编码器的 Proteus 软件仿真 ······················································· 243
  8.6 译码器及其应用电路设计与仿真 ···························································· 244
    8.6.1 译码器设计原理 ········································································ 244
    8.6.2 译码器的 Proteus 软件仿真 ······················································· 248
  8.7 触发器及其应用电路设计与仿真 ···························································· 249
    8.7.1 触发器设计原理 ········································································ 249
    8.7.2 触发器的 Proteus 软件仿真 ······················································· 255
  8.8 计数器及其应用电路设计与仿真 ···························································· 256
    8.8.1 计数器设计原理 ········································································ 256
    8.8.2 计数器的 Proteus 软件仿真 ······················································· 259
  8.9 集成移位寄存器及其应用电路设计与仿真 ················································ 260
    8.9.1 集成移位寄存器设计 ································································· 260
    8.9.2 集成移位寄存器的 Proteus 软件仿真 ·········································· 264
  8.10 555 定时器及其应用电路设计与仿真 ···················································· 266
    8.10.1 555 定时器设计原理 ································································ 266
    8.10.2 555 定时器的 Proteus 软件仿真 ················································· 270
  8.11 三态缓冲器/线驱动器电路设计与仿真 ·················································· 272
    8.11.1 三态缓冲器/线驱动器设计原理 ················································· 272
    8.11.2 三态缓冲器/线驱动器的 Proteus 仿真 ········································ 275
第 9 章 STM32 系列微控制器与开发 ··································································· 278
  9.1 Arm 微处理器简介 ·············································································· 279
    9.1.1 Arm 处理器的特点 ···································································· 279
    9.1.2 Arm 体系结构 ·········································································· 279
    9.1.3 Arm 的 RISC 结构特性 ······························································ 281
    9.1.4 Arm Cortex-M 处理器 ································································ 281
  9.2 STM32 微控制器概述 ·········································································· 282

9.2.1 STM32 微控制器产品介绍 ·········································· 283

9.2.2 STM32 系统性能分析 ·············································· 285

9.2.3 STM32F103VET6 的引脚 ·········································· 286

9.2.4 STM32F103VET6 最小系统设计 ···································· 286

9.3 STM32 开发工具——Keil MDK ········································ 289

9.4 STM32F103 开发板的选择 ············································· 291

9.5 STM32 仿真器的选择 ················································· 291

第 10 章 电路设计与数字仿真——Proteus 及其应用 ······················ 294

10.1 EDA 技术概述 ····················································· 295

10.2 Proteus EDA 软件的功能模块 ········································ 296

10.3 Proteus 8 体系结构及特点 ··········································· 298

10.3.1 Proteus VSM 的主要功能 ········································ 300

10.3.2 Proteus PCB ·················································· 300

10.3.3 嵌入式微处理器交互式仿真 ······································ 301

10.4 Proteus 8 的启动和退出 ············································· 301

10.5 Proteus 8 窗口操作 ················································· 302

10.5.1 主菜单栏 ····················································· 303

10.5.2 主工具栏 ····················································· 303

10.5.3 主页 ························································· 303

10.6 Schematic Capture 窗口 ············································· 310

10.7 Schematic Capture 电路设计 ········································· 311

10.8 STM32F103 驱动 LED 灯仿真实例 ···································· 311

10.8.1 硬件绘制 ····················································· 312

10.8.2 STM32CubeMX 配置工程 ········································ 314

10.8.3 编写用户代码 ················································· 319

10.8.4 仿真结果 ····················································· 320

10.8.5 代码分析 ····················································· 321

第 11 章 GD32 微控制器与开发 ·········································· 324

11.1 GigaDevice 公司概述 ··············································· 324

11.2 GD32 MCU 发展历程及典型应用 ····································· 325

11.2.1 GD32 MCU 发展历程 ··········································· 325

11.2.2 GD32 MCU 典型应用 ··········································· 327

11.3 GD32 MCU 产品家族介绍 ··········································· 329

11.4 GD32 MCU 应用选型 ··············································· 329

11.4.1 GD32 MCU 型号解码 ··········································· 330

11.4.2 GD32 MCU 选型方法简介 ······································· 332

11.5 GD32F470xx 介绍 ·················································· 332

11.6 GD32 微控制器快速入门与开发平台搭建 ······························ 333

11.7 GD32F4 开发板的选择 ·············································· 334

11.8 GD32 仿真器的选择 ················································ 338

11.9 GD32F4 外部中断实例 ·············································· 338

11.9.1 通过 GD-Link 模块下载程序 ····································· 339

11.9.2 通过 GD32F4 蓝莓派串口下载程序 ································ 339

11.10 GD32 微控制器和 STM32 微控制器的对比和选择 ····················· 346

第 12 章　STC 系列单片机与开发 ······················································································· 349

12.1　STC 系列单片机概述 ······························································································ 349

12.2　STC8H 系列单片机 ·································································································· 351

　　12.2.1　STC8H 系列单片机概述 ················································································· 351

　　12.2.2　STC8H8K64U 系列单片机 ·············································································· 352

12.3　增强型 8051 内核 ···································································································· 357

　　12.3.1　CPU 结构 ···································································································· 358

　　12.3.2　存储结构 ······································································································ 359

　　12.3.3　并行 I/O 口 ·································································································· 361

　　12.3.4　时钟与复位 ··································································································· 364

　　12.3.5　STC 单片 IAP 和 ISP ··················································································· 365

12.4　STC 开发板和仿真器的选择 ····················································································· 365

　　12.4.1　STC 开发板的选择 ························································································ 366

　　12.4.2　STC 仿真器的选择 ························································································ 367

12.5　STC-ISP(V6.92)程序下载软件 ·················································································· 368

12.6　STC 单片机 8 位数码管显示应用实例 ·········································································· 372

　　12.6.1　8 位数码管显示硬件设计 ················································································ 373

　　12.6.2　8 位数码管显示软件设计 ················································································ 374

　　12.6.3　8 位数码管显示软件的调试 ············································································· 376

第 13 章　SC 系列单片机与开发 ························································································ 383

13.1　SC 系列单片机概述 ································································································· 384

　　13.1.1　SC 产品线 ··································································································· 384

　　13.1.2　SOC 公司硬件开发平台 ················································································· 386

　　13.1.3　利用易码魔盒开发应用程序 ············································································· 386

　　13.1.4　SOC 公司单片机应用领域与用户 ······································································ 387

13.2　SC95F 系列单片机 ·································································································· 389

　　13.2.1　SC95 系列单片机的命名规则 ··········································································· 390

　　13.2.2　SC95 系列单片机集成的资源 ··········································································· 390

　　13.2.3　SC95F8617 单片机的引脚 ·············································································· 390

　　13.2.4　SC95F8617 单片机的内部组成 ········································································· 391

　　13.2.5　SC95F8617 单片机的存储器 ··········································································· 394

　　13.2.6　SC95F8617 单片机的 I/O 口 ··········································································· 395

13.3　SC 开发板和仿真器的选择 ······················································································ 397

　　13.3.1　SC 开发板的选择 ·························································································· 397

　　13.3.2　SC 系列单片机开发平台 ················································································· 399

　　13.3.3　SC 仿真器的选择 ·························································································· 400

　　13.3.4　SOC Programming Tool 程序下载软件 ······························································ 401

13.4　SC 单片机 4 位数码管显示应用实例 ··········································································· 406

　　13.4.1　4 位数码管显示硬件设计 ················································································ 406

　　13.4.2　NBK-EBS002 基础功能扩展板硬件配置 ······························································ 407

　　13.4.3　4 位数码管显示软件设计 ················································································ 409

　　13.4.4　4 位数码管显示软件的调试 ············································································· 412

第 14 章　IAR EW 开发环境 ···························································································· 420

14.1　IAR Embedded Workbench 集成开发环境简介 ······························································· 420

14.2 IAR Embedded Workbench 的安装 ······ 421

14.3 IAR Embedded Workbench 窗口操作 ······ 424

    14.3.1 菜单栏 ······ 424

    14.3.2 工具栏 ······ 431

    14.3.3 状态栏 ······ 431

14.4 IAR EW430 工程开发 ······ 432

第 15 章 MSP430 系列单片机与开发 ······ 441

15.1 MSP430 单片机概述 ······ 441

    15.1.1 MSP430 单片机的发展和应用 ······ 442

    15.1.2 MSP430 系列单片机的技术特点 ······ 444

    15.1.3 MSP430 单片机的特点 ······ 445

    15.1.4 MSP430 单片机的应用前景 ······ 446

15.2 MSP430 系列单片机 ······ 448

    15.2.1 MSP430F1 系列单片机 ······ 448

    15.2.2 MSP430G2553 单片机 ······ 449

    15.2.3 MSP430F5xx/6xx 系列单片机 ······ 452

    15.2.4 MSP430 单片机选型 ······ 454

    15.2.5 MSP430 开发板的选择 ······ 454

15.3 MSP430 数码管显示应用实例 ······ 456

    15.3.1 数码管显示硬件设计 ······ 456

    15.3.2 8 位数码管显示软件设计 ······ 457

    15.3.3 8 位数码管显示软件的调试 ······ 459

第 16 章 STM8S 系列微控制器与开发 ······ 462

16.1 STM8 微控制器概述 ······ 462

    16.1.1 STM8 内核 MCU 芯片主要特性 ······ 463

    16.1.2 STM8S 系列 MCU 芯片内部结构 ······ 465

16.2 STM8S 微控制器 ······ 467

    16.2.1 STM8S1 系列 ······ 467

    16.2.2 STM8S2 系列 ······ 468

    16.2.3 STM8S 系列微控制器型号及其简要介绍 ······ 468

    16.2.4 STM8S 系列微控制器的应用领域 ······ 469

16.3 STM8S105xx 单片机 ······ 469

16.4 STM8S 开发板和仿真器的选择 ······ 471

16.5 STM8S 按键输入与 LED 应用实例 ······ 472

    16.5.1 按键输入与 LED 显示硬件设计 ······ 472

    16.5.2 按键输入与 LED 显示软件设计 ······ 473

    16.5.3 按键输入与 LED 显示软件的调试 ······ 475

第 17 章 TMS320 数字信号处理器与开发 ······ 479

17.1 数字信号处理器概述 ······ 479

    17.1.1 DSP 芯片的主要结构特点 ······ 480

    17.1.2 DSP 芯片的分类 ······ 482

    17.1.3 DSP 芯片的应用 ······ 483

    17.1.4 DSP 芯片的选择 ······ 483

17.2 DSP 芯片的生产厂商 ······ 484

17.2.1 AMI 公司 ···················································································· 484
17.2.2 TI 公司 ······················································································ 484
17.2.3 ADI 公司 ···················································································· 485
17.2.4 Xilinx 公司 ·················································································· 486
17.3 DSP 系统 ································································································· 486
17.3.1 DSP 系统的构成 ··········································································· 487
17.3.2 DSP 系统的设计过程 ····································································· 487
17.4 拓展阅读及项目实践 ·················································································· 489
17.5 DSP 结构与特性 ······················································································· 489
17.5.1 DSP 的基本结构和主要特性 ···························································· 489
17.5.2 引脚分布及封装 ············································································ 493
17.5.3 内部总线结构 ··············································································· 494
17.5.4 中央处理单元 ··············································································· 495
17.5.5 存储器及其扩展接口 ······································································ 496
17.6 TMS320F28335 32 位浮点 DSP 处理器 ·························································· 498
17.6.1 TMS320F28335 介绍 ······································································ 498
17.6.2 TMS320F28335 的特性 ··································································· 499
17.6.3 TMS320F28335 的片内外设资源 ······················································ 500
17.6.4 TMS320F28335 的引脚分布与引脚功能 ············································· 503
17.7 TMS320F28335 最小系统硬件设计 ······························································· 504
17.7.1 最小系统硬件设计的注意事项 ·························································· 504
17.7.2 最小系统硬件电路的设计 ································································ 504
17.7.3 调试 TMS320F28335 硬件电路的注意事项 ········································· 508
17.8 DSP 软件开发环境 ···················································································· 508
17.8.1 软件开发流程和工具 ······································································ 509
17.8.2 DSP 集成开发环境 CCS ·································································· 511
17.9 DSP 开发板和仿真器的选择 ········································································· 516
17.9.1 DSP 开发板的选择 ········································································· 517
17.9.2 DSP 仿真器的选择 ········································································· 518
17.10 TMS320F28335 在 7 位 LED 流水灯显示的应用实例 ········································ 519
17.10.1 7 位 LED 流水灯显示硬件设计 ························································· 519
17.10.2 7 位 LED 流水灯显示软件设计 ························································· 519
第 18 章 FPGA 可编程逻辑器件与开发 ······································································ 524
18.1 可编程逻辑器件概述 ·················································································· 525
18.1.1 可编程逻辑器件的发展 ··································································· 525
18.1.2 PAL/GAL ···················································································· 526
18.1.3 CPLD ························································································· 527
18.1.4 FPGA ························································································· 527
18.1.5 CPLD 与 FPGA 的区别 ···································································· 527
18.1.6 SOPC ························································································· 529
18.1.7 IP 核 ·························································································· 529
18.1.8 FPGA 框架结构 ············································································ 530
18.2 FPGA 的内部结构 ···················································································· 531
18.2.1 可编程输入/输出单元 ····································································· 531

18.2.2 基本可编程逻辑单元 ......................................................... 531
18.2.3 嵌入式块 RAM .................................................................. 532
18.2.4 丰富的布线资源 ............................................................... 532
18.3 Intel 公司的 FPGA .................................................................... 532
18.3.1 Cyclone 系列 .................................................................. 532
18.3.2 Cyclone IV 系列芯片 ......................................................... 533
18.3.3 配置芯片 ........................................................................ 535
18.4 FPGA 的生产厂商 .................................................................... 535
18.4.1 Xilinx 公司 ..................................................................... 535
18.4.2 Altera 公司 ..................................................................... 536
18.5 FPGA 的应用领域 .................................................................... 537
18.6 FPGA 开发工具 ....................................................................... 538
18.7 基于 FPGA 的开发流程 .............................................................. 539
18.7.1 FPGA 设计方法概论 ........................................................... 539
18.7.2 典型 FPGA 的开发流程 ....................................................... 540
18.7.3 FPGA 的配置 ................................................................... 540
18.7.4 基于 FPGA 的 SoC 设计方法 ................................................ 541
18.8 Verilog 语言 ........................................................................... 542
18.8.1 Verilog 概述 .................................................................... 543
18.8.2 Verilog HDL 和 VHDL 的比较 .............................................. 544
18.8.3 Verilog HDL 基础 ............................................................. 545
18.9 FPGA 开发板 .......................................................................... 546
第 19 章 物联网与无线传感器网络 ......................................................... 549
19.1 物联网 .................................................................................. 549
19.1.1 物联网的定义 ................................................................... 550
19.1.2 物联网的特点 ................................................................... 550
19.1.3 物联网的基本架构 ............................................................. 551
19.1.4 物联网的技术架构 ............................................................. 552
19.1.5 物联网的应用模式 ............................................................. 553
19.1.6 物联网的应用 ................................................................... 554
19.1.7 工业物联网 ..................................................................... 555
19.2 无线传感器网络 ....................................................................... 558
19.2.1 无线传感器网络的特点 ........................................................ 558
19.2.2 无线传感器网络体系结构 ..................................................... 559
19.2.3 无线传感器网络的关键技术 .................................................. 560
19.2.4 IEEE 802.15.4 无线传感器网络通信标准 ................................ 562
19.2.5 无线传感器网络的应用 ........................................................ 564
19.3 蓝牙通信技术 .......................................................................... 564
19.3.1 蓝牙通信技术概述 ............................................................. 565
19.3.2 无线多协议 SoC 芯片 ......................................................... 565
19.3.3 nRF5340 芯片及其主要特性 ................................................ 566
19.3.4 nRF5340 的开发工具 ......................................................... 567
19.3.5 低功耗蓝牙芯片 nRF51822 及其应用电路 ............................... 567
19.4 ZigBee 无线传感器网络 ............................................................. 568

19.4.1 ZigBee 无线传感器网络通信标准 ·································· 569
19.4.2 ZigBee 开发技术 ··················································· 570
19.4.3 CC2530 的开发环境 ·············································· 574
19.5 W601 Wi-Fi MCU 芯片及其应用实例 ································ 574
19.5.1 W601/W800/W801/W861 概述 ·································· 574
19.5.2 ALIENTEK W601 开发板 ········································· 578

第 20 章 微控制器与元器件生产商 ·········································· 580
20.1 微控制器技术 ··························································· 580
20.1.1 德州仪器(Texas Instruments)生产的微控制器 ················ 581
20.1.2 微芯科技(Microchip Technology)生产的微控制器 ·········· 582
20.1.3 意法半导体(ST Microelectronics)生产的微控制器 ·········· 584
20.1.4 恩智浦半导体(NXP Semiconductors)生产的微控制器 ········ 587
20.1.5 瑞萨电子(Renesas Electronics)生产的微控制器 ············· 589
20.1.6 英飞凌科技(Infineon Technologies)生产的微控制器 ········· 590
20.1.7 赛普拉斯半导体(Cypress Semiconductor)生产的微控制器 ···· 593
20.1.8 模拟器件(Analog Devices)生产的微控制器 ················· 593
20.1.9 美信集成(Maxim Integrated)生产的微控制器 ··············· 594
20.1.10 国内生产微控制器(MCU)的厂商及其微控制器产品 ········· 595
20.2 知名的半导体公司 ····················································· 598
20.2.1 全球知名的半导体公司 ·········································· 598
20.2.2 中国知名的半导体公司 ·········································· 599
20.2.3 美国知名的半导体公司 ·········································· 600
20.2.4 欧洲知名的半导体公司 ·········································· 600
20.2.5 日本知名的半导体公司 ·········································· 600
20.2.6 韩国知名的半导体公司 ·········································· 601

第 21 章 传感器与自动检测技术 ············································· 602
21.1 传感器 ································································· 602
21.1.1 传感器的定义和分类及构成 ······································ 602
21.1.2 传感器的基本性能 ·············································· 603
21.1.3 传感器的应用领域 ·············································· 604
21.1.4 温度传感器 ····················································· 605
21.1.5 湿度传感器 ····················································· 609
21.1.6 流量传感器 ····················································· 610
21.1.7 热释电红外传感器 ·············································· 611
21.1.8 光电传感器 ····················································· 613
21.1.9 气敏传感器 ····················································· 614
21.1.10 霍尔传感器 ···················································· 615
21.1.11 应变式电阻传感器 ············································· 616
21.1.12 压力传感器 ···················································· 616
21.1.13 CCD 图像传感器 ·············································· 618
21.1.14 位移传感器 ···················································· 619
21.1.15 加速度传感器 ·················································· 620
21.1.16 PM2.5 传感器 ················································· 621
21.2 量程自动转换与系统误差的自动校正 ·································· 623

　　　21.2.1　模拟量输入信号类型 …………………………………………………… 623
　　　21.2.2　量程自动转换 ………………………………………………………………… 624
　　　21.2.3　系统误差的自动校正 ………………………………………………………… 624
　21.3　采样和模拟开关 ………………………………………………………………………… 625
　　　21.3.1　信号和采样定理 ……………………………………………………………… 625
　　　21.3.2　采样/保持器 …………………………………………………………………… 626
　　　21.3.3　模拟开关 ………………………………………………………………………… 627
　　　21.3.4　32 通道模拟量输入电路设计实例 ………………………………………… 628
　21.4　模拟量输入通道 ………………………………………………………………………… 630
　21.5　12 位低功耗模/数转换器 AD7091R ………………………………………………… 631
　　　21.5.1　AD7091R 引脚介绍 …………………………………………………………… 631
　　　21.5.2　AD7091R 的应用特性 ………………………………………………………… 632
　　　21.5.3　AD7091R 的数字接口 ………………………………………………………… 632
　　　21.5.4　AD7091R 与 STM32F103 的接口 ………………………………………… 633
　21.6　模拟量输出通道 ………………………………………………………………………… 634
　21.7　12 位/16 位 4～20mA 串行输入数/模转换器 AD5410/AD5420 ……………… 635
　　　21.7.1　AD5410/AD5420 引脚介绍 ………………………………………………… 635
　　　21.7.2　AD5410/AD5420 片内寄存器 ……………………………………………… 636
　　　21.7.3　AD5410/AD5420 应用特性 ………………………………………………… 637
　　　21.7.4　AD5410/AD5420 的数字接口 ……………………………………………… 637
　　　21.7.5　AD5410/AD5420 与 STM32F103 的接口 ……………………………… 637
　21.8　数字量输入/输出通道 ………………………………………………………………… 638
　　　21.8.1　光电耦合器 ……………………………………………………………………… 639
　　　21.8.2　数字量输入通道 ………………………………………………………………… 640
　　　21.8.3　数字量输出通道 ………………………………………………………………… 641
　　　21.8.4　脉冲量输入/输出通道 ………………………………………………………… 642
第 22 章　PID 控制算法 ………………………………………………………………………… 644
　22.1　被控对象的数学模型与性能指标 …………………………………………………… 644
　　　22.1.1　被控对象的动态特性 ………………………………………………………… 645
　　　22.1.2　数学模型的表达形式与要求 ………………………………………………… 645
　　　22.1.3　计算机控制系统被控对象的传递函数 …………………………………… 646
　　　22.1.4　计算机控制系统的性能指标 ………………………………………………… 647
　　　22.1.5　对象特性对控制性能的影响 ………………………………………………… 648
　22.2　PID 控制 …………………………………………………………………………………… 649
　　　22.2.1　PID 控制概述 …………………………………………………………………… 649
　　　22.2.2　PID 调节的作用 ………………………………………………………………… 650
　22.3　数字 PID 算法 …………………………………………………………………………… 652
　　　22.3.1　PID 算法 ………………………………………………………………………… 652
　　　22.3.2　PID 算法的仿真 ………………………………………………………………… 659
第 23 章　数字滤波与标度变换 ……………………………………………………………… 662
　23.1　常用数字滤波算法 ……………………………………………………………………… 662
　　　23.1.1　程序判断滤波 …………………………………………………………………… 663
　　　23.1.2　中值滤波 ………………………………………………………………………… 663
　　　23.1.3　算术平均滤波 …………………………………………………………………… 664

　　　　23.1.4　加权平均滤波 ……………………………………………………………… 664
　　　　23.1.5　低通滤波 ………………………………………………………………………… 665
　　　　23.1.6　滑动平均滤波 ……………………………………………………………… 665
　　23.2　标度变换与数据处理 …………………………………………………………… 666
　　　　23.2.1　线性标度变换 ……………………………………………………………… 666
　　　　23.2.2　非线性标度变换 …………………………………………………………… 667
　　　　23.2.3　数据处理 …………………………………………………………………… 668
第24章　电子系统的电磁兼容与抗干扰设计 ……………………………………………… 670
　　24.1　电磁兼容技术与抗干扰设计概述 ……………………………………………… 670
　　　　24.1.1　电磁兼容技术的发展 ……………………………………………………… 671
　　　　24.1.2　电磁噪声干扰 ……………………………………………………………… 671
　　　　24.1.3　电磁噪声的分类 …………………………………………………………… 672
　　　　24.1.4　构成电磁干扰问题的三要素 ……………………………………………… 673
　　　　24.1.5　控制工程中的电磁兼容 …………………………………………………… 673
　　　　24.1.6　电磁兼容与抗干扰设计的研究内容 …………………………………… 675
　　24.2　抑制电磁干扰的隔离技术 ……………………………………………………… 676
　　24.3　电子系统可靠性设计 …………………………………………………………… 678
　　　　24.3.1　可靠性设计任务 …………………………………………………………… 679
　　　　24.3.2　可靠性设计技术 …………………………………………………………… 680
　　24.4　抗干扰的硬件措施 ……………………………………………………………… 681
　　　　24.4.1　抗串模干扰的措施 ………………………………………………………… 682
　　　　24.4.2　抗共模干扰的措施 ………………………………………………………… 684
　　　　24.4.3　采用双绞线 ………………………………………………………………… 685
　　　　24.4.4　反射波干扰及抑制 ………………………………………………………… 686
　　　　24.4.5　地线连接方式与 PCB 布线原则 ………………………………………… 687
　　　　24.4.6　压敏电阻及其应用 ………………………………………………………… 689
　　　　24.4.7　瞬变电压抑制器及其应用 ………………………………………………… 690
　　24.5　抗干扰的软件措施 ……………………………………………………………… 691
　　　　24.5.1　数字信号输入/输出中的软件抗干扰措施 ……………………………… 691
　　　　24.5.2　CPU 软件抗干扰技术 …………………………………………………… 692
　　24.6　计算机控制系统的容错设计 …………………………………………………… 693
　　　　24.6.1　硬件故障的自诊断技术 …………………………………………………… 694
　　　　24.6.2　软件的容错设计 …………………………………………………………… 699
参考文献 ……………………………………………………………………………………… 705

# 第1章

**CHAPTER 1**

# 绪　论

在当今快速发展的科技时代,电子工程作为科技进步的核心推动力之一,无疑是推动人类社会向前发展的重要力量。随着电子技术的不断创新和应用的日益广泛,电子工程师的角色变得越来越重要。

电子工程师作为技术创新和工业进步的关键推动者,承担着设计、分析、测试和优化电子系统的重要职责。本章将对电子工程师的职业发展路径、必备知识,以及他们应掌握的电子系统和嵌入式系统知识进行全面介绍。

本章主要讲述如下内容:

(1) 关于电子工程师的讨论,从 ChatGPT、百度搜索和百度文库智能助手的不同角度出发,提供了对电子工程师职业的多维度理解。这些视角可能包括工程师的职责、必备技能、职业发展路径以及在行业中的重要性。

(2) 深入探讨了电子工程师必须掌握的基础知识和应该学习的知识,包括电路设计、信号处理、半导体物理、微电子学、电磁学等。这些知识构成了电子工程师进行有效工作的基础。

(3) 涵盖了电子系统的基本概念、设计内容与方法,以及设计步骤。这些内容为读者揭示了电子系统从概念到实际产品的转化过程,包括需求分析、系统规划、电路设计、原型制作、测试和迭代等关键环节。

(4) 聚焦于嵌入式系统,从概述到与通用计算机系统的比较,提供了对嵌入式系统特性和工作原理的基础理解。这部分内容对于理解嵌入式系统在现代电子工程中的核心地位至关重要。

(5) 进一步深入讨论了嵌入式系统的组成和软件,包括无操作系统和带操作系统的嵌入式软件,以及嵌入式操作系统的分类和典型实例。这些知识点对于设计高效、可靠的嵌入式系统至关重要。

(6) 探讨了嵌入式系统的应用领域,展示了其在汽车、航空、家用电器、医疗设备等多个行业中的广泛应用,并强调了嵌入式技术在推动这些领域创新中的作用。

(7) 为电子工程师提供了常用的网络资源,包括教育平台、在线论坛、技术文档和行业新闻等,这些资源对于工程师的持续学习和职业发展极为重要。

(8) 讲述了如何学习电子系统和嵌入式系统。

## 1.1　关于电子工程师

什么是电子工程师?

电子工程师是指从事各类电子设备和信息系统研究、教学、产品设计、科技开发、生产和管理等工作的高级工程技术人才。一般分为硬件工程师和软件工程师。硬件工程师主要负责电路分析、设计;并以计算机软件为工具进行 PCB(Printed Circuit Board,印制电路板)设计,待工厂 PCB 制作完毕并且焊接好电子元件之后进行测试、调试。软件工程师主要负责单片机、Arm、微控制器、DSP、FPGA（Field Programmable Gate Array，现场可编程门阵列）等嵌入式程序的编写及调试。FPGA 程序有时也属于硬件工程师工作范畴。

电子工程师的职业要求是什么？

电子工程师的职业要求：一般应具有自动化、电子、无线电、电气、机电一体化等相关专业本科以上学历；具有扎实的理论基础、丰富的电子知识，具有良好的电子电路分析能力。其中硬件工程师需要有良好的动手操作能力，能熟练读图，会使用各种电子测量、生产工具，而软件工程师除了需要精通电路知识以外，还应了解各类电子元器件的原理、型号、用途，精通处理器开发技术，可熟练使用各种相关设计软件，会使用编程语言。另外，良好的沟通能力和团队精神也是一名优秀的电子工程师必不可少的。

电子工程师的工作是什么？

电子工程师是负责设计、开发、测试和维护电子设备、系统和组件的专业人员。他们的工作范围涵盖了各种电子设备，包括通信设备、计算机硬件、消费电子产品、医疗设备、汽车电子系统等。

电子工程师的工作包括以下几个方面：

（1）设计和开发电子产品。电子工程师负责根据客户需求和技术要求设计和开发电子产品。他们使用电子设计自动化（Electronic Design Automation，EDA）工具来设计电路板、电路和系统，并进行模拟和验证。

（2）硬件设计和布局。电子工程师负责设计电子设备的硬件部分，包括电路板、电路、电源、传感器等。他们需要选择合适的元器件，并进行布局和布线，确保电路的性能和可靠性。

（3）系统集成和测试。电子工程师负责将各个组件和模块集成到整个系统中，并进行测试和验证。他们使用各种测试设备和工具检测和排除故障，并确保系统的正常运行。

（4）故障排除和维护。电子工程师负责分析和解决电子设备和系统的故障。他们使用各种测试设备和工具定位和修复故障，并进行维护和保养，以确保设备的可靠性和性能。

（5）技术支持和客户服务。电子工程师负责为客户提供技术支持和解决方案。他们与客户沟通，了解需求，并提供相应的技术支持和解决方案，以满足客户的需求。

总的来说，电子工程师的工作是设计、开发、测试和维护电子设备、系统和组件，以满足客户需求并确保设备的性能和可靠性。他们需要具备深厚的电子技术知识和技能，并熟悉各种电子设备和工具的使用方法。

关于现代电子工程师应掌握哪些技术？或电子工程师应该掌握哪些知识？或作为电子爱好者，你可能想要掌握哪些技术？或电子工程师需要掌握哪些技能？答案是什么呢？

我们首先可以通过 ChatGPT（OpenAI 开发的一个人工智能聊天机器人程序）和百度搜索回答问题。

顺便讲一下什么是 GPT？

第一个字母 G 是 Generative 的缩写，中文是生成性的意思，又叫生成性的人工智能，可根据我们的需要，创造生成全新的内容。

第二个字母 P 是 Pre-trained，意思是预训练。就是说它在回答我们问题的时候呢，已经在已有的数据集里面经过训练了。

第三个字母 T 是 Transformer。这个直译为中文就是转换器的意思。

ChatGPT 的回答很有逻辑性，更像人际交流。

## 1.1.1　ChatGPT 的答案

问 1：电子工程师应该掌握哪些技术？

【ChatGPT 的回答】

电子工程师应该掌握以下技术：

（1）电路设计和分析——掌握电路理论和分析方法，能够设计和优化电路。

（2）微电子器件和集成电路设计——了解各种微电子器件的原理和特性，并能够设计和布局集成电路。

（3）PCB 设计——能够使用 PCB 设计软件进行电路板布局和布线，掌握电路板制造和组装流程。

（4）数字信号处理——了解数字信号处理的基本原理和算法，能够设计和实现数字滤波器和信号处理系统。

（5）嵌入式系统设计——熟悉嵌入式系统的硬件和软件设计，能够选择和配置微控制器和外围设备。

（6）通信系统设计——了解通信系统的原理和协议，能够设计和优化无线通信系统。

（7）电源管理和能量转换——了解各种电源管理技术和能量转换器的原理和设计方法。

（8）传感器和测量技术——了解各种传感器的原理和特性，能够设计和实现测量系统。

（9）模拟电路设计——掌握模拟电路设计的基本原理和方法，能够设计和优化模拟电路。

（10）控制系统设计——了解控制系统的原理和方法，能够设计和实现闭环控制系统。

此外，电子工程师还应该具备良好的问题解决能力、团队合作能力和沟通能力，能够不断学习和更新自己的技术知识。

以另外一种方式问 ChatGPT。

问 2：电子工程师应该掌握哪些知识？

【ChatGPT 的回答】

电子工程师应该掌握以下知识：

（1）电路理论和分析——了解基本的电路理论，如欧姆定律、基尔霍夫定律和电容器、电感器、电阻器等元件的特性。

（2）微电子器件和集成电路——了解各种微电子器件的原理和特性，如晶体管、二极管、集成电路等。

（3）信号与系统——了解信号处理的基本概念，如时域和频域分析、滤波器设计等。

（4）数字电子技术——了解数字电路的基本原理和设计方法，如逻辑门、计数器、触发器等。

（5）控制系统——了解控制系统的基本原理和设计方法，如 PID 控制、反馈控制等。

（6）通信系统——了解通信系统的原理和协议，如调制解调、信道编码等。

（7）电源管理和能量转换——了解各种电源管理技术和能量转换器的原理和设计方法。

（8）传感器和测量技术——了解各种传感器的原理和特性，如温度传感器、压力传感器等。

（9）模拟电路设计——了解模拟电路的基本原理和设计方法，如放大器、滤波器、振荡器等。

（10）PCB 设计和布局——了解 PCB 设计的基本原理和软件工具，能够进行电路板布局和布线。

（11）嵌入式系统——了解嵌入式系统的硬件和软件设计，如微控制器、外围设备等。

（12）电磁场与电磁波——了解电磁场的基本原理和电磁波的传播特性。

此外，电子工程师还应该具备数学、物理、计算机科学和工程学等方面的基础知识，以便能够更好地理解和应用电子工程技术。

再以另外一种方式问 ChatGPT。

问 3：作为电子爱好者，你可能想要掌握哪些技术？

【ChatGPT❀的回答】

作为电子爱好者,以下是一些你可能想要掌握的技术:

(1)电路基础知识——了解电路的基本原理和组成部分,如电阻器、电容器、电感器、二极管和晶体管等。

(2)焊接技术——学会使用焊接工具和技术,如焊锡、焊台和焊接技巧,以便进行电子元件的连接和组装。

(3)电子元件识别和使用——学会识别和使用常见的电子元件,如电阻器、电容器、二极管、晶体管和集成电路等。

(4)电路板设计和布局——学会使用 PCB 设计软件进行电路板的设计和布局,以便制作自己的电路板。

(5)基本的电路调试和故障排除——学会使用万用表和示波器等工具,以便调试电路并排除故障。

(6)Arduino 和树莓派——学会使用 Arduino 和树莓派等开发平台,进行嵌入式系统的设计和开发。

(7)电子项目制作——尝试制作一些简单的电子项目,如 LED 闪烁灯、温度传感器、无线遥控器等。

(8)电源管理和能量转换——了解电源管理技术和能量转换器的基本原理,以便为电子项目提供稳定的电源。

(9)通信技术——了解一些基本的通信技术,如无线通信、蓝牙和 Wi-Fi 等,以便实现无线控制和数据传输。

(10)网络和互联网技术——了解网络和互联网的基本原理和协议,以便实现远程控制和数据传输。

(11)3D 打印和机械设计——学会使用 3D 打印技术制作电子项目的外壳和零件,以及基本的机械设计和组装技巧。

这些技术将帮助你更好地理解和实践电子工程,并能够制作自己的电子项目和原型。

## 1.1.2　百度搜索的答案

问:电子工程师需要掌握哪些技能?

【百度搜索 Baidu百度 结果】

电子工程师需要掌握的技能:识板技能,焊板技能,PCB 画板技能,电子电路仿真技能,编程技能,调试技能,创意及坚持;一名合格的电子工程师首先要会使用芯片,能写程序,能借助工具分析问题和处理问题,能完成与整体架构相关的工作。

每一个工程师都应该终身学习,不断提高,向高手学习工作经验,勤奋练习,掌握技能,提升经验。

下面了解一下电子工程师必备的八大技能。

(1)识板技能。

此技能是寻求经典设计元素的根本,不得不学。学精不易,建议升到 2 级以上,根据工作情况再转移到其他技能上。

1 级:能够画出电源电路等电路图。

2 级:能看懂电路图,快速理解其设计意图。

3 级:能从中学习电路设计的智慧,评价其设计方案的好坏。

4 级:能快速知道电路原理图,能吸取高深的走线设计技巧。

(2)焊板技能。

此技能是电子工程师的看家本领,必备武器,且技能等级要训练到最高级。

1 级:明白焊接原理,能应付简单的焊接工作,且了解基础的理论知识。

2级：能熟练地焊接贴片元件，非常熟练地焊接插件元件，且能保证质量。能够独立完成贴片的MCU焊接。

3级：焊接技术更上一层，焊点美观达标。无连焊虚焊，不能有拉尖、白锡等不合格焊点。对器件的弯曲度能够细心把握，对线头的焊接处理合适。

4级：焊接技术纯熟，基本一次完成，不能有用蛮力、硬杵的现象，温度把握精准，元件分布合理美观。布线能够借助画图工具初步设计后再进行焊接。基本掌握一个成熟的设计流程，设计阶段要细心，有大局观，这些可为后续的工作带来很大方便。

（3）PCB画板技能。

PCB画板软件首选Altium Designer 20等，PCB画板技能电子工程师的必备技能。

1级：知道PCB设计的基本流程，掌握创建库文件、封装库等一整套步骤，能够画好单片机最小系统板。

2级：建立自己常用的封装库文件，这是一个成熟电子工程师的积累。

3级：能迅速画好多层板，布线要合理。

4级：对高频信号等其他高级理论理解充分，并且善于用在实际的PCB设计工作中。

（4）电子电路仿真技能。

电子工程师必须掌握一些软件工具的使用方法。熟练掌握后可以用一台计算机当作一个虚拟实验室，性价比很高。

1级：会使用常见的EDA软件，如Pspice、Proteus、MATLAB、Multisim等，推荐学会使用Proteus 8.0以上版本或Multisim 14以上版本这两款电子电路仿真软件，重点要明白这些仿真软件的各个侧重点。

2级：能结合实例，运用软件工具对其分析，寻求最优的参数，确定最终方案。

（5）编程技能。

要想成为电子工程师中的高手，编程是不得不跨越的龙门。编程技巧很多，但是编程思想更重要。

1级：C语言要熟练，能编写实现基本功能的程序。编译工具要上手快，熟悉具体的编译环境，当然编译环境只是工具，C语言编程才是内功。

2级：要会画程序流程图，这是打开思维的钥匙，是理清思路的工具。可灵活运用各种程序流程图，能准确分析复杂的程序。要具备分时操作的思想。状态机的思想是渗透到程序的每个细节中的。这是一种牺牲灵活性，获得清晰性的方法，推荐一款流程图绘制软件：Inspiration v8.0，非常好用。

3级：传说中的大神。基本能够处理常见事务，键盘、显示、LCD、测频、数据传输、PWM、超级定时、稳压、AD采样、数字滤波等等，都已经烂熟于心。该阶段提升是在程序独立性和模块化上做文章了。每一个模块虽然都有现成的实例，但是要想理解充分，非要自己去做一遍才行，值得深入研究。其实做的多了，就感觉单片机只是一个工具，要想提升自己的能力，还要多多观察编程思路，数学模型一类的东西，那些才是干货。这其实就是从经验知识到专业理论知识的转化，再由专业理论知识向基本理论的质变。

4级：更高的层次，多总结，多思考，能成为行业内的标杆。

（6）调试技能。

硬件调试和软件调试都采用分块化思想，按部就班有条理地进行。只有这样才能排查出错误或故障（bug）。硬件上，熟练使用仪器，最重要的就是学会万用表和示波器。软件上，就是将程序通过下载器下载到开发板，不断的尝试会换来丰收的硕果。但是尝试切不可盲目乱撞，否则只会越挫越没士气。别小看调试，对于一个初级的硬件工程师来说，没有这个基础什么工作也做不下去。电子行业的基础是测量，要好好研究。

（7）创意。

不要以为创意就是发明创造，其实创意只是在前人的肩上更高了一步，哪怕是一小步也是有价值的。所以在创意之前，电子工程师要学会模仿，模仿是创意的前期学习过程，经过这样的过程就会有很快的提高。

（8）坚持。

坚持就是胜利，每条道路上都有胜利果实。要坚持，坚持不断积累，就会有收获。千里之行，始于足下。

### 1.1.3　百度文库智能助手的答案

问：电子工程师应该掌握哪些关键技术？

【百度文库智能助手❹的回答】

（1）电路设计。

电路设计是电子工程的基础，它是实现电子系统功能的核心。电路设计包括电路原理图设计、印制电路板（PCB）设计、电路仿真等。电子工程师需要熟悉各种电子元器件的工作原理、特性、参数，以及掌握电路的基本分析和设计方法。

（2）嵌入式系统。

嵌入式系统是将电子技术应用于机械、仪表、控制等领域，实现设备智能化的核心技术。电子工程师需要掌握嵌入式系统的硬件和软件设计，如处理器、存储器、输入/输出设备等硬件设计，以及操作系统、应用程序等软件设计。

（3）数字信号处理。

数字信号处理是指利用数字计算机或者其他数字硬件，对信号进行采样、量化、滤波、频谱分析等处理。电子工程师需要掌握数字信号处理的基本理论和方法，以及相关的数字信号处理算法和实现方法。

（4）通信技术。

通信技术是实现信息传输的重要技术，包括有线通信、无线通信、卫星通信等多种形式。电子工程师需要掌握各种通信技术的原理和应用，如调制解调技术、数据传输协议、通信接口协议等。

（5）计算机辅助设计。

计算机辅助设计是利用计算机软件进行电路设计、PCB设计、电路仿真等工作的技术。电子工程师需要掌握相关的计算机辅助设计软件，如AutoCAD、EDA等，能够利用这些软件进行电路设计和分析。

（6）电子测量技术。

电子测量技术是利用电子测量仪器对电子系统进行测试和评估的技术。电子工程师需要掌握各种电子测量仪器的使用方法和测试技巧，如示波器、信号发生器、频谱分析仪等。

（7）自动化控制。

自动化控制是利用控制理论和方法对电子系统进行自动控制的技术。电子工程师需要掌握自动化控制的基本理论和方法，以及相关的控制算法和实现方法，如PID控制、模糊控制等。

（8）电磁兼容性。

电磁兼容性是指电子系统在电磁环境中正常工作的能力。电子工程师需要了解电磁兼容性的基本原理和方法，如电磁干扰的产生和传播、电磁兼容测试等，能够采取措施提高电子系统的电磁兼容性。

AI聊天工具可以帮助电子工程师学习的方式包括：

（1）解答技术问题。AI聊天工具可以回答关于电子工程的技术问题，帮助工程师理解特定概念或解决实际问题。

（2）提供学习资源。AI聊天工具可以推荐学习资料、教程和参考书籍，帮助工程师扩展知识面。

（3）提供实时帮助。在工程师遇到困难或需要实时指导时，AI聊天工具可以提供即时的帮助和建议。

（4）模拟实验环境。一些AI聊天工具还可以提供虚拟实验环境，让工程师在其中进行实验和练习，增强实践能力。

（5）提供行业资讯。AI聊天工具可以让工程师了解最新的行业动态、技术趋势和最佳实践，帮助他们保持行业敏感度。

AI聊天工具可以作为电子工程师学习的辅助工具，为他们提供更便捷、实时的学习支持。

今后，电子工程师要学会并习惯借助人工智能（Artificial Intelligence，AI）聊天工具、搜索引擎或其他工具了解或学习更多的知识，让机器解决更多的问题，这必将达到事半功倍的效果。

## 1.2 电子工程师必备的基础知识

一个合格的电子工程师需要掌握许多知识、技巧、技术和能力。一般来说，电子工程师需要掌握的内容包括电子学基础知识、电子元件基础知识（包括半导体器件、晶体管等）、模拟电路理论与应用、数字电路理论与应用、中低频电路理论与应用、高频电路理论与应用、电子系统设计（包括电源系统设计、控制系统设计）、微机系统原理与应用等。电子工程师还需要掌握合成电路设计、电子系统集成、信号处理等技术，比如电子系统设计和实现、电气系统设计和实现、光纤数据传输系统设计和实施、智能网络系统设计和实施、计算机硬件和软件系统设计和实施等。此外，电子工程师还需要掌握一些基本的工程技能，比如使用电路设计软件进行设计、电路原理图绘制、电路原理图检查，进行电子元器件的采购和安装，掌握局部原理图的绘制方法和电路调试方法等。总的来说，一个合格的电子工程师应该掌握电子技术基础知识、电子技术技巧、电子设计技术，并具有良好的组件安装、调试、排错等基本技能。

另外，电子工程师还应具备一定的电子检测和测试技能，能够根据电路原理图，运用各种测试仪表，对电路进行详细检测，根据测试结果，分析电路的功能是否正常，并制定解决方案。此外，电子工程师还应有一定的编程能力，能够熟练运用C、Java、Python等语言，控制相关的电子系统。

最后，电子工程师还应具备一定的实践能力，能够将学习的理论知识运用到实际的设计和实践中，并能够结合不断发展的技术，灵活地应用最新技术，在不断面对挑战的过程中不断进步。

此外，有效的沟通能力和团队协作能力也是电子工程师的必备要求，因为电子领域的工作涉及各个专业方面，比如电子电路设计、PCB板设计、硬件开发、软件开发等，专业的知识和技能的结合，使整个项目能够达到最佳的结果，这就要求电子工程师在工作中能够充分沟通，以取得最高的效率。

同时，电子工程师还需要具备良好的分析、处理和解决问题的能力，因为随着信息技术的快速发展，越来越多的电子设备被应用于日常生活，电子设备的使用有可能出现各种问题，电子工程师需要经由分析和实验，去推测原因，找出问题根源，并能够找出有效的解决方案，解决相关问题。

电子元器件主要分为分立电子元器件、模拟和数字集成电路和处理器。

（1）分立电子元器件包括电阻器、电位器、电容器、电感器、二极管、三极管、MOSFET等。

（2）模拟和数字集成电路包括运算放大器、比较器、译码器、逻辑门、ADC、DAC、实时时钟（Real Time Clock，RTC）、电源、网络通信接口（RS-232、RS-485、以太网、蓝牙、Wi-Fi）、FPGA和ASIC（Application Specific Integrated Circuit，专用集成电路）等。

（3）处理器包括单片机、微控制器（包括MCU和Arm）、DSP。

下面用比较容易理解的"大话"语言形式，介绍电子工程师在元器件方面必备的18项基础知识。

**1. 电子工程师必备基础知识 1**

运算放大器通过简单的外围元件,在模拟电路和数字电路中得到非常广泛的应用。运算放大器有很多型号,在详细的性能参数上稍有不同,但原理和应用方法一样。

运算放大器通常有两个输入端,即正向输入端和反向输入端,有且只有一个输出端。部分运算放大器除了两个输入和一个输出外,还有几个改善性能的补偿引脚。

光敏电阻器的阻值随着光线强弱的变化而明显地变化。所以,能够用来制作智能窗帘、路灯自动开关、照相机快门时间自动调节器等。

干簧管是能够通过磁场控制电路通断的电子元件。干簧管内部由软磁金属簧片组成,在有磁场的情况,金属簧片能够聚集磁力线并使之受到力的作用,从而达到接通或断开的作用。

**2. 电子工程师必备基础知识 2**

电容器的作用可用"充放电"3 个字来描述。不要小看这 3 个字,就因为这 3 个字,电容器能够通过交流电,隔断直流电;通高频交流电,阻碍低频交流电。

电容器的作用如果用 8 个字来说,那就是"隔直通交,通高阻低"。这 8 个字是根据"充放电"3 个字得出来的,不理解没关系,先记下来。

能够根据直流电源输出电流的大小和后级(电路或产品)对电源的要求选择滤波电容器。

**3. 电子工程师必备基础知识 3**

电感器的作用可用"电磁转换"4 个字来描述。不要小看这 4 个字,就因为这 4 个字,电感器能够隔断交流电,通过直流电;通过低频交流电,阻碍高频交流电。电感器的作用用 8 个字来说,那就是"隔交通直,通低阻高"。这 8 个字是根据"电磁转换"4 个字得出来的。

电感器还有一个特点:电流和磁场必须同时存在。电流消失,磁场也会消失;磁场消失,电流也会消失;磁场南北极变化,电流正负极也会变化。

电感器内部的电流和磁场一直在"打内战",电流想变化,磁场偏不让它变化;磁场想变化,电流偏不让它变化。但是,由于外界原因,电流和磁场一定会发生变化。给电感线圈加上电压,电流想从零变大,可是磁场会反对,因此电流只好慢慢地变大;给电感器去掉电压,电流想从大变成零,磁场又要反对,可是电流回路都没了,电流已经被强迫为零,此时磁场就会"发怒",立即在电感器两端产生很高的电压,企图产生电流并维持电流不变。这个电压非常高,甚至会损坏电子元件,这就是线圈的自感现象。

给一个电感线圈外加一个变化磁场,只要线圈有闭合的回路,线圈就会产生电流。如果没有回路,就会在线圈两端产生一个电压。产生电压的目的就是想产生电流。当两个或多个线圈共用一个磁芯(聚集磁力线的作用)或共用一个磁场时,线圈之间的电流和磁场就会互相影响,这就是电流的互感现象。

电感器其实就是一根导线,电感器对直流的电阻值很小,甚至能够忽略不计。电感器对交流电呈现出很大的电阻作用。

电感器的串联、并联非常复杂,因为电感器实际上就是一根导线在按一定的位置路线分布,所以,电感器的串联、并联也与电感器的位置相关(主要是由于磁力场的互相作用),如果不考虑磁场作用及分布电容、导线电阻($Q$ 值)等影响,就相当于电阻器的串联、并联效果。

交流电的频率越高,电感器的阻碍作用越大;交流电的频率越低,电感器的阻碍作用越小。

电感器和充满电的电容器并联在一起时,电容器会向电感器放电,电感器产生磁场,磁场会维持电流,电流又会给电容器反向充电,反向充电后又会放电,如此周而复始,如果没损耗,或能及时补充这种损耗,就会产生稳定的振荡。

**4. 电子工程师必备基础知识 4**

耦合是传递信号的意思,光电耦合器自然就是用光完成传递电信号的元件,通常是指有一个发光部分和接收部分对应并制作在一个电子元件上。通常 4 个有效引脚(即 4 个引脚接入电路中起作用)为一组。

光电耦合器的优点是能够轻松实现电源隔离,在用市电的开关电源初次级隔离中最为常用。另外,在计算机外设通信中也有较多的应用,一个元件中能够集成多组光电耦合器(每组最少 4 个引脚)。

压电陶瓷片能够用于制作性能优良的振动检测器,它是一种电声器件,当加上音频电压后,能够听到声音;当受到振动(产生机械形变)后,能够感应出微弱的电压。

焊接时,应适当调整被焊接处、烙铁头、焊锡丝(带助焊剂),使三者合一,充分接触,当焊接处已经有了适当的焊锡和助焊剂时,就应撤走焊锡丝。焊接进程通常掌握在 2～3s 比较合适。

**5. 电子工程师必备基础知识 5**

二极管的作用和功能用 4 个字来说,就是"单向导电"。二极管常用来整流、检波、稳压、钳位、保护电路等。

在随身听的供电回路中串上一只整流二极管,当直流电源接反时,不会产生电流,这样不会损坏随身听。

给二极管加上低于 0.6V 的正向电压,二极管基本上不产生电流(反向就更加不能产生电流),这个电压就叫死区电压、门槛电压、门限电压、导通电压等。

三极管的作用和功能用 5 个字来说明,就是"电阻值可变"。由于三极管等效成的电阻值能够无限制地变化,所以三极管能够用来设计开关电路、放大电路、振荡电路。

三极管的集电极电流等于基极电流乘以放大倍数,当基极电流大到一定水平时,集电极的电流由于各种原因不可能再增大了,这时集电极电压已经等于或接近发射极电压了,相当于电阻值变成 0Ω。

确认三极管放大状态的绝招是:判断是否为发射结正偏,集电结反偏。

三极管是电流控制型器件,场效应管是电压控制型器件。场效应管性能优良,但在分立元件中,其低电源电压适应性比三极管要差。

场效应管是电压控制型器件,很容易被静电损坏,所以,场效应管中大多都有保护二极管。

可控硅实际上是一个高速的、没有机械触点的电子开关,这个开关需要用一个小电流触发。这个开关具有自锁功能,即导通后撤走触发电流仍能维持导通,而一旦截止后,又能维持截止状态。

在可控硅控制极加上合适的触发电流,可控硅就能够从断开状态变成为导通状态,这时,我们取消控制极的触发电流,可控硅仍然能维持导通状态。如果流过可控硅的电流开始变小,当小于维持导通的能力时,可控硅才关断,直到下次触发时才会导通。

**6. 电子工程师必备基础知识 6**

电阻器通常都采用色环标示法。色标法就是用棕、红、橙、黄、绿、蓝、紫、灰、白、黑 10 种颜色分别代表 10 个阿拉伯数 1、2、3、4、5、6、7、8、9、0 字,金、银两种颜色代表倍率 0.1、0.01 或误差 5%、10%。

常见的 4 道色环要读取 3 位有效数字,第 1、2 位表示有效数,第 3 位表示倍率。例如,黄紫红金,3 位有效数为 472,表示 47 乘以 $10^2$(或加两个 0)等于 4700,即 4.7kΩ;再如,棕黑黑金,3 位有效数为 100,表示 10 乘以 $10^0$ 等于 10,即 10Ω。

在实验过程中,如果三极管的基极和其他引脚间不具备有单向导电特性(或说单向导电特性不明显),就说明三极管是坏的;另外,即使单向导电特性正常,但不能受基极控制或不稳定,也说明三极管是坏的,或性能很差。

**7. 电子工程师必备基础知识 7**

早在两千多年前,人们就发现了电现象和磁现象。我国早在战国时期(公元前 475—211 年)就发明了司南(指南针)。而人类对电和磁的真正认识和广泛应用,迄今还只有一百多年历史。在第一次产业革命浪潮的推动下,许多科学家对电和磁现象进行了深入细致的研究,从而取得了重大进展。人们发现带电的物体同性相斥、异性相吸,与磁学现象有类似之处。

1785 年,法国物理学家库仑在总结前人对电磁现象认识的基础上,提出了后人所称的"库仑定律",使电学与磁学现象得到了统一。

1800 年,意大利物理学家伏特研制出化学电池,用人工方法获得了连续供电电池,为后人对电和磁关系的研究创造了首要条件。

1822 年,英国的法拉第在前人所做大量工作的基础上,提出了电磁感应定律,证明了"磁"能够产生"电",这就为发电机和电动机的原理奠定了基础。

1837 年,美国画家莫尔斯在前人的基础上设计出比较实用的、用电码传送信息的电报机,之后,又在华盛顿与巴尔的摩城之间建立了世界上第一条电报线路。

1876 年,美国的贝尔发明了电话,实现了人类最早的模拟通信。英国的麦克斯韦在总结前人工作成果的基础上,提出了一套完整的"电磁理论",表现为 4 个微分方程。这就是后人所称的"麦克斯韦方程组"。麦克斯韦得出结论:运动着的电荷能产生电磁辐射,形成逐渐向外传播的、看不见的电磁波。他虽然并未提出"无线电"这个名词,但他的电磁理论却已经告诉人们,"电"是能够"无线"传播的。

**8. 电子工程师必备基础知识 8**

初学电子知识,请先把"电"当作"水","电路"就等于"水路";接着了解几个常用名词术语,对照实物认识几种常用的电子元件及其功能;最后动手做几个实验。

任何电子产品都是电子元件组成的,学习电子技术就要先学电子元件。

电子元件的组合就成了电子电路,这也是基础知识。有了电子元件、电子电路的知识,也会使用电子工具后,就应多动手进行产品实战啦。

学电子最能尽快受益的莫过于自装音响和功放。欣赏音乐是一种美的享受,能用自己的成果来享受更是达到了一种新的境界。

懂电子知识的朋友学计算机比不懂电子朋友学计算机要快、要容易。懂电子知识的朋友用计算机是由计算机内部学到外部,不懂电子知识的朋友则是从计算机外部学到计算机内部。

什么是"场"?运动场常指大家能够做运动的一个范围,电场是指电产生作用力的一个范围,磁场是指磁产生作用力的一个范围,其他类同。

导体是指电比较容易通过的物体。绝缘体是指电比较难通过的物体。导体和绝缘体并无明显的界限,导体和绝缘体是导电能力相差很多倍的两个物体相对而言的。

有些物体,它们在常见的不同的物理情况(温度、电场、磁场、光照、掺杂等)下呈现出不同的导电状态。我们称这类物体为半导体。

有了导体、绝缘体和半导体,就能够生产出各种各样的电子元件,我们就能够方便地检测和利用电能啦。

开关实际上是一个短路器和开路器,是一个电阻器在零欧姆和无穷大两个阻值上变换的元件,这跟自来水开关的效果和原理是一样的。

任何时候,只要有电流流过,就必定有一个闭合的通路。这个通路就是电流回路。在不考虑电源内部的情况下,电流一定是从正极流向负极。

电源相当于一个特殊的电子元件,有闭合的通路才产生电流。没有导体及其他电子元件连接成闭合的通路就不会产生电流。

没有回路就一定没有电流,有电流就一定有回路(交流电流并不需要物理上的通路,真空、空气也能形成电流回路)。

两个不同的水位线存在一个水差,就是水压。如果不同的水压之间有一根水管的话,水就会流动,水流动就会受到阻力。水管越细,阻力越大,水流越小;水压越高,水流越大。电压是指两个物体之间的电势差,就是电压。如果不同的电压之间有一个导电通路的话,这个通路里面就会产生电流。电阻值越大,电流越小;电压越高,电流越大。

水流动的方向是从高处流向低处(不算抽水机在内),电流动的方向是从正极流向负极(不算电源在内)。

两个水位之间的水位差等于水压;两个电极之间的电势差等于电压。高水位相当于正电极,低水位相当于负电极。

**9. 电子工程师必备基础知识 9**

电阻器、电容器、二极管等电子元件有两个引脚,这些元件在使用过程中,一定要按照某种规律将它们的引脚连接起来。三极管相当于一个阻值能够受控制的电阻器,将三极管的集电极和发射极这两个脚等效成一个电阻器,基极起控制作用。

所有的电子元件都有两种基本的连接办法。

(1)并联:并联电路两端的电压是相等的。

(2)串联:串联电路中的电流是相等的。

并联和串联是最基本的电路连接,不论多复杂的电路都能够分解成基本的并联和串联电路,所有的电子元件也都是因为并联和串联的接法才形成电流回路。

电阻器的阻值是越并越小,相当于水管变多,通路变宽,水流的阻力变小;电阻器的阻值是越串越大,相当于水管变长,通路变长,水流的阻力变大。

测量电压时一定是要把电压表并联在需要测试的两端上,电压表存在内阻会消耗很小的电流让指针偏转。通常来说,电压表内阻较大能够忽略不计。

测量电流时一定要把电流表串联在需要测试的回路(需要先断开回路)上,电流表会对电流起微小的阻碍作用。通常来说,电流表内阻较小,能够忽略不计。

**10. 电子工程师必备基础知识 10**

电源是一个能够维持两个测试点之间电压的装置,它可以是市电,可以是电池,可以是线圈,可以是电容器等。

电池提供电能的电压极性是长期固定不变的,我们称之为直流电。常用的干电池的额定电压每节是1.5V。

市电供应的电能是交流电,正极和负极在时刻交替地变换着。那是因为发电机线圈是在周而复始地和磁场做相对运动。如果安装电流换向器,就能够发出直流电。

交流电是没有正负极之分的,市电中的零线和火线在正负极性、电压高低等各地方的表现是一样的,是完全对称的。

市电的电压是 220VAC/50Hz,意思是说有效电压为 220VAC,在 1 秒内,正负极要变换 50 次。注意:多少赫兹就表示会变换多少次。

建议初学者多采用 12VDC 以下的直流电进行电子制作,这样成本比较低,电压比较低,万一插接错电子元件,烧坏元件的可能性也更小。电压越低越安全(少损坏电子元件)。

**11. 电子工程师必备基础知识 11**

在几个大型的电子系统中往往有一根很粗的导线接入大地。但电子技术中常说的接地并不是真的要求用导线去接到大地。

电子技术中常说的接地或地线往往和大地一点关系都没有。电子线路中的地线是指直流电、交流电或各种电信号共用的一部分电流回路。

说某一座山的海拔多少,那就是以海平面为公共参考点。说某一点的电压有多高,就必须找一个相当于海平面的参考点,这就相当于电子电路中的地线。

在大多数情况下,电源负极是各种信号共用得最多的一部分电流回路,通常以电源的负极作为地线。这时,如果某元件的脚接电源负极,那么就说那个元件脚接地。

地是假定的、公用的一个电压参考点。在比较复杂的电路中,往往可能会有多组电源,同时也可能会选择多个参考点,那么就可能会有多个地,这些地也不一定会连通。

12. **电子工程师必备基础知识 12**

耦合、旁路、退耦 3 个词都是传输信号、给信号提供通路的意思。其中耦合是指前后级之间传递,旁路、退耦则是指需要在对地之间提供信号通路(每级内部用)。

提供信号通路也就是构成电流回路。没有电流回路就不会有电流,任何电路分析都是建立在电流回路分析之上的。等效电路图就是效果一样的电路图。我们分析电路图时,需要把原来复杂的电路图简化,这样有助于展开思路,把问题简化。

等效电路图是省略在某一条件下,几个没有影响的电子元件。例如,在一定条件下分析直流时,电容器看成开路;分析交流时,电容器看成短路。电感器和电容器刚好相反。

电容器和电感器对不同频率的交流电(直流电当成 0Hz 的交流电)有不同的阻碍作用,在一定条件下,电容器能够当成电阻器看待,并能够计算出阻抗值。

生活中的反馈是指将某件事的结果取回来,再决定某件事。例如,客户反馈电视机耗电大,厂家就加以改良。电子技术中的反馈是将输出端的信号取出来又送到输入端。

正反馈是指输出信号如果变大,那么反馈到输入端后,会让输出信号变更大;输出信号如果变小,那么反馈到输入端后,会让输出端信号变更小。

负反馈则刚好相反,输出信号如果变大,那么反馈到输入端后,会让输出信号变小;输出信号如果变小,那么反馈到输入端后,会让输出端信号变大。

正反馈通常用来产生振荡信号,负反馈通常用于稳定直流工作点。在特殊情况下(放大倍数足够),正反馈能够不振荡,负反馈反而会振荡。

正温度系数热敏电阻器是指阻值随温度的升高而增大,负温度系数是指阻值随温度的升高而减小。

13. **电子工程师必备基础知识 13**

在电子电路中,通常用指定范围内的正负电压代表日常生活中的有无、亮灭、开关等相对的二值,这些正负电压就是高电平和低电平。数字电路的输入和输出都是高电平和低电平,数字电路是能够根据几个二值关系进行逻辑判断从而得到新的二值结果;二进制是用 0 和 1 两个数字表示所有的数量。

数字电路就是专门用来处理这些数字信号的电路或电路系统。学习数字电路建议先理解二进制数。二进制数用 0 和 1 代表数字电路中的二值(低电平和高电平),用 0 和 1 代替所有的信号。

模拟信号是一个在正负电压之间变化的信号,它应尽量避免变化到正负电压这个最高值和最低值,否则,信号可能会失真。

DA(数/模)、AD(模/数)转换器是数字电路和模拟电路紧密结合的常见用法。

14. **电子工程师必备基础知识 14**

高频电路对很小的电容器、电感器非常敏感。任何导线及导线之间都能够等效成电感器和电容器,即分布电感器和分布电容器。

工作在高频状态下的电子元件,引脚长短、安装距离都对电路性能有非常大的影响。

在做高频电路(例如,FM 无线话筒、FM 收音机)的实验时,记住,连线要尽可能短粗,元件要尽可能贴近线路板。

**15. 电子工程师必备基础知识 15**

将各个电子元件或电子元件的组合及它们的连接关系用符号代替就是电路原理图。大家只要记住各种电子元件的符号和绘图规则就能看懂电路原理图。

有良好习惯和丰富经验的工程师精心绘制出的图纸,通常都布局美观合理、标注清晰明确,让人很容易读懂。当读不懂某个电路图时,不一定是你的错。

印制电路板是电路原理图向实物的转变,是产品从设计阶段走向市场普及的必经之路。看印制电路板图比看原理图更简单,只要你认识导体、绝缘体和常见的电子元件,就完全能够照着印制电路板实物绘制出电路原理图。

在元件较多的情况下,拥有电路原理图对印制电路板进行检测和维修是一件很幸运的事情。

自己动手进行电子小制作也好,帮别人维修也好,这就是你积累经验、学习技术的最好时机。经验是靠积累的。

在很复杂的线路或很精密的产品中,往往需要使用双面线路板、多层线路板。

多层线路板除了线路板的内外层能够分布连接导线以外,在板的中间层也可能有布线。多层板除了能够以高密度方式安装元件以外,还能够进行屏蔽,提高性能。

在电路板上找某个小电阻器或小电容器时,不要直接去找它们,请先找到与它们相连的三极管或集成电路,再找到它们,这样比较快。观察线路板上元器件与铜箔线路连接情况,观察铜箔线路走向时,可以用灯照着看,应将灯放置在有铜箔线路的一面。

**16. 电子工程师必备基础知识 16**

电容器是一种可以装电的容器,就好像装水的杯子一样。所以,电容器可以进行充电和放电作用,充放电作用的大小决定了电容器的容量。电容器的种类比较多,最常见的有电解电容器(容量大、有正负极)、陶瓷电容器(容量小、无正负极、温度特性差)、涤纶电容器(聚酯膜电容器,容量小、温度特性好)等。

陶瓷电容器的主要参数是容量和耐压值,特殊用途的耐高压的陶瓷电容器会标出耐压值。陶瓷电容器的使用不需要分正负极,两端能够任意调换使用。瓷片电容器通常工作在高频。

电感器是一个电磁转换元件,电能够产生磁,磁能够产生电。电感器中磁场的变化会产生电流的变化;电流的变化也会产生磁场的变化。

电感器中电流和磁场的相互作用总是企图互相阻碍。电源变压器就是利用电磁转换的互感进程完成变压作用的。

电感器在电路中的主要作用有阻交流电,通直流电;阻高频交流电,通低频交流电。电感器常用于变压器、谐振回路等用途。

**17. 电子工程师必备基础知识 17**

反向电压过高和正向电流过大都可能使二极管永久性损坏,二极管及其他晶体管的损坏主要是因为功耗过大(反向高压击穿瞬时功耗很大)导致 PN 结物理损坏。我们可以把三极管看成是电阻值能够调节的电阻器,阻值范围能够在接近零到无穷大之间变化。所以,三极管能够用来设计放大电路和开关电路。

三极管有 3 个管极:集电极、发射极和基极。基极用来控制另外两极对电流的放大作用。分析电流和电压的变化,就是分析三极管的工作状态。

场效应管的作用和三极管的作用基本上完全一样。场效应管通常也是 3 个引脚,名字叫源极、漏极和栅极。栅极是用来控制另外两极对电流的放大作用的。

三极管靠基极电流的大小变化控制另外两极,场效应管靠栅极电压的高低变化控制另外两极,场效应管栅极基本上不需要消耗电流就能够控制另外两极。

场效应管也分两种类型：N 沟道和 P 沟道。但场效应管是电压控制型器件,较低的电源电压很难发挥它的性能。

**18. 电子工程师必备基础知识 18**

有一种被称为膜电路的集成电路(分厚膜集成电路和薄膜集成电路),是将电阻器与连线在一块绝缘硅表面上制作而成;而三极管、二极管并不是在硅片上直接扩散生成的,只是将它们安装在这个表面上,然后用塑料材料把整个电路封装起来。

与门电路相当于一个乘法电路。通常有两个或以上输入端。基本规则有 4 种：$1\times1=1,1\times0=0,0\times1=0,0\times0=0$。能够得出 $1\times1\times1=1,1\times1\times0=0,1\times0\times0=0,0\times0\times0=0$ 等。

或门电路相当于一个加法电路。通常有两个或以上输入端。基本规则有 4 种：$1+1=1,1+0=1,0+1=1,0+0=0$。能够得出 $1+1+1=1,1+1+0=1,1+0+0=1,0+0+0=0$ 等。

非门电路相当于一个求反电路,有且只有一个输入端。最多只有两种情况：$1=0,0=1$。

异或门电路的逻辑关系比较特殊,有且只有两个输入端。最多只有 4 种情况：$0+1=1,1+0=1,0+0=0,1+1=0$。

与非门电路则是将与门的结果求反,或非门电路则是将或门的结果求反,异或非门电路则是将异或门的结果求反。

## ▟ 1.3　电子工程师应该学习的知识 ◆

一般来讲,应用电子工程师应该学习的知识包括：

(1) 电子电路设计——学习电子电路的设计原理和方法,包括模拟电路设计、放大器设计、滤波器设计等。

(2) 微控制器与嵌入式系统——学习微控制器的原理、编程和应用,包括嵌入式系统设计、实时操作系统、传感器接口等。

(3) 电子产品设计与制造——学习电子产品的整体设计流程、硬件和软件的开发、电路板设计和制造等。

(4) 通信系统设计与应用——学习通信系统的设计原理和应用,包括无线通信系统、移动通信、卫星通信等。

(5) 电子测量与仪器——学习电子测量技术和仪器的原理和应用,包括信号发生器、示波器、频谱分析仪等。

(6) 电子材料与器件——学习电子材料的性能和应用,以及电子器件的原理和制造工艺,包括半导体器件、光电器件等。

(7) 电源与电池技术——学习电源供电系统的设计和管理,包括开关电源、电池管理、能量转换和节能技术等。

(8) 自动控制系统——学习自动控制系统的设计和应用,包括 PID 控制、模糊控制、自适应控制等。

(9) 物联网技术与应用——学习物联网的原理、技术和应用,包括传感器网络、无线通信、云计算等。

(10) 电子设计自动化——学习使用电子设计自动化软件进行电路设计、仿真和验证,提高设计效率和准确性。

电子工程师应该学习的大学课程及设计开发环境主要有：

(1) 模拟电路。

(2) 数字电路。

（3）电路。

（4）计算机基础。

（5）C语言程序设计。

（6）微机原理与接口技术。

（7）单片机原理与应用。

（8）嵌入式系统与设计。

（9）DSP原理与应用。

（10）FPGA原理与应用。

（11）自动控制原理。

（12）计算机控制技术。

（13）Altium Designer 20。

（14）Proteus 8.0。

（15）Matlab。

（16）Multisim14。

（17）Keil MDK。

（18）IAR EW。

现在的电子工程师所从事的行业或领域主要有哪些呢？

电子工程师的工作就是进行电子系统产品的设计，可以从事的行业或领域主要有以下几个：

（1）通信行业——包括移动通信、固定通信、卫星通信等领域，负责设计和开发通信设备和系统。

（2）电子消费品行业——包括手机、电视、音响、相机等电子消费品的设计和制造。

（3）电力行业——负责设计和开发电力系统、电力设备和电力电子器件，包括发电、输电、配电等方面。

（4）汽车行业——负责设计和开发汽车电子系统，包括发动机控制系统、车载娱乐系统、车载导航系统等。

（5）医疗行业——负责设计和开发医疗设备和医疗电子器件，包括医疗影像设备、生命体征监测设备等。

（6）工业自动化行业——负责设计和开发工业自动化设备和系统，包括PLC控制系统、机器人系统等。

（7）军事行业——负责设计和开发军事电子设备和系统，包括雷达系统、导弹控制系统等。

（8）航空航天行业——负责设计和开发航空航天电子设备和系统，包括飞行控制系统、导航系统等。

（9）环境监测行业——负责设计和开发环境监测设备和系统，包括空气质量监测、水质监测等。

（10）研究与开发机构——从事电子技术的研究和开发工作，推动电子技术的创新和发展。

这些只是电子工程师可能从事的一些行业或领域，实际上电子工程师的工作领域非常广泛，涵盖了几乎所有需要电子技术的领域。

##  1.4 电子系统

电子系统是由若干相互联系、相互制约的电子元器件或部件组成，能够独立完成某种特定电信号处理的完整电子电路。或者说，凡是可以完成一个特定功能的完整电子装置就可以称为电子系统，如电源系统、通信系统、雷达系统、计算机系统、电子测量系统、自动控制系统等。

例如，数字化语音存储与回放系统就是一个典型的电子系统，其原理框图如图1-1所示。声音信号经过传声器(MIC,俗称麦克风)转换成电信号。由于传声器输出的电信号非常微弱,并且含有一定的噪声,因此需要经过放大滤波后送入模/数转换器。在微控制器(microcontroller)的控制下,模/数转换器将模拟的声音信号转换成数字化的声音信号,然后存储在半导体存储器中,这个过程称为录音。MCU 从半导体存储器中取出数字化的语音信号,通过数/模转换恢复成模拟的语音信号,经过滤波放大后驱动扬声器(俗称喇叭),这个过程称为放音。

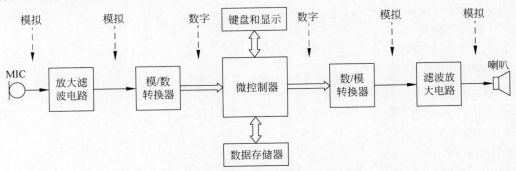

图 1-1    数字化语音存储与回放系统

电子系统种类繁多,涵盖军事、工业、农业、日常生活各个方面,大到航天飞机的测控系统,小到人们日常生活中的电子手表。根据功能划分,电子系统通常可以分为以下几类:

(1) 测控系统,例如,计算机控制系统、航天器的飞行轨道控制系统等。

(2) 测量系统,包括电量及非电量的测量。

(3) 数据处理系统,例如,语音、图像处理系统。

(4) 通信系统,包括有线通信系统、无线通信系统。

(5) 家用电器,例如,数字电视、扫地机器人、智能家电等。

根据所采用的电子器件划分,电子系统可分为模拟电子系统、数字电子系统、微控制器电子系统和综合电子系统。

(1) 模拟电子系统。以模拟电子技术为主要技术手段的电子系统称为模拟电子系统。模拟电子系统通常把被处理的物理量(如声音、温度、压力、图像等)通过传感器转换为电信号,然后对其进行放大、滤波、整形、调制、检波,以达到信号处理的目的。

(2) 数字电子系统。以数字电子技术为主要技术手段的电子系统称为数字电子系统。从实现的方法来分,数字电子系统可分为 3 类:

第 1 类是采用标准数字集成电路实现的数字系统。所谓标准集成电路,是指功能、物理配置固定、用户无法修改的集成电路,如 74LS 系列、74HC 系列集成电路。

第 2 类是采用 FPGA/CPLD 组成的数字系统,FPGA/CPLD 允许用户根据自己的要求实现相应的逻辑功能,并且可以多次编程。

第 3 类是采用定制专用集成电路(ASIC)实现的数字系统,由于 FPGA/CPLD 内包含大量可编程开关,消耗了芯片面积,限制了运行速度的提高,因此采用 ASIC 设计的数字系统集成度最高、性能最好。

(3) 微控制器电子系统。以微控制器为核心的电子系统,称为微控制器电子系统。除了微控制器之外,微控制器电子系统通常还包含数字模拟外围电路。为了与综合电子系统相区别,本书介绍的微控制器电子系统特指不包含 FPGA 芯片的电子系统。微控制器电子系统的主要功能通过软件实现。

(4) 综合电子系统。由微控制器、FPGA 和模拟电路组成的电子系统称为综合电子系统。在综合电子系统中,系统的功能一般由数字部分实现,而指标则借助模拟电路达到。微控制器和 FPGA 虽同属数字器件,但在综合电子系统中,两者又有不同的分工,分别发挥着各自的优势。

电子系统的发展趋势之一是复杂度越来越高。什么是电子系统的复杂度?这里借用工程教育专业认证标准中对复杂工程问题的定义来说明。根据 2015 版工程教育专业认证标准的定义,复杂工程问题必须具备下述部分或全部特征:

(1) 必须运用深入的工程原理,经过分析才可能得到解决。

(2) 涉及多方面的技术、工程和其他因素,并可能相互有一定的冲突。

(3) 需要通过建立合适的抽象模型才能解决,在建模过程中需要体现出创造性。

(4) 不是仅靠常用方法就可以完全解决,需要运用现代工具。

(5) 问题中涉及的因素可能没有完全包含在专业工程实践的标准和规范中,具有不确定性。

(6) 问题相关各方利益不完全一致。

(7) 具有较高的综合性,包含多个相互关联的子问题。

为了管理电子系统的复杂性,通常将电子系统划分为不同的抽象(Abstraction)层次,如图 1-2 所示。最底层的抽象层为物理层,即电子的运动。高一级的抽象层为器件,包括模拟和数字集成器件,也包括电阻器、电容器、电感器、晶体管等分立元件。在模拟电路这一层次,主要研究如何采用模拟集成电路构成放大电路、滤波电路、电源等。在数字电路层次,主要研究基于硬件描述语言和 FPGA/CPLD 设计数字系统。在微控制器层次,主要研究如何选择合适的微控制器型号,如何进行系统扩展,如何使用微控制器的片内和片外资源。进入软件层面后,操作系统负责底层的抽象,应用

| 应用软件 | 程序设计 |
| 操作系统 | 设备驱动程序 |
| 微控制器 | 结构、内部资源、接口 |
| 数字电路 | FPGA/CPLD |
| 模拟电路 | 放大器、滤波器、电源 |
| 器件 | 分立元件、集成芯片 |
| 物理层 | 电子 |

图 1-2 电子系统的层次划分

软件使用操作系统提供的功能解决用户的问题。对于复杂的电子系统,不同的抽象层次通常由不同的设计者完成设计。尽管某一设计者可能只负责其中一个抽象层次的设计,但该设计者应该了解当前抽象层次的上层和下层。

电子系统的发展趋势之二是智能化程度越来越高。电子系统可分为智能型电子系统和非智能型电子系统。非智能型电子系统一般指功能简单或功能固定的电子系统,例如,电子门铃、楼道灯控制系统等。智能型电子系统是指具有一定智能行为的电子系统,通常应具备信息采集、传输、存储、分析、判断和控制输出的能力。在智能化程度较高的电子系统中,还应该具备预测、自诊断、自适应、自组织和自学习功能。例如,智能机器人对一个复杂的任务具有自行规划和决策能力,有自动躲避障碍运动到目标位置的能力。

电子系统的发展趋势之三是引入互联网+技术。采用移动互联网、云计算、大数据、物联网等信息通信技术,与传统的电子系统相结合。在传统的电子系统基础上增加网络软硬件模块,借助移动互联网技术,实现远程操控、数据自动采集分析等功能,极大地拓展了电子系统的应用范围。

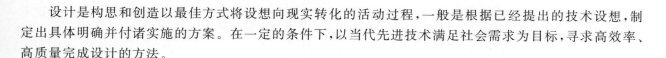

## 1.5 电子系统设计的基本内容与方法

设计是构思和创造以最佳方式将设想向现实转化的活动过程,一般是根据已经提出的技术设想,制定出具体明确并付诸实施的方案。在一定的条件下,以当代先进技术满足社会需求为目标,寻求高效率、高质量完成设计的方法。

### 1.5.1 电子系统设计的基本内容

通常所说的电子系统设计,一般包括拟定性能指标、电子系统的预设计、试验和修改设计等环节,分

为方案论证、初步设计、技术设计、试制与实验、设计定型 5 个阶段。衡量设计的标准是：工作稳定可靠，能达到所要求的性能目标，并留有适当的裕量；电路简单，成本低；所采用的元器件品种少，体积小，且货源充足，便于生产、测试和维修。电子系统设计的基本内容包括：

（1）明确电子信息系统设计的技术条件（任务书）。

（2）选择电源的种类。

（3）确定负荷容量（功耗）。

（4）设计电路原理图、接线图、安装图、装配图。

（5）选择电子、电气元件及执行元件，制定电子、电气元器件明细表。

（6）画出电动机、执行元件、控制部件及检测元件总布局图。

（7）设计机箱、面板、印制电路板、接线板及非标准电器和专用安装零件。

（8）编写设计文档。

## 1.5.2　电子系统设计的一般方法

基于系统功能与结构上的层次性，电子系统设计一般采用以下几种方法。

### 1. 自底向上法（Bottom-Up）

自底向上法是根据要实现的系统功能要求，首先从现有的可用元件中选出合适的元件，设计成一个个部件。当一个部件不能直接实现系统的某个功能时，就需要设计由多个部件组成的子系统去实现该功能。上述过程一直进行到系统要求的全部功能都实现为止。该方法的优点是可以继承使用经过验证、成熟的部件与子系统，从而可以实现设计重用，减少设计的重复劳动，提高设计效率。其缺点是设计过程中设计人员的思想受限于现成可用的元件，故不容易实现系统化的、清晰易懂及可靠性高和维护性好的设计。自底向上法一般应用于小规模电子系统设计及组装与测试。

### 2. 自顶向下法（Top-Down）

自顶向下法首先从系统级设计开始。系统级设计的任务是：根据原始设计指标或用户的需求，将系统的功能全面、准确地描述出来。即将系统的输入/输出（I/O）关系全面准确地描述出来，然后进行子系统级设计。具体地讲，就是根据系统级设计所描述的功能将系统划分和定义为一个个适当的、能够实现某一功能的相对独立的子系统，必须全面、准确地描述出每个子系统的功能（即输入/输出关系），也必须全面准确地描述出子系统之间的联系。例如，移动电话应有收信和发信的功能，就必须分别安排一个接收机子系统和一个发射机子系统，还必须安排一个微处理器作为内务管理和用户操作界面管理子系统，此外，天线和电源等子系统也必不可少。子系统的划分定义和互连完成后，从下级部件向上级进行设计，即设计或选用一些部件去组成实现既定功能的子系统。部件级的设计完成后再进行最后的元件级设计，选用适当的元件实现该部件的功能。

自顶向下法是一种概念驱动的设计方法。该方法要求在整个设计过程中尽量运用概念（即抽象）去描述和分析设计对象，而不要过早地考虑实现该设计的具体电路、元器件和工艺，以便抓住主要矛盾，避开具体细节，这样才能控制住设计的复杂性。整个设计在概念上的演化从顶层到底层应当由概括到展开，由粗略到精细。只有当整个设计在概念上得到验证与优化后，才能考虑"采用什么电路、元器件和工艺去实现该设计"这类具体问题，此外，设计人员在运用该方法时还必须遵循下列原则：

（1）正确性和完备性原则。

（2）模块化、结构化原则。

（3）问题不下放原则。

（4）高层主导原则。

（5）直观性、清晰性原则。

**3. 以自顶向下法为主导，并结合使用自底向上法（TD&BU Combined）**

在近代的电子信息系统设计中，为实现设计可重复使用及对系统进行模块化测试，通常采用以自顶向下法为主导，并结合使用自底向上的方法。这种方法既能保证实现系统化的、清晰易懂的及可靠性高、可维护性好的设计，又能减少设计的重复劳动，提高设计效率。这对于以 IP 核为基础的 VLSI 片上系统的设计特别重要，因而得到普遍采用。

进行一项大型的、复杂的系统设计，实际上是一个自顶向下的过程，是一个上下多次反复进行修改的过程。

传统的电子系统设计一般是采用搭积木式的方法进行的，即由器件搭成电路板，再由电路板搭成电子系统。系统常用的"积木块"是固定功能的标准集成电路，如运算放大器、74/54 系列（TTL）、4000/4500 系列（CMOS）芯片和一些具有固定功能的大规模集成电路。设计者根据需要选择合适的器件，由器件组成电路板，最后完成系统设计。传统的电子系统设计只能对电路板进行设计，通过设计电路板实现系统功能。

进入 20 世纪 90 年代以后，EDA 技术的发展和普及给电子系统的设计带来了革命性的变化。在器件方面，微控制器、可编程逻辑器件等飞速发展。利用 EDA 工具，采用做控制器、可编程逻辑器件，正在成为电子系统设计的主流。

采用微控制器、可编程逻辑器件通过对器件内部的设计实现系统功能，是一种基于芯片的设计方法。设计者可以根据需要定义器件的内部逻辑和引脚，将电路板设计的大部分工作放在芯片的设计中进行，通过对芯片设计实现电子系统的功能。灵活的内部功能块组合、引脚定义等，可大大减轻电路设计和电路板设计的工作量和难度，有效地增强设计的灵活性，提高工作效率。同时采用微控制器、可编程逻辑器件，设计人员在实验室可反复编程，修改错误，以期尽快开发产品，迅速占领市场。基于芯片的设计可以减少芯片的数量，缩小系统体积，降低能源消耗，提高系统的性能和可靠性。

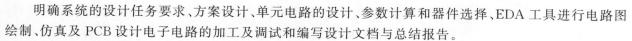

## 1.6 电子系统的设计步骤

明确系统的设计任务要求、方案设计、单元电路的设计、参数计算和器件选择、EDA 工具进行电路图绘制、仿真及 PCB 设计电子电路的加工及调试和编写设计文档与总结报告。

电子系统的设计步骤如下。

**1. 分析设计题目**

对设计题目进行具体分析，明确所要设计的系统功能和技术指标，确保所做的设计不偏题。如果在电子设计竞赛中发生了偏题，则你的作品可能无法获奖；如果在实际的项目中发生了偏题，则产品不但被用户拒绝接受，甚至可能要承担经济责任和法律责任。所以，分析设计题目这一步，必须考虑周到。

**2. 方案设计**

通过查阅文献资料，了解国内外相关课题的技术方案，提出 2 或 3 种可行的设计方案。从系统的功能、性能指标、稳定性、可靠性、成本、功耗、调试的方便性等方面，对几种方案进行认证比较，确定最优设计方案。在方案论证过程中，要敢于探索，勇于创新。需要指出的是，方案的优劣标准不是唯一的，它与电子系统的开发目的有关。例如，当某一电子系统的开发要求快速完成时，应尽量采用成熟可靠但不十分先进的技术方案。

在确定了总体设计方案后，画出完整原理框图，对总体方案的原理、关键技术、主要器件进行说明。对关键技术难点，应深入细致研究。例如，一个电子系统通常既包括模拟电路又包括数字电路，当模拟电路发挥到极致时,如何用数字电路弥补模拟电路的不足?在方案设计阶段,还需要关注电子系统的测试问题,即电子系统设计制作完成后,如何测试技术指标。

如果一个设计项目是由团队成员合作完成的,那么在方案设计阶段,应该明确各成员的分工,确定各自的任务。

**3. 相关理论分析**

对于复杂的电子系统,需要运用一定的理论才能解决问题。例如,在温度测控系统中,需要运用 PID (Proportion Integration Differentiation,比例积分微分)控制算法;在信号产生中,需要采用直接数字频率合成(Direct Digital Frequency Synthesis,DDS)理论;在信号分析中,需要采用快速傅里叶变换(Fast Fourier Transform,FFT)理论。通过理论分析确定系统设计中的一些技术指标和参数。

**4. 软硬件详细设计**

根据自顶向下的设计方法,电子系统通常可分为微控制器子系统、FPGA 子系统、模拟子系统等多个不同的子系统。

**5. 组装调测**

当单元电路设计完成以后,需要将其组装在一起构成系统。元器件应合理布局,以提高电磁兼容性;为了方便调测,电路中应留有测试点。组装调测时应采用自底向上法,即分段装调。

**6. 撰写设计报告**

撰写设计报告是整个设计中非常重要的一个环节。设计报告是技术总结、汇报交流和评价的依据。设计报告的内容应该反映设计思想、设计过程、设计结果和改进设想,要求概念准确、数据完整、条理清晰、突出创新。

## 1.7　嵌入式系统

随着计算机技术的不断发展,计算机的处理速度越来越快,存储容量越来越大,外围设备的性能越来越好,可满足高速数值计算和海量数据处理的需要,形成了高性能的通用计算机系统。

以往按照计算机的体系结构、运算速度、结构规模、适用领域,将其分为大型机、中型机、小型机和微型机,并以此组织学科和产业分工,这种分类沿袭了约 40 年。近 20 年来,随着计算机技术的迅速发展,以及计算机技术和产品对其他行业的广泛渗透,使得以应用为中心的分类方法变得更加切合实际。

国际电气和电子工程师协会(IEEE)定义的嵌入式系统(Embedded Systems)是"用于控制、监视或者辅助操作机器和设备运行的装置"(devices used to control, monitor, or assist the operation of equipment, machinery or plants)。这主要是从应用上加以定义的,可以看出,嵌入式系统是软件和硬件的综合体,还可以涵盖机械等附属装置。

国内普遍认同的嵌入式系统定义是,以计算机技术为基础,以应用为中心,软件、硬件可裁剪,适合应用系统对功能可靠性、成本、体积、功耗要求严格的专业计算机系统。在构成上,嵌入式系统以微控制器及软件为核心部件,两者缺一不可;在特征上,嵌入式系统具有方便、灵活地嵌入其他应用系统的特征,即具有很强的可嵌入性。

按嵌入式微控制器类型划分,嵌入式系统可分为以微控制器为核心的嵌入式系统、以工业计算机板为核心的嵌入式计算机系统、以 DSP 为核心组成的嵌入式数字信号处理器系统、以 FPGA 为核心的嵌入式 SOPC(System On a Programmable Chip,可编程片上系统)等。

嵌入式系统在含义上与传统的微控制器系统和计算机系统有很多重叠部分。为了方便区分,在实际应用中,嵌入式系统还应该具备下述 3 个特征。

（1）嵌入式系统的微控制器通常是由 32 位及以上的 RISC（Reduced Instruction Set Computer，精简指令集计算机）处理器组成的。

（2）嵌入式系统的软件系统通常是以嵌入式操作系统为核心，外加用户应用程序。

（3）嵌入式系统在特征上具有明显的可嵌入性。

嵌入式系统应用经历了无操作系统、单操作系统、实时操作系统和面向 Internet 4 个阶段。21 世纪无疑是一个网络的时代，互联网的快速发展及广泛应用为嵌入式系统的发展及应用提供了良好的机遇。"人工智能"技术在一夜之间变得人尽皆知。而嵌入式在其发展过程中扮演着重要角色。

嵌入式系统的广泛应用和互联网的发展导致了物联网概念的诞生，设备与设备之间、设备与人之间以及人与人之间要求实时互联、导致了大量数据的产生，大数据一度成为科技前沿，每天世界各地的数据量呈指数增长，数据远程分析成为必然要求。云计算被提上日程。数据存储、传输、分析等技术的发展无形中推动了人工智能技术的发展，因此人工智能看似突然出现在大众视野，实则经历了近半个世纪的漫长发展，其制约因素之一就是大数据。而嵌入式系统正是获取数据的最关键的系统之一。人工智能的发展可以说是嵌入式系统发展的产物，同时人工智能的发展要求更多、更精准的数据以及更快、更方便的数据传输。这促进了嵌入式系统的发展，两者相辅相成，嵌入式系统必将进入一个更加快速的发展时期。

## 1.7.1 嵌入式系统概述

嵌入式系统的发展大致经历了以下 3 个阶段。

（1）以嵌入式微控制器为基础的初级嵌入式系统。

（2）以嵌入式操作系统为基础的中级嵌入式系统。

（3）以 Internet 和 RTOS 为基础的高级嵌入式系统。

嵌入式技术与 Internet 技术的结合正在推动着嵌入式系统的飞速发展，为嵌入式系统市场展现出了美好的前景，也对嵌入式系统的生产厂商提出了新的挑战。

通用计算机具有计算机的标准形式，通过装配不同的应用软件，应用在社会生活的各个方面。现在，在办公室、家庭中广泛使用的个人计算机（PC）就是通用计算机最典型的代表。

而嵌入式计算机则是以嵌入式系统的形式隐藏在各种装置、产品和系统中。在许多应用领域，如工业控制、智能仪器仪表、家用电器、电子通信设备等，对嵌入式计算机的应用有着不同的要求，主要体现在如下方面。

（1）能面对控制对象，例如，面对物理量传感器的信号输入，面对人机交互的操作控制，面对对象的伺服驱动和控制。

（2）可嵌入应用系统。由于体积小，低功耗，价格低廉，可方便地嵌入应用系统和电子产品中。

（3）能在工业现场环境中长时间可靠运行。

（4）控制功能优良。对外部的各种模拟和数字信号能及时地捕捉，能灵活地对多种不同的控制对象进行实时控制。

可以看出，满足上述要求的计算机系统与通用计算机系统是不同的。换句话讲，能够满足和适合以上这些应用的计算机系统与通用计算机系统在应用目标上有巨大的差异。一般将具备高速计算能力和海量存储，用于高速数值计算和海量数据处理的计算机称为通用计算机系统。而将面向工控领域对象，嵌入各种控制应用系统、各类电子系统和电子产品中，实现嵌入式应用的计算机系统称为嵌入式计算机系统，简称嵌入式系统。

嵌入式系统将应用程序和操作系统与计算机硬件集成在一起，简单地讲，就是系统的应用软件与系统的硬件一体化。这种系统具有软件代码规模小、高度自动化、响应速度快等特点，特别适应于面向对象的要求实时和多任务的应用。

特定的环境和特定的功能要求嵌入式系统与所嵌入的应用环境成为一个统一的整体，并且往往要满足紧凑、可靠性高、实时性好、功耗低等技术要求。面向具体应用的嵌入式系统，以及系统的设计方法和开发技术，构成了今天嵌入式系统的重要内涵，也是嵌入式系统发展成为一个相对独立的计算机研究和学习领域的原因。

### 1.7.2　嵌入式系统和通用计算机系统比较

作为计算机系统的不同分支，嵌入式系统和人们熟悉的通用计算机系统既有共性也有差异。

**1. 嵌入式系统和通用计算机系统的共同点**

嵌入式系统和通用计算机系统都属于计算机系统，从系统组成上讲，它们都是由硬件和软件构成的；工作原理是相同的，都是存储程序机制。从硬件上看，嵌入式系统和通用计算机系统都由 CPU、存储器、I/O 接口和中断系统等部件组成；从软件上看，嵌入式系统软件和通用计算机软件都可以划分为系统软件和应用软件两类。

**2. 嵌入式系统和通用计算机系统的不同点**

作为计算机系统的一个新兴的分支，嵌入式系统与人们熟悉和常用的通用计算机系统相比又具有以下不同点。

(1) 形态。通用计算机系统具有基本相同的外形（如主机、显示器、鼠标和键盘等）并且独立存在；而嵌入式系统通常隐藏在具体某个产品或设备（称为宿主对象，如空调、洗衣机、数字机顶盒等）中，它的形态随着产品或设备的不同而不同。

(2) 功能。通用计算机系统一般具有通用而复杂的功能，任意一台通用计算机都具有文档编辑、影音播放、娱乐游戏、网上购物和通信聊天等通用功能；而嵌入式系统嵌入在某个宿主对象中，功能由宿主对象决定，具有专用性，通常是为某个应用量身定做的。

(3) 功耗。目前，通用计算机系统的功耗一般为 200W 左右；而嵌入式系统的宿主对象通常是小型应用系统，如手机、MP3 和智能手环等，这些设备不可能配置容量较大的电源，因此，低功耗一直是嵌入式系统追求的目标，如日常生活中使用的智能手机，其待机功率 $100\sim200\mathrm{mW}$，即使在通话时功率也只有 $4\sim5\mathrm{W}$。

(4) 资源。通用计算机系统通常拥有大而全的资源（如鼠标、键盘、硬盘、内存条和显示器等）；而嵌入式系统受限于嵌入的宿主对象（如手机、MP3 和智能手环等），通常要求小型化和低功耗，其软硬件资源受到严格的限制。

(5) 价值。通用计算机系统的价值体现在"计算"和"存储"上，计算能力（处理器的字长和主频等）和存储能力（内存和硬盘的大小和读取速度等）是通用计算机的通用评价指标；而嵌入式系统往往嵌入某个设备和产品中，其价值一般不取决于其内嵌的处理器的性能，而体现在它所嵌入和控制的设备上。如一台智能洗衣机往往用洗净比、洗涤容量和脱水转速等来衡量，而不以其内嵌的微控制器的运算速度和存储容量等来衡量。

## 1.8　嵌入式系统的组成

嵌入式系统是一个在功能、可靠性、成本、体积和功耗等方面有严格要求的专用计算机系统，那么无一例外，具有一般计算机组成结构的共性。从总体上看，嵌入式系统的核心部分由嵌入式硬件和嵌入式软件组成，而从层次结构上看，嵌入式系统可划分为硬件层、驱动层、操作系统层以及应用层 4 个层次，如

图 1-3 所示。

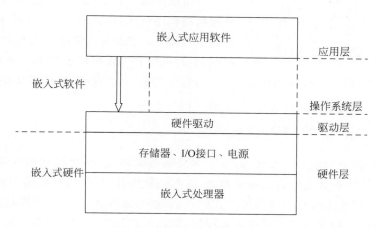

图 1-3 嵌入式系统的组成结构

嵌入式硬件（硬件层）是嵌入式系统的物理基础，主要包括嵌入式处理器、存储器、输入/输出（I/O）接口及电源等。其中，嵌入式处理器是嵌入式系统的硬件核心，通常可分为嵌入式微处理器、嵌入式微控制器、嵌入式数字信号处理器以及嵌入式片上系统等主要类型。

存储器是嵌入式系统硬件的基本组成部分，包括 RAM、Flash、EEPROM 等主要类型，承担着存储嵌入式系统程序和数据的任务。目前的嵌入式处理器中已经集成了较为丰富的存储器资源，同时也可通过 I/O 接口在嵌入式处理器外部扩展存储器。

I/O 接口及设备是嵌入式系统对外联系的纽带，负责与外部世界进行信息交换。I/O 接口主要包括数字接口和模拟接口两大类，其中，数字接口又可分为并行接口和串行接口，模拟接口包括模/数转换器（ADC）和数/模转换器（DAC）。并行接口可以实现数据的所有位同时并行传送，传输速度快，但通信线路复杂，传输距离短。串行接口则采用数据位一位位顺序传送的方式，通信线路少，传输距离远，但传输速度相对较慢。常用的串行接口有通用同步/异步收发器（Universal Synchronous Asynchronous Receiver Transmitter，USART）接口、串行外设接口（Serial Peripheral Interface，SPI）、芯片间总线（Inter-Integrated Circuit，I2C）接口以及控制器局域网络（Controller Area Network，CAN）接口等，实际应用时可根据需要选择不同的接口类型。I/O 设备主要包括人机交互设备（按键、显示器件等）和机机交互设备（传感器、执行器等），可根据实际应用需求选择所需的设备类型。

## ▉ 1.9 嵌入式系统的软件 ◆

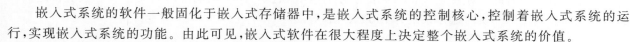

嵌入式系统的软件一般固化于嵌入式存储器中，是嵌入式系统的控制核心，控制着嵌入式系统的运行，实现嵌入式系统的功能。由此可见，嵌入式软件在很大程度上决定整个嵌入式系统的价值。

从软件结构上划分，嵌入式系统的软件分为无操作系统和带操作系统两种。

### 1.9.1 无操作系统的嵌入式软件

对于通用计算机，操作系统是整个软件的核心，不可或缺；然而，对于嵌入式系统，由于其专用性，在某些情况下无需操作系统。尤其在嵌入式系统发展的初期，由于较低的硬件配置、单一的功能需求以及有限的应用领域（主要集中在工业控制和国防军事领域），嵌入式软件的规模通常较小，没有专门的操作系统。

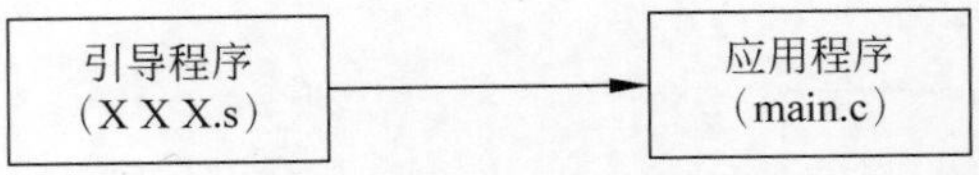

```
┌─────────────┐        ┌─────────────┐
│  引导程序    │───────▶│  应用程序    │
│  (X X X.s)  │        │  (main.c)   │
└─────────────┘        └─────────────┘
```

图 1-4　无操作系统的嵌入式软件结构

在组成结构上,无操作系统的嵌入式软件仅由引导程序和应用程序两部分组成,如图 1-4 所示。引导程序一般由汇编语言编写,在嵌入式系统上电后运行,完成自检、存储映射、时钟系统和外设接口配置等一系列硬件初始化操作。应用程序一般由 C 语言编写,直接架构在硬件之上,在引导程序之后运行,负责实现嵌入式系统的主要功能。

### 1.9.2　带操作系统的嵌入式软件

随着嵌入式应用在各个领域的普及和深入,嵌入式系统向多样化、智能化和网络化发展,其对功能、实时性、可靠性和可移植性等方面的要求越来越高,嵌入式软件日趋复杂,越来越多地采用嵌入式操作系统+应用软件的模式。相比无操作系统的嵌入式软件,带操作系统的嵌入式软件规模较大,其应用软件架构于嵌入式操作系统上,而非直接面对嵌入式硬件,可靠性高,开发周期短,易于移植和扩展,适用于功能复杂的嵌入式系统。

带操作系统的嵌入式软件的体系结构如图 1-5 所示,自下而上包括设备驱动层、操作系统层和应用软件层等。

图 1-5　带操作系统的嵌入式软件的体系结构

### 1.9.3　嵌入式操作系统的分类

按照嵌入式操作系统对任务响应的实时性分类,嵌入式操作系统可以分为嵌入式非实时操作系统和嵌入式实时操作系统(RTOS)。这两类操作系统的主要区别在于任务调度处理方式不同。

**1. 嵌入式非实时操作系统**

嵌入式非实时操作系统主要面向消费类产品应用领域。大部分嵌入式非实时操作系统都支持多用户和多进程,负责管理众多的进程并为它们分配系统资源,属于不可抢占式操作系统。非实时操作系统尽量缩短系统的平均响应时间并提高系统的吞吐率,在单位时间内为尽可能多的用户请求提供服务,注重平均表现性能,不关心个体表现性能。例如,对整个系统来说,更注重所有任务的平均响应时间而不关心单个任务的响应时间;对某个单个任务来说,更注重每次执行的平均响应时间而不关心某次特定执行的响应时间。典型的非实时操作系统有 Linux、iOS 等。

**2. 嵌入式实时操作系统**

嵌入式实时操作系统主要面向控制、通信等领域。实时操作系统除了要满足应用的功能需求,还要满足应用提出的实时性要求,属于抢占式操作系统。嵌入式实时操作系统能及时响应外部事件的请求,并以足够快的速度予以处理,其处理结果能在规定的时间内控制、监控生产过程或对处理系统作出快速响应,并控制所有任务协调、一致地运行。因此,嵌入式实时操作系统采用各种算法和策略,始终保证系统行为的可预测性。这要求在系统运行的任何时刻,在任何情况下,嵌入式实时操作系统的资源调配策略都能为争夺资源(包括 CPU、内存、网络带宽等)的多个实时任务合理地分配资源,使每个实时任务的实时性要求都能得到满足,要求每个实时任务在最坏情况下都要满足实时性要求。嵌入式实时操作系统总是执行当前优先级最高的进程,直至结束执行,中间的时间通过 CPU 频率等可以推算出来。由于虚存技术访问时间的不可确定性,在嵌入式实时操作系统中一般不采用标准的虚存技术。典型的嵌入式实时操作系统有 VxWorks、μC/OS-Ⅲ、QNX、FreeRTOS、eCOS、RTX 及 RT-Thread 等。

## 1.9.4 典型嵌入式操作系统

使用嵌入式操作系统主要是为了有效地对嵌入式系统的软硬件资源进行分配、任务调度切换、中断处理,以及控制和协调资源与任务的并发活动。由于 C 语言可以更好地对硬件资源进行控制,因此嵌入式操作系统通常采用 C 语言编写。当然为了获得更快的响应速度,有时也需要采用汇编语言编写一部分代码或模块,以达到优化的目的。嵌入式操作系统与通用操作系统相比在两个方面有很大的区别。一方面,通用操作系统为用户创建了一个操作环境,在这个环境中,用户可以和计算机交互,执行各种各样的任务;而嵌入式系统一般只是执行有限类型的特定任务,并且一般不需要用户干预。另一方面,在大多数嵌入式操作系统中,应用程序通常作为操作系统的一部分内置于操作系统中,随同操作系统启动时自动在 ROM 或 Flash 中运行;而在通用操作系统中,应用程序一般是由用户选择加载到 RAM 中运行的。

随着嵌入式技术的快速发展,国内外先后问世了 150 多种嵌入式操作系统,较为常见的国外嵌入式操作系统有 μC/OS、FreeRTOS、Embedded Linux、VxWorks、QNX、RTX、Windows IoT Core、Android Things 等。虽然国产嵌入式操作系统发展相对滞后,但在物联网技术与应用的强劲推动下,国内厂商纷纷推出了多种嵌入式操作系统,并得到了日益广泛的应用。目前较为常见的国产嵌入式操作系统有华为 Lite OS、华为 HarmonyOS、阿里 AliOS Things、翼辉 SylixOS、睿赛德 RT-Thread 等。

### 1. FreeRTOS

FreeRTOS 是 Richard Barry 于 2003 年发布的一款“开源免费”的嵌入式实时操作系统,其作为一个轻量级的实时操作系统内核,功能包括任务管理、时间管理、信号量、消息队列、内存管理、软件定时器等,可基本满足较小系统的需要。在过去的 20 年,FreeRTOS 历经了 10 个版本,与众多厂商合作密切,拥有数百万开发者,是目前市场占有率相对较高的 RTOS(实时操作系统,Real Time Operating System)。为了更好地反映内核不是发行包中唯一单独版本化的库的特点,FreeRTOS V10.4 版本之后的 FreeRTOS 发行时将使用日期戳版本而不是内核版本。

FreeRTOS 体积小巧,支持抢占式任务调度。FreeRTOS 由 Richard Barry 开发,并由 Real Time Engineers Ltd. 生产出来,支持市场上大部分处理器架构。FreeRTOS 设计得十分小巧,可以在资源非常有限的微控制器中运行,甚至可以在 MCS-51 架构的微控制器上运行。此外,FreeRTOS 是一个开源、免费的嵌入式实时操作系统,相较于 μC/OS-Ⅱ 等需要收费的嵌入式实时操作系统,尤其适合在嵌入式系统中使用,能有效降低嵌入式产品的生产成本。

FreeRTOS 是可裁剪的小型嵌入式实时操作系统,除开源、免费以外,还具有以下特点。

(1) FreeRTOS 的内核支持抢占式、合作式和时间片 3 种调度方式。

(2) 支持的芯片种类多,已经在超过 30 种架构的芯片上进行了移植。

(3) 系统简单、小巧、易用,通常情况下其内核仅占用 4~9KB 的 Flash 空间。

(4) 代码主要用 C 语言编写,可移植性高。

(5) 支持 Arm Cortex-M 系列中的 MPU(Memory Protection Unit,内存保护单元),如 STM32F407、STM32F429 等有 MPU 的芯片。

(6) 任务数量不限。

(7) 任务优先级不限。

(8) 任务与任务、任务与中断之间可以使用任务通知、队列、二值信号量、计数信号量、互斥信号量和递归互斥信号量进行通信和同步。

（9）有高效的软件定时器。

（10）有强大的跟踪执行功能。

（11）有堆栈溢出检测功能。

（12）适用于低功耗应用。FreeRTOS 提供了一个低功耗 Tickless 模式。

（13）在创建任务通知、队列、信号量、软件定时器等系统组件时，可以选择动态或静态 RAM。

（14）SafeRTOS 作为 FreeRTOS 的衍生品，具有比 FreeRTOS 更高的代码完整性。

**2. 睿赛德 RT-Thread**

RT-Thread 的全称是 Real Time-Thread，是由上海睿赛德电子科技有限公司推出的一个开源嵌入式实时多线程操作系统，目前最新版本是 4.0。3.1.0 及以前的版本遵循 GPL V2＋开源许可协议，3.1.0 以后的版本遵循 Apache License 2.0 开源许可协议。RT-Thread 主要由内核层、组件与服务层、软件包 3 个部分组成。其中，内核层包括 RT-Thread 内核和 libcpu/BSP（芯片移植相关文件/板级支持包）。RT-Thread 内核是整个操作系统的核心部分，包括多线程及其调度、信号量、邮箱、消息队列、内存管理、定时器等内核系统对象的实现，而 Libcpu/BSP 与硬件密切相关，由外设驱动和 CPU 移植构成。组件与服务层是 RT-Thread 内核之上的上层软件，包括虚拟文件系统、FinSH 命令行界面、网络框架、设备框架等，采用模块化设计，做到组件内部高内聚、组件之间低耦合。软件包是运行在操作系统平台上且面向不同应用领域的通用软件组件，包括物联网相关的软件包、脚本语言相关的软件包、多媒体相关的软件包、工具类软件包、系统相关的软件包以及外设库与驱动类软件包等。RT-Thread 支持所有主流的 MCU 架构，如 Arm Cortex-M/R/A、MIPS、x86、Xtensa、C-SKY、RISC-V。相较于 Linux 操作系统，RT-Thread 具有实时性高、占用资源少、体积小、功耗低、启动快速等特点，非常适合用于各种资源受限的场合。经过多年的发展，RT-Thread 已经拥有一个国内较大的嵌入式开源社区，同时被广泛应用于能源、车载、医疗、消费电子等多个行业。

**3. μC/OS-Ⅱ**

μC/OS-Ⅱ（Micro-Controller Operating System Ⅱ）是一种基于优先级的可抢占式的硬实时内核。它属于一种完整、可移植、可固化、可裁剪的抢占式多任务内核，包含了任务调度、任务管理、时间管理、内存管理和任务间的通信和同步等基本功能。μC/OS-Ⅱ嵌入式系统可用于各类 8 位、16 位和 32 位微控制器以及数字信号处理器。

嵌入式系统 μC/OS-Ⅱ源于 Jean J. Labrosse 在 1992 年编写的一个嵌入式多任务实时操作系统，1999 年改写后命名为 μC/OS-Ⅱ，并在 2000 年被美国航空管理局认证。μC/OS-Ⅱ系统具有足够的安全性和稳定性，可以运行在诸如航天器等对安全要求极为苛刻的系统之上。

μC/OS-Ⅱ系统是专门为计算机的嵌入式应用而设计的。μC/OS-Ⅱ系统中 90％的代码是用 C 语言编写的，CPU 硬件相关部分是用汇编语言编写的。总量约 200 行的汇编语言部分被压缩到最低限度，便于移植到任何一种其他的 CPU 上。用户只要有标准的 ANSI（美国国家标准学会，American National Standards Institute）的 C 交叉编译器，有汇编器、连接器等软件工具，就可以将 μC/OS-Ⅱ系统嵌入所要开发的产品中。μC/OS-Ⅱ系统具有执行效率高、占用空间小、实时性能优良和可扩展性强等特点，目前几乎已经移植到了所有知名的 CPU 上。

μC/OS-Ⅱ系统的主要特点如下：

（1）开源性。

μC/OS-Ⅱ系统的源代码全部公开，用户可直接登录 μC/OS-Ⅱ的官方网站下载，网站上公布了针对不同微处理器的移植代码。用户也可以从有关出版物上找到详尽的源代码讲解和注释。这使系统变得更透明,极大地方便了 $\mu$C/OS-Ⅱ系统的开发,提高了开发效率。

(2)可移植性。

绝大部分 $\mu$C/OS-Ⅱ系统的源码是用移植性很强的 ANSI C 语句写的,和微处理器硬件相关的部分是用汇编语言写的。汇编语言编写的部分已经压缩到最小限度,使得 $\mu$C/OS-Ⅱ系统便于移植到其他微处理器上。

$\mu$C/OS-Ⅱ系统能够移植到多种微处理器上的条件是:该微处理器有堆栈指针,有 CPU 内部寄存器入栈、出栈指令。另外,使用的 C 编译器必须支持内嵌汇编(in-line assembly)或者该 C 语言可扩展、可连接汇编模块,使得关中断、开中断能在 C 语言程序中实现。

(3)可固化。

$\mu$C/OS-Ⅱ系统是为嵌入式应用而设计的,只要具备合适的软、硬件工具,$\mu$C/OS-Ⅱ系统就可以嵌入用户的产品中,成为产品的一部分。

(4)可裁剪。

用户可以根据自身需求只使用 $\mu$C/OS-Ⅱ系统中应用程序中需要的系统服务。这种可裁剪性是靠条件编译实现的。只要在用户的应用程序中(用#define constants 语句)定义那些 $\mu$C/OS-Ⅱ系统中的功能是应用程序需要的就可以了。

(5)抢占式。

$\mu$C/OS-Ⅱ系统是完全抢占式的实时内核。$\mu$C/OS-Ⅱ系统总是运行就绪条件下优先级最高的任务。

(6)多任务。

$\mu$C/OS-Ⅱ系统 2.8.6 版本可以管理 256 个任务,目前预留 8 个给系统,因此应用程序最多可以有 248 个任务。系统赋予每个任务的优先级是不相同的,$\mu$C/OS-Ⅱ系统不支持时间片轮转调度法。

(7)可确定性。

$\mu$C/OS-Ⅱ系统全部的函数调用与服务的执行时间都具有可确定性。也就是说,$\mu$C/OS-Ⅱ系统的所有函数调用与服务的执行时间都是可知的。进而言之,$\mu$C/OS-Ⅱ系统服务的执行时间不依赖于应用程序任务的多少。

(8)任务栈。

$\mu$C/OS-Ⅱ系统的每一个任务都有自己单独的栈,$\mu$C/OS-Ⅱ系统允许每个任务有不同的栈空间,以便压低应用程序对 RAM 的需求。使用 $\mu$C/OS-Ⅱ系统的栈空间校验函数,可以确定每个任务到底需要多少栈空间。

(9)系统服务。

$\mu$C/OS-Ⅱ系统提供很多系统服务,例如,邮箱、消息队列、信号量、块大小固定的内存的申请与释放、时间相关函数等。

(10)中断管理,支持嵌套。

中断可以使正在执行的任务暂时挂起。如果优先级更高的任务被该中断唤醒,则高优先级的任务在中断嵌套全部退出后立即执行,中断嵌套层数可达 255 层。

4. 嵌入式 Linux

Linux 诞生于 1991 年 10 月 5 日(这是第一次正式向外公布时间),是一套开源、免费使用和自由传播的类 UNIX 的操作系统。Linux 是一个基于 POSIX 和 UNIX 的支持多用户、多任务、多线程和多 CPU 的操作系统。它能运行主要的 UNIX 工具软件、应用程序和网络协议,支持 32 位和 64 位硬件。Linux 继承了 UNIX 以网络为核心的设计思想,Linux 是一个性能稳定的多用户网络操作系统,存在许多不同的版本,但它们都使用了 Linux 内核。Linux 可安装在计算机硬件中,如手机、平板电脑、路由器、视频游戏控制台、台式计算机、大型机和超级计算机。

  Linux 遵循 GPL(General Public License,通用公共许可证)协议,无须为每例应用交纳许可证费,并且拥有大量免费且优秀的开发工具和庞大的开发人员群体。Linux 有大量应用软件,源代码开放且是免费的,可以在稍加修改后应用于用户自己的系统,因此软件的开发和维护成本很低。Linux 完全使用 C 语言编写,应用入门简单,只要懂操作系统原理和 C 语言即可。Linux 运行所需资源少、稳定,并具备优秀的网络功能,十分适合嵌入式操作系统应用。

##  1.10　嵌入式系统的应用领域

  嵌入式系统主要应用在以下领域。

  (1) 智能消费电子产品。嵌入式系统最为成功的是在智能设备中的应用,如智能手机、平板电脑、家庭音箱、玩具等。

  (2) 工业控制。目前已经有大量的 32 位嵌入式微控制器应用在工业设备中,如打印机、工业过程控制、数控机床、电网设备检测等。

  (3) 医疗设备。嵌入式系统已经在医疗设备中取得广泛应用,如血糖仪、血氧计、人工耳蜗、心电监护仪等。

  (4) 信息家电及家庭智能管理系统。信息家电及家庭智能管理系统方面将是嵌入式系统未来最大的应用领域之一。例如,冰箱、空调等的网络化、智能化将引领人们的生活步入一个崭新的空间,即使用户不在家,也可以通过电话、网络进行远程控制。又如、水、电煤气表的远程自动抄表,以及安全防水、防盗系统,其中嵌入式专用控制芯片将代替传统的人工检查,并实现更高效、更准确和更安全的性能。目前在餐饮服务领域,如远程点菜器等,已经体现了嵌入式系统的优势。

  (5) 网络与通信系统。嵌入式系统将广泛用于网络与通信系统之中。例如,Arm 把针对移动互联网市场的产品分为两类:一类是智能手机,另一类是平板电脑。平板电脑是介于笔记本电脑和智能手机中间的一类产品。Arm 过去在 PC 上的业务很少,但现在市场对更低功耗的移动计算平台的需求带来了新的机会,因此,Arm 在不断推出性能更高的 CPU 拓展市场。Arm 新推出的 Cortex-A9、Cortex-A55、Cortex-A75 等处理器可以用于高端智能手机,也可用于平板电脑。现在已经有很多半导体芯片厂商在采用 Arm 开发产品并应用于智能手机和平板电脑。

  (6) 环境工程。嵌入式系统在环境工程中的应用也很广泛,如水文资源实时监测、防洪体系及水土质量检测、堤坝安全、地震监测网、实时气象信息网、水源和空气污染监测。在很多环境恶劣、地况复杂的地区,依靠嵌入式系统将能够实现无人监测。

  (7) 机器人。嵌入式芯片的发展将使机器人在微型化、高智能方面优势更加明显,同时会大幅度降低机器人的价格,使其在工业领域和服务领域获得更广泛的应用。

##  1.11　电子工程师常用网站

  电子工程师在工作和学习中会访问多种网站来获取信息、购买元件、下载工具和与其他工程师交流。以下是一些电子工程师可能会用到的网站。

  电子工程师使用的网站可能与全球常用的网站有所不同,因为一些国际网站在国内可能无法直接访问或者访问速度较慢。以下列出一些在国内电子工程师中较为流行的网站。

  (1) 电子发烧友网:提供电子技术资料、论坛、行业新闻和市场分析。网址为 http://www.

elecfans. com/。

(2) 华强电子网：主要提供电子元器件交易、电子行业资讯。网址为 https://www. hqew. com/。

(3) 世界工厂网：一个集成了电子元件交易和行业资讯的平台。网址为 https://www. gongchang. com/。

(4) 21IC 中国电子网：提供电子工程相关的新闻、技术文章和论坛。网址为 http://www. 21ic. com/。

(5) 立创商城：电子元件在线销售平台，也提供 PCB 打样服务。网址为 https://www. szlcsc. com/。

(6) EEWORLD 电子工程世界：提供电子工程相关的资讯、论坛、在线课程和工具。网址为 http://www. eeworld. com. cn/。

(7) 中关村在线：提供电子产品的新闻、评测和价格信息。网址为 http://www. zol. com. cn/。

(8) CSDN：虽然主要是一个程序员社区，但也有很多关于嵌入式系统和电子工程的内容。网址为 https://www. csdn. net/。

(9) 硬蛋：专注于智能硬件创新的社区，提供项目展示、众筹等服务。网址为 https://www. chuangxin. com/。

(10) 淘宝网：在淘宝网的电子元件市场可以购买到各种电子零件和工具。网址为 https://www. taobao. com/。

(11) 京东商城：类似于淘宝，京东也有一个电子元件的销售区域。网址为 https://www. jd. com/。

(12) 阿里巴巴 1688：批发交易市场，电子工程师可以在这里找到大量的电子元件供应商。网址为 https://www. 1688. com/。

(13) 百度文库：用户分享的各种文档资料，包括电子工程相关的论文、教程等。网址为 https:// wenku. baidu. com/。

(14) GitEE：类似于 GitHub，GitEE 是一个代码托管平台，适用于电子工程项目。网址为 https:// gitee. com/。

这些网站根据电子工程师的不同需求提供了广泛的服务和资源。由于中国的互联网环境和市场特点，这些网站往往更符合中国工程师的使用习惯。

除了之前提到的网站，中国电子工程师还经常使用以下资源和平台。

(1) 多特软件站：提供软件下载，包括一些电子设计自动化（EDA）工具。网址为 https://www. duote. com/。

(2) 中国电子顶级开发网：提供电子开发相关的资讯、技术文章和论坛。网址为 http://www. eetop. cn/。

(3) 电子工程专辑：提供电子技术资料、市场分析和设计资源。网址为 http://www. eet-china. com/。

(4) 单片机与嵌入式系统应用：注重于单片机和嵌入式系统的技术交流平台。网址为 http:// www. mcu51. com/。

(5) 开源中国：一个促进开源软件发展的社区，也包括一些硬件项目。网址为 https://www. oschina. net/。

(6) 菜鸟教程：提供各种编程语言和技术的学习资源，其中也包括电子工程相关内容。网址为 https://www. runoob. com/。

(7) 阿里云 IoT：阿里巴巴集团提供的物联网服务平台，提供 IoT 解决方案。网址为 https://iot.

aliyun. com/。

（8）电子产品世界：提供电子产品设计和制造行业的新闻、技术文章。网址为 http://www. epworld. com. cn/。

（9）国际电子商情：提供全球电子市场的新闻、分析报告和供应链信息。网址为 http://www. dzsc. com/。

（10）赛迪网：提供 IT 和电子产业的新闻、市场分析和咨询服务。网址为 http://www. ccidnet. com/。

（11）电子工程世界网：提供电子设计、工程技术和解决方案的资讯。网址为 http://www. eeworld. com. cn/ee/。

（12）电子技术应用：提供电子技术相关的新闻、技术文章和论坛。网址为 http://www. elecfans. com/dianzijishu/。

电子工程师还经常使用各种社交媒体和即时通信工具［如微信（WeChat）和 QQ 群］来交流技术问题、分享资源和建立行业联系。此外，还有各种线上和线下的电子技术社群和活动，如 Maker Faire、硬件创业孵化器等，这些也是获取信息和资源的重要渠道。

电子工程师在进行产品设计时常用到以下网站。

（1）电子元件参数查询：https://www. alldatasheet. com。

（2）电子工程师论坛：http://forum. eet-cn. com/。

（3）电子技术应用：http://www. chinaaet. com/。

（4）电子系统设计：http://www. ed-china. com/。

（5）电子元器件查询网：https://www. datasheet5. com/。

（6）电子元器件查询：https://www. icspec. com/。

（7）电路方案开源网：https://www. eefocus. com/design/。

（8）电子元件封装、3D 模型库：https://www. ultralibrarian. com/。

（9）各种元器件数据手册和技术手册：http://www. semiee. com/。

（10）电子设计导航网：https://www. cndh. top/。

（11）电子元件一站式购买：https://www. szlcsc. com/。

（12）全球电子元件分销商：https://www. digikey. cn/。

 **1.12　如何学习电子系统**　◆

电子系统是现代技术发展的基石，应用广泛，涉及从简单的家用电器到复杂的计算机系统和通信设备。

**1. 电子系统的分类**

电子系统可以根据其功能、应用领域、复杂性和设计方法等不同的标准进行分类。以下是一些常见的电子系统分类。

（1）按功能和应用分类。

- 通信系统：用于信息传输的系统，如电话、无线电、卫星通信等。
- 计算机系统：用于数据处理的系统，包括个人计算机、服务器、超级计算机等。
- 控制系统：用于控制机械或其他设备的系统，如自动化生产线、机器人等。
- 测量和仪器系统：用于测量各种物理量的系统，如示波器、频谱分析仪等。
- 消费电子系统：面向消费者的电子产品，如智能手机、电视、音响等。

- 嵌入式系统：集成在更大系统中的专用计算机系统，如汽车电子、家用电器等。

（2）按信号类型分类。

- 模拟电子系统：处理连续信号的系统，如放大器、调制解调器等。
- 数字电子系统：处理离散信号的系统，如计算机、数字逻辑电路等。
- 混合信号电子系统：同时处理模拟和数字信号的系统，如模/数转换器（ADC）和数/模转换器（DAC）。

（3）按复杂性和集成度分类。

- 分立元件电路：由单独的电子元件（如电阻、电容、晶体管）组成的电路。
- 集成电路（IC）：将许多电子元件集成在一个小型芯片上的电路。
- 片上系统（SoC）：将整个系统（包括处理器、存储器、输入/输出等）集成在单一芯片上。

（4）按技术领域分类。

- 射频电子系统：处理高频信号的系统，如无线电收发器、雷达等。
- 微电子学：研究微小电子元件和集成电路的学科。
- 光电子系统：利用光的系统，如激光器、光纤通信等。
- 功率电子系统：用于高电压和电流控制的系统，如电力转换、电动机控制等。

（5）按照电子系统的特定特性分类。

- 便携式电子系统：设计用于便携和移动的系统，如手持设备。
- 嵌入式电子系统：通常专用于特定任务，嵌入在更大的设备中，如汽车电子控制单元。
- 工业电子系统：用于工业应用，如传感器网络、自动化控制系统等。

这些分类并不是互斥的，一个电子系统可能属于多个分类。例如，一个智能手机是一个消费电子系统，同时也是一个便携式的嵌入式系统，处理的既有模拟信号（如语音通话）也有数字信号（如数据处理）。

**2. 电子系统的学习困惑**

学习电子系统时可能会遇到的困惑分为几个方面：

（1）基础知识的困惑。

电路理论：欧姆定律、基尔霍夫定律、电路分析技术等基础理论可能难以理解。

电子元件：电阻、电容、电感、二极管、晶体管等元件的工作原理和使用方法。

模拟与数字电路：分辨模拟电路与数字电路的区别和各自的设计原则。

（2）高级概念的困惑。

信号处理：模拟信号、数字信号的处理方法，如滤波、放大、模/数转换、数/模转换等。

微电子学：半导体物理、集成电路设计等深入的微电子知识。

嵌入式系统：微控制器的编程和应用，嵌入式软件和硬件的交互。

（3）实践操作的困惑。

电路设计：如何从理论出发设计实际可行的电路。

调试与测试：电路不工作时如何定位问题并修复。

工具使用：学习使用各种电子仪器，如示波器、万用表、信号发生器等。

（4）技术和趋势的困惑。

最新技术：跟上快速发展的电子技术，如 IoT、5G 通信技术、人工智能在电子系统中的应用等。

标准和协议：理解各种通信协议和行业标准，如 USB、蓝牙、Wi-Fi 等。

（5）学习方法的困惑。

理论与实践结合：如何有效地将学到的理论知识应用到实际的项目中。

自我学习：在大量的学习资源中如何高效地自学。

问题解决：面对复杂问题时如何系统地分析和解决。

学习电子系统时的困惑主要是因为以下几个原因。

(1) 复杂性：电子系统涉及电路设计、信号处理、微电子学、嵌入式系统等多个复杂的子领域。每个领域都有自己的理论和实践要求，这可能会让初学者感到困惑。

(2) 数学要求：电子工程通常需要较强的数学基础，包括代数、微积分、概率论和复数分析等。这些数学工具对于理解电路行为和系统设计至关重要。

(3) 抽象概念：电子学中有很多抽象概念，如电流、电压、阻抗、电容、电感等，这些都不是可以直接观察到的物理量，需要通过实验和模拟来理解。

(4) 快速变化的技术：电子技术的发展速度非常快，新的技术、组件和设计方法不断涌现。要跟上最新的技术趋势，需要持续学习和不断适应。

(5) 实践与理论的结合：电子系统的学习不仅仅是理论知识，还需要将理论应用到实际的电路设计和问题解决中。这种从理论到实践的转换对于一些学生来说可能是个挑战。

(6) 调试和故障分析：电子系统设计中的问题往往不易发现和解决。调试电路和分析故障需要耐心、细致的观察和分析能力。

**3. 电子系统的知识体系**

电子系统的知识体系是非常广泛和多层次的，它包含了从基本的电子学原理到复杂系统设计和应用的各个方面。以下是电子系统知识体系的主要组成部分。

(1) 基础电子学。

电路理论：包括基本的电路分析技术，如基尔霍夫定律、欧姆定律、网络定理等。

电子元件：了解电阻、电容、电感、二极管、晶体管等基本元件的特性和工作原理。

信号与系统：信号的时间域和频域分析，系统的时域响应和频域响应。

(2) 模拟电子学。

放大器电路：包括运算放大器、功率放大器等不同类型的放大器设计和应用。

滤波器设计：低通、高通、带通和带阻滤波器的设计和应用。

振荡器和波形生成：正弦波、方波、锯齿波等波形的生成和振荡器的设计。

(3) 数字电子学。

逻辑门和数字逻辑：基本逻辑门的工作原理，组合逻辑和时序逻辑电路设计。

微处理器和微控制器：微处理器的架构，编程和应用，以及微控制器的使用。

数字信号处理：数字滤波器，快速傅里叶变换(FFT)，数字信号处理器(DSP)的应用。

(4) 嵌入式系统。

嵌入式系统是电子系统知识体系中的一个重要部分，它涉及电子工程、计算机科学、系统工程等多个领域的知识。掌握嵌入式系统的设计和分析，对于任何希望在电子设计和开发领域内发展的工程师来说，都是非常宝贵的技能。

(5) 通信系统。

模拟和数字通信：调制和解调技术、编码和解码方法。

无线通信：无线电波的传播、天线设计、移动通信系统。

网络和协议：数据网络的设计和管理、网络协议和模型。

(6) 控制系统。

自动控制理论：控制系统的数学模型、稳定性分析、控制器设计。

现代控制技术：如模型预测控制（MPC）、自适应控制等。

（7）电源和能源系统。

电源电路：线性和开关电源设计、能量转换技术。

再生能源系统：太阳能、风能等再生能源的电子控制系统。

（8）计算机辅助设计（CAD）。

电路仿真：如 SPICE 等仿真工具的使用。

电子设计自动化（EDA）：集成电路设计的软件工具。

（9）工程管理和标准。

项目管理：电子工程项目的规划和管理。

标准和规范：了解电子产品设计的相关标准和行业规范。

（10）专业实践。

实验技能：电子系统设计和测试的实验室技能。

系统集成：将不同的电子子系统集成为完整的系统。

电子系统的知识体系还包括了新兴技术的研究，如物联网（IoT）、人工智能（AI）在电子系统中的应用，以及电子系统的可持续性和环境影响等。随着技术的发展，这个知识体系也在不断地扩展和更新。

4. 电子系统的学习方法

学习电子系统可以采取多种方法，每种方法都有其独特的优势。以下是一些有效的学习电子系统的方法。

（1）理论学习。

阅读教科书：获取电子工程的基础知识，理解电路理论、信号处理、数字逻辑等。

在线课程和教程：参加网上的相关课程。

学术论文和杂志：阅读最新的研究成果，了解电子领域的前沿技术。

（2）实践操作。

实验室实践：在学校或研究机构的实验室中进行实验，亲手搭建电路和系统。

个人项目：自己动手做一些电子项目，如制作一个无线电接收器或一个简单的机器人。

电子制作套件：使用 Arduino、树莓派等开发板和模块进行实验和学习。

（3）社区和网络资源。

利用开源资源和社区：加入在线论坛和社群，如 GitHub 的电子版块。

观看视频教程：YouTube 上有很多电子 DIY 项目和教程，可以边看边学。

开源项目：参与开源硬件和软件项目，学习和贡献代码。

（4）实习和兼职工作。

实习：在电子公司或研究机构实习，获取实际工作经验。

兼职工作：在电子相关的职位上工作，如技术支持、电路设计等。

（5）学术研究。

进行研究项目：在大学或研究机构参与电子相关的研究项目。

参加研讨会和会议：参加电子领域的研讨会和会议，了解最新的研究动态和技术发展。

（6）持续学习。

订阅专业期刊和新闻：保持对电子行业动态的关注。

获得专业认证：通过考取专业认证，如 IEEE 的电子工程师认证，来提升个人资质。

结合理论学习和实践操作是学习电子系统最有效的方法。理论为你提供了必要的知识背景，而实践操作则帮助你将这些知识应用到现实世界中。不断地学习新技术和工具,以及与其他专业人士的交流合作,都是提高电子系统技能的重要途径。

通过分类了解、学习困惑的克服、知识体系的掌握以及学习方法的执行,电子工程师将能够更系统、更有效地了解电子系统,从而为未来的学术研究或职业生涯打下坚实的基础。

# 1.13 如何学习嵌入式系统

学习嵌入式系统可能会有些复杂,因为它涵盖了硬件和软件的多个方面。学习嵌入式系统是一个长期的过程,不要期望一夜之间就能掌握所有知识。持之以恒的学习和实践是关键。

## 1.13.1 嵌入式系统的分类

嵌入式系统的分类标准有很多,有的按照处理器位数来分,有的按照复杂程度来分,还有的按照其他标准来分,这些分类方法各有特点。从嵌入式系统的学习角度来看,因为应用于不同领域的嵌入式系统,其知识要素与学习方法有所不同,所以可以按照应用范围简单地把嵌入式系统分为电子系统智能化(微控制器类)和计算机应用延伸(应用处理器)两大类。一般来说,微控制器与应用处理器的主要区别在于可靠性、数据处理量、工作频率等方面,相对应用处理器来说,微控制器的可靠性要求更高、数据处理量较小、工作频率较低。

**1. 电子系统智能化类(微控制器类,MCU)**

电子系统智能化类的嵌入式系统,主要用于工业控制、现代农业、家用电器、汽车电子、测控系统、数据采集等,这类应用所使用的嵌入式处理器一般称为微控制器。

这类嵌入式系统产品,从形态上看,更类似于早期的电子系统,但其内部的计算程序起着核心控制的作用,如电动机控制器、工业监控设备、网络设备、涵养农业系统、智能气象系统、水质监测系统、汽车电子设备等。

从学习和开发的角度看,电子系统智能化类的嵌入式应用,需要终端产品开发者面向应用对象来设计硬件、软件,注重硬件、软件的协同开发。因此,开发者必须掌握底层硬件接口、底层驱动及软硬件密切结合的开发调试技能。电子系统智能化类的嵌入式系统,即微控制器,是嵌入式系统的软硬件基础,是学习嵌入式系统的入门环节,且是重要的一环。从操作系统的角度看,电子系统智能化类的嵌入式系统可以不使用操作系统,也可以根据复杂程度及芯片资源的容纳程度而使用操作系统。电子系统智能化类的嵌入式系统所使用的操作系统通常是实时操作系统,如 RT-Thread、mbedOS、MQXLite、FreeRTOS、$\mu$C/OS-Ⅱ 或 $\mu$C/OS-Ⅲ、$\mu$CLinux 和 VxWorks 等。

**2. 计算机应用延伸类(应用处理器类,MAP)**

计算机应用延伸类的嵌入式系统,主要用于平板电脑、智能手机、电视机顶盒、企业网络设备等,这类应用所使用的嵌入式处理器一般称为应用处理器(Application Processor),有时也称为多媒体应用处理器(Multimedia Application Processor,MAP)。

这类嵌入式系统产品,从形态上看,更接近于通用计算机系统;从开发方式上看,也类似于通用计算机的软件开发方式。从学习和开发的角度看,计算机应用延伸类的嵌入式应用,其终端产品开发者大多购买厂商制作好的硬件实体来在嵌入式操作系统下进行软件开发,或者还需要掌握少量的对外接口方式。因此,从知识结构角度看,学习这类嵌入式系统,对硬件的要求相对较少。计算机应用延伸类的嵌入式系统,即应用处理器,也是嵌入式系统学习中重要的一环。但是,从学习规律的角度看,若要全面掌握嵌入式系统,首先应掌握微控制器,然后在此基础上,进一步学习应用处理器编程,而不要反过来学习。

从操作系统的角度看,计算机应用延伸类的嵌入式系统一般使用非实时嵌入式操作系统,通常称为嵌入式操作系统(Embedded Operation System,EOS),如 Android、Linux、iOS、Windows CE 等。当然,非实时嵌入式操作系统与实时操作系统也不是明确划分的,而是粗略分类,只是侧重有所不同。现在 RTOS 的功能也在不断提升,一般的嵌入式操作系统也在提高实时性。

当然,工业生产车间经常看到利用工业控制计算机、个人计算机(PC)来控制机床和生产过程等,这些可以说是嵌入式系统的一种形态。由于它们完成的是特定的功能,因此整个系统并不能称为计算机,而是另有名称,如磨具机床、加工平台等。但是,从知识要素的角度看,这类嵌入式系统不具备普适意义,所以本书就不讨论这类嵌入式系统了。

## 1.13.2 嵌入式系统的学习困惑

关于嵌入式系统的学习方法,因学习经历、学习环境、学习目的、已有的知识基础等不同,可能在学习顺序、内容选择、实践方式等方面有所不同。但是,应该明确:哪些是必备的基础知识,哪些应该先学,哪些应该后学;哪些必须通过实践才能了解;哪些是与具体芯片无关的通用知识,哪些是与具体芯片或开发环境相关的知识。

嵌入式系统的初学者应该选择一个具体的 MCU 作为蓝本,通过学习实践来获得嵌入式系统知识体系的通用知识。选择的基本原则是:入门较快、硬件成本较小、软硬件资料规范、知识要素较多、学习难度较低。

由于微处理器和微控制器的种类繁多,并且不同公司、不同机构可能出于对自身利益的考虑,给出一些误导性宣传,特别是国内芯片制造技术的相对落后及其他相关情况,人们对微控制器及应用处理器的发展在认识与理解上存在差异,这些都会导致一些初学者有些困惑。下面简要分析初学者可能存在的 3 个困惑。

**1. 困惑之一:选择入门芯片问题**

在了解到嵌入式系统分为微控制器与应用处理器两大类之后,入门芯片选择的困惑表述为:是选微控制器,还是选应用处理器作为入门芯片呢? 从性能角度看,与应用处理器相比,微控制器的工作频率低、计算性能弱、稳定性高、可靠性强。从使用操作系统的角度看,与应用处理器相比,开发微控制器程序一般使用 RTOS,也可以不使用操作系统;而开发应用处理器程序,一般使用非实时操作系统。从知识要素的角度看,与应用处理器相比,开发微控制器程序一般更需要了解底层硬件;而开发应用处理器终端程序,一般是在厂商提供的驱动的基础上基于操作系统开发,这更像开发一般 PC 软件的方式。

由上述分析可以看出,要想成为一名知识结构合理且比较全面的嵌入式系统工程师,应该选择一个较典型的微控制器作为入门芯片,且从无操作系统(No Operating System,NOS)学起,由浅入深,逐步推进。

关于入门芯片的选择还有一个困惑,就是系统的工作频率。一般都误认为选择工作频率高的芯片进行入门学习,可以代表更先进。实际上,工作频率高可能在学习过程中给初学者带来不少困难。

因此,学习嵌入式系统设计不应追求芯片的计算速度、工作频率、操作系统等因素,而应追求稳定、可靠、维护、升级、功耗和价格等指标。

**2. 困惑之二:关于操作系统问题**

操作系统选择的困惑表述为:在开始学习时,是选择无操作系统(NOS)、实时操作系统(RTOS),还是选择一般嵌入式操作系统(EOS)? 学习嵌入式系统的目的是开发嵌入式应用产品。许多人想学习嵌入式系统,但不知道该从何学起,具体目标也不明确。一些初学者,往往随便选择一个嵌入式操作系统就开始学习,这样有点儿像"盲人摸象",只了解某一个侧面,而难以对嵌入式产品的开发过程有全面的了解。针对许多初学者选择"xxx 嵌入式操作系统＋xxx 处理器"的入门学习模式,作者认为是不合适的。

作者的建议是:首先把嵌入式系统的软件与硬件基础打好,再根据实际应用需要,选择一种实时操作系统(RTOS)进行实践。读者必须明确认识到,RTOS 是开发某些嵌入式产品的辅助工具和手段,而不是目的。况且,一些小型和微型的嵌入式产品并不需要 RTOS。因此,一开始就学习 RTOS 并不符合"由浅入深、循序渐进"的学习规律。

另一个问题是:是选择 RTOS,还是选择 EOS? 对于面向微控制器的应用,一般选择 RTOS,如 RT-Thread、mbedOS、MQXLite、FreeRTOS、μC/OS-Ⅱ 或 μC/OS-Ⅲ 、μCLinux 等。RTOS 的种类繁多,实际使用何种 RTOS,一般需要工作单位确定。在基础阶段,主要学习 RTOS 的基本原理和在 RTOS 之上的软件开发方法,而不是学习如何设计 RTOS。对于面向应用处理器的应用,一般选择 EOS,如 Android、Linux、Windows CE 等,可根据实际需要进行有选择的学习。

应特别注意,一定不要一开始就学嵌入式操作系统,这样会走很多弯路,也会使读者对嵌入式系统感到畏惧。应在软硬件基础打好之后再学习。实际上,众多 MCU 嵌入式应用并不一定需要操作系统或只需要一个小型 RTOS,因此也可以根据实际项目需要再学习特定的 RTOS。无论如何,以开发实际嵌入式产品为目标的学习者,不要把过多的精力花在设计或移植 RTOS、EOS 上面。正如很多人都使用 Windows 操作系统,而设计 Windows 操作系统只是 Microsoft 公司的责任;许多人"研究"Linux 系统,但从来没有人使用它开发过真正的嵌入式产品。人的精力是有限的,因此学习时必须有所取舍。有的学习者,学了很长时间的嵌入式操作系统移植,而不进行实际嵌入式系统产品的开发,最后,连一个稳定的嵌入式系统小产品都做不好,这就偏离了学习目标,甚至可能丢掉了迈入嵌入式系统领域的机会。

**3. 困惑之三:关于软件与硬件如何平衡问题**

以 MCU 为核心的嵌入式技术的知识体系必须通过具体的 MCU 来体现、实践与训练。但是,选择任何型号的 MCU,其芯片相关的知识只占知识体系的 20% 左右,剩余的 80% 左右是通用知识。然而,这 80% 左右的通用知识,必须通过具体实践才能学到,因此学习嵌入式技术要选择一个系列的 MCU。但是,嵌入式系统均包含硬件与软件两大部分,它们之间的关系如何呢?

有些学者,仅从电子角度认识嵌入式系统,认为"嵌入式系统＝MCU 硬件系统＋小程序"。这些学者,大多具有良好的电子技术基础知识。实际情况是,早期 MCU 的内部 RAM 小、程序存储器外接,需要外扩各种 I/O,没有 USB、嵌入式以太网等较复杂的接口,因此程序占总设计量的 50% 以下,使得人们认为嵌入式系统(MCU)就是"电子系统",它以硬件为主、程序为辅。但是,随着 MCU 制造技术的发展,不仅 MCU 的内部 RAM 越来越大,Flash 进入 MCU 内部改变了传统的嵌入式系统开发与调试方式,固件程序可以被更方便地调试与在线升级,许多情况与开发 PC 程序的难易程度相差无几,只是开发环境与运行环境不是同一载体而已。这些情况使得嵌入式系统的软硬件设计方法发生了根本性变化。特别是因软件危机而发展起来的软件工程学科,对嵌入式系统软件的发展也产生了重要影响,继而产生了嵌入式系统软件工程。

有些学者,仅从软件开发角度认识嵌入式系统,甚至有的仅从嵌入式操作系统认识嵌入式系统。这些学者,大多具有良好的计算机软件开发基础知识,认为硬件是生产厂商的事,但他们没有认识到,嵌入式系统产品的软件与硬件均是需要开发者设计的。

从上述描述可以看出,若把一个嵌入式系统的开发孤立地分为硬件设计、底层硬件驱动软件设计、高层功能软件设计,则一旦出现了问题,就可能难以定位。实际上,嵌入式系统设计是一个软件与硬件协同设计的工程,而不能像通用计算机那样,将软件和硬件完全分开来看,它需要在一个大的框架内协调工作。在一些小型公司,需求分析、硬件设计、底层驱动、软件设计、产品测试等过程可能是由同一个团队完成的,这就需要团队成员对软件、硬件及产品需求都有充分认识,才能协作完成开发。但许多实际情况是，一些小型公司的这个"团队"可能只有一个人。

在嵌入式系统的学习中，是以软件为主还是以硬件为主，或者说如何选择切入点，如何在软件与硬件之间找到平衡，针对这个困惑的建议是：要想成为一名合格的嵌入式系统设计工程师，在初学阶段，必须打好嵌入式系统的硬件与软件基础。

下面是一位从事嵌入式系统设计 20 多年的美国学者 John Catsoulis 在 *Designing Embedded Hardware* 一书中关于这个问题的总结："嵌入式系统与硬件紧密相关，是软件与硬件的综合体，没有对硬件的理解就不可能写好嵌入式软件，同样没有对软件的理解也不可能设计好嵌入式硬件。"

充分理解嵌入式系统软件与硬件的相互依存关系，对于嵌入式系统的学习具有良好的促进作用。既不能只重视硬件，而忽视对编程结构、编程规范、软件工程要求、操作系统等知识的积累；也不能仅从计算机软件角度，把通用计算机学习过程中的概念与方法生搬硬套到嵌入式系统的学习实践中，而忽视了嵌入式系统与通用计算机的差异。

在嵌入式系统学习与实践的初始阶段，应该充分了解嵌入式系统的特点，并根据自身已有的知识结构，制定适合自身情况的学习计划。其目标应该是打好嵌入式系统的硬件与软件基础，通过实践，为成为良好的嵌入式系统设计工程师建立起基本知识结构。

学习过程可以通过具体的应用系统为实践载体，但不能拘泥于具体系统，应该做一定的抽象与归纳。例如，有的初学者开发一个实际控制系统时没有用到实时操作系统，这时不能认为不需要学习实时操作系统了，而应注意知识学习的先后顺序与时间点的把握。又比如，有的初学者以一个带有实时操作系统的样例为蓝本进行学习，就认为任何嵌入式系统都需要使用实时操作系统，甚至把一个十分简明的实际系统也加上一个不必要的实时操作系统。

因此，片面认识嵌入式系统，可能导致学习困惑。实际中，应该根据项目需要，锻炼自己分析问题、解决问题的能力，这是一个较长期的、需要静下心来的学习与实践的过程，而不能期望通过短期培训来完成整体知识体系的建立，应该重视自身实践，全面理解与掌握嵌入式系统的知识体系。

### 1.13.3　嵌入式系统的知识体系

从由浅入深、由简到繁的学习规律来说，嵌入式学习的入门应该选择微控制器，而不是用处理器，应通过对微控制器基本原理与应用的学习，逐步掌握嵌入式系统的软件与硬件基础，然后在此基础上进行嵌入式系统其他方面知识的学习。

电子工程师要想完成一个以 MCU 为核心的嵌入式系统应用产品的设计，需要有硬件、软件及行业领域的相关知识。硬件主要包 MCU 的硬件最小系统、输入/输出外围电路、人机接口设计。软件设计既包括固化软件的设计，也可能包括 PC 软件的设计。行业知识需要通过协作、交流与总结获得。

概括地说，学习以 MCU 为核心的嵌入式系统，需要以下软件和硬件基础知识与实践训练，即以 MCU 为核心的嵌入式系统的基本知识体系。

（1）掌握硬件最小系统与软件最小系统框架。硬件最小系统是包括电源、晶振、复位、调试器接口等可使内部程序得以运行的、规范的、可复用的核心构件系统。软件最小系统框架是一个能够点亮一个发光二极管的，甚至带有串口调试构件的，包含工程规范完整要素的可移植与可复用的工程模板。

（2）掌握常用基本输出的概念、知识要素及构件的使用方法和设计方法，如通用 I/O（GPIO）、模/数转换器（ADC）、数/模转换器（DAC）、定时器模块等。

（3）掌握若干嵌入式通信的概念、知识要素及构件的使用方法和设计方法，如串行通信接口 UART、串行外设接口 SPI、集成电路互联总线 I2C、CAN、USB、嵌入式以太网、无线射频通信等。

（4）掌握常用应用模块的构件设计方法、使用方法及数据处理方法，如显示模块（LED、LCD、触摸屏等）、控制模块（控制各种设备，包括 PWM 等控制技术）等。数据处理，如对图形、图像、语音、视频等的处理或识别等。

（5）掌握一种实时操作系统的基本用法与基本原理。作为软件辅助开发工具的实时操作系统，也可以算作一个知识要素，可以选择其中一种（如 mbedOS、MQXLite、$\mu$C/OS-Ⅱ 或 $\mu$C/OS-Ⅲ 等）进行学习实践，在没有明确目的的情况下，没必要选择几种同时学习。只要学好其中一种，在确有必要使用另一种实时操作系统时再去学习，也可以触类旁通。

（6）掌握嵌入式软硬件的基本调试方法，如断点调试、打桩调试、printf 调试方法等。在嵌入式调试过程中，特别要注意确保在正确的硬件环境下调试未知软件，在正确的软件环境下调试未知硬件。

打桩调试（Logging）是一种软件开发中常用的调试和诊断技术。它指的是在代码中插入一些打印语句（日志语句），用来记录程序的执行流程、变量的状态、错误信息等，以此来监控程序的行为或者定位问题所在。打桩调试是一种相对简单直接的调试方法，尤其在某些复杂的环境或者无法使用传统调试器的情况下非常有用。

这里给出的只是基础知识要素，关键还是看如何学习，是由他人做好驱动程序，开发人员直接使用，还是开发人员自己完全掌握知识要素，从底层开始设计驱动程序，并熟练掌握驱动程序的使用，这体现在不同层面的人才培养中。而应用中的硬件设计、软件设计和测试等都必须遵循嵌入式软件工程的方法、原理与基本原则。因此，嵌入式软件工程也是嵌入式系统知识体系的有机组成部分，只是它融于具体项目的开发过程之中。

若是主要学习应用处理器类的嵌入式应用，则也应该在了解 MCU 知识体系的基础上，选择一种嵌入式操作系统（如 Android、Linux 等）进行学习实践。目前，App 开发也是嵌入式应用的一个重要组成部分，可选择一种 App 开发进行实践（如 Android App、iOS App 等）。

与此同时，在 PC 上，利用面向对象的编程语言进行测试程序、网络侦听程序、Web 应用程序的开发及对数据库进行基本的了解与应用，也应逐步纳入嵌入式应用的知识体系中。此外，理工科的公共基础知识本身就是学习嵌入式系统的基础。

## 1.13.4　嵌入式系统的学习建议

嵌入式开发工程师应逐步探索与应用构件封装的原则，把与硬件相关的部分封装进底层构件，统一接口，努力使高层程序与芯片无关，从而可以在各种芯片中应用系统移植与复用，达到降低学习难度的目的。

因此，学习的关键就变成了解底层构件的设计方法，掌握底层构件的使用方式，并在此基础上进行嵌入式系统的设计与应用开发。当然，掌握底层构件的设计方法，学会实际设计一个芯片的某一模块的底层构件，也是在本科学习阶段应该掌握的基本知识。对于专科学生，可以直接使用底层构件进行应用编程，但也需要了解知识要素的抽取方法和底层构件的基本设计过程。对于看似庞大的嵌入式系统知识体系，可以使用电子形式进行知识积累与查缺补漏，任何具有一定理工科基础知识的学生，通过稍长一段时间的静心学习与实践，都能学好嵌入式系统。

下面针对嵌入式系统的学习困惑，从嵌入式系统的知识体系角度，对广大渴望学习嵌入式系统的读者提出 5 点基础阶段的学习建议。

**1. 遵循"先易后难，由浅入深"的原则，打好软硬件基础**

充分利用嵌入式系统书籍提供的软硬件资源及辅助材料，逐步实验与实践；充分理解硬件的基本原理，掌握功能模块的知识要素，掌握底层驱动构件的使用方法，掌握 1 或 2 个底层驱动构件的设计过程与方法；熟练掌握在底层驱动构件的基础上，利用 C 语言编程进行实践。要想理解学习嵌入式系统，必须勤于实践。

**2. 充分理解知识要素,掌握底层驱动构件的使用方法**

对诸如 GPIO、UART、定时器(Timer)、PWM、ADC、DAC、Flash 在线编程等模块,掌握其通用知识要素和底层驱动构件的基本内容。期望读者在充分理解通用知识要素的基础上,学会底层驱动构件的使用方法。即使只学这一点,也要下一番功夫。俗话说,书读百遍,其义自见。

有关知识要素涉的硬件基本原理,以及对底层驱动接口函数功能及参数的理解,需要反复阅读、反复实践,查找资料,分析、概括及积累。对于硬件,只要在深入理解 MCU 的硬件最小系统的基础上,对上述各硬件模块逐个实验理解,逐步实践,再通过自己动手完成一个实际小系统,就可以基本掌握底层硬件的基础。同时,这个过程也是软硬件结合学习的基本过程。

**3. 基本掌握底层驱动构件的设计方法**

电子工程师至少掌握 GPIO 构件的设计过程与设计方法、UART 构件的设计过程与设计方法,透彻理解构件化的开发方法与底层驱动构件的封装规范,从而对底层驱动构件有较好的理解与把握。这是一份需要细致、静心的任务,只有力戒浮躁,才能理解其要义。

GPIO(General Purpose Input/Output)构件是一种通用的数字信号引脚,在微控制器、微处理器或其他数字电路中广泛使用。GPIO 引脚可以由用户程序配置为输入或输出模式,用于读取数字信号或输出数字信号,以此来与外部设备或其他电路进行交互。

GPIO 构件的主要特点包括:

(1) 可编程方向。GPIO 引脚可以被配置为输入模式,用于读取外部信号(例如,按钮的按下),或者配置为输出模式,用于控制外部设备(例如,点亮 LED 灯)。

(2) 数字信号。GPIO 引脚处理的是数字信号,即高电平(通常代表逻辑 1)和低电平(通常代表逻辑 0)。

(3) 多功能性。尽管 GPIO 引脚被称为"通用",但它们经常可以被额外配置以执行特定的功能,如串行通信、PWM 输出等。这种功能称为引脚复用。

(4) 控制简单。与其他复杂的通信接口(如 I2C、SPI、UART)相比,GPIO 引脚的控制相对简单,通常只需要通过写入特定的寄存器来设置引脚状态。

(5) 直接接口。GPIO 引脚可以直接连接到简单的电子元件,如开关、LED 灯、继电器等,不需要复杂的驱动器或接口电路。

GPIO 构件在嵌入式系统设计中非常重要,因为它们提供了一种灵活的方式来与外部世界进行交互。例如,它们可以用于读取传感器数据、控制电动机、检测用户输入等。在编程时,开发者会使用特定于其硬件平台的库或直接操作硬件寄存器来控制 GPIO 引脚的行为。

UART(Universal Asynchronous Receiver/Transmitter,通用异步接收/发送器)是一种用于计算机硬件和微处理器间串行通信的硬件设备。它负责在串行通信中实现数据的异步传输。

UART 构件通常包含以下几个主要部分:

(1) 发送器(Transmitter)——将并行数据转换为串行数据流以进行发送。

(2) 接收器(Receiver)——将接收到的串行数据流转换回并行数据。

(3) 数据缓冲区(Buffers)——用于临时存储即将发送或刚刚接收的数据,以便发送器和接收器可以以异步方式处理数据。

(4) 控制单元——管理数据传输的速率(波特率)、校验位、停止位和数据位等参数的设置。

(5) 时钟生成器——提供发送和接收数据所需的时钟信号。

UART 构件的工作流程如下:

(1) 发送数据。当数据需要从数据总线发送到另一个系统时,UART 将并行数据转换为串行数据,并在适当的时候添加起始位、校验位和停止位。然后,它按照设定的波特率发送数据。

(2)接收数据。当从另一个系统接收到数据时,UART 检测起始位,然后按照设定的波特率接收数据位,并进行校验,最后去掉起始位、校验位和停止位,将串行数据转换为并行数据,传输到数据总线上。

UART 是通信协议的硬件实现,广泛应用于微控制器、计算机、嵌入式系统等设备中,用于实现设备间的点对点低速数据通信。常见的应用包括调试接口、GPS 模块通信、蓝牙模块通信等。UART 通信是全双工的,意味着它可以同时发送和接收数据。

**4. 掌握单步跟踪调试、打桩调试、printf 输出调试等调试手段**

在初学阶段,充分利用单步跟踪调试来了解与硬件打交道的寄存器值的变化,理解 MCU 软件干预硬件的方式。单步跟踪调试也用于底层驱动构件的设计阶段。不进入子函数内部执行的单步跟踪调试,可用于整体功能跟踪。打桩调试主要用于编程过程中的功能确认。一般编写几句程序语句后,即可打桩、调试观察。通过串口的 printf 输出信息在 PC 的屏幕上显示,是嵌入式软件开发中重要的调试跟踪手段,与 PC 编程中的 printf 函数功能类似,只是嵌入式开发的 printf 输出是通过串口输出到 PC 屏幕上的,因此在 PC 上需用串口的调试工具,通过 PC 编程中的 printf 直接将结果显示在 PC 屏幕上。

**5. 日积月累,勤学好问,充分利用本书及相关资源**

学习嵌入式切忌急功近利,而需要日积月累、循序渐进,充分掌握与应用各类电子资源。同时,要勤学好问,下真功夫、细功夫。人工智能学科里有个术语叫作无教师指导学习模式与有教师指导学习模式,无教师指导学习模式比有教师指导学习模式复杂许多。因此,要多请教良师,少走弯路。此外,本书提供了大量经过打磨的、比较规范的软硬件资源,充分用好这些资源可以更上一层楼。

当然,以上学习建议,要想成为合格的嵌入式系统设计工程师,还需要注重理论学习与实践、通用知识与芯片相关知识以及硬件知识与软件知识三者之间的平衡。要在理解软件工程基本原理的基础上,理解硬件构件与软件构件等的基本概念。在实际项目中锻炼,并不断学习与积累经验。

# 第 2 章

# 电子设计制作与常用工具

电子设计和制作是指在电子工程领域中进行电路设计、原型制作、测试和调试的过程。在这个过程中,工程师通常会使用各种工具和设备来帮助他们完成工作。

电子设计与制作是电子工程师实践知识的重要环节,它涉及将理论知识和设计概念转化为物理实体的全过程。本章详细介绍了电子制作的全过程,从基本概念和流程到工具、装配技术,再到调试与故障排查。

本章主要讲述如下内容:

(1)为读者讲述了电子制作的入门知识。介绍了电子制作的定义、目的和重要性,为读者明确了电子制作在电子工程中的基础作用;概述了从设计图纸到最终产品的标准制作流程,包括设计、原型制作、测试和修正等关键步骤。

(2)讲述了电子制作过程中必备的工具和材料的概览。详细介绍了板件加工工具;讲述了焊接工具,包括焊台、焊锡、助焊剂等。强调了验证电路功能的基本工具——验电笔的作用;涵盖了其他必要的工具与材料,如螺丝刀、钳子、导线、绝缘胶带等。

(3)深入探讨了如何将电子元器件安装到电路板上,并保证其正确功能。讲解了元件识别、放置和焊接的技巧;进一步解释了装配过程中的高级技术,如表面贴装技术(SMT)。

(4)将理论转化为实践的关键部分,它确保了设计的有效性和产品的可靠性。讲述了如何根据测量结果调整电路以达到预期性能;为读者提供了识别和解决电子制作中可能出现的问题的策略。

本章为电子工程师提供了一个全面的电子设计与制作的框架,从基础工具到高级装配技术,再到调试与故障排查的策略,为电子产品的成功制作提供了必要的指导。

## 2.1 电子制作概述

电子制作是指利用电子技术和电子元件来构建电子设备或系统的过程。这一过程通常涉及电路设计、元件选择、电路板制造、焊接、测试和调试等多个环节。电子制作可以是简单的个人爱好项目,如制作一个 LED 闪烁电路,也可以是复杂的工业级产品开发,如设计一个多层次的通信设备。

电子制作是一个迭代的过程,可能需要多次修改设计和制作原型,直到最终产品达到预期的性能和质量标准。随着技术的进步,电子制作变得越来越容易,个人爱好者也能够利用现代工具和技术制作出复杂的电子设备。

下面讲述电子制作基本概念和电子制作基本流程。

### 2.1.1 电子制作基本概念

电子制作是一个电子系统设计理论物化的过程,主要体现在用中小规模集成电路、分立元件等组装成一种或多种功能的装置。电子制作是一种创新思维,除了一般学习之外,它能够体现出制作者自身的特点和个性,不是简单的模仿。电子制作可以检验综合应用电子技术相关知识的能力,它涉及电物理基本定律、电路理论、模拟电子技术、数字电子技术、机械结构、工艺、计算机应用、传感器技术、测试与显示技术等内容。实践证明,许多发明、创造都是在制作过程中产生的。电子制作的目的是学习、创新,最终产品化和市场化,产生经济效益。

电子制作的基本概念如下:

(1) 电子元件。电子元件是构成电子电路的基本单元,包括电阻器、电容器、二极管、晶体管、集成电路等。

(2) 电路图。电路图是描述电子元件之间连接关系的图形表示方法,是电子制作的重要设计文件。

(3) 原理图。原理图是电路图的一种,更侧重于电路的功能和原理,而不是实际的物理布局。

(4) 布线图。布线图是指在电路板上各个元件的物理位置以及它们之间连接线路的布局。

(5) 电路板。电路板也称作印制电路板(PCB),是用来物理支撑和连接电子元件的板材。

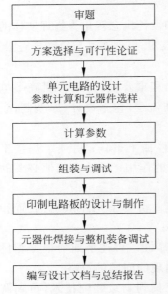

图 2-1　电子制作的基本流程

## 2.1.2　电子制作基本流程

电子制作的基本流程如图 2-1 所示,简要说明如下。

**1. 审题**

通过审题对给定任务或设计课题进行具体分析,明确所设计系统的功能、性能、技术指标及要求,这是保证所做的设计不偏题、不漏题的先决条件;为此,要求学生与命题老师进行充分交流,务必弄清系统的设计任务要求。在真实的工程设计中如果发生了偏题与漏题,用户将拒绝接受该设计,设计者还要承担巨大的经济责任甚至法律责任;如果该设计是一次毕业设计训练,则设计者将失去毕业设计成绩。所以审题这一步,事关重大,务必走稳、走好。

**2. 方案选择与可行性论证**

把系统所要实现的功能分配给若干个单元电路,并画出一个能表示各单元功能的整机原理框图。这项工作要综合运用所学知识,并同时查阅有关参考资料,要敢于创新、敢于采用新技术,不断完善所提的方案;应提出几种不同的方案,对它们的可行性进行论证,即从完成的功能的齐全程度、性能和技术指标的高低程度、经济性、技术的先进性及完成现的进度等方面进行比较,最后选择一个较适中的方案。

**3. 单元电路的设计、参数计算和元器件选样**

在确定总体方案、画出详细框图之后,即可进行单元电路设计。

(1) 根据设计要求和总体方案的原理框图,确定对各单元电路的设计要求,必要时应拟定主要单元电路的性能指标。应注意各个单元电路之间的相互配合,尽量少用或不用电平转换之类的接口电路,以简化电路结构、降低成本。

(2) 拟定出各单元电路的要求,检查无误后方可按一定顺序分别设计每一个单元电路。

(3) 设计单元电路的结构形式。一般情况下,应查阅有关资料,从而找到适用的参考电路,也可从几个电路综合得出所需要的电路。

(4) 选择单元电路的元器件。根据设计要求,调整元件,估算参数。

显然,这一步工作需要有扎实的电子线路和数字电路的知识及清晰的物理概念。

**4. 计算参数**

在电子系统设计过程中,常需要计算一些参数。如设计积分电路时,需计算电阻值和电容值,还要估算集成电路的开环电压放大倍数、差模输入电阻器、转换速率、输入偏置电流、输入失调电压和输入失调电流及温漂,最后根据计算结果选择元器件。

计算参数的具体方法,主要在于正确运用已学过的分析方法,搞清电路原理,灵活运用公式进行计算。一般情况下,计算参数应注意以下几点:

(1)各元器件的工作电压、电流、频率和功耗等应在标称值允许范围内,并留有适当裕量,以保证电路在规定的条件下能正常工作,达到所要求的性能指标。

(2)对于环境温度、交流电网电压变化等工作条件,计算参数时应按最不利的情况考虑。

(3)涉及元器件的极限参数(如整流桥的耐压)时,必须留有足够的裕量,一般按 1.5 倍左右考虑。例如,如果实际电路中三极管 $U_{ce}$ 的最大值为 20V,则挑选三极管时应按大于或等于 30V 考虑。

(4)电阻值尽可能选在 1MΩ 范围内,最大不超过 10MΩ,其数值应在常用电阻标称值之内,并根据具体情况正确选择电阻器的品种。

(5)非电解电容尽可能在 100pF～0.1μF 范围内选择,其数值应在常用电容器标称值系列之内,并根据具体情况正确选择电容器的品种。

(6)在保证电路性能的前提下,尽可能降低成本,减少器件品种,减少元器件的功耗和体积,为安装调试创造有利条件。

(7)应把计算确定的各参数标在电路图的恰当位置。

(8)电子系统设计应尽可能选用中、大规模集成电路,但晶体管电路设计仍是最基本的方法,具有不可替代的作用。

(9)单元电路的输入电阻和输出电阻,应根据信号源的要求确定前置级电路的输入电阻,或用射极跟随器实现信号源与后级电路的医抗配转换,也可考虑选用场效应管电路或采用晶体管自举电路。

(10)放大级数。设备的总增益是确定放大线数的基本依据,可考虑采用运算放大器实现放大级数。在具体选定级数时、应留有 15%～20% 的增益裕量,以避免实现时可能造成增益不足的问题。除前置级外,放大级一般选用共发射极组态。

(11)级间耦合方式。级间耦合方式通常根据信号、频率和功率增益要求而定。在对低频特性要求很高的场合,可考虑直接耦合,一般小信号大线之间采用阻容耦合,功放级与推动级或功放级与负载级之间一般采用变压器耦合,以获得较高的功率增益和阻抗匹配。

(12)为了降低噪声,可选 $I_{CQ}$ 较低、$\beta$ 较小的管子。后级放大器,因输入信号幅值较大,工作点可适当高一些,同时选 $\beta$ 较大的管子。工作点的选定以信号不失真为宜。工作点偏低会产生截止失真,工作点偏高会产生地和失真。

实践经验告诉我们,由于诸多因素的影响,在多数计算过程中,本着“定性分析、定量估算、实验调整”的方法是切合实际的,也是行之有效的。

**5.组装与调试**

设计结果的正确性需要验证,但手工设计无法实现自动验证。虽然也可以在纸面上进行手工验证,但由于人工管理复杂性的能力有限再加上人工计算时多用近似,设计中使用的器件参数与实际使用的器件参数不一致等因素,使得设计中总是不可避免地存在误差甚至错误,因而不能保证最终的设计是完全正确的。这就需要将设计的系统在面包板上进行组装,并用仪器进行测试,发现问题时随时修改。直到所要求的功能和性能指标全部符合要求为止。一个未经验证的设计总是有各种问题和错误,通过组装与调试对设计进行验证和修改、完善是传统手工设计法不可缺少的一个步骤。

**6.印制电路板的设计与制作**

具有印制电路的绝缘底板称为印制电路板,简称电路板。

印制电路板在电子产品中通常有 3 种作用：

（1）作为电路中元件和器件的支撑件。

（2）提供电路元件和器件之间的电气连接。

（3）通过标记符号把安装在电路板上面的元件和器件标注出来，给人一目了然的感觉，这样有助于元件和器件的插装和电气维修，同时大大减少了接线数量和接线错误。

电路板有单面电路板（绝缘基板的一面有印制电路）、双面电路板（绝缘基板的两面有印制电路）、多层电路板（在绝缘基板上制成三层以上印制电路）和软电路板（绝缘基板是软的层状塑料或其他质软的绝缘材料），一般电子产品使用单面电路板和双面电路板，在导线的密度较大、单面电路板容纳不下所有的导线时使用双面电路板。双面电路板布线容易，但制作校准成本较高，所以从经济角度考虑，应尽可能采用单面电路板。

电路板设计软件可以采用 Altium Designer。

### 7. 元件焊接与整机装备调试

电子产品的焊接装配是在元器件加工整形、导线加工处理之后进行的。装配也是制作产品的重要环节，要求焊点牢固，配线合理，电气连接良好，外表美观，保证焊接与装配的工艺质量。

### 8. 编写设计文档与总结报告

正如前面所指出的，从设计的第一步开始就要编写文档。文档的组织应当符合系统化、层次化和结构化的要求；文档的语句应当条理分明、简洁、清楚；文档所用的单位、符号及文档的图纸均应符合国家标准。可见，要编写出一个合乎规范的文档并不是一件容易的事，初学者应先从一些简单系统的设计入手，进行编写文档的训练。文档的具体内容与上面所列的设计步骤是相呼应的，即

（1）系统的设计要求与技术指标的确定。

（2）方案选择与可行性论证。

（3）单元电路的设计、参数计算和元器件选择。

（4）列出参考资料目录。

总结报告是在组装与调试结束之后开始撰写的，是整个设计工作的总结，其内容应包括：

（1）设计工作的日志。

（2）原始设计修改部分的说明。

（3）实际电路图、实物布置图、实用程序清单等。

（4）功能与指标测试结果（含使用的测试仪器型号与规格）。

（5）系统的操作使用说明。

（6）存在问题及改进方向等。

以上介绍的是电子系统生产厂家在进行电子产品制作过程中所包含的内容。对于初学者来说，则没有必要考虑那么多，通常只要挑选出需要的电路进行安装调试就可以了。主要目的是通过电子系统制作，提高电子学理论水平和实际动手能力，更深刻地理解电子学原理，熟悉各种类型的单元电路，掌握各种电子元器件的特点，深入了解电路在不同工作状态下的特性，逐步学习更多、更新的知识，掌握电子产品制作知识和技能，为上岗工作打下良好基础。

## 2.2 电子制作常用工具

电子制作常用的工具可划分为板件加工、安装焊接和检测调试三大类。板件加工类工具主要有锥子、钢板尺、刻刀、螺丝刀、钢丝钳、小型台钳、手钢锯、小钢锉、锤子和手电钻等；安装焊接类工具主要有

镊子、铅笔刀、剪刀、尖嘴钳、偏口钳、剥线钳、热熔胶枪和电烙铁等；检测调试类工具主要有测电笔、万用表、信号源、稳压电源和示波器等。

## 2.2.1 板件加工工具

下面讲述板件加工工具螺钉旋具和钳具。

**1. 螺钉旋具**

螺钉旋具分为十字螺钉旋具和一字螺钉旋具，主要用于拧动螺钉及调整可调元件的可调部分。螺钉旋具俗称改锥、起子。电工用螺钉旋具有 100mm、150mm 和 300mm 三种。十字螺钉旋具按照其头部旋动螺钉规格的不同分为Ⅰ、Ⅱ、Ⅲ、Ⅳ 几个型号，分别用于旋动 22.5mm、6～8mm、10～12mm 的螺钉。

无感螺丝刀用于电子产品中电感类组件磁芯的调整，一般采用塑料、有机玻璃等绝缘材料和非铁磁性物质制成。另外，还有带试电笔的螺钉旋具。

普通螺丝刀和组合螺丝刀如图 2-2 所示。

   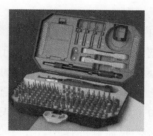

(a) 普通螺丝刀      (b) 组合螺丝刀

图 2-2 普通螺丝刀和组合螺丝刀

**2. 钳具**

电工常用的钳具有尖嘴钳、钢丝钳、剪线钳、剥线钳等，其绝缘柄耐压应为 1000V 以上。

(1) 尖嘴钳：主要用来夹小螺钉帽，绞合硬钢线，其尖口作剪断导线之用，还可用作元器件引脚成形。尖嘴钳如图 2-3 所示。

(2) 钢丝钳：又称虎口钳，主要作用与尖嘴钳基本相同，其铡口可用来铡切钢丝等硬金属丝，常用规格有 150mm、175mm 和 200mm 三种。钢丝钳如图 2-4 所示。

图 2-3 尖嘴钳      图 2-4 钢丝钳

(3) 剪线钳：又称斜口钳，用于剪细导线、元器件引脚或修剪焊接各多余的线头。剪线钳如图 2-5 所示。

(4) 剥线钳：主要用来快速剥去导线外面塑料包线的工具，使用时要注意选好孔径，切勿使刀口剪伤内部的金属芯线，常用规格有 140mm、180mm 两种。剥线钳如图 2-6 所示。

图 2-5 剪线钳

图 2-6 剥线钳

## 2.2.2 焊接工具

焊接工具是电子制作中必需的工具,下面介绍常用的焊接工具。

**1. 常用焊接工具和材料**

在电子产品设计制作中,元器件的连接处需要焊接。常用的焊接工具和材料有以下几种。

(1)镊子:在焊接过程中,镊子是配合使用不可缺少的工具,特别是在焊接小零件时,用手扶拿会烫手,既不方便,有时还容易引起短路。一般使用的镊子有两种:一种是用铝合金制成的尖头镊子,它不易磁化,可用来夹持怕磁化的小元器件;另一种是不锈钢制成的平头镊子,它的硬度较大,除了可用来夹持元器件引脚外,还可以帮助加工元器件引脚,完成简单的成形工作。使用镊子进行协助焊接时,还有助于电极的散热,从而起到保护元器件的作用。镊子如图 2-7 所示。

(2)刻刀:用于清除元器件上的氧化层和污垢。刻刀如图 2-8 所示。

(3)吸锡器:把多余的锡除去。常见的有两种:自带热源的和不带热源的。吸锡器如图 2-9 所示。

图 2-7 镊子

图 2-8 刻刀

图 2-9 吸锡器

(4)恒温胶枪:采用高科技陶瓷 PTC 发热元件制作,升温迅速,自动恒温,绝缘强度大于 3750V,可以用于玩具模型、人造花圣诞树、装饰品、工艺品及电子线路固定,是电子制作的必备工具。恒温胶枪如图 2-10 所示。

(5)焊锡:一般要求熔点低、凝结快、附着力强、坚固、电导率高且表面光洁。其主要成分是铅锡合金。除丝状外,还有扁带状、球状、饼状规格不等的成形材料。焊锡丝的直径有 0.5mm、0.8mm、0.9mm、1.0mm、1.2mm、1.5mm、2.0mm、2.3mm、2.5mm、3.0mm、4.0mm、5.0mm。焊锡丝中间一般均有松香,焊接过程中应根据焊点大小和电烙铁的功率选择合适的焊锡。焊锡如图 2-11 所示。

(6)松香:一种中性焊剂,受热熔化变成液态。它无毒、无腐蚀性、异味小、价格低廉、助焊力强。在焊接过程中,松香受热汽化,将金属表面的氧化层带走,使焊锡与被焊金属充分结合,形成坚固的焊点。

松香如图 2-12 所示。

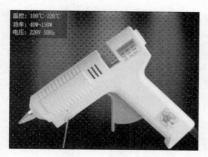

图 2-10　恒温胶枪

图 2-11　焊锡

图 2-12　松香

（7）助焊剂：助焊剂是焊接过程中必需的熔剂，它具有去除氧化膜、防止氧化、减小表面张力、使焊点美观的作用，有碱性、酸性和中性之分。在电路板上焊接电子元器件，要求采用中性焊剂。碱性和酸性焊剂用于体积较大的金属制品的焊接，使用过的元器件都要用酒精擦净，以防腐蚀。助焊剂如图 2-13 所示。

（8）清洁毛刷：清理 PCB。清洁毛刷如图 2-14 所示。

（9）芯片起拔器：取下 PLCC 和 DIP 封装芯片，芯片起拔器如图 2-15 所示。

图 2-13　助焊剂

图 2-14　清洁毛刷

图 2-15　芯片起拔器

**2. 电烙铁及其使用**

电烙铁是熔解锡进行焊接的工具。

1）常用电烙铁的种类和功率

常用电烙铁分为外热式和内热式两种，如图 2-16(a)、(b)所示。

恒温电烙铁和智能拆焊台如图 2-16(c)、(d)所示。

外热式电烙铁既适合于焊接大型的元器件，也适用于焊接小型的元器件。由于发热电阻丝在烙铁头的外面，大部分的热会散发到外部空间，所以加热效率低，加热速度较缓慢，一般要预热 6～7min 才能焊接。其体积较大，焊小型器件时显得不方便。但它有烙铁头使用时间较长、功率较大的优点，有 25W、30W、50W、75W、100W、150W 和 300W 等多种规格。

内热式电烙铁的烙铁头套在发热体的外部，使热量从内部传到烙铁头，具有热得快、加热效率高、体积小、质量轻、耗电省、使用灵巧等优点，适合于焊接小型的元器件。但由于电烙铁头温度高而易氧化变黑，烙铁芯易被摔断，且功率小，只有 20W、35W 和 50W 等几种规格。

电烙铁直接用 220V 交流电源加热，电源线和外壳之间应是绝缘的，电源线和外壳之间的电阻值应大于 $200\text{M}\Omega$。

恒温电烙铁的烙铁头内装有强磁性体传感器，根据焊嘴热负荷自动调节发热量，实现温度恒定。其配有高效率陶瓷发热芯，回温快，橡胶手柄采用隔热构造，防止热量向手传导，舒适作业。恒温电烙铁可以选配不同的烙铁头用来手工焊接贴片元件。

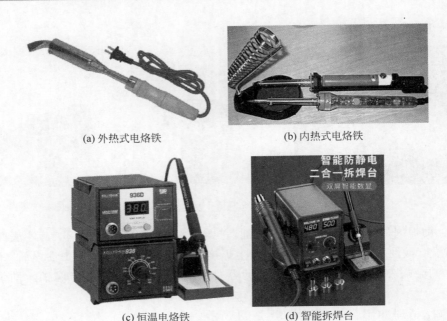

(a) 外热式电烙铁　　　　　　　　　　(b) 内热式电烙铁

(c) 恒温电烙铁　　　　　　　　　　　(d) 智能拆焊台

图 2-16　常用电烙铁实物图

吸锡电烙铁是将活塞式吸锡器与电烙铁融为一体的拆焊工具。

防静电电烙铁（防静电焊台）主要完成对烙铁的去静电供电、恒温等功能。防静电电子设计与制作基础烙铁价格昂贵，只在有特殊要求的场合使用，如焊接超大规模的 CMOS 集成块，计算机板卡，手机等的维修。

自动送锡电烙铁能在焊接时将焊锡自动输送到焊接点，可使操作者腾出一只手固定工件，因而在焊接活动的工件时特别方便，如进行导线的焊接、贴片元器件的焊接等。

电热枪由控制台和电热风吹枪组成，其工作原理是利用高温热风，加热焊锡膏和电路板及元器件引脚，使焊锡膏熔化，实现焊装或拆焊的目的，是专门用于焊装或拆卸表面贴装元器件的专用焊接工具。

2）选用电烙铁的原则

（1）焊接集成电路、晶体管及受热易损的元器件时，考虑选用 20W 内热式或 25W 外热式电烙铁。

（2）焊接较粗导线和同轴电缆时，考虑选用 50W 内热式或 45～75W 外热式电烙铁。

（3）焊接较大元器件时，如金属底盘接地焊片，应选用 100W 以上电烙铁。

（4）烙铁头的形状要适应被焊接件物面要求和产品装配密度。

3）使用电烙铁应注意的问题

（1）新烙铁使用前，应用细砂纸将烙铁头打光亮，通电烧热，蘸上松香后用烙铁头刃面接触焊锡丝，使烙铁头上均匀地镀上一层锡。这样做，可便于焊接和防止烙铁头表面氧化。旧的烙铁头若严重氧化而发黑，可用钢锉锉去表层氧化物，使其露出金属光泽后，重新镀锡，才能使用。

（2）电烙铁通电后温度可达 250℃ 以上，不用时应放在烙铁架上，较长时间不用时应切断电源，防止高温"烧死"烙铁头（被氧化）。并应防止电烙铁烫坏其他元器件，尤其是电源线。

（3）不要将电烙铁猛力敲打，以免震断电烙铁内部电热丝或引线而产生故障。

（4）电烙铁使用一段时间后，可能在烙铁头部留有锡垢，在烙铁加热的条件下，可以用湿布轻擦。若出现凹坑或氧化块，应用细纹锉刀修复或直接更换烙铁头。

（5）掌握好电烙铁的温度，当在铬铁上加松香冒出柔顺的白烟时为焊接最佳状态。

（6）应选用焊接电子元件用的低熔点焊锡丝，用 25％的松香溶解在 75％的酒精（质量比）中作为助焊剂。

### 2.2.3　验电笔

验电笔是用来测量电源是否有电、电气线路和电气设备的金属外壳是否带电的一种常用工具。验电笔如图 2-17 所示。

常用低压验电笔有钢笔形的，也有一字形螺钉旋具式的，其前端是金属探头，后部塑料外壳内装配有氖管、电阻和弹簧，还有金属端盖或钢笔形挂钩，这是使用时手触及的金属部分，如图 2-18 所示。普通低压验电笔的电压测量范围在 60～500V，低于 60V 时，验电笔的氖管可能不会发光，高于 500V 的电压则不能用普通验电笔测量。当用验电笔测试带电体时，带电体上的电压经笔尖（金属体）、电阻器、氖管、弹簧、笔尾端的金属体，再经过人体接入大地，形成回路，从而使电笔内的氖管发光。如氖泡内电极一端发辉光，则所测的电是直流电，若氖泡内电极两端都发辉光，则所测电为交流电。

图 2-17　验电笔

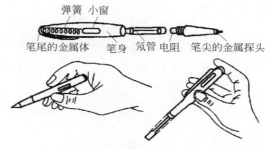

弹簧　小窗

笔尾的金属体　笔身　氖管　电阻　笔尖的金属探头

图 2-18　验电笔的结构及正确操作

### 2.2.4　其他材料

其他工具与材料包括导线、绝缘材料与导电材料。

**1. 导线**

电子制作过程中需要用到各种电源线、信号线，线芯多为铜材，有软硬之分。软芯线铜芯由多股细铜丝组成，质地柔软，连接使用方便；硬芯线铜芯是单根铜，线径粗时较硬，容易折断。为调试和连接方便，可采用优质的鳄鱼夹和事先焊接成的柔性彩色软线，如图 2-19 所示。或者用排线和插针/座直接通过机器加工成杜邦线，如图 2-20 所示。导线耐用、方便，是调试电路时必不可少的，还可提高效率。国标纯铜 RV 多股软电线如图 2-21 所示。

图 2-19　调试电路用彩色连接线

图 2-20　调试电路用杜邦线

图 2-21　国标纯铜 RV 多股软电线

**2. 绝缘材料与导电材料**

绝缘材料是一种不导电的物质,主要作用是将带电体封闭起来或将带不同电位的导体隔开,以保证电气线路和电气设备正常工作,并防止发生人身触电事故等。绝缘材料有木头、石头、橡胶、橡皮、塑料、陶瓷、玻璃、云母等。

用作导电材料的金属必须具备以下特点:导电性能好,有一定的机械强度,不易氧化和腐蚀,容易加工和焊接,资源丰富,价格便宜。电气设备和电气线路中常用的导电材料有以下几类。

(1)铜材,电阻率 $\rho = 0.0175\Omega$,其导电性能、焊接性能及机械强度都较好,在要求较高的动力线路、电气设备的控制线和电动机、电器的线圈等大部分采用铜导线。

(2)铝材,电阻率 $\rho = 0.029\Omega$,其电阻率虽然比铜大,但密度比铜小,且铝资源丰富,为了节省铜,应尽量采用铝导线。架空线路、照明线已广泛采用铝导线。由于铝导线焊接工艺较复杂,使用受到限制。

(3)钢材,电阻率 $\rho = 0.1\Omega$,使用时会增大线路损耗,但机械强度好、能承受拉力,且资源丰富。

电子制作常用辅助材料还有台钻、手电钻、台虎钳、扳手、切割机、滚动轴承、润滑油、链条、传动带、螺钉和螺栓等。

## ▓ 2.3 电子制作装配技术 ◆

电子制作装配技术是指将电子元件和部件正确地安装到印制电路板(PCB)上,并确保电路正确连接和电子设备功能实现的一系列技术和方法。这个过程包括手工装配和自动化装配两个主要方面,并涉及多种不同的技术和技能。

电子制作装配技术包括电子元器件的安装、电子制作的装配技术。

### 2.3.1 电子元器件的安装

电子元器件的安装包括电子电路安装布局的原则、元器件安装要求、电路板结构布局和元器件的插接。

**1. 安装布局的原则**

电子电路的安装布局分为电子装置整体结构布局和电路板上元器件安装布局两种。整体结构布局是一个空间布局问题,应从全局出发,决定电子装置各部分的空间位置。例如,电源变压器、电路板、执行机构、指示与显示部分、操作部分等,在空间尺寸不受限制的场合,这些都容易布局。而在空间尺寸受到限制且组成部分复杂的场合,布局则十分艰难,常常要对多个布局方案进行比较后才能确定,整体结构布局没有一个固定的模式,只有一些应遵循的原则,如下所述。

(1)注意电子装置的重心平衡与稳定。为此,变压器和大电容等比较重的元器件应安装在装置的底部,以降低装置的重心。还应注意装置前后、左右的重量平衡。

(2)注意发热部件的通风散热。为此,大功率管应加装散热片,并布置在靠近装置的外壳,且开凿通风孔,必要时加装小型排风扇。

(3)注意发热部件的热干扰。为此,半导体器件、热敏器件和电解电容等应尽可能远离发热部件。

(4)注意电磁干扰对电路正常工作的影响,容易受干扰的元器件(如高放大倍数放大器的第一级等)应尽可能远离干扰源(变压器、高频振荡器、继电器和接触器等)。当远离有困难时,应采取屏蔽措施(即将干扰源屏蔽或将易受干扰的元器件屏蔽起来)。

(5)注意电路板的分块与布置。如果电路规模不大或电路规模虽大但安装空间没有限制,则尽可能采用一块电路板,否则可按电路功能分块。电路板的布置可采用卧式,也可采用立式,要视具体空间而定。此外,与指示和显示有关的电路板最好安装在面板附近。

(6) 注意连线的相互影响。强电流线与弱电流线应分开走线,输入级的输入线应与输出级的输出线分开走线。

(7) 操作按钮、调节按钮、指示器与显示器等都应安装在装置的面板上。

(8) 注意安装、调试和维修的方便,并尽可能注意整体布局的美观。

**2. 元器件安装要求**

1) 元器件处理

(1) 电子元器件引脚分别有保护塑料套管,元器件各电极套管颜色如下。

二极管和整流二极管:阳极为蓝色,阴极为红色。

晶体管:发射极为蓝色,基极为黄色,集电极为红色。

晶闸管和双向晶闸管:阳极为蓝色,门极为黄色,阴极为红色。

直流电源:电极"+"为棕色,电极"−"为蓝色,接地中线为淡蓝色。

(2) 按照元器件在印制电路板上的孔位尺寸要求,进行弯脚及整形,引线弯角半径大于 0.5mm,引线弯曲处距离元器件本体至少为 2mm,绝不允许从引线的根部弯折。元器件型号及数值应朝向可读位置。

(3) 各元器件引线须经过镀锡处理(离开元器件本体应大于 5mm,防止元器件过热而损坏)。

2) 元器件排列

(1) 元器件排列原则上采用卧式排列,高度尽量一致,布局整齐、美观。

(2) 高、低频电路避免交叉,对直流电源与功率放大器件,采取相应的散热措施。

(3) 需要调节的元器件,如电位器、可变电容器、中频变压器和操作按钮等,排列时力求使操作、维修方便。

(4) 输入与输出回路,高、低频电路的元器件采取隔离措施,避免寄生耦合产生自激振荡。

(5) 晶体管、集成电路等元器件排列在印制电路板上,电源变压器放在机壳的底板上,保持一定距离,避免变压器的温升影响它们的电气性能。

(6) 变压器与电感线圈分开一定距离排列,避免二者的磁场方向互相垂直,产生寄生耦合。

(7) 集成电路外引线与外围元器件引线距离力求直而短,避免互相交叉。

3) 元器件安装

(1) 元器件在印制电路板上的安装方法一般分为贴板安装和间隔安装两种。贴板安装的元器件大、机械稳定性好、排列整齐美观、元器件的跨距大、走线方便。间隔安装的元器件体积小、质量轻、占用面积小,单位面积上容纳元器件的数量多,元器件引线与电路板之间留有 5～10mm 的间隙。这种安装方式适合于元器件排列密集紧凑的产品,如微型收音机等许多小型便携式装置。

(2) 电阻器和电容器的引线应短一些,以提高其固有频率,避免振动时引线断裂。对较大的电阻器和电容器应尽量卧装,以利于抗震和散热,并在元器件和底板间用胶粘住。大型电阻器、电容器需加紧固装置,对陶瓷或易脆裂的元器件,则加橡胶垫或其他衬垫。

(3) 微电路器件多余的引脚应保留。两印制电路板的间距不应过小,以免振动时元器件与另一底板相碰撞。

(4) 对继电器、电源变压器、大容量电解电容器、大功率晶体管和功放集成块等重量级元器件,在安装时,除焊接外,还应采取加固措施。

(5) 对产生电磁干扰或对干扰敏感的元器件安装时应加屏蔽。

(6) 对用插座安装的晶体管和微电路应压上护圈,防止松动。

（7）在印制电路板上插接元器件时，参照电路图，使元器件与插孔一一对应，并将元器件的标识面向外，以便于辨认与维修。

（8）集成电路、晶体管及电解电容器等有极性的元器件，应按一定的方向，对准板孔，将元器件一一插入孔中。

4）功率器件与散热器的安装

（1）功率器件与散热器之间应涂敷导热脂，使用的导热脂应对器件芯片表面层无溶解作用，使用二甲基硅油时应小心。

（2）散热器与功率器件的接触面必须平整，不平整和扭曲度不能超过 0.05mm。

（3）功率器件与散热器之间的导热绝缘片不允许有裂纹，接触面的间隙内不允许夹杂切屑等多余物。

**3. 电路板结构布局**

在一块板上按电路图把元器件组装成电路，组装方式通常有两种：插接方式和焊接方式。插接方式是在面包板上进行，电路元器件和连线均接插在面包板（通用板）的孔中；而焊接方式是在电路板上进行，电路组件焊接在电路板上，电路连线则为特制的印制线。不论采用哪一种组装方式，首先必须考虑元器件在电路板上的结构布局问题。

电路板结构布局没有固定的模式，不同的人所进行的布局设计不相同，但有以下参考原则。

（1）布置主电路的集成块和晶体管的位置。安排的原则是，按主电路信号流向的顺序布置各级的集成块和晶体管。当芯片多而板面有限时，布成一个 U 字形，U 字形的口一般靠近电路板的引出线处，以利于第一级的输入线、末级的输出线与电路板引出线之间的连线。此外，集成块之间的间距应视其周围组件的多少而定。

（2）安排其他电路元器件（电阻、电容、二极管等）的位置。其原则为按级就近布置，即各级元器件围绕各级的集成电路或晶体管布置。如果有发热量较大的元器件，则应注意它与集成块或晶体管之间的间距要足够大。

（3）电路板的布局还应注意美观和检修方便。为此，集成块的安置方式应尽量一致，不要横竖不分，电阻、电容等元件也应如此。

（4）连线布置。其原则为第一级输入线与末级的输出线、强电流线与弱电流线、高频线与低频线等应分开走，之间的距离应足够大，以避免相互干扰。

（5）合理布置接地线。为避免各级电流通过地线时产生相互间的干扰，特别是末级电流通过地线对第一级的反馈干扰，以及数字电路部分电流通过地线对模拟电路产生干扰，通常采用地线割裂法，使各级地线自成回路，然后再分别一点接地。换句话说，各级的地是割裂的，不直接相连，然后再分别接到公共的一点地上。

根据上述一点接地的原则，布置地线时应注意如下几点：

① 输出级与输入级不允许共享一条地线。

② 数字电路与模拟电路不允许共享一条地线。

③ 输入信号的"地"应就近接在输入级的地线上。

④ 输出信号的"地"应接公共地，而不是输出级的"地"。

⑤ 各种高频和低频退耦电容的接"地"端应远离第一级的地。

显然，上述一点接地的方法可以完全消除各级之间通过地线产生的相互影响，但接地方式比较麻烦，且接地线比较长，容易产生寄生振荡。因此，在印制电路板的地线布置上常常采用另一种地线布置方式，即串联接地方式，各级地逐级直接相连后再接到公共的地上。在这种接地方式中，各级地线可就近相连，接地比较简单,但因存在地线电阻,各级电流通过相应的地线电阻产生干扰电压,影响各级工作。为了尽量抑制这种干扰,常常采用加粗和缩短地线的方法,以减小地线电阻。

**4. 元器件的插接**

元器件的插接主要用于局部电路的实验,无须焊接,方便、快捷、节省时间。其方法是在面包板上插接电子元器件引脚即可。面包板(通用板)在市面上很容易获得,在面包板上组装电路应注意以下几点。

(1) 所有集成块的插入方向要保持一致,以便于正规布线和查线。不能为了临时走线方便或为了缩短导线长度而把集成块倒插。

(2) 对多次用过的集成电路的引脚,必须修理整齐,引脚不能弯曲,所有的引脚应稍向外偏,使引脚与插孔接触良好。

(3) 分立组件插接时,不用剪断引线,以利于重复使用。

(4) 关于连线的插接。准备连线时,通常用 0.60mm 的单股硬导线(导线太细易接触不良,太粗会损伤插孔),根据布线要求的连线长度剪好导线,剥去导线两头的绝缘皮(剥去 6mm 左右),然后把导线两头弯成直角。把准备好的连线插入相应位置的插孔中。插接连线时,应用镊子夹住导线后垂直插入或拔出插孔,不要用手插拔,以免将导线插弯。

(5) 连线要求贴紧面包板,不要留空隙。为了查线方便和美观,应用不同的颜色以竖直方式布线。一个插孔只能插一根线,不允许插两根线。

(6) 插孔允许通过的电流一般在 500mA 以下,因此,电流大的负载不能用插孔接线,必须改用其他接线方式。用插接方式组装电路的最大优点是:不用焊接,不用印制电路板,容易更改线路和器件,而且可以多次使用,使用方便,造价低廉。因此,在产品研制、开发过程和课程设计中得到了广泛应用。但是,插接方式最大的缺点是:插孔经多次使用后,其簧片会变松,弹性变差,容易造成接触不良。所以,对多次使用后的面包板可从背面揭开,取出弹性差的簧片,用镊子加以调整,使弹性增强,以延长面包板的使用寿命。

## 2.3.2　电子制作的装配

电子制作的整机装配工序和操作内容从大的方面分为机械装配、电路板装配和束线装配,本着"先机械,后电路板,最后束线连接"的顺序进行。虽然因整机的种类、规格、构造不同而有所差异,但工序是基本相同的。如图 2-22 所示为整机装配工艺流程,在实施过程中可简化、合并步骤,灵活运用。

**1. 机械装配**

机械装配包括机壳装配、机壳前后面板和底板上元器件的安装固定、电路板的安装固定等。装配步骤如下:

(1) 组装机壳及壳内用于固定其他元器件和组件的支撑件,如接线端等。

(2) 在前面板上安装指示灯、指示仪表、按钮等,在后面板上安装电源插座、熔丝、输入/输出插座等。

(3) 印制电路板、电源变压器、继电器等固定件或插座件安装在底板上。

(4) 为了防止运输和使用过程中螺母松动,螺钉和螺栓连接固定时加弹簧垫圈和垫片,对于易碎零件应加胶木垫圈。

(5) 继电器的安装应避免使衔铁运动方向与受振动方向一致,以免误动作,空中使用的产品应尽量避免选用具有运动衔铁的继电器。

**2. 整机连线和束线**

电子产品电子线路中的套管,可以防止导线断裂、焊点间短路,具有电气安全保护(高压部分)作用。电子产品的整机连线要考虑导线的合理走向,杂乱无章的连线,不仅看起来不美观,而且会影响质量(性

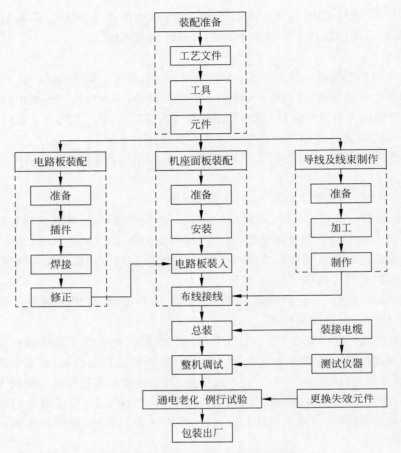

图 2-22　电子制作整机装配工艺流程

能特性、可靠性)。

　　1)走线原则

　　(1)以最短距离连线:以最短距离连线是降低干扰的重要手段。但是,在连线时需要松一些,要留有充分的裕量,以便在组装、调试和检修时移动。

　　(2)直角连线:直角连线利于操作,而且能保持连线质量稳定不变(尤其在束线时)。

　　(3)平面连线:平面连线的优点是,容易看出接线的头尾,便于调试、维修时查找。

　　2)在实际连线过程中应注意的问题

　　(1)沿底板、框架和接地线走线,可以减少干扰、方便固定。

　　(2)高压走线要架空,分开捆扎和固定,高频或小信号走线也应分开捆扎和固定,减小相互间的干扰。电源线和信号线不要平行连接,否则交流噪声经导线间静电电容而进入信号电路。

　　(3)走线不要形成环路,环路中一旦有磁通通过,就会产生感应电流。

　　(4)接地点都是同电位,应把它们集中起来,一点接机壳。

　　(5)离开发热体走线,因为导线的绝缘外皮不能耐高温。

　　(6)不要在元器件上面走线,否则会妨碍元器件的调整和更换。

　　(7)线束要按一定距离用压线板或线夹固定在机架或底座上,要求在外界机械力作用下(冲击、振动)不会变形和产生位移。

3）多导线连接原则

电子装置的连接导线较多时，要对其进行扫描，归纳捆扎，变杂乱无章为井然有序，这样能稳定质量和少占空间。

# 2.4 电子制作调试与故障排查

电子制作调试是制作过程中的关键环节。电子电路通过调试，使之满足各项性能指标，达到设计的技术要求。在调试过程中，可以发现电路设计和实际制作中的错误与不足之处，不断改进设计制作方案，使之更加完善。调试工作又是运用理论知识解决制作中各种问题的主要途径。通过调试可以提高制作者的理论水平和解决实际问题的能力。因此，应引起每个电子制作者的高度重视。

电子产品的调试指的是整机调试，是在整机装配以后进行的。电子产品的质量固然与元器件的选择、印制电路板的设计制作、装配焊接工艺密切相关，但也与整机的调试步骤及方法分不开。在这一阶段，不但要实现电路达到设计时预想的性能指标，对整机在前期加工工艺中存在的缺陷也应尽可能进行修改和补救。整机的调试包括调整和测试两个方面。即用测试仪器仪表调整电路的参数，使之符合预定的性能指标要求；并对整机的各项性能指标进行系统的测试。

## 2.4.1 电子制作测量

测试是在安装结束后对电路的工作状态和电路参数进行测量。

**1. 测量前的准备工作与仪器仪表的选择**

测量前的准备工作与仪器仪表的选择介绍如下：

（1）布置好场地，有条理地放置好调试用的图样、文件、工具、备件，准备好测试记录本或测试卡。

（2）检查各单元或各功能部件是否符合整机装配要求，初步检查有无错焊、漏焊、线间短路等问题。

（3）要懂得整机和各单元的性能指标及电路工作原理。

（4）要熟悉在调试过程中查找故障及消除故障的方法。

（5）根据技术文件的要求，正确地选择和确定测试仪器仪表、专用测试设备，熟练地掌握仪表的性能和使用方法。

（6）按照调试说明和调试工艺文件的规定，仪器仪表要选好量程，调准零点。

（7）仪器仪表要预热到规定的预热时间。

（8）各测试仪表之间、测试仪表与被测整机的公共参考点（零线，也称公共地线）应连在一起，否则将得不到正确的测量结果。

（9）被测量的数值不得超过测试仪表的量程，否则将损坏指针，甚至烧坏表头。如果预先不知道被测量的大致数值，可以先将表量程调到最高挡，再逐步调整到合适的量程。当被测信号很大时，要加衰减器进行衰减。

（10）有 MOS 电路器件的测试仪表或被测电路，电路和机壳都必须有良好的接地，以免损坏 MOS 电路器件。

（11）用高灵敏仪表（如毫伏表、微伏表）进行测量时，不但要有良好的接地，还要使它们之间的连接线采用屏蔽线。

（12）高频测量时，应使用高频探头直接和被测点接触进行测量；地线越短越好，以减小测量误差。

**2. 测量技术**

测量是调试的基础，准确的测量为调试提供依据。通过测量，一般要获得被测电路的有关参数、波形、性能指标及其他必要的结果。测量方法和仪表的选用应从实际出发,力求简便有效,并注意设备和人身安全。测量时,必须根据模拟电路的实际情况(如外接负载、信号源内阻等)进行,不能由于测量而使电路失去真实性或者破坏电路的正常工作状态。要采取边测量、边记录、边分析估算的方法,养成求实的作风和科学的态度。对所测结果立即进行分析、判断,以区别真伪,进而决定取舍,为调试工作提供正确的依据。

电路的基本测量项目可分为两类,即"静态"测量和"动态"测量。测量顺序一般是先静态后动态。此外,根据实际需要有时还进行某些专项测试,如电源波动情况下的电路稳定性检查、抗干扰能力测定,以确保装置能在各种情况下稳定、可靠地工作。静态测量一般指输入端不加输入信号或加固定电位信号,使电路处于稳定状态的测量。静态测量的主要对象是有关工作点的直流电位和直流工作电流。动态测量是在电路输入端输入合适的变化信号的情况下进行测量。动态测量常用示波器观察测量电路有关工作点的波形及其幅度、周期、脉宽、占空比、前后沿等参数。

例如,晶体管交流放大电路的静态测试应是晶体管静态工作点的检查。而动态测试要在输入端注入一个交流信号,用双踪示波器监测放大电路的输入端、输出端,可以看到交流放大器的主要性能:交流信号电压放大量、最大交流输出幅值(调节输入信号的大小)、失真情况及频率特性(当输入信号幅度相同、频率不同时,输出信号的幅度和相位移情况的曲线)等。根据测量结果,结合电路原理图进行分析,确定电路工作是否正常,为故障查找和调试工作提供依据。

## 2.4.2　电子制作调试

电子制作的调试工作一般分为"分调"和"总调"两步进行。分调的目的是使组成装置的各个单元电路工作正常;在此基础上,再进行整机调试。整机调试又称为"总调"和"联调",通过联调,才能使装置达到预定的技术要求。

### 1. 调试方法

电子制作产品组装完成以后,一般需要调试才能正常工作,不同电子产品的调试方法有所不同,但也有一些普遍规律。电子电路的调试是电子技术人员的一项基本操作技能,掌握一定的电子电路理论,学会科学的分析方法,在实际工作中总结积累经验是做好电子制作调试工作的保证。

调试的关键是善于对实测结果进行分析,而科学的分析是以正确的测量为基础的。根据测量得到的数据、波形和现象,结合电路进行分析、判断,确定症结所在,进而采取调整、改进措施。可见,"测量"是发现问题的过程,"调整"则是解决问题、排除故障的过程。而调试后的再测量,往往又是判断和检验调试是否正确的有效方法。

通常电路由各种功能的单元电路组成,有两种调试方法:一种是装好一级单元电路调试一级,即分级调试法;另一种是装好整机电路后统一调试,即整机调试法。应根据电路的复杂程度确定调试方法,一般较为复杂的电路,在调试过程中,采取分级调试的方法较好。两种调试方法的调试步骤是基本一样的。

1) 检查电路及电源电压

检查电路元器件是否接错特别是晶体管引脚、二极管的方向、电解电容的极性是否接对;检查各连接线是否接错特别是直流电源的被性及电源与地线是否短接,各连接线是否焊牢,是否有漏焊、虚焊、短路等现象,检查电路无误后才能进行通电调试。

2) 调试供电电源

一般的电子设备都是由整流、滤波、稳压电路组成的直流稳压电源供电,调试前要把供电电源与电子设备的主要电路断开,先把电源电路调试好,才能将电源与电路接通。测量直流输出电压的数信、纹波系数和电源极性与电路设计要求相符并能正常工作时,方可接通电源,调试主电路。若电子设备是由电池供电的,则要按规定的电压、极性装接好,检查无误后再接通电源开关。同时要注意电池的容量应能满足设备的工作需要。

3）静态调试

静态调试是在电路没有外加信号的情况下调整电路各点的电位和电流。有振荡电路时可暂不接通。对于模拟电路主要应调整各线的静态工作点;对于数字电路主要是调整各输入、输出端的电平和各单元电路间的逻辑关系。然后将测出电路各点的电压、电流与设计值相比较,若两者相差较大,则先调节各有关可调零部件,若还不能纠正,则要从以下方面分析原因:电源电压是否正确;电路安装有无错误;元器件型号是否选正确,本身质量是否有问题等。

一般来说,在能正确安装的前提下,交流放大电路比较容易成功。因为交流电路的各级之间以隔直流电容器互相隔离,在调整静态工作点时互不影响。对于直流放大电路来说由于各级电路直流相连,各点的电流、电压互相牵制。有时调整一个晶体管的静态工作点会使各级的电压、电流值都发生变化。所以在调整电路时要有耐心,一般要反复多次进行调整才能成功。

4）动态调试

动态调试就是在整机的输入端加上信号,检查电路的各种指标是否符合设计要求,包括输出波形、信号幅度、信号间的相位关系、电路放大倍数、频率、输出动态范围等。动态调试时,可由后级开始逐级向前检测,这样容易发现故障,及时调整改进。例如,收音机在其输入端送入高频信号或直接接收电台的信号,对其进行中频频率的调整、频率覆盖范围和灵敏度的调整,使其满足设计要求。调整电子电路的交流参数最好有信号发生器和示波器。对于数字电路来说,由于多数采用集成电路,调试的工作量要少一些。只要元器件的选择符合要求,直流工作状态正常,逻辑关系就不会有太大的问题。

5）指标测试

电路正常工作之后,即可进行技术指标测试。根据设计要求,逐个测试指标完成情况,凡未能达到指标要求的,须分析原因,重新调整,以便达到技术指标要求。

6）负荷实验

调试后还要按规定进行负荷实验,并定时对各种指标进行测试,做好记录。若能符合技术要求,正常工作,则此部整机调试完毕。

调试结束后,需要对调试全过程中发现问题、分析问题到解决问题的经验、教训进行总结,并建立"技术档案",积累经验,以便于日后对产品使用过程中的故障进行维修。单元电路调试(分调)的总结内容一般有测调目的、使用仪器仪表、电路图与接线图、实测波形和数据、计算结果(包括绘制曲线),以及测调结果和有关问题的分析讨论(主要指实测结果与预期结果的符合情况,误差分析和测调中出现的故障及其排除等)。调试的总结内容常有方框图、逻辑图、电路原理图、波形图等。结合这些图简要解释装置的工作原理,同时指出所采用的设计技巧、特点。对调试过程中遇到的问题和异常现象提高到理论上进行分析,以便于今后改进。

**2. 调试时应注意的问题**

在进行电子制作调试时,通常应注意以下问题。

1）上电观察

产品调试,首次通电时不要急于试机或测量数据,要先观察有无异常现象发生,如冒烟、发出油漆气味、元器件表面颜色改变等。

用手摸元器件是否发烫,特别要注意末级功率比较大的元器件和集成电路的温度情况,最好在电源回路中串入一只电流表。若有电流过大、发热或冒烟等情况,则立即切断电源,待找出原因、排除故障后方可重新通电。对于学习电子制作的初学者,为防意外,可在电源回路中串入一只限流电阻器,电阻值为几欧姆,这样可以有效地限制过大的电流,一旦确认没有问题后,再将限流电阻器去掉,恢复正常供电。

2)正确使用仪器

正确使用仪器包含两方面的内容:一方面应能保障人机安全,避免触电或损坏仪器;另一方面只有正确使用仪器,才能保证正确地调试。否则,错误的接入方式或读数方法,均会使调试陷入困境。

例如,当示波器接入电路时,为了不影响电路的幅频特性,不要用塑料导线或电缆线直接从电路引向示波器的输入端,而应当采用衰减探头。

当示波器测量小信号波形时,要注意示波器的接地线不要靠近大功率器件的地线,否则波形可能出现干扰。

在使用扫频仪测量检波器、鉴频器,或者电路的测试点位于三极管的发射极时,由于这些电路本身已经具有检波作用,故不能使用检波探头。而在用扫频仪测量其他电路时,均应使用检波探头。

扫频仪的输出阻抗一般为 $75\Omega$,如果直接接入电路,则会使高阻负载短路,因此在信号测试点需要接入隔离电阻器或电容器。

在使用扫描仪时,仪器的输出信号幅度不宜太大,否则会使被测电路的某些元器件处于非线性工作状态,导致特性曲线失真。

3)及时记录数据

在调试过程中,要认真观察、测量和记录,包括记录观察到的现象,测量的数据波形及相位关系等,必要时在记录中还要附加说明,尤其是那些与设计要求不符合的数据更是记录的重点。根据记录的数据,才能将实际观察到的现象和设计要求进行定量的种出以便于找出问题,加以改进,使设计方案得到完善。通过及时记录数据,还可以帮助自己积累实践经验,使设计、制作水平不断提高。

4)焊接应断电

在电子制作调试过程中,当发现元器件或电路有异常需要更换或修改时,必须先断开电源后再进行焊接,待故障排除确认无误后,才可重新通电调试。

5)复杂电路的调试应分块

(1)分块规律。在复杂的电子产品中。其电路通常都可以划分成多个单元功能块,这些单元功能块可相对独立地完成某种特性的电气功能,其中每一个功能块往往又可以进一步细分为几个具体电路。细分的界限通常有以下规律:

对于分立元器件,通常是以某一两个半导体三极管为核心的电路;对于集成电路,一般是以某个集成电路芯片为核心的电路。

(2)分块调试的特点。复杂电路的调试分块是指在整机调试时,可对各单元电路功能块分别加电,逐块调试。这种方法可以避免各单元电路功能块之间电信号的相互干扰,且便于发现问题,可大大缩小搜寻故障原因的范围。

实际上,有些设计人员在进行电子产品设计时,往往为各个单元电路功能块设置了一些隔离元器件,如电源插座、跨接线或接通电路的某一电阻等。整机调试时,除了正在调试的电路外,其他部分都被隔离元器件断开不工作,因此不会相互干扰。当每个单元电路功能块都调试完毕后,再接通各个隔离元器件,使整个电路进入工作状态进行整机调试。

对于那些没有设置隔离元器件的电路,可以在装配的同时逐级调试,调好一级再焊接下一级并进行调整。

6)直流与交流状态间的关系

在电子电路中,直流工作状态是电路工作的基础。直流工作点不正常,电路就无法实现其特定的电气功能。因此,成熟的电子产品原理图上一般都标注有直流工作点(例如,三极管各极的直流电压或工作电流,集成电路各引脚的工作电压、关键点上的信号波形等),作为整机调试的参考依据。但是,由于元器件的参数都具有一定的误差,加之所用仪表内阻的影响,实测得到的数据可能与图标的直流工作点不完全相同,但两者之间的变化规律是相同的,误差不会太大,相对误差一般不会超过±10%。当直流工作状态调试结束以后,再进行交流通路的调试,检查并调整有关的元器件,使电路完成其预定的电气功能。

7)出现故障时要沉住气

调试出现故障,属于正常现象,不要手忙脚乱。要认真查找故障原因,仔细作出判断,切不可解决不了就拆掉电路重装。因为重新安装的电路仍然会存在各种问题,而且如果是原理上有错误,则不是重新安装能解决的。

## 2.4.3 调试过程中的常见故障

故障无非是由元器件、线路和装配工艺3方面的原因引起的。例如,元器件的失效、参数发生偏移、短路、错接、虚焊、漏焊、设计不善和绝缘不良等,都是导致发生故障的原因,常见的故障有以下几类。

(1)焊接工艺不当,虚焊造成焊接点接触不良,以及接插件和开关等接点的接触不良。

(2)由于空气潮湿,使印制电路板、变压器等受潮、发霉或绝缘性能降低,甚至损坏。

(3)元器件检查不严,某些元器件失效。例如,电解电容器的电解液干涸,导致电解电容器的失效或损耗增加而发热。

(4)接插件接触不良。如印制电路板插座弹簧片弹力不足;继电器触点表面氧化发黑,造成接触不良,使控制失灵。

(5)元器件的可动部分接触不良。如电位器、半可变电阻的滑动点接触不良,造成开路或噪声的增加等。

(6)线束中某个引出端错焊、漏焊。在调试过程中,由于多次弯折或受振动而使接线断裂;或是紧固的零件松动(如面包板上的电位器和波段开关),来回摆动,使连线断裂。

(7)元器件由于排布不当,相碰而引起短路;有的是连接导线焊接时绝缘外皮剥除过多或因过热而后缩,也容易和其他元器件或机壳相碰而引起短路。

(8)线路设计不当,允许元器件参数的变动范围过窄,以致元器件参数稍有变化,机器就不能正常工作。例如,由于使用不当或负载超过额定值,使晶体管瞬时过载而损坏(如稳压电源中的大功率硅管由于过载引起的二次击穿,滤波电容器的过压击穿引起的整波二极管的损坏等)。

(9)由于某些原因造成机内原先调谐好的电路严重失谐等。

以上列举了电子制作产品装配后出现的一些常见故障,也就是说,这些都是电子产品的薄弱环节,是查找故障原因时的重点怀疑对象。一般来说,电子产品的任何部分发生故障,都会引起其工作不正常。不同类型的产品,出现的故障各不相同,有时同类产品的故障类别也并不一致,应按照一定的程序,根据电路原理进行分段检测,将故障点的范围定在某一部分电路后再进行详细检查和测量,最后加以排除。

## 2.4.4 调试过程中的故障排查法

经验来自实践。有经验的调试维修技术人员总结出12种具体排除故障的方法,读者可以根据电路的难易程度,灵活运用这些方法。

### 1. 不通电观察法

在不通电的情况下,用直观的办法和使用万用表电阻挡检查有无断线、脱焊、短路、接触不良,检查绝缘情况、熔丝通断、变压器好坏、元器件情况等。因为许多故障是由于安装焊接工艺上的原因,用眼睛观察就能发现问题。盲目通电检查反而会扩大故障范围。

**2. 通电检查法**

打开机壳,接通电源,观察是否有冒烟、烧断、烧焦、跳火(一般是接线头、开关触头接触不良造成的火花)、发热的现象。若有这些情况,一定要做到"发现故障要断电,查完线路查元件"。在观察无果的情况下,用万用表和示波器对测试点进行检查。可重复开机几次,但每次时间不要太长,以免扩大故障范围。

**3. 信号替代法**

选择有关的信号源,接入待检的输入端,取代该级正常的输入信号,判断各级电路工作情况是否正常,从而迅速确定产生故障的原因和所在单元。检查的顺序是:从后向前逐级前移,"各个击破"。

**4. 信号寻迹法**

用单一频率的信号源加在电路输入单元的入口,然后用示波器、万用表等测量仪器从前向后逐级观察电路的输出电压波形或幅度。

**5. 波形观察法**

用示波器检查各级电路的输入、输出波形是否正常,是检修波形变换电路、振荡器、脉冲电路的常用方法。这种方法对于发现寄生振荡、寄生调制或外界干扰及噪声等引起的故障十分有用。

**6. 电容旁路法**

利用适当容量的电容器,逐级跨接在电路的输入、输出端上,当电路出现寄生振荡或寄生调制时,观察接入电容后对故障的影响,可以迅速确定有问题的电路部位。

**7. 元(部)件替代法**

用好的元件或部件替代有可能产生故障的部分,若机器能正常工作,则说明故障就在被替代的部分。这种方法检查方便,且不影响生产。

**8. 整机比较法**

用正常的、同样的整机与有故障的机器比较,发现其中的问题。这种方法与替代法相似,只是比较的范围大一些。

**9. 分割测试法**

逐级断开各级电路的隔离器件或逐块拔掉各印制电路板,把整机分割成多个相对独立的单元电路,测试其对故障电路的影响。例如,从电源电路上切断其负载并通电观察,然后逐级接通各级电路测试,这是判断电源本身故障还是某级电路负载故障的常用方法。

**10. 测量直流工作点法**

根据电路原理图,测量各点的直流工作电位并判断电路的工作状态是否正常。

**11. 测试电路元器件法**

把可能引起电路故障的元器件拆卸下来,用测试仪器仪表对其性能和参数进行测量,出现损坏的予以更换。

**12. 调整可调器件法**

在检修过程中,如果电路中有可调器件(如电位器、可调电容器及可变线圈等),适当调整它们的参数,以观测对故障现象的影响。注意,在决定调整这些器件之前,要在原来的位置做个记号,一旦发现故障不在此处,还要恢复到原来的位置上。

# 第3章　基本电子元器件

通过基本电子元器件的组合和连接,可以构建各种复杂的电子电路和系统,实现信号的处理、控制、存储等功能。因此,基本电子元器件是电子系统设计的基础,对于各种电子设备和系统都起着至关重要的作用。

本章深入探讨了基本电子元器件的识别、命名和应用,这些元器件是构建电子电路的基石。通过对电阻器、电容器、电感器、半导体器件以及集成电路的详细介绍,本章为读者提供了关于这些元器件选择和使用的宝贵知识。

本章主要讲述如下内容:

(1) 详细介绍了电阻器的分类、型号命名、性能指标、测试方法和选用原则。电阻器是最基本的被动元件,用于限制或分配电流;解释了电阻器的不同类型,如固定电阻器和可变电阻器;讨论了电阻器的型号命名法,帮助读者理解电阻值、功率等级和公差的标识;列举了电阻器的主要性能指标,如温度系数和噪声;描述了如何简单测试电阻,以确认其是否按照规格工作;提供了选用电阻器和电位器的常识与原则,强调了在设计电路时如何选择合适的电阻器。

(2) 涵盖了电容器的基本知识,它们在储存和释放电能方面发挥着关键作用。对电容器进行了,如陶瓷电容器、电解电容器等;讲述了如何根据型号来识别电容器的特性;强调了电容器的性能指标,如额定电压和介电常数;提供了简单测试电容器质量的方法;总结了选用电容器的常识,指导读者如何根据应用需求选择电容器。

(3) 介绍了电感器的分类、主要性能指标和测试方法。电感器在滤波、振荡和能量转换电路中起到重要作用;讲述了不同类型的电感器,如固定电感器和可变电感器;讨论了电感器的关键性能指标;描述了电感器的测试方法;提供了选用电感器的常识。

(4) 讲述了半导体器件,包括二极管和三极管。这些器件是电子电路中的主要活动元件。说明了半导体器件的型号命名法,分别介绍了二极管和三极管的识别和测试方法。

(5) 讲述了集成电路(IC)的命名、分类、生产商和封装形式。解释了集成电路的型号命名法;对集成电路进行了分类,如模拟 IC、数字 IC 和混合信号 IC;讲述了不同生产商和 IC 的封装形式。

本章为电子元器件的选择和应用提供了一个全面的框架,帮助读者理解如何识别、命名和测试这些基本元件,并根据电路设计的需求来选择合适的元件。这些知识对于设计可靠和高效电子电路至关重要。

## 3.1　电阻器的简单识别与型号命名法

电阻器(Resistor)在日常生活中一般直接称为电阻。是一个限流元件,将电阻接在电路中后,电阻器的阻值是固定的,它可限制通过它所连支路的电流大小。阻值不能改变的称为固定电阻器。阻值可变的称为电位器或可变电阻器。理想的电阻器是线性的,即通过电阻器的瞬时电流与外加瞬时电压成正比。用于分压的可变电阻器。在裸露的电阻体上,紧压着一至两个可移金属触点。触点位置确定电阻体任一端与触点间的阻值。

电阻器的端电压与电流有确定的函数关系,是体现电能转化为其他形式能力的两端器件,用字母 R 表示,单位为欧姆(Ω)。实际器件如灯泡、电热丝、电阻器等均可表示为电阻器元件。

### 3.1.1　电阻器的分类

电阻器是电路元件中应用最广泛的一种,在电子设备中约占元件总数的 30% 以上,其质量的好坏对电路的稳定性有极大的影响。电阻器的主要用途是调节电路中的电流和电压,其次还可作为分流器、分压器和消耗电能的负载等。

电阻器按结构可分为固定式和可变式两大类。

固定式电阻器一般称为"电阻"。由于制作材料和工艺不同,可分为膜式电阻、实心电阻、金属线绕电阻(X)和特殊电阻等。

(1) 膜式电阻:包括碳膜电阻(RT)、金属膜电阻(RJ)、合成膜电阻(RH)和氧化膜电阻(RY)等。

(2) 实心电阻:包括有机实心电阻(RS)和无机实心电阻(RN)。

(3) 金属线绕电阻(X):包括精密金属线绕电阻、功率金属线绕电阻和低温度系数金属线绕电阻等。

(4) 特殊电阻:包括 MG 型光敏电阻和 MF 型热敏电阻。

可变式电阻器分为滑线式变阻器和电位器,其中应用最广泛的是电位器。

电位器是一种具有 3 个接头的可变电阻器,其阻值在一定范围内连续可调。

电位器可分为以下几种。

按电阻体材料分,可分为薄膜电位器和线绕电位器两种。薄膜电位器又可分为 WTX 型小型碳膜电位器、WTH 型合成碳膜电位器、WS 型有机实心电位器、WHJ 型精密合成膜电位器和 WHD 型多圈合成膜电位器等。线绕电位器的代号为 WX。一般线绕电位器的误差不大于 ±10%,非线绕电位器的误差不大于 ±2%。其阻值、误差和型号均标在电位器上。

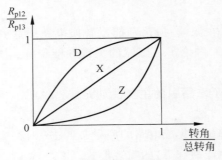

图 3-1　电位器阻值随转角变化曲线

按调节机构的运动方式分,有旋转式电位器、直滑式电位器。按结构分,可分为单联电位器、多联电位器、带开关电位器、不带开关电位器等;开关形式又有旋转式电位器、推拉式电位器、按键式电位器等。按用途分,可分为普通电位器、精密电位器、功率电位器、微调电位器和专用电位器等。按阻值随转角的变化关系,又可分为线性电位器和非线性电位器,如图 3-1 所示。

它们的特点分别如下。

(1) X 式(直线式):常用于示波器的聚焦电位器和万用表的调零电位器(如 MF-20 万用表),其线性精度为 ±2%、±1%、±0.3%、±0.05%。

(2) D 式(对数式):常用于电视机的黑白对比度调节电位器,其特点是,先粗调后细调。

(3) Z 式(指数式):常用于收音机音量调节电位器,其特点是,先细调后粗调。

X、D、Z 字母符号一般都印在电位器上,使用时应注意。

电阻器及电位器的符号如图 3-2 所示。

常用电阻器的外形如图 3-3 所示。

(a) 电阻器符号　　　　　　　(b) 电位器符号

图 3-2　电阻器及电位器的符号

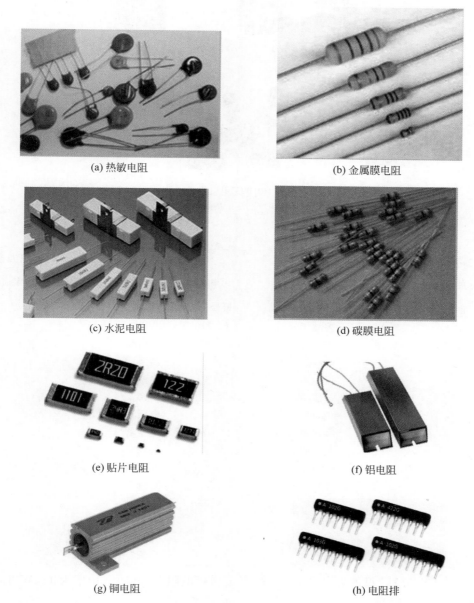

(a) 热敏电阻　　　　　　　　　　　　(b) 金属膜电阻

(c) 水泥电阻　　　　　　　　　　　　(d) 碳膜电阻

(e) 贴片电阻　　　　　　　　　　　　(f) 铝电阻

(g) 铜电阻　　　　　　　　　　　　(h) 电阻排

图 3-3　常用电阻器的外形

常用电位器的外形如图 3-4 所示。

## 3.1.2　电阻器的型号命名

电阻器的型号命名如表 3-1 所示。

(a) 音响功放机电位器　　　　　　　　(b) 精密多圈电位器

(c) 3362P精密可调电位器　　(d) 0932电位器　　(e) 调声台单声道电位器

图 3-4　电位器

表 3-1　电阻器的型号命名

| 第一部分 | | 第二部分 | | 第三部分 | | 第四部分 |
|---|---|---|---|---|---|---|
| 用字母表示主称 | | 用字母表示材料 | | 用数字和字母表示特性 | | 用数字表示序号 |
| 符号 | 含义 | 符号 | 含义 | 符号 | 含义 | |
| R | 电阻器 | T | 碳膜 | 1,2 | 普通 | 额定功率 |
| RP | 电位器 | P | 硼碳膜 | 3 | 超高频 | 阻值 |
| | | U | 硅碳膜 | 4 | 高阻 | 允许误差 |
| | | C | 沉积膜 | 5 | 高温 | 精度等级 |
| | | H | 合成膜 | 7 | 精密 | |
| | | I | 玻璃釉膜 | 8 | 电阻器 | |
| | | J | 金属膜（箔） | | 电位器 | |
| | | Y | 氧化膜 | 9 | 特殊 | |
| | | S | 有机实心 | G | 高功率 | |
| | | N | 无机实心 | T | 可调 | |
| | | X | 线绕 | X | 小型 | |
| | | R | 热敏 | L | 测量用 | |
| | | G | 光敏 | W | 微调 | |
| | | M | 压敏 | D | 多圈 | |

例如,RJ71-0.125-5.1kI 型的命名含义为：精密金属膜电阻器,其额定功率为 1/8W,标称电阻值为 5.1kΩ,允许误差为 1 级±5%。

### 3.1.3　电阻器的主要性能指标

电阻器的主要性能指标包括额定功率、标称阻值、允许误差和最高工作电压。

**1. 额定功率**

电阻器的额定功率是在规定的环境温度和湿度下,假定周围空气不流通,在长期连续负载而不损坏或基本不改变性能的情况下,电阻器上允许消耗的最大功率。当超过额定功率时,电阻器的阻值将发生变化,甚至发热烧毁。为保证使用安全,一般选其额定功率比它在电路中消耗的功率高 1~2 倍。

额定功率分为 19 个等级,常用的有 1/20W、1/8W、1/4W、1/2W、1W、2W、3W、5W……

在电路图中,非线绕电阻器额定功率的符号表示法如图 3-5 所示。

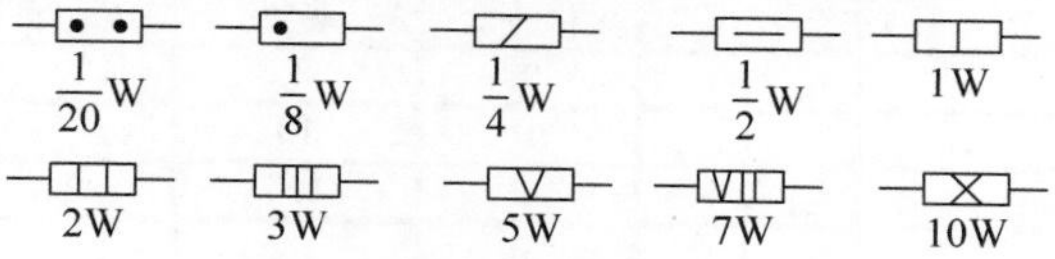

图 3-5　额定功率的符号表示法

实际中应用较多的非线绕电阻器有 1/8W、1/4W、1/2W、1W、2W,线绕电阻器应用较多的有 2W、3W、5W、10W 等。

**2. 标称阻值**

标称阻值是产品标志的"名义"阻值,其单位为欧(Ω)、千欧(kΩ)、兆欧(MΩ)。标称阻值系列如表 3-2 所示。

任何固定电阻器的阻值为如表 3-2 所示数值乘以 $10^n\ \Omega$,其中 $n$ 为整数。

表 3-2　标称阻值

| 允许误差 | 系列代号 | 标称阻值系列 |
|---|---|---|
| ±5% | E24 | 1.1 1.2 1.3 1.5 1.6 1.8 2.0 2.2 2.4 2.7 3.0 3.3 3.6 3.9 4.3 4.7 5.1 5.6 6.2 6.8 7.5 8.2 9.1 |
| ±10% | E12 | 1.0 1.2 1.5 1.8 2.2 2.7 3.3 3.9 4.7 5.6 6.8 8.2 |
| ±20% | E6 | 1.0 1.5 2.2 3.3 4.7 6.8 |

**3. 允许误差**

允许误差是指电阻器和电位器实际阻值对于标称阻值的最大允许偏差范围,它表示产品的精度。允许误差等级如表 3-3 所示。线绕电阻器的允许误差一般小于 ±10%,非线绕电阻器的允许误差一般小于 ±20%。

表 3-3　允许误差等级

| 级别 | 005 | 01 | 02 | I | II | III |
|---|---|---|---|---|---|---|
| 允许误差 | ±0.5% | ±1% | ±2% | ±5% | ±10% | ±20% |

电阻器的阻值和误差一般都用数字标印在电阻器上,但字号很小。一些合成电阻器的阻值和误差常用色环表示,如图 3-6 及表 3-4 所示。平常使用的色环电阻可以分为四环和五环,通常用四环。其中,四环电阻前两环为数字,第三环表示前面数字再乘以 10 的 $n$ 次幂,最后一环为误差;五环电阻前三环为数字,第四环表示前面数字再乘以 10 的 $n$ 次幂,最后一环为误差。

表 3-4　色环颜色的含义

| 数　值 | 颜　色 | | | | | | |
|---|---|---|---|---|---|---|---|
| | 黑 | 棕 | 红 | 橙 | 黄 | 绿 | 蓝 |
| 代表数值 | 0 | 1 | 2 | 3 | 4 | 5 | 6 |
| 允许误差 | F(±1%) | G(±2%) | — | — | — | D(±0.5%) | C(±0.25%) |

例如,四色环电阻器的第一、二、三、四道色环分别为棕、绿、红、金色,则该电阻的阻值和误差分别为:
$R=(1\times10+5)\times10^2\ \Omega=1500\ \Omega$,误差为 ±5%。即表示该电阻的阻值和误差是:1.5 kΩ±5%。

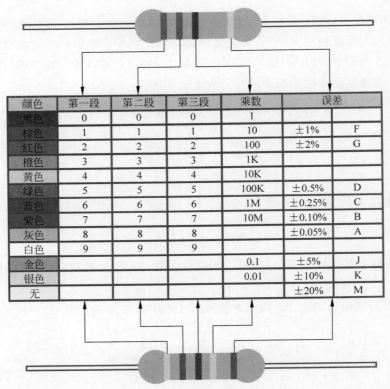

| 颜色 | 第一段 | 第二段 | 第三段 | 乘数 | 误差 | |
|---|---|---|---|---|---|---|
| 黑色 | 0 | 0 | 0 | 1 | | |
| 棕色 | 1 | 1 | 1 | 10 | ±1% | F |
| 红色 | 2 | 2 | 2 | 100 | ±2% | G |
| 橙色 | 3 | 3 | 3 | 1K | | |
| 黄色 | 4 | 4 | 4 | 10K | | |
| 绿色 | 5 | 5 | 5 | 100K | ±0.5% | D |
| 蓝色 | 6 | 6 | 6 | 1M | ±0.25% | C |
| 紫色 | 7 | 7 | 7 | 10M | ±0.10% | B |
| 灰色 | 8 | 8 | 8 | | ±0.05% | A |
| 白色 | 9 | 9 | 9 | | | |
| 金色 | | | | 0.1 | ±5% | J |
| 银色 | | | | 0.01 | ±10% | K |
| 无 | | | | | ±20% | M |

图 3-6　阻值和误差的色环标记

**4. 最高工作电压**

最高工作电压是根据电阻器、电位器最大电流密度、电阻体击穿及其结构等因素所规定的工作电压限度。对阻值较大的电阻器,当工作电压过高时,虽功率不超过规定值,但内部会发生电弧火花放电,导致电阻变质损坏。一般 1/8W 碳膜电阻器或金属膜电阻器,最高工作电压分别不能超过 150V 或 200V。

### 3.1.4　电阻器的简单测试

测量电阻的方法很多,可用欧姆表、电阻电桥和数字欧姆表直接测量,也可根据欧姆定律 $R=V/I$,通过测量流过电阻的电流 $I$ 及电阻上的压降 $V$ 间接测量电阻值。

当测量精度要求较高时,采用电阻电桥测量电阻。电阻电桥有单臂电桥(惠斯通电桥)和双臂电桥(开尔文电桥)两种,此处不再赘述。

当测量精度要求不高时,可直接用欧姆表测量电阻。现以 MF-20 型万用表为例,介绍测量电阻的方法。首先将万用表的功能选择波段开关置"Ω"挡,量程波段开关置合适的挡。将两根测试笔短接,表头指针应在刻度线零点;若不在零点,则要调节"Ω"旋钮(0Ω 调节电位器)回零。调回零后即可将被测电阻串接于两根测试笔之间,此时表头指针偏转,待稳定后可从刻度线上直接读出所示数值,再乘以事先所选择的量程,即可得到被测电阻的阻值。当换另一量程时必须再次短接两根测试笔,重新调零。每换一个量程挡,都必须调零一次。

需要特别指出的是,在测量电阻时,不能用双手同时捏住电阻或测试笔,否则,大体阻将会与被测电阻并联在一起,表头上指示的数值就不单纯是被测电阻的阻值了。

### 3.1.5　选用电阻器常识

根据电子设备的技术指标和电路的具体要求选用电阻的型号和误差等级。

为提高设备的可靠性,延长使用寿命,所选用电阻的额定功率大于实际消耗功率的 1.5~2 倍。

电阻装接前应进行测量、核对,尤其是在精密电子仪器设备装配时,还需经人工老化处理,以提高稳定性。

在装配电子仪器时,若使用非色环电阻,则应将电阻标称值标志朝上,且标志顺序一致,以便于观察。

焊接电阻时,烙铁停留时间不宜过长。

选用电阻时应根据电路中信号频率的高低选择。一个电阻可等效成一个 $R$、$L$、$C$ 二端线性网络,如图 3-7 所示。不同类型的电阻,$R$、$L$、$C$ 三个参数的大小有很大差异。线绕电阻本身是电感线圈,所以不能用于高频电路中,在薄膜电阻中,若电阻体上刻有螺旋槽,则其工作频率在 10MHz 左右,未刻螺旋槽的(如 RY 型)工作频率更高。

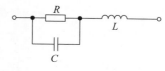

图 3-7 电阻器的等效电路

当电路中需串联或并联电阻获得所需阻值时,应考虑其额定功率。阻值相同的电阻串联或并联,额定功率等于各个电阻规定功率之和;阻值不同的电阻串联时,额定功率取决于高阻值电阻,并联时,额定功率取决于低阻值电阻,且需计算后方可应用。

### 3.1.6 电阻器和电位器选用原则

电阻器选用一般应遵循如下原则:

(1) 金属膜电阻稳定性好、温度系数小、噪声小,常用在要求较高的电路中,适合运放电路、宽带放大电路、仪用放大电路和高频放大电路应用。

(2) 金属氧化膜电阻有极好的脉冲、高频特性,其外形和应用场合同金属膜电阻。

(3) 碳膜电阻温度系数为负数、噪声大、精度等级低,常用于一般要求的电路中。

(4) 线绕电阻精度高,但分布参数较大,不适合高频电路。

(5) 敏感电阻又称半导体电阻,通常有光敏、热敏、湿敏、压敏和气敏等不同类型,可以作为传感器,用来检测相应的物理量。

电位器选用的原则如下:

(1) 在高频、高稳定性的场合,选用薄膜电位器。

(2) 要求电压均匀变化的场合,选用直线式电位器。

(3) 音量控制宜选用指数式电位器。

(4) 要求高精度的场合,选用线绕多圈电位器。

(5) 要求高分辨率的场合,选用各类非线绕电位器、多圈微调电位器。

(6) 普通应用场合,选用碳膜电位器。

##  3.2 电容器的简单识别与型号命名法

电容器(Capacitor)是一种容纳电荷的器件,由两个相互靠近的导体在中间夹一层不导电的绝缘介质构成。通常简称其容纳电荷的本领为电容,用字母 C 表示。

电容器是电子设备中大量使用的电子元件之一,广泛应用于电路中的隔直通交、耦合、旁路、滤波、调谐回路、能量转换和控制等方面。

### 3.2.1 电容器的分类

下面分别按结构、电容器介质材料对电容器进行分类。

**1．按结构分类**

**1）固定电容器**

若电容量是固定不可调的，则称为固定电容器。图 3-8 所示为几种固定电容器的外形和电路符号。其中，图 3-8(a)为电容器符号（带"＋"的为电解电容器）；图 3-8(b)为瓷介电容器；图 3-8(c)为云母电容器；图 3-8(d)为涤纶薄膜电容器；图 3-8(e)为金属化纸介电容器；图 3-8(f)为电解电容器。

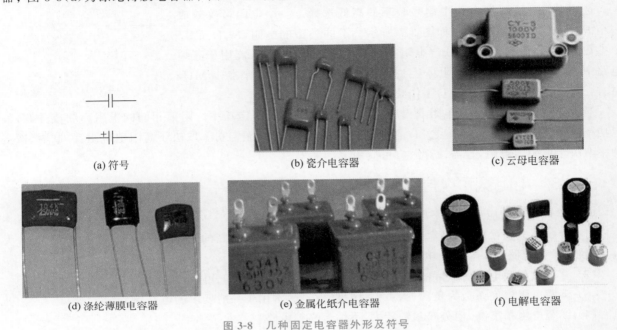

(a) 符号　　　　　　　(b) 瓷介电容器　　　　　　　(c) 云母电容器

(d) 涤纶薄膜电容器　　　(e) 金属化纸介电容器　　　(f) 电解电容器

图 3-8　几种固定电容器外形及符号

**2）半可变电容器（微调电容器）**

半可变电容器容量可在小范围内变化，其可变容量为几至几十皮法，最高达一百皮法（以陶瓷为介质时），适用于整机调整后电容量不需经常改变的场合。它常以空气、云母或陶瓷作为介质。其外形和电路符号如图 3-9 所示。

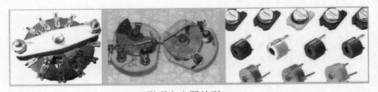

(a) 微调电容器外形　　　　　　　　　　　　　　(b) 微调电容器符号

图 3-9　微调电容器外形及符号

**3）可变电容器**

可变电容器容量可在一定范围内连续变化。常有"单联""双联"之分，它们由若干片形状相同的金属片拼接成一组定片和一组动片，其外形及符号如图 3-10 所示。动片可以通过转轴转动，以改变动片插入定片的面积，从而改变电容量。它一般以空气作为介质，也有用有机薄膜作为介质的，但后者的温度系数较大。

**2．按电容器介质材料分类**

**1）电解电容器**

电解电容器是以铝、钽、铌、钛等金属氧化膜作为介质的电容器。应用最广的是铝电解电容器，它容

(a) 单联和双联可变电容器外形　　　　(b) 单联电容器符号　(c) 双联电容器符号

图 3-10　单联电容器、双联电容器外形及符号

量大、体积小,耐压高(但耐压越高,体积也越大),一般在 500V 以下,常用于交流旁路和滤波;缺点是容量误差大,且随频率而变动,绝缘电阻低。电解电容有正、负极之分(外壳为负端,另一接头为正端)。通常电容器外壳上都标有"+""-"记号,若无标记则引线长的为"+"端,引线短的为"-"端,使用时必须注意不要接反。若接反,则电解作用会反向运行,氧化膜很快变薄,漏电流急剧增加;如果所加的直流电压过大,则电容器很快发热,甚至会引起爆炸。由于铝电解电容具有不少缺点,因此在要求较高的地方常用钽、铌或钛电容,它们比铝电解电容的漏电流小、体积小,但成本高。

2) 云母电容器

云母电容器是以云母片作为介质的电容器。其特点是高频性能稳定,损耗小、漏电流小、电压高(从几百伏到几千伏),但容量小(从几十皮法到几万皮法)。

3) 瓷介电容器

瓷介电容器以高介电常数、低损耗的陶瓷材料为介质,故体积小、损耗小、温度系数小,可工作在超高频范围,但耐压较低(一般为 60~70V),容量较小(一般为 1~1000pF)。为克服容量小的特点,现在采用了铁电陶瓷和独石电容。它们的容量分别可达 680pF~0.047μF 和 0.01μF 至几微法,但其温度系数大、损耗大、容量误差大。

4) 玻璃釉电容器

玻璃釉电容器以玻璃釉作为介质,它具有瓷介电容的优点,且体积比同容量的瓷介电容小。其容量范围为 4.7pF~4μF。另外,其介电常数在很宽的频率范围内保持不变,还可应用于 125℃ 高温下。

5) 纸介电容器

纸介电容器的电极用铝箔或锡箔做成,绝缘介质是浸蜡的纸,相叠后卷成圆柱体,外包防潮物质,有时外壳采用密封的铁壳以提高防潮性。大容量的电容器常在铁壳里灌满电容器油和变压器油,以提高耐压强度,被称为油浸纸介电容器。纸介电容器的优点是在一定体积内可以得到较大的电容量,且结构简单,价格低廉;缺点是介质损耗大,稳定性不高,主要用于低频电路的旁路和隔直电容。其容量一般为 100pF~10μF。新发展的纸介电容器用蒸发的方法使金属附着于纸上作为电极,因此体积大大缩小,称为金属化纸介电容器,其性能与纸介电容器相仿。但它有一个最大的特点是被高电压击穿后,有自愈作用,即电压恢复正常后仍能工作。

6) 有机薄膜电容器

有机薄膜电容器是用聚苯乙烯、聚四氟乙烯或涤纶等有机薄膜代替纸介质做成的各种电容器。与纸介电容器相比,它的优点是体积小、耐压高、损耗小、绝缘电阻大、稳定性好,但温度系数大。

## 3.2.2　电容器型号命名法

电容器的型号命名法如表 3-5 所示。

表 3-5　电容器的型号命名法

| 第一部分 | | 第二部分 | | 第三部分 | | 第四部分 |
|---|---|---|---|---|---|---|
| 用字母表示主称 | | 用字母表示材料 | | 用字母表示特性 | | 用字母或数字表示序号 |
| 符号 | 含义 | 符号 | 含义 | 符号 | 含义 | |
| C | 电容器 | C | 瓷介 | T | 铁电 | 包括品种、尺寸代号、温度特性、直流工作电压、标称值、允许误差、标准代号 |
| | | I | 玻璃釉 | W | 微调 | |
| | | O | 玻璃膜 | J | 金属化 | |
| | | Y | 云母 | X | 小型 | |
| | | V | 云母纸 | S | 独石 | |
| | | Z | 纸介 | D | 低压 | |
| | | J | 金属化纸 | M | 密封 | |
| | | B | 聚苯乙烯 | Y | 高压 | |
| | | F | 聚四氟乙烯 | C | 穿心式 | |
| | | L | 涤纶(聚酯) | | | |
| | | S | 聚碳酸酯 | | | |
| | | Q | 漆膜 | | | |
| | | H | 纸膜复合 | | | |
| | | D | 铝电解 | | | |
| | | A | 钽电解 | | | |
| | | G | 金属电解 | | | |
| | | N | 铌电解 | | | |
| | | T | 钛电解 | | | |
| | | M | 压敏 | | | |
| | | E | 其他材料电解 | | | |

例如,CJX-250-0.33-±10%电容器的命名含义为：$0.33\mu$F,250V,小型金属化纸介质电容器,允许误差为±10%。

## 3.2.3　电容器的主要性能指标

电容器的主要性能指标包括电容量、标称电容量、允许误差、额定工作电压、绝缘电阻和介质损耗。

**1. 电容量**

电容量是指电容器加上电压后储存电荷的能力。常用单位是法(F)、微法($\mu$F)和皮法(pF),皮法也称微微法。三者的关系为：$1\text{pF}=10^{-6}\mu\text{F}=10^{-12}\text{F}$。

一般电容器上都直接写出其容量,也有的则是用数字标志容量的。如有的电容器上标有"332",左起两位数字给出电容量的第一、二位数字,而第三位数字则表示附加上零的个数,以 pF 为单位,因此"332"即表示该电容的电容量为 3300pF。

**2. 标称电容量**

标称电容量是标志在电容器上的"名义"电容量。我国固定式电容器的标称电容量系列为 E24、E12、E6,电解电容的标称容量参考系列为 1、1.5、2.2、3.3、4.7、6.8(以 $\mu$F 为单位)。

**3. 允许误差**

允许误差是实际电容量对于标称电容量的最大允许偏差范围。固定电容器的允许误差分为 8 级,如表 3-6 所示。

表 3-6 允许误差等级

| 级别 | 01 | 02 | I | II | III | IV | V | VI |
|---|---|---|---|---|---|---|---|---|
| 允许误差 | ±1% | ±2% | ±5% | ±10% | ±20% | +20%~-30% | +50%~-20% | +100%~-10% |

**4. 额定工作电压**

额定工作电压是电容器在规定的工作范围内,长期、可靠地工作所能承受的最高电压。常用固定电容器的直流工作电压系列为 6.3V、10V、16V、25V、40V、63V、100V、250V 和 400V。

**5. 绝缘电阻**

绝缘电阻是加在电容器上的直流电压与通过它的漏电量的比值。绝缘电阻一般应在 5000MΩ 以上,优质电容器可达 $T\Omega(10^{12}\Omega$,称为太欧)级。

**6. 介质损耗**

理想的电容器应没有能量损耗。但实际上电容器在电场的作用下,总有一部分电能转换成热能,所损耗的能量称为电容器损耗,它包括金属极板的损耗和介质损耗两部分。小功率电容器主要是介质损耗。

所谓介质损耗,是指介质缓慢极化和介质电导所引起的损耗。通常用损耗功率和电容器的无功功率之比,即损耗角的正切值表示:

$$\tan\delta = 损耗功率/无功功率$$

在相同容量、相同工作条件下,损耗角越大,电容器的损耗也越大。损耗角大的电容器不适合在高频情况下工作。

## 3.2.4 电容器质量优劣的简单测试

利用万用表的欧姆挡就可以简单地测量出电解电容器的优劣情况,粗略地辨别其漏电、容量衰减或失效的情况。具体方法是:选用"R×1k"或"R×100"挡,将黑表笔接电容器的正极,红表笔接电容器的负极,若表针摆动大,且返回慢,返回位置接近∞,说明该电容器正常,且电容量大;若表针摆动大,但返回时表针显示的值较小,则说明该电容漏电量较大;若表针摆动很大,接近 0,且不返回,则说明该电容器已击穿;若表针不摆动,则说明该电容器已开路,失效。

该方法也适用于辨别其他类型的电容器。但当电容器容量较小时,应选择万用表的"R×10k"挡测量。另外,如果需要对电容器再进行一次测量,必须将其放电后方能进行。

如果要求更精确的测量,可以用交流电桥和 Q 表(谐振法)测量,这里不做介绍。

## 3.2.5 选用电容器常识

电容器装接前应进行测量,看其是否短路、断路或漏电严重,并在装入电路时,应使电容器的标志易于观察,且标志顺序一致。

电路中,电容器两端的电压不能超过电容器本身的工作电压。装接时应注意正、负极性不能接反。

当现有电容器与电路要求的容量或耐压不合适时,可以采用串联或并联的方法进行调整。当两个工作电压不同的电容器并联时,耐压值取决于低的电容器;当两个容量不同的电容器串联时,容量小的电容器所承受的电压高于容量大的电容器。

技术要求不同的电路,应选用不同类型的电容器。例如,谐振回路中需要介质损耗小的电容器,应选用高频陶瓷电容器(CC 型)和云母电容器;隔直、耦合电容可选独石、涤纶、电解等电容器;低频滤波电路一般应选用电解电容器,旁路电容可选涤纶、独石、陶瓷和电解电容器。

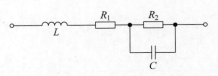

图 3-11  电容器的等效电路

选用电容器时应根据电路中信号频率的高低选择,一个电容器可等效成 $R$、$L$、$C$ 二端线性网络,如图 3-11 所示。

不同类型的电容器其等效参数 $R$、$L$、$C$ 的差异很大。等效电感大的电容器(如电解电容器)不适合用于耦合、旁路高频信号;等效电阻大的电容器不适合用于 $Q$ 值要求高的振荡回路中。为满足从低频到高频滤波旁路的要求,在实际电路中,常将一个大容量的电解电容器与一个小容量的、适合用于高频信号的电容器并联使用。

## 3.3  电感器的简单识别与型号命名法

电感器(Inductor,又称为扼流器、电抗器)是一种电路元件,会因为通过的电流的改变而产生电动势,从而抵抗电流的改变。最原始的电感器是 1831 年英国法拉第发现电磁感应现象的铁芯线圈。

电感器的结构类似于变压器,但只有一个绕组,一般由骨架、绕组、屏蔽罩、封装材料、磁芯或铁芯等组成。如果电感器在没有电流通过的状态下,电路接通时它将试图阻碍电流流过它;如果电感器在有电流通过的状态下,电路断开时它将试图维持电流不变。电感用字母 $L$ 表示,单位为亨利(H)。

### 3.3.1  电感器的分类

电感器一般由线圈构成。为了增加电感量 $L$,提高品质因数 $Q$ 和减小体积,通常在线圈中加入软磁性材料的磁芯。

根据电感器的电感量是否可调,电感器分为固定、可变和微调电感器。

电感器的符号如图 3-12 所示。常见的固定电感器如图 3-13 所示。

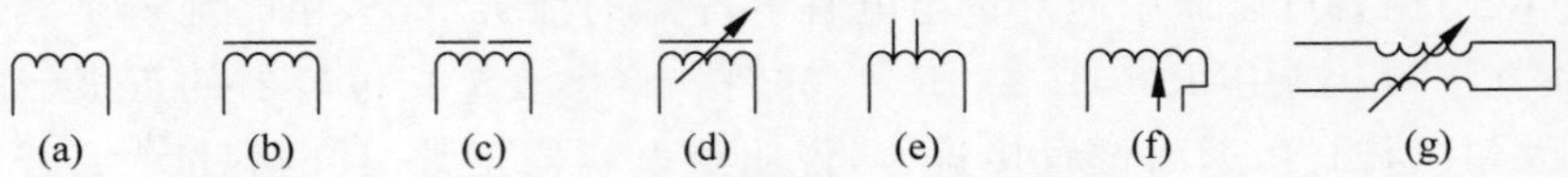

|     |     |     |     |     |     |     |
| (a) | (b) | (c) | (d) | (e) | (f) | (g) |

图 3-12  电感器的符号

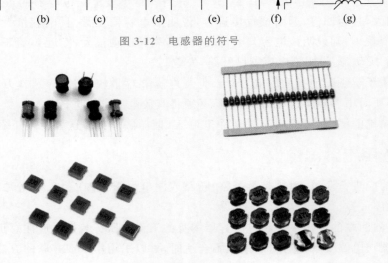

图 3-13  固定电感器

可变电感器的电感量可通过磁芯在线圈内移动而在较大的范围内调节。它与固定电容器配合应用于谐振电路中起调谐作用。

微调电感器可以满足整机调试的需要和补偿电感器生产中的分散性,一次调好后,一般不再变动。

### 3.3.2　电感器的主要性能指标

电感器的主要性能指标包括电感量 $L$、品质因数 $Q$ 和额定电流。

**1. 电感量 $L$**

电感量是指电感器通过变化电流时产生感应电动势的能力。其大小与磁导率 $\mu$、线圈单位长度中的匝数 $n$ 及体积 $V$ 有关。当线圈的长度远大于直径时,电感量为

$$L = \mu n^2 V$$

电感量的常用单位为 H(亨利)、mH(毫亨)、$\mu$H(微亨)。

**2. 品质因数 $Q$**

品质因数 $Q$ 反映电感器传输能量的本领。$Q$ 值越大,传输能量的本领越大,即损耗越小,一般要求 $Q$ 值为 50~300。

$$Q = \omega L / R$$

式中,$\omega$ 为工作角频率;$L$ 为线圈电感量;$R$ 为线圈电阻。

**3. 额定电流**

额定电流主要针对高频电感器和大功率调谐电感器而言。通过电感器的电流超过额定值时,电感器将发热,严重时会烧坏。

### 3.3.3　电感器的简单测试

电感器的测试通常要求使用专门的测量设备或电路来确定其电感值和品质因数($Q$ 值)。以下是几种常用的电感器测试方法。

**1. 电桥法**

1)海氏电桥(Hay Bridge)

海氏电桥是一种 AC 电桥,用于测量中等电感值的电感器。它包括一个标准已知电感、一个可变电阻器和一个电容器。通过调整电桥直到达到平衡状态,可以计算出未知电感的值。

2)麦克斯韦电桥(Maxwell Bridge)

麦克斯韦电桥类似于海氏电桥,但它更适合测量较大电感值。它使用一个已知的电阻和电容来平衡电桥,从而测得未知电感。

**2. 谐振回路法**

通过构建一个由电感器和电容器组成的 LC 谐振回路,可以通过测量回路的谐振频率来确定电感值。谐振频率由电感和电容的值共同决定。通过测量此频率并已知电容器的值,可以计算出电感的值。

**3. LCR 表**

LCR 表是一种专用的测量仪器,用于测量电感($L$)、电容($C$)和电阻($R$)。它可以直接显示电感器的电感值,并且通常还能测量 $Q$ 值等其他参数。

**4. 频率计和函数发生器**

如果没有 LCR 表,则可以使用频率计和函数发生器来构建一个简单的 LC 谐振回路。通过调整函数发生器的频率直到达到回路的谐振点,然后使用频率计读取此频率,计算出电感值。

注意事项:

(1)在测量电感器之前,确保电感器已从电路中移除,以避免电路中其他元件影响测量结果。

(2)如果电感器上有铁磁材料,测量时可能会受到温度和磁饱和的影响,需要注意这些因素。

(3)对于电感值很小或很大的电感器,可能需要特定的测量方法或设备,以确保测量的准确性。

电感器的测试不仅是测量其电感值,还包括检测其线圈的完整性(是否有断路或短路)、线圈的绝缘性能以及电感器的工作频率范围等。

测量电感的方法与测量电容的方法相似,也可以用电桥法、谐振回路法测量。常用的测量电感的电桥有海氏电桥和麦克斯韦电桥,这里不做详细介绍。

### 3.3.4 选用电感器常识

选择电感器时,确实需要考虑多个因素,以确保它能够在特定的应用中正常工作并满足性能要求。以下是一些基本的常识和指导原则,用于选用电感器。

**1. 频率范围**

低频应用:对于低频或者电源应用,通常选用铁芯线圈,因为它们能够提供较大的电感值和较高的能量存储。

高频应用:在高频应用中,铁氧体线圈或空心线圈更为合适,因为它们的磁损耗较低,且能够在较宽的频率范围内正常工作。

**2. 电感量**

应根据应用要求确定所需的电感量,例如,考虑电感器在滤波器、振荡器或电源转换器中的具体作用。电感量会影响电路的工作频率、阻抗匹配和能量存储能力。

**3. 额定电流**

电感器必须能够承受预期的工作电流,否则可能会过热或饱和。选择时要确保电感器的额定电流高于电路中的最大电流。

**4. $Q$ 值(品质因数)**

$Q$ 值是电感器性能的一个指标,表示电感器的有用能量与损耗能量的比率。在高频应用中,一个高 $Q$ 值通常是需要的,因为它意味着较低的能量损耗。

**5. 屏蔽**

在高频或易受干扰的应用中,可能需要对电感器进行屏蔽,以减少电磁干扰(EMI)。

**6. 尺寸和形状**

根据装配空间和设计要求,选择合适的电感器尺寸和形状。

**7. 环境因素**

如果电感器将被用于恶劣环境,例如,在高温或高湿度条件下,需要选用能够承受这些条件的电感器。

在选用电感器时,还应参考数据手册和制造商的指导,以获得最准确的信息和建议。如果可能的话,进行实际测试以验证电感器在特定应用中的性能也是一个好主意。

## 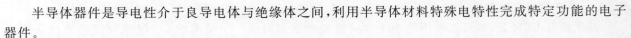 3.4 半导体器件的简单识别与型号命名法

半导体器件是导电性介于良导电体与绝缘体之间,利用半导体材料特殊电特性完成特定功能的电子器件。

它可用来产生、控制、接收、变换、放大信号和进行能量转换。半导体器件的半导体材料是硅、锗或砷化镓,可用作整流器、振荡器、发光器、放大器和测光器等器材。

### 3.4.1 半导体器件型号命名法

半导体二极管和三极管是组成分立元件电子电路的核心器件。二极管具有单向导电性,可用于整

流、检波、稳压、混频电路中；三极管对信号具有放大作用和开关作用。它们的管壳上都印有规格和型号。其型号命名法有多种，主要有：中华人民共和国国家标准——半导体器件型号命名法（GB 24P—1974）、国际电子联合会半导体器件型号命名法、美国半导体器件型号命名法、日本半导体器件型号命名法等。

**1. 中华人民共和国半导体器件型号命名法**

中华人民共和国半导体器件型号命名法如表 3-7 所示。

表 3-7  中华人民共和国半导体器件型号命名法

| 第一部分 | | 第二部分 | | 第三部分 | | 第四部分 | 第五部分 |
|---|---|---|---|---|---|---|---|
| 用数字表示器件的电极数 | | 用字母表示器件的材料和极性 | | 用字母表示器件的类别 | | 用数字表示器件的序号 | 用字母表示规格号 |
| 符号 | 含义 | 符号 | 含义 | 符号 | 含义 | 含义 | 含义 |
| 2 | 二极管 | A | N 型锗材料 | P | 普通管 | 反映了极限参数、直流参数和交流参数等的差别 | 反映了承受反向击穿电压的程序。如规格号为 A、B、C、D…… 其中，A 承受的反向击穿电压最低，B 次之…… |
| | | B | P 型锗材料 | V | 微波管 | | |
| | | C | N 型硅材料 | W | 稳压管 | | |
| | | D | P 型硅材料 | C | 参量管 | | |
| 3 | 三极管 | A | PNP 型锗材料 | Z | 整流管 | | |
| | | B | NPN 型锗材料 | L | 整流堆 | | |
| | | C | PNP 型硅材料 | S | 隧道管 | | |
| | | D | NPN 型硅材料 | N | 阻尼管 | | |
| | | E | 化合物材料 | U | 光电器件 | | |
| | | | | K | 开关管 | | |
| | | | | X | 低频小功率管 ($f_{oc}<3\text{MHz}, P_c<1\text{W}$) | | |
| | | | | G | 高频小功率管 ($f_{oc}<3\text{MHz}, P_c<1\text{W}$) | | |
| | | | | D | 低频大功率管 ($f_{oc}<3\text{MHz}, P_c<1\text{W}$) | | |
| | | | | A | 高频大功率管 ($f_{oc}<3\text{MHz}, P_c<1\text{W}$) | | |
| | | | | T | 半导体闸流管 （可控整流管） | | |
| | | | | Y | 体效应器件 | | |
| | | | | B | 雪崩管 | | |
| | | | | J | 阶跃恢复管 | | |
| | | | | CS | 场效应器件 | | |
| | | | | BT | 半导体特殊器件 | | |
| | | | | FH | 复合管 | | |
| | | | | PIN | PIN 管 | | |
| | | | | JG | 激光器件 | | |

例如，3AX31A 的命名含义为：三极管，PNP 型锗材料，低频小功率管，序号为 31，管子规格为 A 挡。

**2. 国际电子联合会半导体器件型号命名法**

国际电子联合会半导体器件型号命名法是主要由欧盟等国家依照国际电子联合会规定制定的命名方法，其组成各部分的含义如表 3-8 所示。

表 3-8　国际电子联合会半导体器件型号命名法

| 第一部分 | | 第二部分 | | | | | 第三部分 | | 第四部分 | |
|---|---|---|---|---|---|---|---|---|---|---|
| 用字母代表制作材料 | | 用字母代表类型及主要特性 | | | | | 用字母或数字表示登记序号 | | 用字母对同型号分类 | |
| 符号 | 含义 | 符号 | 含义 | 符号 | 含义 | | 符号 | 含义 | 符号 | 含义 |
| A | 锗材料 | A | 检波、开关和混频二极管 | M | 封闭磁路中的霍尔元件 | | 3位数字 | 通用半导体器件的登记号（同一类型号器件使用同一登记号） | A | 同一型号器件按某一参数进行分挡的标志 |
| | | B | 变容二极管 | P | 光敏器件 | | | | B | |
| B | 硅材料 | C | 低频小功率三极管 | Q | 发光器件 | | | | C | |
| | | D | 低频大功率三极管 | R | 小功率可控硅 | | | | | |
| C | 砷化镓 | E | 隧道二极管 | S | 小功率开关管 | | | | D | |
| | | F | 高频小功率三极管 | T | 大功率可控硅 | | | | E | |
| D | 锑化铟 | G | 复合器件及其他器件 | U | 大功率开关管 | | | 专用半导体器件的登记号（同一类型号器件使用同一登记号） | . | |
| | | H | 磁敏二极管 | X | 倍增二极管 | | | | . | |
| E | 复合 | K | 开放磁路中的霍尔元件 | Y | 整流二极管 | | | | . | |
| | | L | 高频大功率三极管 | Z | 稳压二极管 | | | | | |

**3. 美国半导体器件型号命名法**

美国半导体器件型号命名法是由美国电子工业协会（EIA）制定的晶体管分立器件型号命名方法，其组成各部分的意义如表 3-9 所示。

表 3-9　美国电子工业协会半导体器件型号命名法

| 第一部分 | | 第二部分 | | 第三部分 | | 第四部分 | | 第五部分 | |
|---|---|---|---|---|---|---|---|---|---|
| 用符号表示用途的类别 | | 用数字表示 PN 结的数目 | | 美国电子工业协会（EIA）注册标志 | | 美国电子工业协会（EIA）登记顺序号 | | 用字母表示器件分挡 | |
| 符号 | 含义 | 符号 | 含义 | 符号 | 含义 | 符号 | 含义 | 符号 | 含义 |
| JAN或J | 军用品 | 1 | 二极管 | N | 该器件已在美国电子工业协会注册登记 | 多位数字 | 该器件在美国电子工业协会登记的顺序号 | A | 同一型号的不同挡位 |
| | | 2 | 三极管 | | | | | B | |
| 无 | 非军用品 | 3 | 3 个 PN 结器件 | | | | | C | |
| | | n | N 个 PN 结器件 | | | | | D | |
| | | | | | | | | . | |

**4. 日本半导体器件型号命名法**

日本半导体器件型号命名法按日本工业标准（JIS）规定的命名法（JIS-C-702）命名，由 5～7 个部分组成，第六部分和第七部分的符号及含义通常是各公司自行规定的，其余各部分的符号及含义如表 3-10 所示。

## 3.4.2　二极管的识别与简单测试

二极管（Diode）是用半导体材料（硅、硒、锗等）制成的一种电子器件，是世界上第一种半导体器件，具有单向导电性能、整流功能。

二极管的种类繁多，主要应用于电子电路和工业产品。经过科学家们多年来的不懈努力，半导体二极管发光的应用已逐步得到推广，发光二极管的应用范围也渐渐扩大，它是一种符合绿色照明要求的光源，是普通发光器件所无法比拟的。

表 3-10　日本半导体器件型号命名法

| 第一部分 | | 第二部分 | | 第三部分 | | 第四部分 | | 第五部分 | |
|---|---|---|---|---|---|---|---|---|---|
| 用数字表示类型及有效电极数 | | S 表示日本电子工业协会（EIAJ）注册产品 | | 用字母表示器件的极性及类型 | | 用数字表示在日本电子工业协会登记的顺序号 | | 用字母表示对原来型号的改进产品 | |
| 符号 | 含义 | 符号 | 含义 | 符号 | 含义 | 符号 | 含义 | 符号 | 含义 |
| 0 | 光电（光敏）二极管、晶体管及其复合管 | S | 表示已在日本工业协会注册登记的半导体分立器件 | A | PNP 型高频管 | 4位以上的数字 | 用从 11 开始的数字，表示在日本电子工业协会登记的顺序号，不同公司性能相同器件可以使用同一顺序号，其数字越大是近期产品 | A B C D E F ⋯ | 用字母表示对原来型号的改进产品 |
| 1 | 二极管 | | | B | PNP 型低频管 | | | | |
| 2 | 三极管、具有两个以上 PN 结的其他晶体管 | | | C | NPN 型高频管 | | | | |
| 3 | 具有 3 个 PN 结或 4 个有效电极的晶体管 | | | D | NPN 型低频管 | | | | |
| | | | | F | P 控制极晶闸管 | | | | |
| | | | | G | N 控制极晶闸管 | | | | |
| | | | | H | N 基极单结晶体管 | | | | |
| | | | | J | P 沟道场效应管 | | | | |
| | | | | K | N 沟道场效应管 | | | | |
| ⋯ | ⋯ | | | | | | | | |
| $n-1$ | 具有 $(n-1)$ 个 PN 结或 $n$ 个有效极的晶体管 | | | M | 双向晶闸 | | | | |

**1. 普通二极管的识别与简单测试**

普通二极管一般为玻璃封装和塑料封装两种，如图 3-14 所示。其外壳上均印有型号和标记，标记箭头所指方向为阴极。有的二极管上只有一个色点，有色点的一端为阳极。

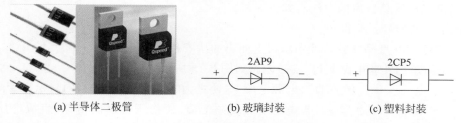

(a) 半导体二极管　　　　(b) 玻璃封装　　　　(c) 塑料封装

图 3-14　半导体二极管及其符号

若遇到型号标记不清时，可以借助万用表的欧姆挡进行简单的判别。我们知道，万用表正端（＋）红表笔接表内电池的负极，而负端（－）黑表笔接表内电池的正极。根据 PN 结正向导通电阻值小、反向截止电阻值大的原理可以简单确定二极管的好坏和极性。具体做法是：万用表欧姆挡置"R×100"或"R×1k"处，将红、黑两表笔反过来再次接触二极管两端，表头又将有一指示。若两次指示的阻值相差很大，则说明该二极管的单向导电性好，并且阻值大（几百千欧以上）的那次红表笔所接为二极管的阳极；若两次指示的阻值相差很小，说明该二极管已失去单向导电性好，并且阻值大（几百千欧以上）的那次红表笔所接为二极管的阳极；若两次指示的阻值相差很小，则说明该二极管已失去单向导电性；若两次指示的阻值均很大，则说明该二极管已开路。

**2. 特殊二极管的识别与简单测试**

特殊二极管的种类较多，在此只介绍 4 种常用的特殊二极管。

1) 发光二极管（LED）

发光二极管是用砷化镓、磷化镓等制成的一种新型器件。它具有工作电压低、耗电少、响应速度快、抗冲击、耐振动、性能好及轻而小的特点，被广泛用于单个显示电路或做成七段矩阵式显示器，而在数字电路实验中，常用作逻辑显示器。发光二极管的电路符号如图3-15所示。

阳极 ▷| 阴极

图3-15  发光二极管的电路符号

发光二极管和普通二极管一样具有单向导电性，正向导通时才能发光。发光二极管的发光颜色有多种，如红、绿、黄等，形状有圆形和长方形等。发光二极管在出厂时，一根引线做得比另一根引线长，通常，较长的引线表示阳极（＋），另一根为阴极（－），如图3-16所示。若辨别不出引线的长短，则可以用辨别普通二极管引脚的方法辨别其阳极和阴极。发光二极管的正向工作电压一般为1.5～3V，允许通过的电流为2～20mA，电流的大小决定发光的亮度。电压、电流的大小依器件型号不同而稍有差异。与TTL组件相连接使用时，一般需串联一个470Ω的降压电阻，以防止器件的损坏。

图3-16  发光二极管的外形

2) 稳压管

稳压管有SMT封装、塑料封装和金属外壳封装3种。塑料封装的外形与普通二极管相似，如2CW7，金属外壳封装的外形与小功率三极管相似，但内部为双稳压二极管，其本身具有温度补偿作用，如2CW231，如图3-17所示。

(a) 符号　　　(b) SMT封装　　　(c) 塑料封装　　　(d) 金属外壳封装

图3-17  稳压二极管

稳压管在电路中是反向连接的，它能使稳压管所接电路两端的电压稳定在一个规定的电压范围内，称为稳压值。确定稳压管稳压值的方法有如下3种：

（1）查阅稳压管的型号手册得知。

（2）根据在WQ4830型晶体管特性图示仪上测出的伏安特性曲线获得。

（3）通过一个简单的实验电路测得，实验电路如图3-18所示。

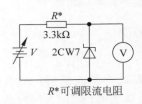

图3-18  测试稳压管稳压值的实验电路

$R^*$可调限流电阻

改变直流电源电压$V$，使之为零开始缓慢增加，同时稳压管两端用直流电压表监视。当电压增加到一定值，使稳压管反向击穿、直流电压表指示某一电压值时，这时再增加直流电源电压，而稳压管两端电压不再变化，则电压表所指示的电压值就是该稳压管的稳压值。

3) 光电二极管

光电二极管是一种将光电信号转换成电信号的半导体器件，其符号如图3-19(a)所示。在光电二极管的管壳上备有一个玻璃口，以便于接收光。当有光照时，其反向电流随光照强度的增加而成正比上升。

光电二极管可用于光的测量。当制成大面积的光电二极管时，可作为一种能源，称为光电池。光电二极管的外形如图3-20(a)所示。

4) 变容二极管

变容二极管在电路中能起到可变电容的作用，其结电容随反向电压的增加而减小。变容二极管的符号如图3-19(b)所示。

阳极 ▷| 阴极　　　阳极 ▷|⊢ 阴极

(a) 光电二极管　　　(b) 变容二极管

图3-19  光电二极管和变容二极管符号

变容二极管主要用于高频电路中,如变容二极管调频电路。变容二极管的外形如图 3-20(b)所示。

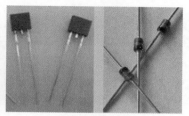

(a) 光电二极管　　　　　　　　　　　(b) 变容二极管

图 3-20　光电二极管和变容二极管外形

## 3.4.3　三极管的识别与简单测试

半导体三极管(Bipolar Junction Transistor)也称双极型晶体管、晶体三极管,是一种控制电流的半导体器件其作用是把微弱信号放大成幅度值较大的电信号,也用作无触点开关。

晶体三极管是半导体基本元器件之一,也是电子电路的核心元件。三极管是在一块半导体基片上制作两个相距很近的 PN 结,两个 PN 结把整块半导体分成 3 部分,中间部分是基区,两侧部分是发射区和集电区,排列方式有 PNP 和 NPN 两种。

晶体三极管具有电流放大作用,其实质是三极管能以基极电流微小的变化量控制集电极电流较大的变化量。这是三极管最基本的和最重要的特性。

三极管主要有 NPN 型和 PNP 型两大类。一般地,可以根据命名法从三极管管壳上的符号识别它的型号和类型。例如,三极管管壳上印的是 3DG6,表明它是 NPN 型高频小功率硅三极管。同时,还可以从管壳上色点的颜色判断管子的放大系数 $\beta$ 值的大致范围。以 3DG6 为例,若色点为黄色,则表示 $\beta$ 值为 30~60;绿色表示 $\beta$ 值为 50~110;蓝色表示 $\beta$ 值为 90~160;白色表示 $\beta$ 值为 140~200。但是也有厂家并非按此规定,使用时要注意。

当我们从管壳上知道三极管的类型和型号及 $\beta$ 值后,还应进一步辨别它的 3 个电极。对于小功率三极管来说,有金属外壳封装和塑料封装两种。

如果金属外壳封装的管壳上带有定位销,则将管底朝上,从定位销起,按顺时针方向,3 个电极依次为 e、b、c。如果管壳上无定位销,且 3 个电极在半圆内,可将有 3 个电极的半圆置于上方,按顺时针方向,3 个电极依次为 e、b、c,如图 3-21(a)所示。

塑料外壳封装的,可面对平面,将 3 个电极置于下方,从左到右,3 个电极依次为 e、b、c,如图 3-21(b)所示。

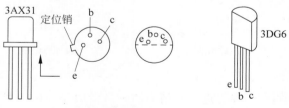

(a) 金属外壳封装　　　　　　　(b) 塑料外壳封装

图 3-21　半导体三极管电极的识别

对于大功率三极管,一般分为 F 型和 G 型两种,如图 3-22 所示。F 型管,从外形上只能看到 2 个电极。可将管底朝上,2 个电极置于左侧,则上为 e,下为 b,底座为 c。G 型管的 3 个电极一般在管壳的顶部,将管底朝下,3 个电极置于左方,从最下方电极起,沿顺时针方向,依次为 e、b、c,底座为 c。

常见的三极管如图 3-23 所示。

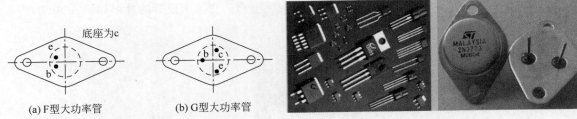

图 3-22 F 型和 G 型管引脚识别　　　　　　图 3-23　常见三极管

必须正确确认三极管的引脚,否则,接入电路不但不能正常工作,还可能烧坏管子。当一个三极管没有任何标记时,可以用万用表初步确定该三极管的好坏及类型(NPN 还是 PNP 型),以及辨别出 e、b、c 三个电极。

### 1. 先判断基极 b 和三极管类型

将万用表的欧姆挡置"R×100"或"R×1k"处,先假设三极管的某极为基极,并将黑表笔接在假设的基极上,再将红表笔先后接到其余两个电极上,如果两次测得的电阻值都很大(或都很小),为几千欧至几十千欧(为几百欧至几千欧),而对换表笔后测得两个电阻值都很小(或都很大),则可确定假设的基极是正确的。如果两次测得的电阻值一大一小,则可肯定原假设的基极是错误的,这时就必须重新假设另一电极为基极,重复上述的测试。最多重复两次就可以找出真正的基极。

当基极确定以后,将黑表笔接基极,红表笔分别接其他两极。此时,若测得的电阻值都很小,则该三极管为 NPN 型管;反之,为 PNP 型管。

### 2. 再判断集电极 c 和发射极 e

以 NPN 型管为例,把黑表笔接到假设的集电极 c 上,红表笔接到假设的发射极 e 上,并且用手捏住 b 和 c 极(不能使 b、c 直接接触),通过人体,相当于在 b、c 之间接入偏置电阻。读出表头所示 c、e 间的电阻值,然后将红、黑两表笔反接重测。若第一次电阻值比第二次小,则说明原假设成立,黑表笔所接为三极管集电极 c,红表笔所接为三极管发射极 e。因为 c、e 间电阻值小说明通过万用表的电流大,偏置值正常,如图 3-24 所示。

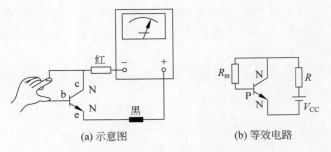

(a) 示意图　　　　　　　　(b) 等效电路

图 3-24　判别三极管 c、e 电极的原理图

以上介绍的是比较简单的测试,要想进一步精确测试可借助 WQ4830 型晶体管特性图示仪,它能十分清晰地显示出三极管的输入特性曲线,以及电流放大系数 $\beta$ 等。

## 3.5　半导体集成电路型号命名法

半导体集成电路(semiconductor integrated circuit)是指在一个半导体衬底上至少有一个电路块的半导体集成电路装置。

半导体集成电路是将晶体管、二极管等有源元件和电阻器、电容器等无源元件,按照一定的电路互连,"集成"在一块半导体单晶片上,从而完成特定的电路或者系统功能。

半导体集成电路是电子产品的核心器件,其产业技术的发展情况直接关系着电力工业的发展水平。就总体情况来看,半导体产业的技术进步在一定程度上推动了新兴产业的发展,包括光伏产业、半导体照明产业以及平板显示产业等,促进了半导体集成电路上下游产业供应链的完善,并在一定程度上优化了生态环境。因此加强半导体集成电路产业技术的研究和探索,具有重要的现实意义。

### 3.5.1　集成电路的型号命名法

集成电路现行国际规定的命名法如下(摘自《电子工程手册系列丛书》A15,《中外集成电路简明速查手册》TTL、CMOS 电路及 GB3430),器件的型号由 5 部分组成,各部分的符号及含义如表 3-11 所示。

表 3-11　器件型号的组成

| 第零部分 | | 第一部分 | | 第二部分 | 第三部分 | | 第四部分 | |
|---|---|---|---|---|---|---|---|---|
| 用字母表示器件符合国家标准 | | 用字母表示器件的类型 | | 用阿拉伯数字和字母表示器件系列品种 | 用字母表示器件的工作温度范围 | | 用字母表示器件的封装 | |
| 符号 | 含义 | 符号 | 含义 | 含义 | 符号 | 含义 | 符号 | 含义 |
| C | 中国制造 | T | TTL 电路 | TIL 分为: | C⑤ | 0~70℃ | F | 多层陶瓷扁平封装 |
| | | H | HTL 电路 | 54/74XXX① | G | -25~70℃ | B | 塑料扁平封装 |
| | | E | ECL 电路 | 54/74HXXX② | L | -25~85℃ | H | 黑瓷扁平封装 |
| | | C | CMOS | 54/74LXXX③ | E | -40~85℃ | D | 多层陶瓷双列直插封装 |
| | | M | 存储器 | 54/74SXXX | R | -55~85℃ | I | 黑瓷双列直插封装 |
| | | u | 微型机电器 | 54/74SXXX④ | M⑥ | -55~125℃ | P | 黑瓷双列直插封装 |
| | | F | 线性放大器 | 54/74ASXXX | ⋮ | | S | 塑料单列直插封装 |
| | | W | 稳压器 | 54/74ALSXXX | | | T | 塑料封装 |
| | | D | 音响、电视电路 | 54/74FXXX | | | K | 金属圆壳封装 |
| | | B | 非线性电路 | CMOS 分为: | | | C | 金属菱形封装 |
| | | J | 接口电路 | 4000 系列 | | | E | 陶瓷芯片载体封装 |
| | | AD | AD 转换器 | 54/74HCXXX | | | G | 塑料芯片载体封装 |
| | | DA | D/A 转换器 | 54/74HCTXXX | | | ⋮ | |
| | | SC | 通信专用电路 | ⋮ | | | SOIC | 小引线封装 |

注
① 74:国际通用 74 系列(民用),54:国际通用 54 系列(军用)。
② H:高速。
③ L:低速。
④ LS:低功耗。
⑤ C:只出现在 74 系列。
⑥ M:只出现在 54 系列。

例如,CT74LS160CI 表示:中国——TTL 集成电路——民用低功耗——十进制计数器——工作温度 0~70℃——黑瓷双列直插封装。

### 3.5.2　集成电路的分类

集成电路是现代电子电路的重要组成部分,它具有体积小、耗电少、工作性能好等特点。概括来说,集成电路按制造工艺可分为半导体集成电路、薄膜集成电路和由二者组合而成的混合集成电路。

按功能可分为模拟集成电路和数字集成电路。

按集成度可分为小规模集成电路（SSI，集成度＜10 个门电路）、中规模集成电路（MSI，集成度为10～100 个门电路）、大规模集成电路（LSI，集成度为 100～1000 个门电路）以及超大规模集成电路（VLSI，集成度＞1000 个门电路）。

按外形又可分为圆形（金属外壳晶体管封装型，适用于大功率）、扁平型（稳定性好体积小）和双列直插型（有利于采用大规模生产技术进行焊接，因此获得广泛的应用）。

目前，已经成熟的集成逻辑技术主要有 3 种：TTL 逻辑（晶体管-晶体管逻辑）、CMOS 逻辑（互补金属-氧化物-半导体逻辑）和 ECL 逻辑（发射极耦合逻辑）。

**1. TTL 逻辑**

TTL 逻辑于 1964 年由美国得克萨斯仪器公司生产。其发展速度快、系列产品多，有速度及功耗折中的标准型；有改进型、高速的标准肖特基型；有改进型高速及低功耗的低功耗肖特基型。所有 TTL 电路的输出、输入电平均是兼容的。该系列有两个常用的系列化产品，如表 3-12 所示。

表 3-12　常用 TTL 系列产品参数

| TTL 系列 | 工作环境温度 | 电源电压范围 |
|---|---|---|
| 军用 54XXX | −55～125℃ | 4.5～5.5V |
| 工业用 74XXX | 0～75℃ | 4.75～5.25V |

**2. CMOS 逻辑**

CMOS 逻辑的特点是功耗低，工作电源电压范围较宽，速度快（可达 7MHz）。CMOS 逻辑的CC4000 系列有两种类型产品，如表 3-13 所示。

表 3-13　CC4000 系列产品参数

| CMOS 系列 | 封　装 | 温 度 范 围 | 电源电压范围 |
|---|---|---|---|
| CC4000 | 陶瓷 | −55～125℃ | 3～12V |
| CC4000 | 塑料 | −40～85℃ | 3～12V |

**3. ECL 逻辑**

ECL 逻辑的最大特点是工作速度高。因为在 ECL 电路中数字逻辑电路开始采用非饱和型，消除了三极管的存储时间，大大加快了工作速度。MECL Ⅰ 系列品是由美国摩托罗拉公司于 1962 年生产的，后来又生产了改进型的 MECL Ⅱ、MECL Ⅲ 及 MECL10000 系列。

以上几种逻辑电路的有关参数如表 3-14 所示。

表 3-14　几种逻辑电路的参数比较

| 电 路 种 类 | 工作电压 | 每个门的功耗 | 门 延 时 | 扇 出 系 列 |
|---|---|---|---|---|
| TTL 标准 | 5V | 10mW | 10ns | 10 |
| TTL 标准肖特基 | 5V | 20mW | 3ns | 10 |
| TTL 低功耗肖特基 | 5V | 2mW | 10ns | 10 |
| BCL 标准 | −5.2V | 25mW | 2ns | 10 |
| ECL 高速 | −5.2V | 40mW | 0.75ns | 10 |
| CMOS | 5V～15V | μW 级 | ns 级 | 50 |

### 3.5.3 集成电路的生产商和封装形式

集成电路的封装不仅起到使集成电路芯片内键合点与外部进行电气连接的作用,也为集成电路芯片提供了一个稳定可靠的工作环境,对集成电路芯片起到机械或环境保护的作用,从而使集成电路芯片能够发挥正常的功能,并保证其具有高稳定性和可靠性。总之,集成电路封装质量的好坏,对集成电路总体的性能优劣关系很大。因此,封装应具有较强的机械性能和良好的电气性能、散热性能及化学稳定性。

虽然 IC 的物理结构、应用领域、I/O 数量差异很大,但是 IC 封装的作用和功能差别不大,封装的目的也相当一致。作为"芯片的保护者",封装起到了若干作用,归纳起来主要有两个根本的功能:

(1) 保护芯片,使其免受物理损伤。

(2) 重新分布 I/O,获得更易于在装配中处理的引脚间距。

封装还有其他一些次要的作用,比如提供一种更易于标准化的结构,为芯片提供散热通路,使芯片避免产生 α 粒子造成的软错误,以及提供一种更便于测试老化试验的结构。封装还能用于多个 IC 的互连。可以使用引线键合技术等标准的互连技术对基本电子元器件直接进行互连,或者也可用封装提供的互连通路,如混合封装技术、多芯片组件(Multi-Chip Module,MCM)系统级封装(System in Packaging,SiP),以及更广泛的系统体积小型化和互连(Vast System Miniaturization and Interconnection,VSMI)概念所包含的其他方法中使用的互连通路,间接地进行互连。

部分电子元器件生产商的 Logo 如图 3-25 所示。

图 3-25 部分电子元器件生产商的 Logo

半导体集成电路的封装形式多种多样,按封装材料大致可分为金属、陶瓷、塑料封装。常见的半导体集成电路的封装形式如图 3-26 所示。

BGA（Ball Grid Array）
球栅阵列、面阵列封装

PBGA 217L
（Plastic BGA）

TQPP 100L（T-Quad
Flat Package）
方形扁平封装

SIP（Single Inline
Package）
单列直插封装

SC-70

SOP（Single Outline
Package）

SOJ 32L
J型引线小外形封装

TSOP（Thin Small
Outline Package）
小外形封装

ZIP（Zig-Zag Inline
Package）小外形封装

uBGA（Micro Ball
Grid Array）

CLCC（Ceramic Leaded
Chip Carrier）带引脚的
陶瓷芯片载体

CPGA（Ceramic Pin Grid
Array）阵列引脚封装

DIP（Dual Inline
Package）双列直插封装

LAMINATE TCSP 20L
Chip Single Package

PLCC（Plastic-LCC）
带引脚的塑料芯片载体

FDIP

BQFP（QFP With Bumper）
带缓冲垫的四侧
引脚扁平封装

Cerquad（Ceramic
Quad Flat Pack）

COB（chip on board）
板上芯片封装

DFP（Dual Flat
Package）
双侧引脚扁平封装

DIC（Dual in-line
Ceramic Package）
陶瓷DIP（含玻璃密封）

DSO（Dual Small
Out-lint）
双侧引脚小外形封装

Flip-Chip
倒焊芯片

FQFP（Fine pitch QFP）
小引脚中心距QFP

Pin Grid Array
（Surface mount type）
表面贴装型PGA

LGA（Land Grid Array）
触点阵列封装

MCM（Multi-Chip
Module）多芯片组件

PoP（Package on
Package）叠层封装

图 3-26　常见集成电路封装形式

# 第4章

CHAPTER 4

# 常用测量仪器与仪表

测量仪器与仪表在电子工程中具有不同的功能,可以帮助工程师进行电路设计、原型制作、测试和调试,确保电子设备的性能和可靠性。

本章讲述了常用的电子测量仪器与仪表,它们在电子工程和维修工作中的应用是不可或缺的,内容涵盖了从基础的万用表到高级的数字示波器和逻辑分析仪的使用方法和注意事项。

本章主要讲述如下内容:

(1)详细介绍了 MF-47 型指针万用表的使用,从面板功能到各种电气参数的测量方法,以及在使用过程中需要注意的事项。

(2)讲述了 VC890C$^+$ Pro 型数字万用表的使用。介绍了数字万用表的基本操作,包括测量直流/交流电压和电流、电阻值、线路通断以及温度的测量。

(3)讲述了 FLUKE 17B$^+$ 型数字万用表的使用,FLUKE 17B$^+$ 型数字万用表提供了自动量程功能和更高的测量准确性,适用于更加专业的环境。

(4)数字示波器的部分介绍了这些设备的功能、品牌和型号,以及如何使用它们来观察和分析电路中的信号波形。讲述了 Agilent DSO-X 2002A 型数字示波器的详细操作指南。

(5)逻辑分析仪是用于捕捉和分析数字系统中信号的高级测试设备。对 LA5016 型逻辑分析仪进行了详细的介绍,包括如何使用 KingstVIS 软件界面进行模拟演示、连接设备、采样参数设置、信号采集与波形分析,以及数据保存与导出。

(6)讲述了用于生成各种波形信号的设备——波形发生器。

(7)讲述了晶体管特性图示仪,该图示仪用于测量和显示晶体管的特性曲线,这对于理解和分析晶体管的行为至关重要。

本章提供了深入的理论知识和实践操作指导,可帮助读者熟悉和掌握各种测量仪器与仪表。这些工具的正确使用对于电子工程师和技术人员进行电路设计、故障排除和系统测试是非常关键的。

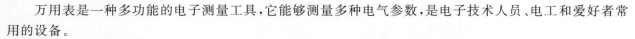

## 4.1 万用表概述

万用表是一种多功能的电子测量工具,它能够测量多种电气参数,是电子技术人员、电工和爱好者常用的设备。

万用表主要用来测量交流直流电压、电流、直流电阻及晶体管电流放大倍数等。现在常见的主要有机械式万用表和数字式万用表两种。

(1)类型。

① 机械式万用表(模拟万用表)。使用指针和刻度盘来显示测量值;依赖内部的电磁机构来驱动指

针；适合观察变化趋势，但读数可能因视角和指针摆动而产生误差；对环境影响（如振动、磁场）较敏感。

② 数字式万用表（数字万用表）。使用数字显示屏来精确显示测量值；提供更精确、稳定的读数，易于读取；通常具有更高的输入阻抗，更少受外部因素影响；可以提供额外功能，如自动量程、数据保持、背光显示等。

（2）测量功能。

直流电压（DCV）：测量电池、直流电源或其他直流电压源的电压。

交流电压（ACV）：测量交流电源、电源插座或其他交流电压源的电压。

直流电流（DCA）：测量通过电路或组件的直流电流。

交流电流（ACA）：少数万用表具备交流电流测量功能，用于测量交流电流。

电阻（Ω）：测量电路或元件的电阻值。

连续性测试：检查电路是否有断路。

二极管测试：检测二极管的正向导通电压。

晶体管测试：测量晶体管的电流放大倍数（hFE）。

电容测量：一些高级万用表还可以测量电容器的电容值。

频率和占空比：部分高级万用表可以测量信号的频率和占空比。

（3）使用注意事项。

在测量前，确保万用表的量程正确设置，以免损坏仪器或造成危险。

测量电流时，确保万用表串联在电路中。

测量电压时，确保万用表并联在电路中。

在测量电阻或进行二极管、晶体管测试前，确保电路断电。

使用正确的探针接头，并确保万用表和探针接头的绝缘良好，以避免触电。

万用表的选择应根据需求、精度要求、预算和个人喜好来决定。数字式万用表由于其易读性和额外功能，已成为市场上的主流选择。

**1. 机械式万用表**

机械式万用表又称模拟式万用表，其指针的偏移和被测量保持一定的关系，外观和数字表有一定的区别，但两者的转挡旋钮是差不多的，挡位也基本相同。在机械表上会见到一个表盘，表盘上有几条刻度尺：

（1）标有"Ω"标记的是测电阻时用的刻度尺。

（2）标有"～"标记的是测交直流电压、直流电流时用的刻度尺。

（3）标有"hFE"标记的是测三极管时用的刻度尺。

（4）标有"LI"标记的是测量负载电流、电压的刻度尺。

（5）标有"DB"标记的是测量电平的刻度尺。

**2. 数字式万用表/自动量程万用表**

在数字式万用表上有转换旋钮，旋钮所指的是下列挡位：

（1）"V～"表示的是测量交流电压的挡位。

（2）"V－"表示的是测量直流电压的挡位。

（3）"MA"表示的是测量直流电流的挡位。

（4）"Ω（R）"表示的是测量电阻的挡位。

（5）"hFE"表示的是测量晶体管的电流放大倍数。

新型袖珍数字万用表大多增加了功能标识符，如单位符号 mV、V、kV、$\mu$A、mA、A、Ω、kΩ、MΩ、ns、

kHz、pF、nF、μF，测量项目符号 AC、DC、LOΩ、MEM，特殊符号 LO BAT（低电压符号）、H（读数保持符号）、AUTO（自动量程符号）、×10（10 倍乘符号）等。

为克服数字显示不能反映被测量的变化过程及变化趋势等不足，"数字/模拟条图"双重显示袖珍数字万用表、多重显示袖珍数字万用表竞相问世。这类仪表兼有数字表和模拟表的优点，为袖珍数字万用表完全取代指针式（模拟式）万用表创造了条件。

**3. 万用表的使用**

万用表的红表笔表示接外电路正极，黑表笔表示接外电路负极。万用表可用来测量电压、电流、电阻等基本电路参数，还可用来测量电感值、电容值、晶体管参数，进行音频测量、温度测量。具体使用方法可参见相关仪表说明文档。

数字式万用表：测量前先设置到测量的挡位，需要注意的是，挡位上所标的是量程，即最大值。机械式万用表：测量电流、电压的方法与数学表相同，但测电阻时，读数要乘以挡位上的数值才是测量值。例如，测量时的挡位是"×100"、读数是 200，则测量值是 200×100＝20000Ω＝20kΩ。表盘上的"Ω"刻度尺是从左到右、从大到小，而其他的是从左到右、从小到大。

# 4.2　MF-47 型指针万用表的使用

指针万用表是一种广泛使用的电子测量仪表，它由一只灵敏很高的直流电流表（微安表）作表头，再加上挡位开关和相关电路组成。指针万用表可以测量电压、电流、电阻，还可以用于检测电子元器件的好坏。指针万用表种类很多，使用方法大同小异，本节以 MF-47 型万用表为例进行介绍。

## 4.2.1　MF-47 型万用表面板介绍

MF-47 型万用表的面板如图 4-1 所示。指针万用表面板主要由刻度盘、挡位开关、旋钮和插孔构成。

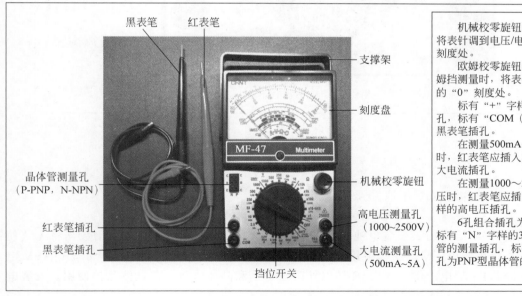

图 4-1　MF-47 型万用表的面板

**1. MF-47 型万用表刻度盘**

刻度盘用来指示被测量值的大小，它由 1 根表针和 6 条刻度线组成。刻度盘如图 4-2 所示。

第1条标有"Ω"字样的为欧姆（电阻）刻度线。这条刻度线右端刻度值最小，左端刻度值最大。在未测量时表针指在最左端无穷大（∞）处。

第2条标有"V"（左端）和"mA"（右端）字样的为交直流电压/直流电流刻度线。

第3条标有"hFE"字样的为晶体管放大倍数刻度线。

第4条标有"C（μF）50Hz"字样的为电容量刻度线。

第5条标有"L（H）50Hz"字样的为电感量刻度线。

第6条标有"dB"字样的为音频电平刻度线。

图 4-2　MF-47 型万用表刻度盘

**2. MF-47 型万用表挡位开关**

挡位开关的功能是选择不同的测量挡位。挡位开关如图 4-3 所示。

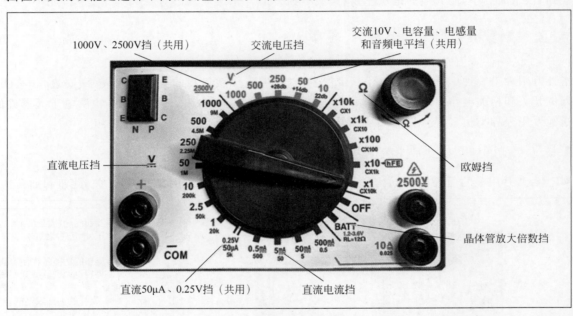

图 4-3　MF-47 型万用表挡位开关

## 4.2.2　MF-47 型万用表使用准备

指针万用表在使用前，需要安装电池、机械校零和安插表笔。

**1. 安装电池**

在使用万用表前，需要给万用表安装电池，若不安装电池，则欧姆挡和晶体管放大倍数挡将无法使用，但电压挡、电流挡仍可使用。MF-47 型万用表需要 9V 和 1.5V 两个电池，如图 4-4 所示，其中 9V 电池供给×10kΩ 挡使用，1.5V 电池供给×10kΩ 挡以外的欧姆挡和晶体管放大倍数测量挡使用。安装电池时，一定要注意电池的极性不能装错。

**2. MF-47 型万用表机械校零**

在出厂时，大多数厂家已对万用表进行了机械校零，但出于某些原因在使用时还要进行机械校零。机械校零过程如图 4-5 所示。

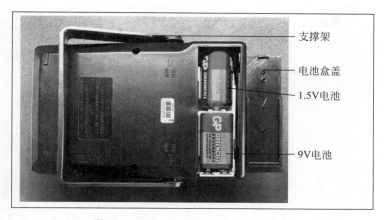

图 4-4　　MF-47 型万用表的电池安装

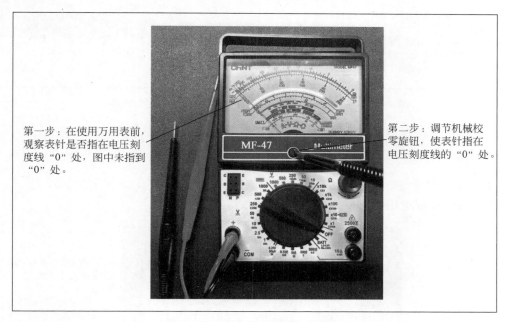

第一步：在使用万用表前，观察表针是否指在电压刻度线"0"处，图中未指到"0"处。

第二步：调节机械校零旋钮，使表针指在电压刻度线的"0"处。

图 4-5　MF-47 型万用表机械校零

**3. MF-47 型万用表安插表笔**

万用表有红、黑两根表笔，在测量时，红表笔要插入标有"＋"字样的插孔，黑表笔要插入标有"－"字样的插孔。

## 4.2.3　MF-47 型万用表测量直流电压

MF-47 型万用表的直流电压挡具体又分为 0.25V、1V、2.5V、10V、50V、250V、500V、1000V 和 2500V 挡。下面以测量一节干电池的电压值说明直流电压的测量方法，如图 4-6 所示。

注意事项：

（1）如果测量 1000～2500V 范围内的电压时，挡位开关应置于 1000V 挡位，红表笔要插在 2500V 专用插孔中，黑表笔仍插在"COM"插孔中，读数时选择最大值为 250 的那一组数。

（2）直流电压 0.25V 挡与直流电流 50μA 挡是共用的，在测直流电压时选择该挡可以测量 0～0.25V 范围内的电压，读数时选择最大值为 250 的那一组数，在测直流电流时选择该挡可以测量 0～

第三步：读数。在刻度盘上找到旁边标有"V"字样的刻度线（即第2条刻度线），该刻度线有最大值分别是250、50、10的3组数对应，因为测量时选择的挡位为2.5V，所以选择最大值为250的那一组数进行读数，但需将250看成2.5，该组其他数值做相应的变化。现观察表针指在"150"处，则被测电池的直流电压大小为1.5V。

第二步：红表笔、黑表笔接被测电压。红表笔接被测电压的高电位处（即电池的正极），黑表笔接被测电压的低电位处（即电池的负极）。

第一步：选择挡位。测量前先大致估计被测电压可能有的最大值，再根据挡位应高于且最接近被测电压的原则选择挡位，若无法估计，可先选最高挡测量，根据大致测量值重新选取合适低挡位测量。
一节干电池的电压一般在1.5V左右，根据挡位应高于且最接近被测电压的原则，选择2.5V挡最为合适。

图 4-6    MF-47 型万用表直流电压的测量（测量电池的电压）

$50\mu A$ 范围内的电流，读数时选择最大值为 50 的那一组数。

### 4.2.4    MF-47 型万用表测量交流电压

MF-47 型万用表的交流电压挡具体又分为 10V、50V、250V、500V、1000V 和 2500V 挡。下面以测量市电电压的大小说明交流电压的测量方法，测量操作如图 4-7 所示。

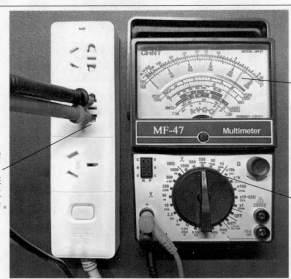

第三步：读数。交流电压与直流电压共用刻度线，读数方法也相同。
因为测量时选择的挡位为250V，所以选择最大值为250的那一组数进行读数，现发现表针指在刻度线的"220"处，则被测市电电压的大小为220V。

第二步：红表笔、黑表笔接被测电压。
由于交流电压无正、负极性之分，故红表笔、黑表笔可任意分别插在市电插座的两个插孔中。

第一步：选择挡位。
市电电压一般在220V左右，根据挡位应高于且最接近被测电压的原则，选择250V挡最为合适。

图 4-7    MF-47 型万用表交流电压的测量（测量市电电压）

### 4.2.5    MF-47 型万用表测量直流电流

MF-47 型万用表的直流电流挡具体又分为 $50\mu A$、0.5mA、5mA、50mA、500mA 和 5A 挡。下面以测

量流过灯泡的电流大小为例说明直流电流的测量方法,直流电流的测量操作如图4-8(a)所示,图4-8(b)为图4-8(a)的等效电路测量图。

如果流过灯泡的电流大于500mA,可将红表笔插入5A插孔,挡位仍置于500mA挡。注意:测量电路的电流时,一定要断开电路,并将万用表串接在电路断开处,这样电路中的电流才能流过万用表,万用表才能指示被测电流的大小。

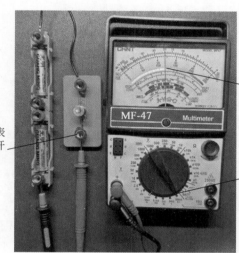

第三步:读数。直流电流与直流电压共用刻度线,读数方法也相同。
因为测量时选择的挡位为500mA挡,所以选择最大值为50的那一组数进行读数。现观察表针指在刻度线24的位置,那么流过灯泡的电流为240mA。

第二步:断开电路,将万用表红表笔、黑表笔串接在电路的断开处,红表笔接断开处的高电位端,黑表笔接断开处的另一端。

第一步:选择挡位。
灯泡工作电流较大,这里选择直流500mA挡。

(a) 实际测量图

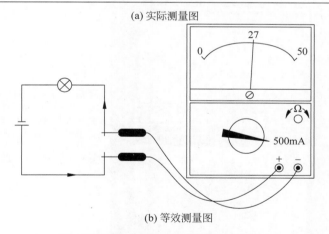

(b) 等效测量图

图 4-8 MF-47 型万用表直流电流的测量

## 4.2.6 MF-47 型万用表测量电阻值

测量电阻的阻值时需要选择欧姆挡(又称电阻挡)。MF-47 型万用表的欧姆挡具体又分为×1Ω、×10Ω、×100Ω、×1kΩ 和×10kΩ 挡。下面以测量一只电阻的阻值说明欧姆挡的使用方法,电阻的测量操作如图4-9所示。

## 4.2.7 指针万用表使用注意事项

指针万用表使用时要按正确的方法进行操作,否则会使测量值不准确,重则可能烧坏万用表,甚至会

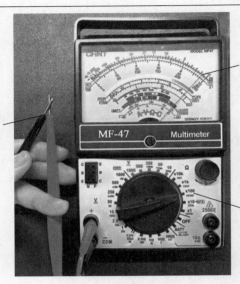

第三步：观察表针是否指到欧姆刻度线的"0"处，图中表针未指在"0"处。

第二步：欧姆校零。挡位选好后要进行欧姆校零，先将红表笔、黑表笔短路。

第一步：选择挡位。
测量前先估计被测电阻的阻值大小，选择合适的挡位。挡位选的原则是，在测量时尽可能让表针指在欧姆刻度线的中央位置，因为表针指在刻度线中央时的测量值最准确，若不能估计电阻的阻值，可先选高挡位测量，如果发现阻值偏小时，再换成合适的低挡位重新测量。现估计被测电阻阻值为几百欧至几千欧，选择挡位×100Ω较为合适。

(a) 欧姆校零一

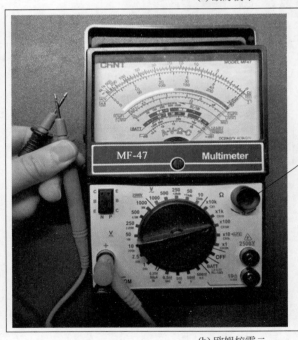

第四步：如果表针未指在"0"处，应调节欧姆校零旋钮，直到将表针调到"0"处为止。如果无法将表针调到"0"处，一般为万用表内部电池用旧所致，需要更换新电池。

(b) 欧姆校零二

图 4-9　MF-47 型万用表电阻的测量操作

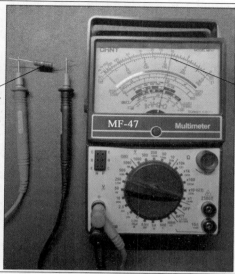

第五步：红表笔、黑表笔接被测电阻。电阻没有正、负之分，红表笔、黑表笔可任意接在被测电阻两端。

第六步：读数。读数时查看表针指的欧姆刻度线的数值，然后将该数值与挡位数相乘，得到的结果即为被测电阻的值。图中表针指在欧姆刻度线的"10"处，选择挡位为×1Ω，则被测电阻的阻值为10×1Ω=10Ω。

(c) 测量电阻值

图 4-9 （续）

触电，危及人身安全。

指针万用表使用时要注意以下事项：

（1）测量时不要选错挡位，特别是不能用电流挡或欧姆挡测电压，这样极易烧坏万用表。万用表不用时，可将挡位置于交流电压最高挡（如 1000V 挡）。

（2）测量直流电压或直流电流时，要将红表笔接电源或电路的高电位，黑表笔接低电位，若表笔接错会使表针反偏，这时应马上互换红表笔、黑表笔位置。

（3）若不能估计被测电压、电流或电阻的大小，应先用最高挡，如果高挡位测量值偏小，可根据测量值大小选择相应的低挡位重新测量。

（4）测量时，手不要接触表笔金属部位，以免触电或影响测量精确度。

（5）测量电阻阻值和晶体管放大倍数时要进行欧姆校零，如果旋钮无法将表针调到欧姆刻度线的"0"处，一般为万用表内部电池电压不足，可更换新电池。

## 4.3 VC890C⁺ Pro 型数字万用表的使用

指针万用表是一种平均值式测量仪表，结构简单、成本低、读数直观形象（用表针摆动幅度反映测量值大小），且测量时可输出较高的电压（最高可达 9V 以上），特别适合测量一些需要较高电压才能导通的半导体器件（如发光二极管、MOS 管和 IGBT 等），但由于指针万用表内阻小，在测量时对被测电路具有一定的分流作用，会影响测量精度。数字万用表是一种瞬时取样式测量仪表，它每隔一定时间显示当前测量值，测量时常出现数值不稳定的情况，需要数值稳定后才能读数，数字万用表的内阻大，对被测电路分流小，故测量精度高，由于采用数字测量技术，数字万用表具有较多的测量功能（如电容量、温度和频率测量）。

### 4.3.1 VC890C⁺ Pro 型数字万用表面板介绍

数字万用表的种类很多，但使用方法大同小异。本节就以应用广泛的 VC890C⁺ Pro 型数字万用表为例说明数字万用表的使用方法。VC890C$^+$ Pro 型数字万用表及配件如图 4-10 所示。

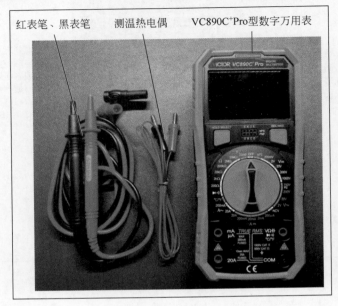

红表笔、黑表笔　　测温热电偶　　VC890C$^+$Pro型数字万用表

图 4-10　VC890C$^+$ Pro 型数字万用表及配件

## 1. VC890C$^+$ Pro 型数字万用表面板说明

VC890C$^+$ Pro 型数字万用表的面板说明如图 4-11 所示。

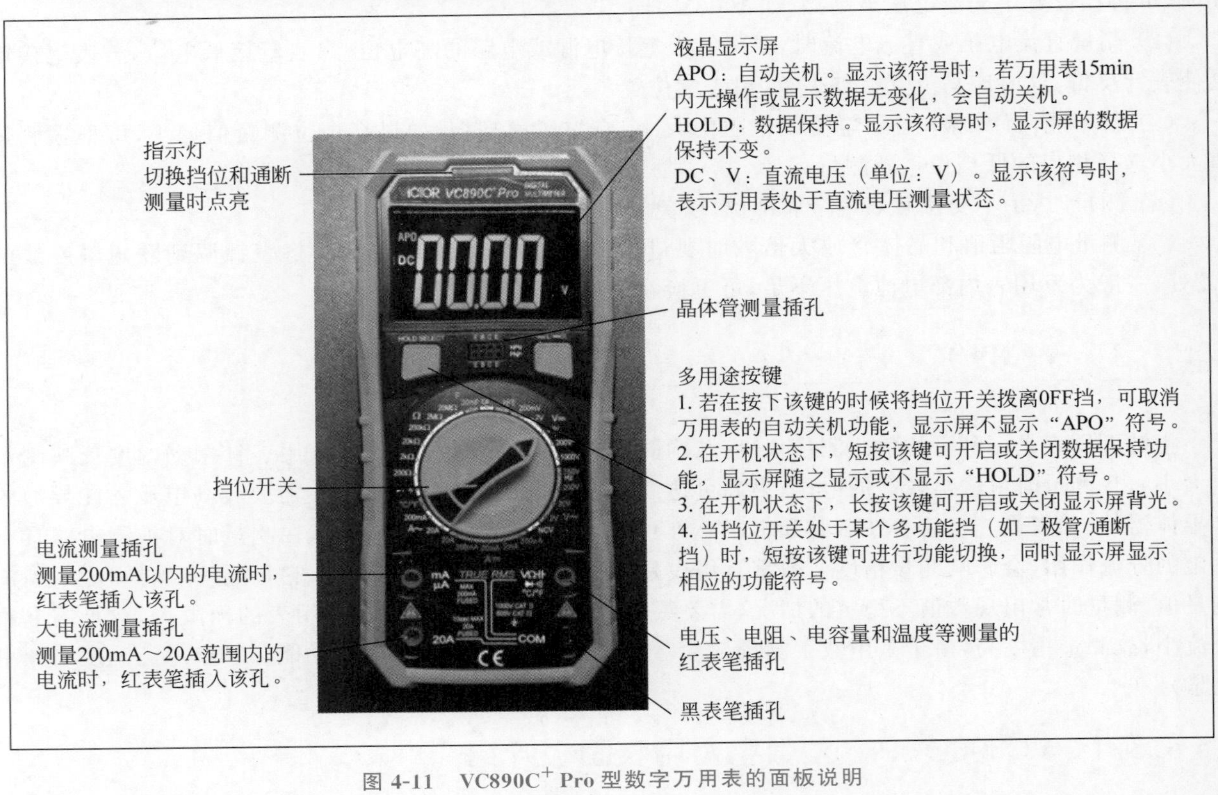

液晶显示屏
APO：自动关机。显示该符号时，若万用表15min
内无操作或显示数据无变化，会自动关机。
HOLD：数据保持。显示该符号时，显示屏的数据
保持不变。
DC、V：直流电压（单位：V）。显示该符号时，
表示万用表处于直流电压测量状态。

指示灯
切换挡位和通断
测量时点亮

晶体管测量插孔

多用途按键
1. 若在按下该键的时候将挡位开关拨离OFF挡，可取消
万用表的自动关机功能，显示屏不显示"APO"符号。
2. 在开机状态下，短按该键可开启或关闭数据保持功
能，显示屏随之显示或不显示"HOLD"符号。
3. 在开机状态下，长按该键可开启或关闭显示屏背光。
4. 当挡位开关处于某个多功能挡（如二极管/通断
挡）时，短按该键可进行功能切换，同时显示屏显示
相应的功能符号。

挡位开关

电流测量插孔
测量200mA以内的电流时，
红表笔插入该孔。

大电流测量插孔
测量200mA～20A范围内的
电流时，红表笔插入该孔。

电压、电阻、电容量和温度等测量的
红表笔插孔

黑表笔插孔

图 4-11　VC890C$^+$ Pro 型数字万用表的面板说明

**2. VC890C⁺Pro 型数字万用表挡位开关及各挡功能**

VC890C⁺Pro 型数字万用表的挡位开关及各挡功能如图 4-12 所示。

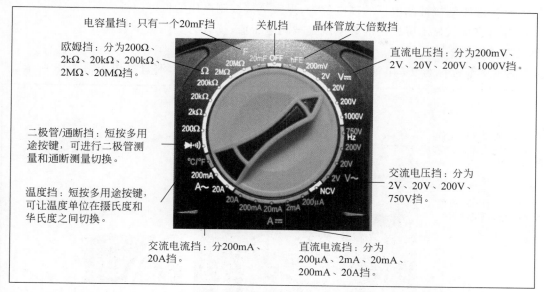

图 4-12　VC890C⁺Pro 型数字万用表的挡位开关及各挡位功能

下面介绍 VC890C⁺Pro 型数字万用表的基本操作方法。

（1）打开电源：在万用表上找到电源开关，将其打开。

（2）选择测量范围：根据需要测量的电压、电流或电阻等参数，选择合适的测量范围。在 VC890C⁺Pro 上，可以使用旋钮或按钮选择测量范围。

（3）连接测试引线：将测试引线的红色插头连接到正极（＋）插孔，黑色插头连接到负极（－）插孔。

（4）测量电压或电流：将红色测试引线接触到待测电压或电流的正极，黑色测试引线接触到负极。读取显示屏上的测量结果。

（5）测量电阻：将红色测试引线接触到待测电阻的一端，黑色测试引线接触到另一端。读取显示屏上的测量结果。

（6）关闭电源：完成测量后，将电源开关关闭，以节省电池能量。

请注意，以上仅为 VC890C⁺Pro 型数字万用表的基本操作方法，具体操作步骤可能会因型号和功能而有所不同。在使用 VC890C⁺Pro 型数字万用表之前，请务必阅读并理解产品的用户手册，并按照手册中的操作指导进行操作。

## 4.3.2　VC890C⁺Pro 型数字万用表直流电压的测量

数字万用表的主要功能有直流电压和直流电流的测量、交流电压和交流电流的测量、电阻阻值的测量、二极管和晶体管的测量，一些功能较全的数字万用表还具有测量电容、电感、温度和频率等功能。VC890C⁺Pro 型数字万用表具有上述大多数测量功能。

VC890C⁺Pro 型数字万用表的直流电压挡可分为 200mV、2V、20V、200V 和 1000V 挡。

**1. 直流电压的测量步骤**

直流电压的测量步骤如下：

（1）将红表笔插入"VΩ"插孔，黑表笔插入"COM"插孔。

（2）测量前先估计被测电压可能有的最大值，选取比估计电压高且最接近的电压挡位，这样测量值更准确。若无法估计，可先选最高挡测量，再根据大致测量值重新选取合适低挡位进行测量。

（3）测量时，红表笔接被测电压的高电位处，黑表笔接被测电压的低电位处。

（4）读数时，直接从显示屏读出的数字就是被测电压值，读数时要注意小数点。

**2. 直流电压测量举例**

下面以测量一节标称为 9V 电池的电压说明直流电压的测量方法，测量操作如图 4-13 所示。

第三步：直接在显示屏上读出被测电池的电压值为直流9.94V。

第二步：红表笔、黑表笔分别接被测电池的正、负极。

第一步：被测电池标称电压为9V，根据挡位数大于且最接近被测电压的原则，挡位开关选择20V挡（直流电压挡）最为合适。

图 4-13　用 VC890C$^+$Pro 型数字万用表测量电池的直流电压值

### 4.3.3　VC890C$^+$Pro 型数字万用表直流电流的测量

VC890C$^+$Pro 型数字万用表的直流电流挡位可分为 200μA、2mA、20mA、200mA 和 20A 挡。

**1. 直流电流的测量步骤**

直流电流的测量步骤如下：

（1）将黑表笔插入"COM"插孔，红表笔插入"mA"插孔；如果测量 200mA～20A 电流，红表笔应插入"20A"插孔。

（2）测量前先估计被测电流的大小，选取合适的挡位，选取的挡位应大于且最接近被测电流值。

（3）测量时，先将被测电路断开，再将红表笔置于断开位置的高电位处，黑表笔置于断开位置的低电位处。

（4）从显示屏上直接读出电流值。

**2. 直流电流测量举例**

下面以测量流过一只灯泡的工作电流为例说明直流电流的测量方法，测量操作如图 4-14 所示。

### 4.3.4　VC890C$^+$Pro 型数字万用表交流电压的测量

VC890C$^+$Pro 型数字万用表的交流电压挡可分为 2V、20V、200V 和 750V 挡。

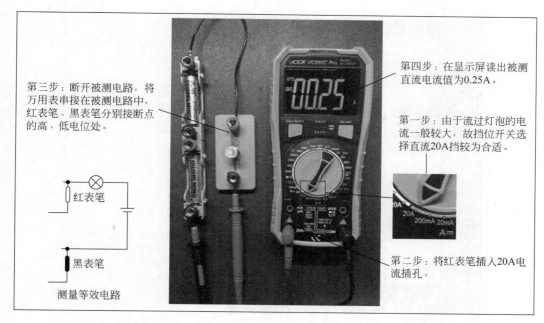

第三步：断开被测电路，将万用表串接在被测电路中，红表笔、黑表笔分别接断点的高、低电位处。

第四步：在显示屏读出被测直流电流值为0.25A。

第一步：由于流过灯泡的电流一般较大，故挡位开关选择直流20A挡较为合适。

第二步：将红表笔插入20A电流插孔。

红表笔

黑表笔

测量等效电路

图 4-14 用 VC890C$^+$ Pro 型数字万用表测量灯泡的工作电流

**1. 交流电压的测量步骤**

交流电压的测量步骤如下：

（1）将红表笔插入"VΩ"插孔，黑表笔插入"COM"插孔。

（2）测量前，估计被测交流电压可能出现的最大值，选取合适的挡位，选取的挡位要大于且最接近被测电压值。

（3）红表笔、黑表笔分别接被测电压两端（交流电压无正、负之分，故红表笔、黑表笔可任意接）。

（4）读数时，直接从显示屏读出的数字就是被测电压值。

**2. 交流电压测量举例**

下面以测量市电电压的大小为例说明交流电压的测量方法，测量操作如图 4-15 所示。数字万用表显示屏上的"T-RMS"表示真有效值。在测量交流电压或电流时，万用表测得的电压或电流值均为有效值，对于正弦交流电，其有效值与真有效值是相等的，对于非正弦交流电，其有效值与真有效值是不相等的，故对于无真有效值测量功能的万用表，在测量非正弦交流电时测得的电压值（有效值）是不准确的，仅供参考。

## 4.3.5 VC890C$^+$ Pro 型数字万用表交流电流的测量

VC890C$^+$ Pro 型数字万用表的交流电流挡可分为 20mA、200mA 和 20A 挡。

**1. 交流电流的测量步骤**

交流电流的测量步骤如下：

（1）将黑表笔插入"COM"插孔，红表笔插入"mA"插孔；如果测量 200mA～20A 电流，那么红表笔应插入"20A"插孔。

（2）测量前先估计被测电流的大小，选取合适的挡位，选取的挡位应大于且最接近被测电流。

（3）测量时，先将被测电路断开，再将红表笔、黑表笔各接断开位置的一端。

（4）从显示屏上直接读出电流值。

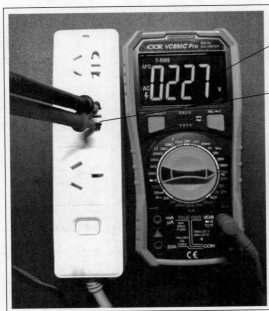

第三步：直接在显示屏上读出被测交流电压值为227V。

第二步：红表笔、黑表笔插入电源插座的两个插孔（表笔不分极性）。

第一步：被测交流电压估计在220V左右，根据挡位数大于且最接近被测电压的原则，挡位开关选择交流750V挡最为合适。

图 4-15 用 VC890C⁺ Pro 型数字万用表测量市电的电压值

**2. 交流电流测量举例**

下面以测量一个电烙铁的工作电流为例说明交流电流的测量方法，测量操作如图 4-16 所示。

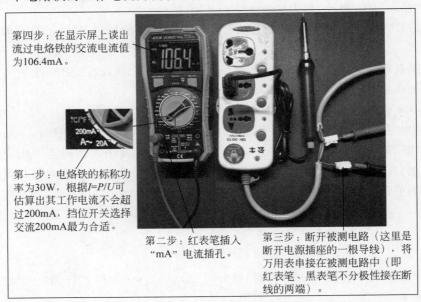

第四步：在显示屏上读出流过电烙铁的交流电流值为106.4mA。

第一步：电烙铁的标称功率为30W，根据 $I=P/U$ 可估算出其工作电流不会超过200mA，挡位开关选择交流200mA最为合适。

第二步：红表笔插入"mA"电流插孔。

第三步：断开被测电路（这里是断开电源插座的一根导线），将万用表串接在被测电路中（即红表笔、黑表笔不分极性接在断线的两端）。

图 4-16 用 VC890C⁺ Pro 型数字万用表测量电烙铁的工作电流

## 4.3.6 VC890C⁺ Pro 型数字万用表电阻值的测量

VC890C⁺ Pro 型数字万用表的欧姆挡可分为 200Ω、2kΩ、20kΩ、200kΩ、2MΩ 和 20MΩ 挡。

**1. 电阻阻值的测量步骤**

电阻阻值的测量步骤如下：

（1）将红表笔插入"VΩ"插孔，黑表笔插入"COM"插孔。

（2）测量前先估计被测电阻的大致阻值范围，选取合适的挡位，选取的挡位要大于且最接近被测电阻的阻值。

（3）红表笔、黑表笔分别接被测电阻的两端。

（4）从显示屏上直接读出阻值大小。

**2. 欧姆挡测量举例**

下面以测量一个标称阻值为 10Ω 的电阻为例说明欧姆挡的使用方法，测量操作如图 4-17 所示。由于被测电阻的标称阻值（电阻标示的阻值）为 9.9Ω，根据选择的挡位大于且最接近被测电阻值的原则，挡位开关选择"200Ω"挡最为合适，然后红表笔、黑表笔分别接被测电阻两端，再观察显示屏显示的数字为"9.9"，则被测电阻的阻值为 9.9Ω。

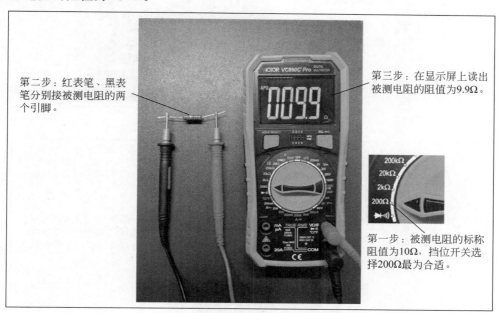

第二步：红表笔、黑表笔分别接被测电阻的两个引脚。

第三步：在显示屏上读出被测电阻的阻值为9.9Ω。

第一步：被测电阻的标称阻值为10Ω，挡位开关选择200Ω最为合适。

图 4-17 用 VC890C⁺ Pro 型数字万用表测量电阻的阻值

### 4.3.7 VC890C⁺ Pro 型数字万用表线路通断测量

VC890C⁺ Pro 型数字万用表有一个二极管/通断测量挡，利用该挡除了可以测量二极管外，还可以测量线路的通断。当被测线路的电阻低于 50Ω 时，万用表上的指示灯会亮，同时发出蜂鸣声，由于使用该挡测量线路时万用表会发出声光提示，故无须查看显示屏即可知道线路的通断，适合快速检测大量线路的通断情况。

下面以测量一根导线为例说明数字万用表通断测量挡的使用，测量操作如图 4-18 所示。

### 4.3.8 VC890C⁺ Pro 型数字万用表温度的测量

VC890C⁺ Pro 型数字万用表有一个摄氏温度/华氏温度测量挡，温度测量范围是 -20～1000℃，短按多用途键可以将显示屏的温度单位在摄氏度和华氏度之间切换，如图 4-19 所示。

摄氏温度与华氏温度的关系是，华氏温度值＝摄氏温度值×(9/5)＋32。

**1. 温度测量的步骤**

温度测量的步骤如下：

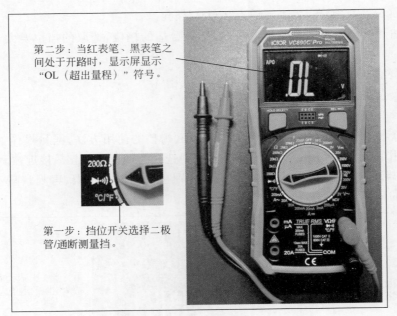

第二步：当红表笔、黑表笔之间处于开路时，显示屏显示"OL（超出量程）"符号。

第一步：挡位开关选择二极管/通断测量挡。

(a) 线路断时

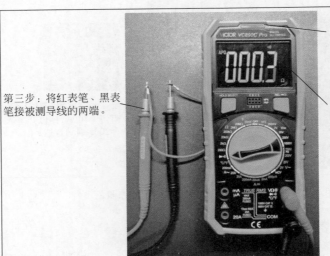

第四步：如果导线是导通的且电阻小于50Ω，则指示灯会变亮，同时万用表发出蜂鸣声。

显示屏同时会显示被测导通的电阻值，电阻值超过200Ω时，自动转换为二极管测试功能。

第三步：将红表笔、黑表笔接被测导线的两端。

(b) 线路通时

图 4-18　VC890C+ Pro 型数字万用表通断测量挡的使用

（1）将万用表附带的测温热电偶的红色插头插入"VΩ"孔，黑色插头插入"COM"孔。测温热电偶是一种温度传感器，能将不同的温度转换成不同的电压，如图 4-20 所示。如果不使用测温热电偶，万用表也会显示温度值，该温度为表内传感器测得的环境温度值。

（2）挡位开关选择温度测量挡。

（3）将热电偶测温端接触被测温的物体。

（4）读取显示屏显示的温度值。

**2．温度测量举例**

下面以测一只电烙铁的温度为例说明温度测量方法，测量操作如图 4-21 所示。测量时将热电偶的

第二步：显示屏显示摄氏温度符号，表示温度值单位为摄氏度，在未使用测温热电偶时，万用表内部的温度传感器工作，显示屏显示的为表内温度值（与环境空气温度接近）。

第一步：挡位开关选择"摄氏温度/华氏温度"挡。

短按多用途键，显示屏的摄氏温度符号变成华氏温度符号，同时温度值也发生变化，两者关系是，华氏温度值=摄氏温度值×（9/5）+32。

(a) 默认为摄氏温度单位　　　　　　　(b) 短按多用途键可切换到华氏温度单位

图 4-19　VC890C⁺ Pro 型数字万用表两种温度单位的切换

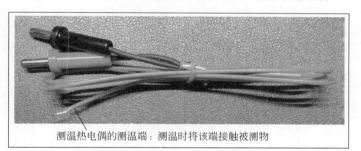

测温热电偶的测温端：测温时将该端接触被测物

图 4-20　VC890C⁺ Pro 型数字万用表测温热电偶

第三步：显示屏显示的电烙铁发热部位温度值为228℃。

第一步：挡位开关选择"摄氏温度/华氏温度"挡。

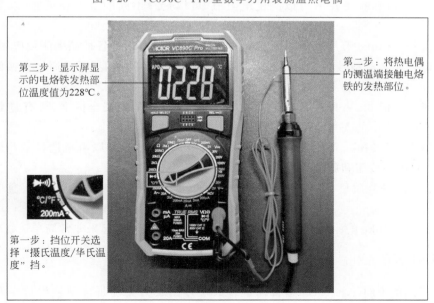

第二步：将热电偶的测温端接触电烙铁的发热部位。

图 4-21　用 VC890C⁺ Pro 型数字万用表测量电烙铁的温度

黑色插头插入"COM"孔,红色插头插入"VΩ"孔,并将挡位开关置于"摄氏温度/华氏温度"挡,然后将热电偶测温端接触电烙铁的烙铁头,再观察显示屏显示的数值为"0228",则说明电烙铁烙铁头的温度为 228℃。

## ■ 4.4 FLUKE 17B<sup>+</sup>型自动量程数字万用表的使用 ◆

VC890C<sup>+</sup> Pro 型数字万用表在测量电阻值、电压、电流等参数时,需要根据被测参数的数值大小不厌其烦地拨动挡位开关。

自动量程万用表具有以下功能:

(1) 自动选择最佳量程——万用表能够根据被测电压、电流或阻值的大小自动选择最佳的量程,避免了手动调节量程的烦琐步骤。

(2) 测量范围广泛——能够测量直流电压、交流电压、直流电流、交流电流、电阻、电容、频率、温度等多种参数。

(3) 自动识别测试对象——能够自动识别被测电路中的参数类型,例如,直流电压、交流电压等。

(4) 自动零点校准——能够自动进行零点校准,确保测量结果的准确性。

(5) 自动功率关机——若在一段时间内没有操作,则万用表能够自动关闭,节省电池电量。

(6) 数据保存和传输——一些自动量程万用表还具有数据保存和传输功能,能够记录测量数据并通过接口传输到计算机或其他设备上进行分析和处理。

Fluke 是一家知名的电子测试仪器制造商,其万用表(Multimeter)系列产品享有很高的声誉。

Fluke 万用表具有以下功能和特点:

(1) 电压测量——Fluke 万用表可以测量直流(DC)和交流(AC)电压,可以选择不同的量程和精度,以满足不同的测量需求。

(2) 电流测量——Fluke 万用表可以测量直流和交流电流,可以通过选择合适的量程和插入测量电路中进行测量。

(3) 电阻测量——Fluke 万用表可以测量电阻值,可以选择不同的量程和精度,以满足不同的测量需求。

(4) 频率测量——Fluke 万用表可以测量交流信号的频率,适用于各种频率测量应用。

(5) 温度测量——某些型号的 Fluke 万用表还具有测量温度的功能,可以通过连接温度传感器进行温度测量。

(6) 安全性能——Fluke 万用表具有高度的安全性能,符合国际安全标准,具有过载保护和防护措施,确保用户在测量过程中的安全。

(7) 显示和操作——Fluke 万用表通常配备大屏幕液晶显示器,可以清晰地显示测量结果。操作简单直观,具有易于使用的按钮和旋钮。

Fluke 万用表是一种高质量、可靠性强的电子测试仪器,广泛应用于电子、电气、通信等领域的测量和故障排除工作中。

FLUKE 17B<sup>+</sup> 是 Fluke 的一款常用的自动量程数字万用表,使用起来非常简单。

### 4.4.1 FLUKE 17B<sup>+</sup>型数字万用表面板介绍

本节以应用广泛的 FLUKE 17B<sup>+</sup> 型自动量程数字万用表为例说明自动量程数字万用表的使用方法。FLUKE 17B<sup>+</sup> 型自动量程数字万用表及配件如图 4-22 所示。

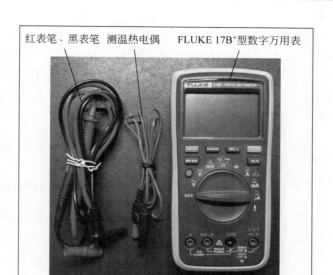

图 4-22　FLUKE 17B<sup>+</sup>型自动量程数字万用表及配件

## 1. FLUKE 17B<sup>+</sup>型数字万用表面板说明

FLUKE 17B<sup>+</sup>型自动量程数字万用表的面板说明如图 4-23 所示。

**手动及自动量程选择**
要进入手动量程模式，请按RANGE按钮，每按一次RANGE按钮将会
按增量递增量程。当达到最高量程时，仪表会回到最低量程。
退出手动量程模式，则按住RANGE两秒的时间。

**液晶显示屏**
DC、V：直流电压（单位：V）。显示该符
号时，表示万用表处于直流电压测量状态。
Auto：自动量程。显示该符号时，表示万用
表处于自动量程状态。

**数据保持**
如要保持当前读数，按HOLD按钮。再按
HOLD按钮恢复正常操作。

**最小值/最大值模式**
1. 按一次MIN MAX按钮可以将产品设置为
最大值模式。
2. 再按一次MIN MAX按钮可以将产品设置
为最小值模式。
3. 按住MIN MAX按钮2秒将恢复正常操作。

**多用途键**
在多功能挡位下按该按钮，可进行功能切换。

**频率、占空比测量**
当该产品处于所需功能（交流电压或交流
电流）下时，按 Hz % 按钮可进行频率/
占空比测量。

**背光按键**

**挡位开关**

**相对测量**
按REL△按钮可以将测得的读数存储为参考
值并激活相对测量模式。
允许对除频率、电阻、通断性、占空比和二
极管以外的所有功能使用相对测量。

**大电流测量插孔**
用于交流电和直流电电流测量（最高可
测量10A）和频率测量的输入端子。测
量时红表笔插入该孔。

用于电压、电阻、通断性、二极管、电容、
频率、占空比、温度测量的输入端子。测
量时红表笔插入该孔。

**电流测量插孔**
用于交流电和直流电的微安以
及毫安测量（最高可测量
400mA）和频率测量的输入端
子。测量时红表笔插入该孔。

**黑表笔插孔**
适用于所有测量的公
共（返回）接线端。

图 4-23　FLUKE 17B<sup>+</sup>型自动量程数字万用表的面板说明

**2. FLUKE 17B⁺型数字万用表挡位开关及各挡功能**

FLUKE 17B⁺型自动量程数字万用表的挡位开关及各挡功能如图 4-24 所示。

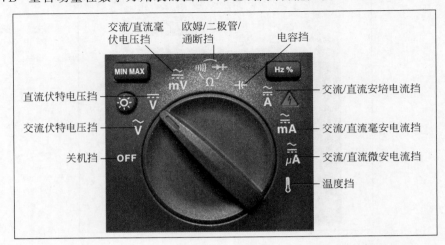

图 4-24　FLUKE 17B⁺型自动量程数字万用表的挡位开关及各挡位功能

Fluke 万用表是一种功能强大的电子测试仪器,使用方法如下:

(1)选择测量模式。根据需要选择合适的测量模式,如电压、电流、电阻、频率等。通常在仪表上有不同的旋钮或按钮选择不同的测量模式。

(2)设置量程。根据待测信号的预估值,选择合适的量程。通常在仪表上有不同的旋钮或按钮选择不同的量程。

(3)连接测量引线。将红色测量引线连接到正极,黑色测量引线连接到负极。确保引线连接牢固。

(4)进行测量。将测量引线与待测电路或器件正确连接。确保引线与待测电路的接触良好。注意避免触及电路中的高压部分。

(5)读取测量结果。在仪表的显示屏上可以看到测量结果,确保读取并记录正确的数值。

(6)关闭仪表。测量完成后,将测量引线从待测电路中断开。关闭仪表,以节省电池能量或保护仪表。

(7)注意安全。在使用 Fluke 万用表时,要注意安全事项。避免触及高压电路,避免短路,正确选择量程,确保仪表和测量引线的正常工作状态。

请注意,上述步骤仅为一般性指导,具体的使用方法可能因不同的 Fluke 万用表型号而有所不同。因此,在使用前,请仔细阅读并遵循仪器的用户手册和说明书。

## 4.4.2　FLUKE 17B⁺型数字万用表电压的测量

数字万用表的主要功能有直流电压和直流电流的测量、交流电压和交流电流的测量、电阻阻值的测量、二极管和晶体管的测量,一些功能较全的数字万用表还具有测量电容、电感、温度和频率等功能。FLUKE 17B⁺型数字万用表具有上述大多数测量功能。

FLUKE 17B⁺型数字万用表的电压挡可分为交流伏特电压挡、直流伏特电压挡和交流/直流毫伏电压挡。

**1. 直流电压的测量步骤**

直流电压的测量步骤如下:

(1)将红表笔插入"VΩ"插孔,黑表笔插入"COM"插孔。

（2）测量前先估计被测电压可能有的最大值，选取比估计电压高且最接近的电压挡位，这样测量值更准确。若无法估计，可先选最高挡测量，再根据大致测量值重新选取合适的低挡位进行测量。

（3）测量时，红表笔接被测电压的高电位处，黑表笔接被测电压的低电位处。

（4）读数时，直接从显示屏读出的数字就是被测电压值，读数时要注意小数点。

**2. 直流电压测量举例**

下面以测量一节标称为 9V 电池的电压说明直流电压的测量方法，测量操作如图 4-25 所示。

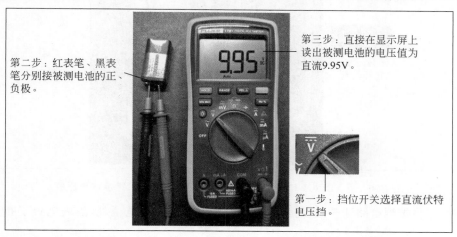

第二步：红表笔、黑表笔分别接被测电池的正、负极。

第三步：直接在显示屏上读出被测电池的电压值为直流9.95V。

第一步：挡位开关选择直流伏特电压挡。

图 4-25　用 FLUKE 17B$^+$ 型自动量程数字万用表测量电池的直流电压值

**3. 交流电压的测量步骤**

交流电压的测量步骤如下：

（1）将红表笔插入"VΩ"插孔，黑表笔插入"COM"插孔。

（2）测量前，估计被测交流电压可能出现的最大值，选取合适的挡位，选取的挡位要大于且最接近被测电压值。

（3）红表笔、黑表笔分别接被测电压两端（交流电压无正、负之分，故红表笔、黑表笔可任意接）。

（4）读数时，直接从显示屏读出的数字就是被测电压值。

**4. 交流电压测量举例**

下面以测量市电电压的大小为例说明交流电压的测量方法，测量操作如图 4-26 所示。在测量交流电压或电流时，万用表测得的电压或电流值均为有效值，对于正弦交流电，其有效值与真有效值是相等的，对于非正弦交流电，其有效值与真有效值是不相等的，故对于无真有效值测量功能的万用表，在测量非正弦交流电时测得的电压值（有效值）是不准确的，仅供参考。

## 4.4.3　FLUKE 17B$^+$ 型数字万用表电流的测量

FLUKE 17B$^+$ 型数字万用表的电流挡位可分为交流/直流微安电流挡、交流/直流毫安电流挡和交流/直流安培电流挡。

**1. 直流电流的测量步骤**

直流电流的测量步骤如下：

（1）将黑表笔插入"COM"插孔，红表笔插入"mA"插孔；如果测量 200mA～10A 电流，那么红表笔应插入"10A"插孔。

（2）测量前先估计被测电流的大小，选取合适的挡位，选取的挡位应大于且最接近被测电流值。

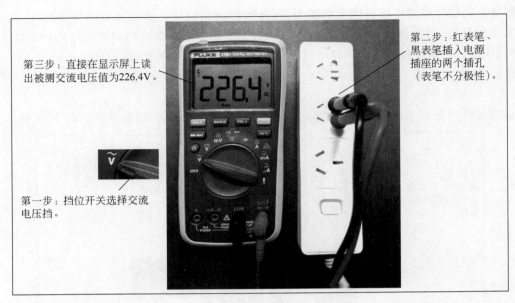

图 4-26 用 FLUKE 17B$^+$ 型自动量程数字万用表测量市电的电压值

（3）测量时，先将被测电路断开，再将红表笔置于断开位置的高电位处，黑表笔置于断开位置的低电位处。

（4）从显示屏上直接读出电流值。

**2. 直流电流测量举例**

下面以测量流过一只灯泡的工作电流为例说明直流电流的测量方法，测量操作如图 4-27 所示。

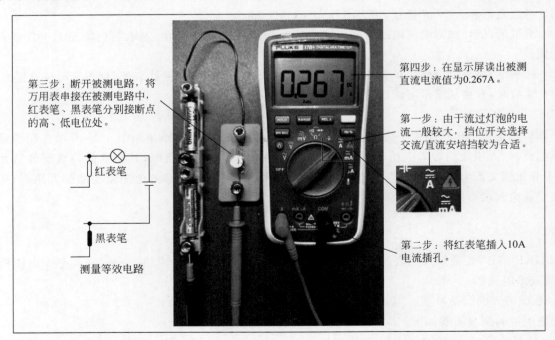

图 4-27 用 FLUKE 17B$^+$ 型自动量程数字万用表测量灯泡的工作电流

**3. 交流电流的测量步骤**

交流电流的测量步骤如下：

（1）将黑表笔插入"COM"插孔，红表笔插入"mA"插孔；如果测量200mA～10A电流，那么红表笔应插入"10A"插孔。

（2）测量前先估计被测电流的大小，选取合适的挡位，选取的挡位应大于且最接近被测电流。

（3）测量时，先将被测电路断开，再将红表笔、黑表笔各接断开位置的一端。

（4）从显示屏上直接读出电流值。

**4. 交流电流测量举例**

下面以测量一个电烙铁的工作电流为例说明交流电流的测量方法，测量操作如图4-28所示。

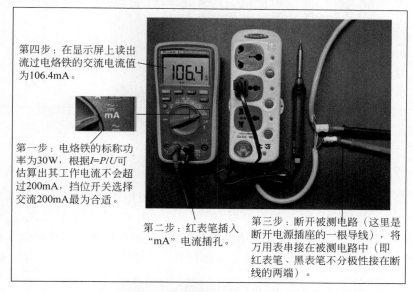

第四步：在显示屏上读出流过电烙铁的交流电流值为106.4mA

第一步：电烙铁的标称功率为30W，根据$I=P/U$可估算出其工作电流不会超过200mA，挡位开关选择交流200mA最为合适。

第二步：红表笔插入"mA"电流插孔。

第三步：断开被测电路（这里是断开电源插座的一根导线），将万用表串接在被测电路中（即红表笔、黑表笔不分极性接在断线的两端）。

图4-28  用FLUKE 17B⁺型自动量程数字万用表测量电烙铁的工作电流

## 4.4.4  FLUKE 17B⁺型数字万用表电阻值的测量

FLUKE 17B⁺型数字万用表欧姆挡的量程可分为欧姆（Ω）、千欧（kΩ）、兆欧（MΩ）和Auto。

**1. 电阻值的测量步骤**

电阻值的测量步骤如下：

（1）将红表笔插入"VΩ"插孔，黑表笔插入"COM"插孔。

（2）测量前先估计被测电阻的大致阻值范围，选取合适的挡位，选取的挡位要大于且最接近被测电阻的阻值。也可以默认Auto量程。

（3）红表笔、黑表笔分别接被测电阻的两端。

（4）从显示屏上直接读出阻值大小。

**2. 欧姆挡测量举例**

下面以测量一个标称阻值为10Ω的电阻为例说明欧姆挡的使用方法，测量操作如图4-29所示。挡位开关选择欧姆（Ω）挡位，量程默认Auto，然后将红表笔、黑表笔分别接在被测电阻两端，再观察显示屏显示的数字为"10.1"，右上角量程显示为"Ω"，则被测电阻的阻值为10.1Ω。

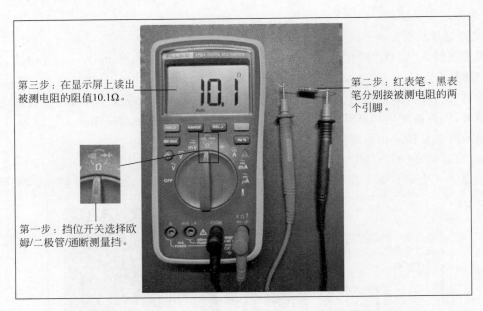

第三步：在显示屏上读出被测电阻的阻值10.1Ω。

第二步：红表笔、黑表笔分别接被测电阻的两个引脚。

第一步：挡位开关选择欧姆/二极管/通断测量挡。

图 4-29　用 FLUKE 17B⁺ 型自动量程数字万用表测量电阻的阻值

## 4.4.5　FLUKE 17B⁺ 型数字万用表线路通断测量

FLUKE 17B⁺ 型数字万用表有一个二极管/通断测量挡，利用该挡除了可以测量二极管外，还可以测量线路的通断。当被测线路的电阻低于 70Ω 时，万用表发出蜂鸣声，由于使用该挡测量线路时万用表会发出声音提示，故无须查看显示屏即可知道线路的通断，适合快速检测大量线路的通断情况。

下面以测量一根导线为例说明数字万用表通断测量挡的使用，测量操作如图 4-30 所示。

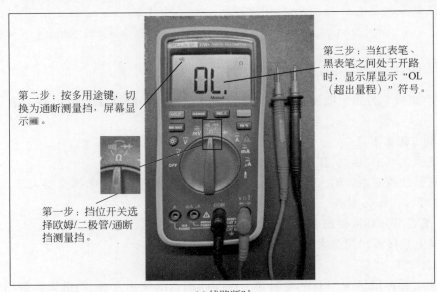

第二步：按多用途键，切换为通断测量挡，屏幕显示▥。

第三步：当红表笔、黑表笔之间处于开路时，显示屏显示"OL（超出量程）"符号。

第一步：挡位开关选择欧姆/二极管/通断挡测量挡。

(a) 线路断时

图 4-30　FLUKE 17B⁺ 型自动量程数字万用表通断测量挡的使用

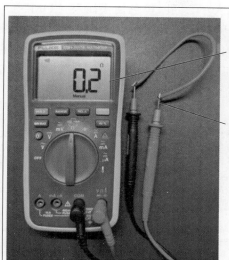

显示屏同时会显示被测导通的电阻
值，电阻值超过400Ω时，显示
"OL"符号。
如果导线是导通的且电阻小于70Ω，
万用表会发出蜂鸣声。

第四步：将红表笔、黑表笔接被
测导线的两端。

(b) 线路通时

图 4-30 （续）

### 4.4.6　FLUKE 17B$^+$型数字万用表温度的测量

FLUKE 17B$^+$型数字万用表有一个摄氏温度/华氏温度测量挡，温度测量范围是 $55\sim400℃$，短按多用途键可以将显示屏的温度单位在摄氏度和华氏度之间切换，如图 4-31 所示。

摄氏温度与华氏温度的关系是，华氏温度值＝摄氏温度值×(9/5)＋32。

第二步：显示屏显示
摄氏温度符号，表示
温度值单位为摄氏
度，在未使用测温热
电偶时，万用表内部
的温度传感器工作，
显示屏显示的为表内
温度值（与环境空气
温度接近）。

第一步：挡位开关选
择温度挡。

短按多用途键，显示
屏的摄氏温度符号变
成华氏温度符号，同
时温度值也发生变化，
两者关系是，华氏温
度值=摄氏温度值
×(9/5)+32。

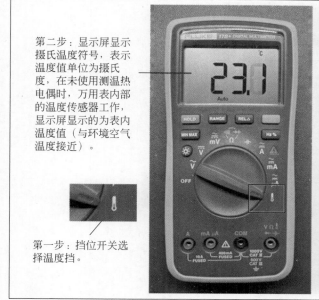

(a) 默认为摄氏温度单位　　　　　　　　　　(b) 短按多用途键可切换到华氏温度单位

图 4-31　FLUKE 17B$^+$型自动量程数字万用表两种温度单位的切换

**1. 温度测量的步骤**

温度测量的步骤如下：

（1）将万用表附带的测温热电偶的红色插头插入"VΩ"孔，黑色插头插入"COM"孔。测温热电偶是一种温度传感器，能将不同的温度转换成不同的电压，如图 4-32 所示。如果不使用测温热电偶，那么万用表也会显示温度值，该温度为表内传感器测得的环境温度值。

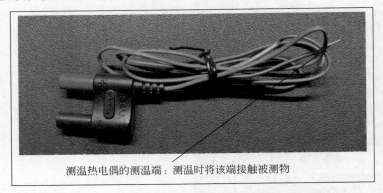

测温热电偶的测温端：测温时将该端接触被测物

图 4-32　FLUKE 17B⁺型自动量程数字万用表测温热电偶

（2）挡位开关选择温度测量挡。
（3）将热电偶测温端接触被测温的物体。
（4）读取显示屏显示的温度值。

**2．温度测量举例**

下面以测一只电烙铁的温度为例说明温度测量方法，测量操作如图 4-33 所示。测量时将热电偶的黑色插头插入"COM"孔，红色插头插入"VΩ"孔，并将挡位开关置于"摄氏温度/华氏温度"挡，然后将热电偶测温端接触电烙铁的烙铁头，再观察显示屏显示的数值为"279.9"，则说明电烙铁烙铁头的温度为 279.9℃。

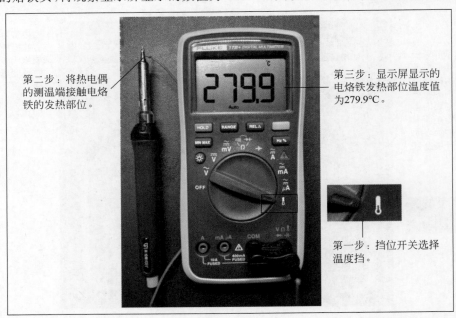

第二步：将热电偶的测温端接触电烙铁的发热部位。

第三步：显示屏显示的电烙铁发热部位温度值为279.9℃。

第一步：挡位开关选择温度挡。

图 4-33　用 FLUKE 17B⁺型自动量程数字万用表测量电烙铁的温度

## 4.4.7　数字万用表的使用注意事项

数字万用表使用时要注意以下事项：

（1）选择各量程测量时，严禁输入的电参数值超过量程的极限值。

（2）36V 以下的电压为安全电压，在测高于 36V 的直流电压或高于 25V 的交流电压时，要检查表笔是否可靠接触、是否正确连接、是否绝缘良好等，以免发生触电事故。

（3）转换功能和量程时，表笔应离开测试点。

（4）选择正确的功能和量程，谨防操作失误，数字万用表内部一般都设有保护电路，但为了安全起见，仍应正确操作。

（5）在电池没有装好和电池后盖没安装时，不要进行测试操作。

（6）请不要带电测量电阻。

（7）在更换电池或熔丝前，请将测试表笔从测试点移开，再关闭电源开关。

## 4.5　数字示波器

数字示波器是一种用于测量和显示电信号波形的仪器。它通过将电信号转换为数字形式，并使用数字处理技术进行处理和分析，可以实时地显示波形图像。

数字示波器能把人的肉眼无法直接观察到的电信号转换成人眼能够看到的波形，并显示在示波器屏幕上，以便对电信号进行定性和定量观测，其他非电物理量也可经转换成电量后再用示波器进行观测。示波器可用测量电信号的幅度、频率、时间和相位等电参数，凡涉及电子技术的地方几乎都离不开示波器。

掌握数字示波器的使用后，可以轻松获取各种电信号形成的图形，然后观察不同电信号随时间变化形成的波形曲线。此外，数字示波器还有其他功能，如测试电压、电流、频率、相位差、幅度等各种参数。

数字示波器是一种先进的电子测量仪器，广泛应用于电子、自动化、医疗、通信、计算机、汽车电子等领域，用于测量和分析各种电信号的波形特征。它的高性能和多功能使其成为工程师、技术人员和学生的理想选择。

数字示波器的基本特点如下：

（1）能显示电信号波形，可测量瞬时值，具有直观性。

（2）工作频带宽，速度快，便于观察高速变化的波形的细节。

（3）输入阻抗高，对被测信号影响小。

（4）测量灵敏度高，并有较强的过载能力。

数字示波器的种类、型号很多，功能也不尽相同。电子制作中使用较多的是 20MHz 或 40MHz 的双踪模拟示波器。图 4-34 所示为两款常见数字示波器，数字示波器的使用可参照相关厂家的型号说明文档。

数字示波器通常具有以下特点：

（1）高精度和高分辨率。数字示波器能够以较高的精度和分辨率测量和显示电信号的波形。

（2）大带宽。数字示波器具有较宽的频率范围，可以测量高频信号。

（3）多通道。数字示波器通常具有多个通道，可以同时测量和显示多个信号。

（4）存储和回放功能。数字示波器可以将测量的波形数据存储在内部存储器中，并可以随时回放和分析。

（5）自动测量和分析功能。数字示波器可以自动测量和分析波形，如幅值、频率、相位等。

（6）触发功能。数字示波器可以设置触发条件，当信号满足触发条件时，才进行测量和显示。

(a) 手持式示波表

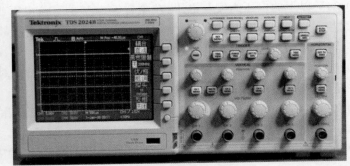

(b) 泰克数字示波器

图 4-34　数字示波表和数字示波器实物图

## 4.5.1　数字示波器的功能

数字示波器是一种用于观察和测量电信号的仪器,其主要功能包括:

(1) 显示波形。示波器可以将电信号转换为可视化的波形,并以图形的形式显示在屏幕上。用户可以通过观察波形了解信号的特征和变化。

(2) 测量信号参数。示波器可以测量信号的各种参数,如幅度、频率、相位、周期、脉宽等。这些参数对于分析信号特性和故障排除非常重要。

(3) 捕获和存储波形。示波器可以捕获和存储波形,以便用户随时回顾和分析。存储功能可以帮助用户捕捉瞬态信号和不规则波形。

(4) 波形处理和分析。示波器可以进行波形处理和分析,如傅里叶变换、自动测量、数学运算等。这些功能可以帮助用户更深入地分析信号的频谱和特性。

(5) 触发功能。示波器可以设置触发条件,当信号满足特定条件时,示波器会自动捕获并显示波形。触发功能可以帮助用户准确地捕捉和分析特定事件。

(6) 自动测量和报警。示波器可以自动测量信号的各种参数,并在超过设定阈值时发出警报。这可以帮助用户快速检测信号异常和故障。

(7) 接口和通信。示波器通常具有各种接口,如 USB、LAN(Local Area Network,局域网)、GPIB (General Purpose Interface Bus,通用接口总线)等,可以与计算机或其他仪器进行通信和数据传输。这样可以方便地进行数据的记录、分析和共享。

总之,数字示波器是一种重要的测试和测量仪器,可以帮助用户观察、测量和分析各种电信号,对于电子设备的调试、故障排除和性能评估非常有用。

## 4.5.2　数字示波器的品牌

数字示波器是一种常用的测试和测量仪器,市场上有许多品牌的示波器,常见的品牌包括:

(1) 安捷伦(Agilent,现已被是德科技收购)。安捷伦是一家专业的测试和测量仪器制造商,其示波器产品线覆盖了从基础型号到高端型号的各种需求。

(2) 罗德与施瓦茨(Rohde & Schwarz)。罗德与施瓦茨是一家德国公司,专业从事无线通信和测试测量领域的研发和生产,其示波器产品具有高精度和高性能。

(3) 泰克(Tektronix)。泰克是一家美国公司,专业从事测试和测量仪器的研发和生产,其示波器产品线包括数字示波器、混合信号示波器和高频示波器等。

（4）立创EDA（LCEDA）。立创EDA是国内领先的电子设计自动化软件和硬件工具供应商，其示波器产品线包括基础型号和高端型号，具有良好的性价比。

（5）是德科技（Keysight）。是德科技是一家美国公司，主要从事电子测试和测量仪器的研发和生产，其示波器产品线具有高精度和高性能。

除了以上品牌外，还有德国HAMEG、日本YOKOGAWA、美国LEADER、法国METRIX等示波器品牌，用户可以根据自身需求和预算选择适合自己的品牌和型号。

## 4.5.3 安捷伦示波器的型号

安捷伦是一家知名的测试和测量仪器制造商，其示波器产品线非常丰富。以下是一些常见的安捷伦示波器型号。

（1）InfiniiVision 2000 X系列：包括DSO-X 2002A、DSO-X 2012A等型号，适用于入门级和中级应用，具有高性价比和丰富的功能。

（2）InfiniiVision 3000T X系列：包括DSO-X 3014T、DSO-X 3034T等型号，具有高性能和高带宽，适用于高速数字和模拟信号的测试和分析。

（3）InfiniiVision 4000 X系列：包括DSO-X 4024A、DSO-X 4054A等型号，具有高带宽和高精度，适用于复杂的电子设备调试和故障排除。

（4）InfiniiVision 6000 X系列：包括DSO-X 6004A、DSO-X 6014A等型号，具有高带宽和高性能，适用于高速通信和射频信号的测试和分析。

（5）Infiniium系列：包括DSO 90000A、DSO 80000B等型号，是安捷伦的高端示波器系列，具有极高的带宽和采样率，适用于复杂的电子设备和通信系统的测试和分析。

以上仅是一些常见的安捷伦示波器型号，实际上，安捷伦还有许多其他型号和系列的示波器，用户可以根据自身需求和预算选择适合的型号。

## 4.5.4 泰克示波器的型号

泰克（Tektronix）是一家知名的测试和测量仪器制造商，其示波器产品线非常丰富。以下是一些常见的泰克示波器型号。

（1）DPO7000C：具有高带宽和高采样率，适用于高速数字和模拟信号的测试和分析。

（2）MSO/DPO5000B：具有高带宽和多通道，适用于复杂的电子设备调试和故障排除。

（3）MDO3000：具有多种测试和分析功能，包括示波器、频谱分析仪、逻辑分析仪等，适用于多种应用场景。

（4）TDS3000C：适用于入门级和中级应用，具有高性价比和丰富的功能。

（5）DSA70000B：是泰克的高端示波器系列，具有极高的带宽和采样率，适用于复杂的电子设备和通信系统的测试和分析。

以上仅是一些常见的泰克示波器型号，实际上，泰克还有许多其他型号和系列的示波器，用户可以根据自身需求和预算选择适合的型号。

## 4.5.5 数字示波器的使用方法

数字示波器是一种广泛应用于电子、通信、计算机等领域的测试仪器，用于观察和分析电信号的波形。下面具体介绍数字示波器的基本使用方法，帮助您更好地利用数字示波器进行信号测量和分析。

**1. 数字示波器基本组成**

数字示波器基本组成如下：

（1）示波器屏幕。示波器屏幕用于显示观测信号的波形。现代数字示波器通常采用液晶显示屏，可以显示高分辨率的波形图像。

（2）扫描电子束系统（模拟示波器）。扫描电子束系统负责在示波器屏幕上绘制波形图像。它包括垂直扫描电路和水平扫描电路，用于控制波形在屏幕上的位置和速度。

（3）输入电路。输入电路用于接收待测信号，并将其转换为示波器可处理的电压信号。输入电路通常包括电阻、电容和放大器等组件。

（4）触发电路。触发电路用于确定波形在屏幕上的起始位置，确保波形的稳定显示。触发电路可以根据用户设置的触发条件，如信号的上升沿、下降沿等，触发波形的显示。

**2. 数字示波器基本使用方法**

数字示波器基本使用方法如下：

（1）连接待测信号。将待测信号与示波器的输入端连接。通常，示波器的输入端有多个通道，可以连接多个信号同时进行观测和比较。

（2）设置垂直和水平参数。根据待测信号的特点，设置示波器的垂直和水平参数。垂直参数包括电压量程和增益，用于调节波形在屏幕上的幅度。水平参数包括时间量程和扫描速度，用于调节波形在屏幕上的宽度和移动速度。

（3）设置触发条件。根据需要，设置触发条件确定波形的起始位置。触发条件可以是信号的上升沿、下降沿、脉冲宽度等，也可以是外部触发信号。

（4）调整触发电平。根据待测信号的幅度，调整触发电平的位置，以确保波形能够稳定触发和显示。

（5）观测波形。通过示波器屏幕观察待测信号的波形。示波器可以实时显示波形，还可以进行波形的放大、缩小、平移等操作，以便更详细地观察和分析信号的特点。

（6）保存和分析数据。如果需要保存波形数据或进行进一步的分析，可以通过示波器的存储功能将波形数据保存到存储介质中，如 USB 存储器或计算机硬盘。然后，可以使用示波器软件或其他工具进行数据的分析和处理。

**3. 数字示波器高级功能**

除了基本的波形显示功能外，数字示波器还具备许多高级功能，如自动测量、频谱分析、存储和回放等。

（1）自动测量。示波器可以自动测量波形的各种参数，如频率、幅度、周期、占空比等。这样可以方便地获取波形的特征信息，减少用户的工作量。

（2）频谱分析。示波器可以通过傅里叶变换等算法，将时域波形转换为频域波形，进行频谱分析。这样可以更清晰地观察信号的频谱特征，分析信号的频率分布和频率成分。

（3）存储和回放。示波器可以将观测到的波形数据保存到存储介质中，并支持回放功能。这样可以方便地对保存的波形进行再次观察和分析，或与他人进行共享和交流。

总之，数字示波器是一种功能强大的测试仪器，通过合理设置参数和使用高级功能，可以准确地观察和分析待测信号的波形特征。熟练掌握数字示波器的使用方法，对于电子工程师和科研人员来说，是非常重要的技能。

## 4.5.6　Agilent DSO-X 2002A 型数字示波器

用户有时会希望自己的基础型示波器功能再多一点，比如先进的波形计算、更高的波形捕获率或者混合信号功能。InfiniiVision 2000 X 系列示波器可以满足用户的这些要求,让用户能够使用入门级示波器执行更深入的分析。

InfiniiVision 2000 X 系列示波器具有如下特点:

(1) 实现 70~200MHz 带宽。

(2) 使用面向教育工作者的示波器培训套件,向学生说明示波器使用方法。

(3) 混合信号分析选项(Mixed Signal analysis Options,MSO)中的 8 个数字通道让用户一次可以查看更多信号。

(4) 标配先进数学函数支持仿真操作。

(5) 分段存储器可以隔离和分析脉冲、突发脉冲或偶发毛刺。

(6) 模板测试可以轻松执行合格/不合格分析。

(7) 适用于 I2C、SPI、RS-232/UART、CAN、LIN 等总线的硬件模板测试、串行协议触发和解码。

(8) 可以全方位升级,如增加带宽、数字通道、串行协议触发和解码、测量应用软件和 WaveGen 波形发生器。

由于国内的用户对 Agilent 比较熟悉,下面还是以 Agilent 示波器这种叫法为主介绍数字示波器的操作和测量应用。

首先,让我们来了解一下 Agilent DSO-X 2002A 示波器的基本特点。这款示波器采用了先进的数字存储技术,能够以较高的采样率捕捉和显示电子信号的波形。其宽带和高分辨率的显示屏提供了清晰、准确的波形观测,使用户能够更好地分析和诊断电路中的问题。此外,Agilent DSO-X 2002A 示波器还具有丰富的触发和分析功能,可以捕捉和分析各种复杂的信号。

在电子领域,Agilent DSO-X 2002A 示波器被广泛应用于电路设计、故障诊断和信号分析等方面。工程师可以使用该示波器观测和分析各种电路中的信号波形,以验证电路的性能和正确性。同时,示波器还能够帮助工程师快速定位电路中的故障和问题,并提供详细的测量结果和分析报告,提高故障排除的效率和准确性。

在通信领域,Agilent DSO-X 2002A 示波器的应用也非常广泛。通信系统中经常涉及高频信号的传输和分析,而 Agilent DSO-X 2002A 示波器的高带宽和高采样率使其能够有效地捕捉和显示高频信号的波形。工程师可以利用示波器观测和分析信号的时域特性、频谱特性和眼图等,从而评估和优化通信系统的性能。

除了电子和通信领域,Agilent DSO-X 2002A 示波器在计算机和汽车电子等领域也扮演着重要的角色。在计算机领域,示波器可用于分析处理器、内存和总线等电子设备的工作状态和性能。而在汽车电子领域,示波器则被用于观测和分析各种传感器和控制器的信号,以确保汽车电子系统的正常运行。

Agilent DSO-X 2002A 型数字示波器为 InfiniiVision 2000 X 系列示波器中的一种,该示波器的特色是内置有波形发生器。

Agilent DSO-X 2002A 型数字示波器的外形如图 4-35 所示。Agilent DSO-X 2002A 型数字示波器左面板功能如图 4-36 所示,Agilent DSO-X 2002A 型数字示波器右面板功能如图 4-37 所示。

是德科技为 InfiniiVision 2000 X 系列示波器提供全套创新探头和配件,InfiniiVision 2000 X 系列示波器探头如图 4-38 所示。

有关是德科技探针和配件的最新和完整信息,请访问网站: www. keysight. com/find/scope_probes。

Agilent DSO-X 2002A 的特点如下:

(1) 带宽为 70MHz、2 通道,超大显示屏。

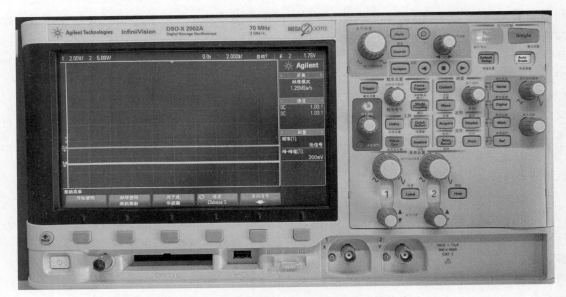

图 4-35 Agilent DSO-X 2002A 型数字示波器的外形

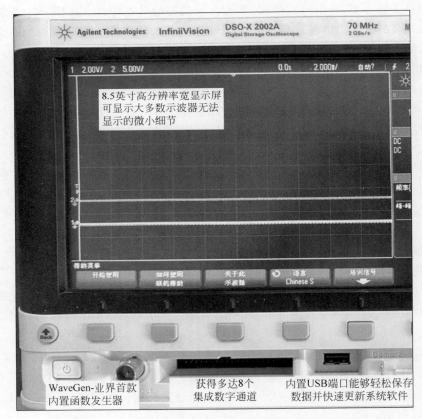

图 4-36 Agilent DSO-X 2002A 型数字示波器左面板功能

Agilent DSO-X 2002A 具有 8.5 英寸 WVGA（Wide Video Graphics Array，宽型影像图形数组）显示屏，高达 50 000 个波形/秒的更新速率，内置 20MHz 函数发生器。

Agilent DSO-X 2002A 具有入门级产品的价位，能够在满足用户苛刻预算要求的情况下提供较好的

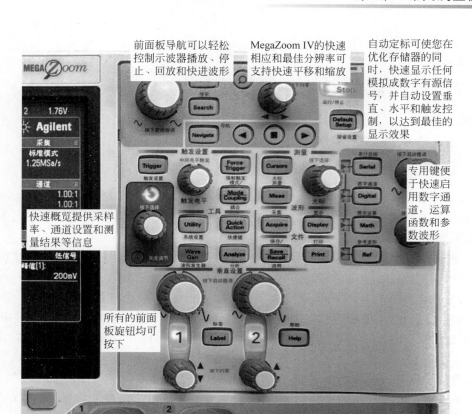

前面板导航可以轻松控制示波器播放、停止、回放和快进波形

MegaZoom IV的快速相应和最佳分辨率可支持快速平移和缩放

自动定标可使您在优化存储器的同时,快速显示任何模拟成数字有源信号,并自动设置垂直、水平和触发控制,以达到最佳的显示效果

专用键便于快速启用数字通道,运算函数和参数波形

快速概览提供采样率、通道设置和测量结果等信息

所有的前面板旋钮均可按下

演示信号和培训信号

集成数字电压表

图 4-37　Agilent DSO-X 2002A 型数字示波器右面板功能

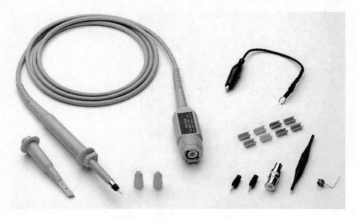

图 4-38　InfiniiVision 2000 X 系列示波器探头

性能以及可选功能。是德科技的突破性技术可以在相同的预算条件下提供更多更出色的示波器功能。

(2) 三合一仪器可以提供更多功能。

① 示波器。

② 集成逻辑分析仪(MSO,可选、可升级)。

③ 内置 20MHz 函数发生器：WaveGen。

（3）获得更多投资保护。

① 可升级性：可在购买后添加带宽、数字通道或 WaveGen。

② 分段存储器。

③ 模板测试。

DSO-X 2022A 的带宽是 200MHz。

## 4.5.7 DSO 和 MSO 示波器的区别

DSO（Digital Storage Oscilloscope，数字存储示波器）和 MSO（Mixed Signal Oscilloscope，混合信号示波器）都是数字示波器，可以用于观察和分析电路中的信号。二者的主要区别在于它们能够同时观察的信号数量和类型。

DSO 代表数字存储示波器，它只能够观察一个通道的信号。DSO 通常具有高样本速率和长时间记录能力，因此适用于捕捉单个信号的瞬时事件。它们通常比 MSO 更便宜。

MSO 代表混合信号示波器，它可以观察多个信号，其中一些是模拟信号，一些是数字信号。MSO 包括数字通道和模拟通道，数字通道可以用于捕捉和分析数字信号，模拟通道可以用于捕捉和分析模拟信号。MSO 通常比 DSO 更昂贵，但它们可以同时捕获多个信号，因此在检查系统中多个信号之间的交互作用时非常有用。

除了观察的信号类型和数量之外，DSO 和 MSO 还有其他一些区别，例如，

采样率：DSO 通常具有更高的采样率，因为它们只需要处理单个通道的信号。MSO 的采样率可能会受到多个通道的信号采样速率不同的影响。

观察方式：DSO 和 MSO 都可以通过屏幕显示波形图形式观察信号。但是，MSO 还可以通过逻辑分析器模式，以位模式显示数字信号的状态，在这种模式下可以很方便地分析数字电路。

Keysight MSO-X 2022A 型混合信号示波器的外形如图 4-39 所示。

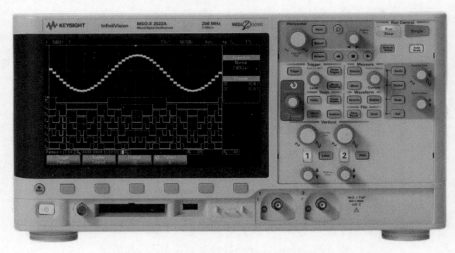

图 4-39　Keysight MSO-X 2022A 型示波器的外形

## 4.5.8 Agilent DSO-X 2002A 型数字示波器面板说明

Agilent DSO-X 2002A 型数字示波器面板示意图如图 4-40 所示。

下面详细介绍 Agilent DSO-X 2002A 型数字示波器的面板功能。

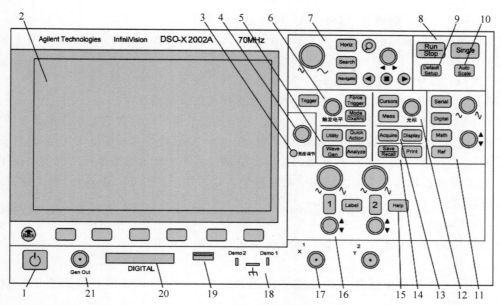

注：1. 电源开关；2. 示波器显示、软键；3. [Intensity]亮度键；4. Entry 旋钮；5. 工具键；6. 触发设置；7. 水平设置；8. 运行控制键；9. [Default Setup]默认设置键；10. [Auto Scale]自动调整键；11. 其他波形控制；12. 测量控制；13. 波形键；14. 文件键；15. 帮助键；16. 垂直控制；17. 模拟通道输入；18. Demo 2、接地和 Demo 1 端子；19. USB 主机端口；20. 数字通道输入；21. 波形发生器输出

图 4-40　Agilent DSO-X 2002A 型数字示波器面板示意图

**1. 电源开关**

按下电源开关,示波器将执行自检,在几秒钟后就可以工作。再按一次关闭电源。

**2. 示波器显示屏、软键**

Agilent DSO-X 2002A 型数字示波器的屏幕如图 4-41 所示。示波器显示包含采集的波形、设置信息、测量结果和软键定义。

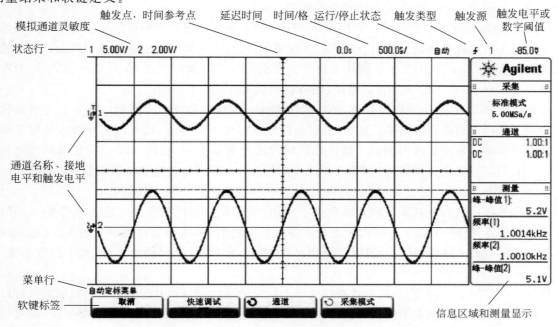

图 4-41　Agilent DSO-X 2002A 型数字示波器屏幕示意图

（1）状态行：在显示屏的顶部，包括垂直、水平和触发设置信息。

（2）显示区域：显示区域包括波形采集、通道标识符、模拟触发和接地电平指示器。每个模拟通道的信息以不同的颜色显示。

（3）信息区域：信息区域通常包含采集、模拟通道、自动测量和光标结果。

（4）菜单行：该行通常包含菜单名称或与所选菜单相关的其他信息。

（5）软键标签：这些标签描述软键功能。通常，使用这些软键可以设置选定模式或菜单的参数。

（6）软键：在前面板上，键是指可以按的任何键（按钮）。软键特指显示屏下方的键，这些键的图例显示在显示屏上，正好位于键的上方。这些键的功能会根据显示屏上显示的菜单有所改变。位于软键左边的 返回/向上键可在软键菜单层次结构中向上移动。在层次结构顶部， 返回/向上键将关闭菜单，改为显示示波器信息。

**3.〔Intensity〕亮度键**

按下该键使其变亮。该键变亮后，旋转 Entry 旋钮可调整波形亮度。

**4. Entry 旋钮**

Entry 旋钮用于从菜单中选择菜单项或更改值。Entry 旋钮的功能随着当前菜单和软键选择而变化。

请注意，一旦 Entry 旋钮可用于选择值，旋钮上方的弯曲箭头符号就会变亮。

有时可以按下 Entry 旋钮启用或禁用选择。按下 Entry 旋钮还可以使弹出菜单消失。

**5. 工具键**

工具键包括系统设置键、快捷键、分析键和波形发生器键。由于波形发生器比较常用，所以下面着重对波形发生器键的功能加以说明。

（1）〔Utility〕系统设置键：按此键可访问系统设置菜单，以便配置示波器的 I/O 设置、使用文件资源管理器、设置首选项、访问服务菜单等。

（2）〔Quick Action〕快捷键：按此键可执行选定的快捷键。

（3）〔Analyze〕分析键：按此键可访问分析功能。

（4）〔Wave Gen〕波形发生器键：按下〔Wave Gen〕波形发生器键可访问波形发生器菜单并在前面板 Gen Out 端口上启用或禁用波形输出。首次打开仪器时，波形发生器输出总是为禁用状态。启用波形发生器输出时，〔Wave Gen〕波形发生器键将点亮。禁用波形发生器输出时，〔Wave Gen〕波形发生器键将熄灭。如果对 Gen Out BNC 施加过高电压，则将自动禁用波形发生器输出。

在波形发生器菜单中，按下波形软键，然后旋转 Entry 旋钮以选择波形类型。按下信号参数软键可打开一个用于选择调整类型的菜单。例如，可以选择输入幅度和偏移值，也可以选择输入高电平和低电平值。或者选择输入频率值或周期值。按住此软键可选择调整类型，旋转 Entry 旋钮可调整此值。注意，可为频率、周期和宽度选择粗调和微调。此外，按下 Entry 旋钮可快速切换粗调和微调状态。

**6. 触发设置**

触发设置指示示波器何时采集和显示数据。例如，可以设置在模拟通道 1 输入信号的上升沿上触发。触发的波形是这样一种波形：每次满足特定的触发条件时，示波器会在其中开始追踪（显示）波形，从显示屏左侧到右侧。这将提供周期性信号（如正弦波和方波）以及非周期性信号（如串行数据流）的稳定显示。

边沿触发是常用的一种类型，其通过查找波形上特定的沿（斜率）和电压电平而识别触发。可以在菜单中定义触发源和斜率。触发类型和触发源在显示屏的右上角显示。除了边沿触发类型外，还可以设置为基于脉冲宽度、码型和视频信号触发。

可以使用任何输入通道或外部触发输入 BNC 作为大多数触发类型的源。

通过旋转"触发电平"旋钮,可以调整用于模拟通道边沿检测的垂直电平。模拟通道的触发电平的位置由显示屏最左侧的触发电平图标指示(如果模拟通道已打开)。模拟通道触发电平的值显示在显示屏的右上角。

提示:初学者在进行单通道测量时,触发源应选择对应的通道,如 CH1 或是 CH2。可通过旋转"触发电平"旋钮,观察波形是否稳定与触发电平设定之间的关系。在进行双通道测量时,应根据实际情况选择触发源。

**7. 水平设置**

水平设置包括以下内容:

(1) 水平定标旋钮。旋钮位于水平设置区的左边,带有 ∿ ∿ 标记。旋转此旋钮可调整"时间/格"扫描速度设置(显示在显示屏顶部的状态行中)。按下水平定标旋钮可在水平定标的粗调和微调状态之间切换。粗调时,水平定标旋钮将以 1-2-5 步进顺序更改"时间/格"。微调时,旋转水平定标旋钮将以较小的增量更改"时间/格"。

(2) 水平位置旋钮。旋钮位于水平设置区的右边,带有 ◀▶ 标记。旋转此旋钮可水平平移波形数据。

(3) [Horiz]水平键。按下该键可打开水平设置菜单,可选择时基模式为标准模式、XY 模式或滚动模式,启用或禁用缩放,启用或禁用微调,以及选择触发时间参考点。

(4) 缩放键。水平键右侧的圆形按钮为缩放键。按下缩放键可将示波器显示拆分为正常区和缩放区,而无须打开"水平设置菜单"。

(5) [Search]搜索键。允许在采集的数据中搜索事件。

(6) [Navigate]导航键。按下该键可导航捕获的数据(时间)、搜索事件或分段存储器采集。

**8. 运行控制键**

当[Run/Stop]键是绿色时,表示示波器正在运行,即符合触发条件,正在采集数据。要停止采集数据,请按下[Run/Stop]键。

当[Run/Stop]键是红色时,表示数据采集已停止。要开始采集数据,请按下[Run/Stop]键。

要捕获并显示单次采集(无论示波器是运行还是停止),请按下[Single](单次)键。[Single](单次)键是黄色,直到示波器触发为止。

**9. [Default Setup]默认设置键**

按下该键可恢复示波器的默认设置。

**10. [Auto Scale]自动调整键**

使用自动调整键可将示波器自动配置为对输入信号显示最佳效果。当按下自动调整键时,示波器将快速确定哪个通道有活动,并打开这些通道对其进行定标和显示输入信号。如果要使示波器返回到以前的设置,可按下"取消自动定标"键。

**11. 其他波形控制键**

其他波形控制键包括:

(1) [Math]数学运算键——可用于访问数学(加、减等)波形函数。

(2) [Ref]参考波形键——可用于访问参考波形函数。参考波形是保存的波形,可显示并与其他模拟通道或数学波形进行比较。

(3) [Digital]数字通道键——按下此键可打开或关闭数字通道(左侧的箭头将亮起)。

(4) [Serial]串行总线键——此键目前不适用于 X2000 系列示波器。

（5）多路复用定标旋钮——此定标旋钮可用于数学波形、参考波形或数字波形，不论选择哪个，左侧的箭头都将亮起。对于数学波形和参考波形，定标旋钮的作用与模拟通道垂直定标旋钮相同。

（6）多路复用位置旋钮——此位置旋钮可用于数学波形、参考波形或数字波形，不论选择哪个，左侧的箭头都将亮起。对于数学波形和参考波形，位置旋钮的作用与模拟通道垂直位置旋钮相同。

**12. 测量控制键**

（1）［Cursors］光标键：按下该键可打开菜单，以便选择光标模式和源。

光标是水平和垂直的标记，表示所选波形源上的 $X$ 轴值和 $Y$ 轴值。可以使用光标在示波器信号上进行自定义电压测量、时间测量、相位测量或比例测量。光标信息显示在右侧信息区域中。

（2）光标旋钮：旋转该旋钮可调整选定的光标位置。按下该旋钮可从弹出菜单中选择光标。

（3）［Meas］测量键：使用测量键可以对波形进行自动测量。最后 4 个测量结果将显示在屏幕右侧的测量信息区域。

**13. 波形键**

（1）［Acquire］采集键：使用采集键可选择"正常"、"峰值检测"、"平均"或"高分辨率"采集模式并使用分段存储器。

（2）［Display］显示键：使用显示键可访问菜单，以便启用"余晖"功能、清除显示以及调整显示网格（格线）亮度。

**14. 文件键**

（1）［Save/Recall］保存/调用键：按下保存/调用键可保存或调用波形或设置。

（2）［Print］打印键：按下打印键将打开"打印配置菜单"，以便打印显示的波形。

**15. 帮助键**

（1）［Help］帮助键：打开"帮助菜单"，可在其中显示帮助主题概述并选择"语言"。

（2）查看联机帮助：按住需要查看其帮助的键或软键。联机帮助将保留在屏幕上，直到按下其他键或旋转旋钮为止。

（3）选择用户界面和联机帮助语言：按下［Help］键，然后按下语言软键，反复按下和释放语言软键或旋转 Entry 旋钮，直到选中所需语言。可使用以下语言：英语、法语、德语、意大利语、日语、韩语、葡萄牙语、俄语、简体中文、西班牙语以及繁体中文。

**16. 垂直控制键**

（1）模拟通道开/关键：使用这些键可打开或关闭通道，或访问软键中的通道菜单。每个模拟通道都有一个通道开/关键，如标有"1"的按键为通道 1 的开/关键，标有"2"的按键为通道 2 的开/关键。

可在通道菜单中将输入耦合更改为 AC（交流）耦合或 DC（直流）耦合。如果通道是 DC 耦合，只需注意与接地符号的距离，即可快速测量信号的 DC 分量。如果通道是 AC 耦合，将会移除信号的 DC 分量，使用更高的灵敏度显示信号的 AC 分量。

在通道菜单中，按下带宽限制软键可启用或禁用带宽限制。当启用带宽限制时，通道的最大带宽大约为 20MHz。对于频率比较低的波形，启用带宽限制可从波形中消除不必要的高频噪声。带宽限制也会限制任何带宽限制已启用的通道的触发信号路径。

（2）垂直定标旋钮：旋转通道开/关键上方带有 ∿ ∿ 标识的大旋钮可为通道设置垂直定标（伏/格），伏/格值显示在显示屏顶部的状态行中。按下垂直定标旋钮（或按下通道键，然后按下"通道菜单"中的微调软键）可以在垂直定标的粗调和微调状态之间切换。选择微调后，能够以较小的增量更改通道的垂直灵敏度。关闭微调后，旋转伏/格旋钮以 4-2-5 的步进顺序更改通道灵敏度。

（3）垂直位置旋钮：旋转通道开/关键下方带有 ↕ 标识的旋钮可在显示屏上向上或向下移动通道的

波形,即更改通道的垂直位置。

(4)［Label］标签键：按下该键可访问"标签菜单",以便输入标签以标识示波器显示屏上的每条轨迹。

**17. 模拟通道输入**

将示波器探头或 BNC 电缆连接到这些 BNC 连接器。本示波器模拟通道输入的阻抗为 1MΩ。此外,由于没有自动探头检测,因此必须正确设置探头衰减才能获得准确的测量结果。

**18. Demo 2、接地和 Demo 1 端子**

(1) Demo 2(演示 2)端子：此端子输出探头补偿信号,可实现探头的输入电容与所连接的示波器通道匹配。

(2) 接地端子：对连接到演示 1 或演示 2 端子的示波器探头使用接地端子。

(3) Demo 1(演示 1)端子：利用获得许可的特定功能,示波器可在此端子中输出演示或训练信号。

输入示波器的第一个信号是 Demo 2(演示 2)。示波器自检时,需将示波器探头(测试线的测试端)连接到前面板上的 Demo 2 端子,将探头的接地导线(测试线的接地端)连接到 Demo 2 端子旁边的接地端子。按下［Auto Scale］(自动调整)按键,示波器的显示屏上如果显示出一个标准的方波,则自检成功。

**19. USB 主机端口**

用于将 USB 存储设备或打印机连接到示波器的端口。连接 USB 兼容的存储设备(Flash 驱动器、磁盘驱动器等)以保存或调用示波器设置文件和参考波形,或保存数据和屏幕图像。要进行打印,可连接 USB 兼容打印机。在有可用的更新时,还可以使用 USB 端口更新示波器的系统软件。

将 USB 存储设备从示波器移除之前,无须采取特殊的预防措施(即无须"弹出"它)。只需在文件操作完成时从示波器中拔出 USB 存储设备即可。

**20. 数字通道输入**

将数字探头电缆连接到此连接器。

**21. 波形发生器输出**

在 Gen Out BNC 上输出正弦波、方波、锯齿波、脉冲、DC 或噪声。按下［Wave Gen］波形发生器键以设置波形发生器。

## 4.5.9　安捷伦示波器测量方波的步骤

安捷伦示波器测量方波的步骤如下：

(1) 连接示波器。将示波器的电源线插入电源插座,并将示波器的探头插入示波器的通道输入端口。

(2) 打开示波器。按下示波器的电源按钮,等待示波器启动。

(3) 设置垂直参数。使用示波器的垂直控制按钮或菜单,设置通道的增益、偏移和耦合方式。对于方波信号,建议选择 DC 耦合。

(4) 设置水平参数。使用示波器的水平控制按钮或菜单,设置采样速率、水平偏移和触发模式。对于方波信号,建议选择自动触发或外部触发,并设置触发条件为上升沿或下降沿。

(5) 触发信号。使用触发控制按钮或菜单,设置触发信号的源和条件。可以选择通道信号、外部信号或内部信号作为触发源,并设置触发条件为上升沿或下降沿。

(6) 显示波形。示波器通常有一个显示屏,可以调整示波器的显示设置,如时间基准、垂直缩放、水平缩放等,以获得清晰的波形显示。对于方波信号,建议选择合适的时间基准和垂直缩放,以便观察方波的上升沿和下降沿。

（7）分析波形。示波器通常提供各种测量功能，如峰-峰值、频率、周期、上升时间等。使用示波器的测量功能，可以对方波进行各种测量和分析。

（8）存储和导出数据。示波器通常提供存储和导出数据的功能，可以将方波数据保存到示波器的内部存储器或外部存储介质，如 USB 存储设备。

请注意，以上是针对安捷伦示波器测量方波的基本操作方法，具体操作步骤可能因示波器的型号和功能而有所不同。建议参考示波器的用户手册或操作指南，以获取详细的使用说明和操作指导。

### 4.5.10　安捷伦数字示波器如何测量交流信号

安捷伦数字示波器是一种常用的电子测量仪器，用于观察和测量电信号的波形和特征。下面是示波器如何测量交流信号的一般步骤。

（1）连接电路。首先，将示波器的探头连接到待测交流信号的测量点。探头的接地夹具应连接到信号的地点，以确保测量的准确性。

（2）设置示波器。打开示波器并调整垂直缩放和水平缩放控件，使信号的波形在示波器屏幕上显示为适当的大小和位置，还可以调整触发控件以确保信号在屏幕上稳定显示。

（3）选择耦合方式。示波器的输入通道通常具有不同的耦合方式，如 AC 耦合和 DC 耦合。对于交流信号的测量，应选择 AC 耦合，以消除信号的直流分量并保留交流成分。

（4）调整触发。使用示波器的触发功能，可以设置触发电平和触发边沿，以确保信号在屏幕上稳定显示。触发功能可以帮助锁定信号的特定部分，以便更好地观察和测量。

（5）测量信号参数。示波器通常具有各种测量功能，如峰-峰值、频率、周期、占空比等。使用示波器的测量功能，可以准确地测量交流信号的各种参数。

（6）分析波形。通过观察示波器屏幕上的波形，可以分析交流信号的特征、幅度、频率、相位等，还可以使用示波器的光标功能测量波形的特定部分。

需要注意的是，在测量交流信号时，示波器的带宽和采样率也是需要考虑的因素。带宽决定了示波器能够准确显示的最高频率，而采样率决定了示波器对信号进行数字化的速度和准确性。因此，在选择示波器时，需要根据待测信号的频率范围和特性选择适当的示波器参数。

该示波器的具体使用方法请参考本书的电子资源。

### 4.5.11　XR2206 信号发生器与数字示波器测试

下面介绍一款用 XR2206 制作的无须调试的信号发生器，并用 Agilent DSO-X 2002A 型数字示波器测试其输出的正弦波、方波和三角波，以验证信号发生器是否正常工作。

**1. XR2206 简介芯片**

XR2206 是一款由 Exar Corporation 设计和生产的功能信号发生器集成电路（IC），它可以生成多种波形，包括正弦波、方波、三角波和锯齿波。这种多功能性使得 XR2206 在电子测试、教育和研发领域非常受欢迎。

（1）XR2206 的主要特性。

XR2206 的主要特性如下：

① 波形输出——XR2206 能够输出正弦波、方波、三角波和锯齿波。

② 频率范围——频率可以从 0.01 Hz 到 1MHz，应用范围广泛。

③ 调制功能——提供调频（FM）和调幅（AM）功能，增加了使用的灵活性。

④ 电源要求——可以在单电源（10～26V）或双电源（±5～±12.5V）下工作。

⑤ 频率调整——通过外部电阻和电容来调整输出频率,用户可以根据需要选择合适的组件来达到所需的频率。

(2) XR2206 的应用。

XR2206 的应用如下:

① 教育——用于教学实验,帮助学生了解和实践波形生成和信号处理的基本概念。

② 电子测试——在电子设备的测试和调试过程中生成所需的测试信号。

③ 通信——用于模拟通信系统中的信号,测试和开发无线和有线通信设备。

④ 音频应用——由于其能够生成高质量的音频频率波形,适用于音频设备的测试和开发。

(3) XR2206 的设计优点。

XR2206 的设计优点如下:

① 简单的外围电路——XR2206 的外围电路相对简单,便于设计和实现。

② 高稳定性和低失真——输出波形具有较高的稳定性和低失真度,适合要求严格的测试和应用环境。

③ 成本效益——XR2206 提供了一种成本效率高的解决方案,尤其适合预算有限的项目和教育用途。

XR2206 是一款功能强大、应用广泛的信号发生器芯片,可供各种电子和通信领域的专业人士和爱好者使用。

XR2206 芯片电源最高工作电压 26V、功耗 750mW、总电流 6mA,有 CDIP、PDIP 和 SOIC 3 种封装,如图 4-42 所示,各引脚功能如表 4-1 所示。

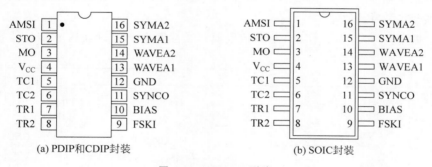

图 4-42 XR2206 引脚

表 4-1 XR2206 引脚功能

| 引脚 | 符 号 | 描 述 |
|---|---|---|
| 1 | AMSI | 振幅调制信号输入 |
| 2 | STO | 正弦波或三角波输出 |
| 3 | MO | 乘法器输出 |
| 4 | $V_{CC}$ | 正极电源 |
| 5 | TC1 | 定时电容器 1 输入 |
| 6 | TC2 | 定时电容器 2 输入 |
| 7 | TR1 | 定时电阻器 1 输出 |
| 8 | TR2 | 定时电阻器 2 输出 |
| 9 | FSKI | 频移键控输入 |
| 10 | BIAS | 内部电压基准 |
| 11 | SYNCO | 同步输出。该输出是一个开路集电极,需要一个上拉电阻器连接到 $V_{CC}$ |
| 12 | GND | 接地引脚 |
| 13 | WAVEA1 | 波形调整输入 1 |
| 14 | WAVEA2 | 波形调整输入 2 |

| 引脚 | 符 号 | 描 述 |
|---|---|---|
| 15 | SYMA1 | 波形符号调整 1 |
| 16 | SYMA2 | 波形符号调整 2 |

**2. 信号发生器电路**

采用 XR2206 芯片及电阻、电容等组成的正弦波、三角波、方波信号发生器电原理图如图 4-43 所示。图 4-43 中电位器 R2 用于调节输出幅度,电位器 R7 和 R8 用于调节输出频率。跳线帽短接 J1、J2 断开,P1.1 脚输出正弦波;P1.2 脚输出方波;J1 断开、J2 短接,P1.1 脚输出三角波;P1.2 脚输出方波。跳线帽短接 J3.1 与 P2.2 频率范围 1~10Hz,跳线帽短接 J3.3 与 J3.4 频率范围 10~100Hz,跳线帽短接 J3.5 与 J3.6 频率范围 100Hz~3kHz,跳线帽短接 J3.7 与 J3.8 频率范围 3~65kHz。

下面列出该信号发生器的参数。

(1)电源电压:9~12V。

(2)波形:方波、正弦波、三角波。

(3)阻抗:600Ω+60Ω。

(4)频率:1Hz~1MHz。

(5)正弦波:振幅为 0~3V(工作在 9V 直流电源),失真小于 1%(1kHz),平整度为+0.05db 1Hz 扩展。

(6)方波:空载振幅为 8V(工作在 9V 直流电源),上升时间小于 50ns(1kHz),下降时间小于 30ns(1kHz),对称性小于 5%(1kHz)。

(7)三角波:振幅为 0~3V(工作在 9V 直流电源),线性度小于 1%(高达 10kHz)。

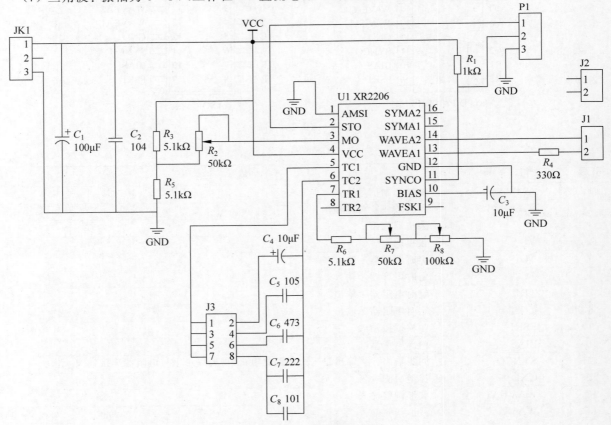

图 4-43 信号发生器原理图

**3. 元件选择和使用**

如图 4-43 所示电路中元器件的型号规格如表 4-2 所示。

表 4-2 元器件的型号规格

| 代 号 | 种 类 | 规 格 | 备 注 |
|---|---|---|---|
| R1 | 电阻器 | 1kΩ | |
| R3、R5、R6 | | 5.1kΩ | |
| R4 | 电阻器 | 330Ω | 无极性 |
| R2、R7 | 电位器 | B503 | |
| R8 | | B104 | |
| C1 | 电解电容器 | 100μF | 长引脚正极 |
| C3、C4 | | 10μF | |
| C2 | 瓷片电容器 | 104 | |
| C5 | | 105 | |
| C6 | | 473 | 无极性 |
| C7 | | 222 | |
| C8 | | 101 | |
| U1 | IC 芯片 | XR2206 | 注意插入方向 |
| JK1 | 电源插座 | DC-005 5.5 | 母座 |
| J1 | 2PIN×1 跳线座 | XM2.54 | 排针 |
| J2 | | | |
| P1 | 信号输出端子 | 5.08 | 蓝色 |
| J3 | 2PIN×5 跳线座 | XM2.54 | 排针 |

XR2206 信号发生器的实物如图 4-44 所示。

图 4-44　XR2206 信号发生器的实物

**4. 使用数字示波器的测试结果**

将 Agilent DSO-X 2002A 型数字示波器与 XR2206 信号发生器的波形输出端子连接好,然后接通信号发生器的直流 12V 电源。跳线座 J1 用于选择在端子 P1.1 和 P1.3 脚输出是正弦波还是三角波,短接为输出正弦波,断开为输出三角波。端子 P1.2 和 P1.3 脚始终输出方波。J3 跳线座用于选择频率范围。当用一个跳线帽插在 J1 位置、另一个跳线帽插在 J3 的第 3 排位置(100Hz~3kHz),3 个电位器都旋在中间位置时用示波器测得的输出正弦波波形测试结果如图 4-45 所示;方波波形测试结果如图 4-46 所示。一个跳线帽插在 J2 位置、另一个跳线帽插在第 3 排位置(100Hz~3kHz),3 个电位器都旋在中间位置时输出三角波波形测试结果如图 4-47 所示。

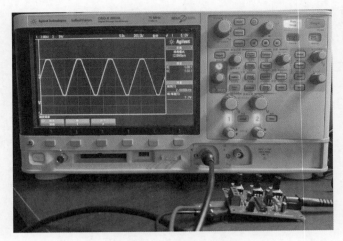

图 4-45　正弦波测试结果

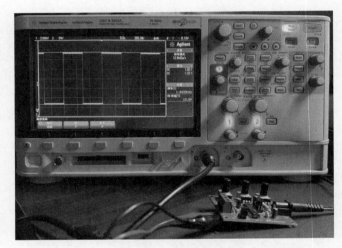

图 4-46　方波测试结果

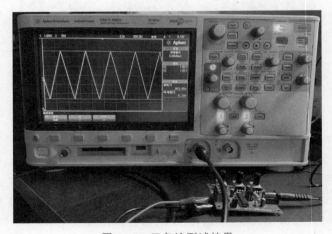

图 4-47　三角波测试结果

## 4.6　逻辑分析仪

逻辑分析仪是一种电子设备测试工具,主要用于捕捉和分析数字系统中的多路数字信号。它能够显示和记录数字信号的时间序列,帮助工程师理解数字电路的工作状态和问题所在。逻辑分析仪对于设计和调试微处理器系统、高速数字系统、通信接口等复杂的数字电路至关重要。

逻辑分析仪是用于复杂数字电路设计和调试的强大工具,能够提供深入的信号时序分析和诊断,帮助工程师快速定位问题并验证解决方案。

本节讲述什么是逻辑分析仪、逻辑分析仪的参数并以 LA5016 为例介绍逻辑分析仪的使用。

### 4.6.1　逻辑分析仪概述

逻辑分析仪通常用于调试和分析数字电路、微控制器、FPGA 等数字系统的工作状态。逻辑分析仪可以捕获和显示多个数字信号的时序波形,帮助工程师分析信号的电平、时序关系、协议解码等信息。

逻辑分析仪的主要功能包括:

(1) 多通道捕获——可以同时捕获多个数字信号通道的波形。

(2) 高速采样——可以较高的采样率捕获信号,以确保准确地观察信号的细节。

(3) 时序分析——可以分析信号的时序关系,包括信号的延迟、脉冲宽度、时序关系等。

(4) 协议解码——可以解码并显示常见的数字通信协议,如 SPI、I2C、UART 等,帮助工程师快速分析通信过程中的问题。

(5) 触发功能——可以设置触发条件,以便在特定条件下捕获波形,帮助工程师定位问题。

逻辑分析仪在数字电路设计、嵌入式系统开发、通信协议分析等领域具有重要的应用价值,可以帮助工程师快速定位和解决数字系统中的问题。

逻辑分析仪是一种总线分析仪,属于数据域测试仪器,即以总线(多线)概念为基础,同时对多条数据线上的数据流进行观察和测试的仪器,这种仪器对复杂的数字系统的测试和分析十分有效。逻辑分析仪是利用时钟从测试设备上采集和显示数字信号的仪器,最主要的作用在于时序判定。由于逻辑分析仪不像示波器那样有许多电压等级,通常只显示两个电压(逻辑 1 和 0),因此在设定参考电压后,逻辑分析仪将被测信号通过比较器进行判定,高于参考电压者为高电平(High),低于参考电压者为低电平(Low),在高电平与低电平之间形成数字波形。

由于电路的发展是从模拟发展到数字这样的过程,因此测量工具的发展也遵循了这个顺序。现在提到测量,首先想到的就是示波器,尤其是一些老工程师,他们对示波器的认可度非常高。而逻辑分析仪是一种新型测量工具,非常适合数字系统的测量分析,而通信方面的分析中,比示波器要更加方便和强大。

一个待测信号使用 10MHz 采样率的逻辑分析仪去采集的话,假定阈值电压是 1.5V,那么在测量的时候,逻辑分析仪就会每 100ns 采集一个样点,并且超过 1.5V 认为是高电平(逻辑 1),低于 1.5V 认为是低电平(逻辑 0)。而后,逻辑分析仪会用描点法将波形连起来,工程师就可以在这个连续的波形中查看到逻辑分析仪还原的待测信号,从而查找异常之处。

逻辑分析仪和示波器都可用于还原信号。示波器前端有 ADC,再加上还原算法,可以实现模拟信号的还原;而逻辑分析仪只针对数字信号,不需要 ADC,不需要特殊算法,就用最简单的连点就可以了。此外,示波器往往是台式的,波形显示在示波器本身的显示屏上,而逻辑分析仪当前大多数是和 PC 端的上位机软件结合的,在计算机上直接显示波形。

逻辑分析仪是利用时钟从被测系统中采集和显示数字信号的仪器,主要作用在于时序判定和分析。

逻辑分析仪不像示波器那样有许多电压等级,而是只显示两个电压(逻辑 1 和 0)。在设定了参考电压后,逻辑分析仪将被测信号通过比较器进行判定,高于参考电压为逻辑 1,低于参考电压为逻辑 0,在 1 与 0 之间形成数字波形。

在针对单片机、嵌入式、FPGA、DSP 等数字系统的测量测试时,相比于示波器,逻辑分析仪可以提供更高的时序精确度、更强大的逻辑分析手段以及大得多的数据采集量。

逻辑分析仪有 3 个重要参数:阈值电压、采样率和存储深度。

(1) 阈值电压。区分高低电平的间隔。逻辑分析仪和单片机都是数字电路,它在读取外部信号的时候,多高电压识别成高电平、多高电压识别成低电平是有一定限制的。比如一款逻辑分析仪,阈值电压是 1.0~2.0V,那么当它采集外部的数字电路信号的时候,高于 2.0V 识别为高电平,低于 1.0V 识别为低电平,而在这之间的电压是一种不定态,有可能识别为高电平也可能识别为低电平,这是由数字电路的固有特性所决定的。

(2) 采样率。每秒钟采集信号的次数。比如一个逻辑分析仪的最大采样率是 100Mb/s,也就是说,它一秒钟可以采集 100M 个样点,即每 10ns 采集一个样点,并且高于阈值电压的认定为高电平,低于阈值电压的认定为低电平。UART 通信的时候。它的每一位都会读取 16 次,而逻辑分析仪的原理也是类似的,即超频读取。频率为 1MHz 的数字信号,用 100Mb/s 的采样率去采集,那么一个信号周期就可以采集 100 次,最后用描点法把采集到的样点连起来,就会还原出信号,当然 100 倍采样率的脉宽误差大概是 1%。根据奈奎斯特定理,采样率必须是信号频率的 2 倍以上才能还原出信号,因为逻辑分析仪是数字系统,算法简单,所以最低也是 4 倍于信号的采样率才可以,一般选择 10 倍左右效果就比较好了。比如待测信号频率是 10MHz,那么逻辑分析仪采样率最低也要是 40Mb/s 的采样率,最好能达到 100Mb/s,提高精确度。

(3) 存储深度。上面讨论了采样率,那么采集到的高电平或者低电平信号,要有一个存储器存储起来。比如用 100Mb/s 的采样率,那么 1 秒就会产生 100M 个样点。一款逻辑分析仪能够存储多少个样点数,这是逻辑分析仪很重要的一个指标。如果采样率很高,但是存储的数据量很少,那也没有多大意义,逻辑分析仪可以保存的最大样点数就是一款逻辑分析仪的存储深度。通常情况下,数据采集时间=存储深度/采样率。

此外,逻辑分析仪还有输入阻抗和耐压值等几个简单参数。在所有的逻辑分析仪的通道中,都是有等效电阻和电容的,由于测量信号的时候分析仪通道是并联在通道上的,所以分析仪的输入阻抗如果太小,电容过大,就会干扰到线上原来的信号。从理论上讲,阻抗越大越好,电容越小越好。通常情况下,逻辑分析仪的阻抗都在 100kΩ 以上,电容都在 10pF 左右。所谓的耐压值,就是说如果测量超过这个电压值的信号,那么分析仪就可能被烧坏,测量的时候必须要注意这个问题。

阻抗(Electrical Impedance)是电路中电阻、电感、电容对交流电的阻碍作用的统称。阻抗的单位是欧姆(Ω)。阻抗衡量流动于电路的交流电所遇到的阻碍。阻抗将电阻的概念加以延伸至交流电路领域,不仅描述电压与电流的相对振幅,也描述其相对相位。当通过电路的电流是直流电时,电阻与阻抗相等,电阻可以视为相位为零的阻抗。在振动系统中,阻抗也用 $Z$ 表示,是一个复数,也是一个相量(Phasor),含有大小(Magnitude)和相位/极性(Phase/Polarity)。由阻(Resistance)和抗(Reactance)组成。阻是对能量的消耗,而抗是对能量的保存。

逻辑分析仪的工作过程就是数据采集、存储、触发、显示的过程,由于它采用数字存储技术,可将数据采集工作和显示工作分开进行,也可同时进行,必要时,对存储的数据可以反复进行显示,以利于对问题的分析和研究。

将被测系统接入逻辑分析仪,使用逻辑分析仪的探头(逻辑分析仪的探头是将若干个探极集中起来,其触针细小,便于探测高密度集成电路)监测被测系统的数据流,形成并行数据送至比较器,输入信号在比较器中与外部设定的门限电平进行比较,大于门限电平值的信号在相应的线上输出高电平;反之输出低电平时对输入波形进行整形。经比较整形后的信号送至采样器,在时钟脉冲控制下进行采样。被采样的信号按顺序存储在存储器中。采样信息以"先进先出"的原则组织在存储器中,得到显示命令后,按照先后顺序逐一读出信息,按设定的显示方式进行被测量的显示。

逻辑分析仪采样原理如图 4-48 所示。

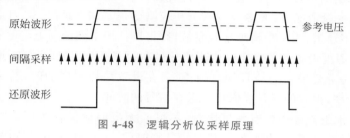

原始波形 ---- 参考电压

间隔采样

还原波形

图 4-48 逻辑分析仪采样原理

## 4.6.2 LA5016 逻辑分析仪

青岛金思特电子有限公司(官网:www.qdkingst.com)生产多款 LA 系列逻辑分析仪,如 LA1010、LA1016、LA2016、LA5016 和 LA5032,具体功能参考官网上的资料。

逻辑分析仪是一种用于捕捉和分析数字信号的工具,它在电子设计和调试中非常重要。在使用逻辑分析仪时,两个关键的参数是采样深度(sampling depth)和存储深度(storage depth)。这两个参数对于分析仪的性能和适用性有着重要影响。

**1. 采样深度**

采样深度是指逻辑分析仪在单次触发事件中能够记录的最大样本数。这个参数决定了逻辑分析仪在一次测量中可以捕获多长时间的数据。采样深度越大,能够连续记录的数据就越多,这对于分析长时间序列的数字信号特别重要。高的采样深度使得用户能够在不丢失任何数据的情况下,详细分析信号的长时间行为。

**2. 存储深度**

存储深度是指逻辑分析仪内部或外部存储器中可以存储的总数据量,通常以位(bit)、字节(byte)或样本数(sample)来表示。存储深度越高,逻辑分析仪就能存储更多的数据和更多的触发事件,从而允许用户回顾和分析更多的历史数据。存储深度对于进行复杂或多次触发条件的长期测试尤为重要。

**3. 采样深度与存储深度的关系**

尽管采样深度和存储深度听起来可能类似,但它们关注的是不同方面的性能。采样深度更多地关注于单次触发事件中的数据捕获能力,而存储深度关注的是整体的数据存储能力。在选择逻辑分析仪时,需要根据实际的应用需求来考虑这两个参数。

采样深度和存储深度是评估和选择逻辑分析仪时的两个重要技术指标,它们直接影响到分析能力和应用的广泛性。在选择逻辑分析仪时,应根据具体的技术需求和预算来综合考虑这两个参数。

LA5016 逻辑分析仪如图 4-49 所示。最大采样率为 500Mb/s,通道数为 16 个,硬件采样深度为 32MSa,经过压

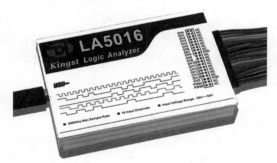

图 4-49 LA5016 逻辑分析仪

缩算法,最多可以实现每通道 5GSa 的采样深度。

### 4.6.3 LA5016 逻辑分析仪的使用

逻辑分析仪的使用方法如下:

(1) 硬件通道连接。首先要把逻辑分析仪的 GND 和待测板子的 GND 连到一起,以保证信号的完整性。然后把逻辑分析仪的通道接到待测引脚上,待测引脚可以用多种方式引出来。

(2) 通道数设置。一般情况下,大多数逻辑分析仪有 8 通道、16 通道、32 通道等。我们采集信号的时候,往往用不到那么多通道,为了更清晰地观察波形,可以把用不到的通道隐藏起来。

(3) 采样率和采样深度设置。首先要对待测信号最高频率有个大概的评估,把采样率设置到它的 10 倍以上,还要大概判断一下要采集的信号的时间长短,在设置采样深度的时候,尽量设置得有一定的裕量。采样深度除以采样率,得到的就是我们可以保存信号的时间。

(4) 触发设置。由于逻辑分析仪有深度限制,不可能无限期地保存数据。当使用逻辑分析仪的时候,如果没有采用任何触发设置,从开始抓取就开始计算时间,一直到存满设置的存储深度后,抓取就停止。在实际操作过程中,开始抓取的一段信号可能是无用信号,有用信号可能只是其中一段,但是无用信号会占据存储空间。在这种情况下,可以通过设置触发提高存储深度的利用率。比如想抓取 UART 串口信号,而串口信号平时没有数据的时候是高电平,因此可以设置一个下降沿触发。单击"开始"按钮抓取,逻辑分析仪不会把抓到的信号保存到存储器中,而是会等待一个下降沿的产生,一旦产生了下降沿,才开始进行真正的信号采集,并且把采集到的信号存储到存储器中。也就是说,从单击"开始"按钮抓取到下降沿这段时间内的无用信号,被所设置的触发条件给屏蔽掉了,这是一个非常实用的功能。

(5) 抓取波形。逻辑分析仪和示波器不同,示波器是实时显示的,而逻辑分析仪需要单击开始,才开始抓取波形,一直到存满所设置的存储深度后结束,然后我们可以慢慢地去分析抓到的信号。

(6) 设置协议解析(标准协议)。如果抓取的波形遵循标准协议,比如 UART、I2C、SPI 等,那么逻辑分析仪一般都会配有专门的解码器,可以通过设置解码器,不仅像示波器那样把波形显示出来,还可以直接把数据解析出来,以十六进制、二进制、ASCII 码等不同形式显示出来。

(7) 数据分析。和示波器类似,逻辑分析仪也有各种测量标线,可以测量脉冲宽度、波形的频率、占空比等信息,通过数据分析,查找波形是否符合我们的要求,从而帮助我们解决问题。

### 4.6.4 KingstVIS 软件界面

通过浏览器访问网页 http://www.qdkingst.com/cn/download,下载金思特虚拟仪器软件——KingstVIS,也可在购买设备时随机附带的光盘内找到,软件安装包文件名形如 KingstVIS_Setup_v3.x.x.exe(其中的 v3.x.x 表示软件的版本号)。

KingstVIS 软件界面可分为以下几个部分:

(1) 工具栏——位于界面上方,包含当前设备的一些常用设置,以及最右端的主菜单按钮。

(2) 阈值电压——位于界面左上方,可通过下拉框选择或自定义阈值电压值。

(3) 通道设置栏——位于界面左侧,是当前启用的测量通道的编号和名称。

(4) 波形显示窗口——位于界面中部,最上面一栏是时间轴,中间显示采集到的波形和解析出的数据等,最下一栏是滚动条。

(5) 采样结果分析窗口——位于界面右侧,其上部显示常用的测量结果,其下方可以添加协议解析器并显示解析后的结果。

KingstVIS 软件界面如图 4-50 所示。

图 4-50　KingstVIS 软件界面

## 4.6.5　模拟演示功能

KingstVIS 软件具备模拟演示的功能,在不连接任何硬件设备的情况下,可以由软件模拟硬件设备的工作过程和功能,用户可通过此模式直观体验软件的各项功能。

金思特所有虚拟仪器都使用同一个 KingstVIS 软件,在软件界面左上方有一个设备控制栏,如图 4-51所示。

在图 4-51 中,左端的图标表示当前设备类型为逻辑分析仪,中间的字符表示当前设备的型号,单击当前设备型号,在弹出的对话框中会列出软件所支持的所有设备型号,如图 4-52 所示,用户选择感兴趣的型号,即可对该型号的设备进行评估体验。

图 4-51　设备控制栏　　　　图 4-52　设备型号选择

单击工具栏的 ▶ 按钮,软件即可模拟硬件设备的工作过程。最终软件会在所有启用的通道上模拟出一系列的方波或脉冲信号。

逻辑分析仪的一大重要功能就是可以对采集到的符合某种协议标准的信号进行解析。下面以 SPI 为例,做简要说明。在软件界面右侧找到如图 4-53 所示的"解析器"选项。

单击其右端的 ➕ 按钮,在弹出的菜单中选择 SPI,此时会弹出协议设置对话框,使用默认设置,直接单击"确定"按

图 4-53　解析器

钮即可,至此就已经添加进了一个标准的 SPI 协议解析器。接下来单击工具栏上的 ▶ 按钮,稍等片刻软件就会在通道 0~3 上模拟出标准的 SPI 信号波形,并解析出数据,而其他通道则依旧是模拟的随机方波或脉冲信号。SPI 信号模拟波形如图 4-54 所示。

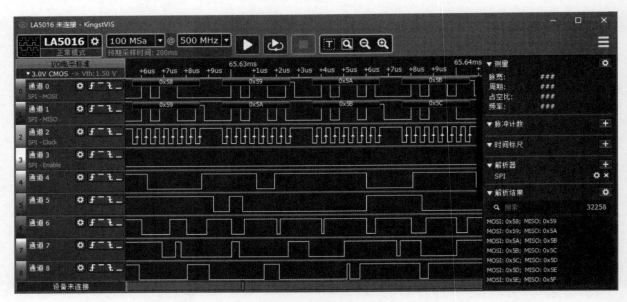

图 4-54　SPI 信号模拟波形

通过单击鼠标左右键或滚动滚轮,可以放大或缩小波形,按住鼠标左键可拖动波形。单击"更多解析器"选项,软件会列出所有支持的协议,如图 4-55 所示。

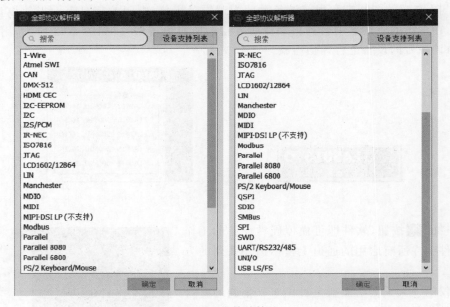

图 4-55　支持的协议

## 4.6.6　连接设备与计算机

用附带的 USB 线连接逻辑分析仪与计算机(台式机请尽量选用机箱后部的 USB 口)。随后,计算机会提示发现新硬件,如果是 Windows XP 系统会弹出提示安装驱动对话框,选择自动安装即可,如果是 Windows7/Windows8/Windows10 系统,则会在屏幕右下角弹出提示框,并自动进行驱动的安装,只需等待一会儿即可。

设备连接到计算机并安装好驱动后,打开 KingstVIS 软件将自动进行设备连接,连接完成后会在状态栏及标题栏上提示已连接,软件会自动识别设备型号并显示出来,如图 4-56 所示。

当状态栏显示"设备未连接"时则表示硬件设备尚未连接到计算机的 USB 口,或是连接出现了故障,无法正常工作,如图 4-57 所示。

标题栏显示　　　　　　状态栏显示　　　　　　设备型号

图 4-56　信息显示

图 4-57　设备未连接

## 4.6.7　连接设备与待测系统

逻辑分析仪和计算机系统是共地的,待测系统与计算机地线之间一定不能存在压差。逻辑分析仪的通道耐压值为±50V,如果连接像交流 220V 这样的高压设备,务必做好隔离措施,确认待测设备的 GND 与高压设备是隔离的。如果直接连接未经隔离,那么极有可能烧坏逻辑分析仪甚至计算机。

连接被测系统时,先将逻辑分析仪的 GND 与待测系统的地可靠连接,然后将测试通道与待测信号连接。接线时请注意:在测量高速信号的时候,应尽可能地将逻辑分析仪的测量线与待测信号点直连在一起,尽可能减少额外连接线,如果需要转接线,转接线一定要短,因为转接线过长会影响信号质量。

逻辑分析仪与待测系统的连接方法如图 4-58 所示。

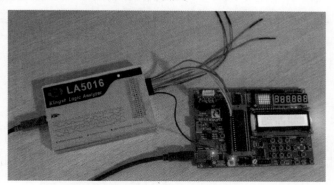

图 4-58　逻辑分析仪与待测系统的连接方法

## 4.6.8　采样参数设置

软件安装、设备连接完成后,就可以进行信号的采集和分析了,下面按照通常使用的步骤对逻辑分析仪的使用进行讲解。

### 1. 采样率、采样深度设置

采样率决定了一次采样结果的时间精度,采样率越高,时间精度越高。采样深度决定了一次采样点总数,深度越大一次采样的数据量越大。

采样时间＝采样深度÷采样率。采样时采样率必须达到被测信号最高频率的 5 倍以上,推荐 10 倍以上。采样率、采样深度设置如图 4-59 所示。

图 4-59 采样率、采样深度设置

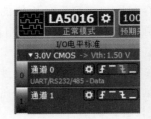

图 4-60 触发设置

**2. 触发设置**

所谓触发就是设置一定的条件,如果设置的采样时间较短,信号又是偶然发生的,那么当信号不满足设置的条件时,就会采集不到信号。触发条件有跳变沿、高低电平等,此时就需要根据信号的特点设置触发条件。比如说,我们用通道 0 采集 UART 信号,那么在通道栏中通道 0 右上方的 ⬛ 组合按钮中单击 ⬛,触发设置如图 4-60 所示。⬛表示上升沿触发;⬛表示高电平触发;⬛表示下降沿触发;⬛表示低电平触发。

设置好触发后,单击 ▶ 启动按钮,就会显示等待触发,直到该通道上出现下降沿时,分析仪才开始采集并保存数据。

注:如果在采集信号时软件一直显示等待触发,那么这时需要检查一下是不是设置的信号条件满足不了。

## 4.6.9 采集信号与测量、分析波形

设置好各项采样参数后,就可以开始采集被测信号了。采集方式分为如下几种:

一是单次采样。单击软件界面最上方的 ▶ 按钮,开始对被测信号进行采集,结束后,软件将波形还原出来,留待后续分析。

二是自动重复采样。单击工具 ⬛ 按钮,开始自动重复采集信号。结束后,波形显示到软件界面上,同时自动开始下一次采集。

无论是启动了单次采样还是重复采样,都可以单击 ⬛ 按钮停止当前采样。

波形的操作方式如下:

(1)波形缩放与移动。当比例太大时,可以通过单击工具栏的"放大""缩小"按钮对波形进行调整,如图 4-61 所示。

(2)鼠标测量。当单击测量窗口右上角的 ⬛ 按钮,可以对脉宽、周期、占空比、频率功能进行取消或显示,如图 4-61 所示。

(3)时间标尺。时间标尺可以测量波形上任意一点的准确时间值及两标尺间的时间差。可以通过鼠标左右键单击测量窗口的 A1 或 A2,可以单击鼠标左键打开时间标尺,单击右键关闭时间标尺,如图 4-61 所示。

（4）脉冲标尺。脉冲计数可以快速统计波形中的脉冲个数。单击 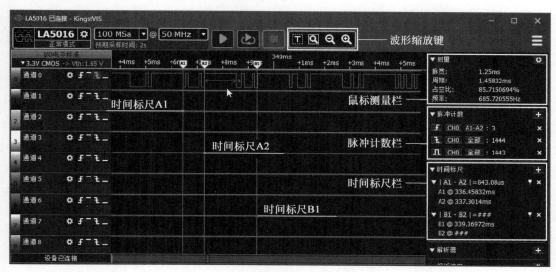按钮添加一项脉冲计数。单击第一个按钮，比如 $\int$ ，可以选择上升沿、下降沿、正脉冲、负脉冲统计类型；单击第二个按钮 CH0 ，选择要统计的通道；第三个按钮，默认是"全部"，如果添加了有效时间标尺，那么这里可以选择相应的时间标尺组，可以统计该时间标尺的脉冲个数，如图 4-61 所示。

图 4-61 波形分析

## 4.6.10 数据保存与导出

数据保存与导出的方法如下：

（1）保存设置。单击界面右上角的主菜单按钮 ，在弹出菜单中选择"保存设置"，可以把常用的几种设置单独保存为文件，如图 4-62 所示。

（2）保存数据：单击界面右上角的主菜单按钮 ，在弹出菜单中选择"保存数据"，可以把原始波形数据保存下来以备日后查看或对比，如图 4-63 所示。

（3）导出数据：单击添加的协议解析器图标 ，在弹出菜单中选择"导出数据"，可以将协议解析器解析出来的数据单独导出，以做进一步分析，如图 4-64 所示。

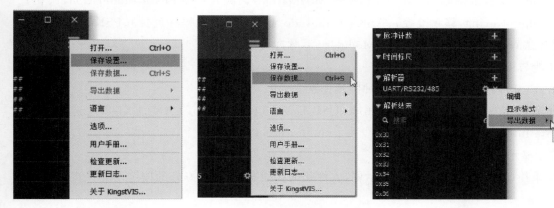

图 4-62 保存设置　　　　图 4-63 保存数据　　　　图 4-64 导出数据

## ■■ 4.7 波形发生器 ◆

波形发生器(也称为信号发生器或函数发生器)是一种电子测试设备,用于生成具有各种频率、波形和幅度的电信号。波形发生器在电子设计、测试、维修和教育等领域都有广泛应用。它可以产生正弦波、方波、三角波、锯齿波以及更复杂的调制波形等。

在硬件调试过程中,波形发生器用于模拟预期的电信号,以测试和验证电路的功能和性能。例如,在设计和测试数字电路时,波形发生器可以用来模拟时钟脉冲、数字数据流或其他数字信号,以确保电路正确响应这些信号。

SDG1000X 系列双通道函数/任意波形发生器是深圳市鼎阳科技股份有限公司生产的产品,最大输出频率 60MHz,具备 150MSa/s 采样率和 14 位垂直分辨率;在传统的 DDS(Direct Digital Synthesizer,直接数字合成器)技术基础上,采用了创新的 EasyPulse 技术,克服了 DDS 技术在输出任意波和方波/脉冲时的先天缺陷;独立的方波通道能产生频率高达 60MHz 的低抖动方波;具备调制、扫频、Burst(迸发)、谐波发生、通道合并等多种复杂波形的产生功能,能够满足用户更广泛的需求。

SDG1000X 有 7 种标准波形,分别为正弦波、方波、三角波、脉冲波、噪声、直流和任意波形。SDG1000X 的性能特点如下。

(1) 双通道,最大输出频率 60MHz,最大输出幅度 $20V_{pp}$(pp,peak to peak)。

(2) 150MSa/s(Sa/s:Samples per second,即每秒采样数,表示示波器每秒能够采集的波形点数)采样率。

(3) 创新的 EasyPulse 技术,能够输出低抖动的脉冲,同时脉冲波可以做到脉宽、上升/下降沿精细可调,具备极高的调节分辨率和调节范围。

(4) 独立的方波通道,频率最高 60MHz。

(5) 丰富的模拟和数字调制功能,包括 AM(Amplitude Modulation,调幅)、DSB-AM(Double Sideband Amplitude,双边带调幅)、FM(Frequency Modulation,调频)、PM(Phase Modulation,调相)、FSK(Frequency Shift Keying,移频键控)、ASK(Amplitude Shift Keying,幅移键控)、PSK(Phase Shift Keying,相移键控法)和 PWM(Pulse Width Modulation,脉冲宽度调制)。

(6) 扫频功能与 Burst 功能谐波发生功能。

(7) 通道合并功能硬件频率计功能 196 种内建任意波。

(8) 丰富的通信接口,包括标配 USB Host、USB Device(USBTMC)、LAN(VXI-11)、选配 GPIB(General Purpose Interface Bus,通用接口总线)。

(9) 4.3 英寸显示屏。

SDG1000X 采用 4.3 英寸 TFT-LCD 显示屏,人性化的界面布局,恰到好处的按键设置。

**1. 前面板总览**

SDG1000X 向用户提供了明晰、简洁的前面板,如图 4-65 所示。前面板包括 4.3 英寸显示屏、菜单键、数字键盘、常用功能按键区、方向键、多功能旋钮和通道输出控制区等。

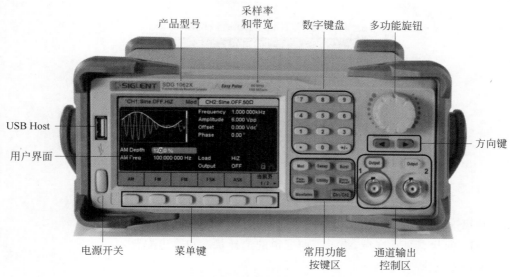

产品型号　采样率和带宽　数字键盘　多功能旋钮

USB Host

用户界面

方向键

电源开关　菜单键　常用功能按键区　通道输出控制区

图 4-65　SDG1000X 前面板

**2. 后面板总览**

SDG1000X 的后面板为用户提供了丰富的接口,包括频率计接口、10MHz 时钟输入/输出端、多功能输入/输出端、USB 设备接口、LAN(Local Area Network,局域网)接口、电源输入口和专用的接地端子等,如图 4-66 所示。

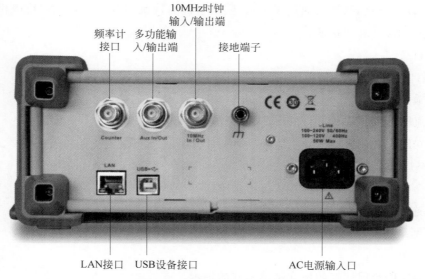

频率计接口　多功能输入/输出端　10MHz时钟输入/输出端　接地端子

LAN接口　USB设备接口　AC电源输入口

图 4-66　SDG1000X 后面板

**3. 用户界面**

SDG1000X 只能显示一个通道的参数和波形。CH1 的选择正弦波的 AM 调制时的界面如图 4-67 所示。基于当前功能的不同,界面显示的内容会有所不同。

(1) 波形显示区。

显示各通道当前选择的波形。

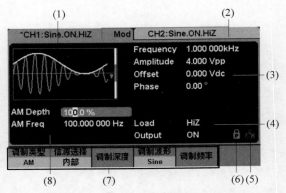

图 4-67　CH1 的选择正弦波的 AM 调制时的界面

（2）通道输出配置状态栏。

CH1 和 CH2 的状态显示区域，指示当前通道的选择状态和输出配置。

（3）基本波形参数区。

显示各通道当前波形的参数设置。按相应的菜单软键后使需要设置的参数突出显示，然后通过数字键盘或旋钮改变该参数。

（4）通道参数区。

显示当前选择通道的负载设置和输出状态。

Load——负载。

按 Utility →输出设置→负载，然后通过菜单软键、数字键盘或旋钮改变该参数；长按相应的 Output 键 2 秒即可在高阻和 50Ω 状态间切换。

高阻：显示 HiZ。

负载：显示阻值（默认为 50Ω，范围为 50Ω～100kΩ）。

Output——输出。

按相应的通道输出控制端，可以打开或关闭当前通道。

ON：打开；OFF：关闭。

（5）网络状态提示符。

SDG1000X 会根据当前网络的连接状态给出不同的提示：

🔲 表示网络连接正常。

✖ 表示没有网络连接或网络连接失败。

（6）模式提示符。

SDG1000X 会根据当前选择的模式给出不同的提示：

🔒 表示当前选择的模式为相位锁定。

🔓 表示当前选择的模式为独立通道。

（7）菜单。

显示当前已选中功能对应的操作菜单。

（8）调制参数区。

显示当前通道调制功能的参数。选择相应的菜单后，通过数字键盘或旋钮改变参数。

## 4.8 晶体管特性图示仪

晶体管特性图示仪(Transistor Curve Tracer)通常被称为晶体管曲线迹线仪或晶体管特性分析仪,是一种用于测量和显示晶体管的电气特性的设备。它可以测试晶体管的放大系数、极间电阻、击穿电压、饱和电流等参数,帮助工程师确定晶体管的性能是否符合要求。它在电子维修、电子制造等领域应用广泛。

晶体管图示仪通常包括以下部分:

(1)信号源——产生测试信号,通常是一个正弦波或方波信号。

(2)放大电路——将测试信号放大到足够的幅度,以便测试晶体管的放大系数。

(3)测试电路——测试晶体管参数的电路,包括基极电阻、集电极电阻、击穿电压等测试点。

(4)显示屏——显示测试结果,通常是一个 LCD 屏幕或 LED 数码管。

晶体管特性图示仪是一种专用示波器,它能直接观察各种晶体管特性曲线。例如,晶体管共射、共基和共集 3 种接法的输入、输出特性及反馈特性;二极管的正向、反向特性;稳压管的稳压或齐纳特性;它可以测量晶体管的击穿电压、饱和电流等参数。

晶体管特性图示仪具有如下功能:

(1)静态特性测量——测量晶体管在不同工作点下的直流参数,如集电极电流($I_c$)与基极电流($I_b$)之间的关系,以及集电极电流($I_c$)与集电极-发射极电压($V_{ce}$)之间的关系。

(2)动态特性测量——测量晶体管在交流信号作用下的参数,如交流增益、相位响应等。

(3)参数提取——从测量的特性曲线中提取晶体管的关键参数,如直流电流放大系数(hFE)、击穿电压、饱和电流等。

(4)多种测试模式——支持不同类型的晶体管(比如 NPN、PNP、MOSFET、JFET 等)的测试,并且可以调整测试条件以适应不同的晶体管。

(5)图形显示——提供图形界面以直观显示晶体管的特性曲线,帮助用户更好地理解晶体管的状态。

(6)自动测试——一些晶体管特性图示仪具备自动测试功能,能够自动识别连接的晶体管类型及其引脚配置,并进行相应的测试。

晶体管特性图示仪主要由集电极扫描发生器、基极阶梯发生器、同步脉冲发生器、X 轴电压放大器、Y 轴电流放大器、示波管、电源及各种控制电路等组成。各组成部分的主要作用如下:

(1)集电极扫描发生器的主要作用是产生集电极扫描电压,其波形是正弦半波波形,幅值可以调节,用于形成水平扫描线。

(2)基极阶梯发生器的主要作用是产生基极阶梯电流信号,其阶梯的高度可以调节,用于形成多条曲线簇。

(3)同步脉冲发生器的主要作用是产生同步脉冲,使扫描发生器和阶梯发生器的信号严格保持同步。

(4)X 轴电压放大器和 Y 轴电流放大器主要用作轴电压放大器,把从被测元件上取出的电压信号或电流信号放大,达到能驱动显示屏发光的目的,然后送至示波管的相应偏转板上,以在屏面上形成扫描曲线。

(5)示波器的主要作用是在荧屏面上显示测试的曲线图像。

(6)电源和各种控制电路,电源是提供整机的能源供给,各种控制电路是便于测试转换和调节。

国内某公司生产的 WQ4830 型晶体管特性图示仪如图 4-68 所示。

图 4-68　WQ4830 型晶体管特性图示仪

WQ4830 晶体管特性图示仪的功能特性如下：

（1）数字存储——本机可以存储 10 幅图形，也可以通过 USB 接口无限量存储至计算机。可以保存为特定文件格式，也可以保存为 JPG、BMP 等图片格式。保存在计算机上的数据可以通过打印机打印出来也可以通过 USB 接口下载至仪器。

（2）安全——停止状态切断集电极电源及基极电压、电流输出，确保操作人员、被测器件及仪器安全。

（3）显示界面——640×480px TFT 彩色液晶显示器，友好的人机界面。

（4）同步显示——高速 USB 通信可以在测试器件的同时将图形同步显示在计算机屏幕上，使显示界面的大小得到了无限的扩展。

（5）参数显示——自动测量并显示电压、电流、$\alpha$ 和 $\beta$ 测量值及各种设置参数。

（6）配对挑选——可以同时显示一幅静态图形和一幅动态图形，方便对两个器件进行直观的配对。

（7）快速筛选——可以设置某种条件下某个参数的上限值和下限值，被测参数超出该范围时会以声光报警提示。

（8）通信接口——USB。

（9）最大集电极电流——50A。

晶体管特性图示仪可以应用于以下场合：

（1）教育与研究——在学术环境中，晶体管特性图示仪用于教授和研究晶体管的基本特性和行为。

（2）产品开发——设计工程师使用它来选择合适的晶体管并优化电路设计。

（3）质量控制——在制造过程中，用于检验晶体管是否满足规定的性能标准。

（4）故障诊断与维修——维修技术员利用它来检测晶体管是否损坏或性能下降，以及确定故障原因。

# 电路设计与仿真
## ——Altium Designer

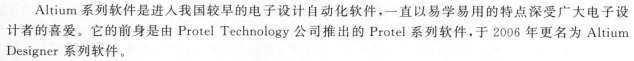

**第 5 章**

CHAPTER 5

Altium Designer 是一款广泛使用的电子设计自动化软件，专门用于 PCB 设计和电子系统的原型设计。它集成了电路图设计、PCB 布局、信号完整性分析和 FPGA 开发等功能。

本章主要讲述如下内容：

(1) 对 Altium Designer 软件进行了简要介绍，着重介绍了 Altium Designer 20 的主要特点。这些特点可能包括改进的用户界面、增强的性能和新的设计功能等。

(2) 深入讨论了电路原理图的设计过程。从如何启动 Altium Designer 20 开始，详细说明软件的主窗口和开发环境，包括工具栏、菜单、面板等界面元素以及它们的功能。

(3) 讲解了原理图设计的一般流程，包括创建项目、添加和连接电子元件、设置元件属性、进行电气规则检查(ERC)等步骤。这个过程是设计电路的基础，需要设计者有清晰的逻辑思维和对电子元件及其互连关系的深入理解。

在本章中，读者可以获得对 Altium Designer 软件功能和操作的全面了解，包括如何在该软件中从零开始构建电路原理图和 PCB 设计。通过详细的步骤和指导，即使是初学者也能够跟随章节内容，逐步掌握电路设计的核心技能。

## 5.1　Altium Designer 简介

Altium 系列软件是进入我国较早的电子设计自动化软件，一直以易学易用的特点深受广大电子设计者的喜爱。它的前身是由 Protel Technology 公司推出的 Protel 系列软件，于 2006 年更名为 Altium Designer 系列软件。

Altium Designer 20 是第 29 次升级后的版本，整合了过去所发布的一系列更新，包括新的 PCB (Printed Circuit Board，印制电路板)特性以及核心 PCB 和原理图工具更新。作为新一代的板卡级设计软件，其独一无二的 DXP 技术集成平台为设计系统提供了所有工具和编辑器的兼容环境。

Altium Designer 20 是一套完整的板卡级设计系统，真正实现了在单个应用程序中的集成。Altium Designer 20 PCB 线路图设计系统完全利用了 Windows 平台的优势，具有更好的稳定性、增强的图形功能和易用的用户界面，设计者可以选择适当的设计途径以优化的方式工作。

### 5.1.1　Altium Designer 20 的主要特点

Altium Designer 20 是一款功能全面的 3D PCB 设计软件，该软件配备了具有创新性、功能强大且直观的印制电路板技术，支持 3D 建模、增强的高密度互连(High Density Interconnector，HDI)、自动化布线等功能，可以连接 PCB 设计过程中的所有方面，使设计的每个方面和各个环节无缝连接。同时用户还可以利用软件中强大的转换工具,将他人的工具链迁移到 Altium 的一体化平台,从而轻松地设计出高品质的电子产品。

Altium Designer 20 功能进行了全面升级,主要更新集中在额外增强方面,如增加了新的 PCB 连接绘图选项。软件还进一步改进了 PCB 中的 3D 机械 CAD(Computer Aided Design,计算机辅助设计)接口,改进了在 STEP 文件中输出的变化,这样在为板级部分使用"组件后缀"选项以及在 PCB IDF 导出实用程序时,如果检测到了一个空的元器件注释,则会发出警告。最后 Altium Designer 20 还支持备用的 PDF 阅读器,使设计者能够运用该版本中提供的诸多全新功能,将自己从干扰设计工作的琐碎任务中解放出来,从而完全专注于设计本身,尽情享受创新激情。

**1. 设计环境**

设计过程中各个方面的数据互连(包括原理图、PCB、文档处理和模拟仿真)可以显著地提升生产效率。

(1) 变量支持:管理任意数量的设计变量,而无须另外创建单独的项目或设计版本。

(2) 一体化设计环境:Altium Designer 20 从一开始就致力于构建功能强大的统一应用电子开发环境,包含完成设计项目所需的所有高级设计工具。

(3) 全局编辑:Altium Designer 20 提供灵活而强大的全局编辑工具,便于使用,可一次更改所有或特定元器件。多种选择工具有助于快速查找、过滤和更改所需的元器件。

**2. 可制造性设计**

学习并应用可制造性设计(Design for Manufacturing,DFM)方法,确保每一次的 PCB 设计都具有功能性、可靠性和可制造性。

(1) 可制造性设计入门:了解可制造性设计的基本技巧,为成功制造电路板做好准备。

(2) PCB 拼版:通过使用 Altium Designer 20 进行拼版,在制造过程中保护电路板并可显著降低生产成本。

(3) 设计规则驱动的设计:在 Altium Designer 20 中应用设计规则覆盖 PCB 的各个方面,轻松定义设计需求。

(4) Draftsman 模板:在 Altium Designer 20 中直接使用 Draftsman 模板,轻松满足设计文档要求。

**3. 轻松转换**

使用业内最强大的翻译工具,轻松转换设计信息。

**4. 软硬结合设计**

在 3D 环境中设计软硬结合板,并确认其 3D 元器件、装配外壳和 PCB 间距满足所有机械方面的要求。

(1) 定义新的层堆栈:为了支持先进的 PCB 分层结构,该软件开发了一种新的层堆栈管理器,它可以在单个 PCB 设计中创建多个层堆栈。这既有利于嵌入式元器件,又有利于软硬结合电路的创建。

(2) 弯折线:Altium Designer 20 包含软硬结合设计工具集,其中,使用弯折线能够创建动态柔性区域,还可以在 3D 空间中完成电路板的折叠和展开,从而准确地看到成品的外观。

(3) 层堆栈区域:设计中具有多个 PCB 层堆栈,但是设计人员只能查看正在工作的堆栈对应的电路板的物理区域,对于这种情况,Altium Designer 20 提供了独特的查看模式——电路板规划模式。

**5. PCB 设计**

控制元器件布局和在原理图与 PCB 之间完全同步,可以轻松地操控电路板布局上的对象。

(1) 智能元器件摆放:使用 Altium Designer 20 中的直观对齐系统可快速将对象捕捉到与附近对象的边界或焊盘对齐的位置,在遵守设计规则的同时,将元器件推入狭窄的空间。

（2）交互式布线：使用 Altium Designer 20 的高级布线引擎，可以在很短的时间内设计出最高质量的 PCB 布局布线，它包括几个强大的布线选项，如环绕、推挤、环抱并推挤、忽略障碍以及差分对布线。

（3）原生 3D PCB 设计：使用 Altium Designer 20 中的高级 3D 引擎，实现设计结果的清晰可视化，并可与设计结果进行实时交互。

**6．原理图设计**

通过层次式原理图和设计复用，可以在一个内聚的、易于导航的用户界面中更快、更高效地设计顶级电子产品。

（1）层次化设计及多通道设计：使用 Altium Designer 20 分层设计工具将任何复杂或多通道设计简化为可管理的逻辑块。

（2）电气规则检查：使用 Altium Designer 20 电气规则检查（Electrical Rules Check，ERC）在原理图捕获阶段尽早发现设计中的错误。

（3）简单易用：Altium Designer 20 提供了轻松创建多通道和分层设计的功能，可以将复杂的设计简化为视觉上令人愉悦且易于理解的逻辑模块。

（4）元器件搜索：从通用符号和封装中创建真实的、可购买的元器件，或从数十万个元器件库中搜索，以找到并将之放置在所需要的位置。

**7．发布**

体验从容有序的数据管理，并通过无缝、简化的文档处理功能为其发布做好准备。

（1）自动化的项目发布：Altium Designer 20 提供了受控和自动化的设计发布流程，确保文档易于生成、内容完整并且可以进行良好的沟通。

（2）PCB 拼版支持：在 PCB 编辑器中轻松定义相同或不同电路板设计的面板，降低生产成本。

（3）无缝 PCB 绘图过程：在 Altium Designer 20 统一环境中创建制造和装配图，使所有文档与设计保持同步。

## 5.1.2　PCB 总体设计流程

为了让用户对电路设计过程有一个整体的认识和理解，下面介绍 PCB 的总体设计流程。

通常情况下，从接到设计要求到最终制作出 PCB，主要经历以下几个流程。

**1．案例分析**

这个步骤严格来说并不是 PCB 设计的内容，但对后面的 PCB 设计又是必不可少的。案例分析的主要任务是决定如何设计电路原理图，同时也影响到 PCB 的规划。

**2．电路仿真**

在设计电路原理图之前，有时对某一部分电路设计方案并不十分确定，因此需要通过电路仿真验证。电路仿真还可以用于确定电路中某些重要元器件的参数。

**3．绘制原理图元器件**

Altium Designer 20 虽然提供了丰富的原理图元器件库，但不可能包括所有元器件，必要时需动手设计原理图元器件，建立自己的元器件库。

**4．绘制电路原理图**

找到所有需要的原理图元器件后，就可以开始绘制原理图了。根据电路复杂程度决定是否需要使用层次原理图。完成原理图后，用 ERC 工具查错，如果发现错误，则找到出错原因并修改原理图、重新查错，直到没有原则性错误为止。

**5. 绘制元器件封装**

与原理图元器件库一样,Altium Designer 20 不可能提供所有元器件的封装,必要时需自行设计并建立新的元器件封装库。

**6. 设计 PCB**

确认原理图没有错误之后,开始绘制 PCB 图。首先绘出 PCB 图的轮廓,确定工艺要求(使用几层板等),然后将原理图传输到 PCB 图中,在网络表、设计规则和原理图的引导下布局和布线,最后利用设计规则检查(Design Rules Check,DRC)工具查错。此过程是电路设计时的另一个关键环节,它将决定该产品的实用性能,这期间需要考虑的因素很多,且不同的电路有不同的要求。

**7. 文件保存**

对原理图、PCB 图及元器件清单等文件予以保存,以便以后维护、修改。

## ▉ 5.2 电路原理图设计 ◆

Altium Designer 20 强大的集成开发环境使得电路设计中绝大多数的问题可以迎刃而解,从构建设计原理图开始到复杂的 FPGA 设计,从电路仿真到多层 PCB 的设计,Altium Designer 20 都提供了具体的一体化应用环境,使从前需要多个开发环境的电路设计变得简单。

### 5.2.1 Altium Designer 20 的启动

成功安装 Altium Designer 20 后,系统会在 Windows 系统的“开始”菜单中加入程序项,并在桌面上建立 Altium Designer 20 的快捷方式。

启动 Altium Designer 20 的方法很简单,与启动其他 Windows 程序没有什么区别。在 Windows 系统的“开始”菜单中找到 Altium Designer 选项并单击,或在桌面上双击 Altium Designer 快捷方式,即可启动 Altium Designer 20。启动 Altium Designer 20 时,将有一个启动界面出现,启动界面区别于其他的 Altium Designer 版本,如图 5-1 所示。

图 5-1  Altium Designer 20 启动界面

### 5.2.2 Altium Designer 20 的主窗口

Altium Designer 20 成功启动后便进入主窗口,如图 5-2 所示。用户可以在该窗口中进行项目的操作,如创建新项目、打开文件等。

主窗口与 Windows 系统界面类似,它主要包括 6 个部分,分别为快速访问栏、工具栏、菜单栏、工作

图 5-2 Altium Designer 20 主窗口

区面板、状态栏、导航栏。

**1. 快速访问栏**

快速访问栏位于工作区的左上角。快速访问栏允许快速访问常用的命令,包括保存当前的活动文档,使用适当的按钮打开任何现有的文档,以及撤销和重做功能;还可以单击"保存"按钮一键保存所有文档。

使用快速访问栏可以快速保存和打开文档、取消或重做最近的命令。

**2. 菜单栏**

菜单栏包括"文件""视图""项目"Window(窗口)和"帮助"5 个菜单。

1)"文件"菜单

"文件"菜单主要用于文件的新建、打开和保存等,如图 5-3 所示。下面详细介绍"文件"菜单中的各命令及其功能。

"新的"命令:用于新建一个文件,其子菜单如图 5-3 所示。

"打开"命令:用于打开 Altium Designer 20 可以识别的各种文件。

"打开工程"命令:用于打开各种工程文件。

"打开设计工作区"命令:用于打开设计工作区。

"保存工程"命令:用于保存当前的工程文件。

"保存工程为"命令:用于另存当前的工程文件。

"保存设计工作区"命令:用于保存当前的设计工作区。

"保存设计工作区为"命令:用于另存当前的设计工作区。

"全部保存"命令:用于保存所有文件。

"智能 PDF"命令:用于生成 PDF 格式设计文件的向导。

图 5-3 "文件"菜单

"导入向导"命令：用于将其他 EDA 软件的设计文档及库文件导入 Altium Designer 20 的导入向导，如 Protel 99SE、CADSTAR、Orcad、P-CAD 等设计软件生成的设计文件。

"运行脚本"命令：用于运行各种脚本文件，如用 Delphi、VB、Java 等语言编写的脚本文件。

"最近的文档"命令：用于列出最近打开过的文件。

"最近的工程"命令：用于列出最近打开过的工程文件。

"最近的工作区"命令：用于列出最近打开过的设计工作区。

"退出"命令：用于退出 Altium Designer 20。

2)"视图"菜单

"视图"菜单主要用于工具栏、工作区面板、命令行及状态栏的显示和隐藏，如图 5-4 所示。

"工具栏"命令：用于控制工具栏的显示和隐藏，其子菜单如图 5-4 所示。

"面板"命令：用于控制工作区面板的打开与关闭，其子菜单如图 5-5 所示。

图 5-4 "视图"菜单

图 5-5 "面板"命令子菜单

"状态栏"命令：用于控制工作窗口下方状态栏上标签的显示与隐藏。

"命令状态"命令：用于控制命令行的显示与隐藏。

3)"项目"菜单

"项目"菜单主要用于项目文件的管理，包括项目文件的编译、添加、删除、差异显示和版本控制等，如图 5-6 所示。这里主要介绍"显示差异"和"版本控制"两个命令。

"显示差异"命令：执行该命令，将弹出如图 5-7 所示的"选择比较文档"对话框。

"版本控制"命令：执行该命令，可以查看版本信息，还可以将文件添加到"版本控制"数据库中，并对数据库中的各种文件进行管理。

4)Window(窗口)菜单

Window(窗口)菜单用于对窗口进行纵向排列、横向排列、打开、隐藏及关闭等操作。

5)"帮助"菜单

"帮助"菜单用于打开各种帮助信息。

**3. 工具栏**

工具栏是系统默认的用于工作环境基本设置的一系列按钮的组合，包括不可移动与关闭的固定工具栏和灵活工具栏。

固定工具栏中只有 ⚙▲👤▾ 3 个按钮，用于配置用户选项。

"设置系统参数"按钮 ⚙：单击该按钮，弹出"优选项"对话框，用于设置 Altium Designer 20 的工作状态，如图 5-8 所示。

图 5-6 "项目"菜单

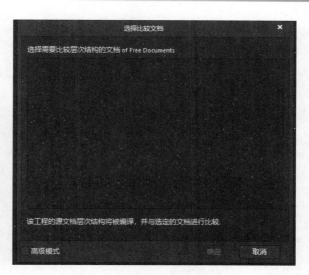

图 5-7 "选择比较文档"对话框

图 5-8 "优选项"对话框

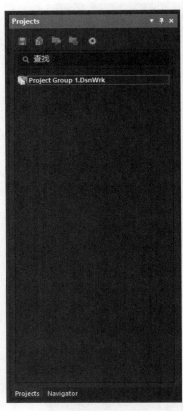

图 5-9　工作区面板

"注意"按钮 🔔：访问 Altium Designer 20 系统通知，有通知时，该按钮处将显示一个数字。

"当前用户信息"按钮 👤：帮助用户自定义界面。

**4．工作区面板**

在 Altium Designer 20 中，可以使用系统型面板和编辑器面板两种类型的面板。系统型面板在任何时候都可以使用，而编辑器面板只有在相应的文件被打开时才可以使用。

使用工作区面板是为了便于设计过程中的快捷操作。Altium Designer 20 启动后，系统将自动激活 Projects（工程）面板和 Navigator（导航）面板，可以单击面板底部的标签，在不同的面板之间切换。

下面简单介绍 Projects（工程）面板，展开的面板如图 5-9 所示。

工作区面板有自动隐藏显示、浮动显示和锁定显示 3 种显示方式。每个面板的右上角都有 3 个按钮：▼按钮用于在各种面板之间进行切换操作，📌按钮用于改变面板的显示方式，❌按钮用于关闭当前面板。

### 5.2.3　Altium Designer 20 的开发环境

下面简单了解一下 Altium Designer 20 几种主要开发环境的风格。

**1．Altium Designer 20 原理图开发环境**

Altium Designer 20 原理图开发环境如图 5-10 所示，在操作界面上有相应的菜单和工具栏。

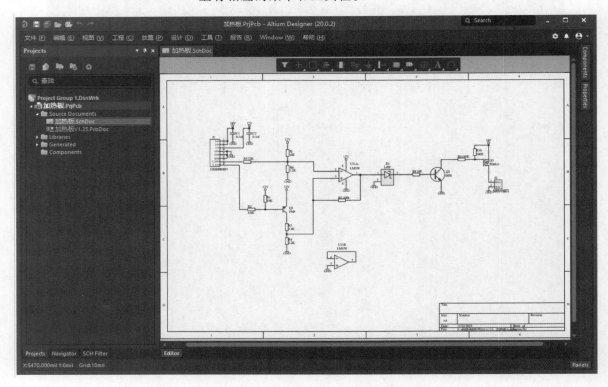

图 5-10　Altium Designer 20 原理图开发环境

**2. Altium Designer 20 印制电路板开发环境**

Altium Designer 20 印制电路板开发环境如图 5-11 所示。

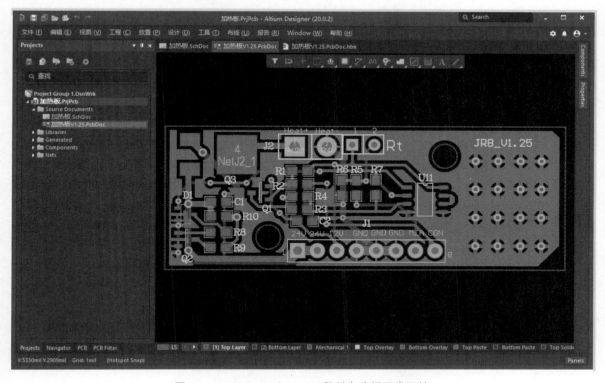

图 5-11　Altium Designer 20 印制电路板开发环境

## 5.2.4　原理图设计的一般流程

原理图设计是电路设计的第一步,是制板、仿真等后续步骤的基础。因而,一幅原理图正确与否,直接关系到整个设计的成功与失败。另外,为方便自己和他人读图,原理图的美观、清晰和规范也是十分重要的。

Altium Designer 20 的原理图设计大致可分为如图 5-12 所示的 9 个步骤。

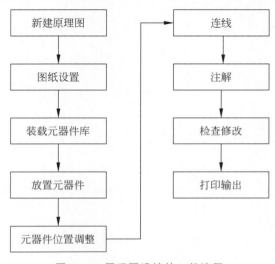

图 5-12　原理图设计的一般流程

**1. 新建原理图**

这是设计一幅原理图的第一个步骤。

**2. 图纸设置**

图纸设置就是要设置图纸的大小、方向等属性。图纸设置要根据电路图的内容和标准化要求进行。

**3. 装载元器件库**

装载元器件库就是将需要用到的元器件库添加到系统中。

**4. 放置元器件**

从装入的元器件库中选择需要的元器件放置到原理图中。

**5. 元器件位置调整**

根据设计的需要,将已经放置的元器件调整到合适的位置和方向,以便连线。

**6. 连线**

根据元器件的电气关系,用导线和网络将各个元器件连接起来。

**7. 注解**

为了设计得美观、清晰,可以对原理图进行必要的文字注解和图片修饰。这些都对后来的 PCB 设置没有影响,只是为了方便读图。

**8. 检查修改**

设计基本完成后,应该使用 Altium Designer 20 提供的各种校验工具,根据各种校验规则对设计进行检查,发现错误后进行修改。

**9. 打印输出**

设计完成后,根据需要,可选择对原理图进行打印,或制作各种输出文件。

# 第6章

CHAPTER 6

# 电路分析基础知识

电路分析是指对电路中电压、电流、功率等参数进行计算和分析,以确定电路的性能和工作状态。

本章讲述了电路分析的基础知识,为理解和解决电路问题提供了必要的理论和工具。这些基础概念和方法是电子工程师和技术人员在日常工作中不可或缺的。

本章主要包括如下内容:

(1)讲述了电路分析的几个核心概念。首先是欧姆定律,它是电路分析中最基本的关系式,描述了电压、电流和电阻之间的关系。欧姆定律是理解电路如何工作的基石。

(2)讨论了电功率和焦耳定律。这部分内容解释了电功率的计算方法以及电能转换为热能的过程,这对于设计电路时考虑能量效率和热管理非常重要。

(3)讲述了电阻的串联、并联和混联规律。在电路设计和分析时必须掌握这些规律,它们决定了电路中不同部分的电流和电压分布。

(4)深入探讨了复杂电路的分析方法。首先介绍了一些基本概念,如电路元素、节点、支路和回路,这些是理解更复杂电路分析方法的前提。

(5)基尔霍夫定律(包括基尔霍夫电流定律和电压定律)是本章讲述的重点之一。这些定律对于确定电路中的电流和电压是至关重要的,特别是在有多个源和复杂网络时。

(6)叠加定理提供了一种分析线性电路的方法,通过逐一考虑每个独立电源的影响来简化问题。这对于理解各个电源在电路中的作用非常有帮助。

(7)戴维南定理是一种将复杂电路简化为单一电压源和电阻的技术,这对于分析电路中特定部分的行为非常有用。

(8)最大功率传输定理和阻抗变换的讨论可帮助读者理解如何设计电路以实现最佳的能量传输效率。

通过本章的学习,读者能够掌握电路分析的基本方法和规律,这些知识对于进行有效的电路设计和故障诊断是必不可少的。章节内容结合了理论和实践,强调了分析技巧在实际电路设计中的应用。

## 6.1 电路分析的基本方法与规律

电路分析的基本方法和规律包括基本电路定律、等效电路分析、网络分析、交流电路分析、变换方法、稳态和暂态分析、系统分析等,这些方法和规律是电路分析的基础,也是工程师进行电路设计和分析的必备知识。下面讲述欧姆定律,电功、电功率和焦耳定律以及电阻的串联、并联与混联。

### 6.1.1 欧姆定律

欧姆定律是电子技术中的一个最基本的定律,它反映了电路中电阻、电流和电压之间的关系。欧姆定律分为部分电路欧姆定律和全电路欧姆定律。

**1. 部分电路欧姆定律**

部分电路欧姆定律的内容是：在电路中，流过导体的电流 $I$ 的大小与导体两端的电压 $U$ 成正比，与导体的电阻 $R$ 成反比，即

$$I = \frac{U}{R}$$

也可以表示为 $U = IR$ 或 $R = \dfrac{U}{I}$。

为了让大家更好地理解欧姆定律，下面以图 6-1 为例说明。

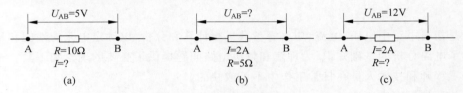

图 6-1  欧姆定律的几种形式

如图 6-1(a)所示，已知电阻 $R = 10\Omega$，电阻两端电压 $U_{AB} = 5V$，那么流过电阻的电流

$$I = \frac{U_{AB}}{R} = \frac{5}{10}A = 0.5A$$

又如图 6-1(b)所示，已知电阻 $R = 5\Omega$，流过电阻的电流 $I = 2A$，那么电阻两端的电压

$$U_{AB} = I \cdot R = (2 \times 5)V = 10V$$

在如图 6-1(c)所示的电路中，流过电阻的电流 $I = 2A$，电阻两端的电压 $U_{AB} = 12V$，那么电阻的大小

$$R = \frac{U}{I} = \frac{12}{2}\Omega = 6\Omega。$$

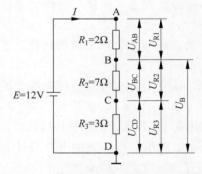

图 6-2  部分电路欧姆定律应用说明图

下面再来说明欧姆定律在实际电路中的应用，如图 6-2 所示

在图 6-2 所示电路中，电源的电动势 $E = 12V$，A、D 之间的电压 $U_{AD}$ 与电动势 $E$ 相等，3 个电阻器 $R_1$、$R_2$、$R_3$ 串接起来，相当于一个电阻器 $R$，$R = R_1 + R_2 + R_3 = (2 + 7 + 3)\Omega = 12\Omega$。知道了电阻的大小和电阻器两端的电压，就可以求出流过电阻器的电流

$$I = \frac{U}{R} = \frac{U_{AD}}{R_1 + R_2 + R_3} = \frac{12}{12}A = 1A$$

求出了流过 $R_1$、$R_2$、$R_3$ 的电流 $I$，并且它们的电阻大小已知，就可以求 $R_1$、$R_2$、$R_3$ 两端的电压 $U_{R1}$（$U_{R1}$ 实际就是 A、B 两点之间的电压 $U_{AB}$）、$U_{R2}$（实际就是 $U_{BC}$）和 $U_{R3}$（实际就是 $U_{CD}$），即

$$U_{R1} = U_{AB} = I \cdot R_1 = (1 \times 2)V = 2V$$
$$U_{R2} = U_{BC} = I \cdot R_2 = (1 \times 7)V = 7V$$
$$U_{R3} = U_{CD} = I \cdot R_3 = (1 \times 3)V = 3V$$

从上面可以看出，$U_{R1} + U_{R2} + U_{R3} = U_{AB} + U_{BC} + U_{CD} = U_{AD} = 12V$。

在如图 6-2 所示电路中如何求 B 点电压呢？首先要明白，求某点电压就是求该点与地之间的电压，所以 B 点电压 $U_B$ 实际就是电压 $U_{BD}$。求 $U_B$ 有以下两种方法。

方法 1：$U_B = U_{BD} = U_{BC} + U_{CD} = U_{R2} + U_{R3} = (7 + 3)V = 10V$

方法 2：$U_B = U_{BD} = U_{AD} - U_{AB} = U_{AD} - U_{R1} = (12-2)V = 10V$

**2. 全电路欧姆定律**

全电路是指含有电源和负载的闭合回路。全电路欧姆定律又称闭合电路欧姆定律，其内容是：闭合电路中的电流与电源的电动势成正比，与电路的内、外电阻之和成反比，即

$$I = \frac{E}{R + R_0}$$

全电路欧姆定律应用如图 6-3 所示。

图 6-3 中点画线框内为电源，$R_0$ 表示电源的内阻，$E$ 表示电源的电动势。当开关 S 闭合后，电路中有电流 $I$ 流过，根据全电路欧姆定律可求得 $I = \dfrac{E}{R + R_0} = \dfrac{12}{10 + 2}A = 1A$，电源输出电压(也即电阻 $R$ 两端的电压)$U = IR = 1 \times 10V = 10V$，内阻 $R$ 两端的电压 $U_0 = IR_0 = 1 \times 2V = 2V$。如果将开关 S 断开，电路中的电流 $I = 0A$，那么内阻 $R_0$ 上消耗的电压 $U_0 = 0V$，电源输出电压 $U$ 与电源电动势相等，即 $U = E = 12V$。

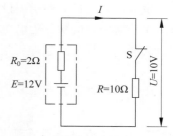

图 6-3 全电路欧姆定律应用说明图

由全电路欧姆定律不难看出以下几点。

(1) 在电源未接负载时，不管电源内阻多大，内阻消耗的电压始终为 0V，电源两端电压与电动势相等。

(2) 当电源与负载构成闭合回路后，由于有电流流过内阻，内阻会消耗电压，从而使电源输出电压降低。内阻越大，内阻消耗的电压越大，电源输出电压越低。

(3) 在电源内阻不变的情况下，外阻越小，电路中的电流越大，内阻消耗的电压也越大，电源输出电压会降低。

由于正常电源的内阻很小，内阻消耗的电压很低，故一般情况下可认为电源的输出电压与电源电动势相等。

利用全电路欧姆定律可以解释很多现象。比如旧电池两端电压与正常电压相同，但将旧电池与电路连接后除了输出电流很小外，电池的输出电压也会急剧下降，这是旧电池内阻变大的缘故。又如将电源正、负极直接短路时，电源会发热甚至烧坏，这是因为短路时流过电源内阻的电流很大，内阻消耗的电压与电源电动势相等，大量的电能在电源内阻上消耗并转换成热能，故电源会发热。应注意：严禁电源短路！

## 6.1.2 电功、电功率和焦耳定律

电功是一种能量形式，通常用来描述电荷在电场中的运动。电功率是描述电路中能量转换的速率，通常用来衡量电路中的能量消耗或输出。焦耳定律是描述电路中能量转换的规律，它表明电功率等于电流和电压的乘积，即 $P = UI$。这个定律是电路分析和设计中的重要原理，可以帮助工程师理解电路中能量的转换和消耗。

**1. 电功**

电流流过灯泡，灯泡会发光；电流流过电炉丝，电炉丝会发热；电流流过电动机，电动机会运转。由此可以看出，电流流过一些用电设备时是会做功的，电流做的功称为电功。用电设备做功的大小不但与加到用电设备两端的电压及流过的电流有关，还与通电时间长短有关。电功可用下面的公式计算

$$W = UIt \tag{6-1}$$

在式(6-1)中，$W$ 表示电功，单位是焦(J)；$U$ 表示电压，单位是伏(V)；$I$ 表示电流，单位是安(A)；$t$

表示时间,单位是秒(s)。

电功的单位是焦(J),在电学中还常用到另一个单位千瓦时(kW·h),也称为度。1kW·h=1度。千瓦时与焦的换算关系是:

$$1kW \cdot h = 1 \times 10^3 W \times (60 \times 60)s = 3.6 \times 10^6 W \cdot s = 3.6 \times 10^6 J$$

1kW·h可以这样理解:一个电功率为100W的灯泡连续使用10h,消耗的电功为1kW·h(即消耗1度电)。

**2. 电功率**

电流需要通过一些用电设备才能做功。为了衡量这些设备做功能力的大小,引入了电功率的概念。电流单位时间做的功称为电功率。电功率常用 $P$ 表示,单位是瓦(W),还有千瓦(kW)和毫瓦(mW)等,它们之间的换算关系是

$$1kW = 10^3 W = 10^6 mW$$

电功率的计算公式是

$$P = UI$$

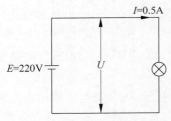

图 6-4 电功率的计算说明图

根据欧姆定律可知 $U = I \cdot R$,$I = \dfrac{U}{R}$,所以电功率还可以用公式 $P = I^2/R$ 和 $P = U^2/R$ 来求。

下面以如图 6-4 所示电路为例来说明电功率的计算方法。

在如图 6-4 所示电路中,白炽灯两端的电压为 220V(它与电源的电动势相等),流过白炽灯的电流为 0.5A,求白炽灯的功率、电阻和白炽灯在 10s 内所做的功。

白炽灯的功率 $P = UI = 220V \cdot 0.5A = 110V \cdot A = 110W$

白炽灯的电阻 $R = U/I = 220V/0.5A = 440V/A = 440\Omega$

白炽灯在 10s 内所做的功 $W = UIt = 220V \cdot 0.5A \cdot 10s = 1100J$

**3. 焦耳定律**

电流流过导体时导体会发热,这种现象称为电流的热效应。电热锅、电饭煲和电热水器等都是利用电流的热效应来工作的。

英国物理学家焦耳通过实验发现:电流流过导体,导体发出的热量与导体流过的电流、导体的电阻和通电的时间有关。这个关系用公式表示就是

$$Q = I^2 Rt \tag{6-2}$$

在式(6-2)中,$Q$ 表示热量,单位是焦(J);$I$ 表示电流,单位是安(A);$R$ 表示电阻,单位是欧姆($\Omega$);$t$ 表示时间,单位是秒(s)。

焦耳定律说明:电流流过导体产生的热量,与电流的平方及导体的电阻成正比,与通电时间也成正比。由于这个定律除了由焦耳发现外,俄国科学家楞次也通过实验独立发现,故该定律又称焦耳-楞次定律。

例如,某台电动机额定电压是 220V,线圈的电阻为 0.4$\Omega$,当电动机接 220V 的电压时,流过的电流是 3A,求电动机的功率和线圈每秒发出的热量。

电动机的功率 $P = U \cdot I = 220V \times 3A = 660W$

电动机线圈每秒发出的热量 $Q = I^2 Rt = (3A)^2 \times 0.4\Omega \times 1s = 3.6J$

## 6.1.3 电阻的串联、并联与混联

电阻的连接有串联、并联和混联 3 种方式。

**1. 电阻的串联**

两个或两个以上的电阻头尾相连串接在电路中,称为电阻的串联,如图 6-5 所示。

电阻串联电路的特点有以下几点。

(1)流过各串联电阻的电流相等,都为 $I$。

(2)电阻串联后的总电阻 $R$ 增大,总电阻等于各串联电阻之和,即

$$R = R_1 + R_2$$

(3)总电压 $U$ 等于各串联电阻上电压之和,即

$$U = U_{R1} + U_{R2}$$

(4)串联电阻越大,两端电压越高,因为 $R_1 < R_2$,所以 $U_{R1} < U_{R2}$

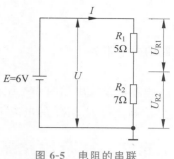

图 6-5 电阻的串联

在如图 6-5 所示的电路中,两个串联电阻上的总电压 $U$ 等于电源电动势,即 $U = E = 6\text{V}$;电阻串联后总电阻 $R = R_1 + R_2 = 12\Omega$;流过各电阻的电流 $I = \dfrac{U}{R_1 + R_2} = \dfrac{6}{12}\text{A} = 0.5\text{A}$;电阻 $R_1$ 上的电压 $U_{R1} = I \cdot R_1 = (0.5 \times 5)\text{V} = 2.5\text{V}$,电阻 $R_2$ 上的电压 $U_{R2} = I \cdot R_2 = (0.5 \times 7)\text{V} = 3.5\text{V}$。

**2. 电阻的并联**

两个或两个以上的电阻头尾相并接在电路中,称为电阻的并联,如图 6-6 所示。

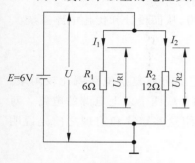

图 6-6 电阻的并联

电阻并联电路的特点有以下几点。

(1)并联的电阻两端的电压相等,即

$$U_{R1} = U_{R2}$$

(2)总电流等于流过各个并联电阻的电流之和,即

$$I = I_1 + I_2$$

(3)电阻并联总电阻减小,总电阻的倒数等于各并联电阻的倒数之和,即

$$\frac{1}{R} = \frac{1}{R_1} + \frac{1}{R_2}$$

该式可变形为

$$R = \frac{R_1 \cdot R_2}{R_1 + R_2}$$

(4)在并联电路中,电阻越小,流过的电流越大,因为 $R_1 < R_2$,所以流过 $R_1$ 的电流 $I_1$ 大于流过 $R_2$ 的电流 $I_2$。

在如图 6-6 所示的电路中,并联的电阻 $R_1$、$R_2$ 两端的电压相等,$U_{R1} = U_{R2} = U = 6\text{V}$;流过 $R_1$ 的电流 $I_1 = \dfrac{U_{R1}}{R_1} = \dfrac{6}{6}\text{A} = 1\text{A}$,经过 $R_2$ 的电流 $I_2 = \dfrac{U_{R2}}{R_2} = \dfrac{6}{12}\text{A} = 0.5\text{A}$,总电流 $I = I_1 + I_2 = (1 + 0.5)\text{A} = 1.5\text{A}$;$R_1$、$R_2$ 并联总电阻为

$$R = \frac{R_1 \cdot R_2}{R_1 + R_2} = \frac{6 \times 12}{6 + 12}\Omega = 4\Omega$$

**3. 电阻的混联**

一个电路中的电阻既有串联又有并联时,称为电阻的混联,如图 6-7 所示。

对于电阻混联电路,总电阻可以这样求:先求并联电阻的总电

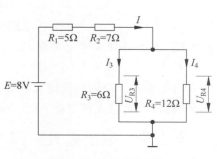

图 6-7 电阻的混联

阻,然后再求串联电阻与并联电阻的总电阻之和。在如图 6-7 所示的电路中,并联电阻 $R_3$、$R_4$ 的总电阻为

$$R_0 = \frac{R_3 \cdot R_4}{R_3 + R_4} = \frac{6 \times 12}{6 + 12}\Omega = 4\Omega$$

电路的总电阻为

$$R = R_1 + R_2 + R_0 = (5 + 7 + 4)\,\Omega = 16\Omega$$

读者可以求出如图 6-7 所示电路中的总电流 $I$,$R_1$ 两端电压 $U_{R1}$,$R_2$ 两端的电压 $U_{R2}$,$R_3$ 两端的电压 $U_{R3}$ 和流过 $R_3$、$R_4$ 的电流 $I_3$、$I_4$ 的大小。

## 6.2 复杂电路的分析方法与规律

复杂电路的分析方法和规律涉及许多领域,包括电路理论、电子学等。下面是一些常见的分析方法和规律。

(1) 分解法:将复杂电路分解成简单的子电路进行分析,然后将结果组合起来得到整个电路的行为。

(2) 等效电路法:将复杂电路简化为等效电路,以便更容易地分析和理解。

(3) 网络定理:包括基尔霍夫定律、戴维南定理等,用于简化复杂电路的分析。

这些方法和规律可以帮助工程师和科学家理解和分析复杂电路的行为,从而设计和优化电路系统。

### 6.2.1 基本概念

在分析简单电路时,一般应用欧姆定律和电阻的串、并联规律,但用它们分析复杂电路就比较困难。这里的简单电路通常是指只有一个电源的电路,而复杂电路通常是指有两个或两个以上电源的电路。对于复杂电路,常用基尔霍夫定律、叠加定理和戴维南定理进行分析。在介绍这些定律和定理之前先说明几个基本概念。

**1. 支路**

支路是指由一个或几个元器件首尾相接构成的一段无分支的电路。在同一支路内,流过所有元器件的电流相等。如图 6-8 所示的电路有 3 条支路,即 BAFE 支路、BE 支路和 BCDE 支路。其中 BAFE 支路和 BCDE 支路中都含有电源,这种含有电源的支路称为有源支路。BE 支路没有电源,称为无源支路。

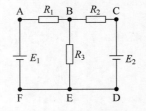
图 6-8 一种复杂电路

**2. 节点**

3 条或 3 条以上支路的连接点称为节点。图 6-8 所示电路中的 B 点和 E 点都是节点。

**3. 回路**

电路中任意一个闭合的路径称为回路。图 6-8 所示电路中的 ABEFA、BCDEB、ABCDEFA 都是回路。

**4. 网孔**

内部不含支路的回路称为网孔。图 6-8 所示电路中的 ABEFA、BCDEB 回路是网孔,ABCDEFA 就不是网孔,因为它含有支路 BE。

### 6.2.2 基尔霍夫定律

基尔霍夫定律又可分为基尔霍夫第一定律(又称基尔霍夫电流定律)和基尔霍夫第二定律(又称基尔

霍夫电压定律)。

**1. 基尔霍夫第一定律(电流定律)**

基尔霍夫第一定律指出,在电路中,流入任意一个节点的电流之和等于流出该节点的电流之和。下面以如图 6-9 所示的电路为例说明该定律。

在如图 6-9 所示的电路中,流入 A 点的电流有 3 个,即 $I_1$、$I_2$、$I_3$;从 A 点流出的电流有两个,即 $I_4$、$I_5$。由基尔霍夫第一定律可得

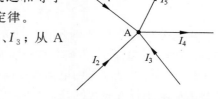

图 6-9 节点电流示意图

$$I_1 + I_2 + I_3 = I_4 + I_5$$

又可表示为

$$\sum I_入 = \sum I_出$$

这里的"$\sum$"表示求和,可读作"西格马"。

如果规定流入节点的电流为正,流出节点的电流为负,那么基尔霍夫第一定律也可以这样叙述:在电路中任意一个节点上,电流的代数和等于 0A,即

$$I_1 + I_2 + I_3 + (-I_4) + (-I_5) = 0A$$

也可以表示为

$$\sum I = 0A$$

基尔霍夫第一定律不但适合于电路中的节点,对一个封闭面也是适用的。如图 6-10(a)所示示意图中流入三极管的电流、$I$ 与流出的电流有以下关系

$$I_b + I_c = I_e$$

在如图 6-10(b)所示的电路中,流入三角形负载的电流 $I_1$ 与流出的电流 $I_2$、$I_3$ 有以下关系:

$$I_1 = I_2 + I_3$$

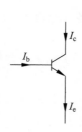
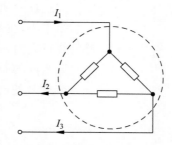

(a) 三极管流入、流出电流　　　　(b) 三角形负载流入、流出电流

图 6-10 封闭面电流示意图

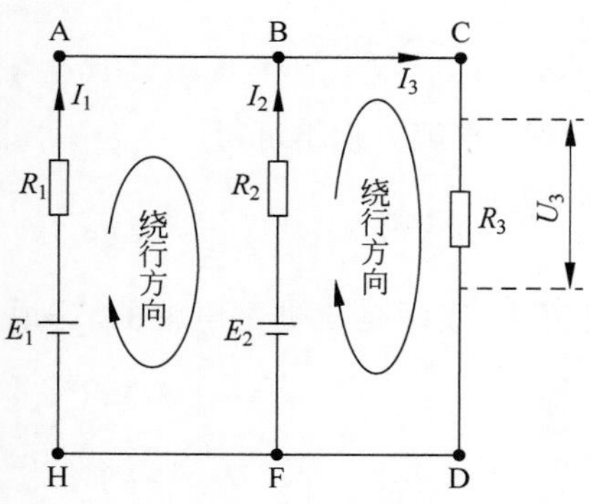

**2. 基尔霍夫第二定律(电压定律)**

基尔霍夫第二定律指出,电路中任一回路内各段电压的代数和等于 0V,即

$$\sum U = 0V$$

在应用基尔霍夫第二定律分析电路时,需要先规定回路的绕行方向。当流过回路中某元件的电流方向与绕行方向一致时,该元件两端的电压取正,反之取负;电源的电动势方向(电源的电动势方向始终是由负极指向正极)与绕行方向一致时,电源的电动势取负,反之取正。下面以如图 6-11 所示的电路为例说明这个定律。

图 6-11 基尔霍夫第二定律说明图

先来分析如图 6-11 所示电路中的 BCDFB 回路的电压关系。首先在这个回路中画一个绕行方向，流过 $R_2$ 的电流 $I_2$ 和流过 $R_3$ 的电流与绕行方向一致，故 $I_2 \cdot R_2$（即 $U_2$）和 $I_3 \cdot R_3$（即 $U_3$）都取正；电源 $E_2$ 的电动势方向与绕行方向一致，电源 $E_2$ 的电动势取负。根据基尔霍夫第二定律可得出

$$I_2 \cdot R_2 + I_3 \cdot R_3 + (-E_2) = 0\text{V}$$

再来分析如图 6-11 所示电路中的 ABFHA 回路的电压关系。先在 ABFHA 回路中画一个绕行方向，流过 $R_1$ 的电流 $I_1$ 方向与绕行方向相同，$I_1 \cdot R_1$ 取正；流过 $R_2$ 的电流 $I_2$ 方向与绕行方向相反，$I_2 \cdot R_2$ 取负；电源 $E_2$ 的电动势方向（负极指向正极）与绕行方向相反，$E_2$ 的电动势取正；电源 $E_1$ 的电动势方向与绕行方向相同，$E_1$ 的电动势取负。根据基尔霍夫第二定律可得出

$$I_1 \cdot R_1 + (-I_2 \cdot R_2) + E_2 + (-E_1) = 0\text{V}$$

**3. 基尔霍夫定律的应用——支路电流法**

对于复杂电路的计算常常要用到基尔霍夫第一定律和基尔霍夫第二定律，并且这两个定律经常同时使用，下面介绍应用这两个定律计算复杂电路的一种方法支路电流法。

支路电流法使用时的一般步骤如下。

(1) 在电路上标出各支路电流的方向，并画出各回路的绕行方向。

(2) 根据基尔霍夫第一定律和基尔霍夫第二定律列出方程组。

(3) 解方程组求出未知量。

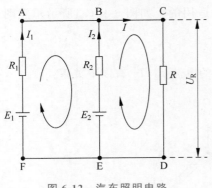

图 6-12 汽车照明电路

下面再举例说明支路电流法的应用。

图 6-12 所示为汽车照明电路，其中 $E_1$ 为汽车发电机的电动势，$E_1 = 14\text{V}$；$R_1$ 为发电机的内阻，$R_1 = 0.5\Omega$；$E_2$ 为蓄电池的电动势，$E_2 = 12\text{V}$；$R_2$ 为蓄电池的内阻，$R_2 = 0.2\Omega$，照明灯电阻 $R = 4\Omega$。求各支路电流 $I_1$、$I_2$、$I$ 和加在照明灯上的电压 $U_R$。

解题过程如下。

第 1 步，在电路中标出各支路电流 $I_1$、$I_2$、$I$ 的方向，并画出各回路的绕行方向。

第 2 步，根据基尔霍夫第一定律和基尔霍夫第二定律列出方程组。

节点 B 的电流关系为

$$I_1 + I_2 - I = 0\text{A}$$

回路 ABEFA 的电压关系为

$$I_1 R_1 - I_2 R_2 + E_2 - E_1 = 0\text{V}$$

回路 BCDEB 的电压关系为

$$I_2 R_2 + IR - E_2 = 0\text{V}$$

第 3 步，解方程组。

将 $E_1 = 14\text{V}$、$R_1 = 0.5\Omega$、$E_2 = 12\text{V}$、$R_2 = 0.2\Omega$ 代入上面 3 个式子中，再解方程组可得

$$I_1 = 3.72\text{A}, \quad I_2 = -0.69\text{A}, \quad I = 3.03\text{A}$$

$$U_R = I \cdot R = 3.03 \times 4\text{V} = 12.12\text{V}$$

上面的 $I_2$ 为负值，表明电流 $I_2$ 实际方向与标注方向相反，即电流 $I_2$ 实际是流进蓄电池的，这说明发电机在为照明灯供电的同时还对蓄电池进行充电。

## 6.2.3  叠加定理

对于一个元件，如果它两端的电压与流过的电流成正比，那么这种元件就被称为线性元件。线性电

路是由线性元件组成的电路。电阻就是一种最常见的线性元件。叠加定理是反映线性电路基本性质的一个重要定理。

叠加定理的内容是：在线性电路中，任一支路中的电流（或电压）等于各个电源单独作用在此支路中所产生的电流（或电压）的代数和。

下面以求如图 6-13(a)所示电路中各支路电流 $I_1$、$I_2$、$I$ 的大小为例说明叠加定理的应用，在图 6-13(a)中，$E_1=14\text{V}$、$R_1=0.5\Omega$、$E_2=12\text{V}$、$R_2=0.2\Omega$、$R=4\Omega$。

解题过程如下。

第1步，在如图 6-13(a)所示电路中标出各支路电流的方向。

第2步，画出只有一个电源 $E_1$ 作用时的电路，把另一个电源当作短路，并标出这个电路各支路的电流方向，如图 6-13(b)所示；再分别求出该电路各支路的电流大小。

$$I_1'=\frac{E_1}{R_1+\dfrac{R_2\cdot R}{R_2+R}}=\frac{14}{0.5+\dfrac{0.2\times4}{0.2+4}}\text{A}=14\times\frac{4.2}{2.9}\text{A}\approx20.28\text{A}$$

$$I_2'=\frac{E_1-I_1'\cdot R_1}{R_2}=\frac{14-20.28\times0.5}{0.2}\text{A}=19.3\text{A}$$

$$I'=I_1'-I_2'=(20.28-19.3)\text{A}=0.98\text{A}$$

第3步，画出只有电源 $E_2$ 作用时的电路，把电源 $E_1$ 当作短路，并在这个电路中标出各支路电流的方向，如图 6-13(c)所示，再分别求出该电路各支路的电流大小。

$$I_2''=\frac{E_2}{R_2+\dfrac{R_1\cdot R}{R_1+R}}=\frac{12}{0.2+\dfrac{0.5\times4}{0.5+4}}\text{A}=12\times\frac{4.5}{2.9}\text{A}\approx18.6\text{A}$$

$$I_1''=\frac{E_2-I_2''\cdot R_2}{R_1}=\frac{12-3.72}{0.5}\text{A}=16.56\text{A}$$

$$I''=I_2''-I_1''=(18.6-16.56)\text{A}=2.04\text{A}$$

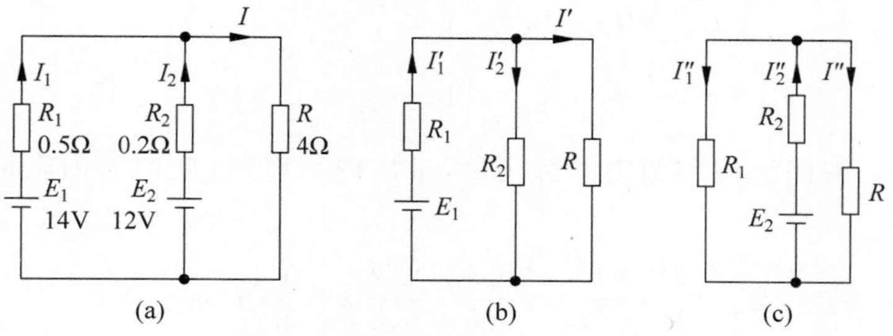

图 6-13　利用叠加定理求支路电流

第4步，将每一支路的电流或电压分别进行叠加。凡是与如图 6-13(a)所示的电路中假定的电流（或电压）方向相同的为正，反之为负。这样可以求出各支路的电流分别是

$$I_1=I_1'-I_1''=(20.28-16.56)\text{A}=3.72\text{A}$$

$$I_2=I_2''-I_2'=(18.6-19.3)\text{A}=-0.7\text{A}$$

$$I=I'+I''=(0.98+2.04)\text{A}=3.02\text{A}$$

## 6.2.4　戴维南定理

对于一个复杂电路，如果需要求多条支路的电流大小，可以应用基尔霍夫定律或叠加定理。如果仅

需要求一条支路中的电流大小,则应用戴维南定理更为方便。

在介绍戴维南定理之前,先来说明一下二端网络。任何具有两个出线端的电路都可以称为二端网络。包含有电源的二端网络称为有源二端网络,否则就称为无源二端网络。如图 6-14(a)所示电路就是一个有源二端网络,通常可以将它画成如图 6-14(b)所示的形式。

戴维南定理的内容是:任何一个有源二端网络都可以用一个等效电源电动势 $E_0$ 和内阻 $R_0$ 串联起来的电路代替。根据该定理可以将图 6-14(a)所示的电路简化成图 6-14(c)所示的电路。

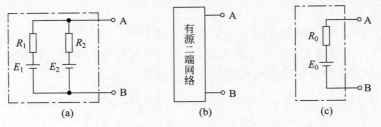

图 6-14　有源二端网络

那么等效电源电动势 $E_0$ 和内阻 $R_0$ 如何确定呢?戴维南定理还指出:等效电源电动势 $E_0$ 是该有源二端网络开路时的端电压;内阻 $R_0$ 是指从两个端点向有源二端网络内看进去,并将电源均当成短路时的等效电阻。

下面以如图 6-15(a)所示的电路为例说明戴维南定理的应用。在如图 6-15(a)所示的电路中,$E_1 = 14\text{V}$、$R_1 = 0.5\Omega$、$E_2 = 12\text{V}$、$R_2 = 0.2\Omega$、$R = 4\Omega$,求流过电阻 $R$ 的电流 $I$ 的大小。

解题过程如下。

第 1 步,将电路分成待求支路和有源二端网络,如图 6-15(a)所示。

第 2 步,假定待求支路断开,求出有源二端网络开路的端电压,此即为等效电源电动势 $E_0$,如图 6-15(b)所示,即

$$I_1 = \frac{E_1 - E_2}{R_1 + R_2} = \frac{14 - 12}{0.5 + 0.2}\text{A} = \frac{2}{0.7}\text{A} = \frac{20}{7}\text{A}$$

$$E_0 = E_1 - I_1 \cdot R_1 = \left(14 - \frac{20}{7} \times 0.5\right)\text{V} = \frac{88}{7}\text{V}$$

第 3 步,假定有源二端网络内部的电源都短路,求出内部电阻,此即为内阻值 $R_0$,如图 6-15(c)所示,即

$$R_0 = \frac{R_1 \cdot R_2}{R_1 + R_2} = \frac{0.5 \times 0.2}{0.5 + 0.2}\Omega = \frac{0.1}{0.7}\Omega = \frac{1}{7}\Omega$$

第 4 步,画出如图 6-15(a)所示电路的戴维南等效电路,如图 6-15(d)所示,再求出待求支路电流的大小,即

$$I = \frac{E_0}{R_0 + R} = \frac{\frac{88}{7}}{\frac{1}{7} + 4}\text{A} = \frac{88}{7} \times \frac{7}{29}\text{A} \approx 3.03\text{A}$$

## 6.2.5　最大功率传输定理与阻抗变换

最大功率传输定理是电路理论中的一个重要定理,它指出在电路中,当负载电阻等于源电阻时,电路将实现最大功率传输。具体来说,对于一个电路,如果我们希望从电源向负载传输最大功率,那么负载的

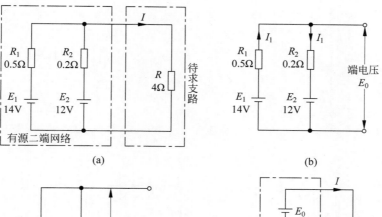

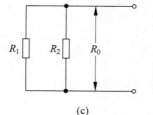

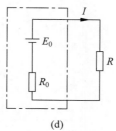

图 6-15　用戴维南定理求支路电流

阻抗应该与电源的内部阻抗相匹配。

　　阻抗变换是指通过改变电路中的元件来使得电路的输入/输出特性发生变化。在电路设计中,阻抗变换可以用来匹配不同部分之间的阻抗,以实现最大功率传输或者最佳信号传输。

　　在实际应用中,阻抗变换可以通过多种方式实现,包括使用变压器、匹配网络、滤波器等。这些方法可以将电路的输入/输出阻抗转换为所需的数值,以满足特定的设计要求。

　　最大功率传输定理和阻抗变换是电路设计和分析中的重要概念,它们可以帮助工程师优化电路性能,实现最佳的能量传输和信号传输。

**1. 最大功率传输定理**

　　在电路中,往往希望负载能从电源中获得最大的功率,怎样才能做到这一点呢? 如图 6-16 所示,$E$为电源,$R$ 为电源的内阻,$R_L$ 为负载电阻,$I$ 为流过负载 $R_L$ 的电流,$U$ 为负载两端的电压。

　　负载 $R_L$ 获得的功率 $P=UI$,当增大 $R_L$ 的阻值时,电压 $U$ 会增大,但电流 $I$ 会减小;如果减小 $R_L$ 的阻值,那么虽然电流 $I$ 会增大,但电压 $U$ 会减小。什么情况下功率 $P$ 的值最大呢? 最大功率传输定理的内容是:负载要从电源获得最大功率的条件是负载的电阻(阻抗)与电源的内阻相等。负载的电阻与电源的内阻相等又称两者阻抗匹配。在如图 6-16 所示电路中,负载 $R_L$ 要从电源获得最大功率的条件是 $R_L=R$,此时 $R_L$ 得到的最大功率是 $P=\dfrac{E^2}{4R_L}$。

　　如果有多个电源向一个负载供电,如图 6-17 所示,负载 $R_L$ 怎样才能获得最大功率呢? 这时就要先用戴维南定理求出该电路的等效内阻 $R_0$ 和等效电动势 $E_0$,只要 $R_L=R_0$,负载就可以获得最大功率 $P=\dfrac{E^2}{4R_L}$。

**2. 阻抗变换**

　　当负载的阻抗与电源的内阻相等时,负载才能从电源中获得最大功率,但很多电路的负载阻抗与电源的内阻并不相等,在这种情况下,怎么才仍能让负载获得最大功率呢? 解决方法是进行阻抗变换,阻抗变换通常采用变压器。下面以如图 6-18 所示的电路为例说明变压器的阻抗变换原理。

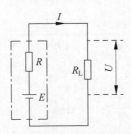

图 6-16 简单电路功率传输定理说明图

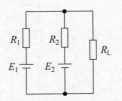

图 6-17 复杂电路功率传输定理说明图

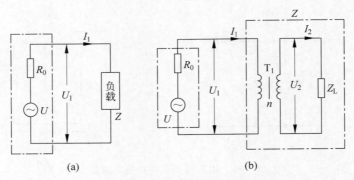

图 6-18 变压器的阻抗变换原理说明图

在如图 6-18(a)所示的电路中,要使负载从电源中获得最大功率,需让负载的阻抗 $Z$ 与电源(这里为信号源)内阻 $R_0$ 大小相等,即 $Z=R_0$。这里的负载可以是一个元件,也可以是一个电路,它的阻抗可以用 $Z=\dfrac{U_1}{I_1}$ 表示。

现假设负载是如图 6-18(b)所示点画线框内由变压器和电阻组成的电路,该负载的阻抗 $Z=\dfrac{U_1}{I_1}$ 变压器的匝数比为 $n$,电阻的阻抗为 $Z_L$,根据变压器改变电压的规律 $\dfrac{U_1}{U_2}=\dfrac{I_2}{I_1}=n$ 可得到下式:

$$Z=\frac{U_1}{I_1}=\frac{nU_2}{\frac{1}{n}I_2}=n^2\frac{U_2}{I_2}=n^2Z_L \tag{6-3}$$

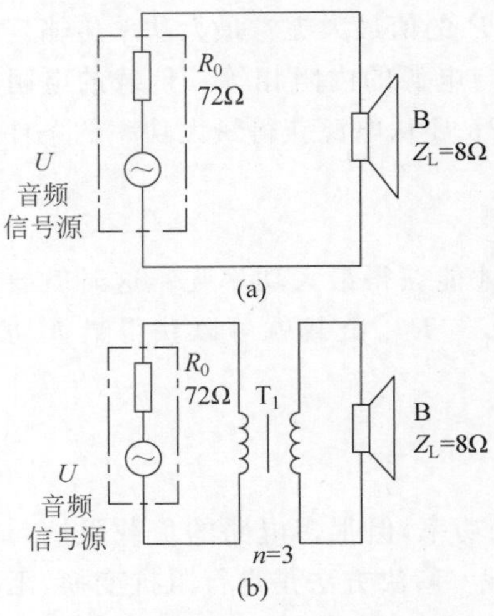

从式(6-3)可以看出,变压器与电阻组成电路的总阻抗 $Z$ 是电阻阻抗 $Z_L$ 的 $n^2$ 倍,即 $Z=n^2Z_L$。如果让总阻抗 $Z$ 等于电源的内阻 $R_0$,那么变压器和电阻组成的电路就能从电源获得最大功率,又因为变压器不消耗功率,所以功率全传送给真正的负载(电阻),达到功率最大程度传送的目的。由此可以看出,通过变压器的阻抗变换作用,真正负载的阻抗不需要与电源内阻相等,同样能实现功率最大传输。

下面举例说明变压器阻抗变换的应用。如图 6-19 所示,音频信号源内阻 $R_0=72\Omega$,而扬声器的阻抗 $Z_L=8\Omega$,如果将两者按如图 6-19(a)所示的方法直接连接起来,那么扬声器将无法获得最大功率,这时可以在它们之间加一个变压器 $T_1$,如图 6-19(b)所示。至于选择匝数比 $n$ 为多少的变压器,可用 $R=n^2Z_L$ 计算,结果可得到 $n=3$。也就是说,只要在两者之间接一个 $n=3$ 的变压器,扬声器就可以从音频信号源获得最大功率,从而发出最大的声音。

图 6-19 变压器阻抗变换举例

# 第 7 章

# 模拟集成电路设计与仿真

　　模拟集成电路设计通常涉及各种模拟电路功能的设计,比如放大器、比较器、滤波器、电源等。Proteus 是一个非常强大的电子设计自动化软件,可以用于模拟集成电路的应用设计和仿真。本章基于 Proteus 仿真软件,讲述了模拟集成电路的设计与仿真,这是电子工程领域中的一个重要分支,涵盖了从基本的运算放大器电路到复杂的电源管理系统的设计过程。在本章中,读者将学习到如何设计、分析和模拟各种模拟电路,以及如何使用现代工具和技术来优化这些电路的性能。

　　本章具体讲述的主要内容如下:

　　(1) 集成运算放大器的应用电路设计与仿真。

　　讲述了运算放大器(Op-Amp,Operational Amplifier)的多种应用,这是模拟电路设计中最为关键的组件之一。包括运算放大器基本原理、运算放大器计算、基本运算放大器、线性数学运算电路、仪表放大器、正弦波振荡电路、非正弦波发生电路、波形转换电路、有源滤波器。

　　(2) 电压比较器电路设计与仿真。

　　深入介绍了电压比较器的设计和应用。包括电压比较器的分类、电压比较器的应用、集成电压比较器 LM239/LM339、LM293/LM393/LM2903、LM211/LM311。

　　(3) 集成稳压电源电路设计与仿真。

　　讲述了稳压电源电路的设计,这对于任何需要稳定电源的电子设备来说都是至关重要的。包括集成稳压器的应用、精密基准电压源。

　　通过本章的学习,读者将获得关于模拟集成电路设计和仿真的深入知识,这些知识对于开发高性能、高可靠性的电子系统至关重要。

## 7.1　集成运算放大器的应用电路设计与仿真

　　集成运算放大器(以下简称运放)是模拟电路设计中非常常见的一种器件。它具有高放大倍数、高输入阻抗、低输出阻抗等特点,被广泛应用于各种模拟电路设计中。本节将介绍运放在不同类型电路中的应用电路设计和仿真技术。

　　(1) 放大器电路设计。

　　运放可以用于各种不同类型的放大器电路,例如,电压、电流和功率放大器等。在设计放大器电路时,需要考虑输入和输出阻抗、带宽、增益和稳定性等因素。通过合理选择运放型号和反馈电阻等元件,可以设计出符合要求的放大器电路。

　　(2) 模拟运算电路。

　　运放可以用于各种模拟运算电路,例如,加法、减法、乘法、除法等。在设计模拟运算电路时,需要考虑输入和输出信号的幅度、频率和相位等因素。通过合理选择运放型号和反馈电阻等元件,可以设计出符合要求的模拟运算电路。

（3）有源滤波器。

有源滤波器是一种利用运放和电阻、电容等元件设计的滤波器。它可以用于各种信号处理应用,例如,去除噪声、提取有用信号等。在设计有源滤波器时,需要考虑滤波器的类型、截止频率、通带和阻带等因素。通过合理选择运放型号和反馈电阻等元件,可以设计出符合要求的有源滤波器。

（4）振荡器和定时器。

运放可以用于设计各种类型的振荡器和定时器,例如,正弦波、方波和脉冲波等。在设计振荡器和定时器时,需要考虑振荡频率、波形质量、幅度和稳定性等因素。通过合理选择运放型号和反馈电阻等元件,可以设计出符合要求的振荡器和定时器。

（5）非线性应用电路。

运放可以用于各种非线性应用电路中,例如,平方、平方根、对数和指数等。在设计非线性应用时,需要考虑输入和输出信号的幅度、频率和相位等因素。通过合理选择运放型号和反馈电阻等元件,可以设计出符合要求的非线性应用电路。

（6）运算放大器测试和测量在测试和测量运算放大器时,需要使用合适的测试仪器,例如,万用表、示波器和信号发生器等。通过测试输入和输出电压、增益、带宽等参数,可以评估运算放大器的性能指标。同时,还需要考虑测试环境、测试方法和测试误差等因素,以确保测试结果的准确性和可靠性。

（7）电路仿真技术。

在设计和测试运算放大器电路之前,可以使用电路仿真软件进行仿真测试。通过仿真测试,可以验证电路设计的正确性和可靠性,同时还可以预测真实运行情况并优化设计方案。

## 7.1.1　运算放大器基本原理

在模拟电路中,运算放大器是一种非常重要的器件,那么所谓的运算放大器到底是什么呢？使用运算放大器可以完成什么电路功能呢？

从电路性质上来说,运算放大器是一种使用集成电路工艺制作的产物。在集成电路工艺中,可以在硅片上面设计出电阻、电感、电容等无源器件,也可以设计出三极管、MOS 管（MOSFET）、二极管等器件,并且由于集成电路使用光刻的工艺可以把每个器件做得非常小,截至目前,集成电路的量产工艺已达到了 5nm 的水平。因此,集成电路制造厂家可以将非常多的晶体管、电阻、电容等器件集成在一个面积非常小的硅片上,从而实现较为复杂的功能。对于集成运算放大器芯片而言,其内部正是由使用集成电路工艺制造的众多元器件组成的。一般而言,运算放大器芯片内部由 4 部分组成,分别为差分输入级、中间放大级、输出驱动级和内部的偏置电路。

因为运算放大器的开环放大倍数非常大,一般可以达到 $10^3$ 以上,而运算放大器的供电电压一般最大为几十伏,因此当运算放大器的同相端和反相端之间仅存在一个微小的电压差（几百微伏）时,运算放大器就会进入饱和状态从而无法正常工作。因此,极少有运放电路使运算放大器仅工作在开环放大状态,大多数情况下运算放大器都会工作在深度负反馈状态。

对于一个运算放大器,有许多参数可以表征其性能指标。在电子系统设计中,主要关注以下几个参数。

（1）开环放大倍数 $A_0$：如前所述,运算放大器工作在开环状态时的增益称为运算放大器的开环放大倍数,该参数越大表示越接近理想运算放大器。一般情况下,运算放大器的开环放大倍数都大于 $10^5$ 倍。

（2）共模抑制比 CMRR：运算放大器的共模抑制比表示运算放大器对共模干扰信号的抑制能力,数值上等于差模放大倍数与共模放大倍数之比的绝对值。共模抑制比越大,越接近理想运算放大器。

(3) 差模输入阻抗 $r_{id}$：该参数表示运算放大器芯片的输入阻抗大小,该参数值越大,表示运算放大器电路的输入阻抗越大,即对前级电路的影响越小。

(4) 输入失调电压 $U_{IO}$：由于实际的运算放大器芯片的两个输入端不可能做到完全对称,因此当输入端的电压差为零时,运算放大器的输出端也会有一定的输出电压。而 $U_{IO}$ 是指使输出电压为零时需要在输入端施加的补偿电压。该参数值越小,表示越接近理想运算放大器。

(5) 输入失调电流 $I_{IO}$：由于实际的运算放大器芯片的两个输入端不可能做到完全对称,因此同相输入端和反相输入端的电流不会完全相等,两个电流的差值即为输入失调电流。该参数值越小,表示越接近理想运算放大器。

(6) 增益带宽积 GBW：该参数表示运算放大器对高频小信号的放大能力,该参数值越大,表示运算放大器的带宽越大。

(7) 压摆率 SR：该参数表示运算放大器对高频大信号的放大能力,表示输出端电压摆幅的最大变化的快慢。该参数值越大,表示运算放大器对高频大信号具有越好的响应。

因为运算放大器的开环增益非常大,所以无法直接使用运算放大器对一个信号进行放大。在模拟电路中,运算放大器的一个最基本的功能就是对一个信号进行线性放大,那么电路应当是什么结构才能使电路的放大倍数可以调整呢？答案就是将运算放大器的输出进行采样再送往运算放大器的输入端进行负反馈。

对于集成运放芯片而言,因为其开环增益非常大,所以在实际使用过程中通常要引入负反馈电路使放大电路能完成一定的功能,当然也有以运放芯片开环作为比较器使用或者引入正反馈设计为振荡电路的用法,但是在大多数情况下,运算放大器均工作在负反馈状态。

判断反馈极性的方法可以采用瞬时极性法,其方法是：首先规定输入信号在某一时刻的极性,然后逐级判断电路中各个相关点的电流流向与电位的极性,从而得到输出信号的极性；根据输出信号的极性判断出反馈信号的极性；若反馈信号使净输入信号增大,则为正反馈,若反馈信号使净输入信号减小,则为负反馈。

## 7.1.2 运算放大器计算

本节将结合实例对工作在深度负反馈状态下的运算放大器电路进行设计。本节的计算前提是运算放大器工作在深度负反馈状态,在实际的放大电路设计中,运算放大器绝大多数是工作在深度负反馈状态的,因此本章的内容具有一定的普适性。

下面给出工作在深度负反馈状态下的放大电路工作状态的两个概念。

**1. 虚断**

对于集成运算放大器芯片,其两个输入端的输入阻抗非常大；对于理想运算放大器,其输入阻抗为无穷大,因此运算放大器的输入电流基本为零。此时对于两个输入端而言,均没有电流流过,相当于两个输入端“断路”,这种现象就是“虚断”现象。本质上,“虚断”是指运算放大器的同相输入端和反相输入端可以被认为无电流流入或流出。

**2. 虚短**

对于工作在深度负反馈状态的放大电路,同相输入端和反相输入端的电压差值非常小,当运算放大器的开环增益无穷大时,电压差值趋近于零,此时同相输入端和反相输入端的电压相等,即相当于“短路”状态,这种现象被称为“虚短”现象。

在理解了“虚断”和“虚短”的概念和由来之后,便可以使用这两个概念对工作在深度负反馈状态的放大电路进行非常便捷的计算了。这里再次强调,使用"虚断"和"虚短"对放大电路进行计算时,一定要确定此时运算放大器工作在深度负反馈状态。

下面将结合电路示例,使用"虚断"和"虚短"这两个概念对放大电路进行实际计算。其中,运算放大器可以认为是一个理想运算放大器,即具有如下性质:

(1) 开环放大倍数无穷大。

(2) 输入阻抗无穷大。

(3) 输出阻抗为零。

(4) 共模抑制比无穷大。

(5) 增益带宽积无穷大。

(6) 失调电压、失调电流、噪声均为零。

如图 7-1 所示是一个使用理想运算放大器搭建的放大电路,输入电压为直流 1.5V,输出电压为 $V_{out}$ (待求)。下面对其进行计算。

(1) 对于该电路来说,因为理想运算放大器的开环增益无穷大,因此运算放大器工作在深度负反馈状态,此时可以使用"虚断"和"虚短"的概念对电路进行计算。

(2) 由"虚短"的概念可知,运算放大器同相输入端和反相输入端的电压相等,因此反相输入端节点电压为 1.5V。

(3) 由"虚断"的概念可知,运算放大器反相输入端无电流,因此输出电压就等于反相端的电压的 2 倍,即 $V_{out}$ 为 3V。

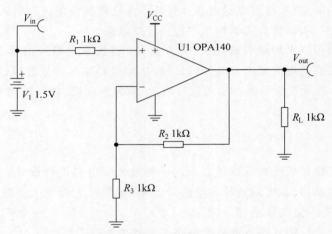

图 7-1　运算放大器的负反馈电路

使用"虚断"和"虚短"的概念可以非常方便地对放大电路进行计算,建议读者灵活掌握这种求解方法。

## 7.1.3　基本运算放大器

能把小信号变成大信号的电路称为放大电路。放大电路因其使用的放大元器件不同可分为电子管放大电路、晶体管放大电路、场效应管放大电路、集成运放放大电路。本章讨论的是集成运算放大电路。集成运算放大电路又可以分成两类:一类称为基本放大电路,其信号放大倍数是由接在电路中的两个电阻器的电阻值之比决定的;另一类称为仪表放大器,其信号放大倍数是由接在电路中的一个电阻器的电阻值决定的。

在集成运算放大电路中,有 3 种基本放大电路,即反相输入放大电路、同相输入放大电路及差动输入放大电路。

**1. 反相输入放大电路**

**1) 基本电路**

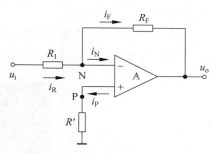

图 7-2 反相输入放大电路

反相输入放大电路如图 7-2 所示。由图 7-2 可见,输入电压 $u_i$ 通过 $R_1$ 作用于集成运放的反相输入端,故输出电压 $u_o$ 与 $u_i$ 反相。同相输入端通过 $R'$ 接地,$R'$ 为补偿电阻器,以保证集成运放输入级差动放大电路的对称性,其电阻值等于 $u_i = 0$ 时反相输入端的总等效电阻,即各支路电阻的反相输入放大电路并联,因此,$R' = R_1 /\!/ R_F$。

通常,在分析运算放大电路时均假设集成运放为理想运放,因此其两个输入端之间的电压为 0,即 $u_N - u_P = 0$,或 $u_N = u_P$,称之为"虚短路",简称"虚短";两个输入端之间的净输入电流为 0,即 $i_N = i_P = 0$,称之为"虚断路",简称"虚断"。"虚短"和"虚断"的概念是分析运算放大电路的基本出发点。

根据"虚短"和"虚断"的概念,可得

$$u_o = -\frac{R_F}{R_1} u_i$$

$u_o$ 与 $u_i$ 成比例关系,比例系数为 $-R_F/R_1$,负号表示 $u_o$ 与 $u_i$ 反相。此电路的输出电阻 $R_o = 0$,输入电阻为

$$R_i = R_1$$

由此可见,要增大电路的输入电阻,就必须增大 $u_o$ 与 $R_o$。例如,在比例系数为 $-100$ 的情况下,若要求 $R_i = 10k\Omega$,则 $R_1$ 应取 $10k\Omega$,$R_F$ 应取 $1M\Omega$;若要求 $R_i = 100k\Omega$,则 $R_1$ 应取 $100k\Omega$,$R_F$ 应取 $10M\Omega$。但是,当电路中电阻取值过大时,不仅电阻稳定性变差、噪声变大,放大电路的比例系数也会变化。解决这一矛盾的办法是用 T 形网络代替反馈电阻 $R_F$。

**【例 7-1】** 采用 LM324 构成的反相输入放大电路的仿真电路如图 7-3 所示。电源电压为 ±12V。已知,图 7-3 中 R1=R2=10kΩ,RF=100kΩ,故电路放大倍数为 $-10$。从 ui 处输入信号,从 uo 处输出信号,求反相输入放大电路的输出电压及频率响应曲线。

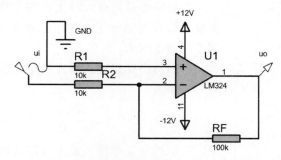

图 7-3 采用 LM324 构成的反相输入放大电路的仿真电路

关于本章所用 Proteus 仿真软件的详细使用方法请参见第 10 章。

给 ui 加交流电压信号(幅值为 1.2V、频率为 1kHz),用 Proteus 软件进行仿真,可以绘出电路的输入/输出关系图,如图 7-4 所示。可见,输入信号与输出信号相位相反,且输出信号的顶部和底部被削去,

表明波形已失真。加入不同幅值的交流电压信号,逐一检查输出波形,就可得出和加入直流信号时相同的结论,即当输入电压太小(小于 100mV)或太大(大于 1150mV)时,电路不能按给定的放大倍数(-10)不失真地放大。

在 Proteus 仿真电路图中,电阻值不需要加单位 Ω,在图 7-3 中,R1、R2、RF 只有电阻值,没有单位。电容器的容值也不需要加单位。下同。

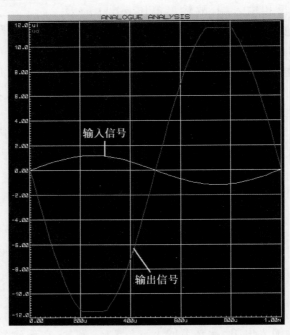

图 7-4　加幅值为 1.2V、频率为 1kHz 的交流电压信号时反相输入放大电路的输入/输出关系图

这里所说的输入电压范围,是针对 LM324 构成的反相输入放大电路而言的,由其他型号的集成运放构成的反相输入放大电路的输入电压范围不一定与此相同。但是,一般来说,合适输入电压的上限都是电源电压(通常都低于电源电压);合适输入电压的下限对不同的集成运放而言就不同,那些能放大微弱信号的精密放大器,其合适输入电压的下限较低。

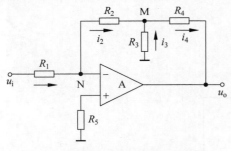

图 7-5　T 形网络反相输入放大电路

2) T 形网络反相输入放大电路

T 形网络反相输入放大电路如图 7-5 所示,因 $R_2$、$R_3$ 和 $R_4$ 构成大写英文字母 T 而得名。和图 7-1 比较,这里用 T 形网络代替了反馈电阻 $R_F$。

T 形网络反相输入放大电路的输入电压 $u_i$ 与输出电压 $u_o$ 之间的关系为

$$u_o = -\frac{R_2 + R_4}{R_1}\left(1 + \frac{R_2 /\!/ R_4}{R_3}\right)u_i$$

T 形网络反相输入放大电路的输入电阻 $R_i = R_1$。仍然分析比例系数为 -100 的情况,若要求 $R_i = 100k\Omega$,则 $R_1$ 应取 100kΩ;如果 $R_2$ 和 $R_4$ 也取 100kΩ,那么只要 $R_3$ 取 1.02kΩ,即可得到 -100 的比例系数。

【例 7-2】　采用 LM324 构成的 T 形网络反相输入放大电路的仿真电路如图 7-6 所示。现在要设计一个比例系数为 -100 且输入电阻为 100kΩ 的反相输入放大电路。要求 Ri=100kΩ,则 R1 应取 100kΩ;

如果 R2 和 R4 也取 100kΩ,则 R3 取 1.02kΩ。在图 7-6 中,输入信号 INPUT 为 100mV 直流信号,输出信号 OUT 用虚拟电压表测量。

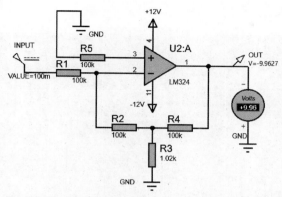

图 7-6 采用 LM324 构成的 T 形网络反相输入放大电路的仿真电路

用 Proteus 软件进行仿真,将得到如图 7-6 所示的 T 形网络反相输入放大电路测试结果。虚拟电压表显示所测输出电压为 +9.96V,但由于图 7-6 中虚拟电压表正负极反接,所以此电压值应为 −9.96V。100mV 直流电压输入信号经 −100 倍的放大电路放大,输出理论值应为 −10V,仿真实测值为 −9.96V,在精度要求范围内。

由此可见,用 T 形网络反相输入放大电路既可实现比例系数为 −100 且输入电阻为 100kΩ 的设计要求,还可避免使用极易增大噪声的、超过 1MΩ 以上高阻值电阻(若采用基本放大电路,则需要有一个电阻值为 10MΩ 的反馈电阻)。

**2. 同相输入放大电路和电压跟随器**

**1) 同相输入放大电路**

同相输入放大电路如图 7-7 所示。同相输入放大电路的输入/输出关系为

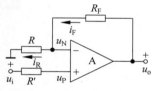

$$u_o = \left(1 + \frac{R_F}{R}\right)u_i \qquad (7-1)$$

图 7-7 同相输入放大电路

式(7-1)表明,$u_o$ 与 $u_i$ 同相且 $u_o \geq u_i$。这种电路的放大倍数不可能小于 1,输出电阻 $R_o = \infty$,输入电阻 $R_i = 0$。

**【例 7-3】** 采用 LM324 构成的同相输入放大电路的仿真电路如图 7-8 所示。在图 7-8 中,电源电压为 ±12V;R1=R2=10kΩ,RF=90kΩ,故电路放大倍数为 1+RF/R2=1+90/10=10。从 ui 处输入信号,从 uo 处输出信号,求同相输入放大电路的输入/输出关系。

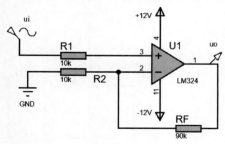

首先,给 ui 加直流电压信号,用 Proteus 软件进行仿真,可以绘出电路的输入/输出关系图,从关系图中就可以求出放大倍数。每加一种直流电压信号,就观察一次输出结果,经多次测试,可得出如下结论:当输入电压太小(小于 100mV)或太大(大于 1150mV)时,该电路不能按给定的放大倍数(10)不失真地放大。

图 7-8 采用 LM324 构成的同相输入放大电路的仿真电路

其次,给 ui 加交流电压信号,如幅值为 1.1V、频率为 1kHz 的交流信号,用 Proteus 软件进行仿真,可以绘出该电路的输入/输出关系图,如图 7-9 所示。由图 7-9 可见,输入信号与输出信

号相位相同,且输出的正弦波波形未失真。加入不同幅值的交流信号,逐一检查输出,就可以得出和加入直流信号时相同的结论,即当输入电压太小(小于 100mV)或太大(大于 1150mV)时,该电路不能按给定的放大倍数(10)不失真地放大。

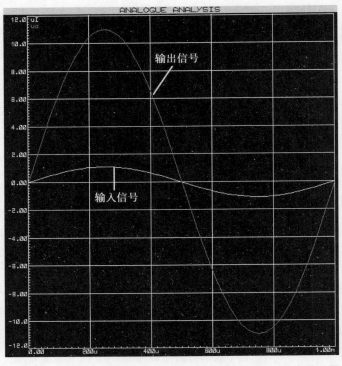

图 7-9　加交流电压信号时同相输入放大电路的输入/输出关系图

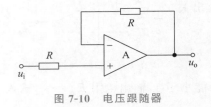

图 7-10　电压跟随器

**2)电压跟随器**

在同相输入放大电路中,将输出电压全部反馈到反相输入端,即可构成电压跟随器,如图 7-10 所示。

这种电路的输出电压与输入电压的关系为

$$U_o = U_i$$

理想运算放大器的开环差模增益为无穷大,因而电压跟随器具有比射极跟随器好得多的跟随性能。

【例 7-4】　采用 LM324 构成的电压跟随器的仿真电路如图 7-11 所示。在图 7-11 中,电源电压为 ±12V;R1＝RF＝10kΩ;从 ui 处输入信号,从 uo 处输出信号。求电压跟随器的输入/输出关系。

给 ui 加交流电压信号,如幅值为 2V、频率为 1kHz 的交流信号,用 Proteus 软件进行仿真,可以绘出电路的输入/输出关系图,如图 7-12 所示。由图 7-12 可见,只有一个幅值为 2V、频率为 1kHz 的正弦交流信号。那么输入信号到哪里去了?原来是两条曲线重合到一起了。由此可知,由集成运算放大器构成的电压跟随器比其他跟随器(如用三极管组成的射极跟随器)的跟随效果要好得多。

**3.差动输入放大电路**

差动输入放大电路如图 7-13 所示。该电路的特点是有两个信号输入端,且参数对称。所谓参数对称,是指正相输入端电阻和反相输

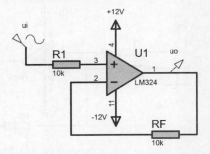

图 7-11　采用 LM324 构成的电压跟随器的仿真电路

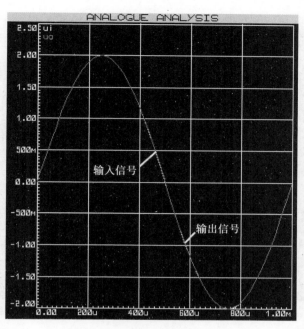

图 7-12　加交流电压信号时电压跟随器的输入/输出关系图

入端电阻相同(都等于 $R$),反馈电阻和正相输入端对地电阻相同(都等于 $R_F$)。其输入电压与输出电压的图 7-13 差动输入放大电路图关系为

$$u_o = \frac{R_F}{R}(u_{i2} - u_{i1})$$

由此可知,差动输入放大电路放大的是两个输入信号之差(正相输入端接被减数信号,反相输入端接减数信号),放大倍数由 $\frac{R_F}{R}$ 确定。

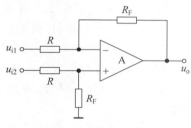

图 7-13　差动输入放大电路

【例 7-5】　采用 LM324 构成的差动输入放大电路的仿真电路如图 7-14 所示。在图 7-14 中,电源电压为 $\pm 12V$; $R1 = R2 = 10k\Omega$, $R3 = RF = 100k\Omega$,故两信号之差的放大倍数为 $RF/R2 = 100/10 = 10$。从 UI1 和 UI2 处输入信号,从 uo 处输出信号,求差动输入放大电路的输入/输出关系。

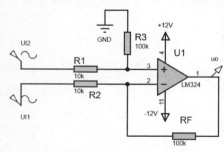

图 7-14　采用 LM324 构成的差动输入
放大电路的仿真电路

首先,加直流电压信号,用 Proteus 软件进行仿真,可以绘出该电路的输入/输出关系图,从关系图中就可以求出放大倍数。每加一种直流电压信号,就观察一次输出结果。经多次测试,可得出如下结论:当输入电压差(正相输入端接被减数信号,反相输入端接减数信号)太小(小于 100mV)或太大(大于 1150mV)时,该电路不能按给定的放大倍数(等于 10)不失真地放大。

其次,加交流电压信号,如给 UI2 加幅值为 1.4V、频率为 1kHz 的交流信号,给 UI1 加幅值为 0.2V、频率为 1kHz 的交流信号,用 Proteus 软件进行仿真,可以绘出该电路的输入/输出关系图,如图 7-15 所示。可见,UI2 是 1.4V 交流电压输入信号,UI1 是 0.2V 交流电压输入信号,uo 是对前两者之差放大了 10 倍的电压输出信号。图 7-15 中,输出的正弦波信号波形有失真,是因为其幅值超过 11.5V 的缘故。就这样由小到大给两个输入端加入不同的交流信号,逐一检查输出电压,即可得出与加入直流信号时相同的结论,即当输入电压太小(小于100mV)或太大(大于1150mV)时,该电路不能按给定的放大倍数(10)不失真地放大。

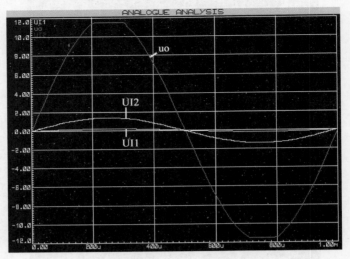

图 7-15  加交流电压信号时差动输入放大电路的输入/输出关系

在差动放大电路中,正相输入端接被减数信号,反相输入端接减数信号。

现在我们知道,在以上 3 种基本放大电路中,电路的放大倍数只取决于电路中两个电阻的比值,但并不是说只要得到相同比值,就能获得相应的放大倍数。前面说过,当放大电路中电阻取值过大时,不仅电阻稳定性变差、噪声变大,放大电路的比例系数也会变化。其实,电阻取值也不能过小,过小时放大电路的比例系数也会变化。放大电路中的电阻值一般在几百欧至几百千欧之间。

【例 7-6】  试用 LM324 实现以下比例运算:A＝uo/ui＝0.5,利用 Proteus 软件绘制电路图,并估算电阻的参数值。

首先考虑 A＝uo/ui＝0.5,即输入与输出同相,似乎可以采用同相输入放大电路。但是,同相输入放大电路的 A≥1.0,不能实现 A＝uo/ui＝0.5 的要求。若采用反相输入放大电路,放大倍数虽然可以小于1,但它是反相的。若选用两个反相输入放大电路串联,负负得正,使 A1＝－0.5,A2＝－1,即可满足要求。由两个反相输入放大电路串联得到的电路如图 7-16 所示。

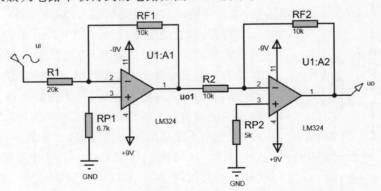

图 7-16  由两个反相输入放大电路串联得到的电路

要求 A1＝uo1/ui＝－RF1/R1＝－0.5,可取

$$PF1＝10kW,R1＝20kW$$

要求 A2＝uo/uo1＝－RF2/R2＝－1,可取

$$RF2 = 10kW, R2 = 10kW$$

整个放大电路的放大倍数为

$$A = A1 \times A2 = (-0.5) \times (-1) = 0.5$$

两个同相输入端对地电阻应取

$$RP1 = RF1 /\!/ R1 = 10k\Omega /\!/ 20k\Omega \approx 6.7k\Omega$$
$$RP2 = RF2 /\!/ R2 = 10k\Omega /\!/ 10k\Omega = 5k\Omega$$

给 ui 加幅值为 1V、频率为 1kHz 的交流信号,用 Proteus 软件进行仿真,可以绘出如图 7-17 所示放大电路的输入/输出关系。由图 7-17 可见,ui 是幅值为 1V、频率为 1kHz 的交流电压信号,uo 是幅值为 0.5V、1kHz 交流电压信号。

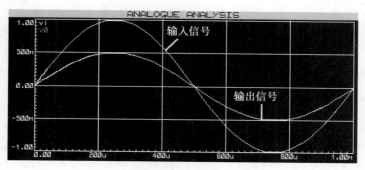

图 7-17 放大电路的输入/输出关系

## 7.1.4 线性数学运算电路

**1. 加/减运算电路**

实现对多个输入信号按各自不同的比例求和或求差的电路称为加/减运算电路。若所有输入信号均作用于集成运放的同一输入端,则实现加法运算;若一部分输入信号作用于同相输入端,而另一部分输入信号作用于反相输入端,则实现加/减法运算。

1) 求和运算电路

(1) 反相求和运算电路。当多个输入信号均作用于集成运放的反相输入端时,即可构成反相求和运算电路,如图 7-18 所示。

根据"虚短"和"虚断"的原则,在 $R_4 = R_1 /\!/ R_2 /\!/ R_3$ 的前提下,$u_o$ 的表达式为

$$u_o = -R_F\left(\frac{u_{i1}}{R_1} + \frac{u_{i2}}{R_2} + \frac{u_{i3}}{R_3}\right) \tag{7-2}$$

$$u_o = -\frac{R_F}{R_1}u_{i1} - \frac{R_F}{R_2}u_{i2} - \frac{R_F}{R_3}u_{i3}$$

如果在该放大电路中 $R_1 = R_2 = R_3 = R_F$,则式(7-3)变成

$$u_o = -(u_{i1} + u_{i2} + u_{i3})$$

此时,输出电压等于各输入电压之反相和。

电压相加带来波形相加。例如,有两个电压信号:一个是矩形波,另一个是正弦波,将其接到反相求和电路的输入端,且取 $R_1 = R_2 = R_F$,则相加结果是两波形之和并反相,如图 7-19 所示。

【例 7-7】 采用 μA741 构成的反相求和运算电路的仿真电路如图 7-20 所示。在图 7-20 中,电源电压为 ±12V;R1＝R2＝R3＝RF＝10kΩ,R4＝2.5kΩ,这样 R4 的电阻值就满足关系式 R4＝R1//R2//R3//RF。

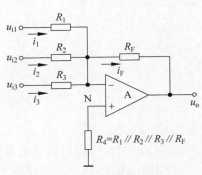

图 7-18 反相求和运算电路

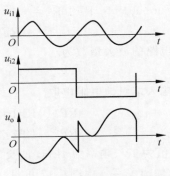

图 7-19 两波形相加的结果

从 INPUT1、INPUT2 和 INPUT3 处输入信号,从 OUTPUT 处输出信号,求该反相求和运算电路的输入/输出关系。

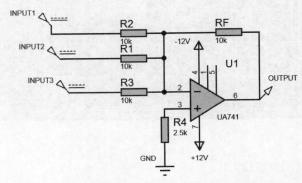

图 7-20 采用 μA741 构成的反相求和运算电路的仿真电路

在 INPUT1、INPUT2 和 INPUT3 这 3 个输入端均输入 1V 直流电压信号,用 Proteus 软件进行仿真,可以绘出该电路的输入/输出关系图,如图 7-21 所示。可见,当 3 个输入端均加 1V 直流电压信号时,输出的是−3V 直流电压信号。

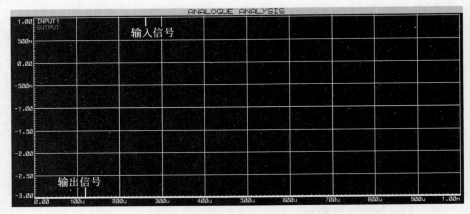

图 7-21 采用 μA741 构成的反相求和运算电路的输入/输出关系图

(2) 同相求和运算电路。当多个输入信号同时作用于集成运放的同相输入端时,即可构成同相求和运算电路,如图 7-22 所示。

根据"虚短"和"虚断"的原则,$u_o$ 的表达式为

$$u_{o} = R_{F}\left(\frac{u_{i1}}{R_{1}} + \frac{u_{i2}}{R_{2}} + \frac{u_{i3}}{R_{3}}\right) \qquad (7-3)$$

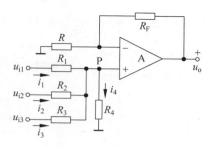

但式(7-3)成立的条件是 $R/\!/R_F = R_1/\!/R_2/\!/R_3/\!/R_4$。式(7-3)与式(7-2)相比,只差一个符号,但式(7-3)只有在严格的匹配情况下才是正确的。如果调整某一路信号的电阻($R_1$、$R_2$ 或 $R_3$)的电阻值,则必须相应改变 $R_4$ 的电阻值,使 $R/\!/R_F$ 严格与 $R_1/\!/R_2/\!/R_3/\!/R_4$ 相等,所以没有反相求和运算电路那么便于实现。

图 7-22 同相求和运算电路

【例 7-8】 采用 $\mu$A741 构成的同相求和运算电路的仿真电路如图 7-23 所示。在图 7-23 中,电源电压为 ±12V;R1 = R2 = R3 = R4 = 100k$\Omega$,R = RF = 50k$\Omega$,这样才符合条件 $R_N = R_P$($R_N = R/\!/RF$,$R_P = R1/\!/R2/\!/R3/\!/R4$)。从 uil、ui2 和 ui3 处输入信号,从 uo 处输出信号,求同相求和运算电路的输入/输出关系。

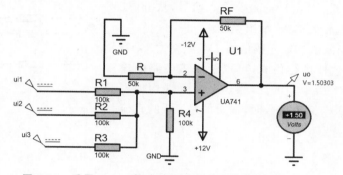

图 7-23 采用 $\mu$A741 构成的同相求和运算电路的仿真电路

在 uil、ui2 和 ui3 3 个输入端均输入 1V 直流电压信号,用 Proteus 软件进行仿真,可以绘出该电路的输入/输出关系图,如图 7-24 所示。可见,当 3 个输入端均加 1V 直流电压信号时,输出的是 1.5V 直流电压信号。

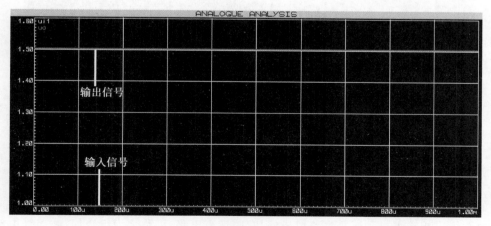

图 7-24 采用 $\mu$A741 构成的同相求和运算电路的输入/输出关系

2) 加/减运算电路

由前面的分析可知,放大电路的输出电压与同相端输入电压极性相同,与反相端输入电压极性相反,因此当多个信号同时作用于两个输入端时,就可以实现加/减运算。如图 7-25 所示为四输入加/减运算电路。

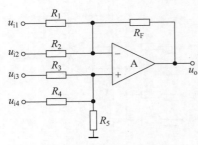

图 7-25  四输入加/减运算电路

进行加/减运算时，在 $R_1 /\!/ R_2 /\!/ R_F = R_3 /\!/ R_4 /\!/ R_5$ 的前提下，可推出输出电压 $u_o$ 与各个输入电压之间的关系为

$$u_o = R_F \left( \frac{u_{i3}}{R_3} + \frac{u_{i4}}{R_4} - \frac{u_{i1}}{R_1} - \frac{u_{i2}}{R_2} \right) \tag{7-4}$$

若加/减运算电路中只有两个输入信号：同相输入 $u_{i2}$，反相输入 $u_{i1}$，且参数对称，则

$$u_o = \frac{R_F}{R_1}(u_{i2} - u_{i1})$$

这就是前面介绍过的差动输入放大电路的输入/输出关系式。

【例 7-9】  采用 μA741 构成的加/减运算电路的仿真电路如图 7-26 所示。在图 7-26 中，电源电压为 ±12V；R1=R2=R3=R4=R5=RF=10kΩ。从 ui1~ui4 处输入信号，从 uo 处输出信号，求加/减运算电路的输入/输出关系。

在 ui1~ui4 这 4 个输入端均输入幅值为 1V、频率为 1kHz 的交流信号，用 Proteus 软件进行仿真，可以绘出该电路的输入/输出关系图，如图 7-27 所示。可见，当 4 个输入端均加入同频率(1kHz)、同幅值(1V)交流信号时，输出的是 0V 的直流信号。该输出电压也可由式(7-4)求得：$u_o = 10 \times \left( \frac{1}{10} + \frac{1}{10} - \frac{1}{10} - \frac{1}{10} \right) V = 0V$。

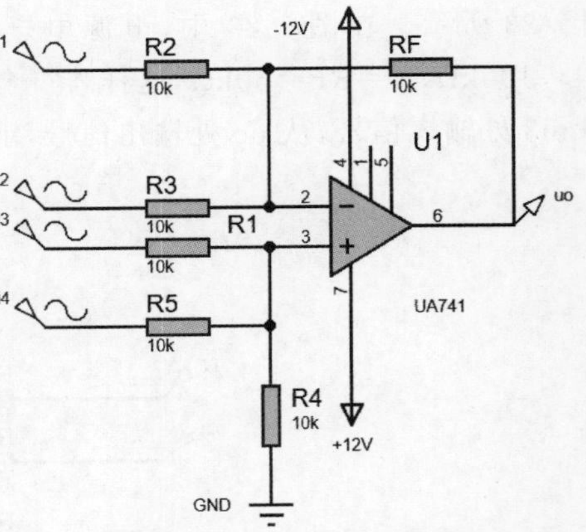

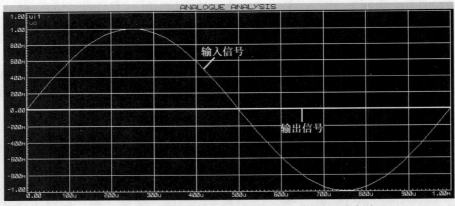

图 7-26  采用 μA741 构成的加/减运算电路的仿真电路

图 7-27  采用 μA741 构成的加/减运算电路的输入/输出关系

3) 组合加/减运算电路

由前面的分析可知，与反相输入求和运算电路相比，同相输入求和运算电路有很多缺点。图 7-28 所示的是一个由两级反相输入求和运算电路组成的加/减运算电路，可称之为组合加/减运算电路。与前面介绍的由一个运放组成的加/减运算电路不同，这里要用到两个运放。反相输入放大电路具有很深的电压负反馈，其输出电阻可视为零，考虑后级输入电压时可视前级等效内阻为零，即前级的输出电压等于后级的输入电压，由此可推得这种组合加/减运算电路的输出电压与输入电压之间的关系为

$$u_o = R_{F2} \left[ \frac{R_{F1}}{R_4} \left( \frac{u_{i1}}{R_1} + \frac{u_{i2}}{R_2} \right) - \frac{u_{i3}}{R_3} \right]$$

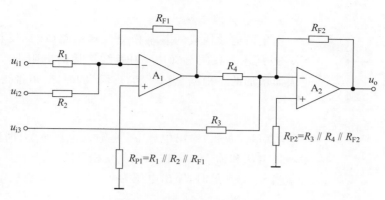

图 7-28　组合加/减运算电路

若取 $R_{F1}=R_4$，则

$$u_o = R_{F2}\left(\frac{u_{i1}}{R_1}+\frac{u_{i2}}{R_2}-\frac{u_{i3}}{R_3}\right)$$

若再取 $R_{F2}=R_1=R_2=R_3$，则

$$u_o = u_{i1} + u_{i2} - u_{i3} \tag{7-5}$$

【例 7-10】　采用 LM324 构成的组合加/减运算电路的仿真电路如图 7-29 所示。在图 7-29 中，电源电压为 ±12V；RF1＝RF2＝R1＝R2＝R3＝R4＝10kΩ，RP1＝RP2＝3.3kΩ。试求该组合加/减运算电路的输出电压。

图 7-29 中电阻值满足以下关系：RF1＝R4，RF2＝R1＝R2＝R3，RP1＝R1//R2//RF1，RP2＝R3//R4//RF2。根据前面介绍的组合加/减运算电路特点，可利用式(7-5)计算该电路的输出电压值。

若在 ui1 端输入 ＋0.4V 直流电压信号，在 ui2 端输入 ＋0.3V 直流电压信号，在 ui3 端输入 ＋0.2V 直流电压信号，用 Proteus 软件进行仿真，可以得出该电路的输出电压值。图 7-29 中的虚拟电压表显示输出电压值为 ＋0.50V。

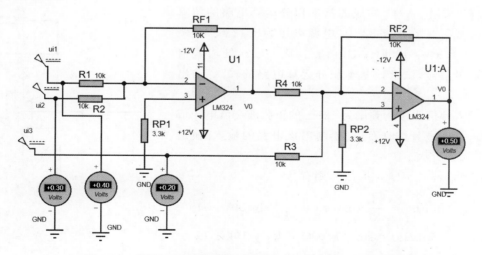

图 7-29　采用 LM324 构成的组合加/减运算电路的仿真电路

根据式(7-5)计算得出的该电路的输出电压值为

$$u_o = u_{i1} + u_{i2} - u_{i3} = 0.4V + 0.3V - 0.2V = 0.5V$$

由此可见，用 Proteus 软件仿真得到的电路输出电压值与其理论计算值是一致的。

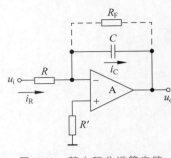

图 7-30 基本积分运算电路

**2. 积分运算电路**

由集成运放构成的基本积分运算电路(或称反相积分运算电路)如图 7-30 所示。在图 7-30 中,用虚线连接的电阻 $R_F$ 是为防止低频增益过大而增加的。根据"虚短"和"虚断"的原则,可推得 $u_o$ 的表达式为

$$u_o = -\frac{1}{RC}\int u_i \mathrm{d}t \tag{7-6}$$

式(7-6)表明,输出电压 $u_o$ 是输入电压 $u_i$ 对时间 $t$ 的积分,负号表示输出电压和输入电压在相位上是相反的。

当 $u_i$ 为常量时,输出电压为

$$u_o = -\frac{1}{RC}u_i(t_2 - t_1) + u_o(t_1)$$

当 $u_i$ 为阶跃信号时,若 $t_0$ 时刻电容上的电压为零,则输出电压波形如图 7-31(a)所示。当输入分别为方波信号和正弦波信号时,输出电压波形分别如图 7-31(b)和(c)所示。

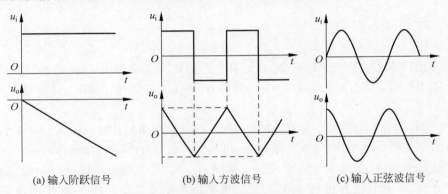

(a) 输入阶跃信号　　　　(b) 输入方波信号　　　　(c) 输入正弦波信号

图 7-31 积分运算电路在不同输入下的输出电压波形

【例 7-11】 采用 μA741 构成的基本积分运算电路的仿真电路如图 7-32 所示。在图 7-32 中,电源电压为 ±12V;R1 = 10kΩ,R2 = 10kΩ,RF = 100kΩ;C1 = 0.1μF。从 ui 处输入信号,从 uo 处输出信号,试求该基本积分运算电路的输入/输出关系。

给 ui 端输入幅值为 1V、频率为 1kHz 的正弦波交流电压信号,用 Proteus 软件进行仿真,可以绘制出该电路的输入/输出关系图,如图 7-33 所示。

根据式(7-6),若 $u_i = U_m \sin(\Omega t)$,则有

$$u_o = -\frac{1}{RC}\int U_m \sin\omega t \,\mathrm{d}t = \frac{U_m}{\omega RC}\cos(\omega t) = \frac{U_m}{\omega RC}\sin(90° + \omega t)$$

这里,$u_i = U_m \sin(\Omega t) = \sin(2\pi 1000 t)$,$R_1 = 10\mathrm{k}\Omega$,$C_1 = 0.1\mu\mathrm{F}$,故

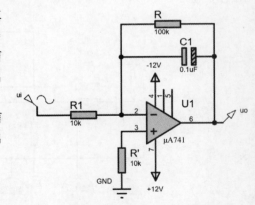

图 7-32 采用 μA741 构成的基本积分运算电路的仿真电路

$$u_o = \frac{U_m}{\omega R_1 C_1}\sin(90° + \omega t) = \frac{1}{2\pi 1000 R_1 C_1}\sin(90° + 2\pi 1000 t)$$

$$= \frac{1}{2\pi 1000 \times 10 \times 10^3 \times 0.1 \times 10^{-6}}\sin(90° + 2\pi 1000 t) = \frac{1}{2\pi}\sin(90° + 2\pi 1000 t)$$

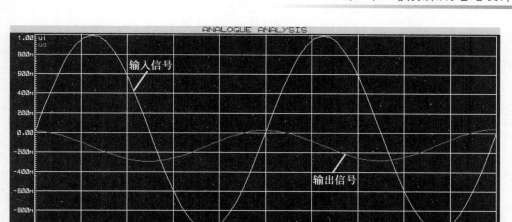

图 7-33　采用 μA741 构成的基本积分运算电路的输入/输出关系

由此可见,该电路输出结果为幅值被衰减了的相位超前 90° 的正弦波信号,与图 7-33 中所示的波形相同。

### 3. 微分运算电路

(1) 基本微分运算电路:由集成运放构成的基本微分运算电路如图 7-34 所示。

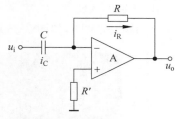

它是将如图 7-30 所示电路中的 $R$ 和 $C$ 的位置互换得到的。根据 "虚短" 和 "虚断" 的原则,可得 $u_o$ 的表达式为

$$u_o = -RC \frac{\mathrm{d}u_i}{\mathrm{d}t}$$

图 7-34　基本微分运算电路

可见,输出电压 $u_o$ 正比于输入电压 $u_i$ 对时间 $t$ 的微分,负号表示输出电压和输入电压在相位上是相反的。

(2) 实用微分运算电路:在如图 7-34 所示的电路中,当输入电压变化时,极易使集成运放内部的放大管进入饱和或截止状态,从而使电路不能正常工作。解决的办法是:在输入端串联一个小的 $R_1$,在 $R$ 上并联稳压二极管 $VS_1$、$VS_2$ 和小的 $C_1$,如图 7-35 所示。该电路的输出电压与输入电压呈近似微分关系,若输入电压为方波,且 $RC \leqslant T/2$($T$ 为方波周期),则输出为尖顶波,如图 7-36 所示。这与由 $RC$ 电路组成的微分电路相似,只有当输入该 $RC$ 电路的方波周期比 $RC$ 值小得多时,其输出才呈现微分波形。

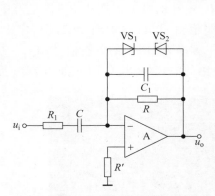

图 7-35　实用微分运算电路

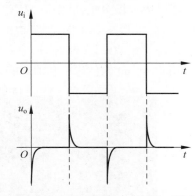

图 7-36　实用微分运算电路的输入/输出波形

【例 7-12】　采用 μA741 构成的微分运算电路的仿真电路如图 7-37 所示。在图 7-37 中,电源电压为 ±12V;R1=100Ω,R2=10kΩ,R3=1000;C1=1μF,C2=0.01μF。从 ui 处输入信号,从 uo 处输出信

号,试求该微分运算电路的输入/输出关系。

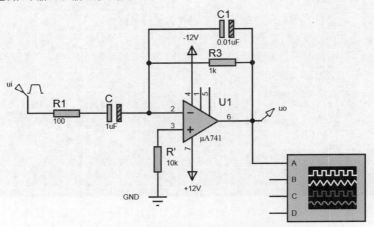

图 7-37　采用 μA741 构成的微分运算电路的仿真电路

在 ui 端输入幅值为 4V、频率为 1kHz 的方波电压信号,用 Proteus 软件进行仿真,可以绘出该电路的输入/输出关系图,如图 7-38 所示。由图 7-38 可见,经微分后输出的是上下尖顶脉冲波形。

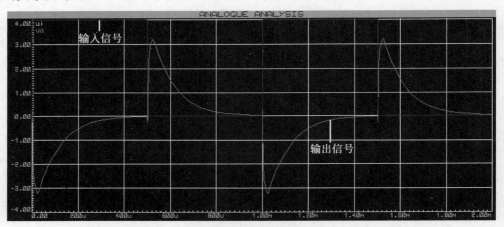

图 7-38　采用 μA741 构成的微分运算电路的输入/输出关系图 1

与由 RC 电路组成的微分电路相似,只有当输入该 RC 电路的方波周期比 RC 值小得多(RC≪T/2)时,其输出的才是微分波形。若将图 7-37 中的 R3 的电阻值由 100Ω 增加到 1kΩ,C1 不变,则周期变为 $R3C1=1000 \times 1 \times 10^{-6}=1(\text{ms})$,此时,仍输入幅值为 4V、频率为 1kHz 的方波信号,T/2=0.5ms,RC≪T/2 不再成立。用 Proteus 软件进行仿真,可以绘出该电路的输入/输出关系图,如图 7-39 所示。

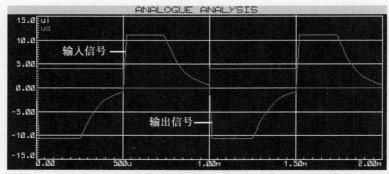

图 7-39　采用 μA741 构成的微分运算电路的输入/输出关系图 2

### 7.1.5　仪表放大器

仪表放大器也称为精密放大器、测量放大器或仪用放大器,主要用于弱信号放大。在实际的测量系统中,大多数放大器处理的是传感器输出的信号,而传感器产生的差模信号一般比较微弱,且含有较大的共模成分,传感器的等效电阻也不是常量。为了放大这种信号,除要求放大器具有足够的放大倍数外,还要有较高的输入电阻和较高的共模抑制比。仪表放大器就是为了满足这些要求而设计的。

仪表放大器是用于在有噪声的环境下放大小信号的器件,具有低漂移、低功耗、高共模抑制比、宽电源供电范围及小体积等优点。仪表放大器的关键参数是共模抑制比,这个性能指标可以用来衡量差动增益与共模衰减之比。仪表放大器主要应用于传感器接口、工业过程控制、低功耗医疗仪器、热电偶放大器、便携式供电仪器。

与前面介绍的 3 种基本放大器不同,仪表放大器的信号放大倍数是由接在电路中的一个电阻器的电阻值决定的。仪表放大器分为两类:一类是由普通放大器构成的,常见的是用 3 个放大器和若干电阻器组成的;另一类是集成仪表放大器。

#### 1. 由 3 个运放构成的仪表放大器

由 3 个运放构成的仪表放大器如图 7-40 所示。电路中的 3 个运放都接成比例运算电路的形式。3 个运放分为两级:第 1 级由 $A_1$ 和 $A_2$ 组成,它们均构成同相输入放大电路,输入电阻很大;第 2 级是 $A_3$,它构成差动输入放大电路,将差动输入转换为单端输出,且具有抑制共模信号的能力。

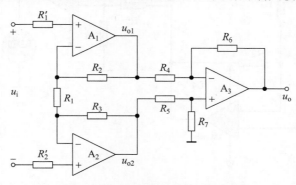

图 7-40　由 3 个运放构成的仪表放大器

在本电路中,要求元器件参数对称,即

$$R_2 = R_3, \quad R_4 = R_5, \quad R_6 = R_7$$

根据运算电路的基本分析方法可得

$$u_o = -\frac{R_6}{R_4}\left(1 + \frac{2R_2}{R_1}\right)(u_1 - u_2) \tag{7-7}$$

在式(7-7)中,$u_1$ 和 $u_2$ 分别为 $A_1$ 和 $A_2$ 的同相输入端电压信号,$u_i = u_1 - u_2$。由式(7-7)可知,只要改变 $R_1$,就可以调节输出电压与输入电压之间的比例关系。如果将 $R_1$ 开路,则式(7-7)就变为

$$u_o = -\frac{R_6}{R_4}u_i$$

应当指出,该电路中的 $R_4 \sim R_7$ 必须采用高精密电阻,并要精确匹配,否则,不仅会给 $u_o$ 的计算带来误差,还会降低电路的共模抑制比。

在由 3 个运放构成的仪表放大器中,第 1 级的 $A_1$ 和 $A_2$ 在性能指标上应尽量一致,可以选同一集成运放中的两个放大器。比如,可选择包含 4 个放大器的 LM324 或包含两个放大器的 LM358,不宜选

择 $\mu$A741。

【例 7-13】 采用 3 个 LM358 运放构成的仪表放大器的仿真电路如图 7-41 所示。在图 7-41 中,电源电压为 $\pm$12V；R1＝2k$\Omega$,R2＝R3＝1k$\Omega$,R4＝R5＝2k$\Omega$,R6＝R7＝10k$\Omega$；从 in1 处和 in2 处输入信号,从 uo 处输出信号。图中接在 uo 处的虚拟电压表用于测量输出电压。

给 in1 端输入 2V 直流电压信号,给 in2 端输入 1V 直流电压信号,用 Proteus 软件进行仿真,可以测出电路输出端的电压值,如图 7-41 所示。图 7-41 中虚拟电压表显示的输出电压值为 $-10.00$V。根据式(7-7)计算该仪表放大器理论输出电压,可得:

$$u_{\circ} = -\frac{R_6}{R_4}\left(1+\frac{2R_2}{R_1}\right)(u_1-u_2) = -\frac{10}{2}\left(1+\frac{2\times 1}{2}\right)(2-1) = -10(\mathrm{V})$$

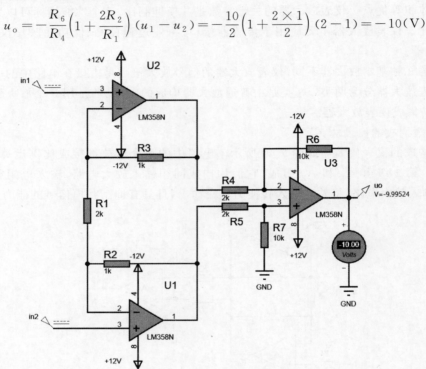

图 7-41 采用 3 个 LM358 运放构成的仪表放大器的仿真电路

这表明在这种输入信号下,输出的实测结果与理论计算值是完全吻合的。给 in1 端和 in2 端输入不同的直流电压信号,用 Proteus 软件进行仿真,测得该电路输出电压值,如表 7-1 所示。

表 7-1 由 3 个运放构成的仪表放大器的测试数据

| 输入电压 in1/mV | +2 | +20 | +200 | +2000 | +2000 | +3000 |
|---|---|---|---|---|---|---|
| 输入电压 in2/mV | +1 | +10 | +100 | +1000 | +800 | +1000 |
| 计算 in1－in2/mV | +1 | +10 | +100 | +1000 | +1200 | +2000 |
| 输出电压 uo/V | −0.0057 | −0.0957 | −1.0 | −10.0 | −12.0 | −12.0 |
| 实测放大倍数 A＝uo/(in1−in2) | −5.7 | −9.57 | −10.0 | −10.0 | −10.0 | −6.0 |
| 理论放大倍数 A | −10 | −10 | −10 | −10 | −10 | −10 |

由表 7-1 可见,当两个输入信号电压差(in1−in2)太小(小于 10mV)或太大(大于 1200mV)时,该电路不能按照理论放大倍数(−10)不失真地放大。

2. 集成仪表放大器

与前面介绍的由 3 个运放构成的仪表放大器相比,单片集成仪表放大器可以达到更高的性能,体积更小,价格更低,使用和维护也更加方便。

有多家公司生产单片集成仪表放大器,如美国 B-B(Burr-Brown)公司和 ADI 公司等。

常用集成仪表放大器有 INA122、INA103、INA126、INA128、INA129、INA155、AD620、AD621、AD622、 AD623、 AD624、 MAX4460、 MAX4461、 MAX4462、LTC2053 等。

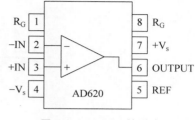

图 7-42　AD620 的引脚

低价、低功耗仪表放大器 AD620 的引脚如图 7-42 所示。其中,在第 1 脚与第 8 脚之间需要跨接一个电阻器调整放大倍数;在第 7 脚、第 4 脚上必须施加正、负电源电压;由第 2 脚、第 3 脚输入电压信号;由第 6 脚输出放大后的电压信号;第 5 脚接参考基准电压,如果将其接地,则由第 6 脚输出的就是与地之间的相对电压。

AD620 的放大增益关系见式(7-8)和式(7-9):

$$G = \frac{49.4\mathrm{k}\Omega}{R_\mathrm{G}} + 1 \tag{7-8}$$

$$R_\mathrm{G} = \frac{49.4\mathrm{k}\Omega}{G-1} \tag{7-9}$$

通过以上两式可推算出不同增益 $G$ 所对应的电阻值 $R_\mathrm{G}$,如表 7-2 所示。

表 7-2　不同增益 $G$ 所对应的电阻值 $R_\mathrm{G}$

| 所需增益 $G$ | 1%精度的 $R_\mathrm{G}$ 标准值 |
| --- | --- |
| 1.990 | 49.9kΩ |
| 4.984 | 12.4kΩ |
| 9.998 | 5.49kΩ |
| 19.93 | 2.61kΩ |
| 50.40 | 1.0kΩ |
| 100.0 | 499Ω |
| 199.4 | 249Ω |
| 495.0 | 100Ω |
| 991.0 | 49.9Ω |

AD620 的特点是精度高、使用简单、噪声低,其增益范围为 1~1000,只需一个电阻即可设定放大倍数,电源电压范围为 ±(2.3~18)V,而且耗电量低,广泛应用于便携式仪器中。

【例 7-14】　采用 AD620 构成的毫伏信号放大电路的仿真电路如图 7-43 所示。该电路采用双电源供电方式,电源电压为 ±5V。由表 7-2 可知,为使 $G=10$,需要在第 8 脚和第 1 脚之间接一个 5.49kΩ 的电阻器。图中:从 in1 处输入毫伏信号;AD620 的第 2 脚和第 5 脚接地;从 AD620 的第 6 脚输出信号,并用虚拟电压表进行测量。在 in1 处接一个虚拟毫伏电压表,用于测量输入的毫伏级电压信号。

在 in1 处输入 40mV 信号,用 Proteus 软件进行仿真,可以测出该电路的输出电压值,如图 7-43 所示。在图 7-43 中,虚拟电压表显示输出电压值为 +0.40V。由此可知,该放大电路将输入信号放大了 10 倍。

## 7.1.6　正弦波振荡电路

正弦波振荡电路有两种类型,即 $RC$ 正弦波振荡电路和 $LC$ 正弦波振荡电路。

### 1. $RC$ 正弦波振荡电路

实用的 $RC$ 正弦波振荡电路有多种形式,典型的是 $RC$ 桥式正弦波振荡电路,其电路结构与电桥相似,最早由德国物理学家 Max Wien 设计,因此又称之为文氏电桥振荡电路。$RC$ 桥式正弦波振荡电路具

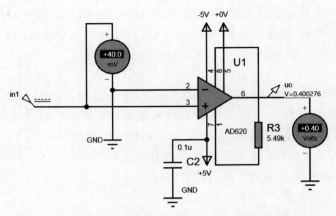

图 7-43 采用 AD620 构成的毫伏信号放大电路的仿真电路

有结构简单、起振容易、频率调节方便等特点,适用于低频振荡场合,其振荡频率一般为 10～100kHz。

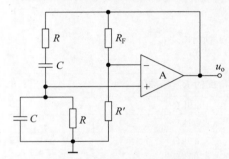

图 7-44 RC 桥式正弦波振荡电路

RC 桥式正弦波振荡电路如图 7-44 所示。其中,集成运放 A 作为放大电路,RC 串并联网络为选频网络,由 $R_F$ 和 $R'$ 支路引入一个负反馈。由图 7-44 可见,RC 串联/并联网络中的串联支路和并联支路,以及负反馈支路中的 $R_F$ 和 $R'$,正好是一个电桥的 4 个桥臂。

RC 桥式正弦波振荡电路的振荡频率为

$$f_0 = \frac{1}{2\pi RC} \qquad (7-10)$$

振荡电路的起振条件为

$$R_F > 2R'$$

由于 RC 桥式正弦波振荡电路的振荡频率与 R、C 的乘积成反比,若要产生振荡频率更高的正弦波信号,则需要电阻和/或电容的值更小,这在电路的实现上将产生较大的困难。通常,RC 正弦波振荡电路常用于产生数赫兹至数百千赫兹的低频信号;若要产生更高频率的信号,则应考虑采用 LC 正弦波振荡电路。

【例 7-15】 采用 LM358 构成的 RC 桥式正弦波振荡电路的仿真电路如图 7-45 所示。在图 7-45 中,R1、R2、C1、C2 组成 RC 串/并联网络,R1＝R2＝20kΩ,C1＝C2＝0.015μF;由 $R'$ 和 RF 组成负反馈电路;RF 回路串联了两个反向并接的二极管 D1 和 D2,其作用是使输出电压稳定。在 OUTPUT 处用虚拟示波器观察输出电压波形。

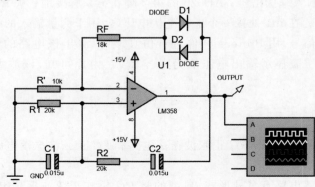

图 7-45 采用 LM358 构成的 RC 桥式正弦波振荡电路的仿真电路

用 Proteus 软件进行仿真,可以得到该电路的输出波形,如图 7-46 所示。图 7-46 中呈现的是一种略有失真的正弦波,其幅值大于 20V,周期约为 2ms(换算成频率约为 500Hz)。

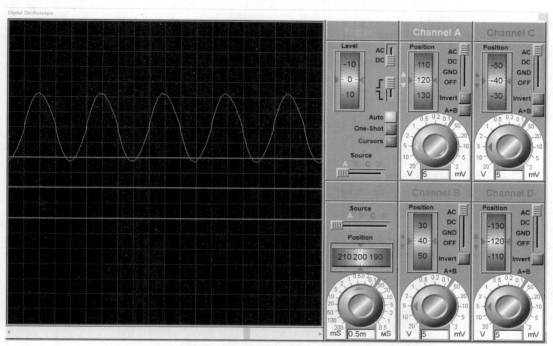

图 7-46  $RC$ 桥式正弦波振荡电路的输出波形

现在,计算 $RC$ 桥式正弦波振荡电路振荡频率的理论值。由式(7-10)可得

$$f_0 = \frac{1}{2\pi RC} = \frac{1}{2\pi \times 20 \times 10^3 \times 0.015 \times 10^{-6}} \text{Hz} \approx 531 \text{Hz}$$

由此可见,$RC$ 桥式正弦波振荡电路振荡频率的理论值与实测值相差不是太大。

**2. $LC$ 正弦波振荡电路**

$LC$ 正弦波振荡电路主要用于产生 1MHz 以上的高频振荡信号。常用的 $LC$ 正弦波振荡电路有变压器反馈式 $LC$ 正弦波振荡电路、电感三点式 $LC$ 正弦波振荡电路和电容三点式 $LC$ 正弦波振荡电路 3 种。它们的共同特点是用 $LC$ 谐振回路作为选频网络(通常采用 $LC$ 并联谐振回路)。$LC$ 正弦波振荡电路与 $RC$ 桥式正弦波振荡电路的组成原则是相似的,只是选频网络采用的是 $LC$ 电路。

$LC$ 正弦波振荡电路的振荡频率为

$$f_0 = \frac{1}{2\pi \sqrt{LC}}$$

【例 7-16】 采用 LM358 构成的 LC 正弦波振荡电路的仿真电路如图 7-47 所示。在图 7-47 中,L1 和 C1 组成选频网络,与电位器 R3 上面的部分构成正反馈通道;R1=5kΩ,R2=100kΩ,R3=10kΩ,C1= 0.1μF,L1=10mH;从 OUTPUT 处输出波形。

用 Proteus 软件进行仿真,可以得到该电路的输出波形,如图 7-48 所示。图 7-48 中呈现的是一种接近三角波的波形,波形的幅值大于 20V,波形的周期约为 100μs(换算成频率约为 10kHz)。

现在,我们看一下理论计算的 $LC$ 正弦波振荡电路的振荡频率是多少?

由 $LC$ 正弦波振荡电路的振荡频率计算公式可知:

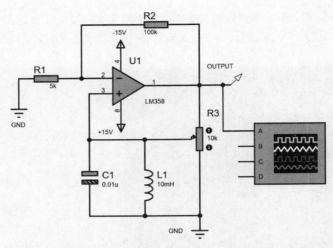

图 7-47　采用 LM358 构成的 LC 正弦波振荡电路的仿真电路

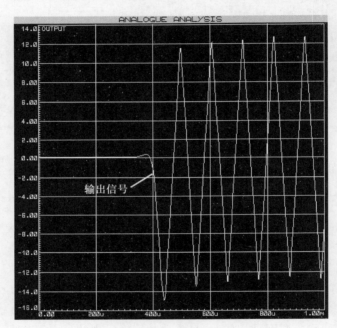

图 7-48　LC 正弦波振荡电路的输出波形

$$f_0 = \frac{1}{2\pi\sqrt{LC}} = \frac{1}{2\pi \times \sqrt{10 \times 10^{-3} \times 0.01 \times 10^{-6}}} \text{Hz} \approx 15.9\text{kHz}$$

由此可见，LC 正弦波振荡电路振荡频率的理论值与实测值相差较大。

## 7.1.7　非正弦波发生电路

非正弦波发生电路常用于脉冲和数字电路中作为信号源。常见的非正弦波发生电路有矩形波发生电路、三角波发生电路、锯齿波发生电路和函数发生器电路。

**1. 矩形波发生电路**

一个矩形波发生电路如图 7-49 所示。该电路实际上是由一个滞回比较器和一个 RC 充/放电回路组成的。其中，集成运放 A 与 $R_1$、$R_2$ 组成滞回比较器；R 与 C 构成充/放电回路；稳压管 VS 与 $R_3$ 的

作用是钳位，将滞回比较器的输出电压限制在稳压管的稳压值 $\pm U_Z$。矩形波发生电路的振荡周期为

$$T = 2RC\ln\left(1 + \frac{2R_1}{R_2}\right) \qquad (7\text{-}11)$$

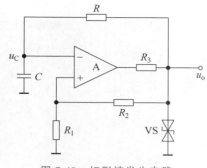

图 7-49　矩形波发生电路

【例 7-17】　采用 LM358 构成的矩形波发生电路的仿真电路如图 7-50 所示。在图 7-50 中，LM358 的电源电压为 $\pm 15\text{V}$；R1＝$3\text{k}\Omega$，R2＝$10\text{k}\Omega$，R＝$10\text{k}\Omega$，C1＝$10\mu\text{F}$；从 OUTPUT 处输出波形。图 7-50 中的虚拟示波器和发光二极管 D3 都是为了观察输出波形而添加的。

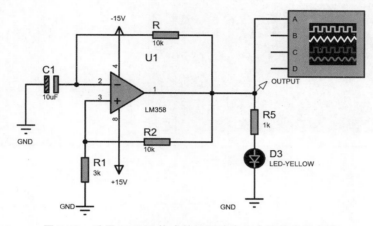

图 7-50　采用 LM358 构成的矩形波发生电路的仿真电路

用 Proteus 软件进行仿真，可以得到矩形波发生电路的输出波形，如图 7-51 所示。图 7-51 中呈现的是一个矩形波信号，该波形的幅值不高于 30V，周期约为 93ms（换算成频率约为 11Hz）。

根据式(7-10)可求得该矩形波发生电路的振荡周期为

$$T = 2RC\ln\left(1 + \frac{2R_1}{R_2}\right) = 2 \times 10 \times 10^3 \times 10 \times 10^{-6}\ln\left(1 + \frac{2 \times 3}{10}\right)(\text{s}) \approx 94\text{ms}$$

与实测结果比较，可见理论计算的矩形波发生电路的振荡周期数值与实测值很接近。

如果不用示波器观察输出波形，那么根据 OUTPUT 处所接 LED 闪烁速度的快慢，也可大致知道输出波形频率的高低。

前面介绍的矩形波发生电路输出波形的高电位和低电位的宽度是相同的，这种高电位与低电位的宽度之比称为占空比，图 7-51 所示的矩形波发生电路的输出波形的占空比为 50%。

如果要求矩形波发生电路输出波形的占空比可调，可以通过改变电路中的充电和放电的时间常数实现。如图 7-52 所示的就是一个占空比可调的矩形波发生电路。其中，$R_W$ 和 $VD_1$、$VD_2$ 的作用是将电容的充电回路和放电回路分开，并调节充电和放电两个时间常数的比例。

占空比可调的矩形波发生器的振荡周期为

$$T = (2R + R_W)C\ln\left(1 + \frac{2R_1}{R_2}\right)$$

如果将矩形波的高电平宽度用 $T_1$ 表示，低电平宽度用 $T_2$ 表示，则该矩形波发生电路输出波形的占空比为

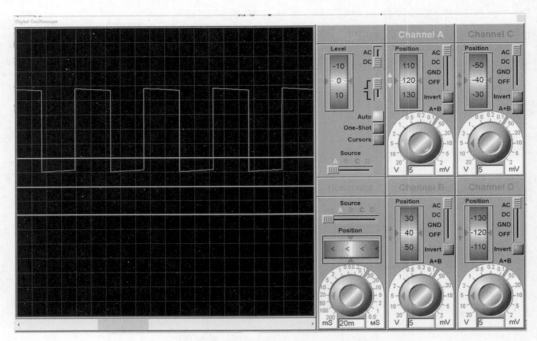

图 7-51　矩形波发生电路的输出波形

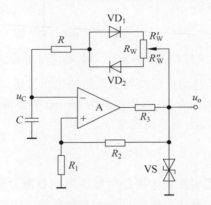

图 7-52　占空比可调的矩形波发生电路

$$D = \frac{T_1}{T_2} = \frac{R + R''_W}{2R + R_W}$$

改变 $R_W$ 滑动端的位置，即可调节矩形波发生电路输出波形的占空比，而总的振荡周期不受影响。

【例 7-18】　采用 LM358 构成的占空比可调的矩形波发生电路的仿真电路如图 7-53 所示。在图 7-53 中，R1＝R2＝25kΩ，R＝5kΩ，RV1＝100kΩ，C＝0.1μF。LM358 的电源电压为 ±15V，从 OUTPUT 处输出波形。

首先将电位器 RV1 的滑动端调到中间位置，用 Proteus 软件进行仿真，可以看到，该电路的输出波形为方波，即占空比为 50% 的矩形波。将 RV1 的滑动端向上调节，可以看到矩形波的高电平宽度逐渐减小；当 RV1 的滑动端调到最上位置时，可看到输出的是占空比很小的矩形波，如图 7-54 所示；当 RV1 的滑动端调到最下位置时，可看到输出的是占空比很大的矩形波，如图 7-55 所示。

根据式(7-11)，可求得将 RV1 的滑动端分别调到最上位置(RV1＝0Ω)和最下位置(RV1＝100kΩ)时输出波形的占空比，即

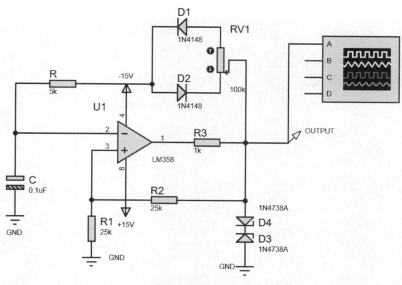

图 7-53　采用 LM358 构成的占空比可调的矩形波发生电路的仿真电路

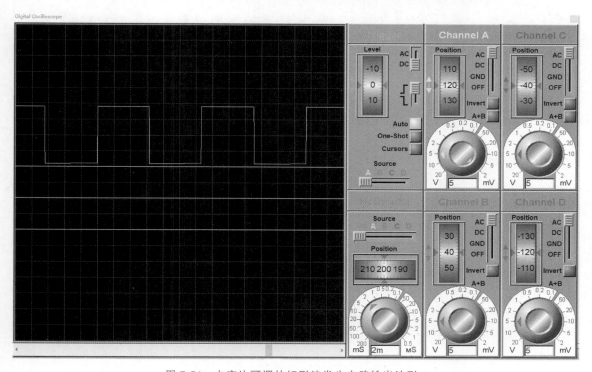

图 7-54　占空比可调的矩形波发生电路输出波形 1

$$T_{\min} = \frac{T_1}{T_2} = \frac{R + R''}{2R + R_W} = \frac{5 + 0}{10 + 100} \approx 0.045 = 4.5\%$$

$$T_{\max} = \frac{T_1}{T_2} = \frac{R + R''}{2R + R_W} = \frac{5 + 100}{10 + 100} \approx 0.955 = 95.5\%$$

**2. 三角波发生电路**

将滞回比较器和积分电路适当连接起来,即可组成三角波发生电路,如图 7-56 所示。其中,集成运

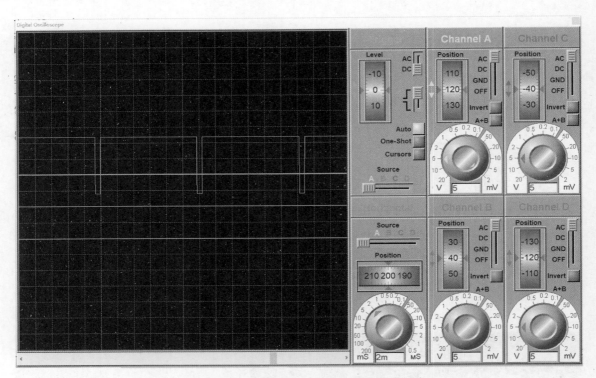

图 7-55　占空比可调的矩形波发生电路输出波形 2

放 $A_1$ 组成滞回比较器，$A_2$ 组成积分电路。滞回比较器的输出信号加在积分电路的反相输入端进行积分，而积分电路的输出信号又接到滞回比较器的同相输入端，控制滞回比较器输出信号发生跳变。

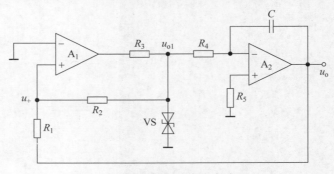

图 7-56　三角波发生电路

三角波发生电路输出信号的幅值为

$$U_{om} = \frac{R_1}{R_2} U_Z$$

三角波发生电路输出信号的振荡周期为

$$T = \frac{4R_1 R_4 C}{R_2} \tag{7-12}$$

【例 7-19】　采用 LM358 构成的三角波发生电路的仿真电路如图 7-57 所示。在图 7-57 中，R1＝R2＝R3＝R4＝R5＝10kΩ，C1＝1μF。LM358 的电源电压为±12V，从 OUTPUT 处输出波形。

用 Proteus 软件进行仿真，可以得到该电路的输出波形，如图 7-58 所示。由图 7-58 可知，该电路输

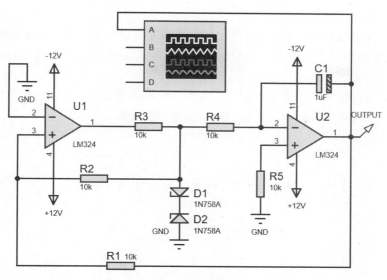

图 7-57 采用 LM324 构成的三角波发生电路的仿真电路

出的三角波的幅值约为 8V,周期约为 34ms(换算成频率约为 29Hz)。

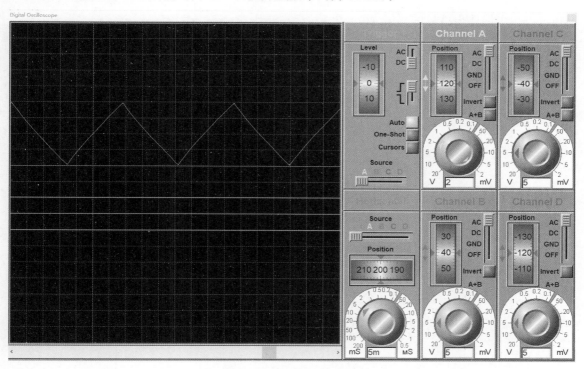

图 7-58 三角波发生电路输出波形

根据式(7-12),三角波发生电路输出信号的振荡周期为

$$T = \frac{4R_1R_4C_1}{R_2} = \frac{4 \times 10 \times 10^3 \times 10 \times 10^3 \times 1 \times 10^{-6}}{10 \times 10^3}(s) = 40ms$$

由此可知,理论计算的三角波的振荡周期与实测值存在一定的误差。

### 3. 锯齿波发生电路

锯齿波信号也是一种比较常见的非正弦波信号。例如,在示波器扫描电路中,经常需要用到锯齿波信号。

如果在三角波发生电路中积分电容充电时间常数与放电时间常数相差悬殊,则在积分电路的输出端可得到锯齿波信号。

如图 7-59 所示为锯齿波发生电路。它是在三角波发生电路的基础上,用二极管 $VD_1$、$VD_2$ 和电位器 $R_W$ 代替原来的积分电阻,使积分电容的充电回路与放电回路分开的。

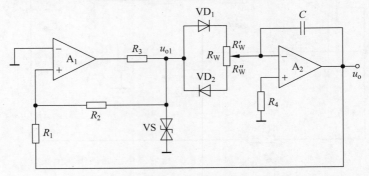

图 7-59　锯齿波发生电路

锯齿波发生电路输出信号的幅值为

$$U_{om} = \frac{R_1}{R_2}U_Z$$

锯齿波发生电路输出信号的振荡周期为

$$T = \frac{2R_1R_WC}{R_2} \tag{7-13}$$

【例 7-20】 采用 LM358 组成的锯齿波发生电路的仿真电路如图 7-60 所示。

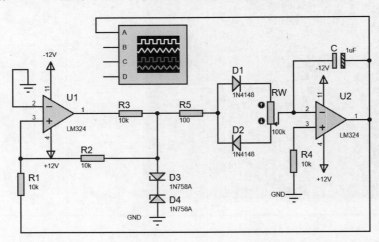

图 7-60　采用 LM358 组成的锯齿波发生电路的仿真电路

在图 7-60 中,R1＝R2＝R3＝R4＝10kΩ,R5＝100Ω,RW＝100kΩ,C＝1μF。LM358 的电源电压为 ±12V,从 U2 的输出端输出波形。

首先将 RW 的滑动端调到中间位置,用 Proteus 软件进行仿真,可以得到该电路的输出波形,此时输出波形为三角波。将 RW 的滑动端向上调节,可以看到输出波形逐渐向锯齿波过渡。当 RW 的滑动端调到最上位置时,可看到如图 7-61 所示的锯齿波信号;如果将 RW 的滑动端调到最下位置,则可看到如图 7-62 所示的锯齿波信号。由图 7-61 和图 7-62 可见,锯齿波的振荡周期约为 160ms。

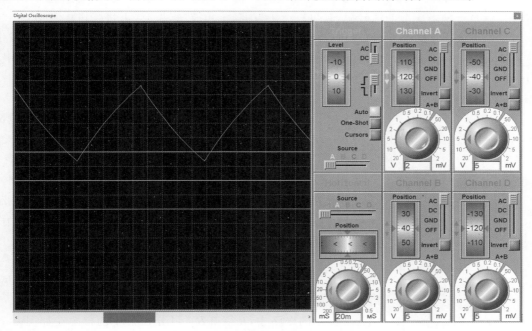

图 7-61 锯齿波发生电路输出波形 1

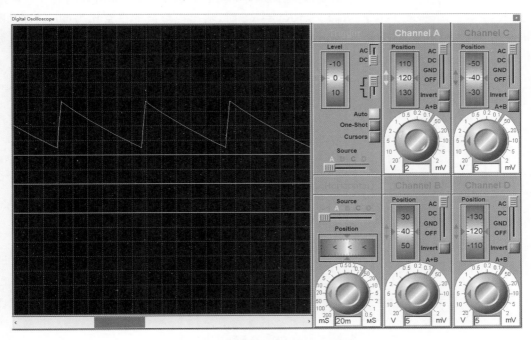

图 7-62 锯齿波发生电路输出波形 2

根据式(7-13),锯齿波发生电路输出信号的振荡周期为

$$T = \frac{2R_1 R_{\mathrm{W}} C}{R_2} = \frac{2 \times 10 \times 10^3 \times 100 \times 10^3 \times 1 \times 10^{-6}}{10 \times 10^3} (\mathrm{s}) = 200\mathrm{ms}$$

由此可知,理论计算的锯齿波的振荡周期与实测值存在较大的误差。

4. 函数发生器电路

函数发生器是一种多波形的信号源,它可以产生方波、三角波、锯齿波、正弦波和其他波形信号。

函数发生器的电路形式有两种,既可以由运放及分立元器件构成,也可以是单片集成函数发生器。

单片集成函数发生器是一种可以产生矩形波、三角波和正弦波的专用集成电路,通过调节其外部电路参数,还可以获得占空比可调的矩形波和锯齿波。下面以 ICL8038 函数发生器为例,介绍单片集成函数发生器的特点及用法。

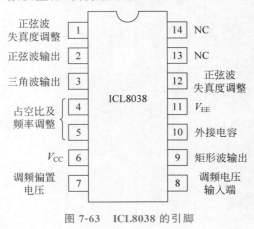

图 7-63 ICL8038 的引脚

ICL8038 是一种多用途的函数发生器,可用单电源供电,即将第 11 脚接地,第 6 脚接 $+V_{CC}$,$V_{CC}$ 为 $+10\sim+30V$;也可用双电源供电,即将第 11 脚接 $-V_{EE}$,第 6 脚接 $+V_{CC}$,供电范围为 $\pm(5\sim15)V$。ICL8038 输出波形的频率可调,其范围为 $0.001Hz\sim300kHz$,可以输出矩形波、三角波和正弦波。

ICL8038 的引脚如图 7-63 所示。其中,第 8 脚为频率调节(简称调频)电压输入端,波形频率与调频电压成正比;第 7 脚输出调频偏置电压,它可与第 8 脚直连。

图 7-64 所示为 ICL8038 的两种基本接法。矩形波输出端为集电极开路形式,需外接上拉电阻 $R_L$。在如图 7-64(a)所示的电路中,$R_A$ 和 $R_B$ 可分别独立调整。在如图 7-64(b)所示的电路中,可通过改变电位器 $R_W$ 滑动端的位置调整 $R_A$ 和 $R_B$ 的数值($R_A = R_A' + R_a$,$R_B = R_B' + R_b$)。当 $R_A = R_B$ 时,输出矩形波的占空比为 $50\%$,因而为方波;当 $R_A \neq R_B$ 时,输出矩形波不再是方波,同时,第 3 脚和第 2 脚输出的也不是三角波和正弦波了。ICL8038 输出矩形波的占空比为

$$D = \frac{2R_A - R_B}{2R_A}$$

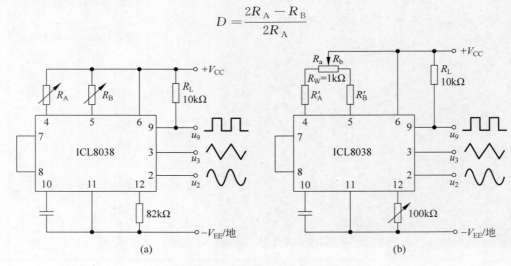

图 7-64 ICL8038 的两种基本接法

【例 7-21】 ICL8038 基本接法二的仿真电路如图 7-65 所示。在图 7-65 中,ICL8038 采用双电源供电方式,供电电压为 $\pm12V$,$R_A = R_B = 10k\Omega$,$R_W = 5k\Omega$。虚拟示波器的 A、B、C 通道分别测量 ICL8038 输出的方波、正弦波和三角波。

将 $R_W$ 的滑动端调到中间位置,用 Proteus 软件进行仿真,可以得到该电路的输出波形,如图 7-66 所

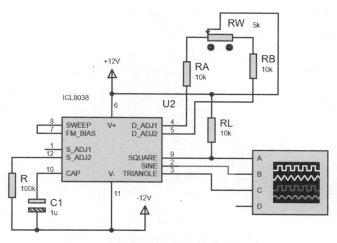

图 7-65　ICL8038 基本接法二的仿真电路

示。可以看到,虚拟示波器的通道 A、B、C 的显示波形依次为方波、正弦波和三角波。

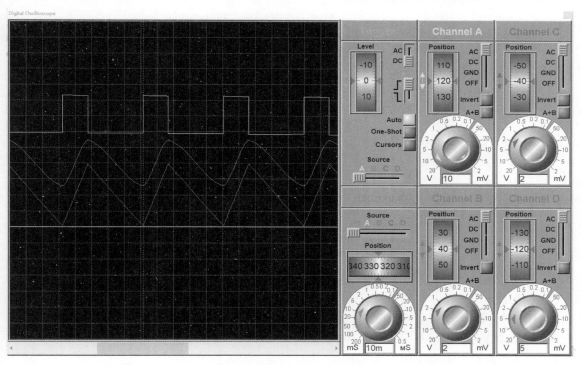

图 7-66　ICL8038 函数发生器的输出波形

将 RW 的滑动端向右侧调节,可以看到 ICL8038 输出的 3 种波形都发生了变化,它们的占空比在变大;如果将 RW 的滑动端从中间位置向左侧调节,可以看到 ICL8038 输出的 3 种波形的占空比都变小了;如果将 RW 的滑动端调到最左侧位置,则 3 种输出波形同时"消失"。

## 7.1.8　波形转换电路

为了将采集到的模拟信号用于测量、控制和信号处理等领域,常常需要将信号形式进行一些转换,如将电压信号转换成电流信号,将电流信号转换成电压信号,将直流信号转换成交流信号,将模拟信号转换成数字信号,将直流电压转换成频率信号,将频率信号转换成直流电压,等等。本节介绍 4 个用集成运放实现信号转换的实用电路。

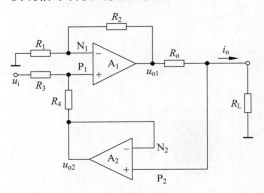

图 7-67 电压-电流转换电路

**1. 电压与电流之间的转换**

(1)电压-电流转换电路:如图 7-67 所示为一个实用的电压-电流转换电路。$A_1$、$A_2$ 均引入负反馈,$A_1$ 构成同相求和电路,$A_2$ 构成电压跟随器。其中,$R_1 = R_2 = R_3 = R_4$,可得

$$i_o = \frac{u_i}{R_o}$$

可见,输出电流 $i_o$ 与输入电压 $u_i$ 呈线性关系。

【例 7-22】 采用两个 LM324 构成的电压-电流转换电路的仿真电路如图 7-68 所示,输入电压范围为 $0 \sim 10V$,输出电流范围为 $0 \sim 1mA$。在图 7-68 中,LM324 的电源电压为 $\pm 12V$,$R0 = R1 = R2 = R3 = R4 = 10k\Omega$,$RL = 100\Omega$。从 UI 处输入电压信号,用虚拟电流表测量输出电流。

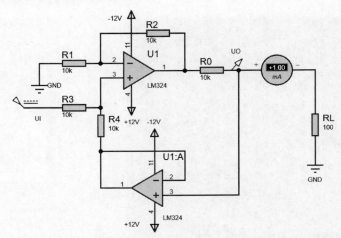

图 7-68 采用两个 LM324 构成的电压-电流转换电路的仿真电路

从 UI 处输入 10V 直流电压,用 Proteus 软件进行仿真,虚拟电流表上显示 $+1.00mA$,如图 7-68 所示。若输入 1V 直流电压,则虚拟电流表显示 $+0.10mA$;若输入 0V 直流电压,则虚拟电流表显示 $0.0mA$。

这表明,该电路输出电流范围为 $0 \sim 1mA$。

(2)电流-电压转换电路:如图 7-69 所示为一个电流-电压转换电路,其输出电压为

$$u_o = -i_s R_F$$

可见,输出电压 $u_o$ 与输入电流 $i_s$ 呈线性关系。

【例 7-23】 采用 LM324 构成的电流-电压转换电路的仿真电路如图 7-70 所示,输入电流范围为 $0 \sim -10mA$,输出电压范围为 $0 \sim 10V$。在图 7-70 中,LM324 的电源电压为 $\pm 12V$,从 is 处输入电流信号,在 UO 处用虚拟电压表测量输出电压。

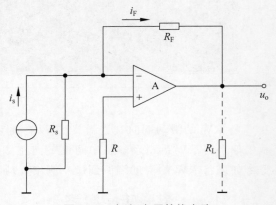

图 7-69 电流-电压转换电路

从 is 处输入－10mA 直流电流,用 Proteus 软件进行仿真,在虚拟电压表上显示＋10.0V,如图 7-70 所示。若输入－5mA 直流电流,则虚拟电压表显示＋5.0V;若输入 0mA 直流电流,则虚拟电压表显示 0.0V。

这表明,该电路输出电压范围为 0～10V。

**2. 电压与频率之间的转换**

(1) 电压-频率转换电路:又称电压-频率转换器(Voltage Frequency Converter,VFC),其功能是将输入直流电压转换成频率与该电压值成正比的脉冲输出电压(通常,它输出的是矩形波)。可以认为,电压-频率转换电路是一种从模拟量到数字量的转换电路。我们知道,将模拟量连接到

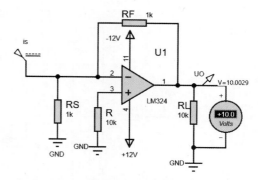

图 7-70 采用 LM324 构成的电流-电压转换电路的仿真电路

单片机或计算机等系统有两种方式:一种是通过模/数转换器进行连接,另一种是将模拟量先经电压-频率转换电路转换成数字量后再连接。另外,模拟量经电压-频率转换电路转换成数字量后,可以直接与计数显示设备连接。因此,电压-频率转换电路的应用十分广泛。

由集成运放构成的电压-频率转换电路有两种:一种是电荷平衡式电路,另一种是复位式电路。这里只介绍电荷平衡式电路。

电荷平衡式电压-频率转换电路由积分器和滞回比较器组成,如图 7-71 所示。图 7-71 中的点画线是积分器与滞回比较器的分界线。当 $R_W \geqslant R_3$ 时,电压-频率转换电路的振荡频率为

$$f \approx \frac{R_2}{2R_1 R_W C U_z} |u_i| \tag{7-14}$$

式中,$U_z$ 为稳压管 VS 的稳压值,$u_i$ 为输入电压。

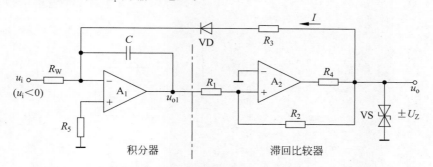

图 7-71 电荷平衡式电压-频率转换电路

【例 7-24】 采用 OP07A 构成的电荷平衡式电压-频率转换电路的仿真电路如图 7-72 所示。在图 7-72 中,OP07A 的电源电压为 ±12V,R1＝R2＝R4＝R5＝10kΩ,RW＝20kΩ,R3＝2kΩ,C＝1μF,D1、D2 的稳压值 $U_z$＝10V。从 UI 处输入 0～－5V 电压信号,在 UO 处输出信号。虚拟示波器的 A 通道接输出信号。

从 UI 处输入 5V 直流电压信号,用 Proteus 软件进行仿真,可以得到该电路的输出波形,如图 7-73 所示。图 7-73 中呈现的是一种略有失真的矩形波信号,波形的幅值约为 10V,波形周期约为 40ms(换算成频率约为 25Hz)。

再从 UI 处输入－1V 直流电压信号,可以得到如图 7-74 所示的输出波形。图 7-74 中呈现的是一种频率较低的略有失真的矩形波信号,波形的幅值约为 10V,波形的周期约为 150ms(换算成频率约为 6.7Hz)。

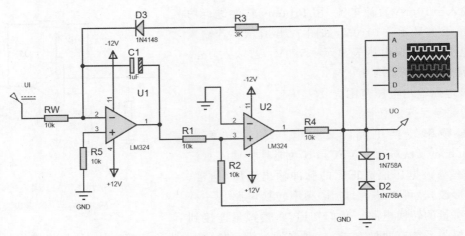

图 7-72  采用 OP07A 构成的电荷平衡式电压-频率转换电路的仿真电路

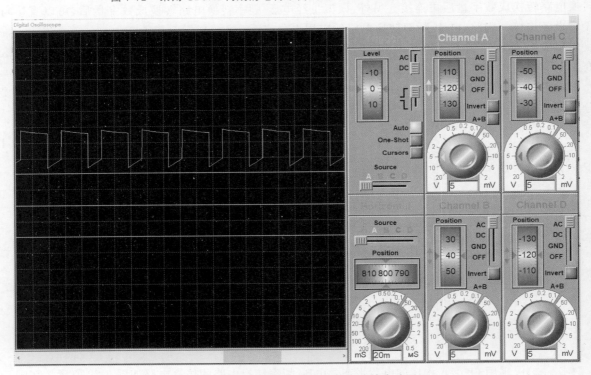

图 7-73  电荷平衡式电压-频率转换电路输出波形(1)

根据式(7-14),输入－5V 直流电压信号时,电压-频率转换电路的振荡频率应为

$$f \approx \frac{R_2}{2R_1R_WCU_Z}|u_i| = \frac{10 \times 10^3}{2 \times 10 \times 10^3 \times 20 \times 10^3 \times 1 \times 10^{-6} \times 10} \times 5 (\mathrm{Hz}) = 12.5\mathrm{Hz}$$

输入－1V 直流电压信号时,电压-频率转换电路的振荡频率应为

$$f \approx \frac{R_2}{2R_1R_WCU_Z}|u_i| = \frac{10 \times 10^3}{2 \times 10 \times 10^3 \times 20 \times 10^3 \times 1 \times 10^{-6} \times 10} \times 1 (\mathrm{Hz}) = 2.5\mathrm{Hz}$$

由此可见,理论计算的电荷平衡式电压-频率转换电路的振荡频率数值与实测值相差较大,究其原因,可能是 $R_W \gg R_3$ 的条件不满足。

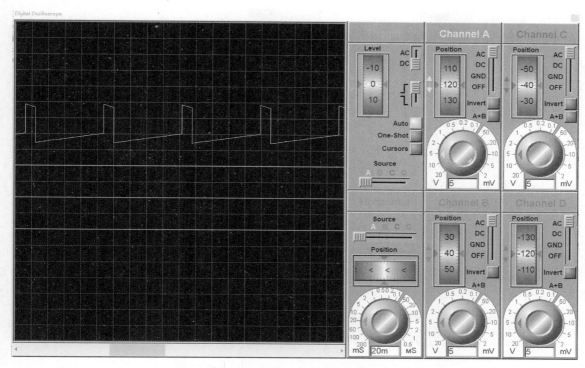

图 7-74　电荷平衡式电压-频率转换电路输出波形(2)

（2）频率-电压转换电路：又称频率-电压转换器（Frequency Voltage Converter，FVC），其功能是将输入的频率信号转换成直流电压，其直流电压值与输入频率的大小成正比。与电压-频率转换电路类似，频率-电压转换电路在电子工程中也有广泛的应用。

频率-电压转换电路有现成的集成电路芯片，如 LM2907/LM2917 和 LM331。LM2907/LM2917 是具有高增益放大器/比较器的可实现频率-电压转换的单片集成电路；LM331 是既可实现频率-电压转换，又可实现电压-频率转换的单片集成电路。

## 7.1.9　有源滤波器

运放的另一个重要应用是组成有源滤波器。滤波器是一种选频电路，对一定频率范围内的信号衰减很小，可使其顺利通过；对此频率范围以外的信号衰减很大，使之不易通过。滤波器的应用范围很广，比如，在信号处理电路中，低通滤波器常用于防止高频噪声对系统的干扰；在电源系统中，常常使用带阻滤波器抑制 50Hz 或 60Hz 的工频噪声等。

有源滤波器是由电阻器、电容器和电感器等无源器件和集成运放、晶体管等有源器件共同构成的滤波器。

滤波器根据其工作频带可以分为如下 4 种。

（1）低通滤波器（Low Pass Filter，LPF）：可让低频信号顺利通过。

（2）高通滤波器（High Pass Filter，HPF）：可让高频信号顺利通过。

（3）带通滤波器（Band Pass Filter，BPF）：可让一定带宽的信号顺利通过。

（4）带阻滤波器（Band Elimination Filter，BEF）：可让一定带宽的信号不易通过。

限于篇幅，下面只介绍低通有源滤波器。

### 1. 一阶低通有源滤波器

在 $RC$ 低通电路的后面加一个集成运放,即可组成一阶低通有源滤波器,如图 7-75(a)所示。

根据"虚短"和"虚断"的概念,可得

$$\dot{A}_u = \frac{\dot{U}_o}{\dot{U}_i} = \frac{1 + \dfrac{R_F}{R_1}}{1 + j\dfrac{f}{f_0}} = \frac{A_{up}}{1 + j\dfrac{f}{f_0}} \tag{7-15}$$

其中,

$$A_{up} = 1 + \frac{R_F}{R_1}$$

$$f_0 = \frac{1}{2\pi RC}$$

式中,$A_{up}$ 和 $f_0$ 分别是通带放大倍数和通带截止频率。根据式(7-15)可绘制出一阶低通有源滤波电路的对数幅频特性,如图 7-75(b)所示。通过与低通无源滤波器对比可知,一阶低通有源滤波器的通带截止频率与低通无源滤波器的相同;一阶低通有源滤波器的对数幅频特性曲线以 $-20$dB/十倍频的速度下降,这一点也与低通无源滤波器相同;但引入集成运放后,通带放大倍数和带负载能力得到了提高。

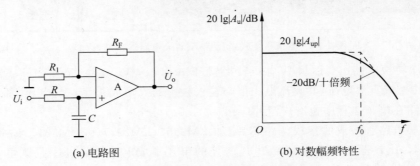

(a) 电路图　　　　　　　　(b) 对数幅频特性

图 7-75　一阶低通有源滤波器

【例 7-25】　采用 LM358 构成的一阶低通有源滤波器的仿真电路如图 7-76 所示。在图 7-76 中,LM358 的电源电压为 $\pm 15$V,R1=R2=R=10kΩ,C1=1μF,根据一阶低通有源滤波器的通带放大倍数公式 $A_{up}=1+R_F/R_1$,可知,本电路通带放大倍数为 2。根据通带截止频率公式 $f_0=1/(2\pi RC)$ 可知,通带截止频率 $f_0=15.9$Hz。从 INPUT 处输入信号,从 OUTPUT 处输出信号。试求该一阶低通有源滤波器的频率响应图。

从 INPUT 处输入交流电压信号,如所加信号是幅值为 1.0V、频率为 1kHz 的交流信号,用 Proteus 软件进行仿真,可以绘出该电路的频率响应图,如图 7-77 所示。由图 7-77 可知,对数幅频特性曲线的幅值先高后低,最大值处的增益是 6dB,恰好放大 2 倍。通带截止频率应在 6dB$-$3dB$=$3dB 处,依此测出通带截止频率 $f_0=15.8$Hz。

根据对低通无源滤波器的分析知道,一阶低通无源滤波器的最大通带放大倍数为 1,其增益就是 0dB;但一阶低通有源滤波器的通带放大倍数可以大于 1,通过改变通带放大倍数公式中的 $R_2$ 和 $R_1$ 可以获得任意大小的通带放大倍数。关于一阶低通有源滤波器的带负载能力,我们可以做一下实验:将图 7-76 中的 R3 上端连接到 OUTPUT 处,这时电路就带了 1kΩ 的负载,再用 Proteus 软件进行仿真,可以看到,一阶低通有源滤波器的对数幅频特性曲线基本未变,只是相频特性曲线稍有变化。这说明一阶低通有源滤波器不仅通带放大倍数可以大于 1,而且可大大提高电路的带负载能力。

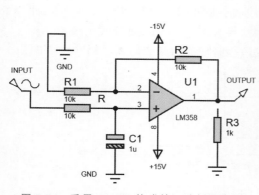

图 7-76　采用 LM358 构成的一阶低通有源
滤波器的仿真电路

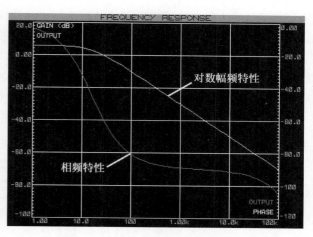

图 7-77　一阶低通有源滤波器的频率响应图

**2. 二阶低通有源滤波器**

一阶低通有源滤波器的过渡带太宽，对数幅频特性的最大衰减斜率仅为 $-20\text{dB}$/十倍频。增加 $RC$ 环节，可加大衰减斜率。二阶低通有源滤波器的电路图如图 7-78(a)所示。

根据"虚短"和"虚断"的概念，可得

$$\dot{A}_u = \frac{\dot{U}_o}{\dot{U}_i} = \frac{1 + \dfrac{R_2}{R_1}}{1 - \left(\dfrac{f}{f_0}\right)^2 + \text{j}3\dfrac{f}{f_0}} \tag{7-16}$$

式中，

$$f_0 = \frac{1}{2\pi RC}$$

令式(7-16)中的分母为 $\sqrt{2}$，可解出通带截止频率为

$$f_p \approx 0.37 f_0$$

根据式(7-16)可绘制出二阶低通有源滤波器的对数幅频特性，如图 7-78(b)所示。由图 7-78 可见，二阶低通有源滤波器的通带截止频率比一阶低通有源滤波器的低，二阶低通有源滤波电路的衰减斜率达 $-40\text{dB}$/十倍频。

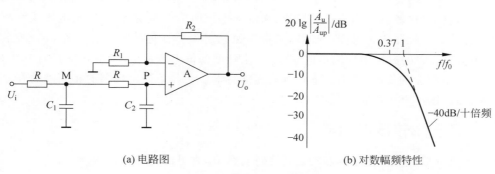

(a) 电路图　　　　　　　　　(b) 对数幅频特性

图 7-78　二阶低通有源滤波器

【例7-26】　在一阶低通有源滤波器中增加一个RC环节,就是可加大衰减斜率的二阶低通有源滤波器,如图7-79所示。在图7-79中,LM358的电源电压为±15V,R＝R1＝R2＝R3＝10kΩ,C1＝C2＝1μF。由二阶低通有源滤波器的通带放大倍数公式(与一阶时相同)$A_{up}=1+R_2/R_1$,可知,本电路的通带放大倍数为2。由通带截止频率公式$f_0=1/(2\pi RC)$,$f_p=0.37f_0$可知,通带截止频率$f_p=5.88Hz$。从INPUT处输入信号,从OUTPUT处输出信号。试求该二阶低通有源滤波器的频率响应图。

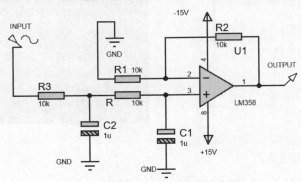

图7-79　二阶低通有源滤波器的仿真电路

## 7.2　电压比较器电路设计与仿真

电压比较器也是一种常用的模拟信号处理电路,它将输入电压与参考电压进行比较,并将比较的结果输出。比较器的输出只有两种可能的状态:高电平和低电平(或称为1和0)。

比较器输入的是连续变化的模拟量,而输出的是数字量1和0,因此可以认为比较器是模拟电路与数字电路之间的"接口",也可以把比较器称为模拟电路与数字电路之间"沟通的桥梁"。

我们知道,模/数转换器可将模拟量转换为数字量,电压比较器相当于1位的模/数转换器。电压比较器常用于自动控制、波形变换、模/数转换、越限报警等场合。

电压比较器可以由集成运放搭建而成,也有现成的集成电压比较器。

当输入电压变化到某值时,比较器的输出电压由一种状态转换为另一种状态,此时相应的输入电压通常称为阈值电压或门限电平,用符号$U_T$表示。

根据比较器的阈值电压和传输特性,可将电压比较器分成3类,分别是单限比较器、窗口比较器和迟滞比较器。而单限比较器又可分为过零比较器和一般单限比较器。

只有一个阈值电压的比较器称为单限比较器,如果该阈值电压值是0V,那就是过零比较器。

有两个阈值电压的比较器称为窗口比较器,当输入电压向单方向变化时,输出电压跃变两次。

具有迟滞特性的比较器称为迟滞比较器,又称施密特触发器。迟滞比较器电路也有两个值电压,但输入电压$u_i$在从小变大的过程中使输出电压$u_o$产生跃变的值电压$U_{T1}$,$U_{T1}$不等于$u_i$从大变小过程中使输出电压$u_o$产生跃变的值电压$U_{T2}$,电路具有迟滞特性。它与单限比较器的相同之处在于,输入电压向单一方向变化时,输出电压只跃变一次。

### 7.2.1　电压比较器的分类

电压比较器可以根据其工作原理和功能特点进行分类,常见的分类包括:

(1) 模拟电压比较器。根据输入电压的大小来输出高低电平信号,通常用于在模拟电路中进行电压比较和控制。

（2）数字电压比较器。将输入的模拟电压转换为数字信号进行比较，通常用于在数字电路中进行逻辑控制和信号处理。

（3）差分电压比较器。用于比较两个不同输入电压之间的差异，通常用于测量和控制系统中。

（4）高速电压比较器。具有快速响应速度和高精度的电压比较器，通常用于需要高速信号处理和精密控制的系统中。

（5）低功耗电压比较器。具有低功耗特性的电压比较器，通常用于便携式电子设备和电池供电的系统中。

（6）集成电压比较器。集成了多种功能和特性的电压比较器，通常用于集成电路和系统级集成应用中。

下面讲述集成电压比较器的应用设计。

**1. 单限比较器**

单限比较器又可分为过零比较器和一般单限比较器。

1）过零比较器

只有一个阈值电压的比较器称为单限比较器，而阈值电压为 0V 的比较器称为过零比较器。由此可知，过零比较器是单限比较器的特例（阈值电压为 0V 的）。

（1）简单过零比较器。当 $U_T = 0$ 时，输入电压 $u_i$ 与零电平比较，称为过零比较器，其电路和传输特性如图 7-80 所示。在图 7-80 中，集成运放工作在开环状态，当 $u_i < 0$ 时，$u_o = +U_{omax}$；当 $u_i > 0$ 时，$u_o = -U_{omax}$。其中，$u_o$ 是集成运放的最大输出电压。这种过零比较器电路简单，输出电压幅值较高，$u_o = \pm U_{omax}$。有时要将比较器的输出电压限制在一定的范围内，这就需要加上限幅的措施。

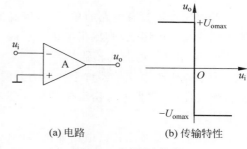

(a) 电路　　　(b) 传输特性

图 7-80　过零比较器

（2）利用稳压管限幅的过零比较器。如图 7-81 所示，假设两个背靠背的稳压管中一个被反向击穿，而另一个正向导通，则两个稳压管两端总的稳定电压均为 $U_Z$，而且 $U_{omax} > U_Z$。在图 7-81(a)中，当 $u_i < 0$ 时，$u_o' = +U_{omax}$，下面的稳压管被反向击穿，$u_o = +U_Z$；当 $u_i > 0$ 时，$u_o' = -U_{omax}$，上面的稳压管被反向击穿，$u_o = -U_Z$。该比较器的传输特性如图 7-81(b)所示。这种比较器因为加上了限幅的措施，所以输出电压的幅值 $U_Z$ 比 $U_{omax}$ 低得多。

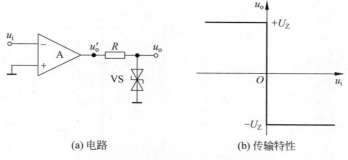

(a) 电路

(b) 传输特性

图 7-81　利用稳压管限幅的过零比较器

2）一般单限比较器

如图 7-82(a)所示为一般单限比较器电路，$U_{REF}$ 为外加参考电压，根据叠加原理，可求出阈值电压

$$U_{\mathrm{T}} = -\frac{R_2}{R_1}U_{\mathrm{REF}} \tag{7-17}$$

当 $u_{\mathrm{i}} < U_{\mathrm{T}}$ 时，$u_{\mathrm{o}} = +U_{\mathrm{Z}}$；当 $u_{\mathrm{i}} > U_{\mathrm{T}}$ 时，$u_{\mathrm{o}} = -U_{\mathrm{Z}}$。

由式(7-17)可知，只要改变参考电压 $U_{\mathrm{REF}}$ 的大小和极性，以及 $R_1$ 和 $R_2$ 的电阻值，就可以改变阈值电压的大小和极性。一般单限比较器的传输特性如图 7-82(b)所示。

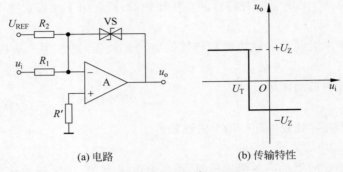

(a) 电路　　　　　　　　(b) 传输特性

图 7-82　一般单限比较器

**2. 迟滞比较器**

迟滞比较器具有电路简单、灵敏度高等优点，但存在的主要问题是抗干扰能力差。如果输入电压受到干扰或噪声的影响，则输出电压有可能在高、低两个电压之间反复跳变。

1) 反相输入迟滞比较器

为了克服单限比较器抗干扰能力差的缺点，可以采用具有迟滞特性的比较器，即迟滞比较器(又称施密特触发器)。根据信号由反相端输入还是同相端输入，又可将其分为反相输入迟滞比较器和同相输入迟滞比较器。

反相输入迟滞比较器电路如图 7-83(a)所示。输入电压 $u_{\mathrm{i}}$ 经 $R_1$ 加在集成运放的反相输入端；参考电压 $U_{\mathrm{REF}}$ 经 $R_2$ 接在同相输入端；输出电压 $u_{\mathrm{o}}$ 从输出端通过 $R_{\mathrm{F}}$ 引回同相输入端；$R$ 和背对背稳压管 VS 的作用是限幅，将输出电压的幅值限制为 $U_{\mathrm{Z}}$。

这种比较器的输出电压 $u_{\mathrm{o}}$ 有两种可能的状态：$+U_{\mathrm{Z}}$ 和 $-U_{\mathrm{Z}}$。在这种电路中，使 $u_{\mathrm{o}}$ 由 $+U_{\mathrm{Z}}$ 跳变到 $-U_{\mathrm{Z}}$ 和由 $-U_{\mathrm{Z}}$ 跳变到 $+U_{\mathrm{Z}}$ 所需的输入电压值是不同的。也就是说，这种比较器有两个不同的阈值电压，故其传输特性具有迟滞性，如图 7-83(b)所示。

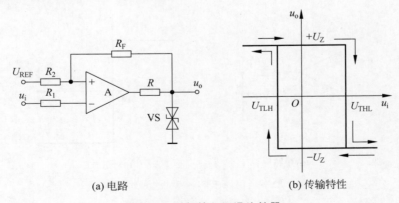

(a) 电路　　　　　　　　(b) 传输特性

图 7-83　反相输入迟滞比较器

若原来 $u_{\mathrm{o}} = +U_{\mathrm{Z}}$，当 $u_{\mathrm{i}}$ 逐渐增大时，使 $u_{\mathrm{o}}$ 从 $+U_{\mathrm{Z}}$ 跳变为 $-U_{\mathrm{Z}}$ 所需的阈值电压用 $U_{\mathrm{THL}}$ 表示，则

$$U_{THL} = \frac{R_F}{R_2 + R_F} U_{REF} + \frac{R_2}{R_2 + R_F} U_Z$$

若原来 $u_o = -U_Z$，当 $u_i$ 逐渐减小时，使 $u_o$ 从 $-U_Z$ 跳变为 $+U_Z$ 所需的阈值电压用 $U_{TLH}$ 表示，则

$$U_{TLH} = \frac{R_F}{R_2 + R_F} U_{REF} - \frac{R_2}{R_2 + R_F} U_Z$$

上述两个阈值电压之差称为阈值宽度或回差，用符号 $\Delta U_T$ 表示：

$$\Delta U_T = U_{THL} - U_{TLH} = \frac{2R_2}{R_2 + R_F} U_Z \tag{7-18}$$

由式(7-18)可知，$\Delta U_T$ 的值取决于 $U_Z$、$R_2$ 和 $R_F$ 的值，而与 $U_{REF}$ 无关。改变的大小可以同时调节 $U_{THL}$ 和 $U_{TLH}$ 的大小，但两者之差 $\Delta U_T$ 不变。

2) 同相输入迟滞比较器

同相输入迟滞比较器电路如图 7-84(a)所示，其传输特性如图 7-84(b)所示。输入电压加在同相输入端，同时接有正反馈电路，反相输入端接有参考电压 $U_{REF}$。可推得上阈值电压 $U_{TLH}$ 为

$$U_{TLH} = \frac{R_2 + R_F}{R_F} U_R - \frac{R_2}{R_F} U_{oL}$$

下阈值电压 $U_{THL}$ 为

$$U_{THL} = \frac{R_2 + R_F}{R_F} U_R - \frac{R_2}{R_F} U_{oH}$$

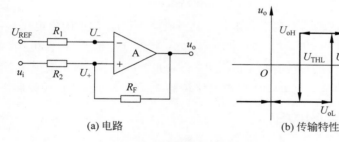

(a) 电路　　　　　(b) 传输特性

图 7-84　同相输入迟滞比较器

上述两个值电压之差称为值宽度或回差，用符号 $\Delta U_T$ 表示：

$$\Delta U_T = \frac{R_2}{R_F}(U_{oH} - U_{oL})$$

同相输入迟滞比较器和反相输入迟滞比较器一样，改变 $U_{REF}$ 的大小可以同时调节 $U_{THL}$ 和 $U_{TLH}$ 的大小，但两者之差 $\Delta U_T$ 不变。

迟滞比较器可以用于产生矩形波、三角波和锯齿波等各种非正弦波信号。用于测量、控制系统时，迟滞比较器的优点是抗干扰能力强。当输入信号受到干扰或噪声的影响而上下波动时，只要根据干扰或噪声电平适当调整迟滞比较器两个阈值电压的值，就可以避免比较器的输出电压在高、低电压之间反复跳变，如图 7-85 所示。

**3. 窗口比较器**

在实际工作中，有时需要检测输入模拟信号的电平是否处在两个给定电压之间，此时要求比较器有两个阈值电压，这种比较器称为窗口比较器或双限比较器。

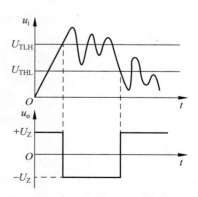

图 7-85　存在干扰时迟滞比较器的 $u_i$、$u_o$ 波形

　　窗口比较器电路如图 7-86(a)所示。可见,电路中有两个集成运放 $A_1$ 和 $A_2$,输入电压信号 $u_i$ 各通过一个电阻器分别接到 $A_1$ 的同相输入端和 $A_2$ 的反相输入端,两个参考电压 $U_{REF1}$ 和 $U_{REF2}$ 分别加在 $A_1$ 的反相输入端和 $A_2$ 的同相输入端。其中,$U_{REF1} > U_{REF2}$,$A_1$ 和 $A_2$ 的输出端各自连接一个二极管,二极管的另一端连接在一起作为窗口比较器的输出端。

　　如果 $u_i < U_{REF2}$(更满足 $u_i < U_{REF1}$),则 $A_1$ 输出低电平、$A_2$ 输出高电平,$VD_1$ 截止、$VD_2$ 导通,输出电压 $u_o$ 是高电平。

　　如果 $u_i > U_{REF1}$(更满足 $u_i > U_{REF2}$),则 $A_1$ 输出高电平、$A_2$ 输出低电平,$VD_1$ 导通、$VD_2$ 截止,输出电压 $u_o$ 也是高电平。

　　只有当 $U_{REF2} < u_i < U_{REF1}$ 时,$A_1$ 和 $A_2$ 才均输出低电平,$VD_1$ 和 $VD_2$ 均截止,输出电压 $u_o$ 为低电平。窗口比较器的传输特性如图 7-86(b)所示。

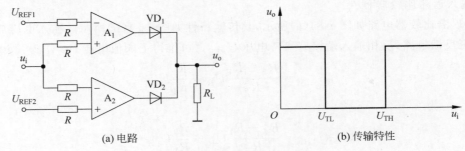

(a) 电路　　　　　　　　　　　　　　　　(b) 传输特性

图 7-86　窗口比较器

　　由图 7-86(b)可见,这种比较器有两个值电压:上阈值电压 $U_{TH}$ 和下阈值电压 $U_{TL}$。在如图 7-86(a)所示电路中,$U_{TH} = U_{REF1}$,$U_{TL} = U_{REF2}$。该电路产生了一个窗口范围,它用低电平(逻辑 0)输出表明输入信号落在 $U_{TL}$ 和 $U_{TH}$ 所设定的范围内;当 $u_i < U_{TL}$ 或 $u_i > U_{TH}$ 时,输出高电平(逻辑 1),说明输入信号落在 $U_{TL}$ 和 $U_{TH}$ 所设定的范围之外。所以窗口比较器广泛用于分选和自动控制系统中。

## 7.2.2　电压比较器的应用

　　电压比较器在电子电路中有着广泛的应用,能够实现电压信号的比较、控制和处理,对于确保电路的正常运行和保护电子设备具有重要作用。

### 1. 过零比较器

　　【例 7-27】　简单过零比较器的仿真电路如图 7-87 所示。在图 7-87 中,所用集成运放是 LM324,其电源电压为 ±12V;LM324 的同相输入端接地,反相输入端接输入信号 in1;输出端接一个虚拟电压表,用来测量电压。

　　给 in1 处送 +1V 直流电压,用 Proteus 软件进行仿真,可以测出该电路的输出电压,如图 7-87 所示。由图 7-87 可见,虚拟电压表显示 −11.5V。给 in1 处送 −1V 直流电压,再次进行仿真,可以看到虚拟电压表显示 +11.5V,如图 7-88 所示。这表明,当输入电压小于 0 时,输出电压为 +$U_{omax}$;当输入电压大于 0 时,输出电压为 −$U_{omax}$。其中,$U_{omax}$ 是集成运放的最大输出电压。本例中,$U_{omax} = 11.5V$。

### 2. 一般单限比较器

　　【例 7-28】　一般单限比较器的仿真电路如图 7-89 所示。在图 7-89 中,所用的集成运放是 OP07,其电源电压为 ±12V;OP07 的反相输入端接地,同相输入端接两路信号:一路是参考电压信号 VREF,另一路是输入电压信号 UI,这两路分别串接 R1 和 R2;OP07 的输出端先串接一个限流电阻器 R3,再接两个背靠背的稳压管 D1 和 D2 到地;在 OUT 处观察输出信号。

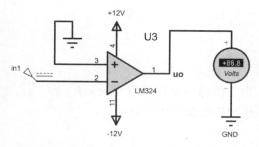

图 7-87　简单过零比较器的仿真电路

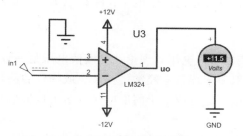

图 7-88　简单过零比较器的仿真结果

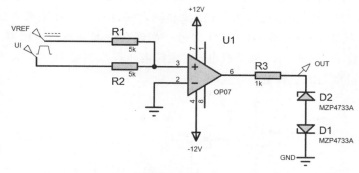

图 7-89　一般单限比较器的仿真电路

　　在 VREF 处送+1V 直流电压,在 UI 处送一个在-5V 与+5V 之间变化的脉冲电压信号,用 Proteus 软件进行仿真,可以绘出该电路的输入/输出电压关系,如图 7-90 所示。在图 7-90 中,UI 是在-5V 与+5V 之间变化的脉冲电压信号,准确地说,是一种梯形波形;OUT 是一种逻辑电平信号,不是高电平就是低电平。逻辑电平从高到低或从低到高取决于输入电压的高低。可以发现,图 7-90 中以-1V 为界,凡是输入电压高于-1V 的,输出为高电平,否则便是低电平。也就是说,-1V 是阈值电压。

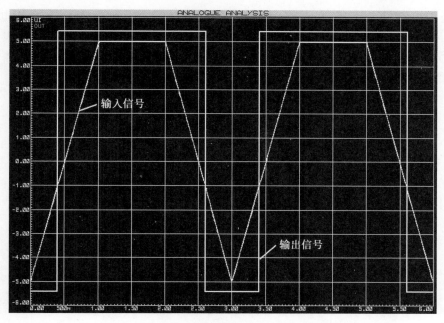

图 7-90　一般单限比较器的输入/输出电压关系

现在计算理论阈值电压：将 $R_1=R_2=5\text{k}\Omega$、$U_{REF}=1\text{V}$ 代入式（7-17），得

$$U_T = -\frac{5}{5} \times 1\text{V} = -1\text{V}$$

可见，实测阈值电压和理论计算阈值电压是一致的。

一般单限比较器经常用在液位或物位的测量中，根据实测阈值电压推算出 $R_1$、$R_2$ 和 $U_{REF}$ 的取值，当输入电压超过或低于阈值电压时给出报警信号，并让执行机构做出相应的调整。

3. 窗口比较器

【例 7-29】 窗口比较器的仿真电路如图 7-91 所示。在图 7-91 中，两个集成运放 U1 和 U2 使用 LM358，其电源电压为 ±12V；U1 的反相输入端接外接参考电压 URH，U2 的同相输入端接外接参考电压 URL，URH＞URL；U1 的同相输入端和 U2 的反相输入端连接在一起接输入信号 UI；U1 和 U2 的输出端分别正向串接二极管 D4 和 D3，D4 和 D3 的另一端连在一起与限流电阻器 R3 相连，然后接一个二极管 D1 和一个稳压管 D2 到地；R4 是负载电阻；虚拟电压表用测量 D3 与 D4 相连处的电压；在 out 处接一个 LED，用来测量电路的逻辑电平。

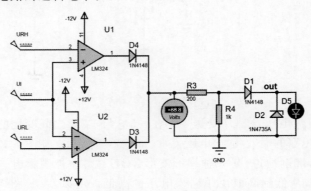

图 7-91  窗口比较器的仿真电路

在 URH 处送 +8V 直流电压，在 URL 处送 +2V 直流电压，在 UI 处送 +9V 直流电压，用 Proteus 软件进行仿真，可以测出该电路的输出电压，如图 7-92 所示。由图 7-92 可见，虚拟电压表显示 +9.39V，out 处接的 LED 点亮。这表明，当输入电压 UI 在两个参考电压 URH 和 URL 范围之外（即 UI＞URH 或 UI＜URL）时，窗口比较器的输出为高电平（只有高电平才能点亮 LED）。

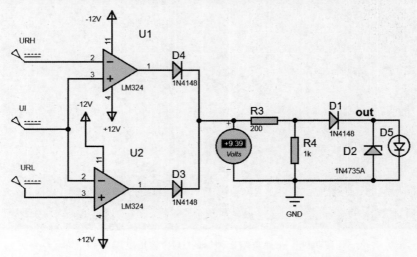

图 7-92  窗口比较器的仿真结果

### 7.2.3 集成电压比较器 LM239/LM339

专用的集成电压比较器比起由集成运放搭成的电压比较器有以下特点。

（1）集成电压比较器一般无须外接元器件，其输出电平可直接与 TTL 数字电路相配合。

（2）与同价格的集成运放相比，集成电压比较器的响应速度更快。由于它不用于放大，因此为了提高响应速度，其输入级工作电流比集成运放的大，输入电压也有可能比集成运放的大。

（3）有的集成电压比较器具有选通端。

（4）由于集成电压比较器主要用于电压比较而不是放大，因此它的开环电压放大倍数不太高，共模抑制比也不太高，输入失调电压、输入失调电流及其漂移均较大，不适用于放大。

（5）集成电压比较器价格低廉。

LM239/LM339 是一系列集成电压比较器，其引脚如图 7-93 所示。

LM239/LM339 的特点是：内部有 4 个独立的电压比较器，工作电源电压范围宽，单电源、双电源均可工作（单电源：2～36V，双电源：±(1～18)V）；消耗电流小，$I_{CC}=1.3\text{mA}$；输入失调电压小，$U_{IO}=\pm2\text{mV}$；共模输入电压范围宽，$U_{IC}=0\sim(U_{CC}-1.5)\text{V}$；输出与 TTL、DTL、MOS、CMOS 等兼容；输出可以用开路集电极连接。

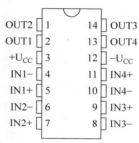

图 7-93　LM239/LM339 的引脚

LM239/LM339 的用途广泛，可用其构成单限比较器、迟滞比较器、窗口比较器等。

LM239/LM339 类似于增益不可调的运放。每个独立的比较器都有两个输入端和一个输出端。两个输入端中，一个称为同相输入端（用"＋"表示），另一个称为反相输入端（用"－"表示）。用于比较两个电压时，在任意一个输入端上加一个固定电压作为参考电压（也称阈值电压），在另一个输入端上加一个待比较的电压信号。当"＋"端电压高于"－"端时，输出管截止，相当于输出端开路；当"－"端电压高于"＋"端时，输出管饱和，相当于输出端接低电位。当两个输入端电压差大于 10mV 时，就能确保输出能从一种状态可靠地转换到另一种状态。因此，把 LM239/LM339 用在弱信号检测等场合是比较理想的。LM239/LM339 的输出端相当于一个不接集电极电阻的三极管，在使用时输出端到正电源一般需接一个上拉电阻（3～15kΩ）。选择不同电阻值的上拉电阻会影响输出端高电位的值。因为当输出三极管截止时，它的集电极电压基本上取决于上拉电阻与负载的值。另外，各比较器的输出端允许连接在一起使用。

LM239 和 LM339 的区别是其对环境温度的适应性不同，LM239 的工作温度范围是 -40～105℃，LM339 的工作温度范围是 0～70℃。

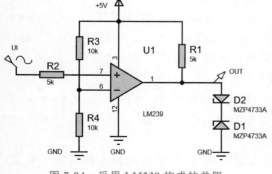

图 7-94　采用 LM239 构成的单限
比较器的仿真电路

【例 7-30】 采用 LM239 构成的单限比较器的仿真电路如图 7-94 所示。在图 7-94 中，LM239 采用单电源供电方式，其电源电压为 +5V；LM239 的同相输入端经过 R2 接输入信号 UI，输出端接两个背靠背的稳压管 D1 和 D2 到地；在 OUT 处观察输出信号。

在 UI 处送幅值为 2V 并被抬高 2V 的交流电压（信号没有负值），用 Proteus 软件进行仿真，可以绘出该电路的输入/输出电压关系图，如图 7-95 所示。在图 7-95 中，输入信号 UI 是在 0V 和 +4V 之间变化的交流电压信号；输出信号是一个矩形波。由图可见，不管输入信号在上升沿还是下降沿,均以+2.5V为界,凡是输入信号高于+2.5V的,输出为高电平,否则便是低电平。也就是说,该电路的阈值电压为+2.5V。

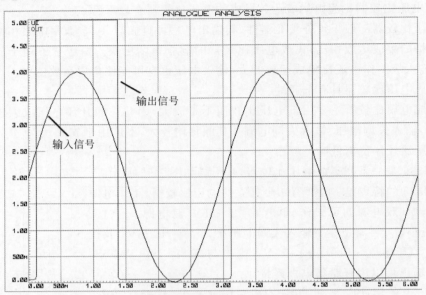

图 7-95 采用 LM239 构成的单限比较器的输入/输出关系

现在计算图 7-94 中 LM239 的反相输入端的电压。根据串联电阻的分压定律,反相输入端的电压值应为

$$\frac{R_4}{R_3 + R_4} U_{CC} = \frac{10}{20} \times 5\text{V} = +2.5\text{V}$$

可见,理论计算的阈值电压和实测结果是完全吻合的。

## 7.2.4 LM293/LM393/LM2903

LM293/LM393/LM2903 是一种低功耗的双电压比较器,既可采用±(1~18)V 双电源供电方式,也可采用+(2~36)V 单电源供电方式。其中,LM293 的工作温度范围是−25~85℃,LM393 的工作温度范围是 0~70℃,LM2903 的工作温度范围是−40~125℃。LM293/LM393/LM2903 的引脚如图 7-96 所示。

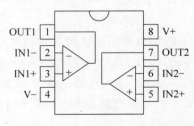

图 7-96 LM293/LM393/LM2903 的引脚

【例 7-31】 采用 LM293 构成的电压比较器的仿真电路如图 7-97 所示。在图 7-97 中,LM293 的电源电压为+5V;LM293 的同相输入端经过 R3 接输入信号 in1,反相输入端经过 R4 接输入信号 in2;LM293 的输出端经过 R2 接+5V,并和 CMOS 与非门 CD4011 的一个输入端连接;CD4011 的另一个输入端接+5V;在 CD4011 的输出引脚 OUT 处测量输出电压。

在 in1 处送 5V 直流电压,在 in2 处送 6V 直流电压,用 Proteus 软件进行仿真,可以测出该电路的输出电压,如图 7-97 所示。由图 7-97 可见,LM293 的输出电压为+0.02V,CD4011 的输出电压为+5.00V。

在 in1 处仍送 5V 直流电压,在 in2 处送 4V 直流电压,重新进行仿真,可以测出该电路的输出电压,如图 7-98 所示。可见,LM293 的输出电压为+5.00V,CD4011 的输出电压为+0.00V。

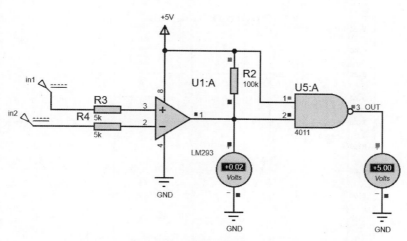

图 7-97 采用 LM293 构成的电压比较器的仿真电路

由此表明,当 in2 处的电压高于 in1 处的电压时,LM293 输出低电平,CD4011 则输出高电平;当 in2 处的电压低于 in1 处的电压时,LM293 输出高电平,而 CD4011 则输出低电平。

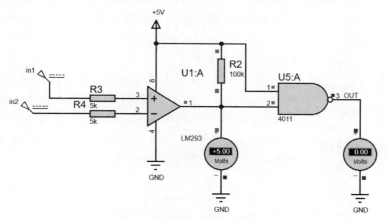

图 7-98 采用 LM293 构成的电压比较器的仿真结果

【例 7-32】 采用 LM293 构成的同相过零比较器的仿真电路如图 7-99 所示。在图 7-99 中,LM293 的电源电压为 ±12V;LM293 的反相输入端接地,同相输入端接输入信号 UI,输出端接两个背靠背的稳压管 D1 和 D2 到地;在 OUT 处观察输出信号。

在 UI 处送幅值为 3V 的交流电压,用 Proteus 软件进行仿真,可以绘出该电路的输入/输出电压关系图,如图 7-100 所示。由图 7-100 可见,输入信号是在 −3V 和 +3V 之间变化的交流电压信号,输出信号是一种矩形波。当输入电压为正时,输出为高电平;当输入电压为负时,输出为低电平。

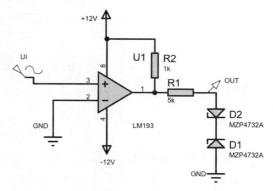

图 7-99 采用 LM293 构成的同相过零
比较器的仿真电路

## 7.2.5 LM211/LM311

LM211/LM311 是一种常用的集成电压比较器,其输出与 RTL、DTL、TTL 和 CMOS 兼容,不仅广泛用于报警、比较和整形等电路中,还可用于驱动指示灯和继电器。LM211/LM311 既可采用双电源供

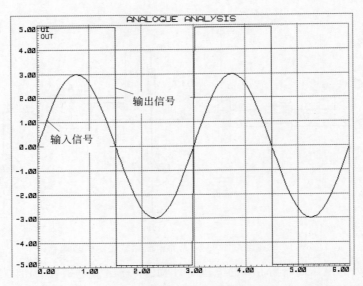

图 7-100　采用 LM293 构成的同相过零比较器的输入/输出电压关系

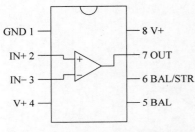

图 7-101　LM211/LM311 的引脚

电方式,也可采用单电源供电方式。其中,LM211 的工作温度范围是 −25~85℃,LM311 的工作温度范围是 0~70℃。LM211/LM311 的引脚如图 7-101 所示。

【例 7-33】 采用 LM211 构成的单限比较器的仿真电路如图 7-102 所示。在图 7-102 中,LM211 采用双电源供电方式,其电源电压为 ±12V;LM211 的同相输入端经过 R2 接输入信号 UI,反相输入端接在 R3 与 R4 之间;LM211 的输出端接两个背靠背的稳压管 D1 和 D2 到地,在 OUT 处观察输出信号。

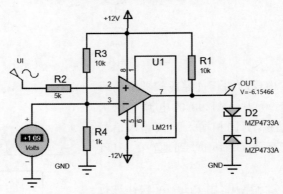

图 7-102　采用 LM211 构成的单限比较器的仿真电路

　　在 UI 处送幅值为 5V 的交流电压,用 Proteus 软件进行仿真,可以绘出该电路的输入/输出电压关系,如图 7-103 所示。可见,输入信号是在 −5V 和 +5V 之间变化的交流电压信号,输出信号是一种矩形波。输入电压信号以 +1.1V 为界,当输入电压高于 +1.1V 时,输出为高电平;当输入电压低于 +1.1V 时,输出为低电平。也就是说,该电路的阈值电压为 +1.1V。

　　现在计算图 7-103 中反相输入端的电压值。

　　根据欧姆定律,该电压值应为 $\dfrac{R_4}{R_3+R_4}U_{CC}=\dfrac{1}{11}\times 12\mathrm{V}\approx 1.1\mathrm{V}$。可见,理论计算的阈值电压与其实测

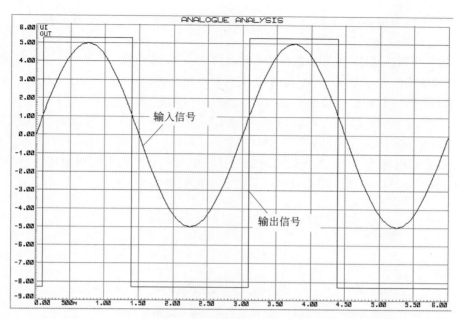

图 7-103 采用 LM211 构成的单限比较器的输入/输出电压关系

数值是吻合的。

# 7.3 集成稳压电源电路设计与仿真

　　电源是各种电子设备不可或缺的组成部分,其性能的优劣直接关系到电子设备的性能指标。随着集成电路的发展,集成稳压电源也应运而生,并有了长足的发展。现在,集成稳压电源已成为模拟集成电路的一个重要分支。

　　集成稳压电源按照调整元件工作状态可分为连续式和开关式两类。连续式稳压电源又称线性稳压电源,其调整元件工作于线性放大区,调整元件中始终有电流存在,因此效率低、容量小、体积大;在开关式稳压电源中,其调整元件工作于开关工作状态,其优点是效率高、稳压范围宽、体积小。

　　直流稳压电源一般采用由交流电网供电,经整流、滤波、稳压后获得稳定的输出电压。

　　(1) 整流是指将交流电转换成单向脉动的直流电。能完成整流任务的设备称为整流器。

　　(2) 滤波是指滤除脉动直流电中的交流成分,使得输出波形平滑。能完成滤波任务的设备称为滤波器。

　　(3) 稳压是指当输入电压波动或负载变化引起输出电压变化时,自动调整使输出电压保持不变。

　　精密基准电压源在电子电路中用处很大。与稳压电源相比,基准电压源更注重于输出电压的"稳定"和"准确",而不注重其负载能力。

　　低压差电压集成稳压器是指输出电压与输入电压相差不大的集成稳压器,其优点是能降低输入电压,节约能源。

## 7.3.1 集成稳压器的应用

　　稳压电源可分为交流稳压电源和直流稳压电源两类。直流稳压电源可通过线性稳压电路和开关稳压电路实现。而线性稳压电路又可分为硅稳压管稳压电路、串联型直流稳压电路和用集成稳压器构成的稳压电路 3 种。

集成稳压电源的种类很多,在不特指开关稳压电路时,通常指连续式集成稳压器。

**1. 三端固定输出集成稳压器**

三端固定输出集成稳压器是一种串联式稳压电路,它有输入端、输出端和公共端 3 个引脚,使用非常方便。

固定输出的三端集成稳压器 W7800/W7900 系列有 4 种封装形式,如图 7-104 所示。W7800/W7900 系列各有 7 个型号,型号中的后两位数字用于表示输出电压值。输出电压分别为 ±5V、±6V、±9V、±12V、±15V、±18V、±24V,其中,W7800 系列输出正电压,W7900 系列输出负电压。输出电流有 1.5A(W7800/W7900 系列)、0.5A(W78M00/W79M00 系列)、0.1A(W78L00/W79L00 系列)3 个档次。例如,W7805 表示输出电压为 +5V、最大输出电流为 1.5A,W79L05 表示输出电压为 -5V、最大输出电流为 0.1A。W7800/W7900 系列三端集成稳压器的引脚排列如表 7-3 所示。

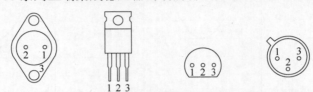

(a) 金属菱形式    (b) 塑料直插式    (c) 塑料截圆式    (d) 金属圆壳式

图 7-104    W7800/W7900 系列三端集成稳压器的封装形式

表 7-3    W7800/W7900 系列三端集成稳压器的引脚排列

| 系　　列 | 封 装 形 式 | | | 系　　列 | | |
|---|---|---|---|---|---|---|
| | 金属封装 | | | 塑料封装 | | |
| | IN | GND | OUT | IN | GND | OUT |
| W7800 | 1 | 3 | 2 | 1 | 2 | 3 |
| W78M00 | 1 | 3 | 2 | 1 | 2 | 3 |
| W78L00 | 1 | 3 | 2 | 3 | 2 | 1 |
| W7900 | 3 | 1 | 2 | 2 | 1 | 3 |
| W79M00 | 3 | 1 | 2 | 2 | 1 | 3 |
| W79L00 | 3 | 1 | 2 | 2 | 1 | 3 |

注意:根据稳定电压值选择稳压器型号时,应留有一定的裕量(但不宜过大)。

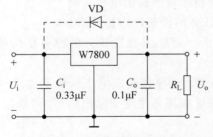

图 7-105    W7800 的基本应用电路

**2. 应用电路**

1)基本应用电路

W7800 的基本应用电路如图 7-105 所示。在图 7-105 中,$C_i$ 和 $C_o$ 是为改善输入纹波电压而加的;在稳压器输入端与输出端之间跨接的二极管 VD 是起保护作用的。

【例 7-34】    W7805 基本应用电路的仿真电路如图 7-106 所示。W7805 的输出电压为 5V,最大输出电流为 1.5A。在图 7-105 中,W7805 的输入电压为 12V;$C_i=0.33\mu F$、$C_o=0.1\mu F$;在图 7-106 的 OUT 处观察输出电压。

用 Proteus 软件进行仿真,可以测出该电路的输出电压,如图 7-106 所示。由图 7-106 可见,输出探针 OUT 下显示 5.00493V,这个数值就是 W7805 基本应用电路的输出电压值。

2)可提高输出电压的稳压电路

如图 7-107 所示,该电路的输出电压为

$$U_o = U'_o + U_Z$$

式中,$U'_o$ 为三端固定输出集成稳压器的输出电压值,$U_Z$ 为稳压管的稳压值。

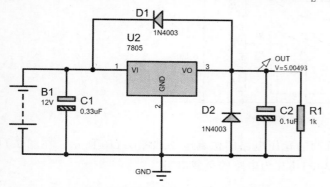

图 7-106 W7805 基本应用电路的仿真电路

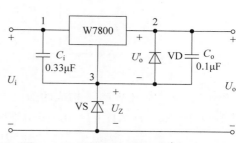

图 7-107 可提高输出电压的稳压电路

【例 7-35】 采用 W7805 构成的可提高输出电压的稳压电路的仿真电路如图 7-108 所示。在图 7-108 中,所选稳压二极管的型号是 1N4733A,其稳压值为 5.1V;虚拟电压表用于测量输出电压。

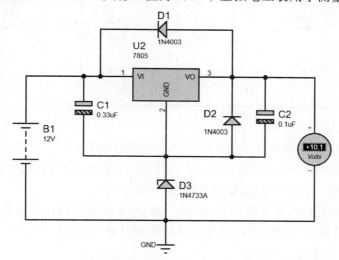

图 7-108 采用 W7805 构成的可提高输出电压的稳压电路

用 Proteus 软件进行仿真,可以测出该电路的输出电压,如图 7-108 所示。由图 7-108 可见,虚拟电压表显示 +10.1V,这个数值恰好就是 W7805 基本应用电路的输出电压值 5V 与稳压二极管 1N4733A 的稳压值 5.1V 之和。

3) 输出电压可调的稳压电路

W7800 和 W7900 均为三端固定输出集成稳压器,若想得到可调的输出电压,可以选用可调输出的集成稳压器,也可以将固定输出集成稳压器接成如图 7-109 所示的电路。该电路的输出电压为

$$U_o = \left(1 + \frac{R''_2 + R_3}{R_1 + R'_2}\right) U'_o \tag{7-19}$$

稳压电路的电压调节范围为

$$\frac{R_1 + R_2 + R_3}{R_1 + R_2} U'_o \leqslant U_o \leqslant \frac{R_1 + R_2 + R_3}{R_1} U'_o \tag{7-20}$$

式中,$U'_o$ 是 W7800 的输出电压值。

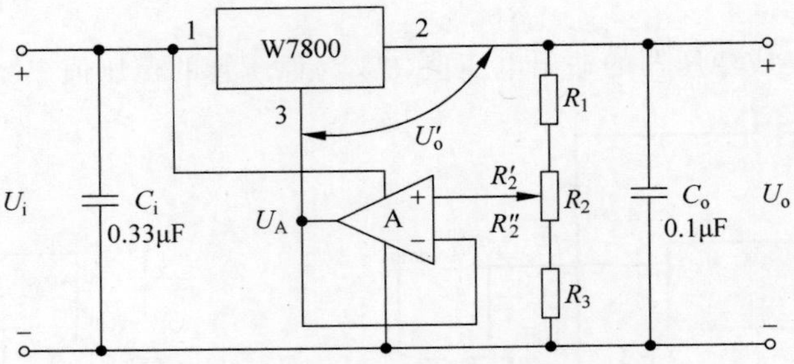

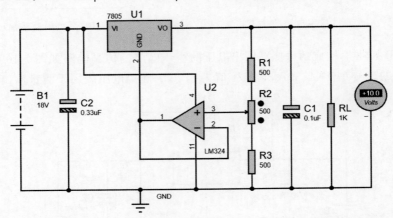

图 7-109 输出电压可调的稳压电路

【**例 7-36**】 采用 W7805 构成的输出电压可调的稳压电路的仿真电路如图 7-110 所示。在图 7-110 中,R1＝R2＝R3＝500Ω;C1＝0.1μF,C2＝0.33μF;RL 为电路的负载电阻。

图 7-110 采用 W7805 构成的输出电压可调的稳压电路的仿真电路

调节 R2 滑动端的位置,使之处在 R2 的中部。用 Proteus 软件进行仿真,可以测出该电路的输出电压,如图 7-110 所示。由图 7-110 可见,虚拟电压表显示＋10.0V。

再次调节 R2 滑动端的位置,使之处在 R2 的最上端,测出该电路的输出电压为＋15.0V;然后调节 R2 滑动端的位置,使之处在 R2 的最下端,测出该电路的输出电压为＋7.51V。

以上是实测值,现在计算其理论值。

当 R2 的滑动端处在中间位置时,$R_2'' = R_2' = 250\Omega$,$U_o' = 5\text{V}$,由式(7-19)可知,该电路的输出电压为

$$U_o = \left(1 + \frac{750}{750}\right) \times 5\text{V} = 10\text{V}$$

由式(7-20)可知,该电路的输出电压调节范围为

$$7.5\text{V} \leqslant U_o \leqslant 15\text{V}$$

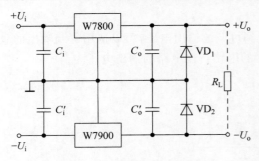

图 7-111 正、负电压输出稳压电路

如图 7-110 所示电路输出电压的实测值与理论计算值基本一致。

4) 正、负电压输出稳压电路

如图 7-111 所示。在图 7-111 中,两个二极管起保护作用,正常工作时,均处于截止状态。若 W7900 的输入端未接输入电压,W7800 的输出电压将通过 $R_L$ 接到 W7900 的输出端,使 $VD_2$ 导通,从而将 W7900 的输出端钳位在约 0.7V,保护其不至于损坏。同理,$VD_1$,可在 W7800 的输入

端未接输入电压时保护其不至于损坏。

【例7-37】 采用W7812和W7912构成的兼有正、负电压输出的稳压电路的仿真电路如图7-112所示。在图7-112中,W7812的输入电压为+15V,W7912的输入电压为-15V;C1=C2=C3=C4=1$\mu$F;D1和D2起保护作用;两个虚拟电压表用于测量输出电压。

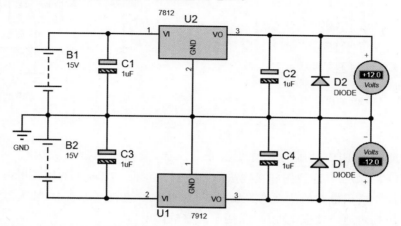

图 7-112 采用 W7812 和 W7912 构成的兼有正、负电压输出的稳压电路的仿真电路

用 Proteus 软件进行仿真,可以测出该电路的输出电压,如图7-112所示。由图7-112可见,两个虚拟电压表分别显示+12.0V 和-12.0V。

## 7.3.2 精密基准电压源

基准电压源通常是指在电路中用作电压基准的高稳定度的电压源,理想的基准电压源不受电源扰动和温度变化的影响,比普通电源具有更高的精度和稳定性。

所有模/数转换器(ADC)和数/模转换器(DAC)都需要基准信号(通常为电压基准)。不仅如此,精密的电压基准也应用于一些电子设备中。前面介绍的稳压电路虽然可以作为基准电压源使用,但它一般不能作为高精度的基准电压源。

衡量基准电压源质量等级的关键技术指标是电压温度系数,它表示由于温度变化而引起输出电压的漂移量,简称温漂。基准电压源的温漂通常为 $0.2 \times 10^{-6} \sim 100 \times 10^{-6}$,温漂大于 $10^{-4}$ 的就不能称其为基准电压源了。

基准电压源更注重输出电压的"稳定"和"准确",而不注重其负载能力。基准电压源可以由集成运放搭建而成,也有众多公司生产的集成基准电压源产品,如 AD780、AD581、AD584、TL431、AD680 等。

### 1. AD780

AD780 是一种能输出 2.5V 或 3V 两种电压的高精度基准电压源,其电压温度系数为 $3 \times 10^{3} \% /℃$。AD780 的引脚图如图 7-113 所示。

【例7-38】 AD780 应用电路的仿真电路如图 7-114 所示。在图 7-114 中,C4=1$\mu$F;为了得到 3V 的输出电压,SEL 引脚接地;输入电压为+5V;AD780 的输出端对地跨接虚拟电压表,用于观察输出电压。

用 Proteus 软件进行仿真,可以测出该电路的输出电压,如图 7-114 所示。由图 7-114 可见,虚拟电压表显示+3.00V。

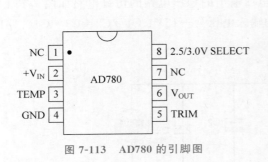

图 7-113　AD780 的引脚图

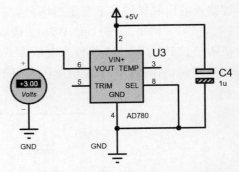

图 7-114　AD780 应用电路的仿真电路

## 2. AD581

AD581 是一种能输出 10V 电压的高精度基准电压源,其电压温度系数为 $(5 \sim 10) \times 10^{-4}$ %/℃。AD581 为 3 引脚 TO-5 封装,其底视图和接线法如图 7-115 所示。AD581 的输入电压为 +12 ~ +40V。

【例 7-39】　AD581 应用电路的仿真电路如图 7-116 所示。在图 7-116 中,输入电压为 +12V;R1 = 560Ω;AD581 的输出端对地跨接虚拟电压表,用于观察输出电压。

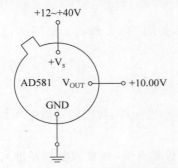

图 7-115　AD581 的底视图和接线法

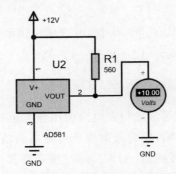

图 7-116　AD581 应用电路的仿真电路

用 Proteus 软件进行仿真,如图 7-116 所示,虚拟电压表显示 +10.00V。

## 3. AD584

AD584 是一种能输出 10.0V、7.5V、5.0V、2.50V 四种不同电压的高精度电压参考源,其电压温度系数为 $(5 \sim 15) \times 10$/℃。AD584 有两种封装形式,分别是 TO-99 封装和 DIP 封装,其引脚图如图 7-117 所示。

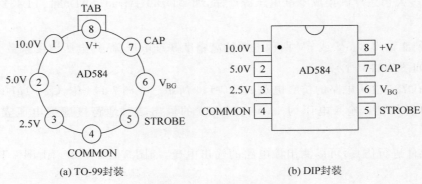

(a) TO-99封装　　　　　　　　(b) DIP封装

图 7-117　AD584 的引脚

【例 7-40】　AD584 应用电路的仿真电路如图 7-118 所示。在图 7-118 中,输入电压为＋12V;第 7 脚 CAP 和第 6 脚 Vbg 之间的 C4 起滤波作用,C4＝0.1μF;AD584 的电压输出端第 1～3 脚对地各接一个虚拟电压表,用于观察输出电压。

用 Proteus 软件进行仿真,AD584 的电压输出端第 1～3 脚所接虚拟电压表分别显示 ＋10.0V、＋5.00V 和＋2.50V,如图 7-118 所示。

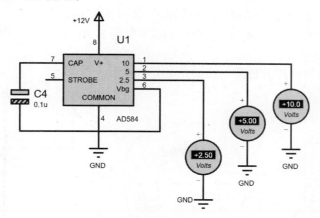

图 7-118　AD584 应用电路的仿真电路

### 4. TL431

TL431 是一种可调式基准电压集成电路,其主要特点是:可调输出电压范围大,为 2.5～36V;输出阻抗小,约为 0.2Ω;电压温度系数为 $3 \times 10^{-5}$/℃。TL431 的基准电压 $U_{REF}$ 为 2.44～2.55V;工作电流范围为 1～100mA;击穿电压 $U_{AC} > 40$V;最大功耗 $P_{OM}$ 为 770mW(25℃)。TL431 的外部等效图如图 7-119 所示。

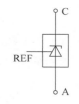

图 7-119　TL431 的外部等效图

【例 7-41】　TL431 应用电路(输出 2.5V 电压)的仿真电路如图 7-120 所示。在图 7-120 中,输入电压为＋12V;TL431 的第 1 脚和第 3 脚相连,作为电压输出端,并对地接虚拟电压表,用于观察输出电压。

用 Proteus 软件进行仿真,虚拟电压表显示＋2.49V,如图 7-120 所示。

【例 7-42】　TL431 应用电路(输出 5V 电压)的仿真电路如图 7-121 所示。在图 7-121 中,输入电压为＋12V;R1＝R2＝10kΩ;虚拟电压表用于观察输出电压。

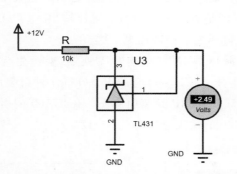

图 7-120　TL431 应用电路(输出 2.5V 电压)的仿真电路

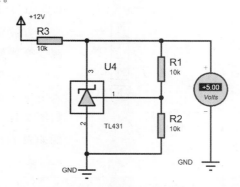

图 7-121　TL431 应用电路(输出 5V 电压)的仿真电路

用 Proteus 软件进行仿真,可以测出电路的输出电压,虚拟电压表显示＋5.00V,如图 7-121 所示。

这种电路的输出电压是可调的,只要改变 R1 和 R2 的电阻值即可,其输出电压计算公式为

$$U_o = \left(1 + \frac{R_2}{R_1}\right) U_{REF} \tag{7-21}$$

式(7-21)中,$U_{REF}$ 为接在 TL431 第 1 脚的参考电压(本例中,$U_{REF} = 2.5V$)。

**5. AD680**

AD680 是一种能输出 2.5V 电压的基准电压源,其电压温度系数为 $2 \times 10^{-5}/℃$。它的输入电压范围是 $4.5 \sim 36V$,它有 3 种封装形式:8 引脚 DIP 封装、8 引脚 SOIC 封装和 3 引脚 TO-92 封装。AD680 的引脚图如图 7-122 所示。

【例 7-43】 AD680 应用电路的仿真电路如图 7-123 所示。

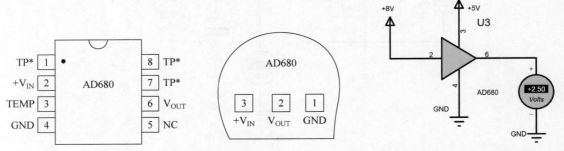

图 7-122  AD680 的引脚图     图 7-123  AD680 应用电路的仿真电路

用 Proteus 软件进行仿真,可以测出该电路的输出电压,如图 7-123 所示。由图 7-123 可见,两个虚拟电压表均显示 +2.50V。由此可知,不论是否有电源电压,AD680 都能输出 2.5V 电压。

## 7.3.3  DC/DC 电源变换器

前面介绍的线性稳压电源的缺点是效率低(低于 50%)、耗能高、不环保。为此,人们开发出开关式稳压电源。开关式稳压电源的效率可达 $70\% \sim 90\%$,且与输入/输出电压差无关。相对于线性稳压电源,开关式稳压电源是一种效率高、更节能的电源。此外,线性稳压电源的输出电压总比输入电压低,输出电压总是和输入电压同极性,而开关式稳压电源不仅可实现同极性降压型稳压,还可实现升压稳压、极性倒置稳压。开关式稳压电源的这一优点使其具有更广的应用范围。

DC/DC 电源变换器是开关式稳压电源中常见的一种,它由二极管、三极管和电容器等元器件组成。

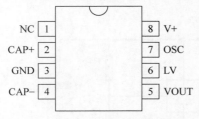

图 7-124  ICL7660 的 DIP 封装引脚

DC/DC 电源变换器通过控制开关通与断,将直流电压或电流变换成高频方波电压或电流,再经整流平滑变为直流电压输出。DC/DC 电源变换器可分为升压型、降压型、升/降压型 3 类。

ICL7660 是一种升/降压型 DC/DC 电源变换器,能产生与正输入电压相同值的负输出电压。ICL7660 有 DIP、SO 等多种封装形式,如图 7-124 所示为 ICL7660 的 DIP 封装引脚图。ICL7660 的引脚功能如表 7-4 所示。ICL7660 的输入电压为 7.5~12V。

表 7-4  ICL7660 的引脚功能

| 引脚号 | 引脚符号 | 引 脚 功 能 |
|---|---|---|
| 1 | NC | 空引脚 |
| 2 | CAP+ | 储能电容正极 |

续表

| 引 脚 号 | 引 脚 符 号 | 引 脚 功 能 |
|---|---|---|
| 3 | GND | 接地 |
| 4 | CAP− | 储能电容负极 |
| 5 | VOUT | 电压输出端 |
| 6 | LV | 输入低电压控制端：输入电压低于 3.5V 时，该端接地；高于 3.5V 时，该端悬空 |
| 7 | OSC | 工作时钟输入端 |
| 8 | V+ | 电源输入端 |

ICL7660 主要应用在需要从＋5V 电源产生−5V 电源的设备中，如数据采集设备、手持式仪表、运放电源、便携式电话等。ICL7660 有两种工作模式：变换器和分压器。作为变换器时，ICL7660 可将 1.5～10V 的输入电压变换为相应的负电压；作为分压器时，它将输入电压一分为二。

【例 7-44】　输出负电压的 ICL7660 应用电路的仿真电路如图 7-125 所示。在图 7-125 中，C1＝C2＝10μF；ICL7660 的第 3 脚接地，第 8 脚接＋5V；输出端对地跨接一个虚拟电压表，用于观察输出电压。

解：用 Proteus 软件进行仿真，可以测出该电路的输出电压，如图 7-125 所示。由图 7-125 可见，虚拟电压表显示−5.00V。

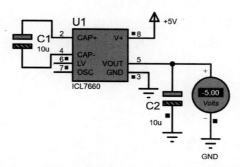

图 7-125　输出负电压的 ICL7660 应用电路的仿真电路

# 第8章 数字集成电路设计与仿真

CHAPTER 8

数字集成电路设计和仿真在 Proteus 中也是非常常见的应用。数字集成电路设计通常涉及逻辑门、寄存器、计数器、存储器等数字电路元件的设计。Proteus 提供了丰富的数字电路元件库和仿真功能,可以用于数字集成电路设计和仿真。

通过 Proteus 进行数字集成电路设计与仿真,工程师可以快速验证设计的效果,发现问题并进行改进。这样可以大大提高数字电路设计的效率和准确性。

本章讲述了数字集成电路的设计和仿真,这是现代电子工程和计算机工程中的核心内容。本章通过详细讨论基本逻辑门电路、数字电路设计的步骤与方法,以及多种数字组件的应用和仿真,为读者提供了全面的学习指导。

本章主要讲述如下内容:

(1) 基本逻辑门电路。

(2) 数字电路设计步骤及方法。

(3) 基本逻辑门逻辑功能测试与应用。

(4) 特殊门电路。

(5) 编码器及其应用电路设计与仿真。

(6) 译码器及其应用电路设计与仿真。

(7) 触发器及其应用电路设计与仿真。

(8) 计数器及其应用电路设计与仿真。

(9) 集成移位寄存器及其应用电路设计与仿真。

(10) 555 定时器及其应用电路设计与仿真。

(11) 三态缓冲器/线驱动器电路设计与仿真。

## 8.1 基本逻辑门电路

数字电路是由许多逻辑门组成的复杂电路,与模拟电路相比,它主要进行数字信号的处理(即信号以 0 与 1 两个状态表示),因此抗干扰能力较强。由于它具有逻辑运算和逻辑处理功能,所以又称为数字逻辑电路。一个数字系统一般由控制部件和运算部件组成,在时钟脉冲的驱动下,控制部件控制运算部件完成所要执行的动作。通过模/数转换器、数/模转换器,数字电路可以和模拟电路互相连接。现代的数字电路由半导体工艺制成的若干数字集成器件构造而成。逻辑门是数字逻辑电路的基本单元。存储器是用来存储二进制数据的数字电路。从整体上看,数字电路可以分为组合逻辑电路和时序逻辑电路两大类。

在数字电路中,基本的逻辑关系有 3 种,即与逻辑、或逻辑和非逻辑。对应这 3 种基本逻辑关系有 3 种基本逻辑门电路,即与门、或门和非门。

## 8.1.1 与门

与门(AND gate)又称"与电路"、逻辑"积"、逻辑"与"电路。是执行"与"运算的基本逻辑门电路。有多个输入端,一个输出端。当所有的输入同时为高电平(逻辑 1)时,输出才为高电平,否则输出为低电平(逻辑 0)。

74 系列的与门电路有 74LS08、74LS09、74LS11、74LS 和 74LS21。

74LS08 的外形如图 8-1 所示。

下面介绍与逻辑关系、与逻辑的函数式及运算规则和与门电路及其工作原理。

**1. 与逻辑关系**

与逻辑关系可用图 8-2 表示。在图 8-2 中,只有当两个开关 $A$、$B$ 都闭合时,灯泡 $Y$ 才亮。只要有一个开关断开,灯泡 $Y$ 就不亮了,即当决定某一事件(灯亮)的所有条件(开关 $A$、$B$ 闭合)都成立,这个事件(灯亮)就发生,否则这个事件就不发生。这样的逻辑关系称为与逻辑。

图 8-1 74LS08 的外形

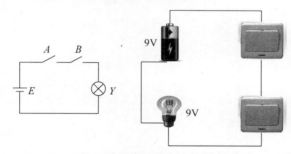

图 8-2 用串联开关说明与逻辑关系

**2. 与逻辑的函数式及运算规则**

在逻辑代数中,与逻辑时可写成如下逻辑函数式:

$$Y = A \cdot B$$

式中,"·"符号叫作逻辑乘(又叫作与运算),它不是普通代数中的乘号;$Y$ 是输入变量 $A$、$B$ 逻辑乘的结果,又叫作逻辑积,它不是普通代数中的乘积。

根据与逻辑的定义,其函数表达式可推广到多输入变量的一般形式:

$$Y = A \cdot B \cdot C \cdot D \cdots$$

为书写方便,式中符号"·"可不写,简写为

$$Y = ABCD \cdots$$

与运算规则:

$$0 \cdot 0 = 0, \quad 0 \cdot 1 = 0, \quad 1 \cdot 0 = 0, \quad 1 \cdot 1 = 1$$

**3. 与门电路及其工作原理**

能实现与逻辑运算的电路称为与门,它是数字电路中最基本的一种逻辑门。

图 8-3(a)所示为一个由二极管构成的与门电路。图 8-3(b)为其逻辑符号。$A$、$B$ 为与门的输入端,$Y$ 为输出端。

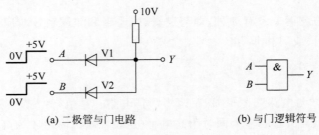

(a) 二极管与门电路　　　　　(b) 与门逻辑符号

图 8-3　与门电路

当输入端有一个或一个以上为 0(即低电平,图中设输入电压低电平时电压值为 0V),假定 $A$ 为 0,$B$ 为 1(即 $A$ 端为 0V,$B$ 端为 +5V);此时,二极管 V1 导通,忽略二极管正向压降,输出端为低电平(即 0V),是逻辑 0,即"有 0 出 0";当输入端全为 1(即高电平,图中设输入电压高电平时电压值为 +5V,通常此值应小于电源电压值),则 V1、V2 截止,忽略二极管正向压降,则输出端也为高电平(即 +5V),是逻辑 1,即"全 1 出 1"。

与门逻辑关系除可用逻辑函数式表示外,还可用真值表表示。真值表是一种表明逻辑门电路输入端状态和输出端状态逻辑对应关系的表。它包括了全部可能的输入值组合及对应的输出值。与门真值表如表 8-1 所示。

表 8-1　与门真值表

| $A$ | $B$ | $Y$ |
| --- | --- | --- |
| 0 | 0 | 0 |
| 0 | 1 | 0 |
| 1 | 0 | 0 |
| 1 | 1 | 1 |

## 8.1.2　或门

或门(OR gate)是数字逻辑中实现逻辑或的逻辑门。只要两个输入中至少有一个为高电平(1),则输出为高电平(1);若两个输入均为低电平(0),输出才为低电平(0)。换句话说,或门的功能是得到两个二进制数的最大值,而与门的功能是得到两个二进制数的最小值。

74 系列或门电路有 74LS02、74LS32 等。

图 8-4　74LS32 的外形

74LS32 的外形如图 8-4 所示。

1. 或逻辑关系

或逻辑关系可用图 8-5 表示。在图 8-5 中,两个开关 $A$、$B$ 只要有一个闭合,灯泡 $Y$ 就亮,即决定某一事件(灯亮)的条件($A$、$B$ 闭合),只要有一个或一个以上成立,这件事(灯亮)就发生,否则就不发生。这样的逻辑关系称为或逻辑关系。

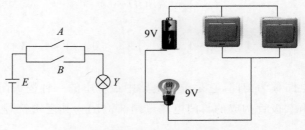

图 8-5　用并联开关说明或逻辑关系

**2. 或逻辑的函数式及运算规则**

在逻辑代数中,或逻辑可写成如下逻辑函数式:

$$Y = A + B$$

式中,符号"+"叫作逻辑加(又称或运算),它不是普通代数中的加号;$Y$ 是 $A$、$B$ 逻辑加的结果,不是代数和。

逻辑加的表达式可推广到多输入变量的一般形式:

$$Y = A + B + C + D + \cdots$$

或运算规则:

$$0 + 0 = 0, \quad 0 + 1 = 1, \quad 1 + 0 = 1, \quad 1 + 1 = 1$$

**3. 或门电路及其工作原理**

能实现或逻辑运算的电路叫作或门。图 8-6(a)所示为二输入端二极管或门电路,图 8-6(b)所示为或门的逻辑符号,$A$、$B$ 为或门的输入端,$Y$ 为输出端。

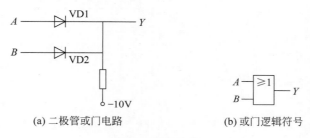

(a) 二极管或门电路　　　　(b) 或门逻辑符号

图 8-6　或门电路

只要有一个输入端为 1(即高电平,图中设输入电压高电平为 +5V),则与该输入端相连的二极管就导通,忽略二极管正向压降,输出端为高电平(即 +5V),是逻辑 1,即"有 1 出 1",当输入端全为 0(即低电平,图中设输入电压低电平时电压值为 0V),VD1、VD2 截止,忽略二极管正向压降,则输出端也为低电平(即 0V),是逻辑 0,即"全 0 出 0"。

或门逻辑真值表如表 8-2 所示。

表 8-2　或门逻辑真值表

| $A$ | $B$ | $Y$ |
| --- | --- | --- |
| 0 | 0 | 0 |
| 0 | 1 | 1 |
| 1 | 0 | 1 |
| 1 | 1 | 1 |

## 8.1.3　非门

非门(NOT gate)又称非电路、反相器、倒相器、逻辑否定电路,简称非门,是逻辑电路的基本单元。非门有一个输入端和一个输出端。当其输入端为高电平(逻辑 1)时输出端为低电平(逻辑 0),当其输入端为低电平时输出端为高电平。也就是说,输入端和输出端的电平状态总是反相的。非门的逻辑功能相当于逻辑代数中的非,电路功能相当于反相,这种运算亦称非运算。

74 系列非门电路有 74LS04、74LS14 等。

74LS04 的外形如图 8-7 所示。

图 8-7　74LS04 的外形

下面讲述非逻辑关系、非逻辑的函数式及运算规则和非门电路及其工作原理。

**1. 非逻辑关系**

非逻辑关系可用图 8-8 表示。图 8-8 中开关 $A$ 闭合,灯 $Y$ 就熄灭;开关 $A$ 断开,灯 $Y$ 就亮。设开关闭合为逻辑 1,断开为逻辑 0,灯亮为 1,灯灭为 0,也就是说,某件事(灯亮)的发生取决于某个条件(开关 $A$)的否定,即该条件成立($A$ 闭合),这件事不发生(即灯灭);而该条件不成立($A$ 断开),这件事发生(即灯亮)。这种关系称为非逻辑关系。

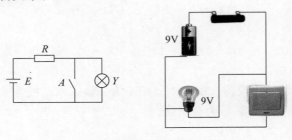

图 8-8 非逻辑关系

**2. 非逻辑的函数式及运算规则**

非逻辑的函数式:$Y=\overline{A}$,读作 $Y$ 等于 $A$ 非。

非运算规则:

$$0 = 1, \quad 1 = 0$$

**3. 非门电路及其工作原理**

能实现非逻辑运算的电路称为非门,如图 8-9(a)所示为非门电路图,如图 8-9(b)所示为非门的逻辑符号。

输入信号 $A$ 若为 0.3V,则 NPN 型三极管 V 发射结正偏,但小于门槛电压,所以三极管处于截止状态,$Y$ 输出为高电平;输入信号 $A$ 若为 6V,应保证三极管 VT 工作在深度饱和状态。又因为 $V_{ce}=0.3V$,所以 $Y$ 输出为低电平。非门的逻辑功能为"有 0 出 1,有 1 出 0"。

非门逻辑真值表关系如表 8-3 所示。

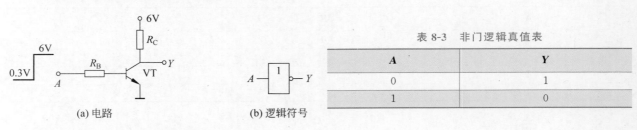

图 8-9 非门电路

表 8-3 非门逻辑真值表

| $A$ | $Y$ |
| --- | --- |
| 0 | 1 |
| 1 | 0 |

## 8.1.4 74HC/LS/HCT/F 系列芯片的区别

74HC/LS/HCT/F 系列芯片的区别如下:

(1) LS 是低功耗肖特基,HC 是高速 COMS。LS 的速度比 HC 略快。HCT 输入/输出与 LS 兼容,但是功耗低;F 是高速肖特基电路;

(2) LS 是 TTL 电平,HC 是 COMS 电平。

(3) LS 输入开路为高电平,HC 输入不允许开路,HC 一般都要求有上下拉电阻确定输入端无效时的电平。LS 却没有这个要求。

（4）LS 输出下拉强上拉弱，HC 上拉下拉相同。

（5）工作电压不同，LS 只能用 5V，而 HC 一般为 2～6V。

（6）电平不同。LS 是 TTL 电平，其低电平和高电平分别为 0.8V 和 2.4V，而 CMOS 在工作电压为 5V 时的低电平和高电平分别为 0.3V 和 3.6V，所以 CMOS 可以驱动 TTL，但反过来是不行的。

（7）驱动能力不同，LS 一般高电平的驱动能力为 5mA，低电平为 20mA；而 CMOS 的高低电平均为 5mA。

（8）CMOS 器件抗静电能力差，易发生栓锁问题，所以 CMOS 的输入脚不能直接接电源。

74 系列集成电路大致可分为六大类：

（1）74××（标准型）。

（2）74LS××（低功耗肖特基）。

（3）74S××（肖特基）。

（4）74ALS××（先进低功耗肖特基）。

（5）74AS××（先进肖特基）；

（6）74F××（高速）。

高速 CMOS 电路的 74 系列可分为三大类：

（1）HC 为 COMS 工作电平。

（2）HCT 为 TTL 工作电平，可与 74LS 系列互换使用。

（3）HCU 适用于无缓冲级的 CMOS 电路。

这 9 种 74 系列产品，只要后边的标号相同，其逻辑功能和引脚排列就相同。根据不同的条件和要求可选择不同类型的 74 系列产品，比如电路的供电电压为 3V，就应选择 74HC 系列的产品同型号的 74 系列、74HC 系列、74LS 系列芯片，它们在逻辑功能上是一样的。

## 8.1.5　布尔代数运算法则

在抽象代数中，布尔代数（Boolean algebra）是结合了集合运算和逻辑运算二者的根本性质的一个代数结构。特别是，它处理集合运算交集、并集、补集；和逻辑运算与、或、非。

变量（variable）及反码（complement）是布尔代数中使用的两个术语。变量通常用斜体书写，是逻辑参数的符号，其取值为 1 或 0。比如与门的表达式 $Y=AB$ 中，$Y$、$A$、$B$ 都是变量。反码就是在变量头上加一个小横线，表示取反。比如非门表达式 $Y=\overline{A}$ 中的"⁻"表示取反，如果 $A=0$，则 $\overline{A}=1$，在描述时可称为 $A$ 非等于 1。

就像普通的数学运算有一些成熟的法则可用于简化过程一样，布尔代数也有类似的运算法则供计算时使用。

布尔代数运算法则如下：

（1）加法交换律（$A+B=B+A$）。

（2）乘法交换律（$AB=BA$）。

（3）加法结合律（$A+(B+C)=(A+B)+C$）。

（4）乘法结合律（$A(BC)=(AB)C$）。

（5）分配律（$A(B+C)=AB+AC$）。

## 8.2 数字电路设计步骤及方法

数字电路设计是一个系统工程,需要综合考虑逻辑设计、电路设计、PCB 设计等多个方面,以满足设计要求并确保电路性能和可靠性。

### 8.2.1 数字电路的设计步骤

数字电路系统是用来对数字信号进行采集、加工、传送、运算和处理的装置。一个完整的数字电路系统往往包括输入电路、输出电路、控制电路、时基电路和若干子系统 5 个部分。进行数字电路设计时,首先根据设计任务要求作总体设计,在设计过程中,要反复对设计方案进行论证,以求方案最佳,在整体方案确定后,便可设计单元电路,选择元器件,画出逻辑图、逻辑电路图,实验进行性能测试,最后画总体电路图,撰写实习报告。具体设计步骤如下:

(1) 分析设计要求,明确系统功能。系统设计之前,首先要明确系统的任务、技术性能、精度指标、输入/输出设备、应用环境以及有哪些特殊要求等,然后查阅相关的各种资料,广开思路,构思出多种总体方案,绘制结构框图。

(2) 确定总体方案。明确了系统性能以后,接下来要考虑如何实现这些技术功能和性能指标,即寻找合适的电路完成它。因为设计的途径不是唯一的,满足要求的方案也不是一个,所以为得到一个满意的设计方案,要对提出的各种方案进行比较,从电路的先进性、结构的繁简程度、成本的高低及制作的困难程度等方面作综合比较,并考虑各种元器件的来源,经过设计—验证—再设计多次反复过程,最后确定一种可行的方案。

(3) 设计单元电路。将一个复杂的大系统划分成若干子系统或单元电路,然后逐个进行设计。整个系统电路设计的实质部分就是单元电路的设计。单元电路的设计步骤大致可分为 3 步。

① 分析总体方案对单元的要求,明确单元电路的性能指标。注意各单元电路之间的输入/输出信号关系,应尽量避免使用电平转换电路。

② 选择设计单元电路的结构形式。通常选择学过的熟悉的电路,或者通过查阅资料选择更合适的更先进的电路,在此基础上进行调试改进,使电路的结构形式达到最佳。

③ 计算主要参数,选择元器件。选择元器件的原则是,在可以实现题目要求的前提下,所选的元器件最少,成本最低,最好采用同一种类型的集成电路,这样可以不去考虑不同类型器件之间的连接匹配问题。

(4) 设计控制电路。控制电路是将外部输入信号以及各子系统送来的信号进行综合、分析,发出控制命令去管理输入、输出电路及各个子系统,使整个系统同步协调、有条不紊地工作。控制电路的功能有系统清零、复位、安排各子系统的时序先后及启动/停止等,在整个系统中起核心和控制作用。设计时最好画出时序图,根据控制电路的任务和时序关系反复构思电路,选用合适的器件,使其达到功能要求。常用的控制电路有 3 种:移位型控制器、计数型控制器和微处理器控制器。一般根据完成控制的复杂程度,可灵活选择控制器类型。

(5) 综合系统电路,画出系统原理图。各部分子系统设计完成后,应该画出总体电路图。总体电路图是电路设计、安装、调试及生产组装的重要依据,所以电路图画好之后要进行审图,检查设计过程遗漏的问题,及时发现错误,进行修改,保证电路的正确性。画电路图时应注意如下事项。

① 画电路图时应该注意流向,通常是从信号源或输入端画起,从左至右、从上至下按信号的流向依次画出各单元电路。电路图的大小位置要适中,不要把电路画成窄长型或瘦高型。

② 尽量把电路图画在一张纸上。如果遇到复杂的电路,一张纸画不下时,首先要把主电路画在一张纸上,然后把相对独立的和比较次要的电路分画在另外的纸张上。必须注意的是,一定要把各张纸上电路之间的信号关系说明清楚。

③ 连线要画成水平线或竖直线,一般不画斜线、少拐弯,电源一般用标值的方法,地线可用地线符号代替。四端互相连接的交叉线应该在交叉处用圆点画出,否则表示跨越。三端相连的交叉处不用画圆点。

④ 电路图中的集成电路芯片通常用框形表示。在框中标明其型号,框的两侧标明各连线引脚的功能。除了中大规模集成电路外,其余器件应该标准化。

⑤ 如果遇到复杂的电路,可以先画出草图,待调整好布局和连线后,再画出正式电路图。

(6) 安装测试,反复修改,逐步完善。在各单元模块和控制电路达到预期要求以后,可把各个部分连接起来,构成整个电路系统,并对系统进行功能测试。测试主要包含 3 部分的工作:系统故障诊断与排除、系统功能测试、系统性能指标测试。若这 3 部分的测试有一项不符合要求,则必须修改电路设计。

(7) 撰写设计文件。整个系统实验完成后,应整理出包含如下内容的设计文件:完整的电路原理图、详细的程序清单、所用元器件清单、功能与性能测试结果及使用说明书。

## 8.2.2 数字电路的设计方法

在数字电路的设计过程中,需要充分考虑功能需求、性能指标、成本和制造工艺等因素,以及合理利用数字电路设计工具进行辅助设计。同时,随着技术的发展,数字电路设计也在不断演进。

数字电路系统常见的设计方法有自下而上法和自上而下法。

### 1. 自下而上的设计方法

自下而上的设计方法是一种从底层开始逐步构建的设计方法,通常用于硬件设计或者系统设计中。该方法的主要特点是从最基本的部件或功能开始,逐步组合和构建出更加复杂的系统或电路。

在数字电路设计中,自下而上的设计方法通常包括以下步骤:

(1) 确定基本模块。确定设计中需要的基本模块,例如,逻辑门、触发器、计数器等。这些基本模块是数字电路设计的基础,通过它们可以实现各种逻辑功能和时序控制。

(2) 设计基本模块。对每个基本模块进行设计,包括逻辑功能的实现、时序特性的控制等。这一步通常需要进行逻辑设计、电路图设计等工作。

(3) 集成基本模块。将设计好的基本模块逐步集成起来,构建出更加复杂的功能模块或子系统。在集成的过程中需要考虑模块之间的接口和连接方式。

(4) 验证和测试。对集成的功能模块或子系统进行验证和测试,确保其功能正常、时序要求得到满足等。这一步通常包括仿真验证和实际测试。

(5) 系统集成。将各个功能模块或子系统集成到整个系统中,构建出完整的数字系统。在系统集成中需要考虑系统级的时序控制、接口协议、数据通路等。

(6) 验证和测试。对整个数字系统进行综合的验证和测试,确保系统的功能和性能指标满足设计要求。

自下而上的设计方法可以帮助设计者逐步构建复杂的数字系统,通过分而治之的思想,将整个设计分解为可管理的部分,并逐步进行设计、验证和集成。这种方法有利于降低设计的复杂性,提高设计的可靠性和可维护性。

数字系统自下而上的设计是一种试探法,设计者首先将规模大、功能复杂的数字系统按逻辑功能划分成若干子模块,一直分到这些子模块可以用经典的方法和标准的逻辑功能部件进行设计为止,然后再将子模块按其连接关系分别连接,逐步进行调试,最后将子系统组成在一起,进行整体调试,直到满足要求为止。

**2. 自上而下的设计方法**

自上而下的设计方法是一种从整体到部分的设计方法,通常用于系统级设计或软件设计中。在数字电路设计中,自上而下的设计方法也可以应用于系统级的数字系统设计。

以下是自上而下的设计方法的一般步骤:

(1) 确定系统需求。明确整个数字系统的功能需求、性能指标、接口协议等。这些需求通常由系统级的规格说明或用户需求定义。

(2) 系统架构设计。在明确系统需求的基础上,设计系统的整体架构,包括模块划分、模块之间的接口定义、数据通路设计等。这一步通常以系统框图或系统级的功能分解图为工具。

(3) 模块设计。根据系统架构设计,对各个子模块进行详细设计。这包括对每个模块的功能需求、接口定义、逻辑设计等。

(4) 模块实现。在模块设计完成后,进行模块的实现,包括逻辑电路图设计、FPGA 或 ASIC 代码编写等。

(5) 模块验证。对设计的每个模块进行验证,确保其功能和性能满足系统需求。这一步通常包括仿真验证和实际测试。

(6) 系统集成。将各个模块集成到整个数字系统中,构建出完整的数字系统。在系统集成中需要考虑模块之间的接口协议、数据通路、时序控制等。

(7) 系统验证。对整个数字系统进行综合的验证和测试,确保系统的功能和性能指标满足设计要求。

自上而下的设计方法强调先整体、后部分的设计思路,通过明确系统需求和整体架构,逐步细化到模块级的设计和实现。这种方法有利于从宏观层面把握整个设计,降低了设计的风险,提高了系统设计的可靠性和可维护性。

# 8.3 基本逻辑门逻辑功能测试与应用

基本逻辑门包括与门(AND gate)、或门(OR gate)、非门(NOT gate)等,它们是数字电路中最基本的构建模块。

(1) 逻辑功能测试。对于每种基本逻辑门,都可以进行逻辑功能测试以验证其正确性。例如,对于与门,可以提供不同的输入组合,观察输出端的逻辑值是否符合与门的真值表;对于或门和非门也可以进行类似的测试。

(2) 应用。基本逻辑门在数字电路中有广泛的应用,以下是一些常见的应用场景:

① 与门。用于逻辑与操作,例如,在逻辑运算、数据选择、信号处理等方面的应用。

② 或门。用于逻辑或操作,例如,在逻辑运算、数据选择、信号处理等方面的应用。

③ 非门。用于逻辑非操作,例如,在逻辑反相、信号处理等方面的应用。

④ 与非门、或非门等组合逻辑。通过组合基本逻辑门可以构建更复杂的逻辑功能,例如,构建触发器、计数器、加法器等。

除了这些基本应用外,基本逻辑门还可以组合成更复杂的逻辑功能,如多路选择器、多级逻辑电路、寄存器、计数器等。在数字系统中,基本逻辑门是构建各种数字电路的基础,它们在计算机、通信、控制系统等领域都有重要的应用。

通过逻辑功能测试和应用实践,可以验证基本逻辑门的正确性和可靠性,并且了解它们在数字电路中的实际应用。

本节需要重点了解和掌握内容如下:

(1) 了解 TTL 门电路的功能。

(2) 了解 CMOS 门电路的功能。

(3) 掌握 TTL 门电路多余输入/输出端的处理方法。

(4) 掌握 CMOS 门电路多余输入/输出端的处理方法

(5) 掌握数字电路 74LS00、74LS86 的功能及其使用方法。

## 8.3.1 基本逻辑门设计原理

基本逻辑门是数字电路中的基本构建模块,用于执行基本的逻辑运算。常见的基本逻辑门包括与门(AND gate)、或门(OR gate)、非门(NOT gate)和异或门(XOR gate)。这些逻辑门可以通过电子元件(如晶体管、集成电路等)来实现,其设计原理如下:

(1) 与门(AND gate)。与门的输出为逻辑与运算的结果。当且仅当所有输入都为逻辑高电平时,输出才为逻辑高电平。与门的设计可以通过串联多个开关(或晶体管)来实现,只有当所有开关都闭合时,输出才为高电平。

(2) 或门(OR gate)。或门的输出为逻辑或运算的结果。只要有一个输入为逻辑高电平,输出就为逻辑高电平。或门可以通过并联多个开关(或晶体管)来实现,只要有一个开关闭合,输出就为高电平。

(3) 非门(NOT gate)。非门的输出为输入信号的逻辑反。即,如果输入为逻辑高电平,则输出为逻辑低电平;反之亦然。非门可以通过晶体管的开关和反相器来实现。

(4) 异或门(XOR gate)。异或门的输出为两个输入的逻辑异或运算的结果。当两个输入相同时,输出为逻辑低电平;当两个输入不同时,输出为逻辑高电平。异或门可以通过适当的电路组合实现。

这些基本逻辑门可以通过不同的电子元件(如晶体管、集成电路等)来实现,通过适当的连接和组合,可以构建出更复杂的数字逻辑电路,如加法器、寄存器、计数器等。这些基本逻辑门的设计原理是数字电路设计的基础,对于理解数字电路的工作原理和进行逻辑设计非常重要。

**1. 对 TTL 门电路和 CMOS 门电路多余输入端的处理**

在数字电路中,最基本的逻辑门可归结为与门、或门和非门。实际应用时,它们可以独立使用,但使用更多的是经过逻辑组合后的复合门电路。常见的复合门有与非、或非门、与或非门和异或门等。

目前,广泛使用的门电路有 TTL 门电路和 CMOS 门电路。TTL 门电路在数字集成电路中应用最广泛,其输入端和输出端的结构形式都采用了半导体三极管。这种电路的电源电压为 +5V,高电平典型值为 3.6V(≥2.4V,合格);低电平典型值为 0.3V(≤0.45V,合格)。

有时门电路的输入端多余无用,因为对 TTL 电路来说,悬空相当于逻辑 1,所以对不同的逻辑门,其多余输入端的处理也不同。

(1) 对 TTL 门电路多余输入端的处理。

① TTL 与门、与非门多余输入端的处理。如图 8-10 所示为四输入端与非门,若只需用两个输入端 $A$ 和 $B$,那么另两个多余输入端的处理方法是并联、悬空或通过电阻接高电平使用,这是 TTL 型与门、与非门的特定要求。在 3 种方法中,多余输入端通过电阻接高电平使用这种方法较好。

② TTL 或门、或非门多余输入端的处理。如图 8-11 所示为四输入端或非门,若只需用两个输入端 $A$ 和 $B$,那么另两个多余输入端的处理方法是并联、接低电平或接地。

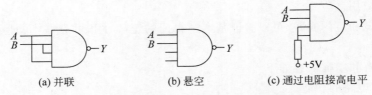

(a) 并联　　　(b) 悬空　　　(c) 通过电阻接高电平

图 8-10　TTL 与门、与非门多余输入端的处理

③ 异或门多余输入端的处理。异或门是由基本逻辑门组合成的复合门电路。如图 8-12 所示为两输入端异或门，一输入端为 $A$，若另一输入端接低电平，则输出仍为 $A$；若另一输入端接高电平，则输出为 $\overline{A}$，此时的异或门称为可控反相器。

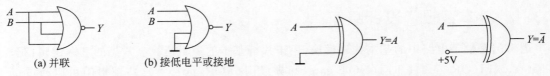

(a) 并联　　　(b) 接低电平或接地

图 8-11　TTL 或门、或非门多余输入端的处理

图 8-12　异或门多余输入端的处理

（2）对 CMOS 门电路多余输入端的处理。

CMOS 门电路由 NMOS 和 PMOS 管组成，初始功耗为毫瓦级，电源电压变化范围达 3～18V。它的集成度很高，易制成大规模集成电路。

由于 CMOS 电路输入阻抗很高，容易受静电感应而造成极间击穿，形成永久性的损坏，所以，在工艺上除了在电路输入端加保护电路外，使用时还应注意以下 6 点：

① 器件应在导电容器内存放。

② $V_{DD}$ 接电源正极，$V_{SS}$ 接电源负极，不容许反接。拔插集成电路时，必须切断电源，严禁带电操作。

③ 多余输入端不允许悬空，应按照逻辑要求处理接电源或接地。

④ 器件的输入信号不允许超出电源电压范围，或者说输入端的电流不得超过 10mA。

⑤ CMOS 电路的电源电压应先接通，再接入信号，否则会破坏输入端的结构。工作结束时，应先切断输入信号再切断电源。

⑥ CMOS 电路不能以线与方式进行连接。

另外，CMOS 电路不使用的输入端不能悬空，应采用下列方法处理。

（1）对于 CMOS 与门、与非门多余端的处理方法有两种：多余端与其他有用的输入端并联使用，或将多余输入端接高电平，如图 8-13 所示。

（2）对于 CMOS 或非门多余端的处理方法也有两种：多余端与其他有用的输入端并联使用，或将多余输入端接地，如图 8-14 所示。

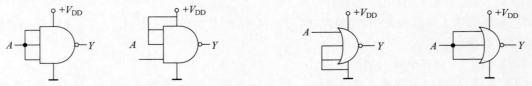

图 8-13　CMOS 与门、与非门多余输入端的处理

图 8-14　CMOS 或非门多余输入端的处理

**2. 若干 TTL 门电路芯片**

（1）74LS00。

74LS00 是四 2 输入与非门电路，其引脚排列如图 8-15 所示。图 8-16 为与非门逻辑功能测试图。其

逻辑函数式为 $Y=\overline{AB}$，与非门逻辑真值表如表 8-4 所示。

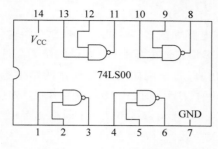

图 8-15　74LS00 的引脚排列

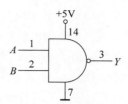

图 8-16　与非门逻辑功能测试

表 8-4　与非门逻辑真值表

| A | B | Y | A | B | Y |
|---|---|---|---|---|---|
| 0 | 0 | 1 | 1 | 0 | 1 |
| 0 | 1 | 1 | 1 | 1 | 0 |

（2）74LS54。

74LS54 是 2-3-3-2 输入的与或非门电路，74LS54 的引脚排列及逻辑功能图如图 8-17 所示。其逻辑函数式为 $Y=\overline{AB+CDE+FGH+IJ}$。

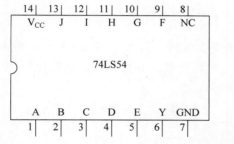

图 8-17　74LS54 的引脚排列及逻辑功能图

（3）74LS86。

74LS86 是四 2 输入异或门电路，其引脚排列如图 8-18 所示。图 8-19 为异或门逻辑功能测试图。其逻辑函数式为 $Y=A\oplus B$，异或门真值表如表 8-5 所示。

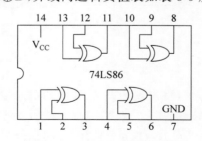

图 8-18　74LS86 的引脚排列

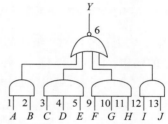

图 8-19　异或门逻辑功能测试

表 8-5　异或门逻辑真值表

| A | B | Y | A | B | Y |
|---|---|---|---|---|---|
| 0 | 0 | 0 | 1 | 0 | 1 |
| 0 | 1 | 1 | 1 | 1 | 0 |

### 8.3.2 基本逻辑门的 Proteus 软件仿真

【例 8-1】 四 2 输入与非门 74LS00 的功能测试电路如图 8-20 所示。74LS00 的输入 1 脚和 2 脚,分别接开关 SW1 和 SW2;74LS00 的输出端 3 接一个虚拟直流电压表,以测量电位的高低。

将开关 SW1 和 SW2 都接高电位(+5V),执行仿真,将出现如图 8-21 所示的结果。74LS00 输出端 3 处的虚拟直流电压表显示值为 0.00V,这说明,当 $A=1$、$B=1$ 时,$Y=0$。改变开关 SW1 和 SW2 的状态,重新仿真,可得出这样的结论:输入 $A=0$,$B=0$,$A=1$,$B=0$,$A=0$,$B=1$ 时输出 $Y=1$;当 $A=1$,$B=1$ 时,输出 $Y=0$。此结果与表 8-1 的与非门逻辑真值表一致。

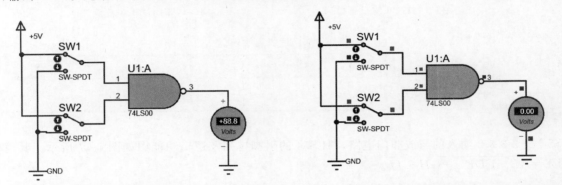

图 8-20 四 2 输入与非门 74LS00 的功能测试电路    图 8-21 四 2 输入与非门 74LS00 的功能测试电路仿真结果

【例 8-2】 四 2 输入与非门 74LS00 组成的或逻辑电路如图 8-22 所示。U1:A 的输入 1 脚和 2 脚,分别接 U1:B 和 U1:C 的输出;U1:B 和 U1:C 各自的两个输入互连,再分别接开关 SW1 和 SW2;U1:A 的输出端 3 接一个虚拟直流电压表,用以测量电位的高低。

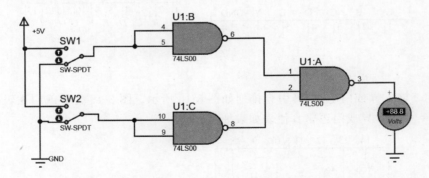

图 8-22 四 2 输入与非门 74LS00 组成的或逻辑电路

将开关 SW1 和 SW2 都接低电位(0V),执行仿真,将出现如图 8-23 所示的结果。74LS00 输出端 3 处的虚拟直流电压表显示值为 0.00V,这说明,当 $A=0$,$B=0$ 时,$Y=0$。改变开关 SW1 和 SW2 的状态,重新仿真,可得出这样的结论:输入 $A=1$、$B=0$,$A=0$、$B=1$,$A=1$、$B=1$ 时输出 $Y=1$;当 $A=0$、$B=0$ 时,输出 $Y=0$。此结果与或逻辑的输出结果一致。

【例 8-3】 四 2 输入异或门 74LS86 的功能测试电路如图 8-24 所示。74LS86 的输入 1 脚和 2 脚,分别接开关 SW1 和 SW2;74LS86 的输出端 3 接一个虚拟直流电压表,用以测量电位的高低。

将开关 SW1 接高电位(+5V),开关 SW2 接低电位(0V),执行仿真,将出现如图 8-25 所示的结果。74LS86 的输出端 3 的虚拟直流电压表显示值为 +5.00V,这说明,当 $A=1$、$B=0$ 时,$Y=1$ 改变开关

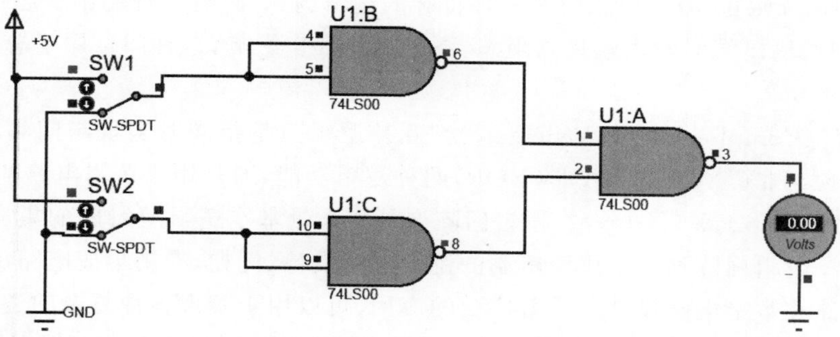

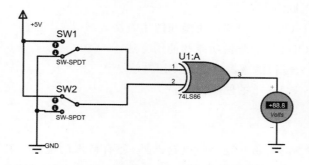

图 8-23　四 2 输入与非门 74LS00 组成的或逻辑电路仿真结果

图 8-24　四 2 输入异或门 74LS86 的功能测试电路

SW1 和 SW2 的状态,重新仿真,可得出这样的结论:当 $A=0$、$B=0$,$A=1$、$B=1$ 时,$Y=0$;当 $A=1$、$B=0$,$A=0$、$B=1$ 时,$Y=1$。此结果与表 8-5 的异或门逻辑真值表一致。

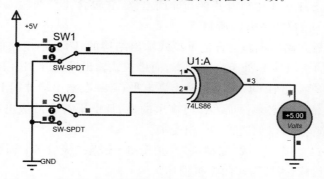

图 8-25　四 2 输入异或门 74LS86 的功能测试电路仿真结果

# 8.4　特殊门电路

　　特殊门电路通常是指在基本逻辑门的基础上进行特殊功能扩展或者实现特殊逻辑功能的电路。以下是一些常见的特殊门电路:

　　(1) 与非门(NAND gate)和或非门(NOR gate)。与非门和或非门是基本逻辑门的衍生门,它们的输出与与门和或门的输出相反。与非门的输出为输入的逻辑与的补,而或非门的输出为输入的逻辑或的补。这两种门可以用来构建各种逻辑功能,有时候它们比基本的与门和或门更方便实现一些逻辑功能。

（2）三态门（Tri-state gate）。三态门是一种特殊的逻辑门，它具有 3 种输出状态：高电平、低电平和高阻态。在高阻态时，输出端对输入端呈高阻态，不对总线产生影响，这种门常用于总线驱动和数据总线控制电路中。

（3）互补逻辑门（Complementary logic gate）。互补逻辑门是指同时实现与门和或门的功能的一种门电路。它可以实现与非（NAND）和或非（NOR）两种逻辑功能，通常用于逻辑电路的设计。

（4）逻辑门阵列（Logic gate array）。逻辑门阵列是由大量基本逻辑门组成的集成电路，可以实现各种复杂的逻辑功能。逻辑门阵列通常用于定制的逻辑电路设计，例如，专用集成电路（ASIC）的设计。

这些特殊门电路在数字电路设计中有着广泛的应用，可以用于实现各种复杂的逻辑功能和特殊的电路需求。在实际的数字系统设计中，根据具体的功能和性能需求，可以选择合适的特殊门电路进行设计和实现。

本节需要重点了解和掌握内容如下：

（1）了解集电极开路门（OC 门）的逻辑功能和使用方法。

（2）了解漏极开路门（OD 门）的逻辑功能和使用方法。

（3）了解三态输出门（TS 门）的逻辑功能和使用方法。

（4）掌握集电极开路门 74LS01 的使用方法。

## 8.4.1 特殊门电路设计原理

在数字系统中，除了基本门电路和复合门电路以外，还有特殊门电路。特殊门电路包括集电极开路门（Open Collector Gate，OC 门）、漏极开路门（Open Drain Gate，OD 门）和三态输出门（Three State Output Gate，TS 门）3 种门电路。

### 1. 集电极开路门（OC 门）

TTL 集成电路中 74LS01 为集电极开路的与非门电路，它包含 4 个两输入端与非门，其电路结构图如图 8-26（a）所示，引脚排列如图 8-26（b）所示。

由图 8-26 可见，集电极开路门电路与普通推拉式输出结构的 TTL 门电路的区别在于：当输出三极管 VT3 管截止时，OC 门的输出端 $Y$ 处于高阻状态，而推拉式输出结构 TTL 门的输出为高电平。所以，实际应用时，若希望 VT3 管截止时 OC 门也能输出高电平，必须在输出端外接上拉电阻 $R_L$ 到电源 $V_{CC}$。电阻 $R_L$ 和电源 $V_{CC}$ 的数值选择必须保证 OC 门输出的高、低电平符合后级电路的逻辑要求，同时三极管 VT3 的灌电流负载不能过大，以免造成 OC 门受损。

在 OC 门的输出端可以直接接负载，如继电器、指示灯、发光二极管等；而普通 TTL 与非门不允许直接驱动电压高于 5V 的负载，否则与非门将被损坏。

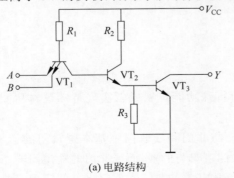

(a) 电路结构

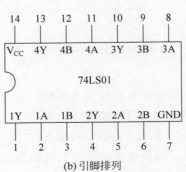

(b) 引脚排列

图 8-26　74LS01 的电路结构及引脚排列

集电极开路（OC门）的门电路还有另一个特点，就是 OC 门的输出端并联可实现"线与"功能。我们知道，一个具有 $n$ 路输入的与门电路的特点是：只要 $n$ 路中有一路输入低电平，其输出就是低电平；只有 $n$ 路输入都是高电平时，其输出才是高电平。OC 门的输出端并联也可实现与门的效果。如图 8-27 所示，将两个集电极开路与非门"线与"后驱动一个 TTL 非门，$R_L$ 为集电极负载电阻，阻值大致为 200Ω～50kΩ。在这样连接时，二路中只要有一路输出低电平 0，总输出就是低电平 0；只有二路全是高电平时，总输出才是高电平。

集电极开路（OC门）的与非门输出端可以连到一起，实现"线与"功能。普通与非门的输出端则不能直接相连。否则，当一个门的 $VT_4$ 管截止输出高电平，而另一个门的 $VT_4$ 管导通输出低电平时，将有较大的电流从截止门流到导通门（如图 8-28 所示），可能会将两个门损坏。

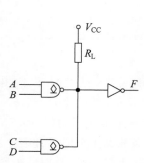

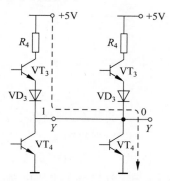

图 8-27　OC 门实现"线与"逻辑电路原理图　　　图 8-28　两个门的输出端直接相连

**2. 漏极开路门（OD 门）**

TTL 集成电路中 74HC03 为漏极开路的与非门电路，它包含 4 个两输入端与非门，其引脚排列及内部结构如图 8-29 所示。74HC03 的功能表如表 8-6 所示。

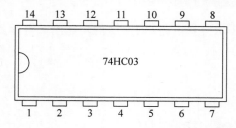

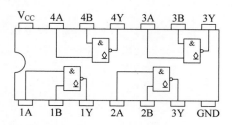

图 8-29　74HC03 引脚排列及内部结构

如同集电极开路（OC门）一样，漏极开路（OD门）的门电路的输出端并联也可实现"线与"功能。

表 8-6　74HC03 的功能表

| 输　　　入 | | 输　　　出 |
|---|---|---|
| $n$A | $n$B | $n$Y |
| L | L | Z |
| L | H | Z |
| H | L | Z |
| H | H | L |

注：表中，$n$—1,2,3,4；H—高电位，L—低电位，Z—高阻态。

从表 8-6 可以看出，只有两个输入端 $A$、$B$ 都输入高电平时，输出端 $Y$ 才输出低电平；其余输入情况,输出端一概是高阻态。

### 3. 三态输出门(TS 门)

三态输出门的电路结构是在普通门电路的基础上附加控制电路构成的。本实例采用 74LS125 三态输出四总线同相缓冲器,图 8-30 为 74LS125 的引脚排列,74LS125 的功能表如表 8-7 所示。

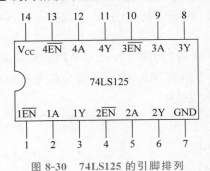

图 8-30 74LS125 的引脚排列

表 8-7 74LS125 的功能表

| 输 入 | | 输 出 |
|---|---|---|
| $\overline{EN}$ | A | Y |
| 0 | 0 | 0 |
| 0 | 1 | 1 |
| 1 | 0 | 高阻态 |
| 1 | 1 | 高阻态 |

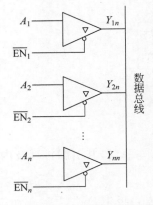

图 8-31 三态门接成总线结构电路原理图

由表 8-7 可以看出,在三态使能端 $\overline{EN}$ 的控制下,输出 Y 有 3 种可能出现的状态,即高阻态、关态(高电平)、开态(低电平)。当 $\overline{EN}=1$ 时,电路输出 Y 呈现高阻态;当 $\overline{EN}=0$ 时,实现 $Y=A$ 的逻辑功能,即 $\overline{EN}$ 为低电平有效。

在数字系统中,为了能在同一条线路上分时传递若干门电路的输出信号,减少各个单元电路之间的连线数目,常采用总线结构,如图 8-31 所示。

三态门电路的主要应用之一就是实现总线传输,只要在工作时控制各个三态门的 $\overline{EN}$ 轮流有效,且在任何时刻仅有一个有效,就可以把 $A_1,A_2,A_3,\cdots,A_n$ 信号分别轮流通过总线进行传递。

### 8.4.2 特殊门电路的 Proteus 软件仿真

【例 8-4】 集电极开路(OC 门)电路 74LS01 的功能测试电路如图 8-32 所示。在图 8-32 中,U1:A、U1:B、U1:C、U1:D 为 4 个与非门,它们依次代表

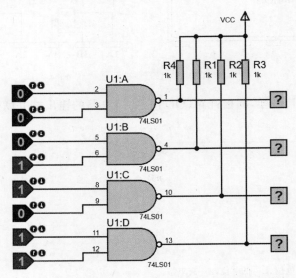

图 8-32 集电极开路(OC 门)电路 74LS01 的功能测试电路

74LS01 芯片中的 4 个与非门。第一个与非门符号前面的数字 2、3 及后面的 1 都代表 74LS01 芯片的引脚编号,以此类推。左侧的 ▣ 和 ▣ 为"逻辑状态"调试元件,右侧的 ▣ 为"逻辑探针"调试元件。在图 8-32 中,每个与非门的输出端都加了集电极负载电阻 R1、R2、R3、R4(又称上拉电阻),这些电阻一头接与非门的输出端,另一头接正电源。

74LS01 功能测试就是检测与非门电路的输入/输出关系。由于 74LS01 为两输入端与非门,每个输入端有逻辑 1 和逻辑 0 两种状态。这样输入端共有 4 种状态。我们给这一个与非门每个门一种状态,就是依次输入 00、01、10、11。然后单击 Proteus 屏幕左下角的运行键 ▶,系统开始运行,出现如图 8-33 所示的集电极开路(OC 门)电路 74LS01 的功能测试结果。除了输入 11 的门输出低电位 0 以外,其余均输出高电位 1。这和与非门的逻辑关系一致。

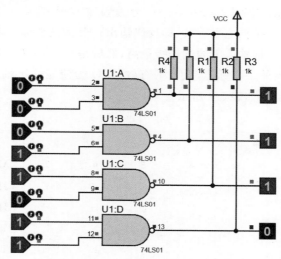

图 8-33 集电极开路(OC 门)电路 74LS01 的功能测试结果图

值得注意的是,图 8-33 中每个与非门的输出端都加了集电极负载电阻(又称上拉电阻)这是因为74LS01 芯片并非普通与非门电路,而是集电极开路(OC 门)的与非门电路。如果不加负载电阻,电路不通,运行时与非门的输出端就不能正确显示。

# 8.5 编码器及其应用电路设计与仿真

编码器是数字电路中的一种重要元件,用于将多个输入信号转换为对应的二进制编码输出。常见的编码器包括优先编码器(Priority Encoder)、旋转编码器(Rotary Encoder)等。

通过电路设计和仿真,可以验证编码器的功能和正确性,确保其在实际应用中能够正常工作。此外,编码器在数字系统中有广泛的应用,如在数字通信系统、控制系统、传感器接口等方面都有重要作用。

本节需要重点了解和掌握的内容如下:

(1)了解编码器及优先编码器的工作原理及使用方法。

(2)掌握二进制 8 线-3 线优先编码器 74HC148 的使用方法。

## 8.5.1 编码器设计原理

编码器(Encoder)在数字系统中属于组合逻辑电路。编码器的功能是将输入信号转换成一定的二进制代码,即实现用二进制代码表示相应的输入信号。常用的编码器有普通编码器和优先编码器(Priority Encoder)两类。普通编码器在任一时刻,只允许在一个输入端加入有效电平,当有两个以上输入端加入有效电平时,编码器的输出状态将是混乱的。优先编码器允许在两个以上输入端加入有效电平,因为它给所有的输入信号规定了优先顺序,当有多个输入端加入有效电平时,只对其中优先级最高的一个进行编码。TTL 系列和 CMOS 系列的集成电路编码器均为优先编码器,如 74HC148、74HC147 和 CD4532 等。74HC148 是一种二进制 8 线-3 线优先编码器,74HC147 是一种二-十进制 10 线-4 线优先编码器,CD4532 也是 8 线-3 线优先编码器。

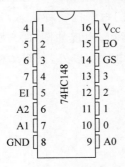

图 8-34　74HC148 引脚排列

### 1. 74HC148 简介

74HC148 是一种常用的二进制 8 线-3 线优先编码器,其引脚排列如图 8-34 所示。在图 8-34 中,0～7 为编码输入端,低电平有效;A0～A2 为编码输出端,也是低电平有效,即反码输出;EI 为使能输入端,低电平有效;优先顺序为 7→0,即输入 7 的优先级最高,然后是 6,5,…,0;GS 和 EO 为辅助端,GS 为编码器的工作标志,低电平有效;EO 为使能输出端,高电平有效。74HC148 的真值表如表 8-8 所示。

表 8-8　74HC148 的真值表

| | 输　　入 | | | | | | | | 输　　出 | | | | |
| --- | --- | --- | --- | --- | --- | --- | --- | --- | --- | --- | --- | --- | --- |
| EI | 0 | 1 | 2 | 3 | 4 | 5 | 6 | 7 | A2 | A1 | A0 | GS | EO |
| H | × | × | × | × | × | × | × | × | H | H | H | H | H |
| L | H | H | H | H | H | H | H | H | H | H | H | H | L |
| L | × | × | × | × | × | × | × | L | L | L | L | L | H |
| L | × | × | × | × | × | × | L | H | L | L | H | L | H |
| L | × | × | × | × | × | L | H | H | L | H | L | L | H |
| L | × | × | × | × | L | H | H | H | L | H | H | L | H |
| L | × | × | × | L | H | H | H | H | H | L | L | L | H |
| L | × | × | L | H | H | H | H | H | H | L | H | L | H |
| L | × | L | H | H | H | H | H | H | H | H | L | L | H |
| L | L | H | H | H | H | H | H | H | H | H | H | L | H |

由表 8-8 可以看出,当 EI 为低电平时,输入 7 为低电平(有效),其余输入端不管是什么电平,都以输入 7 有效的编码输出;输入 7 为高电平,输入 6 为低电平(有效),其余输入端不管是什么电平,都以输入 6 有效的编码输出,以此类推。GS 为编码器的工作标志,低电平时表示有输入,高电平时表示无输入;EO 为使能输出端,高电平有效。EO 一般在扩展优先编码器时用。

### 2. 74HC147 简介

74HC147 是一种二-十进制的 10 线-4 线优先编码器,其引脚排列如图 8-35 所示,其真值表如表 8-9 所示。在图 8-35 中,0～9 为编码输入端,低电平有效;A、B、C、D 为编码输出端,也是低电平有效,即反码输出;优先顺序为 9→0,即输入 9 的优先级最高,然后是 8,7,…,0。

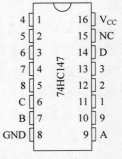

图 8-35　74HC147 的引脚排列

表 8-9　74HC147 的真值表

| 输　　入 | | | | | | | | | 输　　出 | | | |
| --- | --- | --- | --- | --- | --- | --- | --- | --- | --- | --- | --- | --- |
| 1 | 2 | 3 | 4 | 5 | 6 | 7 | 8 | 9 | D | C | B | A |
| H | H | H | H | H | H | H | H | H | H | H | H | H |
| × | × | × | × | × | × | × | × | L | L | H | H | L |
| × | × | × | × | × | × | × | L | H | L | H | H | H |
| × | × | × | × | × | × | L | H | H | H | L | L | L |
| × | × | × | × | × | L | H | H | H | H | L | L | H |
| × | × | × | × | L | H | H | H | H | H | L | H | L |
| × | × | × | L | H | H | H | H | H | H | L | H | H |
| × | × | L | H | H | H | H | H | H | H | H | L | L |
| × | L | H | H | H | H | H | H | H | H | H | L | H |
| L | H | H | H | H | H | H | H | H | H | H | H | L |

由表 8-9 可以看出,当 0~9 编码输入全为高电平时,D、C、B、A 编码输出也全为高电平;当输入 9 为低电平(有效)时,其余输入端不管是什么电平,编码输出是 9 的反码;当输入 9 为高电平,输入 8 为低电平时,其余输入端不管是什么电平,编码输出是 8 的反码,以此类推。即编码输出是 BCD 码的反码,优先级是 9 为最高,0 为最低。

## 8.5.2　编码器的 Proteus 软件仿真

【例 8-5】　二进制优先编码器 74HC148 芯片功能测试电路如图 8-36 所示。74HC148(U6) 的输入 7、6、5、4、3、2、1、0 接"逻辑状态"调试元件,EI 也接"逻辑状态"调试元件;74HC148 的编码器输出端 A2、A1、A0 接"逻辑探针"调试元件。GS 和 EO 也接"逻辑探针"调试元件。

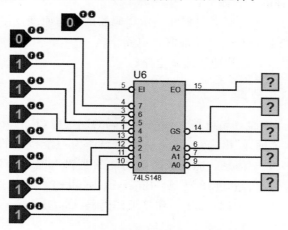

图 8-36　二进制优先编码器 74HC148 芯片功能测试电路

(1) 向 EI 输入低电平 0,向 7、6、5、4、3、2、1、0 输入高电平 1,单击 Proteus 屏幕左下角的运行键▶,系统开始运行,出现如图 8-37 所示的二进制优先编码器 74HC148 芯片功能测试结果。可见,此时,EO 为低电平,GS 为高电平。从这两个标志看,编码器还没有工作。

(2) 仍向 EI 输入低电平 0,向 7、6、5、4、3、2、1、0 输入低电平 0,单击 Proteus 屏幕左下角的运行键▶,系统开始运行,出现如图 8-38 所示的二进制优先编码器 74HC148 芯片功能测试结果图 2。此时,编码器的输出端 A2、A1、A0 为 000;EO 为高电平,GS 为低电平。从这两个标志看,编码器已正式工作。

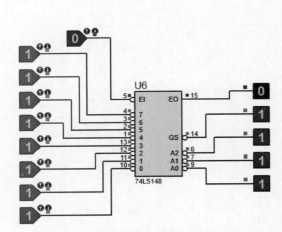

图 8-37　二进制优先编码器 74HC148 芯片功能
　　　　测试结果图 1

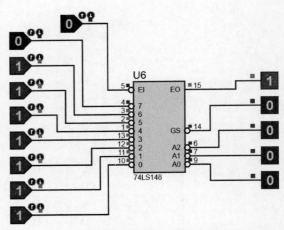

图 8-38　二进制优先编码器 74HC148 芯片功能
　　　　测试结果图 2

# ▉ 8.6　译码器及其应用电路设计与仿真 ◆

译码器（Decoder）是数字电路中的一种重要元件，用于将输入的二进制编码信号转换为对应的输出信号。常见的译码器包括 2-4 译码器（2-to-4 Decoder）、3-8 译码器（3-to-8 Decoder）等。

通过电路设计和仿真，可以验证译码器的功能和正确性，确保其在实际应用中能够正常工作。译码器在数字系统中有广泛的应用，如在存储器芯片、显示驱动、数字信号处理等方面都有重要作用。

本节需要重点了解和掌握的内容如下：

（1）掌握二进制译码器、二-十进制译码器和显示译码器的工作原理及使用方法。

（2）设计二进制 3-8 译码器 74LS138 功能测试电路。

（3）设计显示译码器 74LS48 芯片功能测试电路。

## 8.6.1　译码器设计原理

译码器在数字系统中属于组合逻辑电路。译码是编码的逆过程，其逻辑功能是将每一组代码的含义"翻译"出来，即将每一组代码译为一个特定的输出信号，表示它原来所代表的信息。能完成译码功能的逻辑电路称为译码器。常用的译码器电路有二进制译码器（Binary Decoder）、二-十进制译码器（Binary Coded Decimal Decoder）和显示译码器（Display Decoder）三类。

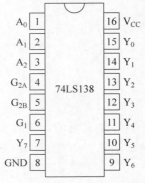

图 8-39　74LS138 译码器引脚
　　　　排列

### 1. 二进制译码器

TTL 74 系列的集成电路二进制译码器有多种，如 74LS138、74LS139 和 74LS154 等。74LS138 为二进制 3-8 译码器，74LS139 为二进制 2-4 译码器，74LS154 为二进制 4-16 译码器。下面介绍二进制译码器 74LS138 的用法。

图 8-39 为 74LS138 译码器引脚排列图。$A_0$、$A_1$、$A_2$ 是 3 个输入引脚，$G_1$、$G_{2A}$、$G_{2B}$ 为 3 个附加控制端，$Y_0 \sim Y_7$ 为译码器输出引脚。74LS138 3-8 译码器真值表如表 8-10 所示。

表 8-10 74LS138 3-8 译码器真值表

| 输　入 | | | | | 输　出 | | | | | | | |
|---|---|---|---|---|---|---|---|---|---|---|---|---|
| 使能位 | | 选择位 | | | | | | | | | | |
| $G_1$ | $G_2{}^*$ | C | B | A | $Y_0$ | $Y_1$ | $Y_2$ | $Y_3$ | $Y_4$ | $Y_5$ | $Y_6$ | $Y_7$ |
| × | H | × | × | × | H | H | H | H | H | H | H | H |
| L | × | × | × | × | H | H | H | H | H | H | H | H |
| H | L | L | L | L | L | H | H | H | H | H | H | H |
| H | L | L | L | H | H | L | H | H | H | H | H | H |
| H | L | L | H | L | H | H | L | H | H | H | H | H |
| H | L | L | H | H | H | H | H | L | H | H | H | H |
| H | L | H | L | L | H | H | H | H | L | H | H | H |
| H | L | H | L | H | H | H | H | H | H | L | H | H |
| H | L | H | H | L | H | H | H | H | H | H | L | H |
| H | L | H | H | H | H | H | H | H | H | H | H | L |

注: * $G_2=G_{2A}+G_{2B}$,($G_1=E_1$,$G_2=E_2+E_3$)。

由表 8-10 可以看出,当一个选通端($E_1$)为高电平,另两个选通端($E_2$ 和 $E_3$)为低电平时,可将地址端($A_0$、$A_1$、$A_2$)的二进制编码在 Y0~Y7 对应的输出端以低电平译出。比如,ABC=000 时,则输出端 $Y_0$ 输出低电平信号;ABC=001 时,输出端 $Y_1$ 输出低电平信号,以此类推。

注意:集成电路器件引脚的名称没有统一标准,同一器件在不同资料上的名称有可能不同,如 74LS138 的引脚名称在两种资料上的区别如表 8-11 所示。

表 8-11 74LS138 的引脚名称在两种资料上的区别

| 引脚编号 | 1 | 2 | 3 | 4 | 5 | 6 | 7 | 8 | 9 | 10 | 11 | 12 | 13 | 14 | 15 |
|---|---|---|---|---|---|---|---|---|---|---|---|---|---|---|---|
| 名称 1 | A | B | C | $E_2$ | $E_3$ | $E_1$ | $Y_7$ | GND | $Y_6$ | $Y_5$ | $Y_4$ | $Y_3$ | $Y_2$ | $Y_1$ | $Y_0$ |
| 名称 2 | $A_0$ | $A_1$ | $A_2$ | $G_{2A}$ | $G_{2B}$ | $G_1$ | $Y_7$ | GND | $Y_6$ | $Y_5$ | $Y_4$ | $Y_3$ | $Y_2$ | $Y_1$ | $Y_0$ |

尽管名称不同,但引脚的位置和功能是一致的,可从外部引脚图和真值表中查到对应关系。

**2. 二-十进制译码器**

74HC42 是 CMOS 系列集成电路二-十进制译码器。二-十进制译码器的逻辑功能是将输入 BCD 码的 10 个代码译成 10 个高、低电平输出信号。

图 8-40 是 74HC42 译码器引脚排列图。A、B、C、D 是 4 个输入引脚,0~9 为译码器的 10 个输出引脚。74HC42 译码器真值表如表 8-12 所示。

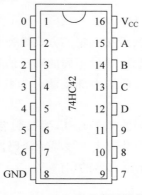

图 8-40 74HC42 译码器引脚排列

表 8-12　74HC42 译码器真值表

| 序号 | 输　入 | | | | 输　出 | | | | | | | | | |
|---|---|---|---|---|---|---|---|---|---|---|---|---|---|---|
| | D | C | B | A | 0 | 1 | 2 | 3 | 4 | 5 | 6 | 7 | 8 | 9 |
| 0 | 0 | 0 | 0 | 0 | 0 | 1 | 1 | 1 | 1 | 1 | 1 | 1 | 1 | 1 |
| 1 | 0 | 0 | 0 | 1 | 1 | 0 | 1 | 1 | 1 | 1 | 1 | 1 | 1 | 1 |
| 2 | 0 | 0 | 1 | 0 | 1 | 1 | 0 | 1 | 1 | 1 | 1 | 1 | 1 | 1 |
| 3 | 0 | 0 | 1 | 1 | 1 | 1 | 1 | 0 | 1 | 1 | 1 | 1 | 1 | 1 |
| 4 | 0 | 1 | 0 | 0 | 1 | 1 | 1 | 1 | 0 | 1 | 1 | 1 | 1 | 1 |
| 5 | 0 | 1 | 0 | 1 | 1 | 1 | 1 | 1 | 1 | 0 | 1 | 1 | 1 | 1 |
| 6 | 0 | 1 | 1 | 0 | 1 | 1 | 1 | 1 | 1 | 1 | 0 | 1 | 1 | 1 |
| 7 | 0 | 1 | 1 | 1 | 1 | 1 | 1 | 1 | 1 | 1 | 1 | 0 | 1 | 1 |
| 8 | 1 | 0 | 0 | 0 | 1 | 1 | 1 | 1 | 1 | 1 | 1 | 1 | 0 | 1 |
| 9 | 1 | 0 | 0 | 1 | 1 | 1 | 1 | 1 | 1 | 1 | 1 | 1 | 1 | 0 |
| 伪码 | 1 | 0 | 1 | 0 | 1 | 1 | 1 | 1 | 1 | 1 | 1 | 1 | 1 | 1 |
| | 1 | 0 | 1 | 1 | 1 | 1 | 1 | 1 | 1 | 1 | 1 | 1 | 1 | 1 |
| | 1 | 1 | 0 | 0 | 1 | 1 | 1 | 1 | 1 | 1 | 1 | 1 | 1 | 1 |
| | 1 | 1 | 0 | 1 | 1 | 1 | 1 | 1 | 1 | 1 | 1 | 1 | 1 | 1 |
| | 1 | 1 | 1 | 0 | 1 | 1 | 1 | 1 | 1 | 1 | 1 | 1 | 1 | 1 |
| | 1 | 1 | 1 | 1 | 1 | 1 | 1 | 1 | 1 | 1 | 1 | 1 | 1 | 1 |

由表 8-12 可以看出，当输入 D、C、B、A 依次取 0000,0001,0010,…,1001 时，0～9 端依次输出低电平。而当 D、C、B、A 依次取 1010,1011,…,1111 时，0～9 端输出保持高电平。

3. 显示译码器

在数字系统中，常常需要将某些数字或运算结果显示出来。这些数字量要先经过译码，才能送到数字显示器去显示。这种能把数字量翻译成数字显示器能够识别的信号的译码器称为数字显示译码器。数字显示译码器通常由译码器、驱动电路和显示器 3 部分组成。

常见的显示器有 3 类，分别是 LED 数码管显示器、LCD 液晶显示器和点阵式显示器。LED 数码管根据显示形式一般有七段 8 字形、八段 8 字形带小数点、15 段米字形带小数点 3 种；根据公共端接法不同有共阴极和共阳极两种；根据发光效率不同有普通 LED 和高亮度 LED 区分；根据连体位数不同有 1位、2 位、3 位、4 位和多位等品种；根据数码管尺寸的不同有 0.28 英寸、0.30 英寸、0.32 英寸、0.36 英寸、0.39 英寸、0.5 英寸、0.56 英寸、0.8 英寸、1.0 英寸、1.8 英寸、3.0 英寸、4.0 英寸、5.0 英寸、7.0 英寸、8.0 英寸、10 英寸等多种。

1）七段数字显示器

七段数字显示器就是将 7 个发光二极管按一定的方式排列起来，a、b、c、d、e、f、g 和 DP（小数点）各对应一个发光二极管，利用不同发光段的组合，显示不同的阿拉伯数字，如图 8-41 所示。

根据公共端接法不同，七段数字显示器的内部接法分为共阳极接法和共阴极接法两种，如图 8-42所示。

七段显示译码器也有多种，TTL 系列的如 74LS48 为共阴极七段显示译码器，74LS47 为共阳极七段显示译码器；CMOS 系列的如 CD4511 为共阴极七段显示译码器，CD4543 为共阳极七段显示译码器。

本节只讨论 74LS48 共阴极七段显示译码器的用法。

2）74LS48 简介

74LS48 是中规模 BCD 码七段显示译码/驱动器，可提供较大电流流过发光二极管。图 8-43 是

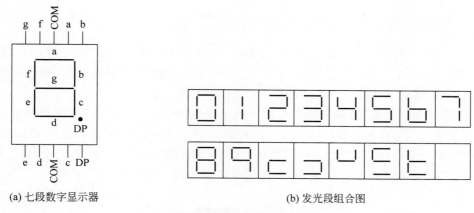

(a) 七段数字显示器　　　　　(b) 发光段组合图

图 8-41　七段数字显示器及发光段组合图

74LS48 引脚图,4 个输入信号 A、B、C、D 对应 4 位二进制码输入;7 个输出信号 a~g 对应七段字型。译码输出为 1 时,LED 的相应字段点亮,例如,DCBA=0001 时,译码器输出 b 和 c 为 1,故将 b 和 c 段点亮,显示数字 1。另外,有 3 个控制端:试灯输入端($\overline{LT}$)、灭灯输入端($\overline{RBI}$)和特殊控制端($\overline{BI/RBO}$)。74LS48 七段显示译码器真值表如表 8-13 所示。

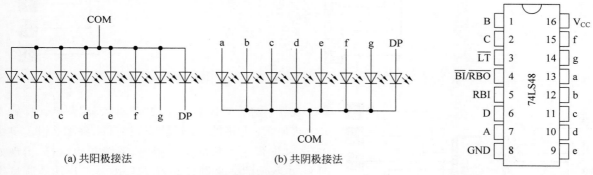

(a) 共阳极接法　　　　　(b) 共阴极接法

图 8-42　七段数字显示器的内部接法

图 8-43　74LS48 引脚排列

表 8-13　74LS48 七段显示译码器真值表

| $\overline{LT}$ | $\overline{RBI}$ | $\overline{BI/RBO}$ | D | C | B | A | a | b | c | d | e | f | g | 显示字符 |
|---|---|---|---|---|---|---|---|---|---|---|---|---|---|---|
| 1 | 1 | 1 | 0 | 0 | 0 | 0 | 1 | 1 | 1 | 1 | 1 | 1 | 0 | 0 |
| 1 | × | 1 | 0 | 0 | 0 | 1 | 0 | 1 | 1 | 0 | 0 | 0 | 0 | 1 |
| 1 | × | 1 | 0 | 0 | 1 | 0 | 1 | 1 | 0 | 1 | 1 | 0 | 1 | 2 |
| 1 | × | 1 | 0 | 0 | 1 | 1 | 1 | 1 | 1 | 1 | 0 | 0 | 1 | 3 |
| 1 | × | 1 | 0 | 1 | 0 | 0 | 0 | 1 | 1 | 0 | 0 | 1 | 1 | 4 |
| 1 | × | 1 | 0 | 1 | 0 | 1 | 1 | 0 | 1 | 1 | 0 | 1 | 1 | 5 |
| 1 | × | 1 | 0 | 1 | 1 | 0 | 0 | 0 | 1 | 1 | 1 | 1 | 1 | 6 |
| 1 | × | 1 | 0 | 1 | 1 | 1 | 1 | 1 | 1 | 0 | 0 | 0 | 0 | 7 |
| 1 | × | 1 | 1 | 0 | 0 | 0 | 1 | 1 | 1 | 1 | 1 | 1 | 1 | 8 |
| 1 | × | 1 | 1 | 0 | 0 | 1 | 1 | 1 | 1 | 0 | 0 | 1 | 1 | 9 |

由表 8-13 可以看出,当 $\overline{LT}$、$\overline{RBI}$ 和 $\overline{BI}$ 均为高电平时,可将输入端(D、C、B、A)的二进制编码在七段显示器上译出。比如,当 DCBA=0000 时,显示 0;当 DCBA=1001 时,显示 9。

### 8.6.2　译码器的 Proteus 软件仿真

【例 8-6】　二进制译码器 74LS138 芯片功能测试电路如图 8-44 所示。已知,电路图 8-44 中 74LS138 (U2)的 1、2、3 脚 A、B、C 接"逻辑状态"调试元件;74LS138 的 6 脚接"逻辑状态"调试元件,E2、E3 接地。74LS138 的 Y0～Y7 脚接"逻辑探针"调试元件。

先向 E1 上接的"逻辑状态"调试元件输入 0,再向 ABC 上接的"逻辑状态"调试元件输入 010。单击 Proteus 屏幕左下角的运行键 ▶,系统开始运行,出现如图 8-45 所示的二进制译码器 74LS138 芯片功能测试结果。此时,Y0～Y7 上接的"逻辑探针"调试元件全部显示高电平 1。不管向 A、B、C 上接的"逻辑状态"调试元件输入 1 还是 0,Y0～Y7 上接的"逻辑探针"调试元件都显示全 1 不变。

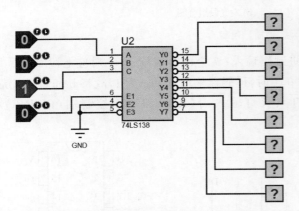

图 8-44　二进制译码器 74LS138 芯片功能测试电路　　　图 8-45　二进制译码器 74LS138 芯片功能测试结果 1

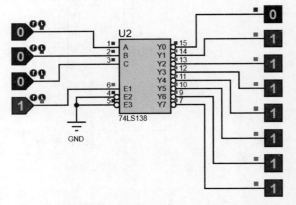

图 8-46　二进制译码器 74LS138 芯片功能测试结果 2

现在,先向 A、B、C 上接的"逻辑状态"调试元件输入 000,再向 E1 上接的"逻辑状态"调试元件输入 1。单击 Proteus 屏幕左下角的运行键 ▶,系统开始运行,出现如图 8-46 所示的二进制译码器 74LS138 芯片功能测试结果。此时,Y0 上接的"逻辑探针"调试元件显示低电平 0,其余仍显示高电平 1。

在维持 E1 上接的"逻辑状态"调试元件输入 1 的前提下,改变向 A、B、C 三个"逻辑状态"调试元件上输入的电平,Y0～Y7 上接的"逻辑探针"调试元件的显示也随之变化。其变化规律与表 8-10 的 74LS138 功能真值表所反映的关系一致。

根据以上对 74LS138 芯片的功能测试,可知:在向 74LS138 的 6 脚 E1 接高电平,向 E2、E3 输入低电平的前提下,依次向 ABC 输入电平 000、001、010、011、100、101、111,译码器输出 Y0～Y7 将以其排列顺序依次出现低电平 0。

【例 8-7】　显示译码器 74LS48 芯片功能测试电路如图 8-47 所示。已知电路中 74LS48(U3)的 A、B、C、D 接"逻辑状态"调试元件,74LS48 的 $\overline{LT}$、$\overline{RBI}$ 接高电位,QA、QB、QC、QD、QE、QF、QG 各经一限流电阻与共阴极七段显示器的 7 个引脚相连。

向 ABCD 输入 1000,单击 Proteus 屏幕左下角的运行键 ▶,系统开始运行,出现如图 8-48 所示的显示译码器 74LS48 芯片功能测试结果。此时,七段显示器显示数字 8 向 ABCD 依次输入 0000、0001、

0010、0011、0100、0101、0110、0111、1000、1001，七段显示器上将依次显示数字 0、1、2、3、4、5、6、7、8、9。假如向 ABCD 输入 1010、1011、1100、1101、1110，七段显示器将显示 0～9 以外的符号，输入 1111 时，显示器不亮。

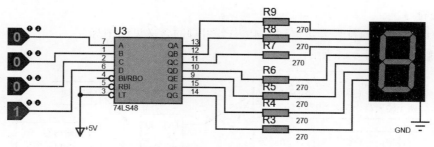

图 8-47　显示译码器 74LS48 芯片功能测试电路

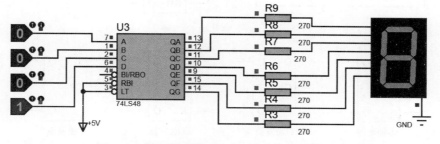

图 8-48　显示译码器 74LS48 芯片功能测试结果

根据上述对显示译码器 74LS48 芯片的功能测试，可知：74LS48 在 $\overline{LT}$、$\overline{RBI}$ 接高电位的前提下，向 ABCD 依次输入 0000、0001、0010、0011、0100、0101、0110、0111、1000、1001 电平时，七段显示器上将依次显示数字 0、1、2、3、4、5、6、7、8、9。

## 8.7 触发器及其应用电路设计与仿真

触发器(Flip-Flop)是数字电路中的重要元件，用于存储和处理数字信号。常见的触发器包括 RS 触发器、D 触发器、JK 触发器等。

通过电路设计和仿真，可以验证触发器的功能和正确性，确保其在实际应用中能够正常工作。触发器在数字系统中有广泛的应用，如在时序逻辑电路、计数器、状态机等方面都有重要作用。

本节需要重点了解和掌握的内容如下：

（1）了解触发器的构成方法及工作原理。

（2）熟悉各类触发器的功能和特性。

（3）掌握和熟练地应用各种集成触发器。

（4）掌握集成触发器 74LS112、74LS74 的功能及其使用方法。

（5）用 JK 触发器 74LS112 及 74LS00 构成双相时钟脉冲电路。

### 8.7.1 触发器设计原理

触发器是一种具有记忆功能的逻辑部件，其输出不仅与当前输入有关，还与电路原来所处的状态有关。触发器有两个稳定状态，分别以二进制数码 0 和 1 表示。触发器可以长期保存所记忆的信息，只有在一定外界触发信号的作用下,它们才能从一个稳定状态翻转到另一个稳定状态,即存入新的数码。由触发器和逻辑门组成的电路称为时序逻辑电路,与组合逻辑电路合称为数字电路的两大重要分支。

**1. 触发器介绍**

**1) 触发器的符号**

触发器用图 8-49 所示的符号表示。图 8-49 中各引脚的含义见图中标注。

几种常见的触发器如图 8-50 所示。

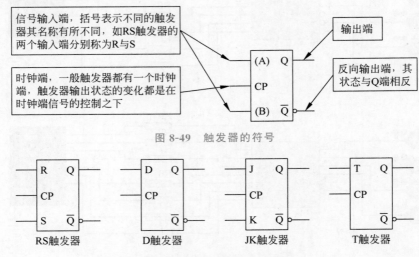

图 8-49　触发器的符号

图 8-50　几种常见的触发器

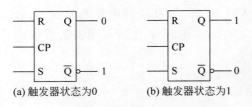

图 8-51　触发器的状态

**2) 触发器的状态**

触发器的状态就是指触发器输出端 $Q$ 的状态,$Q=0$ 时的触发器状态为 0,$Q=1$ 时的触发器状态为 1,如图 8-51 所示。在时钟脉冲的作用下触发器的状态会根据输入信号的不同情况发生变化,发生变化前的触发器的状态称为现态,用符号 $Q^n$ 表示,而变化后的触发器的状态称为次态,用符号 $Q^{n+1}$ 表示。如,在时钟脉冲的作用下,$Q$ 由 0 变为 1,则 $Q^n=0,Q^{n+1}=1$。

触发器状态的变化是在时钟脉冲的作用下根据输入信号和触发器的现态而产生的,这一点与组合逻辑电路有较大的区别。

(1) 触发器的输出(次态 $Q^{n+1}$)不仅取决于输入信号,而且与触发器的现态有关,即触发器的输出不仅是输入信号(如 $R$、$S$ 或 $J$、$K$ 等)的函数,而且还是现态 $Q^n$ 的函数。

(2) 触发器的输出是由时钟脉冲控制的,当时钟脉冲无效时,无论输入信号如何变化输出端均保持不变。只有当时钟脉冲有效时输出才会根据逻辑关系发生变化。

可以将触发器变化情况分为以下 4 种。

(1) 保持:$Q^{n+1}=Q^n$,即触发器的状态保持不变。

(2) 翻转:$Q^{n+1}=\overline{Q^n}$,触发器状态翻转,当原态为 0 时次态变为 1;当原态为 1 时次态变为 0。

(3) 清 0:$Q^{n+1}=0$,触发器状态清 0,无论触发器原态为何种状态,次态均为 0。

(4) 置 1:$Q^{n+1}=Q^n$,触发器状态置 1,无论触发器原态为何种状态,次态均为 1。

**3) 触发器的触发方式**

触发器只有在一定外界触发信号的作用下,才能从一个稳定状态翻转到另一个稳定状态。触发方式共有两种,分别是电位触发和边沿触发。电位触发又分为高电平触发和低电平触发;边沿触发又分为上升沿触发和下降沿触发两种。触发器的触发条件如表 8-14 所示。

表 8-14 触发器的触发条件

| 分 类 | | 符 号 | 说 明 | 图 示 | 特 点 |
|---|---|---|---|---|---|
| 点位触发 | 高电平触发 | CP | 当时钟脉冲为高电平时触发 | 时钟脉冲 触发区间 | 在时钟脉冲的一个区间内触发,在触发区间,输入信号一般不得发生变化 |
| | 低电平触发 | CP | 当时钟脉冲为低电平时触发 | 时钟脉冲 触发区间 | |
| 边沿触发 | 上升沿触发 | CP | 时钟脉冲上升沿($0 \rightarrow 1$)时触发 | 时钟脉冲 触发点 | 仅在边沿处触发,输出稳定性较高 |
| | 下降沿触发 | CP | 时钟脉冲下降沿($1 \rightarrow 0$)时触发 | 时钟脉冲 触发点 | |

4) 触发器的直接置 1 和直接清 0

许多触发器都有直接置 1 端和直接清 0 端,有的有其中一个。当直接置 1 端有效时,触发器的输出直接为 1,不管是否有时钟脉冲;当直接清 0 端有效时,触发器的输出直接为 0,不管是否有时钟脉冲。但是,直接置 1 端和直接清 0 端不能同时有效。直接置 1 又分高电平有效和低电平有效,直接清 0 也分高电平有效和低电平有效。

**2. 几种常见触发器**

几种常见电路触发器是基本 RS 触发器、同步 RS 触发器、JK 触发器和 D 触发器。

1) 基本 RS 触发器

基本 RS 触发器是一种极简单的触发器,它没有时钟控制端,只有两个置 1 或清 0 端 R 和 S,通常由两个与非门或两个或非门组成。由两个与非门组成的基本 RS 触发器如图 8-52(a)所示,图 8-52(b)为基本 RS 触发器的逻辑符号。图 8-52 由两个与非门组成的基本 RS 触发器,基本 RS 触发器的逻辑功能表如表 8-15 所示。

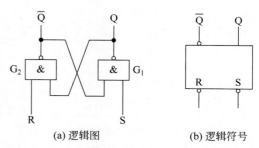

(a) 逻辑图            (b) 逻辑符号

图 8-52 由两个与非门组成的基本 RS 触发器

表 8-15 基本 RS 触发器的逻辑功能表

| $R$ | $S$ | $Q^n$ | $Q^{n+1}$ | 功 能 说 明 |
|---|---|---|---|---|
| 0 | 0 | 0 | $\times$ | 不稳定状态 |
| 0 | 0 | 1 | $\times$ | |
| 0 | 1 | 0 | 0 | 清 0(复位) |
| 0 | 1 | 1 | 0 | |
| 1 | 0 | 0 | 1 | 置 1(置位) |
| 1 | 0 | 1 | 1 | |
| 1 | 1 | 0 | 0 | 保持原状态 |
| 1 | 1 | 1 | 1 | |

在表 8-15 中，$R$ 和 $S$ 均为 0 时，$Q^{n+1}$ 为不稳定状态。故 $R$ 和 $S$ 不得同时为 0，称为约束条件。

2）同步 RS 触发器

同步 RS 触发器是在基本 RS 触发器上，增加一个时钟控制端 CP 而成，只有 CP 端上出现时钟脉冲时，触发器的状态才能变化。具有时钟控制的触发器状态的改变与时钟脉冲同步，所以称为同步 RS 触发器，如图 8-53 所示。图 8-53(a) 为同步 RS 触发器的逻辑图，图 8-53(b) 为同步 RS 触发器的逻辑符号。表 8-16 为同步 RS 触发器的逻辑功能表。

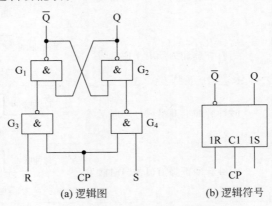

(a) 逻辑图       (b) 逻辑符号

图 8-53   同步 RS 触发器

表 8-16   同步 RS 触发器的逻辑功能表

| $R$ | $S$ | $Q^n$ | $Q^{n+1}$ | 功 能 说 明 |
|-----|-----|-------|-----------|-------------|
| 0 | 0 | 0 | 0 | 保持原状态 |
| 0 | 0 | 1 | 1 | |
| 0 | 1 | 0 | 1 | 输出状态与 S 状态同 |
| 0 | 1 | 1 | 1 | |
| 1 | 0 | 0 | 0 | 输出状态与 S 状态同 |
| 1 | 0 | 1 | 0 | |
| 1 | 1 | 0 | $\times$ | 不稳定状态 |
| 1 | 1 | 1 | $\times$ | |

在表 8-16 中，$R$ 和 $S$ 均为 1 时，$Q^{n+1}$ 为不稳定状态。故 $R$ 和 $S$ 不得同时为 1，称为约束条件。同步 RS 触发器还有一个缺点，即有"空翻"现象。所谓"空翻"，是指在时钟脉冲周期中，触发器发生多次翻转的现象。

3）JK 触发器

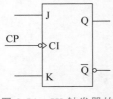

图 8-54   JK 触发器的逻辑符号

JK 触发器就是为避免同步 RS 触发器的缺点而设计的一种触发器，其逻辑功能与 RS 触发器逻辑功能基本相同，不同之处在于 JK 触发器没有约束条件，也就避免了"空翻"现象。JK 触发器有两个输入端 $J$ 和 $K$。在 $J=K=1$ 时，每输入一个时钟脉冲后，触发器向相反方向翻转一次。图 8-54 为 JK 触发器的逻辑符号，JK 触发器的逻辑功能表如表 8-17 所示。

从表 8-17 可以看到，对于 JK 触发器来说，不管 $J$ 和 $K$ 取什么值，都不会出现不稳定状态，故没有约束条件。但"旧的问题解决了，新的问题出现了"，JK 触发器有一种"一次变化"现象，它也是一种有害现象。所谓"一次变化现象"是指，在时钟信号 CP=1 期间，输入端（$J$、$K$）出现干扰信号，有可能造成触发器的误动作。

表 8-17 JK 触发器的逻辑功能表

| $J$ | $K$ | $Q^n$ | $Q^{n+1}$ | 功 能 说 明 |
|---|---|---|---|---|
| 0 | 0 | 0 | 1 | 保持原状态 |
| 0 | 0 | 1 | 1 | |
| 0 | 1 | 0 | 0 | 输出状态与 $J$ 状态同 |
| 0 | 1 | 1 | 0 | |
| 1 | 0 | 0 | 1 | 输出状态与 $J$ 状态同 |
| 1 | 0 | 1 | 1 | |
| 1 | 1 | 0 | 1 | 每输入一个脉冲,输出状态改变一次 |
| 1 | 1 | 1 | 0 | |

**4) D 触发器**

为了解决 JK 触发器"一次变化"的问题,人们设计了边沿触发器,即 D 触发器,它的输入信号除时钟输入端外,只有一个输入端 D。边沿触发器不仅将触发器的触发翻转控制在 CP 触发沿到来的一瞬间,而且将接收输入信号的时间也控制在 CP 触发沿到来的前一瞬间。因此,边沿触发器既没有空翻现象,也没有一次变化问题。图 8-55 为 D 触发器的逻辑符号,D 触发器的逻辑功能表如表 8-18 所示。

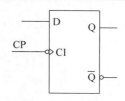

图 8-55 D 触发器的逻辑符号

表 8-18 D 触发器的逻辑功能表

| $D$ | $Q^n$ | $Q^{n+1}$ | 功 能 说 明 |
|---|---|---|---|
| 0 | 0 | 0 | 输出状态与 $D$ 状态同 |
| 0 | 1 | 0 | |
| 1 | 0 | 1 | |
| 1 | 1 | 1 | |

从表 8-18 可以看到,D 触发器的输出状态始终与 $D$ 状态相同。

**3. 集成触发器**

做成集成电路的触发器很多,这里只介绍两种:集成 JK 触发器 74LS112 和集成 D 触发器 74LS74。

**1) 集成 JK 触发器 74LS112**

双下降沿 JK 触发器 74LS112,在时钟脉冲的后沿(负跳变)发生反转,它具有清 0、置 1、计数和保持功能。其引脚排列如图 8-56 所示。74LS112 的逻辑功能如表 8-19 所示。

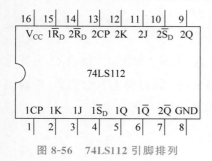

图 8-56 74LS112 引脚排列

表 8-19 74LS112 的逻辑功能

| 输 入 | | | | | 输 出 | |
|---|---|---|---|---|---|---|
| $\overline{S}_D$ | $\overline{R}_D$ | CP | $J$ | $K$ | $Q^{n+1}$ | $\overline{Q^{n+1}}$ |
| 0 | 1 | × | × | × | 1 | 0 |
| 1 | 0 | × | × | × | 0 | 1 |
| 0 | 0 | × | × | × | $\varphi$ | $\varphi$ |
| 1 | 1 | ↓ | 0 | 0 | $Q^n$ | $\overline{Q^n}$ |

续表

| 输　　入 | | | | | 输　　出 | |
|---|---|---|---|---|---|---|
| $\overline{S}_D$ | $\overline{R}_D$ | CP | $J$ | $K$ | $Q^{n+1}$ | $\overline{Q^{n+1}}$ |
| 1 | 1 | ↓ | 1 | 0 | 1 | 0 |
| 1 | 1 | ↓ | 0 | 1 | 0 | 1 |
| 1 | 1 | ↓ | 1 | 1 | $\overline{Q^n}$ | $Q^n$ |
| 1 | 1 | ↑ | × | × | $Q^n$ | $\overline{Q^n}$ |

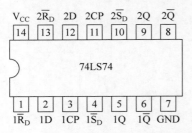

图 8-57　74LS74 引脚排列

由表 8-19 可以看出，$J$ 和 $K$ 为数据输入端，是触发器状态更新的依据，若 $J$、$K$ 有两个或两个以上输入端时，组成"与"的关系。$Q$ 与 $\overline{Q}$ 为两个互补输出端。通常把 $Q=0$、$\overline{Q}=1$ 的状态定为触发器 0 状态；把 $Q=1$、$\overline{Q}=0$ 的状态定为触发器 1 状态。JK 触发器常被用作缓冲存储器、移位寄存器和计数器。

2）集成 D 触发器 74LS74

74LS74 是一种双 D 触发器集成电路芯片，内有两个 D 触发器。D 触发器只有一个输入端 $D$，74LS74 的时钟脉冲触发方式为上升沿触发，带有一个直接清 0 端和一个直接置 1 端。其引脚排列如图 8-57 所示。74LS74 的逻辑功能如表 8-20 所示。

表 8-20　74LS74 的逻辑功能

| 输　　入 | | | | 输　　出 | |
|---|---|---|---|---|---|
| $\overline{S}_D$ | $\overline{R}_D$ | CP | $D$ | $Q$ | $\overline{Q}$ |
| L | H | × | × | H | L |
| H | L | × | × | L | H |
| L | L | × | × | H* | H* |
| H | H | ↑ | H | H | L |
| H | H | ↑ | L | L | H |
| H | H | L | × | $Q_0$ | $\overline{Q_0}$ |

注：* 这是一种不稳定状态。

由表 8-20 可以看出，$\overline{S}_D$ 为 L，$\overline{R}_D$ 为 H 时，输出 $Q$ 为高电平；$\overline{S}_D$ 为 H，$\overline{R}_D$ 为 L 时，输出 $Q$ 为低电平；$\overline{S}_D$ 和 $\overline{R}_D$ 均为 L 时，输出 $Q$ 不稳定；$\overline{S}_D$ 和 $\overline{R}_D$ 均为 H 时，分两种情况：若时钟上升沿到来，则输出 $Q$ 随 $D$ 变化，$D$ 高 $Q$ 高，$D$ 低 $Q$ 低；若时钟不来（维持低电平），则输出保持 $Q$ 不变。

通过对 74LS74 芯片功能的测定，可知：

（1）当 $S=0$、$R=1$ 时，$Q=0$、$\overline{Q}=1$，即器件被清 0。

（2）当 $S=1$、$R=0$ 时，$Q=1$、$\overline{Q}=0$，即器件被置 1。

（3）当 $S=1$、$R=1$ 时，若 $D=1$，CLK 产生一个上升沿，则 $Q=D=1$，$\overline{Q}=0$；若 $D=0$，CLK 产生一个上升沿，则 $Q=D=0$，$\overline{Q}=1$。

4. 集成触发器应用

1）用触发器组成计数器

触发器具有 0 和 1 两种状态，因此用一个触发器就可以表示一位二进制数。如果把 $n$ 个触发器串联起来，就可以表示 $n$ 位二进制数。对于十进制计数器，它的 10 个数码要求有 10 个状态，要由 4 位二进制数构成。图 8-58 所示是由 D 触发器组成的 4 位异步二进制加法计数器。

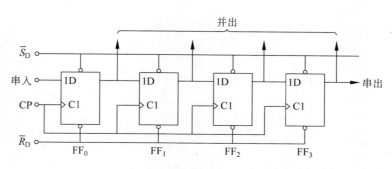

图 8-58　由 D 触发器组成的 4 位异步二进制加法计数器

2）用触发器组成移位寄存器

不论哪种触发器都有两个互相对立的状态 1 和 0，而且触发器翻转以后，都能保持原状态，所以可把触发器看作一个能存 1 位二进制数的存储单元，又由于它只是用于暂时存储信息，故称为寄存器。

以移位寄存器为例，它是一种由触发器链形连接构成的同步时序电路，每个触发器的输出连到下一级触发器的控制输入端，在时钟脉冲的作用下，将存储在移位寄存器中的信息逐位左移或右移。

一种由 D 触发器构成的单向移位寄存器如图 8-59 所示，可把信号从串入端输入，在时钟脉冲 CP 的作用下，按高位先入、低位后入的顺序进行。这种电路有两种输出方式，即串出和并出。

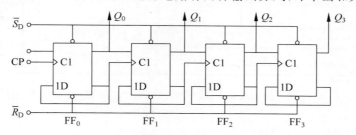

图 8-59　由 D 触发器构成的单向移位寄存器

5. 集成触发器应用例子

1）用触发器组成双相时钟脉冲电路

用 JK 触发器及与非门构成的双相时钟脉冲电路，如图 8-60 所示。此电路是用将时钟脉冲 CP 转换成两相时钟脉冲 $CP_A$ 及 $CP_B$，其频率相同，但相位不同。

2）用触发器组成数值比较器电路

图 8-61 所示是用 JK 触发器组成的数值比较器电路。

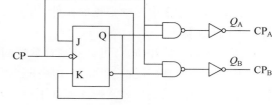

图 8-60　用触发器组成双相时钟脉冲电路

在 $C_r$ 端执行清 0 后，串行输入 $A$、$B$ 两数（先送高位），输出端即可判决两数 $A$、$B$ 的大小。

## 8.7.2　触发器的 Proteus 软件仿真

【例 8-8】　用 JK 触发器 74LS112 及 74LS00 构成的双相时钟脉冲电路如图 8-62 所示。输入的基础时钟信号由 CLK 端接入，此信号要同时接到 74LS112 的 CLK 端和两个 74LS00 中的一个输入端。用虚拟示波器同时观察两路时钟脉冲输出，为了比较方便，也显示输入的时钟信号。

先将输入信号设定为幅度 3V、频率 50Hz 的近似方波信号，开始仿真，虚拟示波器就会显示出输出信号。

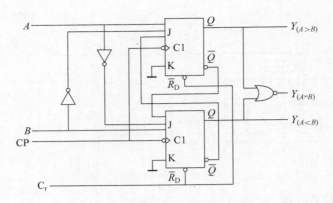

图 8-61　用触发器组成数值比较器电路

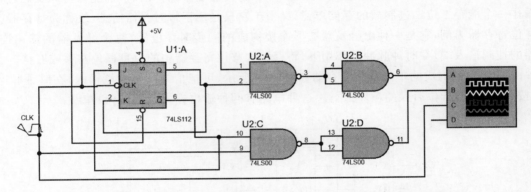

图 8-62　用 JK 触发器 74LS112 和 74LS00 构成的双相时钟脉冲电路

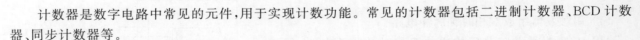

# 8.8　计数器及其应用电路设计与仿真

　　计数器是数字电路中常见的元件,用于实现计数功能。常见的计数器包括二进制计数器、BCD 计数器、同步计数器等。

　　通过电路设计和仿真,可以验证计数器的功能和正确性,确保其在实际应用中能够正常工作。计数器在数字系统中有广泛的应用,如在频率分频器、计时器、计数器等方面都有重要作用。

　　本节需要重点了解和掌握内容如下:

　　(1) 掌握中规模集成计数器功能及其使用方法。

　　(2) 用 74LS161 设计十二进制计数器,要求用置零法和置数法两种方法实现。

　　(3) 用 74LS161 设计不同进制计数器。

## 8.8.1　计数器设计原理

　　在数字系统中,按照结构和逻辑功能的不同,数字逻辑电路分为两大类:一类称作组合逻辑电路(Combinational Logic Circuit),另一类称作时序逻辑电路(Sequential Logic Circuit)。时序逻辑电路由触发器和门电路组成,因为电路中含有存储元件——触发器,因此,时序逻辑电路的输出不仅由当前输入决定,而且与电路原来所处的状态有关。属于时序逻辑电路的集成电路主要有两类:一类是计数器,另一类是寄存器。

**1. 计数器概述**

计数器(Counter)在数字系统中应用十分广泛,它不仅能统计脉冲个数,还可以用于分频、定时、产生节拍脉冲等。计数器按计数进制可分为二进制计数器和非二进制计数器,其中非二进制计数器中最典型的是十进制计数器和十六进制计数器;按数字增减趋势,分为加法计数器、减法计数器和可逆计数器;按计数器中触发器翻转是否与计数脉冲同步,分为同步计数器和异步计数器。

TTL 系列和 CMOS 系列的集成电路计数器有多种,如 74LS161、74LS191、CD4522、74LS160、74LS190、74LS393 等。

74LS161 是 4 位二进制同步加法计数器,74LS191 是 4 位二进制同步可逆计数器,CD4522 是二进制异步减法计数器,74LS160 是 4 位十进制同步加法计数器,74LS190 是十进制同步可逆计数器,74LS393 是一种带清零功能的双 4 位二进制计数器。

以下介绍 74LS161 和 74LS393 两种计数器。

**2. 74LS161 简介**

1) 74LS161 计数器

74LS161 是一种 4 位二进制同步加法计数器,图 8-63 是 74LS161 计数器引脚排列。

2 脚(CP端)为计数脉冲输入端,11 脚~14 脚($Q_3 \sim Q_0$)为计数输出端。当输入计数脉冲时,输出端的数逐渐增大,把这种在计数脉冲作用下每次数值变化情况记录下来,称作状态转换图,74LS161 的状态转换图为

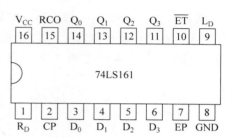

图 8-63　74LS161 计数器引脚排列

$$0000\to0001\to0010\to0011\to0100\to0101\to0110\to0111$$

$$1111\leftarrow1110\leftarrow1101\leftarrow1100\leftarrow1011\leftarrow1010\leftarrow1001\leftarrow1000$$

从上述状态转换图可以看出,每一计数脉冲使计数器输出加1,加到最大值1111后,再从0000开始,如此重复。74LS161 计数器功能表如表 8-21 所示。

表 8-21　74LS161 计数器功能表

| 清零 | 预置 | 使 | 能 | 时　钟 | 预置数据输入 | | | | 输　出 | | | | 工 作 模 式 |
|---|---|---|---|---|---|---|---|---|---|---|---|---|---|
| $R_D$ | $L_D$ | EP | $\overline{ET}$ | CP | $D_3$ | $D_2$ | $D_1$ | $D_0$ | $Q_3$ | $Q_2$ | $Q_1$ | $Q_0$ | |
| 0 | × | × | × | × | × | × | × | × | 0 | 0 | 0 | 0 | 异步清零 |
| 1 | 0 | × | × | ↑ | $d_3$ | $d_2$ | $d_1$ | $d_0$ | $d_3$ | $d_2$ | $d_1$ | $d_0$ | 同步置数 |
| 1 | 1 | 0 | × | × | | | | | 保持 | | | | 数据保持 |
| 1 | 1 | × | 0 | × | × | × | × | × | 保持 | | | | 数据保持 |
| 1 | 1 | 1 | 1 | ↑ | × | × | × | × | 计数 | | | | 加法计数 |

由表 8-21 可以看出,74LS161 具有以下功能:

(1) 异步清零。当 $R_D=0$ 时,不管其他输入端的状态如何,不论有无时钟脉冲(CP),计数器输出将被直接清零($Q_3Q_2Q_1Q_0=0000$),称为异步清零。

(2) 同步并行预置数。当 $R_D=1$,$L_D=0$ 时,在输入时钟脉冲(CP)上升沿的作用下,并行输入端的数据 $d_3d_2d_1d_0$ 被置入计数器的输出端,即 $Q_3Q_2Q_1Q_0=d_3d_2d_1d_0$。由于这个操作要与 CP 上升沿同步,所以称为同步预置数。

(3) 计数。当 $R_D=L_D=EP=\overline{ET}=1$ 时,在 CP 端输入计数脉冲,计数器进行二进制加法计数。

(4) 保持。当 $R_D=L_D=1$,且 EP、$\overline{ET}$ 两个使能端中有 0 时,计数器保持原来状态不变。这时,如果

$EP=0$，$\overline{ET}=1$，则进位输出信号（RCO）保持不变。如果 $\overline{ET}=0$，则不管 EP 状态如何，进位输出信号（RCO）为低电平 0。

2）计数器的级联应用

当所要求的进制已超过 16 时，可通过几个 74LS161 级联实现。在满足计数条件的情况下，有如下的进位方式：

（1）并行进位方式。CP 是两片公用的，只是把第一级的进位输出 RCO 接到下一级的 ET 和 EP 端即可，当 1 片没记满 16 个数时，RCO=0，则计数器 74LS161(2) 不能工作，当第一级记满时，RCO=1，最后一个 CP 使计数器 1 清零，同时计数器 2 计一个数，这种接法速度不快。不论多少级相联，CP 的脉宽都只要大于每一级计数器延迟时间即可。并行进位方式的框图如图 8-64 所示。

（2）串行进位方式。把第一级的进位输出 RCO 接到下一级的 CP 端，当 1 片没记满 16 个数时，RCO=0，则计数器 74LS161(2) 因没有计数脉冲而不能工作。当第一级记满时，RCO=1，出现由 0 到 1 的上升沿，此上升沿控制计数器 2 工作，开始计一个数。这种接法速度慢，若多级相联，其总的计数延迟时间为各个计数器延迟时间之和。串行进位方式的框图如图 8-65 所示。

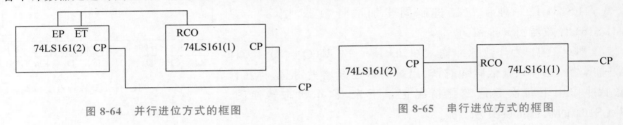

图 8-64　并行进位方式的框图　　　　　　图 8-65　串行进位方式的框图

3）实现任意进制计数器

由于 74LS161 的计数容量为 16，计数到 16 个脉冲，发生一次进位，所以可以用它构成十六进制以内的各进制计数器，实现的方法有两种：置零法（复位法）和置数法（置位法）。

（1）用复位法获得任意进制计数器。假定已有 $N$ 进制计数器，而要得到一个 $M$ 进制计数器时，只要 $M<N$，用复位法使计数器计数到 $M$ 时置 0，即获得 $M$ 进制计数器。

（2）利用预置功能获得 $M$ 进制计数器。置位法和置零法不同，它是通过给计数器重复置入某个数值，从而获得到 $M$ 进制计数器的。置数操作在电路的任何一个状态下进行。这种方法适用于有预置功能的计数器电路。

4）74LS161 与 74LS160 的异同

74LS160 与 74LS161 的引脚排列相同，74LS161 的有效循环状态为 0000~1111，状态为 1111 时，进位信号 RCO=1；74LS160 的有效循环状态为 0000~1001，状态为 1001 时，进位信号 RCO=1。简单地说，74LS161 是十六进制计数器，74LS160 是十进制计数器。

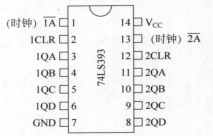

图 8-66　74LS393 的引脚图

### 3. 74LS393 简介

74LS393 是一种带清零功能的双 4 位二进制计数器，异步清零端 MR 为高电平时，不管时钟 CLK 输入端状态如何，即可完成清除功能。当 MR 为低电平时，在时钟 CLK 脉冲下降沿的作用下进行计数操作，其真值表如表 8-22 所示。74LS393 的引脚图如图 8-66 所示。

74LS393 有两组 4 位输出端，分别为 1QA、1QB、1QC、1QD、2QA、2QB、2QC、2QD；两个时钟输入端，即时钟 $\overline{1A}$ 和时钟 $\overline{2A}$；两个清除端，即 1CLR 和 2CLR。

表 8-22　74LS393 的真值表

| 计　　数 | 输　　出 | | | |
|---|---|---|---|---|
| | $Q_3$ | $Q_2$ | $Q_1$ | $Q_0$ |
| 0 | 0 | 0 | 0 | 0 |
| 1 | 0 | 0 | 0 | 1 |
| 2 | 0 | 0 | 1 | 0 |
| 3 | 0 | 0 | 1 | 1 |
| 4 | 0 | 1 | 0 | 0 |
| 5 | 0 | 1 | 0 | 1 |
| 6 | 0 | 1 | 1 | 0 |
| 7 | 0 | 1 | 1 | 1 |
| 8 | 1 | 0 | 0 | 0 |
| 9 | 1 | 0 | 0 | 1 |
| 10 | 1 | 0 | 1 | 0 |
| 11 | 1 | 0 | 1 | 1 |
| 12 | 1 | 1 | 0 | 0 |
| 13 | 1 | 1 | 0 | 1 |
| 14 | 1 | 1 | 1 | 0 |
| 15 | 1 | 1 | 1 | 1 |

**4. 在 Proteus 软件中,74LS161、74LS160 和 74LS393 的引脚名称**

在 Proteus 中所用的芯片引脚名称并不是标准的名称。74LS161、74LS160 和 74LS393 在 Proteus 中的引脚如图 8-67 所示。74LS161、74LS160 的 D0、D1、D2、D3 以及 Q0、Q1、Q2、Q3、RCO 与图 8-63 一致,Proteus 软件中的 ENP、ENT、CLK、LOAD、MR 依次与图 8-63 中的 EP、$\overline{ET}$、CP、$L_D$、$R_D$ 对应。而 Proteus 软件中的 74LS393 只是图 8-66 中的一半,Proteus 软件中的 74LS393 的名称 MR 相当于图 8-66 中的 1CLR 或 2CLR,CLK 相当于图 8-66 中的 $\overline{1A}$ 或 $\overline{2A}$,Q0、Q1、Q2、Q3 相当于图 8-66 中的 1QA、1QB、1QC、1QD 或 2QA、2QB、2QC、2QD。

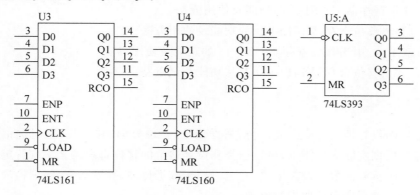

图 8-67　74LS161、74LS160 和 74LS393 的引脚

## 8.8.2　计数器的 Proteus 软件仿真

【**例 8-9**】　用计数器 74LS161 组成的十二进制计数器电路(置数法)如图 8-68 所示。电路中除 74LS161 外,还有四与非门 74LS20 和六非门芯片 74LS04。计数脉冲信号由 74LS161 的 CLK 端输入,通过"逻辑探针"调试元件 QD、QC、QB、QA、RCO 观察计数值。74LS161 的 $R_D$(第 1 脚)为异步清零端,$L_D$(第 9 脚)为预置数控制端。在本电路中,$R_D$ 脚接+5V,表示不异步清零;$L_D$ 脚接四与非门 74LS20 的输出(预置数控制端),要受预置数控制端控制。

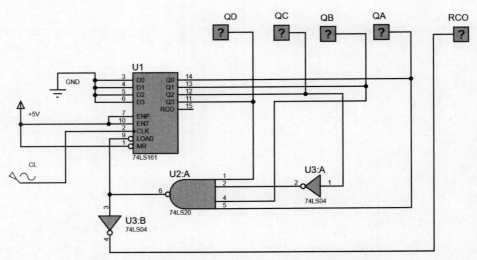

图 8-68　用计数器 74LS161 组成的十二进制计数器电路(置数法)

# 8.9　集成移位寄存器及其应用电路设计与仿真

集成移位寄存器是一种常见的数字逻辑电路元件,用于实现数据的移位操作。常见的移位寄存器包括串行寄存器、并行寄存器、移位寄存器数组等。

通过电路设计和仿真,可以验证移位寄存器的功能和正确性,确保其在实际应用中能够正常工作。移位寄存器在数字系统中有广泛的应用,如在串行数据传输、数据压缩、位移操作等方面都有重要作用。

本节需要重点了解和掌握内容如下:

(1) 熟悉移位寄存器的工作原理和使用方法。

(2) 掌握 4 位移位寄存器 74LS194 的功能及使用方法。

(3) 掌握串入/并出移位寄存器 74LS164 的功能及使用方法。

(4) 掌握并行或串入/串出移位寄存器 CD4014 的功能及使用方法。

(5) 设计串入/并出移位寄存器 74LS164 芯片功能测试电路。

## 8.9.1　集成移位寄存器设计

集成移位寄存器的设计涉及多个方面,包括数据位数、移位方向、移位规则、时钟信号、输入/输出方式以及连接方式等。根据实际应用需求,可以选择和设计适合的移位寄存器来实现特定的功能。

移位寄存器是一种重要的数字逻辑电路,它可以用于数据传输、算术运算、序列检测等多种应用。以下详细探讨集成移位寄存器的设计要素及原理。

**1. 集成移位寄存器的设计要素**

1) 数据位数

集成移位寄存器的数据位数可以根据需要进行设计。例如,8 位的移位寄存器可以一次处理 8 个比特(bit,位)的数据,而 16 位的移位寄存器则可以处理 16 个比特的数据。数据位数决定了移位寄存器一次可以处理的数据量的大小。

2) 移位方向

移位寄存器可以根据需要进行向左或向右的移位。向左移位(也称为循环左移)意味着数据从最低位(或最后一位)开始,依次向左移动,最左边的数据则移出寄存器。向右移位(也称为循环右移)则是从最高位(或第一位)开始,向右移动数据,最右边的数据则移出寄存器。有些移位寄存器可以同时进行向左和向右的移位。

3)移位规则

移位操作可以按照二进制规则、算术规则或逻辑规则进行。二进制规则意味着在移位过程中,数据的二进制表示形式保持不变。算术规则涉及有符号数据的移位,其中符号位和其他数据一起移动。逻辑规则涉及无符号数据的移位,其中符号位不参与移位。

4)时钟信号

时钟信号是控制移位寄存器进行操作的关键因素。时钟信号的上升沿或下降沿可以触发移位寄存器进行移位操作。根据需要,可以设置时钟信号的频率以优化性能。

5)输入/输出方式

集成移位寄存器的输入/输出方式可以根据需要进行设计。输入可以是串行或并行方式,而输出也可以是串行或并行方式。串行输入和输出意味着数据一位接一位地传输,而并行输入和输出则意味着数据多位同时传输。

6)连接方式

在复杂的系统中,可能需要多个移位寄存器进行级联或并联以实现特定的功能。这些连接方式可以根据需要进行设计。例如,可以将多个 8 位的移位寄存器串联起来形成一个 16 位的移位寄存器,或者将多个移位寄存器的输出连接到一起形成一个更复杂的逻辑电路。

**2. 移位寄存器的设计原理**

寄存器(Register)中用的记忆部件是触发器,每个触发器只能存 1 位二进制码。能存一个字节信息的 8 位寄存器由 8 个触发器组成。移位寄存器(Shift Register)具有数码寄存和移位两种功能。在移位脉冲的作用下,数码向左移一位,称为左移;反之称为右移。

根据移位寄存器数据移动的方向可分为左移、右移和双向移位 3 种,集成移位寄存器中移位方向的一般约定如图 8-69 所示。

所有移位寄存器都具有串入和串出端口,但是否兼有并入和并出端口却不一定。根据移位寄存器具有的并入、并出端口可将移位寄存器分为 4 种类型:串入/串出、串入/并出、并入/串出、并入/并出。移位寄存器的移位方式如表 8-23 所示。

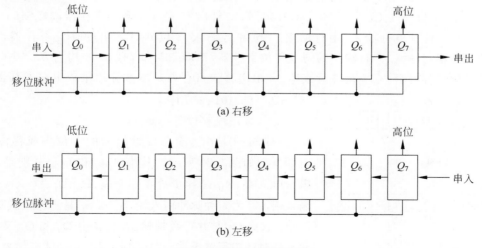

图 8-69 移位寄存器的方向

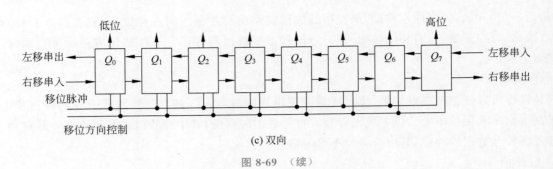

(c) 双向

图 8-69 （续）

表 8-23 移位寄存器的移位方式

| 分　类 | 符　号 | 说　明 |
|---|---|---|
| 串入/串出 | 数据串入 → [移位寄存器] → 数据串出　移位脉冲 | 用于较大容量的数据存储器 |
| 串入/并出 | 数据并出　数据串入 → [移位寄存器] → 数据串出　移位脉冲 | 具有串行输入、串行输出、并行输出。可以将串行数据转换为并行数据 |
| 并入/串出 | 数据串入 → [移位寄存器] → 数据串出　移位脉冲　数据并入 | 具有串行输入、串行输出、并行输入。可以将并行数据转换为串行数据 |
| 并入/并出 | 数据并出　数据串入 → [移位寄存器] → 数据串出　移位脉冲　数据并入 | 具有串行输入、串行输出、并行输入、并行输出。可以实现串行与并行数据的转换 |

　　TTL 74 系列和 CMOS 400 系列的集成电路移位寄存器有多种，如 74LS175、74LS194、74LS299、74LS164、74LS165、CD4094、CD4014 和 74LS166 等。74LS175 是 4 位数码寄存器，74LS194 是 4 位移位寄存器，74LS299 是具有串行输入、串行输出、8 位并行输入、8 位并行输出的移位寄存器，74LS164 和 CD4094 均为 8 位串行输入、并行输出的同步移位寄存器，74LS165 和 74LS166 均为 8 位并行输入、串行输出的同步移位寄存器，CD4014 是并行或串入/串出移位寄存器。本章介绍集成电路寄存器 74LS194、74LS164、CD4014 的用法。

**3. 4 位集成移位寄存器 74LS194**

　　74LS194 是由 4 个触发器组成的 4 位集成移位寄存器，其引脚排列如图 8-70 所示。其中，$D_{SL}$ 和 $D_{SR}$ 分别是左移和右移串行输入端，$R_D$ 是异步清零控制端，$D_0$、$D_1$、$D_2$、$D_3$ 是并行数据输入端，CP 为时钟脉冲输入端，$S_0$ 和 $S_1$ 是工作模式选择输入端，$Q_0$、$Q_1$、$Q_2$、$Q_3$ 是并行数据输出端，其中 $Q_0$ 和 $Q_3$ 又分别是左移和右移时的串行输出端。74LS194 寄存器功能表如表 8-24 所示。

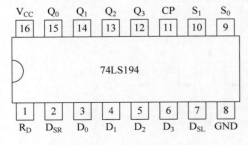

图 8-70　74LS194 引脚排列图

表 8-24　74LS194 寄存器功能表

| 清零 | 模式控制 | | 串行输入 | | 时钟 | 并　行　输　入 | | | | 并　行　输　出 | | | | 工　作　模　式 |
|---|---|---|---|---|---|---|---|---|---|---|---|---|---|---|
| $R_D$ | $S_1$ | $S_0$ | $D_{SL}$ | $D_{SR}$ | CP | $D_0$ | $D_1$ | $D_2$ | $D_3$ | $Q_0$ | $Q_1$ | $Q_2$ | $Q_3$ | |
| 0 | × | × | × | × | × | × | × | × | × | 0 | 0 | 0 | 0 | 异步清零 |
| 1 | 0 | 0 | × | × | × | × | × | × | × | $Q_0$ | $Q_1$ | $Q_2$ | $Q_3$ | 保持 |
| 1 | 0 | 1 | × | 1 | ↑ | × | × | × | × | 1 | $Q_0$ | $Q_1$ | $Q_2$ | 右移,$D_{SR}$ 为串行输 |
| 1 | 0 | 1 | × | 0 | ↑ | × | × | × | × | 0 | $Q_0$ | $Q_1$ | $Q_2$ | 入,为串行输出 |
| 1 | 1 | 0 | 1 | × | ↑ | × | × | × | × | $Q_1$ | $Q_2$ | $Q_3$ | 1 | 左移,$D_{SL}$ 为串行输 |
| 1 | 1 | 0 | 0 | × | ↑ | × | × | × | × | $Q_1$ | $Q_2$ | $Q_3$ | 0 | 入,为串行输出 |
| 1 | 1 | 1 | × | × | ↑ | $D_0$ | $D_1$ | $D_2$ | $D_3$ | $Q_0$ | $Q_1$ | $Q_2$ | $Q_3$ | 并行置数 |

由表 8-24 可以看出,74LS194 具有如下功能:

(1) 异步清零。当 $R_D = 0$ 时,寄存器输出将被立即清零,与其他输入状态及 CP 无关。

(2) $S_0$、$S_1$ 是控制输入端。当 $R_D = 1$ 时,74LS194 有以下 4 种工作方式。

① 当 $S_1 S_0 = 00$ 时,不论有无 CP 到来,各触发器状态不变,保持工作状态。

② 当 $S_1 S_0 = 01$ 时,在 CP 上升沿的作用下,实现右移(上移)操作,流向是 $D_{SR} \rightarrow Q_0 \rightarrow Q_1 \rightarrow Q_2 \rightarrow Q_3$。

③ 当 $S1S0 = 10$ 时,在 CP 上升沿的作用下,实现左移(下移)操作,流向是 $D_{SL} \rightarrow Q_3 \rightarrow Q_2 \rightarrow Q_1 \rightarrow Q_0$。

④ 当 $S_1 S_0 = 11$ 时,在 CP 上升沿的作用下,实现置数操作:$D_0 \rightarrow Q_0$,$D_1 \rightarrow Q_1$,$D_2 \rightarrow Q_2$,$D_3 \rightarrow Q_3$。

**4. 串入/并出移位寄存器 74LS164**

74LS164 为 8 位移位寄存器,它是一种具有串行输入/并行输出的 TTL 芯片,其引脚排列如图 8-71 所示。其中 A、B 为串行数据输入端,QA、QB、QC、QD、QE、QF、QG、QH 为并行数据输出端,CP 为移位脉冲端,上升沿触发,$\overline{CL}$ 为异步清零端,Vcc 为正电源,GND 为地。74LS164 的功能表如表 8-25 所示。

$QA_0$,$QB_0$,$\cdots$,$QH_0$ 分别为 QA,QB,$\cdots$,QH 在稳定输入状态成立之前的电平。$QA_n$,$QB_n$,$\cdots$,$QH_n$ 分别为在最近 CP 跳变之前对应的电平,表示移一位。

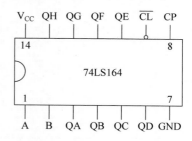

图 8-71　74LS164 引脚排列图

表 8-25　74LS164 的功能表

| 输　　　入 | | | | 输　　　　　　　出 | | | | | | | |
|---|---|---|---|---|---|---|---|---|---|---|---|
| $\overline{CL}$ | CP | A | B | QA | QB | QC | QD | QE | QF | QG | QH |
| L | × | × | × | L | L | L | L | L | L | L | L |
| H | L | × | × | $QA_0$ | $QB_0$ | $QC_0$ | $QD_0$ | $QE_0$ | $QF_0$ | $QG_0$ | $QH_0$ |
| H | ↑ | H | H | H | $QA_n$ | $QB_n$ | $QC_n$ | $QD_n$ | $QE_n$ | $QF_n$ | $QG_n$ |
| H | ↑ | L | × | L | $QA_n$ | $QB_n$ | $QC_n$ | $QD_n$ | $QE_n$ | $QF_n$ | $QG_n$ |
| H | ↑ | × | L | L | $QA_n$ | $QB_n$ | $QC_n$ | $QD_n$ | $QE_n$ | $QF_n$ | $QG_n$ |

由表 8-25 可以看出,74LS164 具有如下功能:

(1) 当 $\overline{CL} = 0$ 时,移位寄存器并行输出将被清零,QA,QB,$\cdots$,QH 均为 0,与其他输入状态及 CLK 无关。

(2) 当 $\overline{CL} = 1$,CP $= 0$ 时移位寄存器保持原有状态不变。

(3) 当 $\overline{CL} = 1$,CP 的脉冲上升沿(0→1)到来时,QA $=$ A&B,QA~QH 逐次向右移一位。

**5. 8 位并行或串入/串出移位寄存器 CD4014**

CD4014 是 8 位并行或串入/串出寄存器,具有公共时钟 CLK 及方式控制输入端 PAR/SER CONT、一个串行数据输入端 SER IN、8 个并行数据输入端(PAR IN1～PAR IN8),有 3 个输出端(Q6～Q8)。串入和串出的数据都要与时钟上升沿同步,才能进入寄存器中。寄存器单元是带预置端的 D 型主从触发器。

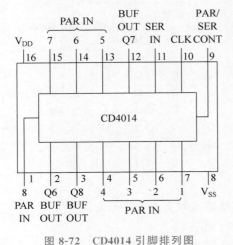

图 8-72　CD4014 引脚排列图

CD4014 提供了 16 引线多层陶瓷双列直插等 4 种封装形式。其引脚排列如图 8-72 所示,表 8-26 为 CD4014 的功能表。

CD4014 引脚功能介绍如下:

CLK——时钟输入端。

PAR IN1～ PAR IN8——并行数据输入端。

SER IN——串行数据输入端。

PAR/SER CONT——方式控制端。

BUF OUT Q6～Q8——第 6～8 位数据输出端。

$V_{DD}$——正电源。

$V_{SS}$——地。

表 8-26　CD4014 的功能表

| 输　　　入 | | | | | 输　　出 | |
|---|---|---|---|---|---|---|
| CLK | PAR/SER CONT | SER IN | $P_1$ | $P_n$ | $Q\downarrow$ | $Q_n$ |
| ↑ | H | × | L | L | L | L |
| ↑ | H | × | H | L | H | L |
| ↑ | H | × | L | H | L | H |
| ↑ | H | × | H | H | H | H |
| ↑ | L | L | × | × | L | $Q_{n-1}$ |
| ↑ | L | H | × | × | H | $Q_{n-1}$ |
| ↓ | × | × | × | × | × | 保持 |

由表 8-26 可以看出,CD4014 具有如下功能:

(1) 并行输入。当 PAR/SER CONT=1 时,PAR IN1～ PAR IN8 口的数输入寄存器中,寄存器中的第 6～8 位由 Q6～Q8 输出。

(2) 串行输入。当 PAR/SER CONT=0 时,串行输入数 SE RIN,将在时钟 CLK 的作用下,逐位输入移位寄存器。寄存器中的第 6～8 位由 Q6～Q8 输出。

## 8.9.2　集成移位寄存器的 Proteus 软件仿真

【例 8-10】　由 74LS194 构成的移位寄存型计数器电路如图 8-73 所示。计数脉冲信号由 74LS194 的 CLK 端输入,通过"逻辑探针"调试元件 QD、QC、QB、QA 观察计数值。74LS194 的 S1 接地,S0 接+5V,SR($D_{SR}$)接异或门 U3:A 的输出端 3 脚;74LS194 的 MR($R_D$)脚接开关 SW1,开关另一端接+5V 或地。

从 CL 端输入幅度为+3V、频率为 1Hz 的正弦波信号,利用 Proteus 交互仿真功能,可以显示电路的计数过程,从仿真开始,把开关拨到+5V 的位置,计数值将按如下规律变化,计数值为 0001,0010,0101,1010,0100,1001,0011,0110,1101,1011,0111,1110,1100,1000,0000,到 0000 后再开始下一轮计数过程。如图 8-74 所示是数值变化过程中的一幅画面。

【例 8-11】　74LS164 芯片功能测试电路如图 8-75 所示。此图用的是 74LS164 芯片的图形符号,1 脚和 2 脚就是引脚排列图(见图 8-71)中的 A、B;8 就是引脚排列图中的时钟信号 CP;9 脚就是引脚排

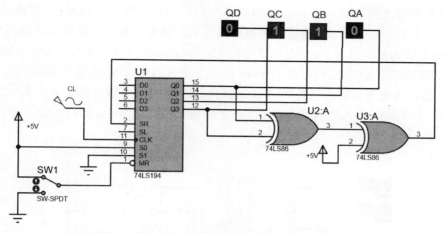

图 8-73　由 74LS194 构成的移位寄存型计数器电路

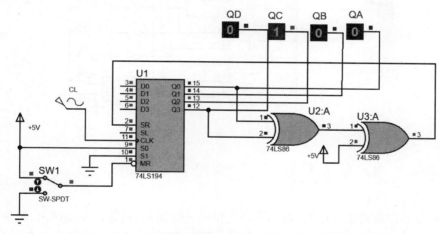

图 8-74　由 74LS194 构成的移位寄存型计数器仿真结果

列图中的 $\overline{CL}$；3、4、5、6、10、11、12、13 脚就是引脚排列图中的 QA、QB、QC、QD、QE、QF、QG、QH 并行数据输出端。

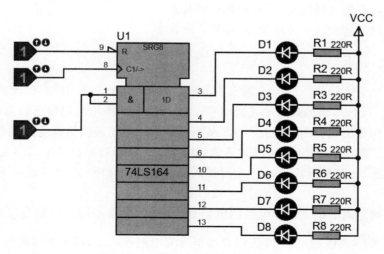

图 8-75　74LS164 芯片功能测试电路

74LS164 的 1 脚和 2 脚连到一起,接"逻辑状态"调试元件,8 脚和 9 脚也接"逻辑状态"调试元件;74LS164 的 3、4、5、6、10、11、12、13 脚通过限流电阻接发光二极管。发光二极管的负端接电阻,正端接正电源。这样,当输出端为低电位时,发光二极管亮;当输出端为高电位时,发光二极管不亮。

向 74LS164 的清零端 9 脚输入 0,单击 Proteus 屏幕左下角的运行键 ▶,系统开始运行,出现如图 8-76 所示的 74LS164 芯片功能测试结果。此时,与 3、4、5、6、10、11、12、13 脚连接的 8 个发光二极管都亮了。表明当 $\overline{CL}=0$ 时,不管其他输入端的状态如何,寄存器输出将被清零(QA、QB、QC、QD、QE、QF、QG、QH=00000000)。

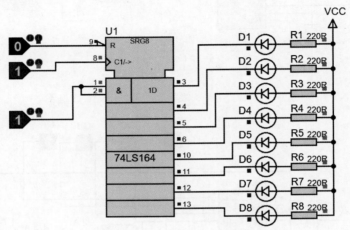

图 8-76　74LS164 芯片功能测试结果

## 8.10　555 定时器及其应用电路设计与仿真

555 定时器是一种经典的集成电路,常用于产生精确的时间延迟、脉冲宽度调制、频率分频等应用。

通过电路设计和仿真,可以验证 555 定时器的功能和正确性,确保其在实际应用中能够正常工作。555 定时器在电子系统中有广泛的应用,如在定时器、脉冲发生器、频率分频器等方面都有重要作用。

本节需要重点了解和掌握内容如下:

(1) 了解 555 定时器的电路结构、工作原理及其特点。

(2) 利用 555 定时器构成施密特触发器、单稳态触发器。

### 8.10.1　555 定时器设计原理

555 定时器包括一个比较器、一个 RS 触发器和一个输出级驱动器。其中,比较器的作用是将输入电压与内部参考电压进行比较,输出高电平或低电平;RS 触发器的作用是根据比较器的输出状态,决定输出端的电平状态;输出级驱动器的作用是将 RS 触发器的输出电平转换为高电平或低电平输出。

555 定时器可以工作在单稳态、脉冲模式或者连续模式。在单稳态模式下,555 定时器产生一个短时脉冲,然后保持在稳态;在脉冲模式下,555 定时器产生一系列的脉冲;在连续模式下,555 定时器产生一个连续的方波信号。

555 定时器的时间延迟取决于外部电路的电阻和电容值,根据不同的电阻和电容值,可以实现不同的时间延迟和脉冲宽度。具体地,当 555 定时器的电容充电到 $\frac{2}{3}V_{CC}$ 时,输出端的电平状态会发生反转,从而产生一个脉冲信号。

555 定时器的设计原理是基于比较器、RS 触发器和输出级驱动器的组合,通过外部电路的电阻和电容值来实现不同的时间延迟和脉冲宽度。

**1. 概述**

555 定时器(Timer)是一种模拟和数字功能相结合的中规模集成电路器件。采用 555 定时器只需外接少量的阻容元件就可以构成施密特触发器、单稳态触发器和多谐振荡器,因此,555 定时器广泛应用于波形的产生与变换、测量与控制等许多方面。

555 定时器是 Signetics 公司于 1972 年推出的,此后,国际上许多电子公司都生产了各自的 555 定时器。

目前定时器有双极型和 CMOS 两种类型。在型号繁多的 555 定时器产品中,所有双极型产品型号最后的 3 位数都是 555,所有 CMOS 产品型号最后的 4 位数都是 7555,它们的功能和外部引脚的排列完全相同。555 和 7555 是单定时器,556 和 7556 是双定时器。

通常,双极型定时器具有较大的驱动能力,而 CMOS 定时器具有低功耗、输入阻抗高等优点。555 定时器的工作电源电压范围很宽,并可承受较大的负载电流。双极型定时器电源电压范围为 5~16V,最大负载电流可达 200mA;CMOS 定时器电源电压范围为 3~18V,负载电流在 4mA 以下。

555 定时器常用的型号是 NE555。

NE555 具有以下主要功能:

(1)定时器。NE555 可以配置为单稳态模式,即在触发时产生一个指定持续时间的单一脉冲。这在需要在特定时间间隔内生成精确脉冲的应用中非常有用。

(2)振荡器。NE555 可以配置为自由运行的多谐振荡器,即产生一系列连续的脉冲。用户可以通过调整电阻和电容值控制振荡器的频率和占空比,从而满足不同的应用需求。

(3)PWM 发生器。NE555 可以用作脉宽调制(PWM)发生器,通过调整电阻和电容值控制输出波形的脉冲宽度,从而实现对电动机速度、LED 亮度等参数的精确控制。

(4)触发器。NE555 可以配置为双稳态模式,即在输入信号的作用下,可以在两个稳定状态之间切换。这在数字电路中的触发器应用中非常有用。

除了这些主要功能之外,NE555 还具有其他辅助功能,如电源电压稳定性、内部电压参考、电流驱动能力等,使其能够适应各种不同的应用场景。

总体而言,NE555 是一款功能强大而可靠的 IC,广泛应用于各种电子设备和电路中。

**2. 555 定时器电路的工作原理**

这里以双极型定时器 NE555 芯片为例说明 555 定时器的用法。NE555 芯片的引脚排列如图 8-77(a)所示。1 脚 GND 是地,8 脚 $V_{CC}$ 是电源,2 脚 $\overline{T}_L$ 是低触发端,3 脚 OUT 是输出,4 脚 $\overline{R}_D$ 是复位端,5 脚 $V_C$ 是控制端,6 脚 $T_H$ 是高触发端,7 脚 $C_t$ 是放电端。

555 定时器的内部电路框图如图 8-77(b)所示,它含有两个电压比较器、一个基本 RS 触发器、一个放电开关管 VT,比较器的参考电压由 3 只 5kΩ 的电阻器构成的分压器提供。它们分别使高电平比较器 $A_1$ 的同相输入端和低电平比较器 $A_2$ 的反相输入端的参考电平为 $\frac{1}{3}V_{CC}$ 和 $\frac{1}{3}V_{CC}$。$A_1$ 与 $A_2$ 的输出端控制 RS 触发器状态和放电管开关状态。当输入信号自 6 脚引入即高电平触发输入并超过参考电平 $\frac{1}{3}V_{CC}$ 时,触发器复位,555 的输出端 3 脚输出低电平,同时放电开关管导通;当输入信号自 2 脚输入并低于 $\frac{1}{3}V_{CC}$ 时,触发器置位,555 的输出端 3 脚输出高电平,同时放电开关管截止。

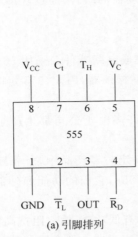

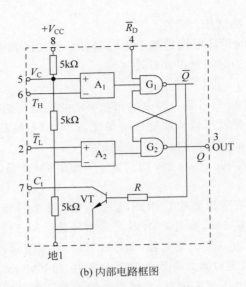

(a) 引脚排列　　　　　　　　(b) 内部电路框图

图 8-77　NE555 定时器引脚排列及内部框图

当 $\overline{R}_D = 0$ 时,555 输出低电平。平时 $\overline{R}_D$ 端开路或接 $V_{CC}$。

$V_C$ 是控制电压端(5 脚),平时输出作为比较器 $A_1$ 的参考电平,当 5 脚外接一个输入电压,即改变了比较器的参考电平 $\frac{1}{3}V_{CC}$,从而实现对输出的另一控制;不接外加电压时,通常接一个 $0.01\mu F$ 的电容器到地,起滤波作用,以消除外来干扰,确保参考电平的稳定。VT 为放电管,当 VT 导通时,将给接在 7 脚的电容器提供低阻放电通路。用 555 定时器可以很方便地构成单稳态触发器、多谐振荡器和施密特触发器。

**3. 555 定时器电路的应用**

1) 构成单稳态触发器

如图 8-78(a)所示为由 555 定时器和外接定时元件 R、C 构成的单稳态触发器,触发电路由 $C_1$、$R_1$、VD 构成,其中,VD 为钳位二极管,稳态时 555 电路输入端处于电源电平,内部放电开关管导通,输出 OUT 端输出低电平,当有一个外部负脉冲触发信号经 $C_1$ 加到 2 脚电位瞬时低于 $\frac{1}{3}V_{CC}$,低电平比较器

动作,单稳态电路即开始一个暂态过程,电容 C 开始充电,$V_C$ 按指数规律增长。当 $V_C$ 充电到 $\frac{2}{3}V_{CC}$ 时,高电平比较器动作,比较器 $A_1$ 翻转,输出 $V_o$ 从高电平返回低电平,放电开关管 VT 重新导通,电容 C 上的电荷很快经放电开关管放电,暂态结束,恢复稳态,为下一个触发脉冲的到来做好准备。其波形如图 8-78(b)所示。

暂稳态的持续时间 $T_W$(即延时时间)取决于外接元件 R、C 值的大小。$T_W = 1.1RC$。通过改变 R、C 的大小,可使延时时间在几个微秒到几十分钟之间变化。

2) 构成多谐振荡器

如图 8-79(a)所示为由 555 定时器和外接元件 $R_1$、$R_2$、C 构成的多谐振荡器,2 脚和 6 脚直接相连。电路没有稳态,仅存在两个暂稳态,电路也不需要外加触发信号,利用电源通过 $R_1$、$R_2$ 向 C 充电,以及 C 通过 $R_2$ 向放电端 $C_t$ 放电,使电路产生振荡。电容 C 在 $\frac{1}{3}V_{CC} \sim \frac{2}{3}V_{CC}$ 充电和放电,其波形如图 8-79(b)所示。输出信号的时间参数是

$$T = T_{W1} + T_{W2}, \quad T_{W1} = 0.7(R_1 + R_2)C, T_{W2} = 0.7R_2C$$

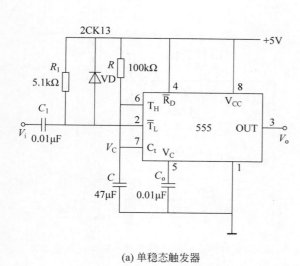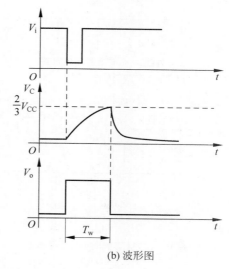

(a) 单稳态触发器 (b) 波形图

图 8-78 单稳态触发器及波形图

555 电路要求 $R_1$ 与 $R_2$ 值均应大于或等于 1kΩ，但 $R_1 + R_2$ 应小于或等于 3.3MΩ。

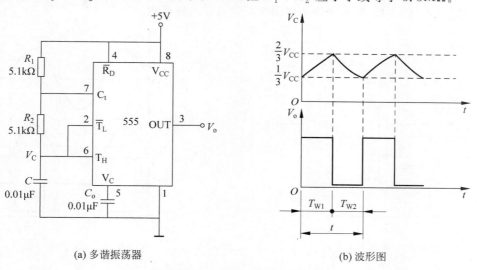

(a) 多谐振荡器 (b) 波形图

图 8-79 多谐振荡器及波形图

3) 构成占空比可调的多谐振荡器

占空比可调的多谐振荡器电路如图 8-80 所示，它比图 8-79 所示电路只增加一个电位器和两个导引二极管。$VD_1$、$VD_2$ 用来决定电容充、放电电流流经电阻的途径(充电时 $VD_1$ 导通，$VD_2$ 截止；放电时 $VD_2$ 导通，$VD_1$ 截止)。

可见，若取 $R_A = R_B$，电路即可输出占空比为 50% 的方波信号。

4) 组成输出波形占空比和振荡频率均可调的多谐振荡器

占空比和振荡频率均可调的多谐振荡器电路如图 8-81 所示。对 $C_1$ 充电时，充电电流通过 $R_1$、$VD_1$、$R_{W2}$、$R_{W1}$；放电时通过 $R_{W1}$、$R_{W2}$、$VD_2$、$R_2$。当 $R_1 = R_2$，把 $R_{W2}$ 调至中心点，因充放电时间基本相等，其占空比约为 50%，此时调节 $R_{W1}$ 仅改变频率，占空比不变。如 $R_{W2}$ 调至偏离中心点，再调节 $R_{W1}$，不仅振荡频率改变，而且对占空比也有影响。$R_{W1}$ 不变，调节 $R_{W2}$ 仅改变占空比，对频率无影响。因此，当接通电源后，应首先调节 $R_{W1}$ 使频率至规定值，再调节 $R_{W2}$，以获得需要的占空比。

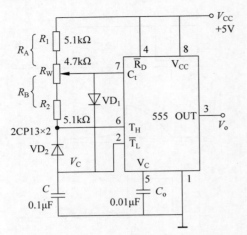

图 8-80　占空比可调的多谐振荡器

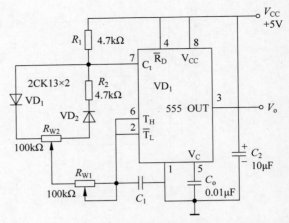

图 8-81　占空比和频率均可调的多谐振荡器

5）构成施密特触发器

用 555 定时器构成的施密特触发器电路如图 8-82 所示，只要将 2 脚、6 脚连在一起作为信号输入端，即得到施密特触发器。图 8-83 是施密特触发器 $V_S$、$V_i$、$V_o$ 的波形图。

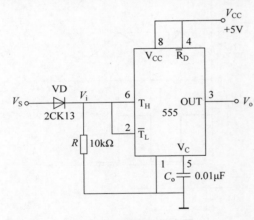

图 8-82　施密特触发器

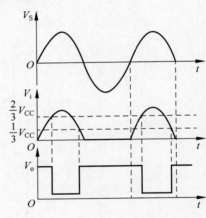

图 8-83　波形变换图

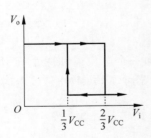

图 8-84　电压传输特性

设被整形变换的电压信号为正弦波 $V_S$，其正半波通过二极管 VD 后同时加到 555 定时器的 2 脚和 6 脚，使得 $V_i$ 为半波整流波形。当 $V_i$ 上升到 $\frac{2}{3}V_{CC}$ 时，$V_o$ 从高电平翻转为低电平；当 $V_i$ 下降为 $\frac{1}{3}V_{CC}$ 时，$V_o$ 又从低电平翻转为高电平。电压的传输特性曲线如图 8-84 所示。其中，回差电压 $\Delta V_T = \frac{2}{3}V_{CC} - \frac{1}{3}V_{CC} = \frac{1}{3}V_{CC}$。

## 8.10.2　555 定时器的 Proteus 软件仿真

【例 8-12】　用 555 定时器构成的单稳态触发器电路如图 8-85 所示。在图 8-85 中，NE555 的 DC（7 脚）和 VCC（8 脚）之间接入电阻 R4；R（4 脚）和 VCC（8 脚）相连；DC（7 脚）和 TH（6 脚）相连；TH（6

脚)通过电容 C1 接地；CV(5 脚)通过电容 C2 接地；GND(1 脚)接地；VCC(8 脚)接+5V；TR(2 脚)和信号发生器相连,同时与虚拟示波器的 B 通道相连,Q(3 脚)接虚拟示波器的 A 通道。在图 8-85 中,R4=5.1kΩ,C1=1μF,C2=0.1μF。

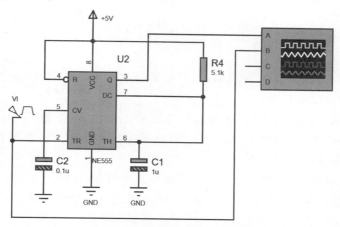

图 8-85　用 555 定时器构成的单稳态触发器电路

在图 8-85 中,从 VI 处加入一个频率 100Hz、幅度 3V 的矩形波信号,单击 Proteus 屏幕左下角的运行键 ▶,系统开始运行,出现如图 8-86 所示的用 555 定时器构成的单稳态触发器输入/输出波形图。此时,虚拟示波器上 B 通道显示输入的矩形波信号,A 通道显示输出的矩形波。这表明,由信号发生器输出的矩形波输入用 NE555 构成的单稳态触发器后,可以输出不高于该矩形波频率的矩形波。本例中,矩形波的周期约为 10ms。

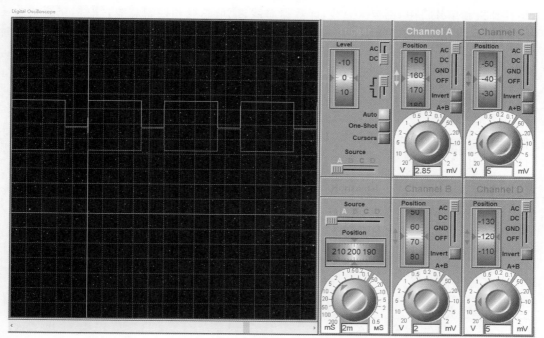

图 8-86　用 555 定时器构成的单稳态触发器输入/输出波形

用 NE555 构成的单稳态触发器电路输出脉冲宽度的近似估算公式为

$$T_W = 1.1RC$$

将 $R_4 = 5.1\mathrm{k}\Omega$，$C_1 = 1\mu\mathrm{F}$ 代入上式，得

$$T_\mathrm{W} = 1.1 \times 5.1 \times 10^3 \times 10^{-6} \approx 6(\mathrm{ms})$$

可见，理论计算的输出脉冲宽度和仿真测试的输出脉冲宽度之间有不小的误差。

## 8.11　三态缓冲器/线驱动器电路设计与仿真

三态缓冲器(Tristate buffer)是一种逻辑门，具有输出能够处于高阻态(高阻态)的特性。它通常用于总线驱动、数据总线控制等应用中。

通过电路设计和仿真，可以验证三态缓冲器的功能和正确性，确保其在实际应用中能够正常工作。三态缓冲器在数字系统中有广泛的应用，如在总线驱动、数据总线控制等方面都有重要作用。

本节需要重点了解和掌握内容如下：

(1) 了解 TTL 三态缓冲器/线驱动器芯片的功能及其使用方法。

(2) 掌握单向三态缓冲器/线驱动器芯片 74LS240、74LS244 的使用方法。

(3) 掌握双向三态缓冲器/线驱动器芯片 74LS245 的使用方法。

### 8.11.1　三态缓冲器/线驱动器设计原理

在数字电路系统中，TTL 的三态缓冲器/线驱动器有多种，如八反相三态缓冲器/线驱动器 74LS240、八同相三态缓冲器/线驱动器 74LS241、四反相三态总线收发器/线驱动器 74LS242、四同相三态总线收发器/线驱动器 74LS243、八同相三态缓冲器/线驱动器 74LS244、八同相三态总线收发器 74LS245 等。

在微型计算机和单片机中，都有三总线，即数据总线、地址总线和控制总线。要扩充这些总线时，离不了这些三态缓冲器/线驱动器。一般在扩充地址总线或控制总线时，要用单向的三态缓冲器/线驱动器，如 74LS240、74LS241 和 74LS244；在扩充数据总线时，要用双向的三态缓冲器/线驱动器，比如 74LS242、74LS243 和 74LS245。

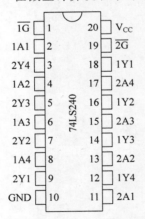

图 8-87　74LS240 引脚排列

**1. 八反相三态缓冲器/线驱动器 74LS240**

74LS240 是一种八反相三态缓冲器/线驱动器。其引脚排列如图 8-87 所示。它是一种有 20 个脚的芯片，1A1、1A2、1A3、1A4、2A1、2A2、2A3、2A4 为 8 位输入端，1Y1、1Y2、1Y3、1Y4、2Y1、2Y2、2Y3、2Y4 为 8 位输出端，$\overline{1G}$ 和 $\overline{2G}$ 为控制端。

74LS240 的真值表如表 8-27 所示。

由表 8-27 可以看出，当 $\overline{G}$(包括 $\overline{1G}$ 和 $\overline{2G}$)为高电平时，无论 A 输入什么，输出 Y 都是高阻状态。当 $\overline{G}$ 为低电平时，A 输入高电位，Y 输出低电位；A 输入低电位，Y 输出高电位。

表 8-27　74LS240 的真值表

| 输　　入 | | 输　　出 |
|---|---|---|
| $\overline{G}$ | A | Y |
| L | L | L |
| L | H | L |
| H | X | H |

**2. 八同相三态缓冲器/线驱动器 74LS241**

74LS241 是一种八同相三态缓冲器/线驱动器。其引脚排列如图 8-88 所示。它是一种有 20 个引脚的芯片,1A1、1A2、1A3、1A4、2A1、2A2、2A3、2A4 为 8 位输入端,1Y1、1Y2、1Y3、1Y4、2Y1、2Y2、2Y3、2Y4 为 8 位输出端,$\overline{1G}$ 和 2G 为控制端。

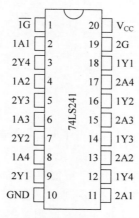

图 8-88　74LS241 引脚排列

74LS241 的真值表如表 8-28 所示。

表 8-28　74LS241 的真值表

| 输　入 | | | | 输　出 |
| --- | --- | --- | --- | --- |
| **G** | **$\overline{G}$** | **1A** | **2A** | **2Y** |
| X | L | L | X | |
| X | L | H | X | |
| X | H | X | H | |
| H | X | X | L | L |
| H | X | X | H | H |
| L | X | X | X | Z |

由表 8-28 可以看出,当 $\overline{G}$ 为高电平时,1Y 输出高阻状态。$\overline{G}$ 为低电平时,1Y 输出与 1A 输入一致。当 G 为低电平时,2Y 输出高阻状态。当 G 为高电平时,2Y 输出与 2A 输入一致。

**3. 四反相三态总线收发器/线驱动器 74LS242**

74LS242 是一种四反相三态总线收发器/线驱动器。其引脚排列如图 8-89 所示。它是一种有 14 个脚的芯片,1A、2A、3A、4A 和 1B、2B、3B、4B 互为输入/输出。$\overline{GAB}$ 和 GBA 为控制端。

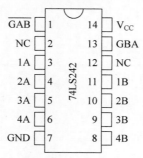

图 8-89　74LS242 引脚排列

74LS242 的真值表如表 8-29 所示。

表 8-29　74LS242 的真值表

| 控 制 输 入 | | 数据口状态 | |
|---|---|---|---|
| $\overline{GAB}$ | GBA | A | B |
| H | H | $\overline{O}$ | I |
| L | H | * | * |
| H | L | 隔离 | 隔离 |
| L | L | I | $\overline{O}$ |

注：＊收发器两个方向同时被允许，可能发生破坏性振荡。

$\overline{O}$ 表示反相输出。

I 表示输入。

由表 8-29 可以看出，当 $\overline{GAB}$ 和 GBA 都为高电平时，B 是输入，A 是反相输出。当 $\overline{GAB}$ 和 GBA 都为低电平时，A 是输入，B 是反相输出。当 $\overline{GAB}$ 为高电平，GBA 为低电平时，是隔离态。当 $\overline{GAB}$ 为低电平，GBA 为高电平时，收发器两个方向同时被允许，可能发生破坏性振荡，应尽量避免发生这种状况。

### 4. 八同相三态缓冲器/线驱动器 74LS244

74LS244 是一种八同相三态缓冲器/线驱动器。其引脚排列如图 8-90 所示。它是一种有 20 个脚的芯片，1A1、1A2、1A3、1A4、2A1、2A2、2A3、2A4 为 8 位输入端，1Y1、1Y2、1Y3、1Y4、2Y1、2Y2、2Y3、2Y4 为 8 位输出端，$\overline{1G}$ 和 $\overline{2G}$ 为控制端。

74LS244 的真值表如表 8-30 所示。

图 8-90　74LS244 引脚排列

表 8-30　74LS244 的真值表

| 输　　入 | | 输　　出 |
|---|---|---|
| $\overline{G}$ | A | Y |
| L | L | L |
| L | H | H |
| H | X | Z |

由表 8-30 可以看出，当 $\overline{G}$ 为高电平时，1Y 输出高阻状态。当 $\overline{G}$ 为低电平时，Y 输出与 A 输入一致。

### 5. 八同相三态总线收发器 74LS245

74LS245 是一种八同相三态总线收发器/线驱动器。其引脚排列如图 8-91 所示。它是一种有 20 个脚的芯片，A1、A2、A3、A4、A5、A6、A7、A8 和 B1、B2、B3、B4、B5、B6、B7、B8 互为输入/输出。$\overline{G}$ 和 DIR 为控制端。

74LS245 的真值表如表 8-31 所示。

表 8-31　74LS245 的真值表

| 使　能　$\overline{G}$ | 方向控制 DIR | 操　　作 |
|---|---|---|
| L | L | B 数据到 A 总线 |
| L | H | A 数据到 B 总线 |
| H | × | 隔离 |

图 8-91　74LS245 引脚排列

由表 8-31 可以看出，当 $\overline{G}$ 为高电平时，A 和 B 之间呈高阻状态。当 $\overline{G}$ 为低电平时，DIR 为低电平，数据由 B 到 A 传送；DIR 为高电平，数据由 A 到 B 传送。

## 8.11.2 三态缓冲器/线驱动器的 Proteus 仿真

【例8-13】 八反相三态缓冲器/线驱动器 74LS240 功能测试电路如图 8-92 所示。在图 8-92 中，U1:A 和 U1:B 的 A0、A1、A2、A3 输入都接"逻辑状态"调试元件；$\overline{OE}$ 也接"逻辑状态"调试元件。U1:A 和 U1:B 的 Y0、Y1、Y2、Y3 都接"逻辑探针"调试元件。

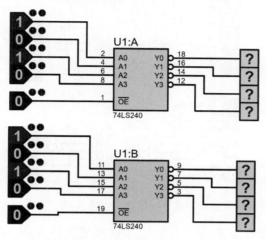

图 8-92 八反相三态缓冲器/线驱动器 74LS240 功能测试电路

向 U1:A 和 U1:B 的 A3、A2、A1、A0 都输入电平 0101，向 U1:A 和 U1:B 的 $\overline{OE}$ 都输入高电平 1，单击 Proteus 屏幕左下角的运行键 ▶，系统开始运行。

【例8-14】 八同相三态缓冲器/线驱动器 74LS244 功能测试电路如图 8-93 所示。在图 8-93 中，U1:A 和 U1:B 的 A0、A1、A2、A3 输入都接"逻辑状态"调试元件；U1:A 和 U1:B 的 $\overline{OE}$ 也接"逻辑状态"调试元件。U1:A 和 U1:B 的 Y0、Y1、Y2、Y3 都接"逻辑探针"调试元件。

(1) 向 U1:A 和 U1:B 的 A3、A2、A1、A0 都输入电平 0101，向 U1:A 和 U1:B 的 OE 都输入高电平 1，单击 Proteus 屏幕左下角的运行键 ▶，系统开始运行，出现如图 8-94 所示的八同相三态缓冲器/线驱动器 74LS244 芯片功能测试结果。此时，U1:A 和 U1:B 的输出 Y3、Y2、Y1、Y0 都是高阻态。

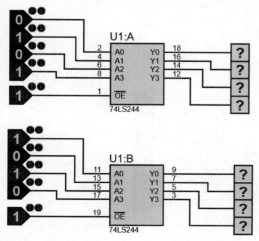

图 8-93 八同相三态缓冲器/线驱动器 74LS244
功能测试电路

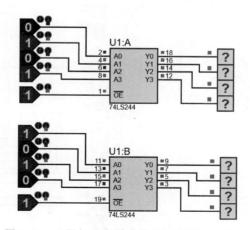

图 8-94 八同相三态缓冲器/线驱动器 74LS244
电路仿真结果 1

（2）向 U1:A 和 U1:B 的 A3、A2、A1、A0 都输入电平 0101 不变,向 U1:A 和 U1:B 的 $\overline{QE}$ 都输入低电平 0,单击 Proteus 屏幕左下角的运行键 ▶,系统开始运行,出现如图 8-95 所示的八同相三态缓冲器/线驱动器 74LS244 芯片功能测试结果。此时,U1:A 和 U1:B 的输出 Y3、Y2、Y1、Y0 都是 1010,它们都是原输入数的相反数。

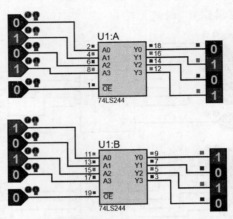

图 8-95  八同相三态缓冲器/线驱动器 74LS244 电路仿真结果 2

【例 8-15】  八同相三态总线收发器 74LS245 功能测试电路如图 8-96 所示。在图 8-96 中,U2 的 A0～A7 输入接"逻辑状态"调试元件;U2 的 $\overline{CE}$ 和 AB/$\overline{BA}$ 也接"逻辑状态"调试元件。U2 的 B0～B7 接"逻辑探针"调试元件。U1 的 B0～B7 接"逻辑状态"调试元件;U1 的 $\overline{CE}$ 和 AB/$\overline{BA}$ 也接"逻辑状态"调试元件。U1 的 A0～A7 接"逻辑探针"调试元件。

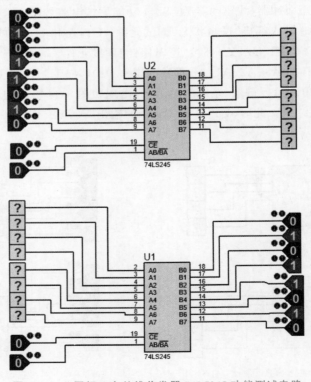

图 8-96  八同相三态总线收发器 74LS245 功能测试电路

向 U2 的 A7～A0 输入电平 01011010,向 U2 的 $\overline{CE}$ 输入高电平 1;向 U1 的 B7～B0 输入电平 01011010,向 U1 的 $\overline{CE}$ 输入高电平 1,单击 Proteus 屏幕左下角的运行键 ▶,系统开始运行,出现如图 8-97 所示的八同相三态总线收发器 74LS245 芯片功能测试结果。此时,U2 的 B7～B0、U1 的 A7～A0 都是高阻态。

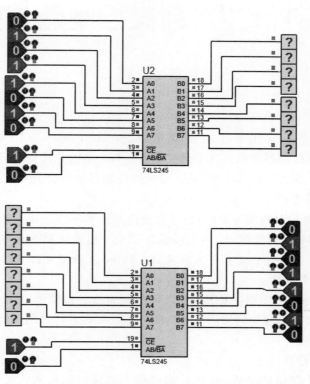

图 8-97 八同相三态总线收发器 74LS245 电路仿真结果

# 第9章 STM32系列微控制器与开发

STM32 系列微控制器是意法半导体公司（STMicroelectronics，ST）推出的一系列 32 位 Arm Cortex-M 处理器核心的微控制器产品。这些微控制器具有丰富的外设资源，适用领域广泛，包括工业控制、消费类电子、汽车电子、医疗设备等。STM32 系列微控制器的开发通常涉及硬件设计、嵌入式软件开发，以及系统集成与调试等方面。

在进行 STM32 系列微控制器的开发时，通常会使用意法半导体公司提供的开发工具和资源，例如，STM32CubeMX 用于初始化代码生成，STM32CubeIDE 用于集成开发环境，ST-Link 调试器用于硬件调试。此外，还可以使用仿真软件进行虚拟开发和验证。Proteus 软件支持 STM32 系列微控制器的仿真，可以用于验证硬件与软件的功能。

本章讲述了 STM32 系列微控制器及其开发环境。它为读者提供了 Arm 嵌入式微处理器的基础知识、STM32 微控制器的特性，以及如何使用 Keil MDK 开发工具进行开发。

本章主要讲述如下内容：

（1）Arm 嵌入式微处理器简介。

读者将被引入 Arm 处理器的世界，这是目前市场上最流行的嵌入式处理器之一。它详细介绍了 Arm 处理器的特点、Arm 体系结构及其 RISC（精简指令集计算机）结构的特性。此外，还对 Arm Cortex-M 系列处理器进行了介绍，这是针对低成本、低功耗嵌入式应用的处理器系列。

（2）STM32 微控制器概述。

本章提供了 STM32 微控制器的全面概述，从产品介绍到系统性能分析，还包括 STM32F103VET6 的引脚描述以及如何设计一个基于该芯片的最小系统。STM32 系列以其高性能和灵活性而闻名，应用范围广泛。

（3）STM32 开发工具——Keil MDK。

读者将学习到关于 Keil MDK 的知识。Keil MDK 是一个流行的集成开发环境（IDE），用于开发基于 Arm Cortex-M 处理器的应用程序。Keil MDK 为 STM32 开发提供了必要的工具和功能，以便于代码编写、调试和优化。

（4）STM32F103 开发板的选择。

讲述了如何选择合适的 STM32F103 开发板。开发板是微控制器开发的基础，它带有必要的硬件接口和支持电路，让开发者能够快速上手硬件和软件开发。

（5）STM32 仿真器的选择。

读者将了解 STM32 仿真器的选择。仿真器是用于程序调试和硬件仿真的重要工具，它能够帮助开发者在实际硬件到达之前模拟微控制器的行为。

# 9.1　Arm 微处理器简介

Arm(Advanced RISC Machine)既是一个公司的名字,也是对一类微处理器的通称,还可以认为是一种技术的名字。Arm 系列处理器是由英国 Arm 公司设计的,是全球最成功的 RISC(Reduced Instruction Set Computer,精简指令集计算机)。1990 年,Arm 公司从剑桥的 Acorn 独立出来并上市;1991 年,Arm 公司设计出全球第一款 RISC 处理器。从此以后,Arm 处理器被授权给众多半导体制造厂,成为了低功耗和低成本的嵌入式应用的市场领导者。

Arm 公司是全球领先的半导体知识产权(Intellectual Property,IP)提供商,与一般的公司不同,Arm 公司既不生产芯片,也不销售芯片,而是设计出高性能、低功耗、低成本和高可靠性的 IP 内核,如 Arm7TDMI、Arm9TDMI、Arm10TDMI 等,授权给各半导体公司使用。半导体公司在授权付费使用 Arm 内核的基础上,根据自己公司的定位和各自不同的应用领域,添加适当的外围电路,从而形成自己的嵌入式微处理器或微控制器芯片产品。目前,绝大多数的半导体公司都使用 Arm 公司的授权,如 Intel、IBM、三星(Samsung)、德州仪器(TI)、飞思卡尔(Freescale,现已被 NXP 收购)、恩智浦(NXP)、意法半导体(STMicroelectronics)等。这样既使 Arm 技术获得更多的第三方工具、硬件、软件的支持,又使整个系统成本降低,使产品更容易进入市场被消费者所接受,更具有竞争力。Arm 公司利用这种双赢的伙伴关系迅速成为全球性 RISC 微处理器标准的缔造者。

Arm 嵌入式处理器有着非常广泛的嵌入式系统支持,如 Windows CE、μC/OS-Ⅱ、μCLinux 和 VxWorks 等。

## 9.1.1　Arm 处理器的特点

因为 Arm 处理器采用 RISC 结构,所以它具有 RISC 架构的一些经典特点。

(1) 体积小、功耗低、成本低、性能高。

(2) 支持 Thumb(16 位)/Arm(32 位)双指令集,能很好地兼容 8 位/16 位器件。

(3) 大量使用寄存器,指令执行速度更快。

(4) 大多数数据操作都在寄存器中完成。

(5) 寻址方式灵活简单,执行效率高。

(6) 内含嵌入式在线仿真器。

基于 Arm 处理器具有上述特点,它被广泛应用于以下领域。

(1) 为通信、消费电子、成像设备等产品,提供可运行复杂操作系统的开放应用平台。

(2) 在海量存储、汽车电子、工业控制和网络应用等领域,提供实时嵌入式应用。

(3) 在军事、航天等领域,提供宽温、抗电磁干扰、耐腐蚀的复杂嵌入式应用。

## 9.1.2　Arm 体系结构

Arm 体系结构是 CPU 产品所使用的一种体系结构,Arm 公司开发了一套拥有知识产权的 RISC 体系结构的指令集。每个 Arm 处理器都有一个特定的指令集架构,而一个特定的指令集架构又可以由多种处理器实现。

自从第 1 个 Arm 处理器芯片诞生至今,Arm 公司先后定义了 8 个 Arm 体系结构版本,分别命名为 V1~V8;此外还有基于这些体系结构的变种版本。版本 V1~V3 已经被淘汰,目前常用的是 V4~V8 版本,每一个版本均集成了前一个版本的基本设计,但性能有所提高或功能有所扩充,并且指令集向下兼容。

### 1. 哈佛结构

哈佛结构(Harvard structure)是一种将程序指令存储和数据存储分开的存储器结构。中央处理器首先到程序指令储存器中读取程序指令内容,如图9-1所示,解码后得到数据地址,再到相应的数据存储器中读取数据,并进行下一步的操作(通常是执行)。程序指令存储和数据存储分开,数据和指令的存储可以同时进行,可以使指令和数据有不同的数据宽度,如 Microchip 公司的 PIC16 芯片的程序指令是 14 位宽度,而数据是 8 位宽度。

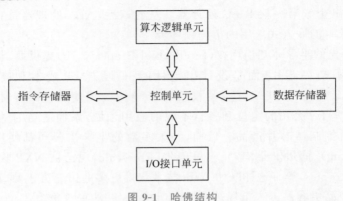

图 9-1  哈佛结构

与冯·诺依曼结构处理器比较,哈佛结构处理器有两个明显的特点。

(1) 使用两个独立的存储器模块,分别存储指令和数据,每个存储模块都不允许指令和数据并存。

(2) 使用独立的两条总线,分别作为 CPU 与每个存储器之间的专用通信路径,而这两条总线之间毫无关联。

改进的哈佛结构具有如下特点:

(1) 使用两个独立的存储器模块,分别存储指令和数据,每个存储模块都不允许指令和数据并存,以便实现并行处理。

(2) 具有一条独立的地址总线和一条独立的数据总线,利用公用地址总线访问两个存储模块(程序存储模块和数据存储模块),公用数据总线则被用来完成程序存储模块或数据存储模块与 CPU 之间的数据传输。

哈佛结构的微处理器通常具有较高的执行效率。其程序指令和数据指令是分开组织和存储的,执行时可以预先读取下一条指令。目前使用哈佛结构的中央处理器和微控制器有很多,除了上面提到的 Microchip 公司的 PIC 系列芯片,还有摩托罗拉公司的 MC68 系列、Zilog 公司的 Z8 系列、Atmel 公司的 AVR 系列和 Arm 公司的 Arm9、Arm10 和 Arm11。Arm 有许多系列,如 Arm7、Arm9、Arm10E、XScale、Cortex 等,其中哈佛结构、冯·诺依曼结构都有。如控制领域最常用的 Arm7 系列是冯·诺依曼结构,而 Cortex-M3 系列是哈佛结构。

### 2. 冯·诺依曼结构

冯·诺依曼(Von Neumann)结构是一种将程序指令存储器和数据存储器合并在一起的计算机设计概念结构。冯·诺依曼结构描述的是一种实作通用图灵机的计算装置,以及一种相对于平行计算的序列式结构参考模型(reference model),如图9-2所示。

该结构提出了将存储装置与中央处理器分开的概念,因此依该结构设计出的计算机又称存储程序型计算机。

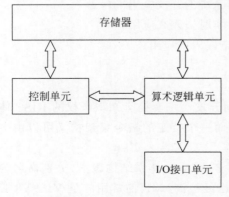

图 9-2  冯·诺依曼结构

冯·诺依曼结构处理器具有以下几个特点：

(1) 必须有一个存储器。

(2) 必须有一个控制器。

(3) 必须有一个运算器，用于完成算术运算和逻辑运算。

(4) 必须有输入设备和输出设备，用于进行人机通信。

### 9.1.3　Arm 的 RISC 结构特性

Arm 内核采用精简指令集计算机(Reduced Instruction Set Computer, RISC)体系结构，其指令集和相关的译码机制比复杂指令集计算机(Complex Instruction Set Computer, CISC)要简单得多，其目标就是设计出一套能在高时钟频率下单周期执行、简单而有效的指令集。RISC 的设计重点在于降低处理器中指令执行部件的硬件复杂度，这是因为软件比硬件更容易提供更大的灵活性和更高的智能化程度，因此 Arm 具备了非常典型的 RISC 结构特性。

(1) 具有大量的通用寄存器。

(2) 通过装载/保存(load-store)结构使用独立的 load 和 store 指令完成数据在寄存器和外部存储器之间的传送，处理器只处理寄存器中的数据，从而可以避免多次访问存储器。

(3) 寻址方式非常简单，所有装载/保存的地址都只由寄存器内容和指令域决定。

(4) 使用统一和固定长度的指令格式。

此外，Arm 体系结构还提供如下功能：

(1) 每一条数据处理指令都可以同时包含算术逻辑单元(ALU)的运算和移位处理，以实现对 ALU 和移位器的最大利用。

(2) 使用地址自动增加和自动减少的寻址方式优化程序中的循环处理。

(3) 利用 load/store 指令可以批量传输数据，从而实现了最大数据吞吐量。

(4) 大多数 Arm 指令是可"条件执行"的，也就是说，只有当某个特定条件满足时，指令才会被执行。通过使用条件执行，可以减少指令的数目，从而改善程序的执行效率和提高代码密度。

这些在基本 RISC 结构上增强的特性使 Arm 处理器在高性能、低代码规模、低功耗和小的硅片尺寸方面取得了良好的平衡。

从 1985 年 Arm1 诞生至今，Arm 指令集体系结构发生了巨大的改变，还在不断地完善和发展。为了清楚地表达每个 Arm 应用实例所使用的指令集，Arm 公司定义了 7 种主要的 Arm 指令集体系结构版本，版本号以 v1~v7 表示。

### 9.1.4　Arm Cortex-M 处理器

Cortex-M 处理器家族更多地集中在低性能端，但是这些处理器相比于许多传统微控制器性能仍然更为强大。例如，Cortex-M4 和 Cortex-M7 处理器应用在许多高性能的微控制器产品中，最大的时钟频率可以达到 400MHz。如表 9-1 所示是 Arm Cortex-M 处理器家族。

表 9-1　Arm Cortex-M 处理器家族

| 处理器 | 描　　　述 |
|---|---|
| Cortex-M0 | 面向低成本、超低功耗的微控制器和深度嵌入式应用的非常小的处理器 |
| Cortex-M0+ | 针对小型嵌入式系统的最高能效的处理器，与 Cortex-M0 处理器的尺寸和编程模式接近，但是具有扩展功能，如单周期 I/O 接口和向量表重定位功能 |

续表

| 处理器 | 描　　述 |
|---|---|
| Cortex-M1 | 针对 FPGA 设计优化的小处理器,利用 FPGA 上的存储器块实现了紧耦合内存(TCM),和 Cortex-M0 有相同的指令集 |
| Cortex-M3 | 针对低功耗微控制器设计的处理器,面积小但是性能强劲,支持可快速处理复杂任务的丰富指令集。具有硬件除法器和乘加指令(MAC),并且 Cortex-M3 支持全面的调试和跟踪功能,使软件开发者可以快速地开发他们的应用 |
| Cortex-M4 | 不但具备 Cortex-M3 的所有功能,并且扩展了面向数字信号处理的指令集,如单指令多数据指令和更快的单周期 MAC 操作。此外,它还有一个可选的支持 IEEE 754 浮点标准的单精度浮点运算单元 |
| Cortex-M7 | 针对高端微控制器和数据处理密集的应用开发的高性能处理器。具备 Cortex-M4 支持的所有指令功能,扩展支持双精度浮点运算,并且具备扩展的存储器功能,如 Cache 和紧耦合存储器 |
| Cortex-M23 | 面向超低功耗、低成本应用设计的小尺寸处理器,和 Cortex-M0 相似,但是支持各种增强的指令集和系统层面的功能特性。Cortex-M23 还支持 TrustZone 安全扩展 |
| Cortex-M33 | 主流的处理器设计,与之前的 Cortex-M3 和 Cortex-M4 处理器类似,但系统设计更灵活,能耗比更高效,性能更高。Cortex-M33 还支持 TrustZone 安全扩展 |

相比于老的 Arm 处理器(例如,Arm7TDMI、Arm9),Cortex-M 处理器有一个非常不同的架构。例如,

(1) 仅支持 Arm Thumb 指令,已扩展到同时支持 16 位和 32 位指令 Thumb-2 版本。

(2) 内置的嵌套向量中断控制负责中断处理,自动处理中断优先级、中断屏蔽、中断嵌套和系统异常。

## 9.2　STM32 微控制器概述

STM32 是意法半导体公司较早推向市场的基于 Cortex-M 内核的微处理器系列产品,该系列产品具有成本低、功耗优、性能高、功能多等优势,并且以系列化方式推出,方便用户选型,在市场上获得了广泛好评。

目前常用的 STM32 有 STM32F103~107 系列,简称"1 系列",最近又推出了高端的 STM32F4xx 系列,简称"4 系列"。前者基于 Cortex-M3 内核,后者基于 Cortex-M4 内核。STM32F4xx 系列在以下诸多方面作了优化:

(1) 增加了浮点运算。

(2) 具有 DSP(Digital Signal Processor,数字信号处理器)功能。

(3) 存储空间更大,高达 1MB 以上。

(4) 运算速度更高,以 168MHz 高速运行时处理能力可达到 210DMIPS(Dhrystone Million Instructions executed Per Second,每秒执行一百万条指令,主要用于测整数计算能力 )。

(5) 更高级的外设,例如,照相机接口、加密处理器、USB 高速 OTG(On The Go,USB 协议标准,可让 USB 设备在不需连接到计算机的情况下进行通信)接口等,提高性能,具有更快的通信接口、更高的采样率、带 FIFO(First In First Out,先进先出)的 DMA 控制器。

STM32 系列单片机具有以下优点。

**1. 先进的内核结构**

(1) 哈佛结构使其在处理器整数性能测试上有着出色的表现,运行速度可以达到 1.25DMIPS/MHz,而功耗仅为 0.19mW/MHz。

(2) Thumb-2 指令集以 16 位的代码密度带来了 32 位的性能。

(3) 内置了快速的中断控制器,提供了优越的实时特性,中断的延迟时间降到只需 6 个 CPU 周期,从低功耗模式唤醒的时间也只需 6 个 CPU 周期。

（4）具有单周期乘法指令和硬件除法指令。

**2. 3种能耗控制模式**

STM32经过特殊处理，针对应用中3种主要的能耗要求进行了优化，这3种能耗要求分别是运行模式下高效率的动态耗电机制、待机状态时极低的电能消耗和电池供电时的低电压工作能力。为此，STM32提供了3种低功耗模式和灵活的时钟控制机制，用户可以根据自己所需要的耗电/性能要求进行合理优化。

**3. 最大程度地集成整合**

（1）STM32内嵌电源监控器，包括上电复位、低电压检测、掉电检测和自带时钟的看门狗定时器，减少了对外部器件的需求。

（2）使用一个主晶振可以驱动整个系统。低成本的4～16MHz晶振即可驱动CPU、USB以及所有外设，使用内嵌锁相环（Phase Locked Loop，PLL）产生多种频率，可以为内部实时时钟选择32kHz的晶振。

（3）内嵌出厂前调校好的8MHz RC振荡电路，可以作为主时钟源。

（4）拥有针对RTC（Real Time Clock，实时时钟）或看门狗的低频率RC电路。

（5）LQPF100封装芯片的最小系统只需要7个外部无源器件。

因此，使用STM32可以很轻松地完成产品的开发。意法半导体公司提供了完整、高效的开发工具和库函数，可帮助开发者缩短系统开发周期。

**4. 出众及创新的外设**

STM32的优势来源于两路高级外设总线，连接到该总线上的外设能以更高的速度运行。

（1）USB接口速度可达12Mb/s。

（2）USART接口速度高达4.5Mb/s。

（3）SPI接口速度可达18Mb/s。

（4）I2C接口速度可达400kHz。

（5）GPIO（General Purpose Input Output，通用输入/输出）的最大翻转频率为18MHz。

（6）PWM（Pulse Width Modulation，脉冲宽度调制）定时器最高可使用72MHz时钟输入。

## 9.2.1　STM32微控制器产品介绍

目前，市场上常见的基于Cortex-M3的MCU有意法半导体公司的STM32F103微控制器、德州仪器公司（TI）的LM3S8000微控制器和恩智浦公司（NXP）的LPC1788微控制器等，其应用遍及工业控制、消费电子、仪器仪表、智能家居等各个领域。

意法半导体集团于1987年6月成立，是由意大利的SGS微电子公司和法国THOMSON半导体公司合并而成。1998年5月，改名为意法半导体公司，是世界最大的半导体公司之一。从成立至今，意法半导体公司的增长速度超过了半导体工业的整体增长速度。自1999年起，意法半导体公司始终是世界十大半导体公司之一。据最新的工业统计数据，意法半导体公司是全球第五大半导体厂商，在很多领域居世界领先水平。例如，意法半导体公司是世界第一大专用模拟芯片和电源转换芯片制造商，世界第一大工业半导体和机顶盒芯片供应商，而且在分立器件、手机相机模块和车用集成电路领域居世界前列。

在诸多半导体制造商中，意法半导体公司是较早在市场上推出基于Cortex-M内核的MCU产品的公司，其根据Cortex-M内核设计生产的STM32微控制器充分发挥了低成本、低功耗、高性价比的优势，系列化的推出方式便于用户选择，受到了广泛的好评。

STM32系列微控制器适合的应用：替代绝大部分8/16位MCU的应用，替代目前常用的32位MCU（特别是Arm7）的应用，小型操作系统相关的应用以及简单图形和语音相关的应用等。

STM32系列微控制器不适合的应用包括程序代码大于1MB的应用，基于Linux或Android的应用,基于高清或超高清的视频应用等。

STM32 系列微控制器的产品线包括高性能类型、主流类型和超低功耗类型三大类,分别面向不同的应用,其具体产品系列如图 9-3 所示。

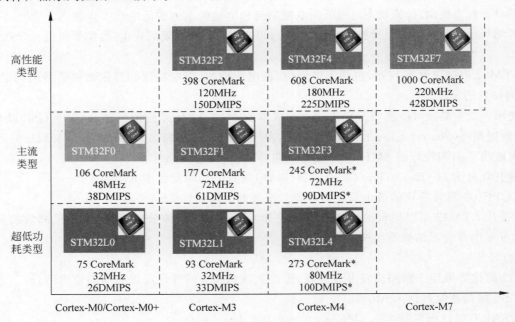

图 9-3 STM32 产品系列

**1. STM32F1 系列(主流类型)**

STM32F1 系列微控制器基于 Cortex-M3 内核,利用一流的外设和低功耗、低压操作实现了高性能,同时以可接受的价格,利用简单的架构和简便易用的工具实现了高集成度,能够满足工业、医疗和消费类市场的各种应用需求。凭借该产品系列,意法半导体公司在全球基于 Arm Cortex-M3 的微控制器领域处于领先地位。后面的内容均基于 STM32F1 系列中的典型微控制器 STM32F103 讲述。

**2. STM32F0 系列(主流类型)**

STM32F0 系列微控制器基于 Cortex-M0 内核,在实现 32 位性能的同时,传承了 STM32 系列的重要特性。它集实时性能、低功耗运算和与 STM32 平台相关的先进架构及外设于一身,将全能架构理念变成了现实,特别适于成本敏感型应用。

**3. STM32F4 系列(高性能类型)**

STM32F4 系列微控制器基于 Cortex-M4 内核,采用了意法半导体公司的 90nm NVM(Non Volatile Memory,非易失性存储器)工艺和 ART(Adaptive real time,自适应实时)加速器,在高达 180MHz 的工作频率下通过 Flash 执行时,其处理性能达到 225 DMIPS/608CoreMark。这是迄今为止所有基于 Cortex-M 内核的微控制器产品所达到的最高基准测试分数。由于采用了动态功耗调整功能,通过 Flash 执行时的电流消耗范围为 STM32F401 的 $128\mu A/MHz$ 到 STM32F439 的 $260\mu A/MHz$。

**4. STM32F7 系列(高性能类型)**

STM32F7 是世界上第一款基于 Cortex-M7 内核的微控制器。它采用 6 级超标量流水线和浮点单元,并利用意法半导体公司的 ART 加速器和 L1 缓存,实现了 Cortex-M7 的最大理论性能——无论是从嵌入式 Flash 还是外部存储器执行代码,都能在 216MHz 处理器频率下使性能达到 462DMIPS/1082CoreMark。由此可见,相对于意法半导体公司以前推出的高性能微控制器,如 STM32F2、STM32F4 系列,STM32F7 的优势就在于其强大的运算性能,能够适用于那些对于高性能计算有巨大需求的应用,对于目前还在使用简单计算功能的可穿戴设备和健身应用来说,将会带来颠覆性的革命,起到巨大的推动作用。

**5. STM32L1系列(超低功耗类型)**

STM32L1系列微控制器基于Cortex-M3内核,采用意法半导体专有的超低泄漏制程,具有创新型自主动态电压调节功能和5种低功耗模式,为各种应用提供了无与伦比的平台灵活性。STM32L1扩展了超低功耗的理念,并且不会牺牲性能。与STM32L0一样,STM32L1提供了动态电压调节、超低功耗时钟振荡器、LCD接口、比较器、DAC及硬件加密等部件。

STM32L1系列微控制器可以实现在1.65~3.6V范围内以32MHz的频率全速运行。

## 9.2.2　STM32系统性能分析

下面对STM32系统性能进行分析。

(1)集成嵌入式Flash和SRAM存储器的Arm Cortex-M3内核。和8/16位设备相比,Arm Cortex-M3 32位RISC处理器提供了更高的代码效率。STM32F103xx微控制器带有一个嵌入式的Arm核,可以兼容所有的Arm工具和软件。

(2)嵌入式Flash存储器和RAM存储器。内置多达512KB的嵌入式Flash,可用于存储程序和数据;多达64KB的嵌入式SRAM可以以CPU的时钟速度进行读/写。

(3)可变静态存储器(Flexible Static Memory Controller,FSMC)。FSMC嵌入在STM32F103xC、STM32F103xD、STM32F103xE中,带有4个片选,支持5种模式:Flash、RAM、PSRAM、NOR和NAND。

(4)嵌套矢量中断控制器(Nested Vectored Interrupt Controller,NVIC)。可以处理43个可屏蔽中断通道(不包括Cortex-M3的16条中断线),提供16个中断优先级。紧密耦合的NVIC实现了更低的中断处理延时,直接向内核传递中断入口向量表地址,紧密耦合的NVIC内核接口,允许中断提前处理,对后到的更高优先级的中断进行处理,支持尾链,自动保存处理器状态,中断入口在中断退出时自动恢复,不需要指令干预。

(5)外部中断/事件控制器(EXTI)。外部中断/事件控制器由19条用于产生中断/事件请求的边沿探测器线组成。每条线可以被单独配置用于选择触发事件(上升沿、下降沿,或者两者都可以),也可以被单独屏蔽。有一个挂起寄存器维护中断请求的状态。当外部线上出现长度超过内部APB(Advanced Peripheral Bus,高级外围总线)2时钟周期的脉冲时,EXTI能够探测到。多达112个GPIO连接到16条外部中断线。

(6)时钟和启动。在系统启动的时候要进行系统时钟选择,但复位的时候内部8MHz的晶振被选用作CPU时钟。可以选择一个外部的4~16MHz的时钟,并且会被监视判定是否成功。在此期间,控制器被禁止并且软件中断管理随后也被禁止。同时,如果有需要(例如碰到一个间接使用的晶振失败),PLL时钟的中断管理完全可用。多个预比较器可以用于配置AHB(Advanced High performance Bus,高性能总线)频率,包括高速APB(APB2)和低速APB(APB1),高速APB最高的频率为72MHz,低速APB最高的频率为36MHz。

(7)Boot模式。在启动的时候,Boot引脚被用来在3种Boot选项中选择一种:从用户Flash导入,从系统存储器导入,从SRAM导入。Boot导入程序位于系统存储器,用于通过USART1重新对Flash存储器编程。

(8)电源供电方案。$V_{DD}$,电压范围为2.0~3.6V,外部电源通过$V_{DD}$引脚提供,用于I/O和内部调压器。$V_{SSA}$和$V_{DDA}$,电压范围为2.0~3.6V,外部模拟电压输入,用于ADC(模/数转换器)、复位模块、RC和PLL,在$V_{DD}$范围之内(ADC被限制在2.4V),$V_{SSA}$和$V_{DDA}$必须相应连接到$V_{SS}$和$V_{DD}$。$V_{BAT}$的电压范围为1.8~3.6V,当$V_{DD}$无效时为RTC(Real Time Clock,实时时钟)、外部32kHz晶振和备份寄存器供电(通过电源切换实现)。

(9)电源管理。设备有一个完整的上电复位(Power On Reset,POR)和掉电复位(Power Down Reset,

PDR)电路。这个电路一直有效,用于确保电压从 2V 启动或者掉到 2V 的时候进行一些必要的操作。

（10）电压调节。调压器有 3 种运行模式分别为主(MR)、低功耗(LPR)和掉电。MR 用在传统意义上的调节模式(运行模式),LPR 用在停止模式,掉电用在待机模式。调压器输出为高阻,核心电路掉电,包括零消耗(寄存器和 SRAM 的内容不会丢失)。

（11）低功耗模式。STM32F103xx 支持 3 种低功耗模式:休眠模式、停止模式、待机模式,从而在低功耗、短启动时间和可用唤醒源之间达到一个最好的平衡点。

### 9.2.3　STM32F103VET6 的引脚

STM32F103VET6 比 STM32F103ZET6 少了两个接口:PF 口和 PG 口,其他资源一样。

为了简化描述,后续的内容以 STM32F103VET6 为例进行介绍。STM32F103VET6 采用 LQFP100 封装,外形和引脚如图 9-4 所示。

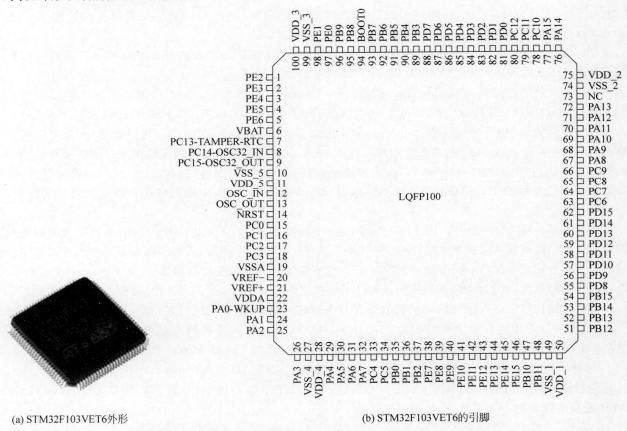

(a) STM32F103VET6外形　　　　　　　　(b) STM32F103VET6的引脚

图 9-4　STM32F103VET6 的外形和引脚

### 9.2.4　STM32F103VET6 最小系统设计

STM32F103VET6 最小系统是指能够让 STM32F103VET6 正常工作的包含最少元器件的系统。STM32F103VET6 片内集成了电源管理模块(包括滤波复位输入、集成的上电复位/掉电复位电路、可编程电压检测电路)、8MHz 高速内部 RC 振荡器、40kHz 低速内部 RC 振荡器等部件,外部只需 7 个无源器件就可以让 STM32F103VET6 工作。然而,为了使用方便,在最小系统中加入了 USB 转 TTL 串口、发光二极管等功能模块。

最小系统核心电路原理图如图 9-5 所示,其中包括复位电路、晶体振荡电路和启动设置电路等模块。

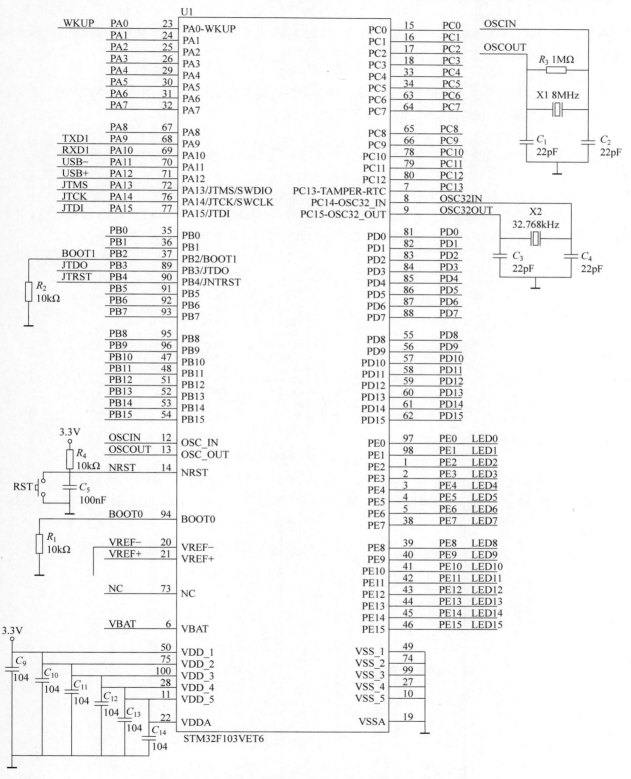

图 9-5　STM32F103VET6 的最小系统核心电路原理图

**1. 复位电路**

STM32F103VET6 的 NRST 引脚输入中使用 CMOS 工艺,它连接了一个不能断开的上拉电阻 $R_{pu}$,其典型值为 40kΩ,外部连接了一个上拉电阻 $R_4$、按键 RST 及电容 $C_5$,当 RST 按键按下时 NRST 引脚电位变为 0,通过这个方式实现手动复位。

**2. 晶体振荡电路**

STM32F103VET6 一共外接了两个晶振:一个 8MHz 的晶振 X1 用于提供高速外部时钟,另一个 32.768kHz 的晶振 X2 用于提供给全低速外部时钟。

**3. 启动设置电路**

启动设置电路由启动设置引脚 BOOT1 和 BOOT0 构成。二者均通过 10kΩ 的电阻接地。从用户 Flash 启动。

**4. JTAG 接口电路**

为了方便系统采用 J-Link 仿真器进行下载和在线仿真,在最小系统中预留了 JTAG 接口电路,用来实现 STM32F103VET6 与 J-Link 仿真器的连接。JTAG 接口电路原理图如图 9-6 所示。

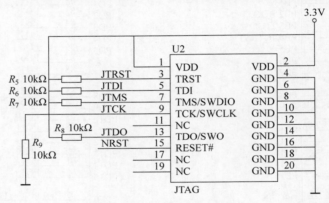

图 9-6　JTAG 接口电路原理图

**5. 流水灯电路**

最小系统板载 16 个 LED 流水灯,对应 STM32F103VET6 的 PE0~PE15 引脚,电路原理图如图 9-7 所示。

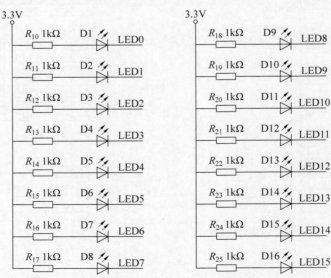

图 9-7　流水灯电路原理图

另外,还设计有 USB 转 TTL 串口电路(采用 CH340G)、独立按键电路、ADC 电路(采用 10kΩ 电位器)和 5V 转 3.3V 电源电路(采用 AMS1117-3.3V),具体电路略。

## 9.3　STM32 开发工具——Keil MDK

Keil 公司是一家业界领先的微控制器(MCU)软件开发工具的独立供应商,由两家私人公司联合运营,这两家公司分别是德国慕尼黑的 Keil Elektronik GmbH 和美国得克萨斯的 Keil Software Inc.。Keil 公司制造和销售种类广泛的开发工具,包括 ANSI C 编译器、宏汇编程序、调试器、连接器、库管理器、固件和实时操作系统核心(real-time kernel)。

MDK 即 RealView MDK(Microcontroller Development kit,微控制器开发工具)或 MDK-Arm,是 Arm 公司收购 Keil 公司以后,基于 μVision 界面推出的针对 Arm7、Arm9、Cortex-M 系列、Cortex-R4 等 Arm 处理器的嵌入式软件开发工具。

Keil MDK 的全称是 Keil Microcontroller Development Kit,中文名称为 Keil 微控制器开发套件,经常能看到的 Keil Arm-MDK、Keil MDK、RealView MDK、I-MDK、μVision5(老版本为 μVision4 和 μVision3),这几个名称都是指同一个产品。Keil MDK 由一家业界领先的微控制器软件开发工具的独立供应商 Keil 公司(2005 年被 Arm 收购)推出。它支持 40 多个厂商的超过 5000 种基于 Arm 的微控制器器件和多种仿真器,集成了行业领先的 Arm C/C++编译工具链,符合 Arm Cortex 微控制器软件接口标准(Cortex Microcontroller Software Interface Standard,CMSIS)。Keil MDK 提供了软件包管理器和多种实时操作系统(RTX、Micrium RTOS、RT-Thread 等)、IPv4/IPv6、USB 外设和 OTG 协议栈、IoT 安全连接以及 GUI 库等中间件组件;还提供了性能分析器,可以评估代码覆盖、运行时间以及函数调用次数等,指导开发者进行代码优化;同时提供了大量的项目例程,可帮助开发者快速掌握 Keil MDK 的强大功能。Keil MDK 是一个适用于 Arm7、Arm9、Cortex-M、Cortex-R 等系列微控制器的完整软件开发环境,具有强大的功能和方便易用性,深得广大开发者认可,成为目前常用的嵌入式集成开发环境之一,能够满足大多数苛刻的嵌入式应用开发的需要。

MDK-Arm 主要包含以下 4 个核心组成部分。

(1) μVision IDE:是一个集项目管理器、源代码编辑器、调试器于一体的强大集成开发环境。

(2) RVCT:是 Arm 公司提供的编译工具链,包括编译器、汇编器、链接器和相关工具。

(3) RL-Arm:实时库,可将其作为工程库使用。

(4) U-Link/J-Link USB-JTAG 仿真器:用于连接目标系统的调试接口(JTAG 或 SWD 方式),可帮助用户在目标硬件上调试程序。

μVision IDE 是一个基于 Windows 操作系统的嵌入式软件开发平台,集编译器、调试器、项目管理器和一些 Make 工具于一体,具有如下主要特征:

(1) 项目管理器用于产生和维护项目。

(2) 处理器数据库集成了一个能自动配置选项的工具。

(3) 带有用于汇编、编译和链接的 Make 工具。

(4) 全功能的源码编辑器。

(5) 模板编辑器可用于在源码中插入通用文本序列和头部块。

(6) 源码浏览器用于快速寻找、定位和分析应用程序中的代码和数据。

(7) 函数浏览器用于在程序中对函数进行快速导航。

(8) 函数略图(Function sketch)可形成某个源文件的函数视图。

（9）带有一些内置工具，例如，Find in Files 等。

（10）集模拟调试和目标硬件调试功能于一体。

（11）配置向导可实现图形化地快速生成启动文件和配置文件。

（12）提供与多种第三方工具和软件版本控制系统的接口。

（13）带有 Flash 编程工具对话窗口。

（14）丰富的工具设置对话窗口。

（15）完善的在线帮助和用户指南。

MDK-Arm 支持的 Arm 处理器如下：

（1）Cortex-M0/M0＋/M3/M4/M7。

（2）Cortex-M23/M33 non-secure。

（3）ICortex-M23/M33 secure/non-secure。

（4）Arm7、Arm9、Cortex-R4、SecurCore SC000 和 SC300。

（5）Armv8-M architecture。

使用 MDK-Arm 作为嵌入式开发工具，其开发的流程与其他开发工具基本一样，一般可以分以下几步：

（1）新建一个工程，从处理器库中选择目标芯片。

（2）自动生成启动文件或使用芯片厂商提供的基于 CMSIS 标准的启动文件及固件库。

（3）配置编译器环境。

（4）用 C 语言或汇编语言编写源文件。

（5）编译目标应用程序。

（6）修改源程序中的错误。

（7）调试应用程序。

MDK-Arm 集成了业内最领先的技术，包括 μVision5 集成开发环境与 RealView 编译器 RVCT（RealView Compilation Tools，RealView 编译工具）。MDK-Arm 支持 Arm7、Arm9 和最新的 Cortex-M 核处理器，可自动配置启动代码，集成 Flash 烧写模块，有强大的 Simulation 设备模拟、性能分析等功能。

强大的 Simulation 设备模拟和性能分析等单元以及出众的性价比使得 Keil MDK 开发工具迅速成为 Arm 软件开发工具的标准。目前，Keil MDK 在我国 Arm 开发工具市场的占有率在 90％以上。Keil MDK 主要能够为开发者提供以下开发优势。

（1）启动代码生成向导。启动代码和系统硬件结合紧密，只有使用汇编语言才能编写启动代码，因此启动代码成为许多开发者难以跨越的门槛。Keil MDK 的 μVision5 工具可以自动生成完善的启动代码，并提供图形化的窗口，方便修改。无论是对于初学者还是对于有经验的开发者而言，Keil MDK 都能大大节省开发时间，提高系统设计效率。

（2）设备模拟器。Keil MDK 的设备模拟器可以仿真整个目标硬件，如快速指令集仿真、外部信号和 I/O 端口仿真、中断过程仿真、片内外围设备仿真等。这使开发者在没有硬件的情况下也能进行完整的软件设计开发与调试工作，软硬件开发可以同步进行，大大缩短了开发周期。

（3）性能分析器。Keil MDK 的性能分析器具有辅助开发者查看代码覆盖情况、程序运行时间、函数调用次数等高端控制功能，可帮助开发者轻松地进行代码优化，提高嵌入式系统设计开发的质量。

（4）Real View 编译器。Keil MDK 的 Real View 编译器与 Arm 公司以前的工具包 ADS 相比，其代码尺寸比 ADS 1.2 编译器的代码尺寸小 10％，其代码性能也比 ADS 1.2 编译器提高了至少 20％。

（5）ULINK2/Pro 仿真器和 Flash 编程模块。Keil MDK 无须寻求第三方编程软硬件的支持。通过配套的 ULINK2 仿真器与 Flash 编程工具,可以轻松地实现 CPU 片内 Flash 和外扩 Flash 烧写,并支持用户自行添加 Flash 编程算法,支持 Flash 的整片删除、扇区删除、编程前自动删除和编程后自动校验等功能。

(6) Cortex 系列内核。Cortex 系列内核具备高性能和低成本等优点,是 Arm 公司最新推出的微控制器内核,是单片机应用的热点和主流。而 Keil MDK 是第一款支持 Cortex 系列内核开发的开发工具,并为开发者提供了完善的工具集,因此,可以用它设计与开发基于 Cortex-M3 内核的 STM32 嵌入式系统。

(7) 提供专业的本地化技术支持和服务。Keil MDK 的国内用户可以享受专业的本地化技术支持和服务,如电话、E-mail、论坛和中文技术文档等,这将为开发者设计出更有竞争力的产品提供更多的助力。

此外,Keil MDK 还具有自己的实时操作系统(RTOS),即 RTX。传统的 8 位或 16 位单片机往往不适合使用实时操作系统,但 Cortex-M3 内核除了为用户提供更强劲的性能、更高的性价比,还具备对小型操作系统的良好支持,因此在设计和开发 STM32 嵌入式系统时,开发者可以在 Keil MDK 上使用 RTOS。使用 RTOS 可以为工程组织提供良好的结构,并提高代码的重复使用率,使程序调试更加容易、项目管理更加简单。

关于 Keil MDK 开发环境使用方法请参考作者在清华大学出版社出版的《Arm 嵌入式系统原理及应用——STM32F103 微控制器架构、编程与开发》一书。

## 9.4　STM32F103 开发板的选择

本章应用实例是在野火 F103-霸道开发板上调试通过的,该开发板可以在网上购买,价格因模块配置的区别而不同。

野火 F103-霸道开发板使用 STM32F103ZET6 作为主控芯片,使用 3.2 英寸液晶屏进行交互。可通过 Wi-Fi 的形式接入互联网,支持使用串口(TTL)、RS-485、CAN、USB 协议与其他设备通信,配备板载 Flash、EEPROM 存储器、全彩 RGB LED 灯,还提供了各式通用接口,能满足多样的学习需求。

野火 F103-霸道开发板如图 9-8 所示。

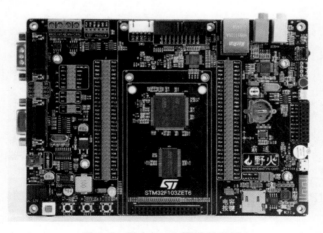

图 9-8　野火 F103-霸道开发板

## 9.5　STM32 仿真器的选择

开发板可以采用 ST-Link、J-Link 或野火 fireDAP 下载器(符合 CMSIS-DAP Debugger 规范)下载程序。ST-Link、J-Link 仿真器需要安装驱动程序,CMSIS-DAP 仿真器不需要安装驱动程序。

**1. CMSIS-DAP 仿真器**

CMSIS-DAP 支持 CoreSight 调试访问端口（DAP）的固件规范和实现，以及各种 Cortex 处理器提供的 CoreSight 调试和跟踪功能。

如今众多 Cortex-M 处理器之所以便于调试，是因为有一项基于 Arm Cortex-M 处理器设备的 CoreSight 技术，该技术引入了强大的新调试（Debug）和跟踪（Trace）功能。

1）调试功能

（1）运行处理器的控制，允许启动和停止程序。

（2）单步调试源码和汇编代码。

（3）在处理器运行时设置断点。

（4）即时读取/写入存储器内容和外设寄存器。

（5）对内部和外部 Flash 存储器编程。

2）跟踪功能

（1）串行线查看器（Serial Wire Viewer，SWV）提供程序计数器（PC）采样、数据跟踪、事件跟踪和仪器跟踪信息。

（2）嵌入式跟踪宏单元（Embedded Trace Macrocell，ETM）可跟踪直接流式传输到 PC，从而实现历史序列的调试、软件性能分析和代码覆盖率分析。

野火 fireDAP 高速仿真器如图 9-9 所示。

图 9-9　野火 fireDAP 高速仿真器

**2. J-Link**

J-Link 是 SEGGER 公司为支持仿真 Arm 内核芯片推出的 JTAG 仿真器。它是通用的开发工具，配合 MDK-Arm、IAR EW Arm 等开发平台，可以实现对 Arm7、Arm9、Arm11、Cortex-M0/M1/M3/M4、Cortex-A5/A8/A9 等大多数 Arm 内核芯片的仿真。J-Link 需要安装驱动程序，才能配合开发平台使用。J-Link 仿真器有 J-Link Plus、J-Link Ultra、J-Link Ultra＋、J-Link Pro、J-Link EDU、J-Trace 等多个版本，可以根据不同的需求选择不同的产品。

J-Link 仿真器如图 9-10 所示。

J-Link 仿真器具有如下特点：

（1）JTAG（Joint Test Action Group，联合测试行动组）最高时钟频率可达 15MHz。

（2）目标板电压范围为 1.2～3.3V，5V 兼容。

（3）具有自动速度识别功能。

（4）支持编辑状态的断点设置，并在仿真状态下有效。可快速查看寄存器和方便地配置外设。

（5）带 J-Link TCP/IP server，允许通过 TCP/IP 网络使用 J-Link。

**3. ST-Link**

ST-Link 是意法半导体公司为 STM8 系列和 STM32 系列微控制器设计的仿真器。ST-Link V2 仿真器如图 9-11 所示。

图 9-10　J-Link 仿真器

ST-Link 仿真器具有如下特点：

（1）编程功能——可烧写 Flash ROM、EEPROM 等，需要安装驱动程序才能使用。

（2）仿真功能——支持全速运行、单步调试、断点调试等调试方法。

（3）可查看 I/O 状态、变量数据等。

（4）仿真性能——采用 USB 2.0 接口进行仿真调试、单步调试、断点调试，反应速度快。

（5）编程性能——采用 USB 2.0 接口，进行 SWIM/JTAG/SWD 下载，下载速度快。

图 9-11　ST-Link V2 仿真器

**4. 微控制器调试接口**

STM32F 系列微控制器调试接口引脚图如图 9-12 所示。为了减少 PCB（印制电路板）的占用空间，JTAG 调试接口可用双排 10 引脚接口，SWD（Serial Wire Debug，串行线调试）调试接口只需要 SWDIO、SWCLK、RESET 和 GND 四条线。

| | JTAG | | | | | SWD | | |
|---|---|---|---|---|---|---|---|---|
| VCC | 1 | 2 | VCC | | **VCC** | 1 | 2 | VCC |
| TRST | 3 | 4 | GND | | N/C | 3 | 4 | **GND** |
| TDI | 5 | 6 | GND | | N/C | 5 | 6 | GND |
| TMS | 7 | 8 | GND | | **SWDIO** | 7 | 8 | GND |
| TCLK | 9 | 10 | GND | | **SWCLK** | 9 | 10 | GND |
| RTCK | 11 | 12 | GND | | N/C | 11 | 12 | GND |
| TDO | 13 | 14 | GND | | SWO | 13 | 14 | GND |
| RESET | 15 | 16 | GND | | **RESET** | 15 | 16 | GND |
| N/C | 17 | 18 | GND | | N/C | 17 | 18 | GND |
| N/C | 19 | 20 | GND | | N/C | 19 | 20 | GND |

图 9-12　STM32F4 系列微控制器调试接口引脚图

限于篇幅，STM32 的应用实例在此处不做讲述，读者可以参考作者在清华大学出版社出版《Arm 嵌入式系统原理及应用——STM32F103 微控制器架构、编程与开发》等 STM32 微控制器的教材。

# 第 10 章

# 电路设计与数字仿真
## ——Proteus及其应用

Proteus 是一款电路设计和数字仿真软件,广泛应用于电子工程、自动化控制、通信、计算机等领域。它提供了丰富的电路元件库和仿真功能,可以帮助工程师快速验证电路设计的效果,发现问题并进行改进。

Proteus 是一款功能强大、易用性高的电路设计和数字仿真软件,可以帮助工程师快速验证电路设计的效果,发现问题并进行改进,从而提高电路设计的效率和准确性。

本章讲述了电路设计和数字仿真,特别是通过使用 Proteus 软件。Proteus 是一款流行的电子设计自动化(EDA)工具,它结合了电路仿真和 PCB 设计功能。

本章主要讲述如下内容:

(1) EDA 技术概述。

首先对 EDA 技术进行了概述,然后解释了它如何帮助电子工程师自动化电路设计、仿真和 PCB 布局的过程。

(2) Proteus EDA 软件的功能模块。

详细介绍了 Proteus 软件的不同功能模块,这些模块共同为用户提供了一个全面的设计和仿真环境。

(3) Proteus 8 的体系结构及特点。

讲述了 Proteus 8 的体系结构和主要特点,包括 Proteus VSM(虚拟系统建模)的主要功能,Proteus PCB 设计工具,以及嵌入式微处理器的交互式仿真能力。

(4) Proteus 8 的启动和退出。

讲述了如何启动和退出 Proteus 8 软件,为新用户提供了基本的操作指南。

(5) Proteus 8 窗口操作。

介绍了 Proteus 8 的用户界面,包括主菜单栏、主工具栏和主页的使用方法。

(6) Schematic Capture 窗口。

详细介绍了 Schematic Capture 窗口,这是 Proteus 中用于创建电路原理图的环境。

(7) Schematic Capture 电路设计。

介绍了如何在 Schematic Capture 中设计电路,包括组件的选择和放置,以及连接的建立。

(8) STM32F103 驱动 LED 灯仿真实例。

提供了一个具体的仿真实例——使用 STM32F103 微控制器驱动 LED 灯。这个例子涵盖了硬件的绘制、STM32CubeMX 的配置、用户代码的编写、仿真结果的获取以及代码的分析。

本章为读者提供了 Proteus 软件在电路设计和数字仿真方面的全面指南,特别强调了其在嵌入式系统设计中的应用。通过具体的实例和详细的操作步骤,读者可以学习如何使用 Proteus 软件来开发和测试自己的电子项目。

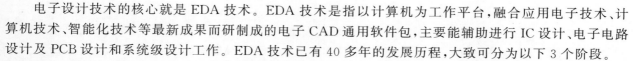

## 10.1 EDA 技术概述

电子设计技术的核心就是 EDA 技术。EDA 技术是指以计算机为工作平台,融合应用电子技术、计算机技术、智能化技术等最新成果而研制成的电子 CAD 通用软件包,主要能辅助进行 IC 设计、电子电路设计及 PCB 设计和系统级设计工作。EDA 技术已有 40 多年的发展历程,大致可分为以下 3 个阶段。

第 1 阶段:20 世纪 70 年代,计算机辅助设计(Computer Aided Design,CAD)阶段,人们开始用计算机辅助进行 IC 版图编辑和 PCB 布局布线,取代了手工操作。

第 2 阶段:20 世纪 80 年代,计算机辅助工程(Computer Aided Engineering,CAE)阶段。与 CAD 相比,CAE 除了有纯粹的图形绘制功能外,还增加了电路功能设计和结构设计,并且通过电气连接网络表将两者结合在一起,实现了工程设计。CAE 的主要功能是原理图输入、逻辑仿真、电路分析、自动布局布线和 PCB 后分析。

第 3 阶段:20 世纪 90 年代,电子系统设计自动化(Electronic System Design Automation,ESDA)阶段。20 世纪 90 年代,尽管 CAD/CAE 技术取得了巨大成功,但并没有把人们从繁重的设计工作中彻底解放出来。在整个设计过程中,自动化和智能化程度还不高,各种 EDA 软件窗口千差万别,学习和使用比较困难,并且各软件互不兼容,直接影响到设计环节间的衔接。基于以上不足,EDA 技术继续发展,进入了以支持高级语言描述、可进行系统级仿真和综合技术为特征的第 3 代 EDA 技术——ESDA 阶段。这一阶段采用一种新的设计概念,即自顶向下(top-down)的设计方式和并行工程(concurrent engineering)的设计方法,设计者将精力主要集中在电子产品的准确定义上,EDA 系统完成了电子产品的系统级至物理级的设计。ESDA 极大地提高了系统设计的效率,使广大的电子设计师开始实现“概念驱动工程”的梦想。设计师们摆脱了大量的辅助设计工作,而把精力集中于创造性的方案与概念构思上,从而极大地提高了设计效率,使设计更复杂的电路和系统成为可能,产品的研制周期大大缩短。这一阶段的基本特征,是设计人员按照“自顶向下”的设计方法,对整个系统进行方案设计和功能划分,系统的关键电路用一片或几片专用集成电路(Application Specific Integrated Circuit,ASIC)实现,然后采用硬件描述语言(Hardware Description Language,HDL)完成系统行为级设计,最后通过综合器和适配器生成最终的目标器件。这样的设计方法称为高层次的电子设计方法。具体的概念和实际设计方法请参考文献[1-11]等。

EDA 工具软件按功能可大致可分为 IC 级辅助设计、电路级辅助设计和系统级辅助设计 3 类。Proteus 属于电路级辅助设计软件,是电子线路设计、仿真和 PCB 设计类 EDA 软件。

**1. IC 级辅助设计**

IC 级辅助设计即物理级设计,多由半导体厂家完成。

**2. 电路级设计**

电路级设计主要是根据电路功能要求设计合理的方案,同时选择能实现该方案的合适元器件,然后根据具体的元器件设计电路原理图。接着进行第一次仿真,包括数字电路的逻辑模拟、故障分析、模拟电路的交直流分析、瞬态分析。系统在进行仿真时,必须有元件模型库的支持,在计算机上模拟的输入/输出波形代替了实际电路调试中的信号源和示波器。第一次仿真主要是检验设计方案在功能方面的正确性。

仿真通过后,根据原理图产生的电气连接网络表进行 PCB 的自动布局布线。制作 PCB 之前还可以进行后分析,包括热分析、噪声及串扰分析、电磁兼容分析、可靠性分析等,并且可以将分析后的结果参数回注到电路图,进行第二次仿真,也称为后仿真。第二次仿真主要是检验 PCB 在实际工作环境中的可行性。

由此可见,电路级的 EDA 设计使电子工程师在实际的电子系统产生之前就可以全面地了解系统的功能特性和物理特性,从而将开发过程中出现的缺陷消灭在设计阶段,不仅缩短了开发时间,还降低了开发成本。

### 3. 系统级设计

进入 20 世纪 90 年代以来,电子信息类产品的开发出现了两个明显的特点:一是产品的复杂程度加深,二是产品的上市时间紧迫。然而,电路级设计本质上是基于门级描述的单层次设计,设计的所有工作(包括设计输入、仿真和分析、设计修改等)都是在基本逻辑门这一层次上进行的,显然这种设计方法不能适应新的形势,为此引入了一种高层次的电子设计方法,也称为系统级的设计方法。

高层次设计是一种"概念驱动式"设计,设计人员无须通过门级原理图描述电路,而是针对设计目标进行功能描述,由于摆脱了电路细节的束缚,所以设计人员可以把精力集中于创造性的概念构思与方案上,一旦这些概念构思以高层次描述的形式输入计算机,EDA 系统就能以规则驱动的方式自动完成整个设计。这样,新的概念得以迅速有效地转化为生产力,大大缩短了产品的研制周期。不仅如此,高层次设计只是定义系统的行为特性,可以不涉及实现工艺,在厂家综合库的支持下,利用综合优化工具可以将高层次描述转换成针对某种工艺优化的网络表,工艺转化变得轻松容易。

高层次设计步骤如下。

第 1 步,按照"自顶向下"的设计方法进行系统划分。

第 2 步,输入 VHDL(Hardware Description Language,硬件描述语言)代码,这是高层次设计中最为普遍的输入方式。此外,还可以采用图形输入方式(框图、状态图等),这种输入方式具有直观、容易理解的优点。

第 3 步,将以上的设计输入编译成标准的 VHDL 文件。对于大型设计,还要进行代码级的功能仿真,主要是检验系统功能设计的正确性,因为对于大型设计,综合、适配要花费数小时,在综合前对源代码仿真,可以大大减少设计重复的次数和时间,一般情况下可略去这一仿真步骤。

第 4 步,利用综合器对 VHDL 源代码进行综合优化处理,生成门级描述的网络表文件,这是将高层次描述转化为硬件电路的关键步骤。

综合优化是针对 ASIC 芯片供应商的某一产品系列进行的,所以综合的过程要在相应的厂家综合库支持下才能完成。综合后,可利用产生的网络表文件进行适配前的时序仿真,仿真过程不涉及具体器件的硬件特性,较为粗略。一般设计时,这一仿真步骤也可略去。

第 5 步,利用适配器,将综合后的网络表文件针对某一具体的目标器件进行逻辑映射操作,包括底层器件配置、逻辑分割、逻辑优化和布局布线。适配完成后,产生多项设计结果,如适配报告,包括芯片内部资源利用情况、设计的布尔方程描述情况等;适配后的仿真模型;器件编程文件。根据适配后的仿真模型,可以进行适配后的时序仿真,因为已经得到器件的实际硬件特性(如时延特性),所以仿真结果能比较精确地预期未来芯片的实际性能。如果仿真结果达不到设计要求,则需要修改 VHDL 源代码或选择不同速度品质的器件,直至满足设计要求。

第 6 步,将适配器产生的器件编程文件通过编程器或下载电缆载入到目标芯片 FPGA 或 CPLD 中。如果是大批量产品开发,那么通过更换相应的厂家综合库,可以很容易转由 ASIC 形式实现。

## 10.2  Proteus EDA 软件的功能模块

Proteus 是英国 Labcenter 公司推出的一个 EDA 工具软件。

Proteus 具有原理布图、PCB 自动或人工布线、SPICE 电路仿真、互动电路仿真、仿真处理器及其外围电路等功能。

（1）互动的电路仿真。

用户甚至可以实时看到使用 RAM、ROM、键盘、LED、LCD、ADC/DAC、部分 SPI 器件和部分 I2C 器件等的效果。

（2）仿真处理器及其外围电路。

可以仿真 51 系列、AVR、PIC、Arm 等常用主流单片机；还可以直接在基于原理图的虚拟原型上编程，再配合显示及输出，能看到运行后输入/输出的效果。配合系统配置的虚拟逻辑分析仪、示波器等，Proteus 建立了完备的电子设计开发环境。

**1. 智能原理图设计**

（1）丰富的器件库：超过 27 000 种元器件，可方便地创建新器件。

（2）智能的器件搜索：通过模糊搜索可以快速定位所需要的器件。

（3）智能化的连线功能：自动连线功能使连接导线简单快捷，大大缩短了绘图时间。

（4）支持总线结构：使用总线器件和总线布线使电路设计简明清晰。

（5）可输出高质量图纸：通过个性化设置，可以生成印刷质量的 BMP 图纸，可以方便地供 Word、Powerpoint 等多种文档使用。

**2. 完善的电路仿真功能**

（1）ProSPICE 混合仿真：基于工业标准 SPICE3F5，实现数字/模拟电路的混合仿真。

（2）超过 27 000 种仿真元器件：可以通过内部原型或使用厂家的 SPICE 文件自行设计仿真器件，Labcenter 也在不断地发布新的仿真器件，还可导入第三方发布的仿真器件。

（3）多样的激励源：包括直流、正弦、脉冲、分段线性脉冲、音频（使用.wav 文件）、指数信号、单频 FM、数字时钟和码流，还支持文件形式的信号输入。

（4）丰富的虚拟仪器：13 种虚拟仪器，面板操作逼真，如示波器、逻辑分析仪、信号发生器、直流电压/电流表、交流电压/电流表、数字图案发生器、频率计/计数器、逻辑探头、虚拟终端、SPI 调试器、I2C 调试器等。

（5）生动的仿真显示：用色点显示引脚的数字电平，导线以不同颜色表示其对地电压大小，结合动态器件（如电动机、显示器件、按钮）的使用可以使仿真结果更加直观、生动。

（6）高级图形仿真功能（ASF）：基于图标的分析可以精确分析电路的多项指标，包括工作点、瞬态特性、频率特性、传输特性、噪声、失真、傅里叶频谱分析等，还可以进行一致性分析。

**3. 单片机/微控制器协同仿真功能**

（1）支持主流的 CPU 类型，如 Arm7、8051/52、AVR、PIC10/12、PIC16、PIC18、PIC24、dsPIC33、HC11、BasicStamp、8086、MSP430 等，CPU 类型随着版本升级还在继续增加，如即将支持 Cortex、DSP 处理器。

（2）支持通用外设模型，如字符 LCD 模块、图形 LCD 模块、LED 点阵、LED 七段显示模块、键盘/按键、直流/步进/伺服电机、RS-232 虚拟终端、电子温度计等，其 COMPIM（COM 口物理接口模型，COM Physical Interface Model）还可以使仿真电路通过 PC 串口和外部电路实现双向异步串行通信。

（3）实时仿真。支持 UART/USART/EUSARTs 仿真、中断仿真、SPI/I2C 仿真、MSSP 仿真、PSP 仿真、RTC 仿真、ADC 仿真、CCP/ECCP 仿真。

（4）编译及调试。支持单片机汇编语言的编辑/编译/源码级仿真，内带 8051、AVR、PIC 的汇编编译器，也可以与第三方集成编译环境（如 IAR、Keil 和 Hitech）结合，进行高级语言的源码级仿真和调试。

### 4. 实用的 PCB 设计平台

（1）原理图到 PCB 的快速通道：原理图设计完成后，一键便可进入 ARES 的 PCB 设计环境，实现从概念到产品的完整设计。

（2）先进的自动布局/布线功能：支持器件的自动/人工布局；支持无网格自动布线或人工布线；支持引脚交换/门交换功能，使 PCB 设计更为合理。

（3）完整的 PCB 设计功能：最多可设计 16 个铜箔层，2 个丝印层，4 个机械层（含板边），提供灵活的布线策略、自动设计规则检查、3D 可视化预览功能。

（4）多种输出格式的支持：可以输出多种格式文件，包括 Gerber 文件的导入或导出，可方便地进行与其他 PCB 设计工具的互转（如 Protel）以及 PCB 板的设计和加工。

Proteus 从推出到 8.15 Professional 版本，功能日益增强，特别是在微控制器、嵌入式等方面的虚拟仿真功能，是其他 EDA 软件无法媲美的。

Proteus 详细资料请参阅官方网站 http://www.labcenter.com。

## 10.3  Proteus 8 体系结构及特点

Proteus 全称为 Proteus Design Suite，是由英国 Labcenter 公司开发的电子设计自动化（EDA）工具软件。它于 1989 年问世，目前已在全球范围内得到广泛使用。Proteus 软件主要由两部分组成：ARES 平台和 ISIS 平台。前者主要用于印制电路板自动/人工布线以及电路仿真，后者主要用于以原理布图的方法绘制电路并进行相应的仿真。Proteus 革命性的功能在于它的电路仿真是互动式的，针对微处理器的应用，可以直接在基于原理图的虚拟原型上编程，并实现软件代码级的调试，还可以直接实时动态地模拟按钮、键盘的输入，LED、液晶显示器的输出，同时配合虚拟工具如示波器、逻辑分析仪等进行相应的测量和观测。

Proteus 软件的应用范围十分广泛，涉及印制电路板、SPICE 电路仿真、微控制器仿真，以及 Arm7、LPC2000 的仿真。Proteus 8.13 支持对部分采用 Cortex M3 内核的 STM32 芯片的仿真。下面主要以 STM32F103T6 的仿真为例介绍，使读者初步了解 Proteus 软件的强大功能。本章主要对如何使用 Proteus 8.13 Professional 作一简单介绍，其中不涉及印制电路板。

Proteus 可以进行微处理器控制电路设计和实时仿真，具体功能如表 10-1 所示。Proteus 主要有四大模块，即 Schematic Capture、PCB Layout、VSM Studio 和 Visual Designer。

表 10-1　Proteus 功能表

| 模　　块 | 功　　能 |
|---|---|
| Schematic Capture | Schematic Capture 原理设计和仿真 |
| | 交互式仿真、图表仿真 |
| | 虚拟激励源 |
| | 丰富的辅助工具 |
| PCB Layout | 自动布线布局 |
| | 泪滴操作、覆铜操作 |
| | Gerber View |
| | 功能强大的 PCB 辅助工具 |
| VSM Studio | VSM Studio |
| | 支持程序单步、中断调试 |
| | 支持多种嵌入式微处理器 |
| | 硬件中断源、Active Popups |

续表

| 模　块 | 功　能 |
| --- | --- |
| Visual Designer | 基于流程图可视化的 Arduino 设计工具,主要包括 Arduino 功能扩展板和 Grove 模块,元器件库主要包括常用的显示器、按钮、开关、传感器和电动机、TFT 显示屏、SD 卡和音频播放器等 |

Proteus 主要有三大结构体系,即 Schematic Capture、PCB Layout 和嵌入式微处理器仿真,Proteus 结构如图 10-1 所示。

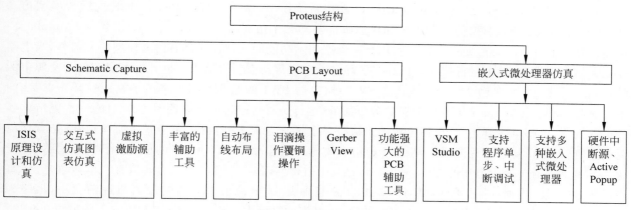

图 10-1　Proteus 结构

与以前的版本相比,Proteus 8 除了保持以前版本的优良特点外,还有了很大的改变,主要表现在以下几方面。

(1) 采用 Integrated Application Framework 新技术,将上述 4 个模块集成在一个窗口内,实现了真正一体化的 EDA 设计理念。这 4 个模块可以运行在一个窗口内(称为标签式模式或单帧模式),也可以各自有一个单独窗口(称为多帧模式),这与以前的版本窗口一样。单帧模式往往会更好地满足笔记本计算机用户的需求。

(2) Schematic Capture 和 PCB Layout 共享一个通用数据库(Common Database,CDB),CDB 包含项目中所有的部件(part)和元件(element)的信息。部件代表 PCB Layout 中的物理组件,而元件代表在原理图上的逻辑组件。CDB 数据还保存了部件和元件之间的联系,例如,一个同类多组元器件(如 74LS00,2 输入 4 与非门,设在原理图中以 U1:A、U1:B、U1:C、U1:D 表示),如果将 U1:A 中的封装由 DIL14 改为 SOL14,则系统会自动更新 PCB Layout 中的封装,也会自动更新原理图中 U1:B、U1:C、U1:D 的封装,并自动更新原理图和 PCB 中的引脚。Proteus 8 把 Schematic Capture 原理图设计文件(*.dsn)、PCB Layout(*.lyt)、CDB 以及 VSM Studio(Firmware)和程序相关的代码保存在一个项目文件(*.pdsprj)中。

(3) 采用新的网络表管理方式,即 Live Netlisting 技术,该技术使在原理图 Schematic 上的变化能够立即反映在 PCB Layout、设计资源管理器和元器件清单中。同理,在 PCB Layout 中的参数改变也会立即反映到原理图 Schematic Capture、设计资源管理器和元器件清单中。

(4) 新的 3D 预览方案支持 PCB Layout 和 3D Viewer 之间的实时数据更新。

(5) Proteus 8 提供了一个全新的所见即所得的元器件清单(Bill of Materials,BOM)窗口,并与 Schematic Capture 之间实时更新,可以对 BOM 中的内容进行修改,如可视化的页眉/页脚编辑器等;还可以对原理图进行反标注;设置元器件器件的订单代码、价格等参数;支持打印输出和生成多种文件格式输出。

（6）新的 VSM Studio 集成开发环境，使嵌入式微处理器编程与硬件调试更方便快捷。在 Proteus 8 中，VSM Studio 是一个独立的应用程序，这样做的好处主要有：固件自动加载成功后，自动编译生成目标处理器；新建项目向导，在选择目标处理器后，会自动生成一些基本的固件电路（如电源电路、复位电路等）；既可以在原理图中调试，也可以在 VSM 集成环境中调试。

## 10.3.1 Proteus VSM 的主要功能

Proteus VSM（Virtual System Modeling，虚拟系统模型）是一个基于 PROSPICE 的混合模型仿真器，主要由 SPICE3F5 模拟仿真器内核和快速事件驱动数字仿真器（fast event-driven digital simulator）组成。在 Schematic Capture 平台中，利用具有动态演示功能的元器件或具有仿真模型的元器件，当电路完成无错误连接后，单击运行按钮，可以实现逼真的声、光等动态仿真结果。打开本书配套电子资源中的 Cap. pdsprj 文件，如图 10-2 所示。先闭合 SW1 键（单击 SW1 的 ⬇ 图标处），断开 SW2 键（单击 SW2 的 ⬆ 图标处），单击 Schematic Capture 窗口最下面的（运行仿真）按钮，运行原理图仿真，注意观察电解电容的电荷变化，电解电容开始充电，接电源的正极板带上了正电荷，接电源的负极带上了负电荷，随着通电时间的延长，电荷量也在逐渐增加，根据 RC 构成的电路原理，修改 R1 和 C1 的值，充电时间也会发生变化。导线上的箭头表示电流的方向，当 C1 上的电压值（即 VM1 的值，VM1 为虚拟直流电压表）等于直流电压源的电压值时，停止充电，AM1（虚拟直流电流表）的电流值由开始的最大值逐渐变小，最终为 0mA。断开 SW1 键，闭合 SW2 键，电容开始放电，灯泡的亮度由亮逐渐变暗（因为电容上的电荷在减少，灯泡的端电压在逐渐降低），当电容放电结束后，灯泡就灭了。AM2 的电流值逐渐由大变小，最后变为 0mA。

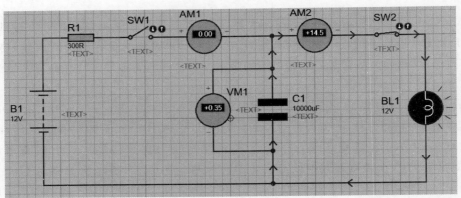

图 10-2 电容充放电交互式仿真

Proteus VSM 仿真有交互式仿真和高级图表仿真（Advanced Simulation Feature，ASF）两种仿真方式。交互式仿真是一种能够直观反映电路设计过程的仿真，如图 10-2 所示。高级图表仿真是把电路中某点对地的电压或电流相对时间轴或其他参数的波形绘制出来，打开配套电子资源实例 chap1 中的 DAC0808. pdsprj 文件，其仿真效果如图 10-3 所示。

为了实现交互式仿真，Proteus 提供了上万种具有 SPICE 模型的元器件、3 种探针、14 种可编程的激励源、13 种虚拟仪器等。

## 10.3.2 Proteus PCB

Proteus PCB 设计系统是基于高性能网络表的设计系统，能够完成高效、高质量的 PCB 设计，可以进行 3D PCB 预览，也可以生成多种网络表格式和多种图形输出格式，以便与其他 EDA 软件相兼容。

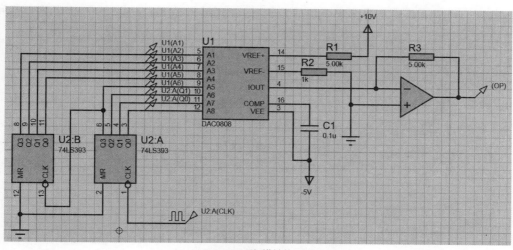

(a) DAC0808数/模转换原理图

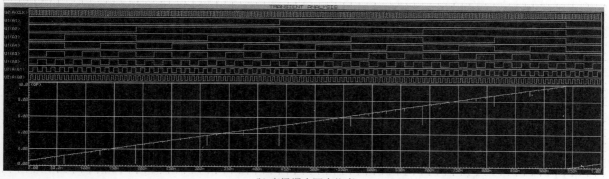

(b) 高级混合图表仿真

图 10-3    DAC0808 原理图及高级混合图表仿真

## 10.3.3    嵌入式微处理器交互式仿真

Proteus Studio 是能够对目前多种型号的微处理器,如 8051/52、Arm7、AVR、PIC10、PIC12、PIC16、PIC18、PIC24、dsPIC33、HC11、BasicStamp、8086、MSP430、MAXIM（美信）系列、Cortex-M3、TMS320C28X 等系列进行实时仿真、协同仿真、调试与测试的 EDA 工具。随着版本的提高,兼容的嵌入式微处理器还在不断增加。

# 10.4    Proteus 8 的启动和退出

安装好 Proteus 8 后,在计算机桌面可见其快捷图标,如图 10-4 所示。

单击如图 10-4 所示的图标,进入 Proteus 8 的主界面,如图 10-5 所示。数秒后进入 Proteus 8 软件窗口,如图 10-6 所示。由图 10-6 可以看出,Proteus 8 软件改变了以前的格式,成为了真正一体化的 EDA 软件。

Proteus 8 主要由两个常用的设计系统——ARES（Advanced Routing and Editing Software,即 Proteus 高级布线和编辑软件）和 ISIS（Intelligent Schematic Input System,智能原理图输入系统）,以及 3D 浏览器构成,可在主界面分别单击

图 10-4    Proteus 8 图标

各按钮进入相应的环境。其中主界面中还包括 Proteus 各模块的教程及帮助文件,读者可自行阅读。

图 10-5　Proteus 8 启动窗口

关闭 Proteus 有以下两种方式。

(1) 单击标题栏中的关闭按钮。

(2) 选择 File 菜单中的 Exit Application 命令,或者直接按快捷键 Alt＋F4。

## 10.5　Proteus 8 窗口操作

启动 Proteus 后,进入 Proteus 主窗口,如图 10-6 所示。主窗口主要包括主菜单栏、主工具栏和主页三大部分。

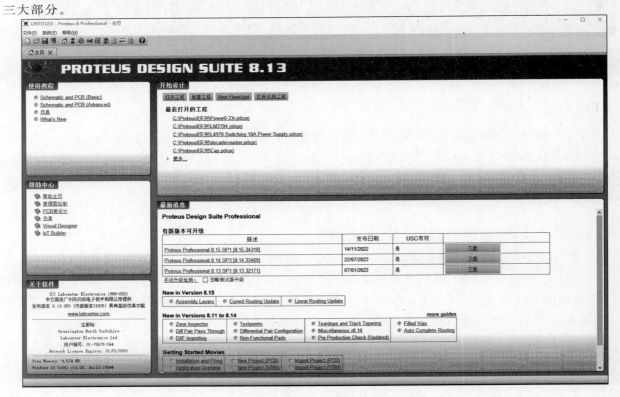

图 10-6　Proteus 的主窗口

### 10.5.1　主菜单栏

主菜单栏包括"文件"（File）菜单、"系统"（System）菜单和"帮助"（Help）菜单，下面讲解各菜单的功能。

**1. "文件"菜单**

"文件"菜单的主要功能是新建项目和对项目的其他操作，具体功能如图10-7所示。

**2. "系统"菜单**

"系统"菜单的主要功能是系统参数设置、更新管理和语言版本更新。"系统"菜单的主要功能如图10-8所示。

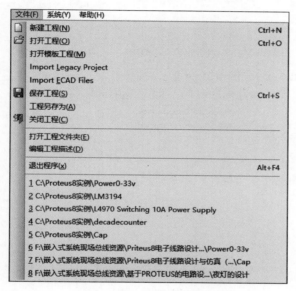

图 10-7　"文件"菜单

图 10-8　"系统"菜单

**系统设置（System Settings）**

单击该命令，弹出"系统设置"对话框，如图10-9所示，主要包括"全局设置"（Global Settings）、"仿真器设置"（Simulator Settings）、"PCB 设计设置"（PCB Design Settings）和"崩溃报告"（Crash Reporting）4项参数设置。

**3. "帮助"菜单**

"帮助"菜单主要提供帮助信息，其功能如图10-10所示。

### 10.5.2　主工具栏

主工具栏是显示位图式按钮的控制条，位图式按钮用来执行命令功能，如图10-11所示，主要包括项目工具栏（project toolbar 或者 file I/O toolbar）和应用模块工具栏（application module toolbar）。为了区别于后面章节中的工具栏，将该工具栏称为主工具栏。

### 10.5.3　主页

主页（Home Page）是 Proteus 8 相对于低版本应用的新模块，其主要功能如下。

（1）快速的超链接帮助信息。

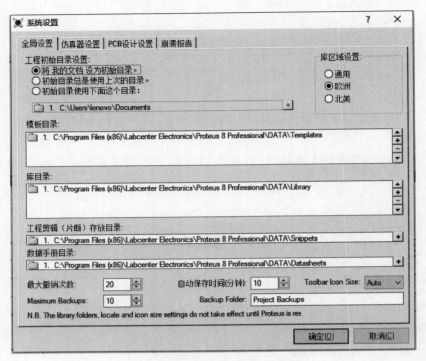

图 10-9 "系统设置"对话框

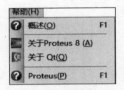

图 10-10 "帮助"菜单

图 10-11 主工具栏

（2）系统快捷操作面板。

操作面板主要包括"使用教程"（Getting Started Movies）面板、"帮助中心"（Help）面板、"关于软件"（About）面板、"开始设计"（Start）面板和"最新消息"（News）面板，下面详细介绍这些面板的功能。

1. "使用教程"面板

该面板主要提供系统功能的帮助信息。如图 10-12 所示。具体内容不再详述。

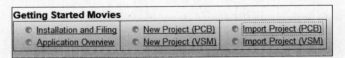

图 10-12 "使用教程"面板

2. "帮助中心"面板

该面板提供了系统功能的详细参考手册。主要内容如下。

帮助主页（Help Home）：Proteus 8 框架帮助信息。

原理图绘制（Schematic Capture）：ISIS 使用说明。同 Schematic Capture 环境下的 Help→Schematic Capture Help 命令。

PCB 版设计（PCB Layout）：ARES 使用说明。同 PCB Layout 环境下的菜单 Help→PCB Layout

Help 命令。

仿真(Simulation)：Proteus VSM 帮助信息。

**3. "关于软件"面板**

该面板主要显示 Proteus 的版本信息、用户信息、操作系统信息和官方网址等信息。

**4. "开始设计"面板**

该面板提供创建项目、"打开工程""新建工程"、New Flowchart 和"打开示例工程"等功能，并显示最近的项目名称及路径。

1) 打开工程(Open Project)

打开用户已创建的工程有两种方式。

(1) 对于最近操作过的工程，可以双击"最近打开的工程"(Recent Projects)列表中的对应的工程，如图 10-13 所示，或者单击"更多"(More)选项，展开最近操作的所有项目。

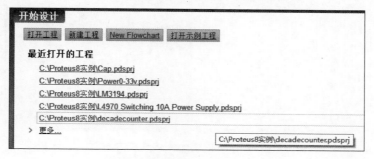

图 10-13 打开最近项目

(2) 单击"打开工程"(Open Project)选项(相当于单击"文件"(File)→"打开工程"(Open Project)命令)，弹出打开工程对话框，选择具体路径和文件名，单击"打开"按钮即可打开用户创建的项目文件，如图 10-14 所示。

图 10-14 打开用户工程对话框

2）新建工程（New Project）

单击"新建工程"按钮（相当于执行"文件"→"新建工程"命令），弹出"新建工程向导"对话框，如图10-15所示。

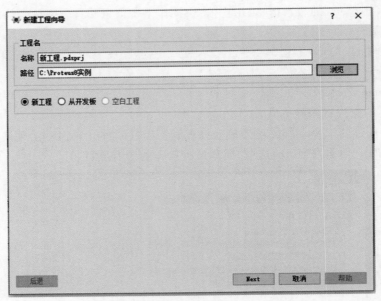

图 10-15　"新建工程向导"对话框

名称（Name）：工程名称，其扩展名为 *.pdsprj。

路径（Path）：保存工程的路径，默认路径为执行"系统"→"系统设置"菜单命令时设置的初始路径。单击"浏览"（Browse）按钮可以设置路径，也可以直接在文本框中输入路径。

新工程（New Project）：新建工程。

从开发板（From Development Board）：从开发板实例上快速创建工程，如图10-16所示。选择相应的模板，单击 Finish 按钮，完成项目创建。

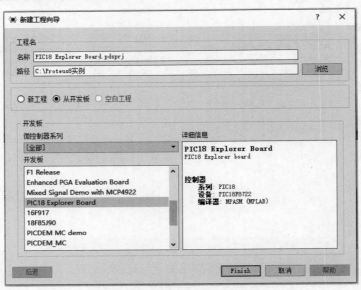

图 10-16　选中"从开发板"单选按钮

如果创建自己所需的项目,一般选择 New Project 项,单击 Next 按钮,进行下一步设置,弹出如图 10-17 所示的原理图配置对话框。

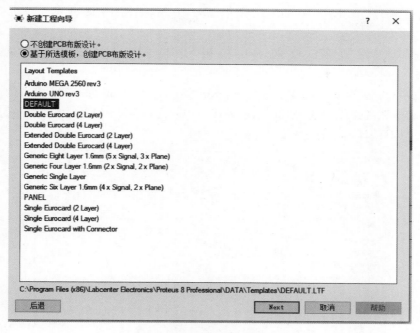

图 10-17　原理图配置窗口

单击 Next 按钮,打开固件参数配置窗口,如图 10-18 所示。其中,"没有固件项目"(No Firmware Project)是不创建固件项目;"创建固件项目"(Create Firmware Project)是创建固件项目;Create Flowchart Project 是创建流程图项目。

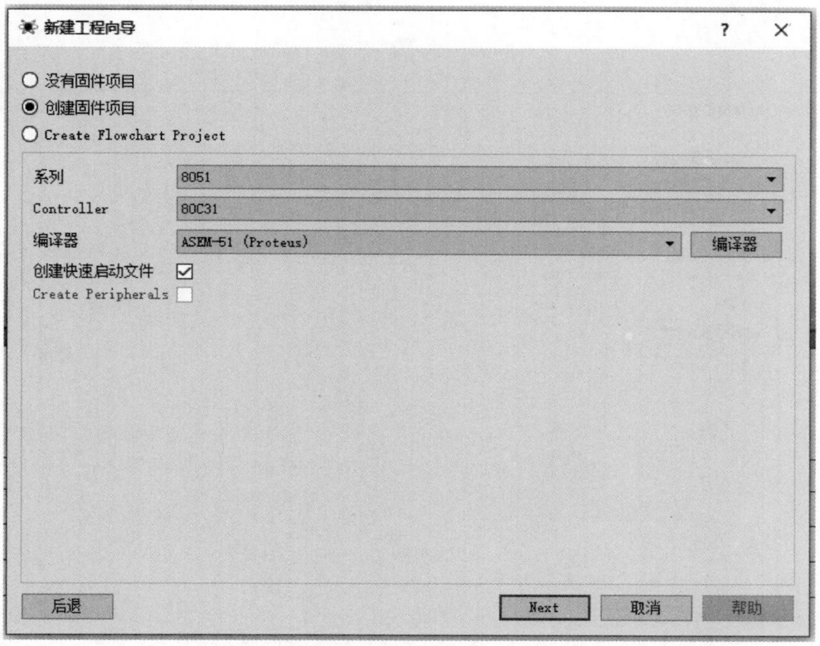

图 10-18　固件参数配置窗口

其中,后两项还包括二级项目参数,参数项目名称一样,这里以创建固件项目为例,如图 10-18 所示,主要参数如下。

系列(Family):选择微处理器 IP 核。默认为 8051 IP 核,如图 10-19 所示。单击下拉按钮,可选择其他 IP 核,这里选择 Cortex-M3,如图 10-19 所示。

Controller:选择微处理器。单击下拉按钮,选择支持 Cortex-M3 IP 核的具体微处理器 STM32F103R6。

编译器(Compiler):选择编译器。单击 Compiler 按钮,选择 Proteus VSM 支持的编译器,如果该编译器没有匹配安装,则在其编译器后面备注 not configured 字样,如图 10-20 所示。单击"编译器"(Compiler)按钮可以对编译器进行配置。

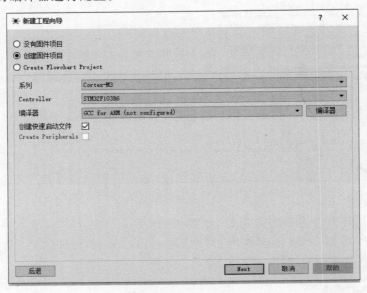

图 10-19　IP 核列表

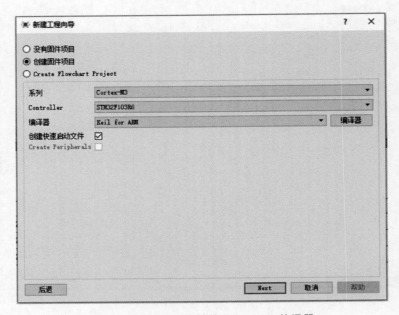

图 10-20　Proteus 支持的 Cortex-M3 编译器

创建快速启动文件(Create Quick Start Files)：是否快速生成 Code 格式文件。若选中该选项，则表示快速创建程序代码，如图 10-20 所示；否则创建原理图和空白 Code 文件，如图 10-21 和图 10-22 所示。

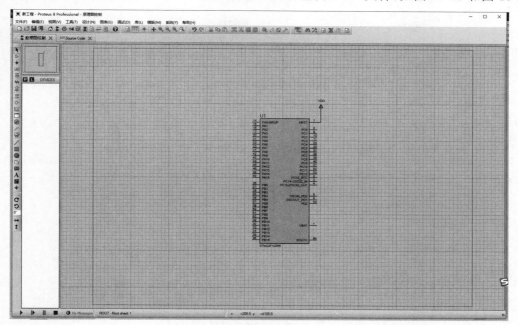

图 10-21　原理图绘制

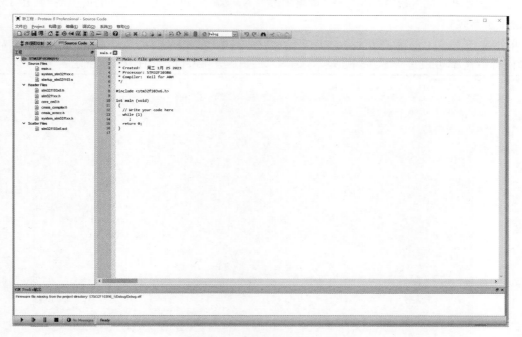

图 10-22　快速代码格式文件

Proteus 目前只支持基于 Arduino 的流程框图项目的创建与仿真。当然，也可以单击 New Flowchart 选项，快速创建 Arduino 的基于流程图的项目。

和其他 EDA 工具一样，Proteus 提供了功能强大的原理图编辑工具，但它还提供了交互式仿真和图表仿真，这是其他 EDA 软件无法媲美的。Proteus 8 Schematic Capture 的主要特点如下。

（1）个性化的编辑环境。用户可以根据自己的喜好设置线宽、颜色、字体、填充类型、自动保存时间和仿真参数等。

（2）自动捕捉、自动连线和自动标注。

（3）丰富的元器件库。系统启动后，自动装载元器件库。可以实现微控制器仿真和 SPICE 电路仿真结合，可以仿真模拟电路、数字电路、微控制器、嵌入式和外围电路组成的系统、RS232 动态仿真、I2C 调试器、信号源、键盘、数码管、LCD 显示器和点阵显示器等。

（4）支持总线和网络标号。

（5）层次化电路设计。

（6）属性分配工具（PAT）。

（7）支持电路规则参数检测（Electric Rules Check，ERC）、元器件清单（Bill of Material，BOM）和多种图形格式输出。

（8）输出多种网络表格式。

（9）提供软件调试功能。

总之，Proteus 是一款功能强大、性能稳定的 EDA 设计软件。

## 10.6　Schematic Capture 窗口

打开 Schematic Capture 原理图绘制窗口的方法主要有以下两种。

（1）选择主菜单栏的"文件"（File）→"新建工程"（New Project），或者选择主页中的"新建工程"（New Project）命令进行创建。

（2）单击主工具栏上的 按钮。

上述两种方法都可以进入 Schematic Capture 原理图绘制窗口，如图 10-23 所示。

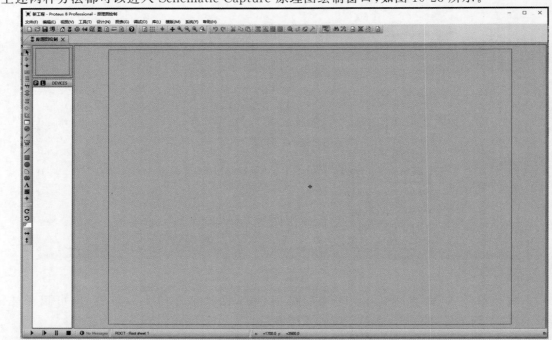

图 10-23　Schematic Capture 原理图窗口

## 10.7 Schematic Capture 电路设计

前面介绍了 Schematic Capture 的主窗口、菜单栏、工具栏和模式工具等,本节主要介绍原理图设计,这也是进行仿真和 PCB 设计的前提条件。Proteus 8 原理图设计中常用的文件格式如下。

(1) 项目文件(.pdsprj)。

(2) 框架文件(.workspace)。

(3) 项目部分图文件(.pdsclip)。

(4) 模型文件(.mod)。

(5) 库文件(.lib)。

电子线路设计的第一步是进行原理图设计,Proteus 8 设计电路原理图的流程如图 10-24 所示,具体步骤说明如下。

(1) 新建原理图文件。根据构思好的原理图选择图纸模板。

(2) 设置编辑环境。根据电路设计仿真参数设置、图表颜色属性和字体等,在设计中随时调节图纸的大小。在没有特殊要求的情况下,一般采用默认模板。

(3) 放置元器件。从元器件库中添加需要的元器件,放置在原理图编辑窗口的合适位置,并对元器件相关参数进行设置。

(4) 原理图布线。利用导线、总线和标号等形式连接元器件,最终使原理图绘制正确、美观。

(5) 参数测试或图表仿真。电路图布线完成以后,根据电路功能进行相关的参数测试或者进行图表仿真。比如设计放大电路,可以在输入端添加虚拟信号源,在输出端添加虚拟示波器,观察信号是否被放大;也可以进行混合图表仿真,将输入信号与输出信号进行对比,观察信号是否被放大。

(6) 电气规则检测。

(7) 调整。

(8) 生成网络表。

(9) 生成其他报表。如果电路设计没有问题,则输出相关的报表,例如 BOM(元器件清单)报表。

(10) 保存。保存系统原理图及相关文件,完成原理图设计。

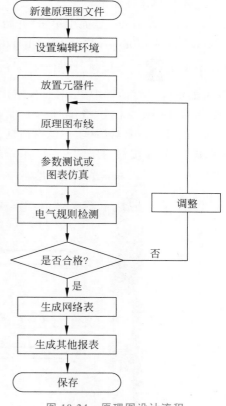

图 10-24 原理图设计流程

## 10.8 STM32F103 驱动 LED 灯仿真实例

STM32F103 驱动 LED 灯的仿真流程可以按照以下步骤进行:

(1) 打开 STM32CubeMX 软件,创建一个新的工程,并选择 STM32F103 型号的芯片。

(2) 在软件中配置 GPIO 端口和时钟,并将 LED 灯所连接的引脚设置为输出模式。

(3) 将配置好的工程导入 Keil MDK-ARM 开发环境中,并进行编译和链接。

(4) 将编译好的程序下载到 STM32F103 芯片中,并启动仿真。

(5) 在仿真界面中观察 LED 灯的状态,验证程序是否能够正确地驱动 LED 灯。

（6）在仿真中可以通过单步执行和调试来查找和解决问题，例如，通过调整寄存器的值来检查 GPIO 引脚的状态是否正确。

（7）完成仿真后，可以将程序烧录到实际的 STM32F103 芯片中，并测试实际硬件上的 LED 灯是否能够正常闪烁。

需要注意的是，在编写 STM32F103 驱动 LED 灯的代码时，应该根据实际硬件的连接方式和规格进行相应的配置和调整。此外，在仿真和实际测试中也应该注意电源和地线的连接是否正确，以及避免短路和过流等问题。

下面讲述 STM32F103 驱动 LED 灯仿真实例。采用 STM32F103R6，下载程序后 LED 灯常亮。

## 10.8.1　硬件绘制

硬件绘制过程如下：

（1）在 Windows 界面中单击"开始"→"所有程序"→Proteus 8 Professional 命令，或在计算机桌面双击 New Project.pdsprj 启动 Proteus，在 Proteus 主界面的菜单栏中单击 File→New Project 命令或在工具栏中单击 ![icon] 图标按钮，弹出"New Project Wizard：Start"对话框。如图 10-25 所示，在"New Project Wizard：Start"对话框中 Project Name 面板的 Name 文本框中输入工程名，如"点亮 LED"，利用 Path 文本框后的 Browse 按钮指定具体要保存的路径。接下来单击 Next 按钮，弹出"New Project Wizard：Schematic Design"对话框，在该对话框选中"Create a schematic from the selected template."单选按钮，然后单击 Next 按钮，打开"New Project Wizard：PCB Layout"对话框。

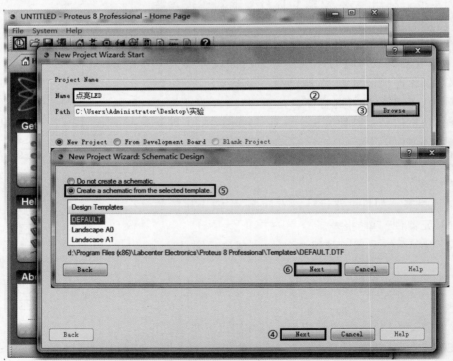

图 10-25　硬件绘制步骤（1）

（2）如图 10-26 所示，在"New Project Wizard：PCB Layout"对话框中选中"Do not create a PCB layout."单选按钮。单击 Next 按钮，弹出"New Project Wizard：Firmware"对话框，在该对话框内选中

Create Firmware Project 单选按钮；在 Family 下拉列表中选择 Cortex-M3，在 Controller 下拉列表中选择 STM32F103R6，在 Compiler 下拉列表中选择"GCC for Arm(not configured)"。单击 Next 按钮，进入"New Project Wizard：Summary"对话框。

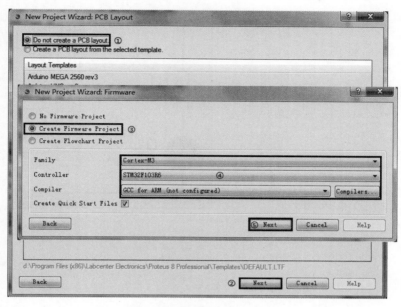

图 10-26　硬件绘制步骤(2)

（3）在"New Project Wizard：Summary"对话框中检查 Saving As(另存为)的保存路径是否正确，检查是否选中 Schematic 和 Firmware，如果有误，单击 Back 按钮返回重新设计，无误则单击 Finish 按钮。此时将打开"Xxx(工程名)－Proteus 8 Professional-SourceCode"界面，因为编写程序及改写代码均是在 Keil MDK5 中进行的，所以关闭 Proteus 自带编译器 VSM Studio，即单击 Source Code 选项卡上的 ✖ 图标按钮关闭该编译器。此时软件界面上仅显示 Schematic Capture 选项卡，如图 10-27 所示。

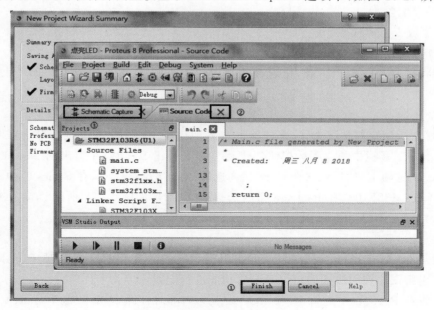

图 10-27　硬件绘制步骤(3)

（4）在 Schematic Capture 选项卡中进行硬件绘制。因硬件绘制比较简单，故不赘述，

最终绘制的硬件连接图如图 10-28 所示。注：LED 的 Keywords 设置为 LED-RED；电阻的 Keywords 设置为 RES，修改其参数为 100Ω。

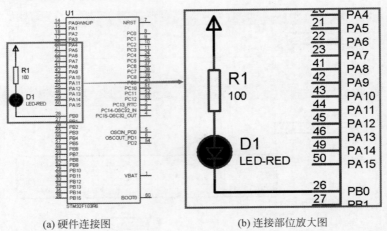

(a) 硬件连接图　　　　　　　　　　(b) 连接部位放大图

图 10-28　最终硬件连接图

## 10.8.2　STM32CubeMX 配置工程

在多数情况下，仅使用 STM32CubeMX 即可生成工程时钟及外设初始化代码，而用户控制逻辑代码编写是无法在 STM32CubeMX 中完成的，需要用户自己根据需求实现。下面介绍的项目中使用 STM32CubeMX 配置工程的步骤如下：

（1）工程建立及 MCU 选择；

（2）RCC 及引脚设置；

（3）时钟配置；

（4）MCU 外设配置；

（5）保存及生成工程源代码；

（6）编写用户代码。

接下来我们将按照上面 6 个步骤，依次使用 STM32CubeMX 工具生成点亮单个 LED 的完整工程文件。

**1. 工程建立及 MCU 选择**

打开 STM32CubeMX 主界面之后，通过单击主界面中的 New Project 按钮命令或单击 File→New Project 命令，或单击工具栏中的 图标按钮创建新工程。新建工程时，在弹出的 New Project 对话框中选择 MCU Selector 选项卡，然后依次在 Core 栏内选择 Arm Cortex-M3，在 Series 栏内选择 STM32F1，在 Line 栏内选择 STM32F103，在 Package 栏内选择 LQFP64，如图 10-29 所示。接下来选择使用芯片 STM32F103R6，并双击 STM32F103R6 行。

**2. RCC 及引脚设置**

在工程建立与 MCU 选择操作中，双击 STM32F103R6 之后打开 Pinout 选项卡，此时软件界面上会显示芯片的完整引脚图。在引脚图中可以对引脚功能进行配置。

本项目仿真将在 Proteus 中进行，要将 RCC 设置为内部时钟源 HSI，故这里对 RCC 可以不作设置，默认将 High Speed Clock（HSE）设置为 Disable。若使用外部晶振，可在 Pinout 选项卡中单击

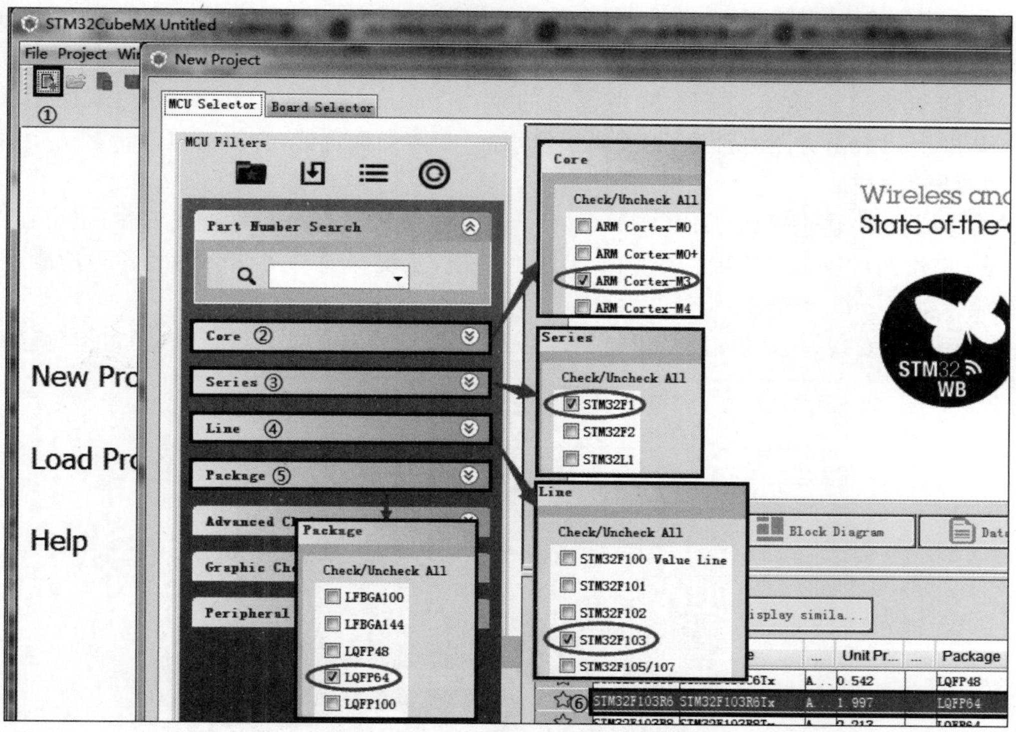

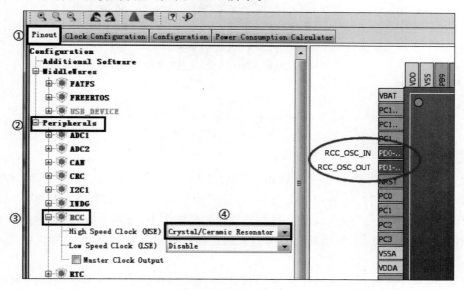

图 10-29 工程建立与 MCU 选择

Peripherals→RCC,打开 RCC 配置目录,在该目录的 High SpeedClock(HSE)下拉列表中选择 Crystal/Ceramic Resonator(晶体/陶瓷振荡器),如图 10-30 所示。

图 10-30 RCC 设置

　　注意:如果采用 Proteus 软件仿真,而晶振设置为 HSE,则一定要在 Proteus 中设置 STM32F103R6 的晶振频率,设置方法为:双击 Proteus 电路原理图中的 STM32F103R6 芯片图形符号,在弹出的 Edit Component 对话框中设置 Crystal Frequency(晶体频率)的值。

从图 10-32 可以看出，该芯片的 RCC 配置目录下实际上只有 3 个配置项。选项 High Speed Clock（HSE）用来配置 HSE，选项 Low Speed Clock（LSE）用来配置 LSE，选项 Master Clock Output 用来选择是否使能 MCO 引脚时钟输出。需要特别说明的是，在 High Speed Clock（HSE）后的下拉列表中，Bypass Clock Source 表示旁路时钟源，也就是不使用晶体/陶瓷振荡器，直接通过外部接一个可靠的 4～26MHz 时钟源作为 HSE。

把 PB0 引脚设置为输出模式（GPIO_Output）。可通过引脚图直接观察查找 PB0，也可在 Find 搜索栏中输入 PB0 定位到对应引脚位置。在 PB0 引脚上单击，系统即显示出该引脚的各种功能。具体操作步骤及最终结果如图 10-31 所示。

由以上过程可以发现，凡是经过配置且未有冲突的引脚均由灰色变为绿色，表示该引脚已经被使用。

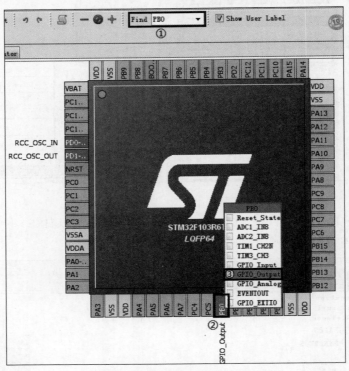

图 10-31　PB0 引脚输出设置

### 3. 时钟配置

在工程建立与 MCU 选择操作中，双击 STM32F103R6 行之后，在打开的界面中选择 Clock Configuration 选项卡，即可进入时钟系统配置界面，该界面展现了一个完整的 STM32F103R6 时钟树配置图。从这个时钟树配置图可以看出，配置的主要是外部晶振大小、分频系数、倍频系数以及选择器。在配置过程中，时钟值会动态更新，如果某个时钟值在配置过程中超过允许值，那么相应的选项框会显示为红色予以提示。

为了操作简单，本项目时钟采用内部时钟源 HSI，故时钟保持默认配置即可，如图 10-32 所示。

注意：如果采用外部时钟源 HSE，则将 Input frequency 设置为 8MHz，PLL Source Mux 选择 HSE，System Clock Mux 选择 PLLCLK，PLLMul 选择 9 倍频，APB1 Prescaler 选择 2 分频，最终时钟配置如图 10-33 所示。当然，采用内部时钟源 HSI 时，也可实现高外设频率，如这样设置：PLL Source Mux 选择 HSI，System Clock Mux 选择 PLLCLK，PLLMul 选择 16 倍频，APB1 Prescaler 选择 2 分频。这样设

置后,除 APB2 的输入信号频率为 32MHz 之外,其他外设的输入信号频率均为 64MHz。

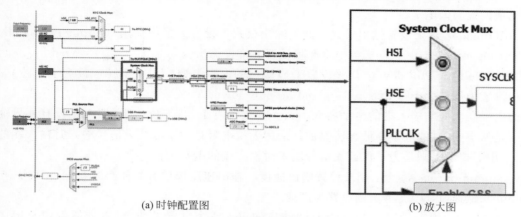

(a) 时钟配置图　　　　　　　　　　　　　　(b) 放大图

图 10-32　HSI 时钟配置(1)

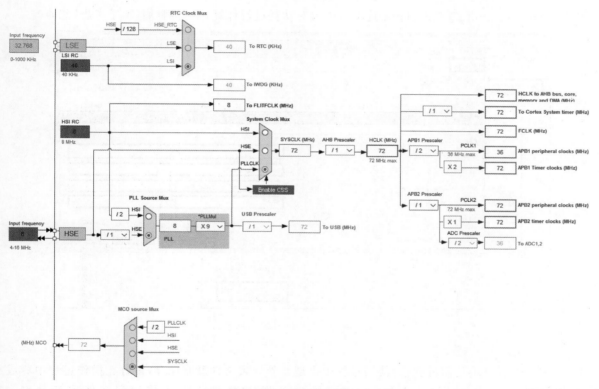

图 10-33　HSE 时钟配置(2)

**4. MCU 外设配置**

在工程建立与 MCU 选择操作中,双击 STMM32F103R6 行之后,在打开的界面中选择 Configuration 选项卡。在该选项卡中单击 GPIO 按钮,弹出 Pin Configuration 对话框,该对话框列出了所有使用到的 I/O 端口参数配置项,如图 10-34 所示。在 GPIO 配置界面中选中 PB0 栏,在显示框下方会显示对应的 I/O 端口详细配置信息。按如图 10-34 所示方式对各项进行配置,配置完后单击 Apply 按钮保存配置。RCC 引脚参数保持默认设置。最后单击 Ok 按钮退出界面。

图 10-34 中各配置项的作用如下。

（1）GPIO output level：用来设置 I/O 端口初始化电平状态为高电平（High）或低电平（Low）。在本实例中将此项设置为低电平。

（2）GPIO mode：用来设置输出模式。此处输出模式可设置为推挽输出（Output Push Pull）或开漏输出（Output Open Drain）。在本实例中将此项设置为推挽输出。

（3）GPIO Pull-up/Pull-down：用来设置 I/O 端口的电阻类型（上拉、下拉或没有上下拉）。在本实例中将此项设置为没有上下拉（No pull-up and no pull-down）。

信号的电平高低应与输入端的电平高低一致。如果没有上拉/下拉电阻，那么在没有外界输入的情况下输入端是悬空的，它的电平高低无法保证。采用上拉电阻是为了保证无信号输入时输入端的电平为高电平，而采用下拉电阻则是为了保证无信号输入时输入端的电平为低电平。

（4）Maximum output speed：用来设置输出速度。输出速度选项有 4 种：高速（High）、快速（Fast）、中速（Medium）、低速（Low）。本实例设置为高速。

（5）User Label：用来设置初始化的 I/O 端口的 Pin 值为自定义的宏，以方便引用及记忆对应的端口。

在 Power Consumption Calculator 选项卡中可对功耗进行计算，本实例对其不予考虑，忽略。

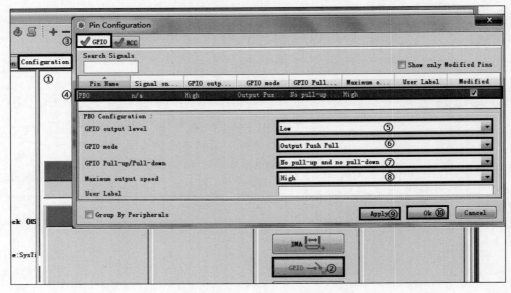

图 10-34　GPIO 引脚配置

### 5. 保存及生成工程源代码

为了避免在软件（不论何种软件）使用过程中出现意外导致文件没有保存，最好在操作过程中养成经常保存的习惯，或采用"名称＋时间"的方式另存文件，这样便于按步骤找到文件重新操作。在 STM32CubeMX 主界面的菜单栏中单击 Save Project 或 Save Project As，输入文件名并将文件保存到某个文件夹即可。

经过上面 4 个步骤，一个完整的系统已经配置完成，接下来将生成工程源码。

在 STM32CubeMX 主界面的菜单栏中单击 Project→Generate Code，弹出 Project Settings 对话框，在该对话框中选择 Project 选项卡，如图 10-35 所示。在 Project Name 文本框中输入项目名称；单击 Project Location 文本框后的 Browse 按钮，选择文件要保存的位置；在 Toolchain/IDE 下拉列表框中选择要使用的编译器 MDK-ARM V5。这里还可以设置工程预留堆栈大小，简单来说，栈（stack）空间用于局部变量空间,堆(heap)空间用于 alloc()或者 malloc()函数动态申请变量空间,一般按默认设置即可。

选择 Code Generator 选项卡,把 Generated files 的第一项选中,目的是使生成的外设具有独立的.c/.h 文件,当然也可不选。

Advanced Settings 选项卡保持默认设置。

单击 Ok 按钮,弹出生成代码进程的对话框,稍等即可得到初始化源码,此时会弹出代码生成成功提示对话框。可以单击该对话框中的 Open Folder 按钮打开工程保存目录,也可以单击该对话框中的 Open Project 按钮,直接打开工程文件。

上述的 Project Settings 对话框也可通过在 STM32CubeMX 主界面菜单栏中单击 Project→Settings 打开,但是这样做设置完后不会生成源代码,若想生成源代码还需要执行菜单命令 Project→Generate Code。

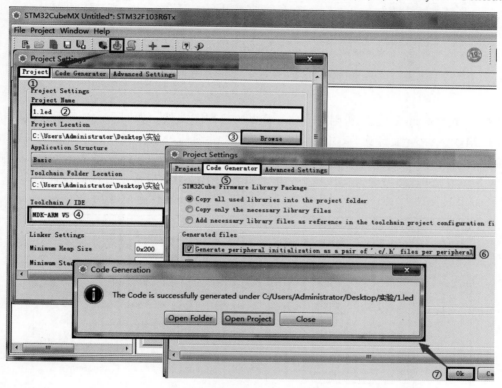

图 10-35 源码生成过程

单击工具栏中的图标按钮或单击菜单栏中的 Project→Generate Report,STM32CubeMX 将生成一个 PDF 文档和一个 TXT 文档,以对配置进行详细记录。生成的文件也将放置于 Project Location 选项配置的路径中。

至此,一个完整的 STM32F1 工程就完成了,此时的工程目录结构如图 10-36 所示。

在图 10-36 中,Drivers 文件夹中存放的是 HAL 库文件和 CMSIS 相关文件;Inc 文件夹中存放的是工程必需的部分头文件;MDK-ARM 文件夹中存放的是 MDK 工程文件;Src 文件夹中存放的是工程必需的部分源文件。1.led.ioc 是 STM32CubeMX 工程文件,双击文件图标,该文件即会在 STM32CubeMX 中被打开。1.led.pdf 和 1.led.txt 为生成的配置说明。

## 10.8.3 编写用户代码

本实例程序比较简单,只需要用 Keil MDK5 打开生成的工程对代码进行编译即可。需要注意的是,

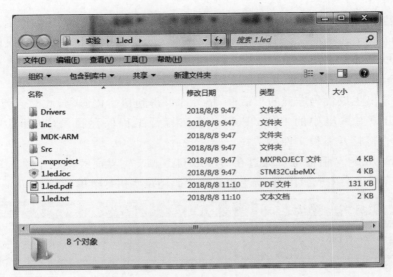

图 10-36 工程目录文件夹

在编写代码前先要生成 .hex 文件,否则 Proteus 无法加载程序文件。如图 10-37 所示,生成 .hex 文件的步骤为:打开 MDK-ARM 文件夹,双击 1. led. uvprojx 文件图标,Keil MDK5 即加载程序;单击工具栏中的图标按钮,在弹出的"Options for Target'1. led'"对话框中选择 Output 选项卡,在该选项卡中选中 Create HEX File 复选框,然后单击 OK 按钮;单击工具栏中的图标按钮进行代码编译,编译完成后提示栏将提示"'1. led\1. led'－0 Error(s),0 Warning(s).",则 .hex 文件生成成功。

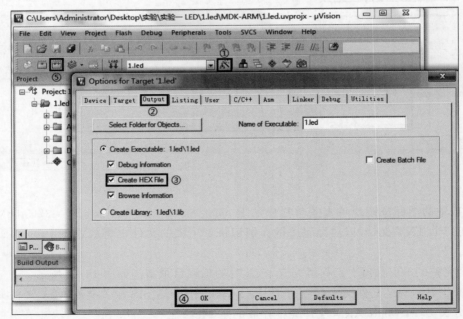

图 10-37 编译生成 .hex 文件

## 10.8.4 仿真结果

代码编译完成后即运行项目程序,进行工程仿真。

进行仿真控制需要导入.hex文件。在电路原理图中双击STM32F103R6图形符号,弹出"编辑元件"(Edit Component)对话框。单击"编辑元件"对话框中Program File文本框后面的 按钮,将Keil MDK自动编译生成的.hex文件导入,然后单击"确定"按钮,如图10-38所示。仿真结果如图10-39所示。显LED灯已经被点亮,实验成功。

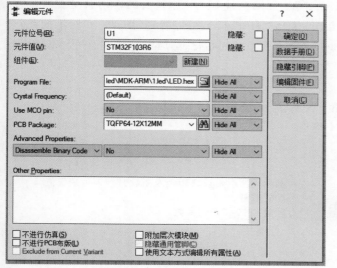

图 10-38 加载.hex文件

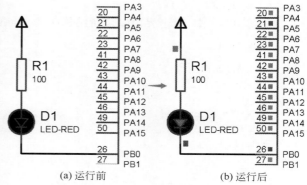

(a) 运行前        (b) 运行后

图 10-39 程序运行前后对比图

## 10.8.5 代码分析

打开MDK-ARM文件夹,双击1.led.uvprojx文件图标,Keil MDK5加载1.1ed.uvprojx文件程序。打开文件后在界面左侧展开树结构,如图10-40所示。

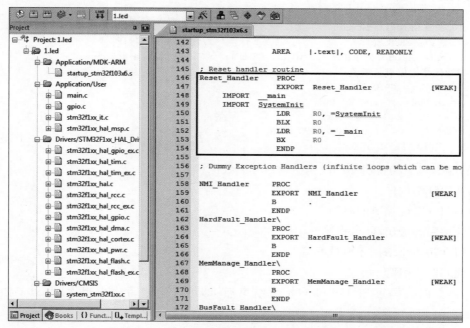

图 10-40 STM32CubeMX生成的应用程序结构图及启动代码

其中，main.c 为程序入口和结束文件，gpio.c 为 STM32CubeMX 所生成的功能性文件，开发者可以在此基础上扩展或增加其他类的.c 文件。

STM32 系列所有芯片都会有一个.s 启动文件。不同型号的 STM32 芯片的启动文件是不一样的。本实例采用的是 STM32F103 系列，使用与之对应的启动文件 startup_stm32f103x6.s。启动文件的作用主要是进行堆栈的初始化、中断向量表和中断函数定义等。启动文件有一个很重要的作用就是在系统复位后引导系统激活 main() 函数。打开启动文件 startup_stm32f103x6.s，可以看到，图 10-40 所示的几行代码，其作用是在系统启动之后，首先调用 SystemInit() 函数进行系统初始化，然后引导系统通过 main() 函数执行用户代码。

**1. GPIO 编程流程分析**

在图 10-42 中，双击界面左侧树结构中的 main.c 文件图标，会看到如下代码。

代码 10-1

```
int main(void)
{
HAL_Init();                              //初始化所有外设、Flash 及系统时钟等为缺省值
SystemClock_Config();                    //配置时钟
MX_GPIO_Init();                          //配置 GPIO 初始化参数
While(1)
{

}
```

右击 MX_GPIO_Init() 代码行，在弹出的快捷菜单中单击"Go To Definition Of"MX_GPIO_Init"，则打开 void MX_GPIO_Init(void) 函数。

void MX_GPIO_Init(void) 函数代码如下。

代码 10-2

```
void MX_ GPIO_Init (void)
{
_GPIO_InitTypeDef GPIO_InitStruct;            //声明 GPIO 结构体
_HAL_RCC_GPIOB_CLK_ENABLE();                  //使能 GPIO 端口时钟
HAL_GPIO_WritePin(GPIOB, GPIO_PIN_0,GPIO_PIN_RESET);  //控制引脚输出低电平
//为 GPIO 初始化结构体成员赋值
GPIO_InitStruct.Pin = GPIO_PIN_0;
GPIO_InitStruct.Mode = GPIO MODE_OUTPUT_PP;
GPIO_InitStruct.Pull = GPIO_NOPULL;
GPIO_InitStruct.Speed = GPIO_SPEED_FREQ_HIGH;
HAL_GPIO_Init(GPIOB,&GPIO_InitStruct);        //初始化 GPIO 引脚
```

分析上述代码，可总结得出 GPIO 初始化编程大致流程：

（1）声明 GPIO 结构体。

（2）使能 GPIO 对应端口的时钟。

（3）控制（写）引脚输出高、低电平。

（4）为 GPIO 初始化结构体成员赋值。

（5）初始化 GPIO 引脚。

由 main() 函数的代码可知，GPIO 初始化结束后，即可开始编写用户程序，所以 GPIO 编程流程如下：

（1）GPIO 初始化。

（2）根据项目要求检测（读）或控制（写）引脚电平。

**2. GPIO 外设结构体**

HAL 库为除 GPIO 以外的每个外设创建了两个结构体：一个是外设初始化结构体，另一个是外设句柄结构体（GPIO 没有句柄结构体）。这两个结构体都定义在外设对应的驱动头文件（如 stm32flxx_hal_usart.h 文件）中。这两个结构体内容几乎包括外设的所有可选属性，理解这两个结构体的内容对编程非常有帮助。

GPIO 初始化结构体（定义在 stm32f1xx_hal_gpio.h 文件中）的代码（由 STM32CubeMx 或 Keil MDK 自动生成）如下：

```
typedef struct{
uint32_t Pin;                          /* GPIO 引脚编号选择 */
uint32_t Mode;                         /* GPIO 引脚工作模式 */
uint32_t Pull;                         /* GPIO 引脚上拉、下拉配置 */
uint32_t Speed;                        /* GPIO 引脚最大输出速度 */
}GPIO_InitTypeDef;
```

在以上代码中，uint32_t Pin 表示引脚编号选择。一个 GPIO 外设有 16 个引脚可选，这里根据电路原理图选择目标引脚。引脚参数可选 GPIO_PIN_0，GPIO_PIN_1，…，GPIO_PIN_15 和 GPIO_PIN_ALL。一般可以同时选择多个引脚，如 GPIO_PIN_0|GPIO_PIN_4。

关于 STM32Cube 更详细的使用方法，请读者参考作者在清华大学出版社出版的《Arm Cortex-M3 嵌入式系统——基于 STM32Cube 和 HAL 库的编程与开发》一书。

# 第11章

## CHAPTER 11

# GD32微控制器与开发

GD32 微控制器是国内 GigaDevice 公司(兆易创新科技集团股份有限公司)推出的一款 32 位 Arm Cortex-M 微控制器系列,它们兼容 STM32 系列微控制器,并且在性能和功能上有所增强。GD32 系列微控制器在硬件接口、外设功能和性能上与 STM32 系列微控制器非常相似,因此在开发过程中,可以使用类似的开发工具和流程。

GD32 微控制器的开发需要结合硬件和软件,通过综合的开发工具和资源,进行系统级的设计与验证。在开发过程中,可以利用 GigaDevice 公司提供的开发工具和资源,同时也可以参考 STM32 系列微控制器的开发经验和资源。

本章讲述了 GD32 微控制器的介绍和开发,包括其历史、应用、产品系列、选型指南以及快速入门和开发平台的搭建。

本章主要讲述如下内容:

(1) GD32 微控制器的发展历程及其在不同领域的典型应用,展示了 GD32 系列如何随着时间的推移而进化,并在技术市场中找到应用。

(2) 详细介绍了 GD32 MCU 产品家族,包括不同型号和系列的特点,帮助读者了解各个产品之间的差异。

(3) 提供了关于如何选择合适的 GD32 MCU 的指南,包括型号和选型方法,这有助于开发者根据项目需求选择最合适的微控制器。

(4) 对 GD32F470xx 系列微控制器进行了具体介绍,包括其性能参数、特点以及适用场景。

(5) 讨论了如何快速上手使用 GD32 微控制器,并搭建开发平台,为初学者提供指导。

(6) GD32F4 开发板和仿真器的选择,为开发者提供关于硬件工具选择的建议。

(7) 通过一个 GD32F4 外部中断的实例,展示了如何通过不同方式下载程序,为开发者提供实际的操作指南。

(8) 对 GD32 微控制器与 STM32 微控制器进行了对比,帮助读者理解这两个流行的微控制器平台之间的区别和各自的优势,以便做出更明智的选择。

本章为希望了解 GD32 微控制器系列的读者提供了全面的指南,从基本介绍到具体应用,再到开发工具和选型对比,为开发者提供了宝贵的资源。

## 11.1 GigaDevice 公司概述

GigaDevice 公司是全球领先的 Fabless 芯片供应商,公司成立于 2005 年 4 月,总部设于中国北京,在全球多个国家和地区设有分支机构,营销网络遍布全球,提供优质便捷的本地化支持服务。GigaDevice

公司致力于构建以存储器、微控制器、传感器、模拟产品为核心驱动力的完整生态,为工业、汽车、计算、消费电子、物联网、移动应用以及通信领域的客户提供完善的产品技术和服务,已通过 ISO26262:2018 汽车功能安全最高等级 ASIL D 体系认证,并获得 ISO 9001、ISO 14001、ISO 45001 等体系认证和邓白氏认证,与多家世界知名晶圆厂、封装测试厂建立战略合作伙伴关系,共同推进半导体领域的技术创新。

GigaDevice 公司的核心产品线为存储器、32 位通用 MCU,以及智能人机交互传感器芯片及相关整体解决方案。可为工业、汽车、计算、消费类电子、物联网、移动应用以及网络和电信行业的客户提供全方位服务。

GD32 MCU 已经成为中国 32 位通用 MCU 的主流之选。GigaDevice 公司的触控和指纹识别芯片广泛应用在国内外知名移动终端厂商的产品上。GigaDevice 公司是国内仅有的两家可量产光学指纹芯片的供应商之一。

## 11.2 GD32 MCU 发展历程及典型应用

学习 GD32 MCU,首先需了解其发展历程和典型应用。从发展历程中可以了解 GD32 MCU 的产品规划,从典型应用中可以了解产品常见的应用场景。

### 11.2.1 GD32 MCU 发展历程

GD32 MCU 的发展历程大致可以分为以下 3 个阶段。

**1. 开始阶段**

从 2013 年推出 GD32F103 系列 MCU 开始到 2016 年,GigaDevice 公司不断丰富基于 M3 内核的产品线,并陆续推出 GD32F10x、GD32F1x0 及 GD32F20x 系列产品,从而使 M3 内核产品形成平台化,GD32 M3 内核 MCU 产品发展时间线如图 11-1 所示。

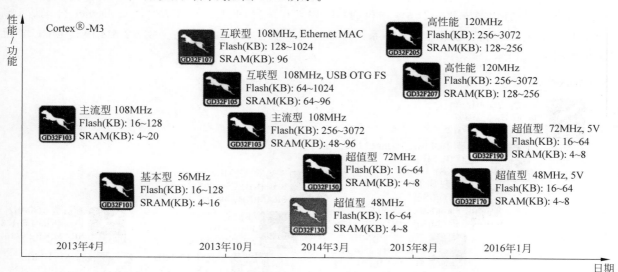

图 11-1 GD32 M3 内核 MCU 产品发展时间线

2013 年 GigaDevice 公司推出第一款以 M3 为内核的主流系列产品 GD32F10x。该系列产品的最高主频为 108MHz,最大 Flash 容量为 3MB,最大 SRAM 容量为 96KB,具有丰富的片内外设资源,其中定时器模块多达 18 个,通信模块包括多路 USART/UART 串口、SPI、I2C 接口、USB 接口、SDIO 接口以及以太网接口,模拟模块包括多路 ADC 和 DAC,具有 EXMC 接口,可支持外扩 SRAM、NOR Flash 以及 NANDFlash 等存储器并可驱动 8080 接口液晶屏,使用这种接口的屏幕一般自带驱动芯片,比如 ILI9488、ILI9341、SSD1963 等。驱动芯片自带显存,MCU 只需要把显示数据传给驱动芯片,驱动芯片就会把数据保存到显存中,最后再把显存中的数据显示到屏幕上。常见的屏幕接口有 SPI、8080、RGB、MIPI-SDI、LVDS 等。相较于市场同类产品,GD32F10x 系列具有更高的主频、更大的 Flash 容量,并由于具有 gFlash 专利技术,在同主频下具有更高的代码执行效率。GD32F10x 系列推向市场后得到了广大客户的欢迎。

2014 年,GigaDevice 公司推出工作电压为 3.3V 以 M3 为内核的超值系列产品 GD32F130/150。该系列产品的最高主频为 72MHz,最大 Flash 容量为 64KB,最大 SRAM 容量为 8KB。相较于 GD32F10x 系列 MCU,该系列产品具有更低的成本和功耗,可满足低成本的应用需求。

2015 年,GigaDevice 公司推出以 M3 为内核的高性能系列产品 G32F20x。该系列产品的最高主频为 120MHz,最大 Flash 容量为 3MB,最大 SRAM 容量为 256KB,可以覆盖 GD32F10x 系列的外设资源配置,并可向下兼容 GD32F10x 系列软硬件。除集成了 GD32F10x 系列片内外设外,GD32F20x 系列片内还集成了 CRC(Cyclic Redundancy Check,循环冗余校验)计算单元、TRNG(真随机数生成器)、CAU(加密处理器)以及 HAU(哈希处理器)模块,这让它具有更高的安全性能。GD32F20x 还集成了摄像头接口及 TLI 接口(TFT_LCD 接口),这让它可支持外扩摄像头及 TFT 液晶屏。

2016 年 1 月,GigaDevice 公司推出工作电压为 5V、以 M3 为内核的超值系列产品 GD32F170/190。该系列最高主频为 72MHz,最大 Flash 容量为 64KB,最大 SRAM 容量为 8KB,可兼容 GD32F130/150 系列。除集成了 GD32F130/150 系列片内外设外,GD32F170/190 系列片内还集成了 SLCD 段码液晶驱动模块、OPA(运算放大器)CAN(内置 CAN PHY)及 TSI(电容触摸)模块等,让它可满足家电、工业等领域的部分 5V 供电的需求。

2. 成长阶段

2016 年 9 月(推出第一款基于 M4 内核的 GD32F450 系列 MCU)至 2017 年,GigaDevice 公司基于新的产品工艺以及 M4 内核,迅速推出 M4 系列产品并向下兼容 M3 系列产品。GD32 M4 内核 MCU 产品时间线如图 11-2 所示。

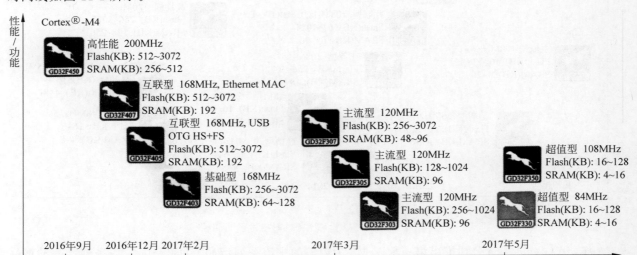

图 11-2　GD32 M4 内核 MCU 产品时间线

2016 年至 2017 年年初,GigaDevice 公司推出以 M4 为内核的高性能产品 GD32F4xx。该系列产品的最高主频为 200MHz,最大 Flash 容量为 3MB,最大 SRAM 容量为 512KB,具有非常丰富的片内外设资源,并可支持 BGA176 引脚封装,可满足高性能的应用需求。

2017 年 3 月,GigaDevice 公司推出以 M4 为内核的主流型产品 GD32F30x。该系列产品的最高主频为 120MHz,最大 Flash 容量为 3MB,最大 SRAM 容量为 96KB,可向下兼容 GD32F10x 系列产品。相较于 GD32F10x 系列,GD32F30x 系列产品具有更高的主频以及更优异的内核性能。

2017 年 5 月,GigaDevice 公司推出以 M4 为内核的超值系列产品 GD32F3x0。该系列产品的最高主频为 108MHz,最大 Flash 容量为 128KB,最大 SRAM 容量为 16KB,可向下兼容 GD32F1x0 系列产品,相较于 GD32F1x0 系列,GD32F3x0 系列产品具有更高的主频、更丰富的外设资源(新增 OTG 模块、TSI 模块、2 路比较器)以及更优异的内核性能。

**3. 全面发展阶段**

自 2017 年下半年以来,GD32 MCU 进入全面发展阶段。

(1) 引入嵌入式 eFlash 技术,先后推出 GD32E103、GD32C103、GD32E230、GD32E50x 等不同系列的 MCU,这些产品具有更宽的工作电压、更低的产品功耗、更短的 Flash 擦写时间等特性,可满足更高性能、更低功耗的应用需求。

(2) 针对光模块应用市场,推出 GD32E232、GD32E501 光模块系列产品;针对行业应用需求,集成更小封装产品(支持 QFN24、QFN32、BGA64)以及相关外设,提供 I2C BOOT、PLA(Programmable Logic Array,可编程逻辑阵列)、8 路 DAC、MDIO(Manage Data Input and Output,管理数据输入/输出)接口以及 I/O 复位保持等功能。

(3) 针对低功耗应用市场,推出 GD32L233 超低功耗系列产品。该系列产品的最高主频为 64MHz,集成了 64~256KB 的嵌入式 eFlash 和 16~32KB 的 SRAM,深度睡眠功耗降至 $2\mu A$,唤醒时间低于 $10\mu s$,待机功耗仅为 $0.4\mu A$,深度睡眠模式下可支持 LPtimer(Low Power timer,低功耗定时器)、LPUART(Low Power Universal Asynchronous Receiver/Transmitter,低功耗通用异步串行通信接口)、RTC、LCD、I2C 等多个外设唤醒,具有多种运行模式和休眠模式,提供了优异的功耗效率和优化的处理性能。

(4) 针对无线通信应用市场,推出 GD32W515 Wi-Fi 无线通信系列产品 SoC(System on a Chip,片上系统),集成 2.4GHz 单流 IEEE 802.11b/g/n MAC/Baseband/RF 射频模块。该系列 MCU 集成了 TrustZone(Arm 针对消费电子设备安全所提出的一种架构)硬件安全机制,最高主频为 180MHz,配备了高达 2MB 的片上 Flash 和 448KB 的 SRAM,与各厂商无线路由器具有极佳的兼容性,可以快速建立连接并完成通信。

(5) 针对汽车应用市场,推出 GD32A503 系列车规级 MCU,采用先进的车规级工艺平台以及生产标准,符合车用高可靠性和稳定性要求,可用于车身控制、辅助驾驶及智能座舱等多种电气化车用场景。

(6) 推出全球首款基于 RISC-V 内核的 GD32VF103 系列 MCU,提供从芯片到程序代码库、开发套件、设计方案等的完整工具链支持。

(7) 围绕 GD32 MCU,推出信号链相关的周边模拟产品 GD30 系列,包括电源管理单元、电机驱动 IC、高性能电源 IC 以及锂电管理 IC。

(8) 预计后续 GigaDevice 会不断推出新的 MCU 产品并继续丰富现有产品线,以满足更多应用场景下的 MCU 应用需求。

## 11.2.2　GD32 MCU 典型应用

GD32 MCU 为中国通用 MCU 领域领跑者,凭借丰富的外设、优越的性能以及平台化的产品,受到了越来越多工程师的青睐,具有非常广阔的应用前景。

**1. 工业控制**

GD32 MCU 集成了丰富的定时器、通信及模拟外设,可满足工业控制中有关电动机驱动、数据运算以及通信的应用需求。部分产品集成了高级定时器或高分辨率定时器,可满足电动机和电源等工业应用的更高要求。GD32 MCU 具有高 ESD(Electrostatic Discharge,静电放电)、EMI(Electromagnetic Interference,电磁干扰)性能以及可靠性,可广泛应用于 PLC(Programmable Logic Controller,可编程逻辑控制器)、伺服电机控制、逆变器等。

**2. 消费电子**

GD32 MCU 内部集成了各种性能优异的外设,例如,GPIO、定时器、通信外设、模拟外设等,开发人员可利用这些片内外设开发出非常多的符合消费者需求的电子产品,例如,电子烟、无人机、平衡车、TWS(True Wireless Stereo,真正无线立体声)充电仓等。

**3. 医疗设备**

目前,医疗设备追求便携性成为一种趋势,制造商正在寻求更先进的技术以降低产品的设计复杂度和缩短产品的开发周期。在大多数医疗设备中,实际的生理信号是模拟的,并需要应用信号调理技术(例如信号放大和滤波)才可以进行测量、监视和显示。GD32 MCU 由于对模拟和数字外设的高度集成,成为便携式医疗产品的开发的良好平台,在便携式医疗设备市场中获得广泛应用,例如,体温枪、血氧仪、个人血压监控器、呼吸机等。

**4. 智能家电**

目前家电市场正在向智能化、功能化发展,且对联网以及 OTA(Over the Air Technology,空间下载技术)升级的需求正在增强。另外,家电市场对成本控制比较敏感。因为 GD32 MCU 集成了丰富的外设资源,具有较高的性能、集成度以及平台化特性,所以在智能家电市场获得了广泛应用,比如冰箱、洗衣机、空调、机顶盒、抽油烟机、扫地机等。

**5. 安防监控**

GD32 MCU 部分产品具有低成本、高性能、易使用的特性,因此在安防监控领域也获得了广泛应用,包括球机、枪机、云台、烟感报警器等。

**6. 物联网**

GD32 MCU 近年深耕物联网(IoT,Internet of Things)应用,在智能生活、工业物联以及云链接等场景下均有应用。2021 年,GigaDevice 公司推出了 GD32W515 Wi-Fi 无线通信系列 SoC(System on a Chip,片上系统),助力 IoT 应用。后续 GigaDevice 公司会推出更多无线 MCU 产品组合,为 IoT 时代层出不穷的开发应用提供创新捷径。

**7. USB 应用**

目前大多数 GD32 MCU 中均集成了 USBD 或 OTG 模块,为数据记录器、模拟传感器、数字传感器及其他各种需要 USB 通信的应用提供了理想的解决方案。GigaDevice 公司还为设计者提供 USB 开发固件库、技术文档、参考设计等相关支持,这不仅简化了设计流程,还加速了产品上市过程。相关应用包括身份证读卡器、嵌入式微型打印机、USB 升级程序等。

**8. 仪器仪表应用**

仪器仪表应用既有高性能、高资源的需求,比如智能电表、码表盘等,又有低功耗、低成本的需求,比如水表、气表、点钞机、小型消费电子设备等。GD32 MCU 凭借通用性及产品平台化特性,在仪器仪表中获得了广泛应用。2021 年,GigaDevice 公司推出了 GD32L233 超低功耗系列 MCU,为低功耗仪器仪表应用提供了更优选择。后续 GigaDevice 公司会不断丰富 GD32Lxxx 系列,为客户提供更多、更优秀的低功耗产品解决方案。

### 9. 汽车应用

汽车在向智能化方向不断发展。作为汽车电子系统内部运算和处理的核心,MCU 是实现汽车智能化的关键,因而汽车对于 MCU 的需求也在不断增强。GigaDevice 公司持续关注汽车市场的需求变化,在汽车电子市场和前装后装领域不断跟进。针对汽车后装,目前 GD32 MCU 已应用于车载影音、导航、跟踪诊断等周边应用上;对于汽车前装,GD32 MCU 于 2022 年 9 月面向车身电子应用需求推出 GD32A503 系列车规级 MCU,并支持车规级 AEC-Q100 认证及安全标准认证,后续会不断丰富车规产品线。

随着 GD32 MCU 技术的不断发展,后续 GigaDevice 公司会推出更多产品并将服务于更多领域。

## 11.3　GD32 MCU 产品家族介绍

GD32 MCU 产品家族如表 11-1 所示。GD32 MCU 完整的产品线可满足客户在各种应用场景下的需求。GD32 MCU 的内核包括 32 位 Arm Cortex-Mx 和 RISC-V,其中,Arm Cortex-Mx 内核包括 M3、M4、M23 和 M33 内核。GD32 MCU 包含专用型、入门型、主流型和高性能全平台系列产品。另外,GD32FFPR 为以 M4 为内核的指纹行业专用 MCU,GDMEPRT 为以 M33 为内核的打印机行业专用 MCU。GD32 MCU 可提供全平台化产品并实现平台化软硬件兼容。

表 11-1　GD32 MCU 产品家族

| 性　　能 | 32 位 Arm Cortex-Mx 内核 MCU | | | | 32 位 RISC-V 内核 MCU |
|---|---|---|---|---|---|
| | M23 | M3 | M4 | M33 | RISC-V |
| 高性能 | — | GD32F205<br>GD32F207 | GD32F403<br>GD32F405<br>GD32F407<br>GD32F450<br>GD32F425<br>GD32F427<br>GD32F470 | GD32E503<br>GD32E505<br>GD32E507<br>GD32E508 | — |
| 主流型 | — | GD32F101<br>GD32F103<br>GD32F105<br>GD32F107 | GD32F303<br>GD32F305<br>GD32F307<br>GD32E103<br>GD32C103 | GD32E501<br>GD32A503 | GD32VF103 |
| 入门型 | GD32E230<br>GD32E231<br>GD32E232 | GD32F130<br>GD32F150<br>GD32F170<br>GD32F190 | GD32F310<br>GD32F330<br>GD32F350 | — | — |
| 专用型 | | | GD32FFPR | GD32EPRT | — |

## 11.4　GD32 MCU 应用选型

MCU 应用选型是嵌入式开发的第一步,合适的选型会使后续的开发及量产更加顺利,因为这会避免因更换选型带来的推倒重来以及资源冗余带来的成本过高问题。

## 11.4.1 GD32 MCU 型号解码

在进行应用选型之前,首先需要了解 GD32 MCU 的型号命名规则,具体规则如图 11-3 所示,这里以 GD32F470VCT6 为例。GD32 代表 GD32 MCU;F 代表产品类型;470 代表产品子系列,相同子系列中不同型号的产品在容量和片内外设资源配置方面略有不同,但共有的片内外设功能相同;V 代表引脚数;C 代表 Flash 容量;T 代表封装类型;6 代表温度范围。

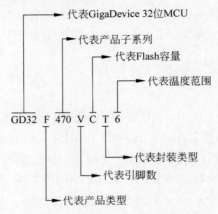

图 11-3　GD32MCU 型号解码图

GD32 MCU 型号解码详细说明如表 11-2 所示。

表 11-2　GD32 MCU 型号解码

| 字　符 | 说　明 | 举　例 |
|---|---|---|
| GD32 | 代表 GigaDevice 32 位 MCU | 无 |
| F | 代表产品类型 | F:SIP<br>E:eFlash<br>L:超低功耗系列<br>VF:RISC-V 系列<br>W:Wi-Fi 无线系列 |
| 470 | 代表产品子系列 | GD3232F10×、F1×0、F20×、F30×、F3×0、F4××、E103、E50×、E23×、L233×、W515、VF103、A503 等 |
| V | 代表引脚数 | F:20<br>E:24<br>G:28<br>K:32<br>T:36<br>C:48<br>R:64<br>V:100<br>Z:144<br>I:176 |

续表

| 字　符 | 说　明 | 举　例 |
|---|---|---|
| C | 代表 Flash 容量 | 4：16KB<br>6：32KB<br>8：64KB<br>B：128KB<br>C：256KB<br>D：384KB<br>E：512KB<br>F：768KB<br>G：1MB<br>I：2MB<br>K：3MB |
| T | 代表封装类型 | T：LQFP<br>U：QFN<br>H：BGA<br>P：TSSOP<br>V：LGA |
| 6 | 代表温度范围 | 6：−40～85℃<br>7：−40～105℃ |

图 11-4 所示是 GD32 MCU 部分封装形式。

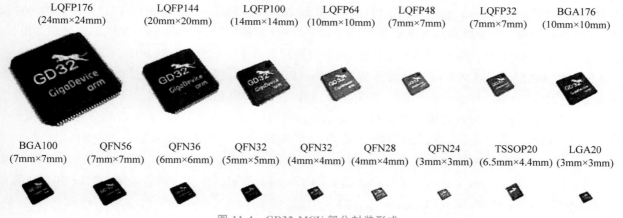

LQFP176 (24mm×24mm)　LQFP144 (20mm×20mm)　LQFP100 (14mm×14mm)　LQFP64 (10mm×10mm)　LQFP48 (7mm×7mm)　LQFP32 (7mm×7mm)　BGA176 (10mm×10mm)

BGA100 (7mm×7mm)　QFN56 (7mm×7mm)　QFN36 (6mm×6mm)　QFN32 (5mm×5mm)　QFN32 (4mm×4mm)　QFN28 (4mm×4mm)　QFN24 (3mm×3mm)　TSSOP20 (6.5mm×4.4mm)　LGA20 (3mm×3mm)

图 11-4　GD32 MCU 部分封装形式

GD32 MCU 中有一些针对特殊应用设计的专用 MCU，如 GD32FFPR 为指纹行业专用 MCU。GD32FFPR 在 GD32F30x 系列通用 MCU 的基础上缩小了封装并增大了容量，以适应指纹行业算法对运算能力的需求。GD32EPRT 为打印机行业专用 MCU。GD32EPRT 在 GD32E50x 系列通用 MCU 的基础上封装了 4MB PSRAM，以适应打印机行业对大容量存储的需求。GD32C103 为小容量 CAN FD（Controller Area Network Flexible Data rate，支持灵活数据速率的控制器局域网）专用 MCU。GD32C103 在 GD32E103 系列通用 MCU 的基础上增加了 2 路 CAN FD，可满足小容量 CAN FD 的通信需求。GD32E232 和 GD32E501 系列为光模块行业专用 MCU，它们内部集成了多路 DAC 以及 I/O 复位保持功能,全新配备的可编程逻辑阵列则为现场应用提供了更强的硬件灵活性,可以实现简单的组合逻辑和顺序逻辑运算,有助于为成本敏感性产品提高 CPU 的工作效率并增强信号处理的实时性。

### 11.4.2 GD32 MCU 选型方法简介

GD32 MCU 具有非常多的型号,在构建应用系统之前,需慎重考虑 MCU 选型的问题。一般来说,在进行 GD32 MCU 选型时,可以考虑以下几个原则:

(1) 若系统开发任务重,且时间比较紧迫,则可以优先考虑比较熟悉的型号。

(2) 选择片内外设资源最接近系统需求的型号。

(3) 考虑所选型号的 Flash 和 SRAM 空间是否能够满足系统设计的要求。

(4) 考虑单片机的价格,尽量在满足系统设计要求的前提下,选用价格最低的型号。

(5) 考虑产品后续升级,尽量选择后续可实现硬件引脚兼容且片内资源可扩展的型号。

(6) 在有多个型号可满足以上条件的情况下,尽量选择内核更新、工艺更高的型号,因为在相同价格的情况下这类产品可能会有更高的资源配置。

## ▊ 11.5　GD32F470xx 介绍 ◆

GD32F470xx 器件属于 GD32 单片机家族的高性能产品线。它是基于 Arm Cortex-M4 RISC 内核的新型 32 位通用微控制器,在增强的处理能力、降低的功耗和外围设置方面具有最佳的性价比。Cortex-M4 核心具有浮点单元(FPU),可加速单精度浮点数学运算,并支持所有 Arm 单精度指令和数据类型,它实现了一套完整的 DSP 指令。为了适应数字信号控制市场,Cortex-M4 需要高效、易于使用的混合控制和信号处理能力。它还提供了内存保护单元(Memory Protection Unit,MPU)和强大的跟踪技术,以增强应用程序安全性和高级调试支持。GD32F470xx 器件采用 Arm Cortex-M4 32 位处理器内核,工作频率为 240MHz,Flash 访问零等待状态,以获得最高的效率。它提供高达 3072 KB 的片上 Flash 和 768 KB 的 SRAM。增强型 I/O 和外设连接到两个 APB 总线。该器件提供多达 3 个 12 位 2.6 MSPS ADC、2 个 12 位 DAC、多达 8 个通用 16 位定时器、2 个 16 位 PWM 高级定时器、2 个 32 位通用定时器、2 个 16 位基本定时器、标准和高级通信接口、6 个 SPI、3 个 I2C、4 个 USART、4 个 UART、2 个 I2S、2 个 CAN(Controller Area Network,控制器局域网)、1 个 SDIO、1 个 USBFS、1 个 USBHS,以及 1 个 ENET。附加外设包括数码相机接口(Digital Camera Interface,DCI)、支持 SDRAM 扩展的 EXMC 接口、TFT-LCD(Thin Film Transistor-Liquid Crystal Display,薄膜晶体管液晶显示屏)接口(TLI)和图像处理加速器(Image Processing Accelerator,IPA)。该器件工作在 2.6~3.6V 的电源,I/O 口可承受 5V 电平。可工作在−40~85℃的温度范围。3 种节能模式为最大限度地优化功耗提供了灵活性,这在低功耗应用中是一个特别重要的因素。

此外,还具备电压调整功能。当频率降低时,CPU 电压也随之降低,从而将动态功耗降至最低水平。在电池供电时的待机电流最低仅为 $2\mu A$。

以上特点使 GD32F470xx 器件适用于广泛的互联和高级应用,特别是在工业控制、消费和手持设备、嵌入式模块、人机界面、安防报警系统、图形显示、汽车导航、无人机、物联网等领域。

GD32F470xx 有多种型号和封装形式,封装形式如 BGA176、LQFP144、BGA100、LQFP100,其中,LQFP100 封装的 GD32F470Vx 引脚分布如图 11-5 所示。

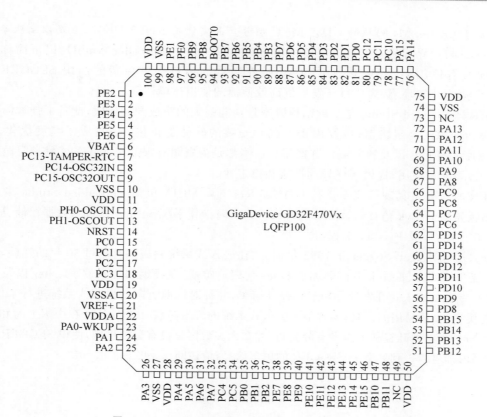

图 11-5　LQFP100 封装的 GD32F470Vx 引脚分布

## 11.6　GD32 微控制器快速入门与开发平台搭建

在进行 GD32 MCU 嵌入式开发之前,需要准备相关开发资料,搭建软硬件开发平台以及准备烧录调试工具等。本章主要介绍 GD32 MCU 快速入门与开发环境搭建的方法,这是 GD32 MCU 嵌入式开发的基础。

在进行 GD32 MCU 开发之前需要下载开发资料,包括用户手册、数据手册、固件库以及相关开发软件等,建议通过官网(www.gd32mcu.com)下载最新版本的开发资料。

(1) 固件库:GD32F30x Firmware_Library_V2.1.3.rar,包含片内外设例程、底层外设库、示例工程等。

(2) 开发软件:GD32AllInOneProgrammer、GD_Link_Programmer 等,包含多合一编程工具(Bootloader ISP 上位机软件,支持串口或 DFU 升级操作)、GD-Link 上位机编程软件等。

(3) 开发板资料:GD32F30x Demo Suites,包含官方提供的开发板电路图以及开发板例程。

GD32 MCU 开发环境一般使用通用 IDE (Integrated Development Environment,集成开发环境),开发环境主要用于代码编写、下载和调试等,目前使用较多的是 Keil MDK、IAR 和 Eclipse。掌握 IDE 的基本操作是必要的,这样可以提高开发效率。但通常使用 Keil MDK 开发环境,这是国内读者较熟悉并且应用较广泛的 IDE 开发环境。

Keil MDK 是一种基于 Arm Cortex-M MCU 的完整软件开发环境,包括 μVision IDE、调试器、Arm C/C++编译器和基本中间件,支持 STM32、Atmel、Freescale、NXP、TI、GigaDevice 等国内外 MCU 厂商所拥有的 9500 多款 MCU 产品,具有易于学习和使用的特点。读者可通过 Keil 官网(https://www.keil.com/download/)下载并安装 Keil MDK。

注意：基于 Cortex-M4 内核的 GD32 MCU 型号产品需使用 Keil MDK 5.26 及以上版本。

GigaDevice 与业界著名的工具链厂商德国 SEGGER Microcontroller GmbH（以下简称 SEGGER）联合宣布，向所有使用 GD32V 系列 RISC-V 微控制器的用户提供免费的商用 SEGGER Embedded Studio 多平台集成开发环境，为项目开发提供高效便捷的使用体验。

SEGGER Embedded Studio 是一款结构紧凑且功能强大的集成开发环境，配备了强大的项目构建和管理系统、灵活的源代码编辑器，以及用于下载和安装的软件支持包；还集成了高度优化的运行时库 emRun、浮点库 emFloat 以及智能编译链接器。这些都是为资源有限的嵌入式系统量身定做的。内置调试器可与 J-Link 配合使用，提供了优异的性能和稳定性。

SEGGER 的所有工具现已完全支持 GD32V RISC-V MCU，包括 Embedded Studio 集成开发环境（IDE）、市场领先的 J-Link 仿真器、Ozone debugger、实时操作系统 embOS、通信、数据存储、压缩感知、物联网领域的软件库，以及 Flasher 编程器。

SEGGER 公司由 Rolf Segger 于 1992 年创立，在嵌入式系统领域拥有超过 30 年的经验，提供先进的实时操作系统和软件库、J-Link 调试器和 J-Trace 代码追踪器、在线编程烧录器 Flasher 以及软件开发工具。SEGGER 专业的嵌入式开发软件和工具设计简单，并针对资源有限的嵌入式系统进行了优化，通过价格合理、质量优良、灵活易用的工具，支持整个嵌入式系统的开发过程。SEGGER 在中国上海和美国波士顿地区设有子公司，在美国硅谷和英国设有分公司，并在大多数国家设有分销机构，使得 SEGGER 的全系列产品在全球范围内都可以买到。有关 SEGGER 的更多信息，请访问 www.segger.cn。

## 11.7 GD32F4 开发板的选择

本书选用深圳乐育科技公司官方推出的 GD32F4 蓝莓派开发板。GD32F4 蓝莓派开发板外观如图 11-6 所示。

图 11-6 GD32F4 蓝莓派开发板外观图

GD32F4 蓝莓派开发板搭载 GigaDevice 的 GD32F470IIH6 主控芯片，该芯片最高主频可达 240MHz，并提供了完整的 DSP 指令集、并行计算能力和专用浮点运算单元（FPU），从而将 32 位控制与领先的数字信号处理技术集成以满足高级计算需求。

开发板围绕 GD32F470IIH6 搭建 GD32 微控制器电路,此外,还集成了以下经典模块电路:电源转换电路、通信-下载接口、GD-Link 调试下载电路、LED、蜂鸣器、独立按键、电容按键、NAND Flash、音频输入、音频输出、RJ-45 网口、RS-485 通信接口、RS-232 接口(公、母)、CAN 通信接口、SD Card 电路、USB HOST、USB SLAVE、摄像头接口电路、LCD 接口电路、外扩引脚电路、外扩接口电路。GD32F4 蓝莓派开发板模块分布如图 11-7 所示。

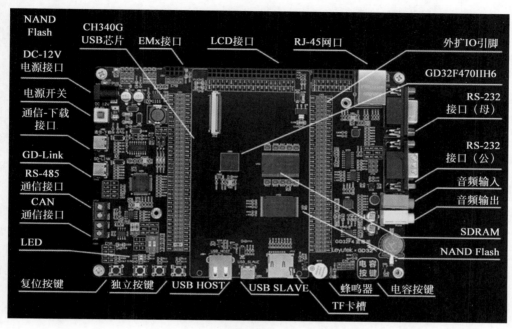

图 11-7　GD32F4 蓝莓派开发板模块分布

开发板的详细参数/资源如表 11-3 所示。

表 11-3　GD32F4 蓝莓派开发板参数/资源简介

| 参数/资源 | GD32F4 蓝莓派 |
|---|---|
| 尺寸 | 180mm×125mm |
| PCB | 4 层、黑色 |
| MCU | GD32F470IIH6、176Pin、2048KB Flash、768KB SRAM |
| 液晶 | 可外接 4.3 英寸电容式触摸屏 |
| 电源输入 | 支持 DC-12V、Type-C USB 5V 输入 |
| 保险丝 | 1 个 2A 16V 自恢复保险丝 |
| 电源输出 | DC-DC 芯片 MP2307 可输出 5V,LDO:AMS1117 可输出 3.3V |
| 下载 | 2 个下载接口:①串口 ISP 一键下载;②GD-Link 下载(支持调试)。接口型号均为 Type-C |
| GPIO | 全部通过 2.54mm 间距排针引出 |
| 以太网 | LAN8720,10Mbps/100Mbps |
| SDRAM | MT48LC16M16A2P,容量 32MB |
| NAND Flash | HY27UF081G2A,容量 128MB |
| SPI Flash | GD25Q16,容量 2MB |
| EEPROM | AT24C02,容量 256B |
| SD 卡 | 1 个 SD 卡槽,可外扩 32GB 以内的 TF 卡(包括 32GB) |

续表

| 参数/资源 | GD32F4 蓝莓派 |
|---|---|
| RTC | 1 个 CR1220 纽扣电池座 |
| 摄像头 | 可外扩彩色 OV2640 摄像头模块 |
| MP3 | WM8978,支持录音和播放 |
| 蜂鸣器 | 1 个有源蜂鸣器 |
| 按键 | 1 个复位按键、3 个独立按键、1 个电容触摸按键 |
| LED | 1 个 12V 电源 LED、1 个 5V 电源 LED、1 个 GD-Link 指示 LED、2 个普通 LED |
| 串口 | 1 路 USB 转串口(CH340)、2 路 RS-232 DB9 串口(SP3232) |
| USB | 1 路 USB HOST 接口,1 路 USB SLAVE 接口,可实现 USB 通信 |
| CAN | 1 路、型号为 TJA1050 |
| RS-485 | 1 路、型号为 SP3485 |
| 温湿度 | SHT20 温湿度传感器 |
| EMx 接口 | 3 个,可外接通过串口、I2C 或 SPI 通信的小模块,如串口蓝牙、串口 Wi-Fi 和 OLED 等 |
| GD-Link | 板载 GD-Link 下载器,支持程序下载和实时调试,下载器芯片为 GD32F103RGT6 |

利用 GD32F4 蓝莓派开发板开展实验,还需要搭配两条 USB 转 Type-C 型连接线和一块 OLED 显示屏。开发板上集成了通信-下载模块和 GD-Link 模块,这两个模块分别通过一条 USB 转 Type-C 型连接线连接到计算机,通信-下载模块除了可以用于向微控制器下载程序,还可以实现开发板与计算机之间的数据通信,GD-Link 既能下载程序,还能进行断点调试。OLED 显示屏则用于参数显示。GD32F4 蓝莓派开发板、OLED 显示屏和计算机的连接图如图 11-8 所示。

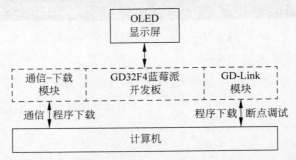

图 11-8　GD32F4 蓝莓派开发板、OLED 显示屏和计算机连接图

用户编写完程序后,需要通过通信-下载模块将.hex(或.bin)文件下载到微控制器中。通信-下载模块通过一条 USB 转 Type-C 型连接线与计算机连接,通过计算机上的 GD32 下载工具(如 GigaDevice MCU ISP Programmer),就可以将程序下载到 GD32 系列微控制器中。通信-下载模块除具备程序下载功能外,还担任着"通信员"的角色,即可以通过通信-下载模块实现计算机与 GD32F4 蓝莓派开发板之间的通信。另外,除了使用 12V 电源适配器供电,还可以用通信-下载模块的 Type-C 接口为开发板提供 5V 电源。注意,开发板上的 PWR_KEY 为电源开关,通过通信-下载模块的 Type-C 接口引入 5V 电源后,还需要按下电源开关才能使开发板正常工作。

通信-下载模块电路如图 11-9 所示。USB1 即为 Type-C 接口,可引入 5V 电源。编号为 U1 的芯片 CH340G 为 USB 转串口芯片,可以实现计算机与微控制器之间的通信。J1 为 2×2 引脚排针,在使用通信-下载模块之前应先使用跳线帽分别将 CH340G_TX 和 USART0_RX、CH340G_RX 和 USART0_TX 连接。

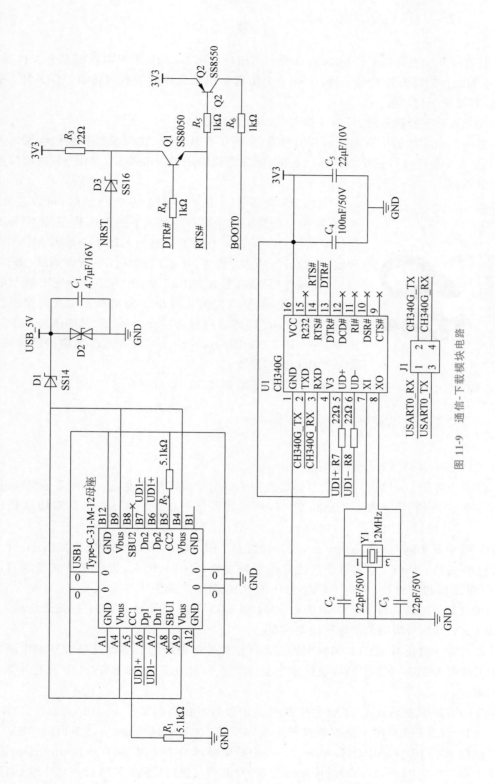

图 11-9 通信-下载模块电路

## 11.8　GD32 仿真器的选择

GD32F4 蓝莓派开发板自带 GD-Link 仿真器。当用户采用 GD32F 系列微控制器开发产品时,就像采用 STM32 系列微控制器开发产品一样,需要一个仿真器用于程序的下载与仿真。GD32F4 系列微控制器也是这样,需要一个仿真器。

在开发 GD32 系列微控制器时,可以选择 GD-Link 仿真器。

GD-Link 是一个全功能的仿真调试器和编程器,集成了在线仿真、在线编程和脱机烧录 3 种主要功能。可通过 USB 2.0 全速接口连接到计算机主机,标准即插即用免安装驱动,并由 SWD 接口连接到目标芯片进行调试编程。

GD-Link 配备了一组 4 个 LED 状态指示灯,可以显示上电、调试、在线编程和脱机烧录等不同模式下的工作状态,还配备了一个脱机烧录按钮。GD-Link 提供了完整的 GD32 全系列 MCU 产品调试和编程功能,包括芯片设置、单步调试、Flash 断点调试、寄存器定义、Flash 编程等操作,并兼容如 Keil MDK 等多种开发工具 IDE 增强的脱机烧录功能,使得开发人员和设计公司不用将代码交付产线而仅需交接 GD-Link 即可进行量产。此外,开发套件还包括了计算机主机端软件 GD-Link Programmer,可灵活方便地连接芯片进行 Flash 擦写操作和编程设置。

图 11-10　GD-Link 仿真器

GD-Link 仿真器如图 11-10 所示。

## 11.9　GD32F4 外部中断实例

本实例在 GD32F4 蓝莓派开发板上实现。

将开发套件中的两条 USB 转 Type-C 型连接线和 GD32F4 蓝莓派开发板。将两条连接线的 Type-C 接口端接入开发板的通信-下载和 GD-Link 接口,然后将两条连接线的 USB 接口端均插到计算机的 USB 接口。

编写一个外部中断实例 EXTIKeyInterrupt。按键与 LED 发光二极管硬件电路如图 11-11 所示。

配置 EXTI 相关的 GPIO。本实例使用独立按键触发外部中断,因此,应配置独立按键对应的 3 个 GPIO。由于电路结构的差异性,应将 KEY1 对应的 PA0 引脚配置为下拉输入模式,当按下 KEY1 时,PA0 的电平由低变高;KEY2 和 KEY3 对应的 PH4 和 PG3 引脚配置为上拉、下拉或悬空输入均可,当按下 KEY2 或 KEY3 时,对应引脚的电平由高变低。

通过调用固件库函数配置 EXTI,包括配置 GPIO 作为外部中断的引脚以及配置外部中断的边沿触发模式等。由 KEY1 触发的外部中断线应配置为上升沿触发,由 KEY2 和 KEY 3 触发的外部中断线应配置为下降沿触发。

编写 EXTI 的中断服务函数。ETXI 的中断服务函数名可在启动文件 startup_gd32f450470.s 中查找到,其中,EXTI5～EXTI9 共用一个中断服务函数 EXTI5_9_IRQHandler(),EXTI10～EXTI15 共用一个中断服务函数 EXTI10_15_IRQHandler()。在中断服务函数中通过 exti_interrupt_flag_get() 函数获取 EXTI 线 $x(x=0,1,2,\cdots,21,22)$ 的中断标志,若检测到按键对应的 EXTI 线产生中断,则翻转 LED 引脚的电平。

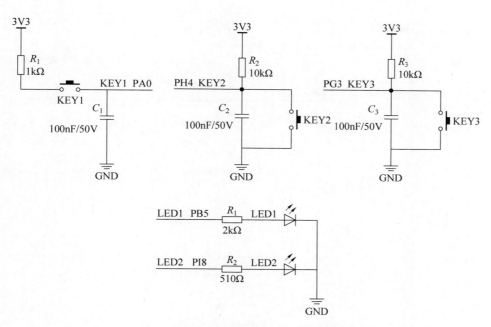

图 11-11 按键与 LED 发光二极管硬件电路

本实例的主要内容为将独立按键的 GPIO 配置为 EXTI 输入线,通过检测按键按下时对应 GPIO 的电平变化触发外部中断,在中断服务函数中实现 LED 状态翻转。

本实例代码参考本书的电子配套资源。

## 11.9.1 通过 GD-Link 模块下载程序

在 Keil MDK 开发环境下,打开已创建好的工程 EXTIKeyInterrupt,如图 11-12 所示。

单击工具栏中的 按钮,进入设置界面。在弹出的"Options for Target 'Target1'"对话框中,选择 Device 选项卡,在 GD32F470 下拉列表中,选择 GD32F470II,如图 11-13 所示。

选择 Debug 选项卡,如图 11-14 所示,在 Use 下拉列表中,选择 CMSIS-DAP Debugger,然后单击 Settings 按钮。

在弹出的 CMSIS-DAP Cortex-M Target Driver Setup 对话框中,选择 Debug 选项卡,如图 11-15 所示,在 Port 下拉列表中,选择 SW;在 Max Clock 下拉列表中,选择 10MHz。

再选择 Flash Download 选项卡,如图 11-16 所示,选中 Reset and Run 复选框,然后单击 OK 按钮。

打开"Options for Target 'Target 1'"对话框的 Utilities 选项卡,如图 11-17 所示,选中 Use Debug Driver 复选框和 Update Target before Debugging 复选框,最后单击 OK 按钮。

GD-Link 调试模式设置完成,确保 GD-Link 接口通过 USB 转 Type-C 型连接线连接到计算机之后,就可以在如图 11-18 所示的界面中,单击工具栏中的 按钮,将程序下载到 GD32F470IIH6 微控制器的内部 Flash 中。下载成功后,在 Build Output 栏中将显示程序下载的过程。

## 11.9.2 通过 GD32F4 蓝莓派串口下载程序

下面介绍如何通过串口下载程序。通过串口下载程序,还需要借助开发板上集成的通信-下载模块,因此,应先确保已经安装了通信-下载模块驱动。

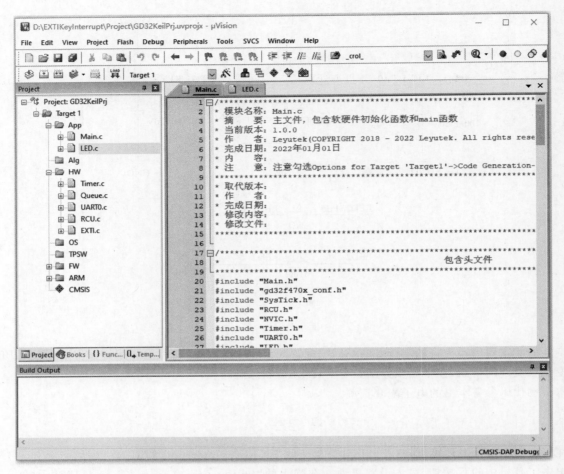

图 11-12　打开已创建好的工程 EXTIKeyInterrupt

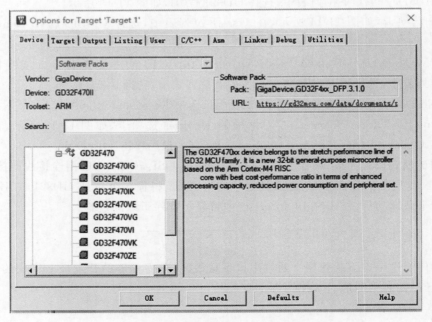

图 11-13　选择芯片型号 GD32F470II

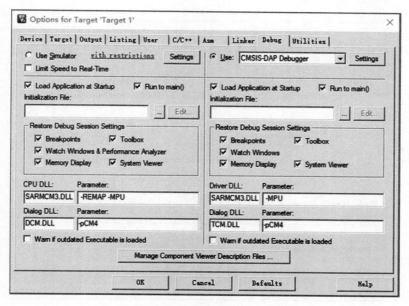

图 11-14　GD-Link 调试模式设置步骤 1

图 11-15　GD-Link 调试模式设置步骤 2

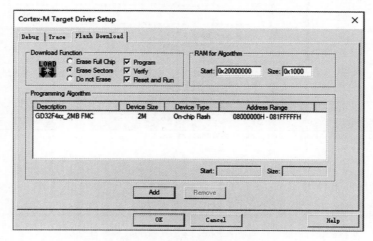

图 11-16　GD-Link 调试模式设置步骤 3

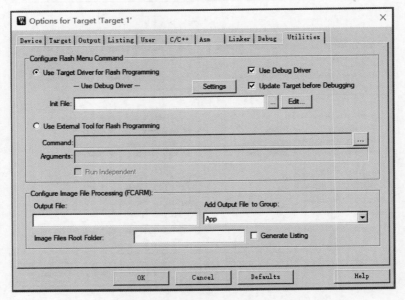

图 11-17  GD-Link 调试模式设置步骤 4

图 11-18  通过 GD-Link 向开发板下载程序成功界面

开发板上集成的通信-下载模块可用于下载程序和实现开发板和计算机之间的通信,但在使用前需要先安装通信-下载模块驱动。

驱动安装成功后,将开发板上的通信下载接口通过 USB 转 Type-C 型连接线连接到计算机,然后在计算机的设备管理器中找到 USB 串口,如图 11-19 所示。注意,串口号不一定是 COM10,每台计算机有可能会不同。

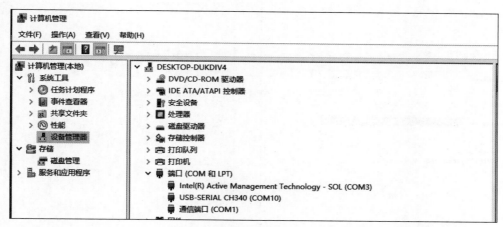

图 11-19　计算机设备管理器中显示 USB 串口信息

应确保在开发板的 J104 排针上,已用跳线帽分别将 U_TX 和 PA10 引脚、U_RX 和 PA9 引脚连接起来。然后在 GigaDevice_MCU_ISP_Programmer_V3.0.2.5782_1 文件夹下双击运行 GigaDevice MCU ISP Programmer.exe,如图 11-20 所示。

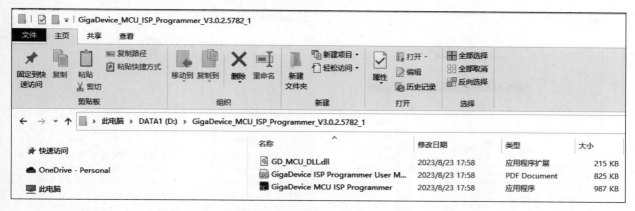

图 11-20　运行 GigaDevice MCU ISP Programmer.exe 程序

在弹出的如图 11-21 所示的 GigaDevice ISP Programmer 3.0.2.5782 对话框中,在 Port Name 下拉列表中,选择 COM10(设备管理器中查看的串口号);在 Baud Rate 下拉列表中,选择 115200;在 Boot Switch 下拉列表中,选择 Automatic;在 Boot Option 下拉列表中,选择“RTS 高电平复位,DTR 高电平进 Bootloader”,最后单击 Next 按钮。

然后在弹出的如图 11-22 所示的对话框中,单击 Next 按钮。

在弹出的如图 11-23 所示的对话框中,在 Device 下拉列表中选择 GD32F450IIH6,然后单击 Next 按钮。

在弹出的如图 11-24 所示对话框中,选中 Download to Device 单选按钮,选中 Erase all pages (faster)单选按钮,然后单击 OPEN 按钮,定位编译生成的.hex 文件。

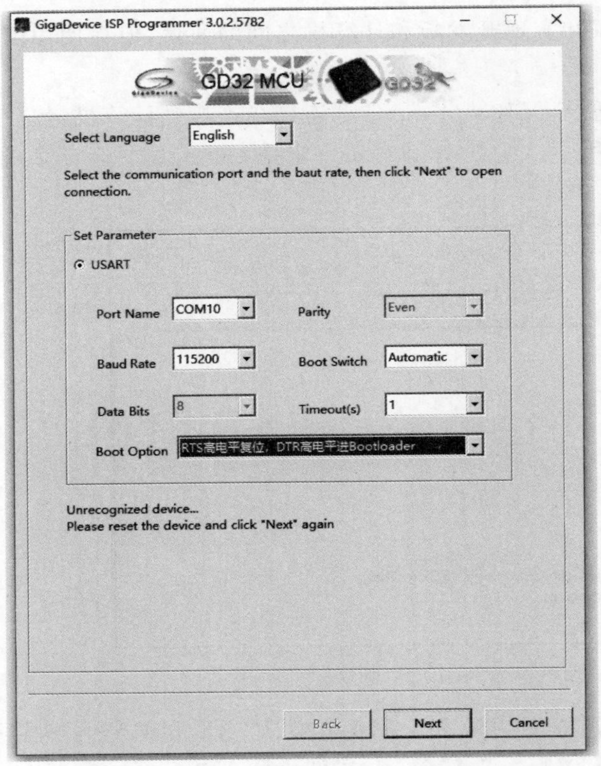

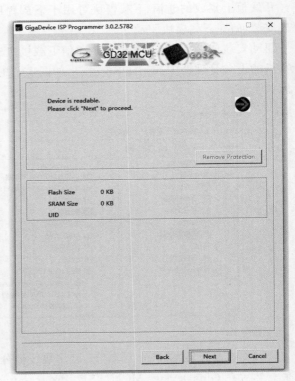

图 11-21　程序下载参数设置

图 11-22　程序下载准备好

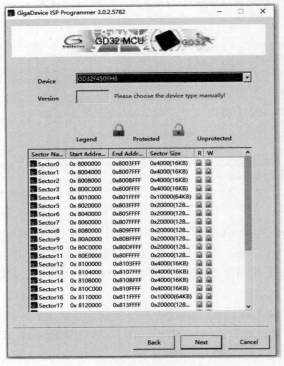

图 11-23　选择程序下载的器件

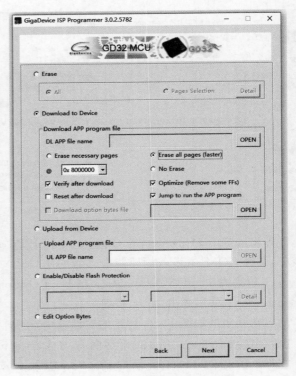

图 11-24　准备将程序下载到器件

在"D:\EXTIKeyInterrupt\Project\Objects"目录下,找到 GD32KeilPrj. hex 文件并单击 Open 按钮,如图 11-25 所示。

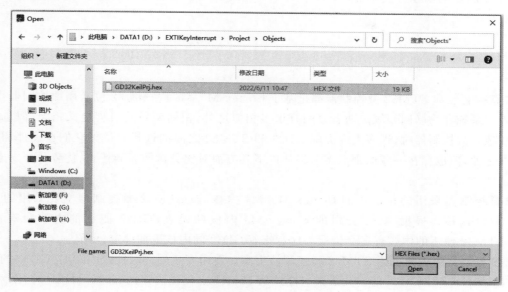

图 11-25　选择程序下载路径

在如图 11-24 所示的对话框中单击 Next 按钮开始下载,若出现如图 11-26 所示界面,则表示程序下载成功。注意,使用 GigaDevice MCU ISP Programmer 成功下载程序后,需按开发板上的 RST 按键进行复位,程序才会运行。

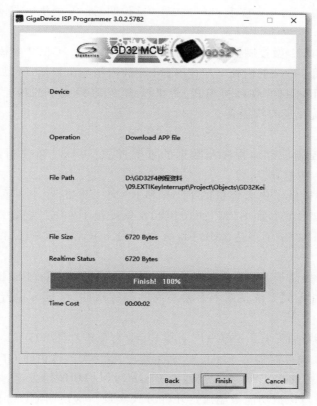

图 11-26　程序下载完毕

代码编写完成并编译通过后,下载程序并进行复位。按下 KEY1 键,LED1 的状态会发生翻转;按下 KEY2 键,LED2 的状态会发生翻转;按下 KEY3 键,LED1 和 LED2 的状态会同时发生翻转,表示实例调试成功。

# ▦ 11.10 GD32 微控制器和 STM32 微控制器的对比和选择

GD32 微控制器和 STM32 微控制器都是基于 Cortex-M3/M4 内核的 32 位通用微控制器,广泛应用于各种嵌入式系统和物联网领域。两者之间有很多相似之处,相同型号的引脚定义相同,但也有一些不同之处。在选择微控制器时,很多人会面临 GD32 和 STM32 之间的选择。虽然它们在硬件和软件方面有许多共同之处,但也存在一些区别。本节将从以下几方面对比分析两者的特点、优势和开发成本。

## 1. 内核和主频

GD32 微控制器采用的是二代的 Cortex-M3/M4 内核,而 STM32 微控制器主要采用的是一代的 Cortex-M3/M4 内核。根据 Arm 公司的 Cortex-M3 内核勘误表,GD32 使用的内核只有一个错误(Bug),而 STM32 使用的内核有多个错误。这意味着 GD32 的内核更加稳定、可靠。

GD32 微控制器的主频也比 STM32 微控制器更高。使用高速外部时钟(HSE)时,GD32 的主频最大可以达到 108MHz,而 STM32 的主频最大只能达到 72MHz。使用高速内部时钟(HSI)时,GD32 的主频最大可以达到 108MHz,而 STM32 的主频最大只能达到 64MHz。主频越高,意味着微控制器代码运行的速度越快,适合一些需要更快计算速度或更强处理能力的应用场景。

## 2. 供电和功耗

GD32 微控制器和 STM32 微控制器在供电方面有一些差异。GD32 外部供电范围是 2.6～3.6V,而 STM32 外部供电范围是 2.0～3.6V 或 1.65～3.6V。这说明 GD32 的供电范围相对要窄,对电源质量要求更高。

GD32 微控制器和 STM32 微控制器在功耗方面也有一些差异。GD32 内核电压是 1.2V,而 STM32 内核电压是 1.8V。这说明 GD32 的内核电压比 STM32 的内核电压要低,所以 GD32 在运行时的功耗更低。但是,在相同的设置下,GD32 在停机模式、待机模式、睡眠模式下的功耗比 STM32 要高。这说明 GD32 在低功耗模式下的优化还有待提高。

## 3. Flash 和 RAM

Flash 和 RAM 是微控制器存储程序和数据的重要资源。GD32 微控制器和 STM32 微控制器在 Flash 和 RAM 方面也有一些差异。

首先,GD32 微控制器提供了更大容量的 Flash 和 RAM。例如,在 103 系列中,GD32F103C8T6 提供了 64KB Flash 和 20KB RAM,而 STM32F103C8T6 只提供了 64KB Flash 和 10KB RAM。在 105/107 系列中,GD32F105/107 提供了多达 3MB Flash 和 256KB RAM,而 STM32F105/107 只提供了 1MB Flash 和 96KB RAM。

其次,GD32 微控制器提高了 Flash 中程序的执行速度。在前 256KB Flash 中,程序执行为 0 等待周期。而 STM32 微控制器在不同系统频率下需要不同的等待周期。Flash 执行速度越快,意味着程序运行效率越高。

最后,GD32 微控制器增加了 Flash 擦写周期和 Flash 写保护功能。GD32 微控制器的 Flash 擦写周期为 10 000 次,而 STM32 微控制器的 Flash 擦写周期为 1000 次。这说明 GD32 的 Flash 寿命更长,更适合频繁更新程序的应用场景。GD32 微控制器的 Flash 写保护功能可以通过软件或硬件方式实现,而 STM32 微控制器的 Flash 写保护功能只能通过硬件方式实现。这说明 GD32 的 Flash 写保护功能更灵活和方便。

**4. 外设和引脚**

外设和引脚是微控制器与外部设备通信和控制的重要接口。GD32 微控制器和 STM32 微控制器在外设和引脚方面也有一些差异。

首先,GD32 微控制器提供了更多种类和数量的外设。

例如,GD32F103 提供了 3 个 USART、3 个 SPI、2 个 I2C、2 个 CAN、1 个 USB、1 个 SDIO、1 个 FSMC、3 个定时器、1 个 RTC、1 个 WDT(Watchdog,看门狗)、1 个 IWDG(Independent Watchdog,独立看门狗)、1 个 BKP、1 个 ADC、1 个 DAC 等外设。STM32F103 只提供了 3 个 USART、2 个 SPI、2 个 I2C、1 个 CAN、1 个 USB、2 个定时器、1 个 RTC、1 个 WDT、1 个 IWDG、1 个 BKP、1 个 ADC 等外设。

在 105/107 系列中,GD32F105/107 提供了 5 个 USART、3 个 SPI、2 个 I2C、3 个 CAN、2 个 USB(包括 OTG)、1 个 SDIO、1 个 FSMC、4 个定时器、1 个 RTC、1 个 WDT、1 个 IWDG、1 个 BKP、3 个 ADC 等外设,而 STM32F105/107 只提供了 5 个 USART、3 个 SPI、2 个 I2C、2 个 CAN、1 个 USB(包括 OTG)、1 个 SDIO、1 个 FSMC、4 个定时器、1 个 RTC、1 个 WDT、1 个 IWDG、1 个 BKP、2 个 ADC 等外设。

这说明 GD32 的外设更丰富和强大,可以满足更多样化的应用需求。

其次,GD32 微控制器提供了更多引脚和更高的引脚复用度。例如,在 103 系列中,GD32F103C8T6 提供了 48 个引脚,而 STM32F103C8T6 只提供了 44 个引脚。在 105/107 系列中,GD32F105/107 提供了 144 个引脚,而 STM32F105/107 只提供了 100 个引脚。GD32 微控制器的引脚还可以通过软件配置实现多达 16 种功能的复用,而 STM32 微控制器的引脚只能通过硬件配置实现 4 种功能的复用。这说明 GD32 的引脚更灵活和方便,可以减少外部电路的复杂度和成本。

**5. USART**

GD32 在连续发送数据时每两个字节之间会有一个位(时间)的 Idle(空闲),而 STM32 没有。GD32 的 USART 在发送的时候停止位只有 1、2 两种停止位模式。STM32 有 0.5、1、1.5 和 2 四种停止位模式。GD32 和 STM32 USART 的这两个差异对通信基本没有影响,只是 GD32 的通信时间会长一些。

**6. ADC**

GD32 的输入阻抗和采样时间的设置和 STM32 有一定的不同,在相同的配置下,GD32 采样的输入阻抗相对来说更小。

**7. FSMC**

STM32 只有 100 引脚以上的大容量(256KB 及以上)芯片才有 FSMC,GD32 所有的 100 引脚或 100 引脚以上的芯片都有 FSMC。

**8. 开发环境**

开发环境和成本是影响微控制器选择和应用的重要因素。GD32 微控制器和 STM32 微控制器在开发环境和成本方面也有一些差异。

首先,GD32 微控制器和 STM32 微控制器都可以使用 Keil MDK、IAR 等常用的开发软件进行编程和调试,也都可以使用 J-Link、ST-Link 等常用的调试工具进行下载和仿真。两者之间在开发软件和调试工具方面没有太大差别。

其次,GD32 微控制器和 STM32 微控制器都有各自的官方网站和论坛,提供相关的技术文档、示例代码、驱动库、开发板等资源。两者之间在技术支持方面没有太大差别。

再次,GD32 微控制器和 STM32 微控制器在价格方面有一些差异。GD32 微控制器的价格一般比 STM32 微控制器便宜一些,这说明 GD32 在成本方面有一定的优势。

最后,GD32 系列和 STM32 系列在软件库和支持方面也有所不同。STM32 系列由意法半导体公司提供全面的软件库和开发工具支持,包括 STM32Cube 软件库和 STM32CubeMX 配置工具。而 GD32 系列则提供了一些自己的软件库和工具,例如,GD32Cube 软件库和 GD32CubeMX 配置工具。

综上所述,GD32 微控制器和 STM32 微控制器都是优秀的 32 位通用微控制器,各有各的特点和优势。GD32 微控制器在内核稳定性、主频速度、Flash 容量、Flash 执行速度、Flash 擦写周期、Flash 写保护功能、外设种类和数量、引脚数量和复用度等方面优于 STM32 微控制器;而 STM32 微控制器在供电范围、低功耗模式下的功耗等方面优于 GD32 微控制器。两者在开发环境、技术支持等方面没有太大差别,但是 GD32 微控制器在价格方面比 STM32 微控制器便宜一些。因此,在选择 GD32 或 STM32 时,需要根据具体的应用场景和需求进行权衡和考虑。

# 第12章 STC系列单片机与开发

CHAPTER 12

STC 系列单片机是国内推出的一款 8 位单片机系列,它们具有低功耗、高性价比、易于学习等特点,广泛应用于各种嵌入式系统中。

本章介绍了 STC 系列单片机及其开发实践,涵盖了 STC 单片机的基本信息、特定系列的详细介绍、内核增强特性,以及如何选择开发工具和进行实际的应用开发。

本章主要讲述如下内容:

(1) 对 STC 系列单片机进行了概述,介绍了 STC 单片机的基本特点和市场定位,帮助读者初步了解 STC 系列产品。

(2) 讲述了 STC8H 系列单片机,包括对 STC8H 系列的整体介绍和对特定型号 STC8H8K64U 系列单片机的详细解读,突出了该系列单片机的主要性能参数和适用场景。

(3) 详细介绍了增强型 8051 内核的特点,包括 CPU 结构、存储结构、并行 I/O 口、时钟与复位机制,以及 STC 单片机的 IAP 和 ISP 编程功能,这些信息对于理解 STC 单片机的工作原理至关重要。

(4) 提供了关于 STC 开发板和仿真器的选择指南,帮助开发者根据项目需求选用合适的硬件工具。

(5) 介绍了 STC-ISP 程序下载软件的使用,这是 STC 单片机编程中的一个重要环节,有助于开发者高效地将程序烧录到单片机中。

(6) 通过一个 8 位数码管显示的应用实例,展示了从硬件设计到软件设计再到软件调试的完整开发过程,为读者提供了实际操作场景的分析指导。

在进行 STC 系列单片机的开发时,可以参考其他单片机的开发经验和资源,因为它们在很多方面是相似的。例如,可以使用类似的开发工具和资源,如 Keil MDK、IAR EW 等集成开发环境用于软件开发,调试器用于硬件调试。此外,也可以使用仿真软件进行虚拟开发和验证。

本章详细地介绍了 STC 系列单片机的特点和开发过程,为读者提供了从理论到实践的全面认识,使得读者能够更好地理解 STC 单片机的应用,并能够实际动手进行开发工作。

## 12.1 STC 系列单片机概述

21 世纪,整个世界全面进入了计算机智能控制和计算时代,而其中的一个重要发展方向就是以单片机为代表的嵌入式计算机控制和计算。在中国工程师和学生群体中普遍使用的 8051 单片机已有 40 多年的应用历史,绝大部分工科院校均有相关必修课,各行各业也有几十万名对该单片机十分熟悉的工程师在长期地交流开发和学习心得,还有大量的经典程序和电路可以直接套用,大幅降低了开发风险,极大地提高了开发效率,这也是基于 8051 单片机的 STC 系列单片机产品的巨大优势。

Intel 8051 单片机诞生于 20 世纪 70 年代,如果不对其进行大规模创新,我国的单片机教学与应用将陷入被动局面。为此,深圳市宏晶科技有限公司(以下简称宏晶科技,现在已更名为深圳国芯人工智能有限公司)对 8051 单片机进行了全面的技术升级与创新,发布了 STC89 系列(与 ATMEL 公司的 AT89 系列兼容)、STC90 系列、STC10 系列、STC11 系列、STC12 系列、STC15 系列、STC8A 系列、STC8G 系列、STC8H 系列,累计有上百种产品。

STC 系列单片机传承自 Intel 8051 单片机,其在 Intel 8051 单片机框架基础上注入了新的活力。宏晶科技对 8051 单片机进行了全面的技术升级与创新。STC 系列单片机的在线下载编程功能、在线仿真功能及分系列的资源配置,增加了单片机型号的可选择性,用户可根据单片机应用系统的功能要求选择合适的单片机,从而降低单片机应用系统的开发难度与开发成本,使得单片机应用系统更加简单、高效,提高了单片机应用产品的性价比。

STC 系列产品具有如下特点:

(1) 采用 Flash(可反复编程 10 万次以上)和 ISP/IAP(在系统可编程/在应用可编程)技术。

(2) 针对抗干扰性能进行了专门设计,超强抗干扰;进行了特别加密设计,如 STC8H 系列单片机现无法解密。

(3) 对传统 8051 单片机进行了全面提速,STC 系列单片机的指令执行速度最高可达传统 8051 单片机指令执行速度的 24 倍。

(4) 大幅提高了集成度,如集成了 USB、12 位 AD(15 通道)、16 位高级 PWM(PWM 还可作为 DAC 使用)、高速同步串行通信端口 SPI、I2C、高速异步串行通信端口 UART(4 组)、16 位自动重载定时器、硬件看门狗、内部高精准时钟(温漂为 1%/℃,工作温度为 -40~85℃,可彻底省掉价格昂贵的外部晶振)、内部高可靠复位电路(可彻底省掉外部复位电路)、大容量 SRAM、大容量 Data Flash/EEPROM、大容量 Flash 程序存储器等。

对于高等院校的单片机教学,一个 STC15/STC8H 系列单片机就是一个仿真器,定时器被改造为支持 16 位自动重载(学生只需要学一种模式),串行通信端口通信波特率计算公式变为:系统时钟/4/(65536-重载数),极大地方便了教学。针对实时操作系统 RTOS,推出了不可屏蔽的 16 位自动重载定时器作为系统节拍定时器,并且在最新的 STC-ISP 在线编程软件中提供了大量的贴心工具,如范例程序、定时/计算器、软件延时计算器、波特率计算器、头文件、指令表、Keil 仿真设置等。

STC 系列单片的封装也从传统的 PDIP40、LQFP44 发展到 SOP8/DFN8、SOP16、TSSOP20/QFN20、LQFP32/QFN32、LQFP48/QFN48、LQFP64/QFN64 等。每个芯片的 I/O 口有 6~60 个,价格从 0.65 元到 2.4 元不等,极大地方便了用户选型和设计。

2014 年 4 月,宏晶科技重磅推出了 STC15W4K32S4 单片机,该单片机能在较宽的电压范围内工作,集成了更多的 SRAM(4KB)、定时器(共 7 个,5 个普通定时器+2 个 CCP 定时器)、串行通信端口(4 组)、比较器、6 路 15 位增强型 PWM 等;宏晶科技为该产品专门开发了功能强大的 STC-ISP 在线编程软件,该软件具有项目发布、脱机下载、RS-485 下载、程序加密后传输下载、下载需要口令等功能,并已申请专利。IAP15W4K58S4 是全球首个不需要 J-Link/D-Link 就可进行仿真的芯片。

2020 年 3 月,宏晶科技推出了具有 USB 功能的 STC8H8K64U 单片机,其工作电压为 1.9~5.5V,不需要任何转换芯片。STC8H8K64U 单片机可直接通过计算机 USB 接口进行 ISP 下载编程和仿真,它集成了更多的扩展 SRAM(8KB+1KB)、定时器(共 13 个,5 个普通定时器+8 个 PWM 定时器)、串行通信端口(4 组)、I2C、SPI、带死区控制的 8 路 16 位高级 PWM、比较器等。STC8H8K64U 单片机的 16 位乘/除法器标志着其成为准 16 位单片机,后续版本还会增加 DMA、实时时钟 RTC 等功能。

宏晶科技的 16 位 8051 单片机(这里简写为 STC16)支持 16MB 寻址。STC16 集成了 40KB SRAM、128KB Flash、USB、CAN、LIN,增加了单精度浮点运算器和 32 位乘/除法器,浮点运算能力超过 Cortex-

M0/M3,用 Keil μVision 集成开发环境的 80251 编译器编译即可。

STC16F40K128-LQFP64/48 单片机集成了 USB、ADC、PWM、CAN、LIN(Local Interconnect Network,局域互联网络)、UART、SPI、I2C、40KB SRAM、128KB Flash、60 个 I/O,特别增加了单精度浮点算器和32 位硬件乘/除法器。这是一款准 32 位单片机,其实验箱已推出,与 STC8H8K64U 单片机引脚兼容。

LIN 总线是针对汽车分布式电子系统而定义的一种低成本的串行通信网络,是对控制器区域网络(CAN)等其他汽车多路网络的一种补充,适用于对网络的带宽、性能或容错功能没有过高要求的应用。STC32M4(ArmV8 架构的 32 位单片)与 STC8H/STC16/STC32M4 的引脚兼容。

##  12.2　STC8H 系列单片机

STC8H 系列单片机是由宏晶科技推出的一款高性能、低功耗的单片机产品。该系列单片机采用了高性能的 8 位 CPU 内核,具有丰富的外设资源和强大的计算能力,适用于各种嵌入式系统的控制和处理应用。

### 12.2.1　STC8H 系列单片机概述

STC8H 系列单片机具有丰富的外设资源,包括多种通信接口、定时器、PWM 输出、模拟输入输出等功能,能够满足不同应用场景的需求。同时,该系列单片机还具有低功耗特性,能够在工作时最大程度地节省能源,延长设备的使用寿命。

STC8H 系列单片机还具有丰富的开发工具和支持资源,包括完善的开发环境、丰富的例程和技术支持,为开发者提供了便利的开发和调试条件。

STC8H 系列单片机具有高性能、低功耗、丰富的外设资源和良好的开发支持等特点,是一款适用于各种嵌入式系统的控制和处理应用的理想选择。

#### 1. STC8H 系列单片机介绍

STC8H 系列单片机采用 STC-Y6 超高速 CPU 内核,不需要外部晶振和外部复位,是以超强抗干扰、超低价、高速、低功耗为目标的 8051 单片机。在相同的工作频率下,STC8H 系列单片机的运行速度比传统 8051 单片机的运行速度快 11.2~13.2 倍。依次按顺序执行完全部的 111 条指令,STC8H 系列单片机仅需 147 个系统时钟,而传统 8051 单片机则需要 1944 个系统时钟。STC8H 系列单片机是单系统时钟/机器周期(1T)的单片机,是宽电压、高速、高可靠、低功耗、强抗静电、较强抗干扰的新一代 8051 单片机,超级加密。STC8H 系列单片机指令代码完全兼容传统的 8051 单片机。

STC8H 系列单片机内部集成高精度 RC 时钟,−1.38%~1.42%温漂(−40~85℃),常温(25℃)下温漂为 0.3%;在系统中编程时,可设置时钟频率为 4~35MHz(需要注意的是,当温度范围为−40~85℃时,最高时钟频率必须控制在 35MHz 以下);可彻底省掉外部晶振和外部复位电路(内部已集成高可靠复位电路,在系统中编程时,4 级复位门槛电压可选)。

STC8H 系列单片机内部有 3 个可选时钟源:内部高精度 IRC(可适当调高或调低)内部 32kHz IRC、外部晶振(4~33MHz 或外部时钟)。在用户代码中,可自由选择时钟源,选定时钟源后,可经过 8 位的分频器分频后再将时钟信号提供给 CPU 和各个外部设备(如定时器、串行通信端口、SPI 等)。

STC8H 系列单片机提供两种低功耗模式:IDLE 模式和 STOP 模式。在 IDLE 模式下,STC8H 系列单片机停止为 CPU 提供时钟,CPU 无时钟,停止执行指令,但所有的外部设备仍处于工作状态,此时功耗约为 1.3mA(工作频率为 6MHz)。STOP 模式即主时钟停振模式,也即传统的掉电模式/停电模式/

停机模式,此时 CPU 和全部外部设备都停止工作,功耗可降低至 $0.6\mu A(V_{CC}=5V$ 时)、$04\mu A(V_{CC}=3.3V$ 时)。

STC8H 系列单片机提供了丰富的数字外部设备(串行通信端口、定时器、高级 PWM、I2C、SPI、USB)与模拟外部设备(超高速 ADC、比较器),可满足广大用户的设计需求。

STC8H 系列单片机内部集成了增强型双数据指针,通过程序控制,可实现数据指针自动递增或递减,以及两组数据指针的自动切换功能。

**2. STC8H 系列单片机的子系列单片机与资源配置**

STC8H 系列单片机包括 STC8H1K08-20 脚系列、STC8H1K28-32 脚系列、STC8H3K64S448 脚系列、STC8H3K64S2-48 脚系列与 STC8H8K64U-64/48 脚 USB 系列。STC8H 系列单片机各子系列的资源配置如表 12-1 所示。

表 12-1　STC8H 系列单片机各子系列的资源配置

| 子 系 列 | I/O 端口 | 串行通信端口(UART) | 定时器 | ADC(通道数×位数) | 高级 PWM | 比较器(CMP) | SPI 串行总线 | I2C 串行总线 | USB 串行总线 | 16 位乘法器(MDU16) | I/O 中断 |
|---|---|---|---|---|---|---|---|---|---|---|---|
| STC8H1K08-20 脚系列 | 17 | 2 | 3 | 9×10 | √ | √ | √ | √ | | | |
| STC8H1K28-32 脚系列 | 29 | 2 | 5 | 12×10 | √ | √ | √ | √ | | | |
| STC8H3K64S4-48 脚系列 | 45 | 4 | 5 | 12×12 | √ | √ | √ | √ | | √ | √ |
| STC8H3K64S2-48 脚系列 | 45 | 2 | 5 | 12×12 | √ | √ | √ | √ | | √ | √ |
| STC8H8K64U-64/48 脚 USB 系列 | 60 | 4 | 5 | 12×15 | √ | √ | √ | √ | √ | √ | |

## 12.2.2　STC8H8K64U 系列单片机

STC8H8K64U 系列单片机具有一些独特的特性和功能。

首先,它采用超高速 8051 内核(1T),比传统的 8051 约快 12 倍以上。指令代码完全兼容传统 8051,这意味着使用 STC8H8K64U 可以获得更高的运行速度,同时保持与传统的 8051 代码的兼容性。

其次,STC8H8K64U 具有 22 个中断源和 4 级中断优先级,这使得它能够根据不同的中断级别进行优先处理,确保系统的实时性和响应性。此外,STC8H8K64U 单片机还具有最大 64KB 的 Flash 程序存储器。用于存储用户代码。这使得它能够应对复杂的应用程序和大量的数据处理需求。

在调试方面,STC8H8K64U 单片机支持单芯片仿真,无需专用的仿真器,理论断点个数无限制。这使得开发人员能够方便地进行仿真和调试,提高开发效率。

此外,STC8H8K64U 还具有丰富的外设接口,包括 USB 接口、CAN 总线、以太网接口等,可以满足多种应用场景的需求。同时,它还具有内部高可靠复位和内部高精准时钟等功能。

STC8H8K64U 单片机是一款具有高速、丰富外设接口和多种特性的单片机,适用于多种嵌入式应用场景的开发。STC 系列单片机的开发需要结合硬件和软件,通过综合的开发工具和资源,进行系统级的设计与验证。在开发过程中,可以利用 STC 提供的开发工具和资源,同时也可以参考其他单片机的开发经验和资源。

**1. STC8H8K64U 系列单片机的内部资源与工作特性**

STC8H8K64U 系列单片机具有丰富的内部资源和灵活的外设接口,可用于各种嵌入式应用。同时,它还具有低功耗、高性价比等特点,是一款非常优秀的单片机产品。STC8H8K64U 系列单片机是一款高性价比的 8 位单片机,具有以下内部资源和工作特性:

1）内核

（1）超高速 CPU 内核(1T),运行速度比传统 8051 单片机运行速度快 11.2～13.2 倍。

（2）指令代码完全兼容传统 8051 单片机。

（3）22 个中断源,4 级中断优先级。

（4）支持在线编程与在线仿真。

2）工作电压

（1）1.9～5.5V。

（2）内建 LDO。

3）工作温度

−40～85℃(如果需要工作在更宽的温度范围,那么可使用外部时钟或较低的工作频率)。

4）程序存储器

（1）最大 64KB 程序存储器(ROM),用于存储用户代码,支持用户配置 EEPROM 大小。EEPROM 可 512B 单页擦除,擦写次数超过 10 万次。

（2）支持在系统编程方式下更新用户应用程序,无需专用的编程器；支持单芯片仿真,无需专用的仿真器,理论断点个数无限制。

5）SRAM

（1）128B 内部直接访问 RAM(DATA)。

（2）128B 内部接访问 RAM(IDATA)。

（3）8192B 内扩展 RAM(内部 XDATA)。

（4）1280B USB RAM。

6）时钟控制

用户可自由选择以下时钟源。

（1）内部高精度 IRC(在系统中编程时可进行上下调整)。−1.35%～1.30%温漂(−40℃～ 85℃),常温(25℃)下温漂为 0.3%。

（2）内部 32kHz IRC(误差较大)。

（3）外部晶振(4～33MHz)或外部时钟。

7）复位

复位分为硬件复位和软件复位。软件复位通过编程写复位触发寄存器实现。硬件复位还可分为以下几种。

（1）上电复位。复位电压为下限门槛电压至上限门槛电压,当工作电压从 5V/3.3V 向下掉到上电复位的下限门槛电压时,芯片处于复位状态；当电压从 0V 上升到上电复位的上限门槛电压时,芯片解除复位状态。

（2）复位引脚复位。出厂时 P5.4 引脚默认为 I/O 口,在系统中下载时可将 P5.4 引脚设置为复位引脚(需要注意的是,当设置 P5.4 引脚为复位引脚时,复位电平为低电平)。

（3）硬件看门狗溢出复位。

（4）低压检测复位。提供 4 级低压检测电压:1.9V、2.3V、2.8V、3.7V。每级低压检测电压都为下限门槛电压～上限门槛电压,当工作电压从 5V/3.3V 向下掉到低压检测的下限门槛电压时,低压检测生效;当电压从 0V 上升到低压检测的上限门槛电压时,低压检测生效。

8) 中断

(1) 提供 22 个中断源:INT0(支持上升沿中断和下降沿中断)、INT1(支持上升沿中断和下降沿中断)、INT2(只支持下降沿中断)、INT3(只支持下降沿中断)、INT4(只支持下降沿中断)、定时/计数器 0、定时/计数器 1、定时/计数器 2、定时/计数器 3、定时/计数器 4、串行通信端口 1、串行通信端口 2、串行通信端口 3、串行通信端口 4、AD 转换、LVD(Low Voltage Detect)低压检测、SPI、I2C、比较器、PWM1、PWM2 和 USB。

(2) 提供 4 级中断优先级

9) 数字外部设备

(1) 5 个 16 位定时/计数器:定时/计数器 0、定时/计数器 1、定时/计数器 2、定时/计数器 3、定时/计数器 4。其中定时/计数器 0 的工作方式 3 具有 NMI(Non Maskable Interrupt,非屏蔽中断)功能,定时/计数器 0 和定时/计数器 1 的工作方式 0 为 16 位自动重载工作方式。

(2) 4 个高速串行通信端口:串行通信端口 1、串行通信端口 2、串行通信端口 3、串行通信端口 4,波特率时钟源最快为 $f_{osc}/4$。

(3) 2 组高级 PWM 定时器:可实现带死区的控制,不仅具有外部异常检测功能,还具有 16 位定时器、8 个外部中断、8 路外部捕获测量脉宽等功能。

(4) SPI:支持主机模式和从机模式,以及主机模式和从机模式自动切换。

(5) I2C:支持主机模式和从机模式。

(6) MDU16:硬件 16 位乘/除法器(支持 32 位除以 16 位、16 位除以 16 位、16 位乘以 16 位、数据移位,以及数据规格化等运算)。

(7) USB:USB2.0/USB1.1 兼容全速 USB,6 个双向端点,支持 4 种端点传输模式(控制传输、中断传输、批量传输和同步传输),每个端点都拥有 64B 的缓冲区。

10) 模拟外部设备

(1) 超高速 ADC:支持 12 位高精度 15 通道(通道 0～通道 14)的模/数转换,速度最快可达 800K(每秒进行 80 万次模/数转换)。ADC 的通道 15 用于测试内部 1.19V 参考信号源(芯片在出厂时,内部参考信号源已调整为 1.19V)。

(2) 一组比较器:正端可选择 CMP+端口和所有的 ADC 输入端口。一组比较器可当作多路比较器进行分时复用。

(3) DAC:8 通道高级 PWM 定时器可作为 8 路 DAC 使用。

11) GPIO

最多可达 60 个 GPIO:P0.0～P0.7、P1.0～P1.7(无 P1.2)、P2.0～P2.7、P3.0～P3.7、P4.0～P4.7、P5.0～P5.4、P6.0～P6.7、P7.0～P7.7。所有的 GPIO 均支持准双向口模式、强推挽输出模式、开漏输出模式、高阻输入模式,除 P3.0 和 P3.1 外,其余所有 I/O 口上电后的状态均为高阻输入状态,用户在使用 I/O 口时必须先设置 I/O 口模式。另外,每个 I/O 均可独立使能内部 4kΩ 上拉电阻。

12) 电源管理

系统有 3 种省电模式:降频运行模式、空闲模式与停机模式。

13) 其他功能

在 STC-ISP 在线编程软件的支持下,可实现程序加密后传输、设置下次更新程序所需口令,同时支持 RS-485 下载、USB 下载及在线仿真等。

**2. STC8H8K64U 系列单片的型号**

STC8H8K64U 系列单片机包括 STC8H8K32U、STC8H8K60U 和 STC8H8K64U 三种型号,它们之间的区别在于,程序存储器与 EEPROM 的分配不同。

(1) STC8H8K32U 系列单片机:程序存储器与 EEPROM 是分开编址的,程序存储器是 32KB,EEPROM 也是 32KB。

(2) STC8H8K60U 系列单片机:程序存储器与 EEPROM 是分开编址的,程序存储器是 60KB,EEPROM 只有 4KB。

(3) STC8H8K64U 系列单片机:程序存储器与 EEPROM 是统一编址的,所有 64KBFlash ROM 都可用作程序存储器,所有 64KB Flash ROM 理论上也可用作 EEPROM。STC8H8K64U 系列单片机的存储空间为 64KB,未用的 Flash ROM 都可用作 EEPROM。

**3. STC8H8K64U 系列单片机的引脚**

STC8H8K64U 系列单片机有 LQFP64、QFN64、LQFP48 和 QFN48 等封装形式。

图 12-1 为 STC8H8K64U 系列单片机封装。图 12-2、图 12-3 分别为 STC8H8K64U 单片机的 LQFP64/QFN64、LQFP48/QFN48 封装引脚图,从图 12-2 中可以看出,其中有 4 个专用引脚:19(VCC/AVCC,即电源正极/ADC 电源正极)、21(GND/AGND,即电源地/ADC 电源地)、20(ADC_VRef+,即 ADC 参考电压正极)和 17(UCAP,即 USB 内核电源稳压引脚)。除此 4 个专用引脚外,其他引脚都可用作 I/O 口,无需外部时钟与复位电路。也就是说,STC8H8K64U 单片机接上电源就是一个单片机最小系统了。

STC8H8K64U 系列单片机的引脚功能介绍请参考其数据手册。

图 12-1　STC8H8K64U 系列单片机封装

注意:

(1) ADC 的外部参考电源引脚 ADC_VRef+一定不能浮空,必须接外部参考电源或者直接连到 Vcc。

(2) 若不需要进行 USB 下载,芯片复位时 P3.0/P3.1/P3.2 不可同时为低电平。

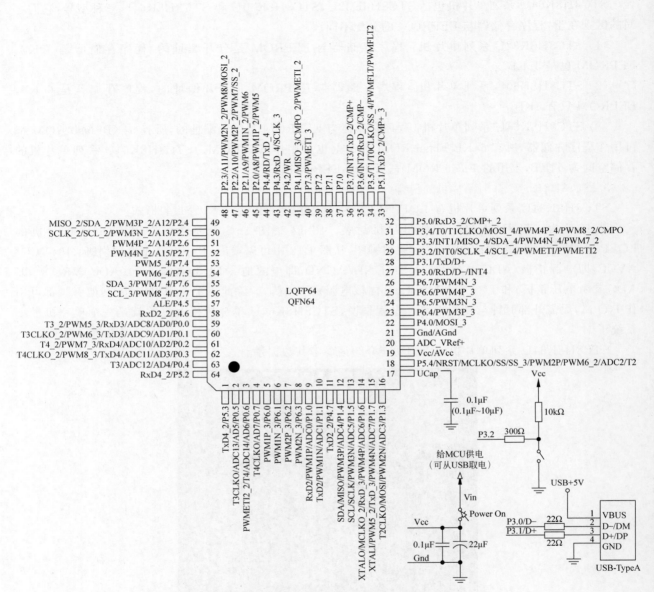

图 12-2　STC8H8K64U 64 引脚图与最小系统

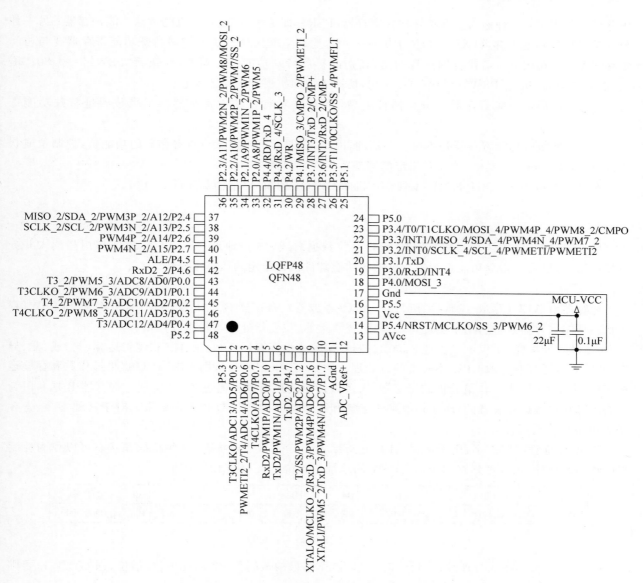

图 12-3　STC8H8K64U 48 引脚图与最小系统

## 12.3　增强型 8051 内核

STC8H8K64U 系列单片机采用的是 STC-Y6 内核,其运行速度比传统 8051 内核运行速度约快16 倍。

单片机的学习实际上就是学习单片机各功能模块、接口对应的特殊功能寄存器,单片机编程就是利用编程语言(汇编语言或 C 语言)管理与控制各特殊功能寄存器,达到用单片机完成各种具体任务的目的。所以说,掌握单片机的特殊功能寄存器是学好单片机的关键。为了更好地理解和应用特殊功能寄存器,根据特殊功能寄存器的特点,对特殊能寄存器的描述进行了相应调整,下面作简要说明。

(1)因为 STC8H8K64U 系列单片机功能接口较多,基本 RAM 区的特殊功能寄存器已容纳不下,大部分特殊功能寄存器都布局在扩展 RAM 区域,所以可将 STC8H8K64U 系列单片机的特殊功能寄存器

可分成两种类型:一种称为基本特殊功能寄存器(FSR),即传统 8051 单片机的特殊功能寄存器;另一种称为扩展特殊功能寄存器(XFSR),位于扩展 RAM 地址空间区域。访问扩展特殊功能寄存器要与访问扩展 RAM 区相区分。需要特别注意的是,在访问扩展特殊功能寄存器前,要执行"PSW1|=0x80;"语句,访问结束后,执行"PSW1&=0x7f;"语句,切换为访问扩展 RAM 区状态。

(2)基本特殊功能寄存器又分为两种类型:可位寻址特殊功能寄存器和不可位寻址特殊功能寄存器。

(3)扩展特殊功能寄存器是不可位寻址的,因此,必须对扩展特殊功能寄存器的功能位(控制位或状态位)进行或 1 和与 0 操作,才能对指定位实现置 1 或置 0 操作。

本节主要讲述 STC8H8K64U 系列单片机的 CPU 结构、存储结构及并行 I/O 口。

## 12.3.1　CPU 结构

单片机的 CPU 由运算器和控制器(包括 8 位数据总线,16 位地址总线)组成,它的作用是读入并分析每条指令,根据各指令功能控制单片机的各功能部件执行指定的运算或操作。

**1. 运算器**

运算器由 ALU(算术/逻辑运算部件)、ACC(累加器)、寄存器 B、暂存器(TMP1、TMP2)和 PSW(程序状态标志寄存器)组成,用于实现算术运算、逻辑运算、位变量处理与传送等操作。

ALU 功能极强,不仅可以实现 8 位二进制数据的算术运算(加、减、乘、除)和逻辑运算(与、或、非、异或、循环等),还具有一般 CPU 不具备的位处理功能 ACC(又记作 A),用于向 ALU 提供操作数和存放运算结果,它是 CPU 中工作最繁忙的寄存器,大多数指令的执行都要通过 ACC 实现。寄存器 B 是专门为乘法运算和除法运算设置的,用于存放乘法运算和除法运算的操作数和运算结果。对于其他指令,寄存器 B 可用作普通寄存器。

PSW 简称程序状态字,用于保存 ALU 运算结果的特征和处理状态,这些特征和状态可以作为控制程序转移的条件,供程序判别和查询。PSW 的地址与各位定义如图 12-4 所示。

| 地址 | B7 | B6 | B5 | B4 | B3 | B2 | B1 | B0 | 复位值 |
|---|---|---|---|---|---|---|---|---|---|
| PSW | D0H | CY | AC | F0 | RS1 | RS0 | 0V | F1 | P | 0000 0000 |

图 12-4　PSW 的地址与各位定义

CY:进位位。在执行加/减法指令时,如果操作结果的最高位 B7 出现进位/借位,则 CY 置 1,否则清 0。在执行乘法运算后,CY 清 0。

AC:辅助进位位。在执行加/减法指令时,如果低 4 位数向高 4 位数(或者说 B3 位向 B4 位)进位/借位,则 AC 置 1,否则清 0。

F0:用户标志位 0。该位是由用户定义的状态标志位。

RS1、RS0:工作寄存器组选择控制位。

OV:溢出标志位。该位用于指示运算过程中是否发生了溢出。有溢出时,OV=1;无溢出时,OV=0。

F1:用户标志位 1。该位是由用户定义的状态标志位。

P:奇偶标志位。如果 ACC 中 1 的个数为偶数,则 P=0;否则,P=1。在具有奇偶校验的串行数据通信中,可以根据 P 值设置奇偶校验位,若为奇校验取 $\overline{P}$,若为偶校验取 P。

**2. 控制器**

控制器是 CPU 的指挥中心,由指令寄存器 IR、指令译码器 ID、定时及控制逻辑电路以及程序计数器

PC 等组成。

PC 是一个 16 位的计数器(PC 不属于特殊功能寄存器),它总是存放着下一个要取指令字节的 16 位程序存储器存储单元的地址,并且每取完一个指令字节,PC 的内容自动加 1,为取下一个指令字节做准备。因此在一般情况下,CPU 是按指令顺序执行程序的。只有在执行转移、子程序调用指令和中断响应时,CPU 是由指令或中断响应过程自动为 PC 置入新的地址的。PC 指向哪里,CPU 就从哪里开始执行程序。

IR 用于保存当前正在执行的指令,在执行一条指令前,要先把它从程序存储器取到 IR 中。指令内容包含操作码和地址码两部分,操作码送至 ID,并形成相应指令的微操作信号;地址码送至操作数形成电路,以形成实际的操作数地址。

定时及控制逻辑电路是 CPU 的核心部件,它的任务是控制取指令、执行指令、存取操作数或运算结果等操作,向其他部件发出各种微操作信号,协调各部件工作,完成指令指定的工作任务。

## 12.3.2　存储结构

STC8H8K64U 系列单片机存储器结构的主要特点是程序存储器与数据存储器是分开编址的,它没有提供访问外部程序存储器的总线,所有程序存储器只能是片内 Flash 存储器。STC8H8K64U 系列单片机内部集成了大容量的数据存储器,这些数据存储器在物理和逻辑上都分为两个地址空间:内部 RAM(256B)和内部扩展 RAM。其中内部 RAM 高 128B 的数据存储器与特殊功能寄存器(SFR)的地址重叠,实际使用时通过不同的寻址方式加以区分。

STC8H8K64U 系列单片机片内在物理上有 3 个相互独立的存储器空间,即 Flash ROM 基本 RAM 与扩展 RAM;在使用上有 4 个存储器空间,即程序存储器(程序 Flash)、片内基本 RAM、片内扩展 RAM 与 EEPROM(数据 Flash),如图 12-5 所示。

此外,STC8H8K64U 系列单片机可在片外扩展 RAM。

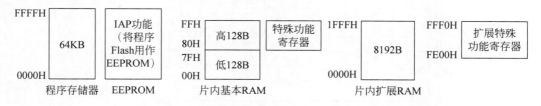

图 12-5　STC8H8K64U 系列单片机片内存储器结构

**1. 程序存储器**

程序存储器用于存放用户程序、数据和表格等信息。STC8H8K64U 系列单片机片内集成了 64KB 的程序存储器,其地址为 0000H~FFFFH。

在程序存储器中有些特殊的单元,在应用中应加以注意。

(1) 0000H 单元。系统复位后,PC 值为 0000H,单片机从 0000H 单元开始执行程序。

一般在从 0000H 开始的 3 个单元中存放一条无条件转移指令,让 CPU 去执行用户指定位置的主程序。

(2) 0003H~00DDH,这些单元用作 22 个中断的中断响应的入口地址(或称为中断向量地址)。

- 0003H:外部中断 0 中断响应的入口地址。
- 000BH:定时/计数器 T0 中断响应的入口地址。
- 0013H:外部中断 1 中断响应的入口地址。
- 001BH:定时/计数器 T1 中断响应的入口地址。

- 0023H：串行通信端口 1 中断响应的入口地址。

以上为 5 个基本中断源的中断向量地址。

每个中断向量间相隔 8 个存储单元。在编程时，通常在这些中断向量地址开始处放入一条无条件转移指令，指向真正存放中断服务程序的入口地址。只有在中断服务程序较短时，才可以将中断服务程序直接存放在相应中断向量地址开始的几个单元中。

**2. 片内基本 RAM**

片内基本 RAM 包括低 128B、高 128B 和特殊功能寄存器(SFR)3 部分。

**1）低 128B**

根据 RAM 作用的差异性，低 128B 又分为工作寄存器组区、可位寻址区和通用 RAM，如图 12-6 所示。

| 字节地址 | $B_7$ | | | 位地址 | | | | $B_0$ | |
|---|---|---|---|---|---|---|---|---|---|
| 7FH | | | | | | | | | 通用RAM |
| ⋮ | | | （堆栈-数据缓冲） | | | | | | （只能字节寻址） |
| 30H | | | | | | | | | |
| 2FH | 7F | 7E | 7D | 7C | 7B | 7A | 79 | 78 | |
| 2EH | 77 | 76 | 75 | 74 | 73 | 72 | 71 | 70 | |
| 2DH | 6F | 6E | 6D | 6C | 6B | 6A | 69 | 68 | |
| 2CH | 67 | 66 | 65 | 64 | 63 | 62 | 61 | 60 | |
| 2BH | 5F | 5E | 5D | 5C | 5B | 5A | 59 | 58 | |
| 2AH | 57 | 56 | 55 | 54 | 53 | 52 | 51 | 50 | 可位寻址区 |
| 29H | 4F | 4E | 4D | 4C | 4B | 4A | 49 | 48 | （也可字节寻址） |
| 28H | 47 | 46 | 45 | 44 | 43 | 42 | 41 | 40 | 的地址： |
| 27H | 3F | 3E | 3D | 3C | 3B | 3A | 39 | 38 | 20H~2FH |
| 26H | 37 | 36 | 35 | 34 | 33 | 32 | 31 | 30 | |
| 25H | 2F | 2E | 2D | 2C | 2B | 2A | 29 | 28 | |
| 24H | 27 | 26 | 25 | 24 | 23 | 22 | 21 | 20 | |
| 23H | 1F | 1E | 1D | 1C | 1B | 1A | 19 | 18 | |
| 22H | 17 | 16 | 15 | 14 | 13 | 12 | 11 | 10 | |
| 21H | 0F | 0E | 0D | 0C | 0B | 0A | 09 | 08 | |
| 20H | 07 | 06 | 05 | 04 | 03 | 02 | 01 | 00 | |
| 1FH<br>⋮<br>18H | R7<br>⋮<br>R0 | | 工作寄存器组3 | | | | | | |
| 17H<br>⋮<br>10H | R7<br>⋮<br>R0 | | 工作寄存器组2 | | | | | | 工作寄存器组区 |
| 0FH<br>⋮<br>08H | R7<br>⋮<br>R0 | | 工作寄存器组1 | | | | | | 00H~1FH |
| 07H<br>⋮<br>00H | R7<br>⋮<br>R0 | | 工作寄存器组0 | | | | | | |

图 12-6 低 128B 的功能分布图

**2）高 128B**

高 128B 的地址为 80H～FFH，属于普通存储区域，但高 128B 地址与特殊功能寄存器区的地址是相同的。为了区分这两个不同的存储区域，规定了不同的寻址方式，高 128B 只能采用寄存器间接寻址方式进行访问；特殊功能寄存器只能采用直接寻址方式进行访问。此外，高 128B 也可用作堆栈区。

**3）特殊功能寄存器 SFR(80H～FFH)**

特殊功能寄存器 SFR 属特殊功能寄存器区 1，其地址为 80H～FFH，但 STC8H8K64U 系列单片机中只有 99 个地址有实际意义。也就是说,STC8H8K64U 系列单片机特殊功能寄存器区 1 中实际上只有 99 个特殊功能寄存器。特殊功能寄存器是指该 RAM 单元的状态与某一具体的硬件接口电路相关,该 RAM 单元要么反映了某个硬件接口电路的工作状态,要么决定着某个硬件接口电路的工作状态。单片机内部 I/O 口电路的管理与控制就是通过对与其相关特殊功能寄存器进行操作与管理实现的。特殊功能寄存器根据其存储特性的不同又分为两类:可位寻址特殊功能寄存器与不可位寻址特殊功能寄存器。凡字节地址能够被 8 整除的特殊功能寄存器都是可位寻址的,对应可寻址位都有一个位地址,其位地址等于其字节地址加上位号,在进行实际编程时大多数位地址都是用其位功能符号表示的,如 PSW 中的 CY、AC 标志位等。

特别提示:在用汇编语言或 C 语言编程时,一般用特殊功能寄存器的符号或位地址的符号表示特殊功能寄存器的地址或位地址。

**3. 扩展 RAM(XRAM)**

**1) 片内扩展 RAM 与片外扩展 RAM**

STC8H8K64U 系列单片机的片内扩展 RAM 空间为 8192B,地址范围为 0000H～IFFFH。片内扩展 RAM 类似于传统的片外数据存储器,可采用访问片外数据存储器的访问指令(助记符为 MOVX)访问片内扩展 RAM 区域。

STC8H8K64U 系列单片机保留了传统 8051 单片机片外数据存储器(片外扩展 RAM)的扩展功能,但在使用时,片内扩展 RAM 与片外扩展 RAM 不能并存,可通过 AUXR 中的 EXTRAM 控制位进行选择,EXTRAM=0(认状态)选择的是片内扩展 RAM;EXTRAM=1 选择的是片外扩展 RAM。在扩展片外数据存储器时,要占用 P0 口、P2 口,以及 ALE、$\overline{RD}$ 与 $\overline{WR}$ 引脚,而在使用片内扩展 RAM 时与它们无关。在实际应用中,应尽量使用片内扩展 RAM,不推荐扩展片外数据存储器。

**2) 扩展特殊功能寄存器**

特殊功能寄存器区 2 中的特殊功能寄存器称为扩展特殊功能寄存器,其地址与片内扩展 RAM 地址是重叠的,实际使用时通过特殊功能寄存器位 PSW2.7(EAXSFR)进行选择:当 PSW2.7(EAXSFR)位为 0 时,扩展 RAM 访问指令(MOVX)访问的是扩展 RAM 地址空间;当 PSW2.7(EAXSFR)位为 1 时,扩展 RAM 访问指令(MOVX)访问的是扩展特殊功能寄存器空间。

**4. EEPROM**

STC8H8K64U 系列单片机的程序存储器与 EEPROM 在物理上是共用一个地址空间的。STC8H8K64U 系列单片机的 EEPROM 空间理论上为 0000H～FFFFH,但在实际使用时,程序存放剩余的 Flash ROM 才能用作 EEPROM。

数据存储器被用作 EEPROM,用来存放一些应用时需要经常修改且掉电后又能保持不变的参数。数据存储器的擦除操作是按扇区进行的,在使用时建议将同一次修改的数据放在同一个扇区,不同次修改的数据放在不同的扇区。在程序中,用户可以对数据存储器进行字节读、字节写与扇区擦除等操作。

## 12.3.3 并行I/O口

对于采用 LQFP64/QFN64 封装的 STC8H8K64U 系列单片机,除 4 个专用引脚外(VCC/AVCC、GND、ADC_VRef+、UCAP),其余所有引脚都可用作 I/O 口,每一个引脚都对应 1 位特殊功能寄存器位,并对应 1 位数据缓冲器位。STC8H8K64U 单片机最多有 60 个 I/O 口,对应的特殊功能寄存器位分别为 P0.0～P0.7、P1.0、P1.1、P1.3～P1.7、P2.0～P2.7、P3.0～P3.7、P4.0～P4.7、P5.0～P5.4、P6.0～P6.7、P7.0～P7.7。此外,大多数 I/O 口都具有两种以上功能。

#### 1. 并行 I/O 口的工作模式

STC8H8K64U 系列单片机的所有 I/O 口均有 4 种工作模式：准双向口（传统 8051 单片机 I/O）工作模式、推挽输出工作模式、仅为输入（高阻状态）工作模式与开漏工作模式。除 P3.0 和 P3.1 外，其余所有 I/O 口上电后的状态均为高阻状态，用户在使用 I/O 口工作时必须先设置 I/O 口的工作模式。

I/O 口工作模式的配置

每个 I/O 口的工作模式都需要使用两个寄存器进行配置，P$n$ 口由 P$n$M1 和 P$n$M0 进行配置，这里 $n$ 可取值为 0、1、2、3、4、5、6、7。例如，P0 的工作模式需要使用 P0M1 和 P0M0 两个寄存器进行配置。

#### 2. STC8H8K64U 系列单片机并行 I/O 口的结构与工作原理

下面介绍 STC8H8K64U 系列单片机并行 I/O 口在不同工作模式下的结构与工作原理。

##### 1）准双向口工作模式

准双向口工作模式下的 I/O 口的电路结构如图 12-7 所示。在准双向口工作模式下，I/O 口可直接输出而不需要重新配置 I/O 口输出状态。这是因为当 I/O 口输出高电平时驱动能力很弱，允许外部装置将其电平拉低；当 I/O 口输出低电平时，其驱动能力很强，可吸收相当大的电流。

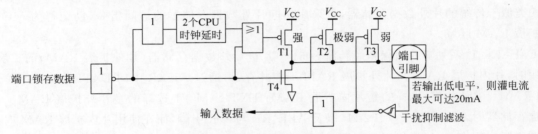

图 12-7 准双向口工作模式下的 I/O 口的电路结构

每个 I/O 口都包含一个 8 位锁存器，即特殊功能寄存器 P0～P7。这种结构在数据输出时具有锁存功能，即在重新输出新的数据之前，I/O 口上的数据一直保持不变，但其对输入信号是不锁存的，所以 I/O 设备输入的数据必须保持到取指令开始执行为止准双向口有 3 个上拉场效应管 T1、T2、T3，可以适应不同的需要。其中，T1 称为"强上拉"，上拉电流可达 20mA；T2 称为"极弱上拉"，上拉电流一般为 30$\mu$A；T3 称为"弱上拉"，上拉电流一般为 150～270$\mu$A，典型值为 200$\mu$A。若输出低电平，则灌电流最大可达 20mA。

##### 2）推挽输出工作模式

推挽输出工作模式下的 I/O 口的电路结构如图 12-8 所示。

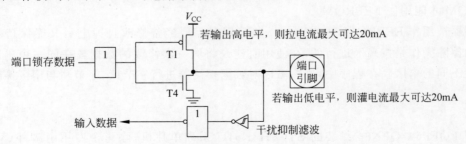

图 12-8 推挽输出工作模式下的 I/O 口的电路结构

在推挽输出工作模式下，I/O 口输出的下拉结构、输入电路结构与准双向口工作模式下的相同结构一致，不同的是，推挽输出工作模式下 I/O 口的上拉是持续的"强上拉"，若输出高电平，则拉电流最大可达 20mA；若输出低电平，则灌电流最大可达 20mA。与准双向口工作模式相同，若要从端口引脚上输入数据,则必须先将端口锁存器置 1,使 T4 截止。

3) 仅为输入(高阻状态)工作模式

仅为输入(高阻状态)工作模式下的 I/O 口的电路结构如图 12-9 所示。

在仅为输入(高阻状态)工作模式下,可直接从端口引脚读入数据,不需要先将端口锁存器置 1。

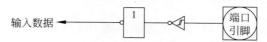

图 12-9 仅为输入(高阻状态)工作模式下的 I/O 口的电路结构

4) 开漏工作模式

开漏工作模式下的 I/O 口的电路结构如图 12-10 所示。

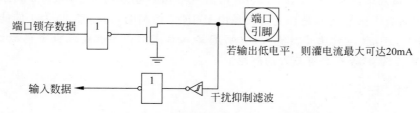

图 12-10 开漏工作模式下的 I/O 口的电路结构

在开漏工作模式下,I/O 口输出的下拉结构与推挽输出工作模式和准双向口工作模式下的对应结构相同,输入电路结构与准双向口工作模式下的对应结构相同,但输出驱动无任何负载,即在开漏工作模式下输出应用时,必须外接上拉电阻。

**3. 内部上拉电阻的设置**

STC8H8K64U 系列单片机所有 I/O 口内部都可以使能一个阻值大约为 4.1kΩ 的上拉电阻,由 $PnPU(n=0,1,2,3,4,5,6,7)$ 寄存器控制。例如,P1.7 口内部上拉电阻的使能就是由 P1PU.7 控制的——为 0 禁止,为 1 使能。

STC8H8K64U 系列单片机并行 I/O 口内部 4.1kΩ 上拉电阻的结构如图 12-11 所示。

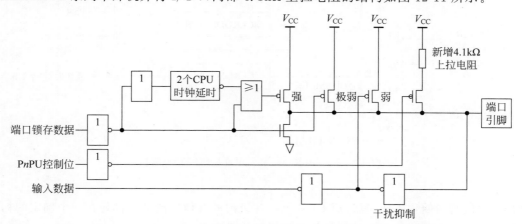

图 12-11 STC8H8K64U 系列单片机并行 I/O 口内部 4.1kΩ 上拉电阻的结构

**4. 施密特触发器的设置**

STC8H8K64U 系列单片机所有 I/O 口输入通道都可以使能一个施密特触发器,由 $PnNCS(n=0,1,2,3,4,5,6,7)$ 寄存器控制。例如,P1.7 口内部施密特触发器的使能就是由 P1PNCS.7 控制的——为 0 使能,为 1 禁止。

**5. 电平转换速度的设置**

STC8H8K64U 系列单片机所有 I/O 口电平的转换速度都可以设置,由 $PnSR(n=0,1,2,3,4,5,6,7)$ 寄存器控制,如 P1.7 口电平的转换速度就是由 P1SR.7 控制的,当设置为 0 时,电平的转换速度快,但相应的上下冲比较大;当设置为 1 时,电平的转换速度慢,但相应的上下冲比较小。

**6. 电流驱动能力的设置**

STC8H8K64U 系列单片机所有 I/O 口电流的驱动能力都可以设置,由 $PnDR(n=0,1,2,3,4,5,6,7)$ 寄存器控制,如 P1.7 口电流的驱动能力就是由 P1DR.7 控制的,当设置为 1 时,为一般电流驱动能力;当设置为 0 时,增强端口的电流驱动能力。

**7. 数字信号输入使能的设置**

STC8H8K64U 系列单片机 P0 口、P1 口、P3 口的数字信号输入均可控制,由 $PnIE(n=0,1,3)$ 寄存器控制,如 P1.7 口的数字信号输入是否允许就是由 P1IE.7 控制的,为 0 禁止,为 1 使能。

特别提示:若 I/O 口被当作比较器输入口、ADC 输入口或触摸按键输入口等模拟口,则在进入时钟停振模式前,必须设置为 0,否则会有额外的耗电。

## 12.3.4 时钟与复位

STC8H8K64U 系列单片机具有灵活的时钟源选择和多种复位方式,可以满足不同应用场景下的时钟和复位需求。STC8H8K64U 系列单片机的时钟和复位特性如下。

**1. 时钟**

STC8H8K64U 系列单片机时钟系统结构图如图 12-12 所示。STC8H8K64U 系列单片机的主时钟有 3 种时钟源:内部高精度 IRC、内部 32kHz IRC(误差较大)和外部时钟(由 XTALI 和 XTALO 外接晶振产生时钟信号源,或者直接输入时钟信号源)。STC8H8K64U 系列单片机的系统时钟由主时钟可编程分频器获得。此外,STC8H8K64U 系列单片机的系统时钟可通过编程从 I/O 口输出。

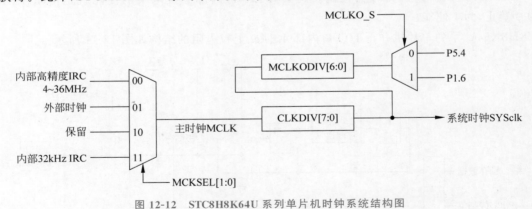

图 12-12　STC8H8K64U 系列单片机时钟系统结构图

**2. 复位**

复位是单片机的初始化工作,复位后 CPU 及单片机内的其他功能部件都处在一个确定的初始状态,并从这个状态开始工作。复位分为硬件复位和软件复位两大类。

**1) 硬件复位**

STC8H8K64U 系列单片机的硬件复位包括上电复位、外部 RST 引脚复位、低压复位和内部 WDT 复位。

**2) 软件复位**

在系统运行过程中,有时需要根据特殊需求实现单片机系统软复位,由于传统 8051 单片机在硬件上不支持此功能,因此用户必须用软件进行模拟,实现起来较麻烦。STC8H8K64U 系列单片机利用 IAP 控制寄存器 IAP_CONTR 实现了此功能。用户只需要简单地控制 IAP_CONTR 的两位(SWBS、SWRST)就可以使系统复位。

**3. 电源管理**

STC8H8K64U 系列单片机的电源管理由电源控制寄存器 PCON 进行控制,包括低压管理和节能管理。其中节能管理又分为空闲模式和时钟停振两种模式。

## 12.3.5　STC 单片 IAP 和 ISP

当软件开发人员使用 Keilμ Vision 集成开发环境完成软件代码的编写和调试后,就需要使用宏晶科技提供的 STC-ISP 软件工具将最终的程序固化到 8051 单片机内部的程序存储器中。

很明显,在本地完成程序的固化后,就可以将基于 STC8051 单片机开发的电子产品(系统)交付给最终用户。但是,也存在另一种情况,当最终的电子产品交付给用户使用一段时间后,需要对产品的软件程序进行更新,但是由于种种原因设计人员又不能到达现场更新产品软件,此时就需要使用其他更新方式。例如,通过网络进行远程更新。

因此,将在本地固化程序的方式称为在系统编程(In System Programming,ISP),而将另一种固化程序的方式称为在应用编程(In Application Programming,IAP)。

**1. ISP**

通过单片机专用的串行编程接口和 STC 提供的专用串口下载器固化程序软件,对单片机内部的 Flash 存储器进行编程。一般来说,实现 ISP 只需要很少的外部电路的辅助。

**2. IAP**

IAP 技术是从结构上将 Flash 存储器映射为两个存储空间。当运行一个存储器空间的用户程序时,可对另一个存储空间进行重新编程。然后,将控制权从一个存储空间切换到另一个存储空间。与 ISP 相比,IAP 的实现方式更加灵活。例如,可利用 USB 电缆和 USB-UART 转换芯片将 STC 单片机接到计算机的 USB 接口(在计算机上会虚拟出一个串口),并且通过软件开发人员自行开发的软件工具对 STC 单片机内部的存储器进行编程。

也可以这样理解,支持 ISP 方式的单片机不一定支持 IAP 方式;但是,支持 IAP 方式的单片机,一定支持 ISP 方式。ISP 方式应该是 IAP 方式的一个特殊的"子集"。

在 STC 单片中,前缀为 STC 的单片机,不支持 IAP 固化程序方式;而前缀为 IAP 的单片机,支持 IAP 固化程序方式。

# 12.4　STC 开发板和仿真器的选择

STC 开发板和仿真器是开发者进行嵌入式系统开发的重要工具,可以帮助开发者快速搭建系统,进行调试和测试。宏晶科技推出了多款开发板,包括 STC89 开发板、STC12 开发板、STC15 开发板、STC8H 开发板等,开发者可以根据自己的需求选择合适的开发板。

仿真器是进行单片机调试和烧录程序的必备工具,宏晶科技也推出了多款仿真器,包括 STC-ISP、STC-USB 等。其中,STC-ISP 是一款低成本的仿真器,适合初学者和小型项目开发,而 STC-USB 则是一款高端仿真器,具有更强的调试和烧录能力。

除了宏晶科技自己推出的开发板和仿真器,市场上还有许多第三方厂商推出的兼容产品,开发者可以根据自己的需求和预算选择合适的产品。

选择 STC 开发板和仿真器需要考虑自己的需求和预算,同时也需要考虑产品的质量和可靠性。

## 12.4.1　STC 开发板的选择

STC 开发板可以在网上购买,价格因模块配置的区别而不同,价格在 100～200 元之间。

本书选用宏晶科技官方推出的 STC 大学计划实验箱 9.6 电路板,如图 12-13 所示。

图 12-13　STC 大学计划实验箱 9.6 电路板

STC 大学计划实验箱 9.6 电路板正反面布局图如图 12-14 和图 12-15 所示。

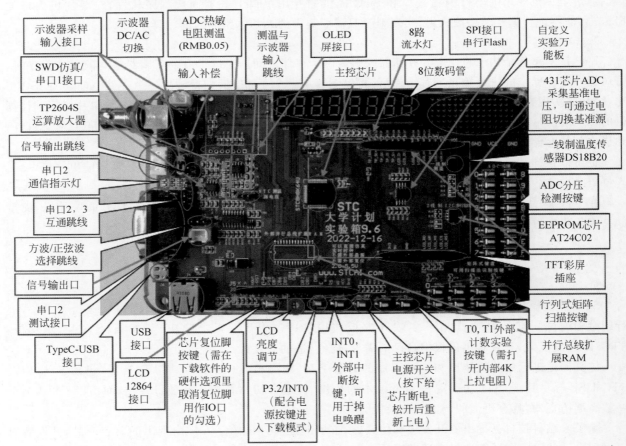

图 12-14　STC 大学计划实验箱 9.6 电路板正面布局图

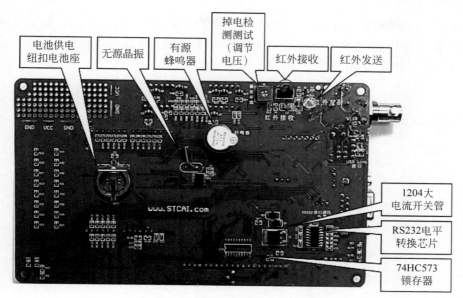

图 12-15 STC 大学计划实验箱 9.6 电路板反面布局图

本开发板以 STC8H8K64U 64 引脚微控制器为核心,采用独立模块设计思想,综合考虑,精心布局,板载有 8 位 LED 发光管显示、8 位 LED 数码管显示模块、128×64 液晶屏电路、按键、蜂鸣器、实时时钟、SPI 接口程序 Flash、I2C 串行 EEPROM AT 24C02、模/数转换器、RS-485 通信模块、串口通信、DS18B20 温度采集电路、热敏电阻测温、串口转 USB 电路、示波器采样输入接口、SWD 仿真下载接口等,能满足各种学习需求。

在此,需要对"主控芯片电源开关"进行说明。

此按钮的原理是按住此开关时主控芯片将会处于停电状态,放开此开关时主控芯片会被重新上电而进行上电复位。

对于 STC 的单片机,要想进行 ISP 下载,必须在 MCU 上电或复位时接收到握手命令才会开始执行 ISP 程序,下载程序到实验箱 9.6 的正确步骤如下:

(1)使用 USB 线将实验箱 9.6 与计算机进行连接。

(2)打开 STC-ISP(V6.92C 以上版本)下载软件。

(3)选择单片机型号为 STC8H8K64U,打开需要下载的用户程序。

(4)实验箱 9.6 使用硬件 USB 接口下载。进入 USB 下载模式需要先按住实验箱上的 P3.2/ INT0 按键/接地,然后下按一下 ON/OFF 电源按键/断电,接着再松开 ON/OFF 电源按键/上电,最后可松开 P3.2/ INT0 按键。正常情况下就能识别出"STC USB Writer(HID1)"设备。

(5)单击 STC-ISP 下载软件中的"下载/编程"按钮。

当用户使用硬件 USB 对 STC8H8K64U 芯片进行 ISP 下载时不支持调节内部 IRC 的频率,但是可选择芯片出厂时内部预置的多种高精准 IRC 时钟频率(分别是 5.5296MHz、6MHz、11.0592MHz、12MHz、18.432MHz、20MHz、22.1184MHz、24MHz、27MHz、30MHz、33.1776MHz、35MHz、36.864MHz、40MHz、44.2368MHz 和 48MHz),不同的系列可能不一样,具体以下载软件的频率列表为准。也就是说,下载时用户只能从频率下拉列表中选择其中之一,而不支持手动输入其他频率。

## 12.4.2 STC 仿真器的选择

STC-USB Link1D 仿真器是宏晶科技推出的为 STC 系列单片机设计的仿真器。STC USB Link1D 仿真器如图 12-15 所示。STC USB Link1D 本身具有多个通信接口,适用于 STC 系列单片机的软件调试仿真。

如图 12-16 所示,STC-USB Link1D 是针对 STC32G 芯片(251 内核单片机)最新推出的一款支持 STC32 系列单片机进行烧录、仿真的工具,也可以用于 8 位的 51 单片机进行烧录。并且还可以识别出 CDC1、CDC2 两个虚拟串口,可用于调试或者 51 单片机的仿真。

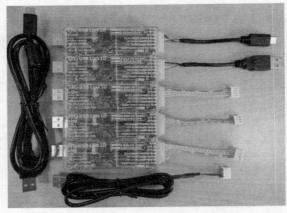

图 12-16　STC-USB Link1D 仿真器

## 12.5　STC-ISP(V6.92)程序下载软件

STC-USB Link1D 仿真器在出厂时,主控芯片内已烧录了 STC-USB Link1D 的控制程序。正常情况下,仿真器连接到计算机后,在 STC-ISP 下载软件中会立即识别出“STC-USB Link1（LNK1)”,如图 12-17 所示。

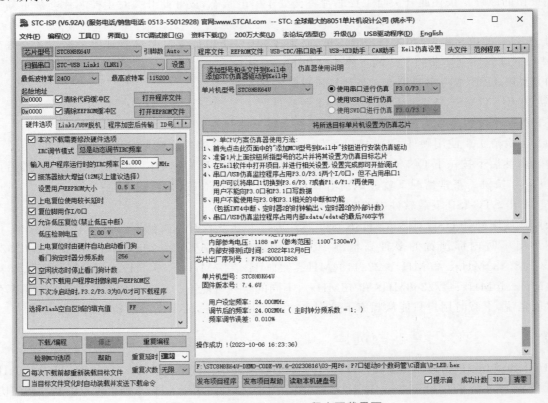

图 12-17　STC-ISP(V6.92)程序下载界面

正确识别后，即可使用 STC-USB Link1 进行在线 ISP 下载或者脱机 ISP 下载。

在驱动安装成功后，还会自动识别出两个 STC-CDC 串口，如图 12-18 所示。

图 12-18 STC-CDC 串口

在下载程序或仿真前，需要选择芯片型号，如图 12-19 所示。

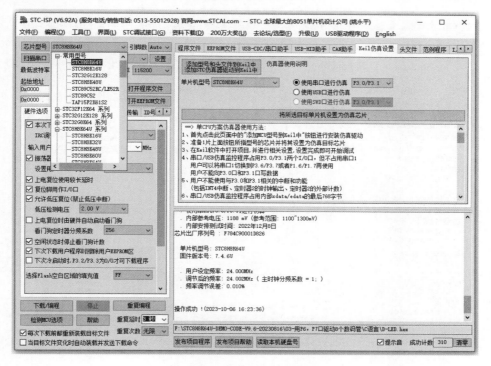

图 12-19 芯片型号选择界面

单击图 12-19 中的"Keil 仿真设置"标签,弹出如图 12-20 所示的界面。选择"使用串口进行仿真"。

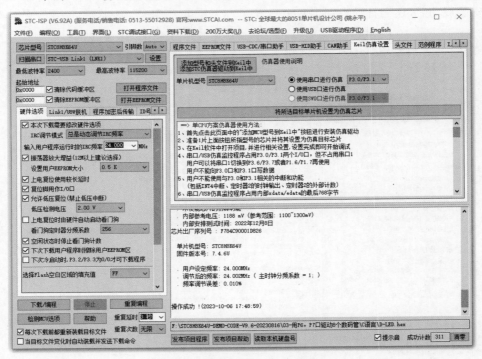

图 12-20　Keil 仿真设置界面

单击图 12-20 中的"打开程序文件"按钮,弹出如图 12-21 所示的界面。

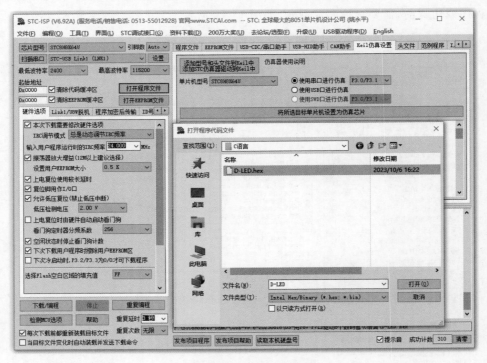

图 12-21　打开程序文件界面

打开程序文件 D-LED.hex,如图 12-22 所示。

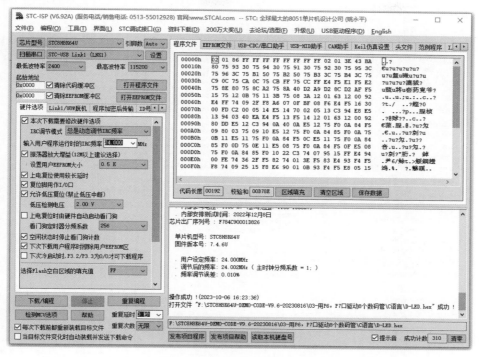

图 12-22 已打开程序文件界面

单击图 12-20 中的"下载/编程"按钮,进行程序下载,如图 12-23 所示。

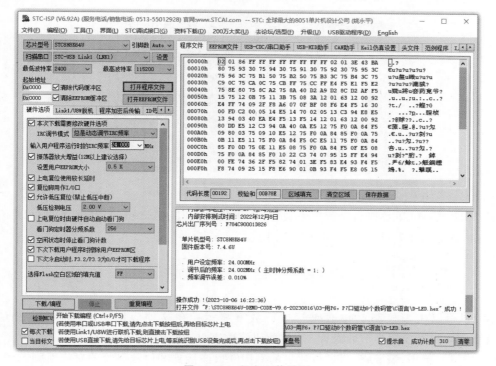

图 12-23 程序下载界面

程序下载成功,如图 12-24 所示。

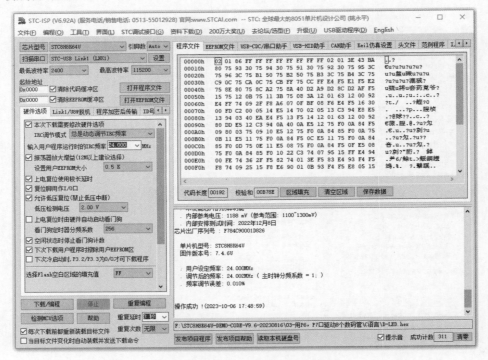

图 12-24　程序下载成功界面

程序下载成功后,8 位 LED 数码管显示运行结果如图 12-25 所示。

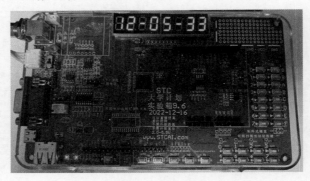

图 12-25　8 位 LED 数码管显示运行结果

由于 STC8H8K64U 单片机自带程序下载接口,不用 STC-USB Link1D 仿真器也可以下载程序,具体方法参考深圳国芯人工智能有限公司官方资料。

## 12.6　STC 单片机 8 位数码管显示应用实例

STC 单片机可以用来控制 8 位数码管进行数字显示。在这种应用中,通常使用 STC 单片机的 GPIO 口,以便能够同时控制多个数码管。8 位数码管数字显示流程如下:

(1)硬件连接。首先,需要将 STC 单片机的 GPIO 口连接到 8 位数码管的对应引脚。

(2)编码方式。通常情况下,数码管的每个数字都有对应的编码方式,可以通过查找数码管的数据手册或者编程手册来获取。在程序中,需要将要显示数字所对应的编码发送给 GPIO 口。

(3) 控制流程。编写程序来控制 STC 单片机,将要显示的数字编码发送到 STC 单片机的 GPIO 口,将数据输出到数码管上。

(4) 循环显示。通过循环控制,可以实现在数码管上显示不同的数字或者其他字符。

需要注意的是,具体的电路连接和程序编写可能会因使用的单片机型号和数码管型号而有所不同,因此在实际应用中需要根据具体的硬件和软件要求来进行调整。

## 12.6.1　8 位数码管显示硬件设计

单片机采用 STC8H8K64U,8 位数码管显示驱动电路如图 12-26 所示。

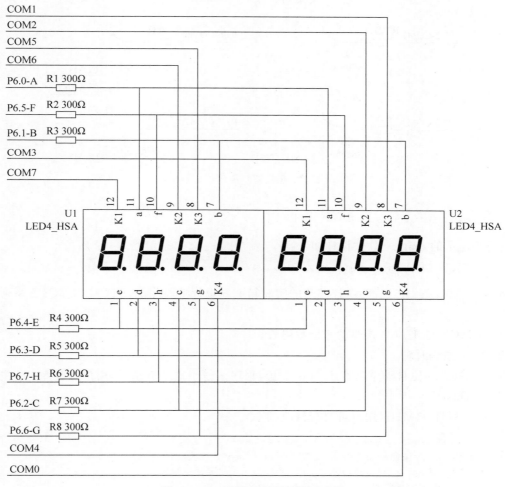

图 12-26　8 位数码管显示驱动电路

8 位数码管显示器采用两个 4 位连位数码管显示器,数码管的位和段驱动采用 STC8H8K64U 的 GPIO 口。STC8H8K64U 的 GPIO 口 P6.0~P6.7 通过 300Ω 的电阻连接到数码管的段,STC8H8K64U 的 GPIO 口 P7.0~P7.7 通过三极管 S8550 Q1~Q8 控制数码管的位驱动。数码管显示采用动态扫描方式,动态扫描显示是利用人的视觉暂留现象,20ms 内将所有 LED 显示器扫描一遍。在某一时刻,只有一位亮,位显示切换时,先关显示。8 位数码管显示位驱动电路如图 12-27 所示。

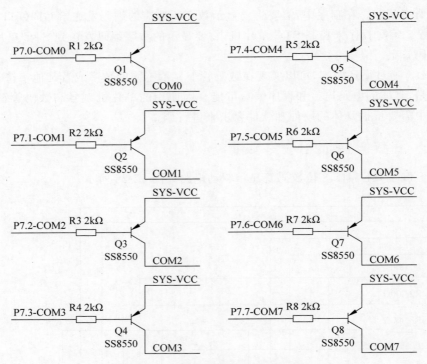

图 12-27  8 位数码管显示位驱动电路

## 12.6.2  8 位数码管显示软件设计

8 位数码管显示的 main.c 软件设计如下：

/************* 本程序功能说明 **************

本例程基于 STC8H8K64U 为主控芯片的实验箱 9.6 进行编写测试，STC8G、STC8H 系列芯片可通用参考。

用 STC 的 MCU 的 I/O 方式驱动 8 位数码管。

显示效果为：数码时钟。

使用 Timer0 的 16 位自动重装产生 1ms 节拍，程序运行于这个节拍下，用户修改 MCU 主时钟频率时，自动定时于 1ms.

下载时，选择时钟 24MHz(用户可自行修改频率)。

```
*********************************************** /
# include "stc8h.h" //包含此头文件后,不需要再包含"reg51.h"头文件
# define      MAIN_Fosc      24000000L               //定义主时钟
typedef       unsigned char u8;
typedef       unsigned int  u16;
typedef       unsigned long u32;
/************************* 用户定义宏 *************************** /
# define Timer0_Reload (65536UL - (MAIN_Fosc / 1000)) //Timer 0 中断频率, 1000 次/秒
/*********************************************************** /
# define DIS_DOT      0x20
# define DIS_BLACK    0x10
# define DIS_         0x11
/************* 本地常量声明 ************** /
```

```c
u8 code t_display[] = { //标准字库
//    0    1    2    3    4    5    6    7    8    9    A    B    C    D    E    F
    0x3F,0x06,0x5B,0x4F,0x66,0x6D,0x7D,0x07,0x7F,0x6F,0x77,0x7C,0x39,0x5E,0x79,0x71,
//black -      H    J    K    L    N    o    P    U    t    G    Q    r    M    y
    0x00,0x40,0x76,0x1E,0x70,0x38,0x37,0x5C,0x73,0x3E,0x78,0x3d,0x67,0x50,0x37,0x6e,
    0xBF,0x86,0xDB,0xCF,0xE6,0xED,0xFD,0x87,0xFF,0xEF,0x46}; //0. 1. 2. 3. 4. 5. 6. 7. 8. 9. -1
u8 code T_COM[] = {0x01,0x02,0x04,0x08,0x10,0x20,0x40,0x80}; //位码
/ * * * * * * * * * * * * *  IO口定义    * * * * * * * * * * * * * /
/ * * * * * * * * * * * * * 本地变量声明    * * * * * * * * * * * * * * /
u8 LED8[8];              //显示缓冲
u8 display_index;        //显示位索引
bit B_1ms;               //1ms 标志
u8 hour,minute,second;
u16 msecond;
/ * * * * * * * * * * * * * 本地函数声明    * * * * * * * * * * * * * /
/ * * * * * * * * * * * * * * * 外部函数声明和外部变量声明 * * * * * * * * * * * * * * * * * /
/ * * * * * * * * * * * * * * * * * * * * * 显示时钟函数 * * * * * * * * * * * * * * * * * * * * * * * /
void    DisplayRTC(void)
{
    If    (hour >= 10) LED8[0] = hour / 10;
    else    LED8[0] = DIS_BLACK;
    LED8[1] = hour % 10;
    LED8[2] = DIS_;
    LED8[3] = minute / 10;
    LED8[4] = minute % 10;
    LED8[5] = DIS_;
    LED8[6] = second / 10;
    LED8[7] = second % 10;
}
/ * * * * * * * * * * * * * * * * * * * * * RTC 演示函数 * * * * * * * * * * * * * * * * * * * * * * * /
void    RTC(void)
{
    if(++second >= 60)
    {
        second = 0;
        if(++minute >= 60)
        {
            minute = 0;
            if(++hour >= 24)    hour = 0;
        }
    }
}
/ * * * * * * * * * * * * * * * * * * * * * 主函数 * * * * * * * * * * * * * * * * * * * * * * * /
void main(void)
{
    u8 i,k;
    P_SW2 |= 0x80;                       //扩展寄存器(XFR)访问使能
    P0M1 = 0x30;    P0M0 = 0x30;         //设置 P0.4、P0.5 为漏极开路(实验箱加了上拉电阻到 3.3V)
    P1M1 = 0x30;    P1M0 = 0x30;         //设置 P1.4、P1.5 为漏极开路(实验箱加了上拉电阻到 3.3V)
    P2M1 = 0x3c;    P2M0 = 0x3c;         //设置 P2.2～P2.5 为漏极开路(实验箱加了上拉电阻到 3.3V)
    P3M1 = 0x50;    P3M0 = 0x50;         //设置 P3.4、P3.6 为漏极开路(实验箱加了上拉电阻到 3.3V)
    P4M1 = 0x3c;    P4M0 = 0x3c;         //设置 P4.2～P4.5 为漏极开路(实验箱加了上拉电阻到 3.3V)
    P5M1 = 0x0c;    P5M0 = 0x0c;         //设置 P5.2、P5.3 为漏极开路(实验箱加了上拉电阻到 3.3V)
    P6M1 = 0xff;    P6M0 = 0xff;         //设置为漏极开路(实验箱加了上拉电阻到 3.3V)
    P7M1 = 0x00;    P7M0 = 0x00;         //设置为准双向口
```

```
    AUXR = 0x80;                              //Timer0 set as 1T, 16 位 s timer auto－reload,
    TH0 = (u8)(Timer0_Reload / 256);
    TL0 = (u8)(Timer0_Reload % 256);
    ET0 = 1;                                  //Timer0 interrupt enable
    TR0 = 1;                                  //Timer0 run
    EA = 1;                                   //打开总中断

    display_index = 0;
    hour = 11;                                //初始化时间值
    minute = 59;
    second = 58;
    RTC();
    DisplayRTC();
// for(i = 0; i < 8; i++) LED8[i] = DIS_BLACK;        //上电消隐
    for(i = 0; i < 8; i++) LED8[i] = i;       //显示 01234567
    k = 0;
    while(1)
    {
        if(B_1ms)                             //1ms 到
        {
            B_1ms = 0;
            if(++msecond > = 1000)            //1s 到
            {
                msecond = 0;
                RTC();
                DisplayRTC();
            }
        }
    }
}
/ ********************************************************************* /
/ ********************* 显示扫描函数 *********************** /
void DisplayScan(void)
{
    P7 = ～T_COM[7 - display_index];
    P6 = ～t_display[LED8[display_index]];
    if(++display_index > = 8)     display_index = 0;   //8 位结束,从 0 开始
}
/ ********************* Timer0 1ms 中断函数 ********************** /
void timer0 (void) interrupt 1
{
    DisplayScan();                           //1ms 扫描显示一位
    B_1ms = 1;                               //1ms 标志
}
```

## 12.6.3  8 位数码管显示软件的调试

8 位数码管显示软件的调试在 STC 大学计划实验箱 9.6 上实现,8 位数码管显示的工程已经创建好。

当用 Keil5 调试程序时,需要将所选目标单片机设置为仿真芯片,如图 12-28 所示,单击"将所选目标单片机设置为仿真芯片"按钮,如果设置正常,则出现如图 12-28 所示的"操作成功(2023-10-06 17:51:21)"提示。

如图 12-29 所示,单击 Keil5 中的 Project→Open Project 命令,然后进入如图 12-30 所示的界面,选择 D-LED 工程。

图 12-28　将所选目标单片机设置为仿真芯片界面

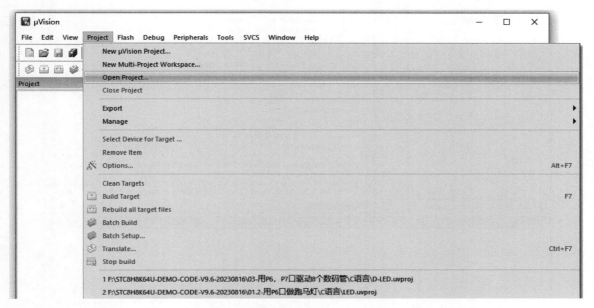

图 12-29　选择 Open Project 命令

打开 D-LED 工程后,显示如图 12-31 所示的界面。

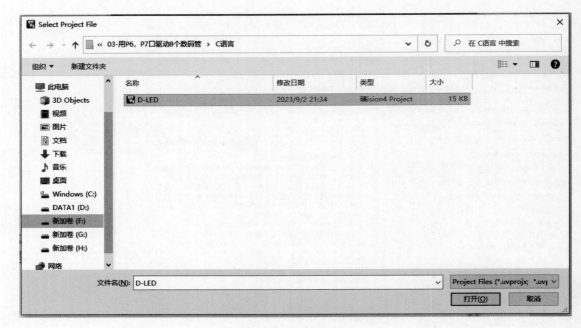

图 12-30  选择工程

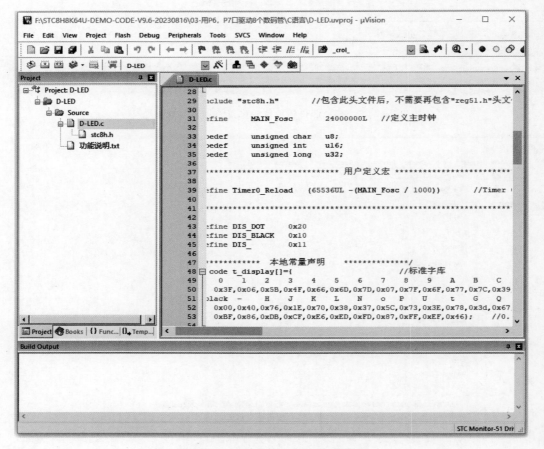

图 12-31  已打开的 D-LED 工程界面

对 D-LED 工程进行配置,有两种配置方法:在图 12-10 的左侧,在 D-LED 上右击,出现"Options for Target'D-LED'"配置界面,如图 12-31 所示;或者单击图 12-32 中的魔术棒按钮 ⚜ ,如图 12-33 所示。上述两种方法都可以对 D-LED 工程进行配置。单击"Options for Target'D-LED'"界面中的 Device 标签,选择 STC MCU Database 及芯片型号(STC8H8K64U Series),如图 12-34 所示。

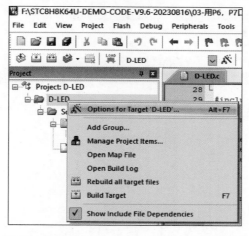

图 12-32 打开"Options for Target'D-LED'"配置界面

图 12-33 单击魔术棒按钮

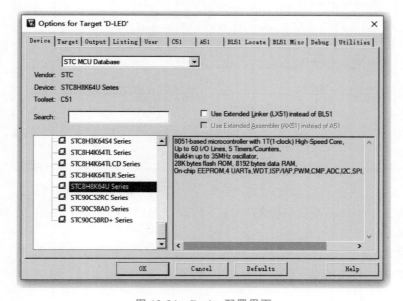

图 12-34 Device 配置界面

单击图 12-34 中的 Output 标签,配置工程输出选项,若要创建一个可执行文件 * . hex,则选中 Creat HEX File 复选框,如图 12-35 所示。

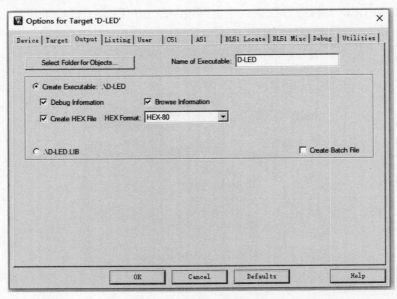

图 12-35　Output 配置界面

单击图 12-35 中的 Debug 标签,配置工程调试选项,选择 Use 下拉列表框中的 STC Monitor-51 Driver,如图 12-36 所示。

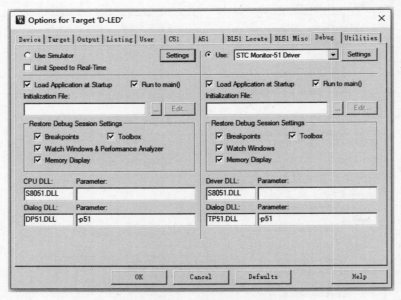

图 12-36　Debug 中的 Use 配置界面

单击图 12-36 中的 Settings 按钮,选择 COM 下载程序通信接口,如图 12-37 所示。至此,工程配置完毕,可以进行调试。

单击图 12-38 中的 Start/Stop Debug Session 按钮 ,进入工程调试界面,如图 12-39 所示。

单击图 12-39 中的运行按钮 ,程序开始运行,如图 12-40 所示,运行结果如图 12-25 所示。

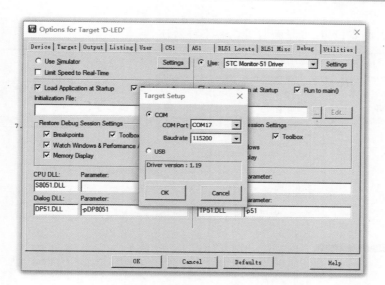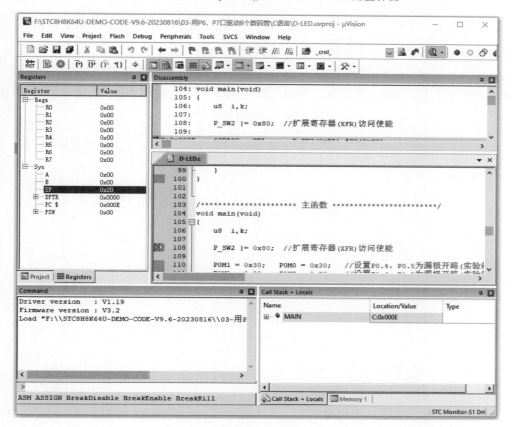

图 12-37 Debug 中的 Settings 配置界面

图 12-38 Start/Stop Debug Session(Ctrl+F5)配置界面

图 12-39 工程调试界面

工程的单步调试、断点设置、变量查看等内容不再赘述。

图 12-40　工程运行界面

# 第 13 章

# SC系列单片机与开发

SC 系列单片机是一种国产的超低成本单片机。SC 系列单片机的开发可以使用 Keil MDK 平台进行编程和调试。在使用 SC 系列单片机进行开发时，需要了解其引脚设置和内置资源，根据实际需求进行配置和使用。同时，还需要注意开发工具和编程语言的兼容性和版本问题，以确保程序的正确性和稳定性。

深圳市赛元微电子股份有限公司（ShenZhen SinOne Microelectronics Co.,Ltd. ，以下简称 SOC 公司）是一家基于市场需求，为电子产品开发者提供创新且有竞争力 MCU 平台的集成电路供应商，公司以核心技术、先进的设计能力及数字模拟整合技术能力为客户提供高抗干扰、高可靠性的 8 位和 32 位微控制器（MCU）产品，公司产品全部拥有自主知识产权并在技术上处于领先地位。

SOC 公司的 8 位 MCU 包括 4 个系列的产品：SC92F 系列超值型、SC92L 系列低功耗型、SC95G 系列主流型和 SC95F 系列高性能型。

本章对 SC 系列单片机进行了介绍，介绍了该系列单片机的详细信息、开发工具的选择，以及一个具体的应用实例，使读者能够全面了解 SC 系列单片机的特性及其开发环境。

本章主要讲述如下内容：

（1）概述了 SC 系列单片机，包括其产品线、SOC 公司提供的硬件开发平台、易码魔盒在开发应用程序中的利用，以及 SOC 公司单片机的应用领域与用户群体，帮助读者初步认识 SC 系列单片机的市场定位和适用场景。

（2）深入探讨了 SC95F 系列单片机，详细介绍了 SC95 系列单片机的命名规则、集成资源、SC95F8617 单片机的引脚布局、内部组成、存储器结构和 I/O 口功能。这些细节信息对于理解单片机的功能和设计至关重要。

（3）讲述了 SC 开发板和仿真器的选择问题，提供了关于选择 SC 开发板的指南、SC 系列单片机开发平台的介绍、SC 仿真器的选择建议，以及 SOC Programming Tool 软件的使用。这些工具对于单片机的程序开发和调试非常关键。

（4）通过一个 4 位数码管显示的应用实例，展示了 SC 单片机在实际应用中的使用。这包括硬件设计、NBK-EBS002 基础功能扩展板的硬件配置、软件设计和软件调试过程。通过这个实例，读者可以获得如何将理论知识应用于实际项目的经验。

本章为读者提供了一个全面的视角来理解 SC 系列单片机及其开发过程，不仅涵盖了单片机的硬件和软件特性，还包括了如何选择合适的开发工具和如何实施一个具体的应用项目，对于希望深入了解和使用 SC 系列单片机的开发者来说，这是一个宝贵的资源。

## 13.1 SC 系列单片机概述

SOC 公司在不断推出满足市场需求的 MCU 产品的同时,也在不断完善产品的生态系统,在家电、工控、IoT、消费电子、智慧工厂和智慧城市等领域为客户提供可靠性高、平台优化、易用性强、资源丰富的产品解决方案。

SOC 公司于 2011 年 1 月成立,其大事记如图 13-1 所示。

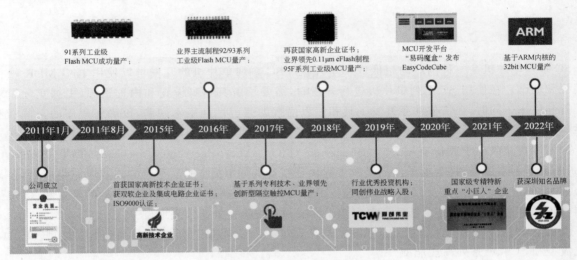

图 13-1 SOC 公司大事记

### 13.1.1 SC 产品线

SOC 公司是国产 8051 单片机的领先供应商,在 8 位单片机领域深耕多年,不断地提供最具性价比的解决方案,满足多元化的客户需求。SOC 公司提供高性能、高可靠的高速单片机,兼容传统 12T 8051,指令效率是传统 8051 单片机的 12~24 倍,全产品线为工业温度规格,并提供内建高精度的 RC 晶振,内建 Data Flash 及丰富的外设功能,如脉宽调制器(PWM)、ADC、UART、SPI、I2C、硬件 LCD/LED、模拟比较器,支持 OTA 在线系统编程和在电路编程(On Circuit Programming,ICP)及高抗干扰能力——8 kV ESD /4 kV EFT(ESD 为 Electro Static Discharge 的缩写,意为静电放电;EFT 为 Electrical Fast Transient tolerance test 的缩写,译为电快速瞬变耐受性测试)。SOC 公司提供全系列完整之产品组合,是 8051 单片机业界供应商首选。

SOC 公司还提供高性能、高可靠的高速 32 位单片机,符合白色家电的抗干扰要求,全产品线为工业温度规格,并提供内建高精度的 RC 晶振,内建 Data Flash 及丰富的外设功能,例如,DMA、TK、硬件 LCD/LED、脉宽调制器(PWM)、ADC、CAN、LIN、UART、SPI、I2C、PGA(Programmable Gain Amplifier,可编程增益放大器)、CMP(Comparator,比较器),并支持在线系统编程和在线电路编程(ICP)及高抗干扰能力——8kV ESD/4kV EFT。

**1. 8 位 SOC MCU**

SOC 公司的 8 位 MCU 包括以下 4 个系列的产品。

(1) SC92F 系列:超值型。

(2) SC92L 系列:低功耗型。

（3）SC95G 系列：主流型。

（4）SC95F 系列：高性能型。

每个系列均有两个子系列产品：触控 MCU 和通用 MCU。

SOC 公司 8051 MCU 平台和生态系统如图 13-2 所示。

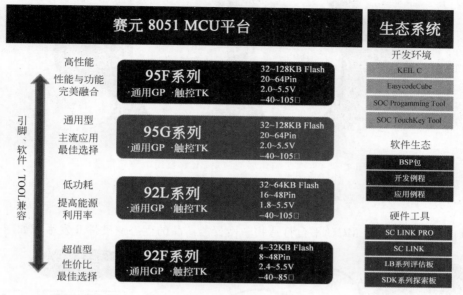

图 13-2　SOC 公司 8051 MCU 平台和生态系统

**2. 32 位 SOC MCU**

SOC 公司的 32 位 MCU 提供以下 4 个系列的产品。

（1）SC32F 系列：通用型。

（2）SC32L 系列：超低功耗型。

（3）SC32G 系列：主流型。

（4）SC32H 系列：高性能型

每个系列均有两个子系列产品：触控 MCU 和通用 MCU；部分系列产品还有电动机控制。

SOC 公司单片机产品线如图 13-3 所示。

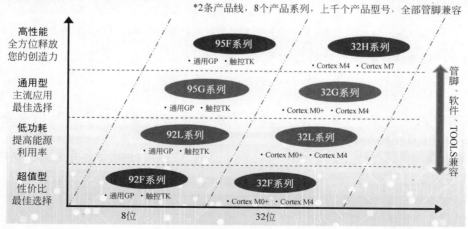

图 13-3　SOC 公司单片机产品线

SOC 公司物联网应用 MCU 及周边产品布局如图 13-4 所示。

图 13-4　SOC 公司物联网应用 MCU 及周边产品布局

## 13.1.2　SOC 公司硬件开发平台

物联互通时代,SOC 公司 MCU 平台打造物联网智能产品的生态链硬件开发平台如图 13-5 所示。

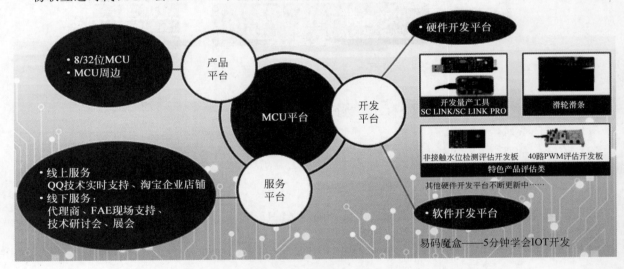

图 13-5　SOC 公司 MCU 平台打造物联网智能产品的生态链硬件开发平台

SOC 公司单片机硬件开发平台如图 13-6 所示。

## 13.1.3　利用易码魔盒开发应用程序

为了提高用户的开发效率,SOC 公司提供了图形化的快速开发工具易码魔盒(通常称为 EasyCodeCube),该工具支持如下功能:

(1) 支持 IC 资源图形化配置,采用 BSP(Board Support Package,板级支持包)提供,降低单片机的开发门槛,缩短开发周期。

(2) 提供标准编程框架和模板,采用源文件方法提供,结构清晰,层次分明。

(3) 支持用户程序图形化编程,提供友好的用户编程环境。

(4) 支持通用外设驱动图形化编程,提供用户自定义外设驱动标准接口。

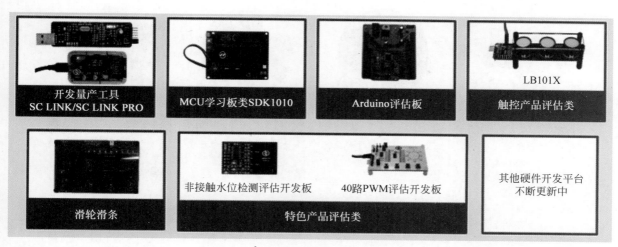

图 13-6 SOC 公司单片机硬件开发平台

（5）支持编译/烧录功能。

（6）支持用户自定义驱动的载入和卸载功能。

（7）支持用户自定义控件（函数、变量、结构体、共用体、枚举、typedef、宏、头文件、文本等）。

（8）支持第三方软件的载入。

（9）支持驱动制作，能够通过工具制作通用的用户自定义驱动。

（10）支持线上驱动包升级。

（11）支持查看各种资源手册（BSP 包使用手册、工具使用手册、固件库使用手册）。

易码魔盒实现"前端拖曳，后端生成代码"具有如图 13-7 所示的 8 大特点。

图 13-7 易码魔盒的 8 大特点

## 13.1.4 SOC 公司单片机应用领域与用户

SOC 公司单片机在智能家居、工业控制、消费电子和物联网等领域得到了广泛应用。SOC 公司单片机的应用领域如图 13-8 所示。

SOC 公司的单片机用户如图 13-9～图 13-11 所示。

| 智能家居 | 工业控制 | 消费电子 | 物联网 |
|---------|---------|---------|--------|
| 厨房家电 | 工业网关 | 信息娱乐 | 智能照明 |
| 卫浴家电 | 电动工具 | 信息处理 | 智能家居 |
| 大家电空冰洗 | 安防消防 | 健身设备 | 智能城市 |
| 生活电器 | 仪器仪表 | 个人护理 | 智能穿戴 |
| 娱乐电器 | 诊断设备 | 音响配件/乐器 | 工业物联网 |
| 智能环境 | 智能电表 | 传感器集中器 | 等等 |
| 美容电器 | 电机控制 | 物联网结点 | |
| 创新家电 | 智能电力 | 触控人机界面 | |

图 13-8  SOC 公司单片机的应用领域

图 13-9  SOC 公司的单片机用户之一

图 13-10  SOC 公司的单片机用户之二

图 13-11 SOC 公司的单片机用户之三

# 13.2 SC95F 系列单片机

SC95F 系列通用 MCU 是具有增强型的 1T 8051 内核的工业级 Flash 微控制器,指令集向下兼容标准的 80C51 系列。其超高速 1T 8051 内核,运行频率高达 32MHz,在相同工作频率下,其执行速度约为其他 1T 8051 的 2 倍;IC 内部集成硬件乘/除法器及双 DPTR 数据指针,用来加快数据运算及移动的速度。硬件乘/除法器不占用 CPU 周期,运算由硬件实现,速度比软件实现的乘/除法速度快几十倍;双 DPTR 数据指针,可用来加快数据存储及移动的速度。

SC95F 系列通用 MCU 具有高性能和可靠性,具有宽工作电压为 2.0~5.5V,超宽工作温度为 -40~105℃,并具备强效 6KV ESD、4KV EFT 能力。采用业界领先之 eFlash 制程,Flash 写入超过 10 万次,常温下可保存 100 年。

SC95F 系列通用 MCU 内建低耗电 WDT(Watch Dog Timer)看门狗定时器,有 4 级可选 LVR(Low Voltage Reset,低电压复位功能)及系统时钟监控功能,具备运行和掉电模式下的低功耗能力。

SC95F 系列通用 MCU 还集成有超级丰富的硬件资源:最大 128 KB Flash ROM、8 KB SRAM 、1KB EEPROM、内置 BootLoader(引导程序);丰富的 GPIO、多路外部中断、多个 16 位定时器、内置模拟比较器、12 位带死区互补 PWM、内部 ±2% 高精度高频 32MHz/16MHz/8MHz/4MHz 振荡器和 ±4% 精度低频 32kHz 振荡器、可外接 32.768kHz 晶体振荡器等资源。SC95F 系列通用 MCU 内部也集成有 12 位高精度 1Mb/s 高速 ADC,并带有 1.024V/2.048V 基准 ADC 参考电压功能等。如此多的功能被集成在 MCU 中,可减少系统外围元器件数量,节省电路板空间和系统成本。

SC95F 系列通用 MCU 开发调试非常方便,具有 ISP(In System Programing,在系统编程)、ICP(In Circuit Programing,在电路编程)和 IAP(In Application Programing,在应用编程)功能。允许芯片在在线或带电的情况下,直接在电路板上对程序存储器进行调试及升级。

SC95 系列单片机是 SOC 公司出品的 8051 内核单片机,运行频率高达 32MHz,其指令集向下兼容标准的 8051 单片机。该系列单片机具有集成度高、抗干扰性能强、稳定性高、可靠性高、功耗低、效率高等特点,非常适合应用于安全性要求极高的智能家电、工业控制、物联网(IoT)、医疗、可穿戴设备、消费品等领域。

## 13.2.1　SC95 系列单片机的命名规则

SC95 系列产品命名规则如下：

| 名称 | SC | 95 | F | 8 | 6 | 1 | 7 | X | P | 48 | R |
|------|----|----|----|----|----|----|----|----|----|----|----|
| 序号 | ① | ② | ③ | ④ | ⑤ | ⑥ | ⑦ | ⑧ | ⑨ | ⑩ | ⑪ |

其中，各个部分的含义如表 13-1 所示。

表 13-1　SC95 系列单片机命名规则各部分的含义

| 序号 | 含　义 |
|------|--------|
| ① | Sinone Chip 缩写 |
| ② | 产品系列名称 |
| ③ | 产品类型(F：Flash MCU) |
| ④ | 系列号：7：GP 系列，8：TK 系列 |
| ⑤ | ROM 大小：1 为 2K，2 为 4K，3 为 8K，4 为 16K，5 为 32K，6 为 64K… |
| ⑥ | 子系列编号：0～9，A～Z |
| ⑦ | 引脚数：0：8 脚，1：16 脚，2：20 脚，3：28 脚，5：32 脚，6：44 脚，7：48 脚，8：64 脚，9：100 脚 |
| ⑧ | 版本号：(缺省、B、C、D) |
| ⑨ | 封装形式(D：DIP；M：SOP；X：TSSOP；F：QFP；P：LQFP；Q：QFN；K：SKDIP) |
| ⑩ | 引脚数 |
| ⑪ | 包装方式(U：管装；R：盘装；T：卷带) |

## 13.2.2　SC95 系列单片机集成的资源

SC95 系列单片机集成了程序存储器、数据存储器、通用输入/输出口(GPIO)、16 位定时器、异步串行通信接口(UART)、三选一 USCI 通信口、高精度高速 ADC、模拟比较器、PWM 双模触控电路、中断管理、硬件乘/除法器、LCD/LED(Liquid Crystal Display，液晶显示屏/Light Emitting Diode，发光二极管)硬件驱动、高精度高频 32MHz 振荡器和低频 32.768kHz 振荡器、看门狗定时器 WDT 等资源。

正是由于 SC95 系列单片机集成了如此多的资源，因此在应用系统设计时，可减少系统外围元器件数量，节省电路板空间和系统成本。

本章采用 SC95 系列单片机的典型产品 SC95F8617 为背景机型，讲述 SC 单片机开发和实例。

## 13.2.3　SC95F8617 单片机的引脚

首先从外观上认识一下单片机。LQFP48 封装的 SC95F8617 单片机引脚分布如图 13-12 所示。

从 SC95F8617 引脚分布图中可以看到，除电源 VDD 和地 VSS 外，其他引脚都由 Px.y 形式标记，这些引脚称为通用输入/输出引脚，也称为 I/O 引脚，所有的 GPIO 口都使用类似的表示方法。

SC95F8617 单片机的每个 I/O 口都是由 8 根 I/O 口线构成的。例如，由 P0.0～P0.7 构成了 P0 口，由 P1.0～P1.7 构成了 P1 口，等等。由于封装引脚数量的限制，有些 I/O 端口可能没有把 8 根口线全部引出，如 P5 口。绝大多数 I/O 口线除具有基本的输入/输出功能外，还具有第二功能甚至第三功能、第四功能(称为复用功能)。

注意：TK9、TK11 与 TK 调试通信口复用，若需使用 TK 调试功能，则需要尽量避免使用 TK9 和 TK11。

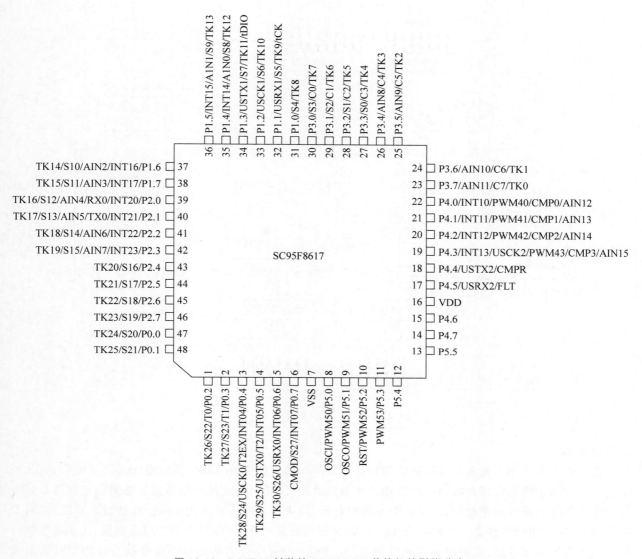

图 13-12 LQFP48 封装的 SC95F8617 单片机的引脚分布

## 13.2.4 SC95F8617 单片机的内部组成

SC95F8617 单片机具有丰富的外设和强大的功能,适用于多种嵌入式控制应用。如控制系统、传感器接口、通信接口、数据采集和处理等。

**1. 传统 8051 单片机的内部结构**

传统 8051 单片机的内部结构如图 13-13 所示。传统 8051 单片机中包含 CPU、程序存储器(4KB ROM)、数据存储器(128B RAM)、2 个 16 位定时/计数器、4 个 8 位 I/O 口、一个全双工串行通信接口和中断系统等,以及与 I/O 口复用的数据总线、地址总线和控制总线三大总线。其中 CPU 由运算器和控制器组成。

1) 运算器

以 8 位算术逻辑单元(Arithmetic Logical Unit,ALU)为核心,加上通过内部总线而挂在其周围的暂存器 TMP1、TMP2、累加器 ACC、寄存器 B、程序状态标志寄存器 PSW 及布尔处理机组成了整个运算器

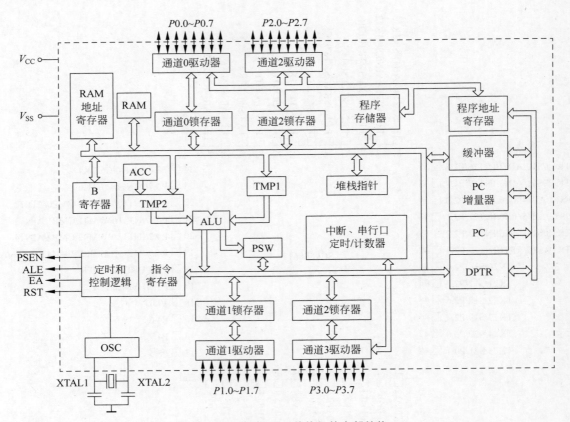

图 13-13　传统 8051 单片机的内部结构

的逻辑电路。

　　算术逻辑单元用来完成二进制数的四则运算和布尔代数的逻辑运算。累加器（ACC）又记作 A，是一个具有特殊用途的 8 位寄存器，在 CPU 中工作最频繁，专门用来存放操作数和运算结果。寄存器 B 是专门为乘法和除法设置的寄存器，也是一个 8 位寄存器，用来存放乘法和除法中的操作数及运算结果，对于其他指令，它只用作暂存器。程序状态字（PSW）又称为标志寄存器，也是一个 8 位寄存器，用来存放执行指令后的有关状态信息，供程序查询和判别之用。PSW 中有些位的状态是在指令执行过程中自动形成的，有些位可以由用户采用的指令加以改变。

　　2）控制器

　　控制器是 CPU 的中枢，包括定时控制逻辑、指令寄存器、译码器、地址指针 DPTR 及程序计数器 PC、堆栈指针 SP、RAM 地址寄存器、16 位地址缓冲器等。

　　PC 是一个 16 位的程序地址寄存器，专门用来存放下一条需要执行的指令的存储地址，能自动加 1。当 CPU 执行指令时，根据 PC 中的地址从存储器中取出当前需要执行的指令码，并把它送给控制器分析执行，随后 PC 中的地址自动加 1，以便为 CPU 取下一个需要执行的指令码做准备。当下一个指令码取出执行后，PC 又自动加 1。这样，PC 一次次加 1，指令就被一条条执行。

　　堆栈主要用于保存临时数据、局部变量、中断或子程序的返回地址。8051 单片机的堆栈设在内部 RAM 中，是一个按照"先进后出"规律存放数据的区域。堆栈指针 SP 是一个 8 位寄存器，能自动加 1 或减 1。当将数据压入堆栈时，SP 自动加 1；当数据从堆栈中弹出时，SP 自动减 1。

　　**2. SC95F8617 单片机的内部组成**

　　SC95F8617 单片机采用了增强型 8051 内核，其内部组成如图 13-14 所示。

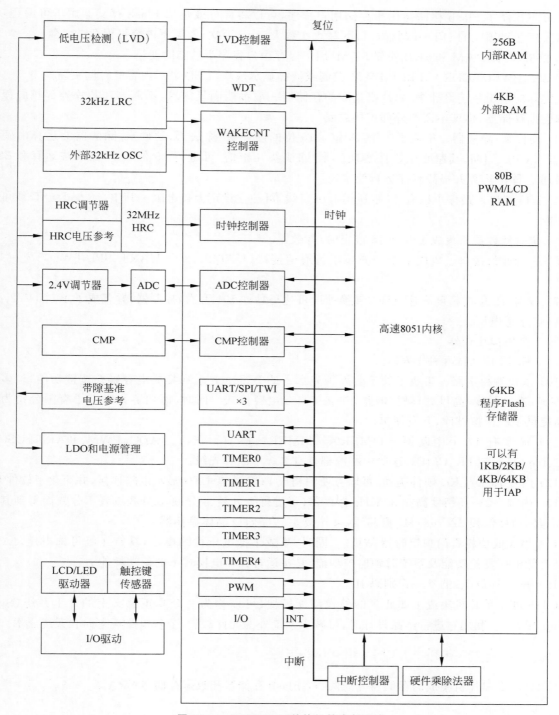

图 13-14 SC95F8617 单片机的内部组成

SC95F8617 单片机集成了以下模块。

（1）增强型高速 8051 内核。在相同的工作频率下,增强型高速 8051 的指令执行速度是传统 8051 指令执行速度的 12~24 倍。

（2）存储器。

① 64KB 程序 Flash 存储器用于存储用户程序,可以将部分或全部 Flash 存储器用于可编程功能。存储器采用业界领先的 eFlash 制程,Flash 写入次数大于 10 万次,常温下内容可保存 100 年。

② 256B 内部 RAM 和 4KB 外部 RAM,用于保存用户程序中的临时变量。

③ 80B PWM/LCDRAM 用于 PWM 控制或液晶显示模块/LED 显示内容的存储更新。

在实际的应用系统设计中,单片机集成的存储器一般都能满足需求,不需要在芯片外部扩展程序存储器和数据存储器,也就不需要外部扩展总线。

(3) 硬件乘/除法器。集成了 1 个 16 位×16 位的硬件乘/除法器,硬件乘/除法器的运算由硬件实现,不占用 CPU 周期,其速度比软件实现的乘/除法快几十倍,可进行 16 位×16 位乘法运算和 32 位/(除号)16 位除法运算并提高程序运行效率。

(4) I/O 端口。最多可以有 46 根通用 I/O 口线,可独立设定上拉电阻。其中,16 根 I/O 口线可用作外部中断。

(5) 定时计数器。集成了 5 个 16 位定时/计数器。

(6) 串行通信接口。集成了 1 个异步串行通信接口(UART),3 个 UART/SPI/TWI 三选一 USCI 通信口。

(7) 17 路 12 位高精度高速 ADC(转换速度可达每秒钟 100 万次)控制器,并集成了 1.024V/2.048V 基准 ADC 参考电压。

(8) 1 个模拟比较器。

(9) 8 路 12 位死区互补 PWM。

(10) 双模触控电路。集成了处于业界领先水平的 S-Touch 系列集成电容触控按键功能,最多内置 31 路双模(高灵敏度/高可靠)触控电路,并支持自互电容模式。同时,深圳赛元微电子有限公司为该系列产品提供了触控按键库,开发简单。

(11) 最多有 17 个中断源: TIMER0～TIMER4、INT0～INT2、ADC、PWM、UART、USCI0～USCI2、BaseTimer、TK、CMP。这些中断源都具有 2 级中断优先级。

(12) 内置 LCD/LED 硬件驱动,可以方便的构成 LCD 或者 LED 显示电路连接,并简化了软件开发。

(13) 内部±2% 高精度高频 32MHz 振荡器(可进行 2 分频、4 分频、8 分频或者不分频而得到其他频率)和±4% 精度低频 32.768kHz 振荡器,可外接 32.768kHz 晶体振荡器。

(14) 集成低功耗看门狗定时器 WDT。同时,集成了低电压检测模块,具有 4 级可选电压,LVR 控制器具有低电压复位功能及系统时钟监控功能,具备运行和掉电模式下的低功耗能力。

(15) 96 位存放 IC 的唯一识别码 ID。

SC95F8617 单片机集成了如此多的外设功能模块,可以称为一个真正意义上的片上系统(System On Chip,SOC)。利用它进行产品设计时,可减少系统外围元件数量,节省电路板空间和系统成本。

## 13.2.5　SC95F8617 单片机的存储器

SC95F8617 单片机集成的存储器分为两类: Flash 存储器和数据存储器 SRAM。

### 1. Flash 存储器

Flash 存储器分为以下两部分。

(1) 64KB Flash 存储器,主要用于存放用户程序,也可以将其中的 1KB、2KB、4KB 或者 64KB 存储空间用作 IAP 存储器。SC95F8617 单片机具有 64 KB Flash 存储器(也称为 APROM,Application Program Memory,应用程序存储器),地址为(00)0000H～(00)FFFFH Flash 器可过 ICP(In Circuit Programming)烧器/仿真器 SC-LINK 进行编程及擦除。在使用 C 语言进行单片机程序开发时,可以使

用 code 关键字把常数或者常数变量数组存储在程序存储器中。

(2) 96 位芯片唯一 ID 区。

SC95F8617 单片机程序 Flash 存储器分布如图 13-15 所示。

其中,地址表示值的括号中的数字为扩展地址,由寄存器 IAPADE 设定,寄存器 IAPADE 的上电初始值为 0x0。

SC95F8617 单片机提供了一个独立的唯一 ID 区域,用以确保该芯片的唯一性。该唯一 ID 可用于对用户产品进行加密。唯一 ID 保存在(01)0260H~(01)026BH 中,用户直接读取其中的内容便可获得单片机 ID。第 6 章将介绍有关如何读取单片机 ID 并传送到计算机的实例。

**2. 数据存储器 SRAM**

SRAM 称为静态随机存取存储器,SC95F8617 单片机的 SRAM 分为 3 部分,分别为 256B 内部 RAM、4096B 外部 RAM 和 PWM&LCD/LEDRAM 区。SC95F8617 单片机 SRAM 的分布如图 13-16 所示。

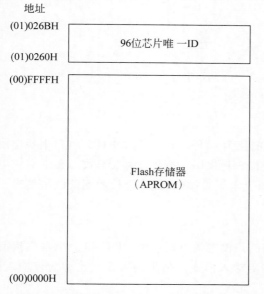

图 13-15 SC95F8617 单片机程序 Flash 存储器分布

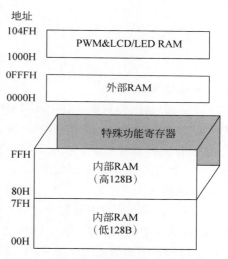

图 13-16 SC95F8617 单片机 SRAM 的分布

## 13.2.6 SC95F8617 单片机的 I/O 口

从 SC95F8617 单片机的引脚分布图(见图 13-12)可以看出,SC95F8617 单片机包含了 P0~P5 这 6 个通用 I/O 口,每个 I/O 口均由 8 根 I/O 口线构成。由于封装引脚数量的限制,有些 I/O 口没有把 8 根口线全部引出,如 P5,SC95F8617 单片机共提供了 46 根可控制的双向 I/O 口线。未使用和封装未引出的 I/O 口均设置为强推挽输出模式。

输入/输出控制寄存器用来控制各端口的输入/输出功能。当端口作为输入时,每个 I/O 口均可以设置内部上拉电阻,由 PxPHy 控制。I/O 口在输入或输出状态下,从端口数据寄存器中读到的都是 I/O 口的实际状态值。I/O 口线具有复用功能,其中 P3 口可以通过设置输出 1/4VDD 或 1/3VDD 的电压,以用来作为 LCD 显示的 COM 驱动。

**1. I/O 口的结构**

通过设置相关的特殊功能寄存器,SC95F8617 单片机的 I/O 口具有 3 种工作模式,分别为强推挽输出模式、带上拉电阻的输入模式和高阻输入模式。

**1）强推挽输出模式**

当 I/O 口输入/输出控制寄存器 PxCON 中对应的位为 1(PxCy＝1)时,I/O 口工作于强推挽输出模式。在强推挽输出模式下,输出级由 P 沟道和 N 沟道的场效应管构成,能够提供持续的大电流驱动。强推挽输出模式的端口结构示意图如图 13-17 所示。

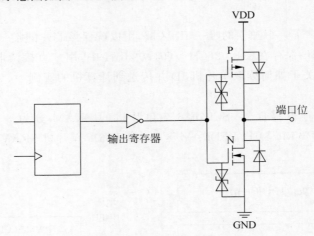

图 13-17 强推挽输出模式的端口结构示意图

**2）带上拉电阻的输入模式**

当 I/O 口输入/输出控制寄存器 PxCON 中对应的位为 0(PxCy＝0)时,并且 I/O 口上拉电阻控制寄存器 PxPH 对应的位设置为 1(PxPHy＝1)时,IO 口工作于带上拉电阻的输入模式。在带上拉电阻的输入模式下,输入口上恒定接一个上拉电阻,仅当输入口上电平被拉低时,才会检测到低电平信号。带上拉电阻的输入模式的端口结构示意图如图 13-18 所示。

**3）高阻输入模式**

当 I/O 口输入/输出控制寄存器 PxCON 中对应的位设置为 0 时,并且 I/O 口上拉电阻控制寄存器 PxPH 对应的位为 0(PxPHy＝0)时,I/O 口工作于高阻输入模式。高阻输入模式也称为仅输入模式,该模式的端口结构示意图如图 13-19 所示。

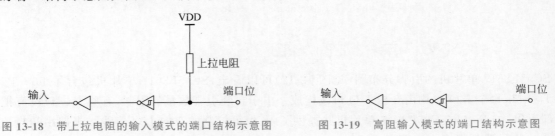

图 13-18 带上拉电阻的输入模式的端口结构示意图　　图 13-19 高阻输入模式的端口结构示意图

**2. I/O 口的特殊功能寄存器**

下面简单介绍与 I/O 口相关的特殊功能寄存器,为应用 I/O 口做好准备。

(1) I/O 口输入/输出控制寄存器 PxCON(x＝0,1,2,3,4,5,地址分别为 9AH、91H、A1HB1H、C1H 和 D9H)。

(2) I/O 口上拉电阻控制寄存器 PxPH(x＝0,1,2,3,4,5,地址分别为 9BH、92H、A2H、B2H、C2H 和 DAH)。

(3) I/O 口数据寄存器 Px(x＝0,1,2,3,4,5,地址分别为 80H、90H、A0H、B0H、C0H 和 D8H)。

（4）IOH 设置寄存器 0(IOHCON0,地址为 96H)。

IOH 设置寄存器用于设置当引脚输出高电平时的输出电流,该输出电流分成 4 个等级,等级越小,输出电流越大。

（5）IOH 设置寄存器 1(IOHCON1,地址为 97H)。

## 13.3 SC 开发板和仿真器的选择

在选择开发板和仿真器时,建议先了解所选单片机的具体型号,然后参考厂商提供的资料和技术支持,以便选择最适合的开发板和仿真器。

### 13.3.1 SC 开发板的选择

本书选用 SOC 公司官方推出的 NBK 系列开发板。

NBK 系列开发板以 SC95F8617B 48 引脚微控制器为核心,由核心开发板和外部扩展板组成。本开发板配备常用的单片机外围资源,自带调试下载接口,配合开发板提供的示例程序,可以让用户在最短的时间,熟悉并掌握 SOC 公司 MCU 相关的编程方法。本开发板非常适合初步接触 SOC 公司 MCU 的用户自学使用。

SOC 公司的 NBK 系列开发板功能如表 13-2 所示。

表 13-2　NBK 系列开发板功能

| 开 发 板 | 描 述 |
|---|---|
| NBK1220 核心板 | 集成主控芯片和 ISP 烧录模块,引出所有引脚,并兼容 Arduino 接口 |
| NBK-EBS001 触控扩展板 | 触控按键、滑条和滑轮三合一功能演示 |
| NBK-EBS002 基础功能扩展板 | 扩展使用 PWM、LED、ADC、ACMP 等功能的器件,适合初学者学习 |
| NBK-EBS003 IoT 扩展板 | IoT 功能演示,可通过无线 Bootloader 升级芯片程序 |

SOC 公司 NBK 系列开发板,支持多芯片、多扩展自由组合,配备常用的 MCU 外设资源,支持 IOT 应用开发,提供丰富的示例程序,支持易码魔盒快速开发上手。NBK 系列开发板的安装如图 13-20 所示。

**1. NBK1220 核心开发板**

SOC 公司 NBK1220 核心开发板是针对 95F876x/776x/861xB/761xB 系列 MCU 的开发板。NBK1220 开发板提供 I/O 扩展接口及 Arduino 接口,可以搭配 SOC 公司 NBK-EBS 系列扩展板或 Arduino 模块使用。NBK1220 开发板配备 ISP 烧录模块,可以快速进行功能开发和程序验证。NBK1220 核心开发板如图 13-21 所示。

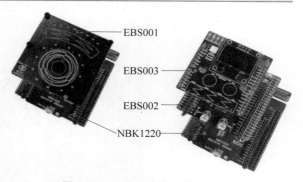

图 13-20　NBK 系列开发板的安装

NBK1220 核心板板载资源如下:

（1）1 组烧录仿真引脚,1 个 Type-C 接口,支持 ISP(In System Programming,在系统编程)在线烧录。

（2）1 个复位按键。

（3）1 个 LED 灯,1 个电源指示灯,1 个 ISP 指示灯。

（4）5V/3.3V 电源供应口。

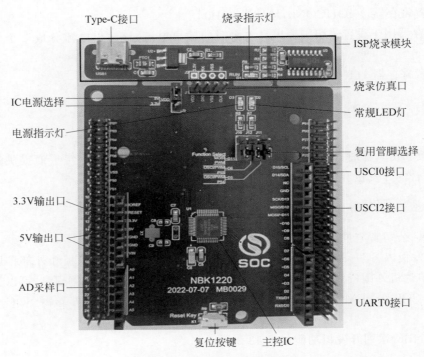

图 13-21　NBK1220 核心开发板

（5）支持 Arduino 标准接口，支持扩展板。

**2. EBS002 基础功能扩展板**

SOC 公司的 NBK-EBS002 基础功能扩展板配备蜂鸣器、NTC（Negative Temperature Coefficient thermistor，负温度系数热敏电阻）、数码管等模块，主要实现 LED/LCD、ADC、PWM 和 GPIO 等外设功能学习。

NBK-EBS002 基础扩展板不能单独使用，需搭配 NBK 系列核心开发板使用。EBS002 基础功能扩展板如图 13-22 所示。

图 13-22　EBS002 基础功能扩展板

NBK-EBS002 基础扩展板板载资源如下：

（1）1个三色 RGB(Red、Green、Blue，即红绿蓝)灯。

（2）1个4位共阴带时钟点的数码管。

（3）1个热敏电阻。

（4）2个常规按键。

（5）2个常规 LED 灯。

（6）1个无源蜂鸣器。

（7）2个10kΩ 可调电阻，可用于比较器和 ADC 采样。

**3. EBS003 IoT 扩展板**

SOC 公司 NBK-EBS003 IoT 扩展板主要实现联网控制功能，需搭配 NBK 系列核心开发板使用，配备 Wi-Fi 通信模组（安信可)，OLED 屏，及触控按键、滑条，可以快速进行 IoT 远程控制、OTA 升级等功能评估。

NBK-EBS003 IoT 扩展板不能单独使用，需要配合开发板主板使用。EBS003 IoT 扩展板如图 13-23 所示。

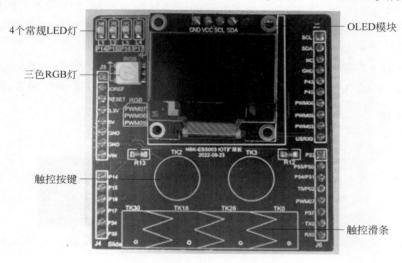

图 13-23 EBS003 IoT 扩展板

NBK-EBS003 IOT 扩展板板载资源如下：

（1）4个常规 LED 灯。

（2）1个三色 RGB 灯。

（3）1个 TWI(Two Wire Serial Interface，双线串行接口)通信 OLED 模块。

（4）2个触控按键。

（5）1个触控滑条。

（6）背部一个带 AT 固件的 EPS-12F Wi-Fi 模块。AT 为 Attention 的缩写，意为"注意"，表明该指令是用来引起设备的注意并发送指令的。AT 指令广泛应用于各种通信设备和模块，如调制解调器、手机、无线模块等。AT 指令是一种控制模式下的通信协议，用于在计算机或终端设备之间进行数据传输和通信。

## 13.3.2 SC 系列单片机开发平台

SC 系列单片机开发平台介绍如下。

**1. 开发平台 Keil C**

SC 系列单片机采用 Keil C 即 Keil μVision 平台来开发,支持汇编语言以及 C 语言编写。

Keil μVision,是众多单片机应用开发软件中最优秀的软件之一,它支持众多不同公司的 MCS51 架构的芯片甚至 Arm,它集编辑、编译、仿真等功能于一体,界面与常用的微软 VC++ 界面相似,界面简洁,易学易用,在调试程序、软件仿真方面也有很强大的功能。

有关 Keil C 的使用,请参考 SOC 公司官网资料"赛元 LINK 系列量产开发工具使用手册",有 Keil C 的安装及新建工程等使用说明。

**2. 烧录仿真工具 SC-LINK PRO**

SOC 公司目前使用的烧录工具为 SC-LINK PRO。烧录工具使用前应安装 SOC 公司仿真插件。SC-LINK PRO 适用于 SOC 公司 92F/93/95F 系列 IC 的脱机烧录、在线烧写、仿真以及 92F/93F/95F 系列触控 IC 的触摸(Touch)调试。有关 SOC 公司烧录仿真工具的使用与仿真插件的安装,请参考 SOC 公司官网资料"赛元 LINK 系列量产开发工具使用手册"。

**3. PC 端烧录软件 SOC Programming Tool**

SOC Programming Tool 是 SOC 公司自主开发的全功能烧录软件,配合 SC-LINK PRO 使用,支持编程、校验、查看存储中的数据。关于 SOC Programming Tool 的安装步骤与使用说明请参考 SOC 公司官网资料"赛元 LINK 系列量产开发工具使用手册"。

从 SOC 公司官网上下载 SOC Programming Tool 安装包,下载后的安装包图标如图 13-24 所示。双击如图 13-24 所示的 SOC Programming Tool 安装包,按照安装提示一步一步安装,安装后的程序在桌面上的图标如图 13-25 所示。

图 13-24　SOC Programming Tool 安装包　　　　图 13-25　SOC Programming Tool 程序图标

**4. ISP 烧录工具**

软/硬件准备如下:

(1) 在硬件方面,SOC 公司 NBK1220 开发板,带 Type-C 公头的数据连接线。

(2) 在软件方面,SOC 公司 ISPTOOL,CH340 驱动。

使用 Type-C 数据线连接到 PC 上。

### 13.3.3　SC 仿真器的选择

SC LINK PRO 是一款由 SOC 公司自主开发、带 OLED 显示的开发量产工具,适用于 SC32F/92F/93F/95F 系列 MCU 以及 SOC Arm/8051 系列 IC 的在线及脱机烧录、仿真、TK 调试。

**1. SC LINK PRO 介绍**

SC LINK PRO 仿真器如图 13-26 所示。

SC LINK PRO 仿真器资源介绍如下:

(1) USB 接口——用于和 PC 连接及供电。

(2) 烧录按键——脱机烧录作为烧录触发按键;长按该按键上电,可进入固件升级模式。

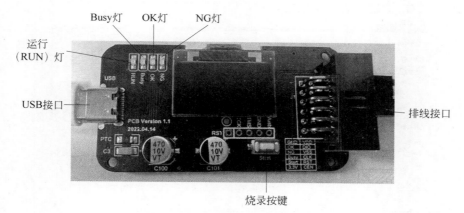

图 13-26 SC LINK PRO 仿真器

（3）运行（RUN）灯——红光，上电常亮。

（4）Busy 灯——红光，脱机烧录时，此灯闪烁代表正在烧写 IC；升级固件时，此灯闪烁，代表正在升级固件。

（5）OK 灯——蓝光，脱机烧录时，此灯亮起代表烧录成功。

（6）NG 灯——红光，脱机烧录时，此灯亮起代表烧录失败。

（7）排线接口——烧录接口和电源输出接口。

**2. SC-LINK PRO OLED 显示功能**

SC-LINK PRO 烧录工具出厂时附带一个 OLED（Organic Light Emitting Diode，有机发光二极管）显示屏，用于显示烧录信息。支持的功能如下：

（1）支持插入 PC 显示 USB 连接状态及显示当前烧录工具的 UID。

（2）支持显示脱机烧录下当前烧录 IC 的名称。

（3）支持显示所载入代码的烧录 Option 校验码。

（4）支持显示所载入代码的 CRC（Cyclic Redundancy Check，循环冗余码校验）校验码。

（5）支持显示脱机烧录完成后的烧录状态。

（6）支持上电显示限制烧录模式下允许烧录次数。

（7）支持掉电保存限制烧录次数和序列编号功能。

（8）支持在线模式显示当前编程烧录时的电压。

## 13.3.4　SOC Programming Tool 程序下载软件

双击如图 13-25 所示的 SOC Programming Tool 程序下载图标，程序下载界面如图 13-27 所示。

在下载程序或仿真前，需要选择芯片型号，如图 13-28 所示。

芯片型号选择 SC95F8617B，"烧录电压"选择 5V，"擦除选项"选择 All，选中"编程""校验"和 Reset and Run 复选框，如图 13-29 所示。

单击图 13-29 中的"Option 设置"按钮，选择 LVR 电压为 2.9V，其余选项保持默认设置，如图 13-30 所示。

选中图 13-29 中的"载入"复选框，再单击"载入"按钮，载入 *.hex 程序，如图 13-31 所示。然后单击图 13-31 中的"打开"按钮，程序载入完毕，如图 13-32 所示。

单击图 13-32 中的"自动"按钮，依次进行芯片擦除、编程和校验，然后复位并运行，如图 13-33 所示。

程序下载成功后，4 位 LED 数码管显示运行结果如图 13-34 所示，从 00:00 开始显示分钟、秒。

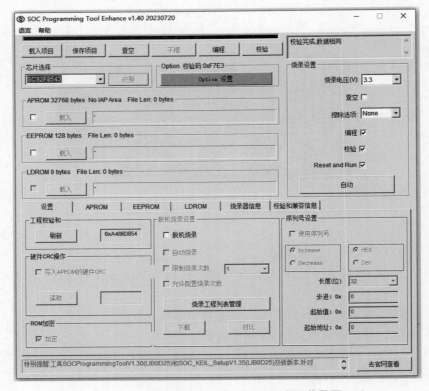

图 13-27    SOC Programming Tool 程序下载界面

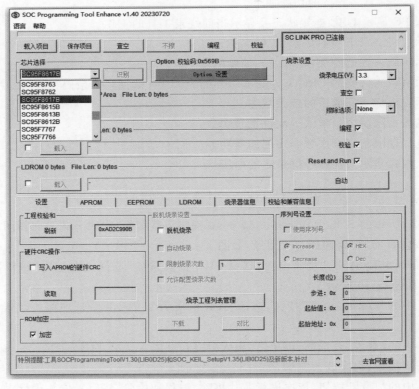

图 13-28    芯片型号选择界面

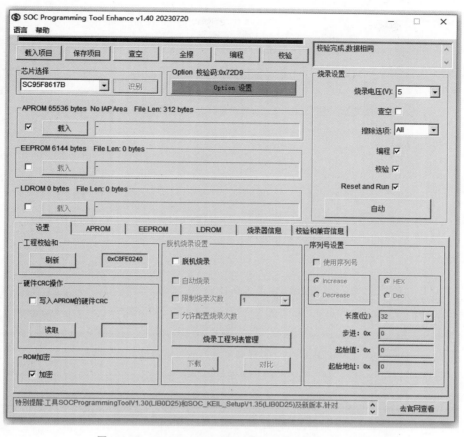

图 13-29　SOC Programming Tool 程序下载配置界面

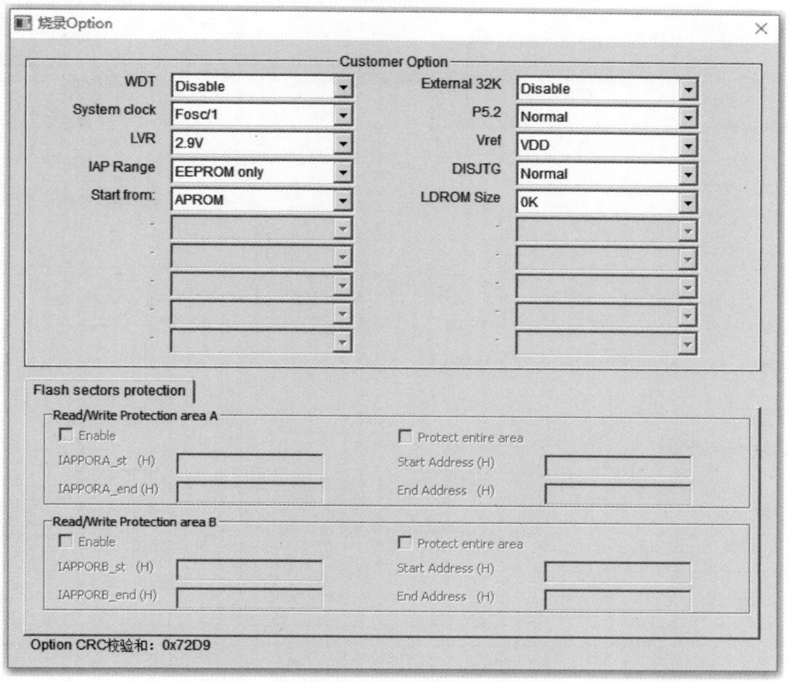

图 13-30　Option 设置界面

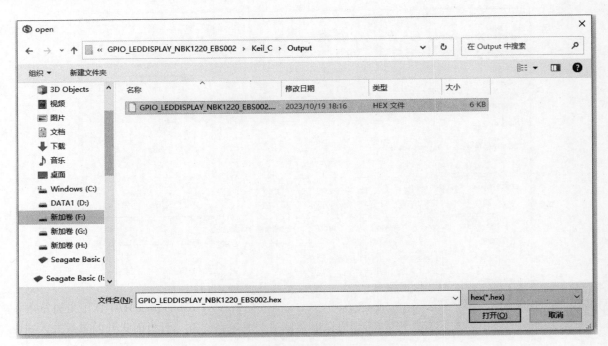

图 13-31 选择需要载入的程序路径

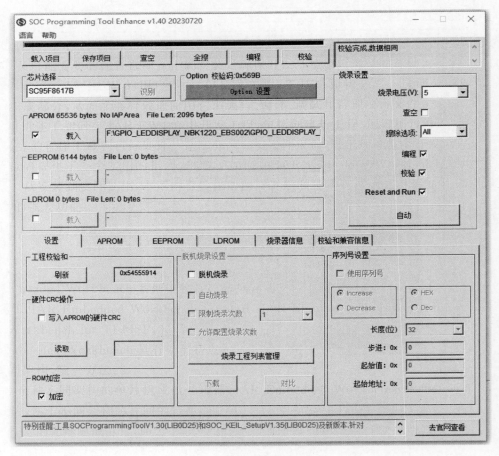

图 13-32 选择的程序已载入

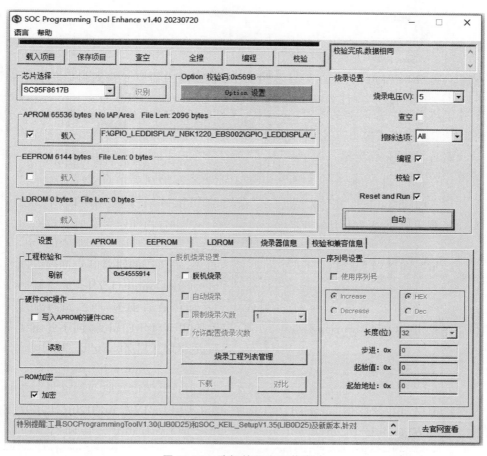

图 13-33 选择的程序下载成功

图 13-34 4 位 LED 数码管显示运行结果

# ▟ 13.4 SC 单片机 4 位数码管显示应用实例 ◆

GPIO 扫描 LED 显示示例工程为 GPIO_LEDDISPLAY_NBK1220_EBS002，可以通过易码魔盒打开并另存为用户自己的工程。

LED 显示除了可以用芯片内部的 LED 驱动外，还可以用 I/O 进行动态扫描来显示。NBK1220 核心开发板上的主控芯片提供了多个可控制的双向 GPIO 端口，可以用输入/输出控制寄存器用来控制各端口的输入/输出状态，当端口作为输入时，每个 I/O 端口带有由 PxPHy 控制的内部上拉电阻。每个 I/O 同其他功能复用，其中 P3 可以通过设置输出 1/4VDD 或 1/3VDD 的电压，可用来作为 LCD 显示的 COM 驱动。I/O 端口在输入或输出状态下，从端口数据寄存器里读到的都是端口的实际状态值。

## 13.4.1 4 位数码管显示硬件设计

4 位数码管显示硬件设计在 NBK1220 核心开发板和 NBK-EBS002 基础功能扩展板上实现。

NBK1220 核心开发板上的 SC95F8617B 最小系统设计如图 13-35 所示。

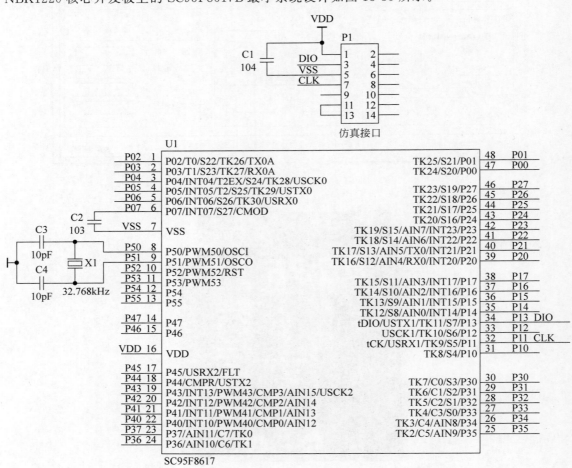

图 13-35 SC95F8617B 最小系统

NBK-EBS002 基础功能扩展板上的 4 位数码管显示电路如图 13-36 所示。

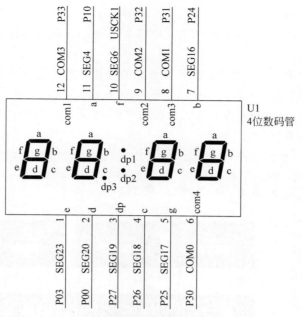

图 13-36 4位数码管显示电路

## 13.4.2 NBK-EBS002 基础功能扩展板硬件配置

NBK-EBS002 基础功能扩展板硬件配置介绍如下。

**1. 总体描述**

硬件 DDIC(Display Drivers Integrated Circuit,显示驱动集成电路)扫描 LED 显示示例工程为 DDIC_LEDDISPLAY_NBK1220_EBS002,可以通过易码魔盒打开并另存为用户自己的工程。

由 LED 组成的显示器是单片机应用系统中常用的输出设备。NBK1220 核心开发板上的主控芯片内部集成了硬件的 LCD/LED 显示驱动电路,便于用户实现 LCD 和 LED 的显示驱动。其主要特点如下:

(1) LCD 和 LED 显示驱动二选一,即某一时刻只能选用其中一种驱动功能。

(2) LCD 和 LED 显示驱动共用相关 I/O 口和寄存器。

在 NBK-EBS002 基础功能扩展板上,集成有 4 位带时钟的共阴数码管,用户可以通过易码魔盒配置 DDIC 资源,去开发和学习数码管的使用。LED 显示器的工作方式有两种:静态显示方式和动态显示方式。静态显示的特点是每个数码管的段选必须接一个 8 位数据线保持显示的字形码。它的缺点是占用 I/O 口较多,成本较高。所以,一般使用动态显示的方式。

动态显示的特点是将所有数码管的段选线并联在一起,由位选线控制是哪一位数码管有效。在动态扫描显示过程中轮流向各位数码管送出字形码和相应的位选信号,利用发光管的余晖和人眼视觉暂留作用,使人的感觉好像各位数码管同时都在显示。动态显示比静态显示所用的 I/O 口要少,这样可以节省 IC 的资源。主控芯片内部的 LED 显示驱动,可以硬件自动扫描,节省了程序的扫描时间,而且使用起来非常简单和快捷。

**2. LED 驱动功能**

LED 显示驱动功能如下:

(1) 4 种显示驱动模式可选:8×24、6×26、5×27 或 4×28 段。

（2）SEG 口驱动能力 4 级可选。

（3）显示驱动电路可选择内建 32kHz LRC 或外部 32.768kHz 振荡器作为时钟源，帧频约为 64Hz。

3. 在易码魔盒中的配置

为了提高用户的开发效率，SOC 公司提供了图形化的快速开发工具——易码魔盒。

该软件可以从 SOC 公司官网（https://www.socmcu.com/cn/tool_show.php?id=42）下载，下载后的文件名为 EasyCodeCube_20230908_V3.3.2，双击该文件，安装步骤按照该软件的安装向导即可完成。易码魔盒开发工具运行界面如图 13-37 所示。

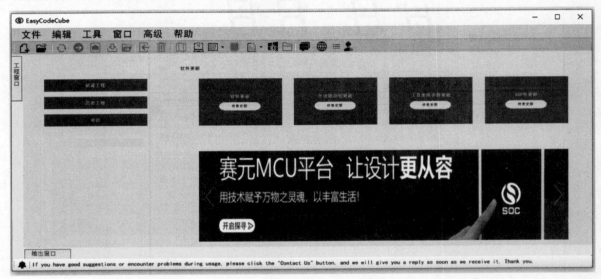

图 13-37　易码魔盒开发工具运行界面

在使用 EasyCodeCube 配置 DDIC 资源驱动 LED 时，首先要查看所驱动的 LED 显示器共有多少个 COM 和 SEG，根据 COM 和 SEG 的数量选择所需要的占空比。由 NBK-EBS002 基础功能扩展板原理图可知，所用数码管有 4 个 COM 口和 8 个 SEG 口，因此在易码魔盒的芯片资源配置界面进行如图 13-38 所示的配置。

资源的配置步骤如下：

步骤 1，在列表选择 DDIC 资源。

步骤 2，功能选择为 LED。

步骤 3，显示占空比控制选择为 1/4 占空比。

步骤 4，复用引脚选择为：S4-27 为 SEG，C0-3 为 COM。

步骤 5，选择原理图对应的 COM 和 SEG 口。

其中，步骤 3 所配置的占空比要根据 LED 显示器使用的 COM 选择，NBK1220 上的主控芯片一共有 8 个 COM 口，分别为 C0～C7，由 DDRCON 显示驱动控制寄存器的显示占空比控制位选择使用多少 COM 口。NBK-EBS002 基础功能扩展板使用的 COM 为 C0～C3，共 4 个，根据 DDRCON 寄存器说明，选择 1/4 占空比即可。

由于显示占空比控制选择 1/4 占空比，COM 有两种情况：C4～C7 或者 C0～C3，而板子上的 LED 显示器所用 COM 为 C0～C3，所以为了确定引脚配置，通过步骤 4，确定 C0～C3 为 COM 口。之后，再把 LED 显示器使用的 COM 口和 SEG 口选上，即步骤 5。

在 DDIC 资源配置好之后，再配置一个定时器资源，定时 10ms，操作如上，生成后易码魔盒会帮用户

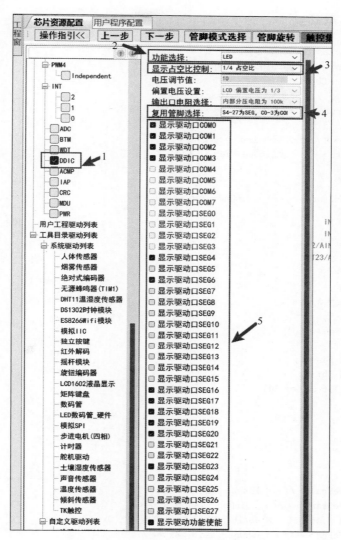

图 13-38　易码魔盒的芯片资源配置界面

生成好定时器程序和计算好重载值。

　　当芯片资源配置完成后,即可在用户程序配置界面,开始图形化编程。

　　示例:使用 LED 硬件驱动电路,通过 Timer0 计时 1s,4 位数码管上显示分、秒(00:00~59:59)。

## 13.4.3　4 位数码管显示软件设计

8 位数码管显示的 main.c 软件设计如下:

**1. main.c**

```
/******************** Includes **************************************** /
# include "SC_Init.h"        // MCU 初始化头文件,包括所有固件库头文件
# include "SC_it.h"
# include "..\Drivers\SCDriver_list.h"
# include "HeadFiles\SysFunVarDefine.h"
/********************* Generated by EasyCodeCube **************************** /

/******************* .Generated by EasyCodeCube. ***************************** /
```

```
void main(void)
{
    /*<Generated by EasyCodeCube begin>*/
    /*<UserCodeStart>*///*<SinOne-Tag><3>*/
    SC_Init(); /*** MCU 初始化 ***/
    /*<UserCodeEnd>*///*<SinOne-Tag><3>*/
    /*<UserCodeStart>*///*<SinOne-Tag><20>*/
    Led_Init();
    /*<UserCodeEnd>*///*<SinOne-Tag><20>*/
    /*<UserCodeStart>*///*<SinOne-Tag><21>*/
    while(1)
    {
        /*<UserCodeStart>*///*<SinOne-Tag><120>*/
        if(T0Flag1s)
        {
            T0Flag1s = 0;
            Miao++;
            if(Miao == 60)
            {
                Miao = 0;
                Fen++;
                if(Fen == 60)
                {
                    Fen = 0;
                    Shi++;
                    if(Shi == 24)
                    {
                        Shi = 0;
                    }
                }
            }
        }
        /*<UserCodeEnd>*///*<SinOne-Tag><120>*/
        /*<UserCodeStart>*///*<SinOne-Tag><49>*/
        Led_Display( Miao%10 , Miao/10 , Fen%10 , Fen/10 , 0x04 );
        /*<UserCodeEnd>*///*<SinOne-Tag><49>*/
        /*<Begin-Inserted by EasyCodeCube for Condition>*/
    }
    /*<UserCodeEnd>*///*<SinOne-Tag><21>*/
    /*<Generated by EasyCodeCube end>*/
}
```

## 2. SC_init.c

```
//*********************************************************************
#include "SC_Init.h"// MCU初始化头文件,包括所有固件库头文件
#include "..\Drivers\SCDriver_list.h"
#include "HeadFiles\SC_itExtern.h"
//*********************************************************

/********************* user_code_area *******************/
/*<UserCodeStart>*/
/*<UserCodeEnd>*/
/********************** .user_code_area. *******************/

/*********************************************************
```

```
* 函数名称: SC_Init
* 函数功能: MCU 初始化函数
* 入口参数:void
* 出口参数:void
*********************************************************/
void SC_Init(void)
{
    SC_GPIO_Init();
    SC_OPTION_Init();
    SC_TIM0_Init();
    /* write initial function here */
    EA = 1;
}
/*******************************************************
* 函数名称: SC_GPIO_Init
* 函数功能: GPIO 初始化函数
* 入口参数:void
* 出口参数:void
*********************************************************/
void SC_GPIO_Init(void)
{
    GPIO_Init(GPIO0, GPIO_PIN_3,GPIO_MODE_OUT_PP);
    GPIO_Init(GPIO3, GPIO_PIN_3,GPIO_MODE_OUT_PP);
    GPIO_Init(GPIO3, GPIO_PIN_2,GPIO_MODE_OUT_PP);
    GPIO_Init(GPIO3, GPIO_PIN_1,GPIO_MODE_OUT_PP);
    GPIO_Init(GPIO3, GPIO_PIN_0,GPIO_MODE_OUT_PP);
    GPIO_Init(GPIO1, GPIO_PIN_0,GPIO_MODE_OUT_PP);
    GPIO_Init(GPIO1, GPIO_PIN_2,GPIO_MODE_OUT_PP);
    GPIO_Init(GPIO2, GPIO_PIN_4,GPIO_MODE_OUT_PP);
    GPIO_Init(GPIO2, GPIO_PIN_5,GPIO_MODE_OUT_PP);
    GPIO_Init(GPIO2, GPIO_PIN_6,GPIO_MODE_OUT_PP);
    GPIO_Init(GPIO2, GPIO_PIN_7,GPIO_MODE_OUT_PP);
    GPIO_Init(GPIO0, GPIO_PIN_0,GPIO_MODE_OUT_PP);
    /* GPIO_Init write here */
}
/*******************************************************
* 函数名称: SC_TIM0_Init
* 函数功能: TIMER0 初始化函数
* 入口参数:void
* 出口参数:void
*********************************************************/
void SC_TIM0_Init(void)
{
    TIM0_TimeBaseInit(TIM0_PRESSEL_FSYS_D1,TIM0_MODE_TIMER);
    TIM0_WorkModeConfig(TIM0_WORK_MODE1,33536, 0);
    TIM0_ITConfig(ENABLE,HIGH);
    TIM0_Cmd(ENABLE);
    /* TIM0_Init write here */
}
```

3. SC_it. c

```
/********************** Includes *****************************/
# include "SC_it.h"
# include "..\Drivers\SCDriver_list.h"
# include "HeadFiles\SC_itExtern.h"
```

```
/ ************************** Generated by EasyCodeCube ************************** /

/ ************************** .Generated by EasyCodeCube. ************************** /
void INT0Interrupt() interrupt 0
{
    TCON &= 0XFD;                    //清除中断标志位

    / * INT0_it write here begin * /
    / * INT0_it write here * /
    / * < Generated by EasyCodeCube begin > * /
    / * < Generated by EasyCodeCube end > * /
    / * INT0Interrupt Flag Clear begin * /
    / * INT0Interrupt Flag Clear end * /
}
void Timer0Interrupt() interrupt 1
{
    / * TIM0_it write here begin * /
    TIM0_Mode1SetReloadCounter(33536);
    / * TIM0_it write here * /
    / * < Generated by EasyCodeCube begin > * /
    / * < UserCodeStart > * // * < SinOne - Tag > < 6 > * /
    //Timer0Interrupt
    {
        / * < UserCodeStart > * // * < SinOne - Tag > < 127 > * /
        T0Flag1sCount++;
        if(T0Flag1sCount >= 1000)
        {
            T0Flag1sCount = 0;
            T0Flag1s = 1;
        }
        / * < UserCodeEnd > * // * < SinOne - Tag > < 127 > * /
        / * < UserCodeStart > * // * < SinOne - Tag > < 46 > * /
        Led_Scan();
        / * < UserCodeEnd > * // * < SinOne - Tag > < 46 > * /
        / * < Begin - Inserted by EasyCodeCube for Condition > * /
    }
    / * < UserCodeEnd > * // * < SinOne - Tag > < 6 > * /
    / * < Generated by EasyCodeCube end > * /
    / * Timer0Interrupt Flag Clear begin * /
    / * Timer0Interrupt Flag Clear end * /
}
```

## 13.4.4　4位数码管显示软件的调试

在调试 4 位数码管显示软件之前,要先安装 Keil 插件 SOC_KEIL_Setup。

使用 Keil 开发 SOC 公司产品,安装本软件后,支持 SOC 公司 SC95F、SC92F 系列产品,可以根据需要选择 SOC 公司 MCU 的型号进行 IC 编程、程序编译、仿真调试等。

适用产品:SC95F、SC92F 系列 MCU。

适用工具:SC LINK、SC LINK PRO。

双击如图 13-39 所示的 Keil 插件 SOC_KEIL_Setup 图标。

按照安装软件的提示,一步一步地完成插件的安装。安装成功后,单击

SOC_KEIL_
Setup
V1.35(LIB0
D28)

图 13-39　Keil 插件 SOC_KEIL_Setup 图标

"Options for Target 'GPIO_LEDDISPLAY_NBK1220_EBS002'"界面中的 Device 按钮,会出现选择
SOC 8051 Devices 及芯片型号(SC95F8617B)的界面。

4 位数码管显示软件的调试在 NBK 系列开发板上实现,4 位数码管显示的工程已经创建好。

单击 Keil5 中的 Project→Open Project 命令,打开工程,如图 13-40 所示,然后进入如图 13-41 所示
的界面,选择 GPIO_LEDDISPLAY_NBK1220_EBS002 工程。

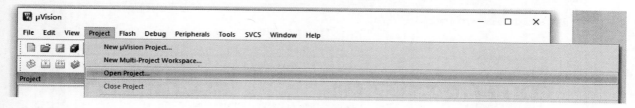

图 13-40　打开工程

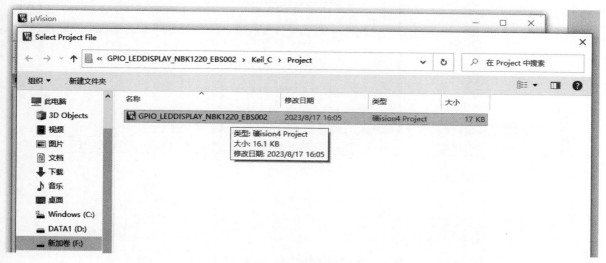

图 13-41　选择工程

打开 GPIO_LEDDISPLAY_NBK1220_EBS002 工程后,显示如图 13-42 所示的界面。

对 D-LED 工程进行配置有两种方法:在图 13-42 左侧的"< GPIO_LEDDISPLAY_NBK1220_
EBS002 >"选项上右击,出现"Options for Target 'GPIO_LEDDISPLAY_NBK1220_EBS002'"配置界面,
如图 13-43 所示;或者单击图 13-43 中的魔术棒按钮 ♣ ,如图 13-44 所示。

上述两种方法都可以对 GPIO_LEDDISPLAY_NBK1220_EBS002 工程进行配置。单击 Options for
Target 'GPIO_LEDDISPLAY_NBK1220_EBS002'界面中的"Device"标签,选择 SOC 8051 Devices 及芯
片型号(SC95F8617B),如图 13-45 所示。

单击图 13-45 中的 Output 标签,配置工程输出选项,若要创建一个可执行文件 * . hex,则选中 Creat
HEX File 复选框,如图 13-46 所示。

单击图 13-46 中的 Debug 标签,配置工程调试选项,选择 Use 下拉列表框中的 SOC 8051 Driver,如
图 13-47 所示。

单击图 13-47 中的 Utilities 标签,如图 13-48 所示。

单击图 13-48 中的 Settings 按钮,选择 SC95F8617B 芯片,"烧录类型"选择 APROM,然后在"烧录设
置"中选择"烧录电压"为 5V、"擦除"选择 All,选中"编程""校验""重启""加密""写入 CRC"复选框,其他

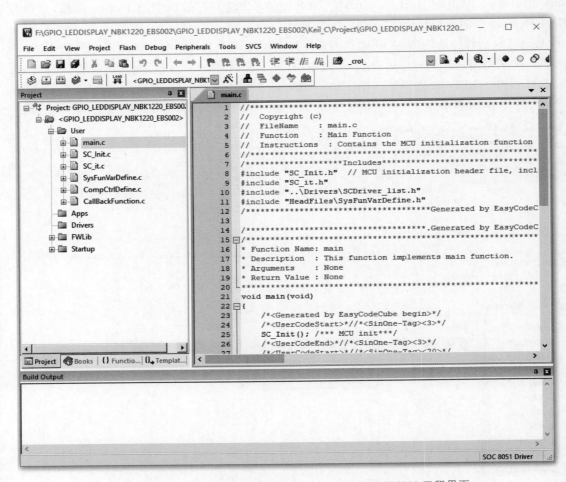

图 13-42　已打开的 GPIO_LEDDISPLAY_NBK1220_EBS002 工程界面

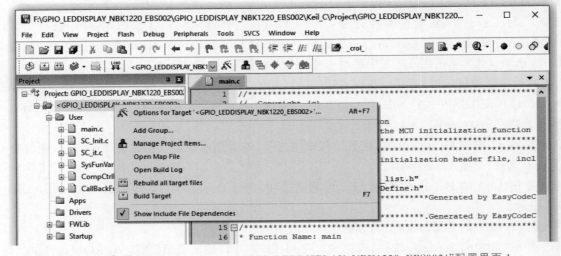

图 13-43　打开"Options for Target 'GPIO_LEDDISPLAY_NBK1220_EBS002'"配置界面 1

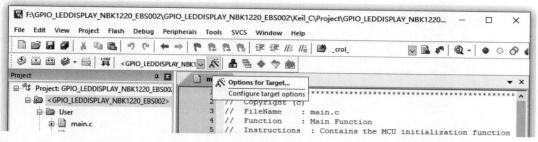

图 13-44 打开"Options for Target 'GPIO_LEDDISPLAY_NBK1220_EBS002'"配置界面 2

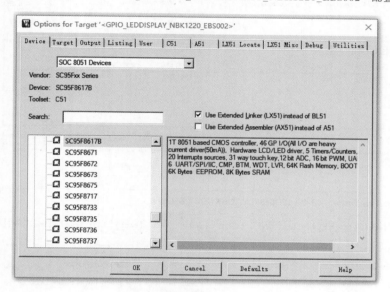

图 13-45 Device 配置界面

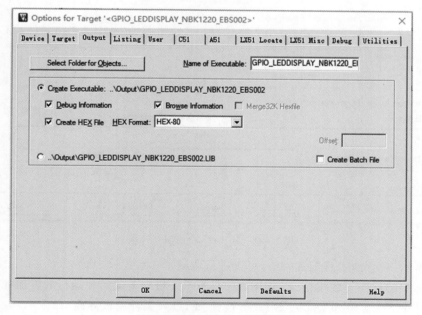

图 13-46 Output 配置界面

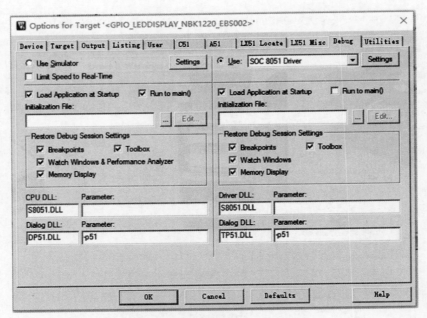

图 13-47　Debug 中的 Use 配置界面

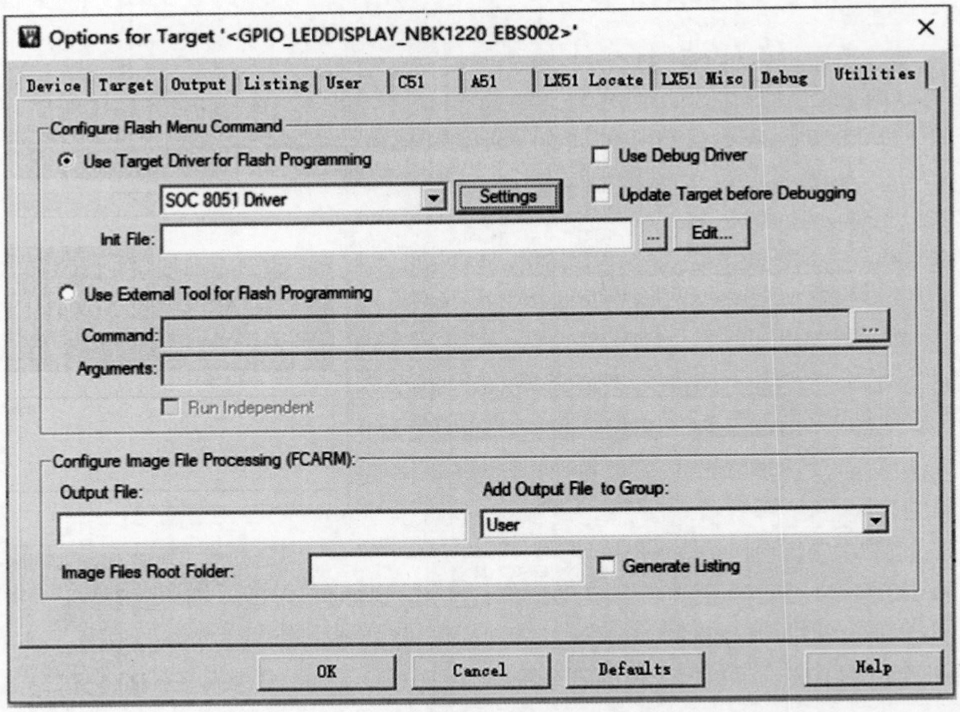

图 13-48　Utilities 中的配置界面

配置如图 13-49 所示。至此,工程配置完毕,可以进行调试。

单击图 13-42 中的程序下载按钮 ▒,如图 13-50 所示。程序下载后并运行的界面如图 13-51 所示。

单击图 13-42 中 Start/Stop Debug Session 按钮 ⚛,进入工程调试界面,如图 13-52 所示。

单击图 13-52 中的运行按钮 ▒,程序开始运行,如图 13-53 所示。

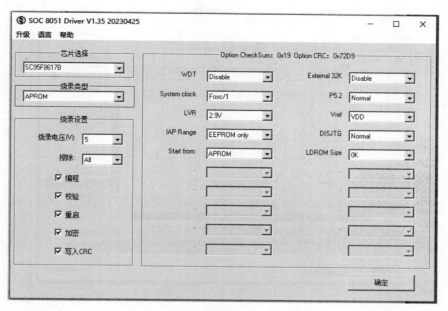

图 13-49 Utilities 中的 Settings 配置界面

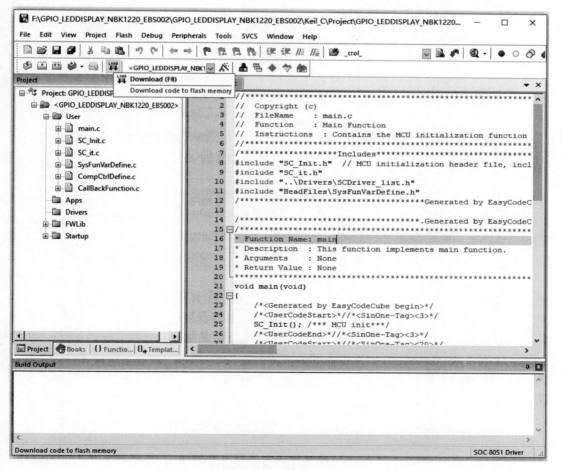

图 13-50 程序下载

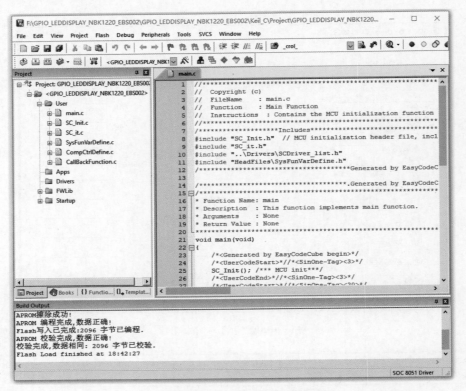

图 13-51　程序下载后并运行的界面

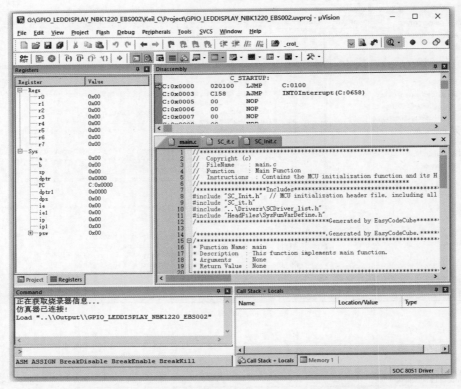

图 13-52　Start/Stop Debug Session(Ctrl＋F5)调试界面

工程的单步调试、断点设置、变量查看等内容不再赘述。

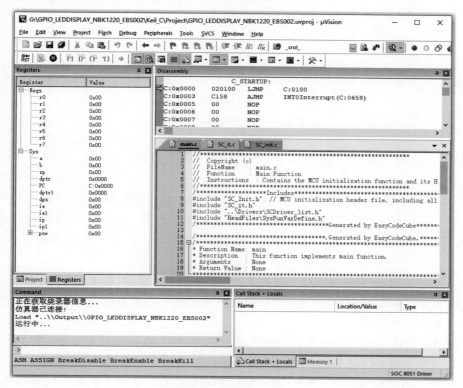

图 13-53　工程运行界面

# 第 14 章

CHAPTER 14

# IAR EW开发环境

IAR Embedded Workbench(简称 IAR EW)是 IAR Systems 公司开发的一款嵌入式集成开发环境。EW 包括嵌入式 C/C++优化编译器、汇编器、连接定位器、库管理员、编辑器、项目管理器和 C-SPY 调试器。使用 IAR EW 可以创建项目文件、管理项目以及进行调试等。IAR EW 支持多种单片机和处理器的开发。

本章提供了对 IAR Embedded Workbench 集成开发环境的全面介绍,这是一个广泛使用的开发环境,专门为嵌入式系统的开发而设计。它支持多种微控制器和编程语言,是开发嵌入式应用程序的重要工具。

本章主要讲述如下内容:

(1) 简要介绍了 IAR Embedded Workbench 的特点和功能,包括它的编译器、调试器以及与其他工具链的集成能力。帮助读者初步了解 IAR EW 为何被广泛使用以及它能提供哪些支持。

(2) 详细说明了 IAR Embedded Workbench 的安装过程,包括了从下载安装程序到完成软件安装的具体步骤,以及可能需要的配置选项。正确安装是确保开发环境稳定运行的基础。

(3) 深入讲解了 IAR EW 的用户界面,包括菜单栏、工具栏和状态栏。这部分内容帮助用户熟悉 IDE 的各个组成部分,从而能够有效地使用它来编写、编译、调试和管理项目文件。

(4) 着重讲述了如何在 IAR EW430 中开发工程,包括创建新工程、配置项目设置、编写代码、编译程序、调试和最终的程序下载到目标硬件。这部分内容实操性很强,对于理解整个开发流程至关重要。

本章为读者提供了一个实用的指南,讲解了如何在 IAR Embedded Workbench 环境中有效地开发嵌入式系统。从安装到实际使用,本章内容旨在帮助读者顺利地进行嵌入式开发工作,并最大限度地发挥 IAR EW 的强大功能。

## 14.1 IAR Embedded Workbench 集成开发环境简介

IAR Embedded Workbench 系列中各款产品可分别支持不同架构的 8 位、16 位或 32 位单片机或微处理器。例如,IAR Embedded Workbench for Arm、IAR Embedded Workbench for Atmel AVR、IAR Embedded Workbench for TI MSP430 等。

IAR Embedded Workbench 具有如下特点:

(1) 不同架构,统一方法。

对于 20 余种不同架构的单片机或微处理器,IAR Embedded Workbench 提供了近乎统一的用户界面和使用方法,便于不同架构芯片间的转换。

(2) 工具链的无缝集成。

IAR Embedded Workbench 在一个 IDE 中无缝集成了 C/C++ Compiler、Assembler、Linker、

Library、Editor、Project Manager 以及 C-SPY Debugger 等工具,并能够与第三方的仿真器驱动、Editor、Source Control 等工具进行无缝整合,使得用户能够方便地完成整个嵌入式软件的开发。

(3) 芯片级支持。

除了支持各种单片机或微处理器内核之外,还提供芯片级的支持,包括 SFR 头文件(＊.h 文件)、SFR 调试器文件(＊.ddf 文件)、片内 Flash 烧写下载、链接器配置文件(＊.xcl 或＊.icf)以及针对常用芯片的代码例程等,使得用户可以快速上手进行开发和调试。

(4) C/C++代码优化工具。

IAR C/C++ Compiler 的代码优化性能居业界领先地位,能够最大程度地生成体积小、速度快的优质可执行代码。每个源代码文件组或源代码文件的优化方式和优化级别均可在 IDE 中直接调节,以适应各种不同的优化要求。IAR C/C++Compiler 既能够严格遵循 ANSIC/Embedded C++国际标准,也提供针对各种单片机或微处理器架构的语言扩展,还支持汽车行业的 MISRA C 编程规则进行自动校验。

(5) 强大的 C-SPY 调试工具。

支持灵活的代码断点和数据断点设置,提供函数级的单步运行控制(传统的调试器通常只支持基于代码行的单步控制)。C-SPY Debugger 还通过内置 RTOS Kernel-Awareness 调试插件,允许用户除了基本的 C/C++代码调试之外,还能查看当前系统中的任务/队列/信号量/定时器等与 RTOS 相关的信息。根据芯片架构的不同,支持的 RTOS 包括 IAR PowerPac、Micrium $\mu$C/OS-Ⅱ、Segger embOS、OSE Epsilon、OSEK(ORTI)、ThreadX 以 CMX 等。

(6) Support Hardware Emulators。

对于各种单片机和微处理器,IAR Embedded Workbench 通常都支持芯片公司官方的标准仿真器(如 Atmel JTAGICE-mKII for AVR、TI FET for MSP430、Renesas E8/E8a for M16C/M32C/R8C 等),以及使用得较为广泛的第三方仿真器(如 Segger J-Link for Arm、Macraigor Wiggler for Arm、P&E MultiLink for Freescale ColdFire 等),以方便用户进行硬件调试。

IAR Embedded Workbench 目前支持的芯片包括:

(1) 8 位机——8051、Atmel AVR、STM8S、Freescale S08、NEC 78K、Renesas R8C、Samsung SAM8 以及所有基于 51 内核的单片机,如 Cypress CY7C68013 等。

(2) 16 位——TI MSP430、Freescale HC12/S12、Microchip PIC18/dsPIC/PIC24、National CR16C、Renesas M16C/H8/H8S、Maxim MAXQ 等。

(3) 32 位机——Arm、Freescale ColdFire、Atmel AVR32、NEC V850、Renesas M32C/R32C/RX 等。

另外,部分旧版本的软件目前已停止更新和维护,但仍可用于某些早期的微控制器,如 Freescale HC11、Intel x96、Zilog Z80 等。

## 14.2 IAR Embedded Workbench 的安装

MSP430 有不同的编译软件,本章采用 IAR Embedded Workbench(IAR EW)编译软件。下面介绍 IAR EW 的安装步骤。

**1. 双击 IAR Embedded Workbench 图标安装文件**

双击 IAR Embedded Workbench 图标安装文件,IAR Embedded Workbench 图标如图 14-1 所示。

**2. Keil MDK 安装过程**

IAR EW 安装界面如图 14-2 所示。

图 14-1　IAR Embedded Workbench 图标

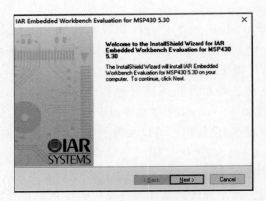

图 14-2　IAR EW 安装界面

在如图 14-2 所示的界面中单击 Next 按钮,如图 14-3 所示,选中 Iaccept the terms of the license agreement 复选框,单击 Next 按钮,IAR EW 信息录入如图 14-4 所示。

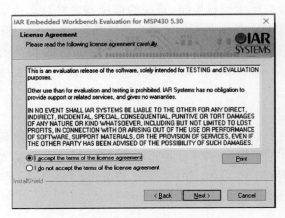

图 14-3　选择同意协议选项

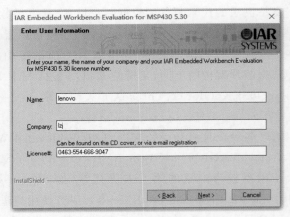

图 14-4　IAR 信息录入

单击图 14-4 中的 Next 按钮,出现如图 14-5 所示的 Setup Type 选择界面,选中 Complete 单选按钮。

选择 IAR EW 安装路径,建议使用默认路径,如图 14-6 所示,单击 Next 按钮,出现如图 14-7 所示的选择程序文件夹界面。

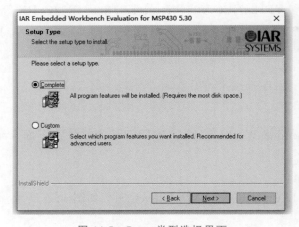

图 14-5　Setup 类型选择界面

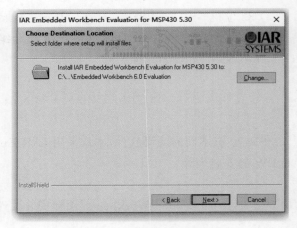

图 14-6　选择 IAR EW 安装路径

单击图 14-7 中的 Next 按钮，出现如图 14-8 所示的 IAR EW 安装向导界面。

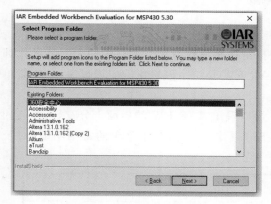

图 14-7　选择程序文件夹界面

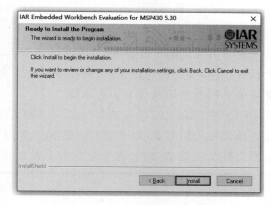

图 14-8　IAR EW 安装向导界面

单击图 14-8 中的 Install 按钮，等待安装，IAR EW 安装过程界面如图 14-9 所示。
安装完毕，出现如图 14-10 所示界面。

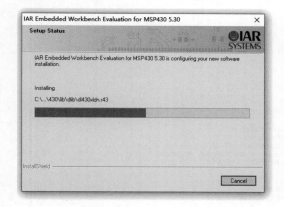

图 14-9　IAR EW 安装过程界面

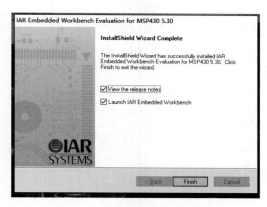

图 14-10　IAR EW 安装完成界面

　　单击图 14-10 中的 Finish 按钮，进入 IAR EW 编程环境，如图 14-11 所示，之后，就可以进入建立工程、编写、编译和调试程序阶段了。

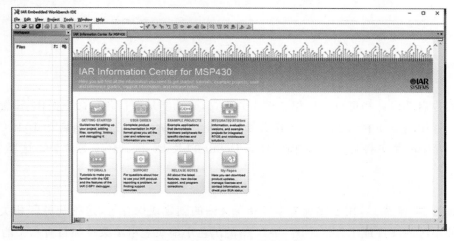

图 14-11　IAR EW 编程环境

## 14.3　IAR Embedded Workbench 窗口操作

与大多数开发环境一样,IAR EW 也支持菜单和快捷键两种操作方式。菜单中的大部分操作都有相应的快捷键,有些快捷键是固定的,有些可以自定义。IAR EW 是一个模块化的应用程序,一些菜单会因目标系统的不同和使用插件与否而不同。

图 14-12 是 IAR EW 的主窗口以及一些相关组件,可以看出,IAR EW 的界面十分友好,并且相当简洁。由于所使用的组件不同,本窗口可能和读者的界面略有不同。下面介绍菜单的常用功能,对于本部分内容没有提及的菜单功能,请参阅 IAR EW 的用户手册。

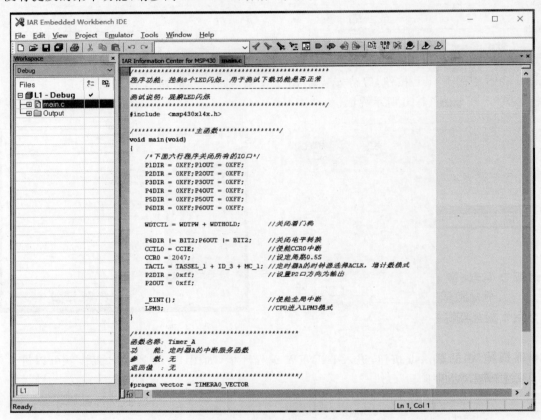

图 14-12　IAR EW 的主窗口以及一些相关组件

### 14.3.1　菜单栏

菜单栏是用户启动设计和进行一切相关操作的入口,其功能是进行各种命令操作、设置各种参数、进行调试下载等。通用的菜单栏包括 8 个下拉菜单,如图 14-13 所示。另外,当启动 IAR C-SPY 调试器后,一些 C-SPY 专用的菜单将会激活,如前面提到 Debug 以及 Disassembly 等菜单。这里主要介绍 IAR 的通用菜单。

**1. File 菜单**

File 菜单如图 14-14 所示,用于实现工作区和源文件的创建或保存等、进行与打印相关的页面设置、快速打开最近使用过的文件或工作区。图 14-14 中的黑色小箭头表示本菜单项目有相关的子菜单。

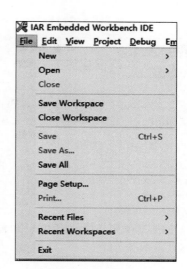

图 14-14　File 菜单

图 14-13　IAR EW 的通用菜单栏

表 14-1 是 File 菜单的详细命令列表,列出了命令相关的图标、快捷键和命令描述。从表14-1可以看出,一些命令是可以直接在工具栏进行操作的。

表 14-1　File 菜单详细命令列表

| 图　　标 | 菜单命令 | 快　捷　键 | 描　　述 |
|---|---|---|---|
| | New→File | Ctrl+N | 用于创建一个新的文件 |
| | New→File | | 用于创建一个新的工作区 |
| | Open→File | Ctrl+O | 使用该命令后将出现一个窗口,用于选择要打开的文件 |
| | Open→Workspace | | 使用该命令后将出现一个窗口,用于选择要打开的工作区 |
| | Open→/Header/Source File | Ctrl+Shift+H | 打开当前文件对应源文件或头文件。使用该命令后会从当前文件后跳至新打开的文件。例如,当前是一个.h 文件,使用该命令后会跳至相同文件名的.c 文件;再次使用该命令,则返回.h 文件。如果相对应的文件没有打开,则IAR EW 自动打开 |
| | Close | | 关闭当前激活的窗口。如果对当前文件进行了修改。在关闭前系统会弹出对话框询问是否保存修改 |
| | Save Workspace | | 保存当前工作区文件 |
| | Close Workspace | | 关闭当前工作区文件 |
| | Save | Ctrl+S | 保存当前的文件或工作区 |
| | Save As | | 使用该命令后会弹出一个对话框,可以用一个新的文件名保存当前文件 |
| | Save All | | 保存所有打开的文件和工作区 |
| | Page Setup | | 设置页面和打印机参数 |

续表

| 图 标 | 菜 单 命 令 | 快 捷 键 | 描 述 |
|---|---|---|---|
| | Print | Ctrl+P | 打印文档 |
| | Recent Files | | 显示一个列有最近打开文件列表的子菜单,可以在这里快速打开文件 |
| | Recent Workspaces | | 显示一个列有最近打开工作区列表的子菜单,可以在这里快速打开工作区 |
| | Exit | | 退出 IAR EW。退出时系统将询问是否保存修改 |

**2. Edit 菜单**

Edit 菜单用于文件的编辑和查找等,如图 14-15 所示。

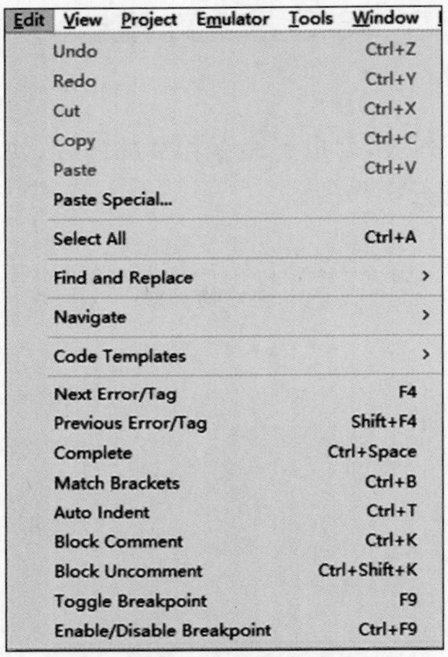

图 14-15　Edit 菜单

表 14-2 是 Edit 菜单的详细命令列表,列出了命令相关的图标、快捷键和命令描述。

表 14-2　Edit 菜单详细命令列表描述

| 图 标 | 菜 单 命 令 | 快 捷 键 | 描 述 |
|---|---|---|---|
| | Undo | Ctrl+Z | 撤销对当前编辑窗口进行的最后一次操作 |
| | Redo | Ctrl+Y | 恢复对当前编辑窗口进行的最后一次撤销操作 |
| | Cut | Ctrl+X | 标准 Windows 命令,剪切当前编辑窗口或文本框中的文本 |
| | Copy | Ctrl+C | 标准 Windows 命令,复制当前编辑窗口或文本框中的文本 |
| | Paste | Ctrl+V | 标准 Windows 命令,粘贴当前编辑窗口或文本框中的文本 |

续表

| 图　　标 | 菜　单　命　令 | 快　捷　键 | 描　　　述 |
|---|---|---|---|
| | Paste Special | | 从最近复制到剪切板的内容中选择合适的内容粘贴。这个命令的窗口中会列出最近复制的内容,以便选择需要的内容粘贴 |
| | Select All | Ctrl＋A | 选择当前已激活窗口中的全部内容 |
| | Find and Replace → Find | Ctrl＋F | 在当前编辑窗口中查找关键字 |
| | Find and Replace → Find Next | F3 | 查找指定关键字的下一个位置 |
| | Find and Replace → Find Previous | Shift＋F3 | 查找指定关键字的上一个位置 |
| | Find and Replace → Replace | Ctrl＋H | 将当前编辑窗口中符合查找要求的所有关键字全部替换为新的关键字 |
| | Find and Replace → Find in Files | | 在多个文件中查找关键字 |
| | Find and Replace → Incremental Search | Ctrl＋I | 使用这个命令就可以连续地修改查找关键字,IAR EW 将实时地标示这些关键字 |
| | Navigate→Go To | Ctrl＋G | 当前编辑窗口中,将插入光标跳转到指定的行和列 |
| | Navigate→Toggle Bookmark | Ctrl＋F2 | 当前编辑窗口中,在插入光标所在的行放置或删除一个书签 |
| | Navigate→Go to Bookmark | F2 | 当前编辑窗口中,光标跳转至下一个书签所在的行 |
| | Navigate→ Navigate Backward | Alt＋ ← | 当前光标返回到历史插入点位置 |
| | Navigate→ Navigate Forward | Alt＋ → | 当前光标跳到历史插入点位置 |
| | Navigate→ Go to Definition | F12 | 显示所选元素或者光标所在位置元素的声明信息 |
| | Code Templates→ Insert Template | Ctrl＋Shift＋Space | 在当前光标所在位置显示一个代码模板列表,以便快速插入代码 |
| | Code Templates→Edit Templates | | 修改当前的代码模板文件,在这里可以修改代码模板或者加入自己的代码模板 |
| | Next Error/Tag | F4 | 跳转至错误信息列表或查找信息列表的下一处 |
| | Previous Error/Tag | Shift＋F4 | 跳转至错误信息列表或查找信息列表的上一处 |
| | Complete | Ctrl＋Space | 根据当前正在输入的内容和文档的其余内容尝试自动完成当前的关键字输入 |
| | Auto Indent | Ctrl＋T | 自动缩进一行或多行内容 |
| | Match Brackets | | 选择目前光标所属括号框架内的全部内容 |
| | Block Comment | Ctrl＋K | 自动在所选行前加注释符号"//" |
| | Block Uncomment | Ctrl＋Shift＋K | 自动取消所选行前的注释符号"//" |
| | Toggle Breakpoint | F9 | 切换断点 |
| | Enable/Disable Breakpoint | Ctrl＋F9 | 启用/禁用断点 |

**3. View 菜单**

View 菜单用于设置 IAR EW 中的显示内容。调试时一些与调试信息相关的窗口也需要从 View 菜单中打开。图 14-16 是通常状态下的 View 菜单。

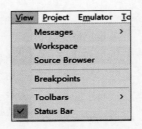

图 14-16   View 菜单

表 14-3 是通用 View 菜单的详细命令列表,列出了命令相关的图标、快捷键和命令描述。

表 14-3   通用 View 菜单详细命令列表

| 菜 单 命 令 | 描　　述 |
|---|---|
| Messages→Build | 显示创建信息窗口 |
| Messages→Find in Files | 显示文件查找信息窗口 |
| Messages→Tool Output | 显示工具输出信息窗口 |
| Messages→Debug log | 显示调试信息窗口,如果以上对应的窗口已经打开,那么再次选择将激活相应的选项 |
| Workspace | 显示当前工作区窗口 |
| Source Browser | 显示源码浏览窗口 |
| Breakpoints | 显示断点窗口 |
| Toolbars→Main | 显示/关闭主工具条 |
| Toolbars→Debug | 显示/关闭调试工具条,仅在调试时有效 |
| Status bar | 显示/关闭状态栏 |

**4. Project 菜单**

用户可以对上述窗口随意拖曳和摆放,以方便使用自己的 Project 菜单。

如图 14-17 所示,Project 菜单提供了一些对工作区、项目、组以及文件等进行相关操作的命令,同时与编译相关的选项和命令也包含在这个菜单中。

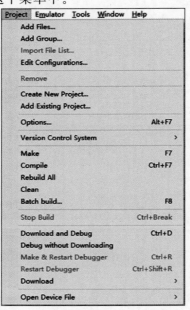

图 14-17   Project 菜单

表 14-4 是 Project 菜单的详细命令列表，其中列出了命令相关的图标、快捷键和命令描述。

表 14-4　Project 菜单详细命令列表

| 图　标 | 菜 单 命 令 | 描　述 |
|---|---|---|
| | Add Files | 为当前项目添加已有文件 |
| | Add Group | 为当前项目增加一个新组 |
| | Import File List | 从其他 IAR 工具链创建的项目中导入文件以及组的相关信息 |
| | Edit Configurations | 增加、删除或者修改项目的配置信息 |
| | Remove | 将所选项目从当前工作区中删除 |
| | Create New Project | 增加一个新项目到当前工作区 |
| | Add Existing Project | 增加已有项目到当前工作区 |
| | Options | 对所选项目进行参数设置或配置 |
| | Version Control System | 版本控制系统 |
| | Make | 编译、汇编、链接最近修改的文件以更新配置 |
| | Compile | 对所选的单个文件、多个文件或者文件组进行编译或者汇编 |
| | Rebuild All | 对当前目标文件全部重新建立和链接 |
| | Clean | 清除中间文件，即清除 Exe、List 和 Obj 文件夹的全部内容 |
| | Batch Build | 配置批处理信息、进行批创建 |
| | Stop Build | 停止当前正在进行的创建操作 |
| | Download and Debug | 启动 C-SPY 调试器调试当前项目，则 Debug 命令自动调用 Make 命令更新项目 |
| | Debug without Downloading | 无须下载即可调试 |
| | Make & Restart Debugger | 该命令仅在调试期间有效。使用该命令将终止当前调试，自动调用一次 Make 命令，然后再次启动调试器 |
| | Restart Debugger | 再次启动调试器 |
| | Download | 下载程序 |
| | Open Device File | 打开设备文件 |

对项目进行配置时可能需要选择配置文件所在目录的路径以及所使用的参数，这时使用参数变量便于日后的使用。例如，用参数变量作为相对路径的项目设置，可以避免复制到其他计算机上时发生找不到包含路径的错误。可用的参数变量如表 14-5 所列，这些变量可以用于路径和参数的设置等。

表 14-5　参数变量表

| 变　量 | 描　述 |
|---|---|
| $ CUR_DIR $ | 当前目录 |
| $ CUR_LINE $ | 当前行 |
| $ EW_DIR $ | IAR EW 的安装目录 |
| $ EXE_DIR $ | 可执行文件的输出目录 |
| $ FILE_BNAME $ | 无扩展名文件 |
| $ FILE_BPATH $ | 无扩展全部路径 |
| $ FILE_DIR | 当前活动文件目录，不包含文件名 |
| $ FILE_FNAME $ | 当前活动文件名称，不包含目录 |
| $ FILE_PATH $ | 当前活动文件的完整路径 |
| $ LIST_DIR $ | 列表文件的输出路径 |

续表

| 变　　量 | 描　　述 |
|---|---|
| $ OBJ_DIR $ | 目标文件的输出路径 |
| $ PROJ_DIR $ | 工程目录 |
| $ PROJ_FNAME $ | 工程文件名称，不包含路径 |
| $ PROJ_PATH $ | 工程文件的完整路径 |
| $ TARGET_DIR $ | 主输出文件目录 |
| $ TARGET_BNAME $ | 无主输出文件目录、无扩展名的文件名 |
| $ TARGET_BPATH $ | 无扩展名的主输出文件完整路径 |
| $ TARGET_PATH $ | 主输出文件完整路径 |
| $ TOOLKIT_DIR $ | 已激活开发环境的目录 |

**5．Emulator 菜单**

该菜单不常用，介绍从略。

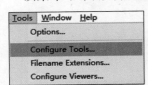

图 14-18　Tools 菜单

**6．Tools 菜单**

如图 14-18 所示，Tools 菜单是一个支持用户自定制的菜单，这里允许用户增加一些工具的快捷项以方便使用。本菜单可以进行环境自定义、选项配置等操作，如定义快捷键和显示字体等。

表 14-6 是 Tools 菜单的详细命令列表，列出了命令名称和命令描述。

表 14-6　Tools 菜单命令列表

| 菜 单 命 令 | 描　　述 |
|---|---|
| Options | 弹出 IAR 集成开发环境配置对话框 |
| Configure Tools | 弹出外部工具设置对话框 |
| Filename Extensions | 弹出扩展名配置对话框，使用该对话框可以对 IAR 相关工具所对应文件的扩展名进行配置 |
| Configure Viewers | 弹出文件编辑器配置对话框 |

**7．Window 菜单**

如图 14-19 所示，使用 Window 菜单可以方便地管理窗口以及调整相关窗口在屏幕的布局。

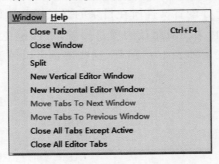

图 14-19　Window 菜单

表 14-7 是 Window 菜单的详细命令列表，列出了命令名称、快捷键和命令描述。

表 14-7　Window 菜单命令列表

| 菜 单 命 令 | 快捷键 | 描　　述 |
|---|---|---|
| Close Tab |  | 关闭已经激活的标签 |
| Close Window | Ctrl＋F4 | 关闭已经激活的编辑窗口 |

续表

| 菜 单 命 令 | 快捷键 | 描　　述 |
|---|---|---|
| Split | Ctrl+X | 将当前的编辑窗口分割为2个或者4个窗口,使用本功能可以同时查看同一个文件的不同部分 |
| New Vertical Editor Window | | 打开一个新的空白水平窗口 |
| New Horizontal Editor Window | | 打开一个新的竖直水平窗口 |
| Move Tabs To Next Window | | 将当前窗口的标签全部移到下一个窗口 |
| Move Tabs To Previous Window | | 将当前窗口的标签全部移到上一个窗口 |
| Close All Tabs Except Active | | 关闭当前已激活标签外的全部标签 |
| Close All Editor Tabs | | 关闭当前窗口中的全部标签 |

**8. Help 菜单**

与其他软件一样,IAR 的 Help 菜单中列出了 IAR 的常用技术文档以及 IAR 的版本信息等,如图 14-20 所示。使用中碰到问题时请查阅 Help 菜单中的相关文档。另外,关于 IAR 的更多技术文档,请查阅 IAR 安装目录下的 doc 文件夹。

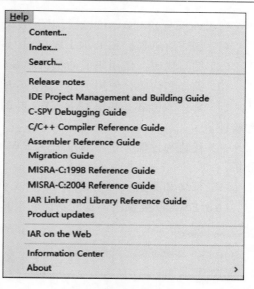

图 14-20　Help 菜单

### 14.3.2　工具栏

选择 View→Toolbars→Main 命令即可打开 IAR Embedded Workbench IDE 工具栏,如图 14-21 所示。该工具栏中列出了 IAR Embedded Workbench IDE 中最常用的命令按钮以及一个用于快速搜索的文本框。在调试状态下选择 View→Toolbars→Debug 命令可以打开 IAR Embedded Workbench IDE 的调试工具栏,如图 14-22 所示。调试工具栏默认为开启状态,当用户把鼠标移动至工具栏中命令按钮的上方时,系统自动弹出一个黄色的命令描述框,其中列出了几乎所有的调试命令。

如图 14-23 所示。如果当前状态下某命令不可用,则其在工具栏中的对应按钮显示为暗色。

图 14-21　IAR Embedded Workbench IDE 工具栏

图 14-22　IAR Embedded Workbench IDE 调试工具栏

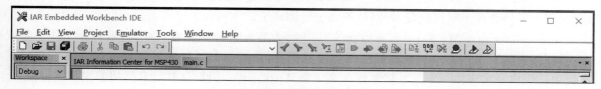

图 14-23　命令按钮的描述框

### 14.3.3　状态栏

选择 View→Status Bars 菜单项即可打开 IAR Embedded Workbench IDE 的状态栏,如图 14-24 所

示。该工具栏中显示了当前主机 Caps Lock、Num Lock 以及 Insert 键的状态。当用户在编辑窗口中编辑代码时,状态栏自动显示当前插入点的行号和列号。

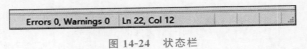

| Errors 0, Warnings 0 | Ln 22, Col 12 | | | | | |

图 14-24　状态栏

IAR Embedded Workbench IDE 还有许多其他的功能命令和窗口等,限于篇幅,这里不多做介绍,读者可以查阅 IAR 相关文档。

## 14.4　IAR EW430 工程开发

在 IAR EW430 中,可以进行以下工程开发的步骤:

（1）创建新工程。在 IAR EW430 中,可以创建新的 MSP430 工程,选择目标芯片型号和工程配置。

（2）编写代码。使用集成的编辑器编写 MSP430 的 C/C++代码,或者导入现有的代码文件。

（3）编译和构建。使用 IAR EW430 的编译器和构建工具来编译代码,并生成可执行文件。

（4）调试和仿真。利用 IAR EW430 的调试工具,如调试器和仿真器,对 MSP430 目标系统进行调试和验证。

（5）优化和性能分析。通过 IAR EW430 提供的优化工具和性能分析工具,对代码进行优化和性能分析。

（6）部署和测试。将生成的可执行文件下载到目标 MSP430 系统中进行测试和部署。

IAR EW430 提供了丰富的功能和工具,帮助开发人员进行 MSP430 嵌入式系统的开发和调试。

**1. 新建一个工程**

（1）创建一个新的工程。选择 Project→Create New Project,可以看到如图 14-25 所示的对话框。选择工程模板 Empty project 后,会出现"另存为"对话框,如图 14-26 所示,选择文件的保存位置并在"文件名"一栏输入工程名字,单击"保存"按钮就可以建立一个空的不包含任何文件的工程。

（2）可以看到当前工程会出现在 Workspace 窗口内,如图 14-27 所示。在 Workspace 下面是一个带下拉列表的文本框,这里有系统的创建配置（build configurations）,默认时系统有两种创建（build）配置：Debug 和 Release。默认配置是 Debug,在这种模式下,用户可以进行仿真和调试;在 Release 模式下是不能进入调试状态的。所以建议在产品研发阶段一定不要修改这个创建配置,否则就不能进行调试了。

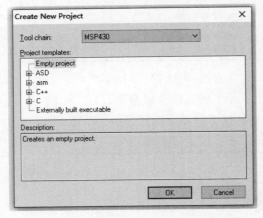

图 14-25　新建 IAR EW430 工程对话框

（3）选择 File→Save Workspace,将当前的工作空间（Workspace）保存,以后直接打开工作空间就可以了。系统会为每个 Workspace 单独保存一套配置信息,所以不同项目的设置可以保留而不会相互冲突,因此建议用户每次建立一个项目都单独存储一个 Workspace 文件,这样日后使用起来相当方便。

（4）如果用户已经编辑好了源文件,则选择 Project→Add Files 就可以打开一个对话框,如图 14-28 所示。在这里可以向工程中添加源文件。在文件类型下拉菜单中可以选择要添加的文件类型。用鼠标同时选择多个文件或者按住 Ctrl 键单击多个文件可以一次性地向工程中添加多个文件。

图 14-26 "另存为"对话框

图 14-27 Workspace 窗口

图 14-28 向工程中添加文件对话框

（5）如果需要手动输入源文件，则选择 File→New→File 或者是单击工具栏左侧的 ▢ 图标将新建一个文本文件，用户可在其中输入自己的源程序，然后选择 File→Save 保存输入的文件即可。

**2. 配置一个工程**

（1）所有的源文件都输入完毕以后，需要设置工程选项（Project Options）。选择 Project→Options 或者将鼠标指针放在窗口左边的 Workspace 窗口的项目名字上单击右键选择 Options，可以看到一个对话框，如图 14-29 所示。

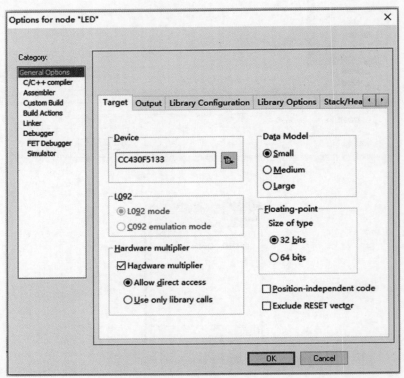

图 14-29　工程配置对话框 1

（2）该对话框中包括对本项目进行编译（compile）和创建（make）时的各种控制选项，系统的默认配置已经能够满足大多数应用的需求。单击 General Options 下面的 C/C++compiler 选项，可看到如图 14-30 所示的对话框。

（3）单击 Category 下面的 General Options，可看到如图 14-31 所示的对话框。

（4）单击图 14-31 中的 Device 下方文本框右侧的 ▣ 图标按钮，可以看到如图 14-32 所示的界面，当用户将鼠标指针移动到不同的行时，单击此行后面的黑色三角箭头会自动展开显示这个系列中所有的 MSP430 单片机型号，用户可以通过单击具体的型号选择需要使用的单片机。使用开发板时假设选择 MSP430F149，此时可以看到如图 14-33 所示的界面。

（5）单击 Category 下面的 Debugger，可看到如图 14-34 所示的窗口。单击 Driver 下面文本框右侧的黑色下拉箭头，可以看到有两个选项：Simulator 和 FET Debugger。选择 Simulator 可以用软件模拟硬件时序，实现对程序运行的仿真观察；若选择 FET Debugger，则需要通过仿真器将 PC 上的软件与开发板上的 MCU 进行连接，然后就可以进行硬件仿真了。

（6）如果只想进行软件仿真，那么选择 Simulator 以后就可以单击右下角的 OK 按钮完成设置，如图 14-34 所示。

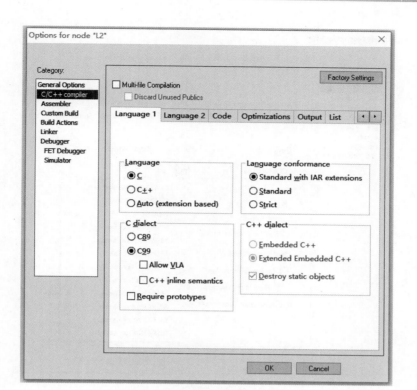

图 14-30　工程配置对话框 2

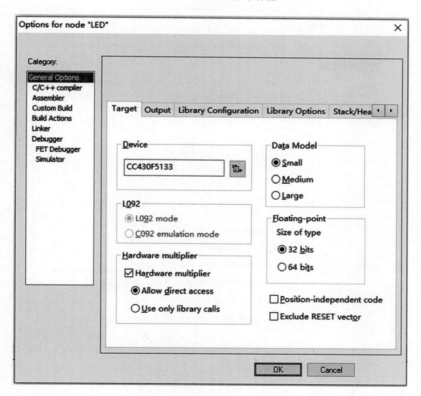

图 14-31　工程配置对话框 3

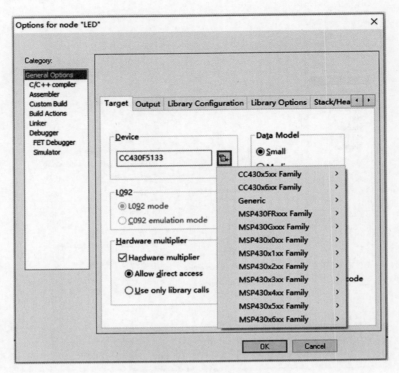

图 14-32　设备选型对话框 1

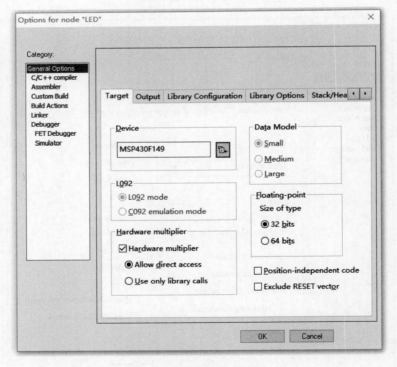

图 14-33　设备选型对话框 2

（7）如果需要进行硬件仿真，那么单击 Category 下面的 Debugger，可以看到如图 14-35 所示的窗口。

（8）单击 Debugger 下面的 FET Debugger，可以看到如图 14-36 所示的窗口。

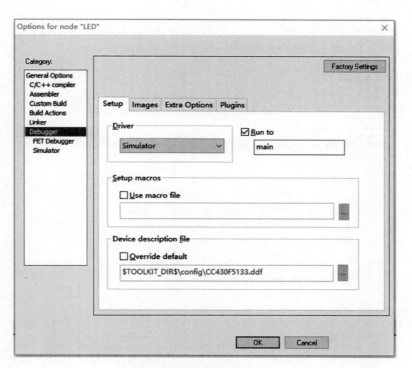

图 14-34　调试器配置对话框 1

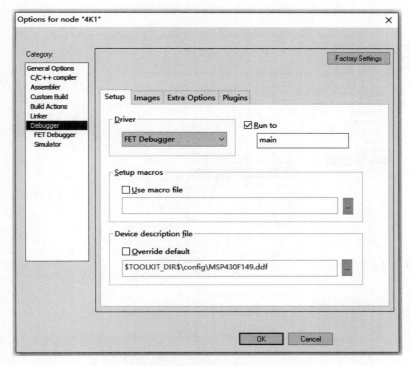

图 14-35　调试器配置对话框 2

（9）单击 Connection 下面文本框右侧的下拉箭头,选择所使用的仿真器类型即可。如果使用精简版仿真器,则选择 Texas Instrument USB-IF,如图 14-37 所示。然后单击 OK 按钮完成设置。

图 14-36　仿真器类型选择对话框

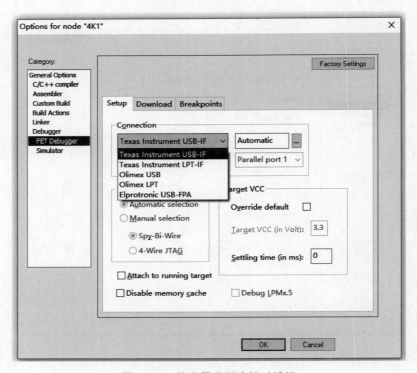

图 14-37　仿真器类型选择对话框

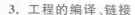

**3. 工程的编译、链接**

（1）完成上面的设置以后，选择工程中的一个源文件，选择 Project→Compile 或者单击工具栏中的 图标按钮，对源文件进行编译。如果有错误，则根据提示的出错信息将错误修正以后重新编译。

（2）保证所有的源文件都编译通过以后，选择 Project→Make 或者单击工具栏中的 图标按钮，对源文件进行链接。如果有错误，则根据提示的出错信息将错误修正以后重新链接。

**4. 工程的调试**

（1）创建通过以后，就可以进入调试阶段了。单击工具栏中的 图标按钮可以进入调试界面。图 14-38 所示是编辑界面整个工程链接成功以后的截图，图 14-39 所示是进入调试界面以后的截图。

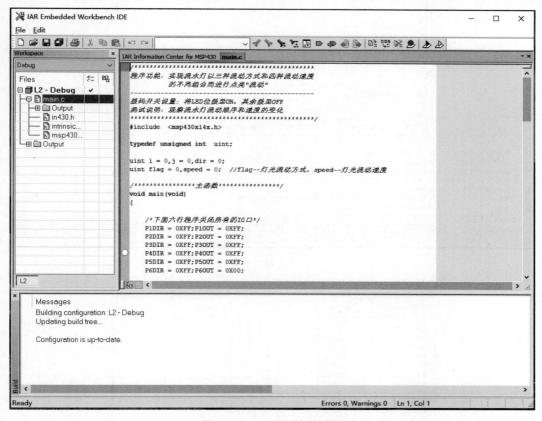

图 14-38　工程链接对话框

（2）在调试界面用户可以看到一个绿色的箭头选中了第一行，这表示程序计数器指向了此行的程序。将鼠标指针放在程序中的某一行，单击 图标按钮可以在这里设置一个断点，当程序运行到此时会自动停止，用户可以观察某些变量；也可以单击 图标按钮，程序将自动运行到当前光标闪烁处后停止。此外在工具栏中还有复位图标按钮 、单步跳过图标按钮 、跳入图标按钮 、跳出图标按钮 、全速运行图标按钮 等很多有用的快捷方式，有效地利用它们可以极大地提高调试效率。

（3）如果想查看 CPU 某个寄存器内的数值，可以选择 View→Register 命令，就会弹出如图 14-40 所示的寄存器对话框，通过单击下拉箭头可以选择不同的寄存器。如果想查看程序中某个变量的数字，可以选择 View→Watch 命令，会看到如图 14-41 所示的窗口，在虚线框中输入要查看的变量名即可。此外，在 View 菜单下还有很多其他的查看方式，具体可以查看帮助中的使用说明。

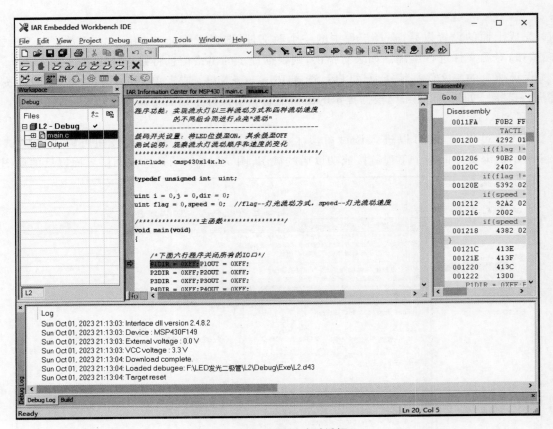

图 14-39    工程调试对话框

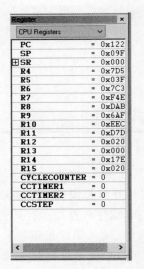

图 14-40    查看寄存器内容

图 14-41    查看变量值

（4）如果用户在调试模式下修改了程序，想在编译、链接之后直接回到调试模式，那么单击工具栏右上角的 ⚙ 图标按钮就可以一步完成了。当然，如果在编译、链接过程中出错，系统会自动停在编辑界面等待用户更正错误。如果想退出调试窗口，则直接单击工具栏中的 ⚙ 图标按钮即可。

# 第 15 章

# MSP430系列单片机与开发

    MSP430 系列单片机是德州仪器（Texas Instruments，TI）公司推出的一系列超低功耗、高性能的 16 位 RISC 微控制器，特别适合于需要高性能、低功耗和易于编程的嵌入式系统应用。MSP430 系列单片机广泛应用于便携式设备、传感器、智能电表、医疗设备等需要长时间运行并且对功耗要求严格的应用领域。

    本章全面介绍了 MSP430 系列单片机，这是德州仪器公司开发的一系列低功耗微控制器，广泛应用于工业、消费电子、测量设备和便携式设备等领域。本章从 MSP430 单片机的概述、产品系列介绍到具体的应用实例，为读者提供了从理论到实践的全面了解。

    本章主要讲述如下内容：

    （1）讲述了 MSP430 单片机的发展历程、技术特点及其在市场上的应用前景。这部分内容不仅回顾了 MSP430 的历史，还分析了其技术优势及其在众多单片机中脱颖而出的原因。

    （2）讲述了 MSP430 单片机的发展历程和它在各种应用领域中的实际应用情况，揭示了它的市场动态和增长潜力。

    （3）详细介绍了 MSP430 系列单片机的技术特点，如超低功耗设计、丰富的内置特性和模块等。

    （4）讨论了 MSP430 单片机的特点，包括它的架构、编程模型和易用性。

    （5）对 MSP430 单片机未来在技术和市场上的应用前景进行了展望。

    （6）提供了对 MSP430 系列单片机不同系列产品的介绍，包括各自的特性和适用场景。

    （7）分别介绍了 MSP430F1 系列、MSP430G2553 单片机和 MSP430F5xx/6xx 系列单片机，及其技术规格和应用领域。

    （8）讲解了如何根据具体需求选择适合的 MSP430 单片机型号。

    （9）介绍如何选择合适的 MSP430 开发板，以便于开发和测试。

    （10）通过一个数码管显示的应用实例，展示了如何使用 MSP430 单片机进行实际的硬件设计和软件开发。

    （11）详细说明了数码管显示硬件设计的过程，包括所需的组件和电路图。

    （12）数码管显示的软件设计和调试过程，展示了从编写代码到测试和优化的完整步骤。

    本章不仅为读者提供了对 MSP430 单片机系列的深入了解，还通过具体的应用实例，展示了如何将理论知识应用于实际的硬件和软件开发中。

## 15.1　MSP430 单片机概述

    MSP430 系列单片机是美国德州仪器公司（以下简称 TI 公司）于 1996 年推向市场的一种 16 位超低功耗、具有精简指令集计算机（Reduced Instruction Set Computer，RISC）结构的混合信号处理器（Mixed

Signal Processor)。之所以称之为混合信号处理器,是由于其针对实际应用需求,将多个不同功能的模拟电路、数字电路模块和微处理器集成在一个芯片上,以提供"单片机"解决方案。该系列单片机多应用于需要电池供电的便携式仪器仪表中。

在种类繁多的单片机中,MSP430 系列单片机以其价格低廉、片内资源丰富、超低功耗、高集成度、高精度等优势,成为了单片机家族中的佼佼者,深受广大嵌入式技术人员的青睐。

### 15.1.1 MSP430 单片机的发展和应用

MSP430 单片机的发展主要体现在以下几方面:

(1) 低功耗特性。MSP430 系列以其出色的低功耗特性而闻名,这使得它在需要长时间运行、电池供电或能源有限的应用(例如,便携式设备、传感器节点、医疗设备等)中备受青睐。

(2) 多种型号和外设。MSP430 系列涵盖了多种型号,包括不同的内存大小、外设组合和通信接口,以满足不同应用的需求。它们支持多种通信协议(如 SPI、I2C、UART 等)以及模拟外设(如 ADC 和 DAC)。

(3) 开发工具和生态系统。TI 公司提供了丰富的开发工具和生态系统。

MSP430 单片机在各种应用中有着广泛的应用,包括但不限于以下几个领域:

(1) 便携式设备。由于其低功耗特性,MSP430 被广泛应用于便携式设备,如手持仪器、智能手表、便携式医疗设备等。

(2) 传感器节点。MSP430 单片机常用于传感器节点,用于采集环境数据、监控系统状态等。

(3) 医疗设备。在医疗设备中,MSP430 的低功耗和高性能使其成为理想的选择,例如,便携式监护仪、医疗传感器等。

(4) 工业控制。MSP430 单片机也被广泛应用于工业控制领域,包括温度控制、电动机驱动、数据采集等。

MSP430 单片机以其低功耗、高性能和丰富的外设特性,在便携式设备、传感器网络、医疗设备和工业控制等领域都有广泛应用。

#### 1. 早期发展阶段

从 1996 年推出 MSP430 系列单片机开始到 2000 年初,TI 公司推出了 33x、32x、31x 等几个系列。MSP430 的 33x、32x、31x 等系列具有 LCD 驱动模块,对提高系统的集成度较有利,每一系列都有 ROM 型(C)、OTP 型(P)和 EPROM 型(E)等芯片。其中,EPROM 型的价格昂贵、运行环境温度范围窄,主要用于样机开发。用户可以用 EPROM 型开发样机,用 OTP(One Time Programmable,一次性可编程)型进行小批量生产。而 ROM 型适合大批量生产的产品。

随着 Flash 技术的迅速发展。TI 公司也将这一技术引入 MSP430 系列单片机中。2000 年推出了 F11x/11x1 系列。该系列采用 20 脚封装。内存容量、片上功能和 I/O 引脚数比较少,但是价格比较低廉。2000 年 7 月推出了带模/数转换器或硬件乘法器的 MSP430F13x/MSP430F14x 系列。2001 年 7 月至 2002 年又相继推出了带 LCD 控制器的 MSP430F41x、MSP430F43x、MSP430F44x 等系列。

#### 2. 持续发展阶段

TI 公司在 2003—2004 年推出了 MSP430F15x 和 MSP430F16x 系列产品。在新的系列中,有了两个方面的发展。一是增加了 RAM 的容量。如 F1611 的 RAM 容量增加到了 10KB。这样就可以引入实时操作系统(Real Time Operating System,RTOS)或简单文件系统等。二是从外围模块来说,增加了 I2C、DMA、DAC12 和 SVS(Supply Voltage Supervisor,供电电压监控器)等模块。

另外,TI 公司在 2004 年下半年推出了 MSP430X2xx 系列。该系列对 MSP430X1xx 片内外设做了进一步精简。其具有价格低廉、小型、快速、灵活等特点,是业界功耗最低的单片机。可用于快速开发超低功耗医疗、工业与消费类嵌入式系统。与 MSP430X1xx 系列相比,MSP430X2xx 的 CPU 时钟提高到 16MHz(MSP430X1xx 系列是 8MHz),待机电流却从 $2\mu A$ 降到 $1\mu A$,是具有最小 14 引脚的封装产品。

### 3. 蓬勃发展阶段

2007 年 TI 公司推出具有 120KB Flash、8KB RAM 存储器的 MSP430FG461x 系列超低功耗单片机。该系列产品设计可满足大型系统的内存要求,还为便携医疗设备与无线射频系统等嵌入式高级应用带来了高集成度与超低功耗等特性。此外,MSP430FG461x 全面支持采用模块化 C 程序库开发的且可向后完全兼容的尖端实时应用,可加速代码执行。

2008 年,TI 公司推出性能更高、功能更强的 MSP430F5xx 系列,这一系列单片机运行速度可达 25～30MIPS,拥有更大的 Flash(128KB),以及诸如射频(RF)、USB、加密和 LCD 接口等更丰富的外设接口。与 MSP430F1xx、MSP430F2xx 及 MSP430F4xx 等前代产品相比,MSP430F5xx 系列的处理能力提升了 50%以上;Flash 与 RAM 容量也实现了双倍增长,从而使系统在以极小功耗运行的同时,还可执行复杂度极高的任务。

2011 年年底,TI 公司推出了具有 LCD 控制器的 MSP430F6xx 系列产品,该系列产品支持高达 25MHz 的 CPU 时钟,且能够提供更多的内存选择,如 256KB Flash 和 18KB RAM,在电能计量和能源监测应用中为开发人员提供更大的发挥空间。

MSP430 系列单片机不仅可以应用于许多传统的单片机应用领域,如仪器仪表、自动制、消费品领域,更适合用于一些电池供电的低功耗产品,如能量表(水表、电表、气表等)、持式设备、智能传感器等,以及需要较高运算性能的智能仪器设备。

TI 公司从 1996 年推出 MSP430 系列单片机至今,已经推出了 x1xx、x2xx、x3xx、x4xx、x5xx、x6xx 等几个系列,大致经历了早期发展、持续发展和蓬勃发展 3 个阶段,MSP430 单片机发展历程如图 15-1 所示。

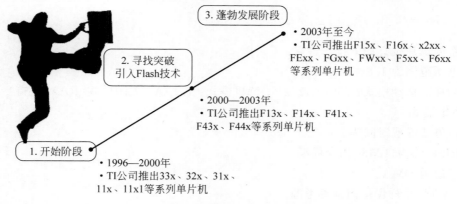

图 15-1 MSP430 单片机发展历程

TI 公司在 1996—2000 年年初,先后推出了 31x、32x、33x 等几个系列,这些系列具有 LCD 驱动模块,对提高系统的集成度较有利。每一系列有 ROM 型(C)、OTP 型(P)和 EPROM 型(E)等芯片。

(1) MSP430x1xx 系列。

MSP430x1xx 系列是 TI 公司最早开发的产品系列,因此其中还有一些 ROM 程序存储器的型号,如 MSP430C1xx 类型单片机。随着 Flash 技术的迅速发展,TI 公司将其引入 MSP430 系列单片机。2000 年推出了 F11x/11x1 系列,如带模/数转换器或硬件乘法器的 F13x/F14x 系列,带 LCD 控制器的 F41x、F43x、F44x,以及现在经常使用的 F15x、F16x 等。该系列单片机共有 30 多种型号,功能十分齐全。

（2）MSP430x2xx 系列。

TI 公司在 2004 年下半年推出了 MSP430x2xx 系列，该系列是对 MSP430x1xx 片内外设的进一步精简，价格低廉、小型、快速、灵活，成为当时业界功耗最低的单片机，可用于快速开发超低功耗医疗、工业与消费类嵌入式系统。

（3）MSP430F5xx/MSP430F6xx 系列。

在前几个系列的基础上，TI 公司后续推出了性能更高、功能更强的 MSP430F5xx 系列、MSP430F6xx 系列单片机。它们的运行速度可达 25MIPS，并具有更大的 Flash、更低的功耗，以及更丰富的外设接口。

近年来，TI 公司针对某些特殊领域，利用 MSP430 的超低功耗特性，推出了一些专用单片机，如专门用于电量计量的 MSP430FE42x，用于水表、气表、热量表等具有无磁传输模块的 MSP430FW42x，用于人体医学监护（如血糖、血压、脉搏等）的 MSP430FG42x，以及为便携医疗设备与无线射频系统等嵌入式高级应用带来高集成度与超低功耗特性的 MSP430FG461x 单片机。

2015 年年初，TI 推出全新的超低功耗 MSP432 MCU 产品。它是对 16 位 MSP430 的拓展，是 TI 超低功耗技术在 32 位 MCU 上的经典应用。MSP432 平台汇集了 TI 公司 20 年来 MSP430 设计中的经验和成果，并兼容 MSP430 和 MSP432 的 API（Application Programming Interface，应用程序接口）驱动、代码、寄存器及低功耗外设，使得用户的软件设计可以在 MSP430 和 MSP432 间进行无缝移植。此外，MSP432 还支持 Wi-Fi，Bluetooth 以及 Sub-1GHz（指小于 1GHz 的无线电频率，在 Sub-1GHz 频段中有很多频段是免授权使用的）等无线连接的物联网应用。

基于 Sub-1GHz 的各种无线技术业已广泛应用于各行各业，如 RFID（Radio Frequency Identification Devices，线射频识别）、NFC（Near Field Communication，近场通信）、无线 M-BUS（仪表总线，欧洲标准的 2 线总线，主要用于耗能测量仪表）等。无线电技术的发展促进了物联网应用的发展，Sub-1GHz 无线技术在物联网应用中具有一定的优点。

## 15.1.2　MSP430 系列单片机的技术特点

MSP430 系列单片机有如下技术特点：

（1）工作电压范围为 1.8～3.6V。

（2）超低功耗。活动模式：$330\mu A$，2.2V；待机模式：$1.1\mu A$；关闭模式（RAM 保持）：$0.2\mu A$。

（3）5 种省电模式。

（4）从等待方式唤醒时间为 $6\mu s$。

（5）6 位 RISC 结构，125ns 指令周期

（6）内置三通道 DMA。

（7）12 位 AD 带采样保持内部参考源。

（8）双 12 位数/模同步转换。

（9）16 位定时器 Timer_A。

（10）16 位定时器 Timer_B。

（11）片内比较器 A。

（12）串行通信 USART0（UART、SPI 和 I2C）接口。

（13）串行通信 USART1（UART、SPI）接口。

（14）具有可编程电平检测的供电电压管理器、监视器。

（15）欠电压检测器。

（16）Bootstrap Loader（引导程序）。

（17）串行在线编程，无需外部编程电压，可编程的保密熔丝代码保护。

## 15.1.3　MSP430 单片机的特点

MSP430 系列单片机发展到现在已有多个系列多种型号。MSP430 以低功耗而闻名，其低功耗水平在业界领先，非常适合电池供电等有低功耗要求的领域。

MSP430 系列单片机推出后发展极为迅速，由于其卓越的性能，应用日益广泛，主要有以下特点。

**1. 超低功耗**

对一个处理器而言，活动模式时的功耗必须与其性能一起来考查、衡量，忽略性能来看功耗是片面的。在计算机体系结构中，用 W/MIPS（瓦特/百万指令每秒）衡量处理器的功耗与性能关系，这种标称方法是合理的。MSP430 系列单片机在活动模式时耗电为 $250\mu A$/MIPS（Million Instructions Per Second，每秒百万条指令），这个指标是很高的（传统的 MCS-51 单片机约为 $10\sim20mA$/MIPS）。其次，作为一个应用系统，功耗是指整个系统的功耗，而不仅仅是处理器的功耗。比如，在一个有多个输入信号的应用系统中，处理器输入端口的漏电流对系统的耗电影响就较大了。MSP430 单片机输入端口的漏电流最大为 $50nA$，远低于其他系列单片机（一般为 $1\sim10\mu A$）。另外，处理器的功耗还要看其内部功能模块是否可以关闭，以及模块活动情况下的耗电，比如低电压监测电路的耗电等。还要注意，有些单片机的某些参数指标，虽然典型值可能很小，但最大值和典型值相差数十倍，而设计时要考虑到最坏情况，就应该关心参数标称的最大值，而不是典型值。总体而言，MSP430 系列单片机堪称目前世界上功耗最低的单片机，其应用系统可以做到用一枚电池使用 10 年。

MSP430 系列单片机的电源电压采用 $1.8\sim3.6V$ 低电压，RAM 数据保持方式下耗电仅 $0.1\mu A$，活动模式耗电 $250\mu A$/MIPS（MIPS 表示每秒百万条指令数），I/O 端口的漏电流最大仅 $50nA$。

MSP430 系列单片机有独特的时钟系统设计，包括两个不同的时钟系统：基本时钟系统和锁频环（FLL 和 FLL＋）时钟系统或 DCO 数字振荡器时钟系统。由时钟系统产生 CPU 和各功能模块所需的时钟，并且这些时钟可以通过指令控制 FLL（Frequency Locked Loop，锁频环）打开或关闭，从而实现对总体功耗的控制。由于系统运行时使用的功能模块不同，即采用不同的工作模式，芯片的功耗有明显的差异。在系统中共有一种活动模式（AM）和多种低功耗模式（LPM0～LPM4）。

另外，MSP430 系列单片机采用矢量中断，通过合理编程，既可以降低系统功耗，又可以对外部事件请求进行快速响应。

**2. 强大的处理能力**

MSP430 系列单片机是 16 位单片机，采用了目前流行的、颇受学术界好评的精简指令集计算机（RISC）结构，一个时钟周期可以执行一条指令（传统的 MCS-51 单片机要 12 个时钟周期才可以执行一条指令）。

MSP430 系列单片机能在 25MHz 晶振的驱动下，实现 40ns 的指令周期。16 位的数据宽度、40ns 的指令周期以及多功能的硬件乘法器（能实现乘加运算）相配合，能实现数字信号处理的某些算法，如 DTMF（Dual-Tone Multifrequency，双音多频）、FFT（Fast Fourier Transform，快速傅里叶变换）算法等。MSP430 系列单片机是一个 16 位的单片机，采用了精简指令集计算机（RISC）结构，具有丰富的寻址方式（7 种源操作数寻址、4 种目的操作数寻址）、简洁的 27 条内核指令以及大量的模拟指令。其大量的寄存器和片内数据存储器可参与多种运算，它还有高效的查表处理指令。

**3. 高性能模拟技术及丰富的片上外设**

MSP430 系列单片机结合 TI 的高性能模拟技术，是典型的"混合信号处理器"，各成员都集成了较丰富的片内外设,视型号不同可能组合为以下功能模块:"看门狗"(WDT)、模拟比较器 A、定时器 A(Timer_A)、定时器 B(Timer_B)、硬件乘法器、串口(USART)、I2C 总线、液晶驱动器、10 位/12 位/14 位 ADC、12 位 DAC、直接数据存取(DMA)、通用 I/O 端口、基本定时器(Basic Timer)、实时时钟(Real Time Clock,RTC)和 USB 控制器等若干外围模块的不同组合。MSP430 系列单片机的这些片内外设缩短了开发流程,节约了开发成本,为系统的单片机解决方案提供了极大的便利。

**4. 系统工作稳定**

上电复位后,首先由数字控制振荡器(Digitally Controlled Oscillator,DCO)的 DCO_CLK 启动 CPU,以保证程序从正确的位置开始执行,保证其他晶体振荡器有足够的起振及稳定时间,然后通过软件设置确定最后的系统时钟频率。如果晶体振荡器在用作 CPU 时钟 MCLK 时发生故障,DCO 会自动启动,以保证系统正常工作。这种结构和运行机制,在目前其他系列的单片机中是绝无仅有的。另外,MSP430 系列单片机均为工业级器件,运行环境温度为−40∼125℃,运行稳定、可靠性高,所设计的产品适用于各种民用和工业环境。

MSP430 系列单片机改进了"看门狗"、时钟、电源管理等片内外设,以保证它稳定工作。系统上电复位后,首先由 DCO 启动 CPU(Central Processing Unit,中央处理器),保证晶体振荡器在稳定的时间范围内起振;然后通过设置适当的寄存器以确定最后的系统时钟频率。若晶体振荡器在用于 CPU 时钟 MCLK 时发生故障,DCO 就会自动启动,以保证系统正常运行。另外,MSP430 系列单片机集成的"看门狗定时器"可配置为"看门狗"模式,若单片机"死"机(宕机),则能自动重启。

**5. 方便高效的开发环境**

现在的 MSP430 系列有 OTP 型、Flash 型和 ROM 型 3 种类型的器件,这些器件的开发手段不同。国内大量使用的是 Flash 型器件。Flash 型器件有十分方便的开发调试环境,因为器件片内有 JTAG(Joint Test Action Group,联合测试行动组)调试接口,还有可电擦写的 Flash 存储器,因此采用先下载程序到 Flash 内,再在器件内通过软件控制程序的运行,由 JTAG 接口读取片内信息供设计者调试使用的方法进行开发。这种方式只需要一台 PC 和一个 JTAG 调试器,而不需要仿真器和编程器。开发语言有汇编语言和 C 语言。

这种 Flash 技术、JTAG 调试、集成开发环境相结合的开发方式,具有方便、廉价、实用等优点,在单片机开发中还较为罕见。

## 15.1.4 MSP430 单片机的应用前景

MSP430 系列单片机最突出的特点是超低功耗,特别适用于电池供电的长时间工作场合,除此之外还具备 16 位精简指令系统、内置模/数转换器、串行通信接口、硬件乘法器、LCD 驱动器及高抗干扰能力等。因此,MSP430 单片机特别适合应用在智能仪表、防盗系统、智能家电和电池供电便携式设备等产品之中。

**1. 便携式设备**

MSP430 单片机功耗低,适合应用于使用电池供电的仪器、仪表类产品中。而且其具有丰富的内部资源和各种模拟电路接口,利用 MSP430 可使用单芯片完成设计方案,这对提高产品的集成度、降低生产成本有很大的帮助。MSP430 单片机适用于各种便携式设备,如无线鼠标和键盘、触摸按键、手机、数码相机、MP3/MP4 播放器、电动牙刷和运动手表等。

**2. 工业测量**

MSP430 系列单片机内部集成的各种模拟设备性能优异,在各种高精度测量、控制领域都可以发挥作用,是工业仪表、计数装置和手持式仪表等产品设计的理想选择。MSP430 系列器件均为工业级的,运

行环境温度为 $-40\sim 85℃$，所设计的产品适合运行于工业环境下，并且带有 PWM(Pulse Width Modulation，脉冲宽度调制)波发生器等控制输出，适合用于各类工业控制、工业测量、电动机驱动、变频器和逆变器等设备。

### 3. 传感设备

MSP430 系列单片机中 CPU 与模拟设备的结合，使得校准、调试都变得非常方便。例如，MSP430 单片机的模/数转换模块可以将捕获的传感器模拟信号转换为数据加以处理后发送到主机。适用于报警系统、烟雾探测器、智能家居、无线资产管理和无线传感器等领域。

### 4. 微弱能源供电

MSP430 单片机需要的供电电源电压很低，1.8V 以上电压都可使单片机正常工作，一些新型单片机的供电电压甚至可以更低。这就使利用微弱能源为单片机系统供电成为可能。

例如，利用酸性水果供电，在 MSP430 单片机上运行一个电子表程序，在保证水果没有腐烂变质或者风干的情况下，该系统可以运行一个月以上。除此之外，信号线窃电、电缆附近磁场能、射频辐射、温差能量等微弱能量都可能成为 MSP430 单片机的供电能源，这样即可设计出基于这些微弱电能供电的无源设备产品。

### 5. 计算机网络通信领域

MSP430 系列单片机具有通信模块，且配有 UART、SPI、I2C 和 CAN 等主流通信接口，因此，该系列单片机在计算机网络通信领域的应用主要集中在通信接口设计方面，如 CC430 通过 MSP430 系列单片机和领先的低功耗射频 IC 的结合，实现更加灵活、智能的低功耗射频应用。

### 6. 仪器仪表领域

MSP430 系列单片机在智能仪器仪表设备中也有较为广泛的应用。首先，由于智能仪器仪表的技术升级，对其硬件的智能化程度要求越来越高，因此单片机被大量应用其中。其次，MSP430 系列单片机的超低功耗优势，可保证仪表具备出色的数据资料计算与分析能力。酒精测试仪是 MSP430 系列单片机的典型应用之一，它通过单片机测试被测者呼出气体中的酒精含量，并实时显示测量结果，大大方便了酒精检测工作。此外，基于 MSP430 系列单片机的仪器仪表设备还表现出了明显的多样性。

### 7. 消费类电子产品领域

日常生活智能电子产品的兴起为单片机的发展提供了更加广阔的空间。MSP430 系列单片机集成了各种片内外设，如 GPIO、12 位/14 位 ADC、定时器、比较器等，开发人员可在此基础上开发出丰富的符合消费者要求的电子产品。尤其是 MSP430 系列单片机实现的电容式触控是目前消费电子产品理想的触摸控制设计之一，它利用 MSP430 系列单片机 GPIO、定时器和比较器组成张弛振荡器形式的电容触摸传感器，响应速度更快、灵敏度更高、功耗更低。

### 8. 便携式医疗设备领域

医疗领域是一个特殊的领域，它对单片机有着特殊的要求。近年来，便携性成为医疗设备的一种发展趋势，MSP430 系列单片机的引入进一步降低了设计的复杂度，缩短了产品开发的周期，扩大了单片机在便携式医疗设备中的使用范围，如自动体外除颤器、体温计、血压计、血糖仪、雾化器和制氧机等。

### 9. 安防系统领域

随着节能降耗问题的日益凸显，安防系统中的设备正在寻求更为节能的方式。低功耗与电池供电安防系统是目前市场的发展方向。

另外，还有在通用单片机上增加专用模块而构成的，针对热门应用设计的一系列专用单片机，如国内数字电表大量采用的电量计算专用单片机 MSP430FE42x，用于水表(如图 15-2 所示)、气表(如图 15-3 所示)、热量表(如图 15-4 所示)等具有无磁传感模块的 MSP430FW42x，以及用于人体医学监护(如监护血糖、血压、脉搏)的 MSP430FG42x 单片机。用这些具有专用用途的单片机设计专用产品，不仅具有

MSP430 的超低功耗特性,还能大幅度简化系统设计。

图 15-2 水表

图 15-3 气表

图 15-4 热量表

## 15.2 MSP430 系列单片机

MSP430 系列单片机具有良好的低功耗特性和丰富的外设,适用于各种嵌入式系统的设计和开发。

### 15.2.1 MSP430F1 系列单片机

TI 公司的 MSP430F1 系列是 MSP430 微控制器系列中的一部分。该系列的微控制器具有低功耗、高性能和丰富的外设功能,适用于各种嵌入式应用。

下面是一些常见的 MSP430F1 系列型号。

MSP430F1101:这是 MSP430F1 系列中的一款型号,具有 8KB 的 Flash 存储器和 256B 的 RAM。它适用于低功耗应用和小型控制任务。

MSP430F1121A:这是 MSP430F1 系列中的另一款型号,具有 16KB 的 Flash 存储器和 1KB 的 RAM。它具有更大的存储容量和更多的 RAM,适用于更复杂的控制任务。

MSP430F133:这是 MSP430F1 系列中的高性能型号,具有 60KB 的 Flash 存储器和 2KB 的 RAM。它适用于需要更大存储容量和更高性能的应用。

MSP430F1471:这是 MSP430F1 系列中的一款型号,具有 32KB 的 Flash 存储器和 4KB 的 RAM。它具有更大的存储容量和更多的 RAM,适用于复杂的控制任务和数据处理应用。

MSP430F1 系列还包括其他型号,每个型号都有不同的特性和应用领域。如需详细信息,建议查阅 TI 公司的官方文档或参考相关资料。

MSP430F149 是 TI 公司 MSP430F1 系列微控制器的一款型号。它是该系列中功能较强大的型号之一,适用于各种嵌入式应用。

MSP430F149 引脚如图 15-5 所示。

MSP430F149 的主要特点体现在如下方面:

(1)处理器核心。MSP430F149 采用 16 位的 MSP430 CPU 核心,具有低功耗和高性能的特点。

(2)存储器。它配备了 60KB 的 Flash 存储器,用于存储程序代码和数据。此外,它还具有 2KB 的 RAM,用于临时数据存储。

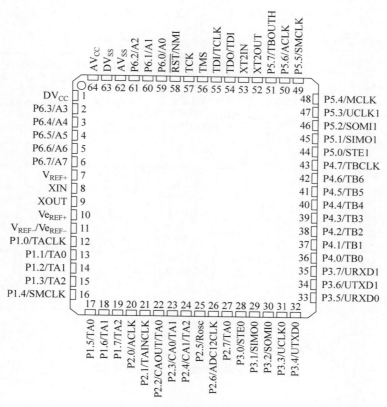

图 15-5　MSP430F149 引脚

（3）外设功能。MSP430F149 集成了丰富的外设功能，包括多个通用输入/输出引脚（GPIO）、定时器、串行通信接口（UART、SPI 和 I2C）、模/数转换器（ADC）等。

（4）低功耗特性：MSP430F149 以低功耗为设计目标，具有多种省电模式和时钟管理功能，可在电池供电的嵌入式系统中实现长时间运行。

（5）安全性：该型号支持硬件加密和解密功能，可以提供数据安全性保护。

MSP430F149 适用于许多应用领域，包括物联网（IoT）设备、传感器接口、工业自动化、家电控制等。如需详细的信息，建议查阅 TI 公司的官方文档或参考相关资料。

## 15.2.2　MSP430G2553 单片机

MSP430G2553 是 TI 公司推出的一款 16 位超低功耗微控制器，属于 MSP430 系列。它具有丰富的外设和低功耗特性，适用于各种嵌入式系统应用。

MSP430G2553 通常用于便携式设备、传感器节点、控制器和各种低功耗应用，特别适合需要长时间运行和电池供电的场合。其丰富的外设和低功耗特性使得它成为嵌入式系统设计中的理想选择。

**1. MSP430G2553 硬件结构组成**

MSP430G2553 单片机的内部硬件结构如图 15-6 所示，它具有丰富的外设，主要包括 16 位的 RISC CPU、16KB Flash、512B RAM、定时器、24 个支持电容式触摸感测的 I/O 口、10 位模/数转换器、串行通信模块等。

MSP430G2553 单片机采用 32 引脚四方扁平无引线封装（Quad Flat Non-leaded package，QFN），如图 15-7 所示。

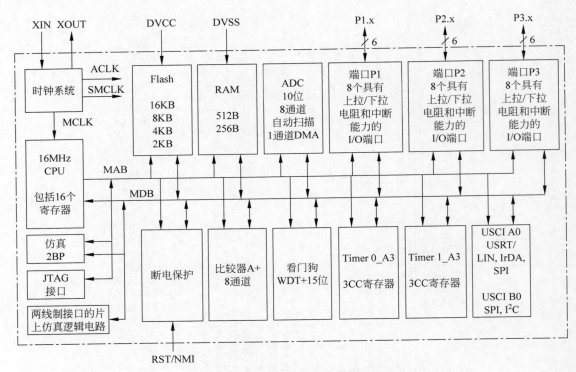

图 15-6    MSP430G2553 单片机的内部硬件结构图

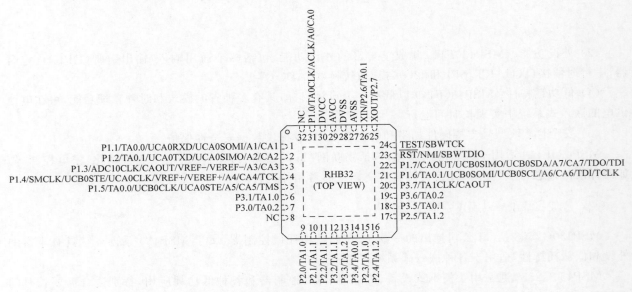

图 15-7    MSP430G2533 单片机的封装图

**2．MSP430G2553 中央处理器**

中央处理器(CPU)是单片机的核心,实现了运算器和控制器的功能,其性能直接决定着单片机的处理能力。MSP430G2553 单片机的 CPU 结构与通用单片机基本相同,其 CPU 具有一个对应用高度透明的 16 位精简指令集计算机(RISC)架构,主要包括 1 个 16 位的算术逻辑单元(Arithmetic Logical Unit,ALU)、16 个寄存器、1 个指令单元。所有的操作(程序流指令除外)均作为寄存器操作与用于源操作数的 7 种寻址模式和用于目的操作数的 4 种寻址模式一起执行,这使得其运算能力很强,整体功耗却极低。

（1）MSP430G2553 单片机的主要特性。

MSP430G2553 单片机的主要特性如下。

① 具有 27 条指令和 7 个寻址模式的 RISC。

② 有可使用每个寻址模式的每条指令的正交架构。

③ 包括程序计数器、状态寄存器和栈指针的完全寄存器访问。

④ 可实现单周期寄存器运行。

⑤ 大尺寸 16 位寄存器文件,减少了到存储器的取指令。

⑥ 16 位地址总线可实现直接访问整个存储器范围上的分支。

⑦ 16 位数据总线可实现对字宽自变量的操作。

⑧ 常量发生器提供最多 6 个立即值并减少了代码尺寸。

⑨ 无需中间寄存器保持的直接存储器到存储器传输。

⑩ 字和字节寻址与指令格式。

（2）MSP430G2553 单片机的寄存器。

MSP430G2553 单片机 CPU 集成了 16 个寄存器:R0~R15,其中,R0~R3 专门用作程序计数器（ProgramCounter,PC）、栈指针（Stack Pointer,SP）、状态寄存器（SR）和常数发生器（CG1 和 CG2）,寄存器 R4~R15 为通用寄存器。

① 程序计数器。

16 位程序计数器指向将被执行的下一条指令。每个指令使用偶数数量的字节（2B、4B 或 6B）,并且 PC 相应递增。64KB 地址空间内的指令访问在字边界上执行,并且 PC 与偶数地址对齐。可用所有指令和寻址模式对 PC 寻址。

② 栈指针。

栈指针被 CPU 用来存储子例程调用和中断的返回地址。它使用先递减、后递增的机制。此外,SP 可由软件用所有指令和寻址模式使用。

③ 状态寄存器。

状态寄存器在程序设计中有着重要意义,它反映了程序执行时控制器的当前状态,用于指示 ALU 的运算结果状态以及时钟状态等。通过判断状态寄存器的标志位,用户可控制程序的执行流向。

**3. MSP430G2553 存储器结构**

MSP430 系列单片机的存储器结构是冯·诺依曼（Von Neumann）结构,物理上是各自分离的存储区域,主要包括 Flash、RAM、程序存储器、外设模块寄存器和特殊功能寄存器等。

（1）Flash。

MSP430 系列单片机的 Flash、字和字可寻址并且可编程。Flash 存储器模块有一个控制编程和擦除操作的集成形控制器。该控制器有 4 个寄存器、一个时序发生器和一个电压生成器（为编程和擦除供电）。

MSP430 系列单片机的 Flash 存储器的特性主要包括:

① 生成内部编程电压。

② 位、字节或字可编程擦除。

③ 超低功耗操作。

④ 支持段擦除和批量擦除。

⑤ 可通过 JTAG、ISP、BSL（Bootstrap Loader,引导装入程序）等编程。

⑥ 工作电压为 1.8~3.6V,编程电压为 2.7~3.6V。

（2）RAM。

MSP430 系列单片机的 RAM(随机存取存储器)始于存储器地址的 0200H,用于栈、变量和数据的保存,实现缓存和数据暂存的功能,又称为数据存储器。例如,RAM 可保存数据运算过程中的结果、程序输入的变量等。MSP430 系列 Flash 型单片机还有信息存储器,它可作为数据存储器,因掉电后数据不会丢失,所以可用于保存重要数据。随着技术的发展,RAM 区对应的存储器除 RAM 以外,还可以有 FRAM(Ferroelectric RAM,铁电存储器)和 Flash。

（3）程序存储器。

MSP430 系列单片机的程序存储器可分为两种情况：中断向量区和用户程序区。中断向量区含有对应中断服务程序的 16 位入口地址。当 MSP430 单片机片内模块的中断请求被响应时,单片机首先保护断点,然后从中断向量表中查询对应中断服务程序的入口地址,最后执行相应的中断服务程序。用户程序代码区一般用来存放程序、常数或表格。MSP430 系列单片机的存储结构允许存放大的常数或表格,并且可以用所有的字和字节访问这些表。这一点为提高编程的灵活性和节省程序存储空间带来了好处。表处理可带来快速、清晰的编程风格,特别对于传感器应用,为了数据线性化和补偿,将传感器数据存入表中执行表处理是一种很好的方法。

（4）外设模块寄存器。

外设模块被映射到地址空间。0100H~01FFH 的地址空间为 16 位外设模块所保留。这些模块应该通过字指令访问。如果使用字节指令,那么只允许偶数地址,并且结果的高字节一直为 0。

（5）特殊功能寄存器。

在特殊功能寄存器(Special Function Register,SFR)中,可配置某些外设功能。SFR 位于地址空间的低 16 字节内,并且采用字节的形式。只能使用字节指令访问 SFR。关于 SFR 的详细信息,读者可参阅器件专用数据表。

**4. 时钟系统与低功耗模式**

单片机能读取、分析和执行指令,这与时钟系统息息相关。根据电路的不同,单片机时钟的连接方式可分为内部时钟系统和外部时钟系统。

（1）时钟系统。

MSP430 系列单片机有多种时钟输入源,主要包括基本低频时钟系统(LFXT1CLK)锁频环高频时钟系统(XT2CLK)和片内数控振荡器时钟系统(DCOCLK)。这些时钟系统可在指令控制下打开与关闭。它们可单独使用一个晶振,也可以使用两个晶振,从而控制总体功耗。通过上述时钟输入源,MSP430 系列单片机可提供 3 种时钟信号：辅助时钟(ACLK)、系统时钟(MCLK)和子系统时钟(MCLK),其中,ACLK 可通过软件选择其作为低速外围模块的时钟信号; MCLK 主要用于 CPU 和系统; SMCLK 主要用于高速外设模块。

（2）低功耗模式。

MSP430 系列单片机强调低功耗,主要实现超低功耗应用并且使用不同的工作模式。

## 15.2.3　MSP430F5xx/6xx 系列单片机

MSP430F5xx/6xx 系列是 TI 公司推出的 16 位超低功耗微控制器,属于 MSP430 系列的一部分。这个系列的微控制器在嵌入式系统中有着广泛的应用,具有丰富的外设和低功耗特性。

MSP430F5xx/6xx 系列微控制器适用于便携式设备、传感器节点、控制器、安全应用等多个领域,特别适合需要长时间运行和电池供电的场合。其丰富的外设和低功耗特性使得它成为嵌入式系统设计中的理想选择。

**1. MSP430F5xx/6xx 系列 CPU 的结构及其主要特性**

CPU 是单片机的核心部件,其性能直接关系到单片机的处理能力。MSP430 微控制采用 16 位 RISC 架构,提供 16 个高度灵活的 16 位 CPU 寄存器,分别是 R0～R1 其最大寻址空间为 64KB。随着 MSP430 的发展,其 CPU 扩展了寻址空间,达到了 1MB。CPU 结构也略有变化,CPU 寄存器扩宽到了 20 位(除状态寄存器为 16 位外,其余寄存器为 20 位),这种新的 CPU 为 MSP430X CPU(简称 CPUX),MSP430X CPU 向后兼容 MSP430 CPU,其最大寻址空间可达 1MB。

MSP430F5xx/6xx 系列单片机采用的是 MSP430 扩展型的 CPU,即 CPUX。其中,小于 64KB 的空间可以用 16 位地址去访问,大于 64KB 的空间则需要用 20 位地址去访问。这与传统 16 位地址总线的单片机在使用中存在一定的差别。MSP430F5xx/6xx 系列单片机的 CPU 结构图如图 15-8 所示。

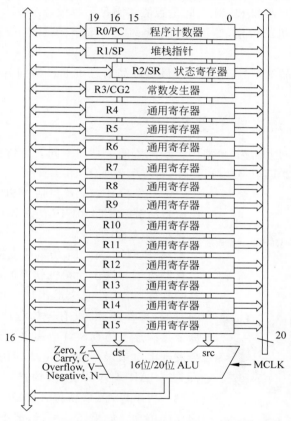

图 15-8　MSP430F5xx/6xx 系列单片机 CPU 结构图

MSP430F5xx/6xx 系列单片机 CPU 的主要特性如下:

(1) RISC 正交架构。

(2) 具有丰富的寄存器资源。

(3) 单周期寄存器操作。

(4) 20 位地址总线。

(5) 16 位数据总线。

(6) 直接的存储器到存储器访问。

(7) 字节、字和 20 位操作方式。

**2. CPU 的寄存器资源**

寄存器是 CPU 的重要组成部分,是有限存储容量的高速存储部件,它们可用来暂存指令、数据和地址。寄存器位于内存空间中的最顶端。寄存器操作是系统操作最快速的途径,可以缩短指令执行的时间,能够在一个周期之内完成寄存器与寄存器之间的操作。

### 15.2.4 MSP430 单片机选型

MSP430 单片机具有非常多的种类,在构建应用系统之前,需慎重考虑单片机选型的问题。一般来说,在进行 MSP430 单片机选型时,可以考虑以下几个原则:

(1) 选择内部功能模块最接近系统需求的型号。

(2) 若系统开发任务重,且时间比较紧迫,可以首先考虑使用比较熟悉的型号。

(3) 考虑所选型号的存储器和 RAM 空间是否能够满足系统设计的要求。

(4) 最后还要考虑单片机的价格,尽量在满足系统设计要求的前提下,选用价格最低的 MSP430 单片机型号。

MSP430 单片机具体产品的型号、选型以及最新产品信息可通过访问 http://www.ti.com/msp430 网址获取。

### 15.2.5 MSP430 开发板的选择

MSP430 开发板可以在网上购买,价格因模块配置的区别而不同,价格在 100~500 元之间。

本书选用德飞莱 MSP430F149 开发板套件,基本配置如图 15-9 所示。

本开发板基本配置包括 MSP430F149 开发板(如图 15-10 所示)、MSP-FET430UIF 仿真器(如图 15-11 所示)、12864 液晶显示器、USB 线等。

MSP-FET430UIF 仿真器支持 IAR 高于 3.2 版本软件,仿真器拔下与操作计算机软件的顺序为:先关闭操作该仿真器的软件,待软件完全退出后才能拔下仿真器。如果在仿真的时候,操作不当,没有停掉程序或者不小心拔下了仿真器,那么再次连上仿真器就会跳出错误提示。打开设备管理器后会发现串口错误,为此无论如何仿真也不会成功,此时应该强行关掉 IAR 编译环境,拔掉仿真器再重新插上,让系统重新检测一次串口,再重新打开 IAR 编译环境,就可以进行成功的在线仿真。如果还是不行,请重新启动计算机。

MSP430F149开发板

12864液晶

仿真器

图 15-9 MSP430F149 开发板套件基本配置

本开发板以 MSP430F149 单片机为核心,采用独立模块设计思想,综合考虑,精心布局,板载有 USB 下载器模块、发光管显示、按键、继电器、蜂鸣器、实时时钟、模/数转换器、数/模转换器、RS-485 通信模块、串口通信、步进电机、直流电动机、数码管显示模块、4 种无线模块接口、1602/12864 液晶接口、彩屏扩展接口等,还提供了各式通用接口,能满足各种学习需求。

德飞莱 MSP430F149 开发板硬件资源描述如图 15-12 所示。

MSP430F149 开发板硬件资源介绍如下:

(1) 主芯片 MSP430F149 最小系统板,可插拔,方便更换。

(2) 板载 USB 下载器,一根 USB 线就可以下载程序,方便、经济;对于笔记本电脑用户来说,不一定要购买仿真器。此模块也可能通过杜邦线连接单片机实现 USB 转串口通信。

图 15-10　MSP430F149 开发板

图 15-11　MSP-FET430UIF 仿真器

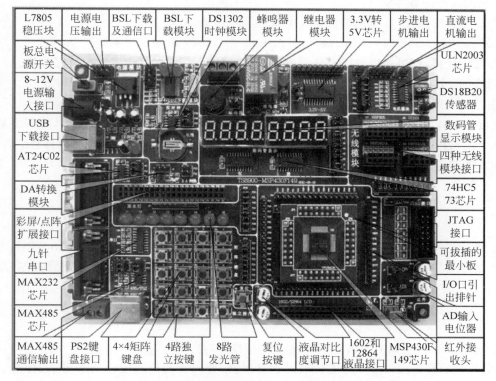

图 15-12　德飞莱 MSP430F149 开发板硬件资源描述

（3）电源模块，输入电源为直流 8～12V 或者 USB 的 5V 电源，可输出 5V 和 3.3V 电压，电源引脚都已引出，方便实验时外扩。

（4）8 位 LED 发光管，可做流水灯实验及灯指示实验。

（5）8 位数码管显示模块，可做数码管显示和指示实验。

（6）用 MAX232 实现两路串口通信，可做串口通信，实现上位机和下位机的通信及控制。

（7）MAX485 芯片，可做 RS-485 通信实验。

（8）4×4 点阵按键，实现点阵扫描实验。

（9）4 位独立按键，实现普通按键 I/O 输入及中断实验。

（10）ULN2003 芯片，实现步进电机和直流电动机驱动控制实验。

（11）SN74LVC4245 芯片，实现 3.3V 电平向 5V 电平的转换实验。

（12）DS1302 芯片，实现实时时钟实验，板载有给 DS1302 供电的电池，保证 DS1302 的时间连续性，不随主板的断电而停止工作。

（13）AT24C02 芯片，通过 I2C 总线实现 EEPROM 的存储和读取实验。

（14）DSC5571 芯片，实现数/模转换实验。

（15）两路模/数转换输入，实现模/数转换实验。

（16）一体化红外接收头，实现红外接收解码实验。

（17）一个复位按键，可给单片机复位。

（18）一路可接入高压控制的继电器，实现继电器控制实验。

（19）一路蜂鸣器实验，可实现发声报警实验等。

（20）板载四路常用的无线模块接口，包括 NRF905、CC1100、NRF24L01、NRF2401A 无线模块，可做无线数传和无线控制等实验。

（21）PS2 键盘输入接口，可做键盘输入实验。

（22）板载有 1602 和 12864 液晶接口，可做 1602 和 12864 液晶显示实验。

（23）万能扩展接口，可接点阵汉字显示模块、语音模块、彩屏模块、传感器扩展模块等。

（24）标准的 JTAG 接口，可利用仿真器的此接口对主芯片实现在线调试和下载。

（25）主芯片的所有 I/O 引脚通过排针引出，方便扩展实验。

本开发板的所有模块都是独立设计的，与主芯片相互之间都是通过跳线帽连接，如需要某些应用模块可拔下跳线帽，通过杜邦线或者其他方面连接控制实验，所有模块 I/O 控制也可以任意组合，给用户提供了最大的发挥空间。

## 15.3  MSP430 数码管显示应用实例

当使用 MSP430 微控制器进行数码管显示应用时，通常会选择七段数码管来显示数字、字母或其他符号。当然，在实际应用中可能会涉及更多的细节和功能，比如亮度控制、多位数码管控制、显示模式切换等。

### 15.3.1  数码管显示硬件设计

单片机采用 MSP430F149，其最小系统设计如图 15-13 所示。

8 位数码管显示器采用两个 4 位连位数码管显示器，数码管的位和段驱动采用 74HC573 八 D 锁存器。MSP430F149 的 GPIO 口 P40～P47 分别连接到数码管的位和段，用 MSP430F149 的 GPIO 口 P66

和 P55 分别控制数码管的段显示和位驱动。数码管显示采用动态扫描方式,动态扫描显示是利用人的视觉暂留现象,20ms 内将所有 LED 显示器扫描一遍。在某一时刻,只有一位亮,位显示切换时,先关显示。8 位数码管显示驱动电路如图 15-14 所示。

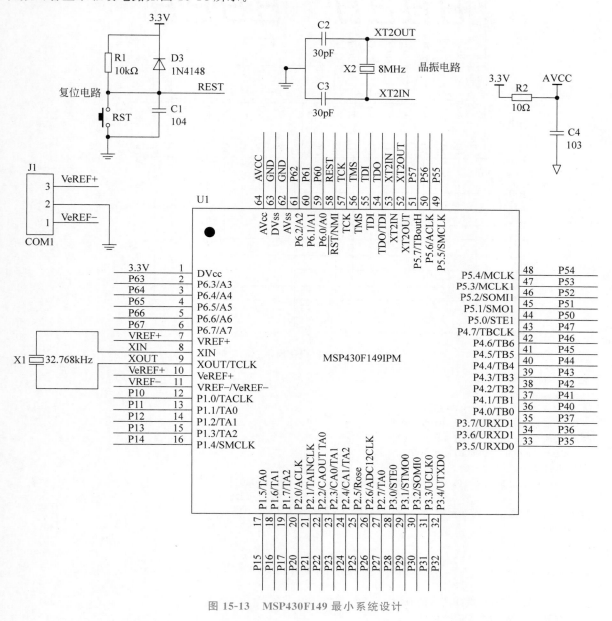

图 15-13　MSP430F149 最小系统设计

## 15.3.2　8 位数码管显示软件设计

8 位数码管显示的 main.c 软件设计如下:

```
/******************************************************
程序功能:在 8 位数码管上显示 8 个数字 01234567
-----------------------------------------------------
测试说明:观察数码管显示
******************************************************/
```

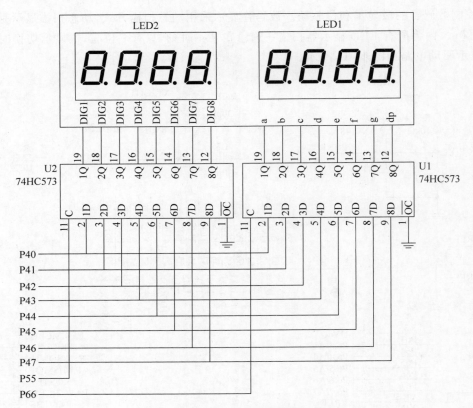

图 15-14  8 位数码管显示驱动电路

```
# include < msp430x14x.h>
typedef unsigned char uchar;
# define wei_h P5OUT| = BIT5
# define wei_l P5OUT& = ~BIT5
# define duan_l    P6OUT & = ~BIT6
# define duan_h    P6OUT | = BIT6
//数码管 7 位段码:0~f
uchar scandata[16] = {0x3f,0x06,0x5b,0x4f,0x66,0x6d,0x7d,0x07,
                      0x7f,0x6f,0x77,0x7c,0x39,0x5e,0x79,0x71};
//记录显示位数的全局变量
uchar cnt = 0;


/ ******************** 主函数 ******************** /
void main(void)
{
    / * 下面 6 行程序关闭所有的 GPIO 口 * /
    P1DIR = 0XFF;P1OUT = 0XFF;
    P2DIR = 0XFF;P2OUT = 0XFF;
    P3DIR = 0XFF;P3OUT = 0XFF;
    P4DIR = 0XFF;P4OUT = 0XFF;
    P5DIR = 0XFF;P5OUT = 0XFF;
    P6DIR = 0XFF;P6OUT = 0XFF;

    WDTCTL = WDT_ADLY_1_9; // 设置内部看门狗工作在定时器模式,1.9ms 中断一次
    IE1 | = WDTIE;              // 使能看门狗中断
```

```
    P6DIR | = BIT2;P6OUT | = BIT2;       //关闭电平转换

    P5DIR = 0xff;                        //设置 P4,P5 的 I/O 方向为输出
    P4DIR = 0xff;

    P5OUT = 0x00;                        //设置 P4,P5 的输出初值
    P4OUT = 0xff;

    _BIS_SR(LPM3_bits + GIE);            //CPU 进入 LPM3 低功耗模式,同时打开全局中断
}

/ *************************************************
函数名称:watchdog_timer
功    能:看门狗中断服务函数,在这里输出数码管的
          段选和位选信号
参    数:无
返 回 值:无
************************************************* /
# pragma vector = WDT_VECTOR
__interrupt void watchdog_timer(void)
{
    //P4OUT = 0xff;
    P4OUT = scandata[cnt]; //输出段选信号
    duan_h;
    duan_l;
    P4OUT = ~(1 << cnt);   //输出位选信号
    wei_h;
    wei_l;

    cnt++;                      //位计数变量在 0~5 循环
    if(cnt == 8) cnt = 0;
}
```

## 15.3.3　8 位数码管显示软件的调试

8 位数码管显示软件的调试在德飞莱的 MSP430F149 开发板上实现。

8 位数码管显示的工程按第 14 章的方法已经创建好。如图 15-15 所示,选择 IAR EW 中的 Project→ Add Existing Project 命令,出现如图 15-16 所示的工程选择界面。选择 N1.ewp 工程,单击"打开"按钮,出现如图 15-17 所示的工程界面。

如图 15-18 所示,单击 IAR EW 中的 ⬇ (Download and Dedug)按钮,出现如图 15-19 所示的工程调试界面。

单击图 15-19 中的 🏃 按钮或按 F5 键,在 MSP430F149 开发板显示"01234567",如图 15-20 所示,表明调试结果正常。

若退出工程调试过程,再次单击 IAR EW 中的 ⬇ (Download and Dedug)按钮,回到如图 15-17 所示的工程界面。

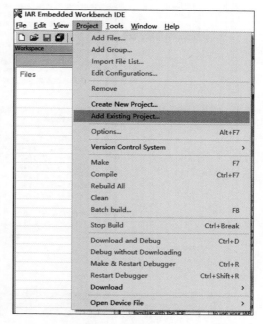

图 15-15　添 加 工 程

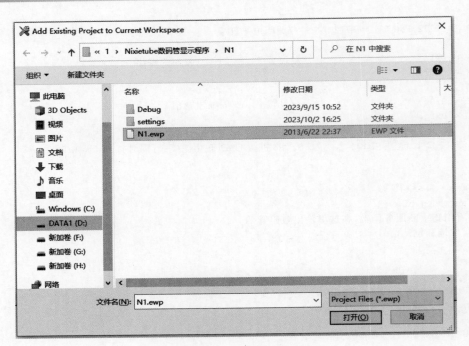

图 15-16　工程选择界面

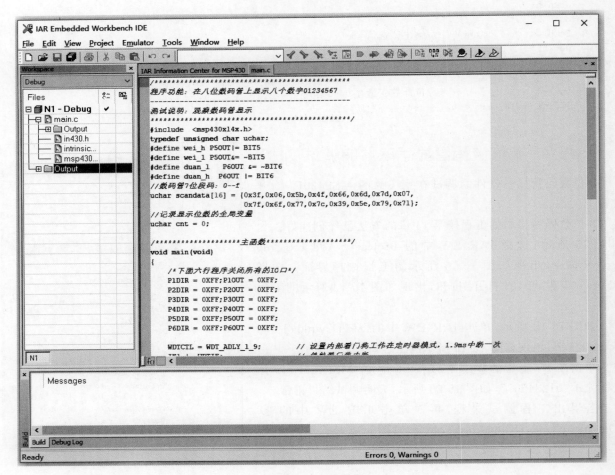

图 15-17　工程界面

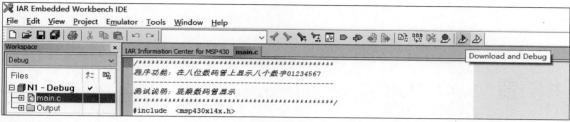

图 15-18　进入工程调试界面

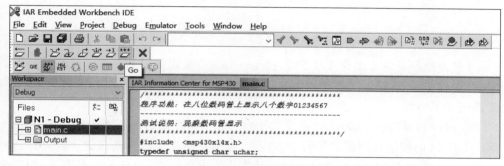

图 15-19　进入工程调试界面

图 15-20　8 位数码管显示工程调试结果

# 第 16 章

# STM8S系列微控制器与开发

　　STM8S 系列微控制器是意法半导体(STMicroelectronics)公司推出的一款 8 位微控制器,具有高性能、低功耗和易于编程的特点,适用于各种成本敏感型应用,包括家电、工业控制、消费类电子产品等。

　　本章主要讲述如下内容:

　　(1) 对 STM8 微控制器进行了概述,提供了关于这一系列微控制器的基本信息。

　　详细介绍了 STM8 内核微控制器芯片的主要特性,包括其高性能数据处理能力、丰富的外设集成以及低功耗设计等;深入讲解了 STM8S 系列微控制器芯片的内部结构,包括其内存布局、中断系统、时钟管理和各种外设接口。

　　(2) 深入探讨了 STM8S 微控制器,介绍了不同的系列和型号以及它们的特点。

　　介绍了 STM8S1 系列和 STM8S2 系列微控制器的特性和应用场景;提供了 STM8S 系列微控制器型号的概览及其简要介绍,帮助读者了解不同型号之间的差异;讨论了 STM8S 系列微控制器的应用领域,展示了它们在各种行业中的实际应用案例。

　　(3) 特别介绍了 STM8S105xx 系列微控制器,这是 STM8S 系列中的一个子系列,具有特定的功能和优势。

　　(4) 为读者提供了关于如何选择合适的 STM8S 开发板和仿真器的指导,以便于开发人员进行应用开发和测试。

　　(5) 通过一个具体的应用实例——按键输入与 LED(发光二极管)显示,展示了 STM8S 微控制器在实际项目中的应用。详细介绍了按键输入和 LED 显示的硬件设计过程,包括所需的组件和电路设计;介绍了软件设计和调试过程,包括编写控制按键和 LED 显示的程序代码,以及如何调试这些代码以确保它们正确运行。

　　本章不仅为读者提供了 STM8S 系列微控制器的全面介绍,还通过实际的应用实例,展示了如何将理论知识应用于硬件设计和软件开发中。

## 16.1　STM8 微控制器概述

　　STM8 内核 MCU 芯片是意法半导体公司生产的 8 位 MCU 芯片,包括 STM8S(标准系列,电源电压为 3.0～5.0V)、STM8L(低压、低功耗系列,电源电压为 1.8～3.6V)、STM8A(汽车级系列,包括 STM8AF 子系列和 STM8AL 子系列)3 个系列,融合了 MCU 领域多年来开发的许多新技术。

　　该内核 CPU 采用 CISC 指令系统,指令码长度为 1～5B,同一操作有 2 或 3 条指令可供选择,程序设计灵活;一个机器周期为一个时钟周期,指令周期一般为 1～4 个机器周期(除法指令除外),而多数指令执行时间仅需 1～2 个机器周期,速度快。其指令格式与意法半导体公司早期的 ST7 系列 MCU 相似,其至兼容；内嵌单线仿真接口模块(Single Wire Interface Module,SWIM),仿真开发工具价格低廉。因此，STM8 内核 MCU 芯片非常适合作为"微控制器原理与应用"类课程的教学机型。

　　STM8 内核 MCU 芯片内嵌外设种类多，功能相对完善，性价比高；且多数外设的内部结构、使用方法与意法半导体公司生产的 32 位嵌入式 Cortex-M3 内核的 STM32 系列 MCU 芯片基本相同或相似，只要掌握了其中任一系列外设的使用方法，也就等于掌握了另一系列芯片外设的使用技能。

## 16.1.1　STM8 内核 MCU 芯片主要特性

　　STM8 内核 3 个系列 MCU 芯片的主要特性如下：

　　(1) 支持 16MB 线性地址空间。所有 RAM、EEPROM、Flash ROM 以及与外设有关的寄存器地址均统一安排在 16MB 线性地址空间内，这样无论是 RAM、EEPROM、Flash ROM，还是外设寄存器，其读写的指令格式完全相同，即指令操作码助记符、操作数寻址方式等完全一致。

　　(2) I/O 引脚输入/输出结构能编程选择。可根据外部接口电路的特征将 I/O 引脚编程设置为悬空输入、带弱上拉输入、推挽输出、漏极开路(Open Drain,OD)输出 4 种方式之一，极大地简化了 MCU 芯片外围接口电路的设计。

　　(3) 不同引脚封装芯片，同一功能引脚之间没有交叉现象，硬件扩展方便。

　　(4) 抗干扰能力强，每一输入引脚均内置了施密特输入特性缓冲器。

　　(5) 可靠性高。除了双看门狗[独立硬件看门狗(IWDG)、窗口看门狗(WDT)]外，在指令执行阶段增加了非法操作码检查功能，一旦执行了非法操作码，即刻触发 CPU 芯片复位。

　　(6) 外设种类多、功能相对完善。除个别外中断外，大多数外中断输入引脚的触发方式均可编程选择下沿触发、上沿触发或上下沿触发等多种触发方式；定时/计数器具有上下沿触发、捕获以及 PWM 输出功能。

　　(7) 运行速度快。尽管 STM8 内核 MCU 属于 8 位 MCU 芯片，但它具有 16 位数据传送、算术、逻辑运算指令，因此实际的数据处理能力介于 8 位与 16 位 MCU 芯片之间。

### 1. STM8S 系列 MCU 芯片

　　STM8S 标准系列 MCU 芯片的电源 VDD 电压为 3.0~5.0V，采用 $0.13\mu m$ 工艺，2009 年下半年开始量产，主要特点如下：

　　(1) 提供了基本型(内核最高工作频率为 16MHz)和增强型(内核最高工作频率为 24MHz)两类芯片。这两类芯片区别不大，增强型芯片除了 Flash ROM、RAM、EEPROM 容量较大之外，还增加了 CAN 总线及第二个通用异步串行收发器(Universal Asynchronous Receiver Transmitter,UART)。

　　(2) STM8S 系列芯片许多外设的关键控制寄存器均设有原码寄存器和反码寄存器，当这两个寄存器中任何一个出现错误时，都会触发芯片复位。

　　(3) 除了支持外部高速晶振 HSE 外，还内置了 HSI(16MHz,误差为 1%)、LSI(128 kHz,误差为 14%)两种频率的 RC 振荡电路。在精度要求不高的情况下，可省去外部晶振电路，从而进一步简化了系统的外围电路，降低了成本。

　　(4) 内置了一路具有多个通道的 10 位分辨率的模/数转换器(ADC)，ADC 通道数与芯片封装引脚数目有关。

　　(5) 串行接口部件种类多，除了 UART、SPI、I2C 等常用的串行总线接口部件外，在增强型版本中，还内置了 CAN 总线及第二个 UART 接口部件。

　　(6) 2010 年 4 月后出厂的大部分 STM8S 系列 MCU 芯片均带有 96 位的唯一器件 ID 号。STM8S 系列 MCU 芯片的主要性能指标如表 16-1 所示。

表 16-1　STM8S 系列 MCU 芯片的主要性能指标

| 型　　号 | Flash ROM | RAM | EEPROM | 定时器个数 IC/OC/PWM | | ADC (10 位) 通道 | I/O | 串　行　口 |
|---|---|---|---|---|---|---|---|---|
| | | | | 16 位 | 8 位 | | | |
| STM8S208XX | 128 KB | 6KB | 1～2 KB | 3 | 1 | 16 | 52～68 | CAN,SPI,2×UART,I2C |
| STM8S207XX | 32～128KB | 2～6KB | 1～2KB | 3 | 1 | 7～16 | 25～68 | SPI,2×UART,I2C |
| STM8S105XX | 16～32KB | 2KB | 1KB | 3 | 1 | 10 | 25～38 | SPI,UART,I2C |
| STM8S103XX | 2～8KB | 1KB | 640B | 2 | 1 | 4 | 16～28 | SPI,UART,I2C |
| STM8S903XX | 8KB | 1KB | 640B | 2 | 1 | 7 | 28 | SPI,UART,I2C |
| STM8S001J3 | 8KB | 1KB | 128B | 2 | 1 | 3 | 5 | SPI,UART,I2C |
| STM8S003XX | 8KB | 1KB | 128B | 2 | 1 | 5 | 16～28 | SPI,UART,I2C |
| STM8S005XX | 32KB | 2KB | 128B | 3 | 1 | 10 | 25～38 | SPI,UART,I2C |
| STM8S007XX | 64KB | 6KB | 128B | 3 | 1 | 7～16 | 25～38 | SPI,UART,I2C |

由表 16-1 可以看出，

(1) 与 STM8S207 芯片相比，STM8S208 芯片集成了 CAN 总线，即该子系列芯片集成了 STM8S 系列 MCU 芯片的全部外设。

(2) STM8S207、STM8S208 芯片集成的 ADC 部件为 ADC2；而 STM8S105 及以下基本型芯片集成的 ADC 部件为 ADC1，其功能比 ADC2 略有扩展，没有第二个 UART 串行接口部件。

(3) 32 引脚封装的 STM8S207 芯片没有第二个 UART 串行接口部件。

(4) STM8S001J3 采用 SO-8 封装，除 VDD、GND 以及内嵌稳压器输出滤波引脚 VCAP 外，尚有 5 个 I/O 引脚。不过，为方便仿真和代码下载操作，建议保留第 8 引脚的 SWIM 功能，即第 8 引脚不宜作输出引脚使用。

(5) STM8S003XX、STM8S005XX、STM8S007XX 芯片分别与 STM8S103XX、STM8S105XX、STM8S207XX 芯片兼容，两者的差别在于：STM8S00X 系列的 EEPROM 容量小，只有 128B，且擦写次数仅为 10 万次（而 103、105、207 子系列为 30 万次）；没有提供器件身份识别 ID 号。

**2. STM8L 系列 MCU 芯片**

低压低功耗 STM8L 系列 MCU 芯片的推出时间比 STM8S 系列芯片晚了几年，采用了与 STM32L 系列 Arm 内核 32 位 MCU 芯片相同的超低漏电流工艺，电源 VDD 电压为 1.8～3.6V（禁用低压复位 BOR 功能时，最低工作电压可达 1.65V），特别适合作为电池供电设备的控制电路。与标准系列 STM8S 芯片相比，STM8L 系列芯片内嵌的外设种类更多，性能指标更好，性价比更高，功耗更低。其主要特征如下：

(1) 内核最高工作频率为 16MHz。除了支持振荡频率为 1～16MHz 的外部高速晶振 HSE 外，还支持振荡频率为 32.768kHz 的外部低速晶振 LSE，并内置了 HSI（16MHz 误差小于 2.5%）、LSI（38kHz，误差小于 12%）两种频率的 RC 振荡电路，在精度要求不高的情况下，可分别替换外部 HSE、LSE 晶振电路。

(2) 增加了模拟部件的种类，扩展了模拟部件的功能。除个别型号外，一般都内置了一路多个通道的 12 位分辨率的 ADC，ADC 通道数与芯片封装引脚数目有关；部分型号芯片还内嵌了 1 或 2 通道 12 位分辨率的 DAC 以及 2 路模拟比较器。

(3) 增加了 DMA 控制器（DMA 部件的通道数与芯片封装引脚数目有关），内嵌了按 BCD 方式计数的日历时钟电路 RTC；STM8L052XX、STM8L152XX、STM8L162XX 芯片还增加了 LCD 接口电路。

(4) 串行接口部件种类多。在 STM8L 系列 MCU 芯片中，传统的通用异步串行收发器 UART 被性能更好、使用更灵活的通用同步/异步串行收发器（Universal Synchronous/Asynchronous Receiver

Transmitter,USART)所取代,即内嵌了 USART、SPI、I2C 等常用串行总线接口部件。

(5) 为芯片内核电路(CPU、Flash ROM、EEPROM)提供 1.8V 工作电源的主调压器(MVR)和低功耗调压器(LPVR),不再需要外接滤波电容;正常复位引脚 NRST 与 PA1 引脚共用,即在 STM8L 系列 MCU 芯片中,只有 VDDn/VSSn(数字电源)、VDDA/VSSA(VREF-)、VREF+(参考电源正端)、VLCD(内嵌 LCD 接口电路的 LCD 电源)引脚属于电源脚。因此,对于 SO-8 封装的 STM8L 芯片,除 VDD、GND 引脚外尚有 6 个可用的 I/O 引脚;对于 TSSOP-20 封装的 STM8L 芯片,除 VDD、GND 引脚外尚有 18 个可用的 I/O 引脚。STM8L 系列 MCU 芯片主要性能指标如表 16-2 所示。

表 16-2　STM8L 系列 MCU 芯片主要性能指标

| 型　　号 | Flash ROM | RAM | EEPROM | 定时器个数 IC/OC/PWM | | ADC (12 位) 通道 | DAC (12 位) 通道 | 模拟比较器 | I/O | 串 行 总 线 |
| | | | | 16 位 | 8 位 | | | | | |
|---|---|---|---|---|---|---|---|---|---|---|
| STM8L162XX | 64 KB | 4KB | 2 KB | 4 | 1 | 28 | 2 | 2 | 52~68 | UAR,SPI,I2C |
| STM8L152XX | 16~64KB | 2~4KB | 1~2KB | 3~4 | 1 | 10~28 | 1~2 | 2 | 29~67 | UART,SPI,I2C |
| STM8L151XX | 4~64KB | 1~4KB | 256B~2KB | 2~4 | 1 | 10~28 | 0~2 | 2 | 18~67 | UART,SPI,I2C |
| STM8L101XX | 2~8KB | 1.5KB | — | 2 | 1 | — | — | 2 | 18~30 | UART,SPI,I2C |
| STM8L001J3 | 8KB | 1.5KB | — | 2 | 1 | — | — | 2 | 6 | SPI,I2C |
| STM8L050J3 | 8KB | 1KB | 256B | 2 | 1 | 4 | — | 2 | 6 | UART,SPI,I2C |
| STM8L051F3 | 8KB | 1KB | 256B | 2 | 1 | 10 | — | — | 18 | UART,SPI,I2C |
| STM8L052C6 | 32KB | 2KB | 256B | 3 | 1 | 25 | — | — | 41 | UART,SPI,I2C |
| STM8L052R8 | 64KB | 4KB | 256B | 4 | 1 | 27 | — | — | 54 | UART,SPI,I2C |

从表 16-2 可以看出,

(1) 与 STM8L151 芯片相比,STM8L152、STM8L162 芯片还集成了 LCD 接口电路,即 STM8L152、STM8L162 两个子系列芯片集成了 STM8L 系列 MCU 芯片的全部外设。

(2) STM8L151、STM8L152、STM8L162 三个子系列芯片含有 1 或 2 路 SPI 接口部件、1~3 路 USART 接口部件,具体数目与芯片封装引脚多少有关。64 引脚封装的 STM8L052R8 芯片含有 2 路 SPI 接口部件、3 路 USART 接口部件。

(3) STM8L1XX 芯片带有 96 位的器件 ID 号,而 STM8L05X 芯片没有器件 ID 号。

(4) STM8L0XX 系列芯片、STM8L101XX 系列芯片以及 Flash 容量在 8KB 以内的低密度 STM8L151X 芯片没有 DAC 部件。其中,STM8L050J3、STM8L051F3 芯片分别是 STM8L 系列芯片中性价比最高的 8 引脚和 20 引脚封装芯片。

**3. STM8A 系列 MCU 芯片**

STM8A 是 STM8 内核的汽车级系列芯片,包括 5V 电源电压的 STM8AF(电源电压为 3.0~5.0V,与早期的 STM8AH 系列相同)和低功耗 STM8AL(电源电压为 1.8~3.6V)两个子系列,其特点是工作温度范围宽(-40~125℃,部分型号芯片工作温度上限甚至高达 150℃),可靠性高。其中,STM8AF 子系列芯片内嵌的外设资源种类、性能指标以及使用规则与标准系列 STM8S 芯片基本相同,实际上,这两个系列芯片使用同一用户参考手册(RM0016),STM8AF 子系列芯片仅增加了 USART 接口部件。STM8AL 子系列芯片内嵌的外设资源种类、性能指标以及使用规则与低功耗商用级 STM8L 系列芯片基本相同,在这两种系列芯片中,功能相近的芯片也使用同一用户参考手册(RM0031)。

## 16.1.2　STM8S 系列 MCU 芯片内部结构

STM8S 系列 MCU 芯片由一个基于 STM8 内核的 8 位中央处理器(CPU)、存储器(包括 Flash

ROM、RAM、EEPROM)、常用外设电路(如复位电路、振荡电路、高级定时器 TIM1、通用定时器 TIM2 及 TIM3、看门狗计数器、中断行控制器、UART、SPI、多通道 10 位 ADC)等部件组成,STM8S2XX 系列 MCU 芯片的内部结构如图 16-1 所示。

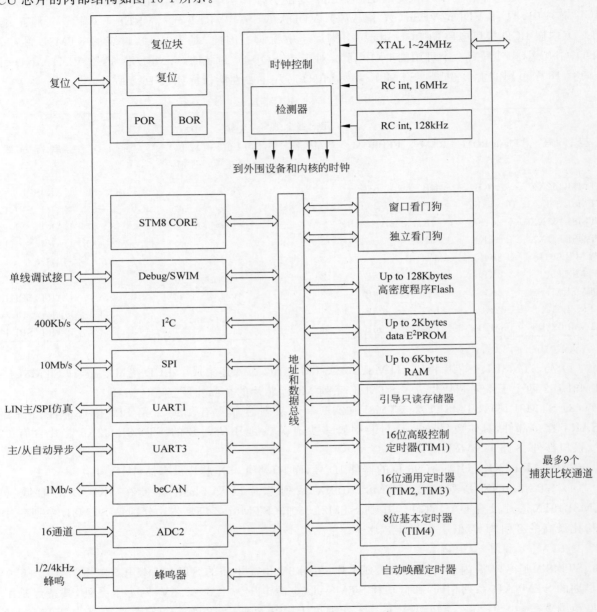

图 16-1 STM8S2XX 系列 MCU 芯片的内部结构

将不同种类、容量的存储器与 MCU 内核(CPU)集成在同一芯片内是微控制器芯片的主要特征之一,STM8S 系列 MCU 芯片内部集成了不同容量的 Flash ROM(4~128 KB)、RAM(1~6KB),此外,还集成了容量为 128B~2KB 的 EEPROM。

将一些基本的、常用的外围电路,如振荡器、定时/计数器、串行通信接口电路、中断控制器、I/O 接口电路,与 MCU 内核集成在同一芯片内是微控制器芯片的又一特征。STM8S 系列 MCU 芯片外设种类繁多,包括定时/计数器、片内振荡器及时钟电路、复位电路、常见串行通信接口电路、模/数转换电路等。

　　由于定时/计数器、串行通信接口电路、中断控制器等外围电路集成在 MCU 芯片内,因此 STM8S 系列 MCU 芯片内部也就包含了这些外围电路的控制或配置寄存器、状态寄存器以及数据输入/输出寄存器。外设接口电路寄存器构成了 STM8S 系列 MCU 芯片数目庞大的外设寄存器。外设寄存器的数量与芯片所属子系列、封装引脚数量等因素有关,芯片包含的外设寄存器名称、复位后的初值可从相应型号的 MCU 芯片的数据手册中查到。

## 16.2　STM8S 微控制器

　　STM8S 微控制器系列拥有高性能的处理能力,STM8S 系列微控制器具有以下特点:

　　(1) 采用 8 位处理器核心,运行频率可达到 20MHz。

　　(2) 内置的 Flash 和 RAM,用于存储程序代码和数据。

　　(3) 提供多种外设接口,如通用输入/输出口(GPIO)、模/数转换器(ADC)、串行通信接口(UART、SPI、I2C)等。

　　(4) 低功耗设计,适用于电池供电的应用。

　　(5) 开发工具链完善,支持多种编程语言和开发环境。

　　STM8S 是意法半导体公司开发的一系列 8 位微控制器。这些微控制器基于 STM8 核心架构,专为低功耗应用而设计。STM8S 系列提供了广泛的外设,包括定时器、UART、SPI、I2C、ADC 和 GPIO,适用于各种嵌入式应用。

　　STM8S 微控制器的一些关键特性包括:

　　(1) 高性能的 STM8 核心,最高运行频率可达 16MHz。

　　(2) Flash 容量为 8~128KB。

　　(3) RAM 容量为 1~6KB。

　　(4) 多种封装选项,包括 SO-20、TQFP-32、LQFP-32、LQFP-48 和 LQFP-64。

　　(5) 适用于电池供电应用的低功耗模式。

　　(6) 多种时钟源,包括内部 RC 振荡器、外部晶体和内部高速振荡器。

　　(7) 集成的外设,如 UART、SPI、I2C、ADC 和 GPIO。

　　(8) 宽工作电压范围,通常为 2.95~5.5V。

　　(9) 具有完善的开发生态系统,包括开发板、软件库和集成开发环境(IDE),如 STM8CubeIDE。

　　STM8S 微控制器是低功耗嵌入式系统的一种高性价比解决方案,提供了性能、功耗和外设集成之间的良好平衡。

### 16.2.1　STM8S1 系列

　　STM8S1 系列是意法半导体公司推出的一系列 8 位微控制器,属于 STM8S 系列的一部分。这些微控制器基于 STM8 核心架构,专为低功耗应用而设计。STM8S1 系列提供了丰富的外设和功能,适用于各种嵌入式应用。

　　STM8S1 系列微控制器的一些关键特性包括:

　　(1) 高性能的 STM8 核心,最高运行频率可达 16MHz。

　　(2) Flash 容量为 8~64KB。

　　(3) RAM 容量为 1~4KB。

　　(4) 多种封装选项,包括 SO-8、SO-14、SO-20、TSSOP-20 和 TSSOP-28。

（5）低功耗模式,适用于电池供电应用。

（6）多种时钟源,包括内部 RC 振荡器、外部晶体和内部高速振荡器。

（7）集成的外设,如 UART、SPI、I2C、ADC 和 GPIO。

（8）宽工作电压范围,通常为 2.95～5.5V。

（9）支持多种通信接口,如 CAN、LIN 和 I2S。

（10）具有高精度的模拟电路,用于精确的测量和控制。

STM8S1 系列微控制器是一种高性价比的解决方案,适用于低功耗嵌入式系统,提供了良好的性能、低功耗和丰富的外设集成。

## 16.2.2　STM8S2 系列

STM8S2 系列是意法半导体公司推出的一系列 8 位微控制器,属于 STM8S 系列的一部分。STM8S2 系列微控制器基于 STM8 核心架构,专为低功耗应用而设计。该系列提供了丰富的外设和功能,适用于各种嵌入式应用。

STM8S2 系列微控制器的一些关键特性包括:

（1）高性能的 STM8 核心,最高运行频率可达 16MHz。

（2）Flash 容量为 8～128KB。

（3）RAM 容量为 1～6KB。

（4）多种封装选项,包括 SO-20、TQFP-32、LQFP-32、LQFP-48 和 LQFP-64。

（5）低功耗模式,适用于电池供电应用。

（6）多种时钟源,包括内部 RC 振荡器、外部晶体和内部高速振荡器。

（7）集成的外设,如 UART、SPI、I2C、ADC 和 GPIO。

（8）宽工作电压范围,通常为 2.95～5.5V。

（9）支持多种通信接口,如 CAN、LIN 和 I2S。

（10）具有高精度的模拟电路,用于精确的测量和控制。

STM8S2 系列微控制器是一种高性价比的解决方案,适用于低功耗嵌入式系统,提供了良好的性能、低功耗和丰富的外设集成。

## 16.2.3　STM8S 系列微控制器型号及其简要介绍

常见的 STM8S 系列微控制器型号及其简要介绍如下:

（1）STM8S001J3——具有 8KB Flash 和 1KB RAM。适用于低成本和低功耗应用。

（2）STM8S003F3——具有 8KB Flash 和 1KB RAM。

（3）STM8S103F3——具有 8KB Flash 和 1KB RAM。

以上 3 种型号的微控制器支持多种通信接口和外设,适用于工业控制和家电应用。

（4）STM8S105K4——具有 16KB Flash 和 2KB RAM。

（5）STM8S105C6——具有 32KB Flash 和 2KB RAM。

（6）STM8S105C8——具有 64KB Flash 和 2KB RAM。

（7）STM8S105K6——具有 32KB Flash 和 2KB RAM。

（8）STM8S105R8——具有 64KB Flash 和 2KB RAM。

以上 5 种型号支持多种通信接口和外设,适用于汽车电子和工业自动化应用。

（9）STM8S207C8——具有 64KB Flash 和 2KB RAM。

（10）STM8S207K8——具有 64KB Flash 和 2KB RAM。

（11）STM8S207R8——具有 128KB Flash 和 6KB RAM。

以上 3 种型号支持多种通信接口和外设，适用于高性能嵌入式系统和应用。

（12）STM8S208：具有 128KB Flash 和 6KB RAM。STM8S208 支持多种通信接口和外设，包括 UART、SPI、I2C、beCAN 和 GPIO 等。它还具有多个定时器和 PWM 输出通道，可用于实现精确的定时和脉冲宽度调制功能。此外，STM8S208 还具有多个模拟和数字接口，可满足广泛的应用需求。

STM8S208 采用低功耗设计，适用于需要长时间运行的应用。它具有丰富的外设和强大的处理能力，适用于工业自动化、汽车电子、仪器仪表等领域的高性能嵌入式系统。STM8S208 还具有丰富的开发工具和软件支持，开发人员可以使用 ST 的集成开发环境（IDE）和编译器进行开发和调试。

以上只是一些常见的 STM8S 系列微控制器型号，实际上还有更多型号可供选择，具体选择取决于应用需求和性能要求。

### 16.2.4　STM8S 系列微控制器的应用领域

STM8S 系列微控制器广泛应用于各种嵌入式系统和应用领域，包括但不限于：

（1）工业自动化。STM8S 系列微控制器具有丰富的外设和通信接口，可用于控制和监控工业设备和系统，如 PLC、工业机器人、传感器和执行器。

（2）汽车电子。STM8S 系列微控制器适用于汽车电子应用，如车身控制模块、发动机控制单元（Electronic Control Unit，ECU）、仪表盘和车辆网络通信。

（3）家电和消费电子。STM8S 系列微控制器可用于家电和消费电子产品，如空调、冰箱、洗衣机、电视和音频设备。

（4）智能电网。STM8S 系列微控制器可用于智能电网应用，如智能电表、电力监控和能源管理系统。

（5）医疗设备。STM8S 系列微控制器适用于医疗设备，如心电图机、血压计、血糖仪和医疗监护设备。

（6）安防系统。STM8S 系列微控制器可用于安防系统，如入侵报警、监控摄像头和智能门锁。

（7）物联网（IoT）。STM8S 系列微控制器具有低功耗和丰富的通信接口，适用于物联网设备，如智能家居、智能城市和智能农业。

（8）电子游戏和娱乐设备。STM8S 系列微控制器可用于电子游戏机、娱乐设备和玩具，提供高性能和丰富的外设支持。

## 16.3　STM8S105xx 单片机

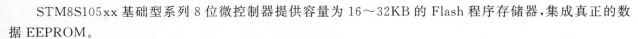

STM8S105xx 基础型系列 8 位微控制器提供容量为 16～32KB 的 Flash 程序存储器，集成真正的数据 EEPROM。

STM8S105xx 基础型系列所有的微控制器具有以下性能：

（1）更低的系统成本。

① 内部集成真正的 EEPROM 数据存储器，可擦写次数达到 30 万次。

② 高度集成了内部时钟振荡器、看门狗和掉电复位功能。

（2）高性能和高可靠性。

① 16MHz CPU 时钟频率。

② 强大的 I/O 功能，拥有分立时钟源的独立看门狗。

③ 时钟安全系统。

（3）缩短开发周期。

① 可根据具体的应用在通用的产品系列中选择，具有合适的封装、存储器大小和外设模块的芯片。

② 完善的文档和多种开发工具选择。

（4）产品可延续性。

① 最新技术打造的高水平内核和外设。

② 系列产品广泛适用 $2.95\sim5.5V$ 的工作电压。

STM8S105x4/6 模块框图如图 16-2 所示，STM8S105x4/6 引脚如图 16-3 所示，图 16-3 为 LQFP 48 引脚封装。

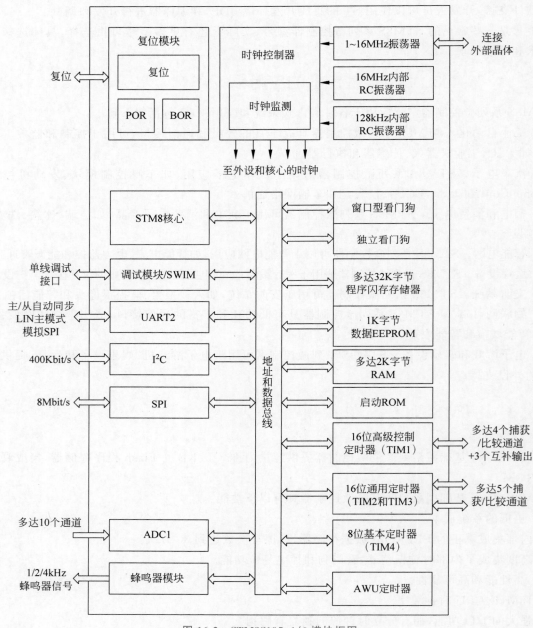

图 16-2　STM8S105x4/6 模块框图

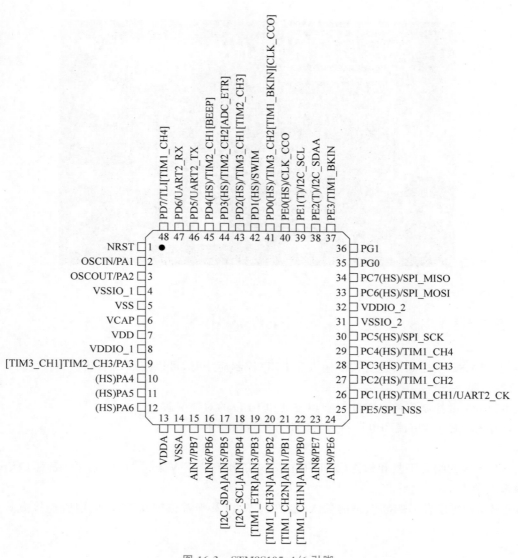

图 16-3 STM8S105x4/6 引脚

## 16.4 STM8S 开发板和仿真器的选择

STM8S 开发板可以在网上购买,价格因模块配置的区别而不同,价格为 100~200 元。

本书选用科嵌微控制器科技公司的 STM8S105C6 开发板套件,基本配置如图 16-4 所示。

本开发板以 STM8S105C6 微控制器为核心,采用独立模块设计思想,综合考虑,精心布局,板载有发光管显示、数码管显示模块、SPI_128X64 OLED 液晶显示屏电路、SPI_128X64 液晶屏电路、按键、蜂鸣器、实时时钟 DS1302、模数转换器 AD、RS-485 通信模块、串口通信、VS838 红外接收、DS18B20 温度采集电路、串口转 USB 电路和 SWIM 仿真下载接口等,能满足各种学习需求。

STM8S 仿真器可以选择 ST-Link V2,详见 9.5 节介绍。

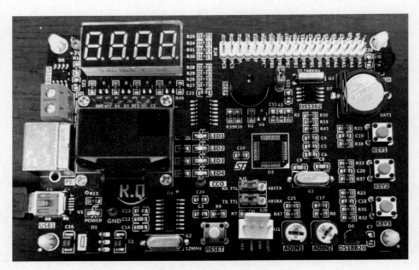

图 16-4    STM8S105C6 开发板

# 16.5    STM8S 按键输入与 LED 应用实例

当使用 STM8S 微控制器进行按键输入和 LED 控制应用时,可以按照以下基本步骤进行。

**1. 硬件连接**

连接 STM8S 微控制器的 GPIO 引脚到按键和 LED 的对应引脚。

确保按键和 LED 的电流和电压符合 STM8S 的规格要求。

**2. 编程**

使用 STM8S 的编程工具和软件(如 IAR 嵌入式工作台、ST Visual Develop 等)编写 C 语言程序来控制按键输入和 LED。

在编程中,需要设置 GPIO 引脚的输入/输出状态,以及配置按键和 LED 的引脚连接方式(如上拉、下拉等)。

**3. 按键输入处理**

在主程序中设置一个循环,不断检测按键的状态。可以通过读取 GPIO 引脚的状态来检测按键是否被按下,然后进行相应的处理。

**4. LED 控制**

根据按键输入的状态,控制 LED 的亮灭状态。可以使用 if-else 语句或者开关语句来根据按键状态控制 LED 的亮灭。

**5. 调试和验证**

通过连接按键和 LED 到 STM8S 微控制器后,进行调试和验证程序的正确性。

可以通过观察 LED 的亮灭状态和按键输入的效果来验证程序是否正确工作。

## 16.5.1    按键输入与 LED 显示硬件设计

微控制器采用 STM8S105C6,其最小系统设计如图 16-5 所示。

STM8S105C6 的 GPIO 口 PA3、PB6 和 PD7 分别连接 3 个独立按键 KEY1、KEY2 和 KEY3,用 STM8S105C6 的 GPIO 口 PC1、PD2、PB4 和 PD3 分别控制 4 个发光二极管 LED1、LED2、LED3 和

LED4。3 个独立按键和 4 个发光二极管显示电路分别如图 16-6 和图 16-7 所示。

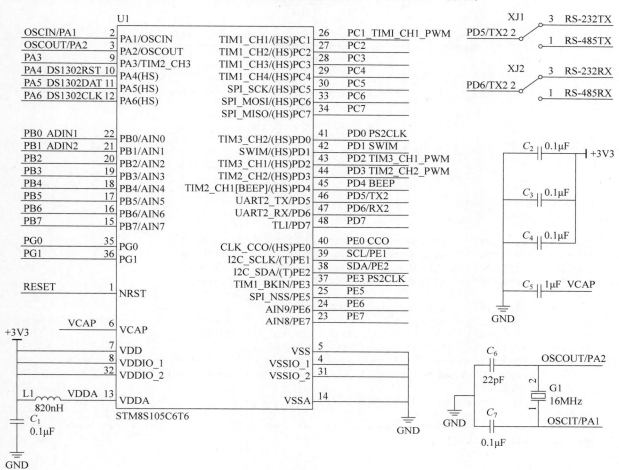

图 16-5　STM8S105C6 最小系统设计

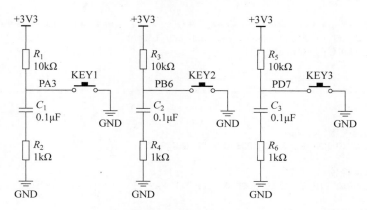

图 16-6　3 个独立按键电路

## 16.5.2　按键输入与 LED 显示软件设计

按键输入与 LED 显示的 main.c 软件设计如下：

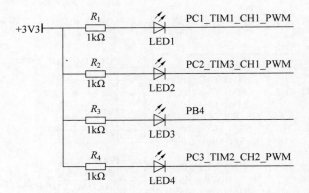

图 16-7 　4 个发光二极管显示电路

```c
/* 添加库函数头文件 */
# include "stm8s.h"

# define      LED1_ON()        GPIO_WriteLow(GPIOC , GPIO_PIN_1)      //LED1 亮
# define      LED2_ON()        GPIO_WriteLow(GPIOD , GPIO_PIN_2)      //LED2 亮
# define      LED3_ON()        GPIO_WriteLow(GPIOB , GPIO_PIN_4)      //LED3 亮
# define      LED4_ON()        GPIO_WriteLow(GPIOD , GPIO_PIN_3)      //LED4 亮


# define      LED1_OFF()       GPIO_WriteHigh(GPIOC , GPIO_PIN_1)     //LED1 灭
# define      LED2_OFF()       GPIO_WriteHigh(GPIOD , GPIO_PIN_2)     //LED2 灭
# define      LED3_OFF()       GPIO_WriteHigh(GPIOB , GPIO_PIN_4)     //LED3 灭
# define      LED4_OFF()       GPIO_WriteHigh(GPIOD , GPIO_PIN_3)     //LED4 灭
/* *************************************************************************
** 函数名称:void delay(unsigned int ms)      Name: void delay(unsigned int ms)
** 功能描述:大概延时
** 入口参数:unsigned int ms       输入大概延时数值
** 输出:无
   ************************************************************************* /
void delay(unsigned int ms)
{
  unsigned int x , y;
  for(x = ms; x > 0; x-- ) /* 通过一定周期循环进行延时 */
    for(y = 3000 ; y > 0 ; y-- );
}
/* *************************************************************************
** 函数名称:void ALL_LED_Init()      Name: void ALL_LED_Init()
** 功能描述:初始化 LED 灯的 IO 口设为输出
** 入口参数:无
** 输出:无
   ************************************************************************* /
void ALL_LED_Init()
{
  //设置 PC1 为快速推挽输出 ,LED1
  GPIO_Init(GPIOC , GPIO_PIN_1 , GPIO_MODE_OUT_PP_LOW_FAST);

  //设置 PD2 为快速推挽输出 ,LED2
  GPIO_Init(GPIOD , GPIO_PIN_2 , GPIO_MODE_OUT_PP_LOW_FAST);

  //设置 PB4 为快速推挽输出 ,LED3
  GPIO_Init(GPIOB , GPIO_PIN_4 , GPIO_MODE_OUT_PP_LOW_FAST);

  //设置 PD3 为快速推挽输出 ,LED4
  GPIO_Init(GPIOD , GPIO_PIN_3 , GPIO_MODE_OUT_PP_LOW_FAST);
}
/* *************************************************************************
```

```
** 函数名称:ALLKeyInit()
** 功能描述:配置 Key1 , Key2 , Key3 输入按键
** 入口参数:无
** 输出:无
********************************************************************** /
void ALLKeyInit()
{
  //KEY1 INIT PA3
GPIO_Init(GPIOA , GPIO_PIN_3 , GPIO_MODE_IN_PU_NO_IT);        //配置 KEY1 PA3 为带上拉电阻输入

  //KEY2 INIT PB6
GPIO_Init(GPIOB , GPIO_PIN_6 , GPIO_MODE_IN_PU_NO_IT);        //配置 KEY2 PB6 为带上拉电阻输入

  //KEY3 INIT PD7
GPIO_Init(GPIOD , GPIO_PIN_7 , GPIO_MODE_IN_PU_NO_IT);        //配置 KEY3 PD7 为带上拉电阻输入
}
/* 主函数 */
int main(void)
{
  //内部时钟为 1 分频 = 16MHz
  CLK_SYSCLKConfig(CLK_PRESCALER_HSIDIV1);
  ALL_LED_Init();                                   //调用 LED 初始化函数
  ALLKeyInit();                                     //调用按钮初始化函数
  while(1)
  {
    if(GPIO_ReadInputPin(GPIOA , GPIO_PIN_3) == RESET)       //判断按钮 1 是否被按下
    {
      delay(10);                                    //先延时进行消抖
      while(GPIO_ReadInputPin(GPIOA , GPIO_PIN_3) == RESET); //等待按钮 1 被松开
      delay(10);                                    //再次延时消抖
      GPIO_WriteReverse(GPIOC , GPIO_PIN_1);        //异或取反 LED1 使其亮灭
    }
    if(GPIO_ReadInputPin(GPIOB , GPIO_PIN_6) == RESET)       //判断按钮 2 是否被按下
    {
      delay(10);                                    //先延时进行消抖
      while(GPIO_ReadInputPin(GPIOB , GPIO_PIN_6) == RESET); //等待按钮 2 被松开
      delay(10);                                    //再次延时消抖
      GPIO_WriteReverse(GPIOD , GPIO_PIN_2);        //异或取反 LED2 使其亮灭
    }

    if(GPIO_ReadInputPin(GPIOD , GPIO_PIN_7) == RESET)       //判断按钮 3 是否被按下
    {
      delay(10);                                    //先延时进行消抖
      while(GPIO_ReadInputPin(GPIOD , GPIO_PIN_7) == RESET); //等待按钮 3 被松开
      delay(10);                                    //再次延时消抖
      GPIO_WriteReverse(GPIOB , GPIO_PIN_4);        //异或取反 LED3 使其亮灭
    }
  }
}
void assert_failed(u8 * file, u32 line)      //是一个宏定义;在固件库中,它的作用就是检测传递给函数的参数
                                             //是否有效
{
  while (1)
  {

  }
}
```

## 16.5.3　按键输入与 LED 显示软件的调试

在对 STM8S 仿真调试之前,如 MSP430 的仿真调试一样,需要安装 STM8S 的 IAR Embedded

Workbench 集成开发环境,文件夹名如图 16-8 所示,程序版本为 1.3,安装方法和过程和安装 MSP430 的 IAR Embedded Workbench 集成开发环境是一样的,这里不再详述。

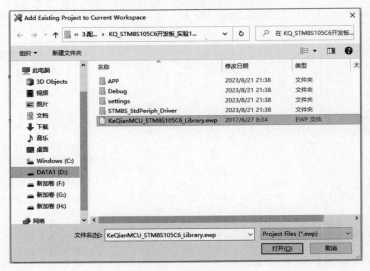

图 16-8　STM8S IAR EW 集成开发环境文件夹

按键输入与 LED 显示在 STM8S105C6 开发板上实现。

按键输入与 LED 显示的工程按第 14 章介绍的方法已经创建好。选择 IAR EW 中的 Project→Add Existing Project 命令,出现如图 16-9 所示的工程选择界面。选择 KeQianMCU_STM8S105C6_Library. ewp 工程,单击"打开"按钮,出现如图 16-10 所示的工程界面。

图 16-9　工程选择界面

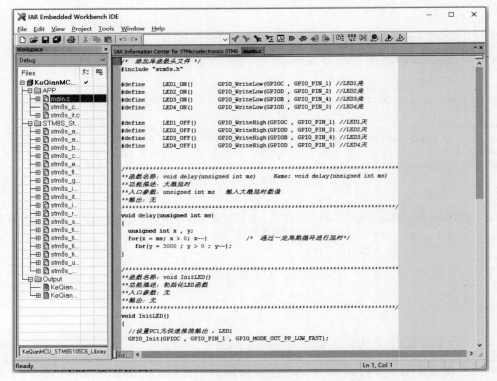

图 16-10　工程界面

单击 IAR EW 中的 ■（Download and Debug）按钮，如图 16-11 所示，然后出现如图 16-12 所示的工程调试界面。

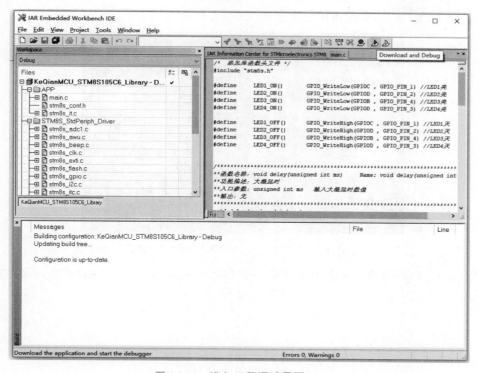

图 16-11　进入工程调试界面（1）

图 16-12　进入工程调试界面（2）

单击图 16-13 中的 🖉 按钮或按下 F5 功能键,在 STM8S105C6 开发板上 4 个 LED 全亮,当分别按下 KEY1、KEY2、KEY3 按键时,LED1、LED2、LED3 分别在亮与灭两种状态之间切换,当按下 KEY1 按键时,LED1 灭,如图 16-13 所示,表明调试结果正常。

图 16-13　按键输入与 LED 显示工程调试结果

若退出工程调试过程,则再次单击 IAR EW 中的 ▶ (Download and Debug)按钮,回到如图 16-10 所示的工程界面。

# 第 17 章
## CHAPTER 17
# TMS320数字信号处理器与开发

TMS320 数字信号处理器是 TI 公司推出的一种高性能数字信号处理器,它具有高速运算能力、高效的数据处理能力和低功耗等特点,广泛应用于通信、音频、视频、医疗、工业控制等领域。

TMS320 数字信号处理器的开发可以采用 TI 的开发工具,如 Code Composer Studio(CCS,代码编译器套件或集成开发环境)等,也可以使用第三方开发工具。

TMS320 数字信号处理器的开发需要深入了解处理器的架构和特性,掌握相关的软件开发技术和工具,同时还需要具备一定的硬件设计能力和系统集成能力。

本章深入探讨了数字信号处理器(DSP)的相关知识,重点介绍了 TMS320 系列数字信号处理器的开发。本章内容为读者提供了从 DSP 的基础概念到具体应用实例的全面了解。

本章主要讲述如下内容:

(1)数字信号处理器概述,为读者打下了坚实的基础,介绍了 DSP 芯片的主要结构特点、分类及主要技术指标,并讨论了 DSP 芯片的多样化应用场景和选择方法。

(2)介绍了几家主要的 DSP 芯片生产厂家,如美国 AMI 公司、TI 公司、ADI 公司,以及 Xilinx 公司,提供了它们的背景和 DSP 产品的简介。

(3)讨论了 DSP 系统的组成和设计过程,为读者提供了设计 DSP 系统时的宝贵信息。

(4)提供了拓展阅读材料和项目实践,以增强读者的实践能力和理解深度。

(5)深入探讨了 DSP 的结构与特性,包括基本结构、引脚分布、封装、内部总线结构、中央处理器 CPU 以及存储器和其扩展接口。

(6)讲述了 TMS320F28335 这款 32 位浮点 DSP 处理器,提供了关于其特性、片内外设资源、引脚分布与功能的详细介绍。

(7)讲解了 TMS320F28335 最小系统硬件设计,包括设计注意事项、硬件电路设计以及调试过程中的注意事项。

(8)介绍了 DSP 软件开发环境,包括软件开发流程和工具,以及集成开发环境 CCS。

(9)如何选择 DSP 开发板和仿真器,以便于开发者根据自己的项目需求选择合适的开发工具。

(10)通过一个具体的应用实例——7 位 LED 流水灯显示,展示了如何将 TMS320F28335 应用于实际项目中,包括硬件设计和软件设计。

本章不仅为读者提供了 DSP 的全面理论知识,而且通过实际的设计实例,展现了如何将这些理论应用于实际的硬件和软件开发中。

##  17.1　数字信号处理器概述

计算机技术和数字信号处理技术已经与我们的生活密不可分。数字信号处理器(Digital Signal

Processor,DSP)自 20 世纪 80 年代诞生以来,经过 40 余年的飞速发展,已经进入工业控制、家用电器、雷达、通信等诸多工业领域,成为了非常具有竞争力的技术之一。TI 公司是一家具有全球领先技术的跨国半导体公司,致力于设计、制造、测试、销售模拟和嵌入式处理器芯片。TI 公司也是当今世界上最大的 DSP 处理器供应商,DSP 相关产品的销售在全球市场上遥遥领先。TI 公司推出的 C2000 系列的实时控制微处理器是目前世界上用于工业控制领域的最有影响力且主流的微处理器之一。

　　C2000 系列的微处理器不仅运行速度快、处理功能强,还具有丰富的片内外围设备,便于接口和模块化设计,性价比极高,不但适用于大批量和多品种的家电产品、数码相机、电话、测试仪器仪表应用,还可广泛应用于数字电动机控制、工业自动化、电力转换系统、通信设备等。C2000 系列处理器优异的性能和极高的性能价格比,使它的应用价值日益突显,得到越来越多国内高校和企业的青睐。

　　DSP 技术是当今信息技术的热门领域之一,它包含两方面的含义:数字信号处理(Digital Signal Processing)理论和数字信号处理器(Digital Signal Processor)。

　　数字信号处理理论包括频谱分析和数字滤波器设计等基础内容,20 世纪 60 年代以来得到了迅速发展。近代数字信号处理学科的突破性研究成果,是 1965 年库利(J. W. Cooley)和图基(J. W. Tukey)在《计算数学》(*Mathematics of Computation*)杂志上发表的"机器计算傅里叶级数的一种算法"论文。从此,实时进行频谱分析的离散傅里叶变换(Discrete Fourier Transform,DFT)成为可能,他们提出的算法目前习惯上被称为快速傅里叶变换(Fast Fourier Transform,FFT)。数字滤波器主要分为两大类:无限脉冲响应(Infinite Impulse Response,IIR)数字滤波器和有限脉冲响应(Finite Impulse Response,FIR)数字滤波器,相关的设计理论和设计辅助工具目前都已经较为成熟。乘法累加运算是 DFT、FFT 算法和数字滤波的典型形式。此外,自适应信号处理、信号压缩、信号建模等数字信号处理算法近年来也获得了长足发展。数字信号处理理论的详细介绍可以参见各类数字信号处理教程。

　　数字信号处理器(或称为 DSP 芯片)是专门针对数字信号的数学运算需要而设计开发的一类集成电路芯片。

## 17.1.1　DSP 芯片的主要结构特点

　　为了尽可能快速地实现数字信号处理运算,DSP 芯片一般都采用特殊的软硬件结构。TI 公司生产的 TMS320 系列 DSP 芯片是应用十分广泛的数字信号处理器,其主要结构特点包括:

　　(1) 哈佛结构。

　　(2) 专用的硬件乘法器。

　　(3) 流水线操作。

　　(4) 特殊的 DSP 指令。

　　(5) 高速度和高精度等。

　　这些特点使得 TMS320 系列 DSP 芯片可以实现快速的 DSP 运算,其中大部分的运算都能够在一个指令周期内完成。

　　(1) 哈佛结构。传统的微处理器采用冯·诺依曼(Von·Neuman)结构,即将程序和数据存储在同一个存储空间,统一编址,并且只有一条总线。因此,某一时刻,该处理器中数据和指令的寻址和读写任务必须分时错开完成,这在很大程度上限制了拥有较大数据量的数字信号处理任务的速度。

　　DSP 芯片普遍采用哈佛结构。哈佛结构是一种并行体系结构,不同于传统的冯·诺依曼结构。哈佛结构的主要特征是将程序和数据存储空间分开设置,即程序存储器和数据存储器是两个相互独立的存储器,每个存储器独立编址,独立访问。此外,与两个存储器相对应,系统中分别设置了程序和数据两条总线,从而使数据的吞吐率大大提高。典型的哈佛结构如图 17-1 所示。

（2）专用的硬件乘法器。在传统的通用微处理器中，乘法指令是由一系列加法实现的，故需许多个指令周期完成一次乘法运算。在典型的FFT（Fast Fourier Transform Algorithm，快速傅里叶变换）、IIR（Infinite Impulse Response，无限脉冲响应，一种滤波器）和FIR（Finite Impulse Response，有限脉冲响

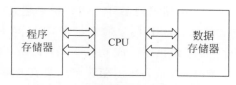

图 17-1　典型的哈佛结构示意图

应，一种滤波器）等数字信号处理算法中，乘法是DSP运算的重要组成部分，因此，乘法运算的实现速度在很大程度上决定了DSP处理器性能的高低。为此，DSP芯片中一般设计有一个专用的硬件乘法器。TI公司的TMS320系列DSP芯片具有专用的硬件乘法器，一次或多次的乘法累加运算都可以在一个指令周期内完成。

（3）流水线操作。为了有效减少指令执行时间，DSP芯片广泛采用流水线机制。要执行某条DSP指令，一般需要通过取指令、译码、取操作数和执行等几个阶段，DSP的流水线操作是指它的几个阶段在程序执行过程中是重叠的，即在执行本条指令的同时，下面的若干指令也依次完成了取指令、译码、取操作数的操作。换句话说，在每个指令周期内，几条不同的指令同时处于激活状态，每条指令处于不同的阶段。同时激活的指令数目与DSP芯片采用的流水线级数有关。正是利用这种流水线机制，才保证了DSP的乘法、加法以及乘加运算可以在单周期内完成，这对于提高DSP芯片的运算速度具有十分重要的意义。

（4）特殊的DSP指令。DSP芯片的另一个特征是采用特殊的指令，主要包括专门为实现数字信号处理的算法而设置的特殊指令。如DMOV指令，完成把数据复制到地址加1的单元中，原单元的内容不变，即数据移位操作，相当于数字信号处理中的延时操作。此外，为了能够方便、快速地实现FFT算法，指令系统中设置了"位倒序寻址""循环寻址"等特殊指令，使得FFT算法所需完成的寻址、排序速度大大提高。

（5）高速度和高精度。DSP芯片采用上述哈佛结构、流水线操作，并设计了专用硬件乘法器、特殊的DSP指令，再加上集成电路的优化设计，使得DSP芯片的指令周期能够达到几十纳秒，甚至几纳秒，有时小于1ns。TMS320系列处理器的指令周期已经从第一代的200ns降低至现在的20ns以下。快速的指令周期使得DSP芯片能够实时完成许多DSP运算。

DSP不仅运算速度快，运算能力强，而且运算精度高。定点DSP达到32位字长，有的累加器可以达到40位字长，浮点DSP更是提供了很大的动态范围，表现出非凡的运算能力和运算精度。

（6）片内、片外两级存储结构。DSP具有片内和片外两个独立的存储空间，统一映射到程序空间和数据空间。当片内存储空间不够时，可扩展片外存储器。片内存储器具有存取速度快的特点，接近寄存器访问速度，DSP指令中采用存储器访问指令取代寄存器访问指令，可以采用双操作数和三操作数完成多个存储器同时访问。片外存储器容量大，但访问速度比片内存储器慢。

（7）多机并行特性。随着DSP芯片价格不断下降，多DSP芯片并行处理技术得到了进一步发展。尽管单片DSP芯片的处理能力已经达到很高的水平，但在一些实时性要求很高的应用场合，采用多片DSP并行处理能够进一步提高系统性能，DSP芯片的发展也非常注重多机并行的应用趋势，在提高DSP芯片性能的同时，采用便于多处理器并行的结构，例如，TMS320C40芯片有6个8位通信口，既可以串联，也可以并联。

（8）低功耗特点。电子设备小型化和便携式的需求，迫使器件不断追求低功耗。DSP芯片的功能强大，运行速度很快，由此带来了较大的功耗。器件厂家通过采用CMOS工艺，降低工作电压，设置IDLE（空闲）、WAIT（等待）和STOP（停止）状态等手段大幅度降低DSP芯片的功耗，因此，当前的DSP芯片具有低工作电压和低功耗的特点。

(9) 可编程的 DSP。内核很多超大规模专用集成电路将 DSP 内核纳入其中,以提高专用芯片的功能和性能。DSP 内核通常包含 CPU、存储器和特定的外设,用户可以将自己的设计,通过 DSP 厂家的专业技术得以实现,成功应用的 DSP 内核有 TI 公司的 TMS320 系列 DSP 核,以及 ADI 公司的 ADSP21000 系列等。随着专用集成电路技术的发展,一些 EDA 公司将 DSP 硬件和软件开发纳入 EDA 范畴,推出相应软件包,为用户自行设计所需要的 DSP 芯片和软件提供支持。

其他的 DSP 芯片结构特点包括:快速的中断处理和硬件 I/O 支持;片内具有快速 RAM,通常可通过独立的数据总线在两个数据块中同时访问;具有低成本或无成本循环及跳转的硬件支持;具有在单周期内操作的多个硬件地址产生器等。一般来说,与通用微处理器相比,DSP 芯片的运算能力极强,而其他通用功能则相对较弱。

很多读者对单片机已经有所了解。为了更清楚地说明 DSP 芯片的特点,表 17-1 列出了 DSP 和普通单片机的比较。

表 17-1 DSP 和普通单片机的比较

| 项　目 | | DSP | 普通单片机 | DSP 的优点 |
|---|---|---|---|---|
| 结构和指令系统 | 总线结构 | 哈佛结构或改进型哈佛结构 | 冯·诺依曼结构 | 消除总线瓶颈,加快运行速度 |
| | 乘法累加运算 | 利用专门的硬件乘法器,单指令即可实现 | 没有硬件乘法器,多指令实现 | 减少所需指令周期数 |
| | 位倒序寻址 | 利用硬件数据指针,实现逆序寻址 | 普通寻址 | 减少 FFT 运算寻址时间 |
| | 指令运行方式 | "流水线"方式,允许程序与数据存储器同时访问 | 顺序执行 | 显著提高运算速度 |
| | 多处理系统 | 提供具有很强同步机制的互锁指令 | 无专用指令 | 保证了高速运算中的通信以及运算结果的完整性 |
| 应用领域 | | 主要应用于具有较为复杂的高速数字信号处理领域,例如,通信编码、视频图像处理、语音处理、雷达处理、多电动机的伺服控制等 | 主要应用于简单的系统控制或事务处理,例如,简单的测试系统、低档电子玩具控制、简单的电动机控制和家用电器控制等 | 适合于要求高速数据运算处理的应用场合 |
| 价格 | | 较高 | 极低 | — |

## 17.1.2　DSP 芯片的分类

DSP 芯片按照不同的分类标准,可以有不同的分类结果。

**1. 根据 DSP 芯片基础特性分类**

DSP 基础特性主要包括 DSP 芯片的工作时钟和指令类型。

如果 DSP 芯片在某时钟频率范围内的任何频率上都能正常工作,只是计算速度有所变化,而没有性能的下降,这类 DSP 芯片一般可以称为静态 DSP 芯片。例如,TI 公司的 TMS320C2xx 系列芯片属于这一类,包括 TMS320C24x/28x。

此外,对于两种或两种以上的 DSP 芯片,如果它们的指令集和相应的机器代码及引脚结构相互兼容,则这类 DSP 芯片称为一致性的 DSP 芯片。

**2. 根据 DSP 芯片数据格式分类**

根据 DSP 芯片采用的数据格式来分类:数据以定点格式工作的 DSP 芯片称为定点 DSP 芯片;以浮点格式工作的称为浮点 DSP 芯片。不同的浮点 DSP 芯片的浮点格式有可能不同,例如,有的 DSP 芯片采用 IEEE 标准浮点格式,有的 DSP 芯片采用自定义浮点格式。

**3. 根据 DSP 芯片用途分类**

根据 DSP 芯片的用途可分为通用型 DSP 芯片和专用型 DSP 芯片。通用型 DSP 芯片一般是指可以用指令编程的 DSP,适合普通的 DSP 应用,灵活性强,适用范围广,如 TI 公司的三大系列 DSP 芯片。专用型 DSP 芯片是为某一特定的 DSP 运算而设计的,相应的算法由内部硬件电路实现,适合特殊的运算,如数字滤波、卷积和 FFT 等,主要用于信号处理速度要求极快的特殊场合。专用型 DSP 芯片尽管适用范围小,但是在批量较大的情况下,其成本往往较低。

## 17.1.3　DSP 芯片的应用

随着 DSP 芯片性能不断改善,性价比不断提高,利用 DSP 芯片构造数字信号处理系统进行信号的实时处理已成为当今和未来数字信号处理技术发展的一个热点。DSP 芯片的应用范围不断扩大,目前 DSP 芯片的应用几乎遍及各个领域,主要包括:

(1) 信号处理领域,例如数字滤波、快速傅里叶变换、相关运算、卷积及自适应滤波等。

(2) 自动控制领域,例如电动机控制、引擎控制、机器人控制和磁盘控制等。

(3) 通信领域,例如调制解调器、数据加密、数据压缩、扩频通信和纠错编码等。

(4) 语音处理领域,例如语音编码、语音解码和语音识别等。

(5) 图像/图形处理领域,例如图像加密、图像压缩与传输、图像增强、动画和机器人视觉等。

(6) 军事领域,例如导航定位、保密通信、雷达处理、声呐处理和红外成像等。

(7) 仪器仪表领域,例如数据采集、频谱分析、函数发生、锁相环和特征提取等。

(8) 医疗领域,例如 CT(Computed Tomography,计算断层扫描)成像、核磁共振成像、助听和超声设备等。

(9) 家用电器领域,例如数字电话、数字电视、高保真音响、玩具与游戏等。

## 17.1.4　DSP 芯片的选择

对于设计和开发 DSP 应用系统,DSP 芯片的选择是重要的基础环节。在确定 DSP 芯片型号之后,才能进一步设计外围所需电路和系统的其他电路。开发实际的 DSP 系统,并不一定要选用高性能的 DSP 芯片。选择 DSP 芯片时应根据实际应用系统的需要,最基本的要求一般是运算速度和价格。一般情况下,影响 DSP 芯片选择的因素包括以下几方面。

(1) 运算速度。运算速度是 DSP 芯片最重要的性能指标,它是选择 DSP 芯片时首先考虑的一个主要因素。目前,DSP 芯片的运算速度可以用以下几种性能指标来衡量,其中指令周期或 MIPS 是比较常用的运算速度指标:

① 指令周期,即执行一条指令所需要的时间,单位一般用纳秒(ns)。

② MIPS(Million Instructions Per Second),即 DSP 芯片每秒可以执行的百万条指令。

③ FFT 执行时间,即运行一个 $N$ 点 FFT 程序所需的时间。

④ MAC 时间,即运行一次乘法加上一次加法的时间。

⑤ MOPS(Million Operations Per Second),即每秒可执行的百万次操作。

⑥ MFLOPS(Million Float Operations Per Second),即每秒可执行的百万次浮点操作。

⑦ BOPS(Billion Operations Per Second),即每秒可执行的十亿次操作。

(2) 价格。开发 DSP 产品,必须考虑系统的成本因素,显然成本越低的产品,竞争力越强。但是价格越低,DSP 性能一般也越低。因此,应当在确定满足性能要求的前提下,选择价格较低的 DSP 芯片。

(3) 片内硬件资源。为了方便用户开发 DSP 系统,市场上绝大多数 DSP 芯片产品都在芯片内部集成了一定的存储模块和外设模块,例如,片内 ROM、RAM 以及 ADC、串行通信接口和电动机控制模块等,其中外设模块一般称为片内外设。如果选用的 DSP 芯片内部已包含 DSP 系统所需的外设模块,并且片内存储器能满足存储 DSP 程序和数据的需要,就没有必要选用相应的外部芯片和额外设计外扩电路,这对提高系统可靠性,降低成本,加快产品研发速度是很有帮助的。

(4) 开发工具。开发 DSP 系统必须有开发工具的支持,包括硬件仿真器和软件开发环境等。DSP工程师在很多情况下都会优先选用具有方便、完善的开发工具的 DSP 芯片。TI 公司的 DSP 芯片在我国市场占有率较高,在很大程度上是由于其成熟和方便得到的开发工具,包括 CCS 集成软件开发环境和 XDS510 等硬件仿真器,其相关技术资料也较为丰富。

(5) 功耗。DSP 芯片的功耗也是 DSP 工程师必须考虑的因素。目前的 DSP 系统向着嵌入式、小型化和便携式方向发展,在电池容量一定的情况下,DSP 芯片功耗越小,DSP 产品续航时间越长,产品竞争力越强,其中手机就是最典型的例子。

(6) 其他因素。如供应情况、芯片封装形式等。

## 17.2　DSP 芯片的生产厂商

DSP 芯片的生产厂商有很多,以下是一些主要的厂商:

(1) 美国 AMI 公司(American Megatrends Inc.)。
(2) 德州仪器(Texas Instruments)。
(3) 美国模拟器件公司(Analog Devices Inc.)。
(4) Xilinx 公司。

### 17.2.1　AMI 公司

AMI 公司(American Megatrends Inc,美商安迈有限公司)在 1978 年发布第一个单片 DSP 芯片以来,DSP 芯片技术获得了快速长足的发展,其运算速度越来越快,集成度和性价比不断提高,功耗也不断下降。1988 年被日本能源公司并购而成为其子公司。

### 17.2.2　TI 公司

TI 公司 DSP 芯片系列是最成功的 DSP 产品之一,是目前世界上最有影响力 DSP 芯片,TI 公司也成为世界上最大的 DSP 片供商。

TI 公司的 DSP(数字信号处理器)有很多型号,以下是其中一些常见的型号:

(1) C2000 系列,包括 Piccolo、Delfino 和 C2000 Real-Time Control MCUs,适用于实时控制和电动机控制应用。
(2) TMS320C6000 系列,包括 C674x 和 C66x 系列,适用于高性能音频、视频和通信应用。
(3) TMS320C5000 系列,包括 C551x 和 C553x 系列,适用于音频处理、语音识别和嵌入式控制应用。
(4) TMS320C2000 系列,包括 C28x 系列,适用于实时控制和数字电源应用。
(5) TMS320C7000 系列,包括 C7x 系列,适用于高性能计算和通信应用。

这只是 TI 公司 DSP 产品线的一部分,还有其他型号和系列可供选择。

TMS320C2000 系列主要为自动控制领域设计,专门针对高性能实时制应用,采用改进的哈佛总线结构,芯片集成有电动机控制专用外设,并具有较强的数字信号处理能力。TMS320C2000 系列 DSP 又分为 28x 定点系列、Piccolo 定点系列、Delfino 浮点系列等。其中 28x 定点系列是 32 位基于 DSP 核的控制器,具有片内 Flash 存储器和 150MIPS 的性能,增强的电动机控制外设、高性能的模/数转换和多种改进型通信接口,典型的产品包括 TMS320F2812 等。Piccolo 定点系列为定点处理器,面向低成本的工业、数字电源和消费类电子产品应用,产品主要有 TMS320F2802x、TMS320F2803x。Delfino 浮点系列为高端控制应用提供高性能、高浮点精度以及优化的控制外设,可满足实现伺服驱动、可再生能源、电力在线监控以及辅助驾驶等实时控制应用要求。Delfino 浮点系列集成有硬件浮点处理单元,工作频率高达300MHz,可提供 300MFLOPS 的卓越性能,典型的芯片有 TMS320F28335 等。TMS320C2000 系列产品的基本情况如表 17-2 所示。

表 17-2　TMS320C2000 系列产品的基本情况

| | 28x 定点系列 | | | Piccolo 定点系列 | | | Delfino 浮点系列 |
| | F281x | F280x | F2823x | F2802x | F2803x | F2833x | F2834x |
|---|---|---|---|---|---|---|---|
| 主频/MHz | 150 | 60～100 | 100～150 | 40～60 | 60 | 100～150 | 200～300 |
| 引脚数 | 128～179 | 100 | 176～179 | 38～56 | 64～80 | 176～179 | 176～256 |
| Flash/KB | 128～256 | 32～256 | 128～512 | 16～64 | 32～128 | 128～512 | 0～512 |
| RAM/KB | 36 | 12～36 | 52～68 | 4～12 | 12～20 | 52～68 | 52～516 |

TMS320C5000 系列是低功耗定点 DSP,主要有 C5x、C54x、C55x 等产品,具有高性价比的优点,处理速度为 80～400MIPS,集成有 McBSP、HPI、DMA 等外设,在通信和便携式上网等领域得到广泛应用,如交换机、路由器、手机、GPS 等,此系列 DSP 一般只有两个数字 I/O。

TMS320C6000 系列是高性能 DSP,主要有 TMS320C62x、TMS320C67x 等定点和浮点产品,适合应用于宽带网络和数字影像,如数字图像处理等。

此外,DSP 市场还有一些其他的厂商,在 DSP 芯片的设计、生产和销售等方面都有各自的特色,如 ADI 公司的 DSP 产品,具有浮点运算能力强、单指令多数据编程的优势,其 ADSP21xx 系列 16 位定点 DSP 工作频率达 160MHz,功耗电流低至 $184\mu A$,在语音处理、语音频段调制解调器和实时控制等领域应用广泛。

## 17.2.3　ADI 公司

ADI(Analog Devices Inc.)是一家知名的半导体公司,专注于模拟和数字信号处理技术。以下是一些 ADI 公司常见的 DSP(数字信号处理器)型号。

**1. ADSP-21xx 系列**

这个系列的 DSP 器件是 ADI 公司最早推出的产品之一,具有较低的功耗和较高的性能。一些常见的型号包括 ADSP-2101、ADSP-2105 等。

ADSP-21xx 系列是 ADI 公司推出的一款数字信号处理器(DSP)系列。该系列的 DSP 芯片采用了高性能的固定点数字信号处理器架构,具有强大的计算和信号处理能力。

ADSP-21xx 系列具有如下特点:

(1) 高性能。ADSP-21xx 系列的 DSP 芯片具有高性能的计算能力和处理速度。它们配备了高速的算术逻辑单元(ALU)和乘法累加器(MAC),能够快速执行复杂的数学运算和信号处理算法。

(2) 丰富的外设。ADSP-21xx 系列的 DSP 芯片集成了多种外设接口,如 UART、SPI、I2C 等,以便与其他设备进行通信和数据交换。此外,它们还提供了多个定时器和计数器,以及模拟输入/输出(I/O)引脚,用于与外部设备进行连接和控制。

(3) 低功耗设计。ADSP-21xx 系列的 DSP 芯片采用了低功耗设计,以降低功耗和延长电池寿命。它们具有多种低功耗模式,包括待机模式和休眠模式,在不需要进行计算或通信时可以最大限度地降低功耗。

(4) 程序存储器。ADSP-21xx 系列的 DSP 芯片配备了内置的 Flash 或 EEPROM 存储器,用于存储程序代码和数据。这些存储器提供了灵活的存储器管理和扩展性,可以满足不同应用的存储需求。

ADSP-21xx 系列的 DSP 芯片广泛应用于音频处理、图像处理、通信系统、工业控制等领域。其高性能和丰富的外设功能使其成为处理复杂信号和实现高级信号处理算法的理想选择。同时,低功耗设计也使其适用于需要长时间运行和对功耗要求较高的应用。

**2. ADSP-21xxx SHARC 系列**

这个系列的 DSP 器件是 ADI 公司的超高性能 DSP 产品线,适用于需要处理大规模数据和高速计算的应用。一些常见的型号包括 ADSP-21061、ADSP-21369 等。

ADSP-21xxx SHARC 系列是 ADI 公司的一款高性能数字信号处理器(DSP)产品系列。SHARC 代表"Super Harvard Architecture Computer"(超级哈佛架构计算机),这个系列的 DSP 芯片专为需要处理高性能信号的应用而设计。

ADSP-21xxx SHARC 系列具有如下特点:

(1)高性能浮点运算。SHARC 系列的 DSP 芯片具有强大的浮点运算能力,可以高效地执行复杂的数字信号处理算法。它们配备了高速的浮点乘法累加器(MAC),能够实现高精度的浮点运算。

(2)多核架构。部分 SHARC 系列的芯片采用多核架构,可以同时执行多个线程或任务,提高处理能力和效率。这对于需要同时处理多个信号通道或并行处理的应用非常有用。

(3)丰富的外设接口。SHARC 系列的 DSP 芯片提供了多种外设接口,如 UART、SPI、I2C、以太网接口等,以便与其他设备进行通信和数据交换。此外,它们还支持多种数字音频接口,如 I2S 和 TDM,用于音频数据的输入和输出。

(4)高速存储器。SHARC 系列的 DSP 芯片配备了大容量的内部存储器,包括程序存储器和数据存储器。这些存储器具有高带宽和低访问延迟,可以快速读取和存储数据,满足高性能信号处理的需求。

(5)软件开发工具。ADI 公司提供了一套完整的软件开发工具,包括集成开发环境(IDE)、编译器、调试器等,用于开发和调试 SHARC 系列的应用程序。这些工具可以帮助开发人员快速开发和优化 DSP 应用。

SHARC 系列的 DSP 芯片广泛应用于音频处理、音视频编解码、声音识别、通信系统、雷达和医疗设备等领域。其高性能和丰富的功能使其成为处理复杂信号和实时处理的理想选择。

**3. ADSP-SC5xx Blackfin 系列**

这个系列的 DSP 器件是 ADI 公司的多核处理器,结合了 DSP 和微控制器的功能。它具有较低的功耗和较高的性能,适用于多媒体和嵌入式应用。一些常见的型号包括 ADSP-SC589、ADSP-SC573 等。

除了上述型号外,ADI 公司还有许多其他的 DSP 型号,每个型号都有不同的特性和应用领域。如需要更详细的信息,建议查阅 ADI 公司的官方文档或参考相关资料。

## 17.2.4 Xilinx 公司

Xilinx 公司的 DSP 型号包括 Zynq-7000 系列,这是 Xilinx 公司的一款基于 Arm Cortex-A9 处理器和可编程逻辑的 SoC(片上系统),适用于高性能计算、信号处理和通信应用。它融合了处理器和 FPGA(现场可编程门阵列)的优势,可以灵活地实现 DSP 算法和加速器。

# 17.3 DSP 系统

DSP 系统一般包括以下部分:

(1)抗混叠滤波器。将输入信号 $x(t)$ 经过抗混叠滤波,滤掉高于折叠频率的分量,以防止信号频谱的混叠。

(2) 数据采集模/数转换器。经过采样和 AD 转换器,将滤波后的信号转换为数字信号 $x(n)$。

(3) 数字信号处理器(DSP)。对 $x(n)$ 进行处理,得到数字信号 $y(n)$。

(4) 数/模转换器。经数/模转换器,将 $y(n)$ 转换成模拟信号。

(5) 低通滤波器。滤除高频分量,得到平滑的模拟信号 $y(t)$。

此外,一个完整的 DSP 系统通常由 DSP 芯片和其他相应的外围器件构成。以上信息仅供参考,具体可以查阅与 DSP 系统相关的专业书籍或者咨询技术人员。

## 17.3.1　DSP 系统的构成

一个典型的 DSP 系统构成框图如图 17-2 所示。系统输入一般是模拟信号,经过前置预滤波器,将模拟信号中某一频率(采样频率一半)的分量滤除,称为抗混叠滤波。实际 DSP 系统的输入信号可以有各种形式,例如,可以是送话器输出的语音信号、来自电话线的已调数据信号等。模/数转换器将模拟信号转换成数字信号,作为 DSP 处理器的输入。DSP 处理器对数字信号进行处理,然后传送给数/模转换器,将其转换成模拟信号,最后通过模拟滤波器,滤除不必要的高频分量,平滑成所需的模拟信号输出。

图 17-2 是典型的 DSP 系统组成示意图,实际中并不是所有的 DSP 系统都由上述五大模块构成。例如,对于已经是数字量的输入信号,就不需要经过前置滤波和模/数转换,对于需要数字量输出的应用系统,也不需要进行数/模转换和模拟滤波。DSP 处理器在对数字图像处理之后,可以使用数字打印机直接进行打印,这时也不需要数/模转换器和模拟平滑滤波器。

图 17-2　一个典型的 DSP 系统构成框图

图 17-2 中的 DSP 处理器可以是通用 DSP 芯片(例如,TI 公司的 TMS320C2000 系列 DSP 芯片),也可以是数字计算机(如家用 PC),还可以是专用 DSP 处理器(例如语音编码芯片)。

与模拟信号处理系统比较,利用 DSP 系统进行数字信号处理,具有多方面的优越性,具体介绍如下:

(1) 灵活性高。当处理算法或参数发生改变时,DSP 系统只需通过修改软件即可达到相应目的。而模拟信号处理系统在完成设计之后功能就已确定,要改变功能必须重新设计硬件电路,成本高,周期长。

(2) 精度高 DSP。系统精度取决于模/数转换的位数、DSP 处理器的字长和算法设计等。模拟信号处理系统的精度由元器件决定,模拟元器件的精度很难达到 $10^{-3}$ 以上,而数字系统只要 14 位字长即可达到 $10^{-4}$ 的精度。

(3) 可靠性好。模拟系统的元器件都有一定的温度系数,并且电平连续变化,很容易受温度、噪声和电磁感应等影响。而数字系统只有 0 和 1 两种信号电平,受环境温度、噪声和电磁干扰的影响较小。

(4) 可大规模集成。随着半导体集成电路技术的迅速发展,目前数字电路的集成度已经可以做得很高,具有体积小、功耗小、产品一致性好等优点。而在模拟信号处理系统中,电感器和电容器的体积和重量都非常大,系统小型化比较困难。

此外,DSP 系统在时分复用、性能指标和多维处理方面也要大大优于模拟系统,这使得其在通信、语音、生物医学、电视、仪器、雷达、声呐和地震预报等众多领域广泛应用。

## 17.3.2　DSP 系统的设计过程

DSP 系统的设计开发过程如图 17-3 所示,一般可分为 6 个阶段:需求分析、DSP 系统体系结构设计、软/硬件设计、软/硬件调试、系统集成调试和系统集成测试。

(1) 需求分析。设计 DSP 系统的第一步,必须根据应用系统的目标确定系统的详细功能和各项性能

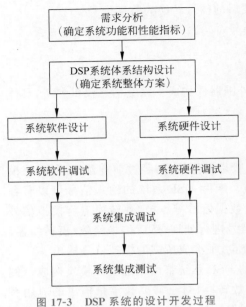

图 17-3　DSP 系统的设计开发过程

指标。在设计需求规范时,应当明确信号处理方面和非信号处理方面的问题。

① 信号处理的问题包括输入/输出特性分析和 DSP 算法(可以事先在计算机上仿真)。

② 非信号处理的问题包括应用环境要求、可靠性指标、可维护性要求、功耗指标、体积、重量、成本等。

(2) DSP 系统体系结构设计。在进行的软硬件设置前,应当根据实际系统的功能目标设计 DSP 系统的体系结构。一般来说,可以从如图 17-2 所示的五大基本模块出发进行体系结构设计,根据具体 DSP 应用增加或删除相应的处理模块。

例如,利用 DSP 控制伺服电动机时,DSP 芯片主要是采集电动机的位置或速度信息,然后给出电动机的控制信号。如果电动机的位置或速度传感器为光电编码器,则系统就没有必要包括前置预滤波模块和模/数转换模块;此外,DSP 根据控制算法产生的电动机控制信号,必须通过相应的接口模块传送给电动机,因此,可能需要设计功率放大模块。

(3) 软/硬件设计。软件设计和硬件设计 DSP 系统具体设计实施的两方面。DSP 系统软件设计主要是根据系统功能分析和选定的 DSP 芯片编写相应的 DSP 程序一般可以采用汇编语言或高级语言编写。尽管汇编语言编译器的效率高于高级语言,但是高级语言编写的程序具有较好的可读性和易移植性,实际应用中一般首选高级语言(多数使用 C 语言)编写 DSP 程。如果高级语言的运算实时性和代码效率不能满足要求,则可以采用汇编语言进行编程,或者采用高级语言和汇编语言混合编程的方式。

硬件设计中应根据 DSP 系统运算量、运算速度、运算精度的要求,以及系统成本限制、体积、功耗等几项因素综合考虑,选择合适的 DSP 芯片。然后根据系统结构模块要求,设计 DSP 芯片的外围电路及其他电路,完成电路原理图和印制电路板(PCB)的具体设计。

(4) 软/硬件调试。DSP 程序开发过程中可以利用计算机进行算法程序仿真,例如,基于 MATLAB 进行数字滤波器的设计仿真,或者直接利用 CCS 软件的仿真功能进行程序调试。

硬件设计完毕之后,制作相应的 DSP 系统硬件实体。硬件调试可以采用模块化调试方法,即针对具有一定独立性的各个硬件模块进行分别调试。DSP 系统各个硬件模块的调试很可能需要借助 DSP 系统调试工具,例如,评估板、硬件仿真器、DSP 开发套件和集成开发环境 CCS 等。可以利用一些简单的调试程序对各个硬件模块进行调试。

(5) 系统集成调试。在 DSP 系统的硬件和软件分别调试通过之后,利用 CCS 编译生成 DSP 芯片的可执行文件,并通过硬件仿真器下载至目标板,运行 DSP 程序对整个 DSP 系统进行调试,确定其是否能够实现既定功能。

(6) 系统集成测试。系统集成调试完成之后,就可以将软/硬件脱离开发系统直接在应用系统上运行。DSP 系统测试应考虑实际中各种可能的输入组合,以确保系统能够正常工作。此外,还需要完成一定工作环境下的可靠性测试、功耗测试和抗震测试等,以满足国家或国际上对相应 DSP 产品的标准要求。

必须指出,在系统设计最终完成之前,设计、开发和调试的每个阶段都可能需要不断地修改。特别是软件的仿真环境不可能做到与现实系统环境完全一致,而且将仿真算法移植到实际系统时必须考虑算法是否能够运行的问题。如果算法运算量太大不能在硬件上实际运行,则必须重新修改或简化算法。在最终的系统集成测试时如果发现有性能指标不能满足设计要求,则必须进行 DSP 系统的重新设计。

## 17.4　拓展阅读及项目实践

DSP 技术无论在理论、算法还是器件方面都一直在快速发展,DSP 技术的应用领域也在不断扩展。要掌握 DSP 技术,除了从教材获取基本知识以外,还需要掌握数字信号处理的理论,了解控制对象的属性,研究控制方法和算法,勤于动手,进行硬件电路设计和软件编程调试等实践,更需要掌握不断获取知识的能力。

以下所列网址可以获得关于 DSP 技术的资料或有相关技术论坛:
(1) https://www.ti.com
(2) https://hellodsp.net114.com/
(3) https://www.21ic.com
(4) http://www.eeworld.com.cn/
(5) http://www.eeworld.com.cn/
(6) https://bbs.elecfans.com/zhuti_DSP_1.html

## 17.5　DSP 结构与特性

TI 公司的 C2000 系列微控制器是广泛应用于工业电动机驱动、光伏逆变器和数字电源、电动车辆与运输、电动机控制以及传感和信号处理等领域的高性能实时控制器,产品线包括从入门级的 Piccolo 系列(如 TMS320x280xx)到高性能的 Delfino 系列(如 TMS320x2837x),既有定点运算的 TMS320x281x 系列,也有浮点运算的 TMS320x2833x 系列。

### 17.5.1　DSP 的基本结构和主要特性

DSP 的结构包括 CPU 内核、存储器、时钟管理、中断管理和片上外设等。下面以 TI 公司定点运算器件 TMS320F2812 为例,介绍 DSP 器件的结构与特性,相对于 TMS320F2812,更高系列器件的片内存储器容量更大,片内外设更加丰富,因而能实现更强大的控制功能。TMS320x2833x 器件是第一款拥有'28x 加浮点运算单元('28x＋FPU)的 CPU,与已有的'28x 器件具有相同指令系统、流水线结构、仿真系统和存储器总线结构。高性能的 Delfino TMS320F2837xD 支持新型双核 C28x 架构,显著提升了系统性能。选用'28x 系列 DSP 器件开发控制系统时,需要查阅具体的器件手册,开展有针对性的设计。

**1. DSP 的基本结构**

'28x 系列 DSP 芯片的结构如图 17-4 所示。

实际上一个 DSP 芯片就已经构成了一个较为完整的微机系统,其内部包含了中央处理器(CPU)、片内存储器、片内外设、时钟管理模块以及中断管理模块等,它们之间由芯片内部的数据总线和地址总线互相连接通信。

中央处理器(CPU)是芯片的核心模块,可完成各种逻辑运算和算术运算。CPU 可进行实时的 JTAG 在线编程和测试。通过外部接口模块 XINTF(External Interface),CPU 可完成控制信号的输入/输出,并给出地址信号,实现芯片外部存储设备的数据读写。

芯片内部的各种存储模块包括 M0、M1、L0、L1、Flash、ROM、OTP、H0 和 Boot ROM 用于程序或数据的存储。CPU 可以利用芯片的存储器总线(Memory Bus)对这些存储模块进行读/写操作。存储器总线是芯片内部各类总线的通称,它包括程序地址总线、数据读地址总线、数据写地址总线等地址总线,以

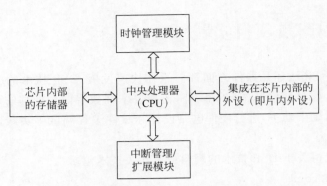

图 17-4  '28x 系列 DSP 芯片的结构框图

及程序读数据总线、数据读数据总线、数据/程序写数据总线等数据总线。'28x 系列 DSP 芯片具体的内部结构如图 17-5 所示。

'28x 系列 DSP 芯片的时钟管理模块对 DSP 芯片内部的系统时钟频率、外设时钟、低功耗模式和看门狗等进行设置。片内外设模块有模/数转换模块、串行通信接口 SCIA/SCIB、串行外设接口 SPI、局域网控制模块 eCAN 和事件管理器 EVA/VB 等。通芯片内部的存储器总线,CPU 对这些片内外设进行控制和数据传送。通用输入/输出端口既可以作为通用 I/O 端口使用,也可以根据需要作为片内外设的控制信号和数据输入/输出引脚。'28x 系列 DSP 芯片基于外设中断扩展模块 PIE 和外部中断控制器两个模块实现中断的扩展和控制。

2. DSP 的主要特性

'28x 系列 DSP 芯片的主要特性如下:

(1) 高性能静态 CMOS(Static CMOS)技术。

① 工作频率最高可达 150MHz(时钟周期 6.67ns)。

② 低功耗(核心电压 1.8V,I/O 口电压 3.3V)。

③ Flash 编程电压为 3.3V。

(2) JTAG 边界扫描支持。

(3) 高性能的 32 位中央处理器(TMS20C28x)。

① 16 位×16 位和 32 位×32 位乘法累加操作。

② 16 位×16 位的两个乘法累加器。

③ 哈佛总线结构。

④ 强大的操作能力。

⑤ 快速的中断响应和处理。

⑥ 统一的存储器编程模式。

⑦ 4M 字的程序地址。

⑧ 4M 字的数据地址。

⑨ 代码高效(可用汇编语言或 C/C++ 语言)。

⑩ 与 TMS320F24x/LF240x 处理器的源代码兼容。

(4) 片内存储器。

① 高达 128K×16 位的 Flash 存储器。

② 1K×16 位的 OTP 型只读存储器。

③ L0 和 L1:两块 4K×16 位的单访问随机存储器(Single Access Random Access Memory,

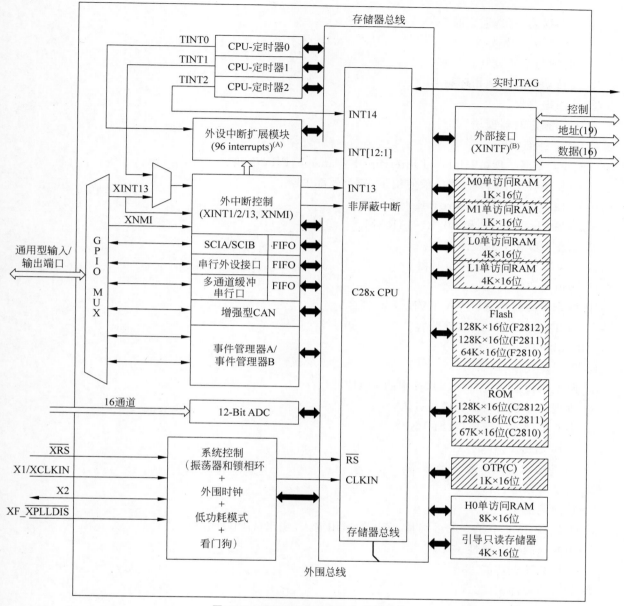

图 17-5　'28x 系列 DSP 芯片内部结构

SARAM)。

④ H0：一块 8K×16 位的单访问随机存储器。

⑤ M0 和 M1：两块 1K×16 位的单访问随机存储器。

(5) 4K×16 位的 Boot ROM(引导只读存储器)。

① 带有软件启动模式。

② 标准数学表。

③ 4K×16 位。

(6) 外部存储器 XINTF 接口(仅 TMS320F2812 有)。

① 有多达 1MB 的存储器。

② 可编程等待状态数。

③ 可编程读/写选通定时。

④ 3 个独立的片选端。

(7) 时钟与系统控制。

① 支持动态改变锁相环频率。

② 片内振荡器。

③ 看门狗定时器模块。

(8) 3 个外部中断。

(9) 外设中断扩展(Peripheral Interrupt Expansion,PIE)模块。

可支持 96 个外部中断,当前仅使用了 45 个外部中断。

(10) 128 位的密钥(Security Key/Lock)。

① 保护 Flash/OTP 和 L0/L1 SARAM。

② 防止 ROM 中的程序被盗。

(11) 3 个 32 位的 CPU 定时器。

(12) 电动机控制外设。

① 两个事件管理器(EVA、EVB)。

② 与 TMS320C240x 器件兼容。

(13) 串口外设。

① 串行外设接口(SPI)。

② 两个串行通信接口(SCI),标准的 UART。

③ 改进的局域网络控制模块(eCAN)。

④ 多通道缓冲串行接口(McBSP)。

(14) 16 通道 12 位的 ADC。

① 2×8 通道的输入多路选择器。

② 两个采样保持器。

③ 转换速度快。

(15) 最多有 56 个独立的可编程、多用途通用输入/输出(GPIO)引脚。

(16) 高级的仿真特性。

① 分析和断点功能。

② 实时的硬件调试。

(17) 开发工具。

① ANSIC/C++编译器/汇编器/连接器。

② CCS IDE。

③ 代码编辑集成环境。

④ DSP/BIOS(Basic Input Output System,基本输入/输出系统)。

⑤ JTAG 扫描控制器(TI 公司或第三方的)。

(18) 低功耗模式和节能模式。

① 支持空闲模式、等待模式和挂起模式。

② 停止单个外设时钟。

(19) 封装方式。

① 带外部存储器接口的 179 球形触点 BGA 封装(TMS320F2812)。

② 带外部存储器接口的 176 引脚 LQFP 封装（TMS320F2812）。

③ 没有外部存储器接口的 128 引脚 PBK 封装（TMS320F2810、TMS320F2811）。

（20）温度选择。

① A 型：-40～85℃。

② S 型：-40～125℃。

## 17.5.2　引脚分布及封装

TMS320'x28x 系列 DSP 芯片的封装方式有 BGA（Ball GridArray）、LQFP（Low-profile Quad）、PGA（Pin Grid Array）等形式，不同封装对应不同的引脚数量和分布，如图 17-6 所示为 LQFP 封装 176 脚的 TMS320F2812 芯片。不同 DSP 芯片的封装方式和引脚分布可参见相关芯片的中英文数据手册。

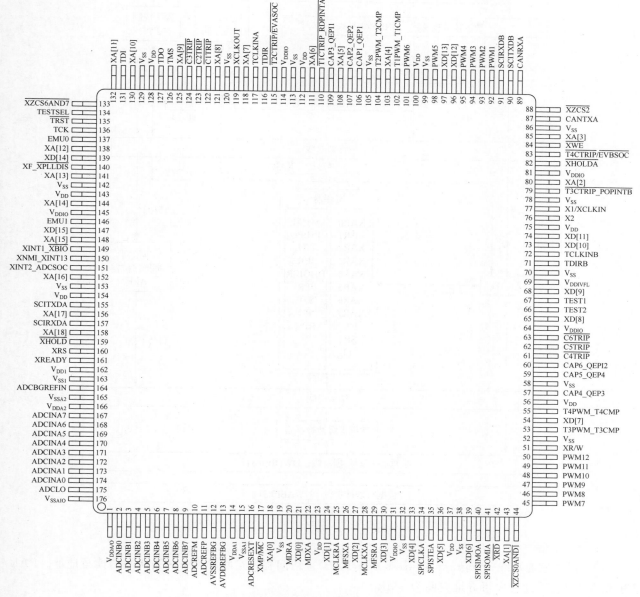

图 17-6　TMS32F2812 芯片 LQFP 封装 176 引脚分布图

TMS320F2812 与 TTL 电平兼容,但是输入引脚不能够承受 5V 电压,上拉电流/下拉电流均为 $100\mu A$。所有输出引脚均为 3.3V CMOS 电平,输出缓冲器驱动能力(有输出功能的)典型值是 4mA。

## 17.5.3 内部总线结构

'28x 系列 DSP 芯片内部的 CPU 与存储器以及外设等模块之间的接口有 3 条地址总线和 3 条数据总线,如图 17-7 所示。

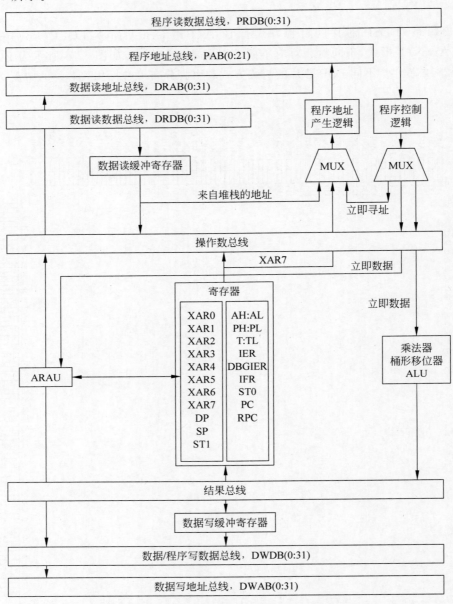

图 17-7 '28x 系列 DSP 芯片的 CPU 和内部总线

**1. 地址总线**

(1) 程序地址总线(Program Address Bus,PAB)。访问程序空间时用于传送所需的读写地址。PAB 为 22 位总线,因此程序可寻址空间为 4MB。

(2) 数据读地址总线(Data Read Address Bus,DRAB)。从数据空间读取数据时用于传送所需的地址。这是32位的总线,因此数据可寻址空间为4GB。

(3) 数据写地址总线(Data Write Address Bus,DWAB)。向数据空间写入数据时用于传送所需的地址,为32位总线。

**2. 数据总线**

(1) 程序读数据总线(Program Read Data Bus,PRDB)。读程序空间时用于传送相应的指令或数据,32位宽度。

(2) 数据读数据总线(Data Read Data Bus,DRDB)。读数据空间时用于传送相应的数据,32位宽度。

(3) 数据/程序写数据总线(Data/Program Write Data Bus,DWDB)。向数据空间或程序空间写数据时用于传送相应的数据,32位宽度。

这种多总线的哈佛结构大大加快了DSP进行数据处理的速度。数据空间或程序空间的读写操作使用总线的情况如表17-3所示。任意时刻同时发生的两种操作不能使用同一条总线,容易得知,从程序空间读操作不能与向程序空间写操作同时发生,因为这两个操作都需要PAB总线,而从数据空间读操作与向数据空间写操作可以同时进行,因为这两种操作使用不同的总线。

表 17-3 数据空间和程序空间的总线使用

| 存 取 类 型 | 地 址 总 线 | 数 据 总 线 |
| --- | --- | --- |
| 从程序空间读 | PAB | PRDB |
| 向程序空间写 | PAB | DWDB |
| 从数据空间读 | DRAB | DRDB |
| 向数据空间写 | DWAB | DWDB |

注意:上述的数据总线和地址总线均为DSP芯片内部总线,并不是用于访问外扩存储器的总线。

此外,'28x系列DSP芯片的外部总线包括19根地址线和16根数据线,这是DSP芯片与外扩存储器的总线接口。

## 17.5.4 中央处理单元

'28x的中央处理单元(CPU)主要包括以下几部分。

**1. 算术逻辑运算单元**

'28x中央处理单元中包含32位的算术逻辑运算单元(ALU),它完成二进制补码的算术运算和布尔运算。一般情况下,中央处理单元对于用户是透明的。例如,完成一个布尔运算,只需编写一个命令和给出相应的操作数,读取相应的结果寄存器数据即可。

**2. 乘法器**

乘法器是DSP芯片中的关键组成部分。'28x中央处理单元中的乘法器用于完成32×32位二进制补码的乘法运算,结果为64位。乘法器能够完成两个带符号数、两个无符号数或一个带符号数与一个无符号数的乘法运算。

**3. 桶形移位器**

桶形移位器完成数据的左移或右移操作,最多可以移16位。在C281的内核中,总计有3个移位寄存器,分别是输入数据定标移位寄存器、输出数据定标移位寄存器以及乘积定标移位寄存器。

**4. CPU 寄存器**

'28x的中央处理单元中设计有独立的寄存器空间。这些CPU内部的独立寄存器并不映射到数据存储空间。CPU 寄存器主要包括系统控制寄存器、算术寄存器以及数据指针,可以通过专用的指令访问系统控制寄存器,而其他寄存器可以采用专用的指令或特定的寻址模式(寄存器寻址模式)访问。

**5. 状态寄存器**

'28x DSP 有两个状态寄存器 ST0 和 ST1,这两个寄存器包含有各种标志位和控制位。这两个寄存器可以保存在数据存储器中,并从数据存储器加载,从而允许将 DSP 的状态保存到子程序中,并可以从子程序恢复。寄存器状态位的修改在流水线的执行阶段完成。

## 17.5.5　存储器及其扩展接口

TMS320F28x DSP 处理器有两个独立的存储空间,即片内存储器和外部存储器,存储器的各个区块都统一映射到程序空间和数据空间,并且划分为如下几部分:

(1) 程序/数据存储器。'28x 系列 DSP 芯片具有片内单访问随机存储器(SARAM)、只读存储器(ROM)和 Flash 存储器。它们被映射到程序空间或数据空间,用以存放执行代码或存储数据变量。

(2) CPU 的中断向量。在程序地址中保留了 64 个地址作为 CPU 的 32 个中断向量。通过状态寄存器 ST1 的 VMAP 位可以将 CPU 向量映射到程序空间的底部或顶部。

(3) 保留区。数据区的某些地址被保留作为 CPU 的仿真寄存器使用。

在一般情况下,片内存储器已经足够用户使用。如果有较多的数据或程序需要存储,而片内存储资源不够时,则可以通过外部接口 XINTF 外扩存储器。下面分别介绍片内存储器空间和扩展片外存储器接口。

**1. 片内存储空间**

TMS320F2812 的存储器映射如图 17-8 所示。

TMS320F2812 可用的片内存储空间分为低 64K 和高 64K 两部分,其中,低 64K×16 位的存储器可等价于 TMS320C24x/240x 系列 DSP 的数据存取空间,而高 64K×16 位存储器可等价于 C24x/240x 系列 DSP 的程序空间。

(1) SARAM。TMS320F2812 具有片内 SARAM,它是单访问随机读/写存储器,即单个机器周期内只能访问一次。片内共有 18K×16 位的 SARAM,下面分别介绍。

① M0 和 M1:每块的大小为 1K×16 位,其中,M0 映射至地址 000000H~0003FFH,M1 映射至地址 000400H~0007FFH。

② L0 和 L1:每块的大小为 4K×16 位,其中,L0 映射至地址 008000H~008FFFH,L1 映射至地址 009000H~009FFFH。

③ H0:大小为 8K×16 位,映射至地址 3F8000H~3F9FFFH。

片内 SARAM 的共同特点是:每个存储器块都可以被单独访问;每个存储器块都可映射到程序空间或数据空间,用于存放指令代码或者存储数据变量;每个存储器块在读/写访问时都可以全速运行,即零等待。

当 DSP 复位时,将堆栈指针 SP 设置在 M1 块的顶部。此外,L0 和 L1 受到代码安全模块 CSM 的保护,M0、M1 及 H0 不受代码安全模块 CSM 保护。

(2) 片内 Flash。Flash 俗称闪存,TMS320F2812 片内含有 128K 字的 Flash 存储器,地址为 3D8000H~3F7FFFH。该片内 Flash 存储器可映射到程序空间(用于存放代码),也可映射到数据空间(用于存放数据变量)。另外,Flash 存储器受到代码安全模块(Code Security Module,CSM)的保护。

(3) 片内 OTP。OTP(One Time Programmable)为一次性可编程的 ROM,TMS320F2812 内含 2K×16 位的 OTP,地址为 3D7800H~3D7FFFH,其中由厂家保留了 1K 字作为系统测试使用,剩余 1K

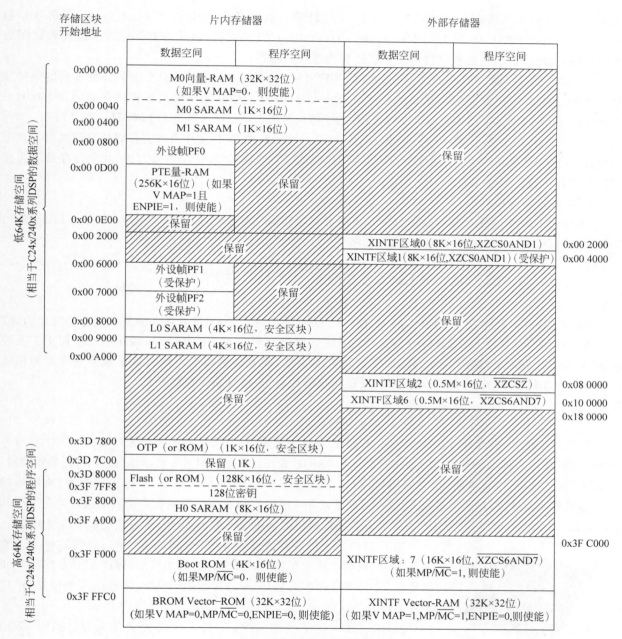

图 17-8　TMS320F2812 的存储器映射

字提供给用户使用。OTP 既可映射到程序空间（用以存放代码），也可映射到数据空间（用以存放数据变量）。另外，OTP 受到代码安全模块 CSM 的保护。

（4）Boot ROM。即引导 ROM。在该存储块内由 TI 公司装载了产品版本号、发布的数据、检验求和信息、复位向量、CPU 中断向量表（仅为测试）及数学表等。TMS320F2812 内含 4K×16 位的 Boot ROM，地址为 3FF000H～3FFFBFH。Boot ROM 的主要作用是实现 DSP 的引导装载功能，芯片出厂时在 Boot ROM 内装有厂家的引导装载程序。当芯片被设置为微计算机模式时，CPU 在复位后将执行这段程序，从而完成引导装载功能。

（5）代码安全模块（Code Security Module，CSM）。CSM 是 128 位的密码（password），由用户编程写

入片内 Flash 的 8 个存储单元 3F7FF8H～3F7FFFH 中。利用 CSM 可以保护 Flash OTP、L0 及 L1，防止非法用户通过 JTAG 仿真口检测(取出)Flash/OTP/L0/L1 的内容，或从外部存储器运行代码试图去装载某些不合法的软件(这些软件可能会取走片内模块的内容)。

(6) 中断向量。图 17-8 中给出了 M0 向量、PIE 向量、Boot ROM 向量及 XINTF 向量使能时的条件及分布情况。例如，当状态寄存器 ST1 的位 VMAP＝0 时，CPU 的中断向量映射至程序存储器 000000H～00003FH，共计 64 个字；当 VMAP＝1 时，CPU 的中断向量映射至程序存储器 3FFFC0H～3FFFFFH。

(7) 外设帧 PF。外设帧 PF(Peripheral Frame)：'28x 系列 DSP 在片内数据存储器空间映射了 3 个外设帧 PF0、PH 和 PF2，专门用作外设寄存器的映射空间，即除了 CPU 寄存器之外，其他寄存器均为存储器映射寄存器。

**2. 外部扩展接口**

TMS320F2812 的外扩存储器可分为 5 个固定的存储器映射区域，即 XINTF 区域 0、XINTF 区域 1、XINTF 区域 2、XINTF 区域 6 和 XINTF 区域 7。

# 17.6　TMS320F28335 32 位浮点 DSP 处理器

TMS320F28335 是 TI 公司推出的 32 位浮点 DSP 处理器，它不但具有强大的数字信号处理能力，能够实现复杂的控制算法，而且具有较为完善的事件管理能力和嵌入式控制功能，因此广泛应用于工业控制，特别是应用在对处理速度、处理精度要求较高的领域，或者是应用于需要大批量数据处理的测控场合，例如，电动机驱动、电力电子技术应用、智能化仪器仪表、工业自动化控制等。

## 17.6.1　TMS320F28335 介绍

TMS320F28335 芯片外形如图 17-9 所示，不要看其外表普通，其实它拥有一颗强劲的内"芯"。它有一个 32 位的 CPU 内核(TMS320C28x)，主频高达 150MHz，处理起数据来相当高效，同时它具有模/数转换器、增强的 PWM 模块、捕获电路、正交编码器接口、串口通信接口、串行外设接口、多通道缓冲串口、增强的 CAN 通信模块等外设，功能丰富强大，使得用户可以方便地用它开发高性能的数字控制系统。特别由于其片内集成了 Flash 存储器，所以用户只需将开发完成的代码直接烧写到 Flash 中，便可实现程序的脱机运行。

如图 17-9 所示的芯片表面印有 TI 公司的 LOGO、表明芯片类型的字母 DSP、表明芯片型号的数字 28335。在 F28335PGFA 下方的数字和字母是 TI 公司的内部信息，表明芯片的生产批次、生产工厂等信息，用户无须了解。

另外，还有一些字母和数字，它们又代表什么含义呢？如图 17-10 所示。

图 17-9　TMS320F28335 芯片外形

讲到 TMS320F28335，就不得不提及 TMS320F2812。TMS320F2812 比 TMS320F28335 推出的时间要早一些，两者均是 32 位处理器，主频也都是 150MHz，两者的外设资源也差不多，只是 TMS320F2812 是定点处理器，TMS320F28335 是浮点处理器，TMS320F28335 比 TMS320F2812 多了浮点运算单元(Floating Point Unit，FTU)。这里要强调一下容易出现误解的地方，定点和浮点的区别在于小数数据的表达方式不一样，而不是说定点处理器就不能处理小数数据。当然，在处理单精度浮点数据时，浮点处理器更加得心应手，处理的速度要比定点处理器快一些。所以，TMS320F28335 与 TMS320F2812 的主要区别在于 TMS320F28335 处理复杂运算时，速度上要比 TMS320F2812 更快。

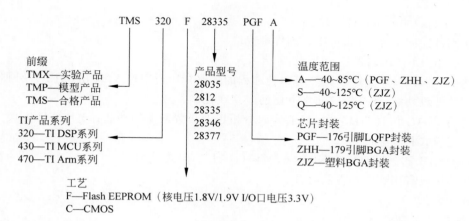

图 17-10　TMS320F28335 芯片表面字母的含义

## 17.6.2　TMS320F28335 的特性

TMS320F28335 是一款高性能的 32 位浮点处理器,其主要特性如下:

(1) TMS320F28335 采用了高性能静态 CMOS(Complementary Metal Oxide Semiconductor,互补金属氧化物半导体)技术。

① CPU 主频高达 150MHz,指令周期为 6.67ns。

② 采用低功耗设计,内核电压为 1.9V,I/O 口引脚电压为 3.3V,Flash 编程电压为 3.3V。

(2) 采用高性能 32 位中央处理器(TMS320C28x)。

① 具有 IEEE-754 单精度浮点运算单元。

② 可进行 16×16 位和 32×32 位的乘法累加操作。

③ 具有两个 16×16 位的乘法累加器。

④ 采用哈佛总线结构。

⑤ 具有快速的中断响应和中断处理能力。

⑥ 具有统一的寄存器编程模式。

⑦ 编程可兼容 C/C++语言以及汇编语言。

(3) 6 通道 DMA 处理器,可用于 ADC、McBSP、ePWM、XINTF 和 SARAM。

(4) 16 位或 32 位外部接口(XINTF),地址范围超过 2M×16 位。

(5) 片上有 34K × 16 位的 SARAM,256K × 16 位的 Flash 和 1K × 16 位的一次性可编程(OTP)ROM。

(6) 具有 8K×16 位的引导 ROM。

① 带有软件引导模式(可通过 SCI、SPI、CAN、I2C、McBSP、XINTF 和并行 I/O)。

② 带有标准数学表。

(7) 时钟和系统控制。

① 支持动态改变锁相环的倍频系数。

② 片上振荡器。

③ 看门狗定时模块。

(8) GPIO0～GPIO63 引脚可以设置为 8 个外部中断中的一个。

(9) 外设中断扩展模块(PIE)可支持 58 个外设中断。

(10) 具有 128 位安全密钥。

① 可保护 Flash/OTP/RAM 模块。

② 可防止固件逆向工程，就是可防止固件被读取。

(11) 3 个 32 位 CPU 定时器。

(12) 多达 88 个具有输入滤波功能、可单独编程的多路复用通用输入/输出(GPIO)引脚。

(13) 丰富的外设功能，使其能够非常方便的应用在控制领域。

(14) 先进的 JTAG 仿真调试功能，具有实时分析以及设置断点的功能；支持硬件仿真。

(15) 低功耗模式和省电模式。

① 支持空闲(IDLE)、待机(STANDBY)、暂停(HALT)模式。

② 可独立禁用没有用到的外设的时钟。

(16) 可选封装。

① 无铅、绿色环保封装。

② 薄型四方扁平封装(PGF、PTP)，平时用得最多的是 PGF。

③ MicroStar BGA(ZHH)。

④ 塑料 BGA 封装(ZJZ)。

(17) 温度选项。

① A：−40～85℃(PGF、ZHH、ZJZ)，通常买到的 F28335 工作温度范围是 A。

② S：−40～125℃(PTP、ZJZ)。

③ Q：−40～125℃(PTP、ZJZ)。

(18) 开发工具。

① TI 公司 DSP 集成开发环境 CCS。

② JTAG 仿真器，目前主要的仿真器有 XDS100 系列、XDS200 系列。

## 17.6.3 TMS320F28335 的片内外设资源

TMS320F28335 的功能框图如图 17-11 所示。TMS320F28335 片内含有丰富的外设资源，可基本满足工业控制的需要，大大降低了硬件电路的设计难度，优良的性价比使得其能够被广泛应用。

从图 17-11 可以看到，TMS320F28335 内部具有 PWM、捕获 CAP、正交编码 QEP、ADC、CPU 定时器、串行通信接口(SCI)、串行外设接口(SPI)、局域网 CAN、多通道缓冲串行接口 McBSP、I2C 总线、直接存储器访问(DMA)等外设功能。下面详细介绍各个外设单元的主要功能。

**1. 增强型脉宽调制 PWM 模块**

(1) PWM 波可用来驱动控制开关器件，常见的比如 MOSFET、IGBT 和 IPM(Intelligent Power Module，智能功率模块)模块等，是电动机控制、电力电子等应用不可缺少的部分。

(2) 包含 6 个独立的增强型 PWM 模块：ePWMx($x=1\sim6$)。

(3) 每个 ePWM 模块可输出两路 PWM 波：ePWMxA 和 ePWMxB，既可独立输出，也可互补输出。

(4) 具有可编程的死区控制，可安全驱动桥式的开关器件。

**2. 增强型脉冲捕获 CAP 模块**

(1) CAP 可用来捕获方波脉冲的边沿信号，可用来测量脉冲频率等。

(2) 包含 6 个增强型脉冲捕获 CAP 模块：eCAPx($x=1\sim6$)。

(3) 可捕获脉冲的上升沿或下降沿。

(4) 当 eCAP 模块不用来捕获脉冲时，还可以配置成单通道的 PWM 输出，即 APWM。

**3. 增强型正交编码 QEP 模块**

(1) QEP 可用来测量带编码器的电动机转子旋转的位置、方向、速度等信息。

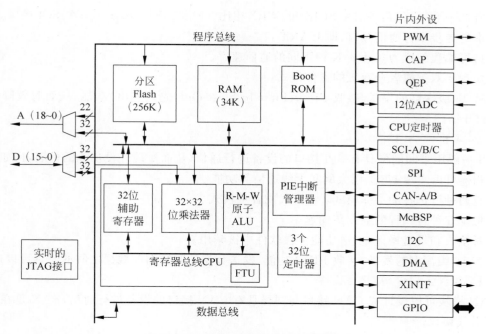

图 17-11 TMS320F28335 的功能框图

（2）包含两个增强型正交编码器模块：eQEPl 和 eQEP2。

（3）每个 QEP 模块有 4 个引脚，分别是正交输入 eQEPxA 和 eQEPxB、索引 eQEPI 和锁存 eQEPS。

（4）QEP 模块既可工作于正交计数模式，也可工作于直接计数模式。

**4. ADC 模块**

（1）ADC 可用来对物理量进行采样，将电压、电流、温度等模拟量转变为数字量。

（2）片内的 ADC 模块采样精度为 12 位。如果输入的电压为 1V，那么理论上其误差为 $\pm 0.122\text{mV}$，但实际应用中由于各种因素的影响，实际的采样精度会低于理论值。

（3）采样信号范围为 $0\sim 3\text{V}$，高于 3V 的电压和 3V 电压的转换结果是一样的，都是满量程。需要注意的是，给 ADC 施加的电压范围请调整为 $0\sim 3\text{V}$。加负电压或者过高的电压都会使 F28335 烧坏，单次实验表明，施加的电压超过 4.2V 时，DSP 烧坏，由于超过 3V 对于 ADC 来说已经没有意义了，所以不要施加超过 3V 的输入电压。

（4）最高转换速率为 80ns(12.5MSPS)。

（5）总共 16 个专用的采用通道。

（6）具有两个采样保持器，每个采样保持器都负责 8 个通道。

**5. CPU 定时器**

（1）CPU 定时器通常可以用来计时，类似于秒表、闹钟，可利用其计时功能来处理某些事件，比如每隔 1s 发送一次数据。

（2）包含 3 个 32 位的 CPU 定时器：TIMERx($x=0,1,2$)

（3）定时器 0 和定时器 1 可正常使用，如果用户不使用 DSP/BIOS 功能，定时器 2 也可正常使用。

**6. 串行通信接口(SCI)模块**

（1）SCI(Serial Communication Interface，串行通信接口)通常可用来设计成 RS-232、RS-485 和 RS-422 等串行通信接口，此时可与计算机或其他具有相同通信接口的设备进行通信。

（2）采用接收、发送双线制。

（3）包含 3 个 SCI 接口：SCIA、SCIB 和 SCIC，相比 TMS320F2812，多了一个 SCI 接口。

（4）标准的异步串行通信接口，即 UART 口。

（5）支持可编程配置为多达 64K 种不同的通信速率。

（6）可实现半双工或者全双工的通信模式。

（7）具有 16 级深度的发送/接收 FIFO(First In First Out，先入先出)功能，从而有效降低了串口通信时 CPU 的开销。

**7. 串行外设接口（SPI）模块**

（1）SPI 一般用来和同样具有 SPI 接口的设备进行通信，从而实现外设功能的扩展，比如和同样支持 SPI 的芯片相连可以实现 USB、以太网和无线通信等功能。

（2）具有两种可选择的工作模式：主模式或者从模式。

（3）支持 125 种可编程的数据传输速率。

（4）同时接收和发送操作，发送功能可在软件中被禁用。

（5）具有 16 级深度的发送/接收 FIFO 功能，发送数据的时数据与数据之间的时延可以进行控制。

**8. 增强型控制器局域网 CAN 模块**

（1）CAN 模块可以设计成 CAN 接口与同样具有 CAN 接口的设备进行通信，CAN 是在工业现场使用比较多的总线协议。

（2）与 CAN 2.0B 版本协议完全兼容。

（3）最高支持 2Mb/s 的数据速率。

（4）具有 32 个可编程的邮箱。

（5）低功耗模式。

（6）具有可编程的总线唤醒模式。

（7）可自动应答远程请求消息。

**9. 多通道缓冲串行接口 McBSP 模块**

（1）McBSP 是一种多功能的同步串行通信接口，具有很强的可编程能力，可以配置为多种同步串口标准。由于 McBSP 是在标准串行接口的基础上对功能进行扩展的，因此 McBSP 具有与标准串行接口相同的基本功能，它可以和 DSP 器件、编码器等其他串口器件进行通信。

（2）全双工通信方式。

（3）双缓存发送和三缓存接收数据寄存器，以支持连续传送。

（4）收和发使用独立的帧和时钟。

（5）128 个通道用来发送和接收。

（6）可以与工业标准的编解码器 Codec、模拟接口芯片 AIC、串行 ADC、DAC 等设备直接相连。

**10. I2C 总线模块**

（1）I2C 总线是一种由 Philips 公司开发的通信协议，可通过数据线和时钟线这两条信号线来完成数据的串行通信。I2C 模块可以用来与其他具有 I2C 接口的设备进行串行通信，比如扩展键盘、数码管、存储器等功能。

（2）与 Philips 公司的 I2C 总线协议兼容。

（3）具有一个 16 位接收 FIFO 和一个 16 位发送 FIFO。

（4）可以启用或者禁止 I2C 模块功能。

**11. 直接存储器访问（DMA）模块**

（1）DMA 是数字信号处理器中用于快速数据交换的重要技术，它具有独立于 CPU 的后台批量数据传输能力,用硬件方式来实现存储器与存储器之间、存储器与 I/O 设备之间直接进行高速数据传送。由于不需要 CPU 的干预,减少了中间环节,所以极大地提高了批量数据的传送速度。

(2) 具有 6 个 DMA 通道,每个通道都有独立的 PIE 中断。

(3) 具有多个外设中断触发源。

(4) 字大小:16 位或 32 位。

(5) 吞吐量:4 周期/字。

## 17.6.4 TMS320F28335 的引脚分布与引脚功能

TM320F28335 芯片 176 引脚 LQFP 封装引脚如图 17-12 所示。

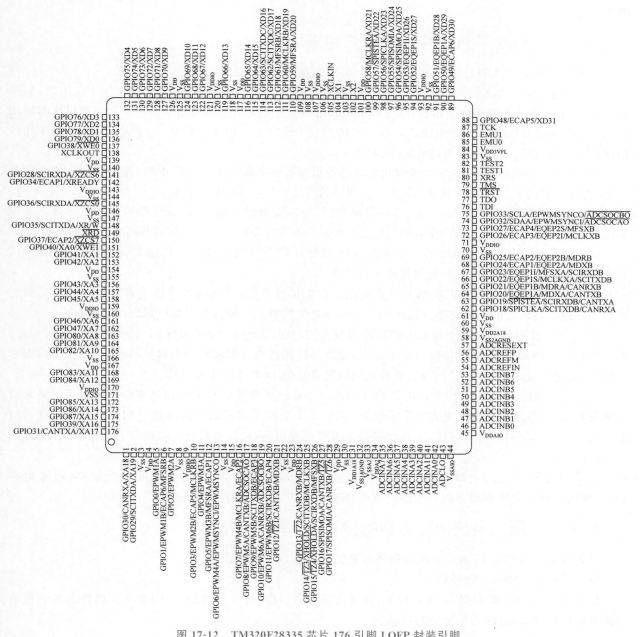

图 17-12 TM320F28335 芯片 176 引脚 LQFP 封装引脚

TMS320F28335 的引脚将其按照功能进行归类,可以分为 JTAG 接口、Flash、时钟信号、复位引脚、ADC 模拟输入信号、CPU 和 I/O 电源引脚、GPIO 和外设信号,其具体的引脚功能请参考 TMS320F28335 的数据手册。

## 17.7　TMS320F28335 最小系统硬件设计

硬件设计需要日积月累的经验,通常可以先学习已有的硬件电路,比如开发板,然后再进行自己的设计,或者可以参考相关器件数据手册中的典型应用进行设计。随着经验的累积,总有一天,在硬件设计方面,也可以做到信手拈来。当然,在开始硬件设计与调试之前,建议掌握烙铁、万用表、示波器等常用工具的使用方法。

### 17.7.1　最小系统硬件设计的注意事项

为保证 TMS320F28335 芯片的正常工作,需要注意以下几点:

(1) 通过前面的学习已经知道,TMS320F28335 的内核电压为 1.9V,I/O 电压为 3.3V,因此,如果想要 TMS320F28335 能够稳定运行,就要保证电源芯片产生的电压稳定在 3.3V 和 1.9V,这里推荐使用 TI 公司的 TPS767D301。由于电源芯片在工作的过程中会产生比较多的热量,为了保证电源芯片工作的稳定性,所以在设计时还需要考虑其散热问题。

(2) TMS320F28335 的各个电源脚和地脚都要根据数据手册的要求设计正确,连接到相应的电源或者地,比如所有的 $V_{DD}$ 引脚要接 1.8V,$V_{DDIO}$ 引脚接 3.3V,$V_{ss}$ 引脚必须接地。

(3) 晶振是用来给 TMS320F28335 提供时钟的,所以要确保上电后,晶振电路能够正常起振。晶振不能正常工作也是使得 TMS320F28335 无法正常运行的常见原因之一。建议选择可靠性好的晶振。

(4) 确保复位电路的正常工作。如果复位电路设计错误导致上电后一直输出低电平的复位信号,TMS320F28335 就一直在复位,也就无法正常工作。

(5) 确保电路中,特别是电源部分没有短路。在焊接过程中,可能由于锡渣或者其他一些不易察觉的原因导致电路板上的电源与地直接连接在一起。这里列举几个通常会引起电源短路的情况:

① 比如芯片引脚间存在不应该有的粘连而导致的短路,无论是 TPS767D301,还是 TMS320F28335,它们的封装引脚都很密,在焊接时可能不注意,使得不该相连的相邻的两个引脚连接在了一起,从而形成了短路,无论涉及电源还是信号引脚,这种短路情况都会使 DSP 无法正常工作。

② 电容短路。通常电路中会给电源设计很多电容来保证系统的稳定性和可靠性。电容两端通常就是电源和地,如果其中某一个电容发生了短路,那么整个电路上相同的电源和地之间都会短路。这种情况一般是电容本身的质量有问题,或者焊接时电容被焊锡短路,或者电容已经被击穿。在生产时,建议选用品牌的电容。

③ 芯片烧坏引起的电源短路。如果 TMS320F28335 芯片烧坏了,电源之间也会短路,通常电路 3.3V 和地之间、1.9V 和地之间会短路。这也是判断 DSP 是否烧坏的一个现象。

### 17.7.2　最小系统硬件电路的设计

设计 TMS320F28335 最小系统的硬件电路需要考虑以下几方面:

(1) 主芯片 TMS320F28335。

将 TMS320F28335 焊接在 PCB 板上,并连接好电源引脚、时钟引脚、复位引脚等。确保芯片的供电和接地连接正确,以及时钟信号的稳定输入。

（2）时钟电路。

TMS320F28335通常需要一个稳定的时钟源，可以使用晶体振荡器或者外部时钟源。如果使用晶体振荡器，则需要将晶体连接到TMS320F28335的时钟引脚，并连接合适的电容。

（3）电源电路。

提供TMS320F28335所需的电源电压，通常为3.3V。可以使用稳压器（比如LM1117）将输入的电源电压稳定为3.3V。

（4）调试接口。

添加调试接口，如JTAG或者UART，以便于将程序下载到TMS320F28335并进行调试。

（5）外围器件。

根据实际需求，可能需要连接外围器件，如LED、按键、显示屏、传感器等。确保外围器件的连接符合TMS320F28335的规格要求，并在程序中正确配置GPIO引脚。

（6）PCB设计。

将以上电路设计布局在PCB板上，考虑电路的布线、接地、电源平面等问题。确保PCB设计符合EMI/EMC（Electro-Magnetic Interference，电磁干扰；Electro-Magnetic Compatibility，电磁兼容性）要求，尽量减小电路的干扰和受到外部干扰的影响。

**1. 电源电路**

TMS320F28335的I/O电压和Flash编程电压都是3.3V，内核电压为1.9V，因此给TMS320F28335供电需要两路电压：3.3V和1.9V。这里推荐使用TI公司的电源芯片TPS767D301，电源电路如图17-13所示。

图17-13中，左侧为TPS767D301的输入部分，右侧为输出部分。从图17-13中不难看出，TPS767D301由两部分组成：一部分是输入1IN和输出1OUT，另一部分是输入2IN和输出2OUT。

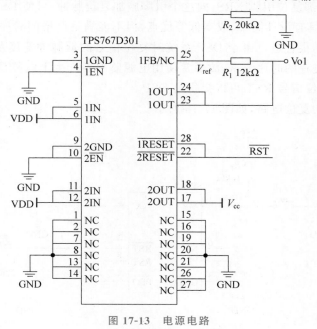

图17-13　电源电路

**2. 时钟电路**

TMS320F28335的最高工作频率可达150MHz，主要由振荡器和锁相环（PLL）模块共同实现。

TMS320F28335 具有一个内部振荡器,如果使用该内部振荡器,只需要在引脚 X1 和 X2 之间外接一个无源石英晶振,如图 17-14 所示,外部的无源石英晶振选用 30MHz,电容典型取值 $C_{L1}=C_{L2}=24pF$。

如果不使用 TMS320F28335 的内部振荡器,则可以使用外部振荡器电路,此时只需将外部振荡电路产生的时钟脉冲送到 XCLKIN 引脚,外部振荡时钟脉冲通常可选用有源晶振。外部振荡时钟的脉冲频率至少要达到 30MHz,只有满足这个要求,经过 PLL 输出的系统时钟才能达到 150MHz。使用外部振荡器电路如图 17-15 所示。

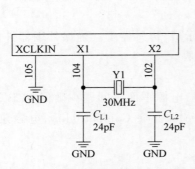

图 17-14　使用内部振荡器(无源晶振)

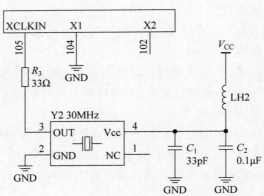

图 17-15　外部振器电路(有源晶振)

如图 17-15 所示的外部振荡器电路中使用了 30MHz 的有源晶振,其电源 $V_{CC}$ 为 3.3V,LH2 为磁珠。晶振输出的时钟信号送到 XCLKIN 引脚,X1 脚接地,X2 脚悬空。

**3. 复位电路**

TMS320F28335 有外部复位引脚 $\overline{XRS}$,向这个引脚施加复位脉冲,可使 DSP 复位。

常见的 RC 复位电路具有设计简单、成本低等优点,但不能满足严格的时序要求,在一般的应用电路中可以使用,用在此处不是很合适。由于 DSP 系统对复位信号的低脉冲宽度及上升时间都有比较严格的要求,并且要满足上电过程的时序要求,故通常使用电源监测器产生上电复位脉冲。在图 17-13 中,电源芯片监测电路输出的复位信号 $\overline{RST}$ 可以提供给 DSP。

另外,还可以设计手动复位电路,如图 17-16 所示。

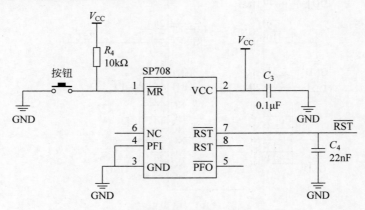

图 17-16　手动复位电路

图 17-16 中的 SP708 是微处理器监控电路,可输出宽度为 200ms 的复位脉冲,具有去抖动 TTL/COMS 手动复位输入功能。

### 4. JTAG 电路

TMS320F28335 的下载程序、烧写调试都是通过 JTAG 接口实现的。TMS320F28335 的 JTAG 是基于 IEEE 1149.1 标准的一种边界扫描测试方式,通过这个接口,CCS 可以访问 DSP 内部的所有资源,包括片内寄存器和所有的存储空间,从而可以实现 DSP 实时的在线仿真和调试。

在使用 CCS 进行开发调试时,仿真器通过 14 脚的标准 JTAG 接口与 TMS320F28335 的 JTAG 端口进行通信。JTAG 接口电路如图 17-17 所示。JTAG 接口的可靠性对 DSP 系统来说非常重要,在设计 PCB 时,JTAG 接口与 DSP 的距离不要太远,应尽量靠近。

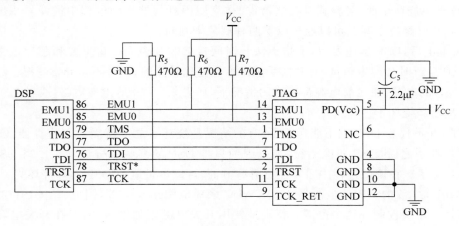

图 17-17    JTAG 接口电路

### 5. GPIO 电平转换电路

TMS320F28335 的 GPIO 引脚高电平是 3.3V,也就是说,PWM 输出高电平是 3.3V,而在实际应用中,驱动电压往往需要 5V,比如用来驱动光耦。这时就需要将 PWM 引脚输出的 3.3V 信号转换为 5V 信号,电平转换电路如图 17-18 所示。

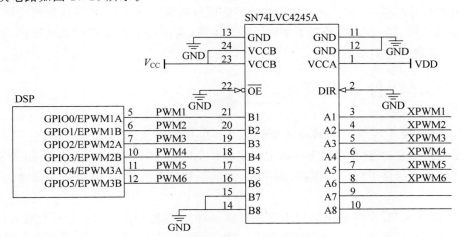

图 17-18    PWM 电平转换电路

图 17-18 中的电平转换芯片用的是 SN74LVC4245A,从图 17-18 中可以看到,芯片有两组信号:一组是 A,另一组是 B。A 组的电源 VCCA 接的是 5V 的 VDD,B 组的电源 VCCB 接的是 3.3V 的 $V_{CC}$,也就是说,A 组的信号均是 5V 电平,而 B 组的信号是 3.3V 电平。SN74LVC4245A 有一个使能引脚 $\overline{OE}$ 是低电平有效,所以需要接地。另外,有一个方向控制引脚 DIR,是用来控制信号的传输方向的。

### 17.7.3　调试 TMS320F28335 硬件电路的注意事项

在调试 TMS320F28335 的硬件电路时,可能会遇到 DSP 芯片烧了的情况,如果是自己操作不当造成的自然没话说,如果是买的开发板,那就有可能会怪开发板的质量,这里就需要来讲一讲调试。首先,硬件调试过程中烧掉东西是很常见的现象,无论是 DSP 芯片,还是其他芯片,又或者是电容、MOSFET (Metal-Oxide -Semiconductor Field Effect Transistor,金属氧化物半导体场效应晶体管)、IGBT (Insulated-Gate Bipolar Transistor,绝缘栅双极型晶体管)等器件,就算是一个经验丰富的硬件工程师,在工作过程中也难免烧坏东西,经验就是在烧器件、在克服困难与挫折的过程中慢慢累积出来的。那如何来判断 DSP 芯片已经烧了呢? 可以通过以下两种现象来判断:

(1) 电路板上电后,DSP 迅速发烫,手指无法长时间接触芯片表面。这里要和芯片正常运行时的发热区别开来,DSP 运行时会产生热量,有时候手感温度也是比较热的,但并不是异常情况。

(2) 检查 DSP 的电源,在之前电源都正常的情况下,如果 3.3V 和地出现短路,或者 1.9V 和地短路,都说明 DSP 芯片已经烧坏了。

DSP 烧坏了,并不代表 DSP 就不能运行了,有的情况是烧坏了之后就无法与仿真器、CCS 建立连接了,但有的情况烧坏了之后,DSP 还能运行,那是因为只是 DSP 的某些部分烧坏了。当 DSP 烧坏了,就只有更换 DSP 芯片了。在调试过程中需要注意哪些方面,可以尽量避免 DSP 芯片烧坏呢?

(1) TMS320F28335 的 GPIO 电源是 3.3V,ADC 采样范围是 0~3V,因此,给 GPIO 引脚或者 AD 引脚输入电压时,一定要控制在这个范围。特别是使用开关电源施加电压,需要在开关电源电压输出稳定后再接入 DSP,因为在开通的瞬间,开关电源有可能会输出瞬时的尖峰脉冲而损坏 DSP。

(2) 调试时,尽量避免因贪图方便而热插拔 JTAG 接口。

(3) 用示波器观测引脚波形时,切勿直接去测 DSP 的引脚,因为探头的触碰,一不小心就会造成 DSP 引脚间的短路。可以针对需要观测的引脚在电路外部接口上找到对应的引脚,接好线后再给电路上电进行观测。

(4) 用万用表测量两点间的电压时,也需注意不能造成两端短路,特别是测量封装比较小的电容时。

相信在调试过程中,胆大心细,遇事不是责怪电路本身,而应静下心来分析可能的原因,通过不断地积累经验,就可以尽量避免烧坏元器件。

## 17.8　DSP 软件开发环境

DSP(数字信号处理器)软件开发环境通常包括以下几方面:

(1) 开发工具。开发 DSP 程序的工具通常是集成开发环境(IDE),如 Code Composer Studio、Visual DSP++等。这些工具提供了代码编辑器、编译器、调试器和仿真器等功能,可以方便地进行程序开发、调试和测试。

(2) 编程语言。DSP 程序通常使用 C 语言进行编写,也可以使用汇编语言进行优化。C 语言编写的程序可以方便地进行移植和维护,而汇编语言编写的程序可以更好地利用 DSP 的硬件资源,提高程序的性能。

(3) DSP 库。DSP 库是一组预先编写好的函数和例程,用于实现常用的数字信号处理算法,如滤波、FFT 和卷积等。使用 DSP 库可以方便地实现常用的信号处理算法,同时也可以提高程序的效率和可靠性。

(4) 仿真器。DSP 仿真器是一种硬件设备,用于将 DSP 芯片连接到 PC 上进行仿真和调试。通过仿真器,可以在 PC 上运行 DSP 程序,并进行单步调试、断点调试等操作,以便于调试和测试程序。

(5)开发板。开发板是一种硬件设备,用于将 DSP 芯片连接到外围器件和传感器上进行实际的应用开发和测试。开发板通常包括多个外围接口,如串口、SPI、I2C 等,以便于连接外围器件和传感器进行测试和调试。

DSP 软件开发环境需要包括开发工具、编程语言、DSP 库、仿真器和开发板等方面。在实际应用中,还需要根据具体的需求和应用场景进行适当的选择和配置。

## 17.8.1 软件开发流程和工具

开发 DSP 需要硬件平台和软件开发环境。硬件平台由目标板和仿真器组成。目标板是指具有 DSP 芯片的电路板。仿真器将目标板和计算机连起来,可以对目标板上的 DSP 芯片进行编程、调试和烧写等工作。TI 公司为软件开发提供了集成开发环境 CCS(Code Composer Studio)。

开发 DSP 软件可以选择汇编语言和 C/C++语言编写源程序,软件开发流程如图 17-19 所示。

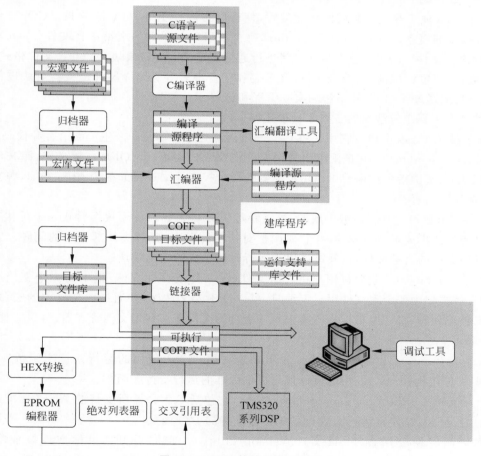

图 17-19 DSP 软件开发流程图

图 17-19 中的阴影部分表示通常的 C 语言开发途径,其他部分是为了强化开发过程而设置的附加功能。

C/C++语言编写的源程序编译成汇编语言后,经过汇编器产生 COFF(公共目标文件)格式的目标代码,用链接器进行链接,生成可执行 COFF 格式的目标代码,利用调试工具对其进行调试,调试成功后可以利用 HEX 代码转换工具将 COFF 格式的目标代码转换成 EPROM 能接受的格式,写入 EPROM,如图 17-20 所示。

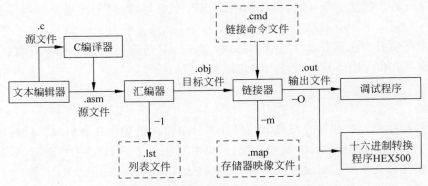

图 17-20　编辑、汇编和链接过程示意图

　　COFF 文件格式便于开发者采用模块化编程,使程序可读性更好,更易于移植。COFF 文件格式基于代码块和数据块的概念,这些块被称为 Section,每个块可以是单独的汇编语言文件(.asm)、C 语言文件(.C)或 C++ 语言文件(.CPP),包含相互之间进行通信而定义的接口模块。COFF 文件格式包括段头、可执行代码、数据、可重定位信息、行号入口、符号表和字符串表等。编译器和链接器对块进行创建和操作,COFF 主要与编译过程相关,并不影响实际编程和应用。

　　DSP 软件开发流程中所涉及的各类工具描述如下:

　　(1) C 编译器(C Compiler)。它用来将 C/C++ 语言源程序自动编译产生汇编语言源代码。

　　(2) 汇编器(Assembler)。它把汇编语言源文件汇编成机器语言 COFF 目标文件,源文件中包括指令、汇编伪指令以及宏伪指令。用户可以用汇编器伪指令控制汇编过程的各个方面,例如,源文件清单的格式、数据调整和段内容。

　　(3) 链接器(Linker)。它将汇编生成的、可重新定位的 COFF 目标模块组合成一个可执行的 COFF 目标模块。当链接器生成可执行模块时,它要调整对符号的引用,并解决外部引用的问题。它也可以接收来自文档管理器中的目标文件,以及链接以前运行时所生成的输出模块。

　　(4) 归档器(Archiver)。它允许用户将一组文件(源文件或目标文件)集中为一个文档文件库。例如,把若干宏文件集中为一个宏文件库。汇编时,可以搜索宏文件库,并通过源文件中的宏命令来调用。也可以利用文档管理器,将一组目标文件集中到一个目标文件库。利用文档管理器,可以方便地替换、添加、删除和提取库文件。

　　(5) 建库程序(Library build utility)。它用来建立用户个人使用的运行支持库函数。链接时,用 rts.sre 中的源文件代码和 rts.lib 中的目标代码提供标准的运行支持库函数。

　　(6) 运行时支持库(Run time support libraries)。它包括 C 编译器所支持的 ANSI 标准运行支持函数、编译器公用程序函数、浮点运算函数和 C 编译器支持的 I/O 函数。

　　(7) 十六进制转换公用程序(Hex conversion utility)。它把 COFF 目标文件换成 TI-Tagged、ASCII-HEX、Intel、Motorola-S 或 Tektronix 等目标格式,可以把转换好的文件下载到 EPROM 编程器中。

　　(8) 交叉引用列表器(Cross reference lister)。它用目标文件产生参照列表文件,可显示符号及其定义,以及符号所在的源文件。

　　(9) 绝对列表器(Absolute lister)。它输入目标文件,输出 .abs 文件,通过汇编 .abs 文件可产生含有绝对地址的列表文件。如果没有绝对列表器,那么这些操作将需要冗长的手工操作才能完成。

## 17.8.2 DSP集成开发环境CCS

CCS是TI公司推出的用于开发TMS320系列DSP芯片的集成开发环境。在Windows操作系统下,采用图形接口界面,提供环境配置、源程序编辑、程序调试、跟踪和分析等工具,使用户在一个软件环境下完成编辑、编译、链接、调试和数据分析等工作,能够加快开发进程,提高工作效率。

### 1. CCS概述

CCS有两种工作模式:软件仿真和硬件在线编程。软件仿真模式可以脱离DSP芯片,在计算机上模拟DSP芯片的指令集和工作机制,主要用于前期算法实现和调试;硬件在线编程可以实时运行在DSP芯片上,与硬件开发板结合进行在线编程和应用程序调试。CCS有不同的版本,版本越高,功能越强,占用的内存越大,对计算机配置的要求也越高。

CCS开发系统主要由以下组件构成:

(1)代码产生工具用来对C语言、汇编语言或混合语言编程的DSP源程序进行编译汇编,并链接成为可执行的DSP程序,主要包括汇编器、链接器、C/C++编译器和建库工具等。

(2)CCS集成开发环境集编辑、编译、链接、软件仿真、硬件调试和实时跟踪等功能于一体,包括编辑工具、工程管理工具和调试工具等。

(3)DSP/BIOS实时内核插件及其应用程序接口(Application Programming Interface,API)主要为实时信号处理应用而设计,包括DSP/BIOS(Basic Input Output System,基本输入/输出系统)的配置工具、实时分析工具等。

(4)实时数据交换的(Real Time Data Exchange,RTDX)插件以及相应的程序接口API可对目标系统数据进行实时监视,实现DSP与其他应用程序的数据交换。

(5)由TI公司以外的第三方提供的各种应用模块插件。CCS的主要组件及接口如图17-21所示。

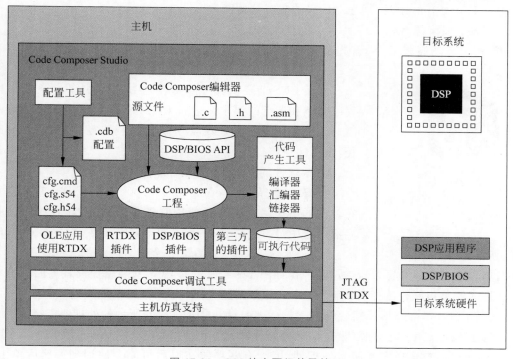

图 17-21 CCS的主要组件及接口

CCS 的功能十分强大,它集成了代码的编辑、编译、链接和调试等诸多功能,而且支持 C/C++语言和汇编语言的混合编程,其主要功能如下:

(1) 它具有集成可视化代码编辑界面,用户可通过其界面直接编写 C 语言、汇编语言、.cmd 文件等。

(2) 它含有集成代码生成工具,包括汇编器、优化 C 编译器、链接器等,将代码的编辑、编译、链接和调试等诸多功能集成到一个软件环境中。

(3) 高性能编辑器支持汇编文件的动态语法加亮显示,使用户很容易阅读代码,发现语法错误。

(4) 工程项目管理工具可对用户程序实行项目管理。在生成目标程序和程序库的过程中,建立不同程序的跟踪信息,通过跟踪信息对不同的程序进行分类管理。

(5) 基本调试工具具有装入执行代码、查看寄存器、存储器、反汇编、变量窗口等功能,并支持 C 语言源代码级调试。

(6) 断点工具能在调试程序的过程中,完成硬件断点、软件断点和条件断点的设置。

(7) 探测点工具可用于算法的仿真,数据的实时监视等。

(8) 分析工具包括模拟器和仿真器分析,可用于模拟和监视硬件的功能、评价代码执行的时钟。

(9) 数据的图形显示工具可以将运算结果用图形显示,包括显示时域/频域波形、眼图、星座图、图像等,并能进行自动刷新。

(10) 它提供 GEL(General Extension Language,通用的扩展语言)工具。利用 GEL,用户可以编写个人的控制面板/菜单,设置 GEL 菜单选项,方便直观地修改变量、配置参数等。

(11) 它支持多 DSP 的调试。

(12) 它支持 RTDX 技术,可在不中断目标系统运行的情况下,实现 DSP 与其他应用程序的数据交换。

(13) 提供 DSP/BIOS 工具,增强对代码的实时分析能力。

**2. CCS 的安装及配置**

要在计算机上成功安装 CCS,首先必须要有安装包。在 TI 公司的官网上下载安装包,如图 17-22 所示。

**ccs_setup_12.4.0.00007**

图 17-22　ccs_setup_12.4.0.00007 安装包

安装 CCS 前要认真阅读安装说明,确认计算机的配置能够满足程序安装和运行的要求。进行 CCS 安装时,按照安装向导的提示将 CCS 安装到硬盘中。建议采用默认安装路径,如果需要修改安装路径,则要注意路径代码中不要使用中文。

CCS 软件的安装步骤如下:

步骤 1,选择 ccs_setup_12.4.0.00007.exe 这个应用程序,右击,在弹出的快捷菜单中选择使用管理员模式运行,在弹出的授权选择界面中选中"I accept the terms of the license agreement."单选按钮,如图 17-23 所示。

步骤 2,单击图 17-23 中的 Next 按钮,弹出如图 17-24 所示的 CCS 安装路径设置界面。

步骤 3,进入安装包路径选择对话框,软件默认存储路径是"c:\ti",建议使用这个默认路径,否则后面需要修改很多内容,非常麻烦。然后单击 Next 按钮,弹出如图 17-25 所示的处理器支持界面。

步骤 4,选中 Select All 复选框,即安装所有处理器,如 MSP430、C2000、Arm 等。如果计算机 C 盘空间足够大,则建议用户选择安装所有处理器,因为有些功能在以后可能会使用到。然后单击图 17-25 中的 Next 按钮,弹出如图 17-26 所示的调试工具选择界面。

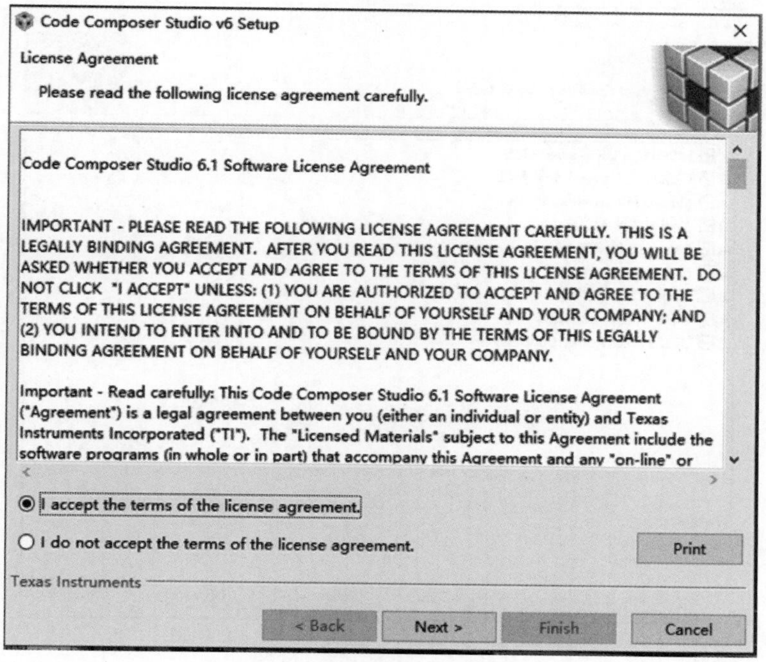

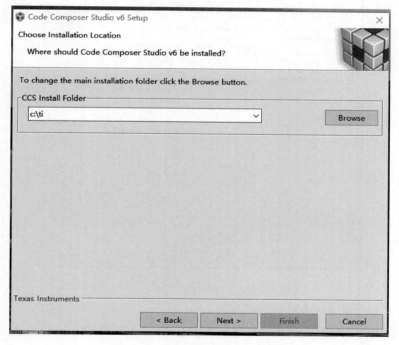

图 17-23 授权选择界面

图 17-24 CCS 安装路径设置界面

步骤 5,选中图 17-26 中的 Select All 复选框,即安装所有仿真器驱动。TMS320 系列处理器使用的是"TI XDS Debug Probe Support"仿真器。然后单击 Next 按钮,弹出如图 17-27 所示的 CCS 安装界面。

软件安装需要一段时间,时间的长短取决于计算机配置,请耐心等待一段时间。安装完成后弹出如

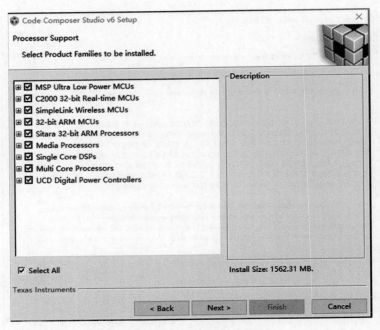

图 17-25　处理器支持界面

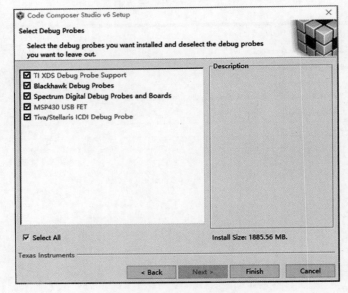

图 17-26　调试工具选择界面

图 17-28 所示的 CCS 安装完成界面。

　　步骤 6,图 17-28 中的 3 个复选框默认都是选中状态,然后单击 Finish 按钮完成 CCS 的安装。至此,CCS 软件顺利安装成功,安装成功后在计算机桌面上会出现很多工具的快捷方式,CCS 软件的快捷方式如图 17-29 所示。

　　CCS 安装完成后,第一次打开 CCS 软件会弹出如图 17-30 所示的工作空间设置界面。用户可以在修改工作空间的路径工作空间设置后,单击图 17-30 中的 OK 按钮,弹出如图 17-31 所示的 CCS 开发环境运行界面。

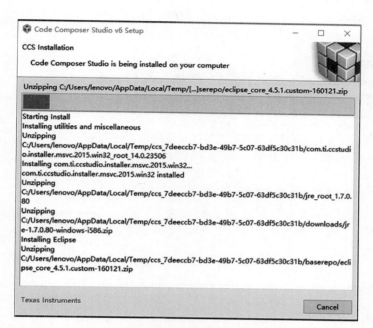

图 17-27　CCS 安装界面

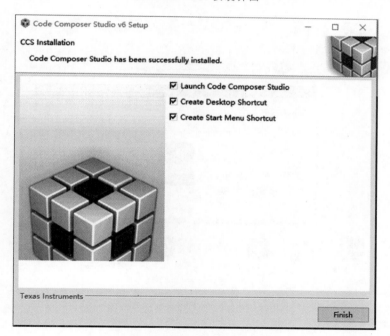

图 17-28　CCS 安装完成界面

图 17-29　CCS 软件的快捷方式

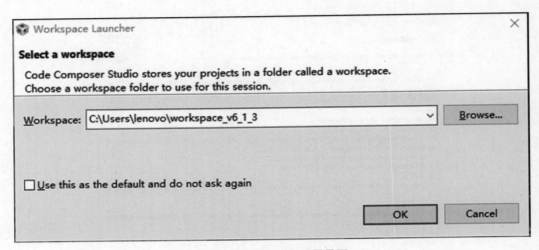

图 17-30　工作空间设置界面

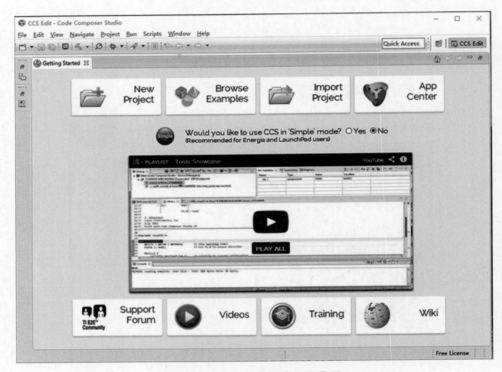

图 17-31　CCS 开发环境运行界面

## 17.9　DSP 开发板和仿真器的选择

选择 DSP 开发板和仿真器时,需要考虑以下几方面:

(1) DSP 芯片型号。首先需要确定要使用的 DSP 芯片型号,不同的 DSP 芯片有不同的性能和外设配置,需要根据具体的应用需求选择合适的型号。

(2) 开发板功能。开发板通常包括 DSP 芯片、外围接口、传感器接口、显示屏等,需要根据具体的应用需求选择功能丰富的开发板,以便于进行应用开发和测试。

（3）仿真器功能。仿真器用于将 DSP 芯片连接到 PC 上进行仿真和调试，需要选择支持目标 DSP 芯片的仿真器，并且需要考虑仿真器的功能和性能，如支持的调试接口、仿真速度、调试功能等。

（4）软件支持。开发板和仿真器通常需要配套的开发软件，如集成开发环境（IDE）、驱动程序等，需要确保选择的开发板和仿真器有相应的软件支持。

（5）技术支持和社区。选择开发板和仿真器的厂商是否提供良好的技术支持和社区支持，这对于开发过程中遇到的问题能够提供及时的帮助和解决方案。

常见的 DSP 开发板和仿真器厂商包括德州仪器、普中公司等，它们提供了多种型号的开发板和仿真器，可以根据具体的需求进行选择。在选择开发板和仿真器时，需要综合考虑以上因素，以便选择适合自己应用需求的产品。

## 17.9.1　DSP 开发板的选择

DSP 开发板可以在网上购买，价格因模块配置的区别而不同，价格在 300 元左右。

本书选用普中公司推出的 PZ-DSP28335-L 开发板，如图 17-32 所示。

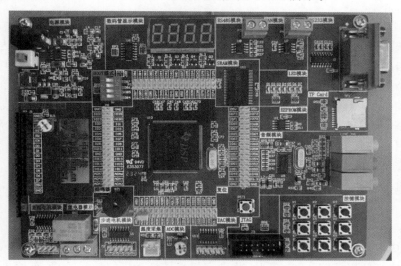

图 17-32　PZ-DSP28335-L 开发板

普中 PZ-DSP28335-L 开发板以 TI 公司的 TMS320F28335 为核心，集成了实际开发中常用的一些模块，比如 RS-232、RS-485、CAN 通信模块；直流电动机、步进电机驱动模块；继电器、蜂鸣器、LED 指示灯、矩阵键盘控制模块；LCD1602、LCD12864、数码管显示模块；外扩 SRAM、SD 卡、音频模块；ADC、DAC 信号处理模块等。该产品不仅适用于初学者入门学习，而且非常适合开发人员进行二次开发。

开发板使用步骤如下：

（1）安装 CCS 软件。

（2）安装 DSP 仿真器驱动。

（3）将仿真器和开发板连接好，将配置的 USB 线或电源适配器给开发板供电并打开电源开关，将仿真器的 USB 口连接到计算机上；这是推荐的上电顺序，当发生连接错误时请按此顺序上电。

PZ-DSP28335-L 开发板各功能模块如下：

（1）电源模块。使用 TD6821 电源管理芯片，可生成 3.3V 和 1.9V 直流电压供系统使用。在该模块中提供了两个电源输入口：一个是 Mini USB 接口，另一个是 DC5V 火牛接口。

（2）数码管显示模块。使用 74HC164 芯片，可扩展 I/O，只需 2 个 I/O 口即可控制数码管的 8 个段选数据口，采用的是共阴数码管。

（3）RS-485 模块。使用 MAX3485 芯片，可实现 RS-485 通信。

（4）CAN 模块。使用 TJA1040 芯片，可实现 CAN 通信。

（5）RS-232 模块。使用 MAX3232 芯片，可实现 RS-232 通信。

（6）TF Card 接口。可实现 TF 卡写入和读取等操作。

（7）LED 模块。使用了 7 个 LED 灯，可实现流水灯、交通灯等控制。

（8）EEPROM 模块。使用 AT24C02 芯片，可实现 EEPROM 功能，存储的数据掉电不丢失。

（9）SRAM 模块。使用 IS62WV12816 芯片，可实现外部 SRAM 的扩展功能，最大可扩展到 1MB。

（10）BOOT 模式选择端子。TMS320F28335 芯片的启动方式选择端子，通过拨码开关不同状态选择不同启动模式，默认选用 Flash 启动。

（11）LCD1602 液晶屏接口。可直接插入 LCD1602 液晶屏。

（12）LCD12864 液晶屏接口。兼容了 LCD12864（不带字库）和常用的 LCD12864（带字库），可直接插入 LCD12864 液晶屏。

（13）TMS320F28335 芯片。核心控制器，主要学习其内部资源的使用。

（14）晶振模块。使用 30MHz 供系统时钟输入，经过倍频和分频后系统时钟可达到 150MHz。

（15）所有引出的 GPIO、外设控制口、电源等。将主芯片的 88 个 GPIO、外设接口、5V/3.3V 电源口全部引出。

（16）直流电动机模块。使用 TC1508S 芯片，可控制 2 路直流电动机和 1 路四线双极性步进电机。

（17）继电器模块。使用直流 5V 继电器，建议在低压段控制，不要使用高压 220V，以免造成人身安全问题。

（18）蜂鸣器模块。使用无源蜂鸣器，可实现报警、音乐播放等功能。

（19）步进电机模块。使用 ULN2003 芯片，可实现 1 路五线四相步进电机控制，还可用于驱动直流电动机。

（20）温度采集接口。可连接热敏电阻探头传感器测温。

（21）ADC 模块。使用芯片内部 ADC，测试电位器电压值。

（22）DAC 模块。使用 TLV5620 芯片，将数字信号转换为模拟信号输出，可输出 4 路模拟信号。

（23）复位按钮。当系统瘫痪或需要重启系统时可操作此按钮。

（24）JTAG 接口。使用标准的 2×7 双排公头，可将 DSP 仿真器插入此口。

（25）按键模块。使用 3×3 矩阵键盘，可用于数据的输入等控制。

（26）音频模块。使用 TLV320AIC23 芯片，可实现音频播放、录音等功能。

## 17.9.2　DSP 仿真器的选择

DSP 仿真器选择 XDS100V1 仿真器，如图 17-33 所示。

XDS100V1 是一款低成本的 DSP 仿真器，支持各种 DSP 芯片的程序仿真和下载，可用于 Windows XP、Windows Vista、Windows 7、Windows 10、Windows 11 等多种操作系统中使用，兼容 TMS320F28034、TMS320F28035 和 TMS320F28335 系列产品。

XDS100V1 仿真器具有如下特性：

（1）价格低廉。

（2）支持防反插功能。

图 17-33　DSP 仿真器（XDS100V1）

（3）14 脚(Pin)的标准 JTAG 接口。

（4）精美的塑料外壳,小巧携带方便。

（5）支持 CCS 3.3 及更高版本的调试软件。

（6）支持内存读写、寄存器读写、断点调试功能。

（7）支持目标电缆断开检测功能。

（8）支持目标芯片掉电检测功能。

（9）支持 USB 连接状态检测功能。

（10）支持自适应时钟。

（11）支持多种 DSP 处理器。

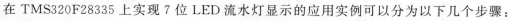

# 17.10　TMS320F28335 在 7 位 LED 流水灯显示的应用实例

在 TMS320F28335 上实现 7 位 LED 流水灯显示的应用实例可以分为以下几个步骤：

（1）硬件连接。将 7 位 LED 数码管连接到 TMS320F28335 的 GPIO 引脚上。通常使用 GPIO 口驱动 LED 数码管。

（2）编写驱动程序。使用 C 语言编写 GPIO 控制的驱动程序。

（3）实现流水灯效果。编写主程序,使用定时器中断或循环延时的方式来控制 LED 数码管的显示。通过不断更新要显示的数据,可以实现流水灯的效果。

## 17.10.1　7 位 LED 流水灯显示硬件设计

DSP 采用 TMS320F28335,7 位 LED 流水灯显示驱动电路如图 17-34 所示。

## 17.10.2　7 位 LED 流水灯显示软件设计

7 位 LED 流水灯显示程序清单参考本书电子资源中的 Example03_DSP2833x_LEDFlow,这里从略。

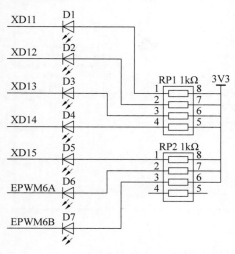

图 17-34　7 位 LED 流水灯显示驱动电路

7 位 LED 流水灯显示程序工程文件夹名为 Example03_DSP2833x_LEDFlow,该文件夹下的内容如图 17-35 所示。

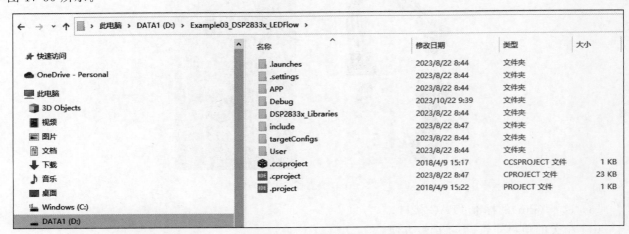

图 17-35　Example03_DSP2833x_LEDFlow 文件夹下的内容

双击计算机桌面上的 CCS12 应用程序,弹出如图 17-36 所示的 CCS12 开发环境界面。

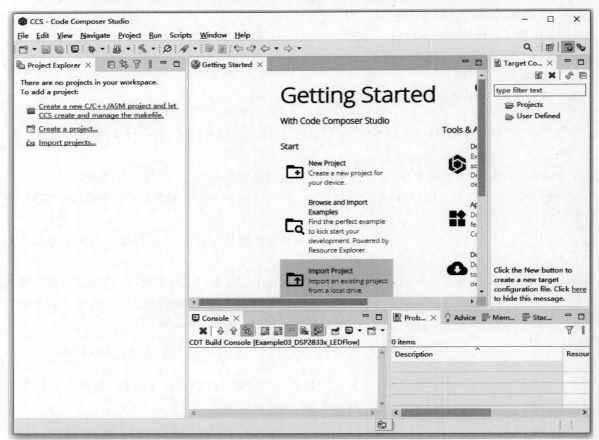

图 17-36　CCS12 开发环境界面

单击图 17-36 中的 Import Project 按钮,弹出如图 17-37 所示的工程目录选择界面。

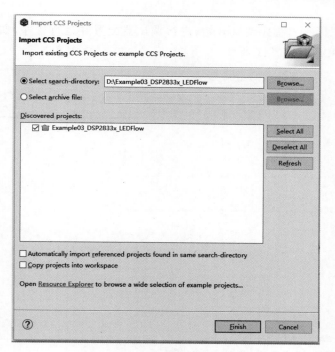

图 17-37　工程目录选择界面

单击图 17-37 中的 Finish 按钮，打开 7 位 LED 流水灯显示程序工程 Example03_DSP2833x_ LEDFlow，如图 17-38 所示。

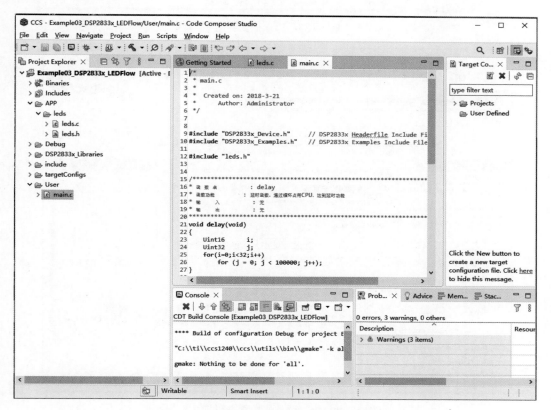

图 17-38　打开工程 Example03_DSP2833x_LEDFlow

　　单击图 17-39 中的图标 ✿ ,程序调试开始,进行调试器配置并运行程序,如图 17-40 所示。程序运行的结果为流水灯的效果,如图 17-41 所示。

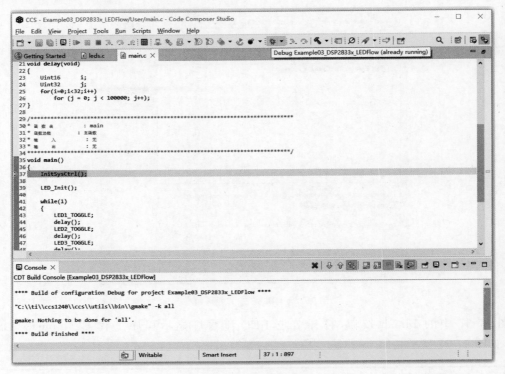

图 17-39　程序调试开始

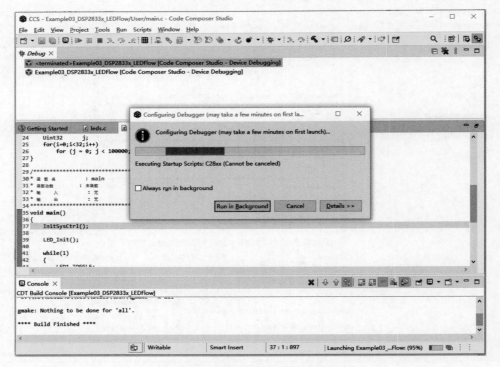

图 17-40　进行调试器配置并运行程序

图 17-41　程序运行的结果

# 第 18 章　FPGA可编程逻辑器件与开发

CHAPTER 18

FPGA(Field Programmable Gate Array,现场可编程门阵列)是一种可编程逻辑器件,它可以根据用户的需求进行编程和配置,实现各种数字电路功能。FPGA 广泛应用于数字信号处理、通信、图像处理、嵌入式系统等领域。

FPGA 的门级结构可由用户通过编程来配置。它是在 PAL、GAL、EPLD 等可编程器件的基础上进一步发展的产物,可以作为专用集成电路(ASIC)领域中的一种半定制电路。FPGA 克服了原有可编程器件门电路数有限的缺点,并解决了定制电路的不足。

本章全面介绍了 FPGA 技术,从基础概念、历史发展、内部结构到开发工具和设计流程,为读者提供了一个关于 FPGA 的全面框架。

本章主要讲述如下内容:

(1) 概述了可编程逻辑器件,包括它们的发展历史和不同类型的可编程逻辑器件,如 PAL/GAL、CPLD 和 FPGA。此外,还讨论了 CPLD 与 FPGA 之间的区别,以及可编程片上系统(SOPC)和 IP 核的概念。最后,介绍了 FPGA 的框架结构。

(2) 深入探讨了 FPGA 的内部结构,包括可编程输入/输出单元、基本可编程逻辑单元、嵌入式块 RAM(BRAM)以及丰富的布线资源。

(3) 介绍了 Intel 公司的 FPGA 产品,特别是 Cyclone 系列,包括 Cyclone Ⅳ 系列芯片的特点和配置芯片的使用。

(4) 列出了主要的 FPGA 生产厂商,如 Xilinx 和 Altera(现为 Intel 旗下品牌),提供了它们的背景信息。

(5) 讨论了 FPGA 的应用领域,展示了 FPGA 在不同领域的广泛应用,如通信、信号处理、嵌入式系统等。

(6) 介绍了 FPGA 开发工具,这些工具是进行 FPGA 设计和实现的必备软件。

(7) 详细介绍了基于 FPGA 的开发流程,包括 FPGA 设计方法概论、典型 FPGA 开发流程、FPGA 的配置以及基于 FPGA 的系统芯片设计方法。

(8) 讲述了 Verilog 硬件描述语言,包括对 Verilog 的概述、与 VHDL 的比较以及 Verilog HDL 基础知识。

(9) 讲述了 FPGA 开发板的选型和使用,这些开发板是 FPGA 学习和开发的重要硬件工具。

本章为读者提供了一个关于 FPGA 的全面介绍,从理论基础到实际应用,旨在帮助读者更好地理解 FPGA 的复杂性和灵活性,以及如何有效地使用这项技术来设计和实现各种电子系统。通过本章内容,读者可以获得关于 FPGA 设计和开发所需的知识和技能,为将来在这一领域的工作打下坚实的基础。

# 18.1　可编程逻辑器件概述

可编程逻辑器件(Programmable Logic Device,PLD)是 20 世纪 70 年代发展起来的新型逻辑器件。可编程逻辑器件与传统逻辑器件的区别在于其功能不固定,属于一种半定制逻辑器件,可以通过软件的方法对其编程从而改变其逻辑功能。微电子技术的发展,使得设计与制造集成电路的任务已不完全由半导体厂商独立承担,系统设计师们可以通过更短的设计周期,在实验室里设计自己需要的专用集成电路(Application Specific Integrated Circuit,ASIC)芯片。对于可编程逻辑器件有一种说法"What you want is what you get"(所见即所得),这是 PLD 的一个优势。由于 PLD 可编程的灵活性以及科学技术的快速发展,PLD 也正向高集成、高性能、低功耗、低价格的方向发展,并具备了与 ASIC 同等的性能。近几年,可编程逻辑器件的应用有了突飞猛进的增长,被广泛地使用在各行各业的电子及通信设备里。PLD 的规模不断扩大,例如,Altera Stratix 10 系列单芯片,采用了 Altera 的 3D SiP 异构架构,整合了 550 万逻辑门、HBM2(HBM,High Bandwidth Memory,高带宽存储器)内存以及四核 Arm Cortex-A53 处理器,被视为高性能 FPGA 的代表。

高带宽存储器是超微半导体和 SK Hynix 发起的一种基于 3D 堆栈工艺的高性能 DRAM(Dynamic Random Access Memory,动态随机存取存储器),适用于高存储器带宽需求的应用场合,如图形处理器、网络交换及转发设备(如路由器、交换机)等。首个使用 HBM 的设备是 AMD Radeon Fury 系列显示芯片。2013 年 10 月,HBM 成为了 JEDEC 通过的工业标准,第二代 HBM —— HBM2,也于 2016 年 1 月成为工业标准,NVIDIA(英伟达)在该年发表的 Tesla 运算加速卡 ——Tesla P100、AMD 的 Radeon RX Vega 系列、Intel 的 Knight Landing 也采用了 HBM2。

## 18.1.1　可编程逻辑器件的发展

可编程逻辑器件是指一切通过软件手段更改、配置器件内部连接结构和逻辑单元,完成既定设计功能的数字集成电路。目前常用的可编程逻辑器件主要有简单逻辑阵列(PAL/GAL)、复杂可编程逻辑器件(CPLD)和现场可编程门阵列(FPGA)三大类。

PLD 是作为一种通用器件生产的,但它的逻辑功能是由用户通过对器件进行编程来设定的。而且有些 PLD 的集成度很高,足以满足设计一般数字系统的需要。这样就可以由设计人员自行编程,从而将一个数字系统"集成"在一片 PLD 上,做成"片上系统"(System on Chip,SoC),而不必去请芯片制造厂商设计和制作专用集成电路芯片了。

最后,再来总结这 3 种数字集成电路之间的差异。通用型数字集成电路和专用集成电路内部的电路连接都是固定的,所以它们的逻辑功能也是固定不变的。而 PLD 则不同,其内部单元之间的连接是通过"写入"编程数据来确定的,写入不同的编程数据就可以得到不同的逻辑功能。

自 20 世纪 70 年代以来,PLD 的研制和应用得到了迅速的发展,相继开发出了多种类型和型号的产品。

目前常见的 PLD 大体上可以分为 SPLD(Simple PLD,简单 PLD)、CPLD(Complex Programmable Logic Device,复杂可编程逻辑器件)和 FPGA(Field Programmable Gate Array,现场可编程门阵列)。SPLD 中又可分为 PLA、PAL 和 GAL 几种类型。FPGA 也是一种可编程逻辑器件,但由于在电路结构上与早期广为应用的 PLD 不同,所以采用 FPGA 这个名称,以示区别。

通过对数字电路的学习我们知道,任何一个逻辑函数式都可以变换成与-或表达式,因而任何一个逻辑函数都能用一级与逻辑电路和一级或逻辑电路来实现。PLD 最初的研制思想就来源于此。

我们可以用图 18-1 描述 PLD 沿着时间推进的发展流程。

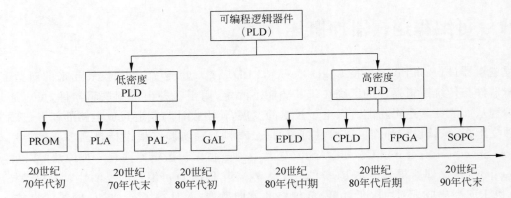

图 18-1　PLD 器件的发展流程

从集成度上，可以把 PLD 分为低密度和高密度两种类型，其中低密度可编程逻辑器件（LDPLD）通常指那些集成度小于 1000 逻辑门的 PLD。20 世纪 70 年代初期至 80 年代中期的 PLD，如 PROM（Programmable Read Only Memory）、PLA（Programmable Logic Array）、PAL（Programmable Array Logic）和 GAL（Generic Array Logic）均属于低密度 PLD。低密度 PLD 与中小规模集成电路相比，有着集成度高、速度快、设计灵活方便、设计周期短等优点，因此一经推出就得到了广泛的应用。

它是根据逻辑函数的构成原则提出的，由输入缓冲、与阵列、或阵列和输出结构 4 部分组成。其中，由与门构成的与阵列用来产生乘积项，由或门构成的或阵列用来产生乘积项之和，因此，与阵列和或阵列是电路的核心。输入缓冲电路可以产生输入变量的原变量和反变量，输出结构相对于不同的 PLD 差异很大，有组合输出结构、时序输出结构、可编程的输出结构等。输出信号往往可以通过内部通路反馈到与阵列，作为反馈输入信号。虽然与/或阵列的组成结构简单，但是所有复杂的 PLD 都是基于这种原理发展而来的。根据与阵列和或阵列可编程性，将低密度 PLD 分为 4 种基本类型，如表 18-1 所示。

表 18-1　低密度 PLD 器件

| PLD 类型 | 阵　列 | | 输　出 |
|---|---|---|---|
| | 与 | 或 | |
| PROM | 固定 | 可编程，一次性 | 三态，集电极开路 |
| PLA | 可编程，一次性 | 可编程，一次性 | 三态，集电极开路寄存器 |
| PAL | 可编程，一次性 | 固定 | 三态 I/O 寄存器互补带反馈 |
| GAL | 可编程，多次性 | 固定或可编程 | 输出逻辑宏单元，组态由用户定义 |

## 18.1.2　PAL/GAL

PAL 是 Programmable Array Logic 的缩写，即可编程阵列逻辑；GAL 是 GenericArray Logic 的缩写，即通用可编程阵列逻辑。PAL/GAL 是早期可编程逻辑器件的发展形式，其特点是大多基于 EEPROM 工艺，结构简单，仅适用于简单的数字逻辑电路。

PAL 由一个可编程的"与"平面和一个固定的"或"平面构成，或门的输出可以通过触发器有选择地被置为寄存状态。PAL 器件是现场可编程的，它的实现工艺有反熔丝技术、EPROM 技术和 EEPROM 技术。还有一类结构更为灵活的逻辑器件是可编程逻辑阵列（PLA），它也由一个"与"平面和一个"或"平面构成，但是这两个平面的连接关系是可编程的。PLA 器件既有现场可编程的，也有掩膜可编程的。

GAL 器件是从 PAL 发展过来的，其采用了 EECMOS 工艺使得该器件的编程非常方便，另外，由于其输出采用了逻辑宏单元结构（Output Logic Macro Cell，OLMC），使得电路的逻辑设计更加灵活。

GAL(Generic Array Logic,通用阵列逻辑)具有电可擦除的功能,克服了采用熔断丝技术只能一次编程的缺点,其可改写的次数超过 100 次;另外,GAL 还具有加密功能,保护了知识产权;GAL 在器件中开设了一个存储区域用来存放识别标志,即电子标签的功能。

虽然 PAL/GAL 可编程单元密度较低,但是它们一出现即以其低功耗、低成本、高可靠性、软件可编程、可重复更改等特点引发了数字电路领域的巨大震动。虽然目前较复杂的逻辑电路一般使用 CPLD 甚至 FPGA 实现,但对于很多简单的数字逻辑,GAL 等简单的可编程逻辑器件仍然被大量使用。

### 18.1.3　CPLD

CPLD(Complex Programmable Logic Device,复杂可编程逻辑器件)是从 PAL 和 GAL 器件发展出来的器件,一般采用 EEPROM 工艺,也有少数厂家采用 Flash 工艺,其基本结构由可编程 I/O 单元、基本逻辑单元、布线池和其他辅助功能模块构成。相比 PAL/GAL,CPLD 规模大、结构复杂,属于大规模集成电路范围,是一种用户根据各自需要自行构造逻辑功能的数字集成电路。其基本设计方法是借助集成开发软件平台,用原理图、硬件描述语言等方法,生成相应的目标文件,通过下载电缆将代码传送到目标芯片中,实现设计的数字系统。

CPLD 主要是由可编程逻辑宏单元(Macro Cell,MC)围绕中心的可编程互连矩阵单元组成。其中,MC 结构较复杂,并具有复杂的 I/O 单元互连结构,可由用户根据需要生成特定的电路结构,完成一定的功能。由于 CPLD 内部采用固定长度的金属线进行各逻辑块的互连,所以设计的逻辑电路具有时间可预测性,避免了分段式互连结构时序不完全预测的缺点。

CPLD 具有编程灵活、集成度高、设计开发周期短、适用范围宽、开发工具先进、设计制造成本低、对设计者的硬件经验要求低、标准产品无须测试、保密性强、价格大众化等特点,可实现较大规模的电路设计,因此被广泛应用于产品的原型设计和产品生产(一般在 10 000 件以下)之中。几乎所有应用中小规模通用数字集成电路的场合均可应用 CPLD 器件。

CPLD 器件已成为电子产品不可缺少的组成部分,它的设计和应用成为电子工程师必备的一项技能。

CPLD 可实现的逻辑功能比 PAL/GAL 有大幅度的提升,可以完成较复杂、较高速度的逻辑功能,经过几十年的发展,许多公司都开发出了 CPLD 可编程逻辑器件。CPLD 的主要器件供应商为 Altera、Xilinx 和 Lattice 等。

### 18.1.4　FPGA

FPGA 是在 PAL、GAL、CPLD 等可编程器件的基础上进一步发展起来的高性能可编程逻辑器件。它是作为专用集成电路(ASIC)领域中的一种半定制电路而出现的,既弥补了定制电路的不足,又克服了原有可编程器件门电路数有限的缺点。FPGA 可以通过 Verilog 或 VHDL 进行电路设计,然后经过综合与布局,快速地烧录至 FPGA 上进行测试。FPGA 一般采用 SRAM 工艺,也有一些采用 Flash 工艺或反熔丝(Anti-Fuse)工艺等。FPGA 集成度很高,其器件密度从数万门到上千万门,可以完成复杂的时序与组合逻辑电路功能,适用于高速、高密度的高端数字逻辑电路设计领域。FPGA 的基本组成部分有可编程输入/输出单元、基本可编程单元、嵌入式 RAM、丰富的布线资源、底层嵌入功能单元、内嵌专用硬核(Hard Core)等。FPGA 的主要器件供应商为 Altera、Xilinx、Lattice、Actel-Lucent 等。

### 18.1.5　CPLD 与 FPGA 的区别

CPLD 和 FPGA 的主要区别是它们的系统结构。CPLD 是一个具有限制性的结构。这个结构由一个或多个可编辑的结果之和的逻辑组列和相对少量的锁定寄存器构成。这样的结构缺乏编辑灵活性,但具有可以预计的延迟时间和逻辑单元对连接单元高比率的优点。FPGA 有很多的连接单元,这样虽然让它可以更加灵活地编辑,但结构更为复杂。

CPLD 和 FPGA 另外一个区别是大多数的 FPGA 含有高层次的内置模块(如加法器和乘法器)和内置的记忆体,因此很多新的 FPGA 支持完全的或者部分的系统内重新配置。允许它们的设计随着系统升级或者动态重新配置而改变。一些 FPGA 可以让设备的一部分重新编辑而其他部分继续正常运行。

FPGA 与 CPLD 的辨别和分类主要根据其结构特点和工作原理。通常的分类方法如下。

(1) 将以乘积项结构方式构成逻辑行为的器件称为 CPLD,如 Lattice 的 ispLSI 系列、Xilinx 的 XC9500 系列、Altera 的 MAX7000S 系列和 Lattice 的 Mach 系列等。

(2) 将以查表法结构方式构成逻辑行为的器件称为 FPGA,如 Xilinx 的 SPARTAN 系列、Altera 的 FLEX10K 或 ACEX1K 系列等。

尽管 FPGA 和 CPLD 都是可编程器件,有很多共同特点,但由于 CPLD 和 FPGA 结构上的差异,二者又有各自的特点。

(1) CPLD 在工艺和结构上与 FPGA 有一定的区别。FPGA 一般采用 SRAM 工艺,如 Altera、Xilinx、Lattice 的 FPGA 器件,其基本结构是基于查找表加寄存器的结构。而 CPLD 一般是基于乘积项结构的,如 Altera 的 MAX7000、MAX3000 系列器件,Lattice 的 ispMACH4000、ispMACH5000 系列器件,因而 FPGA 适合完成时序逻辑,而 CPLD 更适合完成各种算法和组合逻辑。

(2) CPLD 的连续式布线结构决定了它的时序延迟是均匀的和可预测的,而 FPGA 的分段式布线结构决定了其延迟的不可预测性,所以对于 FPGA 而言,时序约束和仿真非常重要。

(3) 在编程方式上,CPLD 主要是基于 EPROM 或 Flash 存储器编程,无需外部存储器芯片,使用简单,编程次数可达 1 万次,优点是系统断电时编程信息也不丢失。CPLD 又可分为在编程器上编程和在系统编程两类。FPGA 大部分是基于 SRAM 编程,编程信息在系统断电时丢失,每次上电时,需从器件外部将编程数据重新写入 SRAM 中。其优点是可以编程任意次,可在工作中快速编程,从而实现板级和系统级的动态配置;缺点是掉电后程序丢失,使用较复杂。相对来说,CPLD 比 FPGA 使用起来更方便。

(4) FPGA 的集成度比 CPLD 高,新型 FPGA 可达千万门级,因而 FPGA 一般用于复杂的设计,CPLD 用于简单的设计。

(5) CPLD 的速度比 FPGA 快,并且具有较大的时间可预测性。FPGA 是门级编程,并且 CLB 之间采用分布式互连,具有丰富的布线资源,而 CPLD 是逻辑块级编程,并且其逻辑块之间的互连是集总式的。FPGA 布线灵活,但时序难以规划,一般需要通过时序约束、静态时序分析等手段提高和验证时序性能。

(6) CPLD 保密性好,FPGA 保密性差。目前一些采用 Flash 加 SRAM 工艺的新型 FPGA 器件,在内部嵌入了加载 Flash,可以提供更高的保密性。

尽管 FPGA 与 CPLD 在硬件结构上有一定的差别,但 FPGA 与 CPLD 的设计流程是类似的,使用 EDA 软件的设计方法也没有太大差别。

CPLD 和 FPGA 是可编程逻辑器件的两种主要类型。其中复杂可编程逻辑器件(CPLD)的结构包含可编程逻辑宏单元、可编程 I/O 单元和可编程内部连线等。在 CPLD 中数目众多的逻辑宏单元被排成若干阵列块,丰富的内部连线为阵列块之间提供了快速、具有固定时延的通路。Xilinx 公司的 XC7000 和 XC9500 系列、Lattice 公司的 ispLSI 系列、Altera 公司的 MAX9000 系列以及 AMD 公司的 MACH 系列都属于 CPLD。

现场可编程门阵列(FPGA)结构包含可编程逻辑块、可编程 I/O 模块和可编程内连线。可编程逻辑块排列成阵列,可编程内连线围绕着阵列。通过对内连线编程,将逻辑块有效地组合起来,实现逻辑功能。FPGA 与 CPLD 之间主要的差别是:CPLD 修改具有固定内连电路的逻辑功能进行编程,而 FPGA

则是通过修改内部连线进行编程。许多器件公司都有自己的 FPGA 产品。例如，Xilinx 公司的 Spartan 系列和 Virtex 系列、Altera 公司的 Stratix 系列和 Cyclone 系列、Actel 公司的 accelerator 系列等。

在这两类可编程逻辑器件中，FPGA 提供了较高的逻辑密度、较丰富的特性和较高的性能。而 CPLD 提供的逻辑资源相对较少，但是其可预测性较好，因此对于关键的控制应用 CPLD 较为理想。简单地说，FPGA 就是将 CPLD 的电路规模、功能、性能等方面强化之后的产物。FPGA 与 CPLD 的主要区别如表 18-2 所示。

表 18-2　FPGA 与 CPLD 的主要区别

| 项　　目 | CPLD | FPGA |
|---|---|---|
| 组合逻辑的实现方法 | 乘积项（product-term），查找表（Look Up Table，LUT） | 查找表 |
| 编程元素 | 非易失性（Flash、EEPROM） | 易失性（SRAM） |
| 特点 | 非易失性、立即上电，上电后立即开始运行，可在单芯片上运作 | 内建高性能硬件宏功能：PLL、存储器模块、DSP 模块、高集成度、高性能、需要外部配置 ROM |
| 应用范围 | 偏向用于简单的控制通道应用以及逻辑连接 | 偏向用于较复杂且高速的控制通道应用以及数据处理 |
| 集成度 | 小至中规模 | 中至大规模 |

PLD 的生产厂商众多，有 Xilinx、Altera（现并入 Intel 公司内）、Actel、Lattice 和 Atmel 等，其中以 Xilinx 和 Altera 的产品较有代表性，且占有绝大部分的市场份额。不同公司的 PLD 产品结构不同，且有高低端产品系列之分，因此没有可比性，产品设计时可根据具体的需求来决定。

目前，PLD 产业正以惊人的速度发展，PLD 在逻辑器件市场的份额正在增长。高密度的 FPGA 和 CPLD 作为 PLD 的主流产品，继续向着高密度、高速度、低电压、低功耗的方向发展，并且 PLD 厂商开始注重在 PLD 上集成尽可能多的系统级功能，使 PLD 真正成为片上系统（System on Chip，SoC），用于解决更广泛的系统设计问题。

## 18.1.6　SOPC

用可编程逻辑技术把整个系统放到一块硅片上，称作 SOPC。可编程片上系统（System On Programmable Chip，SOPC）是一种特殊的嵌入式系统：首先它是片上系统（SoC），即由单个芯片完成整个系统的主要逻辑功能；其次，它是可编程系统，具有灵活的设计方式，可裁剪、可扩充、可升级，并具备软硬件在系统可编程的功能。SOPC 结合了 SoC、PLD 和 FPGA 各自的优点，一般具备以下基本特征：至少包含一个嵌入式处理器内核，具有小容量片内高速 RAM 资源，丰富的 IP Core 资源可供选择，足够的片上可编程逻辑资源、处理器调试接口和 FPGA 编程接口，可能包含部分可编程模拟电路，具有单芯片、低功耗、微封装的特点。Altera 公司支持 SOPC 的 FPGA 芯片有 Cyclone 系列和 Stratix 系列。

## 18.1.7　IP 核

电子系统的设计越向高层发展，基于 IP 核复用的技术越显示出优越性。IP 核（Intellectual Property Core）就是知识产权核或知识产权模块的意思，在 IC 设计领域，可将其理解为实现某种功能的设计模块，IP 核通常已经通过了设计验证，设计人员以 IP 核为基础进行专用集成电路或现场可编程门阵列的逻辑设计，可以缩短设计所需的周期。因此 IP 核在 EDA 技术开发中具有十分重要的地位。

IP 核分为软核、固核和硬核。软核通常是与工艺无关、具有寄存器传输级硬件描述语言描述的设计代码，可以进行后续设计；硬核是前者通过逻辑综合、布局、布线之后的一系列工艺文件，具有特定的工艺形式、物理实现方式；固核通常介于上面两者之间,它已经通过功能验证、时序分析等过程,设计人员可以以逻辑门级网表的形式获取。

## 18.1.8 FPGA 框架结构

尽管 FPGA、CPLD 和其他类型 PLD 的结构各有其特点和长处,但概括起来,它们是由三大部分组成的。

(1) 可编程输入/输出模块(Input/Output Block,IOB)。IOB 位于芯片内部四周,主要由逻辑门、触发器和控制单元组成。在内部逻辑阵列与外部芯片封装引脚之间提供一个可编程接口。

(2) 可配置逻辑模块 CLB(Configurable Logic Block)。FPGA 的核心阵列,用于构造用户指定的逻辑功能,每个 CLB 主要由查找表(LUT)、触发器、数据选择器和控制单元组成。

(3) 可编程内部连线(Programmable Interconnect,PI)。位于 CLB 之间,用于传递信息,编程后形成连线网络,提供 CLB 之间、CLB 与 IOB 之间的连线。

以原 Altera 的 FLEX/ACEX 芯片为例,结构如图 18-2 所示。其中四周为可编程的输入/输出单元(IOE),灰色为可编程行/列连线,中间为可编程的逻辑阵列块 LAB(Logic Array Block),以及 RAM 块(图 18-2 中未表示出)。在 FLEX/ACEX 中,一个 LAB 包括 8 个逻辑单元(Logic Element,LE),每个 LE 包括一个 LUT、一个触发器和相关逻辑。LE 是 Altera FPGA 实现逻辑的最基本结构,具体性能请参阅数据手册。

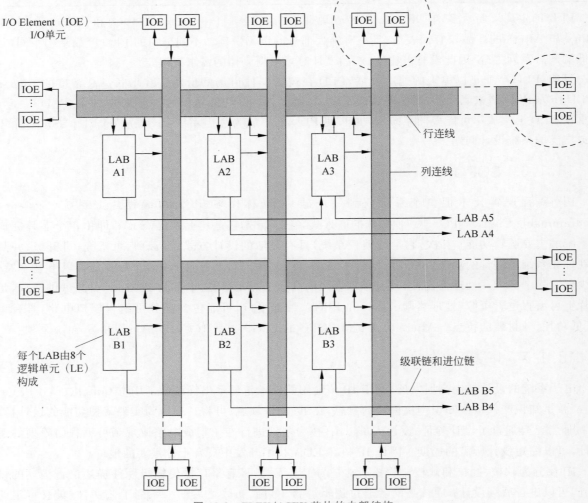

图 18-2　FLEX/ACEX 芯片的内部结构

后期生产的高性能的 FPGA 芯片都是在此结构的基础上添加其他功能模块构成的,如图 18-3 所示,Cyclone Ⅳ系列中添加了嵌入式乘法器、锁相环等。

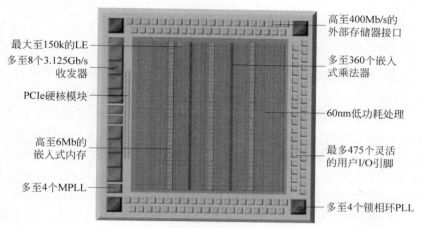

图 18-3　Altera Cyclone Ⅳ 结构框图

# 18.2　FPGA 的内部结构

简化的 FPGA 基本结构由 6 部分组成,分别为可编程输入/输出单元、基本可编程逻辑单元、嵌入式块RAM、丰富的布线资源、底层嵌入功能单元和内嵌专用硬核等,如图 18-4 所示。

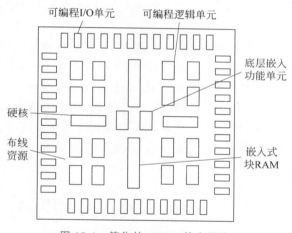

图 18-4　简化的 FPGA 基本结构

## 18.2.1　可编程输入/输出单元

输入/输出(Input/Output)单元简称 I/O 单元,它们是芯片与外界电路的接口部分,完成不同电气特性下对 I/O 信号的驱动与匹配需求,为了使 FPGA 具有更灵活的应用,目前大多数 FPGA 的 I/O 单元被设计为可编程模式,即通过软件的灵活配置,可以适配不同的电气标准与 I/O 物理特性;可以调整匹配阻抗特性、上下拉电阻以及调整驱动电流的大小等。

可编程 I/O 单元支持的电气标准因工艺而异,不同芯片商、不同器件的 FPGA 支持的 I/O 标准不同,一般来说,常见的电气标准有 LVTTL、LVCMOS、SSTL、HSTL、LVDS、LVPECL 和 PCI 等。值得一提的是,随着 ASIC 工艺的飞速发展,目前可编程 I/O 支持的最高频率越来越高,一些高端 FPGA 通过 DDR 寄存器技术,甚至可以支持高达 2Gb/s 的数据效率。

## 18.2.2　基本可编程逻辑单元

基本可编程逻辑单元是可编程逻辑的主体,可以根据设计灵活地改变其内部连接与配置,完成不同的逻辑功能。FPGA 一般是基于 SRAM 工艺的,其基本可编程逻辑单元几乎都是由查找表(LUT)和寄存器(Register)组成的。FPGA 内部查找表一般为 4 输入,查找表一般完成纯组合逻辑功能。FPGA 内部寄存器的结构相当灵活,可以配置为带同步/异步复位或置位,时钟使能的触发器,也可以配置成锁存器,FPGA 依赖寄存器完成同步时序逻辑设计。一般来说,比较经典的基本可编程逻辑单元的配置是一个寄存器加一个查找表。不同厂商的寄存器与查找表有一定的差异,而且寄存器与查找表的组合模式也不同。

### 18.2.3　嵌入式块 RAM

目前大多数 FPGA 都有内嵌的块 RAM(Block RAM),FPGA 内部嵌入可编程 RAM 模块,大大地拓展了 FPGA 的应用范围和使用灵活性。FPGA 内嵌的块 RAM 一般可配置为单口 RAM、双口 RAM、伪双口 RAM、CAM、FIFO 等常用存储结构。RAM 的概念和功能读者应该非常熟悉,此处不再赘述。FPGA 中其实并没有专用的 ROM 硬件资源,实现 ROM 的思路是对 RAM 赋予初值。CAM(Content Address Memory)即内容地址存储器,其每个存储单元都包含一个内嵌的比较逻辑,写入 CAM 的数据会和其内部存储的每一个数据进行比较,并返回与端口数据相同的所有内部数据的地址。概括地讲,RAM 是一种根据地址读、写数据的存储单元;而 CAM 和 RAM 恰恰相反,它返回的是端口数据相同的所有内部地址。CAM 的应用也十分广泛,比如在路由器中的交换表等。FIFO 是先进先出队列的存储结构。FPGA 内部实现 RAM、ROM、CAM、FIFO 等存储结构都可以基于嵌入式块 RAM 单元。

### 18.2.4　丰富的布线资源

布线资源连通 FPGA 内部的所有单元,而连线的长度和工艺决定着信号在连线上的驱动能力和传输速度。FPGA 芯片内部有着丰富的布线资源,这些布线资源根据工艺、长度、宽度和分布位置的不同而划分为 4 种不同的类别:

第 1 类是全局布线资源,用于芯片内部全局时钟和全局复位/置位的布线;

第 2 类是长线资源,用于完成芯片 Bank 间的高速信号和第二全局时钟信号的布线;

第 3 类是短线资源,用于完成基本逻辑单元之间的逻辑互连和布线;

第 4 类是分布式的布线资源,用于专有时钟、复位等控制信号线。

在实际中设计者不需要直接选择布线资源,布局布线器可自动根据输入逻辑网表的拓扑结构和约束条件选择布线资源来连通各个模块单元。从本质上讲,布线资源的使用方法和设计的结果有直接的关系。

## 18.3　Intel 公司的 FPGA

Intel 公司于 2015 年收购了当时全球第二大 PLD 生产厂商 Altera,其 FPGA 生产总部仍设在美国硅谷圣何塞(San Jose)。Intel FPGA 提供了广泛的可配置嵌入式 SRAM、高速收发器、高速 I/O、逻辑模块和路由,嵌入式知识产权(IP)与出色的软件工具相结合,减少了 FPGA 开发时间、功耗和成本。其目前的 FPGA 产品主要有适用于接口设计的 MAX 系列,适用于低成本、大批量设计的 Cyclone 系列,适用于中端设计的 Arria 系列,适用于高端设计的 Stratix 系列,具有高性能、高集成度和高性价比等优点。

### 18.3.1　Cyclone 系列

Cyclone 系列是一款简化版的 FPGA,具有低功耗、低成本和相对高的集成度的特点,非常适合小系统设计使用。Cyclone 器件内嵌了 M4K RAM 存储器,最多提供 294Kb 存储容量,能够支持多种存储器的操作模式,如 RAM、ROM、FIFO 及单口和双口等模式。Cyclone 器件支持各种单端 I/O 接口标准,如

3.3V、2.5V、1.8V、LVTTL、LVCMOS、SSTL 和 PCI 标准。具有两个可编程锁相环(PLL),可实现频率合成、可编程相移、可编程延迟和外部时钟输出等时钟管理功能。Cyclone 器件具有片内热插拔特性,这一特性在上电前和上电期间起到了保护器件的作用。Intel 的 Cyclone 系列产品如表 18-3 所示。

表 18-3　Intel 的 Cyclone 系列产品

| 产　　品 | Cyclone | Cyclone II | Cyclone III | Cyclone IV | Cyclone V | Cyclone10 |
|---|---|---|---|---|---|---|
| 推出时间/年 | 2002 | 2004 | 2007 | 2009 | 2011 | 2013 |
| 工 艺 技 术 | 130nm | 90nm | 65nm | 60nm | 28nm | 20nm |

其中,Cyclone(飓风)是 2002 年推出的中等规模 FPGA,130nm 工艺,1.5V 内核供电,与 Stratix 结构类似,属于低成本 FPGA 系列。Cyclone II 是 Cyclone 的下一代产品,2004 年推出,90nm 工艺,1.2V 内核供电,性能和 Cyclone 相当,提供了硬件乘法器单元。Cyclone III FPGA 系列于 2007 年推出,采用台积电(TSMC)65nm 低功耗工艺技术制造,以相当于 ASIC 的价格,实现了低功耗。Cyclone IV FPGA 系列于 2009 年推出,60nm 工艺,面向低成本的大批量应用。Cyclone V FPGA 系列于 2011 年推出,28nm 工艺,集成了丰富的硬核知识产权(IP)模块,便于以更低的系统总成本和更短的设计时间完成更多的工作。2013 年推出的 Cyclone10 系列 FPGA 与前几代 Cyclone FPGA 相比,成本和功耗更低,且具有 10.3Gb/s 的高速收发功能模块、1.4Gb/s LVDS 以及 1.8Mb/s 的 DDR3 接口。

我们以 Cyclone V FPGA 系列为例进行介绍。Cyclone V FPGA 包括了 6 个子系列型号的产品:Cyclone V E、Cyclone V GX、Cyclone V GT、Cyclone V SE、Cyclone V SX、Cyclone V ST,每个子系列又包括多个不同型号的产品。其中后 3 种子系列属于 SoCFPGA,其内部嵌入了基于 Arm 的硬核处理器系统 HPS,其余与 E、GX、GT 三个子系列的区别相同。而 E、GX、GT 三个子系列的区别在于 E 系列只提供逻辑,GX 额外提供 3.125Gb/s 收发器,GT 额外提供 6.144Gb/s 收发器。

## 18.3.2　Cyclone IV 系列芯片

Altera 的 Cyclone IV 系列 FPGA 器件巩固了 Cyclone 系列在低成本、低功耗 FPGA 市场的领导地位。Cyclone IV 器件旨在用于大批量、成本敏感的应用,使系统设计师在降低成本的同时又能够满足不断增长的带宽要求。

Cyclone IV 器件系列建立在优化的低功耗工艺基础之上,并提供以下两种型号:

(1) Cyclone IV E——最低的功耗,通过最低的成本实现较高的功能性。

(2) Cyclone IV GX——最低的功耗,集成了 3.125Gb/s 收发器的最低成本的 FPGA。

Cyclone IV FPGA 芯片的主要特点如下:

(1) 低成本、低功耗的 FPGA 架构。

(2) 6k~150k 个的逻辑单元。

(3) 6.3 MB 的嵌入式存储器。

(4) 360 个 18 ×18 乘法器,实现 DSP 处理密集型应用。

(5) 协议桥接应用,实现小于 1.5 W 的总功耗。

(6) Cyclone IV GX 器件提供高达 8 个高速收发器以支持。

(7) 3.125Gb/s 的数据速率。

(8) 8B/10B 编码器/解码器。

(9) 8B/10B 物理介质附加子层(Physical Media Additional sublayer,PMA)到物理编码子层(Physical Coding Sublayer,PCS)接口。

(10) 字节串化器/解串器(SERDES)。

(11) 字对齐器。

(12) 速率匹配 FIFO。

(13) 公共无线电接口(Common Public Radio Interface,CPRI)的 Tx 位滑块。

(14) 电路空闲。

(15) 动态通道重配置以实现数据速率及协议的即时修改。

(16) 静态均衡及预加重以实现最佳的信号完整性。

(17) 每通道 150mW 的功耗。

(18) 灵活的时钟结构以支持单一收发器模块中的多种协议。

(19) Cyclone Ⅳ GX 器件对 PCI Express(PCIe)Gen 1 提供了专用的硬核 IP。

(20) ×1、×2 和×4 通道配置。

(21) 终点和根端口配置。

(22) 256B 的有效负载。

(23) 一个虚拟通道。

(24) 2KB 重试缓存。

(25) 4KB 接收(Rx)缓存。

(26) Cyclone Ⅳ GX 器件提供多种协议支持。

(27) PCIe(PIPE)Gen 1×1、×2 和×4(2.5Gb/s)。

(28) 千兆以太网(1.25Gb/s)。

(29) CPRI(3.072Gb/s)。

(30) XAUI(3.125Gb/s)。XAUI 接口中的 AUI 部分是指以太网连接单元接口(Ethernet Attachment Unit Interface)。X 代表罗马数字 10,它意味着每秒万兆(10Gb/s)。

(31) 三倍速率串行数字接口(SDI),通信速率 2.97Gb/s。

(32) 串行 RapidIO,通信速率 3.125Gb/s。RapidIO 是由 Motorola 和 Mercury 等公司率先倡导的一种高性能、低引脚数、基于数据包交换的互连体系结构,是为满足和未来高性能嵌入式系统需求而设计的一种开放式互连技术标准。RapidIO 主要应用于嵌入式系统内部互连,支持芯片到芯片、板到板间的通信,可作为嵌入式设备的背板(Backplane)连接。

(33) Basic 模式,通信速率 3.125Gb/s。

(34) V-by-One,通信速率 3.0Gb/s。V-by-One 是日本赛恩电子公司(THine)推出的信号标准,专门面向高清数字图像信号传输,由 1~8 组配对信号组成,既解决了配线时滞问题,还大大降低了 EMI 干扰,又提高了每组信号的最大传输速率(达 3.75Gb/s),并且传输线数量大幅减少。

(35) DisplayPort,通信速率 2.7Gb/s。DisplayPort 也是一种高清数字显示接口标准,这种接口可以为 PC、监视器、显示面板、投影仪以及高分辨率内容应用提供多种不同的连接解决方案。

(36) 串行高级技术附件(Serial Advanced Technology Attachment,SATA),通信速率 3.0Gb/s。

(37) OBSAI(Open Base Station Architecture Initiative,开放式基站架构),通信速率 3.072Gb/s。OBSAI 组织成员包括爱立信、华为、NEC、北电、西门子、诺基亚、中兴、LG、三星、Hyundai。

(38) 532 个用户 I/O。

(39) 通信速率 840Mb/s 的发送器(Tx),通信速率 875Mb/s 的接收器(Rx)的 LVDS 接口。

(40) 支持高达 200MHz 的 DDR2 SDRAM 接口。

(41) 支持高达 167MHz 的 QDRII SRAM 和 DDR SDRAM。

（42）每器件中高达 8 个锁相环（PLL）。

（43）支持商业与工业温度等级。

EP4CE10 芯片外形如图 18-5 所示。

图 18-5 EP4CE10 芯片外形

### 18.3.3 配置芯片

由于 FPGA 是基于 SRAM 生产工艺的，所以配置数据在掉电后将丢失，因此 FPGA 在产品中使用时，必须考虑其在系统上电时的配置问题，而采用专用配置芯片是一种常用的解决方案。Intel 的 FPGA 配置芯片都是基于 EEPROM 生产工艺的，具有在系统可编程（ISP）和重新编程能力，且生命周期比商用串行 Flash 产品更长。如表 18-4 所示为 Intel 提供的 FPGA 串行配置芯片。

表 18-4　Intel FPGA 串行配置芯片

| 配置器件系列 | 配 置 器 件 | 容量/Mb | 封　　装 | 电压/V | FPGA 产品系列兼容性 |
|---|---|---|---|---|---|
| EPCQ-L | EPCQL256 | 256 | 24-ball BGA | 1.8 | 兼容 Arria 10 和 Stratix 10 FPGA |
|  | EPCQL512 | 512 | 24-ball BGA | 1.8 |  |
|  | EPCQL1024 | 1024 | 24-ball BGA | 1.8 |  |
| EPCQ | EPCQ16 | 16 | 8-pin SOIC | 3.3 | 兼容 28nm 以及早期的 FPGA |
|  | EPCQ32 | 32 | 8- pin SOIC | 3.3 |  |
|  | EPCQ64 | 64 | 16- pin SOIC | 3.3 |  |
|  | EPCQ128 | 128 | 16- pin SOIC | 3.3 |  |
|  | EPCQ256 | 256 | 16- pin SOIC | 3.3 | 兼容 28nm FPGA |
|  | EPCQ512 | 512 | 16- pin SOIC | 3.3 |  |
| EPCS | EPCS1 | 1 | 8-pin SOIC | 3.3 | 兼容 40nm 和更早的 FPGA，但是建议新设计使用 EPCQ |
|  | EPCS4 | 4 | 8-pin SOIC | 3.3 |  |
|  | EPCS16 | 16 | 8-pin SOIC | 3.3 |  |
|  | EPCS64 | 64 | 16- pin SOIC | 3.3 |  |
|  | EPCS128 | 128 | 16- pin SOIC | 3.3 |  |

## 18.4　FPGA 的生产厂商

在目前的国际市场上，FPGA 的生产厂商包括两大巨头和一些小的公司，其中两大巨头分别是 Xilinx 和 Altera。

### 18.4.1　Xilinx 公司

Xilinx 是全球领先的可编程逻辑完整解决方案的供应商。Xilinx 研发、制造并销售范围广泛的高级集成电路、软件设计工具以及作为预定义系统级功能的 IP 核。客户使用 Xilinx 及其合作伙伴的自动化软件工具和 IP 核对器件进行编程，从而完成特定的逻辑操作。Xilinx 公司成立于 1984 年，Xilinx 首创了现场可编程门阵列（FPGA）这一创新性的技术，并于 1985 年首次推出商业化产品。

Xilinx 满足了全世界对 FPGA 产品一半以上的需求。Xilinx 的产品线还包括复杂可编程逻辑器件（CPLD）。在某些控制应用方面 CPLD 通常比 FPGA 速度快，但其提供的逻辑资源较少。Xilinx 可编程逻辑解决方案缩短了电子设备制造商开发产品的时间并加快了产品面市的速度，从而减小了制造商的风险。与采用传统方法如固定逻辑门阵列相比，利用 Xilinx 可编程器件，客户可以更快地设计和验证他们的电路。由于 Xilinx 器件是只需要进行编程的标准部件,客户不需要像采用固定逻辑芯片时那样等待样品或者付出巨额成本。

Xilinx 产品已经被广泛应用于从无线电话基站到 DVD 播放机的数字电子应用技术中。

传统的半导体公司只有几百个客户,而 Xilinx 在全世界有 7500 多家客户及 50 000 多个设计开端。其客户包括 Alcatel、Cisco Systems、EMC、Ericsson、Fujitsu、Hewlett-Packard、IBM、Lucent Technologies、Motorola、NEC、Nokia、Nortel、Samsung、Siemens、Sony、Oracle 以及 Toshiba。目前 Xilinx 比较流行的具有代表性的 FPGA 芯片有 Spartan7 系列、Artix7 系列、Kintex7 系列、Virtex7 系列以及 Zynq 系列,其中,Zynq 系列内嵌 Arm 核,可以实现嵌入式和 FPGA 的联合开发。Xilinx 公司的 Logo 如图 18-6 所示。

图 18-6 Xilinx 公司的 Logo

## 18.4.2 Altera 公司

Altera 秉承了创新的传统,是世界上可编程芯片系统(SOPC)解决方案倡导者。Altera 结合带有软件工具的可编程逻辑技术、知识产权(IP)和技术服务,在世界范围内为 14 000 多个客户提供高质量的可编程解决方案。2015 年 Intel 宣布以 167 亿美元收购 FPGA 厂商 Altera,这是 Intel 公司历史上规模最大的一笔收购。随着收购完成,Altera 将成为 Intel 旗下可编程解决方案事业部。Altera 使用最广泛的是 Cyclone 系列 FPGA 芯片,使用比较多的是 Cyclone Ⅳ 和 Cyclone Ⅴ 系列的 FPGA 芯片,其中大家需要注意一下 Cyclone Ⅴ,因为该系列包括 6 种型号,有只含逻辑的 E 型号、3.125Gb/s 收发器 GX 型号、5Gb/s 收发器 GT 型号,还有集成了基于双核 Arm 的硬核处理器系统(HPS)的 SE、SX、STSoC 型号。除了 Cyclone 系列,Altera 公司的产品还有 Agilex 系列、Stratix 系列、Arria 系列、Max 系列。

**1. Agilex 系列**

首款采用 10nm 工艺和第二代 Intel Hyperflex FPGA 架构,可将性能提升多达 40%,将数据中心、网络和边缘计算应用的功耗降低 40%。Intel Agilex SoC FPGA 还集成了四核 Arm Cortex-A53 处理器,可提供高集成系统级水平的开发,该系列属于超高性能的 SoC 芯片,一般用于高端市场。

**2. Stratix 系列**

这个系列也是属于高端高性能产品,拥有高密度、高性能和丰富的 I/O 特性,可最大限度地提高系统带宽,实现多种多样的功能设计。主要应用于 OpenCL 高性能计算、高速数据采集、高速串行通信高频交互等领域。

**3. Arria 系列**

这个系列定位为中端产品,它兼顾性能和成本,是一款性价比非常高的 FPGA 芯片,其内存资源丰富,信号处理能力和数据运算性能相对来说都还不错,并且收发器速度高达 25.78Gb/s,支持用户集成更多功能并最大限度地提高系统带宽。此外,Arria Ⅴ 和 Intel Arria 设备家族的 SoC 产品可提供基于 Arm 的硬核处理器系统(Hard core Processor System,HPS),从而进一步提高集成度和节省更多成本。

**4. Max 系列**

这个系列是比较低端的,准确地说,这个系列是 CPLD 产品,主要是应对成本敏感性的设计应用,虽然低端但是它功能也还是可圈可点的,它提供支持模/数转换器(ADC)的瞬时接通双配置和特性齐全的 FPGA 功能,尤其对各种成本敏感性的大容量应用进行了优化。需要注意的是,除了 MAX 10 以外,该系列的其他产品都是 CPLD。

Altera 公司的 Logo 如图 18-7 所示。

国内的 FPGA 厂商主要有紫光同创、京微雅格、高云半导体、上海安路、西安智多晶等,但是同国外领先厂商相比,国产 FPGA 厂商不论从产品性能、

now part of Intel

图 18-7 Altera 公司的 Logo

功耗、功能上都有较大差距。

## 18.5　FPGA 的应用领域

FPGA 的应用领域大概可以分成六大类。

**1. 通信领域**

FPGA 在通信领域的应用可以说是无所不能,这得益于 FPGA 内部结构的特点,它可以很容易地实现分布式的算法结构,这一点对于实现无线通信中的高速数字信号处理十分有利。因为在无线通信系统中,许多功能模块通常都需要大量的滤波运算,而这些滤波函数往往需要大量的乘和累加操作。通过 FPGA 来实现分布式的算术结构,就可以有效地实现这些乘和累加操作。尤其是 Xilinx 公司的 FPGA 内部集成了大量的适合通信领域的一些资源,比如,基带处理资源(通道卡)、接口和连接资源以及 RF 应用资源。

(1) 基带处理资源

基带处理主要包括信道编解码(LDPC、Turbo、卷积码以及 RS 码的编解码算法)和同步算法的实现(WCDMA 系统小区搜索等)。

(2) 接口和连接资源

接口和连接功能主要包括无线基站对外的高速通信接口(PCI Express、以太网 MAC、高速数/模转换和模/数转换接口)以及内部相应的背板协议(OBSAI、CPRI、EMIF、LinkPort)的实现。

(3) RF 应用资源

RF(Radio Frequency,无线电频率)应用主要包括调制/解调、上/下变频(WiMAX、WCDMA、TD-SCDMA 以及 CDMA2000 系统的单通道、多通道 DDC/DUC)、削峰(PC-CFR)以及预失真(Predistortion)等关键技术的实现。

**2. 数字信号处理领域**

在数字信号处理领域,FPGA 的最大优势是其并行处理机制,即利用并行架构实现数字信号处理的功能。这一并行机制使得 FPGA 特别适合完成 FIR(Finite Impulse Response,有限脉冲响应)等重复性的数字信号处理任务,对于高速并行的数字信号处理任务来说,FPGA 性能远远超过通用 DSP 处理器的串行执行架构,还有就是其接口电压和驱动能力都是可编程配置的,不像传统的 DSP 需要受指令集控制,因为指令集的时钟周期的限制,不能处理太高速的信号,对于速率为 Gb/s 级的 LVDS(Low Voltage Differential Signaling,低压差分信号)等信号就难以处理。所以在数字信号处理领域 FPGA 的应用也是十分广泛的。

**3. 视频图像处理领域**

随着时代的发展,人们对图像的稳定性、清晰度、亮度和颜色的追求越来越高,像以前的标清(Standard Definition,SD)慢慢演变成高清(High Definition,HD),到现在人们更是追求蓝光品质的图像。这使得处理芯片需要实时处理的数据量越来越大,并且图像的压缩算法也是越来越复杂,使得单纯使用 ASSP(Application Specific Standard Parts,专用标准产品,是为在特殊应用中使用而设计的集成电路)或者 DSP 已经无法处理如此大的数据处理量了。这时 FPGA 的优势就凸显出来了,它可以更加高效地处理数据,所以在图像处理领域在综合考虑成本后,FPGA 也越来越受到市场的欢迎。

**4. 高速接口设计领域**

看到了 FPGA 在通信领域和数字信号处理领域的表现,我想大家也已应该猜到了在高速接口设计领域,FPGA 必然也是占有一席之地的。它的高速处理能力和多达成百上千个的 I/O 口决定了它在高速接口设计领域的独特优势。比如说我需要和 PC 端做数据交互,将采集到的数据送给 PC 处理,或者将处理后的结果传给 PC 进行显示。PC 与外部系统通信的接口比较丰富,如 ISA、PCI、PCI Express、PS/2、USB 等。传统的做法是对应的接口使用对应的接口芯片,如 PCI 接口芯片,当需要很多接口时就需要多个这样的接口芯片,这无疑会使我们的硬件外设变得复杂,体积变得庞大,但是如果使用 FPGA,优势马上就体现出来了,因为不同的接口逻辑都可以在 FPGA 内部去实现,完全不需要那么多的接口芯片,再配合使用 DDR 存储器,接口数据的处理将变得更加得心应手。

**5. 人工智能领域**

FPGA 在人工智能系统的前端部分得到了广泛的应用,例如,自动驾驶,需要对行驶路线、红绿灯、路障和行驶速度等各种信号进行采集,需要用到多种传感器,对这些传感器进行综合驱动和融合处理就可以使用 FPGA。还有一些智能机器人,需要对图像进行采集和处理,或者对声音信号进行处理都可以使用 FPGA 完成,所以 FPGA 在人工智能系统的前端信息处理上使用起来得心应手。

**6. IC 验证领域**

将 PCB 设计与 IC 相比较,PCB 是用一个个元器件在印制电路板上搭建一个特定功能的电路组合,而 IC 设计是用一个个 MOS 管与 PN 结在硅基衬底上搭建一个特定功能的电路组合,一个宏观,一个微观。PCB 如果设计废了大不了重新设计再打样也不会造成太大损失,但是如果 IC 设计废了再重新设计那损失就很惨重了——光刻胶非常贵,光刻板开模也不便宜,加上其他多达几百上千道工序,其中人力、物力、机器损耗、机器保养,绝对是让人无法接受的损失,所以 IC 设计都要强调一版成功。要保证 IC 一版成功,就要进行充分的仿真测试和 FPGA 验证,仿真验证是在服务器上面运行仿真软件进行测试,如使用 ModelSim/VCS 软件;FPGA 验证主要是把 IC 的代码移植到 FPGA 上,使用 FPGA 综合工具进行综合、布局布线到最终生成位(bit)文件,然后下载到 FPGA 验证板上进行验证。对于复杂的 IC,还可以将其拆成几个功能模块分别验证,每个功能模块放在一个 FPGA 上,FPGA 生成的电路非常接近真实的 IC 芯片。这样极大地方便了 IC 设计人员验证自己的 IC 设计。

## ▦ 18.6 FPGA 开发工具 ◆

PLD 的问世及其发展实现了系统设计师和科研人员的梦想——利用价格低廉的软件工具在实验室里快速设计、仿真和测试数字系统,然后,以最短的时间将设计编程到一块 PLD 芯片中,并立即投入到实际应用中。FPGA 的开发涉及硬件和软件两方面的工作。一个完整的 FPGA 开发环境主要包括运行于 PC 上的 FPGA 开发工具、编程器或编程电缆、FPGA 开发板。图 18-8 是 USB Blaster 下载器连接示意图。

通常所说的 FPGA 开发工具主要是指运行于 PC 上的 EDA(Electronics Design Automation)开发工具,或称 EDA 开发平台。EDA 开发工具有两大来源:软件公司开发的通用软件工具和 PLD 制造厂商开发的专用软件工具。其中软件公司开发的通用软件工具以三大软件巨头 Cadence、Mentor、Synopsys 的 EDA 开发工具为主,内容涉及设计文件输入、编译、综合、仿真、下载等 FPGA 设计的各个环节,是得到工业界认可的标准工具。其特点是功能齐全,硬件环境要求高,软件投资大,通用性强,不面向具体公司的 PLD 器件。PLD 制造厂商开发的专用软件工具则具有硬件环境要求低、软件投资小的特点,并且很多 PLD 厂商的开发工具是免费提供的,因此其市场占有率非常高,Form-10K 数据显示,PLD 厂商 Xilinx 公司和 Altera 公司的开发工具占据了 60% 以上的市场份额;缺点是只针对本公司的 PLD 器件,有一定的局限性。Altera 公司的开发工具包括早先版本的 MAX＋plus Ⅱ、Quartus Ⅱ 以及目前主推的 Quartus Prime,Quartus Prime 支持绝大部分 Altera 公司的产品,集成了全面的开发工具、丰富的宏功能

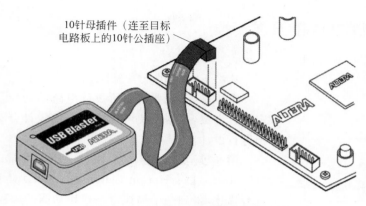

10针母插件（连至目标
电路板上的10针公插座）

图 18-8　USB Blaster 下载器连接示意图

库和 IP 核,因此,该公司的 PLD 产品获得了广泛的应用。Xilinx 公司的开发工具包括早先版本的
Foundation、后期的 ISE,以及目前主推的 Vivado。

通过 FPGA 开发工具的不同功能模块,可以完成 FPGA 开发流程中的各个环节。

## 18.7　基于 FPGA 的开发流程

下面讲述基于 FPGA 的开发流程,包括 FPGA 设计方法概论、典型 FPGA 开发流程、FPGA 的配置
和基于 FPGA 的 SoC 设计方法。

### 18.7.1　FPGA 设计方法概论

与传统的自底向上的设计方法不同,FPGA 的设计方法属于自上而下的设计方法,一开始并不去考
虑采用哪一型号的器件,而是从系统的总体功能和要求出发,先设计规划好整个系统,然后再将系统划分
成几个不同功能的部分或模块,采用可完全独立于芯片厂商及其产品结构的描述语言,从功能描述的角
度出发,对这些模块进行设计。整个过程并不考虑具体的电路结构是怎样的,功能的设计完全独立于物
理实现。

与传统的自底向上的设计方法相比,自上而下的设计方法具有如下优点:

（1）完全符合设计人员的设计思路,从功能描述开始,到物理实现的完成。

（2）设计更加灵活。自底向上的设计方法受限于器件的制约,器件本身的功能以及工程师对器件了
解的程度都将影响到电路的设计,这限制了设计师的思路和器件选择的灵活性。而功能设计使工程师可
以将更多的时间和精力放在功能的实现和完善上,只在设计过程的最后阶段进行物理器件的选择或
更改。

（3）设计易于移植和更改。由于设计完全独立于物理实现,所以设计结果可以在不同的器件上进行
移植,应用于不同的产品设计中,做到成果的再利用。同时也可以方便地对设计进行修改、优化或完善。

（4）易于进行大规模、复杂电路的设计实现。FPGA 器件的高集成度以及深亚微米生产工艺的发
展,使得复杂系统的 SoC 设计成为可能,为设计系统的小型化、低功耗、高可靠性等提供了物理基础。

（5）设计周期缩短。由于功能描述可完全独立于芯片结构,在设计的最初阶段,设计师可不受芯片
结构的约束,集中精力进行产品设计,进而避免了传统设计方法所带来的重新再设计风险,大大缩短了设
计周期,同时提高了性能,使得产品竞争力加强。据统计,采用自上而下设计方法的生产率可达到传统设
计方法的 2～4 倍。

## 18.7.2 典型 FPGA 的开发流程

典型 FPGA 的开发流程如图 18-9 所示。

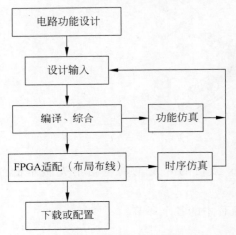

图 18-9 典型 FPGA 的开发流程

典型 FPGA 的开发流程如下。

第 1 步,首先要明确所设计电路的功能,并对其进行规划,确定设计方案,根据需要可以将电路的设计分为几个不同的模块分别进行设计。

第 2 步,进行各个模块的设计,通常是用硬件描述语言（Hardware Description Language,HDL）对电路模块的逻辑功能进行描述,得到一个描述电路模块功能的源程序文件,从而完成电路模块的设计输入。

第 3 步,对输入的文件进行编译、综合,从而确定设计文件有没有语法错误,并将设计输入文件从高层次的系统行为描述翻译为低层次的门级网表文件。此后,可以进行电路的功能仿真,通过仿真检验电路的功能设计是否满足设计需求。

第 4 步,进行 FPGA 适配,即确定选用的 FPGA 芯片,并根据选定芯片的电路结构,进行布局布线,生成与之对应的门级网表文件。如果在编译之前已经选定了 FPGA 芯片,则第 3 步和第 4 步可以合为一个步骤。

第 5 步,进行时序仿真,根据芯片的参数以及布局布线信息验证电路的逻辑功能和时序是否符合设计需求。如若仿真验证正确,则进行程序的下载,否则,返回去修改设计输入文件。

第 6 步,下载或配置,即将设计输入文件下载到选定的 FPGA 芯片中,完成对器件的布局布线,生成所需的硬件电路,通过实际电路的运行检验电路的功能是否符合要求,如若符合,则电路设计完成;否则,返回去修改设计输入文件。

## 18.7.3 FPGA 的配置

FPGA 的下载称为配置,可进行在线重配置（In Circuit Reconfigurability,ICR）,即在系统正常工作时进行下载配置 FPGA,其功能与 ISP 类似。FPGA 采用静态存储器 SRAM 存储编程信息,SRAM 属于易失元件,所以系统需要外接配置芯片或存储器来存储编程信息。每次系统加电,在整个系统工作之前,都要先将存储在配置芯片或存储器中的编程数据加载到 FPGA 器件的 SRAM 中,之后系统才开始工作。

CPLD 的下载称为编程,我们常说的在系统可编程（In System Programmability,ISP）是针对 CPLD 器件而言的。在系统可编程器件采用的是 EEPROM 或者 Flash 存储编程信息,这类器件的编程信息断电后不会丢失,由于器件设有保密位,所以器件的保密性强。

**1. 配置方式**

FPGA 的配置有多种模式,大致分为主动配置和被动配置两种模式。主动配置是指由 FPGA 器件引导配置过程,是在产品中使用的配置方式,配置数据存储在外部 ROM 中,上电时由 FPGA 引导从 ROM 中读取数据并下载到 FPGA 器件中。被动配置是指由外部计算机或者控制器引导配置过程,在调试和实验阶段常采用这种配置方式。每个 FPGA 厂商的术语技术和协议以及 FPGA 配置细节不完全一样。

**2. 下载电缆**

下载电缆用于将不同配置方式下的配置数据由 PC 传送到 FPGA 器件中,下载电缆不仅可以用于配

置 FPGA 器件,还可以实现对 CPLD 器件的编程。Altera 公司目前主要提供三种类型的下载电缆:
ByteBlaster Ⅱ、USB-Blaster 和 Ethernet Blaster 下载电缆。其中 ByteBlaster Ⅱ下载电缆通过使用 PC
的打印机并口,可以实现 PC 对 Altera 器件的配置或编程;USB-Blaster 下载电缆通过使用 PC 的 USB
口,可以实现 PC 对 Altera 器件的配置或编程。两种电缆都支持 1.8V、2.5V、3.3V 和 5.0V 的工作电
压,支持 SignalTap Ⅱ的逻辑分析,支持 EPCS 配置芯片的 AS 配置模式。另外,USB-Blaster 下载电缆还
支持对嵌入 Nios Ⅱ处理器的通信及调试。Ethernet Blaster 下载电缆通过使用以太网的 RJ-45 接口,可
以实现以太网对 Altera 器件的远程配置或编程。各下载电缆如图 18-10 所示。

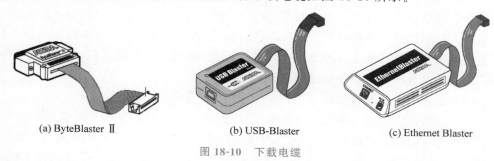

(a) ByteBlaster Ⅱ　　　　　(b) USB-Blaster　　　　　(c) Ethernet Blaster

图 18-10　下载电缆

## 18.7.4　基于 FPGA 的 SoC 设计方法

SoC 是半导体和电子设计自动化技术发展的产物,也是业界研究和开发的焦点。国内外学术界一般
倾向于将 SoC 定义为将微处理器、模拟 IP(Intellectual Property,知识产权)核、数字 IP 核和存储器(或片
外存储控制接口)集成在单一芯片上,它通常是客户定制的,或是面向特定用途的标准产品。所谓 SoC,
是将原来需要多个功能单一的 IC 组成的板级电子系统集成到一块芯片上,从而实现芯片即系统,芯片上
包含完整系统并嵌有软件。SoC 又是一种技术,用于实现从
确定系统功能开始,到软/硬件划分,并完成设计的整个
过程。

高集成度使 SoC 具有低功耗、低成本的优势,并且容易
实现产品的小型化,在有限的空间中实现更多的功能,从而
提高系统的运行速度。

SoC 设计的关键技术主要包括总线架构技术、IP 核可
复用技术、软/硬件协同设计技术、SoC 验证技术、可测性设
计技术、低功耗设计技术、超深亚微米电路实现技术等,此
外,还涉及嵌入式软件移植、开发研究,基于 FPGA 的 SoC
设计流程如图 18-11 所示。

在进行 SoC 设计的过程中,应注意采用 IP 核可复用设
计方法,通用模块的设计尽量选择已有的设计模块,例如,
各种微处理器、通信控制器、中断控制器、数字信号处理器、
协处理器、密码处理器、PCI(Peripheral Component
Interconnect,外部控制器接口)总线以及各种存储器等,以
便将精力放在系统中独特的设计部分。

**1. 系统功能集成是 SoC 的核心技术**

在传统的应用电子系统设计中,需要根据设计要求对

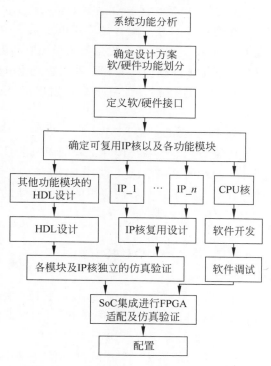

图 18-11　基于 FPGA 的 SoC 设计流程图

整个系统进行综合,即根据设计要求的功能,寻找相应的集成电路,再根据设计要求的技术指标设计所选电路的连接形式和参数。这种设计的结果是一个以功能集成电路为基础、器件分布式的应用电子系统结构。设计结果能否满足设计要求不仅取决于电路芯片的技术参数,而且与整个系统 PCB 版图的电磁兼容特性有关。同时,对于需要实现数字化的系统,往往还需要有微控制器等的参与,所以必须考虑分布式系统对电路固件特性的影响。很明显,传统应用电子系统的实现,采用的是分布功能综合技术。

对于 SoC 来说,应用电子系统的设计也是根据功能和参数要求设计系统,但与传统方法有着本质的差别。SoC 不是以功能电路为基础的分布式系统综合技术,而是以功能 IP 为基础的系统固件和电路综合技术。首先,功能的实现不再针对功能电路进行综合,而是针对系统整体固件实现进行电路综合,也就是利用 IP 技术对系统整体进行电路结合。其次,电路设计的最终结果与 IP 功能模块和固件特性有关,而与 PCB 板上电路分块的方式和连线技术基本无关。因此,使设计结果的电磁兼容特性得到了极大提高。换句话说,就是所设计的结果十分接近理想设计目标。

**2. 固件集成是 SoC 的基础设计思想**

在传统分布式综合设计技术中,系统的固件特性往往难以达到最优,原因是所使用的是分布式功能综合技术,一般情况下,功能集成电路为了满足尽可能多的使用要求,必须考虑两个设计目标:一个是能满足多种应用领域的功能控制要求目标,另一个是要考虑满足较大范围的应用功能和技术指标。因此,功能集成电路(也就是定制式集成电路)必须在 I/O 和控制方面附加若干电路,以使一般用户能得到尽可能多的开发性能,这导致定制式电路设计的应用电子系统不易达到最佳性能。

对于 SoC 来说,从 SoC 的核心技术可以看出,使用 SoC 技术设计应用电子系统的基本设计思想就是实现全系统的固件集成。用户只需根据需要选择并改进各部分模块和嵌入结构,就能实现充分优化的固件特性,而不必花时间熟悉定制电路的开发技术。固件集成的突出优点就是使系统能更接近理想系统,更容易实现设计要求。

**3. 嵌入式系统是 SoC 的基本结构**

在使用 SoC 技术设计的应用电子系统中,可以十分方便地实现嵌入式结构。各种嵌入式结构的实现十分简单,只要根据系统需要选择相应的内核,再根据设计要求选择与之相配合的 IP 模块,就可以完成整个系统硬件结构。尤其是采用智能化电路综合技术时,可以更充分地实现整个系统的固件特性,使系统更加接近理想设计要求。必须指出,SoC 的这种嵌入式结构可以大大地缩短应用系统设计开发周期。

**4. IP 是 SoC 的设计基础**

传统应用电子系统设计工程师面对的是各种定制式集成电路,而使用 SoC 技术的电子系统设计工程师所面对的是一个巨大的 IP 库,所有设计工作都是以 IP 模块为基础的。SoC 技术使应用电子系统设计工程师变成了一个面向应用的电子器件设计工程师。由此可见,SoC 是以 IP 模块为基础的设计技术,IP 是 SoC 设计的基础。

## 18.8 Verilog 语言

Verilog 是一种硬件描述语言,它被广泛用于数字电路设计和模拟电路设计。与其他的硬件描述语言相比,Verilog 更加直观、简单和灵活,因此深受广大数字电路设计者的欢迎。

Verilog 的主要特点如下:

(1) 简洁的语法。Verilog 的语法相对简单,易于学习,使得设计者能够快速地描述电路的行为。

(2) 丰富的结构。Verilog 提供了丰富的结构,如模块(module)、门级描述(gate-level description)、

行为描述(behavioral description)等,使得设计者可以根据需要选择不同的描述方式。

(3) 可综合性。Verilog 语言被设计成可综合的,即使用 Verilog 描述的电路可以被综合成实际的硬件电路。

(4) 可测试性。Verilog 语言支持测试平台(testbench),使得设计者可以方便地对电路进行测试和验证。

(5) 可扩展性。Verilog 语言具有很好的可扩展性,可以方便地添加新的语法和功能。

在数字电路设计中,使用 Verilog 语言的主要步骤包括:

(1) 设计电路的结构和功能。

(2) 使用 Verilog 语言对电路进行描述。

(3) 使用综合工具将 Verilog 描述的综合成硬件电路。

(4) 对电路进行仿真和验证。

(5) 生成可下载的位流文件,下载到 FPGA 或 ASIC 芯片中进行测试和验证。

## 18.8.1 Verilog 概述

Verilog 以文本形式来描述数字系统硬件的结构和行为的语言,用它可以表示逻辑电路图、逻辑表达式,还可以表示数字逻辑系统所完成的逻辑功能。

数字电路设计者利用这种语言,可以从顶层到底层逐层描述自己的设计思想,用一系列分层次的模块来表示极其复杂的数字系统。然后利用电子设计自动化(EDA)工具,逐层进行仿真验证,再把其中需要变为实际电路的模块组合,经过自动综合工具转换到门级电路网表。接下来,再用专用集成电路 ASIC 或 FPGA 自动布局布线工具,把网表转换为要实现的具体电路结构。

Verilog 语言最初是于 1983 年由 Gateway Design Automation 公司为其模拟器产品开发的硬件建模语言。由于其模拟、仿真器产品的广泛使用,Verilog HDL 作为一种便于使用且实用的语言逐渐为众多设计者所接受。在一次旨在增加语言普及性的活动中,Verilog HDL 语言于 1990 年被推向公众领域。Verilog 语言在 1995 年成为 IEEE 标准,称为 IEEE Std136-1995,也就是通常所说的 Verilog-95。

设计人员在使用 Verilog-95 的过程中发现了一些可改进之处。为了解决用户在使用此版本 Verilog 过程中反映的问题,Verilog 进行了修正和扩展,这个扩展后的版本后来成为了电气电子工程师学会 Std1364-2001 标准,即通常所说的 Verilog-2001。Verilog-2001 是对 Verilog-95 的一个重大改进版本,它具备一些新的实用功能,例如,敏感列表、多维数组、生成语句块、命名端口连接等。Verilog-2001 是目前 Verilog 的最主流版本,被大多数商业电子设计自动化软件支持。

### 1. 为什么需要 Verilog

FPGA 设计中有多种设计方式,如原理图设计方式、编写描述语言(代码)等方式。一开始很多工程师都很喜欢原理图设计方式,因为这种输入方式能够很直观地看到电路结构并且便于理解,但是随着电路设计规模的不断增加,逻辑电路设计也越来越复杂,这种设计方式也越来越不能满足实际的项目需求了。这时 Verilog 语言就取而代之了,目前,Verilog 已经在 FPGA 开发/IC 设计领域占据了绝对的领导地位。

### 2. Verilog 和 VHDL 的区别

这两种语言都是用于数字电路系统设计的硬件描述语言,而且都已经是 IEEE 的标准。VHDL (Very-high-speed integrated circuit Hardware Description Language,超高速集成电路硬件描述语言)于 1987 年成为标准,而 Verilog 是 1995 年才成为标准的。VHDL 是美国军方组织开发的,而 Verilog 属于一个商业机构。为什么 Verilog 能成为 IEEE 标准呢? 因为 Verilog 具有独特的优越性和更强的生命力。

这两者有其共同的特点：

（1）能形式化地抽象表示电路的行为和结构。

（2）支持逻辑设计中层次与范围的描述。

（3）可借用高级语言的精巧结构简化电路行为和结构。

（4）支持电路描述由高层到低层的综合转换。

（5）硬件描述和实现工艺无关。

但是两者各有特点。Verilog 拥有广泛的设计群体，成熟的资源，且 Verilog 容易掌握，只要有 C 语言的编程基础，通过比较短的时间，经过一些实际的操作，可以在 1 个月左右掌握这种语言。而 VHDL 设计相对要难一点，因为 VHDL 不是很直观，一般认为至少要半年以上的专业培训才能掌握。

多年来，EDA 界一直在对数字逻辑设计中究竟用哪一种硬件描述语言争论不休，目前在美国，高层次数字系统设计领域中，应用 Verilog 和 VHDL 的比率是 80％ 和 20％；日本和美国差不多；而在欧洲 VHDL 发展得比较好；在中国很多集成电路设计公司都采用 Verilog。我们推荐大家学习 Verilog，本书的全部例程都是使用 Verilog 开发的。

**3. Verilog 和 C 的区别**

Verilog 是硬件描述语言，在编译下载到 FPGA 之后，FPGA 会生成电路，所以 Verilog 全部是并行处理与运行的；C 语言是软件语言，编译下载到微控制器/CPU 之后，还是软件指令，不会根据你的代码生成相应的硬件电路，而微控制器/CPU 处理软件指令需要取址、译码、执行，是串行执行的。

Verilog 和 C 的区别体现在 FPGA 和微控制器/CPU 的区别上。由于 FPGA 全部并行处理，所以处理速度非常快，这是 FPGA 的最大优势，这一点是微控制器/CPU 替代不了的。

由于集成电路设计技术的发展速度远远落后于集成电路工艺发展速度，在数字逻辑设计领域，迫切需要一种共同的工业标准统一对数字逻辑电路及系统的描述，这样就能把系统设计工作分解为逻辑设计（前端）、电路实现（后端）和验证 3 个相互独立而又相关的部分，Verilog HDL 和 VHDL 这两种工业标准的产生顺应了时代的潮流，因而得到了迅速发展。Verilog HDL 和 VHDL 这两种语言都得到了集成电路和 FPGA 仿真和综合等 EDA 工具的广泛支持，如 Synopsys 公司的 VCS、Cadence 公司的 NCVerilog 等，Mentor Graphics 公司的 Modelsim 支持 Verilog HDL 和 VHDL 的混合仿真。为支持更高抽象级别的设计，在 Verilog 基础上又发展了 System C 和 System Verilog 语言，在系统芯片 SoC 的验证中得到了广泛的应用。

虽然通过 HDL 可以很方便地描述不同层次的数字系统，然后通过成熟的 EDA 工具进行仿真、综合，并通过版图设计后以流片实现各种专用集成电路（ASIC）或片上系统（SoC），但由于 ASIC 和 SoC 的设计周期长，MASK 改版成本高、灵活性低，严重制约了其应用范围，因而 IC 设计工程师们希望有一种更灵活的设计方法，根据需要，在实验室就能设计和修改大规模的数字逻辑，研制自己的 ASIC 或 SoC 并马上投入使用。因而现场可编程门阵列（FPGA）和可编程片上系统（SOPC）应运而生。

## 18.8.2　Verilog HDL 和 VHDL 的比较

目前，Verilog HDL 和 VHDL 作为 IEEE 的工业标准硬件描述语言，得到了众多 EDA 公司的支持，在电子工程领域，已成为事实上的通用硬件描述语言。从设计能力而言，都能胜任数字系统的设计要求。

Verilog HDL 和 VHDL 的共同点在于：都能抽象地表示电路的行为和结构，都支持层次化的系统设计，支持电路描述由行为级到门级网表的转换，硬件描述与流片工艺无关。

Verilog HDL 与 VHDL 也有区别。Verilog HDL 最初是为更简洁、更有效地描述数字硬件电路和仿真而设计的，它的许多关键字和语法都继承了 C 语言的传统，因此易学易懂。只要有 C 语言的基础，很快可以采用 Verilog HDL 进行简单的 IC 设计和 FPGA 开发。

与 Verilog HDL 相比,VHDL 具有更强的行为描述能力,它的抽象性更强,从而决定了它成为系统设计领域最佳的硬件描述语言,也更适合描述更高层次(如行为级或系统级)的硬件电路。强大的行为描述能力是避开具体的器件结构,从逻辑行为上描述和设计大规模电子系统的重要保证。另外,VHDL 丰富的仿真语句和库函数,使得在任何大系统的设计早期就能查验设计系统的功能可行性,可随时对设计进行仿真模拟。

总之,Verilog 和 VHDL 本身并无优劣之分,而是各有所长。由于 Verilog HDL 在其门级描述的底层,也就是晶体管开关的描述方面比 VHDL 具有更强的功能,所以,即使是 VHDL 的设计环境,在底层实质上也是由 Verilog HIDL 描述的元件库所支持的。对于 Verilog HDL 的设计,时序和组合逻辑描述清楚,初学者可以快速了解硬件设计的基本概念,因此,对于初学者来说,学习 Verilog HDL 更为容易。

### 18.8.3 Verilog HDL 基础

数字系统设计的过程实质上是系统高层次功能描述(又称行为描述)向低层次结构描述转换的过程。为了把待设计系统的逻辑功能、实现该功能的算法、选用的电路结构和逻辑模块,以及系统的各种非逻辑约束输入计算机,就必须有相应的描述工具。硬件描述语言(Hardware Description Language,HDL)便应运而生了。硬件描述语言是一种利用文字描述数字电路系统的方法,可以起到和传统的电路原理图描述相同的效果。描述文件按照某种规则(或者说是语法)进行编写,之后利用 EDA 工具进行综合、布局布线等工作,就可以转换为实际电路。

硬件描述语言的出现,使得数字电路迅速发展,同时,数字电路系统的迅速发展也在很大程度上促进了硬件描述语言的发展。到目前为止,已经出现了上百种硬件描述语言,使用最多的有两种:一种是本节要讨论的 Verilog HDL,另一种是 VHDL。为了迎合数字电路系统的飞速发展而出现的新的语言正逐步成为数字电路设计新的宠儿,如 System Verilog、System C 等。

Verilog HDL 是当今世界上应用最广泛的硬件描述语言之一,其允许工程师从不同的抽象级别对数字系统建模,被建模的数字系统对象的复杂性可以介于简单的门和完整的电子数字系统之间。

Verilog HDL 的描述能力可以通过使用编程语言接口(Programming Language Interface,PLI)进一步扩展,PLI 是允许外部函数访问 VerilogHDL 模块内信息,允许设计者与模拟器交互的例程集合。

作为一种高级的硬件描述编程语言,Verilog HDL 有着类似 C语言的风格。其中有许多语句如 if 语句、case 语句等和 C 语言中的对应语句十分相似。如果读者已经掌握了 C 语言编程的基础,那么学习 Verilog HDL 并不困难,只要对 Verilog HDL 某些语句的特殊方面着重理解,并加强上机练习就能很好地掌握它,利用它的强大功能设计复杂的数字逻辑电路。

一个典型的数字系统 FPGA/CPLD 设计流程如图 18-12 所示,如果是 ASIC 设计,则不需要"代码下载到硬件电路"这个环节,而是将综合后的结果交给后端设计组(后端设计主要包括版图、布线等)或直接交给集成电路生产厂家。

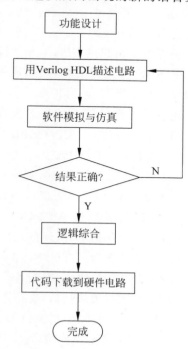

图 18-12 一个典型的数字系统 FPGA/CPLD 设计流程

　　传统的数字逻辑电路的设计方法,通常是根据设计要求,抽象出状态图,并对状态图进行化简,以求得到最简逻辑函数式,再根据逻辑函数式设计出逻辑电路。这种设计方法在电路系统庞大时,设计过程就显得烦琐且有难度,因此人们希望有一种更高效且方便的方法完成数字电路的设计,这种需求推动了电子设计自动化(Electronic Design Automatic,EDA)技术的发展。所谓电子设计自动化技术,是指以计算机为工作平台,融合了应用电子技术、计算机技术、智能化技术的最新成果而开发出的电子 CAD(Computer-Aided Design,计算机辅助设计)通用软件包,它根据硬件描述语言描述的设计文件,自动完成逻辑、化简、分割、综合、优化、布局布线及仿真,直至完成对于特定目标芯片的适配编译、逻辑映射和编程下载等工作。EDA 的工作范围很广,涉及 IC 设计、电子电路设计、PCB 设计等多个领域。

　　Verilog HDL 最早由 Gateway Design Automation 公司于 1981 年提出,最初是为其仿真器开发的硬件建模语言。1985 年,仿真器增强版 Verilog-XL 推出。Cadence 公司于 1989 年收购了 Gateway,并于 1990 年将 Verilog HDL 语言推向市场。1995 年,Verilog HDL 在 OVI(Open Verilog International)的努力下成为 IEEE 标准,称为 IEEE Std1364-1995。

　　作为描述硬件电路设计的语言,Verilog HDL 允许设计者进行各种级别的逻辑设计,以及数字逻辑系统的仿真验证、时序分析、逻辑综合;能形式化地抽象表示电路的结构和行为,支持逻辑设计中层次与领域的描述。Verilog HDL 比较适合系统级、算法级、寄存器传输级、门级、开关级等的设计。与 VHDL 语言相比,Verilog HDL 语言最大的特点就是易学易用。另外,该语言的功能强,从高层的系统描述到底层的版图设计,都能很好地支持。

## 18.9　FPGA 开发板

　　正点原子目前已经拥有多款 STM32、I. MXRT 以及 FPGA 开发板,这些开发板常年稳居网上销量冠军,累计出货超过 10 万套。这款 FPGA 开发板,既适合初学者,同时也适合有一定经验的 FPGA 工程师提升自己的开发水平。

　　正点原子新起点 FPGA 开发板的资源图如图 18-13 所示。

　　从图 18-13 可以看出,正点原子新起点 FPGA 开发板的资源十分丰富,把 FPGA EP4CE10 的内部资源发挥到了极致,同时扩充了丰富的接口和功能模块。

　　正点原子新起点 FPGA 开发板板载资源如下:

(1) 主控芯片——EP4CE10F17C8N,封装——BGA256。

(2) 晶振——50MHz。

(3) Flash——W25Q16,容量——16Mb(2MB)。

(4) SDRAM——W9825G6KH-6,容量——256Mb(32MB)。

(5) EEPROM——AT24C64,容量——64Kb(8KB)。

(6) 1 个电源指示灯(蓝色)。

(7) 4 个状态指示灯(DS0~DS3,红色)。

(8) 1 个红外接收头,并配备一款小巧的红外遥控器。

(9) 1 个无线模块接口,支持 NRF24L01 无线模块。

(10) 1 路单总线接口,支持 DS18B20/DHT11 等单总线传感器。

(11) 1 个 ATK 模块接口,支持正点原子蓝牙/GPS/MPU6050/RGB 灯模块。

(12) 1 个环境光传感器,采用 AP3216C 芯片。

(13) 1 个标准的 RGB TFT-LCD 接口。

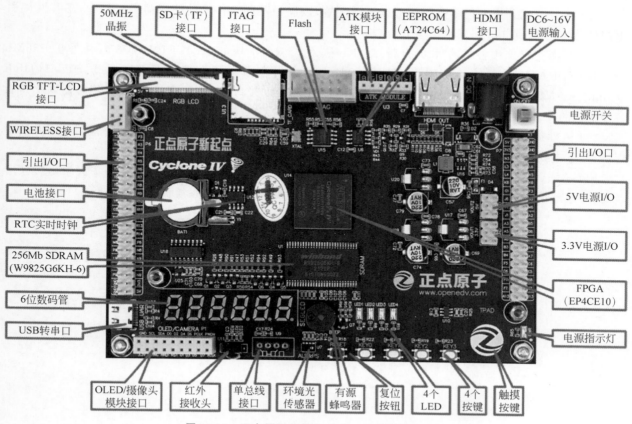

图 18-13　正点原子新起点 FPGA 开发板的资源图

（14）1 个 OLED/摄像头模块接口。

（15）1 个 USB 串口。

（16）1 个有源蜂鸣器。

（17）1 个 SD 卡接口（在 PCB 板背面）。

（18）1 个 HDMI 接口。

（19）1 个标准的 JTAG 调试下载口。

（20）1 组 5V 电源供应/接入口。

（21）1 组 3.3V 电源供应/接入口。

（22）1 个直流电源输入接口（输入电压范围 DC 6~16V）。

（23）1 个 RTC 后备电池座，并带电池（在 PCB 板背面）

（24）1 个 RTC 实时时钟，采用 PCF8563 芯片。

（25）1 个复位按钮，可作为 FPGA 程序执行的复位信号。

（26）4 个功能按钮。

（27）1 个电容触摸按键。

（28）1 个电源开关，控制整个开发板的电源。

（29）两个 20×2 扩展口，共 72 个扩展 I/O 口（除去电源和地）。

正点原子新起点 FPGA 开发板的特点包括：

（1）接口丰富。板子提供了丰富的标准外设接口，可以方便地进行各种外设的实验和开发。

（2）设计灵活。板上很多资源都可以灵活配置，以满足不同条件下的使用需求。其中，芯片两侧引出两排 24×2 扩展口，共 72 个扩展 I/O 口。

（3）资源充足。主控芯片采用自带 414Kb 嵌入式 RAM 块的 EP4CE10F17C8N，并外扩 256Mb（32MB）SDRAM 和 64Kb（8KB）的 EEPROM，满足大内存需求和大数据存储。板载 HDMI（High Definition Multimedia Interface，高清晰度多媒体接口）、LCD 接口、UART 串口、环境光传感器以及其他各种接口芯片，满足各种不同应用的需求。

（4）人性化设计。各个接口都有丝印标注，且用方框框出，使用起来一目了然；部分常用外设大丝印标出，便于查找；接口位置设计合理，方便顺手。资源搭配合理，物尽其用。

FPGA 开发板的应用实例限于篇幅，就不讲述了。有兴趣的读者可以参考作者在清华大学出版社出版的《零基础学电子系统设计——从元器件、工具仪表、电路仿真到综合系统设计》一书。

# 第 19 章

# 物联网与无线传感器网络

物联网(Internet of Things,IoT)是新一代信息技术的重要组成部分,作为物联网神经末梢的无线传感器网络也日益凸显出其重要作用。随着无线通信、传感器、嵌入式计算机及微机电技术的飞速发展和相互融合,具有感知能力、计算能力和通信能力的微型传感器开始在各领域得到应用。由大量具有微处理能力的微型传感器节点构建的无线传感器网络(Wireless Sensor Network,WSN)可以通过各类高度集成化的微型传感器密切协作,实时监测、感知和采集各种环境或监测对象的信息,以无线方式传送,并以自组织多跳的网络方式传送到用户终端,从而实现物理世界、计算机世界及人类社会的连通。

无线传感器网络作为物联网的重要组成部分,其应用涉及人类日常生活和社会生产活动的许多领域,无线传感器网络不仅在工业、农业、军事、环境、医疗等传统领域具有巨大的应用价值,还将在许多新兴领域体现其优越性。可以预见,未来无线传感器网络将无处不在,将更加密切地融入人类生活的方方面面。

本章全面探讨了物联网和无线传感器网络(WSN)的关键技术、架构、标准及其在现代通信中的应用。章节内容涵盖了从物联网的基本概念到无线传感器网络的体系结构,再到蓝牙、ZigBee 和 Wi-Fi 等无线技术的具体应用。

本章主要讲述如下内容:

(1) 深入讨论了物联网,涉及其定义、特点、基本和技术架构、应用模式、普遍应用,特别关注工业物联网。这一部分为读者提供了对物联网如何连接和管理设备的全面理解,并讨论了物联网如何通过不同的技术实现智能化。

(2) 讲述了无线传感器网络,介绍了 WSN 的特点、体系结构、关键技术和 IEEE 802.15.4 通信标准。

(3) 讲述了蓝牙通信技术,特别是低功耗蓝牙(BLE)和多协议 SoC 芯片。

(4) 深入了解 ZigBee 无线传感器网络,包括其通信标准和开发技术。

(5) 介绍了 W601 Wi-Fi MCU 芯片及其在物联网应用中的实例。

通过本章内容的学习,读者可以获得对物联网和无线传感器网络领域的深入理解,包括这些技术的基本原理、关键特性和应用场景。此外,本章还涵盖了蓝牙、ZigBee 和 Wi-Fi 等关键无线通信技术,它们在实现物联网和无线传感器网络方面发挥着重要作用。通过对这些技术的探讨,读者将能够了解如何设计和部署具有高效通信能力的智能系统。

## 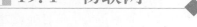 19.1 物联网

物联网是一种通过将传感器、软件和其他技术嵌入到物理对象中,使这些对象能够连接并交换数据的技术。这些设备通过互联网或其他通信网络相互连接,实现智能识别、定位、跟踪、监控和管理的目的。

### 19.1.1　物联网的定义

物联网一词,国内外公认的是 MIT Auto-ID(美国麻省理工学院自动识别中心)Ashton 教授 1999 年在研究 RFID 时最早提出来的。

2005 年,在突尼斯举行的信息社会世界峰会(WSIS)上,国际电信联盟(ITU)发布了《ITU 互联网报告 2005:物联网》,正式提出了物联网的概念。该报告给出了物联网的正式定义:通过将短距离移动收发器嵌入到各种各样的小工具和日常用品中,我们将会开启全新的人与物、物与物之间的通信方式。不论何时何地,将所有东西都互联起来。

随着网络技术的发展和普及,通信的参与者不仅存在于人与人之间,还存在于人与物或者物与物之间。无线传感器、射频、二维码为人与物、物与物之间建立了通信链路。计算机之间的互联构成了互联网,而物品之间和物品与计算机之间的互联就构成了物联网。

物联网是指通过传感器、射频识别技术、全球定位系统等技术,实时采集任何需要监控、连接、互动的物体或过程,采集其声、光、热、电、力学、化学、生物和位置等各种信息,通过各种可能的网络接入,实现物与物、物与人的泛在联结,实现对物品和过程的智能化感知、识别和管理。

物联网中的“物”能够被纳入“物联网”的范围是因为它们具有信息的接收器;具有数据传输通路;有的物体需要一定的存储功能或者相应的操作系统;部分专用物联网中的物体有专门的应用程序;可以发送和接收数据;传输数据时遵循物联网的通信协议;物体接入网络时需要具有世界网络中可被识别的唯一编号。

欧盟对物联网的定义:物联网是一个动态的全球网络基础设施,它具有基于标准和互操作通信协议的自组织能力,其中物理的和虚拟的“物”具有身份标识、物理属性、虚拟的特性和智能的接口,并与信息网络无缝整合。物联网将与媒体互联网、服务互联网和企业互联网共同构成未来互联网。

物联网是继计算机、互联网与移动通信网之后的又一次信息产业浪潮,是一个全新的技术领域。物联网对无处不在的终端设备、设施和系统,包括具有感知能力的传感器、用户终端、视频监控设施、物流系统、电网系统、家庭智能设备等,通过全球定位系统、红外传感器、激光扫描器、射频识别(RFID)技术、气体感应器等各种装置与技术,提供安全可控乃至智能化的实时远程控制、在线监控、调度指挥、实时跟踪、报警联动、应急管理、安全保护、在线升级、远程维护、统计报表和决策支持等管理和服务功能,实现对万物的高效、安全、环保、自动、智能、节能、透明、实时的“管、控、营”一体化。物联网不仅为人们提供了智能化的工作与生活环境,变革了人们的生活、工作与学习方式,还可以提高社会和经济效益。目前,许多国家(包括美国、欧盟、中国、日本、韩国和新加坡等)的科研机构一致认为,物联网是未来科技发展的核心领域。

### 19.1.2　物联网的特点

物联网要将大量物体接入网络并进行通信活动,因此对物体的全面感知是十分重要的。全面感知是指物联网随时随地获取物体的信息。要获取物体所处环境的温度、湿度、位置、运动速度等信息,就需要物联网能够全面感知物体的各种需要考虑的状态。物联网中各种不同的传感器如同人体的各种器官,对外界环境进行感知。物联网通过 RFID、传感器、二维码等感知设备对物体的各种信息进行感知和获取。

可靠传输是指物联网通过对无线网络与互联网的融合,将物体的信息实时准确地传递给用户。获取信息是为了对信息进行分析处理,从而进行相应的操作控制。将获取的信息可靠地传输给信息处理方。

在物联网系统中,智能处理部分将收集来的数据进行处理运算,然后做出相应的决策,来指导系统进行相应的改变,它是物联网应用实施的核心。智能处理指利用各种人工智能、云计算等技术对海量的数据和信息进行分析和处理,对物体实施智能化监测和控制。智能处理相当于人的大脑,根据神经系统传递来的各种信号做出决策,指导相应器官进行活动。

物联网具有如下4个特点:

(1) 全面感知。

物联网利用传感器、RFID、全球定位系统以及其他机械设备,采集各种动态的信息。

(2) 可靠传输。

物联网通过无处不在的无线网络、有线网络和数据通信网等载体将感知设备感知的信息实时传递给物联网中的"物体"。物体具备的条件如下:

① 具有通信能力,如蓝牙、红外线、无线射频等。

② 具有一定的数据存储功能。

③ 具有计算能力,能够在本地对接收的消息进行处理。

④ 具有操作系统,且具有进程管理、内存管理、网络管理和外设管理等功能。

⑤ 遵循物联网的通信协议,如 RFID、ZigBee、Wi-Fi 和 TCP/IP(Transmission Control Protocol/Internet Protocol,传输控制协议/网际协议)等。

⑥ 有唯一的标识,能唯一代表某个物体在整个物联网中的身份。

(3) 智能应用。

物联网通过数据挖掘、模式识别、神经网络和三维测量等技术,对物体实现智能化的控制和管理,使物体具有"思维能力"。

(4) 网络融合。

物联网没有统一标准,任何网络包括 Internet、通信网和专属网络都可融合成一个物联网。物联网是在融合现有计算机、网络、通信、电子和控制等技术的基础上,通过进一步的研究、开发和应用形成自身的技术架构。

## 19.1.3　物联网的基本架构

物联网架构中,可以将其划分为3层:感知层、网络层和应用层,每个层次负责处理不同的任务,以实现整个物联网系统的顺畅运作。

**1. 感知层(Perception Layer)**

感知层也被称为物理层或传感层,是物联网的最底层。它由各种传感器、摄像头、读卡器等设备组成,负责收集来自物理世界的信息,如温度、湿度、光线、压力、声音、图像等数据。此外,感知层还包括执行器设备,它们用于对环境或其他设备进行物理操作,如打开/关闭开关、调节温度等。

**2. 网络层(Network Layer)**

网络层负责将感知层收集到的数据通过网络传输到数据处理系统或其他设备。这一层涉及各种通信技术和协议,包括有线和无线通信方式,如 Wi-Fi、蓝牙、ZigBee、蜂窝网络(3G/4G/5G)、LPWAN(如 LoRaWAN、Sigfox)等。网络层确保数据能够安全、可靠地在设备之间传递。

**3. 应用层(Application Layer)**

应用层位于架构的最顶层,根据不同的应用需求提供定制化的解决方案。这一层直接与用户接触,通过软件应用程序将处理后的数据转换为有用的信息,以便用户理解和操作。例如,在智能家居系统中,应用层可能包括用户控制界面、家庭自动化规则和警报系统等。在工业应用中,它可能涉及生产线监控、资产管理和预测性维护等功能。

这种三层架构提供了一个清晰的物联网系统概念模型,它有助于理解不同组件如何协同工作。然而,在实际的物联网解决方案中,还可能包括更多的中间层次,如数据处理层或服务层,以处理数据分析、存储和中间件服务等任务。

物联网应用涉及行业众多,涵盖面宽泛,总体可分为身份相关应用、信息汇聚型应用、协同感知类应用和泛在服务应用。物联网通过人工智能、中间件、云计算等技术,为不同行业提供应用方案。

物联网的三层结构模型如图 19-1 所示。

图 19-1　物联网的三层结构模型

### 19.1.4　物联网的技术架构

物联网主要解决了物与物、人与物、物与人、人与人之间的互联,这 4 种类型是物联网基本的通信类型,因此物联网并非是简单的物与物之间的互联网络,并且单纯在局部范围之内连接某些物品也不构成物联网,事实上,物联网是一种由物品自然连接的互联网。从物联网的技术架构来看,物联网具有如下特征:

（1）物联网是 Internet 的扩展和延续，因此物联网被认为是 Internet 的下一代网络。

（2）物联网中个体（物品、人）之间的连接一定是"自然连接"，既要维持物品在物理世界中时间特性的连接，也要维持物品在物理世界中空间特性的连接。

（3）物联网不仅仅是一个能够连接物品的网络设施，单纯的连接物品的网络不能称为物联网。

物联网很难利用传统的分层模型来描述物联网的概念模型，而需要使用多维模型来刻画物联网的概念模型。物联网由 3 个维度构成，分别为信息物品维、自主网络维和智能应用维。物联网的技术架构如图 19-2 所示，信息物品技术、自主网络技术和智能应用技术构成了物联网的技术架构。

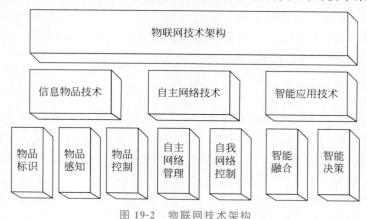

图 19-2 物联网技术架构

**1. 信息物品技术**

信息物品技术是指现有的数字化技术，分为物品标识、物品感知和物品控制 3 种。物联网通过信息物品技术来对物品进行标识、感知和控制，因此信息物品技术是"物品"与网络之间的接口。

**2. 自主网络技术**

自主网络就是一种自我管理和控制的网络，其中自我管理包括自我配置、自我组网、自我完善、自我保护和自我恢复等功能。为了满足物联网的应用需求，需要将当前的自主网络技术应用在物联网中，使得物联网成为自主网络。自主网络技术包括自主网络管理技术和自我网络控制技术两种。自主网络管理技术包括网络自我完善技术、网络自我配置技术、网络自我恢复技术和自我保护技术；自主网络控制技术包括基于时间语义的控制技术和基于空间语义的控制技术。

**3. 智能应用技术**

物联网的通信融合以及网络融合特征保证了在各个物体间都能进行相互通信，因此任何行业都可以基于物联网来实现智能应用。物联网的智能应用可以分为生活办公应用、医疗卫生应用、交通运输应用、公共服务应用以及未来类应用。

智能应用技术是物联网应用中特有的技术，其中包括智能决策控制技术和智能数据融合技术。智能决策控制基于数据特征来对物体的行为进行控制和干预，而智能数据融合对收集到的不同类型的数据进行处理，抽象成数据特征以便智能决策控制。

## 19.1.5 物联网的应用模式

根据物联网的不同用途，可以将物联网的应用分为智能标签、智能监控与跟踪和智能控制 3 种基本应用模式。

**1. 智能标签**

商品上的二维码、银行卡、校园卡、门禁卡等为生活、办公提供了便利，这些条码和磁卡就是智能标签的载体。智能标签通过磁卡、二维码、RFID 等将特定的信息存储到相应的载体中,这些信息可以是用户的身份、商品的编号和金额余额。

**2. 智能监控与跟踪**

物联网的一个常用的场景就是利用传感器、视频设备、GPS 设备等实现对特定特征(如温度、湿度、气压)的监控和特定目标(如物流商品、汽车和特定人)的跟踪,这种模式就是智能监控与跟踪。

**3. 智能控制**

智能控制就是一种物体自身的智能决策能力,这种决策是根据环境、时间、空间位置、自身状态等一些因素产生的。智能控制是最终体现物联网功能的应用模式,只有包含智能控制,一个连接不同物体的网络才能被称为物联网。智能控制可基于智能网络和云计算平台,根据传感器等感知终端获取的信息产生智能决策,从而实现对物体行为的控制。

## 19.1.6 物联网的应用

当前各大研究机构和解决方案提供商纷纷推出了自己的物联网解决方案,其中以 IBM 的"智慧的地球"为典型代表。根据物联网技术在不同领域的应用,"智慧的地球"战略规划了 6 个具有代表性的智慧行动方案,包括智慧的电力、智慧的医疗、智慧的城市、智慧的交通、智慧的供应链以及智慧的银行。IBM 将"智慧的地球"战略分解为 4 个关键问题,以保证该战略的有效实施。

(1) 利用新智能(New Intelligence)技术。

(2) 智慧运作(Smart Work),关注开发和设计新的业务流程,形成在灵活、动态流程支持下的智慧运作,使人类实现全新的生活和工作方式。

(3) 动态架构(Dynamic Infrastructure),旨在建立一种可以降低成本、具有智能化和安全特性的动态基础设施。

(4) 绿色未来(Green&Beyond),旨在采取行动解决能源、环境和可持续发展的问题,提高效率和竞争力。

企业需要依据研究的技术和标准,在工业、农业、物流、交通、电网、环保、安防、医疗和家居等领域实现物联网的应用,具体如下。

(1) 智能工业:生产过程控制、生产环境监测、制造供应链跟踪、产品全生命周期监测,促进安全生产和节能减排。

(2) 智能农业:农业资源利用、农业生产精细化管理、生产养殖环境监控、农产品质量安全管理和产品溯源。

(3) 智能物流:建设库存监控、配送管理、安全溯源等现代流通应用系统,建设跨区域、行业、部门的物流公共服务平台,实现电子商务与物流配送一体化管理。

(4) 智能交通:交通状态感知和交换、交通诱导与智能化管控、车辆定位与调度、车辆远程监测与服务、车路协同控制、建设开放的综合智能交通平台。

(5) 智能电网:电子设施监测、智能变电站、配网自动化、智能用电、智能调度、远程抄表,建设安全、稳定、可靠的智能电力网络。

(6) 智能环保:污染源监控、水质监测、空气监测、生态监测,建立智能环保信息采集网络和信息平台。

(7) 智能安防:社会治安监控、危化品运输监控、食品安全监控,重要桥梁、建筑、轨道交通、水利设施、市政管网等基础设施安全监测、预警和应急联动。

(8) 智能医疗:药品流通和医院管理,以人体生理和医学参数采集及分析为切入点面向家庭和社区开展远程医疗服务。

（9）智能家居：家庭网络、家庭安防、家电智能控制、能源智能计量、节能低碳、远程教育等。

## 19.1.7 工业物联网

工业物联网（Industrial Internet of Things，IIoT）是物联网在工业领域的应用，是物联网与传统产业的深度融合。随着中国智能制造、德国工业4.0、美国先进制造伙伴计划等一系列国家战略的提出和实施，工业物联网成为全球工业体系创新驱动、转型升级的重要推手。企业将工业物联网应用于研发设计、生产制造、运营管理以及服务运维等全流程的各个环节，令其支撑工业资源泛在连接、弹性供给、高效配置，从而构建服务驱动型的新工业生态体系。近年来，受益于云计算、大数据和人工智能技术等技术支撑体系的快速发展，工业物联网进入新的发展阶段。

### 1. 工业物联网的支撑体系

工业物联网的作用或者说价值，依赖于一个完整的支撑体系，包括传感器感知、泛在网络连接、边缘计算、云计算、工业数据建模、大数据分析、人工智能以及工业自动化等。应注意，这里讲的是支撑体系，这些要素帮助工业物联网搭建框架，输出解决方案并形成闭环，工业物联网和其中某些要素并非包含关系。例如，工业自动化显然是一个非常成熟的领域，它和工业物联网有着密切的关系，在工业物联网项目实施的过程中，有时高度依赖工厂的自动化水平，因为自动化程度高，则信息化水平高，例如，从自动化装备中可以获取生产过程数据和工艺数据，所以自动化装备的数字化改造，很多时候是工业物联网的切入点。

近年来，得益于云计算、大数据和人工智能技术的加持，工业物联网的发展进入了新阶段。数据计算、存储及网络成本大大降低，而数据分析能力大大增强，分析手段变得更加丰富。例如，基于云原生架构搭建的工业物联网平台，能够以相对标准的方式部署于各大公有云以及私有云，极大地降低了系统的部署成本和迁移成本，也让解决方案商能够专注于价值创造，聚焦于利用工业 Know-How（技术诀窍，最早指中世纪手工作坊师傅向徒弟传授的技艺的总称）知识解决问题，而不必受困于 IT 基础设施。大数据和人工智能为工业海量数据分析提供了新的动能，再多的数据也有能力及时分析、处理。在工业系统机理模型之外，利用回归、聚类、分类、异常检测等机器学习方法，建立数据模型，实现设备故障诊断和生产质量分析。人们逐渐意识到由数据驱动催生的新商业模式所带来的巨大价值，机理模型和数据模型的结合与碰撞为化解复杂系统的不确定性、发掘洞见、企业决策提供强有力的数据支撑和引擎动力。图 19-3 所示为工业物联网支撑体系。

### 2. 从业务视角到体系架构

我们应从业务视角明确企业应用工业物联网实现数字化转型的方向、目标和价值，并提供具体场景。从战略到目标价值，再到组织能力，最后落实到需要什么数据和信息，体系架构应该如何设计。从业务视角到体系架构是一个连续的过程。工业物联网发展到今天，体系架构已经基本成熟，层级逐步清晰，这体现在一些领先的工业物联网厂商正推行的商业产品和交付模式上。另外，工业物联网各层级中的分工越来越细，不同公司聚焦于不同层级赛道，整个生态得以丰富。

近几年，随着云计算商业模式的成熟以及被企业广泛接受，工业物联网逐步从传统数据中心本地化部署，

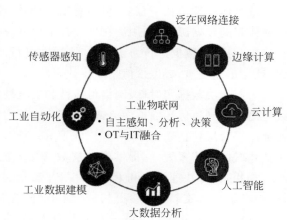

图 19-3　工业物联网支撑体系

发展到基于云原生的架构及公有云、私有云和混合云多种部署模式,数据采集的深度从物联网数据拓展到运营数据、运维服务数据,数据采集的广度从工厂级拓展到企业级甚至供应链上下游。

在数据方面,更加强调深度分析、洞察,以指导下一步行动。有了机理模型和数据模型的结合以及海量大数据计算能力,数据驱动变得不再遥远。伴随着这些趋势,工业物联网体系架构也经历了一些变化。例如,从简单的"感知层—网络层—平台层",到边缘计算的兴起,某些场景增加了边缘节点对数据的就近处理;云计算的普及让 PaaS(Platform as a Service,平台即服务)有了通用 PaaS 和工业 PaaS 之分;人工智能应用于工业场景,于是有了数据模型研究。基于 OT(Operation Technology,操作技术)和 IT(Information Technology,信息技术)的打通、融合,以及工业物联网支撑体系的加持,体系架构如图 19-4 所示。

图 19-4 工业物联网特性架构

整个体系架构从下至上,包括感知层、网络连接、平台层和应用层。感知层负责数据采集,是工业物联网体系的数据源泉,利用泛在感知技术对多源设备、异构系统、运营环境、智能产品等各种要素进行信息采集,对异构数据进行协议转换,必要时进行即时处理。工业现场的很多数据保鲜期很短,一旦处理延误,就会迅速变质,数据价值呈断崖式下跌。

为了解决数据实时性、网络可靠性和安全性等问题,边缘计算应运而生。感知层数据通过有线或无线网络连接到达远端数据中心或云平台,工厂内同时存在 OT 和 IT 网络,需要打通,实现网络互联、数据互通。平台层包括通用 PaaS 和工业 PaaS,通用 PaaS 为工业 PaaS 提供 IT 基础支持。工业 PaaS 也称为工业物联网操作系统,它提供感知层数据接入能力、数据分析能力、工业数据建模能力并沉淀各种工业App 模板,便于快速开发和上线应用。平台最终通过应用(用例)服务业务场景得到闭环,客户花钱买用例,而有了平台支持,能够更快、更简单、更容易地部署用例。对于传统企业信息管理系统,如 ERP(Enterprise Resource Planning,企业资源计划)、WMS(Warehouse Management System,仓库管理系统)、CRM(Customer Relationship Management,客户关系管理)等,可能需要与平台打通,以消除信息孤岛,实现数据联动。

1) 工业物联网感知

在整个工业物联网体系架构中,感知部分位于底层。在工业领域,感知即通常所说的工业数据采集。工业数据采集利用泛在感知技术对多源异构设备和系统、环境、人员等一切要素信息进行采集,并通过一定的接口与协议对采集的数据进行解析。信息的采集可以通过加装物理传感器,或者采集装备与系统本身的数据。工业数据采集的范围,广义上分为工业现场数据采集和工厂外智能产品/移动装备的数据采集(工业数据采集并不局限于工厂,工厂之外的智慧楼宇、城市管理、物流运输、智能仓储、桥梁隧道和公共交通等都是工业数据采集的应用场景),以及对 ERP、MES(Manufacturing Execution System,制造执行系统)、APS(Advanced Planning and Scheduling,高级计划与排程)等传统信息系统的数据采集。

工业现场数据采集以有线网络连接方式为主,例如,现场总线、工业以太网和标准以太网,以无线网络为辅,采集设备、产品、工艺、环境及人员等各种信息;工厂外智能产品/移动装备以无线网络连接方式为主,例如,蜂窝移动通信网络、低功耗广域网等。工业数据采集的广泛性,使得它具有一些鲜明的特征,例如,多种工业协议并存,大多数时候数据带有时间戳信息,并具有较强的实时性。

无论是通用控制器、专业数据采集模块还是智能产品和终端,都会通过传感器获取大量数据。传感器是将物理信号和非电效应转换成电信号的转换器,是真实物理世界的探针。很多领域的重大突破和传感器技术的发展有着密切关系。传感器种类非常多,如温湿度传感器、速度和加速度传感器、压力传感器、位移传感器、声学传感器、流量传感器、光电探测器等,都是物联网项目中常见的传感器。随着半导体工艺技术的进步,有些厂商将传感器和微处理器以及通信单元集成到单颗芯片中,以满足小型化、低功耗场景的应用需求。

物联网的特点在于实时性和真实性,且不依赖于人的主观能动性。实时性强调数据无时无刻不停地采集,真实性强调数字世界和物理世界的一致性,这种真实性依赖于对物理世界的感知,并且无须人为干预。

这里的感知是一个比较宽泛的概念,工业物联网的场景有比较强的物联网属性,这并不代表它只需要物联网的数据。工业物联网要打通 OT 和 IT,它的数据源具有多样性。事实上,正是通过收集不同属性的数据,从物联网数据拓展到运营数据、运维服务数据、设计仿真数据,打通了信息孤岛,我们才能通过接口和系统集成方式将强物联网属性的数据与其他数据联动起来。

建立标准化感知体系是一件非常有挑战的事情,其中涉及硬件、软件和系统。对于工业现场存量工厂改造尤为困难,各种不同接口的设备、单体软件的系统,使得数据采集成为工业物联网项目的第一道门槛,通常需要耗费大量的人力。甚至由于数据缺失严重,数据质量不高,很多做数据模型和机理模型的算法工程师不得不花很多时间驻扎在工厂收集数据,数据分析遥遥无期。

2) 工业物联网网络连接

感知数据通过网络连接到达远端数据中心或云平台,不同系统之间的相互访问也需要网络连接实现互联互通,网络连接就好比人体的血液输运系统,通过它数据才能被送到目的。工厂内外同时存在 OT 和 IT 网络,彼此需要打通,实现网络互联、数据互通以及工业控制网络和企业信息系统的无缝连接,例如,工厂内的现场总线、工业以太网,工厂外的网络专线或移动通信网络等。同时,新的需求又不断催生新的网络连接技术。

网络连接分两个层次——网络互联(interconnectable)和数据互通(interworkable)。网络互联指实体间通过网络连接,实现数据传递,重点在于物理上的连通(物理层)和数据分发(链路层和网络层)。数据互通指建立标准的数据结构和规范,使得传递的数据能被有效地理解和应用,数据在系统间无缝传递,各种异构系统在数据层面能够相互理解。数据互通强调的是语义,即用计算机、控制器和设备等都能理解的语言,这样就能够轻松交互。OT 网络和 IT 网络之间的数据割裂,一方面是由于在网络互联方面链路层不兼容,例如,现场总线不能与 IT 设施直接连接,工业以太网的数据包不能直接转发到 IT 系统;另一方面是由于在数据互通层面语义不通,无法解析。

在网络互联方面,针对有线和无线两种连接方式,诞生了很多新的技术,例如,时间敏感网络(Time Sensitive Network,TSN)沿着工业以太网的思路,支持实时数据传输,但是它兼容以太网和 IP。基于 5G 技术的高可靠低时延连接和海量物联两大场景主要面向物联网应用,通过对刚需场景的甄别,5G 将带来新的变化。对于通信频次低、传输数据量少、数据速率低、占用带宽小、传输时延不敏感、对数据传输实时性要求不高且要求低功耗的场景,简单层次的互通可以在协议接口层面实现。

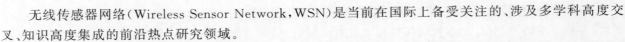

## 19.2　无线传感器网络

无线传感器网络(Wireless Sensor Network,WSN)是当前在国际上备受关注的、涉及多学科高度交叉、知识高度集成的前沿热点研究领域。

无线传感器网络是一种大规模、自组织、多跳、无基础设施支持的无线网络,网络中节点是同构的,成本较低,体积和耗电量较小,大部分节点不移动,被随意地散布在监测区域,要求网络具有尽可能长的工作时间和使用寿命。

无线传感器网络是由部署在检测区域内的大量廉价微型传感器节点组成,通过无线通信的方式形成的一个多跳自组织的网络系统。无线传感器网络综合了传感器技术、嵌入式计算技术、网络通信技术、分布式信息处理技术和微电子制造技术等,能够通过各类集成化的微型传感器节点协作对各种环境或检测对象的信息进行实时监测、感知和采集,并对采集到的信息进行处理,通过无线自组织网络以多跳中继方式将所感知的信息传送给终端用户。

作为一种全新的信息获取平台,无线传感器网络能够实时监测和采集网络区域内各种监测对象的信息,并将这些采集信息传送到网关节点,从而实现规定区域内目标监测、跟踪和远程控制。无线传感器网络由大量各种类型且廉价的传感器节点(例如,电磁、气体、温度、湿度、噪声、光强度、压力、土壤成分等的传感器)组成无线自组织网络,每个传感器节点由传感单元、信息处理单元、无线通信单元和能量供给单元等构成。无线传感器网络在农业、医疗、工业、交通、军事、物流以及个人家庭等众多领域都具有广泛应用,其研究、开发和应用在很大程度上关系到国家安全、经济发展的各个方面。因为无线传感器网络广阔的应用前景和潜在的巨大应用价值,近年来在国内外引起了广泛的重视。另外,由于国际上各个机构、组织和企业对无线传感器网络技术及相关研究的高度重视,也大大促进了无线传感器网络的高速发展,使无线传感器网络在越来越多的应用领域开始发挥其独特的作用。

### 19.2.1　无线传感器网络的特点

无线网络包括移动通信网、无线局域网、蓝牙网络、Ad hoc 等网络,无线传感器网络在通信方式、动态组网以及多跳通信等方面有许多相似之处,同时也存在很大的差别。

无线传感器网络具有如下特点:

(1)硬件资源有限。

节点由于受价格、体积和功耗的限制,其计算能力、程序空间和内存空间比普通的计算机能力要弱很多。

(2)电池容量有限。

传感器节点体积微小,通常携带能量十分有限的电池。

（3）通信能量有限。

传感器网络的通信带宽窄而且经常变化，通信覆盖范围只有几十到几百米。

（4）计算能力有限。

传感器节点是一种微型嵌入式设备，要求价格低、功耗小，这些限制必然导致其携带的处理器能力比较弱，存储容量比较小。

（5）节点数量众多，分布密集。

传感器网络中的节点分布密集，数量巨大，可以达到几百、几千万，甚至更多。

（6）自组织、动态性网络。

无线传感器网络所应用的物理环境及网络自身具有很多不可预测因素，因此需要网络节点具有自组织能力。即在无人干预和无其他任何网络基础设施支持的情况下，可以随时随地自动组网，自动进行配置和管理，并使用适合的路由协议实现监测数据的转发。

（7）以数据为中心的网络。

传感器网络的核心是感知数据，而不是网络硬件。

（8）多跳路由。

网络中节点通信距离有限，一般在几百米范围内，节点只能与它的邻居直接通信。如果希望与其射频覆盖范围之外的节点进行通信，则需要通过中间节点进行路由。

## 19.2.2　无线传感器网络体系结构

无线传感器网络是一种大规模自组织网络，拥有和传统无线网络不同的体系结构，如无线传感器节点结构、网络结构以及网络协议体系结构。

传感器节点由4部分组成：传感器模块、处理器模块、无线通信模块和电源模块。传感器模块负责监测区域内的信息采集，并进行数据格式的转换，将原始的模拟信号转换成数字信号，将交流信号转换成直流信号，以供后续模块使用；处理模块又分成两部分，分别是处理器和存储器，它们分别负责处理节点的控制和数据存储的工作；无线通信模块专门负责节点之间的相互通信；电源模块用来为传感器节点提供能量，一般都是采用微型电池供电。

无线传感器网络系统通常包括传感器节点、汇聚节点和管理节点，如图 19-5 所示。

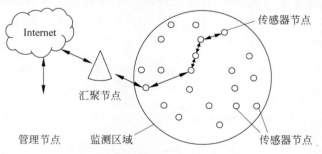

图 19-5　无线传感器网络体系结构

大量传感器节点随机部署在监测区域，通过自组织的方式构成网络。传感器节点采集的数据通过其他传感器节点逐条地在网络中传输，传输过程中数据可能被多个节点处理，经过多跳后路由到汇聚节点，最后通过互联网或者卫星到达数据处理中心。也可能沿着相反的方向，通过管理节点对传感器网络进行管理，发布监测任务以及收集监测数据。

网络协议体系结构是无线传感器网络的"软件"部分，包括网络的协议分层以及网络协议的集合，是对网络及其部件应完成功能的定义与描述。由网络通信协议、传感器网络管理以及应用支撑技术组成，如图 19-6 所示。

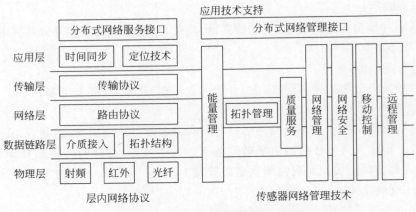

图 19-6　无线传感器网络协议体系结构

分层的网络通信协议结构类似于传统的 TCP/IP 协议体系结构，由物理层、数据链路层、网络层、传输层和应用层组成。物理层的功能包括信道选择、无线信号的监测、信号的发送与接收等。传感器网络采用的传输介质可以是无线、红外或者光波等。物理层的设计目标是以尽可能少的能量损耗获得较大的链路容量。数据链路层的主要任务是加强物理层传输原始比特的功能，使之对上层显现出一条无差错的链路。网络层的主要功能包括分组路由、网络互联等。传输层负责数据流的传输控制，提供可靠高效的数据传输服务。

网络管理技术主要是对传感器节点自身的管理以及用户对传感器网络的管理。网络管理模块是网络故障管理、计费管理、配置管理、性能管理的总和。其他还包括网络安全模块、移动控制模块、远程管理模块。传感器网络的应用支撑技术为用户提供各种应用支撑，包括时间同步、节点定位，以及向用户提供协调应用服务接口。

无线传感器网络节点的典型硬件结构如图 19-7 所示，主要包括电池及电源管理电路、传感器、信号调理电路、模/数转换器、存储器、微处理器和射频模块等。节点采用电池供电，一旦电源耗尽，节点就失去了工作能力。为了最大限度地节约电源，在硬件设计方面，要尽量采用低功耗器件，在没有通信任务的时候，切断射频部分电源；在软件设计方面，各层通信协议都应该以节能为中心，必要时牺牲其他的一些网络性能指标，以获得更高的电源效率。

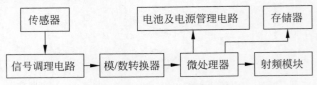

图 19-7　无线传感器网络节点的典型硬件结构

## 19.2.3　无线传感器网络的关键技术

近年来，人们对无线传感器网络的研究不断深入，无线传感器网络得到了很大的发展，也产生了越来越多的实际应用。随着人们对信息获取需求的不断增加，由传统传感器网络所获取的简单数据越来越无法满足人们对信息获取的全面需求，使得人们已经开始研究功能更强的无线多媒体传感器节点。使用无线多媒体传感器节点能够获取图像、音频、视频等多媒体信息，从而使人们能在监测区域获取更加详细的信息。

无线传感器网络有着十分广泛的应用前景,可以大胆地预见,将来无线传感器网络将无处不在,完全融入人们的生活。例如,微型传感器网络最终可能将家用电器、个人计算机和其他日常用品同 Internet 相连,实现远距离跟踪;家庭采用无线传感器网络负责安全调控、节电等。但是,我们还应该清楚地认识到,无线传感器网络刚开始发展,它的技术、应用都还远谈不上成熟,国内企业更应该抓住商机,加大投入力度,推动整个行业的发展。

**1. 拓扑控制**

对于无线的自组织的传感器网络而言,网络拓扑控制具有特别重要的意义。通过拓扑控制自动生成的良好的网络拓扑结构,能够提高路由协议和 MAC 协议的效率,可为数据融合、时间同步和目标定位等很多方面奠定基础,有利于节省节点的能量来延长网络的生存期。所以,拓扑控制是无线传感器网络研究的核心技术之一。

**2. 通信协议**

由于传感器节点的计算能力、存储能力、通信能量以及携带的能量都十分有限,因此每个节点只能获取局部网络的拓扑信息,在其上运行的网络协议也不能太复杂。同时,传感器拓扑结构动态变化,网络资源也在不断变化,这些都对网络协议提出了更高的要求。传感器网络协议负责使各个独立的节点形成一个多跳的数据传输网络,目前研究的重点是网络层协议和数据链路层协议。网络层的路由协议决定监测信息的传输路径;数据链路层的介质访问控制用来构建底层的基础结构,控制传感器节点的通信过程和工作模式。

**3. 时间同步**

时间同步是需要协同工作的传感器网络系统的一个关键机制。例如,测量移动车辆速度需要计算不同传感器检测事件时间差,通过波束阵列确定声源位置节点间时间同步。Internet 上广泛使用的网络时间协议(Network Time Protocol,NTP)只适用于结构相对稳定、物理链路相对稳定的有线网络系统;全球定位系统(Global Position System,GPS)能够以纳秒级的精度与世界标准时间(UTC)保持同步,但需要配置固定的高成本接收机,在室内、森林或水下等有遮盖物的环境中无法使用。因此,它们都不适合应用在传感器网络中。目前已提出了多种时间同步机制,研究也在不断深入。

**4. 定位技术**

位置信息是传感器节点采集数据中不可缺少的部分,没有位置信息的监测消息通常毫无意义,确定事件发生的位置或采集数据的节点位置是传感器网络最基本的功能之一。为了提供有效的位置信息,随机部署的传感器节点必须能够在布置后确定自身位置。由于传感器节点存在资源有限、随机部署、通信易受环境干扰甚至节点失效等特点,因此定位机制必须满足自组织性、健壮性、能量高效、分布式计算等要求。

**5. 数据管理**

传感器网络存在能量约束。减少传输的数据量能够有效节省能量,因此在从各个传感器节点收集数据的过程中,可利用节点的本地计算和存储能力处理数据的融合,去除冗余信息,从而达到节省能量的目的。由于传感器节点的易失效性,因此传感器网络需要采用数据融合技术对多份数据进行综合,提高信息的准确度。

**6. 网络安全**

无线传感器网络作为任务型的网络,不仅要进行数据的传输,还要进行数据采集和融合、任务的协同控制等。如何保证任务执行的机密性、数据产生的可靠性、数据融合的高效性以及数据传输的安全性,就成为解决无线传感器网络安全问题时需要全面考虑的内容。

**7. 覆盖与连通**

覆盖问题是无线传感器网络配置首先面临的基本问题,因为传感器节点可能任意分布在配置区域,它反映了一个无线传感器网络某区域被监测和跟踪的状况。随着无线传感器网络应用的普及,更多的研究工作深入到其网络配置的基本理论方面,其中覆盖与连通问题就是无线传感器网络设计和规划需要面临的基本问题之一。

**8. 软/硬件集成技术**

传感器节点是无线传感器网络的基本构成单位,由其组成的硬件平台和具体的应用要求密切相关,因此节点的设计将直接影响到整个无线传感器网络的性能。传感器节点通常是一个微型的嵌入式系统,构成了无线传感器网络的基础层支持平台。传感器节点兼顾传统网络节点的终端和路由器双重功能,负责本地信息收集和数据处理,以及对其他节点转发来的数据进行存储、管理和融合等处理,同时与其他节点协作完成一些特定任务。而汇聚节点连接无线传感器网络与互联网等外部网络,需要实现两种协议栈之间的通信协议转换。因此,节点的软/硬件设计是一项高密集、多任务的高度集成的技术。

## 19.2.4　IEEE 802.15.4 无线传感器网络通信标准

IEEE 802.15.4 是一种为低速无线个人局域网(LR-WPAN)定义的通信标准,它特别适合于物联网(IoT)中的无线传感器网络。此标准由电气和电子工程师协会(IEEE)的 802.15 工作组制定,专注于低数据速率、低功耗和低成本的无线通信。

IEEE 802.15.4 标准对于实现智能设备间的有效通信至关重要,它支持物联网设备的互联互通,并且是许多物联网应用的基石。

**1. IEEE 802.15.4 标准概述**

IEEE 802.15.4 通信协议是短距离无线通信的 IEEE 标准,它是无线传感器网络通信协议中物理层与 MAC 层的一个具体实现。IEEE 802.15.4 标准是 IEEE 用于低速无线个人局域网(LR-WPAN)的物理层和介质接入控制层规范。该协议支持两种网络拓扑,即单跳星状拓扑或当通信线路超过 10m 时的多跳对等拓扑。一个 IEEE 802.15.4 网可以容纳最多 216 个器件。

随着通信技术的迅速发展,人们提出了在人自身附近几米范围之内通信的需求。为了满足低功耗、低成本的无线网络的要求,IEEE 802.15 工作组于 2002 年成立,它的任务是研究制定无线个人局域网标准——IEEE 802.15.4。该标准规定了在个域网(PAN)中设备之间的无线通信协议和接口。

WPAN 是一种与无线广域网(WWAN)、无线城域网(WMAN)、无线局域网(WLAN)并列但覆盖范围相对较小的无线网络。在网络构成上,WPAN 位于整个网络链的末端,用于实现同一地点终端与终端间的连接,如连接手机和蓝牙耳机等。WPAN 所覆盖的范围一般在 10m 半径内,必须运行于许可的无线频段。WPAN 设备具有价格便宜、体积小、易操作和功耗低等优点。

无线个人局域网是一种采用无线连接的个人局域网,它被用在诸如电话、计算机、附属设备以及小范围(个人局域网的工作范围一般是在 10m 以内)内的数字助理设备之间的通信。支持无线个人局域网的技术包括蓝牙、ZigBee、超频波段(UWB)、IrDA、HomeRF 等。每项技术只有被用于特定的用途、应用程序或领域时才能发挥最佳作用。

**2. 网络组成和拓扑结构**

在 IEEE 802.15.4 中,根据设备所具有的通信能力,可以分为全功能设备(Full-Function Device,FFD)和精简功能设备(Reduced-Function Device,RFD)。与 RFD 相比,FFD 在硬件功能上比较完备,如 FFD 采用主电源保证充足的能耗,而 RFD 采用电池供电。在通信功能上,FFD 设备之间以及 FFD 设备与 RFD 设备之间都可以通信。RFD 设备之间不能直接通信,只能与 FFD 设备通信,或者通过一个 FFD

设备向外转发数据。

IEEE 802.15.4 网络根据应用的需要可以组织成两种拓扑结构：星状拓扑结构和点对点网络拓扑。在星状结构中，整个网络的形成以及数据的传输由中心的网络协调者集中控制，所有设备都与中心设备PAN 协调器通信。各个终端设备(FFD 或 RFD)直接与网络协调者进行关联和数据传输。网络中的设备可以采用 64 位的地址直接进行通信，也可以通过关联操作由网络协调器分配 16 位网内地址进行通信。

点对点网络中也需要网络协调器，负责实现管理链路状态信息、认证设备身份等功能。但与星状网络不同，点对点网络只要彼此都在对方的无线辐射范围之内，任何两个设备都可以直接通信。这就使得点对点网络拓扑可以形成更为复杂的网络形式。

**3. 协议栈架构**

IEEE 802.15.4 标准基于开放系统互连模型，每一层都实现一部分通信功能，并向高层提供服务。

IEEE 802.15.4 标准只定义了 PHY 层和数据链路层的 MAC 子层。PHY 层由射频收发器以及底层的控制模块构成。MAC 子层为高层访问物理信道提供点到点通信的服务接口。

IEEE 802.15.4 标准适于组建低速率的、短距离的无线局域网。在网络内的无线传输过程中，采用冲突监测载波监听机制。该标准定义了 3 种数据传输频率，分别为 868MHz、915MHz、2450MHz。前两种传输频率采取 B/SK 的调制方式，后一种采用 0-QPSK 的调制方式。各种频率分别支持 20kb/s、40kb/s、250kb/s 的无线数据传输速度。

**4. 物理层规范**

IEEE 802.15.4 物理层通过射频硬件和软件在 MAC 子层和射频信道之间提供接口，将物理层的主要功能分为物理层数据服务和物理层管理服务。物理层数据服务从无线物理信道上收发数据，物理层管理服务维护一个由物理层相关数据组成的数据库，主要负责射频收发器的激活和休眠、信道能量检测、链路质量指示、空闲信道评估、信道的频段选择、物理层信息库的管理等。

**5. MAC 层规范**

在 IEEE 802 系列标准中，OSI 参考模型的数据链路层进一步划分为介质访问控制(MAC)和逻辑链路控制(LLC)两个子层。MAC 子层使用物理层提供的服务实现设备之间的数据帧传输，而 LLC 在MAC 子层的基础上，在设备间提供面向连接和非连接的服务。MAC 子层就是用来解决如何共享信道问题的。

1) MAC 子层的主要功能

MAC 子层具有如下主要功能：

(1) 如果设备是协调器，就需要产生网络信标。

(2) 信标的同步。

(3) 支持个域网络(PAN)的关联(association)和取消关联(disassociation)操作。

(4) 支持无线信道通信安全。

(5) 使用 CSMA-CA 机制访问物理信道。

(6) 支持时槽保障(Guaranteed Time Slot,GTS)机制。

(7) 支持不同设备的 MAC 层间可靠传输。

(8) 协调器产生并发送信标帧，普通设备根据协调器的信标帧与协议期同步。

2) MAC 层帧分类

IEEE 802.15.4 网络共定义了 4 种类型的帧：信标帧、数据帧、确认帧和 MAC 命令帧。

3) MAC 层服务规范

IEEE 802.15.4 标准 MAC 层规范给出 3 种数据传输模式，即协调点到普通节点、普通节点到协调点及协调点(普通节点)到协调点(普通节点)的数据传输。同时,标准也规范了数据通信的 3 种方式:直接传输、间接传输和时槽保障(GTS)传输。

**4) MAC 层安全规范**

IEEE 802.15.4 提供的安全服务是在应用层已经提供密钥的情况下的对称密钥服务。密钥的管理和分配都由上层协议负责。这种机制提供的安全服务基于这样一个假定,即密钥的产生、分配和存储都在安全方式下进行。

### 19.2.5　无线传感器网络的应用

作为一种新型网络,无线传感器网络在军事、工业、农业、交通、土木建筑、安全、医疗、家庭和办公自动化等领域都有着广泛的用途,其在国家安全、经济发展等方面发挥了巨大作用。随着无线传感器网络不断快速地发展,它还将被拓展到越来越多新的应用领域。

**1. 智能交通**

埋在街道或道路边的传感器在较高分辨率下收集交通状况的信息,即所谓的"智能交通",它还可以与汽车进行信息交互,如道路状况危险警告或前方交通拥堵提示等。

**2. 智能农业**

无线传感器网络可以应用于农业,即将温度/土壤组合传感器放置在农田中计算出精确的灌溉量和施肥量。

**3. 医疗健康**

利用无线传感器网络技术通过让病人佩戴具有特殊功能的微型传感器,医生可以使用智能手机等设备,随时查询病人健康状况或接收报警消息。另外,利用这种医护人员和病人之间的跟踪系统可以及时地救治伤患。

**4. 工业监控**

利用无线传感器网络对工业生产过程中环境状况、人员活动等敏感数据和信息进行监控,可以减少生产过程中人力和物力的损失,进而保证工厂工人或者公共财产的安全。

**5. 军事应用**

无线传感器最早是面向军事应用的。使用无线传感器网络采集的部队、武器装备和军用物资供给等信息,并通过汇聚节点将数据送至指挥所,再转发到指挥部,最后融合来自各战场的数据,形成军队完备的战区态势图。

**6. 灾难救援与临时场合**

在很多地震、水灾、强热带风暴等自然灾害袭击后,无线传感器网络就可以帮助抢险救灾,从而达到减少人员伤亡和财产损失的目的。

**7. 家庭应用**

无线传感器网络在家庭及办公自动化方面具有巨大的潜在应用前景。利用无线传感器网络将家庭中的各种家电设备联系起来,可以组建一个家庭智能化网络,使它们可以自动运行,相互协作,为用户提供尽可能的舒适度和便利性。

## 19.3　蓝牙通信技术

互联网得以快速发展的关键之一是解决了"最后一公里"的问题,物联网得以快速发展的关键之一是解决了"最后一百米"的问题。在"最后一百米"的范围内,可连接的设备密度远远超过了"最后一公里",

特别是在智能家居、智慧城市、工业物联网等领域。围绕着物联网"最后一百米"的技术解决方案,业界提出了多种中短距离无线标准。随着技术的不断进步,这些无线标准在向实用落地中不断迈进。低功耗蓝牙的标准始终围绕着物联网发展的需求而不断升级迭代,自蓝牙 4.0 开始,蓝牙技术进入了低功耗蓝牙时代。在智能可穿戴设备领域,低功耗蓝牙已经是应用最广泛的技术标准之一,并在消费物联网领域大获成功。低功耗蓝牙在点对点、点对多点、多角色、长距离通信、复杂 Mesh(网格)网络、蓝牙测向等方面不断增加新特性,低功耗蓝牙标准在持续拓展物联网的应用场景及边界,并获得了令人瞩目的发展。

从低功耗蓝牙 4.0 到 5.3,低功耗蓝牙 5.x 是最重要的版本,越来越多的开发者开始把目光投向低功耗蓝牙 5.x。

Nordic 推出了采用双核处理器架构的无线多协议 SoC 芯片 nRF5340,该芯片不仅支持功耗蓝牙5.x,还支持蓝牙 Matter、Mesh、ZigBee、Thread、IEEE 802.15.4、ANT、NFC 等协议和 2.4GHz 私有协议,使得采用 nRF5340 开发的产品具有极大的灵活性和平台通用性。对于物联网开发人员而言,选择一个好的平台是十分重要的,好的平台可以使开发的产品具更多的灵活性,并提供了进行创新的基础与支撑条件,使开发的产品在无线通信可靠性、耗效率和用户体验等方面得到重要提升。

## 19.3.1　蓝牙通信技术概述

蓝牙是一种支持设备短距离通信(一般 10m 内)的无线电技术,能在包括移动电话、掌上电脑(Personal Digital Assistant,PDA)、无线耳机、笔记本计算机、相关外设等众多设备之间进行无线信息交换。利用蓝牙技术,能够有效地简化移动通信终端设备之间的通信,也能够成功地简化设备与 Internet 之间的通信,从而使数据传输变得更加迅速高效,为无线通信拓宽道路。蓝牙采用分散式网络结构以及快跳频和短包技术,支持点对点及点对多点通信,工作在全球通用的 2.4GHz ISM(Industry、Science、Medicine,即工业、科学、医学)频段。其数据速率为 1Mb/s。采用时分双工传输方案实现全双工传输。

## 19.3.2　无线多协议 SoC 芯片

SoC 芯片是一种集成电路的芯片,可以有效地降低电子/信息系统产品的开发成本,缩短开发周期,提高产品的竞争力,是未来工业界将采用的最主要的产品开发方式。下面介绍无线多协议 SoC 芯片。

**1. 无线多协议 SoC 芯片简介**

Nordic 是中短距离无线应用的领跑者,是低功耗蓝牙技术和标准的创始者之一,其超低功耗无线技术已成为业界的标杆。按照产品发展的脉络,Nordic 的低功耗蓝牙芯片分为 nRF51 系列、nRF52 系列、nRF53 系列。

(1) nRF51 系列芯片是 Nordic 早期推出的 SoC 芯片,采用 Arm Cortex-M0 内核处理器架构,支持低功耗蓝牙 4.0 及以上的特性,由于性能稳定、性价比高,目前在市面上还有较多用户在使用,该系列的代表芯片是 nRF51822。

(2) nRF52 系列芯片采用 Arm Cortex-M4 内核处理器架构,支持低功耗蓝牙 5.0 及以上的特性,功耗更优,约为 nRF51 系列芯片的一半;性能更强大,除了内存空间有所增加,支持无线多协议和 NFC,依赖于协议栈的支持,可同时作为主机和从机使用;在射频方面,nRF52 系列芯片的内部集成了巴伦芯片,减少了外部元器件。nRF52 系列芯片的规格型齐全,可满足不同应用要求,是目前市面上主流的低功耗蓝牙芯片,该系列的代表芯片 nRF52832、nRF52840。巴伦是平衡不平衡转换器(balun)的英文音译,balun 是由"balanced"和"un-balanced"两个词组成的。其中,balance 代表差分结构,而 un-balance 代表是单端结构。巴伦电路可以在差分信号与单端信号之间互相转换,巴伦电路有很多种形式,可以包括不必要的变换阻抗,平衡变压器也可以用来连接行不同的阻抗。

（3）nRF53 系列芯片是高端无线多协议 SoC 芯片，采用双 Arm Cortex-M33 内核处理架构，即一个内核用于处理无线协议，另一个内核用于应用开发。双核处理器高效协同工作，在性能与功耗方面得到完美的结合。同时，nRF53 系列芯片还具备高性能、低功耗、可扩展宽工作温度等优势，可广泛用于智能家居、室内导航、专业照明、工业自动化、可穿戴设备以及其他复杂的物联网应用。该系列的代表芯片是 nRF5340。

**2. 无线多协议 SoC 芯片的未来发展路线图**

Nordic 致力于超低功耗中短距离无线技术的应用市场，目前已有规格齐全的芯片型号可满足不同应用场景的需要，并兼顾资源配置和性价比。nRF53、nRF54 也会陆续推出新的芯片型号，在功耗、射频、安全加密等性能上会有更大的提升。

### 19.3.3 nRF5340 芯片及其主要特性

nRF5340 是全球首款配备两个 Arm Cortex-M33 处理器的无线 SoC。

**1. nRF5340 芯片**

nRF5340 是 Nordic 推出的高端多协议系统级芯片，是基于 Nordic 经过验证并在全球范围得到广泛采用的 nRF51 和 nRF52 系列无线多协议 SoC 芯片构建的，同时引入了具有先进安全功能的全新灵活双核处理器硬件架构，是世界上第一款配备双 Arm Cortex-M33 处理器的无线多协议 SoC 芯片。nRF5340 外形如图 19-8 所示，支持低功耗蓝牙 5.3、蓝牙 Mesh 网络、NFC、Thread、ZigBee 和 Matter，具备高性能、低功耗、可扩展、耐热性高等优势，可广泛用于智能家居、室内导航、专业照明、工业自动化、高端可穿戴设备，以及其他复杂的物联网应用。

图 19-8　nRF5340 外形

nRF5340 带有 512KB 的 RAM，可满足下一代高端可穿戴设备的需求；可通过高速 SPI、QSPI、USB 等接口与外设连接，同时可最大限度地减少功耗。其中的 QSPI 接口，能够以 96MHz 的时钟频率与外部存储器连接；高速 SPI 接口能够以 32MHz 的时钟频率连接显示器和复杂传感器。

nRF5340 采用双核处理器架构，包括应用核处理器和网络核处理器。应用核处理器针对性能进行了优化，其时钟频率为 128MHz 或 64MHz，具有 1MB 的 Flash、512 KB 的 RAM、一个浮点单元（Float Point Unit，FPU）、一个 8KB 的 2 路关联缓存和 DSP 功能单元。网络核处理器针对低功耗和效率进行了优化，其时钟频率为 64MHz，具有 256KB 的 Flash、64KB 的 RAM。两个处理器可以各自独立地工作，也可直接通过 IPC 外设连接，互相唤醒对方。

**2. nRF5340 的主要特性**

nRF5340 的主要特性如下：

（1）采用双核处理器架构。nRF5340 包含两个 Arm Cortex-M33 处理器，其中的网络核处理器用于处理无线协议和底层协议栈，应用核处理器用于开发应用及功能；双核处理器架构兼顾高性能和高效率，可进一步优化性能和效率，达到最优；低功耗蓝牙协议栈的主机（Host）和控制器（Controller）分别运行在不同的处理器上，效率更高。

（2）支持多协议。nRF5340 支持低功耗蓝牙 5.3 及更高版本；支持蓝牙 Mesh、Thread、ZigBee、NFC、ANT、IEEE 802.15.4 和 2.4GHz 等协议。

（3）优化了射频功耗。在 TX 的峰值功耗降低 30%，即 0dBm 时，TX 的电流约为 3.2mA，RX 的电流约为 2.6mA；RX 的灵敏度为 −97.5dBm；在 −20dBm～+3dBm 的范围内，能够以 1dB 为单位调整 TX 的发射功率。

（4）高安全性。采用 Arm TrustZone 和安全密钥存储；可设置 Flash、RAM、GPIO 和外设的安全属性；采用 Arm CryptoCell-312 实现了硬件加速加密；具有独立的密钥存储单元。

（5）全合一。采用全新的芯片系列、双核处理器架构、最高级别的安全加密技术，工作温度可以达到 105℃，具有更大的存储空间和内存、更快的运行效率，并且功耗更优。

（6）专为 LE 音频设计。支持同步频道、LC3，采用低抖动音频 PLL 时钟源。

（7）运行效率更高。CPU 运行在时钟频率 64MHz 时，无论网络处理器还是应用核处理器，nRF5340 的运算性能均高于 nRF52840。

### 19.3.4 nRF5340 的开发工具

nRF5340 的开发工具包括 nRF Connect SDK 软件开发平台和 nRF5340 DK 开发板。

**1. nRF Connect SDK 软件开发平台**

nRF Connect SDK（NCS）是 Nordic 最新的软件开发平台，该平台支持 Nordic 所有产品线，集成了 Zephyr RTOS、低功耗蓝牙协议栈、应用示例和硬件驱动程序，统一了低功耗蜂窝物联网和低功耗中短距离无线应用开发。nRF Connect SDK 可以在 Windows、macOS 和 Linux 上运行，由 GitHub 提供源代码管理，并提供免费的 SES（SEGGER Embedded Studio，SEGGER 嵌入式工作室）综合开发编译环境支持。

SES 是 SEGGER 公司开发的一个跨平台 IDE（支持 Windows、Linux、macOS）。从用户体验上来看，SES 是优于 IAR EW 和 Keil MDK 的。同时，使用 Nordic 的 BLE 芯片可以免费使用这个 IDE，Nordic 官方已与 SEGGER 达成合作协议。

**2. nRF5340 DK（Development Kit）**

nRF5340 DK（Development Kit）是用于开发 nRF5340 的开发板，如图 19-9 所示，该开发板包含了开发工作所需的硬件组件及外设。nRF5340DK 支持使用多种无线协议，配有一个 SEGGER 的 J-Link 调试器，可对 nRF5340DK 上的 nRF5340 或基于 Nordic 的 SoC 芯片的外部目标板进行全面的编程和调试。

开发者可通过 nRF5340 DK 的连接器和扩展接口使用 nRF5340 的模拟接口、数字接口及 GPIO，该开发板上配置了 4 个按钮和 4 个 LED，可简化 nRF5340 的输入和输出设置，并且可由开发者编程控制。

在实际使用时，nRF5340 DK 既可以通过 USB 供电，也可以通过 1.7～5.0V 的外部电源供电。

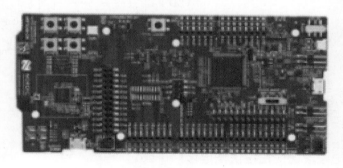

图 19-9 nRF5340 DK

### 19.3.5 低功耗蓝牙芯片 nRF51822 及其应用电路

Nordic 低功耗蓝牙（BLE）4.0 芯片 nRF51822 内含一颗 Cortex-M0 CPU，拥有 256KB/128KB Flash 和 32/16KB RAM，为低功耗蓝牙产品应用提供了高性价比的单芯片解决方案，是超低功耗与高性能的完美结合。nRF51822 低功耗蓝牙模块外形如图 19-10 所示。

nRF51822 低功耗蓝牙模块的原理图如图 19-11 所示。

图 19-10　nRF51822 低功耗蓝牙模块外形

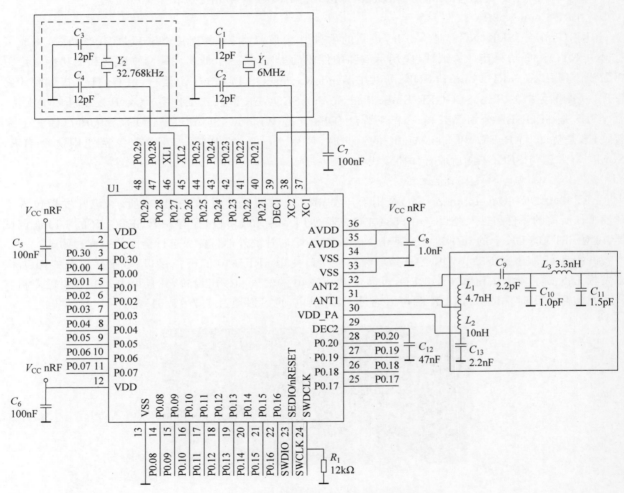

图 19-11　nRF51822 低功耗蓝牙模块的原理图

　　图 19-11 右边方框内的电路为阻抗匹配网络部分电路,将 nRF51822 的射频差分输出转为单端输出 50Ω 标准阻抗,相应的天线也应该是 50Ω 阻抗,这样才能确保功率最大化地传输到空间。

## 19.4　ZigBee 无线传感器网络

　　无线传感器网络(Wireless Sensor Network,WSN)采用微小型的传感器节点获取信息,节点之间具有自动组网和协同工作能力,网络内部采用无线通信方式,采集和处理网络中的信息,发送给观察者。目前 WSN 使用的无线通信技术过于复杂,非常耗电,成本很高。而 ZigBee 是一种短距离、低成本、低功耗、低复杂度的无线网络技术,在无线传感器网络应用领域极具发展潜力。

无线传感器网络有着十分广泛的应用前景,在工业、农业、军事、环境、医疗、数字家庭、绿色节能、智慧交通等传统和新兴领域都具有巨大的应用价值,无线传感器网络将无处不在,完全融入我们的生活。

### 19.4.1 ZigBee 无线传感器网络通信标准

下面介绍 ZigBee 无线传感器网络的通信标准。

**1. ZigBee 标准概述**

ZigBee 技术在 IEEE 802.15.4 的推动下,不仅在工业、农业、军事、环境、医疗等传统领域取得了成功的应用,在未来其应用可能涉及人类日常生活和社会生产活动的所有领域,推动真正实现无处不在的网络。

ZigBee 技术是一种近距离、低复杂度、低功耗、低成本的双向无线通信技术,主要用于在距离短、功耗低且传输速率不高的各种电子设备之间进行数据传输以及典型的有周期性数据、间歇性数据和低反应时间数据传输的应用,因此非常适合用于家电和小型电子设备的无线控制指令传输。其典型的传输数据类型有周期性数据(如传感器)、间歇性数据(如照明控制)和重复低反应时间数据(如鼠标)。其目标功能是自动化控制。它采用跳频技术,使用的频段分别为 2.4GHz(ISM),868MHz(欧洲)及 915MHz(美国),而且均为免执照频段,有效覆盖率 10~275m。当网络速率降低到 28kb/s 时,传输范围可以扩大到 334m,具有更高的可靠性。

ZigBee 标准是一种新兴的短距离无线网络通信技术,它是基于 IEEE 802.15.4 标准,主要针对低速率的通信网络设计。它本身的特点使得其在工业监控、传感器网络、家庭监控、安全系统等领域有很大的发展空间。ZigBee 体系结构如图 19-12 所示。

**2. ZigBee 协议框架**

ZigBee 堆栈是在 IEEE 802.15.4 标准基础上建立的,定义了协议的 MAC 层和物理层。ZigBee 设备应该包括 IEEE 802.15.4 的物理层和 MAC 层,以及 ZigBee 平台通信栈和应用层。

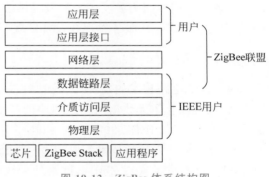

图 19-12 ZigBee 体系结构图

完整的 ZigBee 协议栈由物理层、介质访问控制层、网络层、安全层和高层应用规范组成,如图 19-13 所示。

| 应用层 | 应用层 | 用户 |
|---|---|---|
| ZigBee平台通信栈 | 应用程序接口 | ZigBee联盟平台 |
| | 安全服务提供层(128b加密) | |
| | 网络层(星状/网格/树状) | |
| 硬件实现 | MAC层 | IEEE 802.15.4 |
| | 物理层 868MHz/915MHz/2.4GHz | |

图 19-13 ZigBee 协议栈

　　ZigBee 协议栈的网络层、安全层和应用程序接口等由 ZigBee 联盟制定。物理层和 MAC 层由 IEEE 802.15.4 标准定义。在 MAC 子层上面提供与上层的接口，可以直接与网络层连接，或者通过中间子层 SSCS 和 LLC 实现连接。ZigBee 联盟在 IEEE 802.15.4 基础上定义了网络层和应用层。其中，安全层主要实现密钥管理、存取等功能。应用程序接口负责向用户提供简单的应用程序接口（API），包括应用子层支持（Application Sub-layer Support，APS）、ZigBee 设备对象（ZigBee Device Object，ZDO）等，实现应用层对设备的管理。

### 3. ZigBee 网络层规范

　　协调器也称为全功能设备（Full-Function Device，FFD），相当于蜂群结构中的蜂后，是唯一的，是 ZigBee 网络启动或建立网络的设备。

　　路由器相当于雄蜂，数目不多，需要一直处于工作状态，需要主干线供电。

　　末端节点相当于数量最多的工蜂，也称为精简功能设备（Reduced-Function Device，RFD），只能传送数据给 FFD 或从 FFD 接收数据，该设备需要的内存较少（特别是内部 RAM）。

### 4. ZigBee 应用层规范

　　ZigBee 协议栈的层结构包括 IEEE 802.15.4 介质访问控制层（MAC）和物理层（PHY），以及 ZigBee 网络层。每一层通过提供特定的服务完成相应的功能。其中，ZigBee 应用层包括 APS 子层、ZDO（包括 ZDO 管理层）以及用户自定义的应用对象。APS 子层的任务包括维护绑定表和绑定设备间消息传输。所谓绑定，是指根据两个设备在网络中的作用，发现网络中的设备并检查它们能够提供哪些应用服务，产生或者回应绑定请求，并在网络设备间建立安全的通信。

　　ZigBee 应用层有 3 个组成部分，包括应用支持子层、应用框架（Application Framework，AF）、ZigBee 设备对象。它们共同为各应用开发者提供统一的接口，规定了与应用相关的功能，如端点（EndPoint）的规定、绑定（Binding）、服务发现和设备发现等。

## 19.4.2　ZigBee 开发技术

　　随着集成电路技术的发展，无线射频芯片厂商采用片上系统（SoC）的方法，对高频电路进行了高度集成，大大地简化了无线射频应用程序的开发。其中最具代表性的是 TI 公司开发的 CC2530 无线微控制器，为 2.4GHz、IEEE 802.15.4/ZigBee 片上系统解决方案。

　　TI 公司提供完整的技术手册、开发文档、工具软件，使得普通开发者开发无线传感网应用成为可能。TI 公司不仅提供了实现 ZigBee 网络的无线微控制器，而且免费提供了符合 ZigBee 2007 协议规范的协议栈 Z-Stack 和较为完整的开发文档。因此，CC2530＋Z-Stack 成为目前 ZigBee 无线传感网开发的最重要技术之一。

### 1. CC2530 无线片上系统概述

　　CC2530 无线片上系统微控制器是用于 IEEE 802.15.4、ZigBee 和 RF4CE 应用的一个真正的片上系统（SoC）解决方案。它能够以非常低的总材料成本建立强大的网络节点。CC2530 结合了领先的 2.4GHz 的 RF 收发器的优良性能、业界标准的增强型 8051 微控制器、系统内可编程 Flash、8KB RAM 和许多其他强大的功能。根据芯片内置 Flash 的不同容量，CC2530 有 4 种不同的型号：CC2530F32/64/128/256。CC2530 具有不同的运行模式，使得它尤其适应超低功耗要求的系统。运行模式之间的转换时间短进一步确保了低能源消耗。

　　CC2530 大致可以分为 4 个部分：CPU 和内存相关的模块、时钟和电源管理相关的模块、外设以及无线电相关的模块。

（1）CPU 和内存。

CC253x 系列芯片使用的 8051CPU 内核是一个单周期的 8051 兼容内核，包括一个调试接口和一个 18 输入扩展中断单元。

（2）时钟和电源管理。

数字内核和外设由一个 1.8V 低差稳压器供电。它提供了电源管理功能，可以实现使用不同供电模式延长电池寿命。

（3）外设。

CC2530 包括许多不同的外设，允许应用程序设计者开发先进的应用。

（4）无线设备。

CC2530 具有一个 IEEE 802.15.4 兼容无线收发器，RF 内核控制模拟无线模块。另外，它提供了 MCU 和无线设备之间的一个接口，从而可以发出命令、读取状态、自动操作和确定无线设备事件的顺序。无线设备还包括一个数据包过滤和地址识别模块。

**2．CC2530 引脚功能**

CC2530 芯片采用 QFN40 封装，共有 40 个引脚，可分为 I/O 引脚、电源引脚和控制引脚，CC2530 外形和引脚如图 19-14 所示。

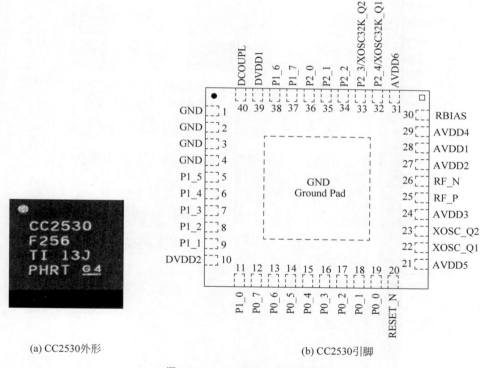

(a) CC2530外形　　　　　(b) CC2530引脚

图 19-14　CC2530 外形和引脚

（1）I/O 端口引脚功能。

CC2530 芯片有 21 个可编程 I/O 引脚，P0 和 P1 是完整的 8 位 I/O 端口，P2 只有 5 个可以使用的位。

（2）电源引脚功能。

AVDD1～AVDD6：为模拟电路提供 2.0～3.6V 工作电压。

DCOUPL：提供 1.8V 的去耦电压，此电压不为外电路使用。

DVDD1，DVDD2：为 I/O 口提供 2.0～3.6V 电压。

GND：接地。

（3）控制引脚功能。

RESET_N：复位引脚，低电平有效。

RBIAS：为参考电流提供精确的偏置电阻。

RF_N：RX 期间负 RF 输入信号到 LNA。

RF_P：RX 期间正 RF 输入信号到 LNA。

XOSC_Q1：32MHz 晶振引脚 1。

XOSC_Q2：32MHz 晶振引脚 2。

### 3. CC2530 芯片内部结构

CC2530 芯片内部结构如图 19-15 所示。

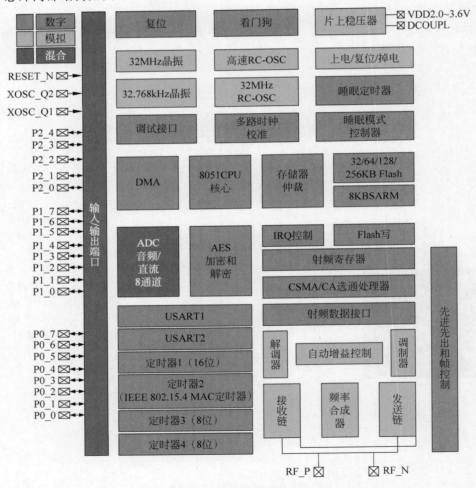

图 19-15　CC2530 芯片内部结构

内含模块大致可以分为 3 类：CPU 和内存相关的模块、外设、时钟和电源管理相关的模块以及射频相关的模块。CC2530 在单个芯片上整合了 8051 兼容微控制器、ZigBee 射频（RF）前端、内存和 Flash 等，还包含串行接口（UART）、模/数转换器（ADC）、多个定时器（Timer）、AES128 安全协处理器、看门狗定时器(Watchdog Timer)、32kHz 晶振的休眠模式定时器、上电复位电路(Power on Reset)、掉电检测电路(Brown Out Detection)以及 21 个可编程 I/O 口等外设接口单元。

CC2530 的基本配置：

(1) 高性能、低功耗、带程序预取功能的 8051 微控制器内核。

(2) 32KB/64 KB/128 KB 或 256KB 的系统可编程 Flash。

(3) 8KB 在所有模式都带记忆功能的 RAM。

(4) 2.4GHz IEEE 802.15.4 兼容 RF 收发器。

(5) 优秀的接收灵敏度和强大的抗干扰性。

(6) 精确的数字接收信号强度指示/链路质量指示支持。

(7) 最高达 4.5dBm 的可编程输出功率。

(8) 集成 AES 安全协处理器，硬件支持的 CSMA/CA 功能。

(9) 具有 8 路输入和可配置分辨率的 12 位 ADC。

(10) 强大的 5 通道 DMA。

(11) IR 发生电路。

(12) 带有两个强大的支持几组协议的 UART。

(13) 一个符合 IEEE 802.15.4 规范的 MAC 定时器、一个常规的 16 位定时器和两个 8 位定时器。

(14) 看门狗定时器，具有捕获功能的 32kHz 睡眠定时器。

(15) 较宽的电压工作范围(2.0~3.6V)。

(16) 具有电池监测和温度感测功能。

(17) 在休眠模式下仅 0.4pA 的电流损耗，外部中断或 RTC 能唤醒系统。

(18) 在待机模式下低于 1μA 的电流损耗，外部中断能唤醒系统。

(19) 调试接口支持，强大和灵活的开发工具。

(20) 仅需很少的外部元件。

CC2530 无线模块如图 19-16 所示。

(a) PCB印制天线　　　　　　　(b) 外置天线

图 19-16　CC2530 无线模块

**4. CC2530 的应用领域**

CC2530 应用领域如下：

(1) 2.4GHz IEEE 802.15.4 系统。

(2) RF4CE 远程控制系统(需要大于 64KB Flash)。

(3) ZigBee 系统(需要 256KB Flash)。

(4) 家庭/楼宇自动化。

（5）照明系统。

（6）工业控制和监控。

（7）低功耗无线传感器网络。

（8）消费型电子。

（9）医疗保健。

### 19.4.3 CC2530 的开发环境

**1. IAR Embedded Workbench for 8051**

IAR 嵌入式集成开发环境是 IAR 系统公司设计用于处理器软件开发的集成软件包。包含软件编辑、编译、连接、调试等功能，它包含用于 IAR Embedded Workbench for Arm（Arm 软件开发的集成开发环境）、IAR Embedded Workbench for AVR（Atmel 单片机软件开发的集成开发环境）和兼容 8051 处理器软件开发的集成开发环境（IAR Embedded Workbench for 8051），并可用于 TI 公司的 CC24xx 及 CC25xx 系列无线单片机底层软件开发、ZigBee 协议的移植、应用程序的开发等。

**2. SmartRF Flash Programmer**

SmartRF Flash Programmer 用于无线单片机 CC2530 的程序烧写，或用于 USB 接口的 MCU 固件编程、读写 IEEE 地址等。配合 SmartRF 仿真器即可对 CC2530 开发板进仿真。

## 19.5 W601 Wi-Fi MCU 芯片及其应用实例

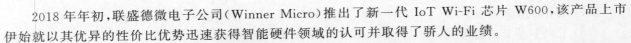

2018 年年初，联盛德微电子公司（Winner Micro）推出了新一代 IoT Wi-Fi 芯片 W600，该产品上市伊始就以其优异的性价比优势迅速获得智能硬件领域的认可并取得了骄人的业绩。

目前市面上智能家电产品普遍采用主控 MCU ＋ Wi-Fi 模块的双芯片系统架构，MCU 负责实现和处理产品应用流程；Wi-Fi 模块负责处理联网通信和云端交互功能。单芯片 W601 既能够满足小家电领域 MCU 的应用需求，也能够满足 Wi-Fi 模块的无线通信功能需求，让智能家电方案更加优化，既提高了系统集成度、减少了主板面积和器件，又降低了系统成本。

本节介绍北京联盛德微电子公司推出的具有 Cortex-M3 内核的 Wi-Fi 和蓝牙 SoC 系列芯片及其应用。

### 19.5.1 W601/W800/W801/W861 概述

W601/W800/W801/W861 是北京联盛德微电子公司推出的具有 Cortex-M3 内核的 Wi-Fi 和蓝牙 SoC 系列芯片，简单介绍如下。

（1）W601-智能家电 Wi-Fi MCU 芯片。

W601 Wi-Fi MCU 是一款支持多功能接口的 SoC 芯片，可作为主控芯片应用于智能家电、智能家居、智能玩具、医疗监护、工业控制等物联网领域。该 SoC 芯片集成 Cortex-M3 内核，内置 Flash，支持 SDIO、SPI、UART、GPIO、RC、PWM、I2S、7816、LCD、ADC 等丰富的接口，支持多种硬件加/解密协议，如 PRNG/SHA1/MD5/RC4/DES/3DES/AES/CRC/RSA 等；支持 IEEE 802：11b/g/n 标准。集成射频收发前端、PA 功率放大器、基带处理器/介质访问控制。

（2）W800-安全物联网 Wi-Fi/蓝牙 SoC 芯片。

W800 芯片是一款安全 IoT Wi-Fi/蓝牙双模 SoC 芯片。支持 2.4G IEEE 802.11b/g/n Wi-Fi 标准；支持 BLE4.2 协议。芯片集成 32 位 CPU 处理器，内置 UART、GPIO、SPI、I2C、I2S、7816 等数字接口；

支持 TEE(Trusted Execution Environment,可信执行环境)安全引擎,支持多种硬件加解密算法,内置 DSP、浮点运算单元,支持代码安全权限设置,内置 2MB Flash 存储器,支持固件加密存储、固件签名、安全调试、安全升级等多项安全措施,保证产品安全特性;广泛适用于智能家电、智能家居、智能玩具、无线音视频、工业控制、医疗监护等领域。

（3）W801-IoT Wi-Fi/BLE SoC 芯片。

W801 芯片是一款安全 IoT Wi-Fi/蓝牙双模 SoC 芯片。芯片提供丰富的数字功能接口;支持 2.4G IEEE 802.11b/g/nWi-Fi 通信协议;支持 BT/BLE 双模工作模式,支持 BT/BLE4.2 协议;芯片集成 32 位 CPU 处理器,内置 UART、GPIO、SPI、I2C、I2S(Inter-IC Sound,集成电路内置音频总线)、7816、SDIO (Secure Digital Input and Output,安全数字输入/输出)、ADC、PSRAM(Pseudo Static Random Access Memory,伪静态随机存储器)、LCD、TouchSensor(触摸感应器)等数字接口;支持 TEE 安全引擎,支持多种硬件加解密算法,内置 DSP、浮点运算单元与安全引擎,支持代码安全权限设置,内置 2MB Flash,支持固件加密存储、固件签名、安全调试、安全升级等多项安全措施,保证产品安全特性;广泛适用于智能家电、智能家居、智能玩具、无线音视频、工业控制、医疗监护等领域。

（4）W861 大内存 Wi-Fi/蓝牙 SoC 芯片。

W861 芯片是一款安全 IoT Wi-Fi/蓝牙双模 SoC 芯片。芯片提供大容量 RAM 和 Flash,支持丰富的数字功能接口。支持 2.4G IEEE 802.11b/g/n Wi-Fi 标准;支持 BLE 4.2 协议。芯片集成 32 位 CPU,内置 UART、GPIO、SPI、I2C、I2S、7816、SDIO、ADC、LCD、TouchSensor 等数字接口;内置 2MB Flash,2MB 内存;支持 TEE 安全引擎,支持多种硬件加解密算法,内置 DSP、浮点运算单元与安全引擎,支持代码安全权限设置,支持固件加密存储、固件签名、安全调试、安全升级等多项安全措施,保证产品安全特性;广泛适用于用于智能家电、智能家居、智能玩具、无线音视频、工业控制、医疗监护等领域。

本节以 W601 Wi-Fi MCU 芯片为例,讲述该系列芯片的应用。

W601 Wi-Fi MCU 芯片的外形如图 19-17 所示。

W601 主要有如下优势:

（1）具有 Cortex-M3 内核,拥有强劲的性能,更高的代码密度,支持位带操作、可嵌套中断,低成本、低功耗,高达 80MHz 的主频,非常适合物联网场景的应用。

图 19-17　W601 Wi-Fi MCU
芯片的外形

（2）该芯片最大的优势就是集成了 Wi-Fi 功能,单芯片方案可代替了传统的 Wi-Fi 模组+外置 MCU 方案,并且采用 7mm×7mm QFN68 封装,可以大大缩小产品体积。

（3）具有丰富的外设,拥有高达 288KB 的片内 SRAM 和 1MB 的片内 Flash,并且支持 SDIO、SPI、UART、GPIO、I2C、PWM、I2S、7861、LCD 和 ADC 等外设。

W601 内嵌了 Wi-Fi 功能,对于 Wi-Fi 应用场景来说,该国产芯片是非常不错的选择,既可以降低产品体积,又可以降低成本。

**1. W601 特征**

W601 具有如下特征:

（1）芯片外观。

W601 为 QFN68 封装。

（2）芯片集成程度。

① 集成 32 位嵌入式 Cortex-M3 处理器,工作频率 80MHz。

② 集成 288KB 数据存储器。

③ 集成 1MB Flash。

④ 集成 8 通道 DMA 控制器,支持任意通道分配给硬件使用或是软件使用,支持 16 个硬件申请,支持软件链表管理。

⑤ 集成 2.4GHz 射频收发器,满足 IEEE 802.11 标准。

⑥ 集成 PA/LNA/TR-Switch。

⑦ 集成 10 比特差分 ADC/DAC。

⑧ 集成 32.768kHz 时钟振荡器。

⑨ 集成电压检测电路、LDO、电源控制电路、集成上电复位电路。

⑩ 集成通用加密硬件加速器,支持 PRNG/SHA1/MD5/RC4/DES/3DES/AES/CRC/RSA 等多种加/解密协议。

（3）芯片接口。

① 集成 1 个 SDIO 2.0 Device 控制器,支持 SDIO 1 位/4 位/SPI 三种操作模式;工作时钟范围 0～50MHz。

② 集成 2 个 UART 接口,支持 RTS/CTS,波特率范围 1200b/s～2Mb/s。

③ 集成 1 个高速 SPI 设备控制器,工作时钟范围 0～50MHz。

④ 集成 1 个 SPI 主/从接口,主设备工作频率支持 20Mb/s,从设备支持 6Mb/s 数据传输速率。

⑤ 集成一个 IC 控制器,支持 100kb/s 和 400kb/s 速率。

⑥ 集成 GPIO 控制器。

⑦ 集成 PWM 控制器,支持 5 路 PWM 单独输出或者 2 路 PWM 输入。最高输出频率 20MHz,最高输入频率 20MHz。

⑧ 集成双工 I2S 控制器,支持 32kHz 到 192kHz I2S 接口编解码。

⑨ 集成 7816 接口。

⑩ 集成 LCD 控制器,支持 8×16/4×20 接口,支持 2.7～3.6V 电压输出。

（4）协议与功能。

① 支持 GB 15629.11—2006、IEEE 802.11 b/g/n/e/i/d/k/r/s/w。

② 支持 WAPI 2.0;支持 Wi-Fi WMM/WMM-PS/WPA/WPA2/WPS;支持 Wi-Fi Direct。

③ 支持 EDCA 信道接入方式;支持 20Mb/s 和 40Mb/s 带宽工作模式。

④ 支持 STBC、GreenField、Short-GI、支持反向传输;支持 RIFS 帧间隔;支持 AMPDU、AMSDU。

⑤ 支持 IEEE 802.11n MCS 0～MCS 7、MCS32 物理层传输速率挡位,传输速率最高到 150Mb/s;以 2/5.5/11Mb/s 速率发送时支持 Short Preamble(短前导码)。

⑥ 支持 HT-immediate Compressed BlockAck、Normal Ack、No Ack 应答方式;支持 CTS to self;支持 AP 功能;支持作为 AP 和 STA 同时使用。

⑦ 在 BSS 网络中,支持多个组播网络,并且支持各个组播网络加密方式不同,最多可以支持总和为 32 个的组播网络和入网 STA 加密;BSS 网络支持作为 AP 使用时,支持站点与组的总和为 32 个,IBSS 网络中支持 16 个站点。

（5）供电与功耗。

① 3.3V 单电源供电。

② 支持 PS-Poll、U-APSD 功耗管理。

③ SoC 芯片待机电流小于 $10\mu A$。

**2. W601 芯片结构**

W601 芯片结构如图 19-18 所示。

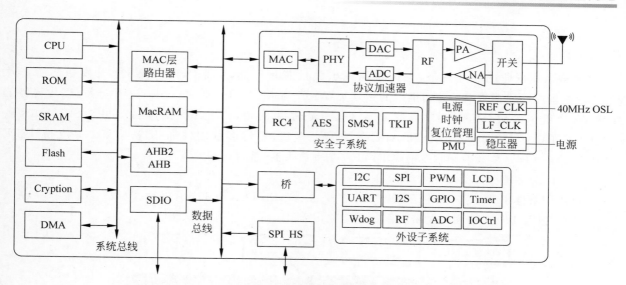

图 19-18　W601 芯片结构图

## 3. W601 引脚定义

W601 引脚定义如图 19-19 所示。

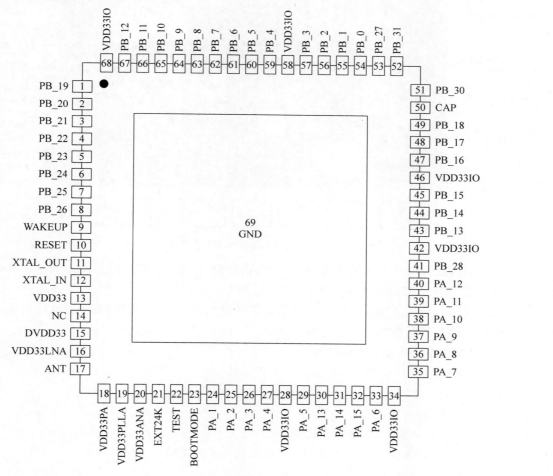

图 19-19　引脚定义（QFN68）

## 19.5.2 ALIENTEK W601 开发板

随着嵌入式行业的高速发展,国内也涌现出大批芯片厂商,ALIENTEK W601 开发板的主芯片 W601 就是国内联盛德微电子公司推出的一款集 Wi-Fi 与 MCU 于一体的 Wi-Fi 芯片方案,以代替传统的 Wi-Fi 模组＋外置 MCU 方案。它集成了 Cortex-M3 内核,内置 Flash,支持 SDIO、SPI、UART、GPIO、I2C、PWM、I2S、7861、LCD 和 ADC 等丰富的接口,支持多种硬件加/解密协议。并支持 IEEE 802.11b/g/n 标准。集成射频收发前端 RF、PA 功率放大器、基带处理器等。

1. W601 开发板介绍

正点原子新推出的一款 Wi-Fi MCU Soc 芯片的 ALIENTEK W601 开发板。

ALIENTEK W601 开发板的资源图如图 19-20 所示。

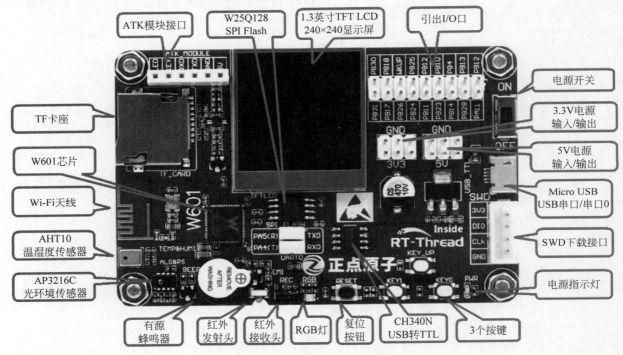

图 19-20　ALIENTEK W601 开发板的资源图

从图 19-20 可以看出,W601 开发板资源丰富,接口繁多,W601 芯片的绝大部分内部资源都可以在此开发板上验证,同时扩充丰富的接口和功能模块,整个开发板显得十分大气。

开发板的外形尺寸为 53mm×80mm,比身份证还要小,便于随身携带,板子的设计充分考虑了人性化设计,经过多次改进,最终确定了这样的外观。

ALIENTEK W601 开发板载资源如下:

(1) MCU——W601,QFN68,SRAM——288KB,Flash——1MB。

(2) 外扩 SPI Flash——W25Q128,16MB。

(3) 1 个电源指示灯(蓝色)。

(4) 1 个 SWD 下载接口(仿真器下载接口)。

(5) 1 个 Micro USB 接口(可用于供电、串口通信和串口下载)。

(6) 1 组 5V 电源供应/接入口。

（7）1 组 3.3V 电源供应/接入口。

（8）1 个电源开关，控制整个板的电源。

（9）1 组 I/O 口扩展接口，可自由配置使用方式。

（10）1 个 TFT LCD 显示屏：1.3 英寸 240×240px 分辨率。

（11）1 个 ATK 模块接口，支持蓝牙/GPS/MPU6050/RGB/Lora 等模块。

（12）1 个 TF 卡座。

（13）1 个板载 Wi-Fi PCB 天线。

（14）1 个温湿度传感器：AHT10。

（15）1 个光环境传感器：AP3216C。

（16）1 个有源蜂鸣器。

（17）1 个红外发射头。

（18）1 个红外接收头，并配备一款小巧的红外遥控器。

（19）1 个 RGB 状态指示灯（红、绿、蓝三色）。

（20）1 个复位按钮。

（21）3 个功能按钮。

（22）1 个 USB 转 TTL 芯片 CH340N，可用于串口通信和串口下载功能。

**2. 软件资源**

上面详细介绍了 ALIENTEK W601 开发板的硬件资源，接下来简要介绍 ALIENTEK W601 开发板的软件资源。

由于 ALIENTEK W601 开发板是正点原子、RT-Thread 和星通智联推出的一款基于 W601 芯片的开发板，所以这款开发版的软件资料会有两份：一份是正点原子提供的基于 W601 的基础裸机学习例程，还有一份就是 RT-Thread 提供的基于 RT-Thread 操作系统的进阶学习例程。

正点原子提供的基础例程多达 21 个，这些例程全部是基于官方提供的最底层的库编写。这些例程拥有非常详细的注释，代码风格统一、循序渐进，非常适合初学者入门。

ALIENTEK W601 开发板的应用实例限于篇幅，就不讲述了。有兴趣的读者可以参考作者在清华大学出版社出版的《零基础学电子系统设计——从元器件、工具仪表、电路仿真到综合系统设计》一书。

# 第20章　微控制器与元器件生产商

CHAPTER 20

国内外很多半导体公司都在微控制器和元器件领域拥有丰富的经验和技术,提供了各种各样的产品,满足了不同行业和应用领域的需求。它们的产品涵盖了从微控制器、传感器、通信模块到集成电路等多个方面,为工程师和制造商提供了丰富的选择。

本章提供了一个全面的概述,涵盖了微控制器技术及其生产商,以及全球知名的半导体公司。这些内容不仅对工程师和技术人员有用,也对投资者和市场分析师提供了宝贵的信息。

本章主要讲述如下内容:

(1)深入探讨了微控制器技术,这是现代电子设备不可或缺的核心组成部分。微控制器(MCU)是集成了处理器核心、内存和可编程输入/输出外设的单片机,广泛应用于自动化控制、移动设备、汽车电子和物联网等领域。

(2)分别介绍了几家顶尖的微控制器生产商,包括德州仪器、微芯科技、意法半导体、恩智浦半导体、瑞萨电子、英飞凌科技、赛普拉斯半导体、模拟器件和美信集成。这些公司提供了各种类型的 MCU 产品,满足不同的市场需求和应用场景。它们在技术创新、产品多样性和市场份额方面各有特色。

(3)着重介绍了中国国内的微控制器生产商,这些厂商正在迅速发展,推动着国内半导体产业的发展。

(4)介绍了全球知名的半导体公司,这些公司的产品和服务在全球范围内都很有影响力。

(5)分别讲述了中国、美国、欧洲、荷兰、日本和韩国的知名半导体公司。每个公司都有其独特的优势和挑战,它们在全球半导体市场中扮演着重要角色。

本章描绘了一个多层次、多角度的半导体产业图景。从微控制器的细节出发,扩展到全球半导体产业的宏观视角,本章不仅介绍了关键的公司和产品,还反映了行业的竞争格局和技术发展趋势。通过本章的学习,读者可以获得对半导体产业关键参与者的深入了解,以及对行业未来可能的发展方向的洞察。

##  20.1　微控制器技术

嵌入式系统的实现涉及许多专门知识,包括计算机技术、自动控制理论、过程控制技术、自动化仪表、网络通信技术等。因此,计算机测控系统的发展与这些相关学科的发展息息相关,相辅相成。

在工业过程计算机控制方面所进行的这些开创性的工作引起了人们的广泛关注。工业界看到了计算机将成为提高自动化程度的强有力工具,制造计算机的厂商看到了一个潜在的市场,而控制界则看到了一个新兴的研究领域。然而,早期的计算机采用电子管,不仅运算速度慢、价格昂贵,而且体积大,可靠性差,计算机平均无故障时间(Mean Time Between Failures,MTBF)只有 $50\sim100h$。这些缺点限制了计算机测控系统在工业上的发展与应用。随着半导体技术的飞速发展,大规模及超大规模集成电路的出现,计算机运算速度加快、可靠性提高。特别是近几年高性能、低价格微处理器、嵌入式微控制器及数字信号处理器的制造商越来越多,可选择背景机的数据运算宽度从8位到64位应有尽有,给设计者带来了广阔的选择空间。但由于有众多的选择,有时候又不知选什么背景机,选哪一个厂家的。

下面就目前常用的微控制器、FPGA的制造公司及其推出的相关产品作简要介绍。

国内外有很多公司生产微处理器,以下是一些主要的微控制器厂商。

(1) 德州仪器(Texas Instruments)。

(2) 微芯科技(Microchip Technology)。

(3) 意法半导体(ST Microelectronics)。

(4) 恩智浦半导体(NXP Semiconductors)。

(5) 瑞萨电子(Renesas Electronics)。

(6) 英飞凌科技(Infineon Technologies)。

(7) 赛普拉斯半导体(Cypress Semiconductor)。

(8) 模拟器件(Analog Devices)。

(9) 美信集成(Maxim Integrated)。

这些厂商都提供各种不同的微处理器系列,以满足不同应用和市场需求。无论是低功耗、高性能、无线通信还是精密测量,都可以找到适合的微控制器产品。

## 20.1.1　德州仪器(Texas Instruments)生产的微控制器

德州仪器(以下简称TI公司)是一家全球领先的半导体公司,他们生产了多个系列的微控制器。以下是一些TI公司生产的微控制器系列。

### 1. MSP430系列

MSP430系列是TI公司推出的一系列超低功耗、功能丰富的微控制器(Microprogrammed Control Unit,MCU)。MSP430系列以其出色的低功耗特性而闻名,适用于电池供电的应用和需要长时间运行的系统。

MSP430系列具有多种不同的型号和配置,以满足不同应用的需求。它们通常被广泛应用于可穿戴设备、智能家居、传感器网络、医疗设备、工业自动化等领域。

MSP430系列的特点包括:

(1) 低功耗。MSP430系列的芯片在待机模式下的功耗非常低,能够延长电池寿命,适用于需要长时间运行的应用。

(2) 强大的集成功能。MSP430系列集成了多种功能模块,如通信接口(如UART、SPI、I2C)、模/数转换器(ADC)、定时器、PWM输出等,方便开发人员实现各种应用。

(3) 多种封装和存储容量选择。MSP430系列提供了多种封装形式和存储容量选择,以适应不同的应用需求。

(4) 简化开发流程。TI公司提供了MSP430系列专用的开发工具和软件库,如MSP430 LaunchPad开发板和MSP430 Code Composer Studio集成开发环境(IDE),使开发人员能够快速上手并加快开发进度。

### 2. C2000系列

C2000系列是TI公司生产的高性能实时控制微控制器系列,专注于工业控制和电动机控制应用。C2000系列微控制器具有高性能的DSP功能和丰富的外设,适用于工业驱动、太阳能、逆变器、各种工业控制和电动机控制应用等领域。

C2000系列是TI公司推出的一系列高性能微控制器(MCU)，专为实时控制应用而设计。C2000系列采用了C2000内核，具有优异的实时性能和丰富的外设集成，适用于各种工业控制、电动机控制和太阳能应用等领域。

C2000系列的特点包括：

(1) 高性能实时控制。C2000系列采用了高性能的C2000内核，具有快速的指令执行速度和优异的实时性能，能够实时响应和控制复杂的控制算法。

(2) 丰富的外设集成。C2000系列集成了丰富的外设，包括多个PWM模块、模/数转换器(ADC)、定时器、串行通信接口(Serial Communications Interface，SCI)、以太网控制器等，方便开发人员实现各种实时控制应用。

(3) 高精度模拟和数字控制。C2000系列具有高精度的模数转换器和数字控制功能，能够实现精确的模拟信号采集和数字控制算法的执行。

(4) 支持多种通信协议。C2000系列支持多种通信协议，如CAN、SPI和I2C等，方便与其他设备进行通信和数据交换。

(5) 丰富的存储容量和扩展性。C2000系列提供了不同存储容量和封装形式的选项，同时支持外部存储器扩展，以满足不同应用的需求。

(6) 低功耗特性。C2000系列支持多种低功耗模式，能够在不同场景下有效降低功耗，延长电池寿命。

除了以上列举的系列，TI公司还生产了其他一些微控制器系列，如C5000系列、C6000系列等。这些微控制器系列具有不同的特性和应用领域，满足了广泛的市场需求。

## 20.1.2 微芯科技(Microchip Technology)生产的微控制器

微芯科技是一家领先的半导体公司，生产了多个系列的微控制器。以下是一些微芯科技生产的微控制器系列。

### 1. PIC系列

PIC系列是微芯科技推出的一系列微控制器(MCU)产品，广泛应用于各种嵌入式应用。

PIC系列是一系列低成本、低功耗和易于使用的微控制器产品，具有丰富的产品线、强大的外设集成和广泛的生态系统支持。它们适用于各种嵌入式系统和电子设备，包括家电、工业控制、汽车电子、医疗设备等领域。

PIC系列的特点包括：

(1) 丰富的产品线。PIC系列包括多个系列和型号，以满足不同应用需求。不同型号的PIC微控制器具有不同的处理能力、存储容量和外设集成，可以选择适合特定应用的型号。

(2) 低成本和低功耗。PIC系列微控制器具有低成本和低功耗的特点，适合于大规模生产和电池供电的应用。它们采用了先进的制造工艺和优化的电路设计，以实现较低的功耗和成本。

(3) 易于使用和开发。PIC系列微控制器具有友好的开发工具和生态系统支持。微芯科技提供了一套完整的开发工具链，包括编译器、调试器和开发板，以帮助开发人员快速上手和开发应用。

(4) 丰富的外设集成。PIC系列微控制器集成了丰富的外设，包括模/数转换器(ADC)、定时器、串行通信接口(如UART、SPI和I2C)、PWM输出、比较器等，以满足各种应用的需求。

(5) 强大的生态系统支持。微芯科技提供了广泛的技术文档、应用笔记和示例代码，以帮助开发人员快速上手和解决问题。此外，微芯科技还提供了丰富的第三方软件和硬件支持，以扩展PIC系列的功能和应用领域。

**2. AVR 系列**

AVR 系列是微芯科技的 8 位微控制器系列，原为 Atmel 公司的产品，后被微芯科技收购。

AVR 系列是一系列高性能、低功耗和灵活性的微控制器产品，具有高性能、低功耗、灵活性、易于使用和开发以及强大的生态系统支持的特点。它们适用于各种嵌入式系统和电子设备，包括消费电子、工业控制、通信设备、医疗设备、物联网等各种嵌入式系统和电子设备。

AVR 系列的特点包括：

（1）高性能。AVR 系列微控制器具有高性能的处理能力和运算速度。它们采用了先进的 RISC 架构，具有高效的指令集和优化的硬件设计，以实现快速的数据处理和响应。

（2）低功耗。AVR 系列微控制器具有低功耗的特点，适合于电池供电和低功耗应用。它们采用了先进的制造工艺和优化的电路设计，以实现较低的功耗和延长电池寿命。

（3）灵活性。AVR 系列微控制器具有灵活的外设集成和可编程性。它们具有丰富的外设，如定时器、串行通信接口（如 UART、SPI 和 I2C）、模/数转换器（ADC）等，并支持多种编程语言和开发环境，如 C 语言和 Atmel Studio 等。

（4）易于使用和开发。AVR 系列微控制器具有友好的开发工具和生态系统支持。微芯科技提供了一套完整的开发工具链，包括编译器、调试器和开发板，以帮助开发人员快速上手和开发应用。

（5）强大的生态系统支持。微芯科技提供了广泛的技术文档、应用笔记和示例代码，以帮助开发人员快速上手和解决问题。此外，微芯科技还提供了丰富的第三方软件和硬件支持，以扩展 AVR 系列的功能和应用领域。

**3. SAM 系列**

SAM 系列是微芯科技推出的一系列 32 位 Arm Cortex-M 微控制器（MCU）产品。

SAM 系列是一系列高性能、丰富外设、低功耗、安全性强、易于使用和开发，以及强大的生态系统支持的 32 位 Arm Cortex-M 微控制器产品。它们适用于各种嵌入式系统和电子设备，包括工业自动化、物联网、智能家居、汽车电子和医疗设备等领域。

SAM 系列的特点包括：

（1）高性能。SAM 系列微控制器采用 32 位 Arm Cortex-M 内核，具有高性能的处理能力和运算速度。它们支持高速时钟频率和多核处理，以实现快速的数据处理和响应。

（2）丰富的外设。SAM 系列微控制器集成了丰富的外设，包括模/数转换器（ADC）、定时器、串行通信接口（如 UART、SPI 和 I2C）、以太网接口等。这些外设可以满足各种应用的需求，并提供了更多的功能和灵活性。

（3）低功耗。SAM 系列微控制器具有低功耗的特点，适合于电池供电和低功耗应用。它们采用了先进的制造工艺和优化的电路设计，以实现较低的功耗和延长电池寿命。

（4）安全性。SAM 系列微控制器提供了丰富的安全特性，包括硬件加密和身份验证功能，以保护系统免受恶意攻击和数据泄露。

（5）易于使用和开发。SAM 系列微控制器具有友好的开发工具和生态系统支持。微芯科技提供了一套完整的开发工具链，包括编译器、调试器和开发板，以帮助开发人员快速上手和开发应用。

（6）强大的生态系统支持。微芯科技提供了广泛的技术文档、应用笔记和示例代码，以帮助开发人员快速上手和解决问题。此外，微芯科技还提供了丰富的第三方软件和硬件支持，以扩展 SAM 系列的功能和应用领域。

**4. dsPIC 系列**

dsPIC 系列是微芯科技推出的一系列数字信号控制器（Digital Signal Controller，dsPIC）产品。

dsPIC 系列结合了微控制器和数字信号处理器(Digital Signal Processor,DSP)的功能,具有高性能的数字信号处理能力、丰富外设、实时性和低延迟、多核处理和并行处理能力、易于使用和开发,以及强大的生态系统支持的数字信号控制器产品。它们适用于各种实时控制和信号处理应用,包括电动机控制、音频处理、通信系统、工业自动化等领域。

dsPIC 系列的特点包括:

(1) 高性能的数字信号处理能力。dsPIC 系列采用 16 位的处理器内核,具有高性能的数字信号处理能力。它们支持丰富的数字信号处理指令集和硬件加速器,可以快速处理复杂的算法和实时控制任务。

(2) 丰富的外设。dsPIC 系列集成了丰富的外设,包括模/数转换器(ADC)、定时器、串行通信接口(如 UART、SPI 和 I2C)、PWM 输出等。这些外设可以满足实时控制和信号处理应用的需求,并提供了更多的功能和灵活性。

(3) 实时性和低延迟。dsPIC 系列采用了高性能的时钟和中断系统,以实现实时性和低延迟的响应。它们适用于对时间敏感的应用,如电动机控制、音频处理、通信系统等。

(4) 多核处理和并行处理能力。部分 dsPIC 系列产品支持多核处理和并行处理能力,可以同时执行多个任务和处理多个数据流,提高处理效率和性能。

(5) 易于使用和开发。dsPIC 系列提供了友好的开发工具和生态系统支持。微芯科技提供了一套完整的开发工具链,包括编译器、调试器和开发板,以帮助开发人员快速上手和开发应用。

(6) 强大的生态系统支持。微芯科技提供了广泛的技术文档、应用笔记和示例代码,以帮助开发人员快速上手和解决问题。此外,微芯科技还提供了丰富的第三方软件和硬件支持,以扩展 dsPIC 系列的功能和应用领域。

微芯科技还生产了其他一些微控制器系列,如 PIC32 系列、PIC24 系列等。这些微控制器系列具有不同的特性和应用领域,满足了广泛的市场需求。

## 20.1.3　意法半导体(ST Microelectronics)生产的微控制器

意法半导体(简称 ST)是一家全球领先的半导体公司,生产了多个系列的微控制器。以下是一些 ST 公司生产的微控制器系列。

**1. STM32 系列**

STM32 系列是 ST 公司生产的 32 位 Arm Cortex-M 微控制器系列。该系列包括多个产品,如 STM32F 系列、STM32H 系列、STM32L 系列等,以满足不同应用的需求。

STM32 系列具有高性能、丰富外设、低功耗设计、安全性强、易于使用和开发,以及强大的生态系统支持的 32 位 Arm Cortex-M 微控制器产品。它们适用于各种嵌入式系统和电子设备,包括工业自动化、物联网、智能家居、汽车电子等领域。

STM32 系列的特点包括:

(1) 高性能的处理能力。STM32 系列采用 Arm Cortex-M 处理器内核,具有高性能的处理能力。不同型号的 STM32 微控制器支持不同的处理器内核,包括 Cortex-M0、Cortex-M3、Cortex-M4 和 Cortex-M7 等,以满足不同应用的性能需求。

(2) 丰富的外设。STM32 系列集成了丰富的外设,包括模/数转换器(ADC)、定时器、串行通信接口(如 UART、SPI 和 I2C)、PWM 输出、以太网接口、USB 接口等。这些外设可以满足各种应用的需求,并提供了更多的功能和灵活性。

(3) 低功耗设计。STM32 系列采用了低功耗设计,具有优秀的功耗管理能力。它们支持多种低功耗模式,可以延长电池寿命或降低功耗消耗,适用于需要长时间运行的电池供电设备或对功耗要求较高的应用。

(4) 安全性强。STM32 系列提供了多种安全功能和保护机制,包括存储器保护单元(MPU)、硬件加密引擎、安全引导等。这些功能可以保护系统的机密性、完整性和可用性,提高系统的安全性。

(5) 易于使用和开发。STM32 系列提供了友好的开发工具和生态系统支持。ST 公司提供了一套完整的开发工具链,包括集成开发环境(IDE)、编译器、调试器和开发板,以帮助开发人员快速上手和开发应用。此外,ST 公司还提供了丰富的技术文档、应用笔记和示例代码,以帮助开发人员解决问题和提高开发效率。

(6) 强大的生态系统支持。STM32 系列拥有庞大的生态系统,包括第三方软件和硬件支持。开发人员可以利用这些资源扩展 STM32 的功能和应用领域,加快产品上市时间。

ST 公司提供了多种基于 Arm 架构的微控制器(MCU)产品线,主要集中在 STM32 系列。以下是一些主要的 STM32 产品系列及其特点和应用领域:

(1) STM32F 系列。

STM32F0:基于 Arm Cortex-M0 内核,适合入门级应用。

STM32F1:基于 Arm Cortex-M3 内核,平衡性价比和性能。

STM32F2:基于 Arm Cortex-M3 内核,提供更高的性能和更多的外设选项。

STM32F3:基于 Arm Cortex-M4 内核,带有 DSP 指令,适合需要复杂算法的应用。

STM32F4:基于 Arm Cortex-M4 内核,提供高性能和丰富的外设。

STM32F7:基于 Arm Cortex-M7 内核,提供极高性能,适合高端应用。

应用领域:工业控制、消费电子、医疗和通信等。

(2) STM32L 系列。

STM32L0:基于 Arm Cortex-M0+ 内核,超低功耗设计。

STM32L1:基于 Arm Cortex-M3 内核,优化了能效比。

STM32L4:基于 Arm Cortex-M4 内核,平衡了性能与功耗。

STM32L5:基于 Arm Cortex-M33 内核,提供高安全性能。

应用领域:能源管理、物联网和可穿戴设备等。

(3) STM32G 系列。

STM32G0:基于 Arm Cortex-M0+ 内核,适合成本敏感型应用。

STM32G4:基于 Arm Cortex-M4 内核,带有 FPU 和 DSP 指令,适合高性能应用。

应用领域:工业自动化、电动机控制和消费电子等。

(4) STM32H 系列。

STM32H7:基于 Arm Cortex-M7 内核,是 STM32 系列中性能最强的 MCU 之一。

应用领域:高端工业应用、图像处理和复杂算法处理等。

(5) STM32W 系列。

STM32WB:集成了蓝牙 5.0 和 IEEE 802.15.4 无线通信功能,基于 Arm Cortex-M4 核。

应用领域:物联网、智能家居和无线传感器网络等。

(6) STM32U 系列。

STM32U5:基于 Arm Cortex-M33 核,提供高安全性能和超低功耗。

应用领域:物联网、医疗设备和工业控制等。

除了 STM32 系列,ST 公司还提供了基于 Arm Cortex-A 系列的微处理器(MPU),即 STM32MP 系列,用于更复杂的应用,例如,需要运行 Linux 或其他高级操作系统的场合。

STM32MP 系列是 ST 公司生产的多核处理器系列,结合了 Cortex-A 和 Cortex-M 内核,适用于高性能嵌入式应用。

STM32MP 系列具有强大处理能力、多核架构、丰富外设、灵活的软件生态系统,以及易于使用和开发的多核处理器产品。它们适用于各种嵌入式系统和电子设备,包括工业自动化、智能家居、物联网和人机界面等领域。

STM32MP 系列的特点包括:

(1) 强大的处理能力。STM32MP 系列采用了 Arm Cortex-A 和 Cortex-M 内核的组合,提供了强大的处理能力。Cortex-A 内核用于高性能应用,如操作系统运行和图形界面处理,而 Cortex-M 内核用于实时控制和低功耗任务。

(2) 多核架构。STM32MP 系列具有多核架构,可以同时运行多个任务。这使得它们适用于复杂的应用,如工业自动化、智能家居和物联网。

(3) 丰富的外设。STM32MP 系列集成了丰富的外设,包括模/数转换器(ADC)、定时器、串行通信接口(如 UART、SPI 和 I2C)、以太网接口、USB 接口等。这些外设可以满足各种应用的需求,并提供了更多的功能和灵活性。

(4) 灵活的软件生态系统。STM32MP 系列支持多种操作系统,包括 Linux 和实时操作系统(RTOS),如 FreeRTOS。开发人员可以选择适合其应用需求的操作系统,并利用 ST 公司提供的软件开发工具和驱动程序进行开发。

(5) 易于使用和开发。STM32MP 系列提供了友好的开发工具和生态系统支持。ST 公司提供了一套完整的开发工具链,包括集成开发环境(IDE)、编译器、调试器和开发板,以帮助开发人员快速上手和开发应用。此外,ST 公司还提供了丰富的技术文档、应用笔记和示例代码,以帮助开发人员解决问题和提高开发效率。

**2. STM8 系列**

STM8 系列是 ST 公司推出的一系列 8 位微控制器产品,具有低成本和低功耗特性。该系列包括多个产品,如 STM8S 系列、STM8L 系列等。

STM8 系列具有高性能、丰富外设、低成本设计、易于使用和开发,以及强大的生态系统支持的 8 位微控制器产品。它们适用于各种嵌入式系统和电子设备,包括家电、消费电子、智能传感器、汽车电子等领域。

STM8 系列的特点包括:

(1) 高性能的处理能力。STM8 系列微控制器采用了高性能的 8 位处理器内核,具有快速的执行速度和高效的指令集。它们可以满足各种应用的处理需求,并提供了优秀的性能表现。

(2) 丰富的外设。STM8 系列集成了丰富的外设,包括模/数转换器(ADC)、定时器、串行通信接口(如 UART、SPI 和 I2C)、PWM 输出、以太网接口等。这些外设可以满足各种应用的需求,并提供了更多的功能和灵活性。

(3) 低成本设计。STM8 系列微控制器以低成本而闻名,适用于对成本敏感的应用。它们提供了高性价比的解决方案,可以降低产品的制造成本。

(4) 易于使用和开发。STM8 系列提供了友好的开发工具和生态系统支持。ST 公司提供了一套完整的开发工具链,包括集成开发环境(IDE)、编译器、调试器和开发板,以帮助开发人员快速上手和开发应用。此外,ST 公司还提供了丰富的技术文档、应用笔记和示例代码,以帮助开发人员解决问题和提高开发效率。

(5) 强大的生态系统支持。STM8 系列拥有庞大的生态系统,包括第三方软件和硬件支持。开发人员可以利用这些资源扩展 STM8 的功能和应用领域,加快产品上市时间。

## 20.1.4　恩智浦半导体(NXP Semiconductors)生产的微控制器

恩智浦半导体(简称 NXP)是一家全球领先的半导体公司,生产了多个系列的微控制器。以下是一些恩智浦半导体生产的微控制器系列。

**1. LPC 系列**

LPC 系列是恩智浦半导体生产的 32 位 Arm Cortex-M 微控制器系列。该系列包括多个系列,如 LPC800 系列、LPC54000 系列等。

LPC 系列具有低功耗设计、强大性能、丰富外设、多种封装和存储容量选择,以及易于使用和开发的 32 位微控制器产品。它们适用于各种嵌入式系统和电子设备,包括便携式设备、工业自动化、物联网网关等领域。

LPC 系列的特点包括:

(1) 低功耗设计。LPC 系列采用了低功耗设计,具有出色的功耗性能。这使得它们适用于需要长时间运行的电池供电应用,如便携式设备和物联网。

(2) 强大的性能。LPC 系列采用了 Arm Cortex-M 内核,提供了强大的计算能力和高性能。它们可以处理复杂的算法和任务,适用于各种应用领域。

(3) 丰富的外设。LPC 系列集成了丰富的外设,包括模/数转换器(ADC)、定时器、串行通信接口(如 UART、SPI 和 I2C)、以太网接口、USB 接口等。这些外设可以满足各种应用的需求,并提供了更多的功能和灵活性。

(4) 多种封装和存储容量选择。LPC 系列提供了多种封装和存储容量选择,以满足不同应用的需求。开发人员可以根据其应用的要求选择适当的封装和存储容量。

(5) 易于使用和开发。LPC 系列提供了友好的开发工具和生态系统支持。恩智浦半导体提供了一套完整的开发工具链,包括集成开发环境(IDE)、编译器、调试器和开发板,以帮助开发人员快速上手和开发应用。此外,恩智浦半导体还提供了丰富的技术文档、应用笔记和示例代码,以帮助开发人员解决问题和提高开发效率。

**2. Kinetis 系列**

Kinetis 系列是恩智浦半导体生产的 32 位 Arm Cortex-M 微控制器系列。该系列包括多个产品,如 Kinetis E 系列、Kinetis L 系列等。

Kinetis 系列具有多个系列和产品选择、强大性能、丰富外设、低功耗设计,以及易于使用和开发的 32 位微控制器产品。它们适用于各种嵌入式系统和电子设备,包括工业自动化、消费电子、汽车电子和医疗设备等领域。

Kinetis 系列的特点包括:

(1) 多个系列和产品选择。Kinetis 系列包括多个系列,如 Kinetis E 系列、Kinetis L 系列和 Kinetis M 系列等。每个系列都有不同的特性和功能,以满足不同应用的需求。Kinetis 系列还提供了多种产品选择,包括不同的封装、存储容量和外设组合,以满足开发人员的具体需求。

(2) 强大的性能。Kinetis 系列采用了 Arm Cortex-M 内核,提供了强大的计算能力和高性能。它们具有快速的时钟速度和高效的指令执行,可以处理复杂的算法和任务。

(3) 丰富的外设。Kinetis 系列集成了丰富的外设,包括模/数转换器(ADC)、定时器、串行通信接口(如 UART、SPI 和 I2C)、以太网接口、USB 接口等。这些外设可以满足各种应用的需求,并提供了更多的功能和灵活性。

（4）低功耗设计。Kinetis 系列采用了低功耗设计，具有出色的功耗性能。它们支持多种低功耗模式，以延长电池寿命，并适用于需要长时间运行的电池供电应用。

（5）易于使用和开发。Kinetis 系列提供了友好的开发工具和生态系统支持。恩智浦半导体提供了一套完整的开发工具链，包括集成开发环境（IDE）、编译器、调试器和开发板，以帮助开发人员快速上手和开发应用。此外，恩智浦半导体还提供了丰富的技术文档、应用笔记和示例代码，以帮助开发人员解决问题和提高开发效率。

**3. i. MX 系列**

i. MX 系列是恩智浦半导体的多核处理器系列，结合了 Arm Cortex-A 和 Cortex-M 内核，适用于高性能嵌入式应用。

i. MX 系列具有多个系列和产品选择、强大性能、丰富外设、多媒体功能、低功耗设计，以及易于使用和开发的应用处理器产品。它们适用于各种嵌入式系统和电子设备，包括智能手机、平板电脑、车载娱乐系统、智能家居设备和物联网网关等领域。

i. MX 系列的特点包括：

（1）多个系列和产品选择。i. MX 系列包括多个系列，如 i. MX 6 系列、i. MX 7 系列和 i. MX 8 系列等。每个系列都有不同的特性和功能，以满足不同应用的需求。i. MX 系列还提供了多种产品选择，包括不同的处理器核心、时钟速度、外设和存储容量等，以满足开发人员的具体需求。

（2）强大的性能。i. MX 系列采用了 Arm Cortex-A 内核，提供了强大的计算能力和高性能。它们具有高速的时钟频率和高效的指令执行，可以处理复杂的计算任务和多媒体处理。

（3）多媒体功能。i. MX 系列具有强大的多媒体处理能力，支持高清视频解码和编码、图像处理、音频处理等。它们集成了多个硬件加速器，可以提供流畅的多媒体体验，并支持多种视频和音频格式。

（4）丰富的外设。i. MX 系列集成了丰富的外设，包括高速串行接口（如 USB、PCIe 和以太网接口）、显示控制器、摄像头接口、音频接口等。这些外设可以满足各种应用的需求，并提供了更多的功能和连接性。

（5）低功耗设计。i. MX 系列采用了低功耗设计，具有出色的功耗性能。它们支持多种低功耗模式，以延长电池寿命，并适用于需要长时间运行的电池供电应用。

（6）易于使用和开发。i. MX 系列提供了友好的开发工具和生态系统支持。恩智浦半导体提供了一套完整的开发工具链，包括集成开发环境（IDE）、编译器、调试器和开发板，以帮助开发人员快速上手和开发应用。此外，恩智浦半导体还提供了丰富的技术文档、应用笔记和示例代码，以帮助开发人员解决问题和提高开发效率。

**4. S32 系列**

S32 系列是恩智浦半导体的 32 位 Arm Cortex 系列，专注于汽车电子应用。S32 系列微控制器具有高性能和丰富的外设，适用于车身控制、驾驶辅助系统等汽车应用。

S32 系列的特点包括：

（1）面向汽车应用。S32 系列是专门为汽车电子系统设计的产品系列。它们广泛应用于车身电子、驱动控制、安全系统、信息娱乐等领域，为汽车提供各种功能和控制。

（2）高性能处理器。S32 系列采用了高性能的 Arm Cortex-A 内核或 Power Architecture 内核，具有强大的计算能力和处理性能。这些处理器可以处理复杂的算法和任务，满足汽车电子系统的要求。

（3）安全和可靠性。S32 系列注重安全和可靠性，采用了多种安全机制和硬件加密模块，以保护车辆和乘客的安全。它们还具有高温和抗振动等特性，适应汽车环境的苛刻条件。

（4）丰富的外设和接口。S32 系列集成了丰富的外设和接口，包括高速串行接口（如 CAN、以太网接口、FlexRay)、模拟接口、数字接口等。这些外设和接口可以满足各种汽车应用的需求,并提供更多的功能和连接性。

(5) 汽车专用功能。S32系列针对汽车应用提供了许多专用功能,如电动机控制、传感器接口、车身控制等。这些功能可以简化汽车电子系统的设计和开发,并提供更好的性能和效果。

(6) 开发工具和支持。恩智浦半导体提供了一套完整的开发工具和支持,包括开发板、调试器、软件开发工具和技术文档等。这些工具和支持可以帮助开发人员快速开始和开发汽车电子应用。

S32系列是一系列专为汽车电子系统设计的产品,具有高性能处理器、安全可靠性、丰富的外设和接口,以及汽车专用功能。它们适用于各种汽车应用,提供了先进的功能和控制,为汽车提供更好的性能和用户体验。

除了以上列举的系列,恩智浦半导体还生产了其他一些微控制器系列,如LPC54000系列等。这些微控制器系列具有不同的特性和应用领域,满足了广泛的市场需求。

## 20.1.5　瑞萨电子(Renesas Electronics)生产的微控制器

瑞萨电子是一家全球领先的半导体公司,生产了多个系列的微控制器。以下是一些瑞萨电子生产的微控制器系列。

### 1. RX系列

RX系列是瑞萨电子生产的32位微控制器系列,具有高性能和丰富的外设。该系列包括多个产品,如RX100系列、RX600系列等。

RX系列具有32位处理器架构、多核处理器、丰富外设和接口、低功耗设计的微控制器产品。它们适用于各种应用领域,包括消费电子、工业控制、汽车电子、物联网等。RX系列提供了高性能、低功耗和丰富功能的解决方案,帮助开发人员实现各种应用的设计和开发。

RX系列的特点包括:

(1) 32位处理器架构。RX系列采用了32位的RISC处理器架构,具有高性能和高效能的特点。它们可以执行复杂的算法和任务,并提供快速的响应时间和高吞吐量。

(2) 多核处理器。RX系列中的一些产品采用了多核处理器架构,具有多个独立的处理核心。这些核心可以并行执行不同的任务,提高系统的处理能力和效率。

(3) 丰富的外设和接口。RX系列集成了丰富的外设和接口,包括模拟接口、数字接口、通信接口等。这些外设和接口可以满足各种应用的需求,并提供更多的功能和连接性。

(4) 低功耗设计。RX系列注重低功耗设计,采用了多种低功耗模式和技术,以延长电池寿命。它们适用于需要长时间运行的电池供电应用,如便携设备和物联网设备。

(5) 开发工具和支持。瑞萨电子提供了一套完整的开发工具和支持,包括集成开发环境(IDE)、编译器、调试器和开发板等。这些工具和支持可以帮助开发人员快速上手和开发应用,并提供技术文档和示例代码等资源。

### 2. RL78系列

RL78系列是瑞萨电子生产的低功耗微控制器系列。

RL78系列具有低功耗设计、16位处理器架构、丰富外设和接口的微控制器产品。它们适用于低功耗、资源受限的应用,并提供了高集成度和丰富功能的解决方案。RL78系列帮助开发人员实现低功耗、高性能的应用设计和开发。RL78系列微控制器适用于家电、工业控制、医疗设备等应用。

RL78系列的特点包括:

(1) 低功耗设计。RL78系列注重低功耗设计,采用了多种低功耗模式和技术,以延长电池寿命。它们适用于需要长时间运行的电池供电应用,如便携设备和物联网设备。

(2)16 位处理器架构。RL78 系列采用了 16 位的 RISC 处理器架构,具有较低的功耗和较小的封装尺寸。它们适用于资源受限的应用,如传感器节点、智能家居等。

(3)丰富的外设和接口。RL78 系列集成了丰富的外设和接口,包括模拟接口、数字接口、通信接口等。这些外设和接口可以满足各种应用的需求,并提供更多的功能和连接性。

(4)高集成度。RL78 系列具有高集成度,集成了多个功能模块和外设,如定时器、PWM、ADC、UART 等。这些功能模块可以简化系统设计和开发,并提供更好的性能和效果。

(5)开发工具和支持。瑞萨电子提供了一套完整的开发工具和支持,包括集成开发环境(IDE)、编译器、调试器和开发板等。这些工具和支持可以帮助开发人员快速上手和开发应用,并提供技术文档和示例代码等资源。

### 3. RZ 系列

RZ 系列是瑞萨电子生产的多核处理器系列,结合了 Arm Cortex-A 和 Cortex-M 内核,适用于高性能嵌入式应用。

RZ 系列具有高性能处理器、多媒体处理能力、丰富外设和接口的嵌入式处理器产品。它们适用于需要高性能和多媒体处理能力的应用,如工业自动化、多媒体应用和网络通信等。RZ 系列提供了高性能、丰富功能和安全性的解决方案,帮助开发人员实现各种应用的设计和开发。RZ 系列微控制器适用于工业控制、物联网网关、人机界面等应用。

RZ 系列的特点包括:

(1)高性能处理器。RZ 系列采用了高性能的 Arm Cortex-A 系列处理器核心,具有较高的处理能力和计算性能。这使得 RZ 系列适用于需要处理复杂算法和大规模数据的应用,如工业自动化、图像处理和网络通信等。

(2)多媒体处理能力。RZ 系列具有强大的多媒体处理能力,支持高清视频解码和编码、图像处理和音频处理等功能。这使得 RZ 系列适用于多媒体应用,如智能电视、数字广告牌和车载娱乐系统等。

(3)丰富的外设和接口。RZ 系列集成了丰富的外设和接口,包括以太网接口、USB 接口、SPI 接口、I2C 接口等。这些外设和接口可以满足各种应用的需求,并提供更多的功能和连接性。

(4)高级安全功能。RZ 系列支持多种安全功能,包括硬件加密和解密、安全引导和安全存储等。这些安全功能可以保护应用程序和数据的安全性,防止未经授权的访问和攻击。

(5)开发工具和支持。瑞萨电子提供了一套完整的开发工具和支持,包括集成开发环境(IDE)、编译器、调试器和开发板等。这些工具和支持可以帮助开发人员快速上手和开发应用,并提供技术文档和示例代码等资源。

## 20.1.6 英飞凌科技(Infineon Technologies)生产的微控制器

英飞凌科技是一家全球领先的半导体解决方案提供商,生产了多个系列的微控制器。以下是其中一些主要系列。

### 1. XMC 系列

XMC 系列是德国芯片制造商英飞凌科技推出的一系列 32 位微控制器产品,具有高性能和丰富的外设。

XMC 系列具有 32 位 Arm Cortex-M 内核、丰富外设和接口以及高性能的微控制器产品。它们适用于各种嵌入式系统和工业自动化应用,提供了高性能、丰富功能和安全性的解决方案,帮助开发人员实现应用的设计和开发。XMC 系列微控制器适用于工业自动化、电动机控制、智能电网等应用。

XMC 系列的特点包括：

（1）32 位微控制器。XMC 系列采用了 32 位的 Arm Cortex-M 内核，具有较高的计算能力和处理性能，适用于需要较高计算复杂性和性能的应用。这使得 XMC 系列成为许多嵌入式系统和工业自动化应用的理想选择。

（2）多种外设和接口。XMC 系列微控制器提供了丰富的外设和接口，包括通用输入/输出（GPIO）、模/数转换器（ADC）、通信接口（UART、SPI、I2C）和定时器等。这些外设和接口可以满足各种应用的需求，并提供更多的功能和连接性。

（3）高性能和实时性。XMC 系列微控制器具有高性能和实时性能，可以处理复杂的算法和任务，并提供准确的实时响应。这使得 XMC 系列适用于需要高性能和实时控制的应用，如工业自动化和机器人控制。

（4）安全性支持。XMC 系列微控制器提供了丰富的安全性功能，包括硬件加密引擎、安全启动、安全存储和安全通信等。这些功能可以保护数据的安全性，防止未经授权的访问和攻击。

（5）低功耗设计。XMC 系列微控制器采用了低功耗设计，以最小化功耗并延长电池寿命。它们采用了多种功耗优化技术，如睡眠模式、动态电压调节和功耗管理单元等。

（6）开发工具和支持。英飞凌科技提供了一套完整的开发工具和支持，包括集成开发环境（IDE）、编译器、调试器和开发板等。这些工具和支持可以帮助开发人员快速上手和开发应用，并提供技术文档和示例代码等资源。

**2. AURIX 系列**

AURIX 系列是德国芯片制造商英飞凌科技推出的一系列高性能汽车微控制器产品，专为汽车电子应用而设计。

AURIX 系列具有高性能 TriCore 处理器内核、丰富外设和接口以及高可靠性的汽车微控制器产品。它们适用于汽车电子系统中需要高性能和实时控制的应用，提供了高可靠性、丰富功能和安全性的解决方案，帮助开发人员实现汽车电子应用的设计和开发。AURIX 系列适用于车身电子、驱动控制、安全系统等汽车应用。

AURIX 系列的特点包括：

（1）高性能汽车微控制器。AURIX 系列采用了 32 位的 TriCore 处理器内核，具有高性能和实时性能。这使得 AURIX 系列成为汽车电子系统中需要处理复杂算法和任务的理想选择，如发动机控制、车身电子和安全系统等。

（2）多种外设和接口。AURIX 系列微控制器提供了丰富的外设和接口，包括通用输入/输出（GPIO）、模/数转换器（ADC）、通信接口（CAN、LIN、FlexRay）和定时器等。这些外设和接口可以满足汽车电子系统的需求，并提供更多的功能和连接性。

（3）高可靠性和安全性。AURIX 系列微控制器具有高可靠性和安全性，能够在恶劣的环境条件下工作，并提供丰富的安全性功能。它们采用了硬件和软件安全机制，如故障检测和纠正（EDC）、故障处理单元（FMU）和安全启动等，以保证系统的可靠性和安全性。

（4）支持汽车标准。AURIX 系列微控制器符合汽车行业的相关标准和规范，如 ISO 26262 功能安全标准和 AUTOSAR（汽车软件架构）规范。这使得 AURIX 系列能够与其他汽车电子系统和软件无缝集成，提供更高的兼容性和可靠性。

（5）低功耗设计。AURIX 系列微控制器采用了低功耗设计，以最小化功耗并延长电池寿命。它们采用了多种功耗优化技术，如睡眠模式、动态电压调节和功耗管理单元等。

（6）开发工具和支持。英飞凌科技提供了一套完整的开发工具和支持，包括集成开发环境（IDE）、编译器、调试器和开发板等。这些工具和支持可以帮助开发人员快速上手和开发汽车电子应用,并提供技术文档和示例代码等资源。

**3. XC800 系列**

XC800 系列是德国芯片制造商英飞凌科技推出的一系列低成本、高性能的 8 位微控制器产品。

XC800 系列具有低成本、高性能 XC800 处理器内核、丰富外设和接口以及高可靠性的 8 位微控制器产品。它们适用于各种嵌入式系统和应用,提供了低成本、高性能和安全性的解决方案,帮助开发人员实现应用的设计和开发。XC800 系列微控制器适用于低功耗应用,如家电控制、电池供电设备等。

XC800 系列的特点包括:

(1) 8 位微控制器。XC800 系列采用了 8 位的 XC800 处理器内核,具有高性能和低成本的特点。它们适用于需要较低计算能力和较低成本的应用,如家电、工业控制和汽车电子等。

(2) 多种外设和接口。XC800 系列微控制器提供了丰富的外设和接口,包括通用输入/输出(GPIO)、模/数转换器(ADC)、通信接口(UART、SPI、I2C)和定时器等。这些外设和接口可以满足各种应用的需求,并提供更多的功能和连接性。

(3) 高可靠性和安全性。XC800 系列微控制器具有高可靠性和安全性,能够在恶劣的环境条件下工作,并提供丰富的安全性功能。它们采用了硬件和软件安全机制,如故障检测和纠正(EDC)和存储器保护等,以保证系统的可靠性和安全性。

(4) 低功耗设计。XC800 系列微控制器采用了低功耗设计,以最小化功耗并延长电池寿命。它们采用了多种功耗优化技术,如睡眠模式和动态电压调节等。

(5) 开发工具和支持。英飞凌科技提供了一套完整的开发工具和支持,包括集成开发环境(IDE)、编译器、调试器和开发板等。这些工具和支持可以帮助开发人员快速上手和开发应用,并提供技术文档和示例代码等资源。

**4. TLE 系列**

英飞凌科技推出的 TLE 系列是一系列广泛应用于汽车电子、工业自动化、消费电子、通信设备等领域。其产品具有高性能、低功耗和可靠性,满足了不同应用领域的需求。

TLE 系列的特点包括:

(1) 汽车电子应用。TLE 系列主要用于汽车电子应用,包括车身电子、驱动电子、安全和辅助系统等。这些应用需要高可靠性、高性能和丰富的功能,以满足汽车行业的要求。

(2) 多种产品类型。TLE 系列包括多种产品类型,如电源管理 IC、驱动器 IC、传感器接口 IC、电动机控制 IC 等。这些产品提供了丰富的功能和接口,以满足不同汽车电子应用的需求。

(3) 高可靠性和安全性。TLE 系列产品具有高可靠性和安全性,能够在恶劣的汽车环境条件下工作,并提供丰富的安全性功能。它们采用了硬件和软件安全机制,如故障检测和纠正(EDC)和存储器保护等,以保证系统的可靠性和安全性。

(4) 低功耗设计。TLE 系列产品采用了低功耗设计,以最小化功耗并延长电池寿命。它们采用了多种功耗优化技术,如睡眠模式和动态电压调节等。

(5) 开发工具和支持。英飞凌科技提供了一套完整的开发工具和支持,包括集成开发环境(IDE)、编译器、调试器和开发板等。这些工具和支持可以帮助开发人员快速上手和开发汽车电子应用,并提供技术文档和示例代码等资源。

FOC(Field-Oriented Control)即磁场定向控制,又称矢量控制,是一种通过控制变频器输出电压幅值和频率进而控制三相交流电动机的一种变频驱动控制方法。相较于方波控制和正弦波控制方法,采用 FOC 矢量控制能使电动机转矩更加平稳,效率更高,因此近些年来受到广泛的应用。其基本思想是通过测量和控制电动机的定子电流矢量,根据磁场定向原理分别对电动机的励磁电流和转矩电流进行控制,从而将三相交流电动机等效为直流电动机进行控制。

　　TLE987x 系列可以应用于 FOC 无刷直流电动机的控制。TLE9879 EvalKit FOC 评估板如图 20-1 所示。

图 20-1　TLE9879 EvalKit FOC 评估板

## 20.1.7　赛普拉斯半导体(Cypress Semiconductor)生产的微控制器

　　赛普拉斯半导体是一家全球领先的半导体解决方案提供商,生产了多个系列的微控制器。以下是其中一些主要系列。

**1. PSoC 系列**

PSoC 系列是赛普拉斯半导体的可编程系统芯片系列,结合了微控制器、模拟和数字外设以及可编程逻辑。PSoC 系列微控制器具有灵活性和可扩展性,适用于多种应用领域,如工业控制、消费电子、医疗设备等。

**2. Traveo 系列**

Traveo 系列是赛普拉斯半导体的汽车微控制器系列,专为汽车电子应用而设计。Traveo 系列微控制器具有高性能、安全性和可靠性,适用于车身电子、驱动控制、安全系统等汽车应用。

**3. FM 系列**

FM 系列是赛普拉斯半导体的 8 位和 16 位微控制器系列,具有丰富的外设和低功耗特性。FM 系列微控制器适用于低功耗应用,如家电控制、电池供电设备等。

　　赛普拉斯半导体的微控制器系列广泛应用于汽车电子、工业自动化、消费电子、通信设备等领域。其产品具有灵活性、高性能和可靠性,满足了不同应用领域的需求。此外,赛普拉斯半导体还提供了丰富的软件开发工具和支持,帮助开发者快速上手并开发应用。

## 20.1.8　模拟器件(Analog Devices)生产的微控制器

　　模拟器件(简称 ADI)是一家领先的半导体公司,专注于模拟和数字信号处理技术。虽然模拟器件以其模拟器件和信号处理器而闻名,但也生产了一些微控制器产品。

　　模拟器件的微控制器产品主要包括以下几个系列。

**1. Blackfin 系列**

Blackfin 系列是模拟器件的 32 位混合信号微控制器系列,结合了数字信号处理和控制处理能力。

Blackfin 系列是一种高性能、低功耗的 32 位嵌入式处理器系列,适用于各种信号处理应用。其双核架构、高性能信号处理能力、低功耗设计和丰富的外设接口使其成为嵌入式系统设计中的理想选择。Blackfin 系列微控制器适用于多媒体处理、工业控制、汽车电子等应用。

Blackfin 系列的特点包括:

(1) 双核架构。Blackfin 处理器采用了双核架构,即一个信号处理核心(DSP)和一个控制处理核心(CPU)的组合。这使得 Blackfin 处理器在信号处理和控制任务之间能够实现高效的并行处理。

(2) 高性能信号处理能力。Blackfin 处理器具有先进的信号处理功能,包括高精度的浮点运算、多通道 DMA 控制和丰富的数字信号处理指令集。这使得 Blackfin 处理器非常适用于音频、视频、图像处理等信号处理应用。

(3) 低功耗设计。Blackfin 处理器采用了低功耗设计,包括多级电源管理、动态电压调节和快速唤醒等技术。这使得 Blackfin 处理器在嵌入式系统中能够实现高性能的同时,保持较低的功耗。

(4) 多种外设接口。Blackfin 处理器提供了丰富的外设接口,如 UART、SPI、I2C、USB 等,以满足不同应用的需求。这些接口可以用于与外部设备进行通信和数据交换。

(5) 软件支持。Blackfin 处理器支持多种开发工具和软件库,包括模拟器件提供的 CrossCore Embedded Studio 开发环境、Visual DSP++集成开发环境和 Blackfin 软件库等。这些工具和库可以帮助开发人员进行代码编写、调试和优化。

**2. ADuC 系列**

ADuC 系列是 ADI 的低功耗精密模拟微控制器系列。ADuC 系列是一种集成了模拟和数字功能的微控制器系列,其集成度高、低功耗设计和丰富的外设接口使其成为嵌入式系统设计中的理想选择。ADuC 系列微控制器集成了模拟和数字外设,适用于传感器接口、工业控制、医疗设备、数据采集和控制等应用。

ADuC 系列的特点包括:

(1) 集成模拟和数字功能。ADuC 系列微控制器集成了模拟和数字功能,包括模拟输入/输出、模/数转换器(ADC)、数/模转换器(DAC)、计时器/计数器、通信接口(如 SPI、I2C)等。这使得 ADuC 系列能够同时处理模拟和数字信号,适用于各种传感器接口、数据采集和控制应用。

(2) 低功耗设计。ADuC 系列微控制器采用了低功耗设计,包括多级电源管理、动态电压调节和快速唤醒等技术。这使得 ADuC 系列在嵌入式系统中能够实现高性能的同时,保持较低的功耗。

(3) 高集成度。ADuC 系列微控制器具有高集成度,内置了大容量的 Flash 和 RAM,以及丰富的外设接口,如 UART、SPI、I2C、USB 等。这使得 ADuC 系列能够满足各种应用的需求,同时减少了外部组件的使用。

(4) 软件支持。ADuC 系列微控制器支持模拟器件提供的开发工具和软件库,如 CrossCore Embedded Studio 开发环境和 ADuC 软件库等。这些工具和库可以帮助开发人员进行代码编写、调试和优化。

模拟器件的微控制器产品通常与其模拟和数字信号处理器相结合,提供了强大的信号处理和控制能力。它们广泛应用于各个领域,如工业自动化、医疗设备、通信等。模拟器件还提供了丰富的软件和开发工具,以支持开发者设计和开发基于其微控制器的应用。

## 20.1.9　美信集成(Maxim Integrated)生产的微控制器

美信集成是一家领先的模拟集成电路和混合信号集成电路解决方案提供商。虽然其以模拟和混合信号器件而闻名,但也生产了一些微控制器产品。

MAXQ 系列是美信集成生产的 32 位低功耗、高性能的微控制器系列,适用于各种低功耗和高性能应用。其低功耗设计、高性能处理能力、丰富的安全功能和集成度高的特点使其成为嵌入式系统设计中的理想选择。MAXQ 系列微控制器适用于需要低功耗和高性能的应用,如物联网、传感器接口、安全系统等。

MAXQ 系列的特点包括:

(1) 低功耗设计。MAXQ 系列微控制器采用了低功耗设计,包括多级电源管理、动态电压调节和快速唤醒等技术。这使得 MAXQ 系列在嵌入式系统中能够实现高性能的同时,保持较低的功耗。

(2) 高性能。MAXQ 系列微控制器具有高性能的处理能力,采用高速的 CPU 核心和丰富的外设接口,如 UART、SPI、I2C、USB 等。这使得 MAXQ 系列能够满足各种应用的需求,包括数据采集、通信和控制等。

(3) 安全性。MAXQ 系列微控制器具有丰富的安全功能,包括硬件加密引擎、随机数生成器和存储器保护等。这些功能可以保护系统的数据和代码安全,防止非法访问和攻击。

(4) 集成度高。MAXQ 系列微控制器内置了大容量的 Flash 和 RAM,以及丰富的外设接口。这使得 MAXQ 系列能够满足各种应用的需求,同时减少了外部组件的使用。

(5) 软件支持。MAXQ 系列微控制器支持美信半导体提供的开发工具和软件库,如 MAXQ 软件开发套件和 MAXQ 库等。这些工具和库可以帮助开发人员进行代码编写、调试和优化。

美信集成的微控制器产品提供了灵活性、低功耗和高性能,适用于各种应用领域。美信集成还提供了丰富的软件开发工具和支持,帮助开发者设计和开发基于其微控制器的应用。

## 20.1.10 国内生产微控制器(MCU)的厂商及其微控制器产品

### 1. Giga Device

Giga Device 公司的主要业务为 Flash 芯片及其衍生产品、微控制器产品的研发、技术支持和销售。MCU 主要产品有基于 Arm Cortex-M3 和 Arm Cortex-M4 两个内核微控制器产品,如 GD32F101/103 系列、GD32F105/107 系列、GD32F303/305/307 系列、GD32F470 系列、GD32F425/427 系列等。

产品广泛应用于手持移动终端,消费类电子产品,个人计算机及周边,网络、电信设备,医疗设备,办公设备,汽车电子及工业控制设备等领域。

官网网址:https://www.gd32mcu.com/。

### 2. 华大半导体有限公司

华大半导体有限公司是一家集成电路设计及相关解决方案提供商,主要产品种类包括工控 MCU、功率及驱动芯片、智能卡及安全芯片、电源管理芯片、新型显示芯片等,可以用于工业控制、安全物联网、新型显示等领域。

MCU 主要产品有基于 Arm Cortex-M0+内核的 32 位微控制器系列产品,如通用型 HC32F003、HC32F176、HC32F460 等。

官网网址:https://www.hdsc.com.cn/。

### 3. 上海复旦微电子集团股份有限公司

1998 年 7 月,由复旦大学"专用集成电路与系统国家重点实验室"、上海商业投资公司和一批梦想创建中国最好的集成电路设计公司(芯片设计)的创业者联合发起创建了复旦微电子集团。MCU 主要产品有 16 位微控制器和基于 Arm Cortex-M0 内核的 32 位微控制器产品,如 FM3316/FM3313/FM3312 是低功耗 MCU 芯片,具有 16 位增强型 8xC251 处理器内核、64KB Flash 程序存储器、4KB RAM,集成 LCD、RTC、ADC 以及 UART、I2C、SPI、7816 等通用外设接口,适用于各类低功耗应用产品领域。

　　复旦微电子集团现已建立并健全了安全与识别芯片、非挥发存储器、智能电表芯片、FPGA 芯片和集成电路测试服务等产品线。产品行销 30 多个国家和地区,广泛应用于金融、社保、汽车电子、城市公共交通、电子证照、移动支付、防伪溯源、智能手机、安防监控、工业控制、信号处理、智能计算等众多领域。

　　(1) 安全与识别。产品系列齐全、技术积累深厚、性能可靠。智能 IC 卡、射频识别读写器迄今累计出货量超 100 亿片。独创国内首个高频/超高频双频测温 RFID 芯片,应用物理防克隆(PUF)技术,赋能"芯"安全。安全与识别系列产品在金融、社保、交通、健康、防伪溯源、仓储物流、无人零售、移动支付等领域得到广泛应用。

　　(2) 智能电表与低功耗 MCU。单相表主控 MCU 市场占有率超 60%。自主研发的高可靠工业级主控 MCU,性能可靠,实现了核心元器件国产化,累计销售 4 亿颗。通用型低功耗 MCU 产品被广泛应用于水/气/热表、安防消防、智能家居、健康医疗、可穿戴设备、工业控制等领域。

　　(3) 非挥发存储器。产品涵盖电可擦可编程只读存储器(EEPROM)、Flash(NOR/NAND)非挥发存储器系列,EEPROM 市场份额居国内第一,高可靠特性 Flash 存储器独具特色,月出货量超亿片。存储系列产品广泛应用于手机模组、网络通信、消费类电子、工控仪表、物联网、安防监控等领域。

　　(4) 可编程器件 FPGA。率先开发了国内首款亿门级 FPGA、国内首款异构融合亿门级 PSOC 芯片,以及国内首款面向人工智能应用的可重构芯片 FPAI(FPGA+AI)芯片。FPGA 系列产品广泛应用于通信、人工智能、工业控制、信号处理等领域。

　　官网网址:https://www.fmsh.com/。

　　4. 深圳国芯人工智能有限公司

　　深圳国芯人工智能有限公司(原深圳宏晶科技有限公司)负责 STC 系列微控制器的研发、生产,江苏国芯科技有限公司负责 STC MCU 的销售。MCU 主要产品是 8051 的 STC 系列微控制器。

　　8 位 8051MCU 产品线是其主力产品(荣获电子工程专辑年度最佳 MCU 设计大奖)。

　　STC89C51 是一款经典的 8051 单片机,具有 8 位 CPU、64KB Flash、2KB RAM 和 32 个 I/O 端口等基本特性。它的主频可以达到最高 33MHz,支持 ISP 编程方式和多种通信接口,适用于各种控制、通信等应用场合。

　　STC8H8K64U 则是一款新一代 8051 单片机,采用了全新的架构和技术,具有更高的性能和功能特性。它的主频最高可以达到 72MHz,支持 USB 2.0、CAN、I2S 等多种通信接口和高级功能模块,适用于高速数据处理、音频处理、工业自动化等应用场合。

　　32 位 8051MCU 产品线针对汽车电子和工控市场,如 STC32G12K128,内部具有下列资源:

　　(1) UART 通信接口。

　　(2) USB/ CAN/ LIN 接口。

　　(3) 12 位 ADC。

　　(4) 高级 16 位 PWM。

　　(5) 128KB Flash,32KB SRAM。

　　(6) 64 引脚 LQFP/QFN 封装。

　　STC 单片机在汽车电子市场的主要应用如下:

　　电动汽车刹车助力系统、汽车电动窗控制器、汽车座椅控制器、汽车空调温控器、车载净化器、汽车可燃气体检测仪、汽车电池充电器、电池管理系统、行车记录仪、倒车雷达、汽车防盗器、汽车功放、车灯、轮胎动平衡机控制器、电动汽车低速提示音系统(AVAS)、ETC 设备、汽车充电桩、电动汽车充电站监控系统、汽车故障检测设备、汽车零部件试验台。

　　官网网址:https://www.stcai.com。

**5. 深圳市赛元微电子有限公司**

深圳市赛元微电子有限公司是一家基于市场需求,为电子产品开发者提供创新且有竞争力 MCU 平台的集成电路供应商,公司以核心技术、先进的设计能力及数字模拟整合技术能力为客户提供高抗干扰、高可靠性的 8 位和 32 位微控制器(MCU)产品,公司产品全部拥有自主知识产权并在技术上处于领先地位。

赛元微电子有限公司针对家电、工控等市场推出 32 位产品——SC32F10XX 系列产品。这个系列产品采用 Arm Cortex-M0$^+$ 内核,有着非常出色的低功耗表现,可以让用户的产品以极低的功耗长时间运行;赛元微电子有限公司采用先进的 eFlash 工艺制程,并在这个制程下已经推出多个系列产品,有非常丰富的制程研发经验,设计出具有极高可靠性、稳定性的产品,广泛应用于大家电、高端厨电以及工控领域产品。

SC95F 是赛元微电子有限公司 8 位 MCU 产品中最高性能的系列产品,该系列产品具有高速高效的特点和接近 32 位 Cortex-M0 的产品性能,但只有 8 位产品的售价。产品简单易用,稳定可靠,可设计出更耐用、更可靠的产品,以满足工业控制、智能家电等需要运行在严苛环境中的应用需要,符合电器安全标准 IEC60730。

SC95F 系列有两个子系列:触控 TK 系列产品具有高信噪比、高灵敏度等特点,可以轻松通过 10V 动态 CS,可以实现隔空触摸、接近感应、水位检测等复杂触摸应用场景;通用 MCU 系列具有宽电压、宽工作温度范围、引脚兼容、平滑升级等特点。

SC32F10XX 系列产品覆盖 32～48 脚,5 种封装形式,涵盖白色家电、工控产品所需的主要封装形式;按照白色家电对 MCU 的抗干扰要求进行设计,可以通过 IEC61000 测试以及 IEC60730 的安全认证;同时考虑到家电市场应用,加入了 LCD/LED 硬件的驱动模块。

官网网址:https://www.socmcu.com/cn/。

**6. 上海贝岭股份有限公司**

上海贝岭股份有限公司专注于集成电路芯片设计和产品应用开发,是国内集成电路产品主要供应商之一。公司集成电路产品业务布局在功率链(电源管理、功率器件、电动机驱动业务)和信号链(数据转换器、电力专用芯片、物联网前端、非挥发存储器、标准信号产品业务),主要目标市场为汽车电子、工控、光伏、储能、能效监测、电力设备、光通信、家电、短距离交通工具、高端及便携式医疗设备,以及手机摄像头模组等其他消费类应用市场。

BL0930 是电能表的核心计量芯片,内置两路 Σ-Δ 型 ADC 和高精度电能计量内核,自带片上振荡器。基于此芯片设计的电子式电度表具有外围电路简单、精度高、稳定性好等特点,适用于单相两线电力用户的电能计量。

BL6513C 是三相电子电度表的核心计量芯片,采用低功耗设计,芯片静态功耗 25mW(典型值),因此可以采用三相阻容分压电源,大大降低了生产成本。基于此芯片设计的三相电子电度表具有外围电路简单、精度高、稳定性好等特点,适用于三相三线和三相四线电力用户的电能计量。

官网网址:https://www.belling.com.cn/。

**7. 北京晓程科技股份有限公司**

北京晓程科技股份有限公司是一家集成电路研发商,公司的产品包括载波通信 SoC 芯片、微功率无线、接口芯片、计量芯片、控制芯片、电力线载波抄表系统、大用户用电管理系统等,同时公司的业务还包括为用户提供单向载波计量芯片 PL5010 城市照明路灯控制系统解决方案等。

XC6300 是北京晓程科技股份有限公司最新推出的一款正交频分复用(Orthogonal Frequency Division Multiplexing,OFDM)电力线通信(Power Line Communication,PLC)调制解调器。

XC6300 采用了软判决译码纠错算法和特殊的同步算法,拥有很高的动态范围和对噪声很强的免疫力,因而非常适合在极其恶劣的电力线信道场景中应用。

由于采用了更高的集成度和更大的优化,XC6300 能够提供更低的功耗、更低的产品复杂度和更低的物料清单(Bill Of Material,BOM)成本。

XC6300 的主要特点:

(1) 兼容国家电网标准,采用先进的 65nm CMOS 设计工艺。

(2) 工作频段 500kHz~12MHz。

(3) 物理层峰值速率高达 26Mb/s。

(4) 单芯片解决方案,内部集成模拟前端、线路驱动、物理层(PHY)和介质访问控制层(MAC)。

(5) OFDM 多载波传输方式,支持 BPSK、DBPSK、QPSK、DQPSK 和 16-QAM 等调制模式。

(6) 高性能前向纠错编解码外加双循环冗余校验(CRC24 和 CRC32)。

(7) 支持 CSMA/CA(带冲突避免/信道接入的载波侦听多址)和 TDMA(时分多址)。

(8) 自动重传请求机制增强错误检测和提高数据的可靠性。

(9) 动态路由机制并支持 Mesh 网络。

(10) 可编程音槽。

(11) Cortex-M0 微控制器内含 504KB Flash 和 64KB SRAM 用于程序和协议栈存储。

(12) 5 个 UART 和 4 个 SPI 接口。

(13) 支持 AES-128、DES、3-DES 解密和解密。

官网网址:http://www.xiaocheng.com/。

**8. 北京联盛德微电子有限责任公司**

北京联盛德微电子有限责任公司(Winner Micro)成立于 2013 年 11 月,是一家基于 AIoT 芯片的物联网技术服务提供商,该公司专注于集成电路设计、制造和销售,提供各种集成电路产品和解决方案,产品涵盖模拟集成电路、数字集成电路、混合信号集成电路等。公司拥有自主的研发团队和生产工艺,致力于提供高性能、低功耗的集成电路产品。产品主要应用于智能家电、智能家居、行车定位、智能玩具、医疗监护、无线音视频、工业控制等物联网领域。

如北京联盛德微电子有限责任公司生产的 W601 Wi-Fi MCU 是一款支持多功能接口的 SoC 芯片。可作为主控芯片应用于智能家电、智能家居、智能玩具、医疗监护、工业控制等物联网领域。该 SoC 芯片集成 Cortex-M3 内核,内置 Flash,支持 SDIO、SPI、UART、GPIO、I2C、PWM、I2S、7816、LCD、ADC 等丰富的接口,支持多种硬件加解密协议,如 PRNG/SHA1/MD5/RC4/DES/3DES/AES/CRC/RSA 等;支持 IEEE 802.11b/g/n 标准。集成射频收发前端、功率放大器和基带处理器/介质访问控制。

官网网址:http://www.winnermicro.com/。

 **20.2 知名的半导体公司**

随着科技的快速发展,半导体行业在过去的几十年中经历了巨大的变革。在这个领域中,一些知名的半导体公司以其卓越的技术、创新的产品和优质的服务引领着行业的发展。

### 20.2.1 全球知名的半导体公司

以下是一些全球知名的半导体厂商。

(1) 英特尔(Intel)。

(2) 三星电子(Samsung Electronics)。

(3) 台积电(TSMC)。

(4) 高通(Qualcomm)。

(5) 博通(Broadcom)。

(6) 德州仪器(Texas Instruments)。

(7) 美光科技(Micron Technology)。

(8) 恩智浦半导体(NXP Semiconductors)。

(9) 索尼(Sony)。

(10) 东芝(Toshiba)。

(11) 中芯国际(SMIC)。

(12) 意法半导体(STMicroelectronics)。

(13) 华为海思(HiSilicon)。

(14) 模拟器件(Analog Devices)。

这只是一小部分半导体厂商的例子,半导体行业非常庞大,还有许多其他的厂商在这个领域也有着重要的地位。

## 20.2.2 中国知名的半导体公司

以下是一些中国的知名半导体公司。

(1) 中芯国际(SMIC)。

(2) 海思半导体(HiSilicon,华为旗下)。

(3) 紫光国微(Ziguang Group)。

(4) 展讯通信(Spreadtrum Communications,骁龙旗下)。

(5) 晶方科技(Jingfang Technology)。

(6) 联芯科技(Unisoc,中兴旗下)。

(7) 中科创达(ZhongKe Chuangda)。

(8) 神州高铁电子(CSR Zhuzhou Institute)。

(9) 瑞芯微(Rockchip)。

(10) 广州集成电路设计中心(GigaDevice)。

(11) 台积电(Taiwan Semiconductor Manufacturing Company,TSMC)。

(12) 联发科技(MediaTek)。

(13) 台湾光电(Lite-On)。

(14) 旺宏电子(Winbond Electronics)。

(15) 美琪电子(Macronix International)。

(16) 光宝科技(Opto Tech)。

(17) 晨星半导体(Morningstar)。

(18) 立锜科技(Silicon Works)。

(19) 宏捷科技(Holtek Semiconductor)。

(20) 旭曜科技(Sunplus Technology)。

这只是一小部分中国的半导体公司,中国在近年来加大了对半导体产业的发展和支持力度,涌现出了许多具有竞争力的半导体公司。

### 20.2.3　美国知名的半导体公司

以下是一些美国的知名半导体公司。

(1) 英特尔(Intel)。

(2) 高通(Qualcomm)。

(3) 英伟达(NVIDIA)。

(4) 德州仪器(Texas Instruments)。

(5) 博通(Broadcom)。

(6) 美光科技(Micron Technology)。

(7) 赛灵思(Xilinx)。

(8) 超威(AMD)。

(9) 康柏(KLA Corporation)。

(10) 恩智浦半导体(NXP Semiconductors)。

(11) 博世(Bosch)。

(12) 模拟器件(Analog Devices)。

(13) 美信(Maxim Integrated)。

这只是一小部分美国的半导体公司,美国在半导体领域有着丰富的创新力和技术实力,许多公司在全球半导体市场中占据重要地位。

### 20.2.4　欧洲知名的半导体公司

以下是一些欧洲的知名半导体公司。

(1) 英飞凌(Infineon Technologies,德国)。

(2) STMicroelectronics(法国和意大利合资)。

(3) Dialog 半导体(德国)。

(4) 英国半导体(UK Semiconductor)。

(5) 瑞士微电子(Swiss Microelectronics)。

(6) 爱普生(EPSON,日本和法国合资)。

(7) 瑞典半导体(Swedish Semiconductor)。

(8) 阿尔卡特朗讯(Alcatel-Lucent,法国)。

这只是一小部分欧洲的半导体公司,欧洲在半导体领域也有一些具有竞争力的公司,尤其在汽车电子和工业控制领域有着重要的地位。

### 20.2.5　日本知名的半导体公司

以下是一些日本的知名半导体公司。

(1) 东芝(Toshiba)。

(2) 索尼(Sony)。

(3) 三菱电机(Mitsubishi Electric)。

(4) 日本电气(NEC)。

(5) 佳能(Canon)。

(6) 瑞萨电子(Renesas Electronics)。

(7) 日立(Hitachi)。

(8) 富士通(Fujitsu)。

(9) 横河电机(Yokogawa Electric)。

(10) 新电元工业(Shindengen Electric Manufacturing)。

这只是一小部分日本的半导体公司,日本在半导体领域有着悠久的历史和强大的技术实力,在全球半导体市场中扮演着重要角色。

## 20.2.6 韩国知名的半导体公司

以下是一些韩国的知名半导体公司。

(1) 三星电子(Samsung Electronics)。

(2) SK 海力士(SK Hynix)。

(3) LG 电子(LG Electronics)。

(4) 美光存储器韩国(Micron Memory Korea)。

(5) 立锜科技(Silicon Works)。

(6) 现代集成电路(Hyundai Autron)。

(7) 佳能电子韩国(Canon Electronics Korea)。

(8) 环球半导体(GlobalFoundries Korea)。

(9) 威盛电子(VIA Technologies)。

这只是一小部分韩国的半导体公司,韩国在半导体领域有着强大的技术实力和市场份额,尤其在存储芯片和显示器件领域有着重要地位。

# 第21章 传感器与自动检测技术

CHAPTER 21

当计算机用作测控系统时,系统总要有被测量信号的输入通道,由计算机拾取必要的输入信息。对于测量系统而言,如何准确获取被测信号是其核心任务;而对测控系统来讲,对被控对象状态的测试和对控制条件的监察也是不可缺少的环节。

本章全面介绍了传感器与自动检测技术,这些技术在现代工业自动化和智能系统设计中扮演着至关重要的角色。传感器作为现代电子系统感知外部世界的"眼睛和耳朵",其性能和应用范围直接影响到整个系统的效能。

本章主要讲述如下内容:

（1）详细讨论了传感器的基础知识。

（2）讲述了自动化检测系统中的量程自动转换和系统误差的自动校正。

（3）深入探讨了信号的采样和模拟开关。

（4）讲述了模拟量输入通道,包括其组成、模/数转换器的工作原理及技术指标。模/数转换器是模拟信号转换为数字信号的关键组件,其性能直接影响到信号处理的质量。

（5）特别介绍了12位低功耗模/数转换器 AD7091R,从引脚介绍到应用特性、数字接口,以及如何与 STM32F103 微控制器接口,为工程师提供了实用的参考信息。

（6）讨论了模拟量输出通道和特定的数/模转换器 AD5410/AD5420,该器件被广泛应用于工业控制系统中的 4～20mA 电流回路。

（7）讲述了数字量输入/输出通道的设计和实现,包括光电耦合器的使用以隔离高压和低压电路,保证系统的安全性和稳定性。

（8）讲述了脉冲量输入/输出通道,这对于处理数字通信和控制信号至关重要。

本章提供了传感器和自动检测技术的全面概述,从基础的定义和分类到复杂的系统集成,为读者呈现了这一领域的深度和广度。通过对传感器技术和自动化系统的理解,可以设计出更加智能、高效和可靠的电子系统。

## 21.1 传感器

传感器的主要作用是拾取外界信息。如同人类在从事各种作业和操作时,必须由眼睛、耳朵等获取外界信息一样,否则就无法进行有效的工作和正确操作。传感器是测控系统中不可缺少的基础部件。

### 21.1.1 传感器的定义和分类及构成

传感器是一种能够感知并测量某种特定物理量或环境参数的设备或器件。传感器可以将感知到的物理量转换为电信号、数字信号或其他形式的输出信号,以便进行监测、控制、数据采集和处理等。

传感器通常可以根据其测量的物理量类型进行分类,以下是一些常见的传感器分类:

(1) 温度传感器。用于测量环境或物体的温度,例如,热敏电阻(Thermistor)、热电偶(Thermocouple)等。

(2) 压力传感器。用于测量气体或液体的压力,例如,压阻式传感器(Piezoresistive Sensor)、压电传感器(Piezoelectric Sensor)等。

(3) 光学传感器。用于测量光线的强度、颜色或其他光学特性,例如,光敏电阻(Photoresistor)、光电探测器(Photodetector)等。

(4) 加速度传感器。用于测量物体的加速度或振动,例如,加速度计(Accelerometer)。

(5) 湿度传感器。用于测量环境或物体的湿度。

传感器在现代科技和工程应用中起着至关重要的作用。

**1. 传感器的定义和分类**

传感器的通俗定义可以说成“信息拾取的器件或装置”。传感器的严格定义是:把被测量的量值形式(如物理量、化学量、生物量等)变换为另一种与之有确定对应关系且便于计量的量值形式(通常是电量)的器件或装置。它实现两种不同形式的量值之间的变换,目的是计量、检测。因此,除叫传感器(Sensor)外,也有叫换能器(Transducer)的,两者难以明确区分。

从量值变换这个观点出发,对每一种(物理)效应都可在理论上或原理上构成一类传感器。因此,传感器的种类繁多。在对非电量的测试中,有的传感器可以同时测量多种参数,而有时对一种物理量又可用多种不同类型的传感器进行测量。因此,对传感器的分类有很多种方法。可以根据技术和使用要求、应用目的、测量方法、传感材料的物性、传感或变换原理等进行分类。

**2. 传感器的构成**

传感器一般是由敏感元件、传感元件和其他辅助件组成,有时也将信号调节与转换电路、辅助电源作为传感器的组成部分。如图 21-1 所示。

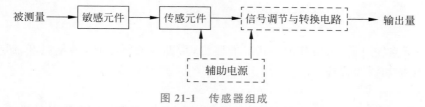

图 21-1　传感器组成

敏感元件是直接感受被测量(一般为非电量),并输出与被测量成确定关系的其他量(一般为电量)的元件。敏感元件是传感器的核心部件,它不仅拾取外界信息,还必须把变换后的量值传输出去。

图 21-1 中的信号调节与转换电路把传感元件输出的电信号经过放大、加工处理,输出有利于显示、记录、检测或控制的电信号。信号调节与转换电路或简或繁,视传感元件的类型而定,常见的电路有电桥电路、放大器、阻抗变换器等。

## 21.1.2　传感器的基本性能

利用传感器设计开发高性能的测量或控制系统,必须了解传感器的性能,根据系统要求,选择合适的传感器,并设计精确可靠的信号处理电路。

**1. 精度**

传感器的精度表示传感器在规定条件下允许的最大绝对误差相对于传感器满量程输出的百分数。

工程技术中为简化传感器精度的表示方法,引用了精度等级概念。精度等级以一系列标准百分比数值分挡表示。如压力传感器的精度等级分别为 0.05、0.1、0.2、0.3、0.5、1.0、1.5、2.0 等。

传感器设计和出厂检验时,其精度等级代表的误差指传感器测量的最大允许误差。

**2. 稳定性**

(1) 稳定性:一般指时间上的稳定性。它是由传感器和测量仪表中随机性变动、周期性变动、漂移等引起示值的变化程度。

(2) 环境影响:室温、大气压、振动等外部环境状态变化给予传感器和测量仪表示值的影响,以及电源电压、频率等仪表工作条件变化对示值的影响统称环境影响,用影响系数表示。

### 21.1.3  传感器的应用领域

现代信息技术的三大基础是信息的采集、传输和处理技术,即传感技术、通信技术和计算机技术,它们分别构成了信息技术系统的“感官”、“神经”和“大脑”。信息采集系统的首要部件是传感器,且置于系统的最前端。在一个现代测控系统中,如果没有传感器,就无法监测与控制表征生产过程中各个环节的各种参数,也就无法实现自动控制。在现代技术中,传感器实际上是现代测控技术的基础。

传感器的应用领域如下。

**1. 工业自动化和制造业**

传感器用于监测生产线上的温度、压力、湿度等参数,以实现自动化控制和监测。可以用于监测和控制生产过程,检测缺陷,提高质量控制。例如,检测机器和设备的异常情况,预测维修需求。

**2. 智能家居**

传感器用于监测室内温度、湿度、光照等参数,以实现智能家居系统的自动化控制和节能管理。

**3. 医疗保健**

传感器用于监测患者的生理参数,如心率、血压、血氧饱和度等,以实现远程监护和医疗诊断;还可以用于监测生命体征,检测疾病,跟踪病人的健康状况。例如,可穿戴传感器可以监测心率、血压和血糖水平等。

**4. 环境监测**

传感器可以用于空气质量、水质和土壤状况的监测,帮助检测污染物,测量温度、湿度和大气压力等参数,以实现环境保护和资源管理。

**5. 汽车和交通**

传感器用于监测车辆的速度、位置、倾斜角度等参数,以实现车辆控制和驾驶辅助系统。可以用于交通领域,监测交通流量,检测事故,提高安全性;还可以帮助优化交通模式,减少拥堵。

**6. 农业领域**

传感器用于监测土壤湿度、气温、光照等参数,以实现精准农业和农业生产的智能化管理。

**7. 航空航天**

传感器用于监测飞行器的姿态、速度、气压等参数,以实现飞行器的自动控制和导航。

**8. 智能手机和可穿戴设备**

传感器用于监测手机和可穿戴设备的运动、位置、环境等参数,以实现智能手机和可穿戴设备的智能化功能。

**9. 能源产业**

传感器可以用于监测和优化能源消耗,检测泄漏,提高效率。例如,帮助减少能源浪费,促进可持续性发展。

10. 安全领域

传感器可以用于安全系统的入侵者检测，可帮助识别潜在的威胁，加强安全和保障。

随着技术的不断发展，相信在未来传感器技术还将应用于更多领域，为人们的生活带来更多便利和改善。

### 21.1.4　温度传感器

温度是表征物体冷热程度的物理量。它与人类生活关系最为密切，是工业控制过程中的四大物理量（温度、压力、流量和物位）之一，也是人类研究最早、检测方法最多的物理量之一。

温度传感器测量被测介质温度的方式可分为两大类：接触式和非接触式。测温时使传感器与被测物体直接接触的称为接触式温度传感器。这类传感器种类较多，如热电偶、热电阻、PN 结等。传感器与被测物体不接触，而是利用被测物体的热辐射或热对流测量的称为非接触式温度传感器，如红外测温传感器等，它们通常用于高温测量，如炼铁炼钢炉内温度测量。

1. 热电阻

热电阻是中低温区最常用的一种温度检测器。热电阻测温是基于金属导体的电阻值随温度的增加而增加这一特性来进行温度测量的。它的主要特点是测量精度高，性能稳定。其中铂热电阻的测量精确度是最高的，它不仅广泛应用于工业测温，而且被制成标准的基准仪。

热电阻大都由纯金属材料制成，应用最多的是铂和铜，此外，已开始采用镍、锰和铑等材料制造热电阻。金属热电阻常用的感温材料种类较多，最常用的是铂丝。工业测量用金属热电阻材料除铂丝外，还有铜、镍、铁和铁-镍等。热电阻传感器如图 21-2 所示。

热电阻材料一般有两类：贵金属和非贵金属。能用于温度测量的主要有铂热电阻（贵金属类）和镍、铜热电阻（非贵金属类）。它们都具有制成热电阻的必要特性：稳定性好、精度高、电阻率较高、温度系数大和易于制作等，在工程中常用的是铂和铜两种热电阻。

图 21-2　热电阻传感器

（1）铂电阻。

铂是一种贵金属，易于提纯，物理和化学性质都很稳定，耐氧化，并在相当宽的温度范围内有相当好的稳定性，因此，有极好的复现性能，在 1927 年就把铂电阻作为复现温标的基准器，当前仍是作为精密温度计的一种主要传感器。

（2）铜电阻。

由于铂电阻价格高，故在测温精确度要求不太高和测温范围较小时采用铜电阻作为测温元件。与铂电阻相比，铜电阻的显著优点是价格相当低，也易于提纯。

（3）热电阻测量接线方式。

由于热电阻随温度变化而引起的变化值较小，例如，铂电阻在零温度时的阻值 $R_0=100\Omega$，铜电阻在零温度时 $R_0=50\Omega$，因此，在传感器与测量仪器之间的引线过长会引起较大的测量误差。在实际应用时，通常使热电阻与仪表或放大器采用两线制、三线制或四线制的接线方式。两线制的引线电阻：铜电阻不得超过 $R_0$ 的 0.2%，铂电阻不超过 $R_0$ 的 0.1%。采用三线制、四线制可消除连接线过长而引起的误差。

① 二线制接法。

热电阻二线制接法如图 21-3 所示，该电路是最简单的测量方式，也是误差较大的接线方式。

$R_2$ 和 $R_3$ 是固定电阻,电阻值较大,且 $R_2 = R_3$。$R_1$ 是为保持电桥平衡而选用的调零电位器,$R_t$ 为热电阻,$R_4$、$R_5$ 为导线等效电阻。

假设 $R_4 = R_5 = r$,$R_1$ 与 $R_t$ 电阻值相对 $R_2$、$R_3$ 电阻值较小,可以认为 $I_1 = I_2 = I$(恒流源)。

$$V_{AC} = I_1(R_4 + R_t + R_5) = I(r + R_t + r) = IR_t + 2Ir$$

$$V_{BC} = I_2 R_1 = IR_1$$

因此,

$$V_O = V_{AB} = V_{AC} - V_{BC} = IR_t + 2Ir - IR_1 = I(R_t - R_1) + 2Ir$$

当 $r$ 不为零时,可能产生较大的误差。

② 三线制接法。

热电阻三线制接法如图 21-4 所示,该电路是最实用的精确测量方式。

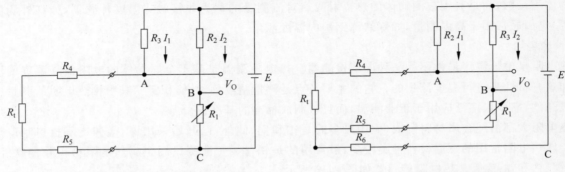

图 21-3　热电阻二线制接法　　　　　图 21-4　热电阻三线制接法

$R_4$、$R_5$ 和 $R_6$ 为导线电阻。假设 $R_4 = R_5 = R_6$,$I_1 = I_2 = I$(恒流源)。

$$V_{AC} = I_1(R_4 + R_t) + (I_1 + I_2)R_6 = I(r + R_t) + (I + I)r = IR_t + 3Ir$$

$$V_{BC} = I_2(R_1 + R_5) + (I_1 + I_2)R_6 = I(R_1 + r) + (I + I)r = IR_1 + 3Ir$$

$$V_O = V_{AB} = V_{AC} - V_{BC} = IR_t + 3Ir - IR_1 - 3Ir = I(R_t - R_1)$$

上式与导线电阻没有关系,实现了精确测量。

③ 四线制接法。

该电路用于温度的精确测量,但一般极少使用。

**2. 热敏电阻**

热敏电阻是一种对温度极为敏感的电阻器,它是基于半导体陶瓷材料 NTC(负温度系数)而制成的。这种电阻器的主要特点是电阻值会随着温度的变化而改变。

热敏电阻按照温度系数不同分为正温度系数热敏电阻(PTC)和负温度系数热敏电阻(NTC)。NTC 热敏电阻在温度越高时电阻值越低,而 PTC 热敏电阻在温度越高时电阻值越大。

热敏电阻具有测温、温度补偿、过热保护、液面测量等作用。在电子设备中,热敏电阻常被用于温度检测和控制电路中,如手机、计算机等设备的 CPU 散热、温度传感器等。

热敏电阻是电阻值随着温度的变化而显著变化的一种半导体温度传感器。目前使用的热敏电阻大多属于陶瓷热敏电阻。按其阻值随温度变化的特性可分为 3 类:

(1)负温度系数(NTC)热敏电阻,其热敏电阻的阻值随温度上升按指数规律减小。

(2)正温度系数(PTC)热敏电阻,其热敏电阻的阻值随温度上升显著地非线性增大。

(3)临界温度电阻式(CTR)热敏电阻,具有正或负温度系数特性,它存在一个临界温度。超过临界温度,阻值会急剧变化。

根据使用条件,热敏电阻可以分为直热式、旁热式和延迟用热敏电阻 3 种。

（1）NTC 热敏电阻。

负温度系数热敏电阻是用一种或一种以上的锰、钴、镍、铁等过渡金属氧化物按一定配比混合,采用陶瓷工艺制备而成的。热敏电阻材料中的金属氧化物属于陶瓷材料范畴,其导电机理类似于半导体,载流子浓度与温度有关。NTC 热敏电阻传感器如图 21-5 所示。

NTC 热敏电阻的特点是体积小,热惯性小,输出电阻变化大,适合于长距离传输,典型应用电路如图 21-6 所示。

图 21-5 NTC 热敏电阻传感器

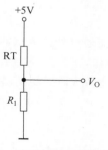

图 21-6 NTC 热敏电阻应用电路

其输出为

$$V_O = \frac{R_1}{R_1 + RT} \times 5V$$

式中,$R_1$ 为固定电阻,RT 为热敏电阻。

（2）PTC 热敏电阻。

具有正温度特性的热敏电阻是以具有正温度系数的典型材料钛酸钡烧结体为基体,掺入微量的稀钛类元素(如二氧化钇等)作施主杂质,使其成为半导体。

热敏电阻的 PTC 效应与很多因素有关,因此也出现了许多物理模型。其中之一是表面势垒模型。其导电机理是因为多晶材料的晶粒间界处势垒随温度而变化。

（3）CTR 热敏电阻。

CTR 也是一种具有负温度系数的热敏电阻。与 NTC 不同的是,CTR 热敏电阻在某一温度范围内,电阻值急剧发生变化。CTR 热敏电阻主要用作温度开关。

**3. 集成温度传感器**

集成温度传感器是将温度传感器集成在一个芯片上,可完成温度测量及信号输出功能的专用 IC。它通常采用硅半导体集成工艺制成,因此也称为硅传感器或单片集成温度传感器。

集成温度传感器具有功能单一、测温误差小、价格低、响应速度快、传输距离远、体积小、微功耗等优点,适合远距离测温、控温,不需要进行非线性校准,外围电路简单。但在实际应用中,由于 AD590 的增益有偏差,电阻也有误差,因此应对电路进行调整。

集成温度传感器广泛应用于各个领域,包括温度测量、温度补偿、过热保护、液面测量等。在电子设备中,集成温度传感器常被用于温度检测和控制电路中,如手机、计算机等设备的 CPU 散热、温度传感器等。

集成电路温度传感器是把温度传感器(如热敏晶体管)与放大电路等后续电路,利用集成化技术制作在同一芯片的功能器件。这种传感器输出信号大,与温度有较好的线性关系,小型化、成本低、使用方便、测温精度高,因此,得到广泛使用。

集成温度传感器按输出量不同可分为电压型和电流型两种。其中,电压型的灵敏度一般为 10mV/℃,电流型的灵敏度为 1μA/℃。这种传感器还具有绝对零度时输出电量为零的特性,利用这一特性可制作绝对温度测量仪。

(1) 电压型集成温度传感器的应用。

三端电压输出型集成温度传感器是一种精密的,易于定标的温度传感器,如 LM135、LM235、LM335 等。其基本测温电路如图 21-7 所示。将测温元件的两端与一个电阻串联,加上适当的电压可以得到灵敏度为 10mV/K,直接正比于绝对温度的输出电压 $V_O$。传感器的工作电流由电阻 $R$ 和电源电压决定,因此

$$V_O = V_{CC} - IR$$

如果这些传感器通过外接电位器的调节,可完成温度定标,以减小因工艺偏差而产生的误差,其接法如图 21-8 所示。例如,在 25℃下,调节电位器使输出电压为 2.98V,经如此标定后,传感器灵敏度达到设计值 10mV/K 的要求,从而提高测温精度。

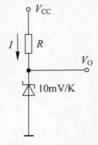

图 21-7 基本测温电路

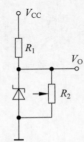

图 21-8 温度标定电路

(2) 电流型集成温度传感器的应用。

电流型集成温度传感器,在一定的温度下,它相当于一个恒流源,因此,它具有不易受接触电阻、引线电阻、噪声的干扰,能实现长距离(如 200m)传输的特点,同样具有很好的线性特性。美国 AD 公司的 AD590 就是电流型集成温度传感器,如图 21-9 所示。

AD590 的典型应用电路如图 21-10 所示。

图 21-9 AD590 传感器

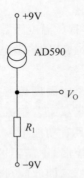

图 21-10 AD590 的典型应用电路

在图 21-7 中,采用 ±9V DC 电源供电。

当绝对温度为 0K 时,电流为 0μA,每升高 1K,电流升高 1μA。

当摄氏温度为 0℃时,电流为 273μA,此时让 $V_O = 0V$,则有

$$R_1 = \frac{0 - (-9)}{0.273} \approx 33(k\Omega)$$

当温度为 50℃时,则有

$$V_O = (0.273 + 0.05)\text{mA} \times 33\text{k}\Omega + (-9)\text{V} = 10.659\text{V} - 9\text{V} = 1.659\text{V}$$

### 4. 热电偶

热电偶是温度测量仪表中常用的测温元件,它直接测量温度,并把温度信号转换成热电动势信号,通过电气仪表(二次仪表)转换成被测介质的温度。热电偶通常由热电极、绝缘套保护管和接线盒等主要部分组成,常和显示仪表、记录仪表及电子调节器配套使用。

热电偶的原理是利用热电效应进行温度测量。两种不同的导体(称为热电偶丝材或热电极)两端接合成回路,当两个接合点的温度不同时,在回路中就会产生电动势,这种现象称为热电效应,而这种电动势称为热电势。直接用作测量介质温度的一端叫作工作端(也称为测量端),另一端叫作冷端(也称为补偿端)。

热电偶的分类按连接方式有无固定装置式、螺纹式、固定法兰式、活动法兰式、活动法兰角尺形式、锥形保护管式。热电偶传感器如图 21-11 所示。

图 21-11　热电偶传感器

热电偶是温度测量中使用最广泛的传感器之一,其测量温区宽,一般在 −180～2800℃的温度范围内均可使用;测量的准确度和灵敏度都较高,尤其在高温范围内,有较高的精度。因此,国际实用温标规定,在 630.74～1064.43℃的温度范围内,用热电偶作为复现热力学温标的基准仪器,热电偶在一般的测量和控制系统中,常用于中高温区的温度检测。

常用的热电偶型号有 K、E、J、T、B、R 和 S 等。测温范围一般由热电偶的线径决定——线径越粗,所能测量的温度越高。

## 21.1.5　湿度传感器

湿度传感器是一种用于测量空气或其他气体中湿度的装置。它通常由一个能够感应湿度的传感器头和一个信号处理器组成。

湿度传感器的感应头通常采用高分子薄膜电容型器件,具有稳定性好、响应速度快、长期使用性能稳定、抗干扰能力强等特点。信号处理器通常采用单片机或集成电路,用于处理感应头输出的信号,并将其转换为可读的数据。

湿度传感器广泛应用于气象、工业、农业、医疗等领域,可以用于测量湿度、露点、温度等参数,并具有测量准确度高、响应速度快、使用寿命长等特点。

需要注意的是,不同的湿度传感器可能具有不同的性能和应用领域,因此在使用时需要根据具体情况选择合适的传感器型号和规格。

湿度是指空气中含有湿空气的量,通常用绝对湿度、相对湿度和露点温度表示。

但一般在工业上使用时,常用相对湿度的概念描述空气的含湿量。

湿度传感器常用于化纤、造纸、仓库、育种、机房、家电等各个领域,并随着精密加工和制造技术对环境要求的提高,人们对居室环境要求的进一步提升等而得到更广泛的应用。

另外,市场上已经出现 I2C 接口输出的温湿度传感器。

如 Sensirion 公司生产的 I2C 接口输出的温湿度传感器 SHT20、SHT7X 系列等。

SHT20 数字温湿度传感器如图 21-12 所示,SHT71 通用型温湿度传感器如图 21-13 所示。

图 21-12　SHT20 数字温湿度传感器　　　　图 21-13　SHT71 通用型温湿度传感器

## 21.1.6　流量传感器

流量传感器是一种用于测量流量的装置,它能够测量管道中液体或气体的流量。根据不同的原理和应用领域,流量传感器有多种类型和用途。

在工业领域中,流量传感器被广泛应用于液体和气体的流量测量和控制。其中,差压式流量传感器是最常用的一种,它通过测量节流装置前后的压差来推算流量。此外,还有涡街流量传感器、涡轮流量传感器、电磁流量传感器、超声波流量传感器等不同类型的流量传感器。

流量传感器在环保、医疗、能源管理等领域也有广泛应用。例如,在环保领域中,流量传感器可用于监测气体和液体的排放量;在医疗领域中,流量传感器可用于监测呼吸和血液流量;在能源管理领域中,流量传感器可用于监测水、电、气等能源的消耗情况。

需要注意的是,不同的流量传感器可能具有不同的性能和应用领域,因此在使用时需要根据具体情况选择合适的传感器型号和规格。同时,为了保证流量传感器的准确性和可靠性,还需要进行定期维护和校准。

流量传感器如图 21-14 所示。

图 21-14　流量传感器

流量是工业生产过程及检测与控制中一个很重要的参数,凡是涉及具有流动介质的工艺流程,无论是气体、液体还是固体粉料,都与流量的检测与控制有着密切的关系。

流量有两种表示方式:一种是瞬时流量,即单位时间所通过的流体容积或质量;另一种是累积流量,即在某段时间间隔内流过流体的总量。

检测流量的装置是多种多样的。从检测方法上说,可分为两大类:一类是直接检测,即从流量的定义出发,同时检测流体流过的体积(或重量)和时间;另一类是间接检测,即检测与流量或流速有关的其他物理参数并算出流量值。直接检测可以得到准确的结果,所得数据是在某一时间间隔内流过的总量。在瞬时流量不变的情况下,用这种方法可求出平均流量,但这种方法不能用于检测瞬时流量。一般流量检测装置是以间接检测为基础,然后用计算方法确定被测参数与流量之间的关系数据。

按流量计检测的原理,可分为差压流量计、转子流量计、容积流量计、涡轮流量计、漩涡流量计、电磁流量计和超声波流量计等。由于目前使用的流量计有上百种,测量原理、方法和结构特性各不相同,正确地予以分类是比较困难的。一般来说,一种测量原理是不能适用于所有情况的,必须充分地研究测量条件,根据仪表的价格、管道尺寸、被测流体的特性、被测流体的状态(气体、液体或蒸汽)、流量计的测量范围以及所要求的精确度选择流量计。

在空气流量的测量中,Honeywell 公司现在已生产出 HAF 系列数字式气流传感器,具有多种安装方式。

Honeywell 公司的 Zephyr 数字式气流传感器 HAF 系列——高准确度型为在指定的满量程流量范围及温度范围内读取气流数据提供一个数字接口。它们的绝热加热器和温度感应元件可帮助传感器对空气流或其他气流做出快速响应。

Zephyr 传感器设计用来测量空气和其他非腐蚀性气体的质量流量。它们采用标准流量测量范围，经过了全面校准，并利用一个设计在电路板上的"专用集成电路"(ASIC)进行温度补偿。

另外，Sensirion 公司也推出了 SDP800 系列数字式动态测量差压传感器，基于 CMOSens 传感器技术，将传感器元件、信号处理和数字标定集成于一个微芯片，具有较好的长期稳定性和重复性以及较宽的量程比，能够以超高精度，无漂移地测量空气和非腐蚀性气体的流量。

SDP800 系列是由 Sensirion 公司生产的数字式差压传感器，这些传感器专为高精度和动态测量而设计。SDP800 系列传感器的功能、特点和应用领域介绍如下：

(1) SDP800 系列传感器的功能。

SDP800 系列传感器具有如下功能：

① 差压测量——SDP800 系列传感器能够测量两个压力点之间的压力差异。

② 数字信号输出——传感器提供数字输出，如 I2C 接口，方便与微控制器或其他数字系统集成。

③ 校准数据——传感器内部存储了校准数据，以确保测量结果的准确性。

(2) SDP800 系列传感器的特点。

SDP800 系列传感器具有如下特点：

① 高精度——SDP800 系列传感器提供非常高的测量精度，适合对精确度要求高的应用。

② 快速响应时间——这些传感器能够快速响应压力变化，适用于动态或快速变化的压力测量。

③ 长期稳定性——传感器设计用于长期运行，保持测量的稳定性和可靠性。

④ 无须零点校准——SDP800 系列传感器不需要用户进行零点校准，即插即用。

⑤ 耐化学腐蚀——一些型号的传感器具有耐化学腐蚀的特性，可用于恶劣环境中。

(3) SDP800 系列传感器的应用领域。

SDP800 系列传感器可以应用于以下领域：

① HVAC(供暖、通风和空调)——用于监测空气流动和压力，以优化系统性能。

② 医疗设备——在呼吸机和其他医疗监测设备中测量气体流量和压力。

③ 实验室仪器——在实验室的精密设备中用于监测压力变化，如质谱仪。

④ 工业控制——监测和控制工业过程中的压力差。

⑤ 消费类产品——一些高端家用设备，例如智能烟雾探测器或空气质量监测器。

SDP800 系列数字式动态测量差压传感器如图 21-15 所示。

SDP810 是 SDP800 系列中一款，工作电压为 3～5.5V，测量范围为 ±500Pa(标定范围为 0～500Pa，测量范围中未标定部分无法确保其精度)，分辨率为 16 位可调，提供 I2C 数字接口，可以方便地将测量数据传输至控制器，完成流量的精确测量。

SDP810 与 STM32F103 的接口电路如图 21-16 所示。

图 21-15 SDP800 系列数字式动态
测量差压传感器

## 21.1.7 热释电红外传感器

热释电红外传感技术是 20 世纪 80 年代迅速发展起来的一门新兴学科。热释电红外线传感原理是基于：任何高于绝对温度的物体都会发出电磁辐射——红外线，但各种不同温度的物体所辐射的电磁能

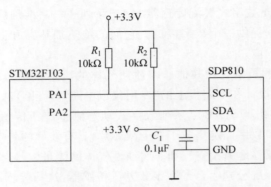

图 21-16　SDP810 与 STM32F103 的接口电路

及能量随波长的分布是不同的。

热释电红外传感器(Pyroelectric Infrared Sensor,PIR)是一种能检测人或动物发射的红外线而输出电信号的传感器。这种传感器利用热释电材料的自发极化强度随着外界温度的变化而产生电荷移动的特性,以非接触方式检测出人体辐射的红外能量的变化,将其转化成电信号,以电压或电流形式输出。

热释电传感器在结构上引入场效应管,其目的在于完成阻抗变换。由于热释电元输出的是电荷信号,并不能直接使用,因而需要用电阻将其转换为电压形式。故引入的 N 沟道结型场效应管应接成共漏形式来完成阻抗变换。热释电红外传感器由传感探测元、干涉滤光片和场效应管匹配器 3 部分组成。设计时应将高热电材料制成一定厚度的薄片,并在它的两面镀上金属电极,然后加电对其进行极化,这样便制成了热释电探测元。

根据信号处理电路的不同,热释电红外传感器分为模拟型和数字型两类。模拟型热释电红外传感器的信号处理电路是场效应管,而数字型热释电红外传感器的信号处理电路是数字芯片。

物体的表面温度越高,它辐射的能量就越强。人体红外辐射的光谱在 $7 \sim 14 \mu m$,其中心波长为 $9 \sim 11 \mu m$。

根据不同物体及不同温度体发出的红外光谱的不同,可对不同目标进行红外检测和判别,如温度的测定、火灾的预警、不同物体的识别、活动目标(人)的保安和防范、防盗等。为了区分人体(37℃左右)辐射的红外线和周围物体辐射的红外线,特别是近红外辐射,常在热释电传感探测元件前加一红外滤光片,以抑制人体以外的红外辐射干扰。

热释电红外线传感器件有多种,但大多是由高热电系数的锆钛酸铅系陶瓷,以及钽酸锂、硫酸三甘钛等配合滤波镜片窗口所组成的。利用这种传感器件,就可以非接触方式对物体辐射出的红外线进行检测,察觉红外线能量的变化,将其转换成相应的电信号。

PIR 传感器的品种较多,可按外形结构和内部构成的不同及性能分类。从封装、外形来分,有塑封式和金属封装(立式的和卧式的)等。从内部结构分,有单(探测)元器件、双元器件、四元器件及特殊型器件等。PIR 传感器的外形如图 21-17 所示。

图 21-17　PIR 传感器的外形图

从工作波长来分,有:

$\lambda$ 为 $1 \sim 20 \mu m$,适用于温度检测,如 LN-206、XYC-PIR203B-D0 型等。

$\lambda$ 为 $4.35 \pm 0.15 \mu m$,适用于火焰检测,如 XYC-PIR503A-M0 型等。

$\lambda$ 为 $7 \sim 14 \mu m$,是日常生活中常用的,如用于自动门、防盗报警、节能自动灯等,如 P228、LN084 等。

用于人体探测的热释电红外传感器,应采用双(探测)元或四元的器件,接收的红外线波长为 $6.5 \sim 14 \mu m$。要求器件的灵敏度高,噪声系数低,使用温度范围广。

热释电红外传感器是一种广泛应用于检测红外辐射变化的传感器。它们对温度变化非常敏感,特别是当物体移动时产生的红外辐射变化。PIR 传感器的一些主要应用领域如下:

(1) 安全和入侵检测——用于报警系统来检测非法入侵者的活动。

(2) 自动照明控制——在室内外照明系统中,当有人进入或离开房间时自动开关灯。

(3) 能源管理——帮助提高能效,通过检测人员的存在来控制空调、加热和通风系统。

(4) 家用电器——在各种家用电器中用于实现自动化功能,如自动马桶盖、自动水龙头等。

(5) 交通监控——用于监测和管理交通流量,如停车场的车辆检测。

(6) 自动门和电梯控制——检测人员接近自动门或电梯,从而触发开门或关闭动作。

(7) 健康监测——用于监测病人或老人的活动,以确保他们的安全和健康。

(8) 智能家居——集成到智能家居系统中,实现高级场景控制,例如,当房间无人时自动关闭电器开关。

PIR 传感器因其对移动物体的高敏感度、低能耗和易于集成而被广泛采用。这些特点使其成为自动化和安全应用的理想选择。

## 21.1.8 光电传感器

光电传感器(见图 21-18)是一种将光信号转换为电信号的装置。它基于光电效应的原理,利用光照射在物质上时,物质的电子吸收光子的能量而发生相应的电效应现象,进而将光信号转换为电信号。光电传感器通常由处理通路和处理元件两部分组成,其基本原理是以光电效应为基础,借助光电器件进一步将非电信号转换成电信号。光电传感器可用于检测直接引起光量变化的非电物理量,如光强、光照度、辐射测温、气体成分分析等,也可用来检测能转换成光量变化的其他非电量,如零件直径、表面粗糙度、应变、位移、振动、速度、加速度,以及物体的形状、工作状态的识别等。常见的光电传感器有光电管、光电倍增管、光敏电阻、光敏二极管、光敏三极管、光电池等。

光电传感器的作用是将光信息转换为电信号,它是一种利用光敏器件作为检测器件的传感器。光电传感器对光的敏感主要是利用半导体材料的电学特性受光照射后发生变化的原理,即光电效应原理。光电效应通常分为两类:

图 21-18 光电传感器

(1) 外光电效应——在光线作用下,物体内的电子受激逸出物体表面向外发射的现象。利用这类效应的传感器主要有光电管、光电倍增管等。

(2) 内光电效应——受光照射的物体电导率发生变化或产生光电动势的效应。它也可分为光电导效应(即电子吸收光子能量从键合状态转换为自由状态,从而引起电阻率变化)和光生伏特效应(物体在光线作用下产生一定方向的电动势)。

常用的光敏元件有光敏电阻、光敏二极管和光敏三极管。

光电传感器是一种利用光的传输和接收原理来检测物体存在与否的传感器。它们在各种行业和应用中广泛使用,光电传感器的主要应用领域如下:

(1) 工业自动化——在生产线、装配线和机器人系统中检测物品的位置、计数或对物品进行分类。

(2) 包装行业——用于检测包装材料的标记、包装盒的存在、瓶盖的正确放置或产品的完整性。

(3) 物流与仓储——在输送带上监测物品流动、自动化仓库中的物品定位和存取作业。

(4) 汽车工业——用于车辆内部的按钮和开关检测,以及在生产过程中的零件检测和定位。

（5）食品和饮料行业——检测食品生产线上的容器、包装和标签，确保质量控制。

（6）制药行业——用于检测药品的填充级别、瓶子的存在以及包装完整性。

（7）安全和监控——作为入侵检测系统的一部分，用于门禁系统和围栏保护。

（8）办公和打印设备——在打印机和复印机中检测纸张的位置和纸张堵塞。

（9）电梯与自动扶梯——检测人员的进出以确保安全操作。

（10）医疗设备——在医疗诊断设备中检测试剂的存在、液位和流动。

### 21.1.9 气敏传感器

气敏传感器是一种能够检测气体成分和浓度的传感器，通常用于环境保护和安全监督领域。它能够暴露在含各种成分的气体中使用，并能够在温度和湿度变化较大的环境中工作。然而，气体对气敏传感器的传感元件材料可能会产生化学反应，附着在元件表面，往往会使其性能变差。因此，对气敏传感器有下列要求：能够检测报警气体的允许浓度和其他标准数值的气体浓度，能长期稳定工作，重复性好，响应速度快，共存物质所产生的影响小等。

气敏传感器是一种检测气体浓度、成分并把它转换成电信号的器件或装置，可用于工厂和车间的各种易燃易爆或对人体有害气体的检测、工业装置的废气成分检测、一般家庭的可燃性气体泄漏检测等。

为了适应各种被测的气体，气敏传感器的种类很多，主要有金属氧化物半导体式、接触燃烧式、热传导式、固体电解式、伽伐尼电池式、光干涉式以及红外线吸收式等。

半导体气敏元件是利用被测气体与半导体表面接触时，其电学特性（例如，电导率）发生变化，以此检测特定气体的成分或气体的浓度。

液化气传感器 MQ-5 如图 21-19 所示。一氧化碳气体传感器 ECOSURE X 如图 21-20 所示。

图 21-19　液化气传感器 MQ-5　　　图 21-20　一氧化碳气体传感器 ECOSURE X

半导体气敏传感器主要用于检测低浓度的可燃性气体和毒性气体，如 $CO$、$H_2S$、$NO_x$、$Cl_2$ 及 $CH_4$ 等碳氢系气体，其测量范围为几 ppm 至几千 ppm。

气敏传感器在各个领域都有广泛的应用，主要用于监测和检测空气中的特定气体。气敏传感器主要的应用领域如下：

（1）家庭和商业安全——检测可燃气体（如天然气、丙烷）和有毒气体（如一氧化碳、硫化氢）泄漏，用于煤气报警器和一氧化碳报警器。

（2）环境监测——监测空气质量，检测污染物，如二氧化硫、氮氧化物、臭氧、挥发性有机化合物（VOC）等。

（3）工业安全——在化工厂、炼油厂、矿井和其他有潜在危险气体的环境中监测气体泄漏。

（4）医疗健康——检测呼吸气体中的特定标志物，用于疾病诊断和健康监测。

（5）汽车工业——监测车辆排放的气体，如废气处理系统中的氧气传感器。

（6）食品和饮料——监测生产过程中的气体成分，例如，二氧化碳在饮料碳酸化过程中的浓度。

（7）农业——监测温室中的气体浓度，如二氧化碳对作物生长的影响。

（8）科学研究——在实验室环境中监测和分析气体样本。

（9）消防和救援——检测有害气体以保护消防员和救援人员的安全。

（10）智能家居——集成到智能家居系统中，用于监测室内空气质量并自动调节通风系统。

气敏传感器的种类繁多，包括半导体型气敏传感器、电化学气敏传感器、红外气敏传感器、光离子化气敏传感器等，每种类型的传感器都有其特定的检测气体和应用场合。根据不同的应用需求，选择合适的气敏传感器非常重要。

## 21.1.10 霍尔传感器

霍尔传感器（Hall sensor）是一种基于霍尔效应（Hall effect）的磁场检测器件，它可以将磁场的强度转换成电压信号。霍尔效应是指当导体或半导体材料置于垂直于其电流方向的磁场中时，会在导体的侧面产生一个电势差，这个电势差称为霍尔电压。霍尔传感器能够检测到这个电压，并将其用作测量磁场强度的手段。TLE4966V 霍尔传感器芯片如图 21-21 所示。霍尔传感器如图 21-22 所示。

图 21-21 TLE4966V 霍尔传感器芯片

图 21-22 霍尔传感器

霍尔传感器的应用非常广泛，主要包括以下几方面：

（1）位置检测——霍尔传感器可以检测磁铁的位置，因此常用于无触点位置传感器，如汽车中的曲轴位置传感器、凸轮轴位置传感器，以及工业自动化中的各种位置检测。

（2）速度检测——通过检测旋转部件上的磁铁或磁性齿轮的通过频率，霍尔传感器可以用来测量旋转速度，例如，在汽车的 ABS 系统中检测车轮速度。

（3）电流检测——霍尔效应传感器可以用来测量通过导体的电流，因为电流产生的磁场可以被传感器检测到。这种无触点电流传感器广泛应用于电力监控和电池管理系统。

（4）接近开关——霍尔传感器可以作为接近开关使用，当磁铁接近时，传感器会检测到磁场变化并输出信号，常用于门窗的开关检测。

（5）线性位置传感器——霍尔传感器也可以设计成线性传感器，用于精确测量磁铁沿着传感器轴线的位置，这种应用在机器人和精密机械中很常见。

（6）液位检测——在一些液体容器中，通过在浮标中放置磁铁，并在容器外部放置霍尔传感器，可以检测液位的高低。

（7）电动机控制——在无刷直流电动机（BLDC）中，霍尔传感器用于检测转子的位置，以便精确控制电动机的换向和速度。

（8）智能手机——在智能手机中，霍尔传感器常用于检测翻盖式保护套的开闭状态，以自动唤醒或休眠手机。

霍尔传感器的优点包括结构简单、响应速度快、可靠性高、耐用性好,并且能够在恶劣的环境中工作。因此,它们在工业、汽车、消费电子等领域得到了广泛的应用。

### 21.1.11　应变式电阻传感器

应变式电阻传感器是一种用于测量物体表面应变的传感器。其工作原理是电阻应变效应,即当导体或半导体材料被拉伸或压缩时,其电阻会发生变化。这种变化与材料的应变成正比,因此可以通过测量电阻的变化来确定应变的大小。

应变式电阻传感器通常由一个非常细的导电箔片构成,这个箔片粘贴在一个薄膜上,薄膜则被粘贴在要测量应变的物体表面。当物体发生形变时,应变片也会随之形变,从而导致其电阻发生变化。这种变化通常很小,需要通过连接到应变片的电桥电路(如惠斯通电桥)来放大和测量。应变式电阻传感器如图 21-23 所示。

图 21-23　应变式电阻传感器

应变式电阻传感器的应用非常广泛,主要包括以下几方面:

(1)力量测量——通过将应变片粘贴在弹性元件(如弹簧、梁、扭杆等)上,来测量力量、压力、扭矩和重量等。这种应用在称重传感器、压力传感器和扭矩传感器中非常常见。

(2)位移测量——通过测量由于位移引起的弹性元件的应变,可以间接测量位移的大小。这在测量微小位移或变形时尤其有用。

(3)应力分析——在工程领域,应变片广泛应用于材料和结构的应力分析。通过在结构的关键位置粘贴应变片,可以监测结构在一定负荷下的性能,以确保其安全性和可靠性。

(4)振动分析——应变片可以用来检测机械结构的振动特性,帮助工程师分析和改进设计,减少不必要的振动。

(5)生物医学应用——在生物医学工程中,应变片可以用来测量人体肌肉的运动或者心脏的舒张和收缩。

(6)航空航天领域——在航空航天领域,应变片用于监测飞机结构在飞行中的应力状态,确保其在复杂飞行环境下的安全性。

应变式电阻传感器的优点包括高灵敏度、低成本、小尺寸和能够精确测量微小的形变。然而,它们也有一些局限性,如温度变化可能影响测量结果,因此在使用时需要进行适当的温度补偿。此外,应变片的安装和信号调理也需要专业知识,以确保测量的准确性。

### 21.1.12　压力传感器

压力传感器是一种用于测量液体或气体压力的装置,并将压力变化转换成电信号输出。压力传感器在工业、汽车、医疗、环境监测、航空航天等领域有着广泛的应用。

压力传感器如图 21-24 所示。

压力传感器通常由敏感元件(感应压力变化的部分)、信号转换电路(将机械信号转换为电信号)和封装外壳(保护内部元件)组成。它们可以测量绝对压力、相对压力、差压等不同类型的压力数据。

图 21-24 压力传感器

**1. 压力传感器分类**

根据工作原理和构造,压力传感器可以分为以下几类:

(1)应变式压力传感器(Strain Gauge Pressure Sensors)——利用应变片粘贴在弹性元件(如膜片、梁)上,当压力作用于弹性元件时,引起应变片电阻变化,从而检测压力变化。

(2)电容式压力传感器(Capacitive Pressure Sensors)——利用压力引起的电容变化来测量压力。这些传感器通常具有高精度和良好的长期稳定性。

(3)压电式压力传感器(Piezoelectric Pressure Sensors)——利用某些材料(如石英)在受力时产生电荷的压电效应来测量压力。它们适用于测量动态压力变化。

(4)光纤压力传感器(Fiber Optic Pressure Sensors)——利用光纤的光学特性变化来测量压力,优点是抗电磁干扰,适用于高电磁干扰的环境。

(5)磁电式压力传感器(Magnetoelastic Pressure Sensors)——利用磁性材料的磁阻变化来测量压力。

(6)其他类型——如膜盒式、陶瓷式、硅微机械(MEMS)压力传感器等。

**2. 压力传感器的应用**

压力传感器可以应用于以下领域:

(1)工业控制——在工业过程控制中,压力传感器用于监测和控制压力,以确保生产过程的稳定性和产品质量。

(2)汽车行业——用于监测发动机油压、燃油压力、轮胎气压等,以提高汽车性能和安全性。

(3)医疗设备——在呼吸机、血压监测器、静脉输液泵等医疗设备中用于监测和控制压力。

(4)气象学——用于测量大气压力,以预测天气变化。

(5)航空航天——监测飞机或航天器的燃料系统、液压系统的压力。

(6)海洋和地质探测——用于深海和地下的压力测量,以探测资源和进行地球物理学研究。

(7)环境监测——监测水压、气压等,用于环境保护和灾害预防。

选择合适的压力传感器时,需要考虑其测量范围、精度、稳定性、响应速度、工作温度范围、介质兼容性以及成本等因素。不同的应用场景对压力传感器的要求各不相同,因此在选择时需要根据具体需求来确定。

**3. 数字式压力传感器**

GE 公司已经推出 NPA 系列数字式表贴压力传感器,该系列产品尺寸小巧、内部集成了电路放大和数字化模块,可以简化传感器的周边电路设计,提高系统的可靠性和稳定性。

图 21-25 NPA-700B-001G 传感器

例如,NPA-700B-001G 是 GE 公司的一款数字式压力传感器,采用 14 引脚 SOIC 表贴封装,带有 2 个倒扣压力接口,测量范围为 0.36～1psi(7kPa),其输出为已校准的 I2C 数字输出,可以使用 I2C 接口很方便地将测量数据传输到控制器,完成压力测量及数据读取过程。

Honeywell 公司也可以提供 I2C 接口或 SPI 接口的数字式压力传感器,如 SSC 系列、HSC 系列等。NPA-700B-001G 传感器如图 21-25 所示。

### 21.1.13　CCD 图像传感器

CCD(Charge Coupled Devices,电荷耦合器件)图像传感器是一种新型光电转换器件,能存储由光产生的信号电荷。当对它施加特定时序的脉冲时,其存储的信号电荷便可在 CCD 内作定向传输而实现自扫描。它主要由光敏单元、输入结构和输出结构等组成。CCD 具有光电转换、信息存储和延时等功能,而且集成度高、功耗小,已经在摄像、信号处理和存储三大领域中得到广泛的应用,尤其是在图像传感器应用方面取得了令人瞩目的发展。

CCD 图像传感器按照面阵和线阵来分类,面阵是把 CCD 像素排成一个平面器件,而线阵则把 CCD 像素排成一个直线器件。由于在军事领域主要用的是面阵 CCD,因此这里主要介绍面阵 CCD。

在制造方面,CCD 图像传感器的制造技术在半导体部分的制造过程、彩色滤光片和微透镜的产生中通常不同于一般的 CMOS 逻辑制造技术。

CCD 的工作原理主要是将光线转换为电子信号。CCD 传感器由多个小的光电器件组成,每个器件都是一个光电晶体管。当光线照射到光电晶体管上时,就会产生电子,这些电子会被收集到晶体管的基极上,形成一个电荷。当 CCD 传感器工作时,光子会照射到 CCD 面板上,并在光电晶体管中产生电子。这些电子会在面板上移动,并在每个晶体管间通过接口移动。这样,传感器内所有晶体管上产生的电子都会在短时间内汇聚在一个地方,形成一个电荷堆。最后,这个电荷堆会被读出并转换成数字信号,这些数字信号就是图像的数据。通过这种方式,CCD 传感器可以将光线转换为电子信号,并存储为数字图像。CCD 传感器如图 21-26 所示。

图 21-26　CCD 传感器

CCD 图像传感器的主要应用领域包括:

(1)医疗影像学。用于 X 光摄影、CT 扫描、核磁共振成像等医学影像学检查。CCD 传感器能够高效地转换成像素数据,将图像传输到计算机上进行处理和分析,帮助医生进行疾病诊断和治疗。此外,CCD 还可以应用于内窥镜、显微镜等医疗设备,提高影像质量和诊断准确性。

(2)工业检测。在工业领域,CCD 被广泛应用于机器视觉系统中。机器视觉系统利用 CCD 传感器采集物体图像,通过图像处理算法进行分析和识别,实现自动检测、质量控制、物体定位和测量等工业应用。例如,在电子制造业中,CCD 可用于检测电路板上的缺陷,提高生产效率和产品质量。

(3)监控装置。在交通、安全监控等领域,CCD 图像传感器可以用于捕捉和传输实时图像,帮助实现安全监控和预警系统等功能。

(4)科学仪器。在科学领域,CCD 图像传感器可用于光谱分析、显微成像、天文观测等科学实验中,帮助科学家进行科学研究和探索。

(5)国防军事。在国防军事领域,CCD 图像传感器可用于无人驾驶车辆的导航、侦察设备的图像采集、导弹精确制导等方面,提高军事装备的技术水平。

此外,CCD 图像传感器还广泛应用于数字相机、摄像机、扫描仪等消费电子产品中。

## 21.1.14　位移传感器

位移传感器是一种用于测量物体位移或位置的传感器,它可以将物体的位置或位移转换为电信号或数字信号输出,以便进行数据采集、控制或其他应用。

位移传感器通常可以根据其测量原理进行分类,以下是一些常见的位移传感器。

(1) 电容式位移传感器。通过测量电容变化来确定物体的位移,例如,平行板电容式位移传感器。

(2) 拉绳式位移传感器。通过测量拉绳的伸缩变化来确定物体的位移,例如,拉绳位移传感器。

(3) 光电式位移传感器。通过测量光电传感器输出信号的变化来确定物体的位移,例如,光电编码器。

(4) 磁性位移传感器。通过测量磁场的变化来确定物体的位移,例如,霍尔传感器。

(5) 压阻式位移传感器。通过测量电阻的变化来确定物体的位移,例如,压阻式位移传感器。

位移传感器广泛应用于机械制造、自动化控制、航空航天、医疗设备、机器人等领域。例如,在机器人领域,位移传感器可以用于测量机器人末端执行器的位置,以便进行精确的运动控制;在航空航天领域,位移传感器可以用于测量飞行器的位置和姿态,以便进行自主导航和控制。

**1. 位移传感器的定义和分类**

位移传感器是把物体的运动位移转换成可测量的电学量的一种装置。按照运动方式可分为线位移传感器和角位移传感器;按被测量变换的形式可分为模拟式和数字式两种;按材料可分为导电塑料式、电感式、光电式、金属膜式、磁致伸缩式等。

小位移通常用应变式、电感式、差动变压器式、涡流式、霍尔传感器测量,大位移通常用感应同步器、光栅、容栅、磁栅等传感器测量。常用的位移传感器有 Omega 公司的 LD640 Series、LD650 Series,KEYENCE 公司的 GT2-A12、GT2-P12 等。下面以直线位移传感器为例介绍位移传感器的工作原理。

**2. 直线位移传感器的工作原理**

直线位移传感器也叫作电子尺,其作用是把直线机械位移量转换成电信号。通常可变电阻滑轨放置在传感器的固定部位,通过滑片在滑轨上的位移测量不同的阻值。传感器滑轨连接稳态直流电压,滑片和始端之间的电压与滑片移动的长度成正比。其外形如图 21-27 所示。

图 21-27　直线位移传感器外形图

**3. 位移传感器的应用领域**

位移传感器用于测量物体位置的变化,它们能够检测线性或角位移,并将这些信息转换成电信号。位移传感器的应用领域如下:

(1) 工业自动化——在机械臂、自动化生产线和机床中监测和控制机械部件的精确位置。

(2) 汽车工业——用于车辆悬挂系统中监测轮胎和车身的相对位置,以及在转向系统中检测方向盘的转角。

(3) 航空航天——在飞机和航天器上监测控制面、起落架和其他关键部件的位置。

(4) 土木工程和建筑——监测建筑物、桥梁和大坝的微小移动,以预警结构健康问题。

(5) 医疗设备——在医疗成像设备(如 MRI 和 CT 扫描仪)中,确保精确的患者定位和图像捕获。

(6) 机器人技术——在机器人关节和执行器中提供精确的位置反馈,以实现复杂的运动控制。

(7) 海洋和地质勘探——测量海底或地下的位移,用于资源勘探和地质研究。

(8) 科学研究——在实验室精密仪器中,如显微镜和光谱仪,用于精确控制样品位置。

（9）消费电子——在游戏控制器、智能手机和平板电脑中检测设备的移动和定位。

（10）能源产业——在风力发电机和其他可再生能源设备中监测和优化移动部件的位置。

（11）物流和仓储——在自动化仓库管理系统中，监测货物的位置和自动搬运设备的运动。

位移传感器的种类繁多，包括电位计、LVDT（线性可变差动变压器）、光学编码器、磁性传感器等，每种都有其独特的优点和适用场景。随着技术的发展，位移传感器变得更加精确和可靠，进一步扩展了它们的应用范围。

### 21.1.15 加速度传感器

加速度传感器是一种能够测量物体加速度的装置，它可以将加速度转换为相应的电信号输出。加速度传感器通常用于测量物体的线性加速度或者重力加速度。加速度传感器在工程和科学领域发挥着重要作用，可以实现对物体加速度变化的准确监测和控制。

加速度传感器广泛应用于许多领域，包括汽车、航空航天、移动设备、智能手机的屏幕旋转功能、运动追踪设备等。

B&K 公司生产的 4504-A 型加速度传感器如图 21-28 所示，该传感器适用于通用振动测量。

图 21-28　4504-A 型加速度传感器

加速度传感器可以根据其工作原理和测量范围进行分类，以下是一些常见的加速度传感器类型：

（1）电容式加速度传感器。通过测量质量受到的惯性力而确定加速度，常用于低频率和小加速度的测量。

（2）压电式加速度传感器。通过测量压电晶体或压电陶瓷的压电效应来测量加速度，常用于高频率和大加速度的测量。

（3）谐振式加速度传感器。通过测量谐振质量受到的惯性力来测量加速度，常用于高精度和高频率的测量。

**1. 加速度传感器的定义及原理**

加速度传感器是能感受加速度并转换成可用输出信号的传感器。加速度传感器按运动方式可分为线加速度传感器和角加速度传感器；按材料可分为压电式、压阻式、电容式和伺服式。目前多数加速度传感器是基于压电效应的原理工作的，即利用压电陶瓷或石英晶体的压电效应，在加速度计受振时，质量块加在压电元件上的力也随之变化。当被测振动频率远低于加速度计的固有频率时，则力的变化与被测加速度成正比。

**2. 常用的加速度传感器**

常用的加速度传感器有 ADXL345、MMA7260 等。下面以 ADXL345 为例介绍加速度传感器的原理及应用。

ADXL345 是一款完整的三轴加速度测量系统，可选择的测量范围有 ±2g、±4g、±8g 或 ±16g，其引脚如图 21-29 所示。

ADXL345 引脚功能介绍如下：

VDD——数字接口电源电压。

GND——接地端。

VS——电源电压。

$\overline{\text{CS}}$——当采用 I2C 通信模式时，片选引脚上拉至 VDD；当采用 SPI 通信模式时，片选引脚由总线主机控制。

| ADXL345 | | |
|---|---|---|
| VDD — 1 | 14 — SCL/SCLK | |
| GND — 2 | 13 — SDA/SDI/SDIO | |
| RESERVED — 3 | 12 — SDO/ALT ADDRESS | |
| GND — 4 | 11 — RESERVED | |
| GND — 5 | 10 — NC | |
| VS — 6 | 9 — INT2 | |
| $\overline{\text{CS}}$ — 7 | 8 — INT1 | |

图 21-29　ADXL345 引脚图

INT1——中断 1 输出。

INT2——中断 2 输出。

SDO/ALT ADDRESS——串行数据输出(SPI 4 线)/备用 I2C 地址选择(I2C)。

SDA/SDI/SDIO——串行数据(I2C)/串行数据输入(SPI 4 线)/串行数据输入和输出(SPI 3 线)。

SCL/SCLK——串行通信时钟。SCL 为 I2C 时钟,SCLK 为 SPI 时钟。

ADXL345 既能测量运动或冲击导致的动态加速度,也能测量静止加速度,例如,重力加速度,因此器件可作倾角测量仪使用。此外,ADXL345 还集成了一个 32 级 FIFO 缓存器,用来缓存数据以减轻处理器的负担。

**3. 加速度传感器的应用领域**

加速度传感器是一种测量加速度力的装置,可以检测和量化物体的速度变化。这些传感器在多个领域有着广泛的应用,包括:

(1) 消费电子——在智能手机、平板电脑和游戏控制器中,用于屏幕方向更改、运动跟踪和用户界面控制。

(2) 汽车工业——用于车辆动态控制系统,如防抱死制动系统(ABS)、电子稳定程序(ESP)和气囊部署系统。

(3) 航空航天——在飞机和航天器中用于导航、稳定和飞行控制。

(4) 运动和健康监测——集成在可穿戴设备和健身追踪器中,用于监测步数、运动模式、睡眠质量等。

(5) 工业和机械——用于监测机器的振动和健康状况,预防故障和维护计划。

(6) 建筑和土木工程——用于监测建筑物和桥梁的结构健康,检测微小的移动或振动,预防结构损坏。

(7) 地震学——在地震监测站用于记录地面运动,帮助评估地震的强度和影响。

(8) 机器人——用于平衡控制和运动检测,使机器人能够更精确地导航和执行任务。

加速度传感器通常是基于微电子机械系统(MEMS)技术,这使得它们小巧、低成本,并且能够集成到各种设备中。随着技术的进步,加速度传感器的应用范围仍在不断扩大。

## 21.1.16　PM2.5 传感器

PM2.5 传感器是一种用于测量空气中颗粒物(颗粒物直径小于或等于 $2.5\mu m$)浓度的装置。该传感器通常采用激光散射原理或者光学传感技术,能够实时监测空气中微小颗粒物的浓度,并将数据转换为电信号输出。这些传感器通常用于空气质量监测、环境污染控制、室内空气净化等领域。PM2.5 传感器的使用有助于人们了解空气中微小颗粒物的浓度,从而采取相应的措施来保护健康和环境。PM2.5 传感器的工作原理方框图如图 21-30 所示。

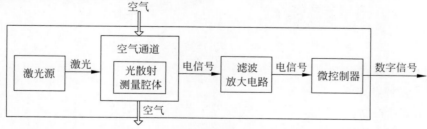

图 21-30　PM2.5 传感器的工作原理方框图

PM2.5 传感器的应用领域包括：

（1）环境监测——在城市和工业区域监测空气质量，为政府和环保机构提供数据以制定和执行空气质量标准。

（2）家庭和办公室——集成在空气净化器、HVAC 系统（供暖、通风和空调）和室内空气质量监测器中，以确保室内空气质量。

（3）可穿戴设备——在个人空气质量监测器中使用，让用户能够了解他们所处环境的空气质量。

（4）汽车——在车辆内部空气净化系统中使用，确保车内空气质量。

（5）公共卫生——用于研究空气污染与健康问题之间的关系，如呼吸系统疾病和心血管问题。

（6）建筑业——在智能建筑管理系统中使用，自动调节空气流通和净化，提高居住和工作环境的舒适度。

（7）工业排放监测——监测工厂和生产设施的排放，确保符合环境法规的要求。

（8）气象研究——分析 PM2.5 颗粒物的来源、分布和迁移模式，以及它们对天气和气候的影响。

随着人们对健康和环境问题的关注日益增加，PM2.5 传感器的应用和需求预计将继续增长。这些传感器所提供的实时的空气质量数据，可帮助我们做出更明智的健康和生活选择。

赛默飞世尔科技公司（Thermo Fisher Scientific Inc.）是一家总部位于美国的跨国公司，专注于为科学研究、健康保健、工业生产等领域提供分析仪器、实验室耗材、软件、服务和生物技术产品。该公司成立于 2006 年，由赛默飞（Thermo Electron）和费世尔科学（Fisher Scientific）合并而成，因此命名为"赛默飞世尔"。

pDR-1500 个人便携式监测仪是赛默飞世尔公司的一款完全一体式实时高精密度采样仪器，具有极强易用性和更长的续航时间。

从现场污染整治监测，到健康影响研究，再到建筑/拆除项目等，pDR-1500 能够灵活地提供实时监测结果和测重验证。该仪器重量轻，可轻松将其固定在皮带上或安装在一个固定位置运行。

pDR-1500 配备相对湿度补偿、真正体积流量、压力补偿和传统 pDR 散射比浊法技术，能够补偿所有典型的环境变量。pDR-1500 气溶胶监测仪还配备可互换旋风器，能提供极佳的适用于 PM10 & PM4 或 PM2.5 & PM1 的颗粒物截留点，另配备可用于所有数据测重后验证的集成样品过滤器。

美国赛默飞世尔 pDR-1500 个人便携式监测仪如图 21-31 所示。

图 21-31　赛默飞世尔 pDR-1500 个人便携式监测仪

（1）pDR-1500 的主要特点。

pDR-1500 的主要特点如下：

① 真正的体积流量控制。

② 对环境变量的完全补偿。

③ 灵活的数据记录程序。

（2）附加信息。

① 气体动力学颗粒物截留点范围：$1.0 \sim 10 \mu m$。

② 浓度显示更新间隔：1s。

③ 数据记录平均期（用户可选）：$1s \sim 1h$。

④ 内存中的数据点总量：$>500\,000$。

⑤ 数据标签数量：99（最大值）。

⑥ 串行接口：USB/RS-232，19 200b/s。

pDR-1500 应用领域：现场污染整治、粒径分辨、质量验证、暴露建模和哮喘患者保护。

## 21.2 量程自动转换与系统误差的自动校正

量程自动转换和系统误差的自动校正是传感器和测量系统中常见的功能，用于提高测量的准确性和可靠性。

量程自动转换是指传感器或测量系统能够根据被测量物体的变化自动调整测量范围，以确保测量结果的准确性。当被测量物体的变化超出了传感器的当前量程时，传感器可以自动切换到更适合的量程，以避免测量范围不足或过载的情况发生。这种功能可以提高传感器的适用范围，同时减少测量误差。

系统误差的自动校正是指传感器或测量系统能够自动检测和校正由于环境变化、老化或其他因素引起的系统误差。传感器可以通过内部的校准算法或外部的校准装置，对测量结果进行实时的校正，以确保测量结果的准确性和稳定性。这种功能可以减少人工干预，提高测量系统的可靠性和稳定性。

这两种功能的应用可以使传感器和测量系统更加智能化，能够自动适应复杂和变化的测量环境，提高测量的精度和可靠性。

### 21.2.1 模拟量输入信号类型

在接到一个具体的测控任务后，需根据被测控对象选择合适的传感器，从而完成非电物理量到电量的转换，经传感器转换后的量，如电流、电压等，往往信号幅度很小，很难直接进行模/数转换，因此，需对这些模拟电信号进行幅度处理和完成阻抗匹配、波形变换、噪声的抑制等要求，而这些工作需要放大器完成。

模拟量输入信号主要有以下两类。

第一类为传感器输出的信号，如：

（1）电压信号——一般为毫伏信号，如热电偶（TC）的输出或电桥输出。

（2）电阻信号——单位为欧姆，如热电阻（RTD）信号，通过电桥转换成毫伏信号。

（3）电流信号——一般为微安信号，如电流型集成温度传感器 AD590 的输出信号，通过取样电阻转换成毫伏信号。

以上这些信号往往不能直接进行模/数转换，因为信号的幅值太小，需经运算放大器放大后，变换成标准电压信号，如 $0 \sim 5V$、$1 \sim 5V$、$0 \sim 10V$、$-5 \sim +5V$ 等，送往模/数转换器进行采样。有些双积分模/数转换器的输入为 $-200 \sim +200mV$ 或 $-2 \sim +2V$，有些模/数转换器内部带有程控增益放大器（PGA），可直接接收毫伏信号。

第二类为变送器输出的信号，如：

（1）电流信号——$0 \sim 10mA$（$0 \sim 1.5k\Omega$ 负载）或 $4 \sim 20mA$（$0 \sim 500\Omega$ 负载）。

（2）电压信号——$0 \sim 5V$ 或 $1 \sim 5V$ 等。

电流信号可以远传,通过一个标准精密取样电阻就可以变成标准电压信号,送往模/数转换器进行采样,这类信号一般不需要放大处理。

## 21.2.2  量程自动转换

由于传感器所提供的信号变化范围很宽(从微伏到伏),特别是在多回路检测系统中,当各回路的参数信号不一样时,必须提供各种量程的放大器,才能保证送到计算机的信号一致(如 $0\sim5V$)。在模拟系统中,为了放大不同的信号,需要使用不同倍数的放大器。而在电动单位组合仪表中,常常使用各种类型的变送器,如温度变送器、差压变送器、位移变送器等。但是,这种变送器造价比较高,系统也比较复杂。随着计算机的应用,为了减少硬件设备,已经研制出可编程增益放大器(Programmable Gain Amplifier,PGA)。它是一种通用性很强的放大器,其放大倍数可根据需要用程序进行控制。采用这种放大器,可通过程序调节放大倍数,使模/数转换器满量程信号达到均一化,从而大大提高测量精度。这就是量程自动转换。

## 21.2.3  系统误差的自动校正

系统误差是指在相同条件下,经过多次测量,误差的数值(包括大小、符号)保持恒定,或按某种已知的规律变化的误差。这种误差的特点是:在一定的测量条件下,其变化规律是可以掌握的,产生误差的原因一般也是知道的。因此,从原则上讲,系统误差是可以通过适当的技术途径确定并加以校正的。在系统的测量输入通道中,一般均存在零点偏移和漂移,产生放大电路的增益误差及器件参数的不稳定等现象,它们会影响测量数据的准确性,这些误差都属于系统误差。有时必须对这些系统误差进行校准。下面介绍一种实用的自动校正方法。

这种方法的最大特点是由系统自动完成,不需要人的介入,全自动校准电路如图 21-32 所示。该电路的输入部分加有一个多路开关。系统在刚通电时或每隔一定时间时,自动进行一次校准。这时,先把开关接地,测出这时的输入值 $x_0$;然后把开关接标准电压 $V_R$,测出输入值 $x_1$,设测量信号 $x$ 与 $y$ 的关系是线性关系,即 $y=a_1x+a_0$,由此得到如下两个误差方程:

$$\begin{cases} V_R=a_1x_1+a_0 \\ 0=a_1x_0+a_0 \end{cases}$$

解此方程组,得:

$$\begin{cases} a_1=V_R/(x_1-x_0) \\ a_0=V_Rx_0/(x_1-x_0) \end{cases}$$

从而得到校正公式:

$$y=V_R(x-x_0)/(x_1-x_0)$$

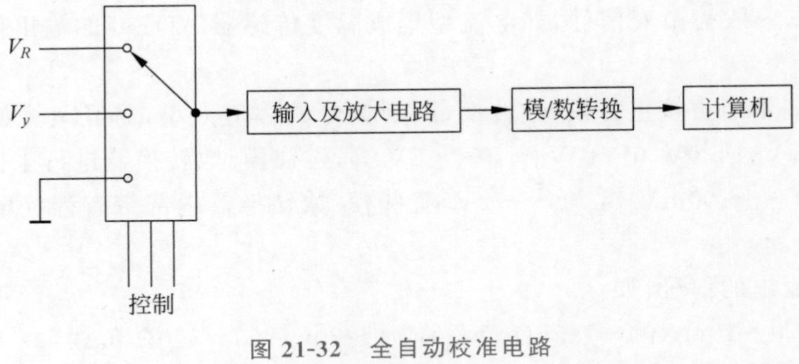

图 21-32  全自动校准电路

采用这种方法测得的 $y$ 与放大器的漂移和增益变化无关,与 $V_R$ 的精度也无关。这样可大大提高测量精度,降低对电路器件的要求。

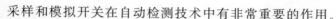

## 21.3　采样和模拟开关

采样和模拟开关在自动检测技术中有非常重要的作用。

采样是在测试设备中对物理量进行测试的关键步骤。比如在设计测试设备时,经常需要测试多个不同点的同类物理量,此时通常会采用信号调理及模/数转换器部分共用,采样是多通道分时采样。

模拟开关(Analog Switch)是一种可以方便地实现模拟信号切换的开关。它可以通过逻辑信号实现模拟信号的切换。在多通道选择采样的应用场景中,模拟开关具有重要的作用。

**1. 信号的类型和性质**

信号是传递信息的一种方式,它可以分为连续信号和离散信号两种。连续信号是指在时间上连续变化的信号,离散信号则是指在时间上取值有限的信号。信号的性质可以包括幅度、频率、相位等。

**2. 采样定理的基本概念**

采样定理是指,如果一个连续信号的频率最高为 $F$ 赫兹,则只需要每秒采样 $F$ 赫兹的采样频率就能够完整地表示这个信号。采样定理是数字信号处理的基础,它为离散信号的采样提供了理论依据。

**3. 采样频率的选择**

采样频率的选择要根据信号的性质和所需的精度来确定。一般来说,采样频率应该是信号最高频率的两倍以上。如果采样频率太低,则会导致信号失真;如果采样频率太高,则会产生冗余数据,增加处理难度和存储空间。

**4. 离散信号的采样**

离散信号的采样是指将连续信号转换为离散信号的过程。在实际应用中,我们通常使用模/数转换器来进行采样。在采样过程中需要注意采样的精度和噪声干扰等问题。

**5. 采样定理的证明**

采样定理的证明通常采用傅里叶变换的方法。如果一个连续信号的频谱是有限的,那么在频域上,信号的频谱将会有重叠。当采样频率高于两倍的最高频率时,频域上的重叠就会消失,从而保证了信号的完整表示。

**6. 采样定理的应用**

采样定理在数字信号处理中有着广泛的应用。例如,在音频处理中,通常使用 44 100 Hz 的采样频率来处理音频信号;在图像处理中,通常使用每秒 25 帧的帧率来保证图像的流畅播放。

**7. 信号重建的方法**

在某些情况下,我们需要在离散信号的基础上重建原始的连续信号。这通常需要采用逆变换的方法,例如,通过 IDFT(Inverse Discrete Fourier Transform,离散傅里叶逆变换)进行逆变换重建信号。这种重建过程需要注意噪声干扰和精度等问题。

**8. 采样定理的推广**

采样定理不仅适用于正弦波等单一频率的信号,还适用于复杂的调制信号和随机信号等。此外,除了傅里叶变换方法外,还有小波变换等方法可以用于信号的分析和处理。这些方法在某些情况下可以提供更好的处理效果和更高的精度。

### 21.3.1　信号和采样定理

下面讲述信号类型和采样过程的数学描述。

**1. 信号类型**

计算机控制系统中信号的具体变换与传输过程如图 21-33 所示。

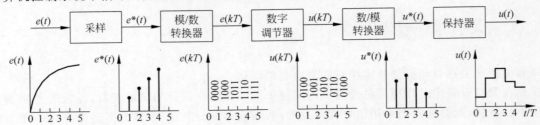

图 21-33　计算机控制系统中信号的具体变换与传输过程

模拟信号——时间上、幅值上都连续的信号,如图 21-16 中的 $e(t)$、$u(t)$。

离散模拟信号——时间上离散,幅值上连续的信号,如图 21-16 中的 $e^*(t)$、$u^*(t)$。

数字信号——时间上离散,幅值也离散的信号,计算机中常用二进制表示,如图 21-16 中的 $e(kT)$、$u(kT)$。

采样——将模拟信号抽样成离散模拟信号的过程。

量化——采用一组数码(如二进制数码)逼近离散模拟信号的幅值,将其转换成数字信号。

从图 21-33 可以清楚地看出,计算机获取信号的过程是由模/数转换器完成的。从模拟信号 $e(t)$ 到离散模拟信号 $e^*(t)$ 的过程就是采样,其中,$T$ 是采样周期。显然合理地选择采样周期是必要的,$T$ 过大会损失信息,$T$ 过小会使计算机的负担过重,即存储于运算的数据过多。模/数转换的过程就是一个量化的过程。

数/模转换的过程则是将数字信号解码为模拟离散信号并转换为相应时间的模拟信号的过程。

计算机被引入控制系统之后,由于其运算速度快,精度高,存储容量大,以及它强大的运算功能和可编程性,一台计算机可以采用不同的复杂控制算法同时控制多个被控对象或控制量,可以实现许多连续控制系统难以实现的复杂控制规律。由于控制规律是用软件实现的,所以要修改一个控制规律,无论复杂还是简单,只需修改软件即可,一般不需变动硬件进行在线修改,使系统具有很大的灵活性和适应性。

**2. 采样过程的数学描述**

离散系统的采样形式有:

(1) 周期采样——以相同的时间间隔进行采样,即 $t_{k+1}-t_k=$ 常量$(T)(k=0,1,2,\cdots)$。$T$ 为采样周期。

(2) 多阶采样——在这种形式下,$(t_{k+r}-t_k)$ 是周期性重复,即 $t_{k+r}-t_k=$ 常量,$r>1$。

(3) 随机采样——采样周期是随机的,不固定的,可在任意时刻进行采样。

以上 3 种形式,以周期采样用得最多。

所谓采样,是指按一定的时间间隔 $T$ 对时间连续的模拟信号 $x(t)$ 取值,得到 $x^*(t)$ 或 $x(nT)(n=\cdots,-1,0,+1,2,\cdots)$ 的过程。我们称 $T$ 为采样周期,称 $x^*(t)$ 或 $x(nT)(n=\cdots,-1,0,+1,\cdots)$ 为离散模拟信号或时间序列。请注意,离散模拟信号是时间离散、幅值连续的信号。因此,对 $x(t)$ 采样得 $x^*(t)$ 的过程也称为模拟信号的离散化过程。模拟信号采样或离散化的示意图如图 21-34 所示。

### 21.3.2　采样/保持器

模拟信号经过采样变成了时间上离散的采样信号(频域中表现为无穷多个周期频谱),经过低通滤波和模/数转换变成了数字上也离散的数字信号。相反地,数字信号经过数/模转换变成了数值上连续信

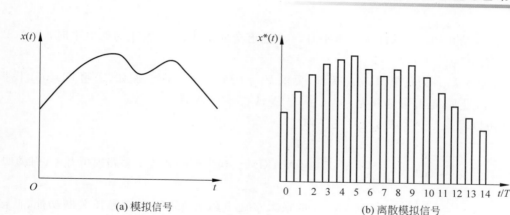

(a) 模拟信号　　　　　　　　　(b) 离散模拟信号

图 21-34　模拟信号采样或离散化的示意图

号,再经过低通的保持作用,仅保留基频滤去高频变成了时间上也连续的模拟信号,从而完成了信号恢复过程。

由于数/模转换的输出信号只是幅值上连续而时间上离散的离散模拟信号,所以时间上还需要做连续化处理的保持作用。保持器就是把离散模拟信号通过时域中的保持效应变成时间上连续的模拟信号。

采样/保持器(Sample/Hold)是一种用于模拟量输入通道中的装置,其功能是在采样时刻存储模拟量值,并在保持状态将该值提供给后续电路使用。采样/保持器能够提高模拟信号的抗干扰能力和准确度,并能够实现连续时间的采样和保持。

在采样阶段,采样/保持器会接收连续的模拟信号,并在特定的采样时刻将该信号的值存储起来。这个过程通常由一个开关来实现,开关在采样时刻导通,将模拟信号的值存储在保持器中。

在保持阶段,采样/保持器会保持之前采样时刻存储的模拟信号值,并将其提供给后续电路使用。这个过程通常由一个运算放大器来实现,通过负反馈将保持器中的值跟随模拟信号的变化而变化。

采样/保持器通常被应用于各种需要高精度、高抗干扰能力测量的领域,如医疗设备、工业控制系统、测量仪器等。

### 21.3.3　模拟开关

在用计算机进行测量和控制的过程中,经常需要有多路和多参数的采集和控制,如果每一路都单独采用各自的输入回路,即每一路都采用放大、采样/保持、模/数转换等环节,不仅成本比单路成倍增加,而且会导致系统体积庞大,且由于模拟器件、阻容元件参数特性不一致,给系统的校准带来了很大困难;并且对于多路巡检如 128 路信号采集情况,每路单独采用一个回路几乎是不可能的。因此,除特殊情况下采用多路独立的放大、模/数转换和数/模转换外,通常采用公共的采样/保持及模/数转换电路,而要实现这种设计,往往采用多路模拟开关。

模拟开关是一种能够完成信号链路中的信号切换功能的设备,采用MOS(Metal Oxide Semiconductor,金属氧化物半导体)管的开关方式实现对信号链路的关断或者打开。由于其功能类似于开关,而用模拟器件的特性实现,因此称为模拟开关。模拟开关在电子设备中主要起接通信号或断开信号的作用。由于模拟开关具有功耗低、速度快、无机械触点、体积小和使用寿命长等特点,因此,在自动控制系统和计算机中得到了广泛应用。

#### 1. CD4051

CD4051 为单端 8 通道低价格模拟开关,引脚如图 21-35 所示。

图 21-35　CD4051 引脚图

其中 INH 为禁止端,当 INH 为高电平时,8 个通道全部禁止;当 INH 为低电平时,由 A、B、C 决定选通的通道,COM 为公共端。

$V_{DD}$ 为正电源,$V_{EE}$ 为负电源,$V_{SS}$ 为地,要求 $V_{DD} + |V_{EE}| \leqslant 18V$。例如,采用 CD4051 模拟开关切换 0～5V 电压信号时,电源可选取为:$V_{DD} = +12V, V_{EE} = -5V, V_{SS} = 0V$。

CD4051 可以完成 1 变 8 或 8 变 1 的工作。

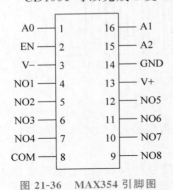

图 21-36　MAX354 引脚图

**2. MAX354**

MAX354 是 MAXIM 公司生产的 8 选 1 多路模拟开关,引脚如图 21-36 所示。

MAX354 的最大接通电阻为 350Ω,具有超压关断功能,低输入漏电流,最大为 0.5nA,无上电顺序,输入和 TTL、CMOS 电平兼容。

另外,美国 ADI 公司的 ADG508F 与 MAX354 引脚完全兼容。

**3. CD4052**

CD4052 为低成本差动 4 通道模拟开关,引脚如图 21-37 所示。其中,X、Y 分别为 X 组和 Y 组的公共端。

**4. MAX355**

MAX355 是 MAXIM 公司生产的差动 4 通道模拟开关,引脚如图 21-38 所示。其中,COMA、COMB 分别为 A 组和 B 组的公共端。

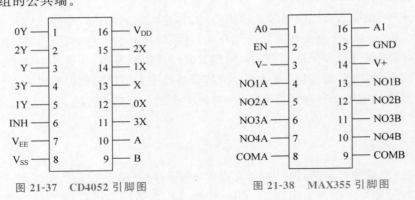

图 21-37　CD4052 引脚图　　　　图 21-38　MAX355 引脚图

MAX355 除为差动 4 通道外,其他性能参数与 MAX354 相同。

另外,美国 ADI 公司的 ADG509F 与 MAX355 引脚完全兼容。

## 21.3.4　32 通道模拟量输入电路设计实例

在计算机控制系统中,往往有多个测量点,需要设计多路模拟量输入通道。下面以 32 通道模拟量输入电路为例介绍其设计方法。

**1. 硬件电路**

32 通道模拟量输入电路如图 21-39 所示。

在图 21-39 中,采用 74HC273 八 D 锁存器,74HC138 译码器,CD4051 模拟开关扩展了 32 路模拟量输入通道 AIN0～AIN31。

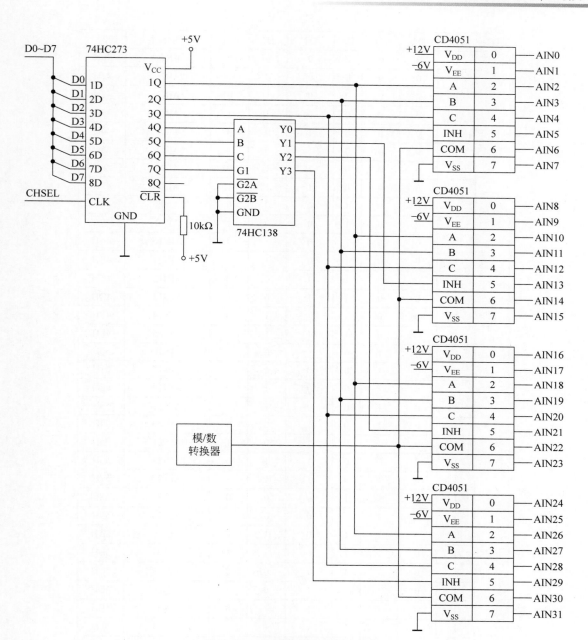

图 21-39　32 通道模拟量输入电路

**2. 通道控制字**

32 路模拟量输入的通道控制字如图 21-40 所示。

**3. 程序设计**

假设选中 AIN12 通道,则通道控制字为 4CH。

背景机为 AT89C52 CPU。

```
MOV   DPTR, # CHSEL
MOV   A, # 4CH
MOVX  @DPTR, A
```

| D7 | D6 | D5 | D4 | D3 | D2 | D1 | D0 | 选中通道 | 控制字 |
|---|---|---|---|---|---|---|---|---|---|
| 未用为0 | 1 | 0 | 0 | 0 | 0 | 0 | 0 | AIN0 | 40H |
|  | 1 | 0 | 0 | 0 | 0 | 0 | 1 | AIN1 | 41H |
|  | 1 | 0 | 0 | 0 | 0 | 1 | 0 | AIN2 | 42H |
|  | 1 | 0 | 0 | 0 | 0 | 1 | 1 | AIN3 | 43H |
|  | 1 | 0 | 0 | 0 | 1 | 0 | 0 | AIN4 | 44H |
|  | 1 | 0 | 0 | 0 | 1 | 0 | 1 | AIN5 | 45H |
|  | 1 | 0 | 0 | 0 | 1 | 1 | 0 | AIN6 | 46H |
|  | 1 | 0 | 0 | 0 | 1 | 1 | 1 | AIN7 | 47H |
|  | 1 | 0 | 0 | 1 | 0 | 0 | 0 | AIN8 | 48H |
|  | 1 | 0 | 0 | 1 | 0 | 0 | 1 | AIN9 | 49H |
|  | 1 | 0 | 0 | 1 | 0 | 1 | 0 | AIN10 | 4AH |
|  | 1 | 0 | 0 | 1 | 0 | 1 | 1 | AIN11 | 4BH |
|  | 1 | 0 | 0 | 1 | 1 | 0 | 0 | AIN12 | 4CH |
|  | 1 | 0 | 0 | 1 | 1 | 0 | 1 | AIN13 | 4DH |
|  | 1 | 0 | 0 | 1 | 1 | 1 | 0 | AIN14 | 4EH |
|  | 1 | 0 | 0 | 1 | 1 | 1 | 1 | AIN15 | 4FH |
|  | 1 | 0 | 1 | 0 | 0 | 0 | 0 | AIN16 | 50H |
|  | 1 | 0 | 1 | 0 | 0 | 0 | 1 | AIN17 | 51H |
|  | 1 | 0 | 1 | 0 | 0 | 1 | 0 | AIN18 | 52H |
|  | 1 | 0 | 1 | 0 | 0 | 1 | 1 | AIN19 | 53H |
|  | 1 | 0 | 1 | 0 | 1 | 0 | 0 | AIN20 | 54H |
|  | 1 | 0 | 1 | 0 | 1 | 0 | 1 | AIN21 | 55H |
|  | 1 | 0 | 1 | 0 | 1 | 1 | 0 | AIN22 | 56H |
|  | 1 | 0 | 1 | 0 | 1 | 1 | 1 | AIN23 | 57H |
|  | 1 | 0 | 1 | 1 | 0 | 0 | 0 | AIN24 | 58H |
|  | 1 | 0 | 1 | 1 | 0 | 0 | 1 | AIN25 | 59H |
|  | 1 | 0 | 1 | 1 | 0 | 1 | 0 | AIN26 | 5AH |
|  | 1 | 0 | 1 | 1 | 0 | 1 | 1 | AIN27 | 5BH |
|  | 1 | 0 | 1 | 1 | 1 | 0 | 0 | AIN28 | 5CH |
|  | 1 | 0 | 1 | 1 | 1 | 0 | 1 | AIN29 | 5DH |
|  | 1 | 0 | 1 | 1 | 1 | 1 | 0 | AIN30 | 5EH |
|  | 1 | 0 | 1 | 1 | 1 | 1 | 1 | AIN31 | 5FH |
|  | G1 | C | B | A | C | B | A |  |  |
|  | 74HC138 | | | | CD4051 | | | | |

图 21-40  通道控制字

## 21.4  模拟量输入通道

模拟量输入通道是指用于接收模拟信号的通道,通常用于将模拟传感器(如温度传感器、压力传感器、光线传感器等)采集的模拟信号转换为数字信号,以便计算机或控制系统进行处理和分析。模拟量输入通道通常具有一定的分辨率和采样速率,可以接收不同范围和精度的模拟信号,并将其转换为数字形式供系统使用。这些通道在工业自动化、数据采集、仪器仪表等领域中广泛应用。

模拟量输入通道根据应用要求的不同,可以有不同的结构形式。图 21-41 是多路模拟量输入通道的组成框图。

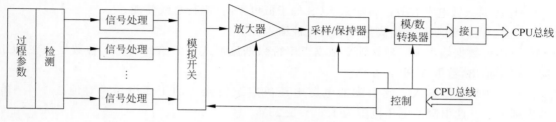

图 21-41 多路模拟量输入通道的组成

从图 21-41 可看出,模拟量输入通道一般由信号处理、模拟开关、放大器、采样/保持器和模/数转换器组成。

根据需要,信号处理可选择的内容包括小信号放大、信号滤波、信号衰减、阻抗匹配、电平变换、非线性补偿、电流/电压转换等。

## 21.5 12 位低功耗模/数转换器 AD7091R

AD7091R 是一种 12 位低功耗模/数转换器(ADC),由 ADI(Analog Devices Inc.)公司生产。它是一种单端输入的模拟到数字信号转换器,能够将模拟输入信号转换为 12 位的数字输出。AD7091R 具有低功耗特性,适合于需要长时间运行或者电池供电的应用场景。

该型号的 ADC 具有内置的参考电压和温度传感器,同时还集成了电源监控和电源管理功能。它采用了 SPI 接口进行通信,能够在低至 2.25V 的电源电压下工作。这种低功耗 ADC 适用于需要高分辨率、低功耗和小尺寸的应用,比如便携式设备、传感器接口、医疗设备和工业控制系统等领域。

AD7091R 是一款 12 位逐次逼近型模/数转换器,该器件采用 2.7～5.25V 单电源供电,内置一个宽带宽采样保持放大器,可处理 7MHz 以上的输入频率。

转换过程与数据采集利用 $\overline{\text{CONVST}}$ 信号和内部振荡器进行控制。AD7091R 在实现 1MSPS 吞吐速率的同时,还可以利用其串行接口在转换完成后读取数据。

AD7091R 采用先进的设计和工艺技术,可在高吞吐速率下实现极低的功耗,片内包括一个 2.5V 的精密基准电压源,器件不执行转换时,可进入省电模式以降低平均功耗。

### 21.5.1 AD7091R 引脚介绍

AD7091R 具有 10 引脚的 LFCSP 和 MSOP 封装,引脚如图 21-42 所示。

AD7091R 引脚介绍如下:

$V_{DD}$——电源输入端。$V_{DD}$ 范围为 2.7～5.25V,对地接一个 $10\mu F$ 和 $0.1\mu F$ 的去耦电容。

$REF_{IN}/REF_{OUT}$——基准电压输入/输出端。对地接一个 $2.2\mu F$ 的去耦电容。用户既可使用内部 2.5V 基准电压,也可使用外部基准电压。

$V_{IN}$——模拟量输入端。单端模拟输入范围为 $0\sim V_{REF}$。

REGCAP——内部稳压器输出的去耦电容端。对地接一个

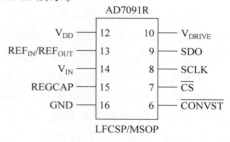

图 21-42 AD7091R 引脚图

$1\mu F$ 的去耦电容,此引脚的电压典型值为 1.8V。

GND——电源地。

$\overline{\text{CONVST}}$——转换开始端。在输入信号下降沿使采样保持器进入保持模式,并启动转换。

$\overline{\text{CS}}$——片选端。低电平有效逻辑输入。$\overline{\text{CS}}$ 处于低电平时,串行总线使能。

SCLK——串行时钟端。此引脚用作串行时钟输入。

SDO——串行数据输出端。转换输出数据以串行数据流形式提供给此引脚。各数据位在 SCLK 输入的下降沿逐个输出,数据 MSB 位在前。

$V_{DRIVE}$——逻辑电源输入。此引脚的电源电压决定逻辑接口的工作电压。对地接一个 $10\mu F$ 和 $0.1\mu F$ 的去耦电容。此引脚的电压范围为 $1.65\sim5.25V$。

底部焊盘不在内部连接。为提高焊接接头的可靠性并实现最大散热效果,应将裸露焊盘接到基板的 GND。

### 21.5.2  AD7091R 的应用特性

AD7091R 是一款适用于低功耗、高精度要求的应用场景的模/数转换器芯片,具有内部参考电压、SPI 接口、内部温度传感器等特性,适合于便携式设备、传感器接口、温度测量等应用。

**1. 内部/外部基准电压**

AD7091R 允许选用内部或外部基准电压源。内部基准电压源提供 2.5V 精密低温漂基准电压,内部基准电压通过 $\text{REF}_{IN}/\text{REF}_{OUT}$ 引脚提供。如果使用外部基准电压,外部施加的基准电压应在 $2.7\sim5.25V$ 范围内,并且应连接到 $\text{REF}_{IN}/\text{REF}_{OUT}$ 引脚。

**2. 模拟输入**

AD7091R 是单通道模/数转换器,在对谐波失真和信噪比要求严格的应用中,模拟输入应采用一个低阻抗源进行驱动,高阻抗源会显著影响模/数转换器的交流特性。不用放大器驱动模拟输入端时,应将源阻抗限制在较低的值。

**3. 工作模式**

AD7091R 具有两种不同的工作模式:正常模式和省电模式。正常工作模式旨在用于实现最快的吞吐速率。在这种模式下,AD7091R 始终处于完全上电状态,模/数转换在 $\overline{\text{CONVST}}$ 的下降沿启动,并且引脚要保持高电平状态直到转换结束。省电工作模式旨在用于实现较低的功耗。在这种模式下,AD7091R 内部的模拟电路均关闭,但串行口仍然有效,在一次模/数转换完成之后会测试 $\overline{\text{CONVST}}$ 引脚的逻辑电平,如果为低电平,则芯片进入省电模式。

### 21.5.3  AD7091R 的数字接口

AD7091R 串行接口由 4 个信号构成:SDO、SCLK、$\overline{\text{CONVST}}$ 和 $\overline{\text{CS}}$。串行接口用于访问结果寄存器中的数据以及控制器件的工作模式。SCLK 引脚信号用于串行时钟输入,SDO 引脚信号用于数据的传输,$\overline{\text{CONVST}}$ 引脚信号用于启动转换过程以及选择 AD7091R 的工作模式,$\overline{\text{CS}}$ 引脚信号用于实现数据的帧传输。$\overline{\text{CS}}$ 的下降沿使 SDO 线脱离高阻态,$\overline{\text{CS}}$ 的上升沿使 SDO 线返回高阻态。

转换结束时,$\overline{\text{CS}}$ 的逻辑电平决定是否使能 BUSY 指示功能。此功能影响 MSB 相对于 $\overline{\text{CS}}$ 和 SCLK 的传输。启用 BUSY 指示功能时,需将 $\overline{\text{CS}}$ 引脚拉低,SDO 引脚可以用作中断信号,指示转换已完成。这种模式需要 13 个 SCLK 周期:12 个时钟周期用于输出数据,还有一个时钟周期用于使 SDO 引脚退出三态状态,其时序如图 21-43 所示。不启用 BUSY 指示功能时,应确保转换结束前将 $\overline{\text{CS}}$ 拉高,这种模式只需要 12 个 SCLK 周期传送数据,其时序如图 21-44 所示。

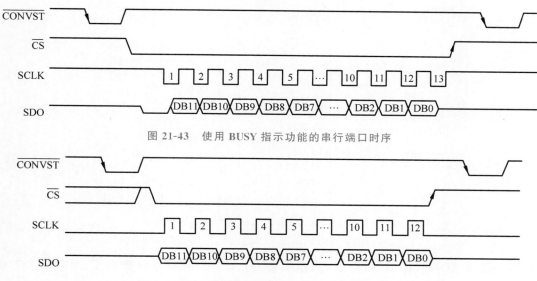

图 21-43 使用 BUSY 指示功能的串行端口时序

图 21-44 不使用 BUSY 指示功能的串行端口时序

## 21.5.4 AD7091R 与 STM32F103 的接口

AD7091R 与 STM32F103 的接口简单流程如下：

（1）硬件连接。将 AD7091R 的接口与 STM32F103 的接口通过适当的线缆或 PCB 连接起来。具体连接方式需要根据 AD7091R 和 STM32F103 的引脚定义进行。

（2）电源供电。给 AD7091R 和 STM32F103 提供稳定的电源,确保它们能够正常工作。

（3）初始化。在 STM32F103 的程序中,编写初始化代码来配置 SPI 接口或 ADC 通道,以便与 AD7091R 进行通信。

（4）发送控制命令。通过 SPI 接口或 ADC 通道,向 AD7091R 发送控制命令,以启动数据采集或其他操作。

（5）读取数据。等待 AD7091R 完成数据采集或其他操作后,通过 SPI 接口或 ADC 通道读取 AD7091R 转换后的数据。

（6）数据处理。在 STM32F103 的程序中,对读取到的数据进行处理、分析和存储等操作。

（7）循环执行。重复上述步骤,以便不断进行数据采集和处理。

需要注意的是,具体实现过程中还需要考虑一些细节问题,例如,通信协议、数据格式、错误处理等。

**1. 硬件电路设计**

使用 BUSY 指示功能时,AD7091R 与 STM32F103 的连接方式如图 21-45 所示；不使用 BUSY 指示功能时,把连接到 SDO 引脚的上拉电阻去除即可。

**2. 程序设计**

软件设计步骤如下：

（1）给 $\overline{\text{CONVST}}$ 引脚一个下降沿,启动模/数转换,等待 650ns 以确保转换完成。

（2）设置 $\overline{\text{CS}}$ 引脚的逻辑电平。如果设置为低电平,使用 BUSY 指示功能；如果设置为高电平,则不使用 BUSY 指示功能。

（3）根据 SCLK 的时钟,传输转换结果。

（4）重复这 3 步,直到满足程序处理需要。

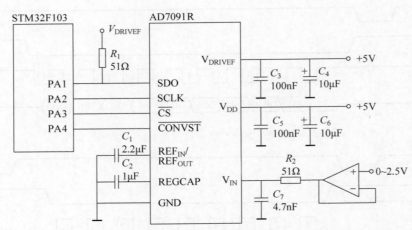

图 21-45　AD7091R 与 STM32F103 的连接电路图

除上面介绍的 AD7091R 单通道 AD 转换器之外，ADI 公司还分别推出了 AD7091R-2 双通道、AD7091R-4 四通道、AD7091R-8 八通道 3 款同类型的 12 位模/数转换，这里就不一一介绍了。

## 21.6　模拟量输出通道

模拟量输出通道是指用于输出模拟信号的通道，通常用于控制执行器或者其他需要模拟信号的设备。这些通道通常由数/模转换器（DAC）实现，能够将数字信号转换为模拟电压或电流输出。模拟量输出通道通常具有一定的分辨率和输出精度，可以输出不同范围和精度的模拟信号。这些通道在工业自动化、仪器仪表、电子设备调节和控制等领域中广泛应用。

模拟量输出通道是计算机的数据分配系统，它们的任务是把计算机输出的数字量转换成模拟量。这个任务主要是由数/模转换器完成的。对该通道的要求，除了可靠性高、满足一定的精度要求外，输出还必须具有保持的功能，以保证被控制对象可靠工作。

当模拟量输出通道为单路时，其组成较为简单，但在计算机控制系统中，通常采用多路模拟量输出通道。

多路模拟量输出通道的结构形式，主要取决于输出保持器的构成方式。输出保持器的作用主要是在新的控制信号到来之前，使本次控制信号维持不变。保持器一般有数字保持方案和模拟保持方案两种。这就决定了模拟量输出通道的两种基本结构形式。

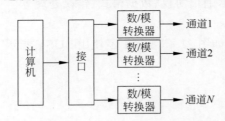

图 21-46　一个通道设置一片数/模转换器

**1. 一个通道设置一片数/模转换器**

在这种结构形式下，微处理器和通路之间通过独立的接口缓冲器传送信息，这是一种数字保持的方案。它的优点是：转换速度快，工作可靠，即使某一路数/模转换器有故障，也不会影响其他通道的工作；缺点是：使用了较多的数/模转换器，但随着大规模集成电路技术的发展，这个缺点正在逐步得到克服，这种方案较易实现。一个通道设置一片数/模转换器的形式，如图 21-46 所示。

**2. 多个通道共用一片数/模转换器**

由于共用一片数/模转换器，因此必须在计算机控制下分时工作，即依次把数/模转换器转换成的模拟电压（或电流），通过多路模拟开关传送给输出采样/保持器。这种结构形式的优点是节省了数/模转换器,但因为分时工作,只适用于通路数量多且采样速率要求不高的场合。它还要用多路模拟开关,且要求输出采样/保持器的保持时间与采样时间之比较大,这种方案工作可靠性较差。共用数/模转换器的形式如图21-47所示。

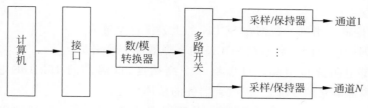

图 21-47 共用数/模转换器

# 21.7 12位/16位4～20mA串行输入数/模转换器 AD5410/AD5420

AD5410和AD5420是ADI(Analog Devices Inc.)公司生产的12位和16位串行输入/模拟输出(4～20mA)数/模转换器(DAC)。它们可以将数字输入转换为4～20mA的模拟电流输出,通常用于工业控制系统、过程控制、仪器仪表和自动化设备等领域。

这两种型号的DAC具有内置的电流输出放大器,能够直接驱动4～20mA的电流环路。它们采用了串行接口(如SPI)进行通信,具有灵活的配置选项和低功耗特性。AD5420是16位DAC,提供更高的分辨率;而AD5410是12位DAC,适用于对分辨率要求不那么严格的应用。

这些DAC还具有内置的诊断功能,能够监测电流输出和设备状态,有助于系统故障诊断和维护。它们适用于需要精确模拟输出的应用,如传感器接口、电流环路控制、阀门和执行器控制等。

AD5410/AD5420是低成本、精密、完全集成的12位/16位转换器,提供可编程电流源输出,输出电流范围可编程设置为4～20mA、0～20mA或者0～24mA。

该器件的串行接口十分灵活,可与SPI、MICROWIRE等接口兼容,该串口可在三线制模式下工作,减少了所需的数字隔离电路。

该器件包含一个确保在已知状态下的上电复位功能,以及一个将输出设定为所选电流范围低端的异步清零功能。该器件可方便地应用于过程控制、PLC和HART网络中。

## 21.7.1 AD5410/AD5420引脚介绍

AD5410和AD5420具有24引脚TSSOP和40引脚LFCSP两种封装,TSSOP封装的引脚如图21-48所示。

AD5410/AD5420引脚介绍如下:

GND——电源基准端。此类引脚必须接地。

$DV_{CC}$——数字电源引脚。电压范围为2.7～5.5V。

$\overline{FAULT}$——故障提醒引脚。当检测到$I_{OUT}$与GND之间开路或者检测到过温时,该引脚置为低电平,$\overline{FAULT}$引脚为开漏输出。

CLEAR——异步清零引脚。高电平有效,置位该引脚时,输出电流设为0mA或4mA的初始值。

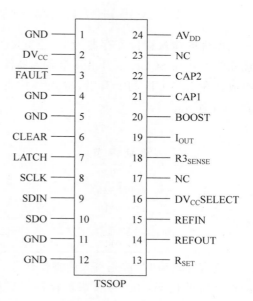

图 21-48 AD5410/AD5420引脚图

LATCH——锁存引脚。该引脚对正边沿敏感,在信号的上升沿并行将输入移位寄存器数据载入相关寄存器。

SCLK——串行时钟输入引脚。数据在 SCLK 的上升沿逐个输入移位寄存器,工作时钟频率最高可达 30MHz。

SDIN——串行数据输入引脚。数据在 SCLK 的上升沿逐个输入。

SDO——串行数据输出引脚。数据在 SCLK 的下降沿逐个输出。

$R_{SET}$——可选外部电阻连接引脚。可以将一个高精度、低温漂的 $15k\Omega$ 的电阻连接到该引脚与 GND 之间,构成器件内部电路的一部分,以改善器件的整体性能。

REFOUT——内部基准电压源输出引脚。当环境温度为 25℃ 时,引脚输出电压为 5V,误差为 ±5mV,典型温度漂移为 1.8ppm/℃。

REFIN——外部基准电压输入引脚。针对额定性能,外部输入基准电压应为 5V±50mV。

$DV_{CC}$ SELECT——数字电源选择引脚。当该引脚接 GND 时,内部电源禁用,必须将外部电源接到 $DV_{CC}$ 引脚,不连接该引脚时,内部电源使能。

NC——非连接引脚。

$R3_{SENSE}$——输出电流反馈引脚。在该引脚与 BOOST 引脚之间测得的电压与输出电流成正比,可以用于监控和反馈输出电流特性,但不能从该引脚引出电流用于其他电路。

$I_{OUT}$——电流输出引脚。

BOOST——可选外部晶体管连接引脚。增加一个外部增强晶体管,连接外部晶体管可减小片内输出晶体管的电流,降低 AD5410/AD5420 的功耗。

CAP1——可选输出滤波电容的连接引脚。可在该引脚与 $AV_{DD}$ 之间放置电容,这些电容会在电流输出电路上形成一个滤波器,可降低带宽和输出电流的压摆率。

CAP2——可选输出滤波电容的连接引脚。此引脚功能与 CAP1 引脚功能相同。

$AV_{DD}$——正模拟电源引脚。电压范围为 10.8~40V。

裸露焊盘与接地基准连接。建议将裸露焊盘与一个铜片形成散热连接。

## 21.7.2　AD5410/AD5420 片内寄存器

器件的输入移位寄存器为 24 位宽度。在串行时钟输入 SLCK 的控制下,数据作为 24 位字以 MSB 优先的方式在 SCLK 上升沿逐个载入器件。输入移位寄存器由高 8 位的地址字节和低 16 位的数据字节组成。在 LATCH 的上升沿,输入移位寄存器中存在的数据被锁存。不同的地址字节对应的功能如表 21-1 所示。

表 21-1　地址字节功能

| 地 址 字 节 | 功　　能 |
| --- | --- |
| 00000000 | 无操作(NOP) |
| 00000001 | 数据寄存器 |
| 00000010 | 按读取地址回读 |
| 01010101 | 控制寄存器 |
| 01010110 | 复位寄存器 |

读寄存器值时,首先写入读操作命令,24 个数据的高 8 位为读命令字节(0x02),最后两位为要读取的寄存器的代码:00 为状态寄存器、01 为数据寄存器、10 为控制寄存器,然后,写入一个 NOP 条件(0x00),要读取的寄存器的数据就会在 SDO 线上输出。

### 21.7.3 AD5410/AD5420 应用特性

下面讲述 AD5410/AD5420 的应用特性。

**1. 故障报警**

AD5410/AD5420 配有一个 $\overline{\text{FAULT}}$ 引脚,它为开漏输出,并允许多个器件一起连接到一个上拉电阻以进行全局故障检测。当存在开环电路、电源电压不足或器件内核温度超过约 150°C 时,都会使 $\overline{\text{FAULT}}$ 引脚强制有效。该引脚可与状态寄存器的 $I_{OUT}$ 故障位和过温位一同使用,以告知用户何种故障条件导致 $\overline{\text{FAULT}}$ 引脚置位。

**2. 内部基准电压源**

AD5410/AD5420 内置一个集成+5V 基准电压源,温度漂移系数最大值为 10ppm/°C。

**3. 数字电源**

$DV_{CC}$ 引脚默认采用 2.7～5.5V 电源供电。但是,也可以将内部 4.5V 电源经由 $DV_{CC}$ SELECT 引脚输出到 $DV_{CC}$ 引脚,以用作系统中其他器件的数字电源,这样做的好处是数字电源不必跨越隔离栅。使 $DV_{CC}$ SELECT 引脚处于未连接状态,便可使能内部电源,若要禁用内部电源,$DV_{CC}$ SELECT 应连接到 GND。$DV_{CC}$ 可以提供最高 5mA 的电流。

### 21.7.4 AD5410/AD5420 的数字接口

AD5410/AD5420 通过多功能三线制串行接口进行控制,能够以最高 30MHz 的时钟速率工作。串行接口既可配合连续 SCLK 工作,也可配合非连续 SCLK 工作。要使用连续 SCLK 源,必须在输入正确数量的数据位之后,将 LATCH 置为高电平。输入数据字 MSB 的 SCLK 第一个上升沿标志着写入周期的开始,LATCH 变为高电平之前,必须将正好 24 个上升时钟沿施加于 SCLK。如果 LATCH 在第 24 个 SCLK 上升沿之前或之后变为高电平,则写入的数据无效。

### 21.7.5 AD5410/AD5420 与 STM32F103 的接口

AD5410/AD5420 与 STM32F103 的接口流程如下:

(1) 硬件连接。将 AD5410/AD5420 的接口与 STM32F103 的接口通过适当的线缆或 PCB 连接起来。

(2) 电源供电。给 AD5410/AD5420 和 STM32F103 提供稳定的电源,确保它们能够正常工作。

(3) 初始化。在 STM32F103 的程序中,编写初始化代码来配置 I2C 接口,以便与 AD5410/AD5420 进行通信。

(4) 发送控制命令。通过 GPIO 接口,向 AD5410/AD5420 发送控制命令,以启动数据采集或其他操作。需要编写相应的命令序列,以便正确地控制 AD5410/AD5420 的行为。

(5) 读取数据。等待 AD5410/AD5420 完成数据采集或其他操作后,通过 GPIO 接口读取 AD5410/AD5420 转换后的数据。需要编写相应的代码,以便从 GPIO 接口读取数据并处理。

(6) 数据处理。在 STM32F103 的程序中,对读取到的数据进行处理、分析和存储等操作。根据具体的应用需求,可能需要将数据转换为工程单位、进行数据滤波等处理。

(7) 循环执行。重复上述步骤,以便不断进行数据采集和处理。

具体实现过程中还需要考虑一些细节问题,例如,通信协议、数据格式、错误处理等。同时,还需要注意硬件连接的正确性以及电源的稳定性等因素,以确保整个系统的正常运行。

**1. 硬件电路设计**

AD5410/AD5420 具有一个三线制的串行接口，可方便地与 STM32F103 进行数据的传输，连接电路如图 21-49 所示，其中，BOOST、$R_{SET}$、$DV_{CC}$ SELECT 引脚悬空，不连接。

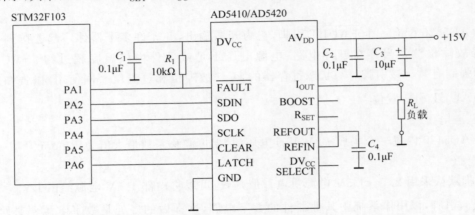

图 21-49　AD5410/AD5420 与 STM32F103 的连接电路图

**2. 程序设计**

程序设计步骤如下：

（1）通过控制寄存器进行软件复位。

（2）写控制寄存器。设置是否启用外部电流设置电阻、是否启用数字压摆率控制、是否启用菊花链模式、电流输出范围，并使能输出。

（3）写数据寄存器。设置要输出的电流大小。

（4）当不再需要电流输出时，写控制寄存器，关闭输出功能。

## ▚ 21.8　数字量输入/输出通道 ◆

数字量输入/输出通道是指用于数字信号输入和输出的通道，通常用于连接数字传感器、执行器、开关和其他数字设备。数字量输入通道用于接收和采集数字信号，通常表示为逻辑 0 或 1。数字量输出通道用于向数字设备发送数字信号，控制设备的开关状态或执行特定的动作。

在工业自动化、控制系统和数据采集应用中，数字量输入/输出通道通常用于监控和控制各种设备，如传感器、执行器、电动机、阀门等。这些通道通常通过数字输入/输出模块或者 PLC（可编程逻辑控制器）实现，具有高速、可靠和抗干扰的特性。数字量输入/输出通道在工业领域中扮演着至关重要的角色，用于实现对设备状态的监测和控制。

数字量输入/输出通道是将数字信号输入或输出到计算机控制系统的通道。

数字量输入通道的任务是将检测到的数字信号转换为计算机能够处理的二进制数字信号。例如，通过读取输入引脚的状态，将外部开关的状态转换为二进制数字信号，并将其送入计算机进行处理。

数字量输出通道的任务是将计算机产生的数字控制信号转换为模拟信号，作用于执行机构，以实现对被控对象的控制。例如，通过控制输出引脚的电平状态，将计算机发送的二进制数字信号转换为模拟信号，以驱动外部设备（如 LED、马达等）进行相应的动作。

在数字量输入/输出通道中，需要使用相应的接口电路和驱动程序来传输和处理数据。同时，还需要编写相应的驱动程序来处理输入和输出的数据，以实现计算机对外部设备的控制和监测。

### 21.8.1 光电耦合器

光电耦合器是一种将光信号转换为电信号的器件,通常由光电二极管和晶体管组成。它可以将输入光信号转换为输出电信号,实现光电隔离和信号放大的功能。光电耦合器通常被用于电路隔离、信号放大和噪声滤除等应用中。

光电耦合器的工作原理是利用光电二极管将光信号转换为电信号,然后通过晶体管进行放大和驱动。输入光信号照射到光电二极管上,产生光电效应,使得光电二极管中的电子被激发,从而产生电流。这个电流通过晶体管进行放大和驱动,最终输出一个电信号。

光电耦合器具有隔离和放大的功能,可以将输入信号与输出信号隔离开来,避免干扰和电气隔离问题。它还可以将输入信号放大和调节,以适应不同的输入信号和输出负载。光电耦合器在电子设备、自动化控制、通信系统和医疗设备等领域应用广泛。

光电耦合器的优点是:能有效地抑制尖峰脉冲及各种噪声干扰,从而使传输通道上的信噪比大大提高。

**1. 一般隔离用光电耦合器**

(1) TLP521-1/TLP521-2/TLP521-4。

该系列产品为 Toshiba 公司推出的光电耦合器。

(2) PS2501-1/PC817。

PS2501-1 为 NEC 公司的产品,PC817 为 Sharp 公司的产品。

(3) 4N25。

4N25 为 Motorola 公司的产品。

4N25 光电耦合器有基极引线,可以不用,也可以通过几百 kΩ 以上的电阻,再并联一个几十皮法的小电容后接到地上。

**2. AC 交流用光电耦合器**

该类产品如 NEC 公司的 PS2505-1,Toshiba 公司的 TLP620。

输入端为反相并联的发光二极管,可以实现交流检测。

**3. 高速光电耦合器**

(1) 6N137 系列。

Agilent 公司的 6N137 系列高速光电耦合器包括 6N137、HCPL-2601/2611、HCPL-0600/0601/0611。该系列光电耦合器为高 CMR、高速 TTL 兼容的光电耦合器,传输速率为 10Mb/s。

主要应用于:

① 线接收器隔离。

② 计算机外围接口。

③ 微处理器系统接口。

④ 模/数转换器、数/模转换器的数字隔离。

⑤ 开关电源。

⑥ 仪器输入/输出隔离。

6N137、HCPL-2601/2611 为 8 引脚双列直插封装,HCPL-0600/0601/0611 为 8 引脚表面贴封装。

(2) HCPL-7721/0721。

HCPL-7721/0721 为 Agilent 公司的另外一类超高速光电耦合器。

HCPL-7721 为 8 引脚双列直插封装,HCPL0721 为 8 引脚表面贴封装。

HCPL-7721/0721 为 40ns 传播延迟 CMOS 光电耦合器,传输速率为 25Mb/s。

主要应用于:

① 数字现场总线隔离,如 CC-Link、DeviceNet、CAN 和 PROFIBUS。

② 微处理器系统接口。

③ 计算机外围接口。

**4. PhotoMOS 继电器**

该类器件输入端为发光二极管,输出为 MOSFET。生产 PhotoMOS 继电器的公司有 NEC 公司和 National 公司。

(1) PS7341-1A。

PS7341 为 NEC 公司推出的一款常开 PhotoMOS 继电器。

输入二极管的正向电流为 50mA,功耗为 50mW。

MOSFET 输出负载电压为 AC/DC 400V,连续负载电流为 150mA,功耗为 560mW。导通(ON)电阻典型值为 20Ω,最大值为 30Ω,导通时间为 0.35ms,断开时间为 0.03ms。

(2) AQV214。

AQV214 为 National 公司推出的一款常开 PhotoMOS 继电器,引脚与 NEC 公司的 PS7341-1A 完全兼容。

输入二极管的正向电流为 50mA,功耗为 75mW。

MOSFET 输出负载电压为 AC/DC 400V,连续负载电流为 120mA,功耗为 550mW。导通(ON)电阻典型值为 30Ω,最大值为 50Ω,导通时间为 0.21ms,断开时间为 0.05ms。

## 21.8.2　数字量输入通道

数字量输入通道是指用于接收和采集数字信号的通道。这些通道通常用于连接数字传感器、开关、按钮等设备,用于检测和监视数字信号的状态。数字量输入通道通常以数字形式表示信号的状态,通常为逻辑 0 或 1。

在工业自动化、控制系统和数据采集应用中,数字量输入通道通常用于监测和控制各种设备,如传感器、按钮、开关等。这些通道通常通过数字输入模块或者 PLC(可编程逻辑控制器)实现,具有高速、可靠和抗干扰的特性。数字量输入通道在工业领域中扮演着至关重要的角色,用于实现对设备状态的监测和控制。

数字量输入通道将现场开关信号转换成计算机需要的电平信号,以二进制数字量的形式输入计算机,计算机通过三态缓冲器读取状态信息。

数字量输入通道主要由三态缓冲器、输入调理电路、输入口地址译码等电路组成,数字量输入通道结构如图 21-50 所示。

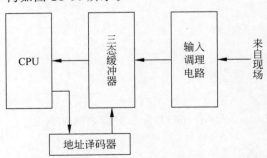

图 21-50　数字量输入通道结构

数字量(开关量)输入通道接收的状态信号可能是电压、电流、开关的触点,容易引起瞬时高压、过电压、接触抖动现象。为了将外部开关量信号输入到计算机,必须将现场输入的状态信号经转换、保护、滤波、隔离等措施转换成计算机能够接收的逻辑电平信号,此过程称为信号调理。三态缓冲器可以选用 74HC244 或 74HC245 等。

**1. 数字量输入实用电路**

数字量输入实用电路如图 21-51 所示。

当 JP1 跳线器 1-2 短路,跳线器 JP2 的 1-2 断开、2-3 短

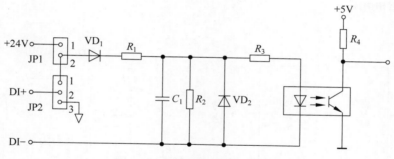

图 21-51 数字量输入实用电路

路时,输入端 DI+ 和 DI- 可以接一干接点信号。

当 JP1 跳线器 1-2 断开,跳线器 JP2 的 1-2 短路、2-3 断开时,输入端 DI+ 和 DI- 可以接有源接点。

**2. 交流输入信号检测电路**

交流输入信号检测电路如图 21-52 所示。

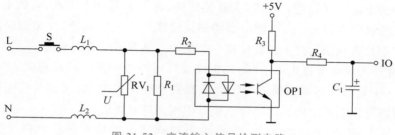

图 21-52 交流输入信号检测电路

在图 21-52 中,$L_1$、$L_2$ 为电感,一般取 $1000\mu H$,$RV_1$ 为压敏电阻,当交流输入为 110VAC 时,$RV_1$ 取 270V;当交流输入为 220VAC 时,$RV_1$ 取 470V。$R_1$ 取 $510k\Omega/0.5W$ 电阻,$R_2$ 取 3W 电阻,$R_4$ 取 $2.4k\Omega/0.25W$ 电阻,电阻 $R_4$ 取 $100\Omega/0.25W$,电容 $C_1$ 取 $10\mu F/25V$,光电耦合器 OP1 可取 TLP620 或 PS2505-1。

L、N 为交流输入端。当 S 按钮按下时,IO=0;当 S 按钮未按下时,IO=1。

## 21.8.3 数字量输出通道

数字量输出通道是用于向数字设备发送数字信号的通道。这些通道通常用于控制开关、执行器、电磁阀等数字设备的状态。数字量输出通道通常以数字形式表示信号的状态,通常为逻辑 0 或 1。

在工业自动化、控制系统和数据采集应用中,数字量输出通道通常用于控制各种设备,如执行器、电磁阀、继电器等。这些通道通常通过数字输出模块或者 PLC(可编程逻辑控制器)实现,具有高速、可靠和抗干扰的特性。数字量输出通道在工业领域中扮演着至关重要的角色,用于实现对设备状态的控制。

数字量输出通道将计算机的数字输出转换成现场各种开关设备所需的信号。计算机通过锁存器输出控制信息。

数字量输出通道主要由锁存器、输出驱动电路、输出口地址译码等电路组成,数字量输出通道结构如图 21-53 所示。锁存器可以选用 74HC273、74HC373 或 74HC573 等。

继电器方式的开关量输出是目前最常用的一种输出方式。一般在驱动大型设备时,往往利用继电器作为控制系统输出到输出驱动级之间的第一级执行机构,通过第一级继电器输出,可完成从低压直流到高压交流的过渡。继电器输出电路如图 21-54 所示,在经光耦后,直流部分给继电器供电,而其输出部分则可直接与 220V 市电相接。

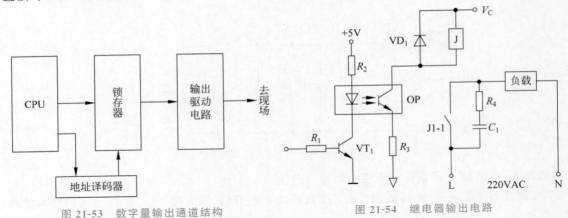

图 21-53　数字量输出通道结构　　　　　图 21-54　继电器输出电路

继电器输出也可用于低压场合,与晶体管等低压输出驱动器相比,继电器输出时输入端与输出端有一定的隔离功能,但由于采用电磁吸合方式,在开关瞬间,触点容易产生火花,从而引起干扰;对于交流高压等场合使用,触点也容易氧化;由于继电器的驱动线圈有一定的电感,在关断瞬间可能会产生较大的电压,因此在对继电器的驱动电路上常常反接一个保护二极管用于反向放电。

不同的继电器允许的驱动电流也不一样,在电路设计时可适当加一限流电阻,如图 21-54 中的电阻 $R_3$,当然,在图 21-54 中是用达林顿输出的光电隔离器直接驱动继电器,而在某些需较大驱动电流的场合,则可在光电隔离器与继电器之间再接一级三极管以增加驱动电流。

在图 21-54 中,$VT_1$ 可取 9013 三极管,OP1 光电耦合器可取达林顿输出的 4N29 或 TIL113。加 $VD_1$ 二极管的目的是消除继电器厂的线圈产生的反电势,$R_4$、$C_1$ 为灭弧电路。

### 21.8.4　脉冲量输入/输出通道

脉冲量输入/输出通道与数字量输入/输出通道没有本质的区别,实际上是数字量输入/输出通道的一种特殊形式。脉冲量往往有固定的周期或高低电平的宽度固定、频率可变,有时高低电平的宽度与频率均可变。脉冲量是工业测控领域较典型的一类信号,如工业电度表输出的电能脉冲信号,水泥、化肥等物品包装生产线上通过光电传感器发出的物品件数脉冲信号,档案库房、图书馆、公共场所人员出入次数通过光电传感器发出的脉冲信号等,处理上述信号的过程称为脉冲量输入/输出通道。如果脉冲量的频率不太高,那么其接口电路同数字量输入/输出通道的接口电路;如果脉冲量的频率较高,则应该使用高速光电耦合器。

#### 1. 脉冲量输入通道

脉冲量输入通道是用于接收和采集脉冲信号的通道。脉冲信号通常是由旋转编码器、流量计、计数器等设备产生的,用于表示某种事件发生的次数或频率。脉冲量输入通道通常用于监测和计数脉冲信号,以便进行后续的数据处理和分析。

在工业自动化、控制系统和数据采集应用中,脉冲量输入通道通常用于监测旋转设备的转速、流体的流量、计数等。这些通道通常通过数字输入模块、计数器或者 PLC(可编程逻辑控制器)实现,具有高速、精确和可靠的特性。脉冲量输入通道在工业领域扮演着重要的角色,用于实现对旋转设备和流体流量等参数的监测和计数。

脉冲量输入通道应用电路如图 21-55 所示。

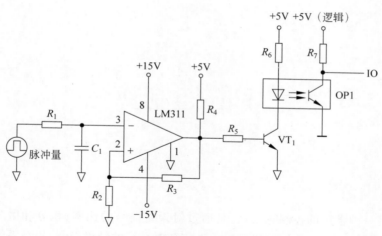

图 21-55　脉冲量输入通道应用电路

在图 21-56 中，$R_1$、$C_1$ 构成 RC 低通滤波电路，过零电压比较器 LM311 接成施密特电路，输出信号经光电耦合器 OP1 隔离后送往计算机脉冲测量 IO 端口。可以采用单片机、微控制器的捕获(Capture)定时器对脉冲量进行计数。

**2. 脉冲量输出通道**

脉冲量输出通道是用于输出脉冲信号的通道。这些通道通常用于控制各种需要脉冲信号进行操作的设备，比如步进电机、伺服驱动器、计数器等。脉冲量输出通道通常用于控制设备的位置、速度、计数等。

在工业自动化、控制系统和运动控制应用中，脉冲量输出通道通常用于控制步进电动机、伺服驱动器等设备的运动。这些通道通常通过数字输出模块、运动控制卡或者 PLC(可编程逻辑控制器)实现，具有高速、精确和可靠的特性。脉冲量输出通道在工业领域扮演着重要的角色，用于实现对运动设备的精确控制。

脉冲量输出通道应用电路如图 21-56 所示。

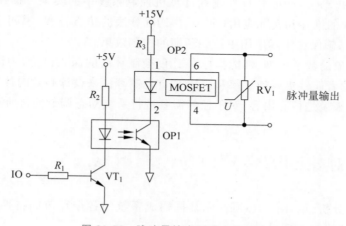

图 21-56　脉冲量输出通道应用电路

在图 21-56 中，IO 接计算机的输出端口，OP1 可选光电耦合器 PS2501-1，OP2 可选 PS7341-1A 或 AQV214 PhotoMOS 继电器，$RV_1$ 为压敏电阻，其电压值由所带负载电压决定，由于采用了两次光电隔离，此电路具有很强的抗干扰能力。

# 第22章

# PID控制算法

PID控制算法是一种常用的控制算法,它是通过对误差信号的比例、积分和微分3个部分进行加权组合来实现对系统的控制。PID控制算法可以帮助实现对系统的精确控制,提高系统的稳定性、可靠性。

本章旨在讲述PID控制算法及其在计算机控制系统中的应用。PID控制算法是工业控制领域使用最为广泛的控制策略之一,其强大的调节能力使得它可以用于多种类型的被控对象。

本章主要讲述如下内容:

(1)首先介绍了被控对象的数学模型及其性能指标,这是理解和设计控制系统的基础。讨论了被控对象的动态特性,包括时间常数、增益和阶跃响应等,这些特性决定了对象如何随时间变化响应控制输入;阐述了数学模型的表达形式与要求,指出了建立准确模型的重要性,以便于控制器的设计和分析;介绍了计算机控制系统中被控对象的传递函数,传递函数是描述系统输入和输出关系的数学工具;讨论了计算机控制系统的性能指标,如超调量、上升时间和稳态误差等,这些指标可帮助工程师评估系统性能并进行优化;概述了对象特性对控制性能的影响,说明了不同对象特性对PID调节策略选择的重要性。

(2)详细介绍了PID控制算法。对PID控制进行了概述,描述了比例(P)、积分(I)和微分(D)3种控制作用的基本概念及其组合形成的PID控制器;讨论了PID调节的作用,包括它如何通过调节比例、积分和微分作用来改善系统的动态和稳态性能。

(3)讲述了数字PID算法,这是PID控制在计算机控制系统中的实现。描述了PID算法的数字实现,包括离散时间控制律的推导和实际应用;展示了PID算法的仿真过程,说明了如何通过仿真来验证和调整PID控制器参数,确保在实际应用中达到预期的控制效果。

本章通过对被控对象的数学模型、性能指标和PID控制算法的深入讨论,为读者提供了一套完整的理论和实践指导,使得读者能够更好地理解和应用PID控制算法来设计高效的计算机控制系统。这些知识点不仅对控制工程师来说是核心内容,对于任何需要进行系统动态调节的科研和工业应用领域都有重要的作用。

## ■ 22.1 被控对象的数学模型与性能指标

在对控制系统进行分析、设计前,必须首先掌握构成系统的各个环节的特性,特别是被控对象的特性,即建立系统(或环节)的数学模型。

建立被控对象数学模型的目的是将其用于过程控制系统的分析和设计,以及新型控制系统的开发和研究。

建立控制系统中各组成环节和整个系统的数学模型,不仅是分析和设计控制系统方案的需要,也是过程控制系统投入运行、控制器参数整定的需要,它在操作优化、故障检测和诊断、操作方案的制定等方面也是非常重要的。

## 22.1.1　被控对象的动态特性

在过程控制中,被控对象是工业生产过程中的各种装置和设备,如换热器、工业窑炉、蒸汽锅炉、精馏塔、反应器等。被控变量通常是温度、压力、流量、液位(或物位)、成分和物性等。

被控对象内部所进行的物理、化学过程可以是多样的,但是从控制的观点看,它们在本质上有许多相似之处。被控对象在生产过程中有两种状态,即动态和静态,而且动态是绝对存在的,静态则是相对的。

显然,要评价一个过程控制系统的工作质量,只看静态是不够的,首先应该考查在动态过程中被控变量随时间的变化情况。

在生产过程中,控制作用能否有效地克服扰动对被控变量的影响,关键在于选择一个可控性良好的操作变量,这就要对被控对象的动态特性进行研究。因此,研究被控对象动态特性的目的是配置合适的控制系统,以满足生产过程的要求。

**1. 被控对象的分析**

工业生产过程的数学模型有静态和动态之分。

静态数学模型是过程输出变量和输入变量之间不随时间变化时的数学关系。

动态数学模型是过程输出变量和输入变量之间随时间变化的动态关系的数学描述。过程控制中通常采用动态数学模型,也称为动态特性。

过程控制中涉及的被控对象所进行的过程大多离不开物质或能量的流动。

被控对象的动态特性大多具有纯迟延,即传输迟延,它是信号传输过程中出现的迟延。

**2. 被控对象的特点**

过程控制涉及的被控对象(被控过程)大多具有如下特点。

(1) 对象的动态特性是单调不振荡的。

(2) 大多被控对象属于慢过程。

(3) 对象动态特性的迟延性。

(4) 被控对象的自平衡与非自平衡特性。

(5) 被控对象往往具有非线性特性。

## 22.1.2　数学模型的表达形式与要求

研究被控过程的特性,就是要建立描述被控过程特性的数学模型。从最广泛的意义上说,数学模型是事物行为规律的数学描述。根据所描述的事物是在稳态下的行为规律还是在动态下的行为规律,数学模型有静态模型和动态模型之分。

**1. 建立数学模型的目的**

在过程控制中,建立被控对象数学模型的目的主要有以下 4 个。

(1) 设计过程控制系统和整定控制器的参数。

(2) 控制器参数的整定和系统的调试。

(3) 利用数学模型进行仿真研究。

(4) 进行工业过程优化。

**2. 对被控对象数学模型的要求**

工业过程数学模型的要求因其用途的不同而不同,总的来说,是既简单又准确可靠,但这并不意味着越准确越好,应根据实际应用情况提出适当的要求。超过实际需要的准确性要求,必然造成不必要的浪费。在线运用的数学模型还有一个实时性的要求,它与准确性要求往往是矛盾的。

实际生产过程的动态特性是非常复杂的。在建立其数学模型时,往往要抓住主要因素,忽略次要因素,否则就得不到可用的模型。为此需要做很多近似处理,如线性化、分布参数系统集中化和模型降阶处理等。

一般来说,用于控制的数学模型并不一定要求非常准确。因为闭环控制本身具有一定的鲁棒性,对模型的误差可视为干扰,而闭环控制在某种程度上具有自动消除干扰影响的能力。

**3. 建立数学模型的依据**

要想建立一个好的数学模型,要掌握好以下 3 类主要的信息源。

(1) 要确定明确的输入量与输出量。

(2) 要有先验知识。

(3) 试验数据。

**4. 被控对象数学模型的表达形式**

被控对象的数学模型可以采取各种不同的表达形式,主要可以从以下 3 方面加以划分。

(1) 按系统的连续性划分为连续系统模型和离散系统模型。

(2) 按模型的结构划分为输入/输出模型和状态空间模型。

(3) 输入/输出模型又可按论域划分为时域表达(阶跃响应、脉冲响应)和频域表达(传递函数)。

在计算机控制系统的设计中,所需的被控对象数学模型在表达方式上是因情况而异的。各种控制算法无不要求过程模型以某种特定形式表达出来。例如,一般的 PID 控制要求过程模型用传递函数表达;二次型最优控制要求用状态空间表达;基于参数估计的自适应控制通常要求用脉冲传递函数表达;预测控制要求用阶跃响应或脉冲响应表达。

## 22.1.3 计算机控制系统被控对象的传递函数

计算机控制系统主要由数字控制器(或称数字调节器)、执行器、测量元件、被控对象组成,下面只介绍被控对象。

计算机控制系统的被控对象是指所要控制的装置或设备,如工业锅炉、水泥立窑、啤酒发酵罐等。

被控对象用传递函数来表征时,其特性可以用放大系数 $K$、惯性时间常数 $T_m$、积分时间常数 $T_i$ 和纯滞后时间 $\tau$ 来描述。被控对象的传递函数可以归纳为如下几类。

**1. 放大环节**

放大环节的传递函数

$$G(s) = K \tag{22-1}$$

**2. 惯性环节**

惯性环节的传递函数为

$$G(s) = \frac{K}{(1 + T_1 s)(1 + T_2 s) \cdots (1 + T_n s)}, \quad n = 1, 2, \cdots \tag{22-2}$$

当 $T_1 = T_2 = \cdots = T_n = T_m$ 时,$G(s) = \dfrac{K}{(1 + T_m s)^n}, n = 1, 2, \cdots$

**3. 积分环节**

积分环节的传递函数为

$$G(s) = \frac{K}{T_i s^n}, \quad n = 1, 2, \cdots \tag{22-3}$$

#### 4. 纯滞后环节

纯滞后环节的传递函数为

$$G(s) = \mathrm{e}^{-\tau s} \tag{22-4}$$

实际对象可能是放大环节与惯性环节、积分环节或纯滞后环节的串联。

放大环节、惯性环节与积分环节的串联：

$$G(s) = \frac{K}{T_i s^n (1 + T_m s)^l}, \quad l = 1, 2, \cdots; \; n = 1, 2, \cdots \tag{22-5}$$

放大环节、惯性环节、纯滞后环节的串联：

$$G(s) = \frac{K}{(1 + T_m s)^l} \mathrm{e}^{-\tau s}, \quad l = 1, 2, \cdots \tag{22-6}$$

放大环节、积分环节与纯滞后环节串联：

$$G(s) = \frac{K}{T_i s^n} \mathrm{e}^{-\tau s}, \quad n = 1, 2, \cdots \tag{22-7}$$

被控对象经常受到 $n(t)$ 的扰动，为了分析方便，可以把对象特性分解为控制通道和扰动通道，如图 22-1 所示。

扰动通道的动态特性同样可以用放大系数 $K_n$、惯性时间常数 $T_n$ 和纯滞后时间 $\tau_n$ 来描述。

被控对象也可以按照输入、输出量的个数分类，当对象仅有一个输入 $U(s)$ 和一个输出 $Y(s)$ 时，称为单输入单输出对象，如图 22-2 所示。

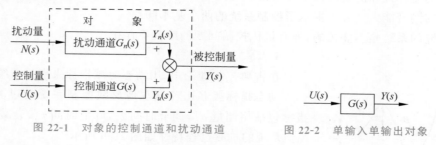

图 22-1　对象的控制通道和扰动通道　　　图 22-2　单输入单输出对象

当对象有多个输入和单个输出时，称为多输入/单输出对象，如图 22-3 所示。

当对象具有多个输入和多个输出时，称为多输入/多输出对象，如图 22-4 所示。

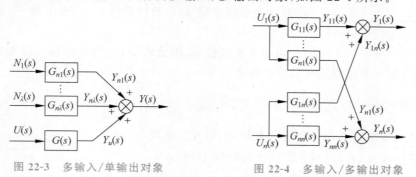

图 22-3　多输入/单输出对象　　　图 22-4　多输入/多输出对象

### 22.1.4　计算机控制系统的性能指标

计算机控制系统的性能跟连续系统类似，可以用稳定性、能控性、能观测性、稳态特性、动态特性来表征，相应地可以用稳定裕量、稳态指标、动态指标和综合指标来衡量一个系统的优劣。

**1. 系统的稳定性**

计算机控制系统在给定输入作用或外界扰动作用下,过渡过程可能有 4 种情况,如图 22-5 所示。

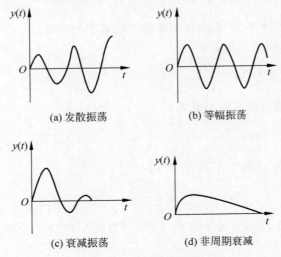

图 22-5　过渡过程曲线

**2. 系统的能控性和能观测性**

控制系统的能控性和能观测性是多变量最优控制中的两个重要概念,能控性和能观测性从状态的控制能力和状态的测辨能力两方面揭示了控制系统的两个基本问题。

如果所研究的系统是不能控的,那么最优控制问题的解就不存在。

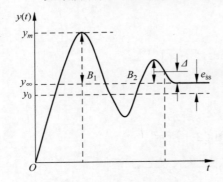

图 22-6　过渡过程特性

**3. 动态指标**

在古典控制理论中,用动态时域指标来衡量系统性能的优劣。

动态指标能够比较直观地反映控制系统的过渡过程特性,动态指标包括超调量 $\sigma_p$,调节时间 $t_s$,峰值时间 $t_p$,衰减比 $\eta$ 和振荡次数 $N$。系统的过渡过程特性如图 22-6 所示。

**4. 稳态指标**

稳态指标是衡量控制系统精度的指标,用稳态误差来表征,稳态误差是表示输出量 $y(t)$ 的稳态值 $y_\infty$ 与要求值 $y_0$ 的差值,定义为

$$e_{ss} = y_0 - y_\infty \tag{22-8}$$

$e_{ss}$ 表示了控制精度,因此希望 $e_{ss}$ 越小越好。稳态误差 $e_{ss}$ 与控制系统本身的特性有关,也与系统的输入信号的形式有关。

## 22.1.5　对象特性对控制性能的影响

假设控制对象的特性归结为对象放大系数 $K$ 和 $K_n$,对象的惯性时间常数 $T_m$ 和 $T_n$,以及对象的纯滞后时间 $\tau$ 和 $\tau_n$。

设反馈控制系统如图 22-7 所示。

控制系统的性能,通常可以用超调量 $\sigma_p$、调节时间 $t_s$ 和稳态误差 $e_{ss}$ 等来表征。

**1. 对象放大系数对控制性能的影响**

对象可以等效看作由扰动通道 $G_n(s)$ 和控制通道 $G(s)$ 构

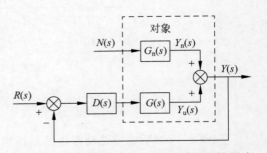

图 22-7　对象特性对反馈控制系统性能的影响

成,如图22-1所示。控制通道的放大系数 $K_m$,扰动通道的放大系数 $K_n$,经过推导可以得出如下的结论:

(1)扰动通道的放大系数 $K_n$ 影响稳态误差 $e_{ss}$,$K_n$ 越小,$e_{ss}$ 也越小,控制精度越高,所以希望 $K_n$ 尽可能小。

(2)控制通道的放大系数 $K_m$ 对系统的性能没有影响,因为 $K_m$ 完全可以由调节器 $D(s)$ 的比例系数 $K_p$ 来补偿。

**2. 对象的惯性时间常数对控制性能的影响**

设扰动通道的惯性时间常数 $T_n$,控制通道的惯性时间常数 $T_m$。

(1)当 $T_n$ 加大或惯性环节的阶次增加时,可以减少超调量 $\sigma_p$。

(2)$T_m$ 越小,反应越灵敏,控制越及时,控制性能越好。

**3. 对象的纯滞后时间对控制性能的影响**

设扰动通道的纯滞后时间为 $\tau_n$、控制通道的纯滞后时间为 $\tau$。

(1)设扰动通道纯滞后时间 $\tau_n$ 对控制性能无影响,只是使输出量 $y_n(t)$ 沿时间轴平移了 $\tau_n$,如图22-8所示。

(2)控制通道纯滞后时间 $\tau$ 使系统的超调量 $\sigma_p$ 加大,调节时间 $t_s$ 加长,纯滞后时间 $\tau_n$ 越大,控制性能越差。

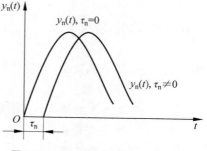

图 22-8 $\tau_n$ 对输出量 $y_n(t)$ 的影响

## 22.2 PID 控制

PID 控制是一种广泛使用的控制算法,它代表比例(Proportional)、积分(Integral)、微分(Derivative)控制。PID 控制器通过计算控制量的这3个元素并将它们相加来调节一个控制回路,以达到过程控制中期望的控制效果。PID 控制器的目的是减小或消除系统误差,即控制量与设定目标值之间的差异。

PID 控制器具有算法简单、鲁棒性好和可靠性高等优点。

### 22.2.1 PID 控制概述

PID 控制是一种广泛应用于工业控制系统的反馈控制方法。PID 控制器的目的是通过调整控制器的输出,减少系统的误差,即被控量与期望设定值之间的差值。PID 控制器通过对误差信号的比例、积分和微分作用,生成一个用于控制系统输入的控制信号。

按偏差的比例、积分和微分进行控制(简称 PID 控制)是连续系统控制理论中技术最成熟、应用最广泛的一种控制技术。它结构简单,参数调整方便,是在长期的工程实践中总结出来的一套控制方法。在工业过程控制中,由于难以建立精确的数学模型,系统的参数经常发生变化,所以人们往往采用 PID 控制技术,根据经验进行在线调整,从而得到满意的控制效果。

PID 控制算法在许多领域中都有应用,包括但不限于以下几种:

(1)工业过程控制。可以实现对温度、压力、液位、流量等物理量的精确控制,如工业热处理、恒温箱、机械系统、电动机控制、位置控制等。

(2)无人机控制。可用于无人机的姿态调整、飞行控制等。

(3)汽车定速巡航控制。可帮助汽车保持稳定的行驶速度。

(4)空调控制系统。可用于调节空调的温度,使其保持稳定。

(5)平衡车控制。可帮助平衡车保持平衡状态。

(6)供水系统控制。可实现水池液位的精确控制。

(7)液位控制。可应用于水池、油罐等场合的液位控制。

（8）流量控制。可实现对化工流程、供水系统等场合的流量控制。

（9）温度控制。在工业中典型的应用场景有工业热处理、恒温箱等。

PID 控制算法应用领域广泛,从工业过程控制到航空航天、无人驾驶等领域都有它的身影。

### 22.2.2　PID 调节的作用

PID 调节按其调节规律可分为比例调节、比例积分调节和比例积分微分调节等。下面分别说明它们的作用。

**1. 比例调节**

比例调节的控制规律为

$$u(t) = K_p e(t) \tag{22-9}$$

式中, $u(t)$——调节器输出(对应执行器开度);

$\quad K_p$——比例系数;

$\quad e(t)$——调节器的输入,一般为偏差,即 $e(t) = R - y(t)$;

$\quad y(t)$——被控变量;

$\quad R$——$y(t)$ 的设定值;

比例调节是一种最简单的调节规律,调节器的输出 $u(t)$ 与输入偏差 $e(t)$ 成正比,只要出现偏差 $e(t)$,就能及时产生与之成比例的调节作用。比例调节器的阶跃响应如图 22-9 所示。

比例调节作用大小,除了与偏差 $e(t)$ 有关外,主要取决于比例系数 $K_p$, $K_p$ 越大,调节作用越强,动态特性也越好;反之, $K_p$ 越小,调节作用越弱。但对于大多数惯性环节, $K_p$ 太大,会引起自激振荡。其关系如图 22-10 所示。

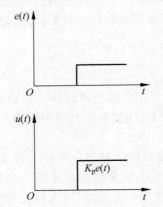

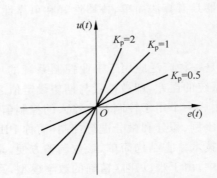

图 22-9　比例调节器的阶跃响应　　　图 22-10　比例调节输入/输出关系曲线

比例调节的缺点是存在静差,是有差调节,对于扰动较大,且惯性也较大的系统,若采用单纯的比例调节,则很难兼顾动态和静态特性。因此,需要采用比较复杂的调节规律。

**2. 比例积分调节**

比例调节的缺点是存在静差,影响调节精度。消除静差的有效方法是在比例调节的基础上增加积分调节,构成比例积分(PI)调节。PI 调节的控制规律为

$$u(t) = K_p \left( e(t) + \frac{1}{T_i} \int e(t) \, dt \right) \tag{22-10}$$

对于 PI 调节器,只要有偏差 $e(t)$ 存在,积分调节就不断起作用,对输入偏差进行积分,使调节器的输

出及执行器开度不断变化,直到达到新的稳定值而不存在静差,所以 PI 调节器能够将比例调节的快速性与积分调节消除静差的作用结合起来,以改善系统特性。

从式(22-10)可知,PI 调节由两部分组成,即比例调节和积分调节。其输出特性曲线如图 22-11 所示。

在式(22-10)中,$T_i$ 为积分时间常数,它表示积分速度的快慢,$T_i$ 越大,积分速度越慢,积分作用越弱;反之 $T_i$ 越小,积分速度越快,积分作用越强。

### 3. 比例微分调节

加入积分调节可以消除静差,改善系统的静态特性。然而,当控制对象具有较大的惯性时,用 PI 调节就无法得到满意的调节品质。如果在调节器中加入微分作用,即在偏差刚出现,偏差值尚不大时,根据偏差变化的速度,提前给出较大的调节作用,将使偏差尽快消除。由于调节及时,可以大大减小系统的动态偏差及调节时间,从而改善了过程的动态品质。

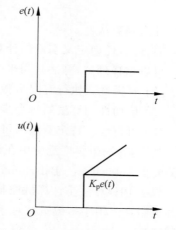

图 22-11 PI 调节器的输出特性曲线

微分作用的特点是:输出只能反映偏差输入变化的速度,而对于一个固定不变的偏差,不管其数值多大,也不会有微分作用输出。因此,微分作用不能消除静差,而只能在偏差刚出现的时刻产生一个很大的调节作用。

同积分作用一样,微分作用一般也不能单独使用,需要与比例作用相配合,构成 PD 调节器,其控制规律为

$$u(t) = K_p \left[ e(t) + T_d \frac{de(t)}{dt} \right] \tag{22-11}$$

在式(22-11)中,$T_d$ 为微分时间常数。

PD 调节器的阶跃响应曲线,如图 22-12 所示。

### 4. 比例积分微分调节(PID)

为了进一步改善调节品质,往往把比例、积分、微分 3 种作用结合起来,形成 PID 三作用调节器,其控制规律为

$$u(t) = K_p \left[ e(t) + \frac{1}{T_i} \int e(t) dt + T_d \frac{de(t)}{dt} \right] \tag{22-12}$$

PID 调节器的阶跃响应曲线如图 22-13 所示。

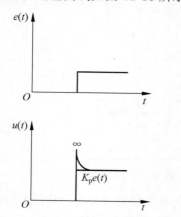

图 22-12 PD 调节器的阶跃响应曲线

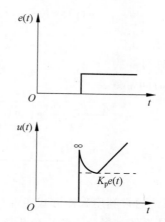

图 22-13 PID 调节器的阶跃响应曲线

## 🔲 22.3　数字 PID 算法 ◆

什么是算法？

简言之，任何定义明确的计算步骤都可称为算法，接收一个或一组值为输入，输出一个或一组值。

可以这样理解，算法是用来解决特定问题的一系列步骤，算法必须具备如下 3 个重要特性：

（1）有穷性。执行有限步骤后，算法必须中止。

（2）确切性。算法的每个步骤都必须确切定义。

（3）可行性。特定算法须可以在特定的时间内解决特定问题。

其实，算法虽然广泛应用在计算机或自动控制领域，但起源于数学。实际上，最早的数学算法可追溯到公元前 1600 年——Babylonians 有关求因式分解和平方根的算法。

数字 PID 算法是计算机控制中应用最广泛的一种控制算法。实际运行经验及理论分析充分证明，将这种控制算法用于多数被控对象能够获得较满意的控制效果。因此，在计算机控制系统中广泛采用 PID 控制算法。

### 22.3.1　PID 算法

#### 1. PID 算法的离散化

对被控对象的静态和动态特性的研究表明，由于绝大多数系统中存在储能部件，使系统对外作用有一定的惯性，这种惯性可以用时间常数表征。

另外，在能量和信息传输时还会因管道、长线等原因引入一些时间上的滞后。

在工业生产过程的实时控制中，总是会存在外界的干扰和系统中各种参数的变化，它们将会使系统性能变差。为了改善系统性能，提高调品质，除了按偏差的比例调节以外，引入偏差的积分，以克服余差，提高精度，加强对系统参数变化的适应能力；引入偏差的微分来克服惯性滞后，提高抗干扰能力和系统的稳定性，由此构成的单参数 PID 控制回路如图 22-14 所示，其中 $y(t)$ 是被控变量，$R$ 是 $y(t)$ 的设定值。

$$e(t) = R - y(t)$$

$e(t)$ 是调节器的输入偏差，$u(t)$ 是调节器输出的控制量，它相应于控制阀的阀位。理想模拟调节器的 PID 算式为

$$u(t) = K_p \left[ e(t) + \frac{1}{T_i} \int e(t) \mathrm{d}t + T_d \frac{\mathrm{d}e(t)}{\mathrm{d}t} \right] \tag{22-13}$$

式中，$K_p$——比例系数；

　　　$T_i$——积分时间常数；

　　　$T_d$——微分时间常数。

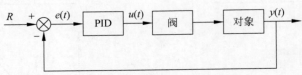

图 22-14　单参数 PID 控制

计算机控制系统通常利用采样方式实现对生产过程的各个回路进行巡回检测和控制，它属于采样调节。因而，描述连续系统的微分方程应由相应的描述离散系统的差分方程来代替。

离散化时,令

$$t = kT$$
$$u(t) \approx u(kT)$$
$$e(t) \approx e(kT)$$
$$\int_0^t e(t)\,\mathrm{d}t \approx T \sum_{j=0}^k e(jT)$$
$$\frac{\mathrm{d}e(t)}{\mathrm{d}t} \approx \frac{e(kT) - e(kT-T)}{T} = \frac{\Delta e(kT)}{T} \tag{22-14}$$

式中,$e(kT)$——第 $k$ 次采样所获得的偏差信号;

$\quad\quad\ \Delta e(kT)$——本次和上次测量值偏差的差。

在给定值不变时,$\Delta e(kT)$ 可表示为相邻两次测量值之差:

$$\Delta e(kT) = e(kT) - e(kT-T) = (R - y(kT)) - (R - y(kT-T)) = y(kT-T) - y(kT)$$

式中,$T$——采样周期(两次采样的时间间隔),采样周期必须足够短,才能保证有足够的精度。

$\quad\quad k$——采样序号,$k=0,1,2,\cdots$

则离散系统的 PID 算式为:

$$u(kT) = K_p \left\{ e(kT) + \frac{T}{T_i} \sum_{j=0}^k e(jT) + \frac{T_d}{T} [e(kT) - e(kT-T)] \right\} \tag{22-15}$$

在式(22-15)所表示的控制算式中,其输出值与阀门位置是一一对应的,通常称为 PID 的位置算式。在位置算式中,每次的输出与过去的所有状态有关。

它不仅要计算机对 $e$ 进行不断累加,而且当计算机发生任何故障时,会造成输出量 $u$ 的变化,从而大幅度地改变阀门位置,这将对安全生产带来严重后果,故目前计算机控制的 PID 算式常作如下的变化。

第 $k-1$ 次采样有:

$$u(kT-T) = K_p \left\{ e(kT-T) + \frac{T}{T_i} \sum_{j=0}^{k-1} e(jT) + \frac{T_d}{T} [e(kT-T) - e(kT-2T)] \right\} \tag{22-16}$$

式(22-15)减去式(22-16),得到两次采样时输出量之差:

$$\Delta u(kT) = K_p \left\{ [e(kT) - e(kT-T)] + \frac{T}{T_i} e(kT) + \frac{T_d}{T} [e(kT) - 2e(kT-T) + e(kT-2T)] \right\}$$
$$= K_p [e(kT) - e(kT-T)] + K_i e(kT) + K_d [e(kT) - 2e(kT-T) + e(kT-2T)] \tag{22-17}$$

在式(22-17)中,$K_i = K_p \dfrac{T}{T_i}$ 为积分系数;$K_d = K_p \dfrac{T_d}{T}$ 为微分系数。

在计算机控制系统中,一般采用恒定的采样周期 $T$,当确定了 $K_p$、$K_i$、$K_d$ 时,根据前后 3 次测量值偏差即可由式(22-17)求出控制增量。由于它的控制输出对应每次阀门的增量,所以称为 PID 控制的增量式算式。

增量式算式具有如下优点:

由于计算机每次只输出控制增量——每次阀位的变化,故机器故障时影响范围就小。必要时可通过逻辑判断限制或禁止故障时的输出,从而不会严重影响系统的工况。

手动-自动切换时冲击小。由于输给阀门的位置信号总是绝对值,不论采用位置式还是增量式算式,在投运或手动改为自动时总要事先设定一个与手动输出相对应的 $u(kT-T)$ 值,然后再改为自动,才能做到无冲击切换。增量式控制时阀位与步进机转角对应,设定时较位置式简单。

算式中不需要累加,控制增量的确定仅与最近几次的采样值有关,较容易通过加权处理以获得比较好的控制效果。

【例 22-1】  在单输入/单输出计算机控制系统中,试分析 $K_p$ 对系统性能的影响及 $K_p$ 的选择方法。
单输入/单输出计算机控制系统如图 22-15 所示。采样周期 $T=0.1s$,数字控制器 $D(z)=K_p$。

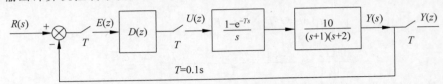

图 22-15  单输入/单输出计算机控制系统

**解**  系统广义对象的 $Z$ 传递函数

$$G(z)=Z\left[\frac{1-e^{-Ts}}{s}\cdot\frac{10}{(s+1)(s+2)}\right]$$
$$=Z\left\{(1-e^{-Ts})\left[\frac{5}{s}-\frac{10}{s+1}+\frac{5}{s+2}\right]\right\}$$
$$=\frac{0.0453z^{-1}(1+0.904z^{-1})}{(1-0.905z^{-1})(1-0.819z^{-1})}$$
$$=\frac{0.0453(z+0.904)}{(z-0.905)(z-0.819)} \tag{22-18}$$

若数字控制器 $D(z)=K_p$,则系统的闭环 $Z$ 传递函数

$$G_c(z)=\frac{Y(z)}{R(z)}=\frac{D(z)G(z)}{1+D(z)G(z)}$$
$$=\frac{0.0453(z+0.904)K_p}{z^2-1.724z+0.741+0.0453K_pz+0.04095K_p} \tag{22-19}$$

当 $K_p=1$,系统在输入单位阶跃信号时,输出量的 $Z$ 变换

$$Y(z)=\frac{0.0453z^2+0.04095z}{z^3-2.679z^2+2.461z-0.782} \tag{22-20}$$

由式(22-20)及 $Z$ 变换的性质,可求出输出序列 $y(kT)$。

系统在单位阶跃输入时,输出量的稳态值

$$y(\infty)=\lim_{z\to1}(z-1)G_c(z)R(z)$$
$$=\lim_{z\to1}\frac{0.0453z(z+0.904)K_p}{z^2-1.724z+0.741+0.0453K_pz+0.04095K_p}$$
$$=\frac{0.08625K_p}{0.017+0.08625K_p} \tag{22-21}$$

当 $K_p=1$ 时,$y(\infty)=0.835$,稳态误差 $e_{ss}=0.165$;

当 $K_p=2$ 时,$y(\infty)=0.901$,稳态误差 $e_{ss}=0.09$;

当 $K_p=5$ 时,$y(\infty)=0.9621$,稳态误差 $e_{ss}=0.038$。

由以上分析可知,当 $K_p$ 加大时,系统的稳态误差将减小。一般情况下,比例系数是根据系统的静态速度误差系数 $K_p$ 的要求来确定的。

$$K_v = \lim_{z \to 1}(z-1)G(z)K_p \tag{22-22}$$

在 PID 控制中,积分控制可用来消除系统的稳态误差,因为只要存在偏差,它的积分所产生的输出总是用来消除稳态误差的,直到偏差为零,积分作用才停止。

【例 22-2】 对于如图 22-15 所示的单输入/单输出计算机控制系统,试分析积分作用及参数的选择。

采用数字 PI 控制器, $D(z) = K_p + K_i \dfrac{1}{1-z^{-1}}$。

解　由例 22-1 可知,广义对象的 Z 传递函数为

$$G(z) = \frac{0.0453(z+0.904)}{(z-0.905)(z-0.819)}$$

系统的开环 Z 传递函数为

$$
\begin{aligned}
G_0(z) &= D(z)G(z) = \left(K_p + K_i \frac{1}{1-z^{-1}}\right)\frac{0.0453(z+0.904)}{(z-0.905)(z-0.819)} \\
&= \frac{(K_p + K_i)\left(z - \dfrac{K_p}{K_p + K_i}\right) \times 0.0453(z+0.904)}{(z-0.905)(z-0.819)(z-1)} \tag{22-23}
\end{aligned}
$$

为了确定积分系数 $K_i$,可以使用积分控制增加的零点 $\left(z - \dfrac{K_p}{K_0 + K_i}\right)$ 抵消极点 $(z-0.905)$。

由此可得,

$$\frac{K_p}{K_p + K_i} = 0.905 \tag{22-24}$$

假设放大倍数 $K_p$ 已由静态速度误差系数确定,若选定 $K_p = 1$,则由式(22-24)可以确定 $K_i \approx 0.105$,数字控制器的 Z 传递函数为

$$
\begin{aligned}
G_c(z) &= \frac{Y(z)}{R(z)} = \frac{D(z)G(z)}{1 + D(z)G(z)} \\
&= \frac{0.05(z+0.904)}{(z-1)(z-0.819) + 0.05(z+0.904)} \tag{22-25}
\end{aligned}
$$

系统在单位阶跃输入时,输出量的 Z 变换

$$
\begin{aligned}
Y(z) &= G_c(z)R(z) \\
&= \frac{0.05(z+0.904)}{(z-1)(z-0.819) + 0.05(z+0.904)} \cdot \frac{z}{z-1} \tag{22-26}
\end{aligned}
$$

由式(22-26)可以求出输出响应 $y(kT)$。

系统在单位阶跃输入时,输出量的稳态值

$$
\begin{aligned}
y(\infty) &= \lim_{z \to 1}(z-1)Y(z) \\
&= \lim_{z \to 1}\frac{0.05z(z+0.904)}{(z-1)(z-0.819) + 0.05z(z+0.904)} = 1
\end{aligned}
$$

因此,系统的稳态误差 $e_{ss} = 0$,由此可见,系统增加积分校正以后,消除了稳态误差,提高了控制精度。

【例 22-3】 对于如图 22-15 所示的单输入/单输出计算机控制系统,试分析其微分作用及参数的选择。

采用数字 PID 控制器, $D(z) = K_p + \dfrac{K_i}{1-z^{-1}} + K_d(1-z^{-1})$。

解　广义对象的 Z 传递函数同例 22-1,

$$G(z) = \frac{0.0453(z + 0.904)}{(z - 0.905)(z - 0.819)}$$

PID 数字控制器的 $Z$ 传递函数

$$D(z) = \frac{K_p(1 - z^{-1}) + K_i + K_d(1 - z^{-1})^2}{(1 - z^{-1})}$$

$$= \frac{(K_p + K_i + K_d)\left(z^2 - \dfrac{K_p + 2K_d}{K_p + K_i + K_d}z + \dfrac{K_d}{K_p + K_i + K_d}\right)}{z(z - 1)} \tag{22-27}$$

假设 $K_p = 1$，并要求 $D(z)$ 的两个零点抵消 $G(z)$ 的两个极点 $z = 0.905$ 和 $z = 0.819$，则

$$z^2 - \frac{K_p + 2K_d}{K_p + K_i + K_d}z + \frac{K_d}{K_p + K_i + K_d} = (z - 0.905)(z - 0.819) \tag{22-28}$$

由式(22-28)可得方程

$$\frac{K_p + 2K_d}{K_p + K_i + K_d} = 1.724 \tag{22-29}$$

$$\frac{K_d}{K_p + K_i + K_d} = 0.7412 \tag{22-30}$$

由 $K_p = 1$ 及式(22-29)、式(22-30)解得

$$K_i = 0.069, \quad K_d = 3.062 \tag{22-31}$$

数字 PID 控制器的 $Z$ 传递函数为

$$D(z) = \frac{4.131(z - 0.905)(z - 0.819)}{z(z - 1)} \tag{22-32}$$

系统的开环 $Z$ 传递函数为

$$G_0(z) = D(z)G(z) = \frac{4.131(z - 0.905)(z - 0.819) \times 0.0453(z + 0.904)}{z(z - 1)(z - 0.905)(z - 0.819)}$$

$$= \frac{0.187(z + 0.904)}{z(z - 1)}$$

系统的闭环 $Z$ 传递函数为

$$G_c(z) = \frac{D(z)G(z)}{1 + D(z)G(z)} = \frac{0.187(z + 0.904)}{z(z - 1) + 0.187(z + 0.904)}$$

系统在单位阶跃输入时，输出量的 $Z$ 变换

$$Y(z) = G_c(z)R(z) = \frac{0.187(z + 0.904)}{z(z - 1) + 0.187(z + 0.904)} \cdot \frac{z}{z - 1} \tag{22-33}$$

由式(22-33)，可以求出输出响应 $y(kT)$。

系统在单位阶跃输入时，输出量的稳态值

$$y(\infty) = \lim_{z \to 1}(z - 1)Y(z) = \lim_{z \to 1}\frac{0.187(z + 0.904)z}{z(z - 1) + 0.187(z + 0.904)} = 1$$

系统的稳态误差 $e_{ss} = 0$，所以系统在 PID 控制时，由于积分的控制作用，对于单位阶跃输入，稳态误差也为零。由于微分控制作用，系统的动态特性也得到很大改善，调节时间 $t_s$ 缩短，超调量 $\sigma_p$ 减小。

【例 22-4】 设有一温度控制系统，温度测量范围是 $0 \sim 600℃$，温度控制指标为 $450℃ \pm 2℃$。

若 $K_p = 4$，$K_p$ 是比例系数；$T_i = 1\text{min}$，$T_i$ 是积分时间；$T_d = 15\text{s}$，$T_d$ 是微分时间，$T = 5\text{s}$，$T$ 是采样周期。

当测量值 $y(kT)=448$，$y(kT-T)=449$，$y(kT-2T)=452$ 时，计算 $\Delta u(kT)$，$\Delta u(kT)$ 为增量输出。若 $u(kT-T)=1860$，计算 $u(kT)$，$u(kT)$ 是第 $k$ 次阀位输出。

解　$K_p=4$

$$K_i=K_p\frac{T}{T_i}=4\times\frac{5}{1\times 60}=\frac{1}{3}$$

$$K_d=K_p\frac{T_d}{T}=4\times\frac{15}{5}=12$$

$$R=450$$

$$e(kT)=R-y(kT)=450-448=2$$

$$e(kT-T)=R-y(kT-T)=450-449=1$$

$$e(kT-2T)=R-y(kT-2T)=450-452=-2$$

$$\Delta u(kT)=K_p[e(kT)-e(kT-T)]+K_ie(kT)+K_d[e(kT)-2e(kT-T)+e(kT-2T)]$$

$$=4\times(2-1)+\frac{1}{3}\times 2+12\times[2-2\times 1-(-2)]$$

$$=4+\frac{2}{3}-24\approx -19$$

$$u(kT)=u(kT-T)+\Delta u(kT)=1860+(-19)=1841$$

**2. PID 算法程序设计**

PID 算法程序设计分位置式和增量式两种。

（1）位置式 PID 算法程序设计。

第 $k$ 次采样位置式 PID 的输出算式为

$$u(kT)=K_pe(kT)+K_i\sum_{j=0}^{k}e(jT)+K_d[e(kT)-e(kT-T)]$$

设

$$u_P(kT)=K_pe(kT)$$

$$u_I(kT)=K_i\sum_{j=0}^{k}e(jT)=K_ie(kT)+K_i\sum_{j=0}^{k-1}e(jT)$$

$$=K_ie(kT)+u_I(kT-T)$$

$$u_D(kT)=K_d[e(kT)-e(kT-T)]$$

因此，$u(kT)$ 可写为

$$u(kT)=u_P(kT)+u_I(kT)+u_D(kT)$$

上式为离散化的位置式 PID 编程表达式。

① 程序流程图。

位置式 PID 算法的程序流程图如图 22-16 所示。

② 程序设计。

各参数和中间结果内存分配如表 22-1 所示。

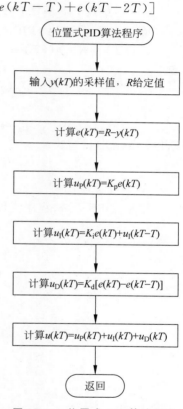

图 22-16　位置式 PID 算法程序流程图

表 22-1　位置式 PID 算法内存分配表

| 符 号 地 址 | 参　　数 | 注　　释 |
| --- | --- | --- |
| SAMP | $y(kT)$ | 第 $k$ 次采样值 |
| SPR | $R$ | 给定值 |
| COFKP | $K_p$ | 比例系数 |
| COFKI | $K_i$ | 积分系数 |

续表

| 符 号 地 址 | 参　　数 | 注　　释 |
|---|---|---|
| COFKD | $K_d$ | 微分系数 |
| EK | $e(kT)$ | 第 $k$ 次测量偏差 |
| EK1 | $e(kT-T)$ | 第 $k-1$ 次测量偏差 |
| UI1 | $u_I(kT-T)$ | 第 $k-1$ 次积分项 |
| UPK | $u_P(kT)$ | 第 $k$ 次比例项 |
| UIK | $u_I(kT)$ | 第 $k$ 次积分项 |
| UDK | $u_D(kT)$ | 第 $k$ 次微分项 |
| UK | $u(kT)$ | 第 $k$ 次位置输出 |

程序清单从略。

（2）增量式 PID 算法程序设计。

第 $k$ 次采样增量式 PID 的输出算式为

$$\Delta u(kT) = K_p[e(kT) - e(kT-T)] + K_i e(kT) + K_d[e(kT) - 2e(kT-T) + e(kT-2T)]$$

设

$$u_P(kT) = K_p[e(kT) - e(kT-T)]$$
$$u_I(kT) = K_i e(kT)$$
$$u_D(kT) = K_d[e(kT) - 2e(kT-T) + e(kT-2T)]$$

所以，$\Delta u(kT)$ 可写为

$$\Delta u(kT) = u_P(kT) + u_I(kT) + u_D(kT)$$

① 程序流程图。

增量式 PID 算法程序流程图如图 22-17 所示。

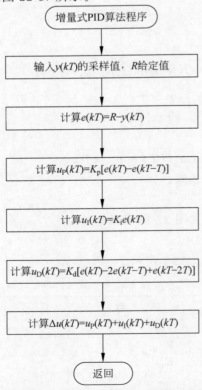

图 22-17　增量式 PID 算法程序流程图

② 程序设计。

各参数和中间结果内存分配如表 22-2 所示。

表 22-2 增量式 PID 算法内存分配表

| 符 号 地 址 | 参 数 | 注 释 |
|---|---|---|
| SAMP | $y(kT)$ | 第 $k$ 次采样值 |
| SPR | $R$ | 给定值 |
| COFKP | $K_p$ | 比例系数 |
| COFKI | $K_i$ | 积分系数 |
| COFKD | $K_d$ | 微分系数 |
| EK | $e(kT)$ | 第 $k$ 次测量偏差 |
| EK1 | $e(kT-T)$ | 第 $k-1$ 次测量偏差 |
| EK2 | $e(kT-2T)$ | 第 $k-2$ 次测量偏差 |
| UPK | $u_P(kT)$ | 比例项 |
| UIK | $u_1(kT)$ | 积分项 |
| UDK | $u_D(kT)$ | 微分项 |
| UK | $\Delta u(kT)$ | 第 $k$ 次增量输出 |

程序清单从略。

## 22.3.2 PID 算法的仿真

通过 LabVIEW 虚拟仪器开发平台或 MATLAB 仿真软件可以对上面讲述的比例控制 P、比例积分控制 PI 和比例积分微分控制 PID 进行系统输出响应仿真,从中可以分析和比较比例、积分、微分控制的作用与它们的控制效果。

### 1. LabVIEW 虚拟仪器开发平台

LabVIEW 是实验室虚拟仪器集成环境(Laboratory Virtual Instrument Engineering Workbench)的简称,是美国国家仪器公司(National Instruments,NI)的创新软件产品,也是目前应用最广、发展最快、功能最强的图形化软件开发集成环境之一,又称为 G 语言。

LabVIEW 是一个标准的图形化开发环境,它结合了图形化编程方式的高性能与灵活性以及专为测试、测量与自动化控制应用设计的高端性能与配置功能,能为数据采集、仪器控制、测量分析与数据显示等各种应用提供必要的开发工具,因此,LabVIEW 通过减少应用系统开发时间与项目筹建成本帮助科学家与工程师们提高工作效率。

LabVIEW 被广泛应用于各种行业中,包括汽车、半导体、航空航天、交通运输、科学实验、电信、生物医药与电子等。

### 2. MATLAB/Simulink

MATLAB 是美国 MathWorks 公司出品的商业数学软件,用于数据分析、无线通信、深度学习、图像处理与计算机视觉、信号处理、量化金融与风险管理、机器人控制系统等领域。

MATLAB 是 Matrix&Laboratory 两个词的组合,意为矩阵工厂(或矩阵实验室),是主要面向科学计算、可视化以及交互式程序设计的高科技计算环境。它将数值分析、矩阵计算、科学数据可视化以及非线性动态系统的建模和仿真等诸多强大功能集成在一个易于使用的视窗环境中,为科学研究、工程设计以及必须进行有效数值计算的众多科学领域提供了一种全面的解决方案,并在很大程度上摆脱了传统非交互式程序设计语言(如 C、Fortran)的编辑模式。

　　MATLAB 由一系列工具组成。这些工具方便用户使用 MATLAB 的函数和文件，其中许多工具采用的是图形用户界面，包括 MATLAB 桌面和命令窗口、历史命令窗口、编辑器和调试器、路径搜索和用于用户浏览帮助、工作空间、文件的浏览器。随着 MATLAB 的商业化以及软件本身的不断升级，MATLAB 的用户界面也越来越精致，更加接近 Windows 的标准界面，人机交互性更强，操作更简单。新版本的 MATLAB 提供了完整的联机查询、帮助系统，极大地方便了用户的使用。简单的编程环境提供了比较完备的调试系统，程序不必经过编译就可以直接运行，而且能够及时报告出现的错误及进行出错原因分析。

　　MATLAB 具有如下特点：

　　（1）高效的数值计算及符号计算功能，能使用户从繁杂的数学运算分析中解脱出来。

　　（2）具有完备的图形处理功能，实现计算结果和编程的可视化。

　　（3）友好的用户界面及接近数学表达式的自然化语言，方便用户学习和掌握。

　　（4）功能丰富的应用工具箱（如信号处理工具箱、通信工具箱等），为用户提供了大量方便实用的处理工具。

　　Simulink 是美国 MathWorks 公司推出的 MATLAB 中的一种可视化仿真工具。Simulink 是一个模块图环境，用于多域仿真以及基于模型的设计。它支持系统设计、仿真、自动代码生成以及嵌入式系统的连续测试和验证。Simulink 提供图形编辑器、可自定义的模块库以及求解器，能够进行动态系统建模和仿真。

　　由 Simulink 搭建的控制系统如图 22-18 所示。

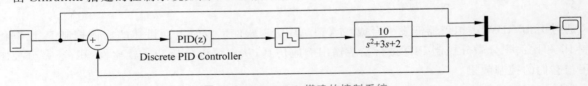

图 22-18　Simulink 搭建的控制系统

　　比例控制 P、比例积分控制 PI 和比例积分微分控制 PID 的 Simulink 控制系统的 P、I、D 参数配置如图 22-19～图 22-21 所示。

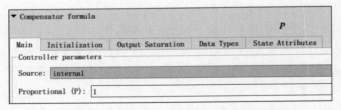

图 22-19　比例控制 P 的 Simulink 控制系统参数配置

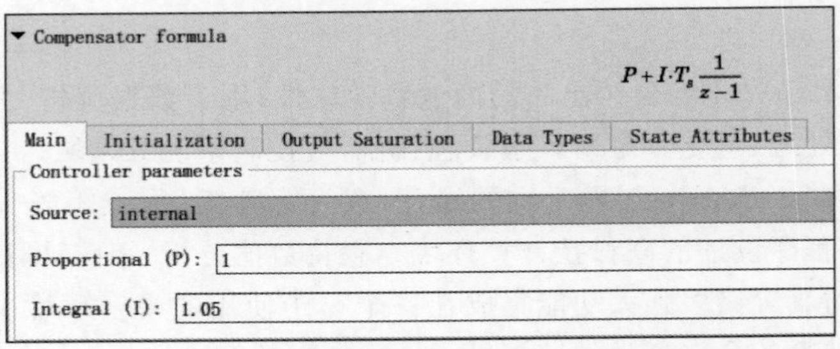

图 22-20　比例积分控制 PI 的 Simulink 控制系统参数配置

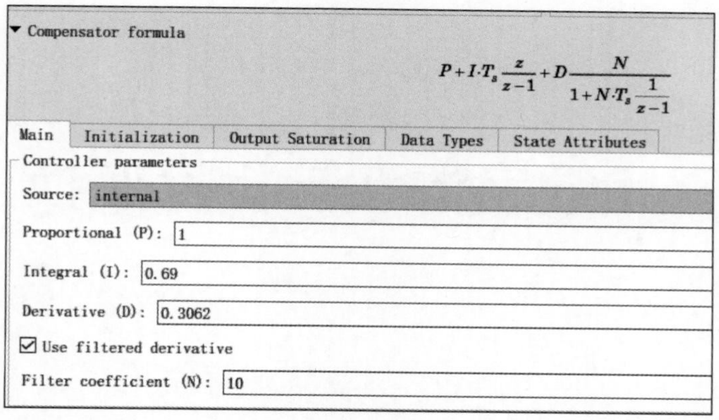

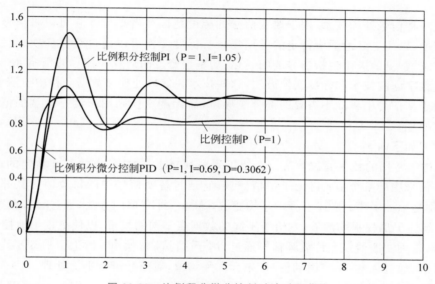

$$P + I \cdot T_s \frac{z}{z-1} + D \frac{N}{1 + N \cdot T_s \frac{1}{z-1}}$$

**图 22-21 比例积分微分控制 PID 的 Simulink 控制系统参数配置**

比例控制 P、比例积分控制 PI 和比例积分微分控制 PID 的系统输出响应过渡过程曲线如图 22-22 所示。

**图 22-22 比例积分微分控制过渡过程曲线**

# 第 23 章

CHAPTER 23

# 数字滤波与标度变换

数字滤波是一种通过一定的计算或判断程序减少干扰在有用信号中的比重的技术。它是一种程序滤波,通过软件算法实现,可以克服随机干扰引起的误差。数字滤波无需其他的硬件成本,只用一个计算过程,可靠性高,不存在阻抗匹配问题。尤其是数字滤波可以对频率很低的信号进行滤波,这是模拟滤波器做不到的。

标度变换是一种信号处理技术,用于改变信号的幅度范围或者单位。它可以将信号进行放大、缩小或者进行单位转换,以便更好地适应特定的应用场景。标度变换可以通过线性变换、非线性变换或者其他数学变换来实现,常见的应用包括信号的归一化、功率谱密度的计算和信号的压缩等。

本章讲述了数字滤波技术和标度变换方法,这些技术在信号处理和数据分析中扮演着至关重要的角色。数字滤波用于从信号中移除不需要的部分或噪声,而标度变换则用于调整数据的范围和形式,以便于分析或进一步处理。

本章主要讲述如下内容:

(1) 深入探讨了常用的数字滤波算法。介绍了程序判断滤波,这种方法基于特定的逻辑判断来决定是否保留或修改信号中的某个值;讨论了中值滤波,它通过替换信号中的每个值为其邻域中值,有效地减少了噪声,特别是脉冲噪声;描述了算术平均滤波,这是一种简单的方法,通过计算信号序列中值的平均来平滑数据;阐述了加权平均滤波,它给予不同的数据点不同的权重,以便更精细地控制滤波效果;介绍了低通滤波器,这种滤波器仅允许低频信号通过,用于去除高频噪声;讨论了滑动平均滤波器,这是一种动态的滤波方法,通过创建一个"滑动窗口"来计算平均值,对信号进行平滑处理。

(2) 讲述了标度变换与数据处理。介绍了线性标度变换,这种变换通过缩放和平移操作来调整数据的范围。这种变换在数据归一化和标准化过程中非常有用;讨论了非线性标度变换,包括对数变换、指数变换等,这些变换可以用来强调数据的特定特征或压缩数据的动态范围;描述了数据处理的一般过程,包括数据的收集、清洗、转换和分析。

本章为读者提供了一系列强大的工具和方法,用于处理和分析数字信号和数据。通过选择合适的滤波算法和标度变换技术,可以有效地提高数据质量和分析的准确性。这些技术对于信号处理工程师、数据科学家和其他需要进行数据分析的专业人士来说,都是非常宝贵的资源。

## 23.1  常用数字滤波算法

由于工业对象的环境比较恶劣,干扰源比较多,如环境温度、电磁场等,当干扰作用于模拟信号之后,使模/数转换结果偏离真实值。如果仅采样一次,无法确定该结果是否可信,为了减少对采样值的干扰,提高系统可靠性,在进行数据处理和 PID 调节之前,首先对采样值进行数字滤波。

与模拟 RC 滤波器相比,数字滤波具有如下优点:

(1) 不需增加任何硬件设备,只要在程序进入数据处理和控制算法之前,附加一段数字滤波程序即可。

(2) 由于数字滤波器不需要增加硬件设备,所以系统可靠性高,不存在阻抗匹配问题。

(3) 模拟滤波器通常是每个通道都有,而数字滤波器则可多个通道共用,从而降低了成本。

(4) 可以对频率很低的信号进行滤波,而模拟滤波器由于受电容容量的影响,频率不能太低。

(5) 使用灵活、方便,可根据需要选择不同的滤波方法,或改变滤波器的参数。

正因为数字滤波器具有上述优点,所以在计算机控制系统中得到了越来越广泛的应用。

## 23.1.1　程序判断滤波

当采样信号由于随机干扰和误检测或者变送器不稳定而引起严重失真时,可采用程序判断滤波。

程序判断滤波的方法,是根据生产经验,确定出两次采样输出信号可能出现的最大偏差 $\Delta Y$,若超过此偏差值,则表明该输入信号是干扰信号,应该去掉;若小于此偏差值,则可将信号作为本次采样值。

程序判断滤波根据滤波方法不同,可分为限幅滤波和限速滤波两种。

**1. 限幅滤波**

所谓限幅滤波,就是把两次相邻的采样值进行相减,求出其增量(以绝对值表示),然后与两次采样允许的最大差值(由被控对象的实际情况决定)$\Delta Y$ 进行比较,如果小于或等于 $\Delta Y$,则取本次采样值。如果大于 $\Delta Y$,则仍取上次采样值作为本次采样值,即

$$\begin{cases} |Y_n - Y_{n-1}| \leqslant \Delta Y,则 Y_n = Y_n,取本次采样值 \\ |Y_n - Y_{n-1}| > \Delta Y,则 Y_n = Y_{n-1},取上次采样值 \end{cases} \tag{23-1}$$

式中,$Y_n$——第 $n$ 次采样值;

　$Y_{n-1}$——第 $n-1$ 次采样值;

$\Delta Y$——两次采样值所允许的最大偏差,其大小取决于采样周期 $T$ 及 $Y$ 值的动态变化响应。

**2. 限速滤波**

设顺序采样时刻 $t_1$、$t_2$、$t_3$ 所采集的参数分别为 $Y_1$、$Y_2$、$Y_3$,则当

$$\begin{cases} |Y_2 - Y_1| \leqslant \Delta Y 时,Y_2 输入计算机 \\ |Y_2 - Y_1| > \Delta Y 时,Y_2 不采用,但仍保留,再继续采样一次,得 Y_3 \end{cases} \tag{23-2}$$

$$\begin{cases} |Y_3 - Y_2| \leqslant \Delta Y 时,Y_3 输入计算机 \\ |Y_3 - Y_2| > \Delta Y 时,取 \dfrac{Y_3 + Y_2}{2} 输入计算机 \end{cases} \tag{23-3}$$

这是一种折中的方法,兼顾了采样的实时性和不采样时的连续性。

程序判断滤波算法可用于变化较缓慢的参数,如温度、液位等。

## 23.1.2　中值滤波

中值滤波是一种数字信号处理方法,用于去除信号中的噪声和杂波。它通过对信号进行排序,选择其中位数作为滤波后的输出值,从而有效地去除了信号中的异常值和噪声。

中值滤波的原理是将信号中的每个数据点与其周围的数据点进行排序,然后选择其中位数作为滤波后的输出值。中值滤波可以有效地去除信号中的噪声和杂波,同时保留信号的边缘信息和细节特征。

中值滤波适用于信号中包含随机噪声和脉冲噪声的情况,比如图像处理、音频处理、传感器信号处理

等领域。中值滤波可以通过软件算法或者硬件电路实现。

对目标参数连续进行若干次采样,然后将这些采样进行排序,选取中间位置的采样值为有效值。本算法为取中值,采样次数应为奇数。常用 3 次或 5 次。对于变化很慢的参数,有时也可增加次数,例如 15 次。对于变化较为剧烈的参数,不宜采用此方法。

中值滤波算法对于滤除脉动性质的干扰比较有效,但对快速变化过程的参数,如流量,则不宜采用。关于中值滤波程序设计可参考由小到大排序程序的设计方法。

### 23.1.3 算术平均滤波

算术平均滤波是一种常见的信号处理方法,用于去除信号中的噪声。它的原理是对信号中一段时间内的多个采样值取平均,从而平滑信号并减小噪声的影响。

算术平均滤波的实现方法是将一段时间内的多个采样值相加,然后除以采样值的个数,得到平均值作为滤波后的输出值。这样可以有效地减小信号中的随机噪声,并平滑信号的波动。

算术平均滤波适用于信号中包含高频噪声或者干扰的情况,例如,传感器信号中的抖动、温度测量中的波动等。然而,算术平均滤波可能会导致信号的响应速度变慢,因此在实际应用中需要根据具体情况进行权衡和选择。

对目标参数进行连续采样,然后求其算术平均值作为有效采样值。计算公式为

$$Y_n = \frac{1}{n}\sum_{i=1}^{n} X_i \tag{23-4}$$

式中,$Y_n$——$n$ 次采样值的算术平均值;

$X_i$——第 $i$ 次采样值;

$n$——采样次数。

该算法主要对压力、流量等周期脉动的采样值进行平滑加工,但对脉冲性干扰的平滑尚不理想。因此它不适用于脉冲性干扰比较严重的场合。平均次数 $n$ 取决于平滑度和灵敏度。随着 $n$ 值的增大,平滑度提高,灵敏度降低。通常流量取 12 次,压力取 4 次,温度如无噪声可不平均。

### 23.1.4 加权平均滤波

加权平均滤波是一种信号处理方法,类似于算术平均滤波,但在计算滤波后的输出值时,对不同采样值进行加权处理。加权平均滤波可以根据信号特性和噪声情况,赋予不同的采样值不同的权重,从而更灵活地调节滤波效果。

在加权平均滤波中,不同的采样值可能根据其相对重要性被赋予不同的权重。通常情况下,较新的采样值可能会被赋予更高的权重,以便更快地跟踪信号的变化,而较老的采样值可能会被赋予较低的权重,以减小噪声对滤波结果的影响。

加权平均滤波可以根据具体的应用需求进行灵活调节,适用于一些需要对信号进行快速响应并减小噪声影响的场合。这种滤波方法常用于传感器信号处理、控制系统中的数据平滑等领域。

在算术平均滤波中,对于 $n$ 次采样所得的采样值,在其结果的比重是均等的,但有时为了提高滤波效果,将各次采样值取不同的比例,然后再相加,此方法称为加权平均法。一个 $n$ 项加权平均式为

$$Y_n = \sum_{i=1}^{n} C_i X_i \tag{23-5}$$

式中,$C_1, C_2, \cdots, C_n$ 均为常数项,应满足下列关系:

$$\sum_{i=1}^{n} C_i = 1 \tag{23-6}$$

式中，$C_1,C_2,\cdots,C_n$ 为各次采样值的系数，可根据具体情况而定，一般采样次数越靠后，取得比例越大，这样可以增加新的采样值在平均值中的比例。其目的是突出信号的某一部分，抑制信号的另一部分。

## 23.1.5　低通滤波

低通滤波是一种常见的信号处理方法，用于去除信号中的高频成分，从而保留信号中的低频成分。低通滤波器允许低频信号通过，并抑制高频信号，这样可以平滑信号并减小高频噪声的影响。

低通滤波在信号处理中有着广泛的应用，例如，在音频处理、图像处理、通信系统等领域。它可以帮助减小信号中的噪声，平滑信号的波动，并保留信号中的有用信息。

上述几种滤波方法基本上属于静态滤波，主要适用于变化过程比较快的参数，如压力、流量等。但对于慢速随机变化采用在短时间内连续采样求平均值的方法，其滤波效果是不太好的。为了提高滤波效果，通常可采用动态滤波方法，即一阶滞后滤波方法，其表达方式为

$$Y_n = (1-\alpha)X_n + \alpha Y_{n-1} \tag{23-7}$$

式中，$X_n$——第 $n$ 次采样值；

　　$Y_{n-1}$——上次滤波结果输出值；

　　$Y_n$——第 $n$ 次采样后的滤波结果输出值；

　　$\alpha$——滤波平滑系数 $\alpha = \dfrac{\tau}{\tau+T}$；

　　$\tau$——滤波环节的时间常数；

　　$T$——采样周期。

通常采样周期远小于滤波环节的时间常数，也就是输入信号的频率快，而滤波环节时间常数相对更大，这是一般滤波器的概念，所以这种滤波方法相当于 RC 滤波器。

$\tau$、$T$ 的选择可根据具体情况确定。

## 23.1.6　滑动平均滤波

滑动平均滤波是一种基于算术平均滤波的信号处理方法，通过对一段时间内的采样值进行加权平均，从而平滑信号并减小噪声的影响。与算术平均滤波不同的是，滑动平均滤波只考虑最近的一部分采样值，而不是所有采样值。

滑动平均滤波的实现方法是：将最近的 $N$ 个采样值进行加权平均，从而得到滤波后的输出值。其中，$N$ 为滑动窗口的大小，可以根据具体情况进行选择。通常情况下，较新的采样值会被赋予更高的权重，较老的采样值则会被赋予较低的权重。

滑动平均滤波可以有效地减小信号中的随机噪声，并平滑信号的波动。它适用于需要对信号进行快速响应的场合，例如，传感器信号处理、控制系统中的数据平滑等领域。

以上介绍的各种平均滤波算法有一个共同点，即每取得一个有效采样值必须连续进行若干次采样，当采样速率较低(如双积分型模/数转换)或目标参数变化较快时，系统的实时性不能得到保证。滑动平均滤波算法只采样一次，将这一次采样值和过去的若干次采样值一起求平均，得到的有效采样值即可投入使用。如果取 $n$ 个采样值求平均，RAM 中必须开辟 $n$ 个数据的暂存区。每新采集一个数据便存入暂存区，同时去掉一个最老的数据。保持这 $n$ 个数据始终是最近的数据。这种数据存放方式可以用环形队列结构方便地实现，每存入一个新数据便自动冲去一个最老的数据。

## 23.2 标度变换与数据处理

标度变换也称为工程量转换或数据标定,是一种将模拟/数字信号转换成具有物理意义的工程单位(如温度℃、压力 Pa、流量 $m^3/h$ 等)的过程。这个过程在数据采集和工业自动化系统中非常重要,因为它允许操作员和工程师直接读取和理解测量的物理量,而不是原始的电信号或数字代码。

**1. 标度变换的基本概念**

下面简要介绍标度变换的几个基本概念。

(1) 信号采集。首先,传感器会将物理量(如温度、压力等)转换成模拟电信号。这个信号通常是电压或电流。

(2) 模/数转换。模拟信号通过模/数转换器(ADC)转换成数字信号。ADC 输出的是数字量,这通常是一个与输入模拟信号成比例的数字值。

(3) 标度变换。数字量本身对于大多数用户来说没有直观的意义。因此,需要将这些数字量转换成实际的工程单位。这个转换过程需要知道传感器的特性和量程(即最小和最大测量值)。

(4) 线性化处理。有些传感器的输出与测量的物理量之间的关系可能是非线性的。在这种情况下,在进行标度变换之前,可能需要进行线性化处理,以确保输出值正确反映实际的物理量。

**2. 标度变换的实现步骤**

标度变换的实现步骤如下:

(1) 确定量程——确定传感器的量程,即传感器可以测量的最小值和最大值。

(2) 读取 ADC 值——从模数转换器读取数字量。

(3) 应用转换公式——使用一个数学公式将 ADC 的值转换成实际的物理量。

(4) 校准——校准过程确保转换的准确性。通过比较传感器输出与已知的标准值,可以确定比例系数和偏移量。

(5) 输出工程量——最后,将转换后的值输出到显示设备、记录器或控制系统,以便用户可以读取和使用。

**3. 标度变换的应用**

标度变换具有如下应用:

(1) 在工业自动化中,标度变换使得控制系统可以根据实时的物理量来调整过程参数,如温度控制器根据温度传感器的读数来调节加热器的功率。

(2) 在数据采集系统中,标度变换允许数据以实际的物理单位存储和分析,这对于科研和质量控制至关重要。

(3) 在用户界面上,经过标度变换的数据可以直接显示给操作员,减少了数据解释的工作量,并提高了操作的准确性和效率。

标度变换是连接现实世界与数字控制系统之间的桥梁,它确保了数据的可读性和系统的实用性。

### 23.2.1 线性标度变换

线性标度变换主要是通过线性变换的方式来实现对数据的调整和转换。它可以应用于各个领域,如数学、物理、工程等。

标度变换的前提是参数值与模/数转换结果之间为线性关系,是最常用的标度变换方法,标度变换公式为

$$A_x = A_0 + (A_m - A_0)\frac{N_x - N_0}{N_m - N_0} \tag{23-8}$$

式中，$A_0$——一次测量仪表的下限；

　$A_m$——一次测量仪表的上限；

　$A_x$——实际测量值（工程量）；

　$N_0$——仪表下限所对应的数字量；

　$N_m$——仪表上限所对应的数字量；

　$N_x$——测量值所对应的数字量。

其中，$A_0$、$A_m$、$N_0$、$N_m$ 对于某一个固定的被测参数来说是常数，不同的参数有着不同的值。

为了使程序简单，一般把被测参数的起点 $A_0$（输入信号为 0）所对应的模/数转换值为 0，即 $N_0 = 0$，这样式（23-8）又变为

$$A_x = \frac{N_x}{N_m}(A_m - A_0) + A_0 \tag{23-9}$$

式（23-8）和式（23-9）即为参量标度变换的公式。

【例 23-1】　某热处理炉温测量仪的量程为 200～1300℃。在某一时刻计算机采样并经数字滤波后的数字量为 2860，求此时的温度值是多少？（设该仪表的量程是线性的，模/数转换器的位数为 12 位）

解：由式（23-9）可知，$A_0 = 200℃$，$A_m = 1300℃$，$N_x = 2860℃$，$N_m = 4095℃$。所以此时的温度为

$$A_x = \frac{N_x}{N_m}(A_m - A_0) + A_0 = \frac{2860}{4095} \times (1300 - 200) + 200 = 968(℃)$$

在计算机控制系统中，为了实现上述转换，可把它们设计成专门的子程序，把各个不同参数所对应的 $A_0$、$A_m$、$N_0$、$N_m$ 存放在存储器中，然后当某一参数需要进行标度变换时，只调用标度变换子程序即可。

## 23.2.2　非线性标度变换

必须指出，上面介绍的标度变换程序，它只适用于具有线性刻度的参量，如被测量为非线性刻度时，则其标度变换公式应根据具体问题具体分析，首先求出它所对应的标度变换公式，然后再进行设计。

例如，在流量测量中，其流量与压差的公式为

$$Q = K\sqrt{\Delta P} \tag{23-10}$$

式中，$Q$——流量；

　$K$——刻度系数，与流体的性质及节流装置的尺寸有关；

　$\Delta P$——节流装置的压差。

根据式（23-10），流体的流量与被测流体流过节流装置时，前后的压力差的平方根成正比，于是得到测量流量时的标度变换公式：

$$\frac{Q_x - Q_0}{Q_m - Q_0} = \frac{K\sqrt{N_x} - K\sqrt{N_0}}{K\sqrt{N_m} - K\sqrt{N_0}}$$

$$Q_x = \frac{\sqrt{N_x} - \sqrt{N_0}}{\sqrt{N_m} - \sqrt{N_0}}(Q_m - Q_0) + Q_0 \tag{23-11}$$

式中，$Q_x$——被测量的流量值；

　$Q_m$——流量仪表的上限值；

　$Q_0$——流量仪表的下限值；

$N_x$——差压变送器所测得的差压值(数字量);

$N_m$——差压变送器上限所对应的数字量;

$N_0$——差压变送器下限所对应的数字量。

式(23-11)为流量测量中标度变换的通用表达式。

对于流量测量仪表,一般下限均取零,所以此时 $Q_0=0,N_0=0$,故式(23-11)变为

$$Q_x = Q_m \sqrt{\frac{N_x}{N_m}} = Q_m \cdot \frac{\sqrt{N_x}}{\sqrt{N_m}}$$

### 23.2.3　数据处理

在数据采集过程中,数据处理是至关重要的一环。数据处理的主要目的是将原始数据经过一系列的处理步骤,使其变得更加规范、准确和有价值,以便进行后续的数据分析、挖掘和可视化等操作。

在数据采集和处理系统中,计算机通过数字滤波方法可以获得有关现场的比较真实的被测参数,但此信号有时不能直接使用,需要进一步数学处理或给用户特别提示。

**1. 非线性处理**

计算机从模拟量输入通道得到的检测信号与该信号所代表的物理量之间不一定呈线性关系。例如,差压变送器输出的孔板差压信号同实际的流量之间成平方根关系;热电偶的热电势与其所测温度之间是非线性关系等。我们希望计算机内部参与运算与控制的二进制数与被测参数之间呈线性关系,这样既便于运算又便于数字显示,因此还须对数据做非线性处理。

在计算机数据处理系统中,用计算机进行非线性补偿,方法灵活、精度高。

为描述这些非线性特性的转换关系,通常有查表法、拟合函数法、折线近似与线性插值法 3 种方法。

(1) 查表法。

查表法是一种较精确的非线性处理方法。设有非线性关系的两个参数 $A$ 和 $B$,现要根据参数 $A$ 取参数 $B$ 的数值,可通过以下步骤实现:

① 造表。根据需要确定参数 $A$ 的起始值 $A_0$ 和等差变化值 $N$,则有

$$A_i = A_0 + N \times i \quad (i = 1, 2, \cdots, n) \tag{23-12}$$

确定一块连续存储区,设其地址为 $AD_0, AD_1, \cdots, AD_n$,$AD_i$ 与 $AD_{i+1}$ 的关系可按某些规律算法确定,为方便程序设计,通常采用按顺序递增或递减的关系,即 $AD_{i+1} = AD_i + M$,$M$ 是参数 $B$ 在计算机中存储值的字节数。

② 查表。设有待查参数 $A_m$,由 $i = (A_m - A_0)/N$,有

$$AD_i = AD_0 + Mi \tag{23-13}$$

从存储地址 $AD_i$ 处连续取 $M$ 字节数据,即为对应参数 $A_m$ 的 $B_m$ 值。

查表法的优点是迅速准确,但如果参数变化范围较大或变化剧烈时,要求参数 $A_i$ 的数量将会很大,表会变得很大,表的生成和维护将会变得困难。

(2) 拟合函数法。

各种热电偶的温度与热电动势的关系都可以用高次多项式描述

$$T = a_0 + a_1 E + a_2 E^2 + \cdots + a_n E^n \tag{23-14}$$

式中,$T$——温度;

$E$——热电偶的测量热电动势;

$a_0, a_1, \cdots, a_n$——系数。

实际应用时,方程所取项数和系数取决于热电偶的类型和测量范围,一般取 $n \leqslant 4$。以 $n=4$ 为例,对

高次多项式可做如下处理

$$T = \{[(a_4 E + a_3)E + a_2]E + a_1\}E + a_0 \tag{23-15}$$

按上式计算多项式,有利于程序的设计。

(3) 折线近似与线性插值法。

上述非线性参数关系可用数学表达式表示。除了上述情况外,在工程实际中还有许多非线性规律是经过数理统计分析后得到的,对于这种很难用公式来表示的各种非线性参数,常采用折线近似与线性插值逼近方法来解决。

以温度-热电动势函数曲线为例,某热电偶温度($T$)与热电动势($E$)的关系曲线如图 23-1 所示。

折线近似法的原理是:将该曲线按一定要求分成若干段,然后把相邻分段点用折线连接起来,用此折线拟合该段曲线,在此折线内的关系用直线方程来表示:

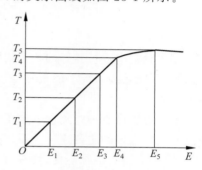

$$T_x = T_{n-1} + (E_x - E_{n-1})\frac{T_n - T_{n-1}}{E_n - E_{n-1}} \tag{23-16}$$

式中,$E_x$——测量的热电动势;

　　$T$——由 $E_x$ 换算所得的温度。

**2. 越限报警处理**

图 23-1　热电偶 $T$-$E$ 关系曲线

在计算机控制系统中,为了安全生产,对于一些重要的参数或系统部位,都设有上限、下限检查及报警系统,以便提醒操作人员注意或采取相应的措施。具体方法就是把计算机采集的数据经计算机进行数据处理、数字滤波、标度变换之后,与该参数上限、下限给定值进行比较。如果高于(或低于)上限(或下限),则进行报警,否则就作为采样的正常值,以便进行显示和控制。例如,锅炉水位自动调节系统,水位的高低是非常重要的参数,水位太高将影响蒸汽的产量,水位太低则有爆炸的危险,所以要作越限报警处理。

报警系统一般为声光报警信号,灯光多采用发光二极管(LED)或白炽灯光等,声响则多为电铃、电笛等。有些地方也采用闪光报警的方法,即使报警的灯光(或声音)按一定的频率闪烁(或发声)。在某些系统中还需要增加一些功能,如记下报警的参数、时间、打印输出、自动处理(自动切换到手动、切断阀门、打开阀门)等。

报警程序的设计方法主要有两种:一种是全软件报警程序,这种方法的基本做法是把被测参数,如温度、压力、流量、速度、成分等,经传感器、变送器、模/数转换器送入计算机后,再与规定的上限、下限值进行比较,根据比较的结果进行报警或处理,整个过程都由软件实现;另一种是直接报警程序,这种方法是采用硬件申请中断的方法,直接将报警模型送到报警口中。这种报警方法的前提条件是被测参数与给定值的比较是在传感器中进行的。

# 第 24 章
CHAPTER 24

# 电子系统的电磁兼容
# 与抗干扰设计

在实验室中运行良好的一个实际电子系统(特别是计算机控制系统)安装到工业现场,由于强大干扰等原因,可能导致系统不能正常运行,严重者造成不良后果,因此对计算机控制系统采取抗干扰措施是必不可少的。

干扰可以沿各种线路侵入电子系统,也可以以场的形式从空间侵入电子系统,供电线路是电网中各种浪涌电压入侵的主要途径。系统的接地装置不良或不合理,也是引入干扰的重要途径。各类传感器、输入/输出线路的绝缘不良,均有可能引入干扰,以场的形式入侵的干扰主要发生在高电压、大电流、高频电磁场(包括电火花激发的电磁辐射)附近。它们可以通过静电感应、电磁感应等方式在控制系统中形成干扰,表现为过压,欠压,浪涌,下陷,尖峰电压,射频干扰,电气噪声,天电干扰以及控制部件的漏电阻、漏电容、漏电感,电磁辐射等。

本章全面介绍了电子系统在设计时考虑的电磁兼容性和抗干扰问题。电磁兼容(EMC)是确保电子设备在电磁环境中正常运行且不产生不可接受干扰的能力。在现代电子系统设计中,电磁兼容和抗干扰设计是至关重要的部分,以确保设备的可靠性和性能。

本章主要讲述如下内容:

(1) 深入讨论了电磁兼容技术的基础和抗干扰设计的重要性。

(2) 介绍了抑制电磁干扰的隔离技术,包括屏蔽、接地和滤波等方法,这些技术有助于减少干扰的影响。

(3) 探讨了电子系统的可靠性设计,强调了可靠性设计的任务和技术。这些设计措施旨在提高系统在面对各种干扰时的稳定性和持久性。

(4) 详细讲述了抗干扰的硬件措施。

(5) 讲述了软件方面的抗干扰措施。

(6) 讲述了计算机控制系统的容错设计。

本章提供了一个全面的框架,用于理解和实现电子系统中的电磁兼容性和抗干扰设计。通过结合硬件和软件措施,可以确保电子设备在复杂的电磁环境中稳定可靠地运行。

## 24.1 电磁兼容技术与抗干扰设计概述

电磁兼容技术是一种研究如何使电子设备、系统和系统在预期的电磁环境中正常工作的技术。它涉及 3 个主要方面:电磁发射、电磁抗扰度和电磁耦合。

电磁发射关注的是如何控制和减少设备或系统产生的电磁能量,以避免对其他设备或系统造成干扰。电磁抗扰度关注设备或系统在存在电磁干扰的情况下,如何保持其正常运行。电磁耦合涉及电磁干扰是如何通过导线、空间辐射等途径传播到受害者的。

电磁兼容技术的一个重要目标是确保使用或响应电磁现象的不同设备在相同的电磁环境中正确运行，并避免任何干扰的影响。这需要解决包括控制制度、设计和测量等在内的各种应对措施。

此外，电磁兼容技术也应用于无线和射频传输领域，在这些领域中，电磁干扰和电磁抗扰度的问题尤其重要。

### 24.1.1　电磁兼容技术的发展

电磁兼容是通过控制电磁干扰来实现的，因此电磁兼容学是在认识电磁干扰、研究电磁干扰、对抗电磁干扰和管理电磁干扰的过程中发展起来的。

电磁干扰是一个人们早已发现的古老问题。1881 年，英国科学家希维塞德发表了《论干扰》一文，从此拉开了电磁干扰问题研究的序幕。此后，随着电磁辐射、电磁波传播的深入研究以及无线电技术的发展，电磁干扰控制和抑制技术也有了很大的发展。

显而易见，干扰与抗干扰问题贯穿于无线电技术发展的始终。电磁干扰问题虽然由来已久，但电磁兼容这一新的学科却是到近代才形成的。在干扰问题的长期研究中，人们从理论上认识了电磁干扰产生的问题，明确了干扰的性质及其数学物理模型，逐渐完善了干扰传输及耦合的计算方法，提出了抑制干扰的一系列技术措施，建立了电磁兼容的各种组织及电磁兼容系列标准和规范，解决了电磁兼容分析、预测设计及测量等方面的一系列理论问题和技术问题，逐渐形成了一门新的分支学科——电磁兼容学。

早在 1993 年，IEC 就成立了国际无线电干扰特别委员会（International Special Committee on Radio Interference，CISPR），后来又成立了电磁兼容技术委员会（TC77）和电磁兼容咨询委员会（Advisory Committee on Electromagnetic Compatibility，ACEC）。

20 世纪 60 年代以后，电气与电子工程技术迅速发展，其中包括数字计算机、信息技术、测试设备、电信和半导体技术的发展。在所有这些技术领域内，电磁噪声和克服电磁干扰产生的问题引起了人们的高度重视，促进了在世界范围内的电磁兼容技术的研究。

20 世纪 80 年代以来，随着通信、自动化和电子技术的飞速发展，电磁兼容学已成为十分活跃的学科，许多国家（如美国、德国、日本、法国等）在电磁兼容标准与规范，分析预测、设计、测量及管理等方面均达到了很高水平，有高精度的 EMI 及电磁敏感度（EMS）自动测量系统，可进行各种系统间的电磁兼容试验，研制出系统内及系统间的各种电磁兼容计算机分析程序，有的程序已经商品化，形成了一套较完整的电磁兼容设计体系。

电磁兼容性包括两方面的含义：

（1）电子设备或系统内部的各个部件和子系统、一个系统内部的各台设备乃至相邻的几个系统，在它们自己所产生的电磁环境及它们所处的外界电磁环境中，能按原设计要求正常运行。换句话说，它们应具有一定的电磁敏感度，以保证它们对电磁干扰具有一定的抗扰度。

（2）该设备或系统自己产生的电磁噪声（Electromagnetic Noise，EMN）必须限制在一定的电平，使由它所造成的电磁干扰不致对它周围的电磁环境造成严重的污染和影响其他设备或系统的正常运行。下面以无线电接收为例，进一步阐明电磁兼容的含义。

### 24.1.2　电磁噪声干扰

对有用信号以外的所有电子信号总称为电磁噪声。

当电磁噪声电压（或电流）足够大时，足以在接收中造成骚扰使一个电路产生误操作，就形成了一个干扰。

电磁噪声是一种电子信号，它是无法消除干净的，而只能在量级上尽量减小，直到不再引起干扰。而干扰是指某种效应,是电磁噪声对电路造成的一种不良反应。所以电路中存在着电磁噪声,但不一定形成干扰。"抗干扰技术"就是将影响到控制系统正常工作的干扰减少到最小的一种方法。

决定电磁噪声大小的有如下 3 个要素:

(1) 电磁噪声频率的高低。频率越高,意味着电流、电压、电场和磁场的强度的变化率越高,则由此而产生的感应电压与感应电流也越大。

(2) 观测点离噪声源的距离(相对于电磁波的波长)。

(3) 噪声源本身功率的大小。

### 24.1.3　电磁噪声的分类

电磁噪声有许多种分类的方法。例如,按电磁噪声的来源可以分成三大类:

(1) 内部噪声源。其来源于控制系统内部的随机波动,例如,热噪声(导体中自由电子的无规则运动)、交流声和时钟电路产生的高频振荡等。

(2) 外部噪声源。例如,电动机、开关、数字电子设备和无线电发射装置等在运行过程中对外部电子系统所产生的噪声。

(3) 自然界干扰引起的噪声。例如,雷击、宇宙线和太阳的黑子活动等。

其中,外部噪声源又可分成主动发射噪声源和被动发射噪声源。所谓主动发射噪声源,是指专用于辐射电磁能的设备,如广播、电视、通信等发射设备,它们是通过向空间发射有用信号的电磁能量来工作的,它们会对不需要这些信号的控制系统构成干扰。但也有许多装置被动地在发射电磁能量,如汽车的点火系统、电焊机钠灯和日光灯等照明设备以及机电设备等。它们可能通过传导、辐射向控制系统发射电磁能以干扰控制系统的正常运行。

按电磁噪声的频率范围,可以将其分成工频和音频噪声、甚低频噪声、载频噪声、射频和视频噪声以及微波噪声五大类,如表 24-1 所示。工业过程中典型电磁噪声的频率范围如表 24-2 所示。

表 24-1　按电磁噪声的频率范围分类

| 名　称 | 频率范围 | 典型的噪声源 |
|---|---|---|
| 工频和音频噪声 | 50Hz 及其谐波 | 输电线、工频用电设备 |
| 甚低频噪声 | 30kHz 以下 | 首次雷击 |
| 载频噪声 | 10~300kHz | 高压直流输电高次谐波、交流输电高次谐波 |
| 射频和视频噪声 | 300kHz~300MHz | 钠灯和日光灯等照明设备、图像监控系统、对讲机、直流开关电源 |
| 微波噪声 | 300MHz~100GHz | 微波通信、微波炉 |

表 24-2　工业过程中典型电磁噪声的频率范围

| 噪声源 | 频率范围 | 噪声源 | 频率范围 |
|---|---|---|---|
| 加热器(开/关操作) | 50kHz~25MHz | 多谐振荡器 | 30~1000MHz |
| 荧光灯 | 0.1~3MHz(峰值 1MHz) | 接触器电弧 | 30~300kHz |
| 水银弧光灯 | 0.1~1MHz | 电动机 | 10~4000kHz |
| 计算机逻辑组件 | 20~50kHz | 开关形成的电弧 | 30~200MHz |
| 多路通信设备 | 1~10MHz | 偏心轮电传打字机 | 10~20MHz |
| 电源开关电路 | 0.5~25MHz | 打印磁铁 | 1~3MHz |
| 功率控制器 | 2~5kHz | 直流电源开关电路 | 100kHz~30MHz |
| 磁铁电枢 | 2~4MHz | 日光灯电弧 | 100kHz~3MHz |
| 断路器凸轮出点 | 10~20MHz | 电源线 | 50kHz~4MHz |
| 电晕放电 | 0.1~10MHz | 双稳态电路 | 15kHz~400MHz |

## 24.1.4 构成电磁干扰问题的三要素

典型的电磁干扰路径如图 24-1 所示。

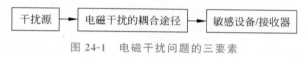

图 24-1 电磁干扰问题的三要素

一个干扰源通过电磁干扰的耦合途径(或称传播途径)去干扰敏感设备/接收器。由此可见,一个干扰问题,它包括干扰源、电磁干扰的耦合途径和敏感设备/接收器三个要素。

处理某个控制系统的抗干扰问题首先要定义如下 3 个问题:

(1)产生电磁干扰的源头是什么?

(2)哪些是电磁干扰的敏感设备/接收器(要细化到某个电路乃至元器件)?

(3)干扰源将能量传送到敏感设备/接收器的耦合途径是什么?

一般而言,抑制电磁干扰有 3 种基本的方法。

(1)尽量将客观存在的干扰源的强度在发生处进行抑制乃至消除,这是最有效的方法。但是,大多数的干扰源都是无法消除的,如雷击、无线电天线的发射、汽车发动机的点火等。不能为了某台电子设备的正常运行而将影响正常工作的其他设备停止运行。

(2)提高控制系统本身的抗电磁干扰能力。这取决于控制系统的抗扰度,这在设计控制系统本体的总体结构、电子线路以及编制软件时应考虑的各种抗电磁干扰措施。控制系统的抗扰度越高,其经济成本也越高,所以我们只能要求控制系统具备一定的抗扰度,而不可能将控制系统的抗电磁干扰功能完全由控制系统本身去承担。

(3)减小或拦截通过耦合路径传输的电磁噪声能量的大小,即减少耦合路径上电磁噪声的传输量。这是控制系统在工程应用中的一大问题,也是在工程中抑制电磁干扰最有效的措施。

工程中抑制电磁干扰的基本方法如图 24-2 所示。

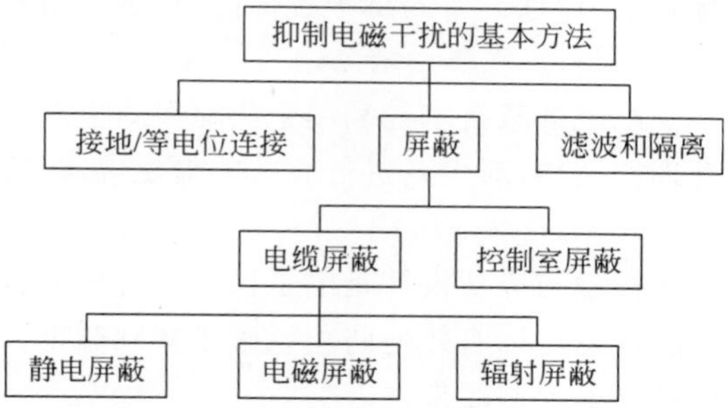

图 24-2 工程中抑制电磁干扰的基本方法

## 24.1.5 控制工程中的电磁兼容

工业的高速发展对计算机控制系统的依赖性越来越强。分散型控制系统(Distributed Control System,DCS)、可编程控制器(PLC)、现场总线控制系统(Fieldbus Control System,FCS)、工业控制计算机(Industrial PC,IPC)以及各种测量控制仪表是构成工业控制系统的主要设施。

首先,随着微电子技术的发展和计算机控制系统集成化程度的提高,大规模集成芯片内单位面积的元件数越来越多,所传递的信号电流也越来越小,系统的供电电压也越来越低(现已降到 3V 乃至 1.8V 或更低)。因此,芯片对外界的电磁噪声也愈趋敏感,所以显示出来的对电磁干扰的抑制能力也就很低。

其次,计算机控制系统周围的电磁环境日趋复杂,表现为电磁信号与电磁噪声的频带日益加宽,功率逐渐增大,信息传输速率提高,连接各种设备的网络越来越复杂,因此抑制电磁干扰日趋重要。

最后,相对于其他的电子信息系统,控制系统不但系统复杂、设备多,输入/输出(I/O)的端口也多,特别是外部的连接电缆又多又长,这类似于拾取电磁噪声的高效天线,给电磁噪声的耦合提供了充分的条件,使得各种电磁噪声容易通过外部电缆和设备端口侵入控制系统。在这样的背景下,从 20 世纪 90 年代起,人们开始重视计算机控制系统对电磁干扰的抑制技术。

计算机控制系统在工程的应用中必将遇到各种各样的电磁噪声,噪声又会通过各种耦合途径干扰计算机控制系统的正常运行。如何对电磁干扰的产生以及干扰在耦合途径中的影响予以有效的抑制,是计算机控制系统电磁兼容的主要内容之一。

在控制工程中,电磁兼容(Electromagnetic Compatibility,EMC)是非常重要的一个方面。电磁兼容涉及的内容包括电磁环境评估、电磁干扰抑制、电磁辐射控制、电磁抗扰度测试、电磁屏蔽技术、接地与屏蔽设计、电源滤波与抗干扰设计、信号传输与接口抗干扰、电磁辐射污染防治、电磁兼容标准与法规等方面。下面将对每个方面进行简要介绍。

**1. 电磁环境评估**

电磁环境评估是对电子设备所处环境中的电磁场进行测量和评估的过程。通过电磁环境评估,可以了解设备所处的电磁环境,为设备的电磁兼容设计提供依据。

**2. 电磁干扰抑制**

电磁干扰抑制是控制工程中非常重要的一个环节。通过对干扰源进行分析,采取相应的抑制措施,降低电子设备在运行过程中产生的电磁干扰,保证设备的正常运行和性能。

**3. 电磁辐射控制**

电磁辐射控制是对电子设备产生的电磁辐射进行限制和控制的措施。通过对设备进行合理的屏蔽和滤波设计,降低设备运行过程中产生的电磁辐射,保证操作人员和周围环境的安全。

**4. 电磁抗扰度测试**

电磁抗扰度测试是检验电子设备在受到电磁干扰时能否正常工作的能力。通过对设备进行模拟干扰测试,评估设备的抗干扰性能,保证设备在受到干扰时仍能保持正常运行。

**5. 电磁屏蔽技术**

电磁屏蔽技术是利用金属材料对电磁波进行屏蔽和吸收的措施。通过采用合适的金属材料和设计合理的结构,对设备进行有效的电磁屏蔽,降低外界电磁场对设备的影响。

**6. 接地与屏蔽设计**

接地与屏蔽设计是电子设备设计中非常重要的环节。良好的接地设计可以保证设备的稳定运行,而屏蔽设计可以有效地防止电磁干扰和辐射。通过合理的接地与屏蔽设计,可以提高设备的抗干扰性能和电磁辐射控制效果。

**7. 电源滤波与抗干扰设计**

电源滤波与抗干扰设计是针对电源线路的干扰抑制措施。通过采用电源滤波器和其他抗干扰元件,降低电源线路中的电磁干扰,保证设备的稳定供电和正常运行。

**8. 信号传输与接口抗干扰**

信号传输与接口抗干扰是针对设备信号传输过程中出现的干扰问题而采取的措施。通过采用光耦、电耦等隔离元件,以及合理设计接口电路和传输线,保证信号传输的稳定性和可靠性,提高设备的抗干扰性能。

**9. 电磁辐射污染防治**

电磁辐射污染防治是对电子设备产生的电磁辐射进行管理和控制的措施。通过采取合理的措施,如选用低辐射设备、优化布局等,降低设备产生的电磁辐射对环境和人类健康的影响。

**10. 电磁兼容标准与法规**

电磁兼容标准与法规是针对电子设备电磁兼容性能的要求和规范。通过遵守相应的标准和法规要求,可以保证电子设备的电磁兼容性能符合要求,提高设备的性能和质量。

电磁兼容是控制工程中非常重要的一个方面。通过对电子设备进行合理的电磁兼容设计和测试,可以提高设备的性能和质量,保证其在复杂的电磁环境中能够正常运行和稳定工作。

## 24.1.6　电磁兼容与抗干扰设计的研究内容

电子系统的电磁兼容与抗干扰设计主要研究如下内容:

**1. 电磁环境分析**

在电子系统的设计和开发过程中,电磁环境分析是至关重要的环节。电磁环境包括自然电磁场(如地磁场、太阳辐射等)和人为电磁场(如无线电信号、电力设备等)。在进行电磁兼容与抗干扰设计之前,需要对目标系统的电磁环境进行详细分析,以便了解干扰源、干扰途径和敏感设备的情况。

**2. 电磁干扰源识别**

识别电磁干扰源是电磁兼容与抗干扰设计的第一步。常见的电磁干扰源包括电源、开关、电动机、雷电等。这些干扰源产生的电磁场会对电子系统产生影响,导致数据错误、设备损坏等问题。通过对电磁干扰源的识别,可以确定干扰的类型和强度,为后续的抗干扰设计提供依据。

**3. 电磁传播途径控制**

电磁干扰的传播途径主要包括辐射、传导和感应。辐射是指电磁干扰通过空间传播,传导是指电磁干扰通过线路传播,感应是指电磁干扰通过磁场变化产生。通过对电磁传播途径的控制,可以有效地降低电磁干扰对电子系统的影响。

**4. 电磁敏感度评估**

不同设备对电磁干扰的敏感度不同。有些设备在受到电磁干扰时可能会出现数据错误或设备故障,而有些设备则可能不受影响。因此,在电磁兼容与抗干扰设计中,需要对电子系统的电磁敏感度进行评估,以便确定哪些设备需要采取抗干扰措施。

**5. 抗干扰措施制定**

根据电磁环境分析、电磁干扰源识别、电磁传播途径控制和电磁敏感度评估的结果,制定相应的抗干扰措施。常见的抗干扰措施包括滤波、屏蔽、接地、隔离等。这些措施可以单独或组合使用,以有效地提高电子系统的抗干扰能力。

**6. 电源干扰抑制**

电源是电子系统中最大的干扰源之一。电源干扰抑制是电磁兼容与抗干扰设计的重要环节。常见的电源干扰抑制措施包括采用稳压电源、加装电源滤波器、使用隔离变压器等。这些措施可以有效地抑制电源干扰,提高电子系统的稳定性。

**7. 信号线抗干扰**

信号线是电子系统中重要的传输线之一,也是容易受到干扰的环节。信号线抗干扰措施包括采用屏蔽线缆、加装滤波器、使用差分信号等。这些措施可以有效地减小信号线上的干扰,保证信号的稳定传输。

**8. 接地设计优化**

接地是电子系统中重要的技术之一,它可以有效地提高电子系统的抗干扰能力。接地设计优化的目的是在保证安全的前提下,最大限度地减小接地阻抗和地环路电流对电子系统的影响。常见的接地设计优化措施包括采用多点接地、优化地线布局、使用低阻抗地线等。

**9. 滤波技术应用**

滤波技术是一种重要的抗干扰措施,它可以有效地减小信号中的噪声和干扰。常见的滤波技术包括陷波滤波器、带通滤波器、高通滤波器等。根据需要选择合适的滤波器,可以有效地提高信号的质量和稳定性。

**10. 电磁屏蔽实施**

电磁屏蔽是一种有效的抗干扰措施,它可以防止电磁场穿过屏蔽体而对电子系统产生影响。常见的电磁屏蔽措施包括采用金属外壳、使用导电材料等。这些措施可以有效地减小电磁干扰对电子系统的影响。

**11. 软件抗干扰设计**

除了硬件抗干扰措施外,软件抗干扰设计也是必不可少的。常见的软件抗干扰措施包括数据备份与恢复、异常情况处理、冗余设计等。这些措施可以有效地提高电子系统的可靠性和稳定性。

**12. 测试与验证**

在完成电磁兼容与抗干扰设计后,需要对电子系统进行测试和验证,以确保其符合相关标准和规范的要求。测试和验证的内容包括电磁环境测试、电磁干扰测试、电磁敏感度测试等。通过测试和验证可以发现并解决可能存在的问题,提高电子系统的可靠性和稳定性。

# 24.2 抑制电磁干扰的隔离技术

采用信号通道隔离的 I/O 模块可以避免因其中一个信号通道出现故障而影响相邻通道的正常工作;同时也可以避免通道间通过公共阻抗的耦合使信号污染。

就隔离而言,有多种途径,如信号的传输距离、信号的转换隔离、信号的分配隔离、信号的安全隔离等。

**1. 信号的传输隔离**

信号的传输隔离是指在不同电路或系统之间传输信号时,为了防止干扰和保护电路或系统所采取的一系列隔离措施。这种隔离可以应用于各个领域,包括电子、通信、控制系统等。

在电子和通信领域,信号的传输隔离可以指在不同电路之间传输信号时的隔离,以防止信号受到其他电路的干扰。这种隔离可以通过使用适当的隔离器件(如光耦、隔离放大器等)来实现,以确保信号在不同电路之间传输时不会受到干扰。

在控制系统中,信号的传输隔离可以指不同传感器和执行器之间的信号传输和隔离,以防止信号受到其他传感器或执行器的干扰。这种隔离可以通过使用隔离放大器、隔离开关等设备来实现,以确保控制系统中的信号传输和处理不会相互干扰。

信号的传输隔离是为了确保信号在不同电路或系统之间传输时不会受到干扰,以保证系统的稳定性和可靠性。

为防止在信号的传输过程中,由于电磁干扰或对地形成的环路(即共模干扰)造成的噪声会使信号丢失或失真,故在信号的发送端和信号的接收端之间进行的隔离称作信号的传输隔离。信号的传输隔离如图 24-3 所示,它既消除了因电位差形成的对地环路,又由于隔离器电感的作用,抑制了信号中的高频成分。

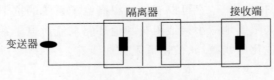

图 24-3 信号的传输隔离

**2. 信号的转换隔离**

所谓信号的转换隔离,是指在信号的传输通道上将一种信号转换为另一种信号,以便与 I/O 卡件进行信号匹配或阻抗匹配。

　　信号的转换隔离通常指的是将一个信号从一个系统转换到另一个系统,并在这个过程中对信号进行隔离,以防止不同系统之间的相互影响。这种转换和隔离可以应用于各个领域,包括电子、通信、控制系统等。

　　在电子和通信领域,信号的转换隔离可以指数/模转换和模/数转换过程中的隔离,以及在不同电路之间传输信号时的隔离。这种隔离可以通过使用适当的隔离器件(如光耦、隔离放大器等)来实现,以确保信号在不同系统之间传输时不会受到干扰。

　　在控制系统中,信号的转换隔离可以指不同传感器和执行器之间的信号转换和隔离,以及控制系统中不同部分之间的隔离。这种隔离可以通过使用隔离放大器、隔离开关等设备来实现,以确保控制系统中的信号传输和处理不会相互干扰。

　　信号的转换隔离是为了确保信号在不同系统之间的转换和在传输过程中不会受到干扰,以保证系统的稳定性和可靠性。

**3. 信号的分配隔离**

　　信号的分配隔离通常是指将一个信号分配到多个接收器或系统中,并在这个过程中对信号进行隔离,以防止不同接收器或系统之间的相互影响。这种分配和隔离可以应用于各个领域,包括电子、通信、控制系统等。

　　在电子和通信领域,信号的分配隔离可以指将一个信号分配到多个接收器或系统中时的隔离,以防止信号受到其他接收器或系统的干扰。这种隔离可以通过使用适当的隔离器件(如光耦、隔离放大器等)来实现,以确保信号在不同接收器或系统之间传输时不会受到干扰。

　　在控制系统中,信号的分配隔离可以指将一个控制信号分配到多个执行器或控制器中时的隔离,以防止信号受到其他执行器或控制器的干扰。这种隔离可以通过使用隔离放大器、隔离开关等设备来实现,以确保控制信号在不同执行器或控制器之间传输时不会相互干扰。

　　总的来说,信号的分配隔离是为了确保信号在分配到多个接收器或系统时不会受到干扰,以保证系统的稳定性和可靠性。

　　为扩大信号传输通道的数量,将一个信号分为两个大小相同又互相隔离的信号,供不同负载使用,以扩大信号传输通道的数量,而且彼此互不影响,这就是信号的分配隔离,如图 24-4 所示。

图 24-4　一进二出信号分配隔离器

**4. 信号的安全隔离**

　　信号的安全隔离是指采取措施以确保输入和输出信号的安全性和可靠性。这种安全隔离通常用于需要保护系统免受干扰、损坏或未经授权访问的环境,比如工业控制系统、医疗设备、汽车电子系统等。

　　为防止因误接线或其他原因,将危险电压窜入 I/O 卡而将卡件烧坏,故对信号进行安全隔离。例如,某型号的超声波流量计,由于 AC 220V 的电源端子和信号输出端子紧挨在一起,为安全起见,可采用全隔离交流电压信号变换器,如图 24-5 所示。

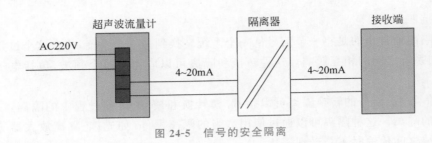

图 24-5  信号的安全隔离

**5. 电源隔离**

在接收设备中,电源隔离是一种常见的技术,用于确保不同部分之间的电气隔离,以提供安全保护和防止电气伤害。接收设备通常包括天线、放大器、滤波器、解调器和其他电路,这些电路需要不同的电源供应。以下是一些常见的接收设备电源隔离技术。

(1)电源隔离变压器。使用电源隔离变压器将输入和输出电源进行隔离,以防止电源之间的相互影响,并提供安全保护。

(2)隔离开关电源。在一些应用中,使用隔离开关电源来隔离不同的电源线路,确保它们之间的电气隔离。

(3)光耦隔离。在接收设备中,使用光耦隔离器件来隔离不同部分的电路,防止电气噪声和干扰的传播。

(4)电气隔离接口。在一些设备中,使用电气隔离接口来隔离不同的电源,例如,医疗设备中的电气隔离接口可防止电气伤害。

(5)双电源供电系统。在一些关键应用中,采用双电源供电系统,确保在一个电源出现故障时,系统能够切换到备用电源,提高系统的可靠性。

电源隔离对于接收设备来说非常重要,因为它可以提供安全保护和防止电气伤害,并防止电源之间的相互影响。这对于许多接收设备来说是非常重要的,特别是在需要保护人员安全和设备可靠性的应用中。

一些接收设备的信号输入端带有 24V 电源,而现场送来的信号(二线或四线方式)为有源信号,为避免两者对接时发生电源"冲突"而进行的隔离称为电源隔离,如图 24-6 所示。

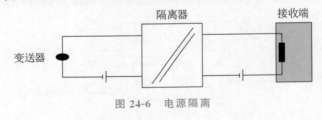

图 24-6  电源隔离

# 24.3  电子系统可靠性设计

电子系统的可靠性技术涉及生产过程的多个方面,不仅与设计、制造、检验、安装、维护有关,而且与生产管理、质量监控体系、使用人员的专业技术水平与素质有关。下面主要是从技术的角度介绍提高电子系统可靠性的最常用的方法。

下面介绍可靠性设计技术的各个方面,包括可靠性概念、可靠性分析、可靠性设计原则、可靠性管理、可靠性验证与评估、可靠性维修与保障、可靠性材料与部件选择、可靠性标准与规范以及可靠性工程发展前沿。

**1．可靠性概念**

可靠性是指产品在规定的时间内和给定的条件下，完成规定功能的能力。它是一种衡量产品性能和质量的重要指标，对于产品的使用者来说，可靠性是至关重要的。

**2．可靠性分析**

可靠性分析是评估产品可靠性的过程，它包括对产品的硬件、软件和系统进行全面的分析和评估。通过可靠性分析，可以找出产品潜在的问题和缺陷，从而采取相应的措施来提高产品的可靠性。

**3．可靠性设计原则**

可靠性设计原则是指在进行产品设计时需要考虑的原则，包括简化设计、模块化设计、单一功能设计、冗余设计等。这些原则可以帮助设计师在产品设计过程中提高产品的可靠性。

**4．可靠性管理**

可靠性管理是指在产品的整个生命周期中，通过计划、组织、指挥、监督和协调等手段，对产品的可靠性进行全面的管理和控制。它包括对产品的设计、制造、使用、维护和报废等过程的管理。

**5．可靠性验证与评估**

可靠性验证与评估是指通过实验和测试等方法，对产品的可靠性进行验证和评估的过程。通过可靠性验证与评估，可以发现产品潜在的问题和缺陷，从而采取相应的措施来提高产品的可靠性。

**6．可靠性维修与保障**

可靠性维修与保障是指对产品进行维修和保障的过程，以确保产品在规定的时间内和给定的条件下，能够完成规定的功能。它包括对产品的维护、修理和更换等过程。

**7．可靠性材料与部件选择**

在进行产品设计时，选择可靠的原材料和部件是至关重要的。选择高质量的原材料和部件可以提高产品的可靠性，并减少产品的故障率。因此，在选择材料和部件时需要考虑其质量、性能和可靠性等因素。

**8．可靠性标准与规范**

可靠性标准与规范是指在进行产品设计时需要遵循的标准和规范。这些标准和规范可以帮助设计师确保产品的可靠性达到一定的水平，以满足用户的需求。目前，国际上比较通用的可靠性标准和规范包括 MIL-STD-785B、NASA-STD-163 等。

**9．可靠性工程发展前沿**

随着科技的不断发展，可靠性工程也在不断发展和完善。目前，可靠性工程领域的研究热点包括智能化故障预测与健康管理技术、新材料和新工艺的可靠性技术、复杂系统的可靠性建模与评估技术等。这些技术的发展将为提高产品的可靠性提供更强大的支持。

## 24.3.1　可靠性设计任务

影响电子系统可靠性的因素有内部与外部两方面。针对内外因素的特点，采取有效的软硬件措施，是可靠性设计的根本任务。

**1．内部因素**

导致系统运行不稳定的内部因素主要有以下 3 点：

（1）元器件本身的性能与可靠性。元器件是组成系统的基本单元，其特性好坏与稳定性直接影响整个系统性能与可靠性。因此，在可靠性设计中，首要的工作是精选元器件，使其在长期稳定性、精度等级方面满足要求。

（2）系统结构设计。包括硬件电路结构设计和运行软件设计。元器件选定之后，根据系统运行原理与生产工艺要求将其连成整体，并编制相应软件。电路设计中要求元器件或线路布局合理，以消除元器件之间的电磁耦合相互干扰；优化的电路设计也可以消除或削弱外部干扰对整个系统的影响，如去耦电路、平衡电路等；也可以采用冗余结构，当某些元器件发生故障时，不影响整个系统的运行。软件是计算机控制系统区别于其他通用电子设备的独特之处，通过合理编制软件可以进一步提高系统运行的可靠性。

（3）安装与调试。元器件与整个系统的安装与调试，是保证系统运行和可靠性的重要措施。尽管元件选择严格，系统整体设计合理，但安装工艺粗糙，调试不严格，仍然达不到预期的效果。

### 2. 外部因素

外部因素是指计算机所处工作环境中的外部设备或空间条件导致系统运行的不可靠因素，主要包括以下几点：

（1）外部电气条件，如电源电压的稳定性、强电场与磁场等的影响。

（2）外部空间条件，如温度、湿度、空气清洁度等。

（3）外部机械条件，如振动、冲击等。

为了保证计算机系统可靠工作，必须创造一个良好的外部环境。如采取屏蔽措施、远离产生强电磁场干扰的设备，加强通风以降低环境温度，安装紧固以防止振动等。

元器件的选择是根本，合理安装调试是基础，系统设计是手段，外部环境是保证，这是可靠性设计遵循的基本准则，并贯穿于系统设计、安装、调试、运行的全过程。为了实现这些准则，必须采取相应的硬件或软件方面的措施，这是可靠性设计的根本任务。

## 24.3.2　可靠性设计技术

在电子系统设计中，可靠性是至关重要的因素之一。可靠性设计技术的目的是确保电子系统在规定的时间和条件下实现所要求的功能，并尽可能减少故障和维修需求。以下是电子系统可靠性设计技术的几个方面。

### 1. 可靠性预测

在系统设计初期，需要对系统的可靠性进行预测和评估。这可以通过建立数学模型和使用历史数据来进行，以确定系统在各种条件下的可靠性水平。

### 2. 元器件选择

选择高质量、高可靠性、环境适应性强、易于维护和更换的元器件是提高整个系统可靠性的关键。同时，应考虑元器件的失效率、故障率等可靠性指标，并优先选择经过严格筛选和测试的元器件。

### 3. 冗余设计

冗余设计是一种通过增加备份设备或电路来提高系统可靠性的技术。当主设备或电路发生故障时，备份设备或电路可以接管并继续维持系统的正常运行。例如，双电源设计、双 CPU 设计等都是冗余设计的典型应用。

### 4. 环境适应性设计

环境适应性设计是指使电子系统适应各种环境条件（如温度、湿度、气压、辐射等）的设计方法。在系统设计中，需要考虑环境条件对电子系统的影响，采取相应的措施来提高系统的稳定性和可靠性。

### 5. 电磁兼容性设计

电磁兼容性设计是指在电子系统设计中减小电磁干扰（Electromagnetic Interference，EMI）的技术。通过合理地选择元器件、布局电路、使用滤波器等措施，可以降低系统内部的电磁干扰，并减少对外界的电磁辐射,提高系统的电磁兼容性能。

### 6. 容错技术

容错技术是指通过使用冗余、容错软件等技术来提高系统的容错能力。在系统设计中,可以采用自诊断、恢复策略等容错技术来提高系统的可靠性。

### 7. 热设计

热设计是指通过合理的散热设计来控制电子系统的工作温度,以避免过热导致的故障和性能下降。在系统设计中,需要考虑设备的热阻、散热器的设计等因素,以确保系统在正常工作条件下不会出现过热问题。

### 8. 防腐蚀设计

防腐蚀设计是指通过采用耐腐蚀材料、进行合理的结构设计等措施来防止电子系统受到腐蚀损伤的设计方法。在系统设计中,应考虑设备的外壳材料、结构形式等因素,以减少腐蚀对电子系统的影响。

电子系统可靠性设计技术是多方面的,需要综合考虑系统的硬件、软件、材料、结构等因素来进行优化和改进。通过采用合适的可靠性设计技术,可以提高电子系统的可靠性和稳定性,减少故障和维修需求,从而提高整个系统的性能和质量。

为了提高软件的可靠性,应尽量将软件规范化、标准化和模块化,尽可能把复杂的问题转化成若干较为简单明确的小任务。把一个大程序分成若干独立的小模块,这有助于及时发现设计中的不合理部分,而且检查和测试几个小模块要比检查和测试大程序方便得多。

## 24.4 抗干扰的硬件措施

抗干扰的硬件措施是在电子系统设计中采取的一系列方法,以减少外部干扰对系统性能的影响。

硬件措施可以有效地降低外部干扰对电子系统的影响,提高系统的可靠性和稳定性。在电子系统设计中,通常会综合考虑这些措施,以确保系统具有良好的抗干扰性能。

干扰对电子系统的作用可体现在如下方面:

(1) 输入系统,它使模拟信号失真,数字信号出错,控制系统根据这种输入信息作出的反应必然是错误的。

(2) 输出系统,使各输出信号混乱,不能正常反映控制系统的真实输出量,从而导致一系列严重后果。如果是检测系统,则其输出的信息不可靠,人们据此信息作出的决策也必然会出差错。如果是控制系统,那么其输出将控制一批执行机构,使其作出一些不正确的动作,轻者造成一批废次产品,重者引起严重事故。

(3) 控制系统的内核,使三总线上的数字信号错乱,从而引发一系列后果。CPU 得到错误的数据信息,使运算操作数失真,导致结果出错,并将这个错误一直传递下去,形成一系列错误。CPU 得到错误的地址信息后,引起程序计数器 PC 出错,使程序运行离开正常轨道,导致程序失控。

在与干扰作斗争的过程中,人们积累了很多经验,包括硬件措施、软件措施以及软硬结合的措施。硬件措施如果得当,可将绝大多数干扰拒之门外,但仍然有少数干扰窜入控制系统,引起不良后果。故软件抗干扰措施作为第二道防线是必不可少的。由于软件抗干扰措施是以 CPU 的开销为代价的,如果没有硬件抗干扰措施消除绝大多数干扰,那么 CPU 将疲于应付干扰,从而严重影响到系统的工作效率和实时性。因此,一个成功的抗干扰系统是由硬件和软件相结合构成的。硬件抗干扰有效率高的优点,但要增加系统的投资和设备的体积。软件抗干扰有投资低的优点,但要降低系统的工作效率。

### 24.4.1　抗串模干扰的措施

在电子系统中,串模干扰是一种常见的电磁干扰,它是由信号线上不同位置的电压或电流所产生的。这种干扰会导致信号失真、减弱或消失,从而影响系统的稳定性和可靠性。

串模干扰是指在信号传输过程中,由于外部电磁场或其他干扰源的影响,导致信号线路之间或信号线路与地之间产生的电压干扰。这种干扰是通过共模(即线对线)传输的,通常会影响整个信号线路,引起信号质量的恶化。

串模干扰的来源包括电磁辐射、电源线干扰、邻近信号线路的干扰等。这些干扰信号会以串联的方式影响信号线路,导致信号失真、噪声增加,甚至系统性能下降。

串模干扰是指叠加在被测信号上的干扰噪声。这里的被测信号是指有用的直流信号或者变化缓慢的交变信号,而干扰噪声是指无用的、变化较快的杂乱交变信号,如图 24-7 和图 24-8 所示。

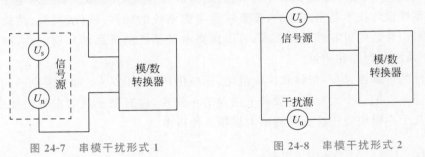

图 24-7　串模干扰形式 1　　　　图 24-8　串模干扰形式 2

由图 24-7 和图 24-8 可知,串模干扰和被测信号在回路中所处的地位是相同的,总是以两者之和作为输入信号。

为了抵抗串模干扰,可以采取以下措施。

**1. 屏蔽干扰源**

使用金属屏蔽层将干扰源包裹起来,以减少干扰源对外部的干扰。在传输线中,可以使用屏蔽电缆或光纤等具有屏蔽层的传输线来减少串模干扰。

**2. 接地**

良好的接地设计可以有效降低串模干扰。在电路板中,可以将模拟电路和数字电路分开,并使用单独的电源和地线。此外,大面积的接地层可以减少信号线上的电压波动和噪声。

**3. 隔离**

采用隔离变压器、光耦等隔离元件可以将信号在不同电路之间进行隔离,以减少不同电路之间的耦合和干扰。

**4. 平衡电路**

采用平衡电路可以抵抗串模干扰。平衡电路是指两个具有相同幅度和相位,但方向相反的信号电路,它们可以相互抵消串模干扰,从而减小其对信号的影响。

**5. 高频滤波**

采用高频滤波器可以减少信号线上高频成分的干扰。高频滤波器可以是由电阻、电容、电感等元件组成的电路,用于吸收或抑制高频噪声。

**6. 布线隔离**

合理布线,满足抗干扰技术的要求。控制系统中产生干扰的电路主要有:

(1) 指示灯、继电器和各种电动机的驱动电路,电源线路、晶闸管整流电路、大功率放大电路等。

（2）连接变压器、蜂鸣器、开关电源、大功率晶体管、开关器件等的线路。

（3）供电线路、高压大电流模拟信号的传输线路、驱动计算机外部设备的线路和穿越噪声污染区域的传输线路等。

将微弱信号电路与易产生噪声污染的电路分开布线，最基本的要求是信号线路必须和强电控制线路、电源线路分开走线，而且相互间要保持一定的距离。配线时应区分开交流线、直流稳压电源线、数字信号线、模拟信号线、感性负载驱动线等。配线间隔越大，离地面越近，配线越短，则噪声影响越小。但是，实际设备的内外空间是有限的，配线间隔不可能太大，只要能够维持最低限度的间隔距离便可。信号线和动力线之间应保持的最小间距如表 24-3 所示。

表 24-3　动力线和信号线之间的最小间距

| 动力线容量 | 与信号线的最小间距 |
| --- | --- |
| 125V　10A | 30cm |
| 250V　50A | 45cm |
| 440V　200A | 60cm |
| 5KV　800A | 120cm 以上 |

### 7. 硬件滤波电路

在信号线上添加滤波器，以减小不同位置的电压或电流的幅度和频率。滤波器可以是由电阻、电容、电感等元件组成的电路，用于吸收或抑制串模干扰。

滤波是为了抑制噪声干扰：在数字电路中，当电路从一个状态转换成另一个状态时，就会在电源线上产生一个很大的尖峰电流，形成瞬变的噪声电压。当电路接通与断开电感负载时，产生的瞬变噪声干扰往往会严重妨害系统的正常工作。所以在电源变压器的进线端加入电源滤波器，以削弱瞬变噪声的干扰。

滤波器按结构分为无源滤波器和有源滤波器。由无源元件电阻、电容和电感组成的滤波器为无源滤波器；由电阻、电容、电感和有源元件（如运算放大器）组成的滤波器为有源滤波器。

在抗干扰技术中，使用最多的是低通滤波器，其主要元件是电容和电感。

采用电容的无源低通滤波器如图 24-9 所示。

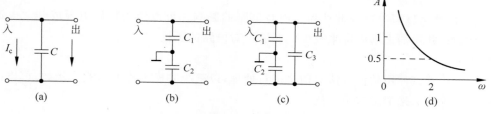

图 24-9　采用电容的无源低通滤波器

如图 24-9(a)所示的结构可抗串模干扰；如图 24-9(b)所示的结构可抗共模干扰；如图 24-9(c)所示的结构既可抗串模干扰，又可抗共模干扰。

### 8. 过压保护电路

如果没有采用光电隔离措施，那么在输入/输出通道上应采用一定的过压保护措施，以防引入过高电压，侵害控制系统。过压保护电路由限流电阻和稳压管组成，限流电阻选择要适宜，太大会引起信号衰减，太小则起不到保护稳压管的作用。稳压管的选择也要适宜，其稳压值以略高于最高传送信号电压为宜，太低则对有效信号起限幅效果，使信号失真。对于微弱信号（0.2V 以下），通常用两只反并联的二极管来代替稳压管，同样也可以起到电压保护的作用。

**9．软件抗干扰**

在数字系统中，可以使用软件算法对信号进行处理，以减小串模干扰的影响。例如，可以采用数字滤波器、傅里叶变换等技术来消除串模干扰。

抗串模干扰的措施有很多种，可以根据实际情况选择合适的方法来提高系统的稳定性和可靠性。同时，还需要注意各措施之间的协调和配合，以达到最佳的抗干扰效果。

## 24.4.2　抗共模干扰的措施

在电子系统中，共模干扰是一种常见的电磁干扰，它是由信号线和电源线上的共模电压所产生的。这种干扰会导致信号失真、减弱或消失，从而影响系统的稳定性和可靠性。为了抵抗共模干扰，可以采取以下措施。

**1．屏蔽干扰源**

使用金属屏蔽层将干扰源包裹起来，以减少干扰源对外部的干扰。在传输线中，可以使用屏蔽电缆或光纤等具有屏蔽层的传输线来减少共模干扰。

**2．滤波处理**

在信号线和电源线上添加滤波器，以减小共模电压的幅度和频率。滤波器可以是由电阻、电容、电感等元件组成的电路，用于吸收或抑制共模干扰。

**3．接地设计**

良好的接地设计可以有效地降低共模干扰。在电路板中，可以将模拟电路和数字电路分开，并使用单独的电源和地线。此外，大面积的接地层可以减少共模电压对电路的影响。

**4．线路布局**

合理的线路布局可以减少电路之间的耦合和干扰。在电路板中，可以将信号线和电源线放置在不同的层面上，并尽量减少它们的长度和弯曲程度。

**5．信号传输方式**

采用差分信号传输方式可以有效地抵抗共模干扰。差分信号是两个具有相反极性的信号，它们之间的差值表示信号的幅度和相位。当差分信号传输时，共模干扰会被抵消，从而减少对电路的影响。

**6．电源设计**

良好的电源设计可以减少电源波动和噪声对电路的影响。可以使用稳压电源或开关电源等具有噪声抑制功能的电源，并添加去耦电容来减少电源噪声对电路的干扰。

**7．软件处理**

在数字系统中，可以使用软件算法对信号进行处理，以减小共模干扰的影响。例如，可以采用数字滤波器、傅里叶变换等技术来消除共模干扰。

**8．其他措施**

还有其他一些措施可以减少共模干扰的影响，例如，使用低通滤波器、增加信号强度、使用屏蔽材料等。

抗共模干扰的措施有很多种，可以根据实际情况选择合适的方法来提高系统的稳定性和可靠性。同时，还需要注意各措施之间的协调和配合，以达到最佳的抗干扰效果。

抗共模干扰是指抵抗通过共模（即线对地）传输的干扰信号。共模干扰是指外部电磁场或其他干扰源对信号线路和地之间产生的电压干扰。这种干扰会导致信号线路上的噪声增加，从而影响系统的性能和可靠性。

被控制和被测试的参数可能很多，并且分散在生产现场的各个地方，一般都用很长的导线把计算机发出的控制信号传送到现场中的某个控制对象,或者把安装在某个装置中的传感器所产生的被测信号传送到计算机的模/数转换器。因此被测信号 $U_s$ 的参考接地点和计算机输入端信号的参考接地点之间往往存在着一定的电位差 $U_{cm}$,如图 24-10 所示。

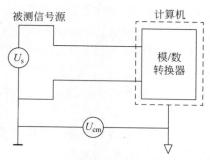

图 24-10　共模干扰示意图

由图 24-10 可见,对于转换器的两个输入端来说,分别有 $U_s+U_{cm}$ 和 $U_{cm}$ 两个输入信号。显然,$U_{cm}$ 是转换器输入端上共有的干扰电压,故称共模干扰。

### 24.4.3　采用双绞线

双绞线是一种常见的传输介质,广泛应用于各种计算机网络中。它是由两条相互绝缘的铜导线组成的,这两条导线拧在一起,可以减少邻近线的电气干扰。双绞线既可以用于传输模拟信号,也可以用于传输数字信号。其传输距离和速度取决于铜线的直径和传输距离。

双绞线可以分为屏蔽双绞线和非屏蔽双绞线。屏蔽双绞线在双绞线与外层绝缘封套之间有一个金属屏蔽层,可以屏蔽电磁干扰。非屏蔽双绞线则没有金属屏蔽层。

双绞线有许多类型,不同类型的双绞线所支持的传输速率也不同。

对于来自现场信号开关输出的开关信号或从传感器输出的微弱模拟信号,最简单的办法是采用塑料绝缘的双平行软线。但由于平行线间分布电容较大,抗干扰能力差,不仅静电感应容易通过分布电容耦合,而且磁场干扰也会在信号线上感应出干扰电流。因此在干扰严重的场合,一般不简单使用这种双平行导线来传送信号,而是将信号线加以屏蔽,以提高抗干扰能力。

屏蔽信号线的办法有两种:一种是采用双绞线,其中一根用作屏蔽线,另一根用作信号传输线;另一种是采用金属网状编织的屏蔽线,金属编织作屏蔽外层,芯线用来传输信号。一般的原则是:抑制静电感应干扰采用金属网的屏蔽线,抑制电磁感应干扰应该用双绞线。

**1. 双绞线的抗干扰原理**

双绞线对外来磁场干扰引起的感应电流情况如图 24-11 所示。双绞线回路空间的箭头表示感应磁场的方向。

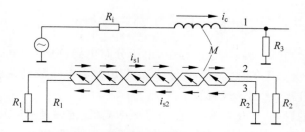

图 24-11　双绞线间电路磁场感应干扰情况

由于感应电流流动方向相反,从整体上看,感应磁通引起的噪声电流互相抵消。不难看出,两股导线长度相等,特性阻抗以及输入/输出阻抗完全相同时,抑制噪声效果最好。

把信号输出线和返回线两根导线拧合,其扭绞节距的长短与该导线的线径有关。线径越细,节距越短,抑制感应噪声的效果越明显。实际上,节距越短,所用的导线的长度便越长,从而增加了导线的成本。一般节距以 5cm 左右为宜。

**2. 双绞线的应用**

双绞线(Twisted Pair)是电子系统信号传输中常用的一种电缆,由一对绝缘铜导线按照一定的密度相互缠绕而成。其主要应用包括：

（1）以太网（Ethernet）。双绞线是最常见的局域网（Local Area Network，LAN）布线技术之一。以太网中使用的双绞线有不同的类别，如 Cat5e、Cat6、Cat6a 和 Cat7，这些类别支持不同的数据传输速率和传输距离。

（2）数据通信。双绞线用于连接不同的通信设备，如路由器、交换机、调制解调器和其他网络设备，以实现数据传输。

（3）视频和音频传输。虽然双绞线主要用于数字信号传输，但它也可以用于传输模拟视频和音频信号，尤其是在低频应用中。

（4）控制系统。在自动化控制和楼宇自动化系统中，双绞线用于连接传感器、执行器、控制器和其他控制系统组件。

（5）安防系统。在闭路电视（CCTV）监控系统、报警系统和门禁系统中，双绞线用于信号传输和设备连接。

（6）工业网络。在工业环境中，双绞线常用于连接工业以太网设备，并在某些工业通信协议（如 Modbus、Profibus 等）中作为信号传输介质。

双绞线之所以得到广泛应用，是因为它具有以下优点：

（1）抗干扰性。由于导线的绞合可以有效减少电磁干扰（EMI）和射频干扰（Radio Frequency Interference，RFI），双绞线特别适合于电磁干扰较多的环境。

（2）成本效益。与同轴电缆或光纤电缆相比，双绞线通常成本较低，且安装简便。

（3）灵活性。双绞线柔软易弯曲，适合在狭窄或复杂的环境中布线。

然而，双绞线也存在一些局限性，如信号衰减、距离限制和带宽限制，这些因素可能会影响其在某些高速或长距离传输应用中的使用。在这些情况下，可能需要使用同轴电缆、光纤电缆或无线通信技术。

在计算机控制系统的长线传输中，双绞线是比较常用的一种传输线。另外，在接指示灯、继电器等时，也要使用双绞线。但由于这些线路中的电流比信号电流大很多，因此这些电路应远离信号电路。

在数字信号的长线传输中，除对双绞线的接地与节距有一定要求外，根据传送的距离不同，双绞线的使用方法也不同。

### 24.4.4　反射波干扰及抑制

电信号（电流、电压信号）在沿导线传输过程中，由于分布电感、电容和电阻的存在，导线上各点的电信号并不能马上建立，而是有一定的滞后，离起点越远，电压波和电流波到达的时间越晚。这样，电波在线路上以一定的速度传播开来，从而形成行波。

反射噪声干扰对电路的影响，依传输线长度、信号频率高低、传输延迟时间而定。在计算机控制系统中，传输的数字信号为矩形脉冲信号。当传输线较长，信号频率较高，以至于使导线的传输延迟时间与信号宽度相接近时，就必须考虑反射的影响。

影响反射波干扰的因素有两个：其一是信号频率，传输信号频率越高，越容易产生反射波干扰，因此在满足系统功能的前提下，尽量降低传输信号的频率；其二是传输线的阻抗，合理配置传输线的阻抗，可以抑制反射波干扰或大大削弱反射次数。

反射波干扰是一种常见的电磁干扰现象，它是由传输线中阻抗不匹配所引起的。这种干扰会导致信号的失真、减弱或消失，从而影响系统的稳定性和可靠性。为了抑制反射波干扰，可以采取以下几种方法：

（1）阻抗匹配。阻抗匹配可以减少输电线路中的反射波，从而避免反射波干扰。当传输线的特性阻抗与负载电阻相等时,反射将不会发生。在实际电路中,由于各种因素的影响,完全匹配的阻抗是难以实现的,但可以通过调整传输线或负载的阻抗,使其尽可能接近,以减小反射波干扰。

（2）使用终端匹配。在传输线的终端添加匹配电阻或电容,可以吸收反射波能量,从而抑制反射波干扰。这种方法适用于多个负载或长传输线的情况。

（3）改变传输线类型。不同类型的传输线具有不同的特性阻抗和传播速度,可以根据需要选择合适的传输线类型以减小反射波干扰。例如,使用同轴电缆或光纤等具有较低特性阻抗的传输线可以降低反射波干扰。

（4）增加衰减器。衰减器可以降低高频信号的幅度,并防止信号反射。这种方法被广泛应用于高频信号的传输中。

（5）使用铁氧体磁珠。铁氧体磁珠是一种常见的抑制元件,它可以将高频噪声转化为热能,从而减小反射波干扰。

（6）采用数字信号处理技术。数字信号处理技术可以用来消除反射波干扰。通过在接收端对信号进行数字处理,可以消除反射波的影响,提高信号的可靠性。

综上所述,抑制反射波干扰的方法有很多种,可以根据实际情况选择合适的方法来提高系统的稳定性和可靠性。

## 24.4.5　地线连接方式与 PCB 布线原则

在电子系统设计中,连接模拟地（AGND）和数字地（DGND）是一个需要特别注意的问题,因为不当的处理可能会导致噪声干扰和信号完整性问题。以下是一些关于正确连接模拟地和数字地的指导原则。

（1）物理分离。

在 PCB 设计中,应该物理分离模拟和数字部分的地平面。这有助于减少数字电路的高频切换噪声对模拟电路的干扰。

（2）单点连接。

模拟地和数字地应该在一个单点连接,这样可以防止形成地环路,减少电磁干扰。这个连接点通常在电源接入点附近。

（3）星形接地。

在单点连接的基础上,可以采用星形接地布局,所有的地线都从这个单点发散出去,进一步减少地线之间的相互干扰。

（4）分隔电源管理。

为模拟和数字部分分别提供电源,并在电源部分使用去耦电容,以减少电源噪声。

（5）信号路径规划。

在设计信号路径时,避免让模拟信号线越过数字地区域,或让数字信号线越过模拟地区域。

（6）共模噪声处理。

如果系统中有共模噪声的问题,可以考虑使用共模滤波器来减少干扰。

（7）屏蔽和隔离。

对于敏感的模拟信号,可以使用屏蔽层或屏蔽盒来隔离干扰,特别是在高频或高速数字电路附近。

（8）谨慎布局。

将模拟和数字部分的元件布局在 PCB 的不同区域,并确保它们的地平面在 PCB 上正确分离。

（9）阻抗控制。

在连接模拟地和数字地的单点上,可以考虑使用小电感或零欧姆电阻,以控制地之间的阻抗。

（10）测试和调整。

在原型机阶段进行充分测试，必要时调整地平面的连接方式，以优化性能。

在不同的设计中，这些原则可以根据具体的需求和情况进行调整。关键在于理解模拟和数字电路之间的相互作用，以及如何有效地使用地平面来最小化噪声和干扰。

## 1. 地线连接方式

模/数转换、数/模转换电路要特别注意地线的正确连接，否则干扰影响将很严重。模/数转换、数/模转换芯片及采样保持芯片均提供了独立的数字地和模拟地，分别有相应的引脚。在线路设计中，必须将所有器件的数字地和模拟地分别相连，但数字地与模拟地仅在一点上相连。应特别注意，在全部电路中的数字地和模拟地仅仅连在一点上，在芯片和其他电路中不可再有公共点。地线的正确连接方法如图 24-12 所示。

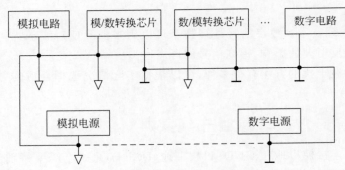

图 24-12　地线的正确连接方法

在模/数转换、数/模转换电路中，供电电源电压的不稳定性要影响转换结果。一般要求纹波电压小于 1%。可采用钽电容或电解电容滤波。为了改善高频特性，还应使用高频滤波电容。在布线时，每个芯片的电源线与地线间要加旁路电容，并应尽量靠近模/数转换、数/模转换芯片，一般选用 $0.01\sim0.1\mu\text{F}$。

模/数转换、数/模转换电路是模拟信号与数字信号的典型混合体。在数字信号前沿很陡，频率较高的情况下，数字信号可通过电路板线间的分布电容和漏电耦合到模拟信号输入端而引起干扰。电路板布线时应使数字信号和模拟信号远离，或者将模拟信号输入端用地线包围起来，以降低分布电容耦合和隔断漏电通路。

## 2. PCB 布线原则

在电子设计中，PCB（印制电路板）布线是一个非常重要的步骤，它关系到电路的性能和可靠性。以下是一些基本的 PCB 布线原则。

（1）最短路径原则。

尽可能缩短信号路径，以减少信号延迟和干扰。

（2）宽度与电流匹配。

根据通过导线的电流大小选择合适的导线宽度，以避免过热和降低电压降。

（3）单点接地。

尽量使用单点接地或星形接地，减少接地回路，避免地环干扰。

（4）分离模拟与数字。

将模拟信号和数字信号的走线分开，以免数字信号的高频噪声干扰模拟信号。

（5）避免平行走线。

避免不同信号的导线长时间平行走线，以减少串扰。

（6）防止环路。

尽量避免信号线形成大的环路，以减少天线效应和电磁干扰。

（7）差分信号配对。

对于差分信号，确保两条线的长度、宽度和间距匹配，以保持信号的完整性。

（8）高速信号处理。

高速信号要注意阻抗匹配、终端处理和信号反射等问题，必要时使用屏蔽或走线技术，如微带线或带状线。

（9）电源和地平面。

尽可能使用电源和地平面，以提供良好的电源分配和低阻抗的接地。

（10）热点管理。

避免高功率元件造成局部过热，必要时进行散热设计。

（11）避免急转弯。

尽量使用45°角转弯或圆弧转弯，避免90°直角转弯，以减少信号反射和阻抗不连续。

（12）滤波和去耦。

在电源进入芯片前使用去耦电容和滤波器，以提供干净的电源。

（13）考虑机械结构。

布线时要考虑PCB的机械强度和装配要求，以及未来的维护和测试需要。

（14）测试点布置。

在设计时考虑添加测试点，便于在生产和维护时进行电气测试。

（15）符合制造要求。

遵守PCB制造商的规格和容差要求，确保布线设计可以顺利生产。

（16）符合安全标准。

遵循相关电气安全标准，确保电路板在不同环境下的安全性和可靠性。

## 24.4.6　压敏电阻及其应用

压敏电阻是一种特殊的电阻，它的电阻值会随着电压的变化而改变。在电力系统中，压敏电阻主要用于限制大气过电压和操作过电压，能有效地保护系统或设备。

具体来说，压敏电阻在电力工业中常被制成避雷器阀片，用氧化锌压敏材料制成高压绝缘子，既有绝缘作用，又能实现瞬态过电压保护。在电子电路中，压敏电阻具有过电压保护、防雷、抑制浪涌电流、吸收尖峰脉冲、限幅、高压灭弧、消噪、保护半导体器件等作用。

此外，压敏电阻也广泛应用于开关电源的AC输入侧，用来解决输入端的异常过高幅电压的波动问题。这种波动可能会导致输入电源的损伤，因此使用压敏电阻可以对其进行抑制，从而保护后端其他负载。

压敏电阻是一种非线性电阻性元件，它对外加的电压十分敏感，外加电压的微小变动，其阻值会发生明显变化。因此，电压的微增量便可引起大的电流增量。

压敏电阻可分为氧化锌（ZnO）压敏电阻、碳化硅压敏电阻和硅压敏电阻等。

可以利用压敏电阻吸收各种干扰的过电压。由于ZnO压敏电阻特性曲线较陡，具有漏电流很小、平均功耗小、温升小、通流容量大、伏安特性对称、电压范围宽、体积小等优点，可广泛用于直流和交流回路中吸收不同极性的过电压。

ZnO压敏电阻与被保护的设备或过压源并联，而且安装部位应尽可能靠近被保护的设备。压敏电阻的主要作用是抑制浪涌电压干扰。

将压敏电阻并联在开关电源输入端的电路如图 24-13 所示。

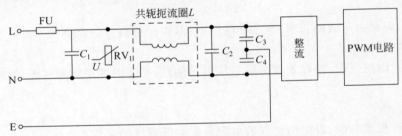

图 24-13　压敏电阻应用电路

在图 24-13 中,FU 为保险丝,$RV_1$ 为压敏电阻,$L$ 为共轭扼流圈,它与电容 $C_1$、$C_2$、$C_3$、$C_4$ 组成滤波电路。当 L、N 输入电压为 220VAC 时,可选 $RV_1$ 为 TVR10471,直径为 10mm,压敏电压为 470V。

## 24.4.7　瞬变电压抑制器及其应用

瞬变电压抑制器(Transient Voltage Suppression Diode,TVS)是一种用于抑制瞬态电压过高的保护元件。在电路中出现过电压情况时,TVS 可以迅速响应并吸收过电压能量,防止其传导到被保护设备上,从而保护电子设备的安全运行。

TVS 的工作原理基于反向击穿效应。当电路中的电压超过 TVS 的击穿电压时,TVS 会迅速变为导通状态,并在非常短的时间内吸收或分散过电压能量,从而将过电压保持在安全范围内。

TVS 对静电、过压、电网干扰、雷击、开关打火、电源反向及电动机/电源噪声振动保护尤为有效。TVS 具有体积小、功率大、响应快、无噪声、价格低等优点。

TVS 的应用领域非常广泛。在电力系统中,TVS 可以抑制突发的雷电、电力波动和电力噪声等因素对设备造成的巨大损害。在通信设备中,TVS 被广泛应用于电话交换机、调制解调器、光纤传输设备等,有效保护其免受过电压的侵害。在汽车电子系统中,TVS 可以在起动、断电或其他情况下提供快速的抑制能力,防止电子设备受到损坏并保障车辆的安全性。

此外,TVS 也广泛应用于计算机系统、交/直流电源、仪器仪表、RS-232/422/423/485、I/O、以太网、LAN、ISDN(Integrated Services Digital Network,综合业务数字网)、ADSL(Asymmetrical Digital Subscriber Loop,非对称数字用户环线)、USB、GPS(Global Position System,全球定位系统)、CDMA(Code Division Multiple Access,码分多址)、WCDMA(Wideband Code Division Multiple Access,宽带码分多址)、数字照相机的保护、共模/差模保护、RF 耦合/IC 驱动接收保护、电动机电磁波干扰抑制、音频/视频输入、传感器/变速器、工控回路、继电器、接触器噪音的抑制、家用电器、电源等领域。

瞬变电压抑制器又称作瞬变电压抑制二极管,是普遍使用的一种高效能电路保护器件,一般简称 TVS。它的外形与普通二极管无异,却能"吸收"高达数千瓦的浪涌功率。当 TVS 两端经受瞬间高能量冲击时,它能以极高的速度把两端间的阻抗值由高阻抗变为低阻抗,吸收一个大电流,从而把它两端间的电压钳位在一个预定的数值上,保护后面的电路元件不因瞬态高电压的冲击而损坏。

TVS 按极性可分为单极性及双极性两种。单极性只对一个方向的浪涌电压起保护作用,对相反方向的浪涌电压它相当于一只正向导通的二极管。双极性可以对任何方向的浪涌电压起钳位作用。

TVS 的应用电路如图 24-14 所示。

如图 24-14 所示为智能测控节点的常用电源电路,采用 24V 供电,通过 DC-DC 模块 B2405S-2W 变成隔离＋5V 电源。其中 24CA 为双极性 TVS 二极管,IN4001 二极管为防止接反电源极性损坏 DC-DC 模块。

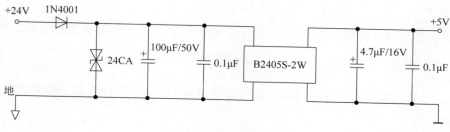

图 24-14　TVS 的应用电路

 ## 24.5　抗干扰的软件措施

抗干扰的软件措施主要有以下几种：

（1）消除数据采集的干扰误差。采取数字滤波的方法来消除干扰对数据采集带来的误差。常用的有算术平均值法、比较舍取法、中值法、一阶递推数字滤波法等。

（2）确保正常控制状态。为了解决因受干扰而使控制状态失常的问题，可以采取一些软件延时措施，如开关量输入时，可以用软件延时 20ms，同样的信号可以读入两次以上，只有结果一致，才能确认输入有效。

（3）程序运行失常后的恢复。系统受到干扰导致 PC（ProgramCounter，程序计数器）值改变后，PC 值可能指向操作数或指令码中间单元，这将导致程序运行失常。此时，可以采取措施使 PC 值恢复正常，如封锁干扰，在干扰容易发生的时间内，一些输入信号可以被软件阻断，然后在干扰易发期过去后可以取消阻断。

（4）软件过滤。对于模拟信号，可以采取软件滤波措施。大部分大型 PLC 编程都支持 SFC 和结构化文本编程，这使得编译更复杂的程序和完成相应的功能变得非常方便。

（5）故障检测和诊断。可编程逻辑控制器具有完善的自诊断功能，如果可编程逻辑控制器出现故障，则可以借助自诊断程序找到故障零部件并更换后即可恢复正常工作。这些资源可用于故障检测。

### 24.5.1　数字信号输入/输出中的软件抗干扰措施

在数字信号输入/输出（I/O）中，软件抗干扰措施是为了确保信号的准确性和完整性。如果 CPU 工作正常，干扰只作用在系统的 I/O 通道上，则可用如下方法减少干扰对数字信号的输入输出影响。

以下是一些常见的软件层面的抗干扰措施：

（1）去抖动（Debouncing）。

对于数字输入，特别是来自开关或按钮的信号，软件可以实现去抖动算法来滤除由于机械接触不良造成的噪声。

（2）滤波。

对输入信号实施软件滤波，例如，使用移动平均滤波器或中值滤波器来减少噪声和瞬变干扰。

（3）信号量和互斥锁。

在多线程或多任务环境中，使用信号量和互斥锁来同步对共享资源的访问，防止竞态条件和数据冲突。

（4）超时检测。

对输入信号实施超时检测，如果在预定时间内没有收到期望的信号，则采取错误处理措施。

（5）状态机。

使用状态机来管理输入信号的处理流程，确保系统在每个状态下的行为是确定的，并能够妥善处理异常情况。

（6）冗余输入。

如果条件允许，则可以使用多个传感器或输入源来获取相同的信号，并通过软件比较或投票机制来确定最可信的输入值。

（7）软件冗余。

在系统中部署多个独立的软件实例来处理相同的输入/输出任务，通过比较它们的输出来提高可靠性。

（8）异常处理。

实现详细的异常处理逻辑，以便在遇到意外的输入或输出条件时，软件能够从容地处理异常并维持系统稳定。

这些措施可以帮助减少外部干扰对数字信号输入/输出的影响，提高系统的可靠性和抗干扰能力。选择合适的抗干扰措施时，应考虑系统的具体需求、性能要求和成本限制。

## 24.5.2 CPU 软件抗干扰技术

CPU 软件抗干扰技术所要考虑的内容有如下几个方面：

（1）当干扰使运行程序发生混乱，导致程序乱飞或陷入死循环时，采取使程序重新纳入正规的措施，如软件冗余、软件陷阱和看门狗等技术。

（2）采取软件的方法抑制叠加在模拟输入信号上噪声的影响，如数字滤波技术。

（3）主动发现错误，及时报告，有条件时可自动纠正，这就是开机自检、错误检测和故障诊断。

在计算机控制系统中的计算机存储空间一般可分为程序区和数据区。程序区中一般存放的是固化的程序和常数，具体可分为复位中断入口、中断服务程序、主程序、子程序、常数区等。数据区一般为可读写的数据，数据存储器还可能通过串行接口与 CPU 相连接。

### 1. 硬复位和软复位

硬复位是指上电后或通过复位电路提供复位信号使 CPU 强制进入复位状态，而软复位是指通过执行特定的指令或由专门的复位电路使 CPU 进入特定的复位状态。后者与前者的一个重要区别是不对一些专用的数据区进行初始化，这样后者可作为抗干扰的软件陷阱。

当"跑飞"程序进入非程序区或表格区时，采用冗余指令使程序引向软复位入口，当计算机系统有多个 CPU 时可相互监视，对只有一个 CPU 的情况，可由中断程序和主程序相互监督，一旦发现有异常情况，可由硬件发出软复位信号，使异常的 CPU 进入软复位状态，使程序纳入正轨。由于软复位不初始化专用的数据区，因此，多次进入软复位状态，不影响系统的整体功能。当然，为了可靠，一般在软复位这样的软件陷阱的入口程序中，先要检验特定数据区的正确性，如有异常，则需进入硬复位重新初始化。

硬复位和软复位是系统设计中常用的两种错误恢复机制，它们各自有不同的适用场景。硬复位用于系统彻底无响应或需要完全重启的情况，而软复位则更适用于快速恢复和处理程序异常。在设计系统时，通常会结合两者来提高系统的可靠性和鲁棒性。

### 2. 软件层面上的抗干扰技术

在计算机控制系统中，对于响应速度较慢的输入数据，应在有效时间内多次采集并比较，对于控制外部设备的输出数据，有时则需要多次重复执行，以确保有关信号的可靠性，这是通过软件冗余来达到的。有时，甚至可把重要的指令设计成定时扫描模块，使其在整个程序的循环运行过程中反复执行。

　　软件陷阱是通过执行某个指令进入特定的程序处理模块,相当于由外部中断信号引起的中断响应,一般软件陷阱有现场保护功能。软件陷阱用于抗干扰时,首先检查是否是干扰引起的,并判断造成影响的程度,如不能恢复,则强制进入复位状态;如干扰已撤销,则可立即恢复执行原来的程序。

　　在电子系统中,CPU软件抗干扰技术是确保系统稳定运行和数据完整性的重要组成部分。以下是一些针对电子系统中CPU的软件层面上的抗干扰技术:

　　(1) 错误检测与纠正(Error Detection And Correction,EDAC)。

　　使用内存中的EDAC技术,如ECC(Error-Correcting Code)内存,可以在软件层面上进行配置和管理,以检测和纠正内存错误。

　　(2) 冗余计算与比较。

　　对关键计算进行冗余执行,然后比较结果以确保正确性。这可以通过软件控制同一任务在不同的处理器上执行,或者在同一处理器上多次执行。

　　(3) 软件看门狗(Watchdog Timer,WDT)。

　　通过软件实现看门狗功能,监控系统的运行状态,并在系统未按预期响应时触发重置或其他恢复动作。

　　(4) 异常和错误处理。

　　在软件中实现健壮的异常处理逻辑,确保在遇到非预期的错误或异常时能够安全地恢复或退出。

　　(5) 任务监控与重启。

　　对关键任务实施监控,如果任务失败或响应超时,则可以自动重启该任务。

　　(6) 内存保护。

　　利用操作系统提供的内存保护机制,如内存分页和访问权限设置,来防止非法访问和缓冲区溢出攻击。

　　(7) 代码完整性检查。

　　在软件启动或运行时进行代码完整性检查,以确保代码未被篡改。

　　(8) 周期性自检。

　　设计软件以定期执行自我诊断,检查关键系统参数和状态,确保系统运行在预定的正常范围内。

　　(9) 数据备份与恢复。

　　对关键数据进行周期性备份,并在数据损坏时提供恢复机制。

　　(10) 随机化技术。

　　使用地址空间布局随机化(Address Space Layout Randomization,ASLR)等技术,增加攻击者成功利用软件漏洞的难度。

　　(11) 软件冗余。

　　在系统中部署多个软件版本或多个独立实现的相同功能,以提高系统的容错能力。

　　(12) 定期软件更新。

　　保持软件的更新,及时修补已知漏洞,减少安全风险。

　　这些技术可以帮助确保CPU在软件层面对各种潜在干扰有更好的抵抗能力,从而提高整个电子系统的稳定性和可靠性。在设计阶段,需要综合考虑这些技术的实施成本、性能影响以及系统的安全要求。

## 24.6　计算机控制系统的容错设计

　　计算机控制系统是应用非常广泛的电子系统,能否正常运行是由很多因素决定的。其外因为各类干扰,其内因即为该系统本身的素质。24.5节讨论了计算机控制系统抗干扰的各种措施,从而基本上消除了外因的影响。如何提高计算机控制系统自身的素质,是本节要讨论的问题。

计算机控制系统本身的素质可分为两方面:硬件系统和软件系统。构成计算机控制系统的各种芯片、电子元件、电路板、接插件的质量,电路设计的合理性、布线的合理性、工艺结构设计等决定了系统的硬件素质,任何一个出了问题,都有可能使系统出错。硬件容错设计研究如何提高系统硬件的可靠性,使其能长期正常工作,即使出了问题,也能及时诊断出硬件故障类型,甚至诊断出故障位置,协助维修人员进行修复,并能及时采取相应的措施,避免事态扩大。

一个计算机控制系统的软件是不可能没有错误的,更不要说没有不足之处了。软件容错设计可以帮助我们尽可能减少错误,使系统由于软件问题而出错的概率低到人们完全可以接受的程度。

### 24.6.1　硬件故障的自诊断技术

在计算机控制系统中,硬件故障的诊断与修复是一项重要的任务。当系统发生故障时,有效的自诊断技术可以帮助我们快速定位并修复问题,保障系统的正常运行。本节将介绍计算机控制系统硬件故障的自诊断技术,主要包括以下几方面:硬件部件检测、硬件性能评估、故障预警与定位以及容错与恢复。

电子系统的硬件故障自诊断技术是指系统内置的一系列机制和算法,它们能够监测、检测、报告并有时候自动纠正系统中的硬件问题。这些技术对于维护系统的可靠性和可用性至关重要,尤其是在那些对故障容忍度要求很高的应用中,如航空航天、汽车、工业控制和关键基础设施。以下是一些常用的硬件故障自诊断技术。

**1. 硬件部件检测**

硬件部件检测是计算机控制系统硬件故障自诊断技术的基础。它主要通过检测系统中各硬件部件的状态来判断其是否正常工作。例如,可以通过检查电源电压、电流等参数来判断电源部件是否正常;通过读取处理器、内存、硬盘等设备的状态信息来判断其是否工作正常。硬件部件检测通常需要使用专门的检测工具或程序来进行。

(1) 内置测试(Built-In Self-Test,BIST)。

BIST是集成电路内部的一种机制,用于测试硬件组件(如处理器、存储器、输入/输出接口)的功能性和操作性。

(2) 自检(Self-Checking)。

硬件设计中可以包含额外的逻辑来持续检查操作的正确性,例如,通过奇偶校验、校验和或冗余电路。

(3) 智能传感器。

使用具有自我校准和故障检测功能的智能传感器,它们能够报告自身状态和检测到的异常。

(4) 故障指示器。

硬件组件可能包含用于指示故障状态的LED灯或其他视觉/听觉指示器。

(5) 硬件监控芯片。

专门的监控芯片可以用于监视电压、温度、风扇速度等关键参数,并在检测到异常时发出警告。

(6) 错误代码和故障日志。

系统在检测到故障时会生成错误代码或记录故障日志,便于后续的故障分析和维护工作。

(7) 冗余系统。

在关键系统中部署冗余硬件,比如双模块冗余(Dual Module Redundancy,DMR)或三模块冗余

（Three-Module Redundancy，TMR），以便在主要硬件失败时能够无缝切换至备用硬件。

（8）在线诊断和离线诊断。

在线诊断是在系统运行时进行的故障检测，而离线诊断通常在系统维护期间进行，可以进行更全面的检查。

（9）远程诊断。

利用网络连接，允许远程专家或自动系统对硬件进行故障分析和诊断。

（10）预测性维护。

使用机器学习和数据分析技术来预测潜在的硬件故障，从而在问题发生之前采取预防措施。这些自诊断技术可以独立使用，也可以结合使用，以提高系统的自我检测和修复能力。随着技术的发展，自诊断技术正变得越来越智能，能够处理越来越复杂的故障情况。

**2. 硬件性能评估**

硬件性能评估是确保计算机控制系统高效运行的关键步骤。它涉及一系列的测试、测量和分析，以便了解系统的性能状况，并确定是否需要升级或优化。以下是硬件性能评估的一些关键方面。

（1）性能指标。

在进行硬件性能评估时，需要确定哪些性能指标是最重要的，包括：

① 处理器性能，如 CPU 的时钟速度、核心数量、缓存大小等。

② 内存性能，如 RAM 的容量、速度、延迟等。

③ 存储性能，如硬盘或固态硬盘的读写速度、IOPS（每秒输入/输出操作数）、延迟等。

④ 网络性能，如网络接口卡的吞吐量、延迟、丢包率等。

⑤ 图形性能，如 GPU 的渲染速度和图形处理能力。

（2）性能测试工具。

有许多专业工具可用于硬件性能测试，包括：

① 基准测试软件（如 3DMark、Cinebench、PCMark 等）。

② 系统监控工具（如 HWMonitor、CPU-Z、GPU-Z 等）。

③ 网络性能测试工具（如 iperf、netperf 等）。

④ 存储性能测试工具（如 CrystalDiskMark、ATTO Disk Benchmark 等）。

（3）数据分析。

收集数据后，需要对数据进行分析，以确定性能瓶颈或不稳定的硬件组件。这可能涉及比较基准测试的结果，或者分析长时间运行期间的性能趋势。

（4）性能瓶颈。

通过测试和分析，可以识别出系统中的性能瓶颈。这些瓶颈可能是由于老化的硬件、不兼容的组件或者配置错误造成的。

（5）性能稳定性。

性能稳定性是指硬件在长时间运行或在不同工作负载下的表现。一些性能问题可能只在特定条件下出现，例如，高温、高负载或多任务处理。

（6）性能优化。

根据评估结果，可能需要采取一些优化措施，如：

升级硬件——更换更快的 CPU、添加更多 RAM、使用更快的存储设备等。

优化配置——调整系统设置以提高性能，例如，BIOS/UEFI 设置、操作系统优化等。

散热改善——改进散热系统以防止硬件因过热而降频。

软件更新——确保驱动程序和固件是最新的,以获得最佳性能和兼容性。

(7) 报告和记录。

最后,将所有的发现、测试结果和推荐的优化措施整理成报告,以便于记录和未来参考。

进行硬件性能评估的目的是确保计算机系统能够满足用户的需求,同时为可能的硬件升级提供决策依据。通过定期的性能评估,可以延长系统的使用寿命,并确保其始终以最佳状态运行。

### 3. 故障预警与定位

故障预警与定位是工业控制系统、计算机网络、软件应用程序和其他复杂系统中的一个重要功能,它有助于维护系统的可靠性和可用性。

下面详细介绍故障预警与定位的过程和技术。

1) 故障预警

故障预警是一种预测性维护策略,旨在通过监测关键性能指标来预测和识别可能导致系统故障的问题。故障预警通常包括以下方面:

(1) 监测关键参数——这些参数可能包括温度、压力、电压、电流、流量、速度、软件性能指标(如响应时间、错误率)等。

(2) 数据采集——使用传感器、日志文件、监控工具等来实时收集数据。

(3) 建立阈值——根据系统的正常运行情况和历史数据来设定各项指标的正常范围和阈值。

(4) 实时分析——对收集到的数据进行实时分析,以检测任何偏离正常范围的行为。

(5) 预警触发——当监测到的参数超过阈值时,系统会自动触发警报,警报可能通过电子邮件、短信、声音或视觉信号等形式发出。

2) 故障定位

一旦系统发出预警,接下来的步骤是确定故障的具体位置和原因。故障定位通常包括以下方面:

(1) 日志分析——查看系统日志文件,这些文件记录了系统的运行情况和出现的错误。

(2) 诊断测试——运行诊断程序或使用诊断工具来测试系统的不同部分。

(3) 错误代码——利用系统生成的错误代码或异常报告,这些通常可以提供关于故障类型和位置的信息。

(4) 可视化工具——使用图形化的监控和诊断工具,可以帮助操作员更直观地理解问题所在。

(5) 专家系统——在一些复杂的系统中,可以使用专家系统来帮助分析故障,这些系统基于规则或机器学习算法来推断故障的可能原因。

(6) 远程支持——在一些情况下,可以通过远程连接到系统,让专家进行故障分析和定位。

3) 故障预警与定位的好处

(1) 减少停机时间——通过预测性维护,可以在故障发生之前采取行动,从而减少系统的停机时间。

(2) 提高生产效率——系统的可靠性和可用性提高,从而提高整体的生产效率。

(3) 降低维护成本——通过预防性维护,可以避免大规模故障的发生,从而节省维护成本。

(4) 改善安全性——对于涉及人员安全的系统,故障预警可以减少事故的风险。

随着物联网(IoT)、大数据分析、人工智能(AI)和机器学习(ML)技术的发展,故障预警与定位的准确性和效率正在不断提高。系统可以学习正常和异常行为之间的区别,并通过模式识别来提高预测故障的能力。此外,通过云计算,可以实现对大量分布式系统的集中监控和分析,进一步提升故障预警与定位的能力。

### 4. 容错与恢复

容错与恢复技术是确保计算机控制系统在硬件故障发生时仍能维持正常运行或快速恢复的关键。

这些技术通常在系统设计阶段就被考虑进去,并在整个系统的生命周期中发挥作用。下面是一些常见的容错与恢复策略。

1) 容错技术

(1) 硬件冗余。

① 静态冗余。例如,使用双模组冗余(Dual Module Redundancy,TMR)或 $N$ 模组冗余($N$ Module Redundancy,NMR)策略,其中多个硬件组件执行相同的任务,通过投票机制来确定正确的输出。

② 动态冗余,包括热备份(系统实时同步备份,可以无缝接管任务)和冷备份(备份系统在主系统故障时启动)。

(2) 软件冗余。

使用多版本编程或恢复块,当一个版本失败时,另一个版本可以接管。

(3) 错误检测与校正。

错误检测和校正码(implement Error detection and Correction Codes,ECC)可以在数据传输过程中检测并纠正错误。

(4) 容错网络。

设计多路径网络,确保数据传输即使在某条路径失效时也能通过其他路径完成。

2) 恢复技术

(1) 重启和重置。

系统提供自动重启或重置功能,以在发生故障时尝试恢复正常运行。

(2) 状态检查点和回滚。

定期记录系统状态(检查点),在故障发生时可以回滚到最近的稳定状态。

(3) 备份与恢复。

定期备份关键数据和配置信息,以便在数据丢失或损坏时能够恢复。

(4) 故障切换(Failover)。

在主系统故障时,自动切换到备用系统继续提供服务。

3) 故障预警与定位

(1) 实时监控。

使用传感器和诊断软件实时监控硬件状态,提前发现潜在的问题。

(2) 日志分析。

分析系统日志以识别故障模式和异常行为。

(3) 预测性维护。

利用历史数据和机器学习算法预测硬件故障,提前进行维护。

在实际应用中,应根据系统的关键性、成本限制、性能需求等因素综合考虑使用哪些容错与恢复策略。例如,对于航空航天或医疗设备等关键系统,可能需要采用高度冗余的设计;而对于成本敏感的消费电子产品,则可能只实现基本的错误检测和重启功能。

总之,容错与恢复技术的选择和实施是确保计算机控制系统可靠性和稳定性的重要环节,需要系统工程师根据具体情况做出恰当的设计决策。

**5. 自诊断**

自诊断俗称"自检"。通过自诊断功能,可增加系统的可信度。对于具有模拟信息处理功能的系统,自诊断过程往往包括自动校验过程,为系统提供模拟通道的增益变化和零点漂移信息,供系统运算时进行校正,以确保系统的精度。自检过程有 3 种方式:

（1）上电自检。系统上电时自动进行，自检中如果没有发现问题，则继续执行其他程序，如发现问题，则及时报警，避免系统带病运行。

（2）定时自检。由系统时钟定时启动自检功能，对系统进行周期性在线检查，可以及时发现运行中的故障，在模拟通道的自检中，及时发现增益变化和零点漂移，随时校正各种系数，为系统精度提供保证。

（3）键控自检。操作者随时可以通过键盘操作来启动一次自检过程。这在操作者对系统的可信度下降时特别有用，可使操作者恢复对系统的信心或者发现系统的故障。

事实上，在有些 I/O 操作过程中，系统软件往往要对效果进行检测。在闭环控制系统中，这种检测本身已经是必不可少的了，但并不把这种检测叫自检。自诊断功能是指一个全面检查诊断的过程，它包括系统力所能及的各项检查。

（1）CPU 的诊断。

CPU（中央处理单元）故障诊断是一个复杂的过程，涉及多种检测和验证手段。在进行 CPU 诊断时，确实需要考虑所有相关硬件和软件组件的正常运行。下面是一些基本步骤和考虑因素，用于诊断 CPU 的功能性和性能问题。

① 前提条件。确保三总线系统（地址、数据和控制总线）正常工作；确保地址锁存器（例如，74HC373）和其他接口芯片正常工作；确保存储着启动和诊断程序的 Flash 内存没有问题。

② 启动自检和诊断程序。系统通电后通常会执行一个基本输入/输出系统（BIOS）自检程序，这个自检过程会检查 CPU 和其他硬件组件的基本功能；高级诊断程序可能存储在外部 Flash 中，需要确保这些程序没有损坏。

③ 编写和执行测试程序。设计包含多种指令的测试程序，以确保 CPU 的各个功能都被测试到；测试程序应该执行不同类型的操作，包括算术计算、逻辑操作、数据传输、控制指令等；执行测试程序后，将结果与预期结果进行比较，以检查 CPU 是否正确执行指令。

④ 分析测试结果。如果测试结果与预期不符，则表明 CPU 可能存在问题；如果测试结果与预期相符，那么虽然不能完全排除问题，但可大大提高 CPU 无故障的可信度。

⑤ 进一步的测试。对于更深入的诊断，可能需要使用专门的硬件诊断工具和软件来进行更复杂的测试，如压力测试和性能基准测试；对于可疑的故障，可能需要使用逻辑分析仪或示波器来监视 CPU 的行为和总线活动。

⑥ 考虑工艺因素。现代 CPU 的制造工艺已经非常先进，因此出厂的 CPU 通常可靠性很高；如果 CPU 通过了初始的测试程序，它通常被认为是可靠的，除非有明显的故障迹象。

⑦ 环境和外围因素。CPU 的故障可能不仅仅是由内部问题引起的，还可能是由于外部因素，如电源不稳定、过热、静电损伤等造成的。

在进行 CPU 诊断时，通常需要具备一定的技术知识和经验，以便正确解释测试结果，并确定下一步的最佳行动方案。

CPU 是控制系统的核心，如果 CPU 有问题，系统也就不能正常工作了。对于 CPU 来说，诊断程序若在片外 Flash 中，则 CPU 的诊断过程必须以三总线（包括地址锁存器 74HC373）没有问题和 Flash 中的诊断程序也正确为前提。

指令系统能否被正确执行是诊断 CPU 中指令译码器是否有故障的基本方法。首先编制一段程序，将执行后的结果与它预定结果进行比较，如果不同，则证明 CPU 有问题；如果和预定结果相同，则证明本段程序可以正确执行，并不能绝对保证没有问题。由测试理论可知，想要证明它绝对没有问题，需要进行的测试次数是人们无法接受的。理论归理论，实际上由于芯片工艺的提高，当进行一组测试后如果能通过，其可信度已经完全满足一般控制系统的需要了。为了使测试的效果好一些，应设计一段涉及指令尽可能多的测试程序,起码应将各种基本类型的指令都涉及到。

（2）Flash 的诊断。

用户程序通过编程器写入 Flash 后,一般是不会出错的。当 Flash 受到环境中的干扰,均有可能使 Flash 中的信息发生变化,从而使系统运行不正常。由于这种出错总是在个别单元零星发生,不一定每次都能被执行到,故必须主动进行检查。

（3）RAM 的诊断。

RAM 的诊断,分破坏性诊断及非破坏性诊断,一般采用非破坏性诊断。非破坏性的诊断方法是先读出某一单元的内容暂存,然后进行破坏性诊断,诊断完毕,恢复原来单元的内容。

在进行 RAM 的诊断时,通过对其进行读写操作进行诊断,如果无误即认定正常。在上电自检时,RAM 中无任何有意义的信息,可以进行破坏性的诊断,可以任意写入。一个 RAM 单元如果正常,其中的任何一位均可任意写 0 或 1。因此,常用 55H 和 0AAH 作为测试字,对一个字节进行两次写、两次读,来判别其好坏。一般不能用 0FFH 作为测试字,因为外部存储空间没有安装 RAM 时,经常读取的值为 0FFH。

（4）模/数转换通道的诊断与校正。

对模/数转换通道的诊断方法如下：在某一路模拟输入端加上一个已知的模拟电压,启动模/数转换后读取转换结果,如果等于预定值,则模/数转换通道正常；如果有少许偏差,则说明模/数转换通道发生少许漂移,应求出校正系数,供信号通道进行校正运算；如果偏差过大,则为故障现象。

（5）数/模转换通道的诊断。

数/模转换通道诊断的目的是确保模拟输出量的准确性,而要判断模拟量是否准确又必须将其转变为数字量,CPU 才能进行判断。因此,数/模转换的诊断离不开模/数转换环节。

在已经进行模/数转换诊断,并获知其正常后,就可以借助模/数转换的一个输入通道来对数/模转换通道进行诊断了。

将数/模转换器的模拟输出接到模/数转换器的某一输入端,数/模转换器输出一固定值,即可在模/数转换器的输入端得到一对应值,从而达到诊断的目的。

除上述介绍的硬件故障诊断技术外,还有数字 I/O 通道的诊断。

## 24.6.2　软件的容错设计

软件的容错设计主要是为了在发生错误时,软件系统能够正常运行,防止由于软件错误而引起的系统故障。

当设计一段短的程序来完成某些特定的功能时,一般并不难。但把很多程序段组成一个应用系统时,往往会出问题。当发现一个问题,并将它解决之后,另一段本来"没有问题"的程序又出了问题。系统越大,各段程序之间的关联就越多,处理起来就越要小心。如果能养成良好的程序设计习惯,遵守若干程序设计的基本原则,就能少走弯路,减少程序出错的机会。下面讨论一些常见的软件设计错误,有些错误是明显的,有些错误是隐蔽的,孤立分析是发现不了的,有些错误是在特定条件下才有可能发生的。

**1. 防止堆栈溢出**

系统程序对堆栈的极限需求量即为主程序最大需求量加上低级中断的最大需求量,再加上高级中断的最大需求量。

防止堆栈溢出是嵌入式系统、操作系统以及应用程序开发中的一个重要考虑因素。堆栈溢出可能导致程序崩溃、数据损坏甚至安全漏洞。以下是一些防止堆栈溢出的策略。

（1）合理分配堆栈大小。

根据程序的需求和嵌入式系统的内存限制,合理地分配堆栈大小。这通常需要对程序的内存使用模式有深入的了解。

（2）静态分析。

使用静态代码分析工具来估计函数调用栈的最大深度，从而估计最大的堆栈需求量。

（3）动态监控。

在开发和测试阶段，可以在程序中加入代码来动态监控堆栈的使用情况，确保不会超出预设的阈值。

（4）堆栈溢出保护。

许多现代操作系统和编译器提供堆栈溢出保护机制，比如堆栈哨兵或堆栈保护页，这些机制可以在堆栈溢出时提供警告或异常。

（5）减少递归调用。

递归调用可能迅速消耗堆栈空间，应当尽量减少递归调用的深度，或者使用迭代算法替代递归算法。

（6）优化中断服务例程（ISR）。

中断服务例程应尽量简短，避免在 ISR 中进行复杂的操作和大量的堆栈操作。

（7）定期重置栈指针。

在某些情况下，可以在系统的监控循环中重置栈指针，确保栈指针回到一个已知的起始位置。这种方法可能不适用于所有系统，因为如果栈指针重置不当，它可能会覆盖重要的数据。

（8）使用专用的堆栈。

为中断服务例程使用专用的堆栈，这样即使主程序的堆栈溢出，也不会影响中断处理的正常执行。

（9）限制中断嵌套。

通过限制中断服务例程的嵌套深度，可以防止堆栈的过度使用。

（10）编译器优化。

利用编译器的优化选项，例如，尽可能使用寄存器来传递参数和存储局部变量，以减少堆栈的使用。

（11）代码审查。

通过代码审查来识别可能导致过度堆栈使用的代码段，并进行优化。

总之，防止堆栈溢出需要综合考虑程序设计、系统架构选择以及开发过程中的监控和测试。通过以上方法，可以有效地降低堆栈溢出的风险。

2. 中断中的资源冲突及其预防

在中断子程序执行的过程中，要使用若干信息，处理后，还要生成若干结果。主程序中也要使用若干信息，产生若干结果。在很多情况下，主程序和中断子程序之间要进行信息的交流，它们有信息的"生产者"和"消费者"的相互关系。主程序和普通的子程序之间也有这种关系，但由于它们是在完全"清醒"的状态下，因此各种信息的存放读取是有条理的，不会出现冲突。但中断子程序可以在任何时刻运行，因此有可能和主程序发生冲突，产生错误的结果。

由于前台程序和后台程序对同一资源（RAM 中若干单元）有"生产者"和"消费者"的关系，故不能用保护现场的措施来避免冲突。如果中断时将冲突单元的内容保护起来，返回时再恢复原状态，则中断子程序所做的工作也就没意义了。资源冲突发生的条件是：

（1）某一资源同时为前台程序和后台程序所使用，这是冲突发生的前提。

（2）双方之中至少有一方为"生产者"，对该资源进行写操作，这是冲突发生的基础。

（3）后台程序对该资源的访问不能用一条指令完成。这是冲突发生的实质。

当这 3 个条件都满足时，即有可能发生冲突而导致错误结果。

在中断驱动的系统中，确实存在资源冲突的风险，特别是当中断服务例程（ISR）与主程序（或其他中断服务例程）共享资源时。这些资源可能是内存、I/O 端口、数据缓冲区或任何其他类型的共享数据。要

预防资源冲突,通常会使用以下几种策略:

(1) 禁用中断。

在主程序访问共享资源的关键部分,暂时禁用中断。这样可以确保在这段时间内不会有中断服务例程被调用,从而避免了资源冲突。

禁用中断的时间应尽可能短,以避免错过重要的中断事件。

(2) 使用互斥锁。

在多任务环境中,可以使用互斥锁(mutexes)或信号量(semaphores)来控制对共享资源的访问。当一个任务(或中断服务例程)访问共享资源时,它会首先获取互斥锁,访问资源后再释放锁。

这种方法在单核处理器上有效,在多核处理器上可能需要其他硬件支持,如原子操作。

(3) 双缓冲(double buffering)

使用两个缓冲区:一个用于中断服务例程写入数据,另一个用于主程序读取数据。当中断服务例程完成写入后,两个缓冲区的角色互换。

这种方法可以最小化禁用中断的时间,因为交换缓冲区指针通常是一个原子操作。

(4) 原子操作。

对于某些简单的操作,比如更新一个变量或设置一个标志位,可以使用原子操作。原子操作确保了操作的不可分割性,中断无法在这些操作的中间发生。

多数现代处理器都提供了一些形式的原子指令集,比如测试并设置(test-and-set)或比较并交换(compare-and-swap)。

(5) 邮件箱或消息队列。

使用邮件箱(mailbox)或消息队列(message queue)机制来传递数据。这些机制通常由操作系统提供,它们可以确保数据传输的原子性和同步性。

中断服务例程可以将数据放入消息队列,而主程序则从队列中取出数据,这样可以避免直接的资源共享。

(6) 中断优先级。

在支持优先级的中断系统中,可以通过设置不同中断的优先级来控制资源访问。高优先级的中断可以打断低优先级中断的执行,但反之则不行。

适当配置中断优先级可以减少资源冲突的可能性。

应用这些策略时,需要考虑系统的实时性要求和资源的特性。在设计系统时,应该尽量减少共享资源的使用,或者采用设计模式来明确资源的访问权限。通过仔细地设计和测试,可以大大减少资源冲突的风险,提高系统的稳定性和可靠性。

**3. 正确使用软件标志**

软件标志就是程序本身所使用的、表明系统的各种状态特点、传递各模块之间的控制信息、控制程序流向等的某一个或几个寄存器或其中的某位。

在程序设计过程中,往往要使用很多软件标志,软件标志一多,就容易出错。要正确使用软件标志,可从两个方面做好工作。在宏观上,要规划好软件标志的分配和定义工作,有些对整个软件系统都有控制作用的软件标志必须仔细定义,如状态变量。对于只在局部有定义的软件标志也必须定义好其使用范围和含义。在微观上,对每一个具体的充当软件标志的位资源必须分别进行详细记录,编制软件标志的使用说明书。软件标志的说明是否完备详尽,会在很大程度上影响到整个软件的质量。

软件的容错设计是软件可靠性设计的一个重要组成部分,主要目的是在软件发生错误时,能够保证系统的正常运行,防止由于软件错误而引起的系统故障。

软件标志通常用于控制程序的逻辑流程,表明程序的状态或是作为程序各部分之间通信的信号。正确地使用软件标志对于确保程序的健壮性和可维护性至关重要。下面是一些关于如何正确使用软件标志的建议。

(1) 宏观上的规划。

① 标志的分配和定义。对全局标志进行仔细的规划和定义。这些标志通常影响整个程序的行为;为每个标志提供明确的命名和定义,这样其他开发者可以容易理解其用途;尽可能减少全局标志的使用,以避免不必要的依赖和潜在的错误。

② 局部标志的管理。局部标志应该只在它们所需要的作用域内定义和使用;确保局部标志不会与全局标志或其他局部标志混淆。

(2) 微观上的管理。

① 文档化。为每个软件标志编写详细的文档,说明其作用、使用场景和可能的状态;文档应该清晰地标明哪些函数或模块使用了这些标志,以及它们如何影响程序的行为。

② 代码注释。在代码中适当地添加注释,解释标志位的目的和使用情境;注释应该足够详细,以便阅读者可以理解代码的意图。

(3) 软件容错设计。

① 异常处理。为程序中可能出现的错误条件设计异常处理逻辑;使用异常捕获和处理机制来防止程序崩溃,并提供错误恢复路径。

② 冗余设计。在关键的操作中使用冗余,比如数据存储和网络通信,以提高系统的可靠性。

③ 预检查和断言。在执行操作之前,进行预检查来确认操作的先决条件是否满足;使用断言来验证程序的状态,确保在不满足某些条件时能够及时发现问题。

④ 定期检查和自我修复。设计程序以定期检查其状态,如果发现异常情况,则尝试自我修复或报告问题。

⑤ 故障隔离。将系统分割成多个模块或组件,使得一个模块的故障不会影响到整个系统。

⑥ 状态机设计。使用状态机来管理复杂的状态转换和事件处理,这样可以清晰地定义不同状态下的行为,并易于管理。

正确使用软件标志和设计容错机制,可以显著提高软件的可靠性和可维护性。这些策略应该贯穿于软件开发的整个生命周期,从设计到测试,再到部署和维护。

### 4. 恢复块方法

恢复块方法是一种容错技术,旨在通过提供冗余的执行路径来提高系统的可靠性。这种方法特别适合用于实时系统和关键任务系统,如航空航天和医疗设备,其中系统的可靠性至关重要。下面是恢复块方法的一些关键特点:

(1) 主块和后备块。

系统设计包括主块(primary block)和一个或多个后备块(alternate blocks)。所有这些块都实现相同的功能,但是它们是独立设计和实现的,以减少出现共同故障的可能性。

(2) 后向恢复策略。

恢复块方法是一种后向恢复策略,意味着它在检测到错误后会返回到某个已知的安全状态,然后尝试使用后备块重新执行操作。

(3) 独立实现。

为了降低共模故障(common-mode failures)的风险,每个块都由不同的团队使用不同的方法和工具独立开发。

（4）验收测试。

主块执行完毕后，系统会进行验收测试（acceptance test）以验证结果的正确性。如果主块通过了验收测试，那么操作就被视为成功完成。

（5）故障恢复。

如果主块未能通过验收测试，系统将进行故障恢复操作，通常是通过"回滚"到一个安全状态，然后由后备块接管继续尝试执行任务。

（6）性能开销。

恢复块方法会增加系统的性能开销，因为它需要额外的时间来执行验收测试以及可能的故障恢复过程。

（7）资源需求。

实现多个独立的块需要更多的开发资源和时间，并可能增加系统的内存和存储需求。

恢复块方法的一个典型应用是在航空电子控制系统中，这些系统通常要求极高的可靠性。通过这种方法，即使在主控制程序出现故障的情况下，系统也能够继续运行，从而保证了系统的安全性。

在软件工程中，这种方法也可以视为一种多版本编程的形式，其中不同版本的程序被用来增加软件的可靠性。然而，由于其高成本和复杂性，恢复块方法在商业应用中的使用相对较少，通常只在那些对可靠性要求极高的领域中才会被采用。

**5. N版本程序设计**

N版本程序设计（N-version programming）是一种容错技术，旨在通过同时运行多个功能等效但独立开发的软件版本来提高系统的可靠性和容错能力。这种方法基于冗余的概念，即通过多个独立的途径来完成同一任务，以保证即使其中一个版本失败，其他版本仍然可以正确完成任务。以下是N版本程序设计的一些关键特点。

（1）多版本并行执行。

系统运行多个（N个）不同的软件版本，这些版本都旨在执行相同的任务。

（2）独立开发。

为了减少共同故障的风险，每个版本都由不同的开发团队独立设计和实现，可能使用不同的编程语言、算法、编译器和开发工具。

（3）多数表决机制。

所有版本的输出结果都被送到一个表决系统，该系统采用多数表决（例如，简单多数、加权多数或基于一致性的算法）来确定最终的输出结果。如果一个版本的输出与其他版本不一致，那么它通常会被忽略。

（4）前向恢复策略。

N版本程序设计采用前向恢复策略，即在检测到错误时，系统尝试继续前进，依靠其他正确的版本输出来恢复正确的状态。

（5）设计多样性。

为了最大限度地减少相关错误，每个版本的设计尽可能多样化，包括不同的需求解释、设计方法和测试策略。

（6）资源和成本。

实施N版本程序设计需要显著的额外资源，包括开发成本、维护成本和运行时资源（如计算能力和内存）。

（7）可靠性评估。

评估N版本程序设计的可靠性是一个挑战，因为它依赖于版本之间错误独立性的假设，这在实践中可能难以实现。

　　$N$ 版本程序设计在理论上可以显著提高系统的可靠性,但在实际应用中,它面临着诸多挑战,包括确保独立性、处理版本之间的不一致性、评估真实的可靠性增益,以及成本和资源消耗的问题。尽管如此,这种方法在安全关键和关键任务系统中仍然有其应用价值,特别是在那些对系统故障的容忍度极低的场合。

　　6. 防卫式程序设计

　　防卫式程序设计的基本思想是通过在程序中存储错误检查代码和错误恢复代码,使得错误发生时程序能撤销错误状态,恢复到一个已知的正确状态中去。这种设计方法需要在程序设计时就考虑到各种可能的错误情况,并在程序中加入相应的错误检查和恢复代码。

　　除了前面介绍的 3 种方法,还有一些其他的软件容错技术,如使用高可用性硬件、分布式系统等。这些技术都可以在一定程度上提高软件的容错能力。

　　在实际的软件容错设计中,通常会根据系统的实际需求和错误类型选择适合的容错方法。同时,还需要考虑系统的可用性、可靠性和安全性等方面的因素。在进行软件容错设计时,需要注意以下几点:

　　(1) 对系统的错误进行分类和分析,确定需要处理的错误类型和范围。

　　(2) 选择适合的容错方法和技术,进行有针对性的容错设计。

　　(3) 在程序设计时,需要考虑程序的模块化、可维护性和可测试性等方面,以便于进行错误排查和恢复。

　　(4) 在系统测试和运行时,需要设置合理的监控和告警机制,及时发现和处理系统中的错误和异常情况。

　　(5) 对于一些重要的系统,需要进行备份和灾备设计,保证系统的高可用性和安全性。

# 参 考 文 献

[1] 李正军.零基础学电子系统设计——从元器件、工具仪表、电路仿真到综合系统设计[M].北京:清华大学出版社,2024.

[2] 李正军,李潇然.Arm Cortex-M4 嵌入式系统——基于 STM32Cube 和 HAL 库的编程与开发[M].北京:清华大学出版社,2024.

[3] 李正军,李潇然.Arm Cortex-M3 嵌入式系统——基于 STM32Cube 和 HAL 库的编程与开发[M].北京:清华大学出版社,2024.

[4] 李正军.Arm 嵌入式系统原理及应用——STM32F103 微控制器架构、编程与开发[M].北京:清华大学出版社,2023.

[5] 李正军.Arm 嵌入式系统案例实战——手把手教你掌握 STM32F103 微控制器项目开发[M].北京:清华大学出版社,2024.

[6] 李正军,李潇然.STM32 嵌入式单片机原理与应用[M].北京:机械工业出版社,2024.

[7] 李正军,李潇然.STM32 嵌入式系统设计与应用[M].北京:机械工业出版社,2023.

[8] 李正军.计算机控制系统[M].4 版.北京:机械工业出版社,2022.

[9] 李正军.计算机控制技术[M].北京:机械工业出版社,2022.

[10] 李正军,李潇然.现场总线与工业以太网[M].北京:中国电力出版社,2018.

[11] 张金.电子设计与制作 100 例[M].3 版.北京:电子工业出版社,2022.

[12] 孟培,段荣霞.Altium Designer 20 电路设计与仿真从入门到精通[M].北京:人民邮电出版社,2020.

[13] 蔡杏山.电子工程师自学宝典——器件仪器篇[M].北京:机械工业出版社,2021.

[14] 韩雪涛.万用表·示波器使用——从入门到精通[M].北京:化学工业出版社,2022.

[15] 贾立新.电子系统设计[M].北京:机械工业出版社,2022.

[16] 杜树春.常用数字集成电路设计和仿真[M].北京:清华大学出版社,2020.

[17] 蔡杏山.电子工程师自学速成[M].2 版.北京:人民邮电出版社,2020.

[18] 冯占荣,王利霞,李冀.STM32 单片机原理及应用——基于 Proteus 的虚拟仿真[M].武汉:华中科技大学出版社,2022.

[19] 林红,郭典,林晓曦,等.数字电路与逻辑设计[M].4 版.北京:清华大学出版社,2022.

[20] 钟世达,郭文波.GD32F4 开发基础[M].北京:北京航空航天大学出版社,2023.

[21] 李莉.深入理解 FPGA 电子系统设计——基于 Quartus Prime 与 VHDL 的 Altera FPGA 设计[M].北京:清华大学出版社,2020.

[22] 赵倩,叶波,邵洁,等.Verilog 数字系统设计与 FPGA 应用[M].2 版.北京:清华大学出版社,2022.

[23] 董晓,任保宏.GD32MCU 原理及固件库开发指南[M].北京:机械工业出版社,2023.

[24] 张小鸣.DSP 原理及应用——TMS320F28335 架构、功能模块及程序设计[M].北京:清华大学出版社,2019.

[25] 吴建平,彭颖.传感器原理及应用[M].4 版.北京:机械工业出版社,2022.

[26] 杜树春.常用模拟集成电路经典应用 150 例[M].北京:电子工业出版社,2021.

[27] 陈中,陈冲.基于 MSP430 单片机的控制系统设计[M].北京:清华大学出版社,2017.

[28] 唐思超.嵌入式系统软件设计实践——基于 IAR Embedded Workbench[M].北京:北京航空航天大学出版社,2010.

[29] 丁向荣.单片微机原理与接口技术——基于 STC8H8K64U 系列单片机[M].北京:电子工业出版社,2021.

[30] 陈桂友.单片机基础与创新项目实践[M].西安:西安电子科技大学出版社,2021.

[31] 潘永雄,何榕礼.STM8S 系列单片微机原理与应用[M].4 版.北京:电子工业出版社,2022.

[32] 何宾.STC 单片机原理及应用——从器件、汇编、C 到操作系统的分析和设计[M].2 版.北京:清华大学出版社,2015.

[33] 顾卫钢,郭巍,张蔚,等.手把手教你学 DSP——基于 TMS320F28335 的应用开发及实战[M].北京:清华大学出版社,2020.

[34] 郑玉珍.DSP 原理及应用[M].2 版.北京：机械工业出版社,2022.

[35] 苗敬利.DSP 原理及应用实例——(TMS320F28335)[M].北京：清华大学出版社,2020.

[36] 谭辉.物联网及低功耗蓝牙 5.x 高级开发[M].北京：电子工业出版社,2022.

[37] 张立珍.MSP430 单片机应用基础与实战[M].武汉：华中科技大学出版社,2020.

[38] 陈荣保.传感器原理及应用技术[M].北京：机械工业出版社,2023.

[39] 斯蒂芬·沃尔弗拉姆.这就是 ChatGPT[M].WOLFRAM 传媒汉化小组,译.北京：人民邮电出版社,2023.

[40] 苏江.ChatGPT 使用指南[M].北京：北京理工大学出版社,2023.

[41] 乔建华,田启川,谢维成.无线传感器网络[M].北京：清华大学出版社,2023.

[42] 刘炳海.从零开始学电子电路设计[M].北京：化学工业出版社,2019.